Wie funktioniert das?

Der Mensch und seine Krankheiten

Herausgegeben und bearbeitet
von der Redaktion
Naturwissenschaft und Medizin
des Bibliographischen Instituts
unter der Leitung von
Karl-Heinz Ahlheim

Dritte, vollständig überarbeitete Auflage

Bibliographisches Institut Mannheim/Wien/Zürich
Meyers Lexikonverlag

249 zweifarbige Schautafeln,
8 mehrfarbige Schautafeln,
333 Textseiten,
zahlreiche Tabellen,
13 Registerseiten

CIP-Kurztitelaufnahme der Deutschen Bibliothek

Wie funktioniert das? Der Mensch und seine Krankheiten/
hrsg. u. bearb. von d. Red. Naturwiss. u. Medizin d. Bibliograph. Inst. unter d. Leitung von Karl-Heinz Ahlheim. – 3., vollst. überarb. Aufl. – Mannheim; Wien; Zürich: Bibliographisches Institut, 1984.
ISBN 3-411-02376-7
NE: Ahlheim, Karl-Heinz [Hrsg.]

Satz: Bibliographisches Institut und
Zechnersche Buchdruckerei, Speyer (Mono-Photo-System 600)
Druck: Zechnersche Buchdruckerei, Speyer
Bindearbeit: Klambt-Druck GmbH, Speyer
Printed in Germany
ISBN 3-411-02376-7

Vorwort zur dritten Auflage

Das über Jahre hin unverändert große Interesse an „Wie funktioniert das? – Der Mensch und seine Krankheiten" liegt sicher nicht zuletzt darin begründet, daß in diesem Buch die zahlreichen Krankheiten, mit denen wir uns im Laufe unseres Lebens herumplagen müssen, auf dem Hintergrund des normalen physiologischen Geschehens im Organismus geschildert werden: Funktion und Dysfunktion als integrale Ganzheit. Dieses bewährte Prinzip und die benutzerfreundliche synoptische Gegenüberstellung von Textseiten und die Textinformation ergänzenden und illustrierenden zweifarbigen Bildtafeln haben wir auch in der vorliegenden dritten Auflage des Buches beibehalten. Beibehalten wurde auch die thematische Gliederung nach Funktionskreisen. Erhebliche Änderungen und Aktualisierungen waren hingegen in den einzelnen Kapiteln selbst erforderlich; das gilt insbesondere für diejenigen Kapitel, die sich mit den Erkrankungen der einzelnen Organe und Organsysteme beschäftigen.

Die neuen Errungenschaften und neuen Erkenntnisse der medizinischen Forschung, die in dieser Neuauflage zu berücksichtigen waren, beziehen sich schwerpunktmäßig in erster Linie auf die erheblichen Fortschritte der apparativen Diagnostik, auf die vielfach verbesserten Möglichkeiten der Krankheitstherapie und auf die ursachenorientierte Einteilung der Krankheiten. Oberster Grundsatz bei der Aufnahme von Novitäten war für uns, wie auch früher schon, Neues jedoch nur dann zu berücksichtigen, wenn es bereits gesichertes Wissen darstellt, damit beim Leser als betroffenem Patienten keine verfrühten Hoffnungen geweckt werden. Darüber hinaus haben wir uns bemüht, auch in dieser Auflage der Tendenz des erfolgreichen Buches treu zu bleiben: der aufgeklärte Patient als Partner des Arztes.

Mannheim, im Juni 1984 — Verlag und Herausgeber

INHALT

ZELLE · GEWEBE · ORGANE

Die verschiedenen Organe des menschlichen Körpers – Herz, Leber, Gehirn usw. – bestehen aus kleinen, einige Tausendstel Millimeter großen Bauelementen, die man Zellen nennt. Gruppen solcher Zellen, die alle von der gleichen Art sind und zusammen eine bestimmte Funktion ausüben, nennt man Gewebe. So bilden Verbände von Zellen, die langgestreckt nebeneinander liegen und sich auf einen Reiz hin zusammenziehen können, das Muskelgewebe. Zellen, die imstande sind, äußere Reize in elektrische Signale umzuwandeln und zum Gehirn fortzuleiten, verbinden sich zum Nervengewebe. Bindegewebe zeichnet sich vor allem dadurch aus, daß es verhältnismäßig zellarm, dafür aber voller widerstandsfähiger, elastischer Fasern ist, die sich u. a. besonders dazu eignen, ausgedehnte Gewebsverbände zusammenzuhalten. Oft üben verschiedene Gewebearten in einem größeren Verband gemeinsam bestimmte Körperfunktionen aus, wie z. B. Auge, Herz oder Lunge; man nennt solche Gewebsverbände dann Organe. Manche Organe übernehmen gemeinsam mit anderen eine übergeordnete, lebenswichtige Hauptfunktion im Dienst des gesamten Organismus. Sie bilden dann ein Organsystem wie das Kreislauf-, das Atmungs- und das Verdauungssystem.

Wie der Überblick zeigt, bewältigt der Organismus seine vielfältigen Aufgaben vor allem mit Hilfe einer weitgehend durchgeführten Arbeitsteilung. Diese aber ist nur durch eine Spezialisierung möglich, die sich tatsächlich von den Organsystemen bis hinab in den Bereich der Gewebe und der einzelnen Zellen verfolgen läßt. Dabei ist zu bedenken, daß sich die rund 60 Billionen Zellen des menschlichen Körpers aus einer einzigen Zelle, nämlich aus der befruchteten Eizelle, entwickeln.

Die *Zelle* besteht aus einem Zellkern und einer den Zellkern umgebenden, relativ breiten Protoplasmaschicht (Abb. 1). Sie ist umgeben von einer *Zellmembran*, die die Zelle gegen ihre Umgebung, im vielzelligen Organismus gegen den Extrazellularraum abschließt. Im Elektronenmikroskop ist zu erkennen, daß das *Protoplasma* (Zytoplasma) eine Anzahl kleiner *Zellelemente* (Zellorganellen) enthält. Man unterscheidet hier u. a. das endoplasmatische Retikulum, Ribosomen, den Golgi-Apparat, Mitochondrien und die Lysosomen. Der *Zellkern*, der auch im gewöhnlichen Lichtmikroskop gut zu sehen ist, kann mit verschiedenen basischen Farbstoffen angefärbt werden. Diese Eigenschaft verdankt er einem stark sauren, früher Chromatin genannten Material, der *Desoxyribonukleinsäure (DNS)*. Die DNS ist das eigentliche Erbmaterial, das bei der Zellteilung auf die beiden Tochterzellen übergeht.

Der Teilungsmechanismus beginnt mit einer plötzlichen Veränderung der Kernsubstanz, es treten besondere Strukturen auf, die *Chromosomen*. Sie tragen die *Gene*, die aus DNS bestehen und für die Übertragung der verschiedenen, im Erbmaterial festgelegten Eigenschaften von der sich teilenden Zelle auf ihre Tochterzellen verantwortlich sind. In den paarweise vorhandenen Chromosomen liegt die DNS in Form von Doppelsträngen vor, deren beide Hälften als Vorlage für die Kernsubstanz der beiden Tochterzellen dienen sollen. Während sich nun die beiden Stränge der DNS voneinander lösen, wird zu jedem losgelösten Strang sofort ein neuer Gegenstrang gebildet, so daß kurz vor der Kernteilung schließlich zwei identische Chromosomensätze mit den entsprechenden DNS-Doppelsträngen der Chromosomen vorhanden sind. Der Kernteilung folgt unmittelbar die Plasmateilung.

Das Erbmaterial, die DNS, enthält nun vor allem auch alle „Vorschriften" für die Funktion jeder einzelnen Zelle. Auf äußerst sinnvolle Weise ist dafür gesorgt, daß in jeder Zelle (u. a. je nach Ausrichtung ihrer Spezialisierung und je nach ihrem Funktionszustand) von den gesamten im Erbmaterial niedergelegten Vorschriften jeweils nur der für eine bestimmte Zelle und für einen bestimmten Augenblick sinnvolle, kleine Bruchteil aller Anweisungen ausgeführt wird. Von denjenigen Vorschriften nun, die in einer bestimmten Zelle und in einem bestimmten Augenblick zur Ausführung anstehen (die also nicht blockiert oder „reprimiert" sind), wird eine Spezialkopie angefertigt, diesmal allerdings nicht zur Weitergabe an die Tochterzellen, sondern zum Gebrauch in der betreffenden Zelle selbst. Diese Kopie, deren Träger *Ribonuklein-*

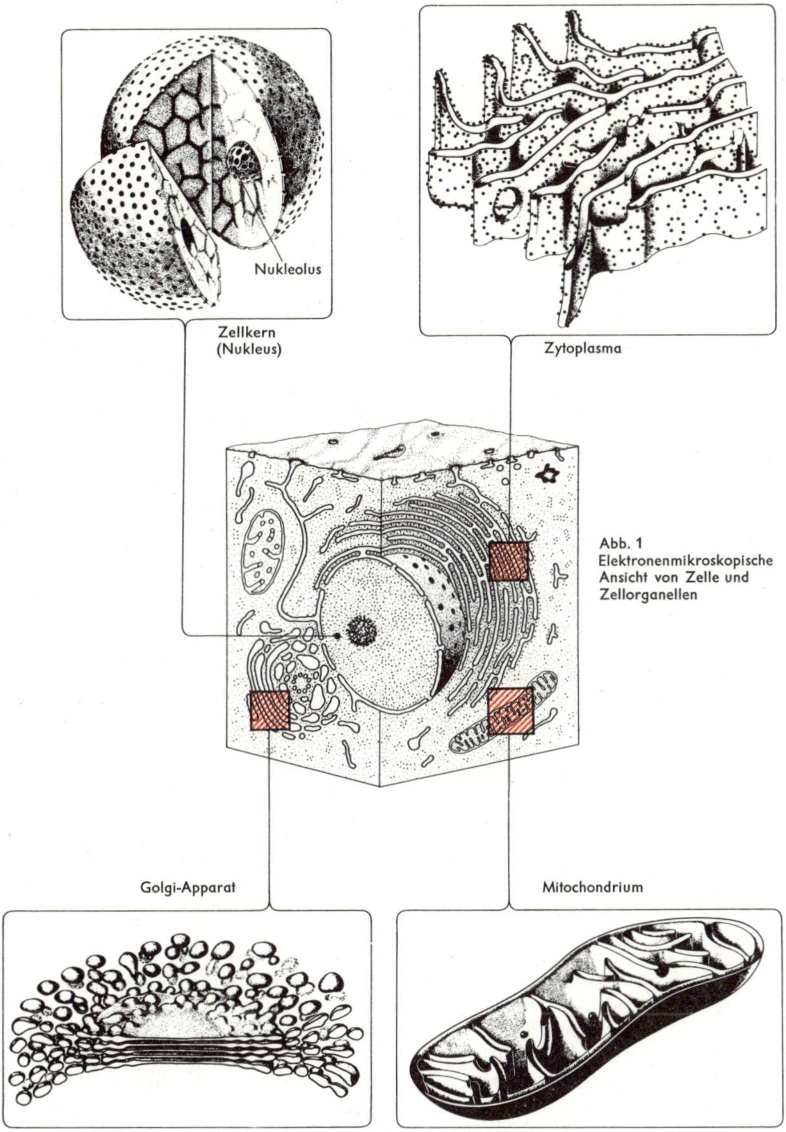

Abb. 1
Elektronenmikroskopische Ansicht von Zelle und Zellorganellen

säuren (RNS) sind, gelangt durch Poren der Kernmembran aus dem Kern in das Zytoplasma und wird dort als Vorlage für den Vollzug der betreffenden Vorschriften verwendet. Dabei ist charakteristisch, daß jedes Gen (d. h. jede DNS-Stelle), falls die betreffende Anweisung aus der Erbschrift befolgt werden soll, die Synthese eines bestimmten Enzymproteins bewirkt. Von den Enzymen aber weiß man, daß sie die eigentlichen „Weichensteller" im Zellstoffwechsel sind. Der Zellkern ist also auch das Befehlszentrum der Zelle, das Teile der Erbschrift kopiert und zur Ausführung an das Zytoplasma übermittelt (Abb. 2).

Die Proteinsynthese der Zelle erfolgt im *endoplasmatischen Retikulum*, einem geschlossenen Membransystem im Zytoplasma, und zwar mit Hilfe der Ribosomen. Die *Ribosomen* bestehen zum kleineren Teil aus Eiweiß, zum größeren Teil aus ribosomaler RNS (r-RNS). Sie sind unter Mitwirkung weiterer Nukleinsäuren, der Boten- und Träger-RNS, imstande, Aminosäuren in einer vom Zellkern vorgeschriebenen Reihenfolge zu langen Eiweißketten zu verknüpfen. Die synthetisierten Enzymproteine erfüllen unentbehrliche Aufgaben im Stoffwechsel jeder Zelle. Darüber hinaus sind viele Zellen darauf spezialisiert, größere Mengen bestimmter Eiweiße (als Verdauungsenzyme oder Eiweißhormone) im Dienst des gesamten Organismus herzustellen. In solchen Fällen werden die im ribosomenhaltigen endoplasmatischen Retikulum synthetisierten Produkte durch den *Golgi-Apparat* in Form kleiner, membranumhüllter Bläschen verpackt und zur Ausschleusung aus der Zelle zur Zellmembran hin befördert. Der in der Nähe des Zellkerns liegende Golgi-Apparat besteht aus einem System von membranausgekleideten Kanälchen, die wahrscheinlich mit dem endoplasmatischen Retikulum in Verbindung stehen (Abb. 1, S. 11).

Alle genannten biochemischen Reaktionen der Zelle erfordern neben der Bereitstellung von Baumaterial auch chemische Energie. Diese Energie wird im allgemeinen in Form energiereicher Phosphatverbindungen, gewöhnlich Adenosintriphosphat (ATP), bereitgestellt. Die zum Aufbau von ATP erforderliche Energie kann nun z. B. aus dem anaeroben (sauerstofffreien) Abbau von Kohlenhydraten gewonnen werden. Wesentlich größer ist die Ausbeute an ATP, wenn der Zucker nicht nur teilweise und anaerob, sondern aerob (unter Verwendung von Sauerstoff) und vollständig bis zu den Endprodukten Kohlendioxid (CO_2) und Wasser (H_2O) abgebaut („verbrannt") wird. Dieser Vorgang (Endoxydation) findet in den *Mitochondrien*, den hochspezialisierten biochemischen „Kraftwerken" und „Verbrennungsöfen" der Zelle, statt (Abb. 3, S. 15). Die Mitochondrien sind von einer Doppelmembran umgeben, deren inneres Blatt zur Oberflächenvergrößerung Leisten bildet. Diese Leisten sind in wohlgeordneter Reihenfolge mit einem Teil der mitochondrialen Enzyme bestückt (Abb. 1, S. 11). Von den bekannten großen Enzymgarnituren enthalten die Mitochondrien u. a. die Enzyme des Zitronensäurezyklus, der oxydativen Phosphorylierung und der Atmungskette.

Zwischen Zellkern, Zellorganellen und Zellmembran befindet sich das eigentliche *Zytoplasma*. Es dient nicht etwa nur als „Füllsel" und Transportweg zwischen den einzelnen Zellbestandteilen. Vielmehr enthält es eine Reihe von Enzymen, u. a. zum anaeroben Abbau von Zucker, zur Synthese von Glykogen und von Fettsäuren sowie zum Abbau von Aminosäuren.

Die *Zellmembran* hat u. a. die Aufgabe, den Zellinhalt mechanisch schützend zusammenzufassen und gegen äußere Einflüsse abzugrenzen. Beim Einzeller ist alles, was sich außerhalb der Zellmembran befindet, Umwelt. Bei den höheren Vielzellern (so auch beim Menschen) kommt die Mehrzahl der Zellen mit der Umwelt nicht in Berührung. Im Innern des Körpers jedoch sind die Zellen von einer „inneren Umwelt" umgeben, der *Außenzellflüssigkeit (extrazelluläre Flüssigkeit)*, zu der auch das Blutplasma gehört. Die Außenzellflüssigkeit ist in ihrer Zusammensetzung dem Meerwasser recht ähnlich. So ist sie z. B. im Gegensatz zur Zellflüssigkeit nicht kalium-, sondern natriumreich. Die Zellmembran hat nun die Aufgabe, die mineralbestandsmäßige

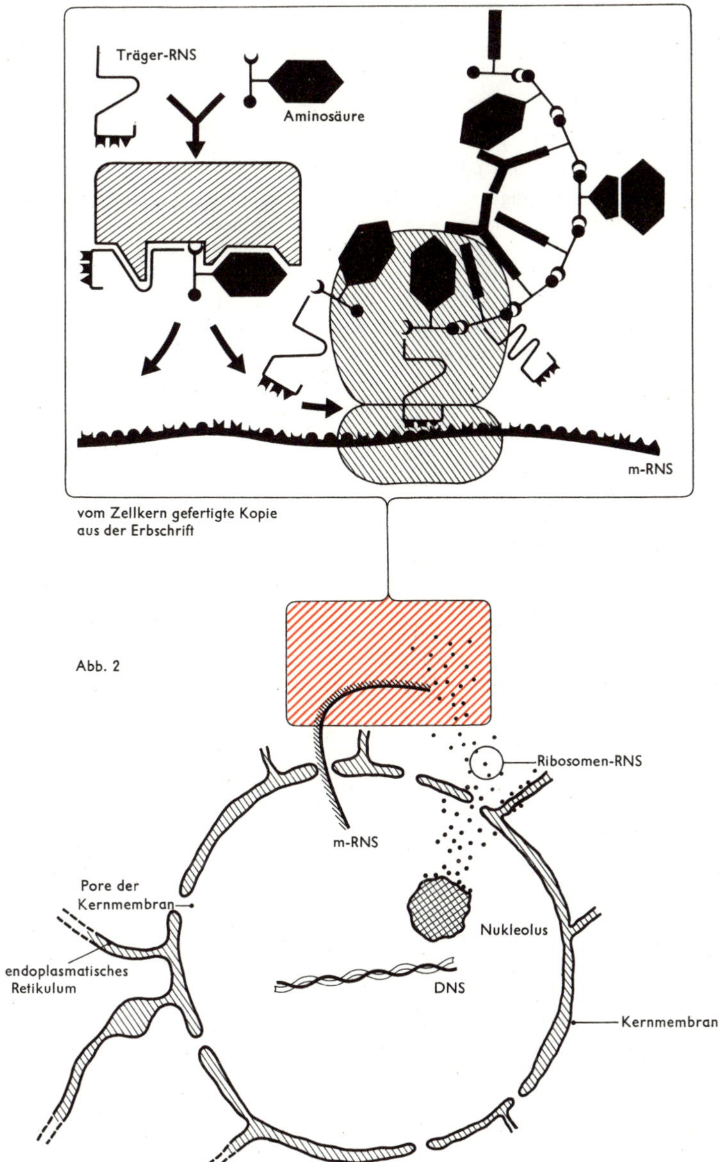

Abb. 2

Nach Wittmann und Jockusch

Individualität der Zelle gegenüber dem Extrazellularraum aufrechtzuerhalten. Erschwert wird diese Aufgabe dadurch, daß die Zelle zur Aufnahme von Nährstoffen und zur Ausschleusung von Schlackenstoffen für viele Stoffe durchlässig sein muß. Die Zellmembran ist aus diesem Grund keine tote Zellhaut, sondern ein kompliziertes Gebilde mit spezifischen Eigenschaften, ja sogar mit einer eigenen stoffwechselabhängigen Arbeitsleistung. Die nur 10 Millionstel Millimeter dicke Zellmembran besteht aus einer bimolekularen Lipoidschicht, die beiderseits von einem Proteinfilm bedeckt ist. Stellenweise durchdringen Proteinpartikel die wasserabstoßende Fettschicht und stellen so wasserhaltige (gangbare) Kanäle durch die Membran her. Die Zellmembran enthält u.a. bestimmte Enzyme und – in Verbindung mit diesen – auch sog. *Ionenpumpen*, die Kalium nach innen und Natrium nach außen befördern und so dafür sorgen, daß die Zelle gegenüber dem Extrazellularraum ihr eigenes Innenmilieu aufrechterhält. Hinzu kommt die Eigenschaft einer auswählenden Durchlässigkeit *(selektive Permeabilität)* für bestimmte Ionen, derart daß die positiv geladenen Kaliumionen imstande sind, die Außenseite der Membran gegenüber der Innenseite positiv aufzuladen. Dieser Ladungsunterschied ist die Grundlage für das (elektrische) Membranpotential von rund 80 Millivolt. – An Nervenzellen und Nervenfasern bricht dieses *Ruhepotential* im Augenblick einer Erregung zusammen und kehrt sich durch selektive Steigerung der Natriumdurchlässigkeit für die Dauer von 1 bis 2 Tausendstel Sekunden sogar um, so daß die Membran für kurze Zeit außen negativ wird. Der Vorgang kann sich über bestimmte Nervenfasern mit Geschwindigkeiten bis zu 150 m/s fortpflanzen; er dient somit auch der Fortleitung von Nervenerregungen. Ähnlich verhalten sich die Muskelzellen, bei denen eine solche Potentialänderung (und Erregung) von der Außenhaut zusätzlich auch ins Innere der Muskelfasern geleitet werden kann, wo sie dann den Kontraktionsvorgang auslöst. – Neben den Ionenpumpen unterhält die Zellmembran auch noch aktive Transportvorgänge für Nähr- und Aufbaustoffe; u.a. können Traubenzucker und Aminosäuren selektiv im Zellinnern angereichert und so für die Energieversorgung und spezifische Syntheseleistung der Zelle bereitgestellt werden.

Hochspezialisierte und differenzierte Zellen können sich zu *Geweben* mit sehr unterschiedlichen Aufgaben zusammenschließen:

Deckgewebe (Epithel) nennt man geschlossene Zellverbände, die der Auskleidung einer inneren oder äußeren Körperoberfläche dienen. Je nach den Zellformen werden Plattenepithel, kubisches und Zylinderepithel unterschieden; je nach der Anordnung der Epithelzellen einstufiges, mehrstufiges, mehrschichtiges und Übergangsepithel. Epithelverbände können schwerpunktmäßig mehr als schützende Hüllen ausgebildet sein (wie die äußere Haut), oder sie dienen bevorzugt der Stoffaufnahme (wie das resorbierende Epithel des Darmrohrs) bzw. der Stoffabgabe oder Sekretion (wie bestimmte Abschnitte der Nierenkanälchen; Abb. 4a und b, S. 17).

Stützgewebe zeichnen sich dadurch aus, daß ihr Zwischenzellraum im Dienst der Halte- und Stützfunktion durch flüssige, halbflüssige oder feste Substanz *(Interzellularsubstanz)* ausgefüllt ist oder manchmal auch faserige Elemente enthält. Für *Bindegewebe* z.B. ist v.a. die Einlagerung kollagener und auch elastischer Fasern in die flüssige Zwischenzellsubstanz bezeichnend. Lockeres Bindegewebe „bindet" andere Zelltypen zu Zellverbänden zusammen und ermöglicht so eigentlich erst die Entstehung von Geweben und Organen. Viele Organe (z.B. Herz, Lunge, Niere, Darm und auch das Gehirn) sind außerdem von einer Bindegewebsschicht umgeben, die man „Beutel", „Fell", „Kapsel" oder „Haut" nennt. Straffes Bindegewebe bildet Sehnen (als Muskel-Knochen-Verbindung oder Muskel-Muskel-Verbindung). Bindegewebe (und die zur Versorgung der anliegenden Zellen in das Bindegewebe eingebetteten kleinen Blutgefäße) spielt schließlich die Hauptrolle bei den verschiedensten Formen der Entzündung und, durch Bindegewebsneubildung und Gefäßsprossung, auch bei der Narbenbildung nach einer Gewebszerstörung oder Gewebsverletzung. – *Knorpel* besteht aus Knorpel-

Abb. 3
Mitochondrium

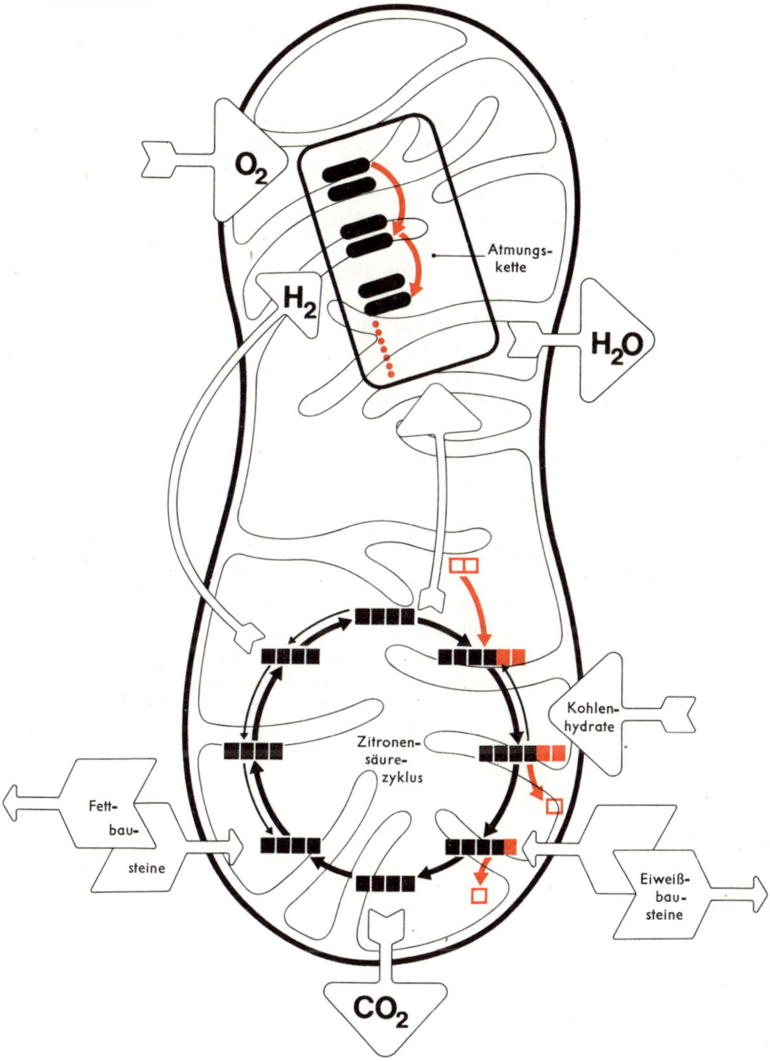

zellen, die von elastischer Knorpelgrundsubstanz umgeben sind. – *Knochen* geben den Weichteilen Stütze und Halt und bilden außerdem schützende Hüllen für das Zentralnervensystem und die hochentwickelten Sinnesorgane. Die Knochen enthalten außer einer organischen Grundsubstanz auch festes anorganisches Material, kalkhaltigen Apatit. Der menschliche Körper enthält 206 Knochen, die je nach ihrer Aufgabe sehr verschieden geformt, im Innern zwecks möglichst großer Belastbarkeit verstrebt und zum großen Teil durch verschiedenartige Gelenke miteinander verbunden sind (s. S. 404 ff.).

Die Zellen des *Muskelgewebes* sind für die Ausführung oft außerordentlich rascher Verkürzungen (Muskelzuckungen oder Muskelkontraktionen) spezialisiert. Sie sind daher langgestreckt (im Skelettmuskel sogar zu mehrkernigen, zentimeterlangen „Muskelfasern“ umgebildet) und enthalten besondere „kontraktile“ Proteine. Man unterscheidet glatte Eingeweidemuskulatur und quergestreifte Skelettmuskulatur (s. S. 392 ff.). Eine Zwischenstellung nimmt der (ebenfalls quergestreifte) Herzmuskel ein (s. S. 396), dessen Fasern (wie die vieler glatter Muskeln) in Form zusammenhängender Geflechte elektrisch miteinander verknüpft sind und sich daher immer gemeinsam kontrahieren. Die einzelnen Muskelkontraktionen kommen durch Potentialänderungen an den Zell- oder Fasermembranen zustande.

Nervengewebe dient der Reizaufnahme in den Sinnesorganen, der Reizverarbeitung im Zentralnervensystem und der Reizbeantwortung über Muskel- oder Drüsenzellen. Dazu sind erstens eine zuverlässige und rasche Reizleitung zwischen Peripherie und Zentrum und zweitens eine hochspezialisierte, lern- und gedächtnisfähige Reizbeurteilungseinrichtung erforderlich. Die Leitungsfunktion des Nervengewebes übernimmt ein manchmal meterlanger Fortsatz der Nervenzelle, die Nervenfaser (Neurit). Vor allem die „markhaltigen“ (gut isolierten) Nervenfasern haben hohe Leitungsgeschwindigkeiten. Die Reizbeurteilungsfunktion wird vom Zentralnervensystem (Gehirn und Rückenmark) ausgeübt. Zu diesem Zweck sind Millionen außerordentlich stark verzweigter Nervenzellen, die alle mit Hunderten bis Tausenden von Kontaktstellen versehen sind, mit ebenso vielen Nervenfaserverzweigungen anderer Zellen verknüpft, wobei es je nach Art der Verknüpfung beim Einlaufen von Signalen entweder zu einer Erregung oder zu einer Hemmung des Zellkörpers kommt (s. S. 348). Die Nervenzelle stellt somit wohl einen Extremfall von Spezialisierung dar, eine Differenzierung, die nicht ohne Verlust anderer Eigenschaften möglich ist. So haben ausgereifte Nervenzellen u. a. die Fähigkeit verloren, sich durch Teilung zu vermehren.

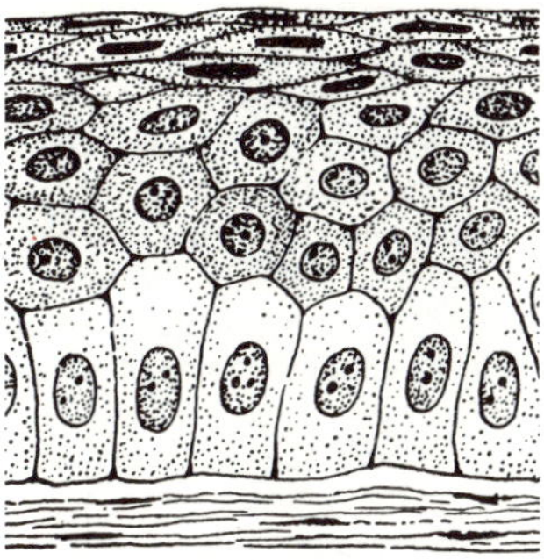

a) mehrschichtiges Plattenepithel

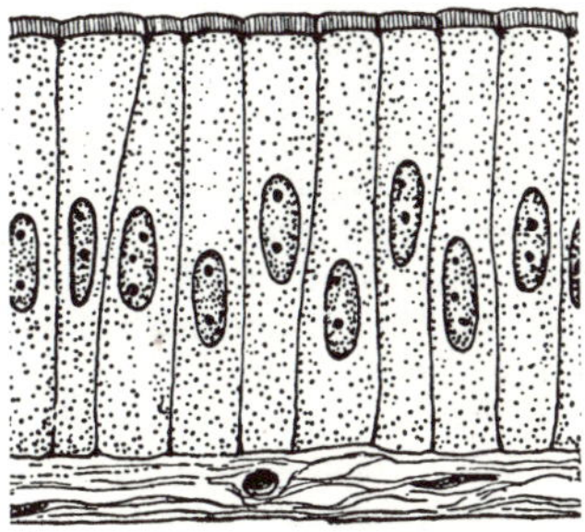

b) einschichtiges Zylinderepithel

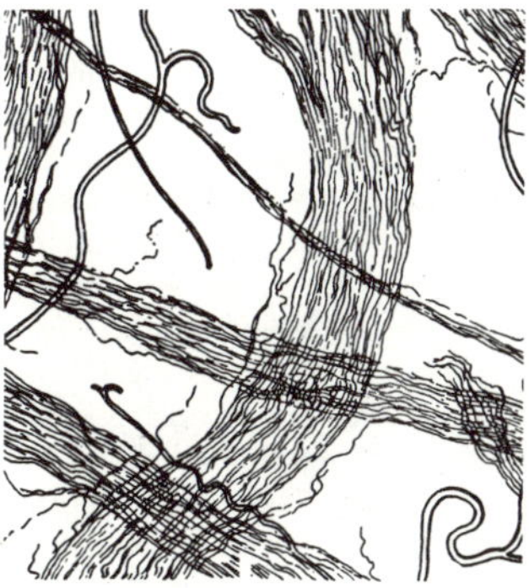

c) Bindegewebsfasern

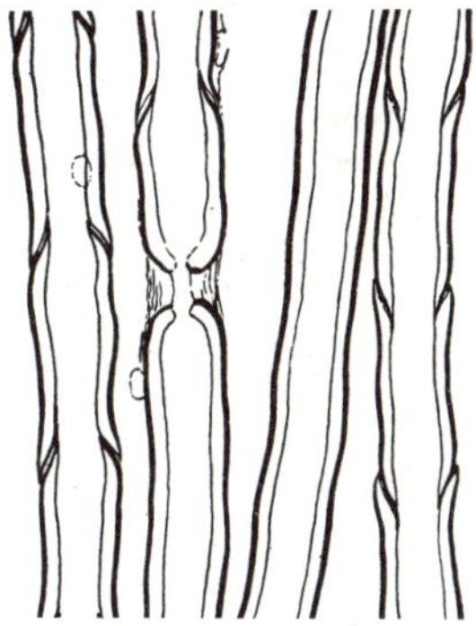

d) Nervenfasern (markhaltig)

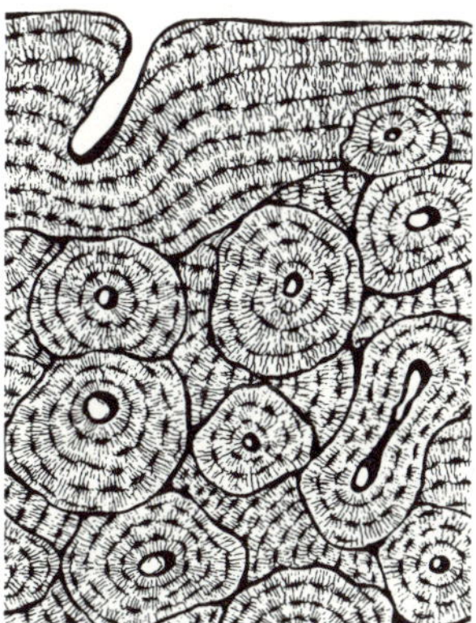

e) Knochengewebe

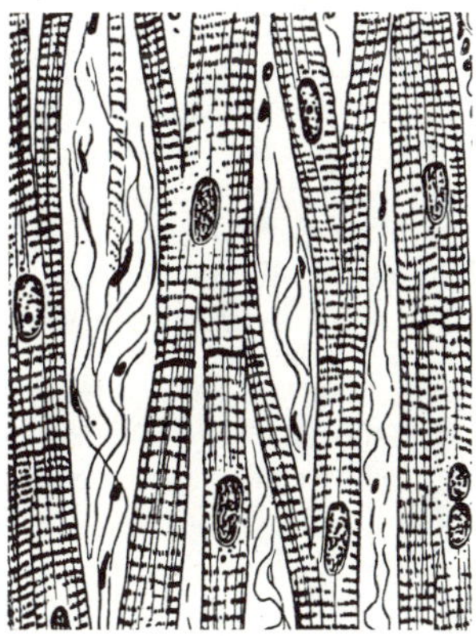

f) Muskelgewebe (Herz)

Abb. 4 a–f

ENTZÜNDUNG

Die Antwort des Organismus auf schädliche Einflüsse (wie z. B. Krankheitserreger) ist eine typische Abwehrreaktion, die sich vor allem am Gefäßapparat abspielt und die man Entzündung nennt. Ziel der Entzündung ist es, die weitere Ausbreitung der Schädlichkeit zu hemmen, sie zu entschärfen, das Gewebe zu reinigen und schließlich Voraussetzungen für die Beseitigung des entstandenen Schadens zu schaffen.

Ursache von Entzündungen sind meist krankmachende (pathogene) Bakterien; indessen können auch andere Schädlichkeiten wie eingedrungene Fremdkörper, Hitze, Kälte, Gewebsgifte oder selbst abgestoßene, zu Fremdkörpern gewordene Gewebsstükke zu typischen Entzündungsreaktionen führen. Sind krankmachende Mikroorganismen nicht an der Entzündungsentstehung beteiligt, spricht man von abakteriellen oder aseptischen Entzündungen. Je nach ihrer Dauer unterscheidet man kurz aufflakkernde (akute) oder längerandauernde (chronische) Entzündungen.

Akute Entzündungen kann man bei oberflächlichem Verlauf direkt beobachten – als „Sonnenbrand" oder Furunkel an der Haut, als Schnupfen z. B. an der Nasenschleimhaut. Dabei fallen immer wieder vier kennzeichnende Entzündungsmerkmale auf, nämlich Rötung, Wärme, Schwellung und Schmerzhaftigkeit *(Rubor, Calor, Tumor* und *Dolor).* Unmittelbare Ursache der Rötung und Erwärmung um den Entzündungsherd ist die entzündliche Mehrdurchblutung *(Hyperämie).* Auch die Schwellung entsteht letzten Endes dadurch, daß der erhöhte Kapillarinnendruck bei Mehrdurchblutung größere Mengen Blutwasser ins Gewebe abpreßt. Man nennt diese eiweißhaltige Flüssigkeit, die sich im Gewebe ansammelt und später auch zelluläre Elemente aufnimmt, *Exsudat* – im Gegensatz zu der Ansammlung eiweißarmer Flüssigkeit, dem Ödem der gewöhnlichen Wassersucht, das nur kleinmolekulare Bestandteile wie Kochsalz und Glucose enthält. Treten später vermehrt Zellen in das entzündliche Exsudat ein, spricht man von einem *Infiltrat.* Exsudat und Infiltrat aber sind die Grundlage der entzündlichen Schwellung. Daß schließlich stärkere Schwellung oder gar ein Gewebsuntergang (Nekrose) schmerzhaft sind, erscheint nicht verwunderlich.

Enthält das Exsudat Eiweiße und entspricht es in seiner Zusammensetzung etwa dem Blutplasma bzw. Blutserum, so spricht man von *serösem Exsudat* und einer *serösen Entzündung.* An Schleimhäuten kann das seröse Exsudat nach außen „filtriert" werden und abfließen, z. B. beim Beginn eines Schnupfens. Man spricht dann von einem serösen Katarrh (von katarrhein [gr.-lat.], herabfließen). In der Haut kann seröses Exsudat Gewebsschichten abheben und so zur Bildung von Blasen führen, wie bei einer Verbrennung oder beim Scheuern durch schlecht sitzendes Schuhwerk. In Gewebshöhlen entstehen seröse Ergüsse, so z. B. der Pleuraerguß im Brustfellraum. Das *eitrige Exsudat* enthält vor allem aus dem Blute ausgewanderte weiße Blutkörperchen (Leukozyten), die durch Verfettung gelblich werden und zugrunde gehen (Eiter). *Eiter* kann bei Schleimhautentzündungen direkt abfließen, wie in bestimmten Stadien des eitrigen Schnupfens (eitriger Katarrh). Sammelt sich Eiter in Gewebsspalten, die durch Gewebszerfall entstehen oder vergrößert werden, spricht man von einem *Abszeß.* Abszesse können in so gut wie allen Organen vorkommen. Typische Beispiele sind: der Abszeß um die Zahnwurzel als Folge einer Wurzelhautentzündung des Zahnes (Abb. 1a); Schweißdrüsen- und Brustdrüsenabszesse (Abb. 1b); das Panaritium (Fingerwurm, Umlauf) als eitrige Entzündung, die vom Unterhautzellgewebe der Greiffläche von Fingern und Händen ausgehen kann (Abb. 2). – Greift die Eiterung durch infiltrierendes Eindringen in zugrundegehendes Gewebe um sich, spricht man von einer *Phlegmone.*

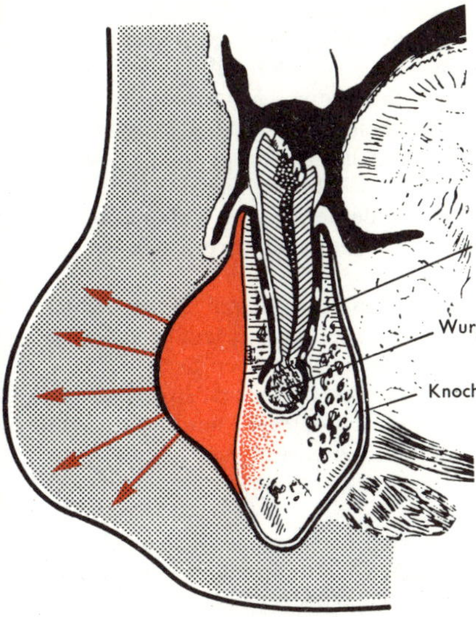

Abb. 1 a Abszeß um die Zahnwurzel

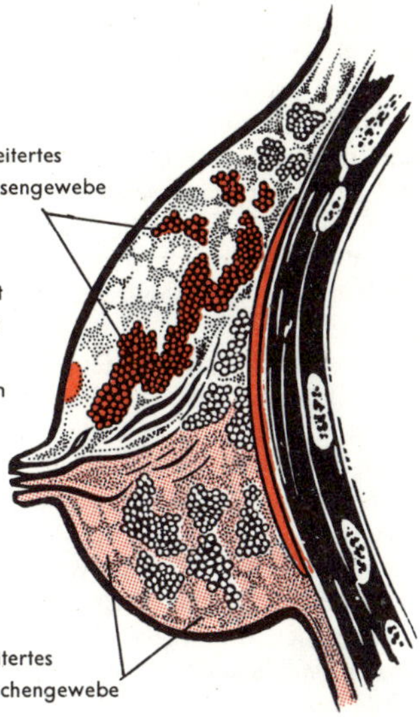

Abb. 1 b Brustdrüsenabszesse

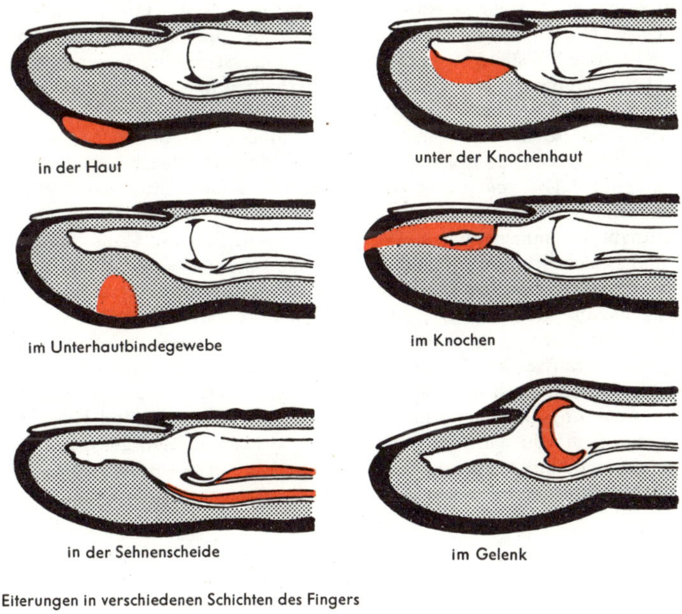

Abb. 2 Eiterungen in verschiedenen Schichten des Fingers

WUNDEN UND WUNDVERSORGUNG

Wunden sind Gewebsverletzungen durch äußere Gewalt. *Oberflächliche Kratzer* oder *Schrammen* bedürfen meist keiner Behandlung und heilen von selbst. Doch sollte bei größerer Ausdehnung und vor allem bei Hand- und Fußwunden gegen Wundstarrkrampf geimpft werden (s. S. 359). Einfache, glatte *Schnittwunden* reinigen sich durch das austretende Blut meist von selbst und heilen dann auch glatt. Dagegen sind *Riß-* oder *Quetschwunden*, wie sie bei Unfällen vorkommen, gewöhnlich stark verschmutzt. Ihre Ausdehnung ist meist größer, als sich bei oberflächlicher Betrachtung vermuten läßt. Unter anderem ist oft auch das umliegende Gewebe, die Wundrandzone, durch die grobmechanische Gewalteinwirkung geschädigt und stirbt nach einiger Zeit ab.

„Zusammengesetzte" oder „komplizierte" Wunden entstehen durch Mitverletzung tiefer gelegener Organe wie Darm oder Lunge bei Schußverletzungen oder Stichwunden. Solche Wunden sind besonders infektionsgefährdet. *Bißwunden* haben meist nur eine kleine Öffnung nach außen; sie werden jedoch durch die eindringenden Zähne vor allem mit solchen Bakterien besiedelt, die ohne Luftsauerstoff besonders gut wachsen (sogenannte Anaerobier). Besonders die Reißzähne von Raubtieren, Katzen oder Hunden setzen tiefe, stichartige Wunden. Bißverletzungen müssen daher stets als infiziert angesehen und ärztlich behandelt werden.

Die beiden Hauptgefahren bei offenen Wunden sind Blutung und Wundinfektion. Bei oberflächlichen Schürfwunden sind lediglich kleine Gefäßverästelungen und Haargefäße betroffen. Das Blut sickert dann nur aus der Wunde *(Sickerblutung)*. Bei größeren Wunden können nicht nur Haargefäße, sondern auch Blutadern und Schlagadern verletzt sein. Ist eine Blutader eröffnet, fließt dunkelrotes Blut stetig und ohne zu pulsieren aus der Wunde. Kleinere *venöse Blutungen* lassen sich meist durch einen Druckverband und Hochlagerung stillen (s. S. 101). *Schlagaderblutungen* erkennt man an dem stoßartig-spritzenden Austritt von hellrotem Blut. Häufig rollen sich die verletzten Wände kleinerer Schlagadern ein, so daß die Blutung auch hier durch Hochlagern zum Stillstand gebracht werden kann. Ist das nicht der Fall, soll als erste Hilfsmaßnahme das betreffende Glied oberhalb, d. h. herzwärts von der Wunde, abgebunden werden. Solche Abschnürungen sollten jedoch nie länger als 10–15 Minuten bestehenbleiben; sie sollten vielmehr in regelmäßigen Abständen für je eine halbe Minute gelöst werden, da sonst ein Absterben der betroffenen Gliedmaße droht.

Die endgültige *Versorgung größerer Wunden* soll immer durch den Arzt erfolgen. Bei tiefgreifenden, klaffenden Schnittwunden werden die Wundränder durch eine einfache Hautnaht zusammengezogen. Da fest aneinanderliegende Wundränder schnell heilen und kosmetisch günstig sind, wird immer eine glatte Wundnaht angestrebt. Dazu ist notwendig, Biß- oder Quetschwunden durch Ausschneiden zu säubern, „anzufrischen", und die Wundränder dann durch Naht zu vereinigen. Das verschmutzte und nicht mehr lebensfähige Gewebe wird mit Schere, Messer und Pinzette entfernt (Abb. 1a–c). Voraussetzung für solche Maßnahmen ist, daß die Wunde spätestens nach 6 Stunden versorgt wird. Andernfalls entwickeln sich eingedrungene Bakteriensporen zu vermehrungsfähigen Formen: die infizierte Wunde entzündet sich (Abb. 1, S. 23). Abgesehen von der Blutstillung, ist für die Wundversorgung Ruhigstellung am wichtigsten, da nur so ein ungestörter Heilungsverlauf gewährleistet ist. – Zur Verhütung des Wundstarrkrampfs s. S. 359.

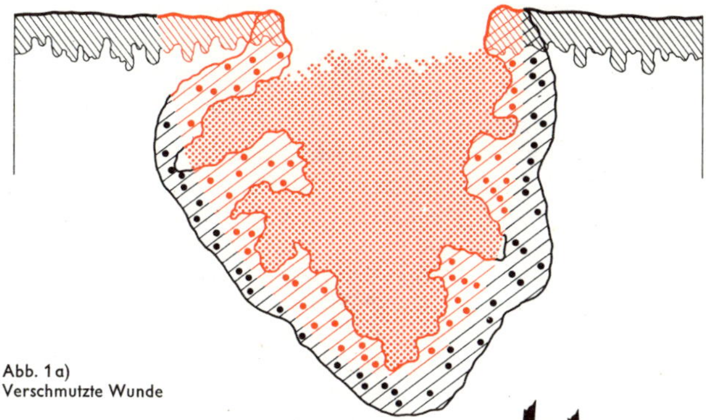

Abb. 1 a)
Verschmutzte Wunde

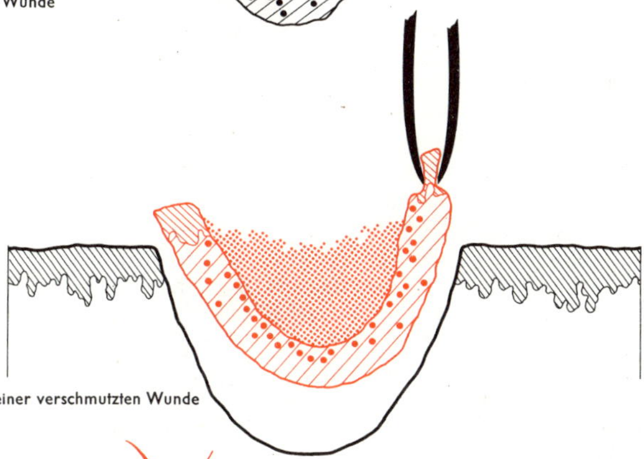

Abb. 1 b)
Ausschneiden einer verschmutzten Wunde

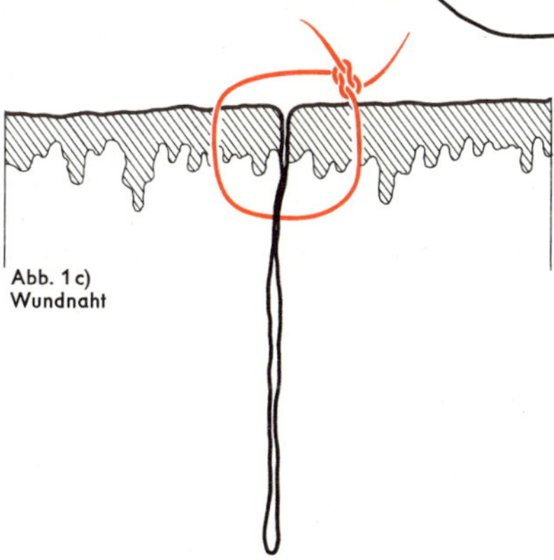

Abb. 1 c)
Wundnaht

WUNDINFEKTION

Bei gesunden Menschen gerinnt bei Verletzungen das Sickerblut innerhalb von Minuten und bildet eine Kruste, den blutigen *Wundschorf*. Dieser ist ein natürlicher Schutz der Wunde gegen das Eindringen von Bakterien, gegen weitere Blutverluste und gegen Austrocknung der Wundfläche; er sollte daher nicht beschädigt werden. Auch das Abtupfen von Wundflächen sollte besser unterbleiben, da es die Schorfbildung verzögert und unzählige Keime auf die Wundfläche bringt.

So gut wie alle Wunden sind von Anfang an infiziert. Ohne ärztliche Wundversorgung vermehren sich die eingedrungenen Erreger. Sie können von den Wundrändern in die benachbarte Haut einwandern und zur *Wundrose* führen, einer sehr schmerzhaften, fortschreitenden fiebrigen Entzündung der Haut (Abb. 1a). Da zerstörtes Gewebsmaterial und Bakteriengifte durch die Lymphe abtransportiert werden, können auch vermehrungsfähige Bakterien in die Lymphspalten und Lymphgefäße eindringen und dort eine Entzündung erzeugen. Rote Streifen auf der Haut und schmerzhafte Lymphknotenschwellungen sind immer ein Anzeichen dafür, daß sich aus der abgegrenzten, örtlichen Entzündung an der Wunde eine allgemeine Infektion *(Blutvergiftung)* entwickelt (Abb. 1b). Dringen Bakterien in die Spalten des Unterhautzellgewebes ein, entsteht die sogenannte *Zellgewebsentzündung* (Abb. 1c). Die Haut ist gerötet, heiß und geschwollen, es „klopft" in dem entzündeten Bereich. Solche Erscheinungen sind oft ein Signal zum operativen Handeln: Die Wundöffnung muß erweitert werden, um für den *Eiter* und die Bakterien einen Abfluß nach außen zu schaffen.

Nicht selten verfärbt sich die Umgebung einer infizierten Wunde bläulichrot. Dies rührt daher, daß Bakterien in die angrenzenden Blutgefäße eindringen und die Gefäße entzünden. Dadurch entstehen Blutpfröpfe und kleine Gefäßverschlüsse und schließlich Blutstauungen im entzündeten Wundgebiet (Abb. 1d). Ist der Abfluß des Eiters aus einer infizierten Wunde behindert, z.B. durch die allzu kleine Wundöffnung einer Stichverletzung, die alsbald verklebt, kann sich eine Eiteransammlung, ein Abszeß, bilden (Abb. 1e). Durch die Wirkung der Bakteriengifte, die weiße Blutkörperchen anlocken, werden mehr und mehr Gewebszellen in den Abszeß einbezogen, sterben ab und erweitern die Eiterhöhle. Eiter besteht aus Bakterien, weißen Blutkörperchen und Gewebstrümmern. Er ist das Ergebnis einer „Entzündungsschlacht", die der Organismus gegen eingedrungene Krankheitserreger führt. Unterliegen die Abwehrkräfte des Körpers dem zerstörerischen Wirken der Bakterien, kann sich auf jeder Stufe der Wundentzündung eine *Blutvergiftung (Sepsis)* entwickeln. Dann brechen die Eitererreger in die Blutbahn ein, wo sie sich weiter vermehren können. Die Blutvergiftung beginnt mit Schüttelfrost und sehr schnellem Fieberanstieg auf Temperaturen von 39 bis 41 °C (Abb. 2). Mit dem durch das Fieber bedingten Stoffwechselanstieg schlägt das Herz schneller. Eine Faustregel besagt, daß 1 °C Temperaturanstieg den Puls von rund 75–80 jeweils um 12 Schläge pro Minute erhöht. Der Kranke leidet meist unter heftigen Kopfschmerzen, Appetitlosigkeit und Übelkeit. Blutvergiftung führte früher fast immer zum Tod. Heute behandelt man sie recht erfolgreich mit bakterienfeindlichen Antibiotika wie Penicillin oder Tetrazyklinen. Mit ihrer Hilfe ist es auch bei schwerer Blutvergiftung möglich, Temperatursenkung, Pulsverlangsamung und schließlich sogar die Heilung durch Ausrottung der Erreger zu erzielen (Abb. 2).

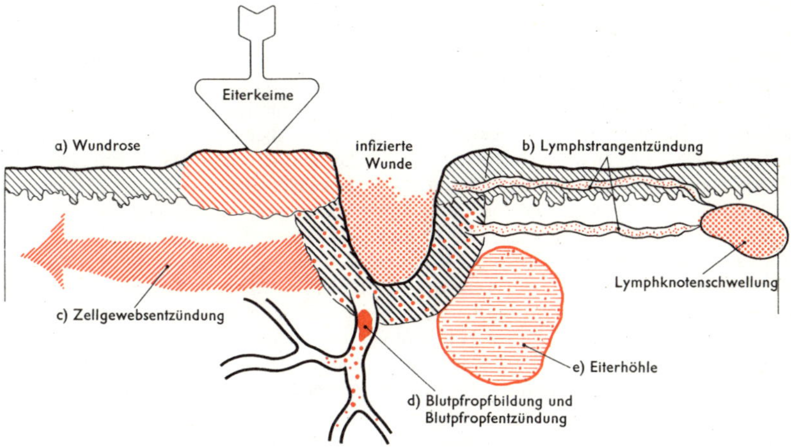

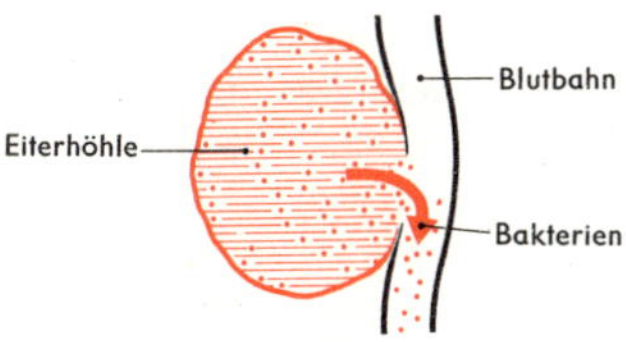

Abb. 1
Formen der Wundentzündung

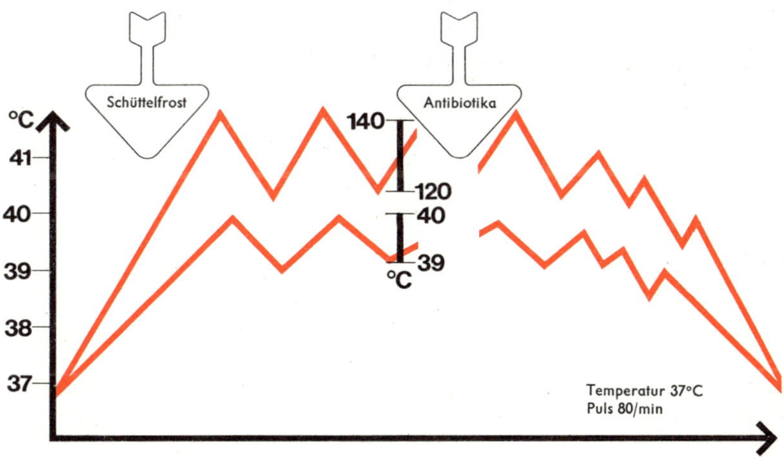

Abb. 2
Blutvergiftung

HERZVERSAGEN · KREISLAUFSTILLSTAND WIEDERBELEBUNG

Der Tod des Organismus tritt in den weitaus meisten Fällen durch *Herzversagen* ein, auch wenn ursprünglich andere Organe erkrankt waren. Ist ein solcher „Herztod" der letzte, unausweichliche Akt einer schweren Erkrankung oder Verletzung, so muß auch die heutige Medizin ihn hinnehmen, so z. B. bei unheilbarem Krebs, bei schwerster Hirnverletzung oder beim endgültigen Versagen eines kranken Herzens selbst. Tritt Herzversagen jedoch plötzlich als unerwarteter Zwischenfall unter Krankheitsbedingungen ein, die mit einem funktionierenden Herzen zu überstehen wären, kann und muß eine Wiederbelebung versucht werden. Solche Beispiele sind das Ertrinken, der Herzstillstand beim sogenannten Badetod, das Ersticken, das Herzversagen bei Herzinfarkt, Blutverlust, Narkose und Operation sowie bei schweren Unfällen durch elektr. Strom. Für Wiederbelebungsversuche bleiben vom Herzstillstand an nur rund 10 Minuten. Schon 3–4 Minuten nach Beginn des Kreislaufstillstandes ist das Herz durch Sauerstoffmangel so schwer geschädigt, daß es nicht mehr imstande ist, den Kreislauf ohne äußeres Zutun wieder ausreichend in Gang zu bringen. Zwar kann das stehende Herz durch geeignete Hilfsmaßnahmen auch später noch zum Schlagen gebracht werden. 10 Minuten nach dem Herzstillstand wird das Gehirn jedoch endgültig funktionsunfähig, und die Atmung stellt ihre Tätigkeit ein. Wiederbelebung des Herzens, falls sie gelingt, führt dann bei totem Gehirn und künstlicher Atmung nur noch zu einem Zustand, den man „Hirntod" nennt – im Unterschied zum Herz- und Hirntod, wie man ihn früher verstand. Medizinisch-juristische und ethisch-religiöse Probleme entstehen vor allem dann, wenn Organverpflanzungen aus kreislauftüchtigen, aber funktionsmäßig hirnlosen Körpern in Frage kommen. Von ärztlicher Seite mußten erst neue Kriterien für die möglichst zuverlässige Erkennung eines solchen Gehirntodes aufgestellt werden (das Ausbleiben von elektrischen Spannungsschwankungen, wie sie im Hirnstrombild registriert werden; Abb. 1).

Die kurze Zeitspanne von 3 bis 4 Minuten verlangt vom Hilfeleistenden, den Herz- und Kreislaufstillstand sofort zu erkennen oder zu vermuten und zielbewußt einzugreifen. 6–12 Sekunden nach dem Herzstillstand tritt Bewußtlosigkeit ein. Der Puls fehlt; doch kann ein sehr geringer Pulsschlag auch von Geübten übersehen werden. 15–20 Sekunden nach der Kreislaufunterbrechung setzt die Atmung aus. Die Haut ist nun graufarben, die Pupillen durch zentrale Lähmung weit. Zur absolut sicheren Feststellung des Herzstillstandes gehört zwar eine Herzstromkurve. Dennoch wird angesichts der nach Sekunden bemessenen Zeit auch schon bei dringendem Verdacht auf Kreislaufstillstand mit den Wiederbelebungsmaßnahmen begonnen. Sie können auch bei erheblicher Kreislaufschwäche ohne Herzstillstand nur nützlich sein.

Die *Wiederbelebung* wird je nach Dringlichkeit nach einem Dreistufenplan ausgeführt:

1. Sauerstoffversorgung des Gehirns durch künstliche Beatmung und Herzmassage.
2. Wiederherstellung eines möglichst normalen Blutkreislaufs durch Injektion blutdrucksteigernder und herzanregender Arzneistoffe.
3. Stabilisierung des Zustandes; Beseitigung der Ursachen für den Herzstillstand; sogenannte Intensivpflege.

Die Behandlung des Kreislaufstillstandes hat davon auszugehen, daß es sich um zwei recht verschiedene Zustände handeln kann: einmal um einen echten Stillstand des Herzens, dessen Kammern weder Erregungen aufnehmen noch aus sich selbst zustande bringen; zweitens um das sogenannte Kammerflimmern, bei dem das Herz sich im Wechsel nicht mehr geordnet zusammenziehen und erschlaffen kann, sondern – durch fortgesetzte, eigenständige Erregungen kleinster Herzabschnitte übererregt – pumpunfähig verharrt.

Beim Herzversagen ist vor allem dafür zu sorgen, daß der stillstehende Kreislauf und die gelähmte Atmung wieder in Gang kommen. In einem ersten Schritt müssen Mundhöhle und Rachen des Bewußtlosen bei seitlich gedrehtem Kopf durch Auswischen gereinigt werden. Bei Überstreckung des Kopfes und vorwärtsgezogenem Unter-

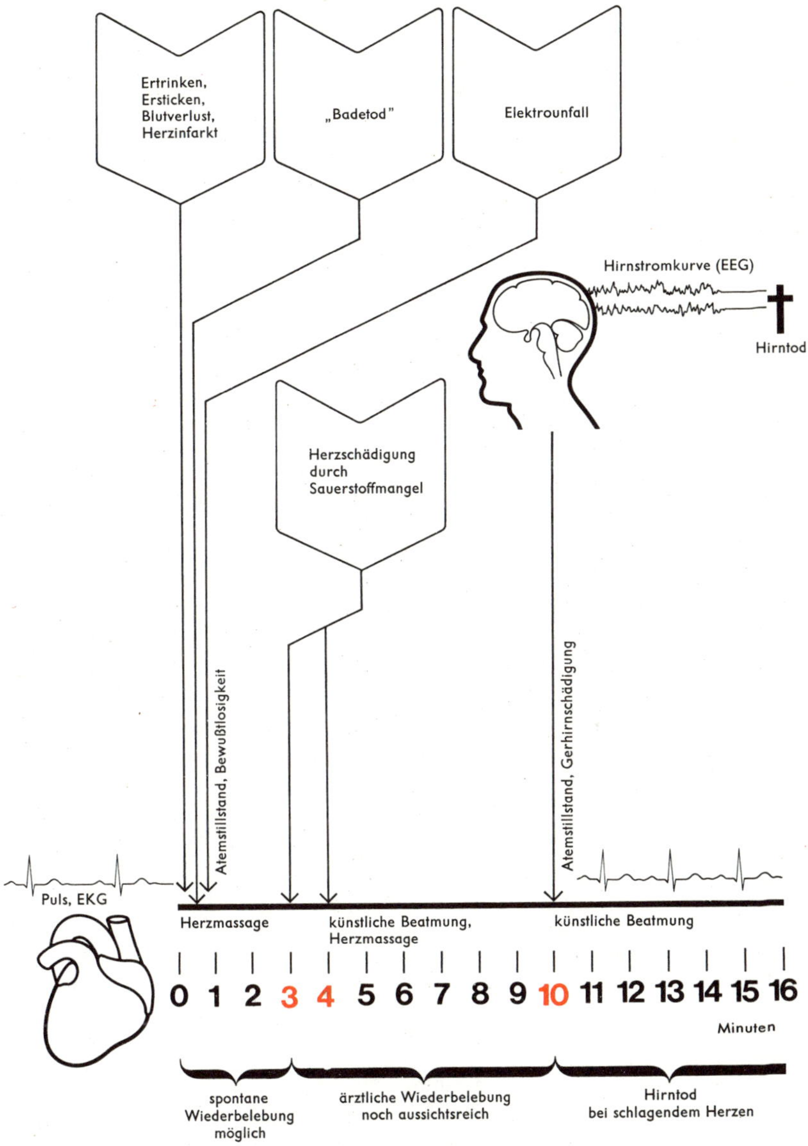

Abb. 1
Ursachen und Behandlungsmöglichkeiten des Kreislaufstillstands

kiefer gibt die zurückgesunkene Zunge den Atemweg frei. Sicherer ist ein Rachenrohr, z. B. der Rachentubus nach Safar, der gleichzeitig auch die Beatmung erleichtert. Um ganz sicher zu gehen, schieben geübte Ärzte eine Röhre durch den Kehlkopf in die Luftröhre vor (endotracheale Intubation). Zur künstlichen *Mund-zu-Mund-Beatmung* wird der Mund des Bewußtlosen geöffnet und die Nase verschlossen (Abb. 2). Auch *Mund-zu-Nasen-Beatmung* kommt in Frage. An der erzielten Brustbewegung kann abgelesen werden, ob die Beatmung wirksam ist. Bei 15–20 Atemstößen pro Minute und ausreichender Beatmungstiefe enthält das Blut des Beatmeten bald wieder genügend Sauerstoff. Ein Nachteil der Mund-zu-Mund-Beatmung ist, daß Luft in den Magen gelangen und das Zwerchfell hochdrücken kann, doch läßt sich der Magen durch Druck auf den Oberbauch wieder entleeren. Außer der direkten Atemspende kann von Geübten auch mit Maske und Beutel beatmet werden. Beide Verfahren behindern die Herzmassage nicht.

Die *Herzmassage* ist bei stillstehendem Herzen erforderlich, um den gespendeten Sauerstoff in die verschiedenen Organe, vor allem in das empfindliche Gehirn, zu leiten. Das Prinzip der Herzmassage, die am besten ein Arzt durchführt, besteht darin, den stillstehenden Hohlmuskel des Herzens durch Druck von außen zu ersetzen. Dadurch wird das Blut der Herzkammern über die beiden Taschenklappen in die Lungen- und Körperhauptschlagader „gepumpt". Zur *äußeren* Herzmassage drückt man im Bereich des unteren Brustbeindrittels auf den Brustkorb; dadurch wird das Herz zwischen Brustbein und Wirbelsäule zusammengedrückt und entleert (Abb. 3). Läßt man wieder los, so entsteht im Brustkorb, der elastisch zurückfedert, ein Unterdruck, der das Herz erneut füllt. Voraussetzung für die Wirksamkeit der Massage ist eine entsprechend harte Unterlage. Ausreichend tiefes Eindrücken des Brustbeins um 3–5 cm verlangt beim Brustkorb des Erwachsenen Drücke von 25 bis 40 kg. Daher muß der Massierende seine Hände aufeinanderlegen und bei gestreckten Armen mit dem gesamten Gewicht seines Oberkörpers arbeiten (Abb. 4a). Bei Kindern oder Säuglingen sind wesentlich geringere Drücke, wie man sie mit einer Hand oder einem Daumen erzeugen kann, erforderlich (Abb. 4b und c).

Die Massagestöße sollen kurz und kräftig, ca. 50- bis 70mal pro Minute, angewandt werden. Bei zwei Helfern wird mit einem Verhältnis (Massagestoß zu Atemspende) von 4:1 gearbeitet. Ein einzelner Helfer wählt am besten den Rhythmus 8:2 oder 14:3. Die äußere Herzmassage kann mit Spezialgeräten auch maschinell durchgeführt werden. Ganz allgemein ist die Wirkung der Herzmassage ausreichend, wenn es gelingt, einen „künstlichen" Puls zu erzeugen. Als sichtbare Folge verschwindet die graue Verfärbung der Haut, und die weiten Pupillen werden enger. In der Klinik kann der Brustkorb eröffnet und das Herz von Hand direkt massiert werden. Diese *direkte Herzmassage* wird u. a. bei starrem Brustkorb, nach Herzoperationen und bei Herz- oder Brustkorbverletzungen angewandt. Sie ist indessen so kompliziert, daß man zuerst gewöhnlich die Möglichkeiten der äußeren Herzmassage ausschöpft.

Künstliche Atmung und Herzdruckmassage werden im übrigen so lange durchgeführt, bis die Eigenatmumg wieder einsetzt und das Herz wieder regelmäßig schlägt – sonst mindestens zwei Stunden lang, wenn nicht vorher ein Arzt den Tod an Hand sicherer Todeszeichen feststellt.

Die Wiederbelebung ist mit dem Einsetzen von Herztätigkeit und Atmung noch nicht beendet. Oft muß das Herz durch Adrenalin oder adrenalinähnlich wirkende Mittel noch künstlich angeregt, die angefallene Säure abgepuffert und verlorenes Blut oder Flüssigkeit wieder ersetzt werden.

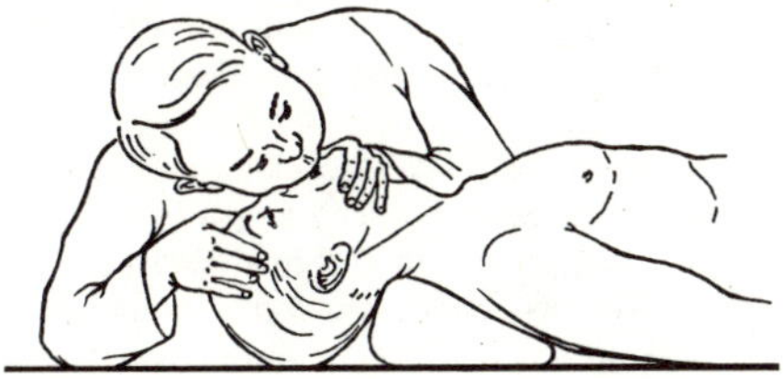

Abb. 2
Mund-zu-Mund-Beatmung

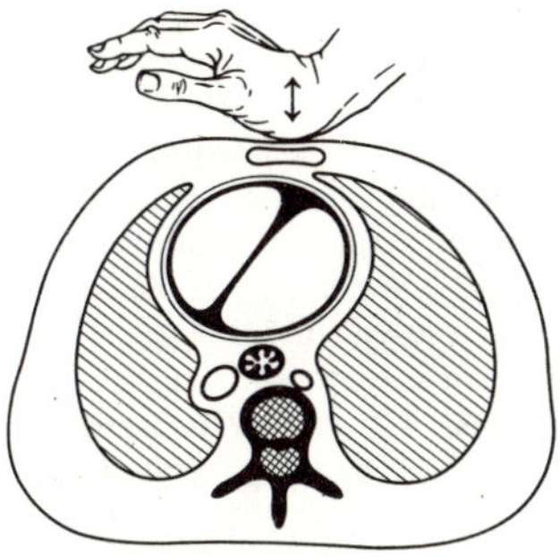

Abb. 3
Äußere Herzmassage

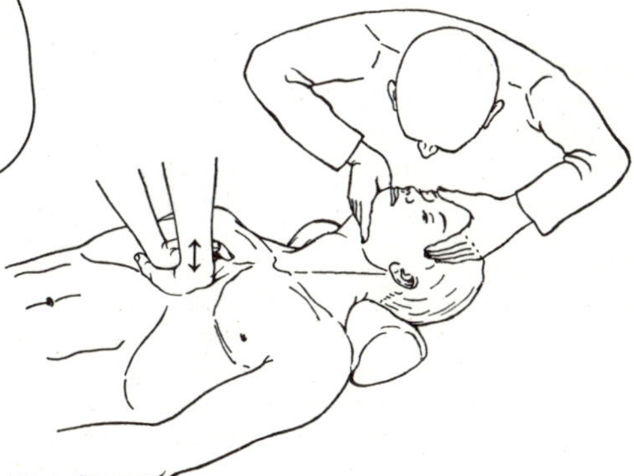

Abb. 4a)
Mund-zu-Mund-Beatmung und äußere Herzmassage beim Erwachsenen

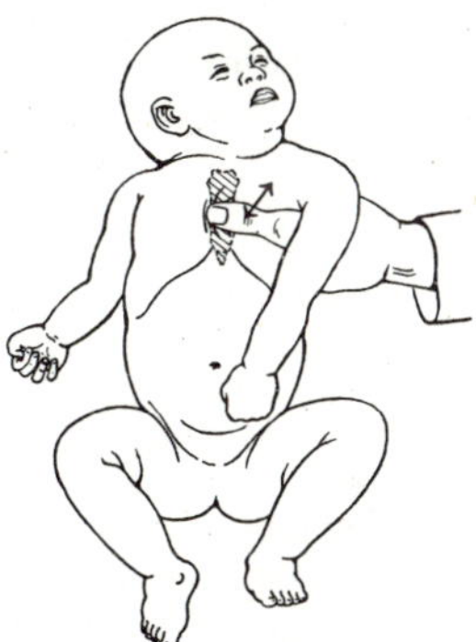

Abb. 4b)
Äußere Herzmassage beim Säugling

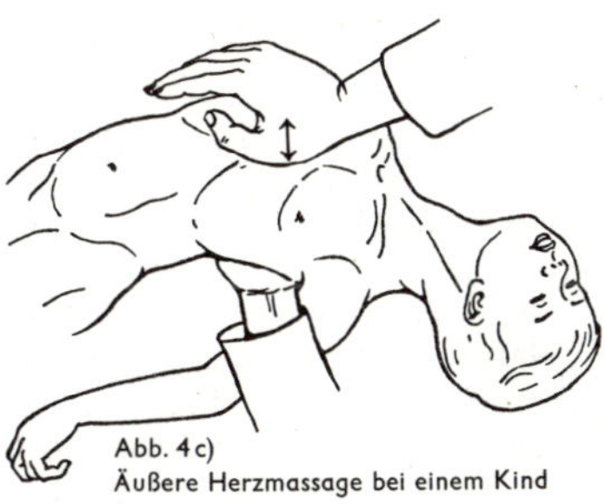

Abb. 4c)
Äußere Herzmassage bei einem Kind

VERBRENNUNG

Ein lebenswichtiger Bestandteil des Körpergewebes ist Eiweiß. Wird Eiweiß über 56 °C erhitzt, gerinnt es und wird unwiderruflich umgebildet. In diesem denaturierten Zustand wird das Eiweiß vom Organismus als Fremdkörper empfunden und als solcher durch Entzündung bekämpft oder abgestoßen. Derartige Vorgänge spielen sich bei der Verbrennung ab.

Als Verbrennungsursachen kommen heißes Wasser, Dampf, Feuer und elektrischer Strom in Frage. Manche Chemikalien, Säuren oder Laugen führen zur Eiweißfällung und erzeugen daher ähnliche Gewebsschäden wie Verbrennungen. Bei der Verbrennung wird zuerst die Haut betroffen, Nur bei schwersten Verbrennungen verkohlen auch die unter der Haut liegenden Muskeln, Gefäße, Nerven und Knochen. Solche tiefgreifenden Zerstörungen zwingen zur Amputation der betroffenen Gliedmaßen; an Kopf und Rumpf führen sie meist schnell zum Tode.

An der Haut unterscheidet man je nach der Tiefe drei *Verbrennungsgrade:* Bei Verbrennung 1. Grades kommt es zu einer sehr schmerzhaften Rötung der Oberhaut, die ohne Narbenbildung innerhalb von Tagen verschwindet. Die Verbrennung 2. Grades ist in erster Linie gekennzeichnet durch die außerordentlich schmerzhaften Brandblasen. Die Blasenbildung beruht darauf, daß die Blutkapillaren der Haut durch die Hitze geschädigt und für Blutplasma durchlässig werden. Daher tritt Blutflüssigkeit aus und hebt die oberste Hautschicht von der Unterlage ab (Abb. 2). Je nachdem, wie tief die Oberhaut verbrannt ist und ob die darunterliegenden Haargefäße nur geschädigt oder zerstört sind, erscheint der Blasengrund rot oder weißlichgrau. Bei unzerstörtem Kapillarnetz heilt eine Brandblase in 10 bis 14 Tagen meist narbenlos ab. Tiefere Brandblasen benötigen zur Heilung etwa einen Monat und hinterlassen Narben. Die Verbrennung 3. Grades betrifft nicht nur die Oberhaut, sondern auch die Gefäße und Nerven tragende Lederhaut. Das zerstörte Eiweiß sieht verkohlt oder weißlich-lederartig aus. Da auch Nervenfasern mit zerstört werden, sind Verbrennungen 3. Grades stellenweise gefühl- und schmerzlos. Die abgestorbenen Hautpartien werden innerhalb von 2 bis 3 Wochen abgestoßen und hinterlassen einen Defekt, der manchmal durch eine Hautübertragung gedeckt werden muß (Abb. 1).

Das Schicksal des Verunglückten hängt indessen nicht nur von der Tiefe, sondern auch und oft vor allem von der Ausdehnung der Hautzerstörungen ab. Dabei geht es nicht darum, ob die verbrannte Haut noch „atmen“ kann, vielmehr ist das Ausmaß des Flüssigkeitsverlustes entscheidend. Die Ausdehnung einer Verbrennung wird grob in Prozent der Körperoberfläche nach der sog. Neunerregel abgeschätzt (Abb. 3). Eine Verbrennung von etwa $^{2}/_{3}$ der gesamten Haut wird selten überlebt. Sind etwa 50 % der Körperoberfläche verbrannt, sterben nach groben Statistiken immer noch mehr als die Hälfte der Betroffenen. Selbst eine Hautverbrennung von 15 bis 20 % führt schon zu schweren Allgemeinerscheinungen, die man als Verbrennungsschock bezeichnet. Der Verbrennungsschock beruht auf einer örtlichen und allgemeinen Kapillarschädigung. Daher tritt Blutflüssigkeit nach außen und v. a. als Ödem ins Gewebe über. Keimvermehrung im Darm und Endotoxinbildung unterstützen diesen Vorgang. Die Folge ist eine Bluteindickung und ungenügende Füllung der Gefäßbahn. Neben einer keimfreien Wundversorgung müssen ausgedehnte Verbrennungen daher v. a. mit Blutplasma oder blutkörperchenfreien Blutersatzmitteln behandelt werden.

2–3 Tage nach der Verbrennung beginnt das Ödem in den Kreislauf zurückzuströmen. Die Harnproduktion, die während der ersten 48 Stunden stark vermindert war, steigt jetzt beträchtlich an. Dabei werden mit der Harnflut auch große Mengen von Kalium ausgeschieden. Um das Herz vor Überlastung zu schützen, wird die Flüssigkeitszufuhr in diesem Stadium der Verbrennungskrankheit wieder eingeschränkt. Die Gefahr einer bakteriellen Infektion von den Gewebstrümmern der schlecht durchbluteten Verbrennungswunden aus kann mit Antibiotika beherrscht werden. Bei tiefen Verbrennungen müssen größere Wunden bald durch eine Hautüberpflanzung gedeckt werden. Verbrennungsnarben neigen zu besonders starker Narbenschrumpfung (Abb. 4).

	Aussehen	Heilungsdauer	Narbenbildung	Empfinden
1. Grad		3–6 Tage	keine	sehr schmerzhaft
2. Grad	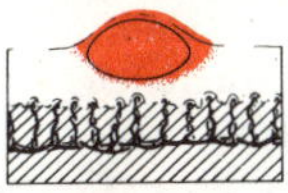	10–14 Tage	keine	sehr schmerzhaft
2. Grad	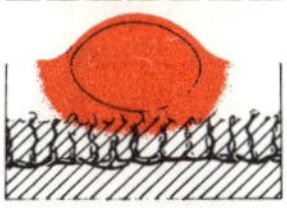	25–35 Tage	leichte Narbenbildung	sehr schmerzhaft
3. Grad		Nekrosen stoßen sich in 2–3 Wochen ab	Narbenbildung (oft Hauttransplantation notwendig)	keine Schmerzen

Abb. 1

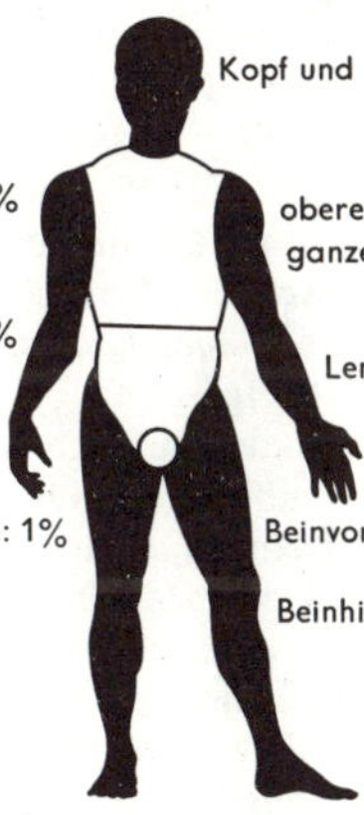

Abb. 3
Abschätzung der verbrannten Körperoberfläche nach der Neunerregel (beim Erwachsenen)

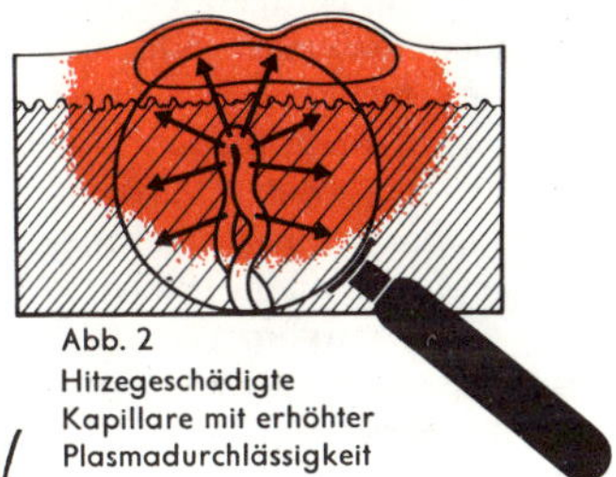

Abb. 2
Hitzegeschädigte Kapillare mit erhöhter Plasmadurchlässigkeit

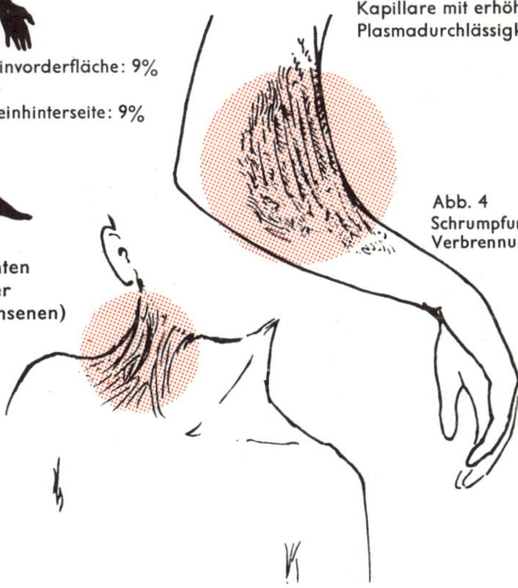

Abb. 4
Schrumpfung von Verbrennungsnarben

IMMUNITÄT UND ALLERGIE

Der Organismus hat die Fähigkeit, zwischen körpereigenen und körperfremden Geweben, Zellen und Substanzen zu unterscheiden und entsprechend zu reagieren. Diejenigen Zellen, die körperfremdes Material mit Hilfe spezifischer Reaktionen „beurteilen" und unschädlich machen, bilden das *Immunsystem*. Körperfremde Substanzen, die das Immunsystem zu einer solchen Abwehr herausfordern, nennt man *Antigene*. Die Abwehrantwort des Immunsystems, die bezeichnenderweise mit jedem Antigenkontakt heftiger wird, erfolgt entweder über *Antikörper* mit anschließender *Antigen-Antikörper-Reaktion* als sog. *humorale Immunreaktion* oder durch die Bereitstellung und Vermehrung von Zellen, die das Antigen direkt anzugreifen vermögen *(zelluläre Immunreaktion)*. Bei der Immunabwehr spielen die zu den weißen Blutkörperchen zählenden *Lymphozyten* eine entscheidende Rolle: Die sog. *B-Lymphozyten*, die sich von Stammzellen des Knochenmarks herleiten und in den Lymphfollikeln des Darmkanals ausreifen, sind für die humorale Immunreaktion, die im Thymus ausreifenden sog. *T-Lymphozyten* sind für die zelluläre Immunreaktion verantwortlich.

Am Anfang einer Immunreaktion wird das in den Körper eingedrungene Antigen in der Regel durch Freßzellen (Makrophagen) aufgenommen und so aufbereitet, daß es anschließend zur Anregung und Spezialisierung von Immunzellen kommt. Manche dieser Zellen bleiben auf einer Zwischenstufe stehen. Sie bilden nach Ablauf dieser Erst- oder *Primärreaktion* (als sog. *Memory-cells*) das „Gedächtnis" des Immunsystems – in Wirklichkeit ein zum raschen Eingreifen bereites, teilungsfähiges Reservoir nicht voll ausdifferenzierter Immunzellen. Diese Gedächtniszellen sind es, die beim zweiten und jedem weiteren Kontakt mit dem Antigen garantieren, daß eine immer raschere und heftigere Immunantwort erfolgt *(Sekundärreaktion)*.

Andere Immunzellen treiben die Spezialisierung weiter als die Memory-cells, einige schon beim ersten und dann immer zahlreichere nach jedem weiteren Antigenkontakt. Man nennt diese voll ausdifferenzierten Lymphozyten *Effektorzellen*, von denen es im Rahmen der beiden Arten von Immunreaktion zwei Vertreter gibt: die aus den B-Lymphozyten hervorgehenden antikörperproduzierenden *Plasmazellen* und die aus T-Lymphozyten abgeleiteten *kleinen aktiven Lymphozyten*. Die von den Plasmazellen gebildeten Antikörper sind Rieseneiweißmoleküle. Man nennt sie *Immunglobuline (Ig)*; es gibt davon fünf Klassen mit spezifischen Aufgaben: IgG, IgM, IgA, IgD, IgE.

Die weitaus meisten der fortwährend ablaufenden Immunreaktionen machen den Organismus unbemerkt (gewissermaßen in aller Stille) unempfindlich gegenüber den Antigenen. Sie haben Schutzcharakter: Abwehr und Beseitigung eingedrungener Erreger und Toxine; Abwehr von Fremdstoffen (besonders Eiweißen), von fremden Zellen und Geweben (etwa bei der Transplantatabstoßung) und von körpereigenen mutierten Zellen (bei der Tumorabwehr). Entsprechend nennt man *Immunität* die erworbene spezifische Unempfindlichkeit vor allem gegenüber Infektionen und Toxinen.

Immunität kann auf „natürlichem" Wege erworben sein (z. B. durch eine Maserninfektion) oder künstlich durch eine Schutzimpfung mit antigenem Material (z. B. mit toten oder abgeschwächten Erregern) erzeugt werden. Anders als bei dieser *aktiven Immunisierung* werden bei der *passiven Immunisierung* fertige Antikörper, meist menschlichen Ursprungs, übertragen *(Serumprophylaxe, Serumtherapie)*; passive Immunität kann daher auch nur relativ kurze Zeit wirksam sein.

Im Gegensatz zur Immunität haben *überschießende Immunreaktionen* Krankheitscharakter. – Ein Sonderfall schädlicher Immunprozesse sind die *Autoimmunkrankheiten (Autoaggressionskrankheiten)*, bei denen körpereigenes Material aus unterschiedlichen Gründen antigene Eigenschaften annimmt. – Immunreaktionen gegen körperfremde Antigene *(Allergene)* bezeichnet man als *Allergie*. Auch bei der Allergie laufen humorale, vom B-Zellsystem vermittelte, und zelluläre, dem T-Zellsystem zugehörige, von Mal zu Mal heftigere Immunreaktionen ab. Dabei unterscheidet man – je nachdem, welche Antikörperklassen und Vermittlerstoffe beteiligt sind und wo die pathologischen Vorgänge sich abspielen – verschiedene *allergische Reaktionstypen:*

Bei der allergischen Reaktion vom *Typ I* (sog. *Anaphylaxietyp*) spielt *Immunglobulin E* (*IgE;* früher *Reagin* genannt) die Hauptrolle. Es handelt sich dabei um Antikörper, die sich vor allem an Mastzellen und basophile Granulozyten anlagern. Sie führen dort beim Anfluten des betreffenden Allergens zur Freisetzung von Mediatoren wie Histamin und Serotonin, die für die allergische Sofortreaktion verantwortlich sind, außerdem aber auch zur Bildung von sog. *Leukotrienen*, die über längere Zeit, und zwar vor allem bronchienverengend, wirken. Lokale Reaktionen vom Anaphylaxietyp kommen vor allem dort vor, wo zahlreiche Mastzellen und basophile Granulozyten vorhanden sind. Zu diesen Reaktionen gehören die Nesselsucht (Urticaria), der Heuschnupfen (Rhinitis allergica), das Quincke-Ödem (an Lidern und Lippen sowie – durch Verlegung der Atemwege u. U. lebensbedrohend – im Rachen und im Kehlkopf), manche Formen von Bronchialasthma und Brechdurchfall sowie das sog. atopische Ekzem. Gelangen die betreffenden Allergene in den Kreislauf (wie manchmal bei einer Allergie auf Insektenstiche), kann es zu schweren Allgemeinreaktionen mit Gefäßerweiterung, raschem Blutdruckabfall und Kreislaufversagen kommen *(anaphylaktischer Schock)*. – Allergene, die Reaktionen vom Typ I auslösen, sind bevorzugt Bestandteile von Graspollen, Pilzen, Nahrungsmitteln, Parasiten, Insektengiften, Arzneimitteln.

Bei der Überempfindlichkeitsreaktion vom *Typ II* reagieren Antikörper der IgG- und IgM-Klasse mit Zellmembranen vor allem auch von Blutkörperchen und Blutplättchen; diese Membranen wirken entweder selbst antigen oder neigen dazu, Antigene anzulagern (z. B. ein Arzneimittel). Durch Aktivierung des sog. Komplementsystems kommt es dann im Gefolge der Antigen-Antikörper-Reaktion zur Zerstörung der betreffenden Membranen und zum Zelluntergang *(zytotoxische Reaktion)*. Die Folge ist dann schließlich ein allergisch bedingter Mangel an roten bzw. weißen Blutkörperchen (Anämie, Leukopenie, Agranulozytose) oder an Blutplättchen (Thrombopenie).

Bei der Überempfindlichkeitsreaktion vom *Typ III* kommt es zur Bildung und Ablagerung von *Antigen-Antikörper-Komplexen* (beteiligt sind IgM und IgG) und, im Gefolge einer Aktivierung des Komplementsystems, zu örtlichen Gewebsschäden. Beispiele sind die *Serumkrankheit* nach wiederholter Zufuhr artfremden Serums (heute nur noch selten) und bestimmte Formen der Nierenentzündung.

Die Überempfindlichkeitsreaktion vom *Typ IV* ist identisch mit der *zellulären Immunreaktion* durch die kleinen aktiven Lymphozyten aus dem T-Zellsystem. Zuerst werden diese immunkompetenten Zellen selbst in den Prozeß mit einbezogen. Dabei geben sie Stoffe ab, die Freßzellen anlocken, die sich dann ihrerseits an der im Gewebe ablaufenden Abwehrreaktion beteiligen. Beide Phasen dieser Immunantwort setzen demnach den Anmarsch von Zellen voraus. Daher kommt es, daß die Anzeichen einer deutlichen Reaktion vom Typ IV frühestens nach zwei Tagen zu beobachten sind (*verzögerte Immunreaktion;* im Gegensatz zur weiter oben geschilderten *Sofortreaktion*). Auch die Rückbildung dauert relativ lange, häufig mehrere Wochen. Beispiele einer zellulären Immunantwort sind die Tuberkulinreaktion (s. S. 509 ff.), das Kontaktekzem (s. S. 448) und die Abstoßungsreaktion gegen Transplantate (s. S. 32).

Zur *Diagnose einer Allergie* gehört die genaue Erfassung der Vorgeschichte (Exposition am Arbeitsplatz und in der Wohnung, Kosmetika, Arzneimittel, Nahrungsbestandteile u. a.) und, im Zusammenhang damit, der Allergennachweis (*Intrakutantest* zur Aufdeckung von Antikörpern; *Epikutantest* zum Nachweis von Immunzellen mit der Läppchenmethode an Arm und Rücken; Laboruntersuchungen, besonders zum Nachweis von IgE; Karenz- und u. U. auch Expositionsversuche).

Eine (nicht immer durchführbare) *Therapie der Allergie* besteht in der Vermeidung des Allergens, u. U. mit Wohnungs-, Arbeitsplatz- und sogar Berufswechsel. Eine Überempfindlichkeit vom Anaphylaxietyp kann durch die Verabreichung steigender Antigenmengen in kurzer Folge gemildert werden (*Desensibilisierung* oder *Hyposensibilisierung*). Einzelne Allergiesymptome können mit Adrenalin und seinen Verwandten, mit Kortikosteroiden oder mit Antihistaminika bekämpft werden.

ORGANERSATZ · ORGANTRANSPLANTATION

Entscheidende Leistungseinschränkungen lebenswichtiger Organe sind mit dem Fortbestehen des Gesamtorganismus nicht vereinbar. Erkrankungen, in deren Verlauf solche Organinsuffizienzen auftreten, sind vielfältig. Im Vordergrund stehen Veränderungen der versorgenden Blutgefäße, chronische Entzündungen, bösartige Geschwülste und Abnutzungserscheinungen durch Überbeanspruchung. In solchen Fällen geht wichtiges Funktionsgewebe der befallenen Organe zugrunde, ihre Arbeitsfähigkeit wird lebensbedrohlich eingeschränkt.

Die Zunahme einer Organinsuffizienz ist nicht selten unaufhaltsam. Der Organismus kann dann nur am Leben erhalten werden, wenn das versagende Organ durch ein gesundes Spenderorgan ersetzt oder seine Funktion von einer Maschine übernommen wird.

Die Möglichkeit eines langfristigen maschinellen *Organersatzes* besteht seit längerem bereits für die Niere. Die Blutwäsche, von der funktionseingeschränkten Niere nur unzureichend gewährleistet, kann mit einer *künstlichen Niere* durchgeführt werden. Dabei wird das mit harnpflichtigen Stoffwechselgiften beladene Blut durch ein Membransystem geleitet, welches in Spülflüssigkeit eintaucht; durch die Membranporen können die Stoffwechselschlacken in die Spülflüssigkeit gelangen und so aus dem Blut entfernt werden. Die lebenswichtigen Eiweiße des Blutserums werden durch das ultrafeine Sieb der Dialysemembranen dagegen zurückgehalten. Ein ganz ähnlicher Vorgang läuft bei der sogenannten *Peritonealdialyse* ab. Hier wird die Spülflüssigkeit in die Bauchhöhle des Erkrankten eingebracht. Die harnpflichtigen Giftstoffe gelangen dann durch die Membranen des Bauchfells in die Spülflüssigkeit, Eiweiße werden zurückgehalten. Durch wiederholte Erneuerung der Spülflüssigkeit wird auch hier eine ausreichende Blutreinigung erzielt. Je nach Schwere des Nierenversagens muß die Blutentgiftung mehr oder weniger häufig durchgeführt werden. Bei der *Hämofiltration* werden die Stoffwechselschlacken nicht durch Diffusion, sondern durch einen Filtrationsprozeß aus dem Blut entfernt. Die hohen Kosten solcher Verfahren und auch die psychische Belastung der Behandelten lassen eine Organtransplantation als vorteilhafter erscheinen.

Kurzfristig kann auch die menschliche Atem- und Kreislauffunktion durch eine Herz-Lungen-Maschine außerhalb des Körpers (im extrakorporalen Kreislauf) ersetzt werden. Selbst die Einpflanzung eines künstlichen Herzens ist schon erprobt worden. Wesentlich mehr Erfahrungen liegen allerdings mit der Herztransplantation vor (s. u.).

Organtransplantationen sind schwierige und risikoreiche Eingriffe. Die Hauptprobleme liegen bei der Organbeschaffung und Organverträglichkeit nach der Transplantation; die einzelnen Transplantationsverfahren dagegen wurden in zahlreichen Tierexperimenten erprobt und können mit den Methoden der modernen Chirurgie im Verhältnis dazu wesentlich leichter beherrscht werden.

Das zu übertragende Organ (das *Transplantat*) muß im Organismus des Empfängers funktionsfähig, d.h. lebensfrisch, sein. Diese Forderung läßt sich bei der *Nierentransplantation* gelegentlich erfüllen, da die Entnahme eines paarig angelegten Spenderorgans nicht lebensbedrohlich ist: Die verbleibende Niere kann die Funktion der entfernten nach einiger Zeit voll mit übernehmen. Stellt sich ein Nierenspender zur Verfügung, können daher Entnahme und Transplantation zeitlich ideal aufeinander abgestimmt werden. Die Entnahme unpaarig angelegter Organe wie Herz und Leber setzen den Tod des Spenders voraus. Als sicherer medizinischer Beweis für den *Gehirntod* gilt u. a. die *gehirnelektrische Stille* (s. S. 24). Bis zu diesem Zeitpunkt muß der Organismus durch künstliche Beatmung in seiner biologischen Funktion erhalten werden und mit ihm die später zu verwendenden Transplantate. Aus dem Gesamtorganismus herausgelöst, wird das Transplantat mit gekühlter Nährlösung durchströmt und derart konserviert, daß es arbeitsfähig bleibt.

Wie manchmal Blut durch die erblichen Blutgruppen, so ist anlagemäßig auch nicht jedes Organ zur Transplantation in einen bestimmten Empfänger geeignet. Unverträg-

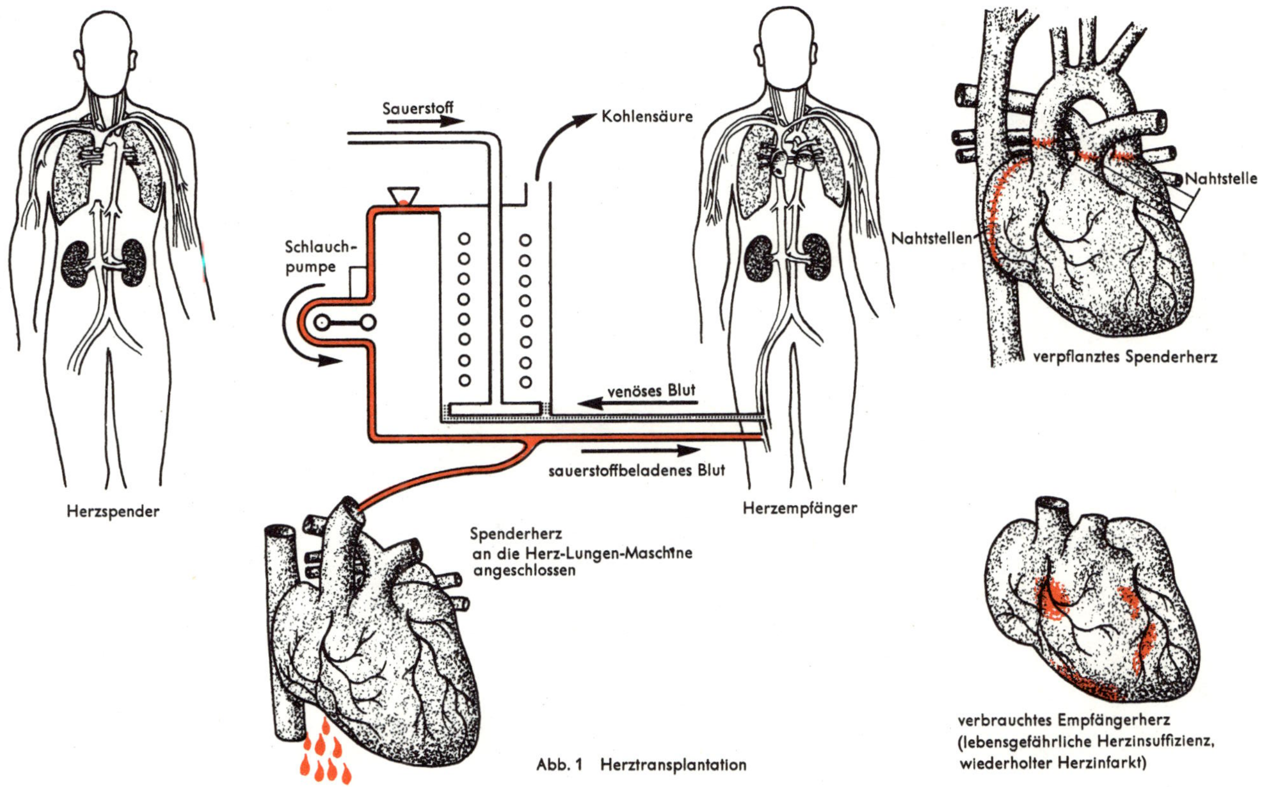

Abb. 1 Herztransplantation

liche eingepflanzte Organe stellen für den Organismus Fremdkörpermaterial dar, das sein Immunsystem bekämpft und abzustoßen trachtet (s. S. 30). Die *Abstoßungsreaktion* wird um so heftiger sein, je „fremder“ das Transplantat für den Empfänger ist. Mindestanforderung ist die Blutgruppenverträglichkeit zwischen Spender und Empfänger. Blutsverwandte Spender sind besser geeignet als fremde. Keinerlei Abstoßungsreaktion tritt bei Transplantationen zwischen eineiigen Zwillingen auf.

Ursache der Abstoßungsreaktion sind die mehr oder weniger fremden (spezifischen) Gewebseigenschaften eines Transplantats, die *Transplantationsantigene der Zelloberflächen*. Deshalb wird zunächst die vermutliche Organverträglichkeit getestet. Nach erfolgter Transplantation versucht man dann, die Abwehrmechanismen des Transplantatempfängers durch Medikamente, Bestrahlung oder Immunseren zu unterdrükken. Die Medikamente, sog. *Immunsuppressiva,* bislang meist Zytostatika (alkylierende Substanzen und Antimetaboliten) und Kortikosteroide, senken die Produktion von Abwehrzellen, schwächen so aber zugleich die Abwehrkraft des Organismus. Dadurch wird allerdings nicht nur die Unverträglichkeitsreaktion abgeschwächt, sondern notwendigerweise auch die Infektabwehr. Die Röntgenbestrahlung des transplantierten Organs, auch die Bestrahlung des Empfängerblutes kann Abstoßungsschübe aufhalten, ist aber keinesfalls risikolos. An der Abstoßungsreaktion sind die Lymphozyten des Empfängers maßgeblich beteiligt. Durch Immunisierung von Tieren mit solchen Lymphzellen kann Antilymphozytenglobulin zur Zerstörung der Lymphozyten gewonnen werden. – Mit *Cyclosporin* wurde inzwischen ein vielversprechender neuer Typ von Immunsuppressiva erprobt, von dem berichtet wird, daß er Immunreaktionen – und somit auch die Abstoßungsreaktion – unterdrücke, ohne die körpereigene Abwehr gegen Bakterien- oder Pilzinfektionen zu schwächen.

Unter derart verbesserten Bedingungen nehmen die Organverpflanzungen (z. Z. auch wieder die Transplantation des Herzens) und ebenso die durchschnittlichen Überlebenszeiten fortlaufend zu. Bei insgesamt mehr als 50 000 Nierentransplantationen wurden Überlebenszeiten von nunmehr über 20 Jahren erreicht. Auch mehr als 400 Lebern, 40 Lungen, 200 Bauchspeicheldrüsen und rund 500 Herzen wurden inzwischen transplantiert.

Die *Herztransplantation* gliedert sich in drei Teile: die Entnahme des Spenderherzens, die Entfernung des kranken Herzens beim Empfänger, schließlich die Einpflanzung des Spenderorgans. Empfänger und Spender werden beide an Herz-Lungen-Maschinen angeschlossen. Solche Maschinen reichern das Blut mit dem Brennmaterial Sauerstoff an und entfernen den Schlackenstoff Kohlensäure. Das sauerstoffbeladene Blut wird dann, unter Umgehung von Herz und Lunge, maschinell durch den Kreislauf gepumpt (Abb. 1, S. 33). Der Brustkorb des Empfängers wird eröffnet, das Herz von allen Blutgefäßen, die es mit dem Körper- und Lungenkreislauf verbinden, abgetrennt und entnommen. Einen Teil der Vorhöfe läßt man stehen (Abb. 2). Ähnlich wird auch das Spenderherz aus der Spenderleiche entnommen, doch trennt man die Vorhöfe hier nicht vom Herzen ab. Die Einpflanzung des Spenderherzens geschieht durch Nähte zwischen den verbliebenen Herzvorhöfen und Gefäßenden des Empfängers und den entsprechenden Ein- und Ausflußöffnungen des Spenderherzens (Abb. 3), das während dieser Zeit durch die Herz-Lungen-Maschine versorgt wird. Schließlich bringt man das eingepflanzte Herz durch elektrische Impulse wieder zum regelmäßigen Schlagen. Hat es seine Tätigkeit voll aufgenommen, kann auf die Unterstützung durch die Herz-Lungen-Maschine verzichtet werden.

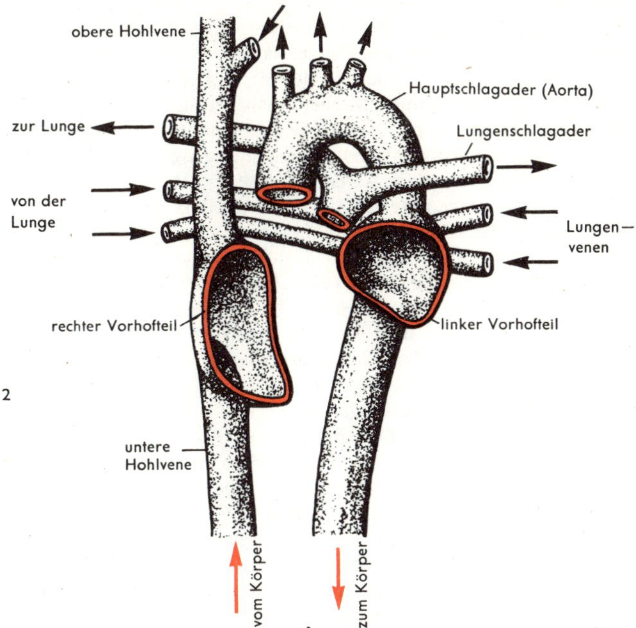
obere Hohlvene
Hauptschlagader (Aorta)
zur Lunge
Lungenschlagader
von der Lunge
Lungen-venen
rechter Vorhofteil
linker Vorhofteil
untere Hohlvene
vom Körper
zum Körper

Abb. 2

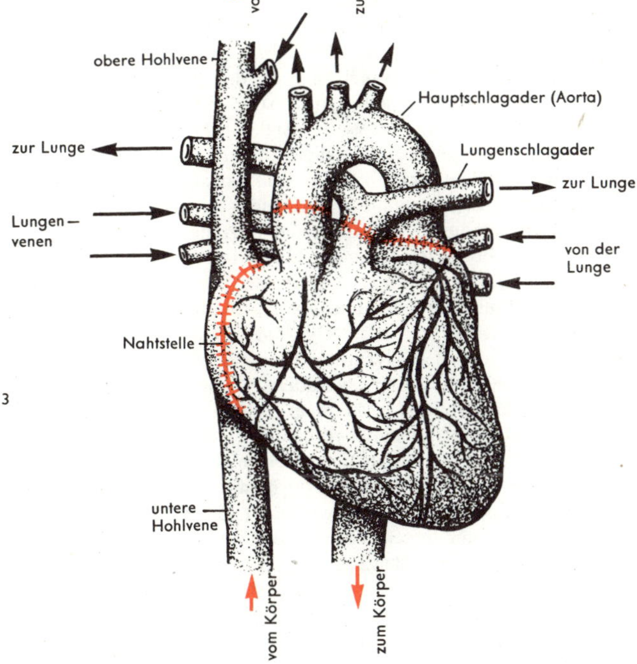
obere Hohlvene
Hauptschlagader (Aorta)
zur Lunge
Lungenschlagader
zur Lunge
Lungen-venen
von der Lunge
Nahtstelle
untere Hohlvene
vom Körper
zum Körper

Abb. 3

BAU UND FUNKTION DES HERZENS

Das etwa faustgroße Herz liegt im Brustkorb hinter dem Brustbein und hat die Gestalt eines stumpfen Kegels. Die Herzbasis, an der die Gefäße entspringen, zeigt nach rechts oben, die Herzspitze nach links unten (Abb. 1). Der sog. Herzspitzenstoß kann in Höhe des fünften Rippenzwischenraums getastet werden (Abb. 2).

Das Herz besteht aus zwei Hälften, dem linken und dem rechten Herzen, die durch die *Herzscheidewand (Septum)* voneinander getrennt sind. Jede Herzhälfte ist in eine muskelschwächere obere Abteilung, den *Vorhof*, und in eine muskelstärkere Abteilung, die *Herzkammer*, unterteilt. Dabei ist die linke Herzkammer muskelstärker als die rechte. Die *Herzohren* (Abb. 1) sind Ausläufer der Vorhöfe. – Da das Herz etwas gedreht im Brustkorb liegt, ist von vorn hauptsächlich die rechte Herzhälfte, vor allem die rechte Kammer zu sehen (Abb. 3). Das Herz liegt im Mittelfell (Mediastinum) und wird beiderseits teilweise durch die Lungen verdeckt. Bei der Perkussion (Beklopfung) des Brustkorbs stellt der Arzt daher zweierlei Herzgrenzen fest: durch leises Beklopfen die kleinere, *absolute Herzdämpfung* und durch festeres Beklopfen die *relative Herzdämpfung*, die die wirklichen Grenzen des Herzens wiedergibt (Abb. 2). Die Lage des Herzens (und daher auch seine Form im Röntgenbild) ist von bestimmten körperlichen Voraussetzungen abhängig, u. a. vom Konstitutionstyp, von der Stellung des Zwerchfells und den Atembewegungen. Schräge Mittelstellung findet sich gewöhnlich beim athletischen Typ, Tropfenherz beim leptosomen Konstitutionstyp, Querlage bei fettleibigen Personen (Abb. 4a–c). In Abb. 4 ist gleichzeitg die jeweilige „elektrische Achse" des Herzens eingezeichnet, die im Zusammenhang mit dem EKG (s. S. 48) von Bedeutung ist (Normaltyp, Rechtstyp, Linkstyp).

Die bindegewebige Hülle des Herzens, der *Herzbeutel*, ist ein doppelwandiger Sack, der als Gleitlager dient und das Herz auch vor Überdehnung schützt. Seine innere Schicht *(Epikard)* ist fest mit der Oberfläche des Herzens verwachsen. Seine äußere Schicht, der eigentliche Herzbeutel *(Perikard)*, besteht aus straffem Bindegewebe, durch dessen Fasern der Herzbeutel auch an der Wirbelsäule, am Brustkorb und an der Luftröhre verschiebbar aufgehängt ist. Zwischen den beiden Schichten des Herzbeutels befindet sich eine seröse Flüssigkeit, die die Gleitfähigkeit der beiden Schichten gegeneinander gewährleistet; diese Flüssigkeit tritt bei der Herzbeutelentzündung (Perikarditis) vermehrt auf. Unter dem Epikard folgt die eigentliche Arbeitsschicht, das *Myokard*. Sie ist zur Herzhöhle hin von einer dünnen Innenhaut, dem *Endokard*, bedeckt, aus dem auch die Ventilklappen des Herzens entspringen.

Das linke Herz treibt das frisch sauerstoffgesättigte Blut mit großem Druckaufwand durch den großen Körperkreislauf. Das rechte Herz pumpt das verbrauchte Blut zur Abgabe von CO_2 und zur Aufnahme von O_2 durch den kleinen Kreislauf (Lungenkreislauf). Der *Weg des Blutes* ist in Abb. 5, S. 39 dargestellt: Das sauerstoffarme, mit Kohlensäure angereicherte (venöse) Blut wird von den unteren Körperpartien durch die untere Hohl- oder Sammelblutader (10) und von den oberen Körperpartien durch die obere Sammelblutader (11) dem rechten Vorhof (3) zugeführt. Von dort gelangt es durch das Ventilsystem der rechten Segelklappe (16) in die rechte Herzkammer (1). Diese pumpt das Blut durch die wiederum als Ventil wirkende rechte Taschenklappe (1) über die Lungenschlagadern (5) in die Lungen. In der Lunge wird das sauerstoffarme Blut mit Sauerstoff angereichert (arterialisiert) und fließt durch die Lungenblutadern (7) zum linken Vorhof (4). Von dort gelangt es durch die linke Segelklappe (15) in die linke Herzkammer (2) und wird von dort durch die linken Taschenklappen (18) und die Hauptschlagader (Aorta; 12 und 13) in den Körper gepumpt. Der Blutweg von der rechten Kammer über die Lunge zum linken Vorhof entspricht dem Lungenkreislauf, der Weg von der linken Kammer über den Körper zum rechten Vorhof dem Körperkreislauf.

Bei jeder Herzaktion können zwei Phasen unterschieden werden:

1. die Phase der Erschlaffung *(Diastole)*, in der sich das Herz mit Blut füllt;

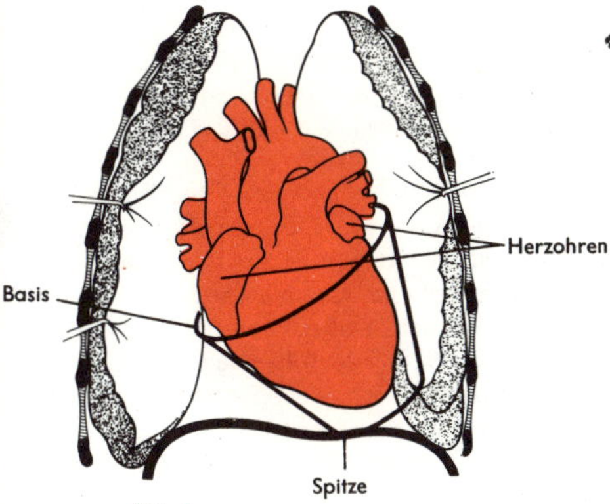

Abb. 1

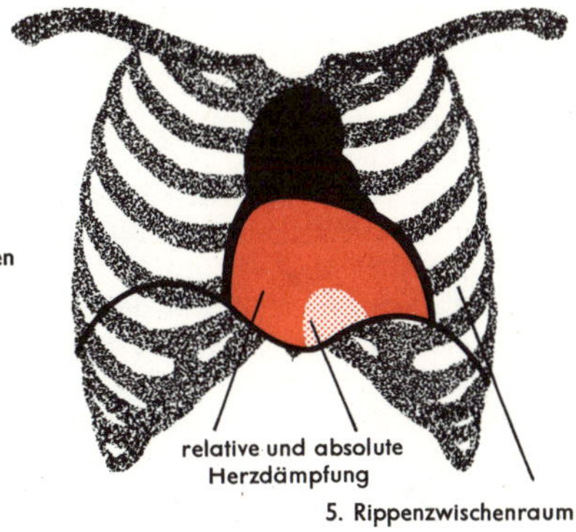

Abb. 2

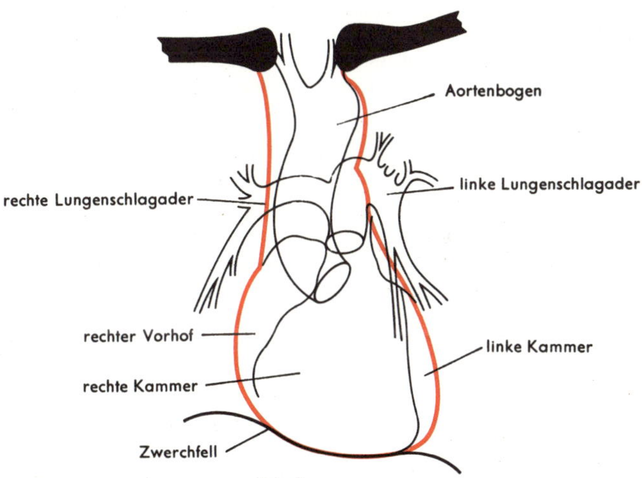

Abb. 3

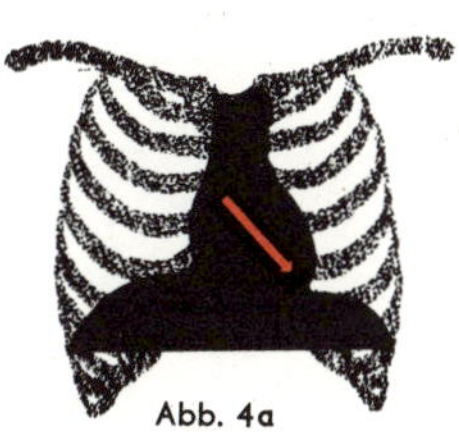

Abb. 4a

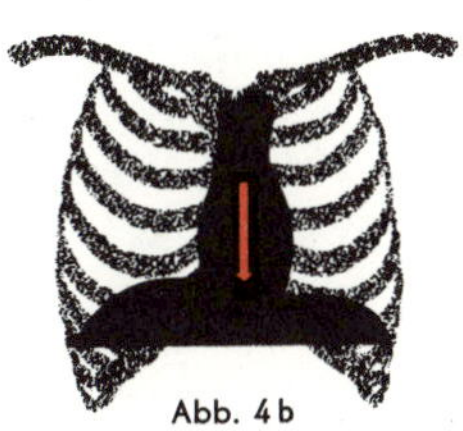

Abb. 4b

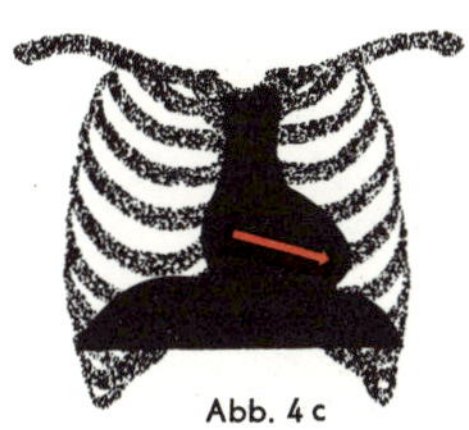

Abb. 4c

2. die Phase der Zusammenziehung oder Kontraktion des Herzens *(Systole*, der eigentliche Herzschlag), während der das Herz Blut auswirft.

Die sinnvolle Abfolge zwischen Ruhe- bzw. Füllungsphase und Arbeits- bzw. Auswurfphase und überhaupt eine gerichtete Blutströmung ist nur mit Hilfe von besonderen Ventilen, den Herzklappen, möglich. Das Herz besitzt zwei Arten von „Ventilen", die in Bauart und Funktion wesentlich voneinander abweichen (Abb. 6, S. 39 und Abb. 1, S. 41):

Die *Segelklappen* befinden sich links und rechts jeweils zwischen Vorhof und Kammer (daher Atrioventrikular- oder AV-Klappen), und zwar links die *Mitralklappe* und rechts die *Trikuspidalklappe.* Sie steuern den Einstrom des Blutes aus den Vorhöfen in die Kammern. Während der Kammerkontraktion und Kammerentleerung, also während der Systole, sind die Segelklappen geschlossen. Dabei wird Blut aus dem Venenreservoir in die Vorhöfe eingesaugt (Abb. 7b, S. 39). Bei der folgenden Kammererschlaffung, der Diastole, schiebt sich das Ventilsystem der Segelklappen über das in den Vorhöfen befindliche Blut zurück – die Kammern füllen sich (Abb. 7a, S. 39). Gegen Ende dieses Vorgangs kontrahieren sich außerdem die Vorhöfe und helfen so bei der Kammerfüllung mit.

Die *Taschenklappen (Semilunarklappen)* befinden sich zwischen den Herzkammern und den großen Arterien (Aorta und Lungenarterie; daher Aorten- und Pulmonalklappe). Sie steuern den Blutstrom aus dem Herzen, d.h., sie öffnen sich, wenn der Druck in den Herzkammern den Druck in den großen Arterien übersteigt, und sie schließen sich durch das aus den Arterien zurückdrängende Blut in dem Augenblick, in dem die Kammern erschlaffen.

Die Kontraktion des Herzmuskels und die Tätigkeit der Ventile kann man hören *(Herztöne)* und im sogenannten *Phonokardiogramm* sichtbar registrieren. Durch den plötzlichen Druckanstieg zu Beginn der Systole, den Schluß der Segelklappen und die Anspannung der Kammermuskulatur entstehen Schwingungen der gefüllten Herzkammern, der sog. „erste Herzton" (Anspannungs- oder systolischer Herzton). Der „zweite Herzton" wird durch den Schluß der Semilunarklappen zu Beginn der Kammererschlaffung verursacht (Klappen- oder diastolischer Herzton). Bei krankhaften Veränderungen der Herzklappen sind die Herztöne zischende Geräusche. Wenn der Arzt das Herz abhört (auskultiert), hört er den Ton der Aortenklappe im 2. Interkostalraum (Zwischenrippenraum) rechts vom Brustbein, den Ton der Pulmonal- oder Lungenschlagaderklappen im zweiten Interkostalraum links vom Brustbein, den Ton der Klappe zwischen rechtem Vorhof und rechter Kammer (Trikuspidalklappe) im vierten Interkostalraum rechts des Brustbeins, den Ton der Mitralklappe (zwischen linkem Vorhof und linker Kammer) in der Gegend der Herzspitze.

Die beiden Hauptphasen der Herzaktion, Tätigkeit und Ruhe (Systole und Diastole), werden je nach Stellung und Steuerfunktion der Herzklappen wiederum in zwei Abschnitte unterteilt: die Systole in Anspannungszeit (alle Klappen geschlossen) und Austreibungszeit (Taschenklappen geöffnet), die Diastole in Entspannungszeit (wiederum alle Klappen geschlossen) und Füllungszeit (Segelklappen geöffnet).

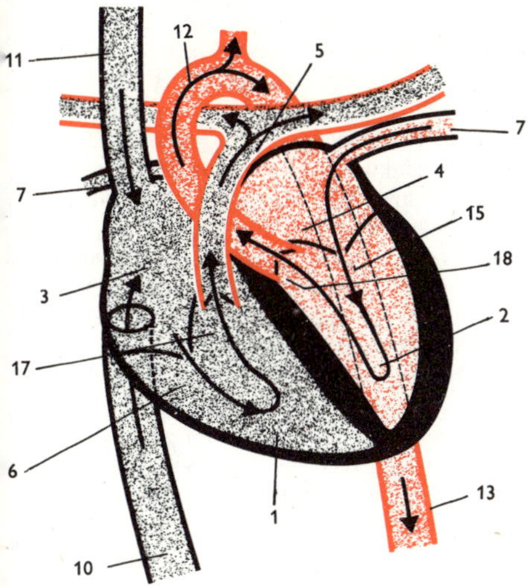

Abb. 5

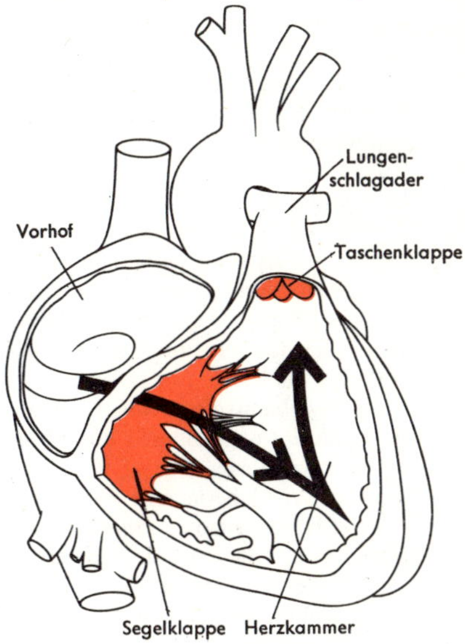

Abb. 6
Weg des Blutes durch rechten Vorhof und Herzkammer

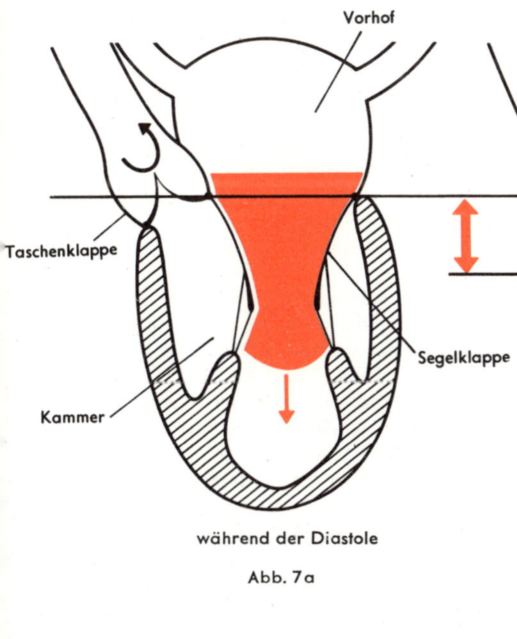

während der Diastole

Abb. 7a

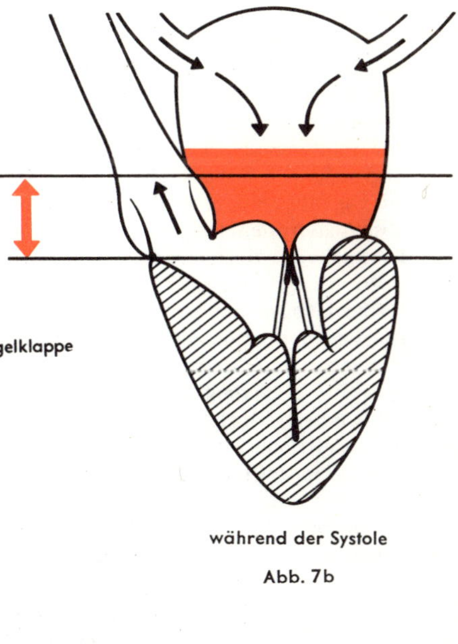

während der Systole

Abb. 7b

HERZKLAPPENFEHLER

Bei *Klappenverengerung (Stenose)* staut sich das Blut stromaufwärts vor der Segelklappenöffnung (vgl. Abb. 1a), oder es kann nur mit Mühe durch die Taschenklappenöffnung hindurchgepumpt werden. Bei der *Schlußunfähigkeit von Herzklappen (Klappeninsuffizienz)* kann das Blut anstatt nur in Einbahnrichtung vorwärts auch immer wieder den falschen Weg nach rückwärts fließen (Abb. 1b), und die Kammerpumpe muß dieses Pendelblut zusätzlich bewältigen.

Die Klappen des linken Herzens sind häufiger krankhaft verändert als die Klappen des rechten Herzens. Die Verengerung der zweizipfeligen Segelklappe zwischen linkem Vorhof und linker Herzkammer, die *Mitralstenose*, kommt bei Männern viermal seltener vor als bei Frauen. Die Beschwerden setzen auch bei früher (meist rheumatischer) Klappenschädigung meist erst um das 30. Lebensjahr ein. Am Anfang stehen Luftnot, Neigung zum Bronchialkatarrh und unregelmäßiger Pulsschlag. 5–10 Jahre später läßt dann oft die Herzkraft nach, das Blut staut sich vom erweiterten linken Vorhof in die Lunge zurück und wird nicht mehr ausreichend mit Sauerstoff beladen. Schließlich kann die rechte Herzkammer die Kraft nicht mehr aufbringen, durch die gestaute Lunge Blut in ausreichender Menge in den linken Vorhof zu pumpen (vgl. Herzinsuffizienz, S. 42 ff.). Früher versuchte man das Herz durch körperliche Schonung vor Überlastung zu bewahren und die Herzkraft durch Digitalispräparate (das sind herzwirksame Arzneimittel aus den Blättern des Fingerhuts) möglichst wiederherzustellen. Heute ist die operative Sprengung der Mitralklappenverengerung in vielen Fällen erfolgreich.

Die Schlußunfähigkeit der zweizipfeligen Segelkappe, die *Mitralinsuffizienz*, kommt beim Manne etwas häufiger als bei der Frau vor. Bei leichtem Klappendefekt ist die linke Herzkammer längere Zeit imstande, die relativ kleine Menge Pendelblut zusätzlich immer wieder mit auszuwerfen. Läßt die Herzkraft nach, so staut das Blut sich auch hier in die Lunge und später stromaufwärts in den großen Körperkreislauf zurück (vgl. Abb. 3). Auch diese Form der Herzinsuffizienz wird mit digitalisähnlichen Herzmitteln behandelt; u. U. kommt eine klappenerhaltende operative Korrektur oder ein Kunststoffersatz der defekten Herzklappen in Frage.

Die Verengerung der Taschenklappen zwischen linker Herzkammer und Körperhauptschlagader, die *Aortenstenose*, kann leistungsmäßig oft lange Zeit durch Muskelvermehrung des linken Herzens ausgeglichen werden. Versagt die Kammer schließlich, treten Lufthunger sowie Schwindel- und Ohnmachtsanfälle durch verminderte Hirndurchblutung auf. Bei Überforderung des Herzens kommen in diesem Stadium plötzlich Todesfälle vor. Daher muß das Herz vor Überlastung geschützt und bei Insuffizienz mit Digitalis gestützt werden. In manchen Fällen ist eine operative Sprengung der stenosierten Aortenklappe angebracht. Bei Verkalkung der Aortenklappe kann eine künstliche Herzklappe eingesetzt werden.

Wie bei der Verengerung kommt es auch bei Schlußunfähigkeit der Hauptschlagadertaschenklappen, der *Aorteninsuffizienz*, recht bald zur Muskelvergrößerung und geringen Erweiterung des linken Herzens. Erste Anzeichen der Erkrankung sind leichte Ermüdbarkeit, Atemnot und Herzklopfen. Dieser Zustand kann durch die Muskelvergrößerung der linken Kammer recht lange aufrechterhalten werden. Schließlich zeigen starke Herzschmerzen und Lufthunger an, daß der Herzmuskel überfordert und insuffizient wird. Operativ kommt ein Klappenersatz in Frage.

Bei Klappenfehlern sind auskultatorisch (beim Abhören) sog. *Herzgeräusche* feststellbar, die in bestimmter räumlicher und zeitlicher Beziehung zu den normalen Herztönen stehen. Solche Geräusche kommen durch Zerwirbelung des Blutstroms zustande, indem Blut durch verengte Klappen gepreßt wird oder im Bereich schlußunfähiger Klappen wieder zurückströmt. Im Röntgenbild erkennt man, daß Größe, Form und Lage des Herzens bei manchen Klappenfehlern charakteristisch verändert sind (vgl. Abb. 2). Im Echokardiogramm kann man oft die (veränderten) Klappenbewegungen beobachten.

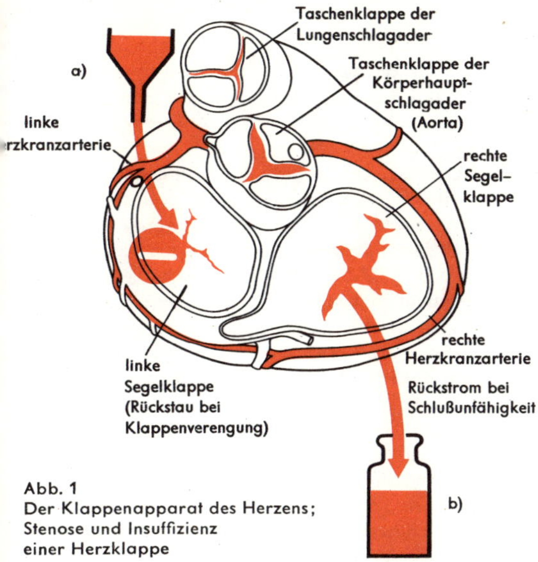

Abb. 1
Der Klappenapparat des Herzens;
Stenose und Insuffizienz
einer Herzklappe

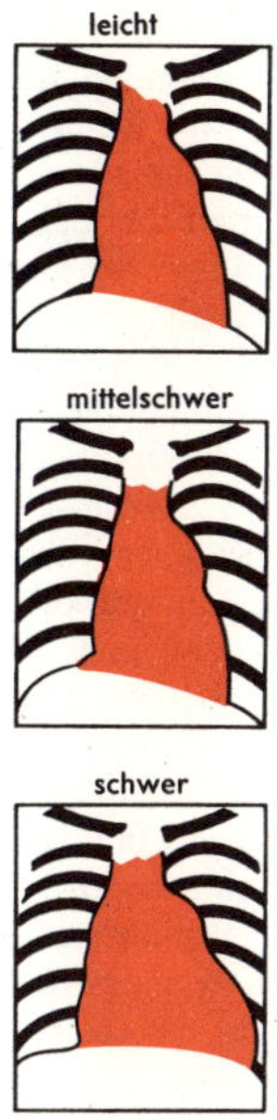

Abb. 2 Röntgenbild des Herzens bei
Verengung der zweizipfeligen Segelklappe

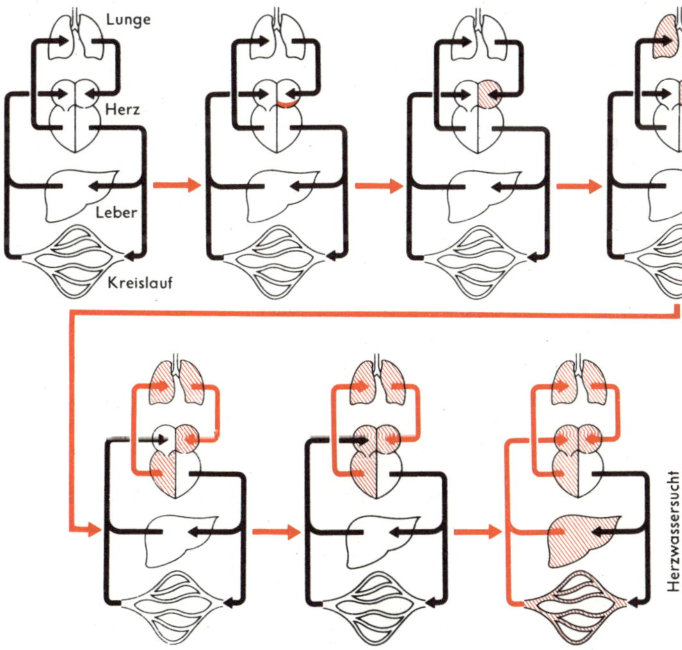

Abb. 3
Zunehmende Stauungserscheinungen bei Verengung der zweizipfeligen Segelklappe

HERZINSUFFIZIENZ

Unter bestimmten Krankheitsbedingungen läßt die Herzleistung nach; das Herz versagt, es wird insuffizient. Kann das Herz die geforderte Pumpleistung schon in Ruhe nicht mehr erbringen, spricht man von *Ruheinsuffizienz*. Wird die Herzleistung erst bei körperlicher Belastung ungenügend, wie beim Gehen oder beim Treppensteigen, spricht man von *Arbeitsinsuffizienz*.

Herzversagen kann u. a. durch eine Herzmuskelentzündung, durch eingeschwemmte Bakteriengifte oder Erkrankungen der Herzkranzgefäße (vgl. Angina pectoris, S. 56) entstehen. Am häufigsten ist sie die Folge einer Überlastung des Herzmuskels durch Ausfall von Herzmuskelfasern, etwa beim Herzinfarkt (s. S. 58). Indessen kann auch der gesunde Herzmuskel überlastet werden, z. B. durch Bluthochdruck (vgl. S. 76), eine Klappenverengerung oder die Schließunfähigkeit von Herzklappen (vgl. S. 40).

Gesunde Herzmuskelfasern antworten auf zunehmende Belastung prinzipiell gleich, unabhängig davon, ob die Belastung durch Sport, körperliche Arbeit oder Krankheit bedingt ist. Die Herzmuskelfasern werden stärker, sie nehmen an Dicke zu (Hypertrophie) wie ein Skelettmuskel, den man trainiert (Abb. 2). Diese Anpassung des belasteten Herzmuskels ist notwendig und sinnvoll; sie führt z. B. dazu, daß Herzklappenfehler und auch hohe Blutdruckwerte vom Herzen oft lange völlig unbemerkt verkraftet werden. Dennoch gilt, daß jedes hypertrophierte Organ – vom erhöhten Leistungsstand aus – eine verminderte Leistungsreserve hat und bei zusätzlicher Belastung schließlich auch rascher versagt. So bleibt z. B. die Ausbildung neuer Haargefäße bei allzu starker Hypertrophie des Herzens zurück (Abb. 2). Dadurch werden die vergrößerten Muskelzellen jetzt schlechter ernährt. Steigt ihr Stoffwechsel bei zusätzlicher Mehrbelastung noch weiter an, so kommt es zum Sauerstoffmangel des Herzmuskels, zu gewissen Entartungserscheinungen mit kleinsten Narben, zu erhöhter Dehnbarkeit der Muskelfasern und dadurch schließlich zur Herzerweiterung (Herzdilatation, Abb. 2).

Linksinsuffizienz (Linksversagen) nennt man die Insuffizienz der linken, Rechtsinsuffizienz (Rechtsversagen) die Insuffizienz der rechten Herzkammer. In beiden Fällen führt die verminderte Pumpleistung einer Herzhälfte zu jeweils typischen Folgen für den Blutkreislauf.

Bei der *Linksinsuffizienz*, die vor allem durch Bluthochdruck, Klappenfehler der Hauptschlagader und Koronarerkrankungen zustande kommt, pumpt die insuffiziente linke Herzkammer weniger Blut in die Hauptschlagader. Die rechte Kammer dagegen wirft unverändert kräftig Blut in den Lungenkreislauf, der bald überfüllt und gestaut wird. Daher tritt schon bei geringer Anstrengung, später sogar in Ruhe Atemnot auf. Dieses *Herzasthma* ist im weiteren Verlauf durch nächtliche Anfälle von Lufthunger gekennzeichnet. Der Lufthunger wird noch stärker, und die Patienten verfärben sich bläulich, wenn der Druck des rechten Herzens schließlich Flüssigkeit aus dem Blut in die Lungenbläschen preßt. Man bezeichnet diesen Zustand, der den Gasaustausch wesentlich behindert, als Lungenödem (vgl. Lungenentzündung, S. 120). Ein solches Lungenödem kann verhindert werden, wenn es gelingt, die normalen Druckverhältnisse in der Lungenstrombahn wiederherzustellen. Das wird entweder erreicht durch eine Kräftigung der linken Herzkammer, die dann das Blut wieder besser aus der Lunge abschöpfen kann, oder durch eine Abnahme des Überdrucks vom rechten Herzen her. Letzteres wurde früher durch Aderlaß angestrebt; heute kann aus dem Kreislauf gezielt kochsalzhaltige Flüssigkeit über die Nieren abgeleitet werden (mittels Diuretika bzw. Saluretika, Abb. 4, S. 45). Zur Kräftigung der linken Herzkammer dienen Digitalispräparate. Die plötzlichen Anfälle von Lufthunger sind ein sehr eindrucksvolles, aber nicht das einzige Anzeichen der Linksinsuffizienz. Auf die Dauer kommt es durch die Druckbelastung des Lungenkreislaufs zur sogenannten Stauungslunge und Stauungsbronchitis mit charakteristischem Auswurf, der gelegentlich etwas Blut aus geplatzten Lungengefäßen enthält, und zu Wucherungen des Lungenstützgewebes. Die Lungenstauung ist der Grund dafür, daß Herzkranke sich oft räuspern und husten.

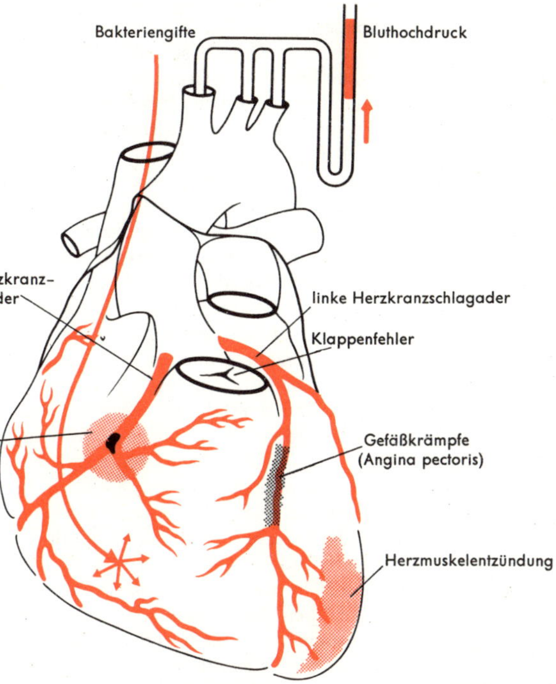

Abb. 1
Ursachen der Herzinsuffizienz

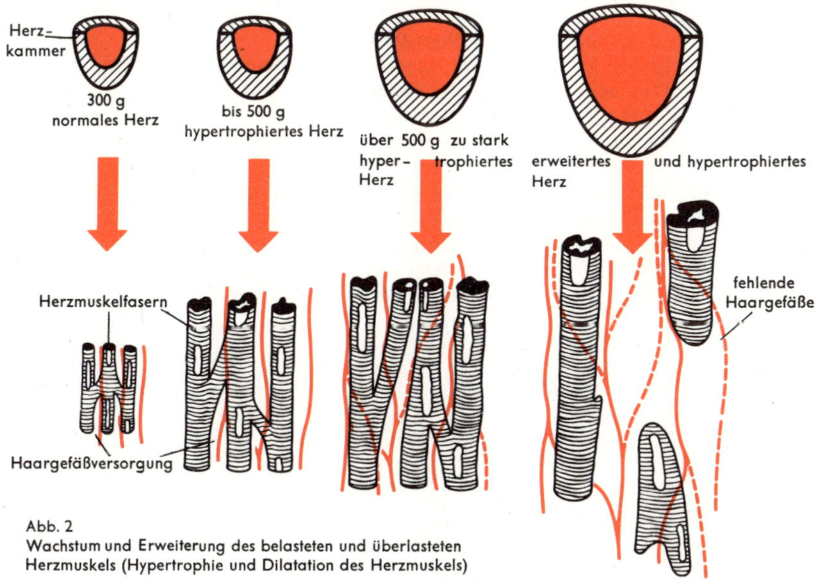

Abb. 2
Wachstum und Erweiterung des belasteten und überlasteten Herzmuskels (Hypertrophie und Dilatation des Herzmuskels)

Bei der sog. *Rechtsinsuffizienz* wirft das leistungsfähige linke Herz mehr Blut in den großen Körperkreislauf, als das kranke rechte Herz abschöpfen und in den kleinen Lungenkreislauf pumpen kann. Die Folge ist ein Rückstau von Blut im großen Kreislauf, der die Stauungen zunächst in seinem großen Blutader- und Kapillarsystem auffangen kann. Bei stärkerem Rechtsversagen führt die Stauung der Leber schließlich zur Gelbsucht und Bauchwassersucht; im gestauten Magen-Darm-Kanal leidet die Verdauung; die Nieren versagen und scheiden Kochsalz und Wasser nur noch mangelhaft aus. Schließlich pressen die überfüllten und gestauten Haargefäße des großen Kreislaufs Flüssigkeit in die Gewebsspalten ab. Diese Ödeme bei rechtsseitiger Herzinsuffizienz treten schwerkraftbedingt zuerst im Bereich der abhängigen Körperpartien auf, und zwar beim Stehen in der Knöchelgegend, später auch an Schienbein und Waden, beim Liegen an den hinteren Oberschenkeln und am Gesäß. Bei Fingerdruck entsteht für kurze Zeit eine Delle, weil die Flüssigkeit in benachbarte Gewebsspalten ausweicht. Flüssigkeitsergüsse finden sich außer im Bauchraum auch noch im Brustraum und in der Herzhöhle. Durch den verminderten Blutumlauf haben die Kranken bläuliche Lippen, sind kurzatmig und leicht ermüdbar. Meist ist der Puls schon in Ruhe beschleunigt, oft auch unregelmäßig.

Zur *Behandlung der Herzinsuffizienz* muß vor allem die Kraft der versagenden Herzkammern wieder gesteigert werden. Dies ist mit Hilfe von Fingerhut- oder Digitalispräparaten möglich, die langdauernd wirken, oder mit Hilfe von Strophanthin, das nach der Injektion nur kurz, aber dafür wesentlich rascher zur Wirkung kommt. Solche eigentlichen Herzmittel steigern aber nicht nur die Herzkraft. Sie wirken außerdem auf die Überleitung, auf die Erregungsbildung und auf die Herzfrequenz. Daher ist strenge ärztliche Kontrolle erforderlich; dies um so mehr, als Digitalispräparate sich bei fälschlich hoher Gabe im Herzen anhäufen können. Die Kochsalz- und Wasseransammlung in den Geweben, das Ödem, kann über die Nieren ausgeschleust werden. Zu diesem Zweck verabreicht man außer Digitalis Diuretika oder Saluretika, die die Niere zur Kochsalzabgabe zwingen. In manchen Fällen, wie bei Herzasthma, können Psychopharmaka, ja sogar Morphin erforderlich werden, die die angstgeplagten und erregten Patienten beruhigen und damit das Herz entlasten (Abb. 3, S. 45). Bettruhe zur Schonung des Herzens ist bei schweren Fällen ohnehin unerläßlich. Dabei kann Sitzen oder halbsitzende Lage die gestaute Lunge entlasten, z. B. am Bettisch oder in speziellen Herzbetten. Im übrigen wird die Einschränkung der körperlichen Tätigkeit vom Schweregrad der Herzinsuffizienz diktiert. Übertriebene Schonung ist ebenso unangebracht wie übertriebene Aktivität, da z. B. unnötig lange Bettruhe die Neigung zur Blutpfropfbildung verstärkt. Wichtig ist vor allem die *Herzdiät*, in erster Linie die Einschränkung von Kochsalz, da jedes Gramm nicht ausgeschiedenes Salz rund 100 ccm Wasser im Körper zurückhält. Oft genügt eine salzarme Diät, um die Ödeme zu beseitigen. Der tägliche Kochsalzkonsum beträgt dabei an die 3 g. Fortlaufende Gewichtskontrolle zeigt an raschen Gewichtsschwankungen, ob (und annähernd auch wieviel) Salz und Wasser zurückgehalten oder ausgeschwemmt wurden.

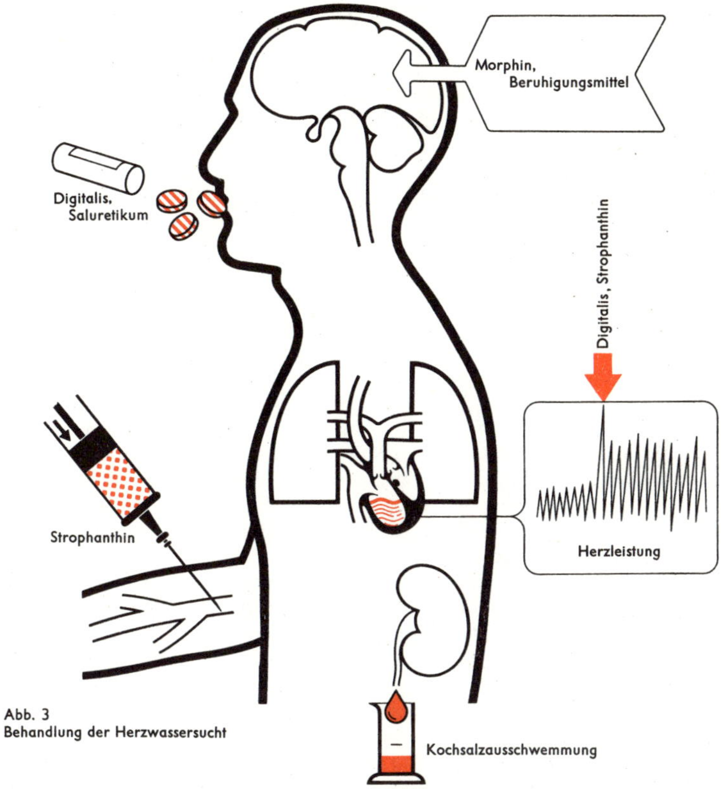

Abb. 3
Behandlung der Herzwassersucht

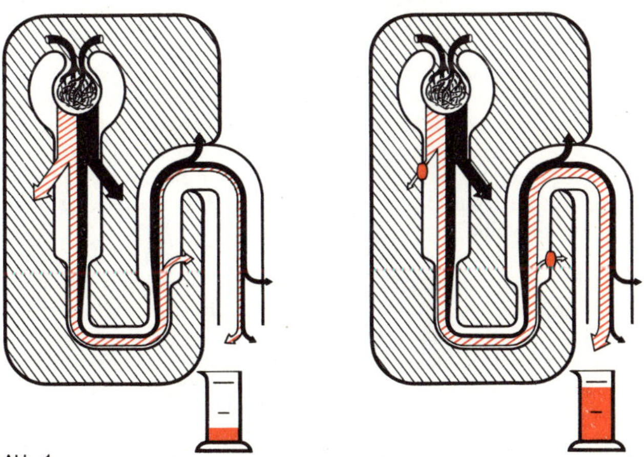

Abb. 4
Hemmung der Kochsalzresorption und daher Steigerung der Kochsalzausscheidung durch ein Saluretikum

HERZARBEIT · HERZERNÄHRUNG · HERZNERVEN

Die Herzarbeit setzt sich aus zwei Anteilen zusammen: 1. aus der Arbeit, die erforderlich ist, um die Blutmenge gegen den in den Hauptschlagadern (Aorta und Arteria pulmonalis) herrschenden Druck auszuwerfen *(Druckvolumenarbeit)*; 2. aus der gewöhnlich vernachlässigbar kleinen Arbeit, die nötig ist, um dem Blut eine Geschwindigkeit zu erteilen *(Beschleunigungsarbeit)*. Die Druckarbeit des linken Herzens ist rund 5mal größer als die des rechten, da der zu überwindende Aortendruck etwa 5mal höher ist als der Druck in der Lungenarterie. Bei einem mittleren Aortendruck von 150 mm Hg (= 200 mbar) würde die Druckarbeit der linken Kammer z.B. 1,37 J betragen. Zusammen mit der geringen Druckarbeit der rechten Kammer und der jeweiligen Beschleunigungsarbeit würde sich die Gesamtarbeit für beide Kammern auf etwa 1,96 J berechnen.

Für den gesamten Kreislauf im Dienste der verschiedenen Körperfunktionen ist entscheidend, daß das gesunde Herz seine Leistung an alle wechselnden Anforderungen anpassen kann. So ist das Herz erstens imstande, auch gegen erhöhte Arteriendrücke anzupumpen (bzw. diese zu erzeugen); zweitens kann es die ausgeworfene Blutmenge um das Mehrfache erhöhen. Diese Anpassung der Herzleistung an wechselnde Anforderungen erfolgt sinnvollerweise (und besonders ökonomisch) z.T. über herzeigene, weitgehend automatisch ablaufende Mechanismen, die vor allem durch eine stärkere Ventrikelfüllung (und Vordehnung) ins Spiel gebracht werden. Sie bewirken in erster Linie eine Zunahme der pro Herzschlag ausgeworfenen Blutmenge (des Schlagvolumens). Hinzu kommen Änderungen der Schlagfolge (Herzfrequenz), die im wesentlichen von den Herznerven „ferngesteuert“ werden. Die Herznerven sind allerdings auch imstande, die Herzkraft nachhaltig zu erhöhen.

Es wäre ein Irrtum zu glauben, die Innervation des Herzens erfüllte den gleichen Zweck wie die Innervation der Skelettmuskeln. Nervenimpulse lösen am Herzen keine Kontraktion aus, sondern dienen nur der Regulierung der autonomen Herztätigkeit. Entsprechend den gestellten Aufgaben beeinflussen die Herznerven: die Schlagfrequenz (chronotrope Wirkung), die Schlagstärke oder Kontraktionskraft (inotrope Wirkung), die Erregungsleitung (dromotrope Wirkung).

Die Steuerung der Herztätigkeit erfolgt über zwei einander entgegengesetzt wirkende (antagonistische) Nerven: Der Sympathikus fördert das Herz; seine Nerven werden der antreibenden Funktion wegen auch Nervi accelerantes (beschleunigende Herznerven) genannt. Der zum Parasympathikus gehörende Vagus dagegen hemmt das Herz (Abb. 1).

Der *Sympathikus* kommt von den Seitenhornzellen des Rückenmarks und zieht zum Fasergeflecht der Herzmuskulatur in den Vorhöfen und vor allem auch zu den Herzkammern. Er bewirkt eine Steigerung der Herzfrequenz (positiv chronotrop) und der Kontraktionsstärke (positiv inotrop) sowie eine Beschleunigung der Erregungsleitung (positiv dromotrop). Eine besonders wichtige Funktion ist die durch den Sympathikus bewirkte Steigerung der Kontraktionskraft, was einer Mobilisierung der herzeigenen Kraftreserven gleichkommt.

Der *Vagus* wirkt als Gegenspieler des Sympathikus, d.h., er erzeugt die entsprechenden negativen (chronotropen, inotropen und dromotropen) Wirkungen. Stärkste Reizung der Vagusfasern führt zum „Vagusstillstand“ des Herzens. Es gibt Hinweise dafür, daß der Vagus dem Herzen dauernd Impulse zuführt (Vagustonus); das Zentrum dieser tonischen Innervation befindet sich im verlängerten Rückenmark und wird wegen seiner Wirkungsweise Herzhemmungszentrum genannt. Die Arbeitsmuskulatur der Kammern wird vom Vagus allerdings nicht erreicht, sondern nur vom Sympathikus.

Abb. 1 gibt neben den Herznerven auch das klassische Beispiel eines u.a. auf das Herz zielenden Kreislaufreflexes wieder, der hier von den Blutdruckfühlern (den sog. Pressorezeptoren) ausgelöst wird.

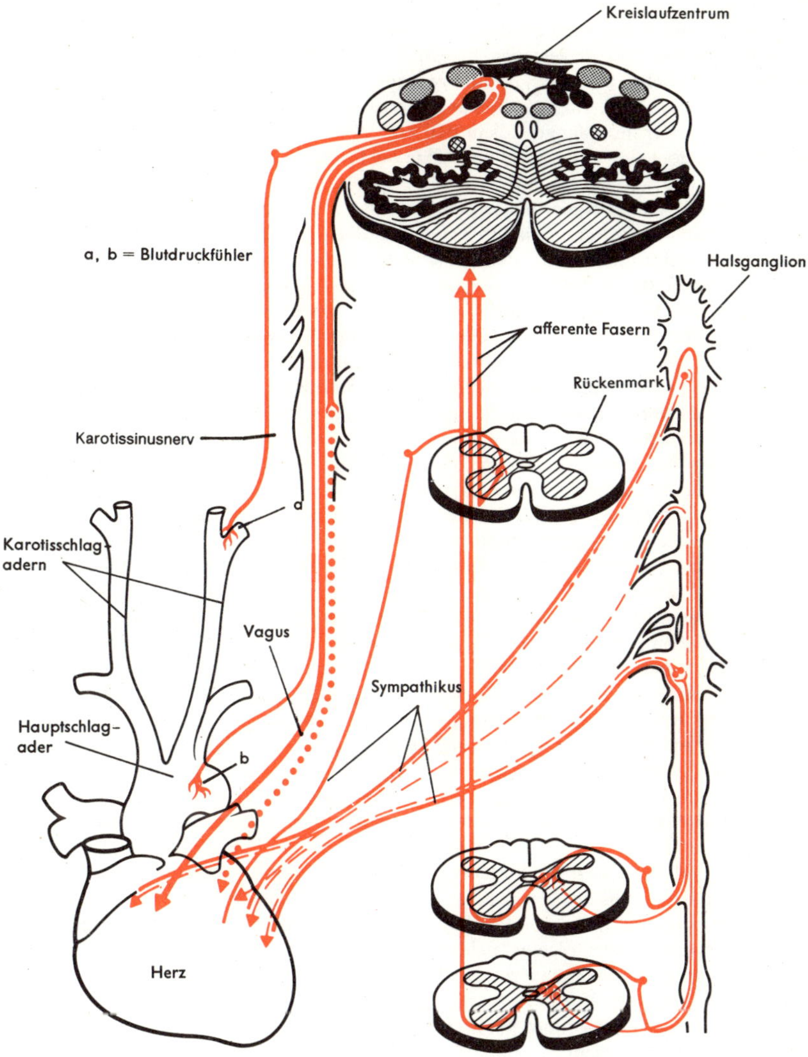
Kreislaufzentrum
a, b = Blutdruckfühler
Halsganglion
afferente Fasern
Rückenmark
Karotissinusnerv
a
Karotisschlag-
adern
Vagus
Sympathikus
Hauptschlag-
ader
b
Herz

Abb. 1

HERZANTRIEB · HERZBLOCK · EXTRASYSTOLEN VORHOFFLIMMERN

Das Herz bildet die Erregungen, die zur Verkürzung des Herzmuskels führen, in sich selbst *(Herzautomatie, Autorhythmie).* Es schlägt daher in geeigneten Versuchsanordnungen auch außerhalb des Körpers weiter.

Ausgangspunkt der herzeigenen Erregung ist der *Sinusknoten* im rechten Vorhof des Herzens (Abb. 1). Er ist (als übergeordnetes Automatiezentrum) der „Sender", der die Impulse liefert, die von dort an untergeordnete Herzabschnitte weitergeleitet werden. Als erster „Empfänger" dient der *Aschoff-Tawara-Knoten.* Von dort gelangen die Impulse über das *His-Bündel* und seine beiden Schenkel zu den *Purkinje-Fasern* und über diese an die Kammermuskulatur. Bemerkenswert erscheint, daß tiefere Zentren bei Ausfall übergeordneter Zentren selbst zur Automatie fähig sind.

Die Herzautomatie kommt dadurch zustande, daß die elektrische Ladung der Membran der einzelnen Fasern in den genannten Automatiezentren spontan abnimmt, bis eine Erregung (das *Aktionspotential*) entsteht, die dann fortgeleitet wird. Das Herz folgt im allgemeinen deshalb dem Rhythmus des übergeordneten Sinusknotens, weil es bei ihm auf diese Weise schneller zu einer Erregungsleitung kommt (Abb. 2a). Der Erregungsrhythmus des Sinusknotens liegt entsprechend bei 60–80 Schlägen pro Minute, der Rhythmus des Aschoff-Tawara-Knotens zwischen 40–60 (Abb. 2b), der der Herzkammern zwischen 30 und 40 Schlägen pro Minute (Abb. 2c). Wegen seiner rhythmusbildenden Funktion wird der Sinusknoten auch als Schrittmacher des Herzens bezeichnet. Erst wenn dieser ausfällt, tritt der nächstuntergeordnete Herzabschnitt mit seinem eigenen Rhythmus hervor.

Das *EKG (Elektrokardiogramm)* ist die Aufzeichnung der Summe aller von den Herzmuskelzellen gebildeten Aktionspotentiale durch Elektroden, die man im umgebenden elektrischen Feld außen am Körper anbringt. Man registriert dabei ein Gesamtpotential, das sich während des Herzschlags fortwährend nach Ausmaß und Richtung ändert. Unter starker Vereinfachung der Verhältnisse kann man sich diese z. B. von den Extremitäten abzuleitenden Potentialschwankungen auf ein einfaches Dreieckschema reduziert und projiziert vorstellen (Abb. 3). Man erhält dann ein Schema des sog. *Extremitäten-EKG.* Eine „Ableitung" dieses Extremitäten-EKG entspräche z. B. der Projektion der integralen Spannungsschwankungen auf die Ableitlinie zwischen dem linken und rechten Arm (Ableitung I). Für Ableitung II werden die Elektroden am linken Bein und rechten Arm, für Ableitung III am linken Bein und linken Arm befestigt. Das EKG gibt demnach Auskunft über die elektrische Tätigkeit des Herzens, die zwar Voraussetzung für seine Kontraktionen ist, jedoch keine unmittelbaren Schlüsse auf die Kraft dieser Kontraktionen zuläßt. Abb. 4 gibt ein typisches Extremitäten-EKG wieder. Es besteht aus „Zacken", „Wellen", „Strecken" und „Dauern", die im Rhythmus des Herzschlags gesetzmäßig aufeinanderfolgen. Die einzelnen *Zacken* (das sind Ausschläge aus der Nullinie) werden, mit dem Buchstaben P beginnend, in alphabetischer Reihenfolge bezeichnet. Eine *Strecke* ist der Abstand zweier Zacken, als *Dauer* bezeichnet man die Zeit, die zwischen zwei Zacken verstreicht. Die P-Welle entsteht während der Vorhoferregung, Q, R und S sind der Erregungsausbreitung über die Kammern zugeordnet. Während der S-T-Strecke herrscht nicht etwa elektrische Ruhe im Herzen, vielmehr sind hier alle Teile der Kammermuskulatur gleichmäßig erregt; daher können keine Potentialdifferenzen auftreten. Die T-Zacke enstpricht dem Erregungsrückgang der Herzkammern.

Drei Besonderheiten sind für den geordneten Ablauf der Erregung und Kontraktion des Herzens von hervorragender Bedeutung. Erstens wird die Überleitung der Erregung von den Vorhöfen zu den Herzkammern im Aschoff-Tawara-Knoten verzögert. Dadurch kontrahieren sich die Kammern erst, wenn sie unter der Mitwirkung der Vorhöfe gefüllt sind. Zweitens stehen die einzelnen Herzmuskelfasern durch besondere Kontaktstellen miteinander in leitender Verbindung (der Herzmuskel ist ein Synzytium). Daher kontrahieren sich die Vorhöfe und Kammern in einer einzigen pumpenden Bewegung

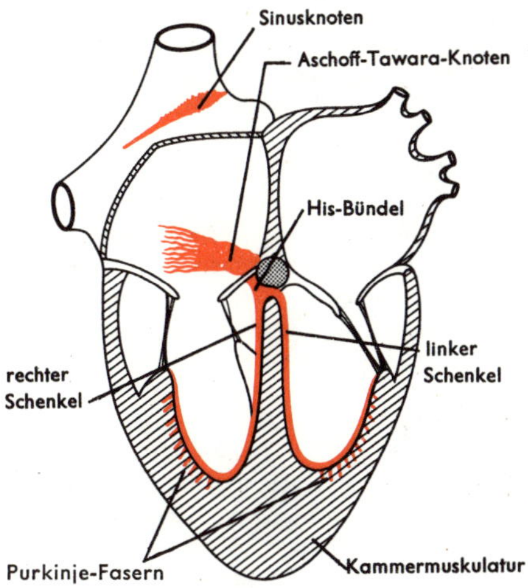

Abb. 1

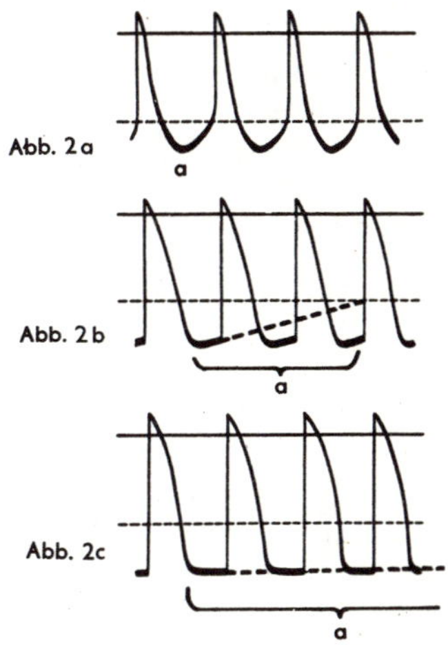

a = Rhythmus der einzelnen Abschnitte

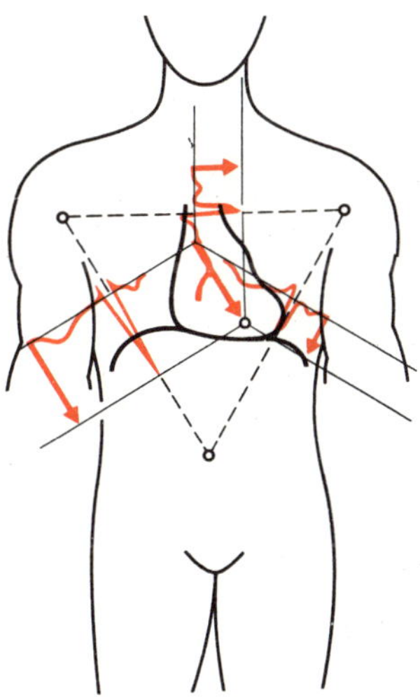

Abb. 3

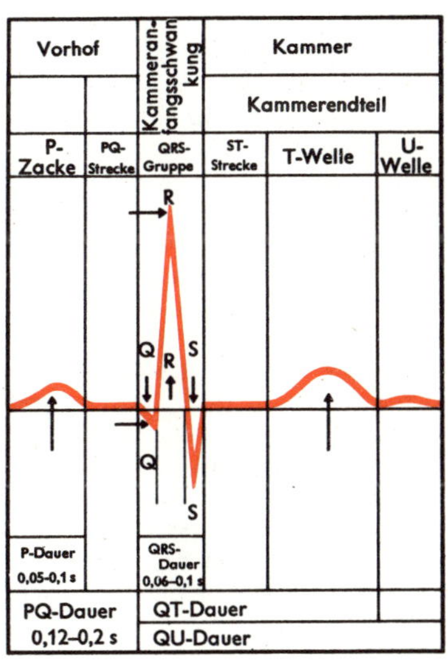

Abb. 4 Extremitäten-EKG

immer als Ganzes. Schließlich hält die (elektrische) Erregung der Herzmuskelfasern im Vergleich etwa zu derjenigen beim Skelettmuskel außerordentlich lange an. Daher ist das Herz während einer ablaufenden Kontraktion unerregbar (refraktär). Diese lange Refraktärzeit aber ist eine wesentliche Voraussetzung für die Pumpfunktion des Herzens. Sie gewährleistet die wechselnde Folge von Verkürzung und Erschlaffung (d.h. von Auswurftätigkeit und Füllung) – ein wesentlicher Unterschied zwischen der rhythmisch tätigen Herzmuskulatur und der zu Dauerverkürzungen fähigen („tetanisierbaren") Skelettmuskulatur.

Störungen der Herzschlagfolge können dadurch entstehen, daß die Erregung unterwegs aufgehalten wird *(Überleitungsstörung)*.

Sind die Herzkammern leitungsmäßig vollständig von den Vorhöfen abgetrennt, so ist der Sinusknoten naturgemäß nicht mehr imstande, die Kammern mit Erregungen zu versorgen und anzutreiben: Es besteht ein sogenannter *Herzblock* (Abb. 5). Vor allem bei Sklerose der Herzkranzgefäße kommt es vor, daß die Überleitung nur zeitweise blockiert ist. Dann kann es im Augenblick der Blockade Sekunden dauern, bis die Kammer aus sich heraus tätig wird (Kammereigenrhythmus). Der Blutdruck fällt dann ab, wie auch sonst bei plötzlichem Herzstillstand, und die Sauerstoffarmut des Gehirns führt zu Ohnmachtsanfällen u. Krämpfen (*Adams-Stokes-Anfälle*, Abb. 5). Die Behandlung dieses lebensgefährlichen Zustandes versucht, die Eigenrhythmik der Kammern zu steigern oder durch elektrische Schrittmacher zu ersetzen. Auch beim andauernden (totalen) Herzblock werden elektrische Ersatzschrittmacher verwendet, wenn die Kammerschlagfolge unter 40 Schläge pro Minute und damit auch die Pumpleistung allzu stark abfällt, so daß eine Herzinsuffizienz eintritt.

Eine zweite Gruppe unregelmäßiger Herzaktionen kommt dadurch zustande, daß nicht nur der Sinusknoten, sondern auch andere Herzabschnitte die Fähigkeit zu selbständiger Erregungsbildung haben, die sich gelegentlich in Form von Extraschlägen *(Extrasystolen)* bemerkbar macht (normalerweise kommt diese Fähigkeit nicht zur Geltung, weil der raschere Sinusknoten die übrigen, langsameren Reizbildungszentren mit seiner höheren Schlagfolge überfährt). Die Betroffenen spüren die Extraschläge gelegentlich als Doppelschlag (Herzklopfen) oder an der folgenden ungewöhnlich langen Pause (das Herz setzt zeitweise aus).

Ursache solcher Extraschläge, die (begünstigt durch Nikotin oder Koffein oder durch Angst bzw. allgemein durch psychische Erregung) auch bei völlig gesunden Herzen vorkommen, können Infektionsherde, eine Vorhofdehnung bei Herzklappenfehler, eine Koronarsklerose oder eine Überfunktion der Schilddrüse sein. Behandelt wird in erster Linie die Grundkrankheit, es sei denn, die Herzschlagfolge steigt durch die Extraschläge allzu stark an oder es besteht – bei Ursprung der Extraschläge in der Herzkammer – Verdacht auf Flimmerneigung.

Gehäufte Extraschläge der Vorhöfe oder fortlaufend kreisende Vorhoferregungen können zu einer derart raschen Erregungsfolge führen, daß nicht mehr regelrecht vollständige Kontraktionen, sondern nur noch unzusammenhängend „flimmernde" Vorhoferregungen mit einer Geschwindigkeit von 500 bis 600 pro Minute ablaufen *(Vorhofflimmern)*. Im Gegensatz zum Kammerflimmern (vgl. S. 24) ist ein solches Versagen des Vorhofs meist relativ harmlos, auch wenn sich in der Folge gewöhnlich – oft von den Betroffenen unbemerkt – eine völlig unregelmäßige Aktion der Herzkammern *(absolute Pulsarrhythmie)* einstellt.

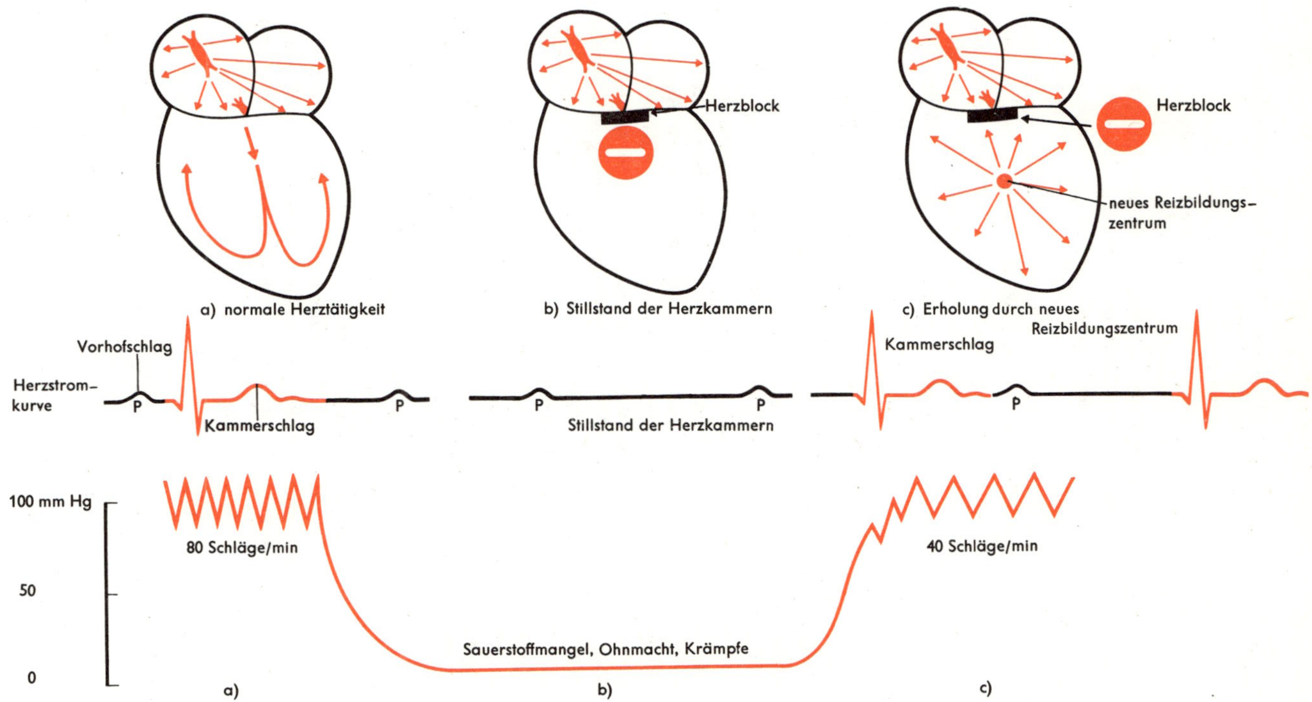

Abb. 5 Herzblock und Adams-Stokes-Anfall

HERZKRANZGEFÄSSE

Wie jedes Organ besitzt das Herz eigene Blutgefäße, die das zu seiner Ernährung notwendige Blut heranführen: die Herzkranzgefäße (Abb. 1). Zwei zuführende Gefäße (Arterien) sind für die Blutversorgung des Herzens maßgebend. Die rechte Kranzarterie versorgt den größten Teil des rechten Herzens, die hintere Hälfte der Herzscheidewand, einen Teil der Hinterwand der linken Kammer und deren hinteren Papillarmuskel. Die linke Kranzarterie liefert das Blut für die übrigen Teile der linken Kammer, für die vordere Hälfte der Scheidewand und für den großen Papillarmuskel der rechten Kammer. – Das verbrauchte Blut mündet über ein größeres Sammelbecken, den Koronarsinus, in den rechten Vorhof.

Die Herzkranzgefäße nehmen ihren Ausgang dicht oberhalb der hinteren Taschenklappe der Aorta. Die Durchblutung der Herzkranzgefäße ist demnach u. a. abhängig von der Höhe des Aortendrucks. Arterieller Druckanstieg führt nicht nur zu einer Steigerung der treibenden Kraft, sondern auch zu einer druckpassiven Erweiterung der Gefäße. Darüber hinaus hängt die Koronardurchblutung in besonderem Maße auch von der Höhe des „Gewebedruckes" in der Herzwand ab: Während der Systole wird durch Kontraktion der Herzmuskelfasern der Einstrom des Blutes in die Kranzarterien gehemmt. Andererseits findet während der Systole allerdings auch ein gesteigerter Blutabstrom aus den Herzvenen statt. Glaubte man früher, daß die rhythmisch arbeitende Herzmuskulatur durch eine Art Massage ihre Eigendurchblutung verbessere, so weiß man heute, daß der hemmende Effekt der systolischen Zusammenziehung bei weitem den fördernden „Massageeffekt" überwiegt. Weiterhin bestimmt vor allem der Tonus der glatten Gefäßmuskulatur die Weite der Koronargefäße. In diesem Zusammenhang ist besonders die Stoffwechsellage des Herzmuskels von Bedeutung. Erhöhte Arbeitsleistung (und entsprechend erhöhter Umsatz) führt zur Anhäufung von Stoffwechselprodukten im Gewebe, die dann eine Erweiterung der Koronargefäße bewirken. Auch Herznerven beeinflussen über und neben Herzdynamik und Herzstoffwechsel die Weite der Herzkranzgefäße. Von entscheidender Bedeutung ist schließlich der Zustand der Koronargefäßwände: Stark „verkalkte" Herzkranzgefäße können ihre Weite nicht mehr verstellen und bilden eine Gefahr für das Herz *(Koronarsklerose)*. Zusätzliche Gefäßerweiterungen sind in diesem Zustand nicht mehr möglich, und physikalische Faktoren wie Blut- und Gewebedruck bestimmen allein die Koronardurchblutung. Abb. 2 gibt einen Überblick über jene Faktoren, die insgesamt die Koronardurchblutung beeinflussen. Dazu gehören neben den erwähnten auch hormonelle Faktoren.

Klinisch besonders wichtig ist die Tatsache, daß die Kranzgefäße funktionell zu den sogenannten Endarterien zählen. Daher können sich nur bei sehr langsam fortschreitendem Koronarverschluß Querverbindungen (Anastomosen) zwischen den Kranzarterien ausbilden, wodurch dann eine Kranzarterie in der Lage ist, Versorgungsgebiete der zweiten mit zu übernehmen. Bei plötzlichem Kranzaderverschluß besteht diese Möglichkeit nicht, es kommt bei entsprechend großem Ausfall u. U. zum Herzinfarkt (s. S. 58 ff.).

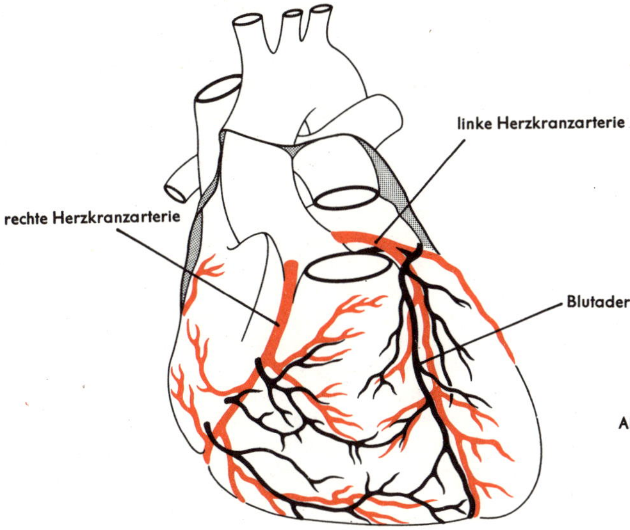

Abb. 1

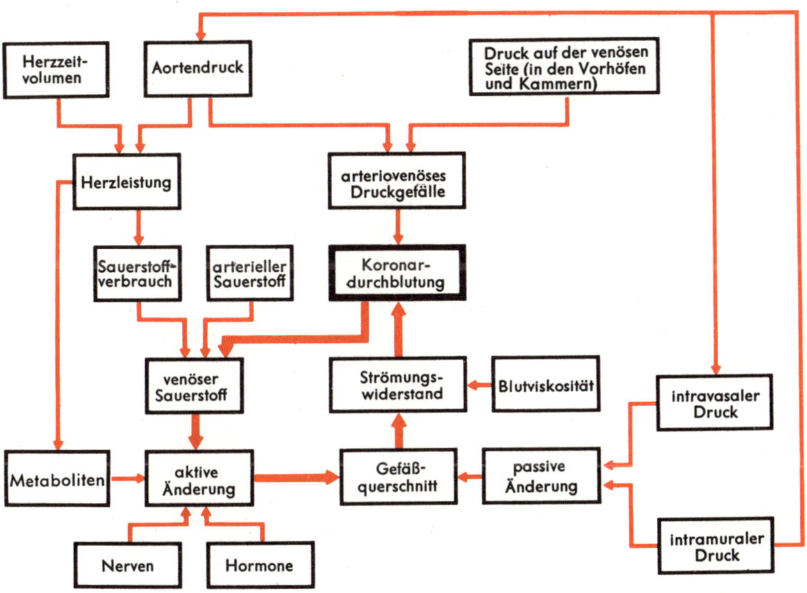

Abb. 2
nach Schödel und Grosse — Brockhoff

DIE KORONARE HERZKRANKHEIT
HERZSCHMERZEN · ANGINA PECTORIS

Der Herzmuskel wird durch die *Herzkranzgefäße* (Koronargefäße) mit Blut versorgt. Im Gegensatz zu anderen Organgefäßen führen die Herzkranzgefäße dem Herzen jeweils nur so viel Blut zu, daß der Sauerstoffbedarf des Herzmuskels gerade gedeckt wird. Steigt der Sauerstoffbedarf des Herzmuskels durch Druckanstieg oder Zunahme der Förderleistung, so ist der Herzmuskel – im Gegensatz etwa zum Skelettmuskel, der in solchen Fällen u. a. den Blutsauerstoff besser abschöpfen kann – immer gezwungen, seine Kranzgefäße zu erweitern. Diese Gefäßerweiterung wird in erster Linie durch Schlackenstoffe ausgelöst, wie sie bei gesteigerter Herzarbeit vermehrt anfallen. Auch eine Steigerung des arteriellen Blutdrucks verbessert die Durchblutung des Herzmuskels, bürdet dem Herzen als Nebeneffekt aber auch mehr Arbeit auf. Schließlich kann die Koronardurchblutung auch über die sympathischen Herznerven verändert werden: Nervenerregung erhöht die Herzarbeit, den Sauerstoffverbrauch und damit normalerweise auch die Kranzgefäßdurchblutung. Das Zusammenspiel dieser an der Abstimmung zwischen Herzarbeit und Herzdurchblutung beteiligten Faktoren funktioniert besonders gut und herzschonend bei Mehrleistungen, die das Herz bei körperlicher Betätigung zur besseren Durchblutung der Skelettmuskulatur erbringen muß. Dagegen wird die Kranzgefäßdurchblutung im Verhältnis zum Sauerstoffverbrauch des Herzens weniger zuverlässig gesteigert, wenn ein Mehrbedarf befriedigt werden muß, der z. B. infolge seelischer Erregung (ohne körperliche Arbeit) ausschließlich über das sympathische Nervensystem zustande kommt (Abb. 1).

Daraus wird verständlich, daß auch psychische Konflikte (Angst, Aufregung, Spannung) die Abstimmung zwischen Sauerstoffbedarf und Koronardurchblutung durch nervöse Erregung über den Sympathikus stören können. Man rechnet diese bei völliger organischer Gesundheit auftretenden Herzbeschwerden durch nervöse Übererregbarkeit zu den *funktionellen Störungen*. Ihre Anzeichen können übertriebene Pulsbeschleunigung, Herzklopfen, unangenehme Empfindungen in der Herzgegend und schließlich auch ausgesprochene Herzschmerzen infolge Sauerstoffmangels sein. Von funktionellen Herzbeschwerden betroffen sind meist sensible Naturen, die sog. vegetativen Dystoniker (s. S. 358). Die Beschwerden entstehen vor allem bei körperlicher Ruhe, halten oft stundenlang an und werden – sehr im Gegensatz zur Angina pectoris (s. u.) – bei körperlicher Betätigung eher besser. Außer den Herzbeschwerden finden sich meist noch weitere Anzeichen vegetativer Labilität: Neigung zu Schweißausbrüchen, fliegende Hitze, Magen-Darm-Beschwerden, Nervosität, Konzentrationsschwäche (Abb. 3a, S. 57).

Herzschmerzen durch Sauerstoffmangel bei gesundem Herzmuskel können außer durch psychische Störungen u. a. auch beim Höhenaufenthalt, bei Blutarmut und gelegentlich auch bei Stoffwechselsteigerung durch Schilddrüsenüberfunktion entstehen. Auch Gasansammlungen im Bauchraum, durch die das Herz verlagert und „gereizt" wird, so daß auch hier ein Durchblutungsdefizit entsteht, können Herzschmerzen verursachen. Zuviel Gas gelangt durch hastiges Schlingen, durch den Genuß kohlensäurehaltiger Getränke oder durch nervöses Verschlucken von Luft in die „Magenblase" (s. S. 146). Im Dickdarm können Gasansammlungen durch Fäulnis- und Gärungsvorgänge entstehen; Bewegungsmangel verstärkt die Blähsucht, Fettleibigkeit begünstigt den Zwerchfellhochstand und die Herzbeschwerden. – „Herzschmerzen" können schließlich auch ohne Durchblutungsstörungen und Sauerstoffmangel und selbst außerhalb des Herzens entstehen, wenn die schmerzempfindlichen Herznerven auf ihrem Weg zu den Gehirnzentren gereizt werden, so z. B. durch Knochendruck beim Eintritt in den Wirbelkanal (Abb. 3b, S. 57).

Funktionelle Herzbeschwerden sind weitgehend harmlos und bei sicherer Diagnose oft auch nicht behandlungsbedürftig. Liegt eine Anämie oder Schilddrüsenüberfunktion vor, so richtet sich die Behandlung nach der Grundkrankheit. Vegetativ labile Personen können nach entsprechender Aufklärung durch ihren Arzt versuchen, belastende Erleb-

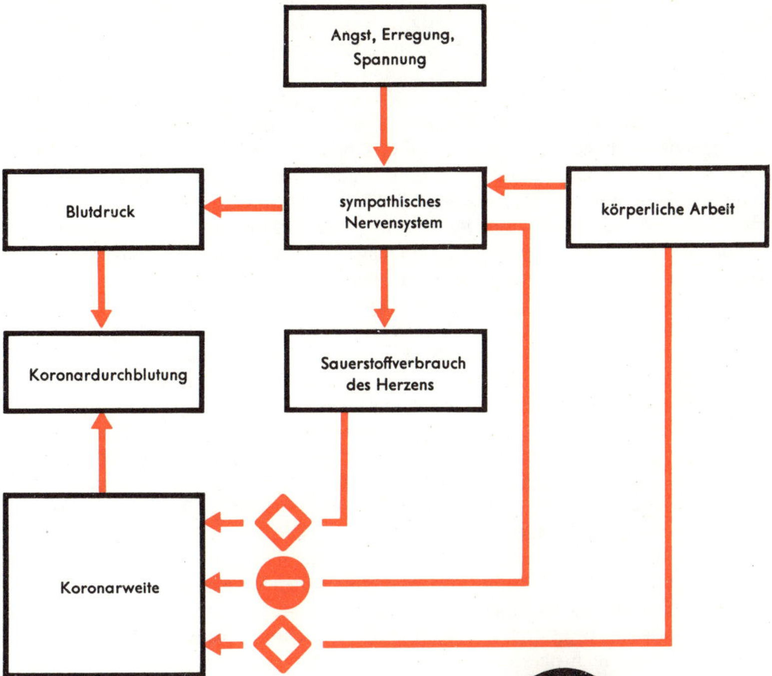

Abb. 1 Steuerung der Herzdurchblutung

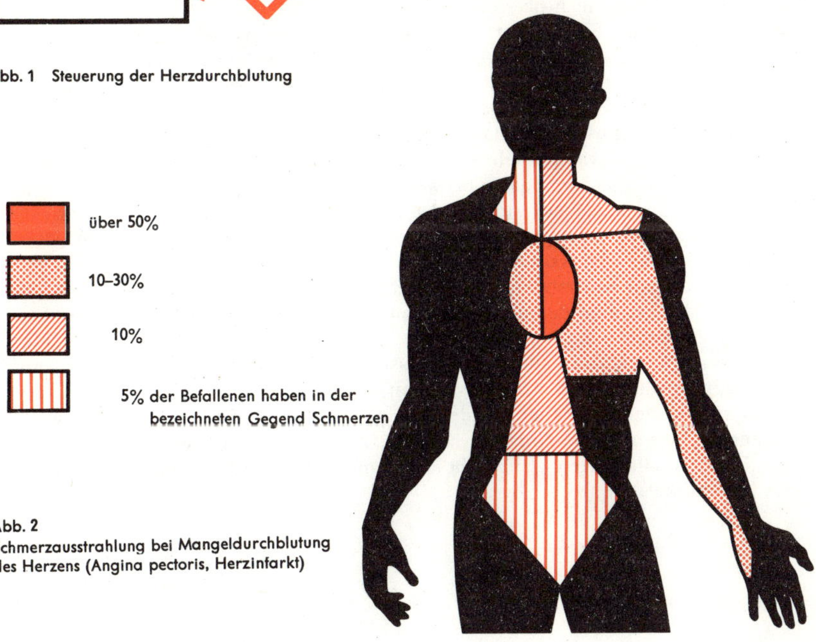

Abb. 2
Schmerzausstrahlung bei Mangeldurchblutung des Herzens (Angina pectoris, Herzinfarkt)

nisse und bedrängende Situationen richtig, d.h. hier herzschonend, zu verarbeiten. Oft ist ärztlich überwachtes, schonend aufbauendes Körpertraining vorteilhaft.

Unter *Koronarreserve* versteht man die größtmögliche Durchblutungszunahme des Herzens; sie beträgt beim Gesunden rund 300 % der normalen Ruhedurchblutung. Die Koronarreserve ist davon abhängig, wie elastisch und erweiterungsfähig die Herzkranzgefäße sind. Sie kann daher durch Gefäßstarre oder Wandverdickung reduziert sein. Als Ursache durchblutungseinschränkender Gefäßveränderungen spielt vor allem die Arteriosklerose der Herzkranzgefäße (Koronarsklerose) eine Rolle. Daneben kommen auch entzündliche und entzündlich-allergische Erkrankungen der Herzkranzgefäße vor. Mangelhafte Koronarreserve braucht sich in Ruhe noch nicht bemerkbar zu machen, da die Kranzgefäße zwar starr, gleichzeitig aber weit genug für diese Grundbelastung sein können. Steigt die Herzarbeit jedoch bei körperlicher Tätigkeit, so kann der örtliche Sauerstoffmangel des Herzens mit Kranzgefäßsklerose und eingeschränkter Koronarreserve nicht in eine Gefäßerweiterung umgesetzt werden: Es kommt zu einem Anfall von Herzschmerzen, der *Angina pectoris* oder Herzenge (Abb. 3c). Nur ausnahmsweise treten die Anfälle auch schon bei körperlicher Ruhe auf. Herzschmerzen sind wie alle Eingeweideschmerzen (und im Gegensatz zum gut lokalisierbaren und scharf umschriebenen Oberflächenschmerz) dumpf und nicht genau zu lokalisieren. Der *Angina-pectoris-Schmerz* ist über der linken, oberen Brusthälfte am stärksten und strahlt meist in den linken Arm aus, seltener in die rechte Schulter, in den Hals oder die Bauchgegend (Abb. 2, S. 55). Die Art der Schmerzen wird als brennend oder stark stechend angegeben. Der Angina-pectoris-Schmerz ist von Vernichtungsgefühl, Angst, Unruhe und Atemnot begleitet. Bezeichnend ist weiter das anfallsweise Auftreten bei rascher Gangart oder beim Treppensteigen, auch bei Abkühlung der Brust, etwa durch Zugluft. Entfällt die schmerzauslösende körperliche Belastung, so klingt auch der Angina-pectoris-Schmerz nach 1–2, höchstens 10–20 Minuten wieder ab. Seelisch-nervös bedingte Herzschmerzen pflegen umgekehrt bei körperlicher Belastung zu verschwinden. Dauern die durch Sauerstoffmangel ausgelösten Attacken längere Zeit an, so kommt es außer den Schmerzen schließlich zum Absterben von Herzmuskelgewebe. Im Wiederholungsfall durchsetzen Kleinstinfarkte und kleine Schwielen den Herzmuskel. Während ein sauerstoffverarmter, schmerzender Skelettmuskel ruhiggestellt werden kann, muß das sauerstoffknappe Herz seine Arbeit fortsetzen. Es kommt daher bei weiterer Überforderung in eine immer bedrohlichere Lage und muß bei fortdauernder Minderdurchblutung schließlich versagen.

Die Langzeitbehandlung der Angina pectoris hat u.a. meist eine Änderung der Lebensweise zum Ziel. Körperliche Anstrengungen, die zu Schmerzen führen, sind zu meiden, da jede Sauerstoffnot zum Untergang weiterer Muskelfasern führen kann, ebenso anfallbegünstigende Aufregungen und seelische Spannungen. Ärztlich verordnete Beruhigungsmittel können helfen, das Leben und seine Schwierigkeiten leichter zu nehmen. Fettsüchtige sollten ihren Ballast durch geeignete Magerdiät vermindern, zumal üppige Mahlzeiten Anfälle provozieren können.

Zur medikamentösen Therapie der Angina pectoris dienen vor allem die wohlbekannten Nitrite (bzw. Nitrate), die Betarezeptorenblocker und die Kalziumantagonisten. Sie alle senken – auf recht unterschiedliche Weise – den Sauerstoffbedarf des Herzmuskels.

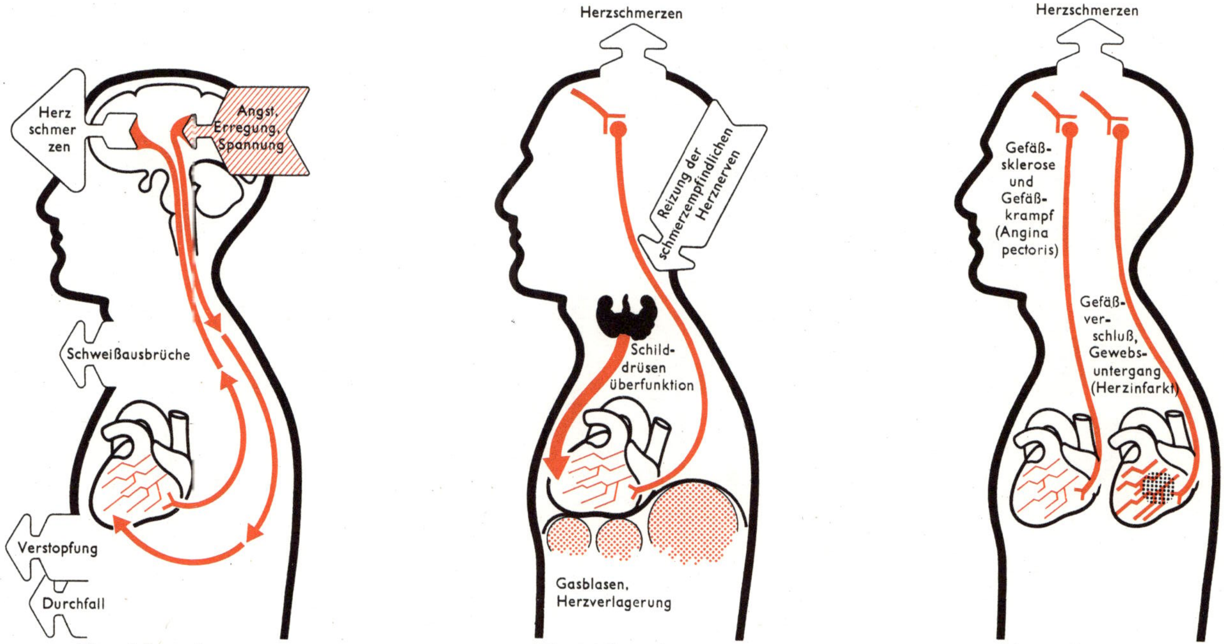

a) Sauerstoffmangel durch seelische Ursachen bei vegetativer Labilität

b) Sauerstoffmangel des gesunden Herzens

c) Sauerstoffmangel bei Angina pectoris und Herzinfarkt

Abb. 3
Ursachen von Sauerstoffmangel und Herzschmerzen

DIE KORONARE HERZKRANKHEIT
HERZINFARKT

Infarkt nennt man einen Gewebsuntergang bei Mangeldurchblutung. Meist handelt es sich um Gefäßverschlüsse wie sie etwa auf arteriosklerotischer Grundlage entstehen. Der Herzinfarkt ist eine solche Zerstörung von Muskelgewebe (daher auch Myokardinfarkt) durch Herzkranzgefäßverschluß (daher auch Koronarinfarkt), bei der in rund 90 % der Fälle arteriosklerotische Gefäßwandveränderungen eine verhängnisvolle Rolle spielen.

Herzinfarkte sind das Ergebnis von Kettenreaktionen, deren Bilderfolge man mikroskopisch recht gut beschreiben gelernt hat, deren ursächliche Beziehungen aber noch keineswegs geklärt sind. Feingeweblich und funktionell kann man zwischen einer normalen Alterssklerose und einer krankhaften Arteriosklerose unterscheiden. Bei der Alterssklerose handelt es sich um einen mehr oder weniger zwangsläufigen Dehnungsverlust der Schlagadern, mit dem Verlust der Elastizität eines alten Gummibandes vergleichbar. Für den Kreislauf wesentlich schlimmer ist die zusätzliche Arteriosklerose als echte Krankheit der Gefäße. Sie befällt zuerst die Gewebsschichten im Bereich der Gefäßinnenhaut. Diese werden vermehrt durchlässig und nehmen erst zusätzliche Flüssigkeit und dann auch Fremdstoffe auf. Kleine Einrisse bilden den Ansatzpunkt für winzige Blutpfröpfe, die sich beim Fortschreiten örtlicher Gerinnungsvorgänge vereinigen, tapetenartig übereinanderlegen und zuletzt die gesamte Gefäßlichtung verschließen (Abb. 1a u. b). Solche Verschlußpfröpfe oder Thromben können in der stehenden Blutsäule weiterwachsen und stromauf die nächste Gefäßverzweigung verlegen (Abb. 2). Gleichzeitig wird der ernährungsabhängige Bezirk des Herzmuskels von der Blut- und Sauerstoffversorgung abgeschnürt, es entsteht ein Infarkt. Ausdehnung und Gefährlichkeit eines Infarktes hängen vom Durchmesser, Sitz und Versorgungsgebiet des befallenen Herzkranzgefäßastes ab (Abb. 3). Ist der Bezirk zerstörter Herzmuskulatur, die sogenannte Nekrose, sehr ausgedehnt, so kann das gesamte Herz versagen. Ausgedehnte Infarkte reißen gelegentlich ein und führen zur plötzlichen inneren Verblutung durch Herzruptur. Auch sehr kleine Einzelinfarkte, die für die verbleibende Herzkraft belanglos sind, können schädlich sein, indem sie zu Extraerregungen der Herzkammern, den sogenannten Extrasystolen, führen oder, je nach Sitz, im Reizleitungssystem des Herzens die normale Erregungsausbreitung hemmen. Für Entstehung und Ablauf des Infarktes sind aber nicht nur Sklerose, Blutpfropfverschluß und Sauerstoffzufuhr durch die Koronararterien entscheidend, sondern auch der herzseitige Sauerstoffverbrauch. Normalerweise erweitert Sauerstoffmangel, wie er bei Mehrarbeit auftritt, die Herzkranzgefäße. Diese Reaktion ist an wandverdickten und teilweise verstopften Gefäßen wesentlich eingeschränkt. Daher wird jede Mehrarbeit die Sauerstoffarmut des infarktbedrohten Herzmuskels noch weiter steigern. Auch Herznervenerregung erhöht den Sauerstoffverbrauch. So kommt es, daß Bewegung, Nervosität, Erregung und Anspannung einen Herzinfarkt auslösen und ungünstig beeinflussen können.

Eine Reihe von Faktoren begünstigt die Entstehung der Koronarsklerose. Sie sind daher auch *Risikofaktoren* des Herzinfarkts. Bluthochdruck, Nikotin (bei inhalierendem Rauchen), Stoffwechselentgleisungen wie die Zuckerkrankheit und überhöhte Blutfettwerte zählt man zu den *Risikofaktoren erster Ordnung* (zu den Einflüssen von Alter und Geschlecht s. unten). *Risikofaktoren zweiter Ordnung* sind Übergewicht (mit Beziehungen zu Bluthochdruck, Diabetes und Blutfettwerten), Mangel an körperlicher Aktivität sowie sozialer und familiärer Streß, der sich über die Herznerven auswirkt. Bei üppiger Lebensweise nimmt die Infarkthäufigkeit zu, in Hungerperioden dagegen ab (vgl. Abb. 4). Bei den Blutfettwerten gilt ein hoher Cholesterinspiegel vor allem in Verbindung mit bestimmten Fetteiweißen (LDL) als riskant. Diese transportieren (im Gegensatz zu HDL) Cholesterin, das dann dort abgelagert werden kann, zur Gefäßperipherie. Ein letzter Risikofaktor ist das Lebensalter (Abb. 5). Insgesamt steigt die Infarktgefahr mit zunehmendem Alter; bei uns stirbt z. Z. jeder fünfte Mann, der die

Abb. 1b)
Arteriosklerotisch verdickte Herzkranzschlagader mit Verschlußpfropf

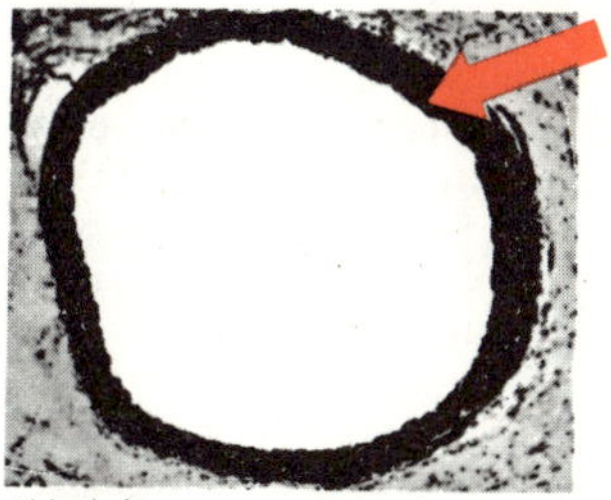

Abb. 1a)
Normale Herzkranzschlagader

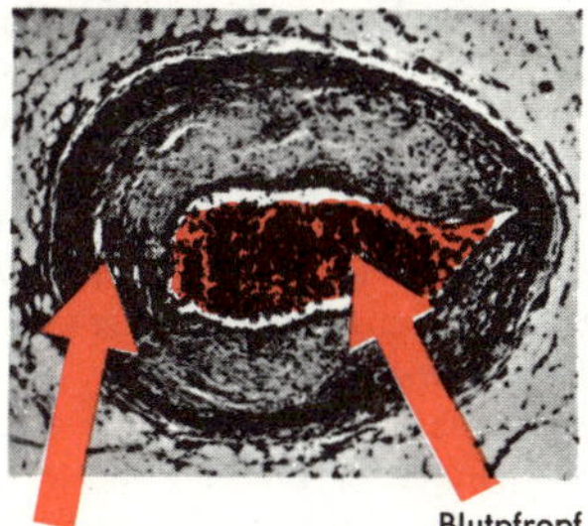

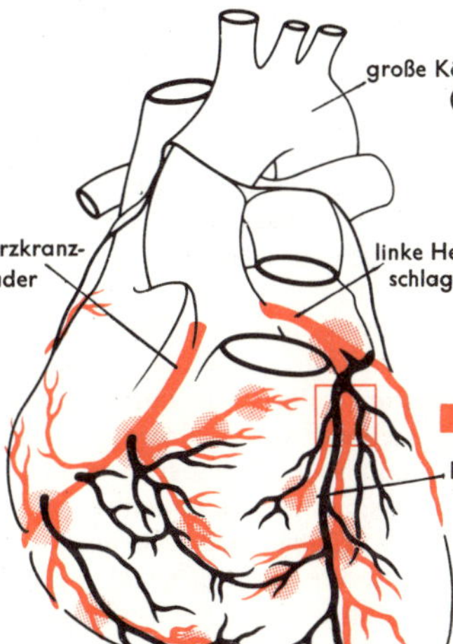

.bb. 3
lerzkranzgefäße und
orzugsstellen des Gefäßverschlusses

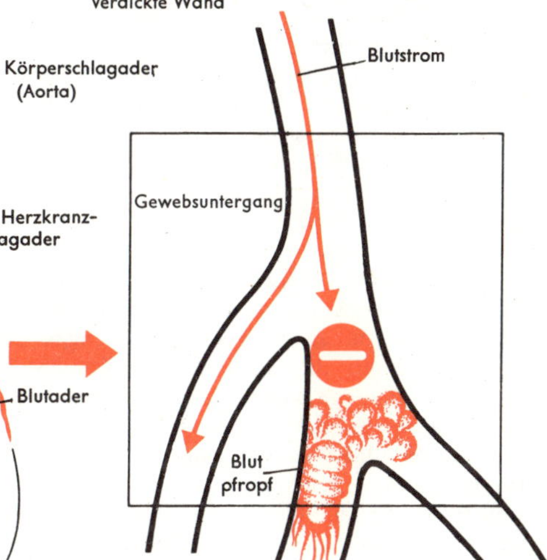

Abb. 2
Verschluß der nächsten Gefäßverzweigung durch wachsenden Blutpfropf

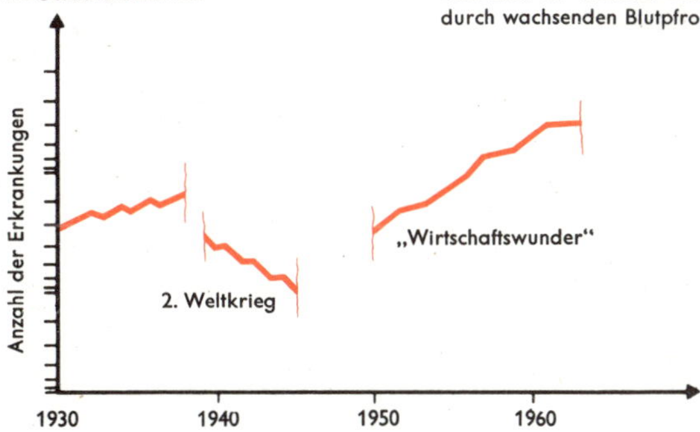

Abb. 4 Häufigkeitsverteilung des Herzinfarkts in den letzten Jahrzehnten

zweite Hälfte des Lebens erreicht, an einem Herzinfarkt; absolute Häufigkeitsgipfel liegen beim Mann um das 55., bei der bis zur Menopause durch ihre Geschlechtshormone geschützten Frau um das 70. Lebensjahr. Die negative Einwirkung der Zivilisation zeigte sich nicht nur darin, daß die Infarkthäufigkeit stetig zunahm. Vielmehr wurden durch die modernen Lebensumstände immer mehr auch jüngere Jahrgänge betroffen. So ist der Infarkttod von Männern im dritten und vierten Lebensjahrzehnt durchaus keine Seltenheit mehr. Während sich in einigen anderen Ländern eine Trendwende abzeichnet, starben in der BR Deutschland 1981 noch 84 100, 1982 immer noch 82 700 Menschen an Herzinfarkt. Der Herzinfarkt ist damit die häufigste Einzelursache aller Sterbefälle. Um so wichtiger ist die frühzeitige Erkennung, vor allem die Verhütung des Herzinfarktes.

Wie jeder Sauerstoffmangel des Herzens geht auch der Infarkt mit Schmerzen einher. Die Schmerzen sind oft so stark, daß Todesangst und Vernichtungsgefühl entstehen. Wie beim vorübergehenden Sauerstoffmangel der Herzenge (Angina pectoris) ist auch der *Infarktschmerz* dumpf und nur schlecht zu orten. Er strahlt von der Herzgegend und hinter dem Brustbein hervor in die Umgebung aus: in die linke Schulter, zum Hals, seltener zur rechten Schulter und zum Kopf; manchmal ziehen mehr bohrende Schmerzen rücken- oder bauchwärts. Dabei sind Verwechslungen mit Gallen- oder Magenschmerzen möglich, zumal Infarkte recht häufig auch zusammen mit Magengeschwüren und Gallensteinen vorkommen. Im Gegensatz zur Angina pectoris, deren Schmerzen bei körperlicher Belastung einsetzen und in Ruhe innerhalb von Minuten verschwinden, tritt der Infarktschmerz auch in Ruhe (auch nachts) auf und hält länger an.

Neben den oben beschriebenen Risikofaktoren, die die Entstehung des Herzinfarktes auf lange Sicht begünstigen, lassen sich oft unmittelbar auslösende *Infarktursachen* ermitteln. Dazu gehören seelische und körperliche Überforderung, starke innere Spannung, Enttäuschung, Schlafmangel mit übertriebenem Genuß von Kaffee oder Tee, eine allzu reichhaltige Mahlzeit, der Alkoholrausch und schließlich der Durchzug von Wetterfronten. Im Unterschied zur Herzenge stellt sich beim Herzinfarkt meist schlagartig eine allgemeine Kreislaufstörung ein mit Blutdruckabfall, schwachem, unregelmäßigem Puls und fahlblasser, kalter, schweißbedeckter Haut. Man nennt diesen alarmierenden Zustand Kreislaufschock (S. 24 ff.). So auffallend diese Anzeichen sind, kommen doch auch sogenannte stumme Infarkte vor, die unbemerkt ablaufen, bis sie bei einer Routineuntersuchung vom Arzt entdeckt werden. Je nach persönlicher Empfindlichkeit können Infarktschmerzen verschieden erlebt und bewertet werden. Meist ist ein akuter Infarkt allerdings Anlaß, sofort einen Arzt zu rufen, der oft auch schon bei Infarktverdacht die klinische Untersuchung (und evtl. Behandlung) veranlaßt.

Zur *Infarkterkennung* ist die Herzstromkurve besonders wichtig, das sogenannte Elektrokardiogramm oder EKG. Typische Abweichungen vom normalen Bild zeigen nicht nur den Infarkt, sondern auch seinen Sitz im Herzmuskel an (Abb. 6, S. 61). Laboruntersuchungen zeigen einen Anstieg der weißen Blutkörperchen, eine Erhöhung der Blutkörperchensenkungsgeschwindigkeit oder erhöhte Blutzuckerwerte an. Neuerdings spielt die *Enzymdiagnostik* eine große Rolle. Im Inneren der Körperzellen sind große, eiweißartige Wirkstoffe, die sogenannten Enzyme, vorhanden, die als Biokatalysatoren bestimmte Vorgänge im Zellstoffwechsel steuern. Wird eine Zelle durch Quetschung oder Sauerstoffmangel beschädigt, so läßt die Zellmembran solche Wirkstoffe ins Blut austreten. Sie können nach einer Blutentnahme im Laboratorium an ihrer bezeichnenden Stoffwechselwirkung erkannt werden. Beim Herzinfarkt treten tagelang u. a. drei Zellenzyme im Blutplasma auf, die Kreatinphosphokinase, die Transaminase und die Milchsäuredehydrogenase. Mit Hilfe der Enzymdiagnostik kann man u. U. frühe Verdachtsfälle abklären und dann durch vorbeugende Infarktbehandlung verhindern, daß der Gefäßverschluß fortschreitet.

Abb. 5a
Häufigkeit des Herzinfarkts bei beiden Geschlechtern

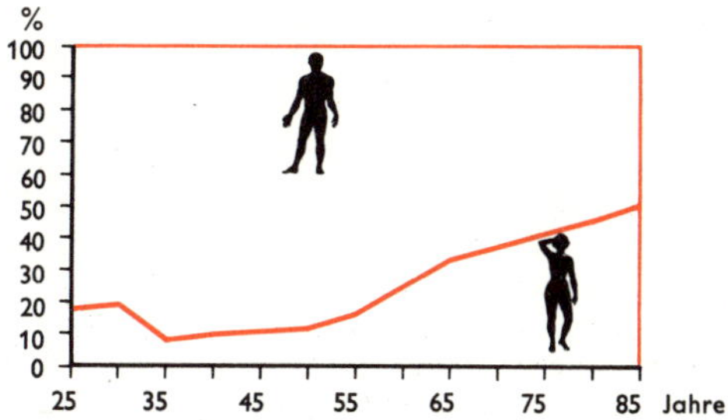

Abb. 5b
Verteilung des Herzinfarkts auf Männer und Frauen

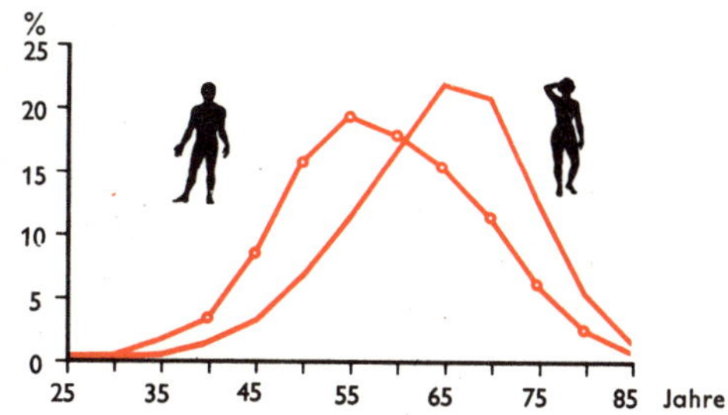

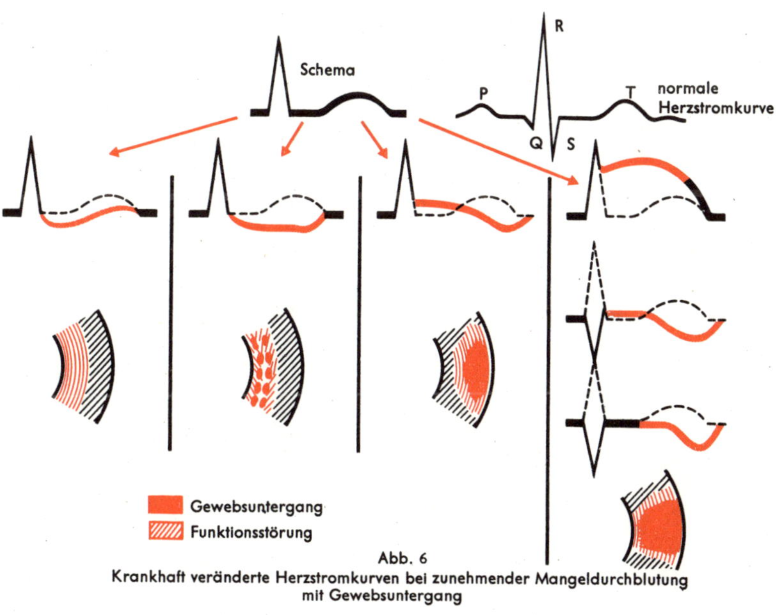

Abb. 6
Krankhaft veränderte Herzstromkurven bei zunehmender Mangeldurchblutung mit Gewebsuntergang

Bei der *Behandlung des Herzinfarktes* steht an erster Stelle strengste Bettruhe zur Sauerstoffentlastung und narbigen Ausheilung des Herzens. Zur Ruhigstellung und Schmerzlinderung werden Beruhigungsmittel, u. U. sogar Morphin, gegeben (Abb. 7). Bedrohlichen Blutdruckabfall versucht man durch geeignete blutdrucksteigernde Mittel zu beheben. Maßnahmen, die gefährliche Rhythmusstörungen des Herzens verursachen könnten, bleiben der klinischen Behandlung vorbehalten. In der Klinik wird – bei fortlaufender Überwachung der Herzaktion durch das EKG – häufig zuerst eine Sauerstoffbeatmung durchgeführt. Zu niedrigen Blutdruck behandelt man mit Noradrenalin oder Dopamin. Der insuffiziente Herzmuskel wird mit Digitalispräparaten oder Strophanthin gestützt. Der unregelmäßige Herzschlag wird bei Extraschlägen der Herzkammern (ventrikuläre Extrasystolen) unter EKG-Kontrolle mit Infusionen von Antiarrhythmika gedämpft, bei allzu langsamer Schlagfolge durch herzerregende Mittel beschleunigt. Falls diese Maßnahmen unwirksam sind und es zum Kammerflimmern oder Herzstillstand kommt, wird ein Defibrillator bzw. ein elektrischer Schrittmacher eingesetzt. – Im Stadium der Infarktvernarbung gilt es, die erneute Bildung von Blutpfröpfen und ihre Verschleppung mit dem Blut, darüber hinaus auch die Wiederholung des Infarktes zu verhindern. Dazu werden gerinnungshemmende Medikamente (das schnell wirkende Heparin oder die langsam und länger wirkenden Kumarine) und teilweise auch gerinnselauflösende Stoffe (Fibrinolytika) eingesetzt.

Nach 3–4 Tagen ist bei günstigem Verlauf die akute lebensgefährliche Phase des Herzinfarktes vorbei. Treten keine Komplikationen auf, so kann die strenge Bettruhe nach 3–4 Wochen aufgehoben werden. Krankengymnastische Übungen leiten zur Phase der Nachbehandlung über. Zur Wiedereingliederung ins Alltagsleben gehört u. a. die Regelung der Lebensweise (Gewichtskontrolle, maßvolle Ernährung, Nikotinenthaltung, wohldosierte körperliche Bewegung usw.). Der Übergang zum Alltag kann durch eine Rehabilitationstherapie gebahnt werden. Später kommt je nach Lage des Einzelfalls unter ärztlicher Anleitung die Beteiligung an einer sog. *ambulanten Koronargruppe* oder an einer *Infarktsportgruppe* in Frage.

In ausgewählten Fällen von Angina pectoris, aber auch von Herzinfarkt können die arteriosklerotisch eingeengten Herzkranzgefäße durch einen kleinen *Ballonkatheter* erweitert werden. Häufiger kommt die operative Anlegung eines die Engstelle überbrückenden Umgehungskreislaufs (*aortokoronarer Shunt* oder *Bypass*) in Frage. Kurze Zeit nach dem Eintreten eines Infarkts ist u. U. auch die Auflösung des die Engstelle verschließenden Blutpfropfs möglich. Dazu werden gerinnselauflösende Stoffe (Urokinase oder Streptokinase) infundiert, durch einen Katheter eventuell auch direkt in das betreffende Herzkranzgefäß.

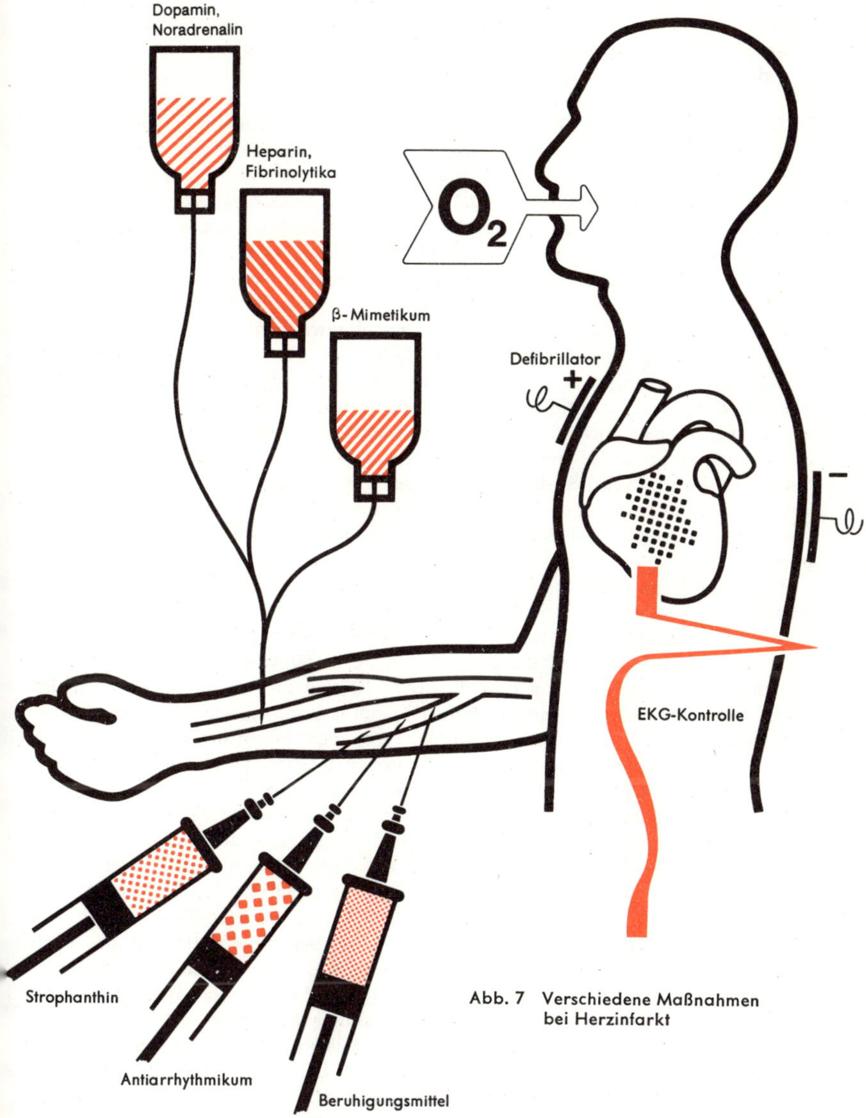

Abb. 7 Verschiedene Maßnahmen bei Herzinfarkt

BLUTKREISLAUF · BLUTDRUCK · BLUTGEFÄSSE

Der *Blutkreislauf* als Transportsystem des Körpers hat mit seinen Kanälen, den Blutgefäßen, die Aufgabe, die Blut- und damit Nährstoffversorgung auf die Bedürfnisse der einzelnen Körperabschnitte einzustellen.

In das Kreislaufsystem sind mit dem Herzen eigentlich zwei Pumpen eingeschaltet: das rechte Herz zwischen Körper- und Lungengefäßsystem und das linke Herz zwischen Lungen- und Körpergefäßsystem *(kleiner* und *großer Kreislauf).* Neben dem Einteilungsprinzip „großer und kleiner Kreislauf“ gibt es allerdings noch ein weiteres, das sich an der Höhe des örtlichen Druckniveaus orientiert. Im arteriellen System des großen Kreislaufs sind die Drücke bedeutend höher als im gesamten übrigen Gefäßsystem. Daher teilt man den Gesamtkreislauf funktionell auch in zwei sehr verschieden große Systeme mit unterschiedlichem Druck ein: Den *Lungenkreislauf* mit dem venösen Anteil des großen Kreislaufs bezeichnet man als *Niederdrucksystem (Kapazitätssystem).* Es reicht von den Kapillaren des großen Kreislaufs über das rechte Herz und die Lungenstrombahn bis zum linken Ventrikel. Ihm steht das *arterielle System* als *Hochdrucksystem (Widerstandssystem)* gegenüber, das nach dieser Einteilung nur die Aorta und die Arterien des großen Kreislaufs bis zu den Kapillaren umfaßt; der linke Ventrikel „pendelt“ je nach Systole und Diastole zwischen dem Hochdruck- und dem Niederdrucksystem hin und her (Abb. 1).

Die Blutversorgung der verschiedenen Organe erfolgt aus dem *Hochdrucksystem* über die *Arterien* und Arteriolen, an die sich die *Haargefäße (Kapillaren)* anschließen. Hier erfolgt der eigentliche *Stoffaustausch* zwischen Blut und Gewebe, die eigentliche Ernährung und Entschlackung der Gewebe. Den Kapillaren folgt ein doppeltes *Rückflußsystem.* Zu ihm gehören die *Venen,* die den Großteil der Blutflüssigkeit und mit ihr die leicht diffundierenden Substanzen fortschaffen, sowie die *Lymphgefäße,* die u. a. größere Moleküle (insbesondere Eiweiße, vom Darm aus auch Fettstoffe) abtransportieren.

Flüssigkeit kann in einer Röhre (bzw. einem Blutgefäß) nur dann strömen, wenn zwischen Rohranfang und Rohrende ein Druckgefälle herrscht. Das Herz als Druckpumpe erzeugt diesen Durchströmungsdruck, der als Folge von Reibungswiderständen nach der Kreislaufperipherie zu ständig abfällt. Der Gefäßwiderstand hängt vor allem von der Länge und Breite der durchflossenen Röhren ab: Er ist proportional der Länge und umgekehrt proportional dem Quadrat des Querschnittes der Gefäße. Je länger und vor allem je enger ein Rohr ist, um so mehr macht sich die Wandreibung durch Druckabfall bemerkbar (Abb. 3). Schon geringe Änderungen des Gefäßdurchmessers bewirken daher starke Änderungen des Widerstandes und der Durchblutung. Abb. 4 zeigt die Druckverhältnisse in den verschiedenen Abschnitten des Körperkreislaufs. Man sieht, daß der stärkste Druckabfall im Bereich der kleinsten Arterien erfolgt, und kann daraus folgern, daß die Gefäßquerschnitte infolge wiederholter Verzweigung hier ebenfalls und besonders rasch abnehmen.

Unter *Blutdruck* versteht man gemeinhin den Druck im arteriellen (oder Widerstands-)System. Der Blutdruck läßt sich leicht mit der Manschettenmethode nach Riva Rocci bestimmen (Abb. 5, S. 67). Hierzu wird der Oberarm durch eine aufgeblasene Manschette abgeschnürt, so daß die Armarterie kein Blut mehr durchläßt. Beim Nachlassen des Manschettendruckes wird das Blut wieder durch das sich langsam öffnende Gefäß gepreßt. Dabei entsteht infolge turbulenter Strömung (a) ein Geräusch, das der Arzt mit seinem Hörrohr abhören kann. Der am Manometer abgelesene Druck entspricht in diesem Augenblick dem systolischen Blutdruck. Ist das Gefäß nach weiterem Druckabfall in der Manschette vollkommen geöffnet, geht die turbulente in eine laminare („gleichmäßige“) Strömung über (b), der Ton verschwindet. Dieser Meßpunkt entspricht dem diastolischen Blutdruck. Der Arzt gibt daher immer zwei Blutdruckwerte an und setzt davor RR (nach S. Riva Rocci): RR 140/80 bedeutet: systolischer Blutdruck = 140, diastolischer = 80 mm Hg. Als grobe Faustregel

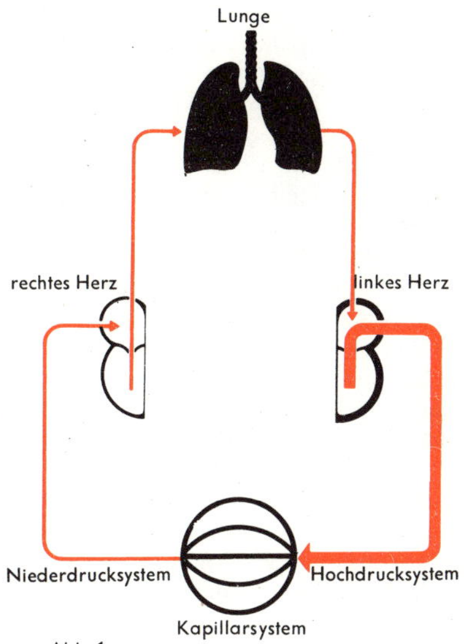

Abb. 1

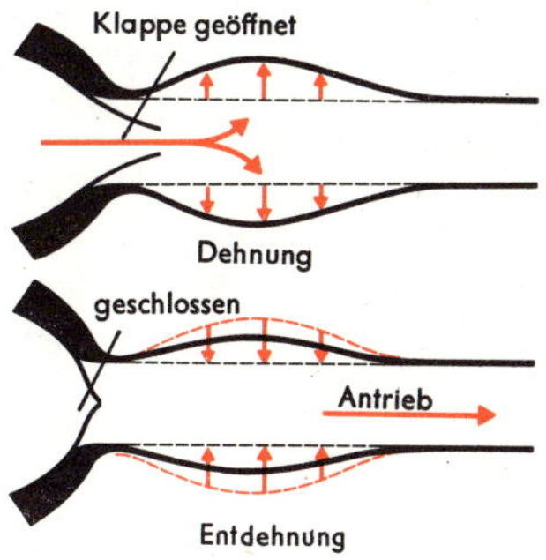

Abb. 2

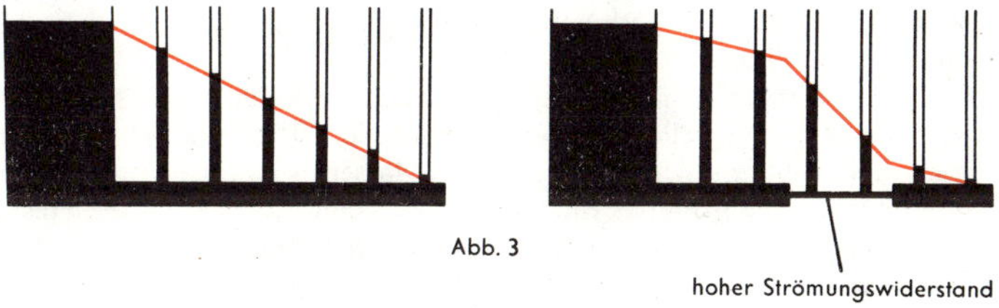

Abb. 3

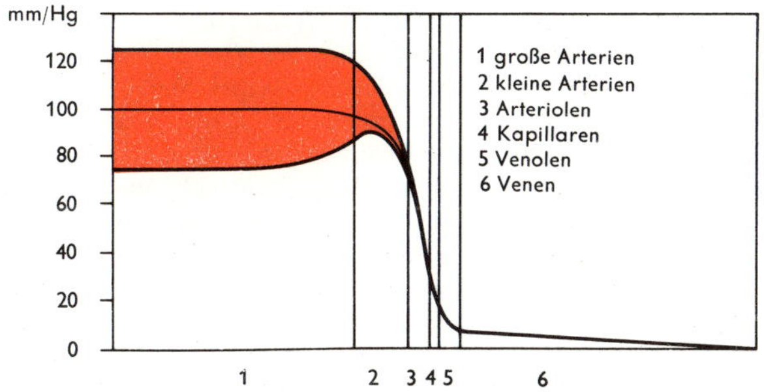

Abb. 4

kann man sagen, daß der systolische Blutdruck gewöhnlich 100 + Lebensalter beträgt (der diastolische Blutdruck verhält sich komplizierter; Abb. 6).

Vom linken Herzen aus wird das Blut während der einzelnen Systolen in rhythmischen Stößen in die Aorta und von dort in die großen Arterien hineingetrieben (daher spritzt das Blut auch stoßweise aus eröffneten Schlagadern). Wären die großen Gefäße starr, so müßte das Blut während der Ruhepausen des Herzens (während der aufeinanderfolgenden Diastolen also) stehenbleiben. Die großen Arterien, speziell die Aorta, sind jedoch elastisch und werden so bei jedem Herzschlag (und systolischen Blutauswurf) gedehnt. Die bei dieser Druckerhöhung und Dehnung gespeicherte Energie kann in der Diastole aber weitgehend zurückgewonnen werden: Die großen Gefäße ziehen sich während der Herzpause auf Grund ihrer Elastizität automatisch wieder zusammen und treiben das Blut so auch bei geschlossener Aortenklappe peripheriewärts (Abb. 2, S. 65). Dadurch wird der ursprünglich in systolische Einzelstöße unterteilte Auswurf der Herzkammer in eine immer noch rhythmisch pulsierende, nun aber diastolisch nicht mehr unterbrochene und daher weitgehend kontinuierliche Strömung verwandelt. Da die Auswirkung dieses Vorgangs auf den Blutstrom der eines technischen Windkessels ähnlich ist, spricht man auch von einer *Windkesselfunktion* der großen Arterien; den zentralen Windkessel stellt die Aorta dar. Die geschilderte Hauptfunktion spiegelt sich im Bau der *großen Arterien* wider. Da hier die elastischen Fasern, die die Dehnbarkeit dieser Gefäße bestimmen, vorherrschen, bezeichnet man sie auch als Arterien vom elastischen Typ. Zur Peripherie hin nimmt die Dehnbarkeit der Gefäße ab; dafür gewinnen sie die Fähigkeit zur Kontraktion und damit auch zur Änderung des Gefäßwiderstandes und der peripheren Durchblutung. Die größten Änderungen ihres Querschnittes erfahren unter dem Einfluß von Gefäßnerven und Stoffwechselprodukten die kleinsten Arterien *(Arteriolen);* sie sind damit die eigentlichen „Widerstandsgefäße" des Blutstroms und entscheiden letztlich, welche Menge Blut einem Organ zufließt.

Der *Puls* ist eine fühlbare rhythmische Dehnung der Gefäßwand, hervorgerufen durch die systolische Pulswelle. Die Fortpflanzung der Pulswelle mit ihrer relativ hohen Geschwindigkeit resultiert nicht aus einem Massen-, sondern aus einem Energietransport (die Geschwindigkeit des Blutstroms ist erheblich kleiner als die Pulswelle). Die Pulswellengeschwindigkeit wird gemessen, indem man den Puls an zwei verschiedenen Gefäßstellen abnimmt und die Laufzeit pro Wegstrecke ermittelt (Abb. 7). Der Puls wird gefühlt, indem man die Fingerkuppe leicht auf die Daumenseite des Unterarms legt. Aus der Beschaffenheit des Pulses kann der Arzt wichtige Aufschlüsse über die Tätigkeit des Herzens (vor allem den Herzrhythmus) und den Zustand des Kreislaufs entnehmen. Zählung der Pulsschläge ergibt die Herzfrequenz.

Während der Druck in den Arterien zwischen den systolischen und diastolischen Werten pendelt, strömt das Blut in den Kapillaren praktisch ohne Druckschwankungen dahin. Nur bei wesentlich erniedrigtem peripherem Widerstand findet man einen Kapillarpuls, der immer Ausdruck einer starken, vorgeschalteten Gefäßerweiterung ist. Die *Haargefäße (Kapillaren)* sind dünnwandige Blutgefäße, die dem Stoffaustausch dienen. Sie sind nicht kontraktil. Daher erfolgt die Steuerung der Kapillarweite druckpassiv durch Verstellung des Gefäßwiderstandes im Bereich der zuführenden Arteriolen. Die Weite der Arteriolen wiederum wird (je nach den örtlichen Bedürfnissen) vor allem lokal durch Stoffwechselprodukte eingestellt. Kreislaufreflexe sorgen über die sympathischen Gefäßnerven (Vasomotoren) dafür, daß dabei der arterielle Durchströmungsdruck erhalten bleibt (kollaterale Vasokonstriktion in ruhenden Gefäßbezirken). Der Stoffaustausch, d. h. die Abgabe von Nährstoffen und die Aufnahme von Stoffwechselendprodukten, wird durch die geringe Geschwindigkeit des Kapillarstroms und die durch reichliche Verästelung erzielte Oberflächenvergrößerung der Gefäßbahn gefördert. Die Gesamtlänge der Kapillaren beträgt bei einem mittelgroßen

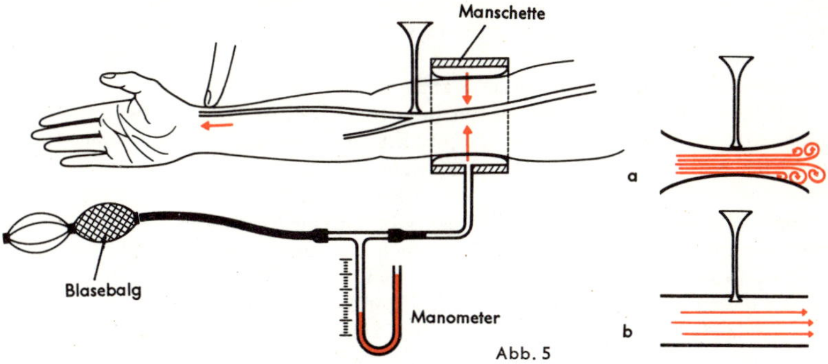

Abb. 5

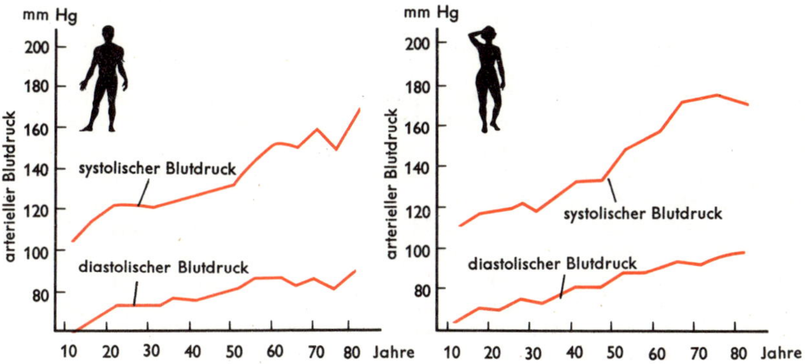

Abb. 6

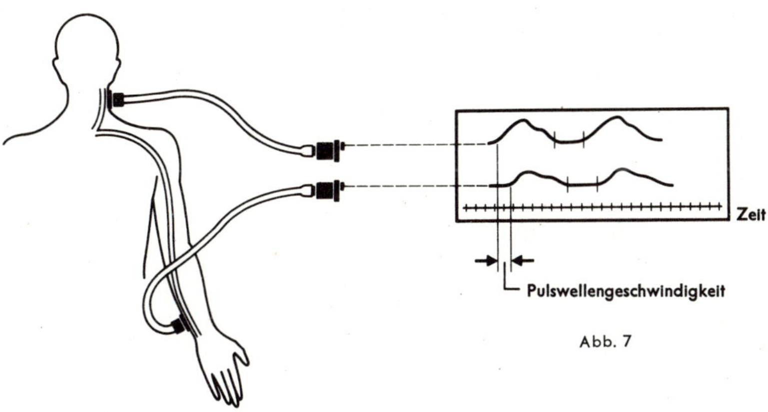

Abb. 7

Menschen etwa 100000 km, ihre Oberfläche 6000–7000 m^2. Die Kapillarwand ist semipermeabel, d.h., sie ist für Wasser und kleine Lösungsbestandteile durchlässig, dagegen kaum für Plasmaeiweiße.

Unmittelbar an die Außenseite der Kapillarwand grenzen allerdings nicht die Gewebszellen, sondern die Spalträume der interstitiellen Flüssigkeit, die beim *Stoffaustausch* zwischen Kapillarblut und Gewebszellen vermitteln. Der Stoffaustausch erfolgt nach den Gesetzen der Filtration und Diffusion. Für die Filtration ist das Starling-Gesetz maßgebend: Im Bereich der arteriellen Kapillaren überwiegt der Kapillardruck die ihm entgegengesetzten Kräfte. Hieraus ergibt sich eine Abfiltration von Plasmawasser in das umgebende Interstitium. Im Bereich der venösen Kapillaren kehren sich die Verhältnisse um (Abb. 8); es kommt zum Rückstrom der Flüssigkeit in die Kapillaren. Bei diesen Vorgängen spielt u.a. auch der kolloidosmotische Druck, d.h. die wasserbindende Kraft der Plasmaeiweiße, eine wichtige Rolle. Abb. 9 veranschaulicht die unterschiedliche Durchlässigkeit der Kapillarwand für verschiedene Blutelemente.

Die aus den Arteriolen, den Kapillaren und den Venolen bestehenden Abschnitte des Kreislaufs faßt man auch unter dem Begriff *terminale Strombahn* zusammen. In ihr spielt sich die Mikrozirkulation ab.

Die Kapillaren münden in kleine Venen oder Venolen, diese in immer größere Venen und schließlich in den rechten Vorhof *(venöser Rückstrom)*. Die kleinen und mittelgroßen, insgesamt recht dünnwandigen *Venen* können ihren Innendurchmesser schon bei geringen Druckschwankungen verändern, d.h. entweder viel Blut abgeben oder als Blutspeicher dienen („Kapazitätssystem“). Die Venen der Gliedmaßen sind dickwandiger, da sie beim stehenden Menschen infolge der Schwerkraft größere Drücke auszuhalten haben als etwa die des Halses. Der effektive hydrostatische Druck wird normalerweise allerdings durch die Venenklappen vermindert, die ein Absacken des Blutes verhindern (vgl. Abb. 3, S. 73). Muskelkontraktionen helfen beim Rücktransport des Blutes zum Herzen, der gesteigerte Muskeltonus wirkt – durch Einengung der Venenkapazität – im gleichen Sinn: Jeder Schritt, jeder Händedruck preßt Venenblut dem Herzen zu. In ähnlicher Weise wirkt die Pulsation der Arterien, die zu einer Kompression der benachbarten Venen führt, wobei das Blut der Venenklappeneinstellung gemäß nur nach dem Herzen zu ausweichen kann (Abb. 3, S. 73).

Zur Ausübung der Sogeffekte, die den Blutrückfluß zum Herzen ebenso steigern wie passive Längsdehnung, etwa beim Recken des Körpers aus zusammengekauerter Haltung (Abb. 11 und 12), dürfen die Venen nicht zusammenfallen. Dieses „Offenhalten“ der großen Venen geschieht in der Brusthöhle durch den elastischen Lungenzug, der die Venen ausgespannt hält, außerhalb dieses Bezirks durch zweckentsprechenden Einbau der Venen in die Umgebung (Abb. 3, S. 73). Tatsächlich besteht bei der operativen Eröffnung herznaher Blutadern die Gefahr, daß Luft eingesaugt wird, die dann zur Verstopfung kleinerer Gefäße (Luftembolie) führt. Der „negative Venendruck“ wird oberhalb des Herzens, z.B. im Bereich der Halsvenen, bei aufrechter Haltung durch den hydrostatischen Sog der Blutsäule verstärkt.

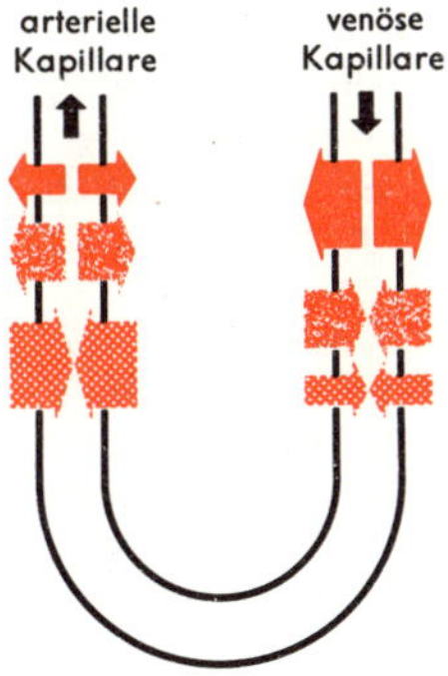

Abb. 8

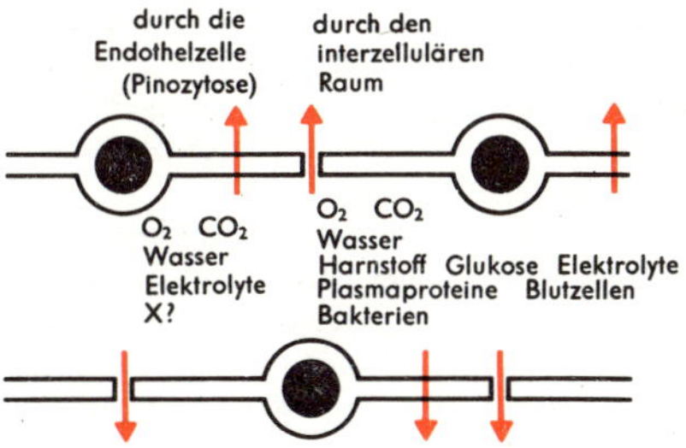

Abb. 9

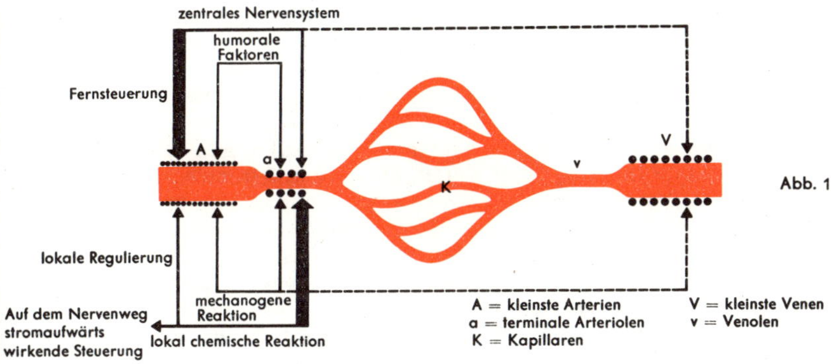

Abb. 10

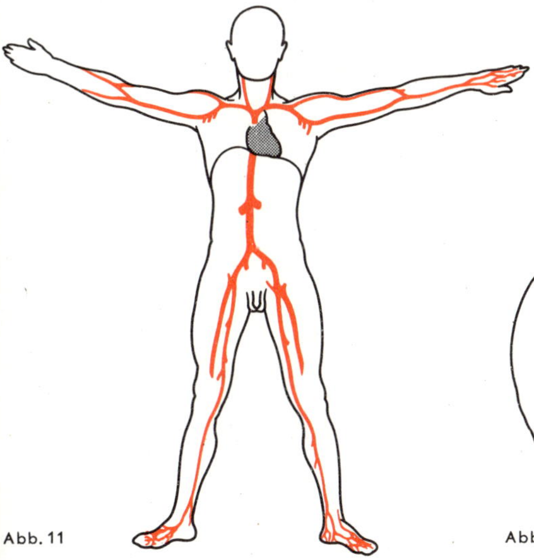

Abb. 11

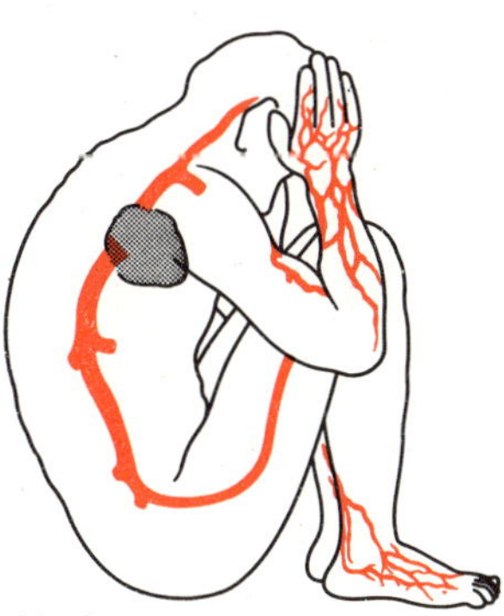

Abb. 12

NIEDRIGER BLUTDRUCK OHNMACHT · KREISLAUFKOLLAPS

Beträgt der Blutdruck in Ruhe mehr als 160/95 mm Hg (= 213/127 mbar), so spricht man von Hochdruck oder Hypertonie; Blutdruckwerte unter 100/70 mm Hg (= 133/93 mbar) kennzeichnen den Niederdruck, die Hypotonie.

Hypertonie und Hypotonie können Ausdruck einer langdauernden Fehlsteuerung des Blutdrucks nach oben oder unten sein. Dann ist das von übergeordneten Gehirnzentren festgelegte Blutdruckziel, der sogenannte Sollwert, gegenüber der Norm verstellt. Die „falsch programmierten" niederen Kreislaufzentren dagegen funktionieren und erfüllen das abnorme Blutdrucksoll.

So gibt es eine Form von Niederdruck, die man selbständige oder *essentielle Hypotonie* nennt. Sie tritt anlagebedingt auf und ist durch relativ konstante Druckwerte um 100/60 mm Hg charakterisiert. Abb. 1 demonstriert, wie die Kreislauforgane den niedrigen Sollwert realisieren: Der niedrige Blutdruck kommt letzten Endes durch einen im Verhältnis zur Gefäßweite allzu geringen Blutauswurf des Herzens zustande. Solche niedrigen Blutdruckwerte sind keinesfalls selten. Da sie u.a. familiär gehäuft vorkommen, können sie als statistische Minusvarianten aufgefaßt werden wie geringe Körpergröße oder Körpergewicht. Indessen spielen auch seelische Faktoren, Überlastung, Ernährung und ganz allgemein die Lebensweise eine begünstigende Rolle. Niedriger Blutdruck, der sich vor allem im Stehen bemerkbar macht, kommt besonders bei hochgewachsenen Jugendlichen, beim hochschlanken Konstitutionstyp (dem sogenannten Astheniker), beim Untrainierten und vegetativ Labilen vor. Im letzteren Fall sind auch noch andere Anzeichen der vegetativen Labilität zu finden (s. S. 358). Am Kreislauf zeigt sich immer wieder, daß der Nervenantrieb über den Sympathikus vermindert ist.

Die Anzeichen und Beschwerden des niedrigen Blutdrucks kommen dadurch zustande, daß der niedrige Druck zu wenig Blut durch die Organe treibt. Man beobachtet Blässe im Gesicht, kalte Gliedmaßen, Konzentrationsschwäche, Unlust und Antriebsarmut, morgendliche Müdigkeit und gesteigertes Schlafbedürfnis, Schwindel, Kopfschmerz, Augenflimmern, manchmal auch Herzbeschwerden, Herzdruck und Herzstiche; auch Magen- und Blasenkrämpfe sowie Menstruationsstörungen kommen bei Hypotonikern vor (Abb. 2). Die meisten Beschwerden nehmen im Stehen zu, weil der Blutdruck dabei noch weiter absinkt. Plötzliches Aufstehen und längeres Stehen kann Ohnmachtsanfälle auslösen. Diese Erscheinungen der essentiellen Hypotonie sind zwar unangenehm, doch überwiegend harmlos. Die Behandlung kann sich daher auch meist auf Gefäßtraining wie Bürstenmassage, Abhärtung und Wechselbäder bzw. warmes und kaltes Abbrausen, auf Sport und Ausgleich in der Lebensführung beschränken. Sind trotzdem noch Beschwerden vorhanden, ist am besten längeres Stehen zu vermeiden, doch sollte das Training deshalb auf keinen Fall aufgegeben werden. Unter ärztlicher Kontrolle kann sogar hingenommen werden, daß die Kreislaufstörungen sich anfangs noch etwas verstärken. Am besten ist, die Belastung langsam zu steigern. Reichen allgemeine Maßnahmen zur Hypotoniebehandlung nicht aus, können blutdrucksteigernde Medikamente verwendet werden. Sie ersetzen den mangelnden sympathischen Nervenantrieb und bringen die peripheren Gefäße zur Kontraktion.

Vorsichtiger als der essentielle, selbständige Niederdruck ist die *sekundäre Hypotonie* zu beurteilen, deren Ursache z.B. Infektionskrankheiten sein können, ebenso manche Herzerkrankungen, auch der Herzinfarkt, ferner Blutarmut, Auszehrung, Blutverluste, ein Versagen der Nebennieren, der Hirnanhangsdrüse und schließlich auch die Unterfunktion der Schilddrüse. Alle diese Spielarten des sekundären Niederdrucks müssen je nach dem Grundleiden ärztlich verschieden beurteilt und behandelt werden.

Eine besondere Form der „erlernten" Hypotonie kommt bei Sportlern vor, deren Kreislauf nach intensivem Körpertraining in Sparschaltung auf die große Leistungsan-

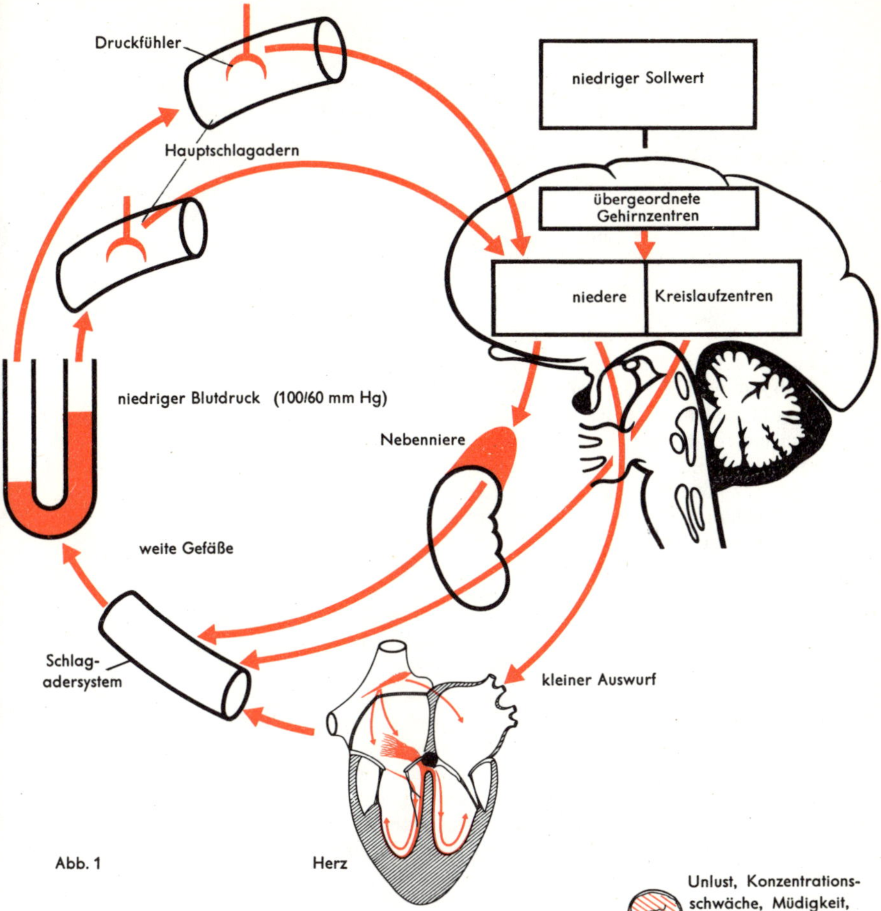
Druckfühler
Hauptschlagadern
niedriger Sollwert
übergeordnete Gehirnzentren
niedere Kreislaufzentren
niedriger Blutdruck (100/60 mm Hg)
Nebenniere
weite Gefäße
Schlag-adersystem
kleiner Auswurf
Herz

Abb. 1

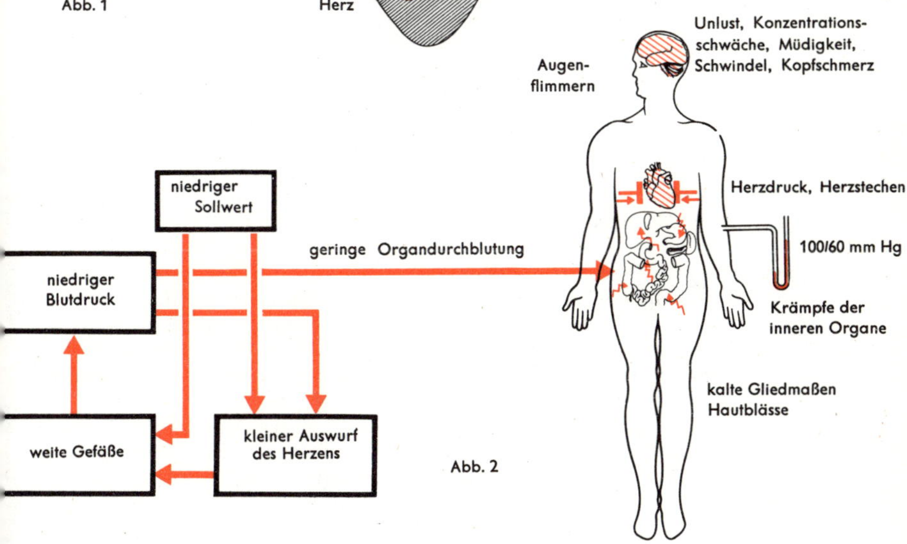
niedriger Sollwert
niedriger Blutdruck
geringe Organdurchblutung
weite Gefäße
kleiner Auswurf des Herzens
Augen-flimmern
Unlust, Konzentrations-schwäche, Müdigkeit, Schwindel, Kopfschmerz
Herzdruck, Herzstechen
100/60 mm Hg
Krämpfe der inneren Organe
kalte Gliedmaßen
Hautblässe

Abb. 2

forderung wartet. Außer dem Niederdruck finden sich dabei auch noch andere Zeichen einer günstigen Ausgangslage für starke Kreislaufbelastungen, wie z. B. ein langsamer Puls, der sich bei Belastung mehr als verdoppeln kann, und das große Sportlerherz, das imstande ist, mit jedem Schlag große Blutmengen auszuwerfen.

Bei manchen Menschen setzt die Kreislaufregelung, die beim Aufstehen erforderlich ist, nur verzögert ein. Sie kann auch bei längerem Stehen versagen. Die Betroffenen klagen beim plötzlichen Aufstehen bzw. langen Stehen über Leeregefühl im Kopf, Augenflimmern, Schwindel und Übelkeit; unter Schweißausbruch tritt u. U. sogar eine Ohnmacht ein. Diese durch Blutdruckabfall und mangelhafte Gehirndurchblutung bedingten Erscheinungen kommen auf Grund der folgenden Zusammenhänge zustande: Die Blutmenge des Menschen von 5 bis 6 l reicht nicht aus, das gesamte Gefäßsystem vollständig prall auszufüllen. Vor allem in den sehr gut dehnbaren Blutadern, deren Innendruck im Verhältnis zu den Schlagaderdrücken sehr klein ist, bleibt immer noch Raum für Blut, das normalerweise im Umlauf begriffen oder in anderen, dehnbaren Kreislaufabschnitten „geparkt" ist, etwa in der Lunge. Im Liegen z. B. enthält die Lungenstrombahn tatsächlich beträchtliche Blutreserven. Steht man auf, so wirkt die Schwerkraft auf die Blutverteilung ein. Das Blut folgt nun seiner Neigung, sich in den Blutadern der abhängigen Körperpartien anzusammeln, und bleibt, aus den Schlagadern kommend, in den Beinvenen „liegen". So können 0,5–1 Liter Blut in neu eröffneten „Parkplätzen" verschwinden, vor allem bei schlaffen Venen und wenn große Beschleunigungskräfte auf den Körper einwirken (Kurvenflug, Raketenstart u. ä.). Ziehen sich nun die Beinvenen nicht zusammen und wird auch der alte Parkplatz Lungenstrombahn nicht geräumt, so bleibt für den übrigen Kreislauf zu wenig Blut im Verkehr, der Blutdruck muß u. a. auf Kosten der Hirndurchblutung abfallen. Dies ist verständlicherweise bei ausgedehnten Krampfadern und ohnehin niedrigem Blutdruck besonders leicht der Fall (s. S. 84 ff.). Normalerweise erfolgt anstelle des Kreislaufversagens beim Aufstehen eine ausgleichende Kreislaufregelung durch teilweise Anspannung der Beinvenen, vor allem aber durch „Entspeicherung" der Lungengefäße. Beides wird mit Hilfe von Druckfühlern über nervöse Kreislaufzentren und sympathische Nervenimpulse zum Herzen und zu den Gefäßen hin bewerkstelligt (vgl. Abb. 3). Bei manchen Menschen und in bestimmten Situationen erweisen sich diese den Einfluß der Schwerkraft ausgleichenden Regulationsvorgänge als unzureichend (Abb. 4 und 5). Große Menschen leiden verständlicherweise bevorzugt unter Schwerkrafteinfluß, vor allem konstitutionsmäßige Astheniker und vegetativ Labile.

Zur *Vorbeugung* ist zunächst wichtig, Situationen zu vermeiden, die zu Kreislaufstörungen und Ohnmacht durch Blutverlagerung führen. Längeres Stehen, vor allem in der Wärme, verstärkt die Beschwerden, weil die Gefäße dann stark erweitert und auf verengende Nervenimpulse schlecht ansprechbar sind; zusätzlich wird über die Kapillarfilter auch noch Blutflüssigkeit in Gewebsspalten abgepreßt, oder sie geht durch die Schweißsekretion verloren. Völlig ruhiges Stehen und erst recht (passives) Aufgerichtetwerden sind besonders ungünstig, weil dann die Beinmuskeln, sonst „Hilfsmotor des Kreislaufs", die gefüllten Beinvenen nicht durch rhythmische Tätigkeit entleeren können. Deshalb sollte man auch die Beine vor dem Aufstehen schon etwas bewegen, um das Kreislaufzentrum anzuregen. Muskelkontraktionen können bei schlußunfähigen Venenklappen allerdings nicht venenentleerend wirken; elastische Binden oder elastische Strümpfe würden in solchen Fällen u. U. dazu beitragen, daß das Fassungsvermögen der stark erweiterten Venen oder Krampfadern vermindert wird. Krampfadern können auch operativ entfernt oder verödet werden (s. S. 84). Wie bei der Niederdruckkrankheit verbessern Gefäßübungen, Massage und Wasserbehandlung die Kreislaufregelung. Flache Lagerung mit Anheben der Beine beseitigt die Bewußtlosigkeit. In manchen Fällen werden gefäßverengende Sympathikusmittel gegeben.

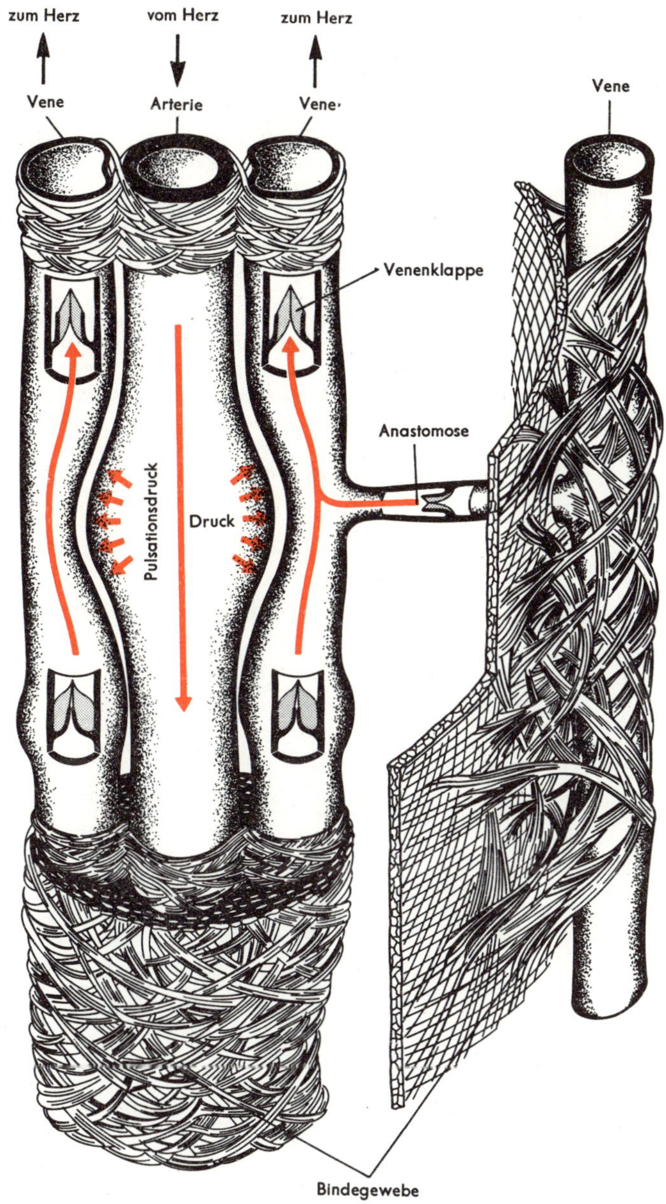

Abb. 3
Die Klappen der Beinvenen verhindern das „Absacken" von Blut beim Stehen. Der Pulsationsdruck der Arterien unterstützt durch Entleerung der Nachbarvenen den Blutrückfluß zum Herzen (nach M. Ratschow)

Ohnmacht heißt Bewußtseinsverlust. Die gewöhnliche oder banale Ohnmacht ist ein kreislaufbedingter Zustand, bei dem das Bewußtsein durch Versagen der Hirndurchblutung vorübergehend verlorengeht. Die Hirndurchblutung kann z. B. abfallen, wenn eingreifende seelische Erlebnisse (wie unbändige Freude, aber auch Schreck und Ekel) oder Eingeweideschmerzen zur Verlangsamung des Herzschlags mit allgemeiner Gefäßerweiterung und damit auch zum Blutdruckabfall führen. Anlagebedingter Blutdruckabfall im Stehen begünstigt die Ohnmacht (Abb. 5b). Diese setzt gewöhnlich plötzlich, manchmal auch nach Vorboten wie Blässe, Schwindel, Zittern, Schweißausbruch und Übelkeit ein. Bekannt ist die Ohnmacht beim Anblick von Blut und Verletzungen. Die banale Ohnmacht ist harmlos und geht bei Tieflagerung des Kopfes meist innerhalb von Minuten vorüber. Kältereize und das sprichwörtliche Riechfläschchen beschleunigen das Zusichkommen.

Unter *Kollaps* versteht man den Zusammenbruch durch Kreislaufversagen. Schweres Kreislaufversagen tritt entweder als Spannungskollaps oder als Entspannungskollaps auf. Im ersten Fall ist der Blutumlauf, z. B. durch Herzversagen, gestört; die Gefäße sind im Versuch, den Blutdruckabfall auszugleichen, angespannt. Im zweiten Fall, dem Entspannungskollaps, fällt der Blutdruck durch allgemeine Gefäßerweiterung ab. Die „banale Ohnmacht" ist nach dieser Einteilung ein Entspannungskollaps. Länger dauernder Kollaps mit Blutdruckabfall kann in einen Kreislaufschock (s. S. 24 ff.) übergehen.

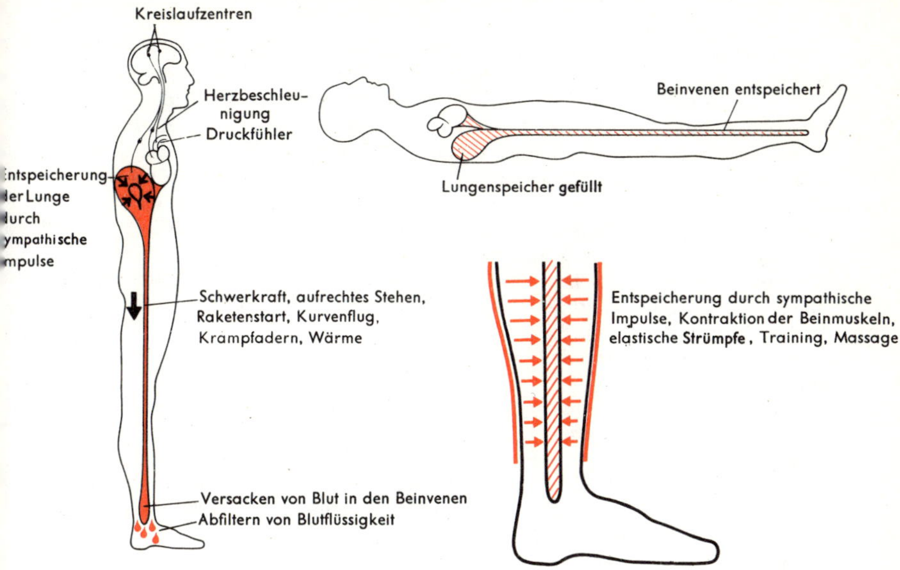

Abb. 4

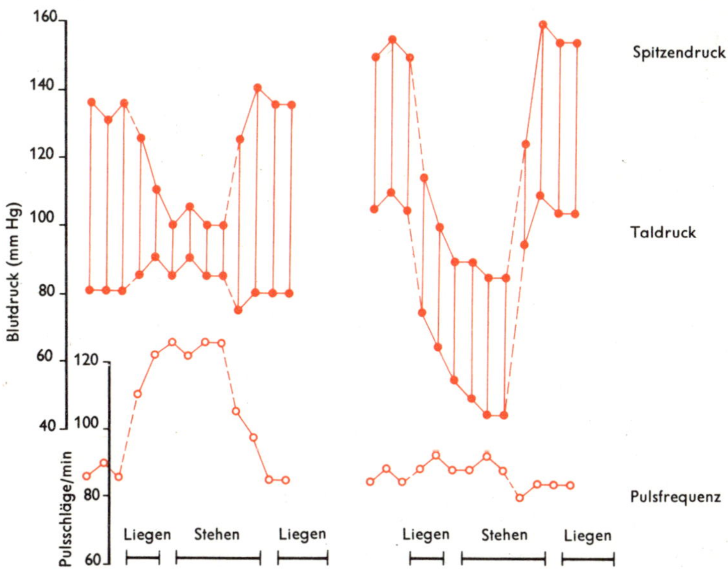

Abb. 5a)
Der Blutdruck fällt durch Versacken von Blut in die Beinvenen; die verstärkte Herztätigkeit verhindert einen Ohnmachtsanfall

Abb. 5b)
Der Blutdruck fällt durch Versacken von Blut in die Beinvenen; das Herz wird durch sympathische Nervenimpulse nicht angetrieben, die Gehirndurchblutung fällt, es kommt zum Ohnmachtsanfall

BLUTHOCHDRUCK

Hochdruckleiden entstehen durch Druckanstieg im Schlagadersystem. Normalerweise beträgt dieser Druck bei 20jährigen etwa 120/80 mm Hg. Die erste Zahl gibt den systolischen Druck (beim Blutauswurf des sich zusammenziehenden Herzens) an, die zweite den diastolischen Druck (zur Zeit der Erschlaffung des Herzmuskels). Beim Hochdruckleiden verengen sich vor allem die kleinen, peripheren Schlagaderäste und erschweren so durch Erhöhung des Strömungswiderstandes den Abfluß des vom Herzen ausgeworfenen Blutes in der Herzpause (Widerstandshochdruck). Dadurch steigt vor allem der diastolische Druckwert krankhaft an. Er wird vom Arzt kritischer beurteilt als der systolische Spitzendruckwert, der mit dem Alter ohnehin zunimmt. Der systolische Blutdruck liegt mit 40 Jahren meist bei 130, mit 60 Jahren bei 145 mm Hg. Der diastolische Druckwert nimmt dagegen während dieser Zeit normalerweise nur um 5–10 mm Hg (auf 85, höchstens 90 mm Hg) zu. Einer Faustregel zufolge stuft man Blutdruckwerte über 140/90 in den Grenzbereich, über 160/95 als Hochdruck ein.

Laut Statistik sterben bei uns zur Zeit 43 % aller Menschen an Herz-Kreislauf-Leiden, davon 60 %, also rund jeder vierte, an den Folgen eines Hochdrucks. 20 % der Fälle von Hochdruckleiden können auf bestimmte Organerkrankungen zurückgeführt werden. Bei 14 % liegt ein Nierenleiden vor, wie z. B. eine chronische Nierenentzündung oder eine Drosselung der Nierenschlagader. Bei diesem sog. *Nierenhochdruck* findet sich schon frühzeitig eine deutliche Engerstellung der peripheren Gefäße. Man nimmt an, daß die gefäßgedrosselte Niere den eiweißähnlichen Stoff Renin bildet, der dann im Blut aus einer inaktiven Vorstufe die allgemein gefäßverengende Substanz Angiotensin freisetzt. Die Rolle der verminderten Nierendurchblutung für den Hochdruck erkennt man in solchen Fällen daran, daß der Hochdruck zurückgeht, wenn die Nierendrosselung beseitigt oder die kranke Niere entfernt wird. – In weiteren 3 % der Fälle wird der Hochdruck durch Überfunktion der Hirnanhangsdrüse oder der Nebennieren hormonell ausgelöst. In 1,5 % liegen seltene Erkrankungen des Herz-Kreislauf-Systems vor. Nicht ganz 1 % aller Hochdruckerkrankungen schließlich sind nervalen Ursprungs, etwa durch eine Kinderlähmung, eine allgemeine Nervenentzündung oder einen Hirntumor bedingt. Bei 80 % der Hochdruckfälle findet sich keine klare Krankheitsursache. Man spricht bei solchen Hochdruckleiden vom primären oder *essentiellen Hochdruck*. Für die Entstehung des essentiellen Hochdrucks hat man eine Reihe von begünstigenden Faktoren festgestellt, wie z. B. Alter, Anlage, Fettleibigkeit, übertriebener Salzkonsum, mangelnde Bewegung sowie seelische Konflikte. Der essentielle Hochdruck entwickelt sich meist erst nach dem 40.–50. Lebensjahr. Frauen sind weitaus häufiger als Männer betroffen. Oft geht dem fixierten Hochdruck eine 5–20 Jahre dauernde Phase schwankender Blutdruckwerte *(labiler Hochdruck)* voraus.

Der hohe Blutdruck macht zunächst keine bezeichnenden Beschwerden. Uncharakteristische Anzeichen wie Kopfdruck, Kopfschmerzen, Ohrensausen, Schwindel, Schlaflosigkeit, Herzklopfen und Reizbarkeit führen die Betroffenen meist noch nicht zum Arzt, weshalb der Hochdruck oft nur zufällig entdeckt wird. Dennoch ist besonders auch bei Hypertonie eine Frühentdeckung wichtig, weil rechtzeitige Behandlung die Entwicklung des Leidens aufhalten und schädliche Hochdruckfolgen verhindern kann. Der hohe Blutdruck überlastet auf die Dauer die Gefäße und macht sie vorzeitig sklerotisch. Dadurch wird der Blutdruck noch weiter erhöht, und schließlich entstehen an verschiedenen Organen des Körpers schwerwiegende Gefäßschäden.

Die *Späterscheinungen des Bluthochdrucks* (Abb. 1) sind vor allem durch sklerotische Veränderungen der Gehirngefäße, der Koronar- und Herzkranzgefäße sowie der Nierengefäße gekennzeichnet. – Die *Arteriosklerose der Gehirngefäße* geht mit Vergeßlichkeit, nachlassender Konzentrationsfähigkeit und erhöhter Reizbarkeit einher. Spätfolgen können Hirngefäßthrombose, Gefäßzerreißung, Hirnblutungen und Hirnerweichung (Schlaganfall, s. S. 374) sein. – Die *Sklerose der Gefäße am Augenhintergrund*

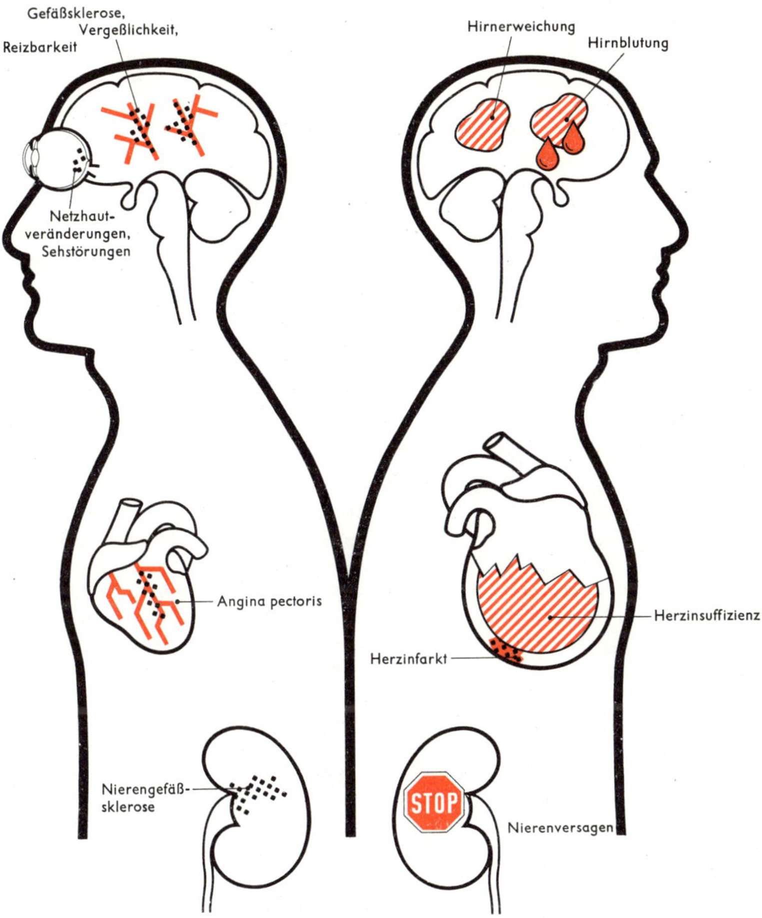

Abb. 1
a) Späterscheinungen b) Spätfolgen des Bluthochdrucks

führt zu Netzhautveränderungen und damit zu Sehstörungen. Durch die Möglichkeit direkter Beobachtung ist daher die Betrachtung des Augenhintergrundes neben der Blutdruckmessung mit das wichtigste diagnostische Verfahren. – Die *Sklerose der Herzkranzgefäße* führt u.a. zur Verminderung der Koronarreserve und damit zur Angina pectoris und in der Folge schließlich zur Koronarthrombose und zum Herzinfarkt. – Besonders ungünstig wirkt sich auch die *Sklerose der Nierengefäße* aus, weil nun die schlecht durchblutete Niere durch die Ausschüttung von Renin den Blutdruck von sich aus noch weiter erhöht.

Liegt einmal ein essentieller Hochdruck vor, so kann es Jahre oder gar Jahrzehnte dauern, bis schließlich Herzversagen (in der Hälfte aller Fälle) oder Komplikationen von seiten der Gehirngefäße (in rund $^1/_4$ der Fälle) zum Tode führen. Um schädliche Auswirkungen des Hochdrucks und derart ernste Spätfolgen zu verhüten, ist das Ziel jeder *Hochdruckbehandlung* die vorbeugende *Senkung des Blutdrucks* auf Werte, die der durchschnittlichen Altersnorm entsprechen. Dieses Ziel kann nicht allein durch die Verordnung *blutdrucksenkender Arzneimittel* erreicht werden, erforderlich ist vielmehr auch eine zweckmäßige Lebensweise. Da Übergewicht und übermäßige Kochsalzzufuhr zusätzl. Risikofaktoren darstellen, ist in diesen Fällen eine Umstellung der Ernährung erforderlich. Gewichtskontrollen gehören ebenso zur Überwachung des Behandlungserfolgs wie die regelmäßige Blutdruckmessung. Notfalls müssen Entfettungskuren durchgeführt oder Obst- und Safttage eingeschaltet werden. Die Kochsalzzufuhr sollte unter 3–6 g täglich liegen (kochsalzarme, eventuell kaliumreiche Diät). Kaffee und Tee sind nicht grundsätzlich verboten, wenn sie nicht allzu reichlich genossen werden. Das gleiche gilt für alkoholische Getränke. Übermäßiger Nikotingenuß ist schädlich (vgl. Abb. 2), sportliche Betätigung nach ärztlichem Rat sehr zu empfehlen.

Die *medikamentöse Behandlung* des chronischen Bluthochdrucks konnte in den letzten Jahren stark verbessert werden. Ein ideales Mittel, das allen Anforderungen hinsichtlich Wirksamkeit und Verträglichkeit entspricht, gibt es allerdings noch nicht. Die Dauerbehandlung des Hochdrucks ist deshalb meist eine *Kombinationstherapie*. Im Einzelfall muß gewöhnlich erst erprobt werden, welches Arzneimittel oder welche Kombination am besten wirksam ist. Bei Patienten unter 50 Jahren werden heute oft *Betablocker* des Sympathikus, bei älteren salzausschwemmende Diuretika (sog. *Saluretika*) gegeben. Daneben kommt eine ganze Reihe weiterer Mittel mit unterschiedlichem Angriffspunkt in Frage, so zentral wirkende Stoffe sowie Gegenspieler des Sympathikus, der Nebennierenrindenhormone und des Renin-Angiotensin-Systems.

Die Hochdruckbehandlung ist meist eine (in vielen Fällen lebenslange) Dauerbehandlung. Eine plötzliche Unterbrechung der Medikation kann für den Hochdruckkranken ähnlich gefährlich sein wie der Entzug des Insulins für einen Zuckerkranken. Um so mehr sind mögliche Arzneimittelnebenwirkungen zu beachten. Bei der medikamentösen Hochdruckbehandlung besteht häufig die Gefahr, daß der Blutdruck zu stark gesenkt wird. Dann treten, vor allem beim Stehen, die charakteristischen Erscheinungen des Niederdrucks wie Ohrensausen, Augenflimmern und Schwindel oder gar Ohnmacht auf. Derartige Zustände kann der Patient meist selbst beherrschen, indem er sich hinsetzt oder hinlegt (evtl. Tieflage des Kopfes und Hochlagerung der Beine). Zur Vermeidung von Zwischenfällen, wie überhaupt zur Überwachung der Behandlung, kann es sehr nützlich sein, wenn der Patient als Partner des Arztes lernt, seinen Blutdruck zwischen den einzelnen Konsultationen selbst zu messen.

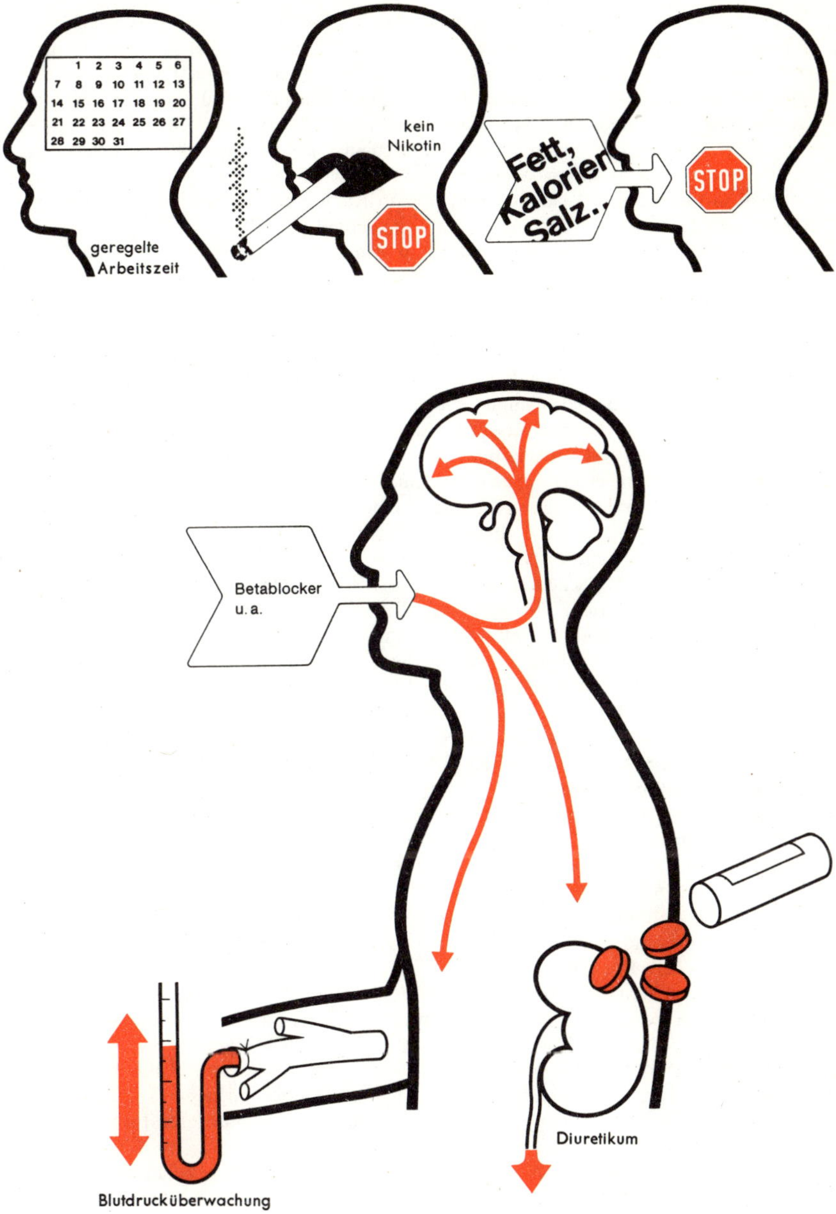

Abb. 2 Die Behandlung des Bluthochdrucks

SCHLAGADERVERENGERUNG SCHLAGADERVERSCHLUSS

Schlagadern sind zuführende Transportwege; ihre Durchgängigkeit ist entscheidend für die Sauerstoffversorgung einer Körperregion. Je dicker ein Gefäß, um so größer ist sein Versorgungsgebiet. Schlagadern sind normalerweise dehnbar und durch die wechselnde Spannung ihrer Muskulatur fähig, sich je nach dem Blutbedarf des Versorgungsgebietes zusammenzuziehen oder zu erweitern. Werden die Gefäße starr, wie bei Arteriosklerose und anderen Gefäßwandschäden, können sie sich dem steigenden Blutbedarf nicht mehr anpassen. Daher kommt es bei Muskelarbeit gefäßstarrer Beine, etwa beim Gehen, zum Wadenschmerz, der in Ruhe wieder verschwindet. Wird die Gefäßlichtung durch Verdickung der Gefäßinnenhaut allerdings um wesentlich mehr als die Hälfte eingeengt, entstehen auch in Ruhe schon Beschwerden. Kommt es weiter zur Verlegung der Gefäßlichtung und zum Durchblutungsstop, so kann das nun sauerstoffverarmte Gewebe absterben; es entsteht ein *Brand (Nekrose)*.

Oft enthält ein Gebiet zwei oder mehrere Schlagadern, die durch Querleitungen miteinander verbunden sind; droht hier ein einzelner Gefäßverschluß, so erweitern sich diese Querverbindungen durch den Reiz des Sauerstoffmangels. Schließlich entstehen Umgehungsgefäße, sogenannte *Kollateralen*, die manchmal imstande sind, die blockierten Transportwege zu ersetzen (Abb. 1). Gelegentlich dauert es Wochen, bis solche Notleitungen voll leistungsfähig sind (Abb. 2). Daher ist bei raschem Verschluß nur bedingt mit ihnen zu rechnen. Extreme Ausgleichsmöglichkeiten bestehen bei Gefäßmißbildungen der heranwachsenden Leibesfrucht (Abb. 3).

Die Schlagaderverlegung hat im wesentlichen zwei Ursachen. Manche Gefäßkrankheiten gehen mit einem geschwürigen Zerfall der Schlagaderwände einher. Dann setzen sich, trotz des raschen Blutdurchflusses, Blutpfröpfe auch in Schlagadern fest (Schlagader- oder arterielle Thrombose). Dabei erfolgt der Gefäßverschluß meist nicht allzu rasch. Verschleppte Blutpfröpfe, die sich in den Arterien einkeilen und eine Embolie erzeugen, wirken dagegen meist schlagartig und sind entsprechend gefährlicher.

Wie an den Beinen äußert sich auch die Minderdurchblutung der Herzkranzgefäße in Schmerzen, die durch Sauerstoffmangel bedingt sind (Angina pectoris, s. S. 56); Blutpfropfverschlüsse führen hier zur Nekrose der Kammermuskulatur (Herzinfarkt, S. 58 ff.). Drosselung der Nierengefäße führt u. a. zur Freisetzung blutdrucksteigernder Stoffe und zum nierenbedingten Hochdruck (s. S. 76). Einengung der Hirngefäße schließlich kann zum Hirnschlag führen (s. S. 374).

Die *Winiwarter-Buerger-Krankheit* kommt als eigenständige Erkrankung bei Männern unter 45 Jahren gehäuft vor; sie wird durch Zigarrettenrauchen begünstigt und befällt vor allem die unteren Extremitäten (sog. *Raucherbein*). Bezeichnend ist dann das zeitweise (intermittierende) Hinken. Die zunehmende Einengung der entzündeten und strukturveränderten Beinschlagadern führt später manchmal zum Brand, der meist in den Zehen beginnt.

Die *Raynaud-Krankheit* befällt meist Frauen unter 40 Jahren, und zwar weniger in den unteren Extremitäten als an Fingern und Händen. Im Unterschied zur Buerger-Krankheit ist die Mangeldurchblutung hier eher durch Gefäßkrämpfe als durch Wandverdickung bedingt. Die Erscheinungen nehmen bei Nässe und Kälte, vor allem im Herbst, kritisch zu. Sie bestehen in bläulicher, dann bei stärkeren Gefäßkrämpfen schließlich weißer Verfärbung der minderdurchbluteten oder blutleeren Finger. Selbst Fingerbrand kann auftreten.

Verschleppte Blutpfröpfe (Emboli) stammen meist aus dem Venensystem. Sie gelangen von dort mit dem Blutstrom über das rechte Herz in die Lunge *(Lungenembolie)*. Ins Schlagadergebiet des großen Kreislaufs gelangen venöse Blutpfröpfe nur, wenn Kurzschlüsse zwischen dem arteriellen und venösen System vorhanden sind. Dies trifft z. B. für angeborene Defekte der Herzscheidewand zu. Sonst stammen verschleppte Blutpfröpfe des Schlagadersystems meist aus dem linken Herzen (bei Vorhofflimmern, Herzinfarkt, Herzklappenentzündung).

Abb. 1

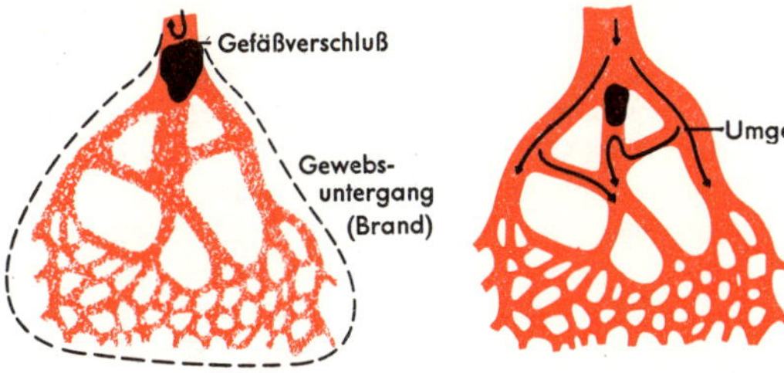

a) Gewebsuntergang durch Verschluß einer Endschlagader

b) Verschluß einer Schlagader mit Umgehungsgefäßen

Normalzustand

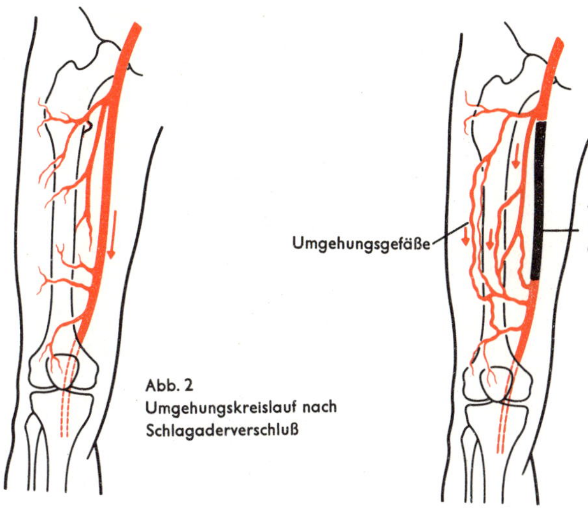

Abb. 2
Umgehungskreislauf nach Schlagaderverschluß

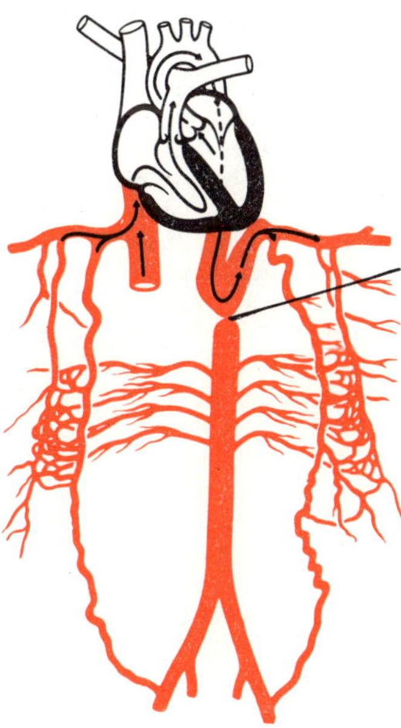

angeborener Verschluß

Abb. 3
Umgehungsgefäße der Hauptschlagader bei Isthmusstenose der Aorta

ARTERIOSKLEROSE

Unter Arteriosklerose versteht man abnutzungsähnliche Veränderungen der Gefäßwände, die mit einer Wandverdickung und Abnahme der Gefäßlichtung einhergehen. Im einzelnen lagern sich Fette, Eiweiße und Mineralstoffe in den Gefäßwänden ab, und die Gefäße werden hart und unelastisch; schließlich kommt es zum geschwürigen Zerfall der Gefäßinnenhaut, an der sich Blutpfröpfe festsetzen, bis schließlich das Gefäß vollständig verschlossen ist. Derartige Veränderungen können sich gleichzeitig in zahlreichen, aber auch in einzelnen Gefäßen oder bestimmten Gefäßgebieten abspielen. Sind z.B. die Herz-, Gehirn- oder Nierengefäße befallen, spricht man von einer Koronarsklerose, Zerebralsklerose oder Nephrosklerose usw.

Die *Ursache der Arteriosklerose* ist nicht bekannt. Es scheint, daß es sich um einen Ursachenkomplex handelt, wobei jeweils verschiedene Komponenten im Vordergrund stehen können. Eine Rolle spielen: 1. Das Lebensalter; sklerotische Veränderungen der Herzkranzgefäße werden bei 20- bis 30jährigen Männern in 30–40% der Fälle, bei 70jährigen in 70–80% der Fälle gefunden; dennoch ist die Arteriosklerose mehr als nur eine normale Abnutzungserscheinung oder „Physiosklerose". 2. Erbliche Belastung. 3. Stoffwechselkrankheiten, u.a. Zuckerkrankheit und Gicht. 4. Bluthochdruck (s.S. 76ff.). 5. Der Fettgehalt des Blutes; vor allem hohe Cholesterinwerte sollen – in Verbindung mit *LDL* (das sind bestimmte, Cholesterin zu den Organen transportierende Fetteiweiße des Blutes) – sehr schädlich sein. 6. Der Hormonhaushalt; die Arteriosklerose ist, wie der Herzinfarkt, bei Frauen unter 40 Jahren eine Seltenheit; nach den hormonellen Umstellungen der Wechseljahre gleichen sich solche Geschlechtsunterschiede schließlich aus. 7. Sonstige Risikofaktoren; vor allem Nikotin, aber auch Bewegungsmangel, Übergewicht (mit Beziehungen zu Bluthochdruck, Blutfettschwemme und Zuckerkrankheit) und psychosozialer Streß können die Entstehung einer Arteriosklerose begünstigen.

Für das Erscheinungsbild der Arteriosklerose ist vor allem die Abnahme der Gefäßlichtung und damit die Minderdurchblutung des betroffenen Organs bedeutsam. Oft ist die Sauerstoffversorgung in Ruhe noch ausreichend. Die arteriosklerotischen Gefäße sind jedoch kaum mehr weiterungsfähig, so daß es bei Tätigkeit bald zur Mangeldurchblutung kommt. Im Bereich der geschwürig veränderten Gefäßinnenhaut können sich später schließlich Blutpfröpfe festsetzen und die Gefäßlichtung noch weiter einengen, u. U. bis zum brandigen Absterben des nun plötzlich von der Sauerstoffversorgung abgeschnittenen Gebietes.

Bezeichnende Krankheitsbilder entstehen vor allem beim Sitz arteriosklerotischer Gefäßveränderungen im Herzen, im Gehirn oder in den Beinen. Am Herzen kommt es erst zur Brustenge oder Angina pectoris (s. S. 56), mit dem Fortschreiten der sklerotischen Veränderungen unter Blutpfropfbildung schließlich zum Herzinfarkt (s. S. 58 ff.). Arteriosklerose der Gehirngefäße führt vor allem durch Blutpfropfbildung zur Gehirnerweichung und damit u. U. auch zum Schlaganfall (s. S. 374). Die arteriosklerotische Gefäßeinengung der Beinschlagadern macht sich beim Gehen bemerkbar, vor allem bergauf und beim Treppensteigen. Ungenügende Blutzufuhr führt auch im Bein, wie bei Angina pectoris im Herzen, zu starken Schmerzen. Nach den immer wieder erzwungenen Ruhepausen nennt man diese Art von Arteriosklerose zeitweises oder *intermittierendes Hinken.* Die geleistete Gehstrecke wird mit zunehmender Sklerose schließlich immer kürzer, bis die Beine auch in Ruhe schmerzen und an den Füßen zuletzt brandige Stellen auftreten. Vor allem der spätere Blutpfropfverschluß von Beingefäßen kann zum Brand führen.

HÄMORRHOIDEN

Hämorrhoiden sind krampfaderähnliche Erweiterungen der unteren Mastdarmvenen. Sie können sowohl außerhalb als auch innerhalb des Afterschließmuskels sitzen. Ähnlich wie Krampfadern entstehen die Hämorrhoiden meist auf Grund einer anlagemäßigen Bindegewebsschwäche. Pressen, vor allem bei hartem Stuhlgang, Husten und Blasen erhöhen den Druck im Bauchraum und begünstigen so die Entstehung von Hämorrhoiden. Die oberen Hämorrhoidalvenen münden in die Pfortader; daher können Hämorrhoiden auch durch den Pfortaderrückstau bei Leberverhärtung entstehen (s. S. 196 ff.). Hämorrhoiden sind außerordentlich häufig und kommen bei rund $^1/_3$, nach manchen Autoren sogar bei $^2/_3$ aller Menschen vor. Die äußeren Hämorrhoidalknoten können auch von außen gesehen, die inneren meist nur mit dem Finger getastet werden. Kleine innere Knoten bluten häufig, vor allem bei hartem Stuhl. Das frische, rote Blut liegt dann deutlich auf den Ausscheidungen und ist daher kaum mit den Blutungen aus einem Mastdarmkrebs zu verwechseln (s. S. 570). Die Diagnose ist bei Verdacht auf anderweitige Blutungen aus dem Afterbereich auch für den Betroffenen völlig klar, wenn die Knoten vorfallen, sich entzünden und dabei außerordentlich schmerzhaft werden. Schmerzen im Analbereich können sonst vor allem bei Schleimhautentzündungen, Analkarzinomen, Analfissuren und Abszessen entstehen. Entzündete Hämorrhoidalknoten nässen, bis das Blut in ihnen gerinnt und die Knoten veröden oder gelegentlich sogar abfallen. Oft entstehen schmerzhafte Schleimhautrisse, sogenannte Analfissuren, die dann sehr schlecht heilen. Fallen nässende Knoten häufiger vor, können Afterekzeme, Afterabszesse oder Aftergeschwüre entstehen. Für solche Entwicklungen ist Brennen und Jucken bezeichnend, vor allem nachts. Auch Fisteln können sich bilden. Manchmal heilen verdickte Hämorrhoidalknoten zu unauffälligen Hautlappen ab.

Die Behandlung des leichten Hämorrhoidalleidens besteht darin, für regelmäßigen, weichen Stuhlgang zu sorgen. Dazu genügt meist eine schlackenreiche Diät mit viel unverdaulichem Zellstoff. Manchmal sind Abführmittel erforderlich. Zum Training des Afterschließmuskels ist geraten worden, zwei- bis dreimal am Tag den Schließmuskel 30-, 40-, schließlich 80mal für je 2 Sekunden zusammenzuziehen und für je 3 Sekunden wieder erschlaffen zu lassen. Dadurch sollen die Venen entstaut, die Neigung zum Vorfall der Knoten vermindert werden. Stuhlzäpfchen werden zur örtlichen Betäubung offener Stellen verschrieben. Oft bestehen besonders starke Schmerzen, weil der Afterschließmuskel unwillkürlich fest um vorgefallene Knötchen oder Analfissuren krampft. Dann sind örtlich krampflösende Zäpfchen mit sogenannten Spasmolytika angezeigt. Ekzeme und entzündete Knötchen können mit entzündungshemmenden Salben behandelt werden. Im entzündungsfreien Intervall können Hämorrhoiden auch verödet werden. Versagt die abwartende Behandlung, wird meist operiert, vor allem dann, wenn häufig Knötchen vorfallen, sich entzünden, schmerzen und von Analfissuren begleitet sind. Die Operation besteht in Umstechung der zuführenden Blutgefäße mit nachfolgender Abtragung der Knötchen. Da Hämorrhoiden meist auf Grund einer anlagemäßigen Bindegewebsschwäche entstehen, kommt es jedoch nicht selten zu Rückfällen.

KRAMPFADERN

Die *Venen* haben im Kreislauf die Aufgabe, das sauerstoffarme, schlackenreiche Blut aus den Organen zum Herzen zurückzuleiten. Der Blutdruck ist bis zu dieser letzten Rohrstrecke schon auf wenige Millimeter Quecksilbersäule abgefallen. Daher genügen dünne Gefäßwände, den stark erniedrigten Durchströmungsdruck zu tragen. Beim stehenden Menschen lastet außer dem Durchströmungsdruck im Grunde aber auch noch die meterhohe Blutsäule mit einem Gewicht von 75 bis 100 mm Hg auf der Wand der Beinvenen. Die Folge müßte eine starke Dehnung der nachgiebigen Venenwand zumindest im Bereich des Unterschenkels sein. Zwei Umstände verhindern dies und entlasten die Venenwand. Erstens sind die Venen mit Taschenklappen ausgerüstet, die wie Flutschleusen funktionieren und die Last der gesamten Blutsäule von Klappe zu Klappe in kleinere Portionen unterteilen. Zweitens „melken" die umliegenden Beinmuskeln, falls sie in Tätigkeit gesetzt werden, die Venen herzwärts aus; sie werden bei dieser Tätigkeit von den streckenweise anliegenden, pulsierenden Schlagadern unterstützt (Abb. 1a–c). Daraus ergibt sich, daß ruhiges Stehen oft eine Doppelbelastung darstellt: Das Gewicht der voll aufgerichteten Blutsäule lastet u. U. auf Venenabschnitten, die durch Muskeltätigkeit nicht entleert und damit auch nicht entspannt werden. Sind die belasteten Venen anlagemäßig allzu nachgiebig, können sie derart überdehnt werden, daß die Klappen nicht mehr schließen (Abb. 2a u. b). Die Blutsäule wird nun stellenweise länger und sprengt durch ihre Schwere tiefer gelegene Klappen, bis schließlich noch weitere Venenabschnitte überdehnt und ihre Klappen schlußunfähig werden. Anfangs werden solche Venen durch das periphere Zusatzherz „Muskelpumpe" beim Gehen noch entleert, der Venendruck fällt dann von 100 bis 120 mm Hg auf 30–40 mm Hg ab (Abb. 3). Später ist auch dies nicht mehr möglich, durch bleibende Wandveränderungen sind die Venen ständig erweitert und verlaufen auf Grund der Überdehnung schlängelnd; stellenweise entstehen Venenknoten; die gestauten Muskeln „krampfen" schmerzhaft; der Austritt von Blutflüssigkeit führt zur Verhärtung des Unterhautbindegewebes, die Haut wird dick und erscheint bräunlich verfärbt; auch nachts werden ziehende Schmerzen verspürt. Im Stehen können solche Krampfadern bis zu 1 Liter Blut fassen. Sie lassen sich durch Ausstreichen oder Beinhochlage entleeren. Steht der Betreffende wieder auf, so versackt das Blut erneut im Krampfaderreservoir. Die Auswirkungen dieser plötzlichen Blutverschiebung mit Blutdruckabfall, Schwindel, Schwächegefühl, ja sogar Herzbeschwerden oder gar Ohnmacht sind den Erscheinungen eines Blutverlustes ähnlich. Auf die Dauer besteht die Gefahr, daß sich im langsam fließenden Blut Pfröpfe bilden und Venenwandentzündungen entstehen (Thrombose und Thrombophlebitis).

Krampfadern sind oft Ausdruck einer erblichen Bindegewebsschwäche, die sich außerdem auch in Haltungsfehlern, Plattfüßen, Bandscheibenschäden oder Hämorrhoiden äußern kann. Stehberufe spielen eine wesentlich begünstigende Rolle. Schwangerschaft, bestimmte Kleidung (z.B. Strumpfbänder) und Fettleibigkeit beschleunigen die Entstehung von Krampfadern. Insgesamt sind Frauen häufiger befallen als Männer (Abb. 4). Die Vorbeugung und nichtoperative Behandlung von Krampfadern ist hinsichtlich Gefäßtraining und Lebensführung ähnlich wie beim niederen Blutdruck, der seinerseits durch Krampfadern begünstigt wird (s. S. 70 ff.). Gymnastische Übungen und Sport, wechselwarme Waschungen oder Bäder können die Venenwandspannung erhöhen. Häufiges Hochlagern der Beine und ärztlich verordnete Gummistrümpfe entlasten die Venenwand und verkleinern das Krampfaderblutreservoir. Voll ausgeprägte Krampfadern bilden sich allerdings nicht mehr zurück. Sie können nur operativ bzw. durch Verödung wieder beseitigt werden. Vorher muß allerdings geprüft werden, ob die tiefen, ringsum muskelgestützten Beinvenen noch in der Lage sind, das für sie dann größere Blutangebot aus den unteren Körperregionen mit abzuleiten.

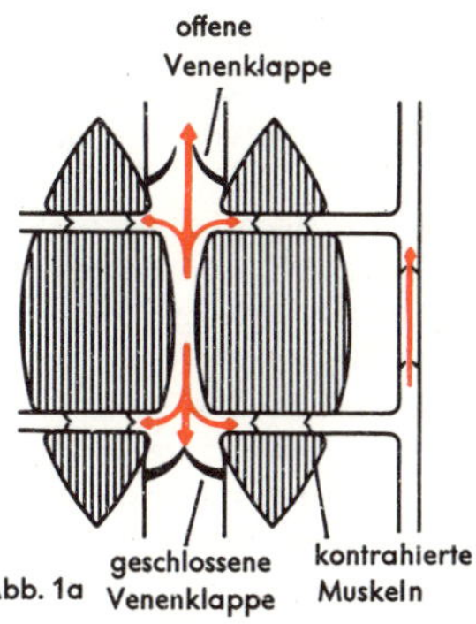

Abb. 1a

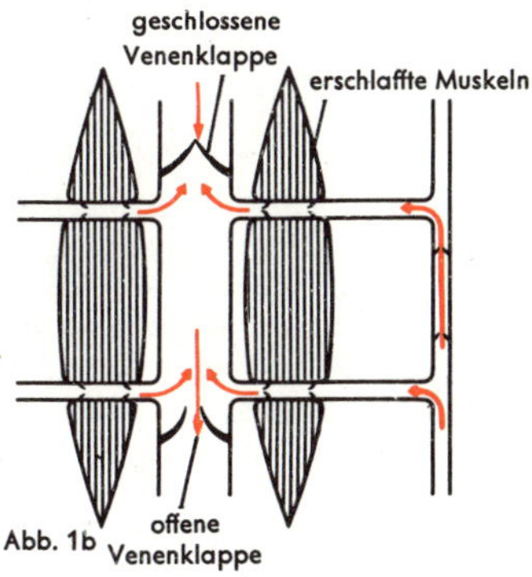

Abb. 1b

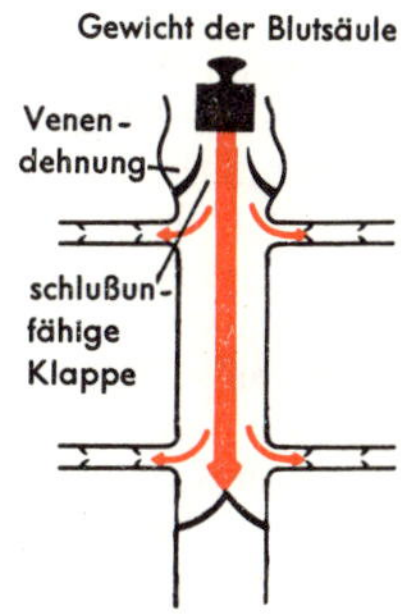

Abb. 1c

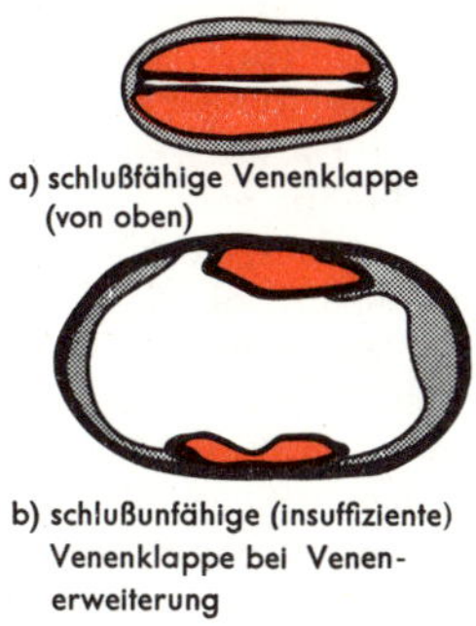

Abb. 2

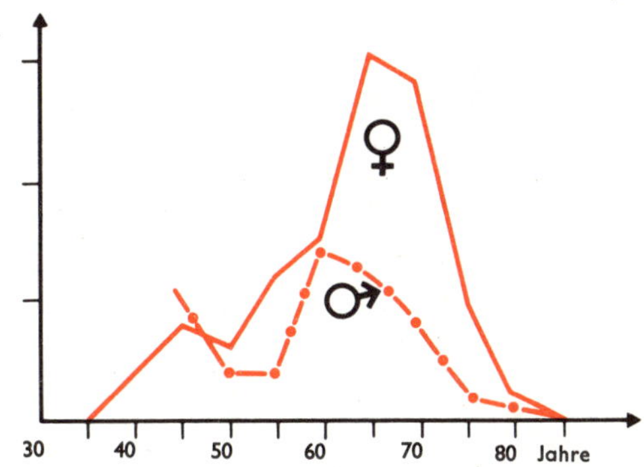

Abb. 4 Alters- und Geschlechtsverteilung der Krampfadern

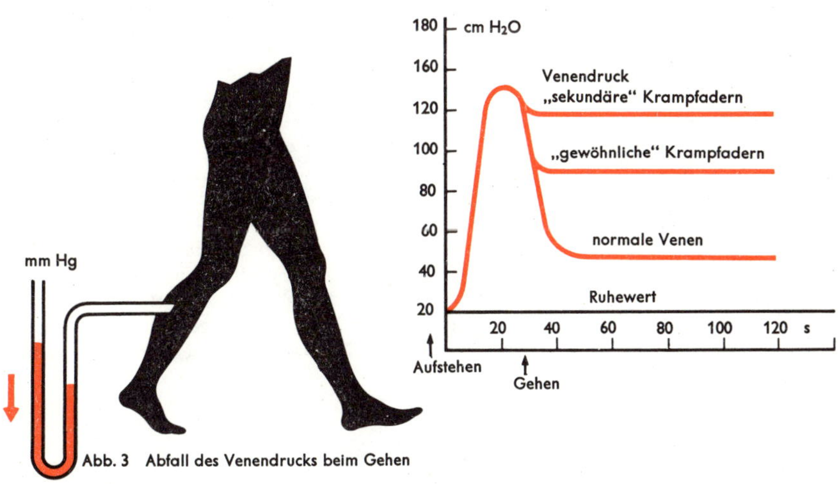

Abb. 3 Abfall des Venendrucks beim Gehen

VENENTHROMBOSE

Thrombose nennt man den mehr oder weniger vollständigen Verschluß von Gefäßen oder Herzhöhlen durch einen *Blutpfropf (Thrombus).* Blutpfröpfe entstehen meist in Blutadern (Venenthrombose) und gelangen dann bei ihrer Verschleppung über das rechte Herz in die Lungenstrombahn, die sie, je größer, um so vollständiger, verschließen.

Meist entstehen Thromben im Blutadersystem. Dies liegt vor allem daran, daß ihre Entstehung durch Blutstromverlangsamung begünstigt wird, wie sie im weiten Venensystem meist ohnehin verwirklicht ist. Zusätzliche Venenstauung, wie bei krampfaderhafter Erweiterung oder nachoperativer Ruhigstellung der Blutadern, begünstigt das thrombotische Geschehen. Weiter spielen oft Gefäßwandschäden eine Rolle, so z. B. die Arteriosklerose der Herzkranzgefäße beim Herzinfarkt. Die geschädigte Gefäßwand ist dann Sitz und Ausgangspunkt einer zunächst fest haftenden Gerinnung. Tatsächlich stimmt die Blutpfropfbildung in vielen Einzelheiten mit der Blutgerinnung überein, weshalb man die Thrombose auch als „Blutgerinnung in der Gefäßbahn" umschreiben kann. Zunächst setzen sich Blutplättchen, die im verlangsamten Blutstrom randständig fließen, an der geschädigten Gefäßwand fest und werden von Fibrinfäden bedeckt (Plättchenthrombus, Abb. 1 und 2a). Anschließend laufen unter Beteiligung gerinnungsfördernder Gefäßstoffe, von Blutplättchen und Plasmafaktoren umschriebene Gerinnungsvorgänge ab (s. S. 102). Zum „weißen" Plättchenthrombus kommt ein „roter" Schwanz- und Gerinnungsthrombus hinzu (Abb. 2c). Dazwischen findet sich eine Übergangszone, in der Schichten von Blutplättchen und Fibrin mit Schichten weißer und roter Blutplättchen einander abwechseln (gestreifter Korallenstockthrombus). Man hat diesen Abschnitt mit der wellenförmigen Anordnung von Sand am Grunde strömender Gewässer verglichen (Abb. 2b). Aus alledem ergibt sich, daß auch gesteigerte Blutgerinnung die Blutpfropfbildung begünstigt. Die Gerinnungsneigung des Blutes ist erhöht z. B. nach Operationen, bei Schwangerschaft und Geburt und ganz allgemein, wenn irgendwo sonst im Körper Gerinnungsvorgänge ablaufen, etwa bei Verletzungen, Operationen und Entzündungen. Blutpfröpfe würden noch häufiger entstehen, wenn die Gerinnungsfaktoren nicht laufend neutralisiert und entstehende Gerinnsel nicht wieder aufgelöst werden könnten (vgl. auch Fibrinolyse, S. 102). Die meisten Blutpfröpfe sitzen in den unteren Extremitäten. Oberflächliche Venenthromben, in Krampfadern etwa, haben meist nur örtliche Bedeutung. Die tiefen Blutpfröpfe in den Hauptblutleitern dagegen führen erstens an Fußsohle und Wade zu Spannung und Schmerzen, zu Rötung, bläulicher Verfärbung und Beinödemen. Zweitens werden vor allem die großen, tiefen Blutpfröpfe verschleppt und führen zu ausgedehnten embolischen Verschlüssen der Lungengefäße. Vorbeugung gegen Lungenembolie heißt daher Verhütung oder zumindest frühzeitige Erkennung der Bein- und Beckenvenenthrombose. Neben den erwähnten Erscheinungen werden als Anzeichen einer örtlichen Venenentzündung oder erster kleiner Blutpfropfverschleppungen oft leichte Fieberattacken und Pulsbeschleunigung beobachtet *(Thrombophlebitis).* Als kritische Zeit für Blutpfropfbildung und Blutpfropfverschleppung gelten die ersten Wochen nach Operationen, Verletzungen, Geburten und Infektionen. 4 Wochen danach ist die Thrombosegefahr meist schon wieder vorbei. Die gefährliche tiefe Beinvenenthrombose soll bei rund 10 % der Betroffenen durch eine Lungenembolie tödlich ausgehen. Schwerwiegend wirkt sich manchmal auch das Fortschreiten einer Thrombose in den großen Venenstämmen aus, was zu einschneidenden Zirkulationsstörungen oder auch zum Brand des betroffenen Beines führen kann.

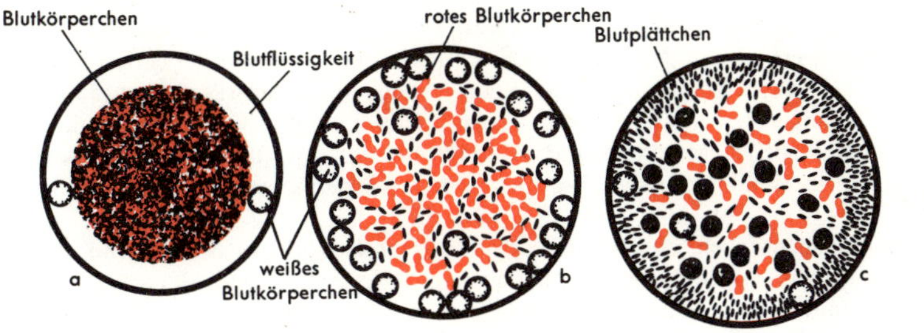

Abb. 1 Gefäßquerschnitt bei rascher (a), bei mäßig verlangsamter (b) und bei stark verminderter (c) Blutströmung

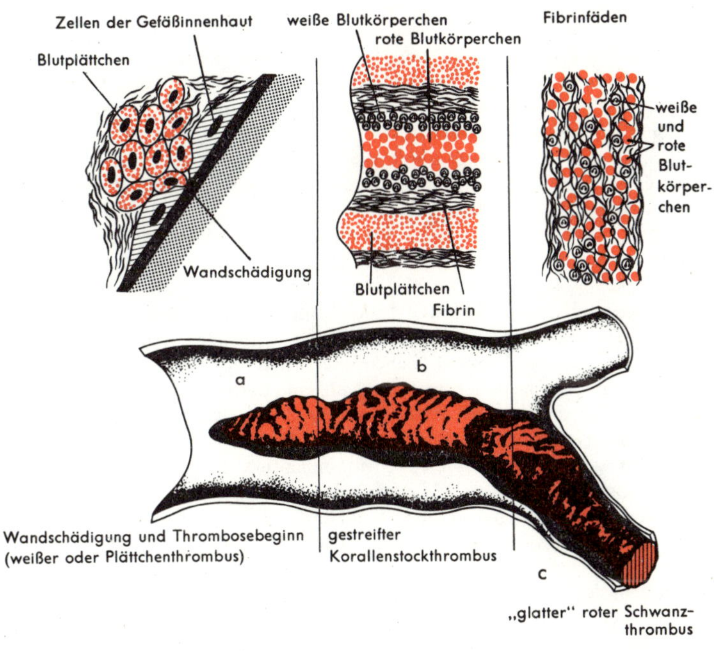

Abb. 2 Entwicklung einer Thrombose

DAS BLUT · DIE BLUTKÖRPERCHEN

Die Vielzahl der Aufgaben, die das *Blut* im Organismus zu erfüllen hat, verleihen ihm den Charakter eines eigenen, lebenswichtigen Organs. Die *Hauptaufgaben des Blutes* sind der Sauerstofftransport von den Lungen zu den Geweben (Atemfunktion), der Transport von Kohlensäure aus den Geweben zu den Lungen und von harnpflichtigen Substanzen zu den Nieren (Entschlackungsfunktion) sowie der Transport von Nährstoffen aus dem Darm und der Leber zu den Geweben (Ernährungsfunktion) und der Transport von Vitaminen und Hormonen. Es hat ferner Abwehrfunktionen gegen Krankheitserreger und körperfremde Stoffe und ist schließlich verantwortlich für die Ableitung überschüssiger Wärme aus dem Körperinnern an die Körperoberfläche.

Wie die eigentlichen, festgefügten Körpergewebe besteht das Blut aus Zellen und Zwischenzellflüssigkeit, den Blutzellen und dem Blutplasma. Zu den *Blutzellen* gehören die roten und weißen Blutkörperchen (s. u.) sowie die *Blutplättchen* (*Thrombozyten;* ca. 250000–400000 je mm^3 Blut), die eine wichtige Rolle bei der Blutgerinnung spielen (s. S. 102). Das *Blutplasma* ist eine leicht gelbliche Flüssigkeit, die anorganische Salze, Kohlenhydrate (vor allem Traubenzucker, den sogenannten Blutzucker), Fettstoffe, Vitamine, Schlackenstoffe und Plasmaeiweiße (Albumine, Globuline und das für die Blutgerinnung wichtige Fibrinogen) enthält. Das *Blutvolumen* des Menschen beträgt etwa 7–8 % des Körpergewichtes, bei einem Gewicht von 70 kg etwa 5–5,5 l. Davon entfallen auf die Blutzellen etwa 45 %, auf das Blutplasma 55 % *(Hämatokritwert)*. Der Verlust der halben Blutmenge bedeutet Lebensgefahr.

Die *roten Blutkörperchen (Erythrozyten)* geben dem Blut die rote Farbe. Sie haben (bei den Säugetieren und beim Menschen) keinen Zellkern und können sich daher nicht durch Teilung vermehren. Die Erythrozyten gleichen einer flachen, runden Scheibe, die in der Mitte etwas eingedellt ist. Sie haben einen Durchmesser von 7,5 μm und eine Dicke von 2 μm. Bedingt durch diese Form, ist die Oberfläche der roten Blutkörperchen im Verhältnis zu ihrem Volumen sehr groß, was den Gasaustausch wesentlich erleichtert. Die roten Blutkörperchen sind von einer eiweiß- und lipoidhaltigen Membran umgeben, die den roten Blutfarbstoff, das *Hämoglobin*, umschließt. Die Membran der Erythrozyten enthält u. a. die Blutgruppenmerkmale (Blutgruppenantigene). Die *Anzahl der Erythrozyten* liegt bei 5–5,5 Millionen pro mm^3, das sind beim Erwachsenen durchschnittlich rund 25000 Milliarden insgesamt. Täglich müssen etwa 200 Milliarden Erythrozyten im Knochenmark neu gebildet werden *(Erythropoese)*. Der *Abbau* gealterter Erythrozyten (Lebensdauer rund 120 Tage) geht im retikuloendothelialen System vor sich; dabei spielt die Milz eine besondere Rolle.

Die *weißen Blutkörperchen* (*Leukozyten;* im Normalfall zwischen 5000 und 10000 je mm^3 Blut) stellen eine uneinheitliche Gruppe von kernhaltigen Zellen verschiedener Größe und Form dar: die neutrophilen, eosinophilen und basophilen Granulozyten (ca. 70 %), die Lymphozyten (ca. 25 %) und die Monozyten (ca. 5 %). *Monozyten* und *neutrophile Granulozyten* haben die Fähigkeit, aus der Gefäßbahn herauszutreten und Bakterien durch Aufnahme in den Zelleib unschädlich zu machen *(Phagozytose)*. Sie gelangen durch chemische Reize in das entzündete Gewebe (Chemotaxis) und bilden dort, indem sie größtenteils absterben, den Eiter. – Die *eosinophilen Granulozyten* treten vor allem bei allergischen Erkrankungen vermehrt im Blut auf. Dagegen kommt es zu Beginn einer fieberhaften Erkrankung meist zu einer Gesamtvermehrung der Leukozyten bei gleichzeitiger Verminderung der eosinophilen Granulozyten. – Die *basophilen Granulozyten* enthalten das blutgerinnungshemmende Heparin und das blutdrucksenkende Histamin. – Die *Lymphozyten* treten vorwiegend bei Infektionen vermehrt auf. Sie sind an der Infektabwehr und ganz allgemein an Immunvorgängen beteiligt (z. B. Abstoßungsreaktion nach Transplantation). Die Granulozyten werden im Knochenmark, die Lymphozyten in den lymphatischen Geweben gebildet (vgl. Abb. 1).

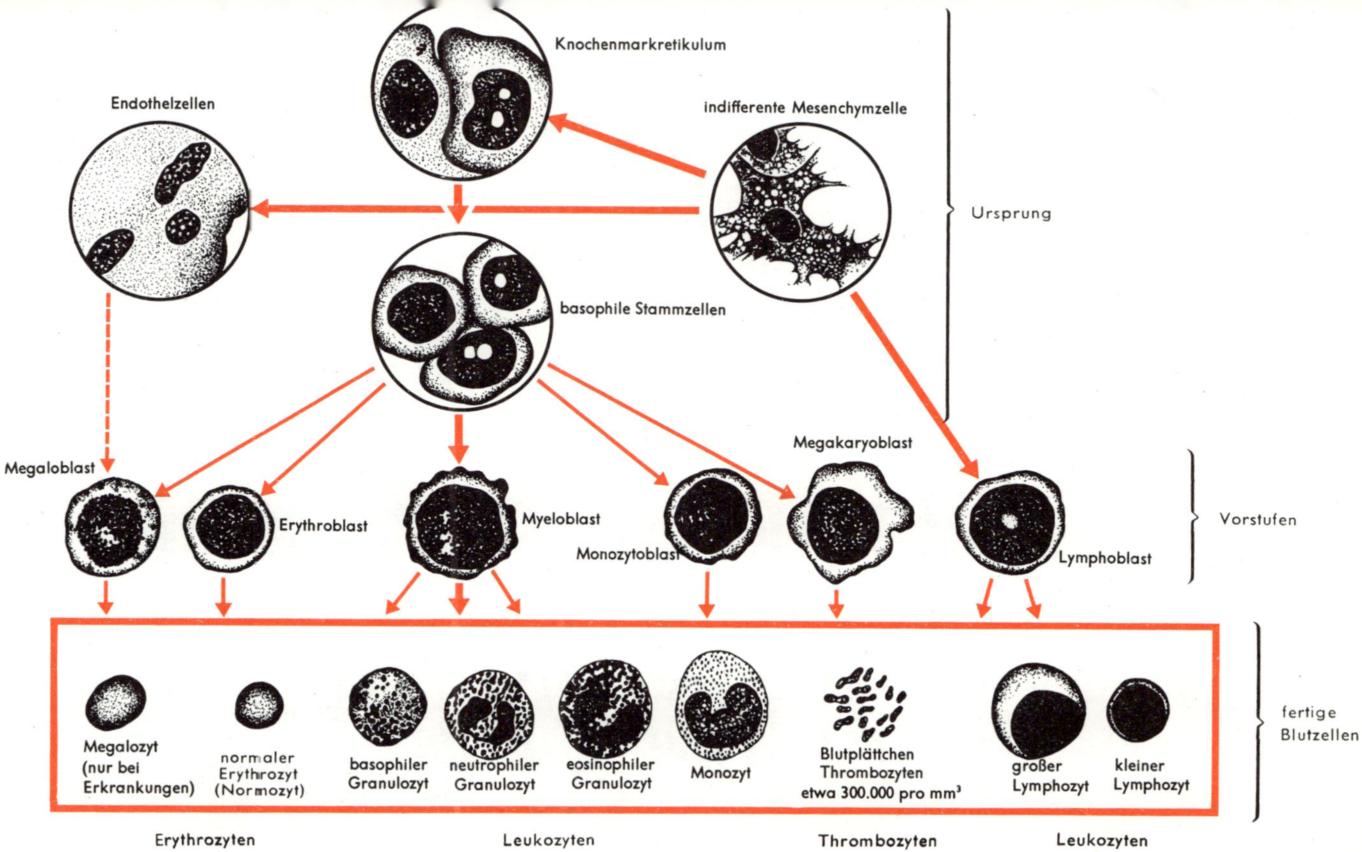

Abb. 1 Stammbaum der Blutzellen

ANÄMIE

Blutarmut oder Anämie nennt man eine Verminderung des roten Blutfarbstoffs, die meist auch mit einer Abnahme der Zahl der roten Blutkörperchen oder Erythrozyten einhergeht.

Blutarmut entsteht durch Blutverlust, durch mangelnde Bildung oder gesteigerten Abbau roter Blutkörperchen. Zu wenig Blutkörperchen wachsen bei einer Hemmung des Knochenmarks heran *(aplastische Anämie)*. Diese kann angeboren oder toxisch bedingt sein. U. a. führen verschiedene Medikamente zur Blutarmut, die in solchen Fällen durch eine allergische Knochenmarkssperre bedingt sein kann (Chloramphenikol, Sulfonamide, Phenylbutazon u. v. a). *Mangelanämien* entstehen, wenn Bausteine des roten Blutfarbstoffs fehlen (z. B. *Eisenmangelanämie*) oder bestimmte Handlangerstoffe der Hämoglobinbildung vermißt werden (perniziöse Anämie bei Vitamin-B_{12}-Mangel, Folsäuremangelanämie, s. S. 92). Der krankhaft gesteigerte Abbau von roten Blutkörperchen kann viele Ursachen haben, so z. B. eine angeborene Schwäche der Erythrozyten oder eine Fehlfunktion der Milz (Abb. 1).

Beim akuten (großen) *Blutverlust* liegen außergewöhnliche Umstände vor, da bei dieser besonderen Art von Blutarmut außer den Blutkörperchen auch die Blutflüssigkeit fehlt. Daher überwiegen hier anfangs die Erscheinungen der mangelhaften Kreislauffüllung, es kommt zum Blutdruckabfall mit Herzbeschleunigung, Atemnot, Blässe, Schweißausbruch, Unruhe, Verwirrtheit und Durst; schließlich bildet sich ein sogenannter Schockzustand aus. Gefährlich ist u. U. schon der rasche Verlust von mehr als $^1/_2$ Liter Blut. Ein schneller Verlust von $1^1/_2$ Litern Blut kann nach Sehstörungen, Krämpfen und Bewußtlosigkeit schon zum Tode führen. Zur Behandlung ist rasche Blutstillung und Auffüllung des Kreislaufs, möglichst mit Spenderblut, erforderlich.

Beim fortlaufend kleinen „chronischen" Blutverlust kann die Blutflüssigkeit rascher ersetzt werden als der Blutfarbstoff. Daher kommt es hier zu Krankheitserscheinungen, wie sie auch bei anderen Formen der chronischen Blutarmut beobachtet werden (Abb. 2). Im Mittelpunkt steht das Versagen der Sauerstofftransportfunktion des Blutes mit Blässe, Atemnot, beschleunigtem Puls, Kopfschmerz, Müdigkeit, Energieverlust, Schwäche, Schwindel und Ohrensausen. Chronische Blutverluste entstehen bei Sickerblutungen, z. B. aus Hämorrhoiden, aus der Gebärmutter, aus einem chronischen Magengeschwür oder einem Darmkrebs. Chronische Blutungen gehen durch Erschöpfung der Eisenvorräte mit einem Eisenmangel einher (Eisenmangelanämie).

Der *gesteigerte Abbau von roten Blutkörperchen* wirkt sich ähnlich wie ein chronischer Blutverlust aus, doch geht der Blutfarbstoff beim gesteigerten Blutabbau nicht nach außen verloren. Dabei kann vorteilhaft sein, daß kein Eisenmangel entsteht. Von Nachteil ist, daß nun auch vermehrt Abbauprodukte des roten Blutfarbstoffs anfallen, die mit der Lebergalle ausgeschieden werden müssen. Dazu gehört vor allem der Gallenfarbstoff Bilirubin aus der Nichteiweißkomponente des Hämoglobins. Ist die Leber überfordert oder krank, so staut sich Bilirubin im Körper an, und es kommt zur „blutauflösenden" Gelbsucht, dem hämolytischen Ikterus; auch im Stuhl und Urin erscheinen Gallenfarbstoffprodukte (s. S. 192). Ursache blutkörperchenauflösender (hämolytischer) Anämien kann eine angeborene Schwäche der Erythrozyten sein, die dann leichter abgefangen und zerstört werden. Hierher gehören die „Kugelzellenanämie", die durch Milzentfernung wesentlich gebessert werden kann, die „Mittelmeeranämie" mit sogenannten Schießscheibenzellen und die „Sichelzellenanämie", die man auf einen angeboren fehlerhaften roten Blutfarbstoff zurückführt.

Abb. 1
Ursachen der Blutarmut

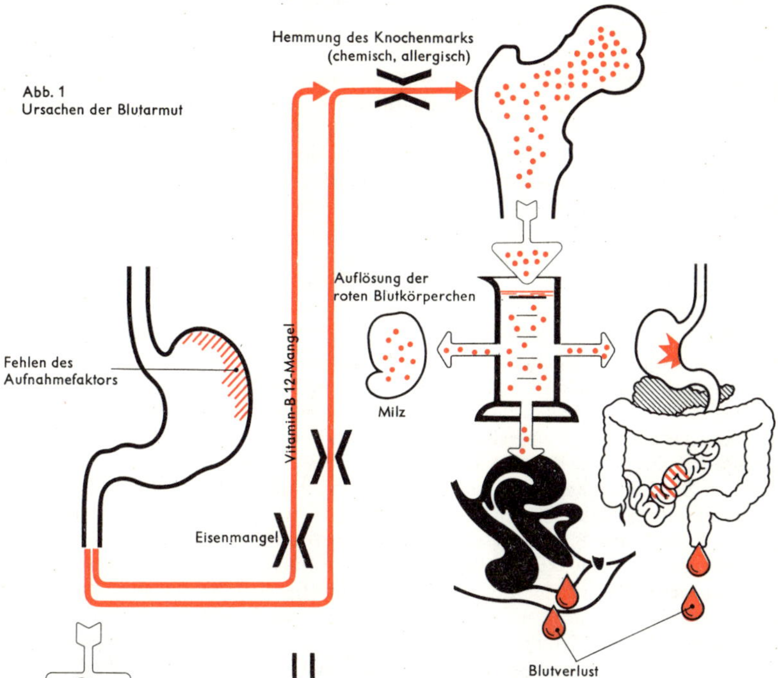

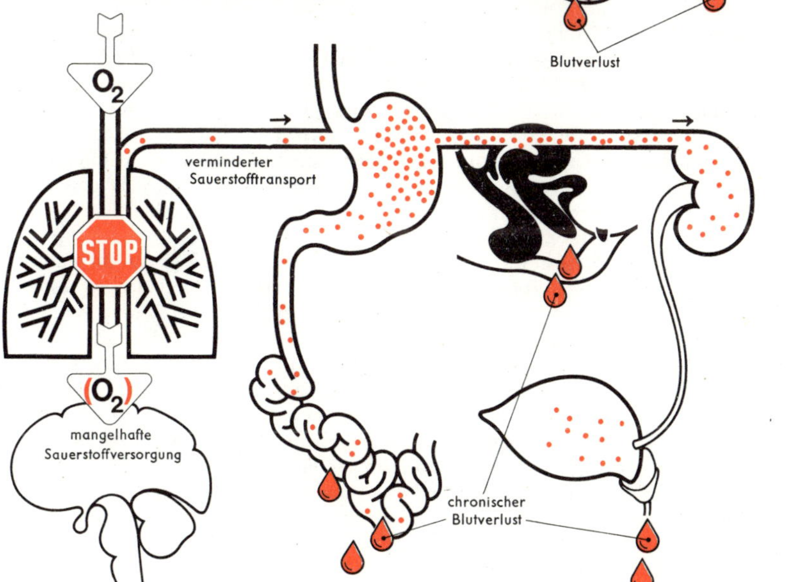

Abb. 2
Folgen der Blutarmut

PERNIZIÖSE ANÄMIE

Der rote Blutfarbstoff Hämoglobin wird im roten Knochenmark aus Eiweißbausteinen, aus den sogenannten Pyrrolringen und aus Eisen aufgebaut. Dazu sind neben den Bausteinen gewisse Handlangerstoffe oder Biokatalysatoren erforderlich, vor allem Vitamin B_{12}.

Vitamin B_{12} findet sich in Nahrungsstoffen tierischen Ursprungs wie Leber, Fleisch, Eier, Milch und Käse. Es wird im Dünndarm des Menschen mit Hilfe eines Aufnahmefaktors *(Intrinsic factor)* resorbiert, der in der Magenschleimhaut gebildet wird. Daher ist in diesem Fall nicht nur die Vitaminzufuhr, sondern auch die störungsfreie Absonderungstätigkeit der Magenschleimhaut erforderlich. Das resorbierte Vitamin B_{12} wird in der Leber gespeichert und bei Bedarf an die Blutbildungsstätten abgegeben (Abb. 1). Indes ist B_{12} nicht nur für die Bildung von roten Blutkörperchen, sondern ganz allgemein für Zellreifungsvorgänge erforderlich. Dies liegt daran, daß Vitamin B_{12} bei der Bildung von Nukleinsäure mitwirkt und so für die Kernreifung und Kernteilung gebraucht wird.

Zellbildungsstörungen als Folge von B_{12}-Mangel treten daher besonders leicht an Geweben mit raschem Zellumsatz auf. Dazu gehören neben den Blutbildungsstätten z. B. auch die Schleimhäute des Magen-Darm-Kanals (Abb. 1).

Vitamin-B_{12}-Mangel entsteht: 1. durch unzureichende Vitaminzufuhr, etwa bei strengen Vegetariern; 2. bei ungenügender Resorption des Vitamins durch Ausfall des unentbehrlichen Aufnahmefaktors oder Funktionsschwäche der Dünndarmschleimhaut; 3. bei Zerstörung des Vitamins im Darm durch den Fischfinnenbandwurm, selten auch durch Bakterien. Die Unterscheidung zwischen diesen verschiedenen Ursachen des B_{12}-Mangels wird wesentlich erleichtert durch die probeweise Zufuhr von Vitamin B_{12} mit radioaktivem Kobalt, das dann im Körper leicht zu verfolgen ist.

Besonders häufig ist eine Spielart des Vitamin-B_{12}-Mangels, die sog. verderbliche oder *perniziöse Anämie*, kurz auch *Perniziosa* genannt. Sie entwickelt sich vor allem bei Menschen über 45 Jahren schleichend durch den Schwund jenes Magenschleimhautanteils, der normalerweise den unentbehrlichen Aufnahmefaktor für Vitamin B_{12} bildet. Gleichzeitig ist meist auch die Säureproduktion des Magens erloschen; man spricht auch von einer histaminrefraktären Anacidität, da selbst histaminähnliche Stoffe die Salzsäureproduktion nicht anregen können. Familiäres Auftreten kommt vor, und Magenkrebs ist bei Perniziosakranken überdurchschnittlich häufig (s. S. 568). Ohne Vitamin B_{12} ist das Knochenmark nicht in der Lage, ausreichend viele rote Blutkörperchen zu bilden. Daher werden unreife große, auch kernhaltige Erythrozyten ins Blut ausgeschwemmt.

Im Gegensatz zum Kernstoffwechsel ist der Hämoglobinaufbau jedoch nicht gestört; daher werden die einzelnen roten Blutkörperchen mit Farbstoff überladen, es besteht eine großzellige, „überfärbte" Blutarmut, eine makrozytäre, hyperchrome Anämie. Insgesamt ist der Hämoglobingehalt des Blutes vermindert, und es finden sich schließlich alle Anzeichen von Blutarmut wie Schwäche, leichte Ermüdbarkeit, Blässe, Atemnot und Herzklopfen. Die Haut erscheint durch leichte Gelbsucht oft strohgelb, das Gesicht gedunsen. Da auch der Stoffwechsel des Nervensystems Vitamin-B_{12}-abhängig ist, kommt es im Unterschied zu anderen Anämien bei der Perniziosa an Händen und Füßen auch zu Mißempfindungen wie zu Kribbeln und Ameisenlaufen; seltener sind Muskelschwäche, Muskellähmungen und mangelnde Abstimmung der Muskelbewegungen sowie Anzeichen von Gemütskrankheit. Die Zellbildungsstörung erzeugt außerdem einen Schwund der schließlich glattroten, brennenden Zungenschleimhaut.

Ausreichende B_{12}-Zufuhr beseitigt die Mangelanämie. Allzu weitgehende Ausfallserscheinungen am Nervensystem können indessen nur zum Teil wieder repariert werden.

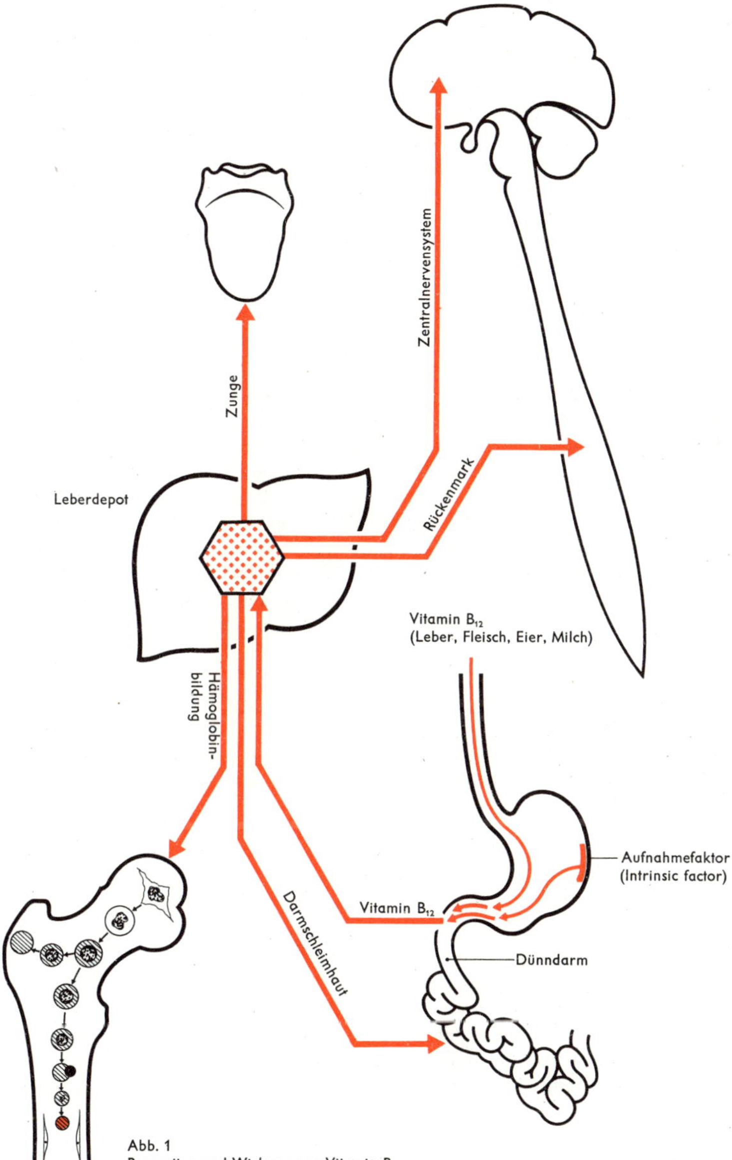

Abb. 1
Resorption und Wirkung von Vitamin B_{12}

LEUKOZYTOSE · LEUKÄMIE

Bei Infekten werden vermehrt Granulozyten gebildet, deren Jugendformen (mit stabförmigem Kern) dann im Blut auftreten. Man spricht von *Granulozytose* und von Linksverschiebung nach der Gewohnheit, die jugendlichen Granulozyten bei der Auszählung des weißen Blutbildes links einzutragen (Abb. 1). Auch Monozyten werden im Verlauf von Infektionen vermehrt ins Blut ausgeschwemmt *(Monozytose).* Die Lymphozyten, die vor allem bei Immunprozessen eine Rolle spielen, treten meist erst in einem späteren Stadium der Erkrankung vermehrt auf *(Lymphozytose;* Abb. 1). Daher hat man auch von einer neutrophilen Kampfphase, einer monozytären Abwehr- und Überwindungsphase und einer lymphozytären Heilphase gesprochen. Die infektbedingte Vermehrung der weißen Blutkörperchen wird *Leukozytose* genannt. Bei dieser natürlichen Abwehrreaktion, die sich nach dem Abklingen des Infektes wieder zurückbildet, werden anstatt 5000-10000 u.U. 20000-30000 Leukozyten pro mm^3 Blut gezählt.

Neben der infektbedingten Leukozytose gibt es auch krankhafte Vermehrungen der weißen Blutkörperchen, die man *Leukämie (Weißblutkrankheit, Blutkrebs)* nennt. Ihre Ursache ist noch unbekannt, möglicherweise spielen Viren als Krankheitserreger eine Rolle. Die Leukämie ist eine krebsartige Wucherung der Bildungsstätten für weiße Blutkörperchen in Knochenmark, Milz und Lymphknoten mit Ausschwemmung zahlreicher weißer Blutkörperchen in die Blutbahn. Es gibt Leukämien mit einer krankhaften Zunahme von Granulozyten, Lymphozyten oder Monozyten. Gleichzeitig findet man im Knochenmark oder im lymphatischen Gewebe große Mengen weißer Blutkörperchen in verschiedenen Reifungsstadien. Zur Untersuchung wird Knochenmark aus dem Brustbein oder lymphatisches Gewebe aus den Lymphknoten entnommen. Beide Formen der Leukämie, die *Knochenmarksleukämie (myeloische Leukämie)* wie auch die *Milz-Lymphknoten-Leukämie (lymphatische Leukämie)*, kommen als akute oder chronische Erkrankung vor. Akute Leukämien sind bei Kindern häufiger. Dabei treten oft unreife Leukozyten ins Blut über. Reifzellige Leukämien kommen bevorzugt im höheren Lebensalter vor, so besonders die chronische lymphatische Leukämie (Abb. 2).

Zu den *Anzeichen der Leukämie* gehört vor allem eine Vermehrung der weißen Blutkörperchen auf 100000–200000 pro mm^3. Gelegentlich kann der Leukozytenanstieg im Blut allerdings auch ausbleiben; dann findet man das Knochenmark mit Vorstufen der weißen Blutkörperchen überfüllt. Eine solche „Weißzellverstopfung" des Knochenmarks führt u.a. auch zur Verdrängung der Bildungsstätten für rote Blutkörperchen und Blutplättchen. Daher können im Verlauf der Erkrankung auch die Symptome der Anämie und des Blutplättchenmangels (Neigung zu Blutaustritt unter die Haut) auftreten. Da die zahlenmäßig vermehrten weißen Blutkörperchen offenbar nicht voll funktionstüchtig sind, treten oft Infekte hinzu, die von den Leukozyten nicht abgewehrt werden können und so schließlich zum Tode führen. Bei der Knochenmarksleukämie ist vor allem die Milz, bei der Lymphknotenleukämie sind vorwiegend die Lymphknoten stark geschwollen. Bei der Monozytenleukämie treten schwere Blutungen und Schwellungen des Zahnfleischs auf.

Die *Behandlung der Leukämie* besteht vor allem in der Gabe sog. *Zytostatika* (zellteilungshemmende Antikrebsmittel; auch als aggressive Kombinationstherapie) und in Röntgenbestrahlung. Dadurch konnten die Überlebenszeiten Leukämiekranker in letzter Zeit wesentlich verlängert werden. Bei der akuten lymphatischen Leukämie von Kindern wurden sogar in etwa 50% der Fälle Heilungen erzielt. Bluttransfusionen und antiinfektiöse Maßnahmen tragen dazu bei, die Blutarmut und aufgepfropfte Infektionen einzudämmen. Man hofft, die Behandlungsergebnisse auch bei Erwachsenen durch die Zerstörung aller zur Wucherung neigenden Blutzellen und anschließende Knochenmarktransplantation noch weiter zu verbessern.

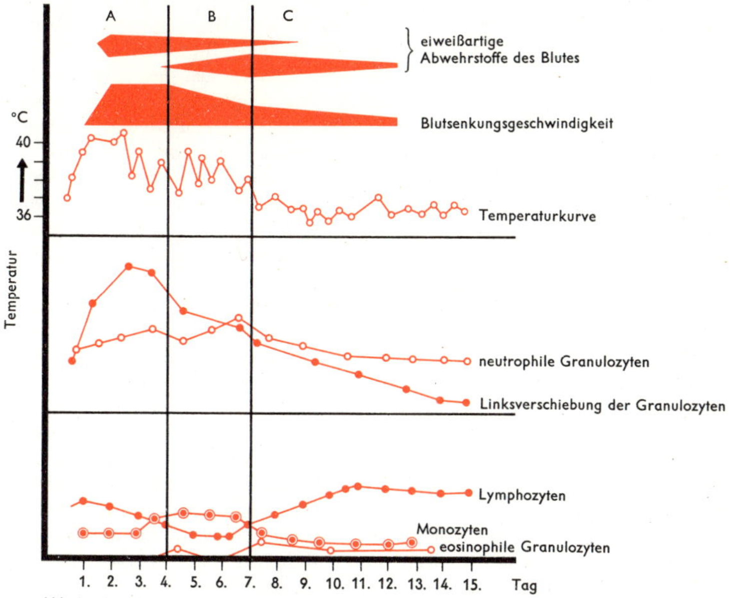

Abb. 1
Ablauf eines kurzen Infektes mit Leukozytose
A = Phase der Granulozytenvermehrung
B = Phase der Monozytenvermehrung
C = Phase der Lymphozyten- und Eosinophilenvermehrung

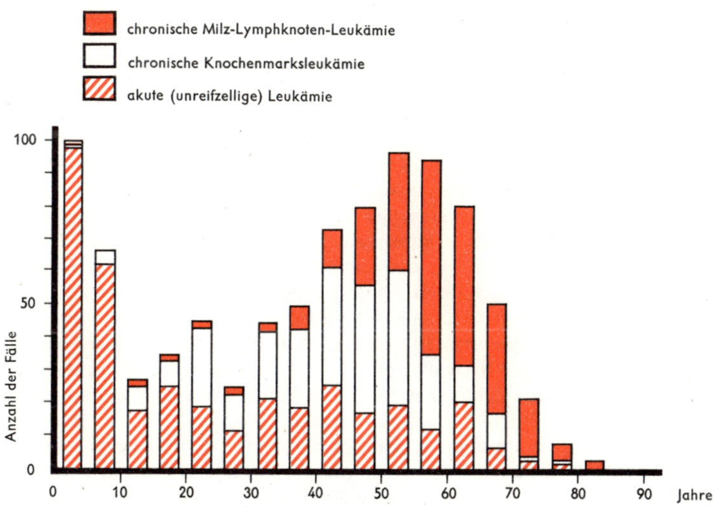

Abb. 2

BLUTGRUPPEN
BLUTGRUPPENUNVERTRÄGLICHKEIT

Überträgt man Blut eines Menschen in die Blutbahn eines anderen, so kann es dort zur Zusammenballung *(Agglutination)* der fremden Blutkörperchen kommen. Diese Zusammenballung ist die Folge von Abwehrreaktionen des Empfängerblutes gegen das Spenderblut. Verantwortlich dafür sind die verschiedenen Blutgruppeneigenschaften, die als erblich festgelegte Antigene vor allem in den Membranhüllen der roten Blutkörperchen verankert sind und die in bestimmten Fällen von gezielt feindlichen Antikörpern des Empfängerblutes angegriffen werden. Die Antigeneigenschaften bestimmter Blutgruppen haften nicht nur den zellulären Elementen des Blutes, sondern fast allen Körperzellen an. Man könnte daher allgemeiner auch von Zellgruppeneigenschaften sprechen. Bei manchen Menschen, den sogenannten Ausscheidern, können sie sogar im Speichel, in der Milch und im Schweiß nachgewiesen werden.

Praktisch am wichtigsten ist beim Menschen das *AB0-System*, dessen Blutgruppen in A, B, AB und 0 eingeteilt werden. Die beiden Antigene dieses Systems werden mit den Buchstaben A und B bezeichnet. Tragen die roten Blutkörperchen (und andere Zellen) eines Menschen durch Vererbung das Antigen (die Blutgruppeneigenschaft) A, gehört er zur *Blutgruppe A*. Tragen sie das Antigen B, gehört er zur *Blutgruppe B*, tragen sie A und B, zur *Blutgruppe AB*. Sind auf den Erythrozyten keine Antigene des AB0-Systems verankert, gehört der Betreffende zur *Blutgruppe 0*. Im Blutplasma der einzelnen Gruppen finden sich außerdem bestimmte Antikörper, die bezeichnenderweise nur die Blutkörperchen fremder Blutgruppen angreifen. Ein Mensch mit der Blutgruppe A z. B. besitzt den Antikörper Anti-B, der die Blutkörperchen der Gruppe B verklumpt und anschließend auflöst. Ein Vertreter der Gruppe B besitzt in seinem Plasma Anti-A. Das Plasma der Blutgruppe AB ist frei von Antikörpern; diese würden sonst die eigenen Blutkörperchen angreifen. Bei der Blutgruppe 0, wo umgekehrt die sonst an den roten Blutkörperchen verankerten Antigene fehlen, enthält das Serum beide Antikörper, Anti-A und Anti-B. Die Antikörper des AB0-Systems treten 10 Tage nach der Geburt auf, ihre Zahl nimmt bis zum 10. Lebensjahr zu.

Die Blutgruppen des AB0-Systems werden nach den Mendelschen Gesetzen vererbt. Dabei dominieren die Eigenschaften A und B über 0. Innerhalb der Gruppe A gibt es außerdem eine erbbiologisch starke Untergruppe A_1 und eine schwächere Untergruppe A_2. Die Vererbungstypen des AB0-Systems sind AA, 00, A0, AB, BB und 0B. Davon ergeben die Erbbilder AA und A0 im Erscheinungsbild die Blutgruppe A; Entsprechendes gilt für B. Angehörige der Gruppe AB haben vom einen Elternteil A, vom anderen B übernommen. Personen der Blutgruppe 0 haben das Merkmal 0 von beiden Eltern geerbt. Da 0 auch im Erbbild 0A und 0B rezessiv versteckt vorhanden ist, müssen die Eltern eines der Blutgruppe 0 Angehörenden selbst nicht dieser Gruppe angehören; jedoch kann kein Elternteil die Blutgruppe AB haben. Bei Personen der Gruppe A muß mindestens ein Elternteil der Gruppe A oder AB angehören; Entsprechendes gilt für B. Bei zweifelhafter Vaterschaft kann der Vererbungsgang der AB0-Gruppen u. U. mit absoluter Beweiskraft dafür verwendet werden, daß der Träger einer bestimmten Blutgruppe nicht als Vater in Frage kommt. – Die 4 Blutgruppen des AB0-Systems sind in der Bevölkerung unterschiedlich stark vertreten. In Mitteleuropa gehören je 40 % der Bevölkerung den Gruppen 0 und A an, 13 % der Gruppe B und 7 % der Gruppe AB.

Zur Feststellung der Blutgruppenzugehörigkeit bringt man auf einen Objektträger je einen Tropfen des Testserums A (mit dem Antikörper Anti-B) und einen des Testserums B (mit Anti-A) und gibt jeweils einen Tropfen des Blutes, dessen Gruppe man feststellen will, hinzu (Abb. 3, S. 97). Je nachdem, ob es zur Zusammenballung der Erythrozyten kommt oder nicht, läßt sich die Blutgruppe wie folgt ablesen (+ = Agglutination; – = keine Agglutination):

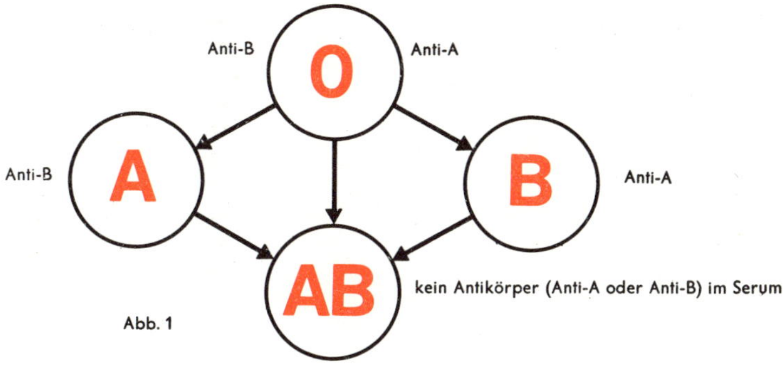

Abb. 1

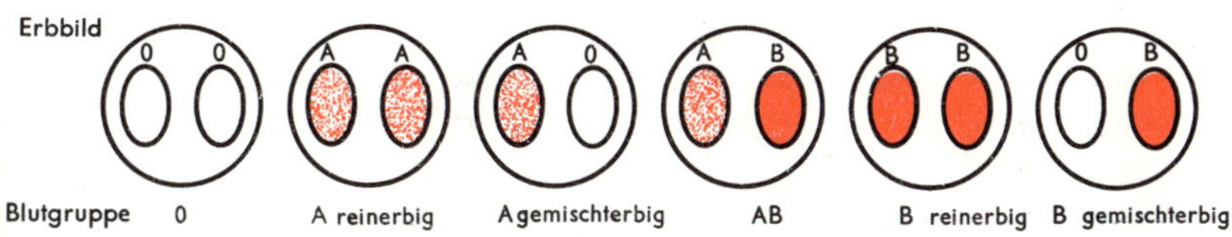

Abb. 2

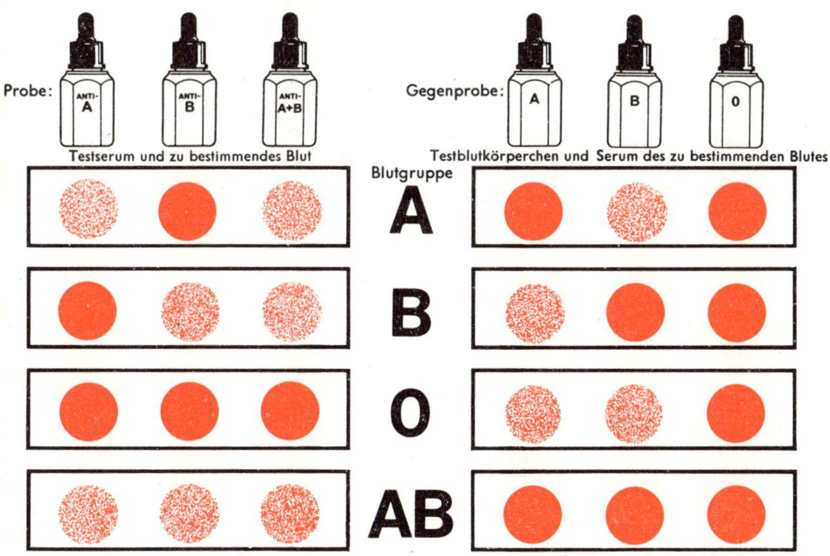

Abb. 3

Testserum A	*Testserum B*	*Blutgruppe*
–	–	=0
–	+	=A
+	–	=B
+	+	=AB

Von besonderer Bedeutung ist die Blutgruppenbestimmung für die Bluttransfusion, da die Übertragung gruppenungleichen Blutes zu schweren Schäden des Empfängers, u. U. auch zum Tod führen kann. Um Fehlbestimmungen auszuschließen, muß vor jeder Transfusion eine Doppelbestimmung der Blutgruppen sowie eine Kreuzprobe zwischen Spender- und Empfängerblut vorgenommen werden. Früher wurden Empfänger der Blutgruppe AB als „Universalempfänger", Spender der Blutgruppe 0 als „Universalspender" bezeichnet. Diese Bezeichnungen sind irreführend, da nicht nur die Übertragung gruppenungleicher Erythrozyten gefährlich ist, sondern auch die im Spenderplasma vorhandenen Antikörper beim Empfänger zu Transfusionszwischenfällen führen können. Aus diesem Grund wird heute nur noch gruppengleiches Blut übertragen. Außer dem AB0-System muß dabei auch das Rh-System beachtet werden. Neben dem AB0-System und dem Rh-System (s. unten) gibt es noch weitere Blutgruppensysteme, z. B. das P-System und das MN-System. Sie sind jedoch nur unter besonderen Bedingungen, wie z. B. nach mehrfachen Bluttransfusionen, von praktischer Bedeutung.

DER RHESUSFAKTOR (RH-FAKTOR)

Neben den Antigenen A und B des AB0-Systems ist der an Rhesusaffen entdeckte, erbliche Rhesusfaktor (Rh-Faktor) von großer praktischer Bedeutung. Er kommt bei 85 % aller Menschen vor, die man dann als *Rh-positiv* bezeichnet. Bei 15 % fehlt das Rh-Antigen; sie sind *Rh-negativ*. Im Gegensatz zu den Antikörpern Anti-A und Anti-B, die bei Menschen bestimmter Blutgruppen von vornherein vorhanden sind (präformierte Antikörper), werden die Antikörper gegen Rh-Antigene erst im Anschluß an eine Sensibilisierung rh-negativer Personen durch gruppenungleiche (Rh-positive) Erythrozyten gebildet. Die Sensibilisierung erfolgt entweder durch Transfusion von Rh-ungleichem Blut oder (häufiger) durch eine Schwangerschaft mit einer Rh-ungleichen Leibesfrucht (s. S. 296 ff.). Beim vorher nicht sensibilisierten Empfänger werden sowohl die erste Rh-ungleiche Bluttransfusion als auch kurz danach vorgenommene, ebenfalls Rh-ungleiche Blutübertragungen reaktionslos überstanden. Einige Zeit später sind bei solchen Empfängern jedoch Antikörper gegen das Rh-Antigen nachweisbar. Eine nunmehr erneut durchgeführte Bluttransfusion mit Rh-ungleichem Blut führt dann zur offenen Blutgruppenunverträglichkeit. Daher müssen vor jeder Blutübertragung nicht nur die Gruppen des AB0-Systems, sondern auch die Rh-Eigenschaften des Blutes sorgfältig bestimmt werden.

BLUTVERLUST · BLUTERSATZ

Das normale Blutvolumen des Menschen beträgt etwa 7–8 % des Körpergewichtes, beim Erwachsenen durchschnittlich 5–5,5 l. Ein *Blutverlust* bis zu 20 % kann vom Organismus noch relativ leicht ausgeglichen werden. Durch die Engerstellung peripherer Gefäße, vor allem in den Muskeln, wird die restliche Blutmenge so verteilt, daß die lebenswichtigen Organe (Gehirn, Herz und Nieren) noch ausreichend versorgt sind. Überschreitet der Blutverlust $^1/_3$ der Gesamtblutmenge, ist das Gefäßsystem nicht mehr ausreichend gefüllt. Der Blutdruck sinkt ab, der Puls steigt von etwa 80 auf 110–120 Schläge pro Minute an. Der Kranke fühlt sich schwach, er friert und sondert kalten Schweiß ab. Blutdruckwerte um 70 mm Hg und ein Puls von 140 bedeuten in den meisten Fällen schwerste Lebensgefahr. Sie zeigen an, daß etwa 50 % der Gesamtblutmenge die Gefäßbahn verlassen haben und ein *Entblutungsschock* droht. Bei Kleinkindern und Säuglingen führen bereits geringere Blutverluste zu den lebensbedrohlichen Erscheinungen des Entblutungsschocks.

Äußere Anzeichen des Kreislaufschocks nach Blutverlusten sind blaßbläuliche, kühle Haut, besonders an Nase und Fingern, meist auch die Absonderung von kaltem Schweiß. Die Kranken klagen über brennendes Durstgefühl. Je mehr rote Blutkörperchen als Sauerstoffträger verlorengehen, desto größer wird der Lufthunger. Die Atmung ist meist vertieft und beschleunigt. Häufig treten Brechreiz und Erbrechen auf. Die Harnproduktion ist eingeschränkt, u. U. sogar aufgehoben. Meist bleibt das Bewußtsein lange Zeit erhalten. Die Kranken leiden unter Angstgefühl, bis sie zusehends gleichgültiger und schließlich ohnmächtig werden.

Die *Behandlung des Entblutungsschocks* hat zum Ziel, den Volumenmangel der Gefäßbahn auszugleichen und die verlorenen Sauerstoffträger zu ersetzen. Beides wird in vollem Umfang durch die *Bluttransfusion* erreicht. Zur Transfusion kann nur Blut der gleichen Gruppe verwendet werden (s. S. 96 ff.). Um keine Zeit zu verlieren, führt man als Soforthilfe u. U. blutkörperchen- und hämoglobinfreie Flüssigkeiten zu. Für diesen Zweck steht u. a. gefriergetrocknetes *Plasmaeiweiß* zur Verfügung, das auch ohne Kühlung monatelang aufbewahrt werden kann. Daneben werden *künstliche Plasmaersatzmittel* verwendet, die durch Erhöhung des Blutumlaufs dafür sorgen sollen, daß die im Kreislauf verbliebenen Blutkörperchen zum Sauerstofftransport möglichst voll ausgenutzt werden. Es handelt sich dabei um chemisch verkettete, hochmolekulare Stoffe von der Teilchengröße bestimmter Plasmaeiweißkörper, die ausreichend lange in der Blutbahn bleiben. Zur Zeit werden als Plasmaersatzmittel ein biosynthetisches, auf die gewünschte Molekülgröße gespaltenes Polysaccharid, chemisch veränderte Gelatine und auch chemisch modifizierte Stärke verwendet.

Nach den lange bewährten künstlichen Plasmaersatzmitteln wurden neuerdings auch *künstliche Blutersatzmittel* bekannt und vereinzelt sogar schon klinisch eingesetzt, so bei Patienten mit seltenen Blutgruppen und massiven Blutverlusten. Bei diesem „künstlichen Blut“ dienen Kohlenwasserstoffe, deren Wasserstoffteilchen durch Fluoratome ersetzt sind, als Sauerstoff- und Kohlensäureträger im Dienst des Gasaustauschs. Die perfluorierten Kohlenwasserstoffe werden durch bestimmte Verfahren in einer wäßrigen, stärkehaltigen Salzlösung feintropfig verteilt (emulgiert) und können so den Blutfarbstoff und die roten Blutkörperchen für einige Zeit ersetzen.

BLUTUNG · BLUTSTILLUNG

Blutungen entstehen als Folge einer Verletzung oder als Folge einer krankhaften Veränderung der Gefäßwand. Je nach Art der blutenden Gefäße unterscheidet man kapillare, venöse und arterielle Blutungen. Sind nur die *Haargefäße (Kapillaren)* verletzt, sickert das Blut punktförmig aus der Wundoberfläche *(Sickerblutung)*. Bei der Eröffnung von *Blutadern (Venen)* tritt dunkelrotes Blut gleichmäßig fließend aus der Wunde. Die Verletzung von *Schlagadern (Arterien)* führt zur spritzenden, stoßartigen Entleerung von hellrotem Blut im Rhythmus des Herzschlages. – Je nach Austrittsstelle unterscheidet man ferner äußere und innere Blutungen. Während die *äußere Blutung* sofort bemerkt wird, können bei der *inneren Blutung* große Blutmengen verlorengehen, bevor sich die Folgen des Blutverlustes bemerkbar machen.

Kleinere Blutungen werden innerhalb weniger Minuten durch den körpereigenen Mechanismus der Blutgerinnung (s. S. 102) zum Stillstand gebracht. Bei großen, speziell arteriellen Blutungen reicht die Blutgerinnung als natürlicher Schutz gegen Blutverluste jedoch nicht aus, weil der Druck des nachströmenden Blutes die Blutpfropfbildung verhindert. In solchen Fällen sind zusätzliche *Hilfs-* bzw. *Rettungsmaßnahmen* nötig. U.U. genügen schon die Hochlagerung des blutenden Körperteils und das Anlegen eines *Druckverbandes*. Dazu wird ein Verbandspäckchen oder im Notfall ein zusammengelegtes Taschentuch auf die Wunde gepreßt und mit einer Binde fest angewickelt (Abb. 1). Bei größeren Schlagaderblutungen muß die Arterie zwischen Herz und Wunde durch eine *Abbindung* zusammengepreßt werden. Dies ist an einigen Körperstellen möglich (Abb. 2). Die Abbindungen mit Schals, Handtüchern, Hosenträgern, Riemen oder Damenstrümpfen dürfen keinesfalls zu stark einschnüren, weil sonst die anliegenden Nerven bleibend geschädigt werden können. Allzulange Unterbrechung der Blutzirkulation kann außerdem zu bleibenden Sauerstoffmangelschäden jenseits der Abbindungsstelle führen. Nach *größeren Blutverlusten* sollen Kopf und Oberkörper des Verletzten tief, die Gliedmaßen aber hoch gelagert werden, um die restliche Blutmenge für die Versorgung von Gehirn und Herz auszunutzen. Grundsätzlich muß bei jeder größeren Blutung für schnellsten Transport ins Krankenhaus gesorgt werden. Auch bei kleineren Blutungen, die mit komplizierten Verletzungen einhergehen, sollte der Arzt gerufen werden. – Liegt die Blutungsquelle im Körperinnern (z.B. bei Fehlgeburt), können Eisbeutel die Blutung vermindern.

Zur endgültigen *Blutstillung* werden größere Gefäße mit Spezialklammern gefaßt und abgebunden oder umstochen (Abb. 3), kleinere können gequetscht oder mit dem Elektrokauter verschorft werden. Hauptgefäße müssen genäht, fehlende Teile u.U. plastisch überbrückt werden (Abb. 4). Große Flächenblutungen bei Milz- und Leberriß werden mit einem mit heißer Kochsalzlösung getränkten Gazelappen abgedeckt, eventuell auch verschorft und dann mit Fibrinschaum, einem Kompressionsverband oder einer Tamponade möglichst zum Stehen gebracht. Bei Milzriß ist dennoch oft die operative Entfernung des Organs erforderlich. Hohlorgane, z.B. die blutende Gebärmutter und die blutende Nasenhöhle, werden mit sterilen Gazestreifen tamponiert.

Chemische Mittel zur Blutstillung werden örtlich-äußerlich (bei Verletzungen) oder innerlich (bei Gerinnungsstörungen) angewandt. Zur äußeren Anwendung eignen sich resorbierbares Tamponadematerial aus Gelatine oder Fibrinschaum sowie die gerinnungsfördernden Stoffe Thrombin und Fibrin. Bei kleinen oberflächlichen Wunden werden auch Adstringenzien (zusammenziehende Stoffe) und Schwermetallsalze verwendet.

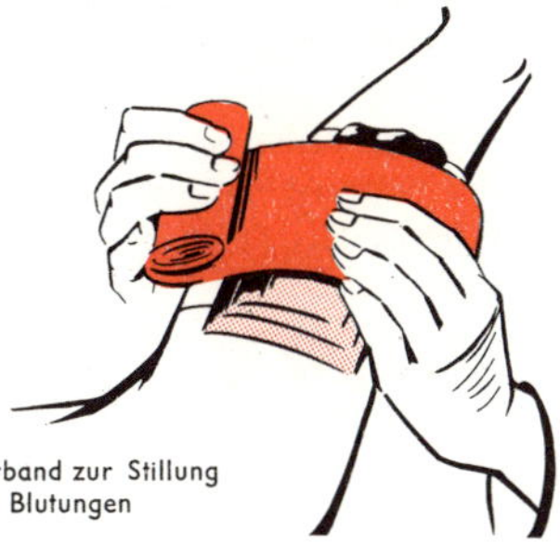

Abb. 1
Druckverband zur Stillung kleinerer Blutungen

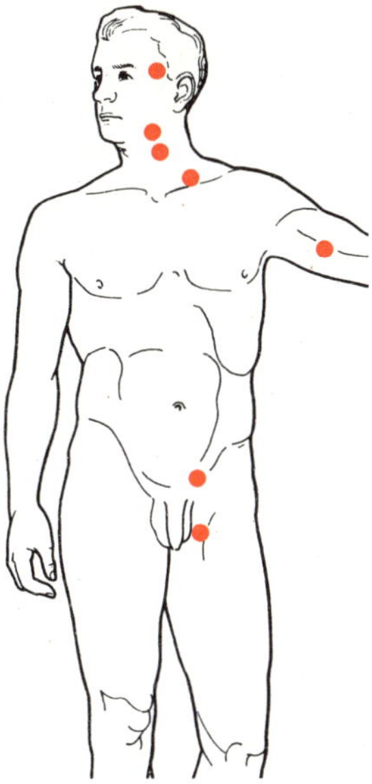

Abb. 2
Druckpunkte zur Unterbindung von Arterien

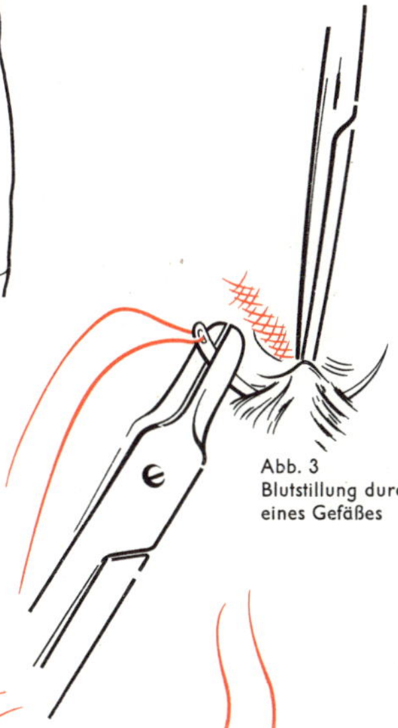

Abb. 3
Blutstillung durch Umstechung eines Gefäßes

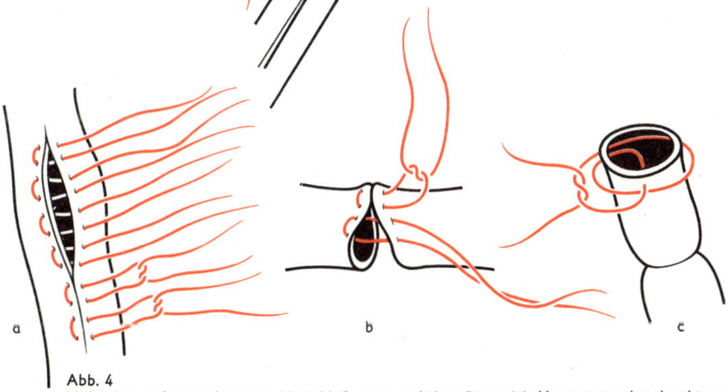

Abb. 4
Nähte bei verletzten Arterien: Verschluß eines seitlichen Risses (a), Vereinigung bei durchtrennter Arterie (b) und Durchstechungsunterbindung (c)

BLUTGERINNUNG · GERINNUNGSSTÖRUNGEN

Die *Blutgerinnung*, neben der Transportfunktion die wichtigste Eigenschaft des Blutes, hat die Aufgabe, den Körper vor Verlust der Blutflüssigkeit zu schützen. Sie ist ein komplizierter enzymatischer Vorgang, der in mehreren Phasen abläuft (Abb. 1). Die Vorphase besteht im wesentlichen in der Bildung des Thromboplastins, das seinerseits (mit Hilfe von Calcium) das in der Leber gebildete Prothrombin in Thrombin umwandelt *(erste Phase der Blutgerinnung)*. Das Thrombin ist das eigentliche Gerinnungsenzym. Es führt in der *zweiten Phase* das lösliche Fibrinogen in das unlösliche, faserige Fibrin über. Aus dem ausgetretenen flüssigen Blut wird so der dunkelrote, gallertige Blutkuchen, der aus einem anfänglich weitmaschigen Netz aus Fibrin besteht, das die Blutkörperchen einschließt. Das Fibrinnetz zieht sich dann langsam zusammen, indem es in seinen Maschen die Blutkörperchen festhält und das hellgelbe, klarflüssige Blutserum abpreßt *(dritte Phase)*. Der Gerinnungsvorgang wird im strömenden Blut ständig von gerinnungshemmenden Einflüssen kontrolliert, mit denen er zur Vermeidung einer krankhaften Gerinnung in der Gefäßbahn normalerweise im Gleichgewicht steht. Dieses fibrinolytische (gerinnselauflösende) System tritt auch in einer *Nachphase* der intravasalen Gerinnung in Aktion, wobei es fertige Blutgerinnsel mit Hilfe des Enzyms Plasmin wieder auflöst.

Von großer Bedeutung für die Erkennung von Gerinnungsstörungen ist die *Blutgerinnungszeit*. Sie beträgt im Reagenzglas normalerweise 5–8 Minuten. Die natürliche Blutstillung bei Gewebsverletzungen läuft etwas schneller ab, da hier das extravasale Gerinnungssystem, die zusammenballungsfähigen Blutplättchen (Abb. 2) und auch bestimmte Gefäßreaktionen mit im Spiel sind (sog. *Blutungszeit)*.

Gerinnungsstörungen beruhen darauf, daß gerinnungsfördernde Substanzen fehlen oder gerinnungshemmende vermehrt sind; auch das gerinnselauflösende System kann überaktiv sein. Verletzungen bluten dann länger und stärker als normal, auch können ohne Verletzungen oder sonst erkennbare Ursachen Spontanblutungen auftreten.

Neben angeborenen Gerinnungsstörungen (z. B. die Bluterkrankheit, Fibrinogenmangel) gibt es auch *erworbene Defekte der Blutgerinnung*. Am häufigsten ist der Mangel an Prothrombin. Prothrombin wird unter der Mitwirkung von Vitamin K in der Leber gebildet. Beeinträchtigungen der Fettresorption, sei es durch eine Erkrankung der Darmschleimhaut oder eine Behinderung des für die Fettresorption unentbehrlichen Gallenflusses (s. S. 192), können die Aufnahme des fettlöslichen Vitamins K aus dem Darm stören. Bei einer weiteren Gruppe spontanter Blutungsübel werden durch fortgesetzte Sickerblutungen oder im Gefäßsystem zu viele Gerinnungsstoffe verbraucht (z. B. bei schweren Infektionen).

Kontrollierte Gerinnungsstörungen können zur Verhütung einer Blutpfropfbildung (bei Thrombose- und Emboliegefahr, beim Herzinfarkt), auch durch Medikamente erzeugt werden. Die Kumarine beispielsweise verdrängen Vitamin K aus der Leber und erzeugen damit einen gezielten Mangel an Prothrombin. Andere Stoffe wie Heparin neutralisieren das entstehende Thrombin. Dabei muß die durch die gerinnungshemmenden Arzneimittel bedingte erhöhte Blutungsgefahr als mit der therapeutisch erwünschten Gerinnungshemmung notwendigerweise verbundene Nebenwirkung in Kauf genommen werden.

Die *Behandlung der Blutungsübel* besteht je nach den Ursachen in der Zufuhr fehlender „Handlangerstoffe" der Blutgerinnung, in der Gabe von Vitamin K, im Absetzen gerinnungshemmender Medikamente und in der Zufuhr von Gegenmitteln des gerinnungshemmenden Systems.

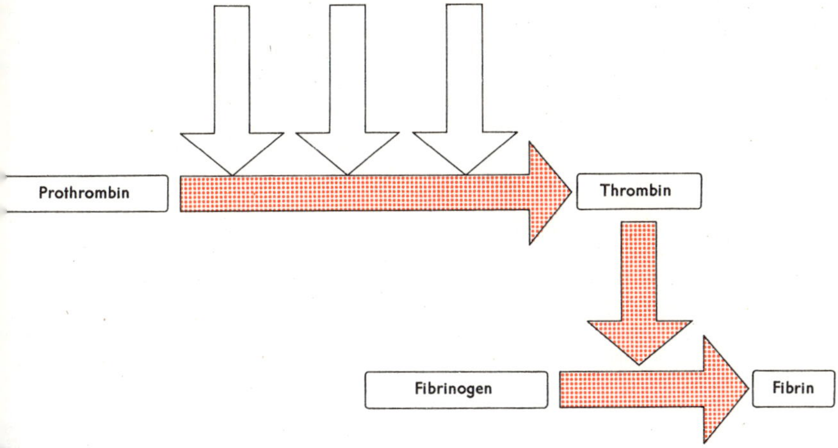

Abb. 1
Vereinfachte schematische Darstellung der Blutgerinnung

Abb. 2

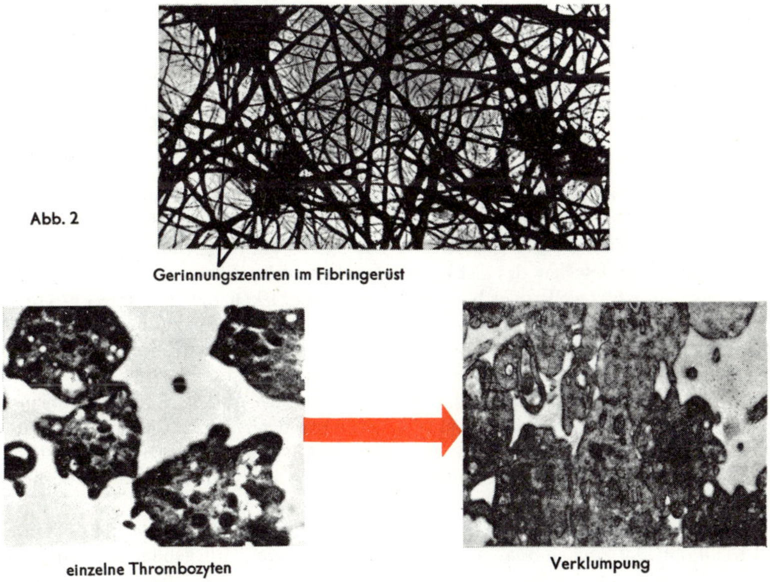

NASEN-RACHEN-RAUM · LUFTRÖHRE

Die *Atmung* umfaßt insgesamt eine vielfältige Kette eng ineinandergreifender Funktionen, die alle ihren Beitrag zum oxydativen Stoffwechsel der Zellen und damit zum Energiehaushalt des Körpers leisten (Abb. 1 und 2). Hierzu gehören der Gasaustausch zwischen äußerer Luft und Blut (äußere Atmung, Lungenatmung), der O_2- und CO_2-Transport im Blut, der Gasaustausch zwischen Blut- und Gewebszellen und schließlich die Oxydationsvorgänge im Zellstoffwechsel (innere Atmung).

An der *äußeren Atmung* sind jene Organe wesentlich beteiligt, durch deren Tätigkeit Luft zum Gasaustausch in das Bronchialsystem und die Lungenalveolen gebracht wird: die Nase mit ihren Nebenräumen, Kehlkopf, Luftröhre, Bronchialsystem, Atemmuskeln und Thorax sowie schließlich die übergeordnete Schaltstelle, das Atemzentrum. Die Hautatmung ist ein Teil der äußeren Atmung, sie trägt aber nur mit 1 % zur Sauerstoffaufnahme bei.

Die *Nase* als Hilfsorgan der Atmung hat die Aufgabe, die Außenluft für den Gasaustausch zu überprüfen und vorzubereiten (Abb. 3). Die Nasenhöhle wird durch die *Nasenscheidewand* (Septum nasi) in zwei nicht ganz symmetrische Höhlen geteilt, weshalb die meisten Menschen beim Atmen eine Nasenhälfte „bevorzugen".

Im Innern ist jede Hälfte der Nasenhöhle durch drei *Nasenmuscheln* noch weiter unterteilt. Diese bewirken u. a. eine Oberflächenvergrößerung, ferner haben sie wichtige Schutzfunktionen sowohl für das Riechepithel als auch für die tieferen Luftwege. Die Nasenmuscheln sind so gestellt, daß die eingeatmete Luft die innere Nasenwand überall bestreicht. Dieser Vorgang wird durch die „inneren Nasenlöcher" eingeleitet, leistenartige Vorsprünge am unteren Rand des rechten und linken seitlichen Nasenknorpels. Dementsprechend leidet der Geruchssinn auch schon bei Verlust der äußeren Nase.

Im Innern ist die Nasenhöhle von der *Nasenschleimhaut* überzogen. Diese ist mit respiratorischem Epithel bedeckt, das aus Flimmerepithel mit eingestreuten Becherzellen besteht. Die Zilien des respiratorischen Epithels erzeugen einen Flimmerstrom, der Staub und andere Fremdkörper entweder gegen die hinteren Öffnungen der Nasenhöhle (Choanen) oder gegen die vorderen Öffnungen, die Nasenlöcher, hin bewegt (Abb. 4). Die Becherzellen und kleine Drüsen bilden ein schleimiges Sekret zur Befeuchtung des respiratorischen Epithels und der Atemluft. An diesem Vorgang sind auch die Tränendrüsen beteiligt, deren Ausführungsgang im Bereich des unteren Nasengangs liegt.

In der *Nasenschleimhaut* liegen Venennetze, die entfernt den Schwellkörpern der äußeren Geschlechtsorgane ähneln. Ihr An- und Abschwellen wird durch kleine Muskeln im Bereich der abführenden Venen bewirkt, die den Blutstrom drosseln können. Der Venenplexus ist die „Heizschlange", die die vorbeistreichende Luft erwärmt. Das An- und Abschwellen des Schwellkörpers geschieht reflektorisch. Kalte Füße z. B. können ein Abschwellen der Nasenschleimhaut bewirken, die dann ihre Funktion nicht mehr erfüllen kann und so zum Ausgangspunkt von Erkältungskrankheiten wird. Andere Reize führen zur Gefäßerweiterung mit gleichzeitiger Bildung eines dünnflüssigen Sekrets – ein Schnupfen bahnt sich an (s. S. 108).

Eng verbunden mit der Nasenhöhle sind die *Nasennebenhöhlen* (Stirn-, Siebbein-, Keilbein- und Kieferhöhlen). Ihre Aufgabe besteht in der Anfeuchtung und Vorwärmung der eingeatmeten Luft. Stellenweise sind sie mit „Verstrebungspfeilern" versehen, durch die der Kaudruck zur Druckentlastung um die Nasen- und Augenhöhlen herumgeleitet wird.

Als *Rachen* bezeichnet man den offenen Raum hinter Nasenhöhle, Mundhöhle und Kehlkopf. Der Rachen besteht somit aus drei übereinanderliegenden Abschnitten: Im *Nasenrachenraum* (Epipharynx), der die Verbindung zwischen Nasen- und Mundhöhle herstellt, befindet sich die *Rachenmandel*, ein Lymphschwamm, an dessen Oberfläche die Luft bis zum Sättigungsgrad durchfeuchtet wird. Sie ist mit für das Gefühl der „trockenen Kehle" verantwortlich, da sie zuerst die Austrocknung anderer

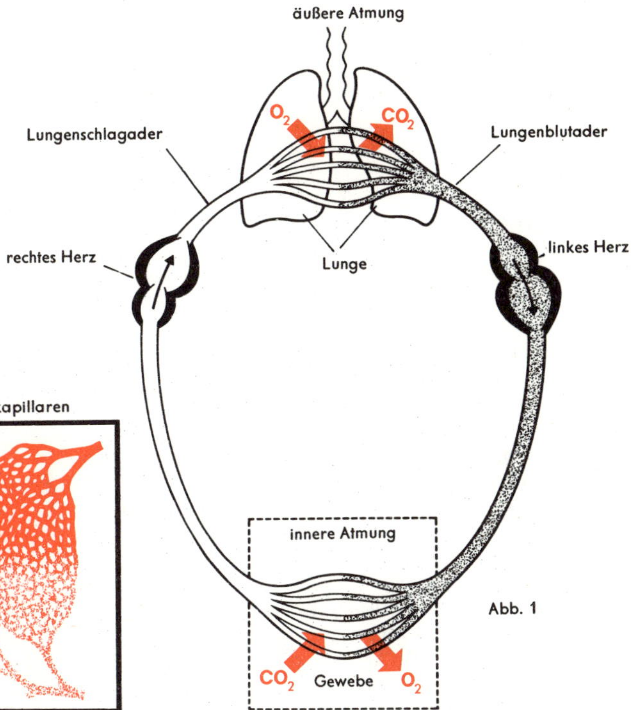

äußere Atmung
Lungenschlagader
Lungenblutader
O_2
CO_2
rechtes Herz
Lunge
linkes Herz
innere Atmung
CO_2
Gewebe
O_2

Abb. 1

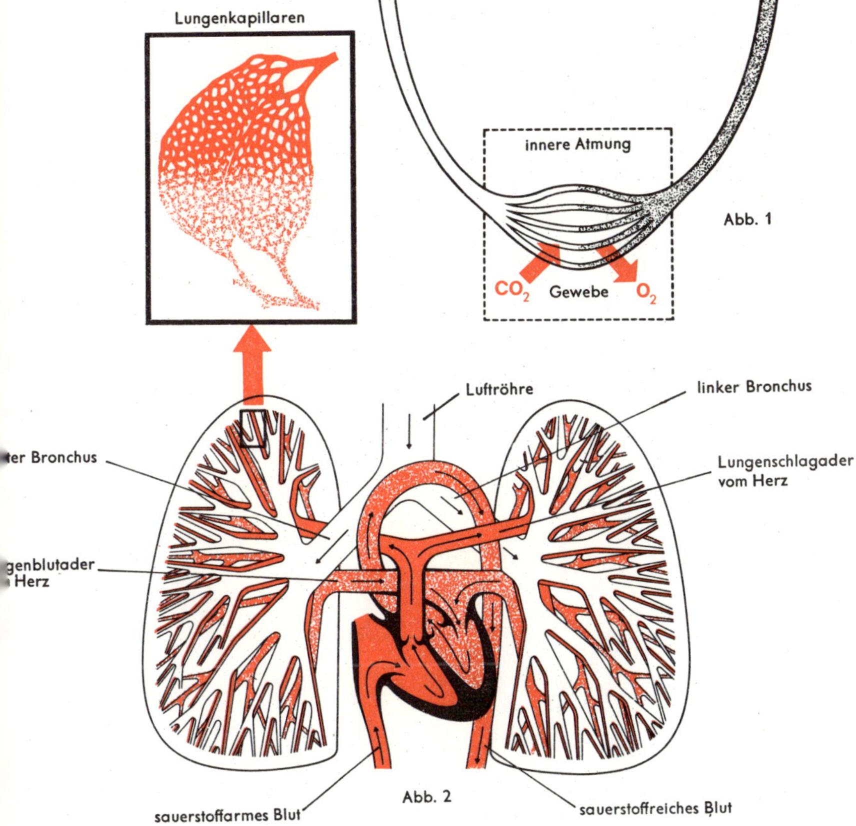

Lungenkapillaren
Luftröhre
linker Bronchus
ter Bronchus
Lungenschlagader
vom Herz
genblutader
Herz
sauerstoffarmes Blut
sauerstoffreiches Blut

Abb. 2

Organe meldet. – Der *Mundrachenraum* (Mesopharynx) ist für den Schluckakt von Bedeutung, da er durch die sogenannte Rachenenge (Isthmus faucium) mit der Mundhöhle verbunden ist. Der Mundrachenraum kann durch das Gaumensegel fest geschlossen werden. – Der *Kehlkopfrachen* erstreckt sich bis zum Beginn der Speiseröhre.

Im Rachen überkreuzen sich Luft- und Speiseweg. Während beim Neugeborenen der Kehldeckel noch bis zum Gaumen hinaufreicht, wodurch der Säugling gleichzeitig atmen und trinken kann, muß der Kehlkopfeingang später während des Schluckaktes verschlossen sein, um ein „Verschlucken" (d.h. den Eintritt von Speisen in die Atemwege) zu verhindern.

Wie das äußere Gesicht typisch für den einzelnen Menschen ist, so tragen auch die (inneren) Formen der Mundhöhle, des Rachens und der Nasenhöhle zur individuellen Prägung des Menschen bei, indem sie die Eigenart der Lautgebung beeinflussen (s. auch S. 470 ff.).

Die *Luftröhre* (Trachea) ist das Verbindungsrohr zwischen den oberen und den unteren Luftwegen, zwischen Kehlkopf und Lunge. An ihrem Ende teilt sie sich gabelförmig in zwei Äste, die zu den beiden Lungenflügeln führen, die Hauptbronchien. Die Luftröhre ist mehr oder weniger direkt zwischen Schädel, Lungen und Zwerchfell ausgespannt. Sie ist von einem Knorpelskelett umgeben, das sie (im Gegensatz zur Speiseröhre) immer offenhält. Wie der gesamte Respirationstrakt ist die Luftröhre von Flimmerepithel ausgekleidet, dessen Zilien das von Schleimdrüsen abgesonderte Sekret auf den Kehlkopf zu bewegen. Dieser Schleim ist im Normalfall gerade zur Benetzung der Schleimhaut ausreichend. Mehrabsonderung bei Schleimhautreizung oder -entzündung ruft charakteristische Rasselgeräusche hervor und führt schließlich zum Auswurf des Schleims (Expektoration). Das untere Ende der Luftröhre weicht gewöhnlich etwas nach rechts ab, so daß der Weg zur rechten Lunge durch den günstigeren stumpfen Abgangswinkel gangbarer ist als der zur linken Lunge; Fremdkörper gelangen beim Einatmen daher eher in den rechten Hauptbronchus (Abb. 5).

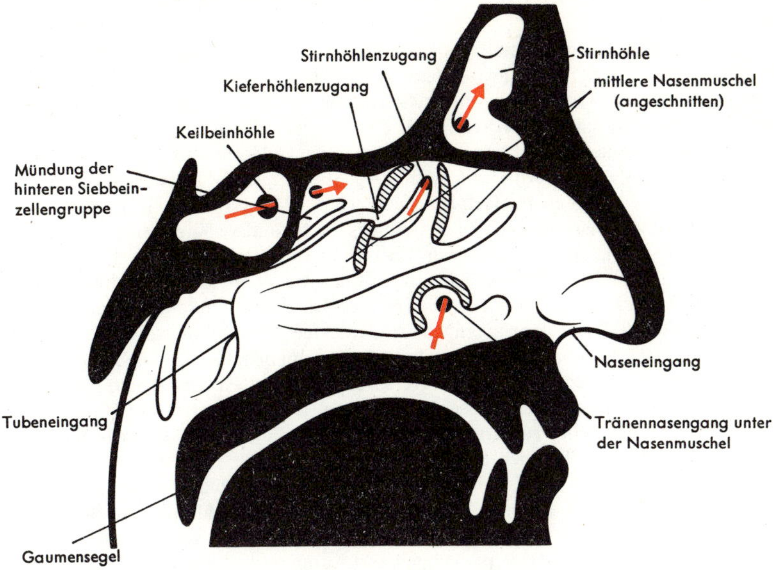

Abb. 3

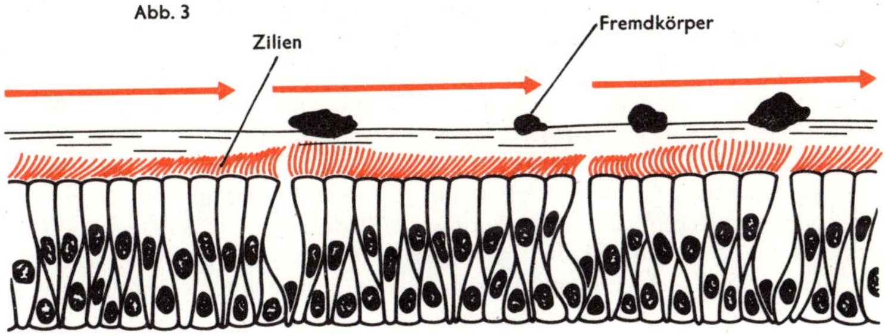

Abb. 4

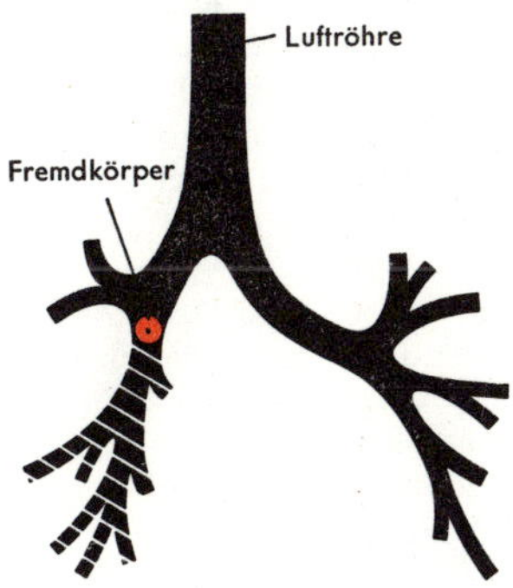

Abb. 5

Bronchialbaum

SCHNUPFEN
NASENNEBENHÖHLENENTZÜNDUNG

Schnupfen (Rhinitis) nennt man eine Entzündung der Nasenschleimhaut. Die Entzündung kann auch ohne Krankheitserreger zustande kommen, etwa durch chemische Dämpfe, Rauch oder Hitze, bei der blutgefäßbedingten Schleimhautentzündung (Rhinitis vasomotorica) durch die nervösen Impulse emotioneller Erregung, beim Heuschnupfen durch die allergische Reaktion auf Pollenantigen. Indessen wird Schnupfen meist durch Krankheitserreger verursacht, so als Begleitschnupfen bei Grippe, Masern und Diphtherie, am häufigsten im Gefolge einer gewöhnlichen Erkältung. Es steht fest, daß es sich beim Erreger des banalen Schnupfens um besondere Viren, die sogenannten Rhinoviren handelt, von denen bisher über 30 Typen bekannt sind. Die Erreger werden durch Schmier- und Tröpfcheninfektionen weitergereicht. Sie schwanken in ihrer Ansteckungskraft und können daher auf der Schleimhaut des Nasenrachenraums in Lauerstellung liegen. Dann genügen Zugluft, eine Unterkühlung, Durchnässung oder Temperaturschwankungen in der Übergangszeit, manchmal sogar eine Suggestion, um den Schnupfen auszulösen. Aggressive Viren dringen nach der Übertragung auch ohne weiteren Anlaß in die Nasenschleimhaut ein. Dort kommt es zur Rötung und Schwellung und schließlich zur Absonderung eines dünnflüssigen, dann glasig-schleimigen Schnupfensekrets. Machen sich nach den Viren auch noch Bakterien in der Schleimhaut breit, so wird das Sekret grüngelb und eitrig. Das Fieber steigt meist nicht über 38 °C an, doch kommen Übergänge zum Rachen-, Kehlkopf- und Bronchialkatarrh (s. S. 116) und zur echten Grippe vor. Spezifische Mittel gegen die Rhinoviren gibt es heute noch nicht. Schwitzpackungen und Antipyretika (Antifiebermittel) dämpfen Frösteln und Fieberanstieg. Inhalationen und verschiedene Mittel zur Abschwellung der Nasenschleimhaut können nur je einzelne Krankheitserscheinungen beseitigen. Leider ist die Virusimmunität nach den einzelnen Schnupfenattacken offensichtlich nur schwach oder kurzdauernd, und die Herstellung von Schnupfenimpfstoffen wird durch die Vielzahl der Schnupfenerreger erschwert.

Die akute Schnupfenentzündung kann in das Mittelohr oder in die Nasennebenhöhlen übergreifen. Schnupfen kann sich auch mehrfach wiederholen und chronisch werden. Dann kommt es gelegentlich zur Wucherung der Schleimhaut auf den Nasenmuscheln, zur erschwerten Nasenatmung und schließlich zu *Entzündungen der Nasennebenhöhlen* (Abb. 1). Nebenhöhlenentzündungen kommen seltener auch durch vereiterte Zahnwurzeln, Verletzungen oder gechlortes Wasser zustande. Am häufigsten sind Entzündungen der Kieferhöhlen; dann folgen die Siebbeinhöhlen, die Stirn- und seltener auch die Keilbeinhöhle. Die Erscheinungen einer Nebenhöhlenentzündung sind meist wenig charakteristisch, mit Fieber, Blässe und Kopfschmerz, besonders beim Bücken. Kieferhöhlenentzündungen erzeugen oft Stirnkopfschmerz; die Schmerzen können aber auch im Oberkiefer sitzen und nach der Schläfe ausstrahlen. Bei der Stirnhöhlenentzündung ist die Stirngegend druckschmerzhaft. Nebenhöhleneiterungen erzeugen typische Eiterstreifen (Abb. 2). Sie verursachen ferner einen Röntgenschatten und vermindern die Lichtdurchlässigkeit (Abb. 3). Als Komplikation können Nebenhöhlenentzündungen auf benachbarte Knochen und in die Augenhöhlen übergreifen. Nebenhöhlenentzündungen werden mit kühlenden Umschlägen, zur Abflußverbesserung mit Kopflichtbädern und abschwellenden Tropfen, bei starken, hartnäckigen Beschwerden auch mit Antibiotika gegen die Eitererreger behandelt. Manchmal werden Nebenhöhlenspülungen erforderlich. Chronische Nebenhöhlenentzündungen, die oft mit Schleimhautpolypen einhergehen, müssen gelegentlich operiert werden; dabei wird die vereiterte Höhle ausgeräumt und ein breiter Ausgang zur Nasenhöhle geschaffen.

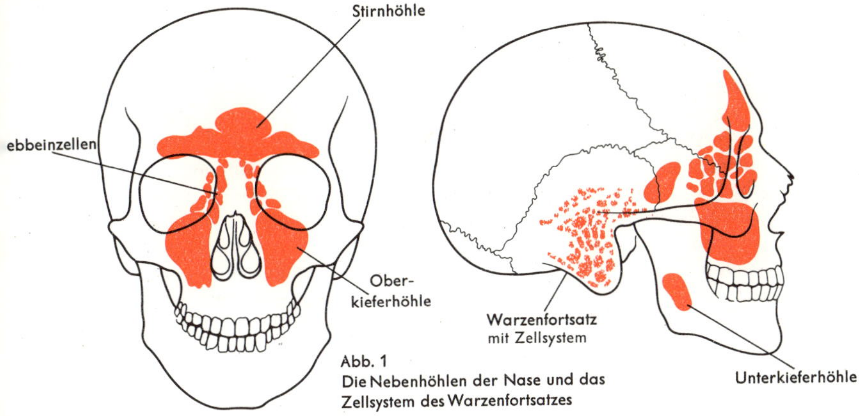

Abb. 1
Die Nebenhöhlen der Nase und das Zellsystem des Warzenfortsatzes

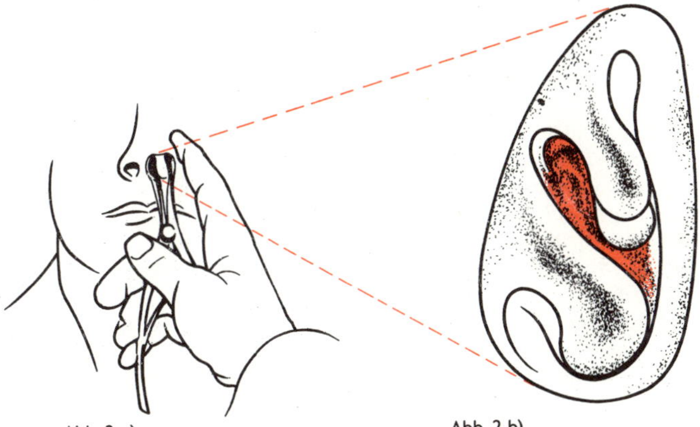

Abb. 2 a)
Vordere Nasenuntersuchung

Abb. 2 b)
Eiterstreifen, der eine Nebenhöhleneiterung anzeigt

Abb. 3
Geringere Lichtdurchlässigkeit durch Vereiterung der Kieferhöhle

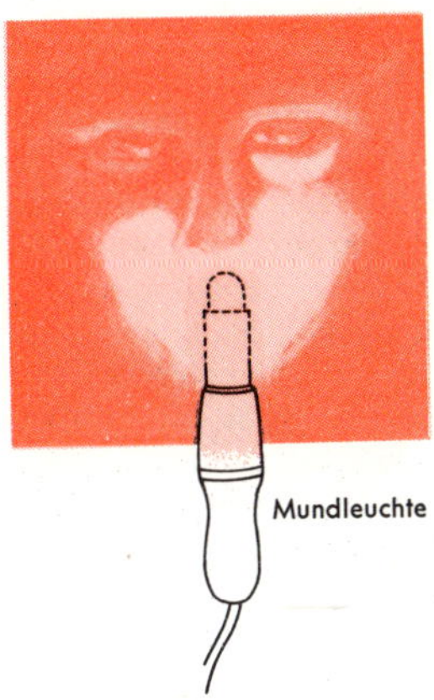

MANDELENTZÜNDUNG

Unter *Mandelentzündung (Angina)* versteht man gemeinhin die Tonsillitis, d.h. die entzündliche Erkrankung der Gaumenmandeln.

Bei Kindern kommt aber auch eine katarrhalische Entzündung des gesamten lymphatischen Rachenringes, vor allem der Rachenmandeln, vor. Meist handelt es sich um eine akute Virusinfektion mit hohem Fieber, Kopfschmerzen und Erbrechen; auf der geröteten Rachenschleimhaut zeigt eine Schleim- und Eiterstraße die Beteiligung der Rachenmandeln an. Meist besteht gleichzeitig ein starker Schnupfen, häufig eine Bronchitis. Halswickel, fiebersenkende Mittel und leichte, glatte Speisen helfen, die 4–7 Fiebertage besser zu überstehen. Vereitern die Lymphknoten an der Rachenhinterwand, so kann dort bei Kindern bis zum 4. Lebensjahr ein Eiterherd entstehen, der sogenannte *Retropharyngealabszeß*, der sich u.a. durch Schluck- und Atembeschwerden ankündigt und durch Einengung der Atemwege gefährlich wird. Atemnot und Röcheln sind höchste Alarmzeichen, einen Arzt zu Rate zu ziehen. Der Retropharyngealabszeß wird durch Nadeleinstich oder Rachenschnitt entleert. – Die akute Gaumenmandelentzündung ist eine der häufigsten Erkrankungen überhaupt. Sie findet sich in jedem Lebensalter, am häufigsten bei Kindern und Jugendlichen. Die Gaumenmandelentzündung entsteht nur ausnahmsweise durch eine Virus-, Diphtherie- oder Spirilleninfektion (Abb. 2). Meist sind die Erreger Eiterkokken. Blutauflösende Streptokokken können im Anschluß an die Angina einen Scharlach erzeugen (s. S. 506). Nach verschleppten Streptokokkenanginen kommen u.a. häufig rheumatische Erkrankungen, Herzentzündungen mit Klappenbeteiligung und akute Nierenentzündungen vor. Weitere Komplikationen, auch nach Staphylokokkenanginen, sind die eitrige Mittelohrentzündung und der *Peritonsillarabszeß*, der mit einer einseitigen Schwellung des weichen Gaumens, mit Schluckbeschwerden, kloßiger Sprache und Kiefersperre einhergeht und gelegentlich sogar zu einer Blutvergiftung führen kann (Abb. 1). Gründe genug, die akute Mandelentzündung nicht zu bagatellisieren, so häufig sie auch ohne spezifische Behandlung gut und vollständig abheilt. Die Angina tritt nach Ansteckung oder Erkältung mit Selbstinfektion unter Schluckbeschwerden, Kopfweh, Fieber, Gliederschmerzen, Abgeschlagenheit und Schwellung der Kieferwinkel- und Halslymphknoten meist plötzlich auf. Kleine Kinder haben hohes Fieber, sind schlafbedürftig, erbrechen und geben gelegentlich auch Bauchschmerzen an. Nach 2–3 Tagen weisen die Mandeln einen schmutzigweißen Belag auf, nach 4–5 Tagen klingt die Erkrankung normalerweise langsam ab. Neben fiebersenkenden Medikamenten werden vor allem bei Streptokokkenanginen Antibiotika gegeben, z.B. Penicillin. Komplizierende Nierenentzündungen können durch Blutdruckkontrollen und Urinuntersuchungen aufgedeckt werden. Ein Peritonsillarabszeß wird wie der Retropharyngealabszeß punktiert oder eröffnet (Abb. 3).

Wiederholte eitrige Mandelentzündungen führen oft zu einer *chronischen Tonsillitis*. Dabei können die Mandeln groß, aber auch vernarbt sein und in tiefen Krypten Eiter enthalten. Besonders bei Erwachsenen sind solche „chronischen Mandeln" auf *Herdinfektion* verdächtig. Man versteht darunter Fernwirkungen der Tonsillen u.a. auf Gelenke (rheumatische Veränderungen), die Nieren (Glomerulonephritis), das Herz bzw. die Herzklappen und Nerven (Nervenentzündung), wobei insgesamt Antigen-Antikörper-Reaktionen (die sog. Immunkomplexe) eine Rolle spielen (s.S. 30). Die vollständige operative Herausschälung der Gaumenmandeln *(Tonsillektomie)* ist eine der am häufigsten ausgeführten Operationen. Sie ist u.a. angezeigt bei wiederholter bzw. chronischer Mandelentzündung (besonders mit Herdverdacht) sowie nach einem Peritonsillarabszeß. Bei Kindern ist man mit der Tonsillektomie bis zum 4.–6. Lebensjahr zurückhaltend (Aufbau der Immunabwehr, Lernphase des Immunapparats).

Wucherungen von lymphatischem Gewebe kommen nach chronischen Entzündungen, aber auch anlagemäßig vor. Die recht häufige Wucherung der Rachenmandeln kann die Nasenatmung von Kindern als sogenannter Polyp durch Verlegung von innen her erschweren.

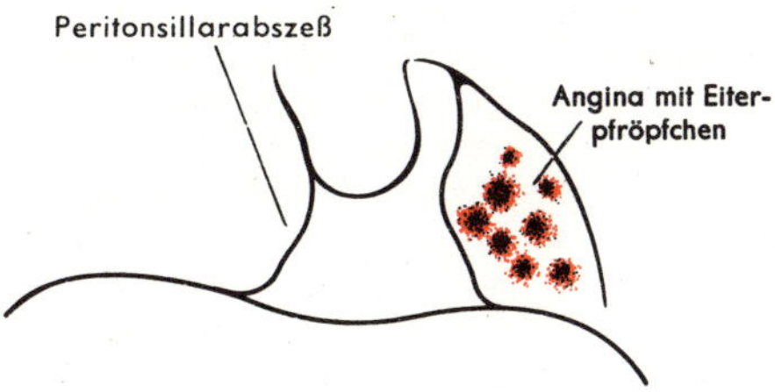

Abb. 1

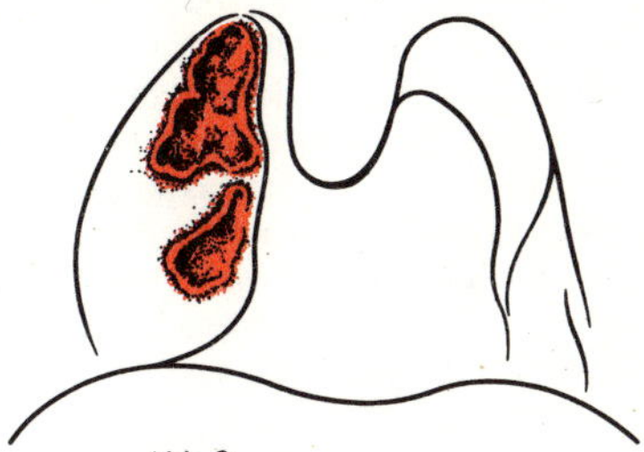

Abb. 2
Geschwürige Angina
(Spirilleninfektion)

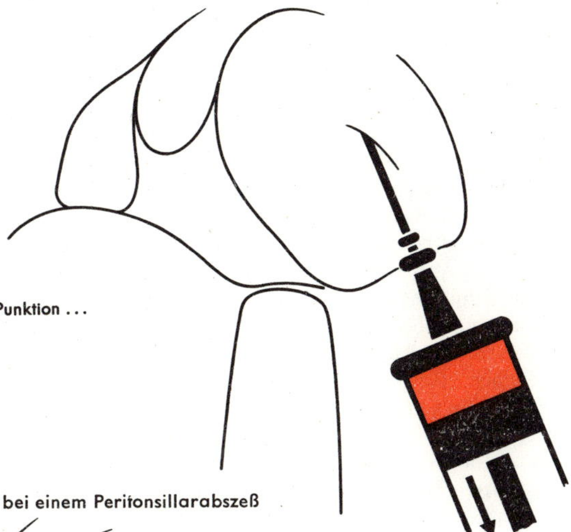

Abb. 3 Punktion ...

... und Einschnitt bei einem Peritonsillarabszeß

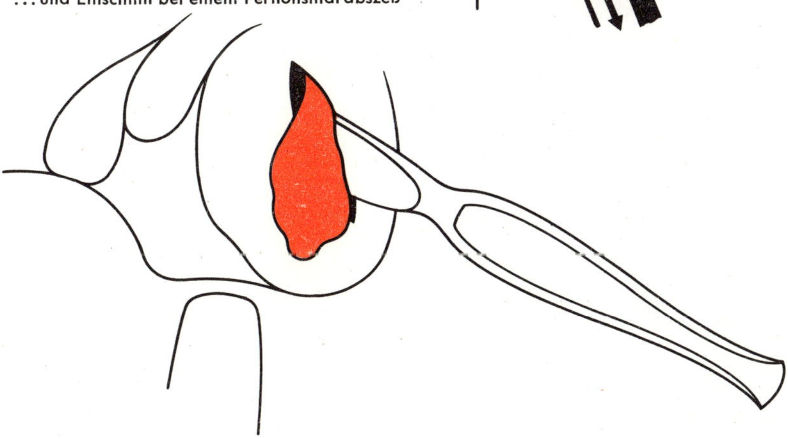

LUNGE UND ATMUNG

Die Lunge besteht aus zwei kegelförmigen, in das Brustfell (Pleura) eingeschlossenen Flügeln, die den größten Teil des Brustraums ausfüllen. Sie sind durch die *Luftröhre (Trachea)* und die beiden Hauptbronchien miteinander verbunden. Die rechte Lunge ist in drei, die linke in zwei *Lungenlappen (Lobi)* unterteilt, wobei die Spalten, die sie voneinander trennen, bis an den *Lungenhilus* heranreichen. Die mit Brustfell überzogenen Oberflächen der Lungenlappen sind bei der Atmung gegeneinander und gegen die ebenfalls mit Brustfell versehene Brustkorbinnenwand leicht verschiebbar, wodurch eine ausreichende und gleichmäßige Beatmung der Lunge erreicht wird. – Bei der akuten Lungenentzündung (s. S. 120) halten sich die Entzündungszonen an die Lappengrenzen.

Zu jedem Lungenlappen gehört ein starker *Bronchus* mit begleitender Lungenarterie. Vom Abgang des ersten Bronchialastes an liegt die ganze weitere Verzweigung des Bronchialbaums (s. auch Abb. 5, S. 115) innerhalb der Lunge. Er verzweigt sich in immer kleinere Ästchen, deren Ausläufer die *Lungenbläschen (Alveolen)* tragen. Zwischen diesen Alveolen und den Kapillaren des Lungenkreislaufs findet der als *äußere Atmung* bezeichnete Gasaustausch statt. Die Anzahl der Alveolen beträgt 300 bis 450 Millionen, die atmende Oberfläche des Alveolarsystems etwa 80–120 m^2. Die einzelnen Alveolen besitzen keine gesonderten Trennwände, vielmehr ist so gut wie jede Stelle der Alveolenwand zwei Alveolen gemeinsam. Diese Wände enthalten das Kapillarnetz und, in dessen Maschen, die *Alveolarepithelzellen.* Ein Teil dieser Zellen, die sog. *Nischenzellen*, haben die Fähigkeit der Phagozytose (Aufnahme, z. T. auch Verarbeitung von Bakterien, Staub u. a.), andere, die eigentlichen *respiratorischen Epithelzellen*, sind außerordentlich dünn und sind dementsprechend auch gut durchlässig für die Atemgase (Abb. 1). Ein dritter Zelltyp ist für die Herstellung eines oberflächenentspannenden Filmbelags zuständig, der die Ausdehnung der Lunge erleichtert.

Das die Lunge umgebende *Brustfell (Pleura)* besteht aus 2 Blättern. Das äußere ist mit der inneren Auskleidung der Brusthöhle identisch, das innere bildet um jeden Lungenflügel einen geschlossenen Sack. Die Pleura sondert eine Flüssigkeit ab, die ihre Oberfläche mit einem zarten, gleitfähigen Film überzieht. Dieser Flüssigkeitsfilm gewährleistet einmal die reibungsfreie Bewegung der Lungenflügel gegeneinander und gegen den Brustkorb und vermittelt zum anderen die feste Haftung (Adhäsion) der beiden Pleurablätter. Eine Ablösung der Blätter voneinander ist nur möglich, wenn dieser Film „zerreißt". Verbindet man z. B. den Pleuraspalt mit der Außenluft, so wird Luft eingesaugt, und die ausgespannte Lunge kollabiert (fällt zusammen) durch den elastischen Zug ihrer eigenen gedehnten Fasern (*Pneumothorax*, Abb. 3).

Die *Lungenatmung* dient dem Ziel, einen Teil der verbrauchten (d. h. mit CO_2 angereicherten) Luft zu entfernen und durch frische Luft mit hohem O_2-Gehalt zu ersetzen. Hierzu muß ein Druckgefälle erzeugt werden, das einmal Außenluft in die Lungen hinein-, das andere Mal verbrauchte Luft aus den Lungen herausbewegt. Dieses Druckgefälle wird durch rhythmische Vergrößerung (= *Einatmung*, Inspiration) und Verkleinerung (= *Ausatmung*, Exspiration) des Brustraums erreicht. Die Lunge muß dieser Bewegung auf Grund der beschriebenen Haftung beider Pleurablätter folgen. Die inspiratorische Vergrößerung des Brustkorbs geschieht in der Weise, daß sich die zwischen den Rippen befindlichen (äußeren) Interkostalmuskeln zusammenziehen und die Rippen heben (*Rippenatmung*, kostale Atmung; Abb. 2b); ein besonders wichtiger Einatmungsmuskel ist außerdem das Zwerchfell, das bei der Einatmung tiefertritt und so den Brustraum auf Kosten des Bauchraums nach unten erweitert (*Zwerchfellatmung*, abdominale Atmung; Abb. 2a). Die Ausatmung geschieht weitgehend passiv, da das gedehnte Lungengewebe und andere bei der Einatmung elastisch gespannte Strukturen den Brustkorb gleichsam in seine Ausgangslage zurückziehen. Bei normaler, ruhiger Atmung ist der Beitrag der Zwerchfell- und Rippenatmung

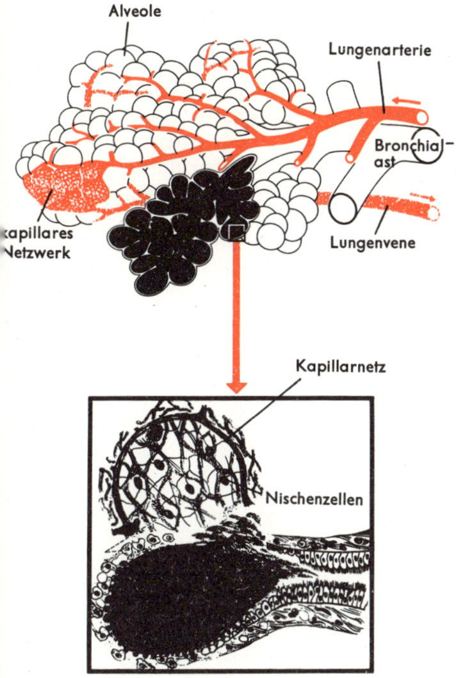

Abb. 1

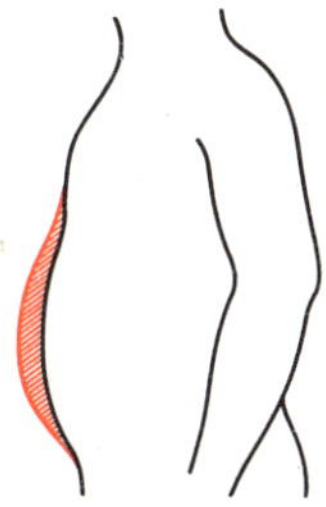

Bauchatmung (abdominal)

Abb. 2a

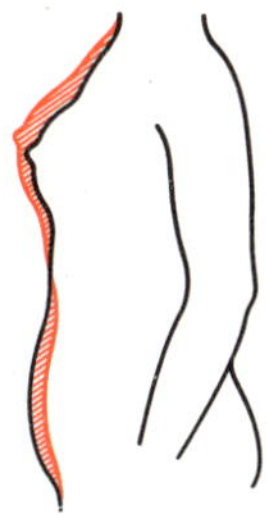

Brustatmung (kostal)

Abb. 2b

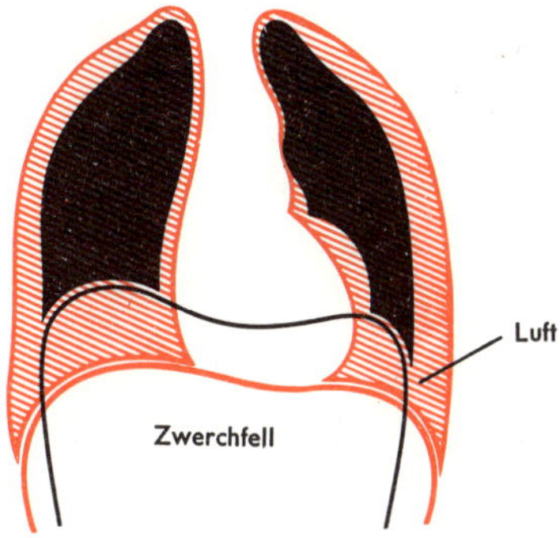

Abb. 3

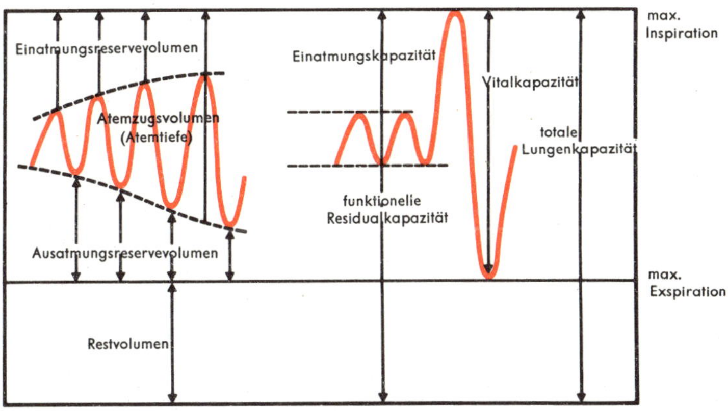

Abb. 4

annähernd gleich groß. Bei zunehmender Brustkorbstarre (so im Alter) nimmt der Anteil der Zwerchfellatmung zu, bei stärkerer Füllung des Bauchraums (so in der Schwangerschaft) derjenige der Rippenatmung.

Die Zahl der Atemzüge *(Atemfrequenz)* beträgt beim Erwachsenen etwa 10–15 pro Minute. Pro Atemzug werden etwa 0,5 l Luft hin und her bewegt. Dieses *Atemzugsvolumen* kann bei intensiver Atmung auf 2,5 l erhöht werden. Nach ruhiger Ausatmung bleiben noch etwa 2 l Luft in der Lunge zurück, wovon bei angestrengter Ausatmung weitere 1,3 l ausgeatmet werden können. Die als maximales Atemzugsvolumen *(Vitalkapazität)* bezeichnete Luftmenge, die zwischen angestrengter Einatmung und maximaler Ausatmung bewegt werden kann, beträgt etwa 4,5 l. Als *Restluft* (Restvolumen etwa 1,2 l; s. Abb. 4, S. 113) wird die auch nach angestrengter Ausatmung noch in den Alveolen zurückbleibende Luft bezeichnet, die nur beim Lungenkollaps entweicht. Infolge ihres großen Luftgehaltes ist das spezifische Gewicht der Lunge so gering, daß sie auf dem Wasser schwimmt.

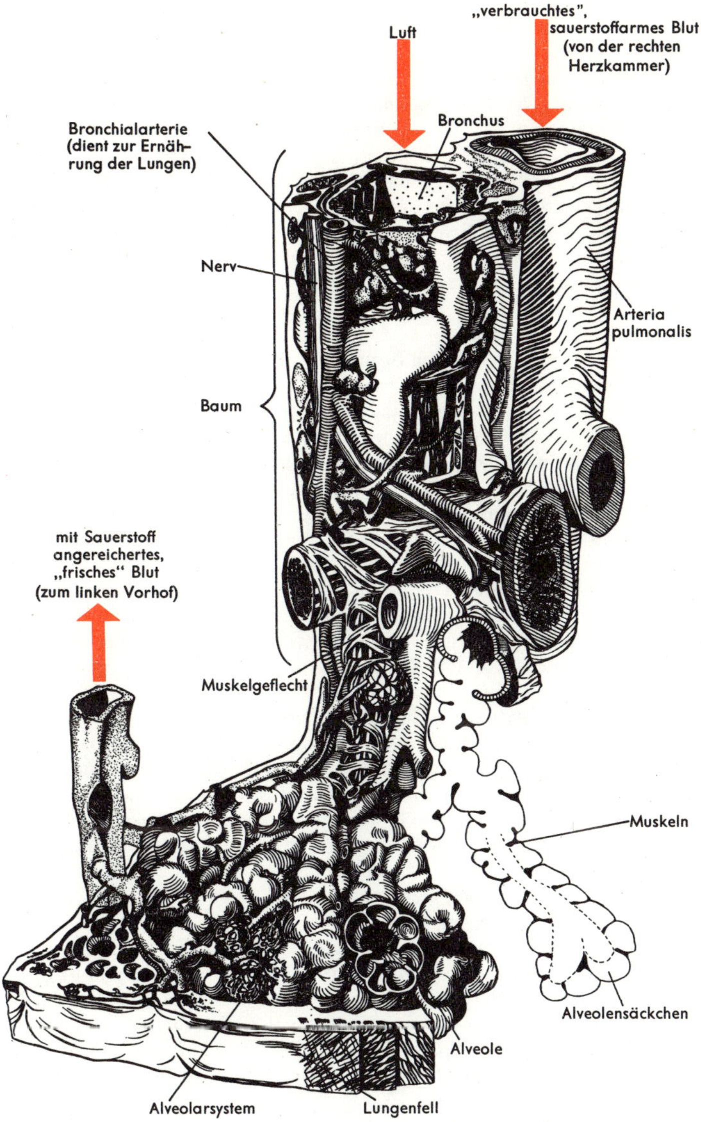

Abb. 5 Bronchialbaum und Alveolarsystem

BRONCHIALKATARRH (BRONCHITIS)

Bronchitis ist eine Schleimhautentzündung der Luftröhrenverzweigungen oder Bronchien. Es gibt eine akute, fieberhafte und eine chronische Bronchitis.

Die *akute Bronchitis* ist gelegentlich eine Begleiterscheinung von Infektionskrankheiten wie Grippe, Masern, Keuchhusten oder Malaria. Sie kann auch durch Einatmung chemischer Reizstoffe oder Staubteilchen entstehen. Am häufigsten tritt Bronchitits jedoch im Anschluß an Nässe, Unterkühlung oder Virusinfekte als mehr oder weniger eigenständige Erkrankung auf. Solche Erkältungen vermindern die örtliche Widerstandskraft, so daß Eiterrreger wie Streptokokken, Staphylokokken oder Pneumokokken in der Bronchialschleimhaut Fuß fassen können (Abb. 1a und b). Die Eitererreger verursachen zuerst eine trockene, später eine feuchte (katarrhalische) und zuletzt eine eitrige Entzündung. Beim Erwachsenen ist die bronchitische Entzündung meist auf die Schleimhaut der größeren Bronchien beschränkt. Bei Kindern, vor allem bei Säuglingen, aber auch bei älteren Leuten geht sie nicht selten auf die kleinsten Bronchien und von dort auf das umliegende Lungengewebe über (herdförmige Lungenentzündung oder *Bronchopneumonie*).

Die ersten Erscheinungen der akuten Bronchitis sind Wundgefühl hinter dem Brustbein und trockener Husten; starker Husten erzeugt Brustschmerzen. Der Auswurf ist in diesem Stadium der trockenen Entzündung spärlich, zäh und „glasig". Er wird dann flüssig und durch die Einwanderung weißer Blutkörperchen schließlich eitrig-schleimig. Zuletzt können größere Mengen von Auswurf entleert werden. Das Fieber, begleitet von Kopfschmerz, Unwohlsein oder Appetitverlust, steigt bis über 38 °C an. Dennoch sind die Allgemeinerscheinungen gering und Kreislaufstörungen nur in schweren Fällen oder beim Übergang in eine Lungenentzündung vorhanden. Die Bronchitis klingt im allgemeinen innerhalb von Tagen ab, sie kann im Wiederholungsfalle aber auch chronisch werden. Die Behandlung besteht vor allem in Inhalationen. Bei dickflüssigem, nur mit Mühe entleerbarem Auswurf werden auswurflösende Mittel (Expektoranzien) verordnet. Anhaltender trockener Husten entsteht durch den inneren Entzündungsreiz und nicht etwa durch entzündliche Absonderungen. Er fördert auch keinen Auswurf zu Tage und ist eher schädlich, weil der Hustenstoß das Lungengewebe und den Kreislauf belastet; daher werden in solchen Fällen häufig hustenstillende Mittel gegeben. Sie sind vor allem bei alten und kreislaufkranken Menschen nützlich. Kommt es zusätzlich zu Krämpfen der Bronchialmuskulatur *(spastische Bronchitits)*, so finden sich Übergänge zum Asthma bronchiale (s. S. 118).

Die *chronische Bronchitis* kann bei Wiederholung aus der akuten entstehen. Man nennt sie schließlich „chronisch", wenn die Erkrankung immer wieder auftritt und alljährlich monatelang andauert. Vor allem die kalte Jahreszeit, feuchtes Nebelklima, allergische Reaktionen und chronischer Rauch-, Staub- oder Chemikalienreiz fördern die chronische Bronchitis (Abb. 1c).

Haupterscheinung der chronischen Bronchitis ist ein hartnäckiger Husten mit schleimigem Auswurf, dessen Menge meist nicht über 20 Kubikzentimeter am Tage liegt. Folge des andauernden bronchitischen Hustens ist oft eine Erweiterung und Wandverdünnung der Lungenbläschen. Diese Lungenblähung (Emphysem) führt schon frühzeitig zu einer gewissen Atemnot. Später kann es außerdem zu einer Einengung der Lungenstrombahn mit anschließendem Versagen des vorgeschalteten rechten Herzens kommen (s. auch S. 44 und S. 124).

Zur Behandlung der chronischen Bronchitis werden gewöhnlich auswurffördernde oder auswurfverflüssigende Mittel, in anderen Fällen auch hustendämpfende Präparate verwendet. Schädigende Reize, z. B. Rauchen und kalte Nässe, sollten möglichst gemieden werden. Manchmal ist ein Klimawechsel nützlich. Auch Antibiotika und Kortikosteroide können eingesetzt werden; sie dienen nicht zuletzt dazu, den Übergang des akuten Stadiums in eine chronische Bronchitis zu verhindern.

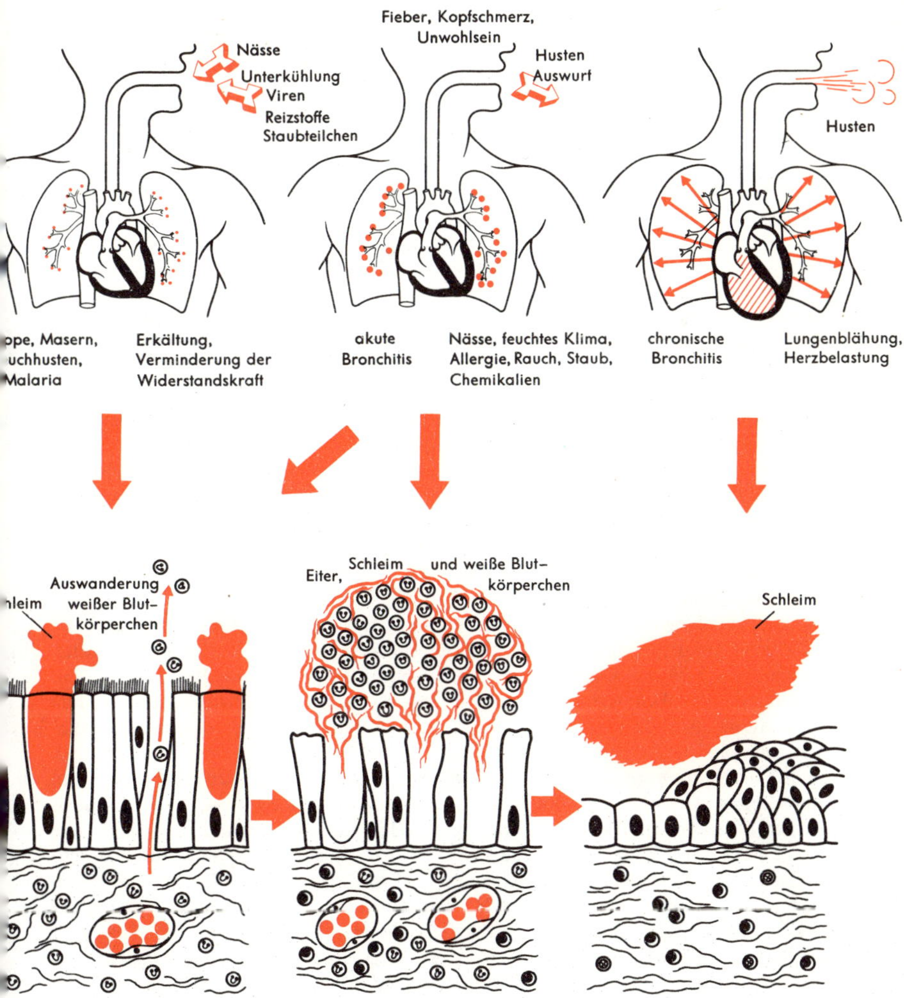

. 1a) Bronchialscnleimhaut mit Schleimabsonderung

Abb. 1b) Bronchialschleimhaut mit Eiterabsonderung

Abb. 1c) Degenerierte Schleimhaut ohne Flimmerhärchen; Schleimbildung

BRONCHIALASTHMA

Unter Bronchialasthma (Asthma bronchiale) versteht man das anfallsweise Auftreten von Atemnot. Es beruht einerseits auf einem Krampf der Bronchialmuskulatur, vor allem im Bereich der feineren Luftröhrenverästelungen, andererseits auf einer Verlegung der Atemwege durch entzündliche Schwellung der Bronchialschleimhaut und durch zähes Sekret, das die Schleimdrüsen im gesamten Bereich des Bronchialbaums dann vermehrt absondern. Da die Einatmungsmuskulatur normalerweise stärker ist als die Ausatmungsmuskulatur, wird in erster Linie die Ausatmung erschwert. Der Brustkorb ist erweitert, der Kranke ringt keuchend nach Luft. Sein Gesicht verfärbt sich infolge Sauerstoffmangels blaurot. Beim Einsetzen des *Asthmaanfalls* besteht nur ein Gefühl der Brustenge, dann steigert sich die Atemnot, die Atmung wird mühsam, keuchend, manchmal auch rasselnd; der Kranke ist unruhig und ängstlich. Die Anfälle können verschieden stark sein und verschieden lang dauern, oft über Tage und manchmal über Wochen. Den schweren Daueranfall nennt man *Status asthmaticus* (asthmatischen Zustand). Er kann zur Überlastung des rechten Herzens und schließlich zum Kreislaufversagen führen.

An der *Entstehung des Bronchialasthmas* sind meist mehrere Faktoren beteiligt: allergische Reaktionen, psychische Störungen und häufig wiederkehrende Infektionen der oberen Luftwege. Die allergischen Krankheitserscheinungen entstehen im Gefolge einer Antigen-Antikörper-Reaktion (s. S. 30), wobei oft eine Häufung der allergischen Anlage innerhalb einer Familie beobachtet wird; auch die Kopplung von Bronchialasthma mit anderen allergischen Erkrankungen (Nesselsucht, Heuschnupfen, Ekzeme) kommt vor. Bronchialasthma auf Grund psychischer Störungen ist besonders häufig bei sensiblen, ängstlichen Kindern anzutreffen. Asthma kann auch als Folge von Infektionen der Luftwege im frühen Alter auftreten und mit einer gewissen Wetter- und Klimaabhängigkeit des Leidens verbunden sein. Diese verschiedenen Entstehungsursachen spielen auch bei der Anfallsauslösung eine Rolle. Weitere den Anfall auslösende Ursachen sind seelische Belastung, Angst, Konflikte, die Erwartung wichtiger Ereignisse u. dgl. Häufig tritt nach längerer Krankheitsdauer eine Art Reflexbahnung ein, so daß Asthmaanfälle in bestimmten Situationen gewissermaßen automatisch ausgelöst werden.

Die *Behandlung des Bronchialasthmas* richtet sich einerseits auf die Unterbrechung des akuten Anfalls, andererseits auf die Herabsetzung der Anfallsneigung. Im akuten Fall versucht man, die krampfenden Bronchien mit adrenalinähnlichen Stoffen (z. B. Salbutamol oder Fenoterol, bei denen die Herzwirkung zurücktritt) zu entspannen. Diese Arzneimittel können durch Inhalation konzentriert auf die Bronchialschleimhaut gebracht werden, ohne daß der übrige Körper belastet wird (Tascheninhalator). Auch Theophyllinpräparate, z. B. Aminophyllin, wirken bronchienerschlaffend. Wenn eine Allergie als Asthmaursache im Vordergrund steht, können Gaben von Cromoglicinsäure oder Ketotifen durch Hemmung der Mediatorenfreisetzung erfolgreich sein. Manchmal gelingt es, den Allergieauslöser festzustellen und das Asthma durch Desensibilisierung (s. S. 31) zu bessern. Schweres, u. U. auch chronisches Asthma und insbesondere der Status asthmaticus werden mit Kortikosteroiden behandelt. Sauerstoff wirkt im Status asthmaticus manchmal lebensrettend. Bei nervösen und leicht erregbaren Patienten kann eine Behandlung mit Beruhigungsmitteln (Tranquillanzien) eine deutliche Verminderung der Anfallshäufigkeit bewirken. Sind die Asthmaanfälle im oben angeführten Sinne psychisch allzu stark gebahnt, so kann die medikamentöse Therapie versagen. In solchen Fällen sind oft ein Höhenaufenthalt oder ein Milieuwechsel, manchmal auch eine psychotherapeutische Behandlung nützlich.

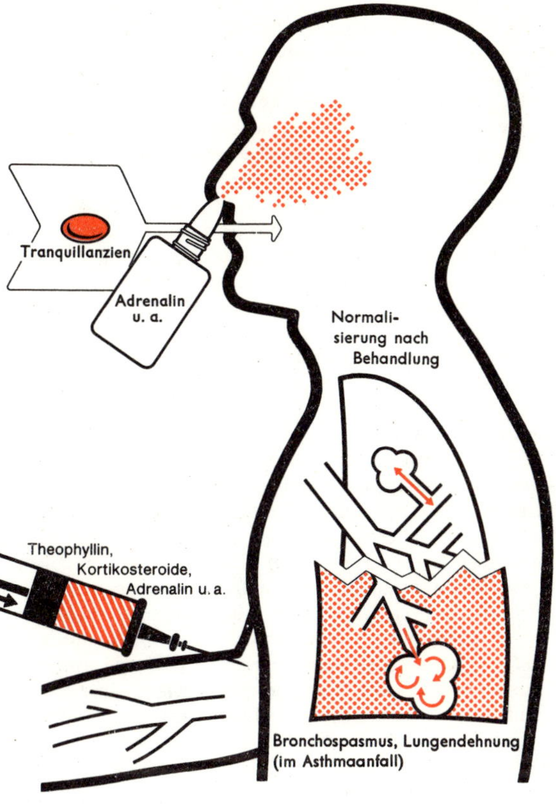

Abb. 1 Behandlung des Bronchialasthmas

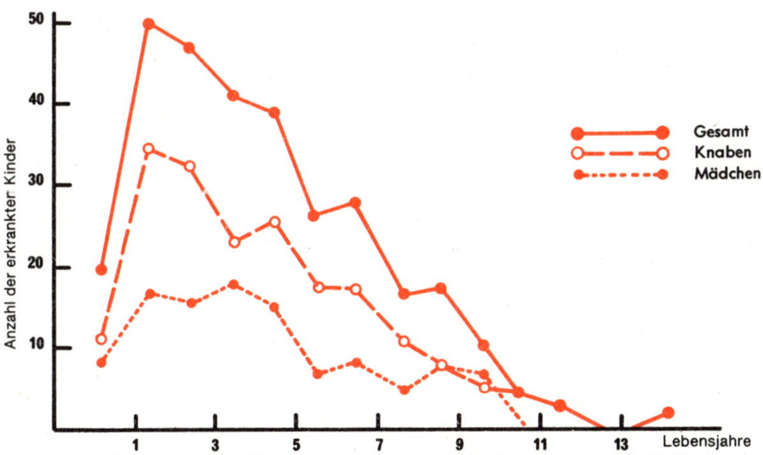

Abb. 2 Erstes Auftreten und Geschlechtsverteilung von Bronchialasthma bei Kindern (nach Flensborg)

LUNGENENTZÜNDUNG (PNEUMONIE)

Die *gewöhnliche Lungenentzündung (Lobärpneumonie)* wird zwar durch Pneumokokken erzeugt und verläuft im Grunde wie eine Infektionskrankheit. Dennoch ist sie als solche keinesfalls typisch, denn Ansteckungen von einem Pneumoniekranken zum anderen sind eine Seltenheit. Außerdem kommen Pneumokokken häufig auch in der Mundhöhle Gesunder vor. Bisher nicht sicher bekannte Anlässe, vielleicht allergische Reaktionen, kleine Verletzungen oder Erkältungskrankheiten lösen dann plötzlich eine Erkrankung aus. Die Lungenentzündung beginnt heftig, mit Hustenreiz, beschleunigter Atmung, Schüttelfrost, Benommenheit, Kopfschmerz, Fieber um 40 °C, Fieberbläschen und einem Puls um 120 Schläge pro Minute. Der Brustkorb schmerzt und hindert am Husten, wenn die Entzündung über den befallenen Lungenlappen schließlich das Brustfell erreicht. Am zweiten Tag erscheint bluthaltig-rostbrauner, zähflüssiger Auswurf. In schweren Fällen ist der Gasaustausch so stark behindert, daß Blausucht auftritt. Durch Abhorchen, Beklopfen oder Röntgenuntersuchung stellt man einen weniger lufthaltigen, „dichteren" Lungenlappen fest (Abb. 1). Ohne Behandlung sinkt die Temperatur nach einer Woche unter Schweißausbrüchen mehr oder weniger rasch auf normale Werte ab (Abb. 2). Die feingewebliche Untersuchung ergibt, daß die Lungengefäße am 1. und 2. Krankheitstag durch Bakteriengifte gelähmt und blutüberfüllt sind; Blutflüssigkeit, aber auch rote Blutkörperchen und Gerinnungsstoffe treten in die Lungenbläschen aus; daraus erklären sich rostbrauner Auswurf, Kurzatmigkeit und Blausucht. Durch den verminderten Luftgehalt macht das Lungengewebe einen leberartigen Eindruck. Anschließend treten auch weiße Blutkörperchen aus, die roten Blutkörperchen werden aufgelöst und vom zehnten Tag an mit dem verflüssigten Inhalt der Lungenbläschen in die Blutbahn aufgenommen (Heilungsphase). Penicillin und andere Antibiotika verkürzen und mildern den Krankheitsverlauf heute wesentlich (Abb. 2). Die Lobärpneumonie wird daher meist nur noch Säuglingen und Greisen gefährlich. Auch Komplikationen wie eitrige Brustfellergüsse oder Lungenvereiterungen sind wesentlich seltener geworden. Unzureichende Behandlung mit Antibiotika führt allerdings zu Rückfällen. Die Statistik zeigt, daß die Sterblichkeitsziffern der Lungenentzündung durch die moderne Chemotherapie wesentlich gesenkt werden konnten (Abb. 3).

Bei der *herdförmigen Lungenentzündung (Bronchopneumonie)* erkrankt nicht ein ganzer Lungenlappen schlagartig; vielmehr treten, meist in beiden Lungen, rings um die Bronchien herum viele kleine Entzündungsherde auf. Die herdförmige Lungenentzündung beginnt daher nicht so plötzlich wie die Lappenpneumonie, auch fehlen die Schmerzen der Brustfellbeteiligung. Das Fieber schwankt, der Auswurf ist eitrig-schleimig. Herdförmige Lungenentzündungen treten meist als Komplikationen anderer Krankheiten, vor allem der Bronchitis, oder als Begleitkrankheit auf, so bei Masern, Keuchhusten u. a. Ursächlich spielt oft die Verstopfung kleiner Bronchien eine Rolle, wodurch eine Gruppe von Lungenbläschen luftleer und so zum Ausgangspunkt der Entzündung wird. Säuglinge und ältere Menschen erkranken bevorzugt an herdförmiger Lungenentzündung. Die Erkrankung kann bei Greisen recht schwer verlaufen, weil das zusätzlich belastete (rechte) Herz bei ihnen besonders leicht versagt. – Im Gegensatz zur Bronchopneumonie beginnt die *Viruspneumonie* plötzlich wie die Lappenpneumonie. Sie dauert in der Regel 5–8 Tage und spricht im Gegensatz zur Lappen- und Bronchopneumonie nicht auf Penicillin und andere Antibiotika an.

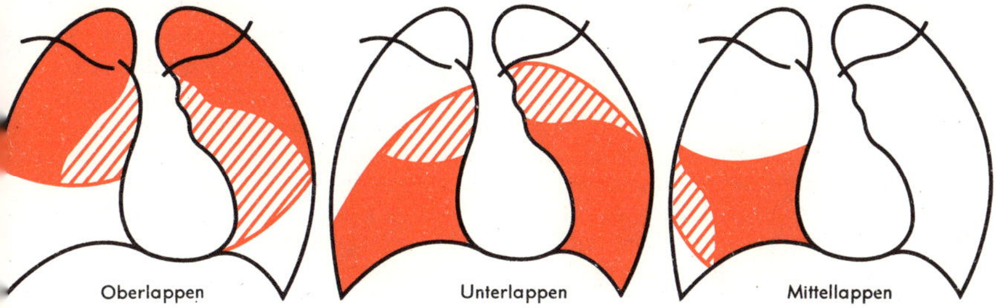

Abb. 1
Schema des Röntgenschattens bei Lappenpneumonien

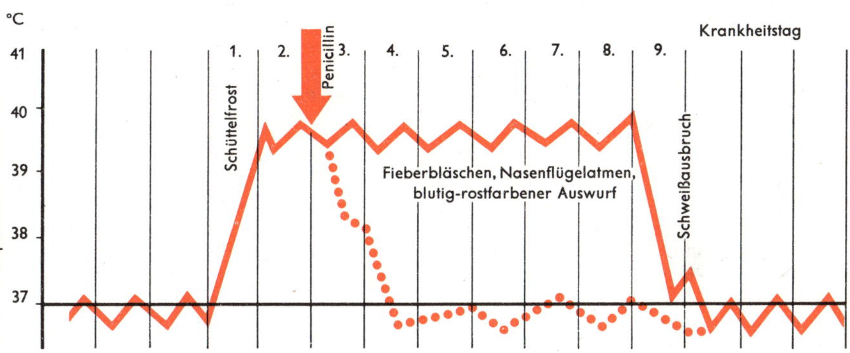

Abb. 2
Verlauf einer Lungenentzündung mit und ohne chemotherapeutische Behandlung

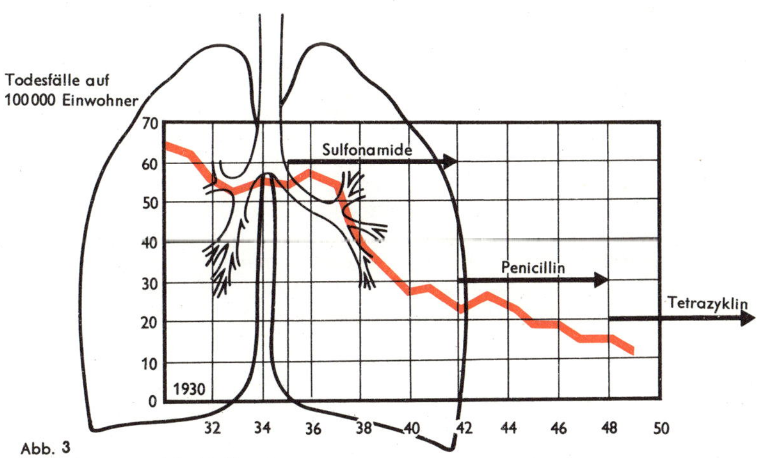

Abb. 3
Chemotherapie und Sterblichkeit bei Lungenentzündung

RIPPENFELLENTZÜNDUNG

Das *Brustfell* (Pleura) ist eine zarte Gewebsschicht, die als *Rippenfell* die innere Brustkorbwand, als *Lungenfell* die äußere Lungenoberfläche überzieht. Es begrenzt beiderseits die sog. Pleurahöhle, einen kaum millimeterbreiten Raum zwischen Lungenoberfläche und Brustwand (s. Lunge ..., S. 112 ff.). Die häufigste Erkrankung des Brustfells ist die *Brustfellentzündung*, die gemeinhin als *Rippenfellentzündung* bezeichnet wird. Sie wird meist durch eine Lungenentzündung oder einen Lungeninfarkt verursacht. In höherem Lebensalter kann eine Brustfellentzündung auch Begleiterscheinung eines bösartigen Tumorleidens (der Lunge, der Brustdrüse, des Magens oder der Schilddrüse) sein. Seltener ist eine entzündliche Mitbeteiligung der Pleura bei allergischen oder rheumatischen Erkrankungen, bei entzündlichen Oberbauchleiden oder als Folge eines Herzinfarkts.

Bei der *trockenen Rippenfellentzündung* kommt es zu einer Ausschwitzung von Fibrin und durch die Fibrinauflagerungen zu einer Aufrauhung der Rippenfelloberfläche, wodurch die Verschiebbarkeit der beiden Pleurablätter gegeneinander eingeschränkt wird. Die Folge ist u.a. ein beim Atmen auftretender Schmerz, den der Kranke durch Einnehmen einer Schonhaltung mit gekrümmter Wirbelsäule und durch eine oberflächliche Atmung zu vermindern sucht. Beim Abhören der Lunge ist die trockene Rippenfellentzündung an einem Reibegeräusch, das dem Lederknarren neuer Schuhe ähnelt, zu erkennen. Die Behandlung der trockenen Rippenfellentzündung richtet sich nach der Art des Grundleidens. Durch heiße Brustwickel oder durchblutungsfördernde Einreibungen kann der Heilungsprozeß beschleunigt werden.

Nicht selten tritt die trockene Rippenfellentzündung als Übergangsstadium zur feuchten Form auf. Kennzeichnend für die *feuchte Rippenfellentzündung* ist die Bildung größerer Flüssigkeitsmengen, die sich als *Pleuraerguß* in der Pleura ansammeln. Der Pleuraerguß führt auf Grund seiner Ausdehnung zu einer Verdrängung der Lunge, in schweren Fällen auch des Herzens. Als Krankheitszeichen treten Hustenreiz, Kurzatmigkeit mit nachschleppender Atmung der erkrankten Seite, meist mäßige Schmerzen und, bei bakteriellen Entzündungen, auch Fieber auf. Bei der Untersuchung deuten eine Verminderung oder Aufhebung des Atemgeräuschs sowie eine Dämpfung des Klopfschalls im unteren Lungenbereich auf die feuchte Rippenfellentzündung hin. Eine sichere Diagnose ermöglicht die Röntgenaufnahme, die eine gleichmäßige Verschattung der Lungenunterfelder mit seitlich ansteigender Begrenzung zeigt. – Je nach Art des Ergusses unterscheidet man die *seröse Rippenfellentzündung*, die vor allem bei rheumatischen, allergischen und tuberkulösen Erkrankungen auftritt, und die *eitrige Rippenfellentzündung*, die sich am häufigsten im Anschluß an eine Lungenentzündung entwickelt. Die Abgrenzung der einzelnen Formen der feuchten Rippenfellentzündung ist durch die Untersuchung der Ergußflüssigkeit möglich. Diese wird gewonnen, indem eine Punktionsnadel zwischen zwei Rippen bis in die Pleurahöhle eingestochen und die Flüssigkeit mit Hilfe einer Spritze angesogen wird. Die gewonnene Punktatflüssigkeit wird auf Erreger und auf ihren Zell- und Eiweißgehalt untersucht. Die Pleurapunktion stellt gleichzeitig eine Behandlungsmaßnahme dar, da auf diese Weise die Ergußmenge vermindert wird und die Verdrängungserscheinungen der Lunge zurückgehen. – Eitrige Rippenfellentzündungen werden mit Antibiotika (teils allgemein, teils örtlich) behandelt. In sehr hartnäckigen Fällen, die mit der Bildung einer abgegrenzten Eiterhöhle einhergehen oder zu starken Verschwartungen führen, sind operative Maßnahmen erforderlich.

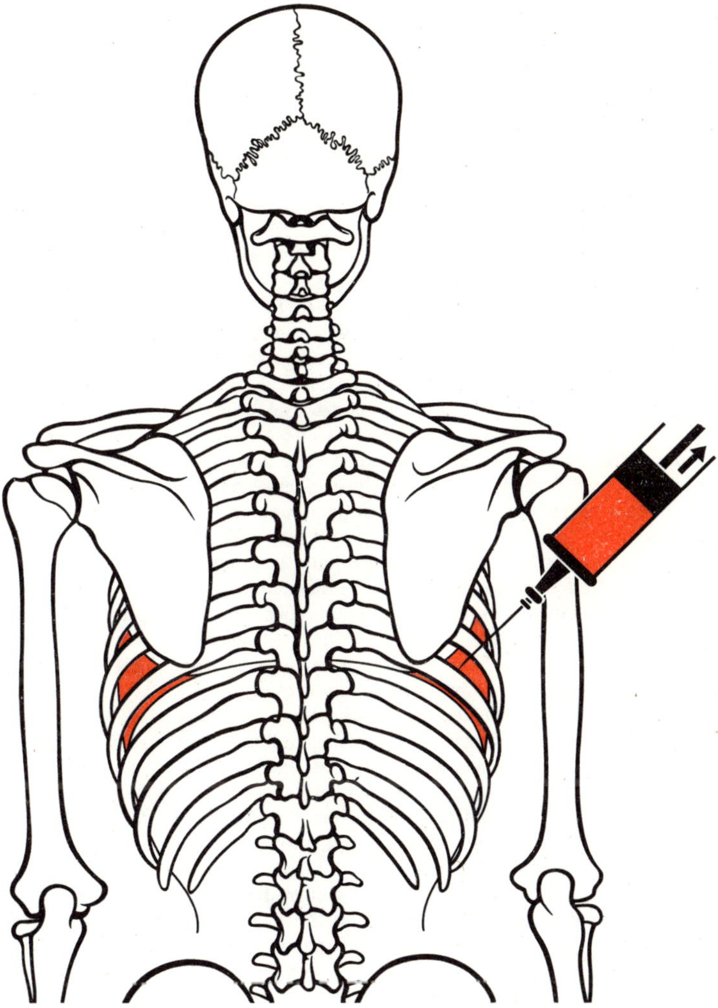

Abb. 1
Punktion der Pleurahöhle zur Gewinnung von Ergußflüssigkeit bei Rippenfellentzündung

LUNGENEMPHYSEM · ALTERSLUNGE

Lungenemphysem (Lungenblähung) nennt man eine Überdehnung des inneren Lungengewebes. Dadurch kommt es an vielen Stellen zur Verdünnung und schließlich zum Verschwinden der Lungenbläschenwand (Abb. 1 und 2). Die Folge ist eine Abnahme der Lungenbelüftung, eine Verkleinerung der inneren Lungenoberfläche und eine Störung der Lungendurchblutung durch den Untergang von Blutkapillaren. Dies alles zusammen führt dann auch zu einer Verminderung des lebenswichtigen Gasaustauschs in der Lunge. Das Lungenemphysem ist eine recht häufige Krankheit und heute die Ursache von 20–30 % aller bescheinigten Fälle von Arbeitsunfähigkeit.

Jenseits des 4. Lebensjahrzehnts entsteht durch Alterung des elastischen Lungengewebes, dessen Faserstrukturen allmählich verschwinden, zwangsläufig eine Blähung der Lunge, die man dann als *Alterslunge* bezeichnet. Eine andere, vom Alter unabhängige Form der Lungenblähung entsteht bei krampfhaftem Verschluß kleiner Bronchien und Bronchiolen, wie er beim Bronchialasthma und bei der (akuten und chronischen) Bronchitis auftritt. Dabei verursacht die im Vergleich zur Ausatmungsmuskulatur stärkere Einatmungsmuskulatur eine akute Lungenblähung, die anfangs noch voll rückbildungsfähig ist. Erst die ständig übermäßige Blähung führt dann zu den beschriebenen Veränderungen des Lungengewebes. – Ein Lungenemphysem entsteht auch dann, wenn ein Teil der Lunge narbig zusammenschrumpft (*Narbenemphysem* bei Tuberkulose) oder entfernt wird (z. B. bei Lungenkrebs). Dann muß das geblähte restliche Lungengewebe den Brustkorb ersatzweise ausfüllen.

Die ersten *Symptome des Lungenemphysems* sind Atemnot bei körperlicher Anstrengung und chronischer, trockener Husten sowie Schwindelgefühl beim Husten oder Bücken. Weniger bezeichnend sind Allgemeinerscheinungen wie Kopfschmerzen, Schwäche, Schlaflosigkeit, mangelnder Appetit und Stuhlverstopfung. Im weiteren Verlauf verstärkt sich die Kurzatmigkeit. Sie ist nicht immer nur eine Folge der verminderten Gasaustauschfläche, sondern kann auch durch zunehmendes Versagen des rechten Herzens entstehen, das durch die Einengung der Lungenstrombahn zusätzlich belastet wird. Hinzu kommt, daß der übermäßig aufgeblähte, starr in Einatmungsstellung verharrende Brustkorb nur den Austausch einer ungenügenden Luftmenge gestattet. Ersatzweise wird die Atmung nunmehr vom Zwerchfell bestritten. Dem großen Luftgehalt der geblähten Lungen entsprechen der laute, tiefe Klopfschall und die gute Röntgendurchsichtigkeit des Brustkorbs. – Die *Behandlung des Lungenemphysems* hat, da die Veränderungen an den Lungenbläschen nicht rückgängig gemacht werden können, das Ziel, dem Kranken Erleichterung zu verschaffen und die Leistungsfähigkeit des Atmungsapparates zu erhalten und eventuell zu erhöhen. Atemgymnastik und Vorsorge gegen Bronchitiden stehen dabei im Vordergrund. Bronchialkrämpfe und Atembeschwerden können mit adrenalinähnlichen Stoffen, Theophyllinderivaten und Kortikosteroiden behandelt werden. Außerdem sind oft schleimverflüssigende Mittel nützlich. Antibiotika sind beim Aufflackern bakterieller Infektionen angezeigt. Da die Atmung mechanisch unzureichend ist, dürfen, aus welchem Grund auch immer, keine zentral dämpfenden, atemeinschränkenden Mittel genommen werden (Morphin, hohe Dosen von Schlafmitteln). Bettruhe sollte möglichst vermieden werden. Bei Versagen des rechten Herzens ist eine Behandlung mit Digitalispräparaten angezeigt (s. S. 44).

Abb. 1

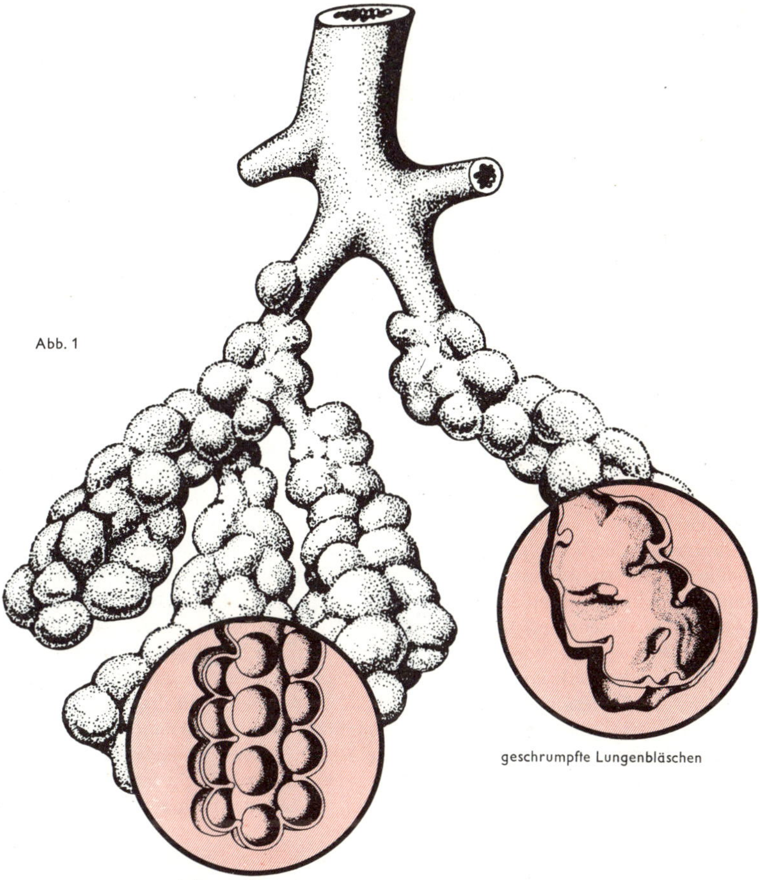

Abb. 2

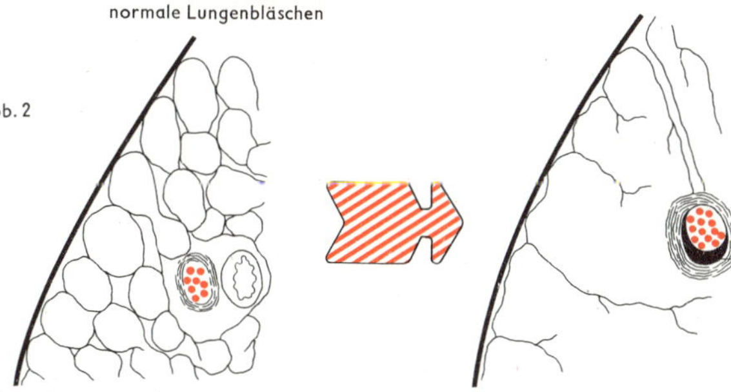

Schnitt durch normales Lungengewebe . . .

. . . und durch geblähtes Lungengewebe mit vergrößerten Alveolen und atrophischen sowie eingerissenen Alveolarsepten; Pulmonalsklerose

ERNÄHRUNG

Für den Aufbau und die Erhaltung der Körpersubstanz ist eine ausgewogene Ernährung unerläßlich. Die Nahrung soll sich aus den Grundnährstoffen Eiweiß, Kohlenhydrate und Fett im geeigneten Verhältnis zusammensetzen, genügend Mineralien, Vitamine und Spurenelemente sowie Ballaststoffe enthalten und außerdem schmackhaft und durch sachgemäße Zubereitung für den Organismus gut aufschließbar und damit verwertbar sein. Die für den Menschen günstigste Ernährung ist eine Mischkost aus pflanzlichen und tierischen Produkten. – Die aufgenommenen Nährstoffe werden im Verdauungstrakt in eine lösliche und damit resorbierbare (aufsaugbare) Form gebracht, mit dem Blut in die verschiedenen Gewebe transportiert und dort in den einzelnen Zellen mit Hilfe einer Reihe von Enzymen oxydiert. Dieser Vorgang ist einer Verbrennung vergleichbar, die einerseits Energie und andererseits Wärme liefert. Die Abfallprodukte dieser Verbrennung werden aus dem Körper v. a. durch die Atmung, den Harn und den Stuhl ausgeschieden. Der Brennwert eines Nahrungsmittels wird in Kalorien gemessen (offiziell ab 1. 1. 78 in Joule; 1 kcal = 4186,8 J ≈ 4,2 kJ); 1 kcal (Kilokalorie) ist als diejenige Wärmemenge definiert, die notwendig ist, um 1 l Wasser von 14,5 °C auf 15,5 °C zu erwärmen. Der Kaloriengehalt der Grundnährstoffe ist verschieden: 1 g Kohlenhydrate und 1 g Eiweiß liefern jeweils 4,1 kcal, 1 g Fett dagegen 9,3 kcal.

Kohlenhydrate und Fette dienen hauptsächlich als Energiespender, während Eiweiße (und Aminosäuren) vorwiegend zum Aufbau und Ersatz von Zellen und zur Bildung von Enzymen und Hormonen benötigt werden. Bei einer richtig zusammengestellten Kost sollen etwa 55–60 % des Kalorienbedarfs aus Kohlenhydraten, 25–30 % aus Fetten und 10–15 % aus Eiweißen gedeckt werden, wobei als Faustregel gilt, daß die Eiweißzufuhr täglich 1 g pro kg Körpergewicht betragen soll. Bei Jugendlichen, Schwangeren vom 4. Monat der Schwangerschaft an und auch in der Stillperiode erhöht sich der Eiweißbedarf auf 1,5 g pro kg Körpergewicht und Tag. Nach Empfehlung der Deutschen Gesellschaft für Ernährung sollen beim Erwachsenen 0,4 g Eiweiß pro kg Körpergewicht, mindestens aber 30 g pro Tag tierischer Herkunft sein. Tatsächlich ist nicht jedes Nahrungseiweiß zum Aufbau körpereigener Eiweißstoffe gleich gut geeignet. Die unterschiedliche biologische Wertigkeit des Nahrungseiweißes hängt mit seinem unterschiedlichen Gehalt an sogenannten essentiellen Aminosäuren zusammen, Eiweißbausteinen, die der menschliche Körper nicht synthetisieren kann und die daher mit der Nahrung aufgenommen werden müssen. Mischt man Eiweißstoffe pflanzlicher und tierischer Herkunft miteinander, so liegt der biologische Wert höher, als es den einzelnen Komponenten entspricht.

Das wichtigste Kohlenhydrat unserer Nahrung ist die Stärke, die u. a. in Getreideprodukten, Kartoffeln und Reis enthalten ist. Sie wird im Verdauungstrakt zu Traubenzukker abgebaut, der in der Leber wieder zu Glykogen aufgebaut und gespeichert wird. Glykogen kann je nach Bedarf fortwährend wieder zu Traubenzucker abgebaut und als solcher verbrannt werden. Bei einem Überangebot an Nahrungsstoffen wird die nicht verbrauchte Menge in Form von Fett angelagert, gleichgültig, aus welchem Grundnährstoff die Kalorien stammen. Umgekehrt kann Fett im Bedarfsfall jederzeit abgebaut und verbrannt werden. Fett ist wegen seines hohen Kaloriengehaltes die wichtigste Energiereserve des Körpers. Fette sind chemische Verbindungen aus verschiedenen Fettsäuren und Glyzerin. Einige lebenswichtige Fettsäuren wie die Linolsäure und die Linolensäure (Vitamin F) kann der Organismus nicht selbst aufbauen. Die Zufuhr dieser essentiellen Fettsäuren soll täglich etwa 4–6 g betragen (enthalten in: 2 Teelöffeln Sonnenblumenöl oder in 45 g Margarine bzw. in 150 g Butter). Fette sind ferner wichtig für die Resorption der fettlöslichen Vitamine A, D und K, die nur zusammen mit Fetten die Darmwand passieren können.

Überkalorische Ernährung führt nicht nur zu übermäßigem Fettansatz, sondern auch zu verschiedenen risikohaften Umstellungen des Stoffwechsels (s. u. a. Fettsucht, S. 133, und Zuckerkrankheit, S. 180).

Zusammensetzung und Nährwert verschiedener Nahrungsmittel

In 100 g Nahrungsmitteln sind enthalten:

Nahrungsmittel	Kohlenhydrate (g)	Fett (g)	Eiweiß (g) enthalten	Eiweiß (g) verwertbar	verwertbare Energie (kJ/kcal)
Milch (Vollmilch)	4,7	3,4	3,4	3,1	263/63
Buttermilch	4,7	0,5	3,4	3	138/33
Magerkäse	3	2	38	35	698/167
Fettkäse	2,1	30	26	24	1568/375
Butter	0,5	84,5	0,8	–	3281/785
Eier	0,6	11	14	13	627/150
Rindfleisch, mager	Spuren	4	21	20	481/115
Rindfleisch, fett	Spuren	25	19	18	1254/300
Kalbfleisch, mager	Spuren	3	22	21	464/111
Kalbfleisch, fett	Spuren	11	19	18	715/171
Schweinefleisch, mager	Spuren	7	21	20	585/140
Schweinefleisch, fett	Spuren	34	16	15	1513/362
Huhn, fett	Spuren	9	19	18	715/171
Gans, fett	Spuren	44	14	13	1860/445
Schellfisch, Kabeljau	Spuren	0,3	16	7	125/30
Hecht, Forelle	Spuren	0,4	18	8	146/35
Hering	Spuren	17	20	13	648/155
Aal	Spuren	28	12	9	941/225
Roggenbrot, hell	54	0,8	6	3	920/220
Vollkornbrot	46	1,1	7,8	3,5	836/200
Weizenbrötchen	57	0,6	8,1	8	1045/250
Eiernudeln	69	2,2	14	13	1505/360
Reis	77	0,5	8	6	1379/330
Weizenmehl	71	1,5	11,8	10	1275/330
Zwieback	73	2	7,5	7	1379/330
Kartoffeln	21	0,1	2,1	1,6	309/74
Karotten	9	Spuren	1	0,5	105/25
Blumenkohl	4	Spuren	2,5	2	63/15
grüne Bohnen	6	Spuren	3	2	125/30
Kohlrabi	6	Spuren	2,5	1	84/20
Bohnen, getrocknet	47	2	26	17	1087/260
Erbsen, getrocknet	52	2	23	15	1212/290
Linsen	53	2	26	16	1254/300
Apfel	14	–	0,4	–	167/40
Apfelsine	14	–	0,8	–	109/26
Banane	23	–	1	0,4	389/93
Erdbeeren	9	–	1	–	88/21
Pflaumen	17	–	0,8	–	188/45
Erdnüsse	15,6	44,5	27,5	19,3	2069/495
Haselnüsse	7	63	17	16	2801/670
Mandeln	14	53	21	20	2592/620
Honig	80	–	0,3	–	1254/300
Schokolade	65	22	7	5,2	1881/450

* Nach H. Rein und M. Schneider.

DIÄT

Unter Diät versteht man im medizinischen Sprachgebrauch einerseits die dem einzelnen Kranken aus ärztlichen Gründen vorgeschriebene Kost *(Krankenkost)*, andererseits eine ärztlich angeordnete Form der Ernährung, die auf die Verhütung ernährungsabhängiger Krankheiten gerichtet ist.

Ernährungsabhängige Krankheiten treten v. a. in der Überflußsituation auf. Im Vordergrund steht dabei die im Vergleich zur körperlichen Aktivität übertrieben hohe Kalorienzufuhr, die zur Fettsucht mit all ihren Folgen führt (s. S. 133). Oft bedürfen eingefahrene Ernährungsgewohnheiten aber auch deshalb einer Korrektur, weil die Kost nicht nur überkalorisch, sondern außerdem auch noch falsch zusammengesetzt ist und daher das Auftreten oder auch Fortbestehen von Krankheiten begünstigt. So ist in den letzten Jahrzehnten der (an sich begrüßenswerte) Verzehr von tierischem Eiweiß angestiegen, mit ihm jedoch auch die Zufuhr tierischer Fette einschließlich Cholesterin (Blutfettschwemme) und ebenso die von Purinkörpern (Gicht). Gleichzeitig nahm der Verbrauch pflanzlicher Nahrungsmittel und damit die Zufuhr von Faserstoffen und von Stärke ab (Stuhlverstopfung, Gallensteinleiden), während der Zucker- und Alkoholkonsum angestiegen ist (Diabetes, Leberschrumpfung).

Im einzelnen wird es sich oft darum handeln, daß der behandelnde Arzt zuerst eine mehr oder weniger strenge Diät im Rahmen der Behandlung eines Leidens verordnet (z. B. eine kalorienarme Diät bei Fettsucht), die dann anschließend wieder nach ärztlicher Anweisung in eine zuträgliche (im Beispiel: kalorienneutrale) Dauerkost für den Alltag übergeführt werden soll.

Diäten zur Behandlung der Fettsucht

Zur Behandlung der *Fettsucht* sind verschiedene Verfahren vorgeschlagen worden: Unter *Nulldiät* versteht man eine Reduktionsdiät, die praktisch keine Nahrungsenergie mehr enthält (totaler Kalorienentzug, totales Fasten). Bei einer solch drastischen Diät muß zumindest für reichliche Flüssigkeitszufuhr und für die Versorgung des Organismus mit Vitaminen und Mineralstoffen gesorgt werden. Das Körpergewicht nimmt bei diesem Vorgehen zwar täglich um 0,3–0,5 kg ab (der Abfall ist anfangs wegen starker Wasserverluste noch größer), doch wird die Nulldiät heute nicht mehr angewandt, da manche Fettsüchtigen die damit verbundenen Stoffwechselumstellungen schlecht vertragen (Übersäuerung durch das Auftreten von Ketonkörpern aus dem Fettsäurestoffwechsel; Einschmelzung von Eiweiß zur Umwandlung von Eiweißbausteinen in Traubenzucker). Hinzu kam dann noch eine skeptische Beurteilung der Langzeitergebnisse: Nach Beendigung der Nulldiät – sie wurde zuletzt nur noch unter klinischer Aufsicht durchgeführt – stieg das Körpergewicht bei vielen Fettsüchtigen wieder an, so daß schließlich der Gesamtaufwand und der Erfolg einer Nulldiät kaum noch in einer vertretbaren Relation standen.

Heute werden bei Fastenkuren mindestens 30–40 g hochwertiges Eiweiß pro Tag zur Schonung des körpereigenen Eiweißbestandes zugegeben, meist in Form eines handelsüblichen Präparats. Die tägliche Energiezufuhr liegt dabei zwischen 200–300 Kalorien (*modifizierte Nulldiät*, modifiziertes Fasten). Manche Ärzte verordnen eine ähnlich brennstoffarme *streng energiereduzierte Diät*, die aus den üblichen Lebensmitteln zusammengestellt wird. Daneben sind auch hier die Zufuhr großer Flüssigkeitsmengen und die Sicherstellung des Vitamin- und Mineralstoffbedarfs erforderlich. Da es auch bei diesen beiden streng kalorienreduzierten Diäten neben anderen Stoffwechselumstellungen zur Ketoacidose kommt, sind sie keineswegs harmlos. Sie sollten deshalb nicht ohne wiederholte gründliche Untersuchungen und am besten in einer Klinik durchgeführt werden.

Noch einen Schritt weiter in Richtung Alltagskostformen stellen *nichtketogene Reduktionsdiäten* dar, die eine Kohlenhydratzufuhr von mindestens 100 g täglich vorsehen (z. B. in folgender Kombination: 75 g hochwertiges Eiweiß, 15 g Öle mit essentiellen Fettsäuren und 105 g Kohlenhydrate pro Tag, dazu Mineralstoffe und Vitamine).

Die Erfahrung lehrt, daß es oft leichter ist, das Gewicht in einem großen Anlauf unter ärztlicher Kontrolle drastisch zu reduzieren als den erzielten Erfolg dann anschließend im Alltag zu stabilisieren. Dabei fällt die Einübung der richtigen Eßgewohnheiten zur Vermeidung von Rückfällen verständlicherweise um so leichter, je näher die Reduktionsdiät an eine gemischte „natürliche" Kost herankommt. Oft läßt sich eine ausreichend *kalorienreduzierte*, gleichwohl sattmachende *gemischte Kost* mit 800–1 200 Kalorien täglich ohne Vernachlässigung essentieller Nahrungsbestandteile dadurch erreichen, daß man auf Nahrungsmittel mit hoher kalorischer Dichte verzichtet (auf die „leeren Kalorien" von Zucker und Fetten in hochkonzentrierter oder gar reiner Form und vor allem auf Alkohol). Ist der gewünschte Erfolg nach Ansicht des behandelnden Arztes erzielt, kann dann relativ einfach auf kalorienneutrale Diät umgeschaltet werden.

Einseitige Diätformen werden von Ernährungswissenschaftlern abgelehnt. So konnte die Annahme, Reduktionsdiäten mit überwiegender Fett- oder Kohlenhydratzufuhr seien bei gleichem Energiegehalt verschieden gut wirksam, nicht bestätigt werden. Auch Berichten, denen zufolge eine extrem kalorienreiche, weit überwiegend aus Fett bestehende Kost das Körpergewicht reduzieren soll, wurde begründet widersprochen. Die Frage kann offenbar nur sein, ob einseitige Ernährung über eine Teilsättigung (an Stelle einer Totalsättigung) die Gewichtsabnahme zu unterstützen vermag – es einem also bei einseitiger Ernährung eventuell „den Appetit verschlägt".

Um wie viele Kalorien die aufgenommene Nahrung geringer sein muß als der Umsatz, damit man abnimmt, läuft auf eine einfache Rechnung hinaus: Für 1 g Fettgewebe setzt man (im Gegensatz zu reinem Fett) nicht 9, sondern nur etwa 6 Kalorien an, für 1 kg Übergewicht also 6 000 Kalorien. Bei einem Umsatz von 2 300 Kalorien (das entspricht etwa einem Umsatz bei leichter körperlicher Tätigkeit) und einer Energiezufuhr von 1 300 Kalorien wäre die Tagesbilanz um 1 000 Kalorien negativ; das Körpergewicht würde täglich also um 1 000 : 6 = 166 g abnehmen. Zu Beginn einer Kalorienrestriktion kann die Gewichtsabnahme durch Wasserverlust allerdings größer sein.

Die Diät des Zuckerkranken

Diabetes ist nicht heilbar; daher handelt es sich bei der *Diabetikerdiät* um eine Dauerbehandlung mit dem Ziel, die Stoffwechsellage der Betroffenen ohne größere Schwankungen des Blutzuckerspiegels möglichst der des Gesunden anzunähern. Dabei ist die über längere Zeit gleichmäßige Einnahme einer hinsichtlich Qualität und Quantität bilanzierten Nahrung nach ärztlicher Anweisung entscheidend.

In bezug auf die Quantität, also den Gesamtenergiegehalt, ist wichtig, daß Überernährung und Fettsucht den Stoffwechsel des Zuckerkranken verschlechtern. Da rund 75% aller Diabetiker übergewichtig sind (in erster Linie beim Erwachsenendiabetes, seltener beim jugendlichen Diabetes) und Übergewicht bei der Zuckerkrankheit als Risikofaktor ersten Ranges zu gelten hat, richtet sich die Diabetesdiät schwerpunktmäßig nach dem Nährwertbedarf: nährwertarme Kost (Abmagerungskost) für den Übergewichtigen und nährwertgerechte Kost für den Normalgewichtigen. Zur ärztlich überwachten bzw. stationären ersten Einstellung des Erwachsenendiabetes gehört daher sehr häufig eine Reduktionsdiät, wie sie auch späterhin bei einer entsprechenden „Entgleisung" (erneute Gewichtszunahme mit Verschlechterung des Stoffwechsels) erforderlich wird. Beim (insulinabhängigen) jugendlichen Diabetes liegt der Schwerpunkt in der genauen zeitlichen und mengenmäßigen Abstimmung zwischen Kohlenhydratzufuhr und Insulininjektionen, wobei die (zuckerverbrauchende) körperliche Tätigkeit berücksichtigt wird.

Die frühere allgemeine Empfehlung, der Diabetiker möge fettreich, aber eiweiß- und kohlenhydratarm essen, hat wissenschaftlich keine Gültigkeit mehr. Vielmehr gilt heute: Die Kohlenhydrate sollen im allgemeinen rund 40–50%, die Fette 30–35% und die Eiweiße 15–30% der zugeführten Kalorien liefern. Das Eiweißminimum liegt auch beim Diabeteskranken bei rund 1 g pro kg Körpergewicht. Die Menge der verzehrten Kohlenhydrate muß vor allem beim insulinabhängigen Diabetiker ständig genau kontrolliert werden.

Auf der Grundlage dieser Leitprinzipien soll die Diabetikerdiät zunächst einmal die quantitativ und qualitativ Tag für Tag möglichst gleichmäßige (aber nicht monotone) Ernährung gewährleisten. Weitere Grundregeln sind: individuelle Festlegung der Diät (gewöhnlich zusammen mit der gesamten „Einstellung" des Diabetikers) an Hand eines Diätplans durch den Arzt; gleichmäßige Verteilung der Nahrungszufuhr über den ganzen Tag, d.h. 5–7 kleine Mahlzeiten pro Tag; bei insulinpflichtigem Diabetes außerdem strikte Einhaltung der Kohlenhydratmenge und zeitliche Abstimmung der Mahlzeiten mit der Insulinwirkung; Zufuhr der Kohlenhydrate in einer Form, die den enthaltenen Zucker nur langsam freigibt, vor allem also in Form von Stärke; reine (raffinierte) Zucker (wie Traubenzucker, Rohrzucker, Malzzucker und Nahrungsmittel, die diese Zucker enthalten) sind entsprechend zu meiden, so z. B. Schokolade, Bonbons, Honig, Marmelade, Kuchen, Süßwein, Likör und Limonaden; Süßungsbedürfnisse können stattdessen durch künstliche Süßstoffe oder auch Zuckeraustauschstoffe (von denen die letzteren kalorienmäßig allerdings auf die täglich erlaubte Kohlenhydrat- bzw. Kalorienmenge angerechnet werden müssen) befriedigt werden. Alkohol kann bei ärztlichem Einverständnis u. U. bis zu einem Kalorienanteil von 10% erlaubt sein. Die Abschätzung der aufgenommenen Nahrungskalorien erfolgt in Gramm bzw. *Broteinheiten* Kohlenhydrat (1 BE = 12 g) oder auch nach Küchenmaßen.

Die Diät bei Erkrankungen des Magen-Darm-Kanals

Die Beurteilung einer Diät ist bes. dann schwierig, wenn nur die subjektiven Angaben des Kranken über die „Verträglichkeit" einer Kost zu Verfügung stehen. Dies trifft auch und vor allem auf Erkrankungen des Magen-Darm-Kanals zu. Das subjektive Urteil hilft bei der Einstufung einer Magen-Darm-Diät oft deshalb nicht weiter, weil es zwar einige spezifische Unverträglichkeitserscheinungen gibt, die mit der Krankheitsursache eng zusammenhängen, daneben aber auch zahlreiche unspezifische Unverträglichkeitserscheinungen, die sowohl bei Kranken als auch bei Gesunden vorkommen.

Spezifische Unverträglichkeitserscheinungen stehen im Mittelpunkt der durch Gluten (Klebereiweiß in Weizen-, Roggen-, Gersten- und Hafermehl) verursachten *Glutenenteropathie (Zöliakie, einheimische Sprue).* Die Krankheit beruht auf einer Immunreaktion gegen Gluten, wodurch es langfristig zu Störungen der Fettresorption (einschließlich der fettlöslichen Vitamine) mit zahlreichen Symptomen auch von Seiten des Zentralnervensystems kommt. Die Behandlung besteht vor allem in der Einhaltung einer streng glutenfreien Kost, wobei berücksichtigt wird, daß Mais- und Reißeiweiße und auch reine Stärke aus Weizen u. a. normal vertragen werden. Brot kann z. B. unter Verwendung von Stärke und Johannisbrotkernmehl (Klebererersatz) gebacken werden.

Zu spezifischen Unverträglichkeiten von Seiten des Magen-Darm-Kanals kommt es auch beim *Disaccharidasemangelsyndrom,* z. B. dem bei Erwachsenen vorkommenden *Laktasemangel.* Dabei fehlt das für die Spaltung von Milchzucker (Laktose) erforderliche Darmenzym, so daß es beim Genuß von Milch und Milchprodukten durch Bakterientätigkeit zur Spaltung dieses Zuckers in saure Bestandteile und dadurch zum Durchfall kommt. Die Behandlung besteht folglich in einer milchzuckerfreien Diät.

Auch die verschiedenen *Allergien* gegen Nahrungsmittelbestandteile (s. S. 30) entsprechen spezifischen Unverträglichkeiten, die durch Entfernung der betreffenden Allergene aus der Nahrung zu vermeiden sind.

Unspezifische Nahrungsmittelunverträglichkeiten finden sich nach dem Genuß der einzelnen Nahrungsmittel in recht unterschiedlicher Häufigkeit (s. Tab.). Intoleranzerscheinungen unter dem Eindruck, eine „schwer verdauliche" Speise nicht zu vertragen, sind bis auf Ausnahmen schwer zu objektivieren (Völle- und Druckgefühl in der Bauchgegend, Blähungen, allgemeines Unbehagen, Übelkeit und manchmal Durchfälle). Oft bleibt daher unsicher, ob nicht etwa überängstliche Selbstbeobachtung, emotionelle Abwehr und Vorurteile im Spiel sind oder ob tatsächlich krankhafte Veränderungen vorliegen. Häufig sind die Mißempfindungen durch die vermehrte Bildung von Darmgasen und sauren Abbauprodukten bedingt, die bei der Einwirkung von Darmbakterien auf bestimmte Nahrungsmittel entstehen. So kann außer dem Dickdarm auch der Dünndarm stärker mit Bakterien besiedelt sein (wie bei Ulkusleiden, chronischer Hepatitis oder Leberzirrhose), nicht ausreichend verdaute Nahrung in den Dickdarm gelangen oder die Kost zu viele für die Bakterien zugängliche Bestandteile enthalten (v. a. unverdauliche Kohlenhydrate wie Zellulose und Hemizellulose, bestimmte milchzuckerhaltige Mehrfachzucker in Hülsenfrüchten und manchen Gemüsen).

Für die neueren Ansichten über die Diät bei Magen-Darm-Krankheiten waren zwei Erkenntnisse wichtig: 1. In vergleichenden Studien wurden keine sicheren Anzeichen dafür gefunden, daß die obengenannten unspezifischen Unverträglichkeiten bei Magen-Darm-Kranken häufiger vorkommen als bei Gesunden. 2. Es scheint inzwischen gesichert, daß die früher üblichen zahlreichen Schonkostformen mit ihren z. T. recht detaillierten Vorschriften den Verlauf einer ganzen Reihe von Erkrankungen des Magen-Darm-Kanals nicht deutlich beeinflussen. Dazu gehören u. a.: Magen- und Zwölffingerdarmgeschwür, akute und chronische Hepatitis, Fettleber, Leberzirrhose, Gallenleiden und die chronische Entzündung der Bauchspeicheldrüse. Daher ist man vielerorts dazu übergegangen, bei diesen Erkrankungen eine sog. *leichte Vollkost* oder *allgemeine Schonkost* zu verordnen, die den Neigungen der Betroffenen nach Möglichkeit entgegenkommt. Nach einer Definition der Arbeitsgemeinschaft für klinische Diätetik unterscheidet sich leichte Vollkost von Vollkost durch die Nichtverwendung von Speisen, die erfahrungsgemäß häufig, z. B. bei 5% der Patienten, zu (unspezifischen) Unverträglichkeiten führen (s. o.). Dies schließt die Notwendigkeit mehr oder weniger strenger Restriktionen und Sondervorschriften bei einzelnen Krankheiten nicht aus, so z. B. das Alkoholverbot bei Leber- und Bauchspeicheldrüsenerkrankungen und die eiweißreduzierte Diät bei fortgeschrittener Leberzirrhose. Bei akuter Bauchspeicheldrüsenentzündung und akuter Gastritis bzw. Gastroenteritis (Brechdurchfall) ist nach anfänglicher Nahrungskarenz ein schonender, dem Krankheitsverlauf angepaßter Kostaufbau je nach Verträglichkeit erforderlich.

Tab. Die Häufigkeit von Unverträglichkeitserscheinungen beim Genuß verschiedener Lebensmittel (in %; nach einer Erhebung der „Arbeitsgemeinschaft für klinische Diätetik“ bei Krankenhauspatienten).

Hülsenfrüchte	30,1
Gurkensalat	28,6
fritierte Speisen	22,4
Weißkohl	20,2
CO_2-haltige Getränke	20,1
Grünkohl	18,1
fette Speisen	17,2
Paprikagemüse	16,8
Sauerkraut	15,8
Rotkraut	15,8
süße und fette Backwaren	15,8
Zwiebeln	15,8
Wirsing	15,6
Pommes frites	15,3
hartgekochte Eier	14,7
frisches Brot	13,6
Bohnenkaffee	12,5
Kohlsalat	12,1
Mayonnaise	11,8
Kartoffelsalat	11,4
Geräuchertes	10,7
Eisbein	9,0
zu stark gewürzte Speisen	7,7
zu heiße und zu kalte Speisen	7,6
Süßigkeiten	7,6
Weißwein	7,6
rohes Stein- und Kernobst	7,3
Nüsse	7,1
Sahne	6,8
paniert Gebratenes	6,8
Pilze	6,1
Rotwein	6,1
Lauch	5,9
Spirituosen	5,8
Birnen	5,6
Vollkornbrot	4,8
Buttermilch	4,5
Orangensaft	4,5
Vollmilch	4,4
Kartoffelklöße	4,4
Bier	4,4
schwarzer Tee	3,5
Apfelsinen	3,4
Honig	3,1
Speiseeis	2,4
Schimmelpilzkäse	2,2
Trockenfrüchte	2,2
Marmelade	2,2
Tomaten	1,9
Schnittkäse	1,6
Camembert	1,3
Butter	1,2

VITAMINE

Unter der Bezeichnung Vitamine faßt man lebensnotwendige organische Verbindungen zusammen, die vom menschlichen Organismus nicht synthetisiert werden können und daher von außen mit der Nahrung zugeführt werden müssen. Im Unterschied zu den anderen lebenswichtigen Nahrungsbestandteilen werden sie nur in geringen Mengen benötigt und spielen daher für die Energiegewinnung keine Rolle (Tagesbedarf s. Tab. im Einband). Ihre Bedeutung liegt in ihrer *katalytischen Funktion* im Zellstoffwechsel, d. h., sie erleichtern und beschleunigen bestimmte Stoffwechselvorgänge. Jeder Schritt im Stoffwechsel wird durch ein Enzym katalysiert. Die Enzyme bestehen jeweils aus einer körpereigenen Eiweißkomponente, dem Apoenzym, das imstande ist, „sein" Substrat, „seinen" Brennstoff zu erkennen (Substratspezifität der Enzyme), und aus einem kleinen Anhängsel, dem Koenzym, das nach der Kontaktnahme mit dem erkannten Brennstoffmolekül dieses jeweils auf sehr spezifische Weise abbaut oder sonst verändert (Wirkungsspezifität der Enzyme). Das Koenzym ist kein körpereigenes Eiweißprodukt, sondern in der Regel ein kleinmolekularer Wirkstoff unterschiedlichen Baus, der mit der Nahrung zugeführt werden muß, also ein Vitamin. Vitamin B_1 z. B. ist – mit Phosphorsäure gekoppelt – das Koenzym der Karboxylase.

Völliges oder teilweises Fehlen von Vitaminen führt zu *Vitaminmangelkrankheiten (Avitaminosen;* s. auch S. 136). Echter, nahrungsbedingter Vitaminmangel ist bei normaler Kost heute selten. Unter besonderen Bedingungen kann jedoch ein erhöhter Vitaminbedarf bestehen. So wird z. B. während Schwangerschaft und Stillzeit und in der frühen Kindheit auf Grund des raschen Wachstums der Leibesfrucht bzw. des kleinen Kindes (der Kalziumbedarf des sich entwickelnden Knochengerüsts ist besonders hoch) mehr Vitamin A und vor allem Vitamin D benötigt. Diesem erhöhten Vitaminbedarf wird durch vorsorgliche (prophylaktische) Vitamingaben zur Verhütung einer krankhaften Knochenerweichung (Rachitis oder Osteomalazie, S. 136) Rechnung getragen.

Vitamin B_{12} kann nur mit Hilfe eines spezifischen Aufnahmefaktors, der in der gesunden Magenschleimhaut gebildet wird, durch den Dünndarm resorbiert werden. Kommt es zu einem Schwund (Atrophie) der Magenschleimhaut, so fehlt dieser Aufnahmefaktor, und es entsteht unabhängig von der jeweiligen Ernährung ein Vitamin-B_{12}-Mangel, der die Erscheinungen einer perniziösen Anämie (s. S. 92) hervorruft und den man durch Vitamin-B_{12}-Injektionen ausgleichen kann.

Von großer praktischer Bedeutung ist die Tatsache, daß ein Teil der Vitamine wasserlöslich, ein anderer Teil (die Vitamine A, D, E und K) dagegen fettlöslich ist. Fettlösliche Vitamine werden nur bei intakter Fettverdauung und Fettresorption in sicher ausreichender Menge aus dem Darm ins Blut aufgenommen. Daher droht bei unterbrochenem Gallenfluß und gestörter Leberfunktion besonders ein relativer Mangel an Vitamin K, der seinerseits einen Mangel an Prothrombin (ein blutgerinnungsförderndes Eiweißprodukt aus der Leber) zur Folge hat. Auch eine Überdosierung der dem Vitamin K entgegenwirkenden Kumarinderivate kann zu entsprechenden Mangelerscheinungen führen, die man gewöhnlich durch Vitamininjektionen ausgleicht.

Manche Vitamine, u. a. Vitamin K, können von bestimmten Bakterien im Darm synthetisiert und so dem Wirtsorganismus als Ersatz für in der Nahrung fehlende Vitamine angeboten werden. Durch Breitbandantibiotika kann als Nebenwirkung eine Beeinträchtigung der Darmflora und damit u. U. ein Vitamindefizit entstehen. In allen diesen Fällen kann und muß zur Verhütung eines eventuellen Vitaminmangels durch gezielte Vitamingaben für vollen Ersatz gesorgt werden (Substitutionstherapie).

FETTSUCHT

Unter Fettsucht versteht man deutliches, u. U. krankmachendes Übergewicht durch Fettansatz. (Geringes Übergewicht kann bei Schwerarbeitern und Athleten auch durch Muskelzunahme entstehen, bei Wassersüchtigen durch Flüssigkeitsansammlung in den Geweben.) Fettsucht ist nicht nur ein Schönheitsfehler. Sie verkürzt auch die Lebenserwartung („Selbstmord mit Messer und Gabel") und ist u. a. wesentlich am Auftreten von Diabetes, Gicht, Arteriosklerose und Bluthochdruck beteiligt.

Fettsucht entsteht durch übertriebene Nahrungszufuhr oder allzu geringen Energieverbrauch bei normaler Ernährung: Im Verhältnis zu ihrer körperlichen Tätigkeit essen Fettsüchtige immer zu viel. Sicher sind sie keine besseren „Futterverwerter", denn ihre Ausscheidungen enthalten nicht weniger unaufgeschlossene Nahrungsmittel als die Ausscheidung Normalgewichtiger. Fettsüchtige haben auch keine besonders sparsam arbeitenden Muskeln, denn ihr Stoffwechsel steigt bei Muskelarbeit ebenso an wie bei Mageren. Zur Diskussion steht allerdings, ob Fettsüchtige manche Herausforderungen (z. B. Kälte und auch psychische Belastungen) nicht doch mit einer geringeren Umsatzsteigerung beantworten, ihr Stoffwechsel also eventuell ökonomischer oder, wenn man so will, bequemer reagiert, d. h. Fett ansetzt, statt Wärme zu bilden.

Plausible körperliche Ursachen finden sich bei weniger als 10% der Fettsuchtfälle. Dazu gehören z. B. Fehlleistungen bestimmter Zwischenhirnzentren, die sonst die Sättigungsempfindung vermitteln. Man hat solche Zentren in Analogie zum wärmeregelnden Thermostaten auch Appetitregler oder Appestaten genannt. Auch Drüsenstörungen, wie z. B. eine Überfunktion der Bauchspeicheldrüse oder Nebennierenrinde (Cushing-Syndrom, s. S. 388 f.), sind nur selten die Ursache von Fettsucht.

Fehlen (wie in mehr als 90% der Fettsuchtfälle) faßbare körperliche Ursachen, liegt die Annahme leib-seelischer Entstehungsbedingungen nahe. Manchmal verführen Umwelt, schlechtes Beispiel, Geselligkeit oder Gewohnheit zur Vielesserei (manche Berufe, das familiäre Milieu, ältere Menschen, die dem fallenden Kalorienbedarf nicht Rechnung tragen). In manchen Fällen spielt Genußsucht eine Rolle, noch häufiger die „traurige Fettsucht", der sprichwörtliche „Kummerspeck". Er wird oft als Ersatz für andere entgangene Genüsse oder als Abwehr gegen Angst und Niedergeschlagenheit angesetzt, indem man sich „befrißt", anstatt sich zu „besaufen". Während der Wechseljahre trösten sich Frauen oft mit Leckereien, bevor sie lernen, die neue Lebensphase richtig zu bewältigen. Eine besondere Form der Fettsucht tritt bei Knaben kurz vor der Geschlechtsreife auf. Dabei können überfürsorgliche Mütter eine induzierende Rolle spielen. Solche Kinder sind oft einfach dick und nicht drüsengestört, wenn auch die Pubertät manchmal verzögert einsetzt. Sportliche Betätigung und Nahrungsbeschränkung erleichtern die Eingliederung in die Umwelt der Gleichaltrigen.

Die Fettverteilung ist bei den übergewichtigen Männern und Frauen unterschiedlich. Beim Mann sind Bauch, Rücken und Genick bevorzugt, bei der Frau Hüften, Gesäß, Oberschenkel und Oberarme. Schreitet die Fettsucht weiter fort, verwischen sich die Unterschiede schließlich durch allgemein ausgebreitete Fettablagerungen. Frauen werden manchmal nur unterhalb des Nabels fett, wobei die ganzen Beine oder nur die Oberschenkel „reithosenartig" betroffen sind.

Die Feststellung einer Übergewichtigkeit orientiert sich in Zweifelsfällen an Sollgewichtstabellen, die manchmal auch den Knochenbau berücksichtigen. Eine Formel lautet:

Sollgewicht in kg = Körpergröße in cm − 100;

eine andere: $\text{Sollgewicht in kg} = \dfrac{\text{Körperlänge} \cdot \text{Brustumfang in cm}}{240}$

Der Geübte kann die Fettleibigkeit an der Dicke von Hautfalten abschätzen, die er hinten am Oberarm, seitlich in der Taille oder am Rücken unterhalb der Schulterblätter abhebt. Von der mit einem Meßzirkel (Calipermeter) bestimmten Hautfaltendicke kann man recht zuverlässig auf den Körperfettgehalt hochrechnen.

In Anbetracht der verminderten Lebenserwartung kann die Fettsucht als Krankheit angesehen werden (Abb. 2). Zwar fühlen sich Fettsüchtige anfangs meist noch recht wohl. Kurzatmigkeit und verminderte Leistungsreserve sind zunächst nur Anzeichen dafür, daß sie mehr Gewicht zu tragen und zu bewegen haben. Atembeschwerden können auch dadurch entstehen, daß die Einatmungsbewegungen des Zwerchfells im fetten Bauch gebremst werden. Lebensverkürzend wirken vor allem die Komplikationen der Fettsucht. Arteriosklerose und Bluthochdruck stellen sich bei Übergewichtigen rascher und in schwererer Form ein, Gicht und Nierensteinleiden sind häufiger. Fettansatz erhöht ferner den Insulinverbrauch und führt durch Erschöpfung der Bauchspeicheldrüse häufiger zur Zuckerkrankheit. Schließlich sind Senk- und Spreizfüße, Abnutzungserscheinungen der Knie-, Hüft- und Wirbelgelenke sowie Krampfadern und Thrombosen bei Übergewichtigen häufiger (Abb. 1).

Die Behandlung Fettsüchtiger besteht vor allem in einer wirksamen Verminderung der Nahrungsaufnahme. Die Betroffenen müssen einsehen, daß sie im Verhältnis zu ihrer körperlichen Leistung zu viel essen. Erfahrungsgemäß verschleiern Fettsüchtige diesen Tatbestand mehr oder weniger bewußt, essen „heimlich" und müssen erst zum exakten Kalorienzählen erzogen werden. Schwerarbeiter brauchen täglich an die 4000 Kalorien (kcal), Hausfrauen 2600, Männer in Sitzberufen 2500, Frauen 2200 Kalorien. Da 1 kg wasserarmes Fettgewebe rund 6000 Kalorien enthält, käme es – wenn der Fettsüchtige um 1000 Kalorien unter seinem Bedarf bliebe – wöchentlich zu einer Gewichtsabnahme von rund 1 kg. Anfangs kann die Gewichtskurve durch Wasser- und Kochsalzverluste rascher abfallen. 1 g Fett bringt rund 9 Kalorien in den Körper, 1 g Kohlenhydrat oder Eiweiß rund 4 Kalorien, 1 g Alkohol 7 Kalorien.

Eine mehr oder weniger drastische Einschränkung der Kalorienzufuhr mit Gewichtsabnahme kann auf sehr unterschiedliche Weise erreicht werden: totales Fasten oder Nulldiät; modifiziertes Fasten oder modifizierte Nulldiät; energiereduzierte Mischkost; Diät mit extremen Nährstoffrelationen, besonders als kohlenhydratarme, fettreiche Diät; Formeldiäten; energiereduzierte Nahrungsmittel, Süßstoffe, Füll- und Quellstoffe (s. S. 128 ff.). Dabei ist ärztliche Beratung um so dringender erforderlich, je drastischer man die Kalorienzufuhr reduziert und sich von gewohnten Kostformen entfernt.

Körperliche Tätigkeit ist aus verschiedenen Gründen sinnvoll, jedoch nur dann abmagernd, wenn der Mehrverbrauch nicht durch vermehrten Konsum ersetzt oder vielleicht gar übertroffen wird. Umgekehrt muß der Wegfall des täglichen Fußmarsches zum Arbeitsplatz oder das Umziehen in eine Parterrewohnung bei gleicher Kalorienzufuhr verfettend wirken. 60 Kalorien weniger verbrauchen, heißt täglich 10 g Körperfett ansetzen. Dies würde in einem Monat 0,3, in einem Jahr 3,6 kg Gewichtszunahme bedeuten. Massage und Sauna werden oft überschätzt, da man in der Sauna mehr Wasser und Salz als Fett verliert und Massage allenfalls den Masseur schlank macht. Seelisch bedingte Fettsucht ist manchmal durch den Seelenarzt, gelegentlich auch durch Selbstbesinnung heilbar. Medikamente wie die sogenannten Appetitzügler, deren Anwendung unter ärztliche Überwachung gehört, sollen vor allem zu Beginn einer Diätbehandlung und als „Stimmungsmacher" nützlich sein; sie ersparen es dem Fettsüchtigen allerdings nicht, seine Eßgewohnheiten ändern zu müssen. Da amphetaminähnliche Appetitzügler außerdem meist Nebenwirkungen erzeugen, ist die Behandlung von übergewichtigen Personen mit solchen Mitteln unter Abwägung von Nutzen und Risiko nach Ansicht von Fachleuten nur in Ausnahmefällen zu verantworten.

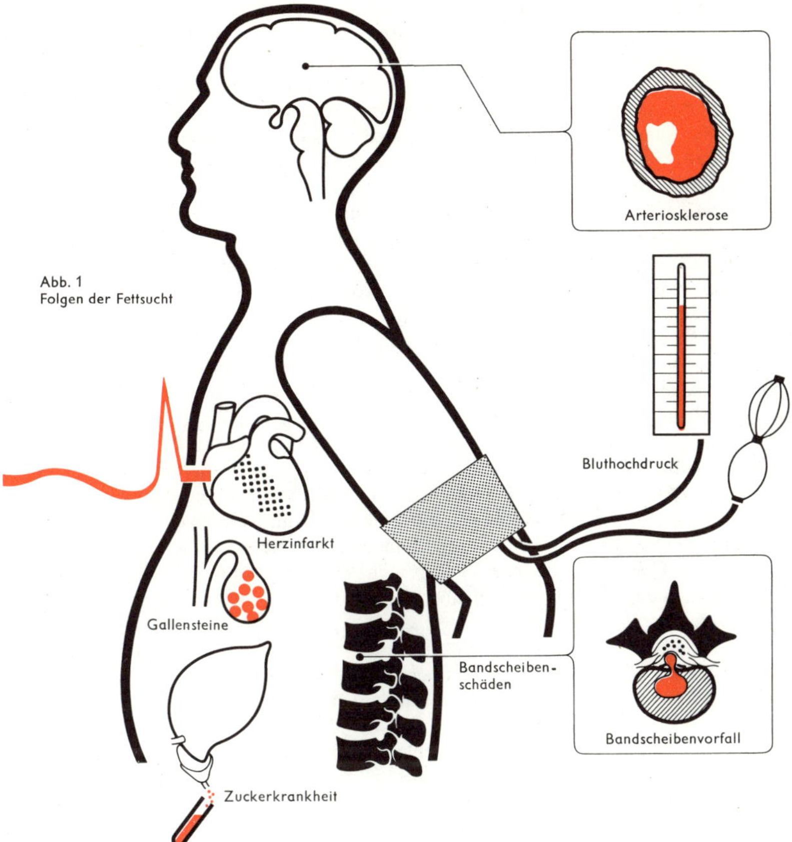

Abb. 1
Folgen der Fettsucht

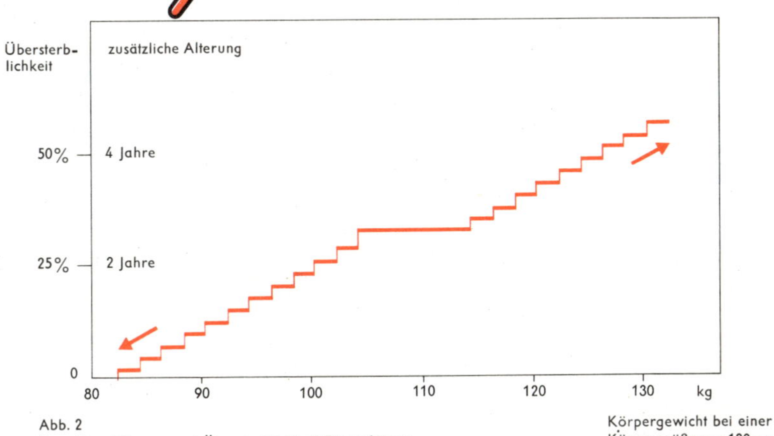

Abb. 2
Vorzeitige Alterung und Übersterblichkeit Fettsüchtiger

VITAMIN D · RACHITIS

Unter der Bezeichnung *Vitamin D* faßt man nah miteinander verwandte fettlösliche Stoffe zusammen, die mit der Nahrung aufgenommen werden, aber auch durch Sonnenbestrahlung aus ihren Vorstufen (Provitaminen) in der Haut gebildet werden können. – *Vitamin D_3 (Cholecalciferol)* ist tierischen Ursprungs und kommt hauptsächlich im Lebertran (aus Fischleber gewonnen) und im Eidotter vor. Es wird unter Sonneneinwirkung aus seinem Provitamin, das auch vom Cholesterinstoffwechsel geliefert werden kann, in der menschlichen Haut gebildet; Leber und Nieren führen es dann in die wirksame Form über. – Das aus einem anderen Provitamin entstehende *Vitamin D_2 (Calciferol)* ist dagegen pflanzlichen Ursprungs und v. a. in Brot und Hefe enthalten.

Vitmain D spielt eine entscheidende Rolle im *Kalkstoffwechsel.* Der menschliche Körper enthält 1,2–1,5 kg Calcium. 99 % des Minerals sind als Calciumphosphat im Knochensystem zu finden. Der Rest des Körpercalciums ist für den Ablauf einer ganzen Reihe lebenswichtiger Prozesse notwendig. Calciumionen spielen u. a. eine Rolle bei der Blutgerinnung, bei der Übertragung von Nervenreizen auf den Muskel und bei der Muskelkontraktion. Sie sind auch wichtig für die (normalerweise niedrige) Durchlässigkeit der Kapillar- und Zellwände. Ein konstanter Blutspiegel von 10 mg% (0,1 g Calcium in 1 l Blut) wird durch das Zusammenspiel von Vitamin D mit dem Hormon der Nebenschilddrüse (dem *Parathormon*) eingestellt. – Vitamin D fördert die Aufnahme von Calcium und Phosphat aus dem Darm, verbessert die Calciumeinlagerung in den Knochen und beeinflußt die Calciumausscheidung. Parathormon, bei vermindertem Calciumspiegel aus der Nebenschilddrüse freigesetzt, löst Calcium aus der Knochensubstanz heraus und stellt es im strömenden Blut zur Verfügung. Dabei kann Calcium unter dem Schutz von Vitamin D aus den älteren, stabilen Knochenanteilen entnommen und über das Blut in die zunächst noch knorpeligen Wachstumszonen verschoben werden.

Vitamin-D-Mangel, z. B. infolge allzu geringer Sonneneinwirkung in den Industriestädten unserer Klimazone, führt zu *Rachitis* (englische Krankheit). Trotz reichlichen Kalkangebotes ist die Kalkaufnahme durch den Darm dabei so vermindert, daß für den Knochenaufbau nicht genügend Material zur Verfügung steht. Hinzu kommt, daß der niedrige Blutcalciumspiegel zu einer vermehrten Ausschüttung von Parathormon führt, das dem Knochen nun noch zusätzlich Kalk entzieht. Besonders Säuglinge und Kleinkinder, auch Kinder im Streckalter zwischen dem 5. und 7. Lebensjahr, bei denen das schnell wachsende Knochensystem große Mengen von Calcium und Phosphat benötigt, sind durch die Rachitis bedroht. Die rachitischen Knochen bleiben weich und verformen sich unter dem Einfluß von Körpergewicht und Muskelzug. O-Beine, Verformungen des Brustkorbs (rachitischer Rosenkranz, Trichterbrust), des Beckens und Schädels (Quadratschädel) sind die Folgen. Auch das Gebiß wird durch den Kalkmangel geschädigt. – In der Schwangerschaft und während der Stillperiode ist der Calciumbedarf ebenfalls erhöht. Daher kann es unter Vitamin-D-Mangel bei Schwangeren und Wöchnerinnen zur *Osteomalazie* (Knochenerweichung) kommen.

Säuglinge und Kleinkinder sollen regelmäßig ein Vitamin-D-Präparat zur Vorbeugung gegen Rachitis erhalten. Dieses kann in entsprechend kleinen Dosen von Tag zu Tag verabfolgt werden oder in einer sog. „Stoßbehandlung“, z. B. 15 Tausendstel Gramm mit 1–2 Wiederholungen im Abstand von 3 Monaten. Besteht schon eine Rachitis, so darf diese nur unter ärztlicher Kontrolle und gleichzeitiger Calciumgabe mit Vitamin D behandelt werden. Es besteht sonst die Gefahr, daß der Blutcalciumspiegel unter der calciumeinlagernden Wirkung von Vitamin D allzu stark absinkt und eine *Spasmophilie* (bzw. Tetanie beim Erwachsenen) entsteht. Diese äußert sich in krampfartigen Muskelzuckungen mit „Pfötchenstellung“ der Hände und krampfbedingtem „Karpfenmund“; gefürchtet ist der Stimmritzenkrampf (Erstickungsgefahr).

Bei längerdauernder *Überdosierung von Vitamin D* sind Vergiftungen und Todesfälle vorgekommen. Sie sind auf überhöhte Blutcalciumspiegel mit Ablagerung von Calcium in weichen Geweben, v. a. in der Niere, zurückzuführen.

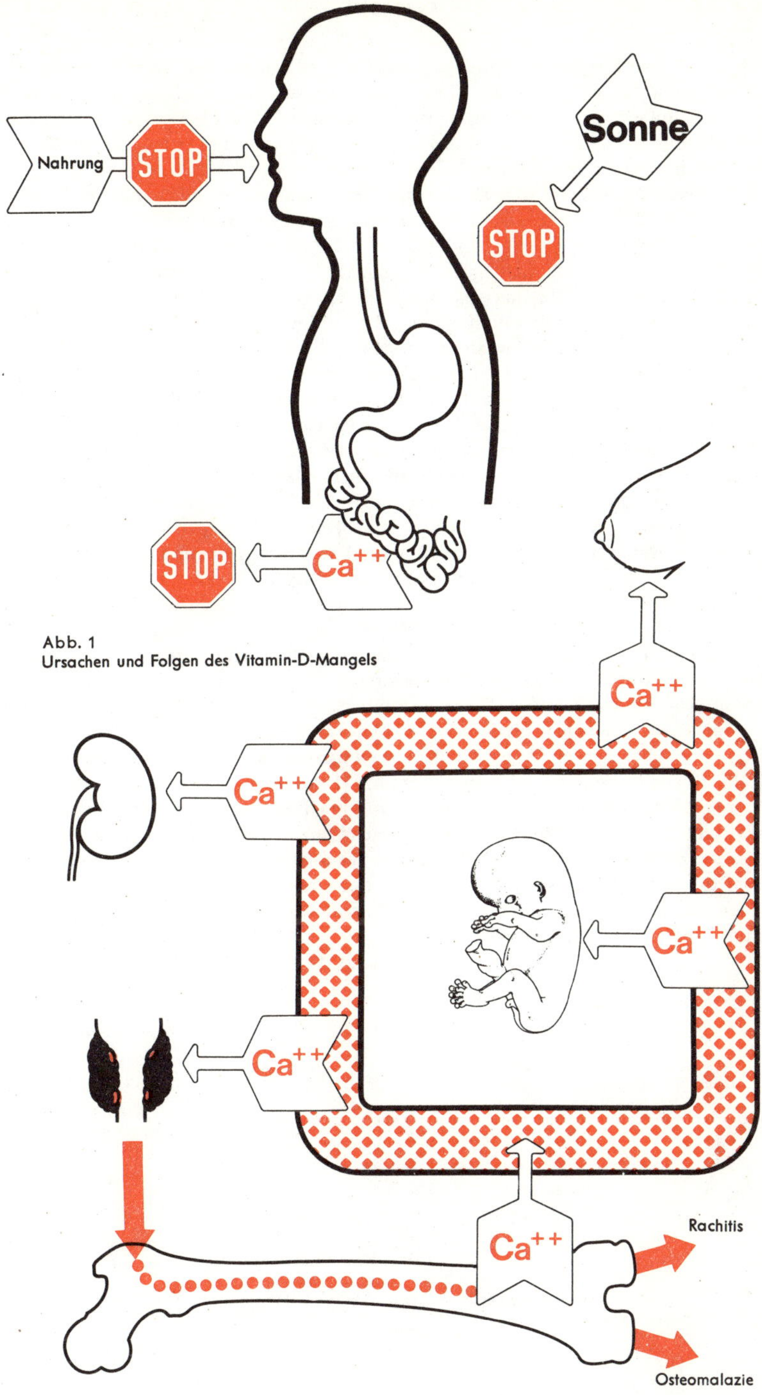

Abb. 1
Ursachen und Folgen des Vitamin-D-Mangels

GICHT

Gicht ist eine angeborene Stoffwechselstörung mit unregelmäßigem Erbgang, die zu rund 95 % bei Männern, und zwar meist erst nach dem 40. Lebensjahr, auftritt. Sie beruht auf einer Erhöhung des Harnsäurespiegels im Blut bei gestörter Harnsäureausscheidung. Als Folge dieser *Hyperurikämie* wird Harnsäure in bestimmten Gelenken, Schleimbeuteln und Sehnenscheiden abgelagert.

Die fortschreitend-chronisch verlaufende Gicht beginnt gewöhnlich mit einer akuten Gelenkentzündung, vorwiegend im Bereich der unteren Extremitäten; die große Fußzehe ist so gut wie immer beteiligt (sog. *Podagra*). Der *akute Gichtanfall* beginnt plötzlich mit einer äußerst schmerzhaften Rötung und Schwellung der betroffenen Gelenke. Manchmal gehen auch rheumatische Beschwerden, Nervosität, Übelkeit und vermehrter Harndrang voraus. Ohne Behandlung dauern die Anfälle tage- und wochenlang an, vergehen dann wieder und wiederholen sich nach beschwerdenfreien Zwischenzeiten. Im weiteren Verlauf werden die Gelenkknorpel durch eingelagerte Harnsäure zerstört, es kommt zu Gelenkverformungen und schließlich auch zur Gelenkversteifung. Harnsäureablagerungen in Schleimbeuteln und Sehnenscheiden verunstalten die Gelenke äußerlich. Gelegentlich werden außerdem harnsaure Nierensteine abgelagert.

Der *akute Gichtanfall* wird mit Kolchizin, einem Alkaloid der Herbstzeitlose, behandelt, das die Schmerzen relativ rasch beseitigt. Auch ACTH, Glukokortikoide, Pyrazol- und Indolderivate werden verwendet. – Die *Behandlung bei chronischer Gicht* strebt eine Abnahme des Harnsäurebestandes an, und zwar durch Hemmung der Harnsäurebildung mit Allopurinol, durch vermehrte Harnsäureausschwemmung mit harnsäuretreibenden Medikamenten und schließlich durch entsprechende Diät. Da Harnsäure in der Niere filtriert und anschließend in den Nierenkanälchen zum großen Teil wieder resorbiert wird, kann die Harnsäureausscheidung durch Hemmung der Rückresorption mit Hilfe von Probenecid, Sulfinpyrazon oder Brenzbromaron erheblich gesteigert werden. Die medikamentöse Therapie kann durch Vermeidung purinreicher Nahrungsmittel wie Innereien, Fleisch, Fleischextrakt, Anchovis und Hülsenfrüchte nachhaltig unterstützt werden. Auch Alkohol ist zu meiden, da die auf reichliche Alkoholzufuhr folgende Acidose (Ansäuerung) die Harnsäureausscheidung in der Niere hemmt. Schließlich sollte ein Abbau des oft gleichzeitig vorhandenen Übergewichts angestrebt werden. Ausreichende Flüssigkeitszufuhr wirkt der Bildung von Uratsteinen entgegen, ebenso die Einstellung eines geeigneten (geringeren) Säurewertes der Harnflüssigkeit. Bei konsequent durchgeführter Dauerbehandlung werden die Gichtknoten langsam abgebaut, auch die Harnsäureablagerungen in den Gelenken gehen zurück, und Gichtanfälle unterbleiben.

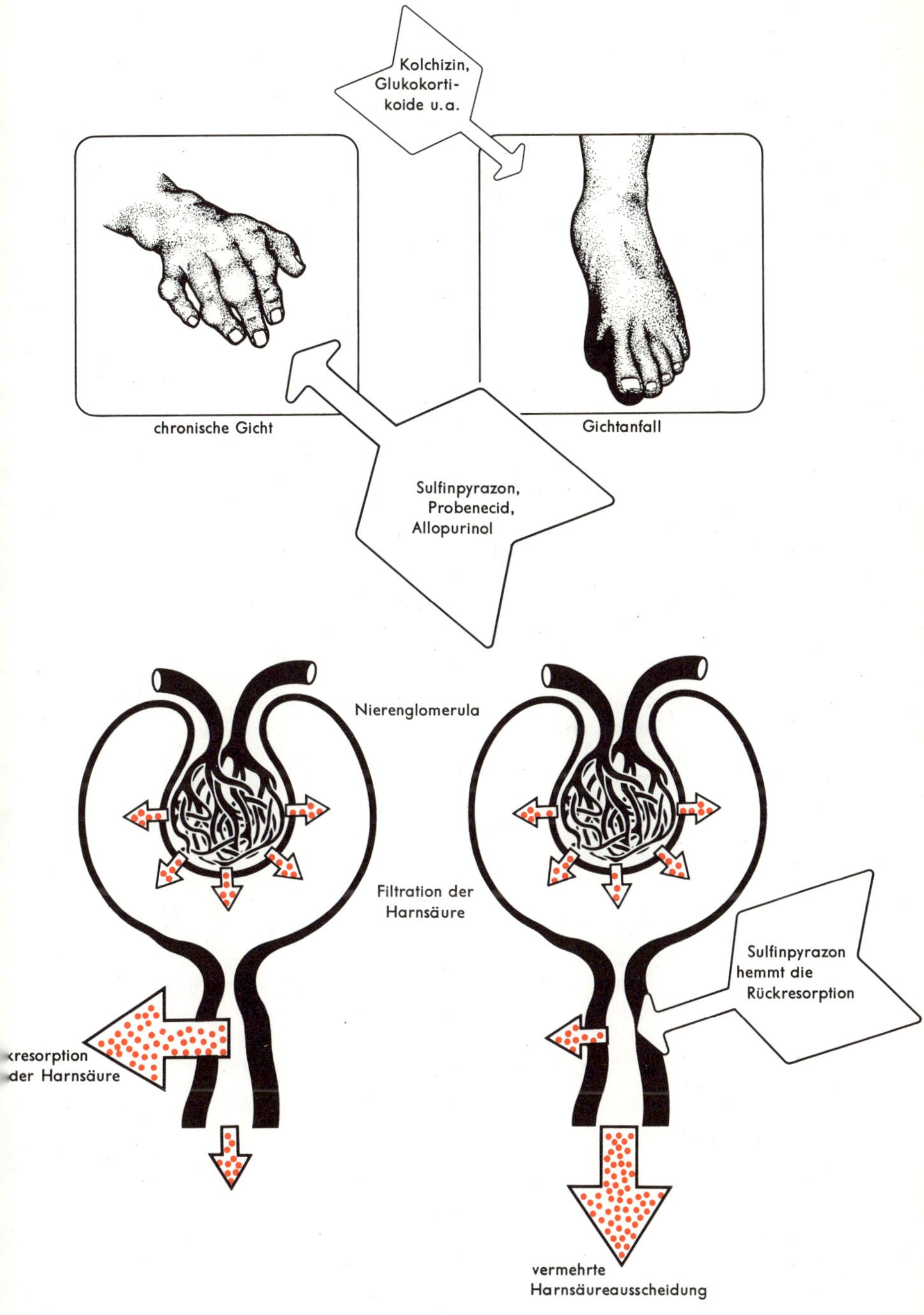

Abb. 1 Die Behandlung der Gicht

MUNDHÖHLE · SOOR · MUNDFÄULE · APHTHEN

In der Mundhöhle findet in erster Linie die Zerkleinerung der Nahrung statt, ihre Durchmischung mit Speichel und die Weiterbeförderung von schluckfähigen Bissen in die Speiseröhre. Durch ihre reiche Ausstattung mit berührungs-, temperatur- und geschmacksempfindlichen Nerven ermöglicht sie die letzte Kontrolle der zugeführten Nahrung. Beim Menschen erfüllt die Mundhöhle im Rahmen der Sprachbildung eine weitere wichtige Aufgabe (s. S. 470 ff.).

Beim Öffnen der Lippen erscheint zunächst der *Mundvorhof*, der einerseits von der Innenfläche der Lippen und Wangen, andererseits von der Außenfläche der Kieferfortsätze und Zähne begrenzt wird. Die *eigentliche Mundhöhle* wird in ihrem hinteren Bereich durch das Zäpfchen, die Gaumenbögen und den Zungengrund gegen den Rachen abgegrenzt. Ihre vordere und seitliche Begrenzung bilden die beiden Kieferfortsätze mit den Zahnreihen, ihr Dach ist der kuppelförmige Gaumen, der in seinem vorderen Teil knöchern und somit hart, im hinteren Bereich muskulös und daher weich und elastisch ist. Der *Mundhöhlenboden* wird vollständig von der Zunge überlagert, einem äußerst beweglichen muskulären Organ, dessen Schleimhaut von zahlreichen Drüsen und Sinneszellen durchsetzt ist. Beim Abheben der Zunge wird in der Mitte das Zungenbändchen sichtbar, an dessen beiden Seiten sich je eine Papille befindet; diese Papillen stellen den gemeinsamen Ausführungsgang der Unterzungendrüse und der Unterkieferspeicheldrüse dar. Den untersten Mundhöhlenbereich schließt eine Muskelplatte ab, die am Unterkieferrand entspringt und z. T. in die Zungenmuskulatur, z. T. in den Halsbereich hineinreicht. Die gesamte Mundhöhle mit Ausnahme der Zähne wird von Schleimhaut überzogen.

Krankhafte Veränderungen der Mundhöhle sind auf Grund der exponierten Lage der Mundhöhle sehr häufig. Viele Störungen im Bereich des Verdauungstraktes, auch manche Infektionskrankheiten gehen mit einem Schleimhautbelag besonders auf der Zunge einher.

Die eigentlichen Krankheiten der Mundhöhle sind selbst meist entzündlicher Natur. Der *Soor* ist eine Pilzerkrankung. Sein Erreger (Candida albicans) kann, ohne Krankheitserscheinungen hervorzurufen, von vornherein auf der Haut und den Schleimhäuten vorhanden sein. Verminderte Abwehrkräfte, auch Antibiotikabehandlung, begünstigen die Vermehrung der Pilze und ihr Eindringen in die Schleimhaut. Der Mundsoor äußert sich zunächst in Form fleckförmiger, weißlicher Auflagerungen auf rotem Grund, die sich zunehmend ausbreiten, so daß schließlich die gesamte Mundhöhle mit einem hellen Belag überzogen erscheint. Die Erkrankung kann sehr schmerzhaft sein. Die Behandlung erfolgt mit pilzfeindlichen Medikamenten (z. B. Nystatin).

Bei verminderter Abwehrlage (durch Hunger oder schwere Allgemeinerkrankungen) können auch andere, normalerweise unschädliche Besiedler der Mundhöhle mehr oder weniger tiefgreifende Schleimhautentzündungen verursachen, so u. a. Kokken und bestimmte stäbchenförmige Bakterien (Fusobakterien) zusammen mit einer Borrelienart. Dann kann es über eine oberflächliche *Mundschleimhautentzündung (Stomatitis)* zu geschwürigen Veränderungen, der sog. *Mundfäule (Stomatitis ulcerosa),* und im Extremfall sogar zum *Wangenbrand (Noma)* kommen. Die Mundschleimhautgeschwüre gehen mit brennendem Schmerz, aasartigem Geruch, seltener auch mit Fieber einher. Die Behandlung besteht u. a. in Mundspülungen und im Auswischen der Geschwüre mit Penicillinlösung.

Aphthen sind kleine, gelblich belegte, mit starken, brennenden Schmerzen einhergehende Schleimhautdefekte mit entzündlichem Randsaum. Unter *Herpesaphthen* versteht man aus geplatzten Bläschen entstehende linsengroße, gelbweiße Geschwüre mit bevorzugtem Sitz im Mundvorhof. Sie sind Ausdruck einer Virusinfektion mit dem Erreger des Herpes simplex und kommen vor allem bei Kindern und Jugendlichen vor. Die Ursache der *habituellen Aphthen,* die chronisch wiederkehren, ist nicht bekannt. Die Behandlung besteht u. a. in Mundspülungen und im Betupfen mit adstringierenden Lösungen.

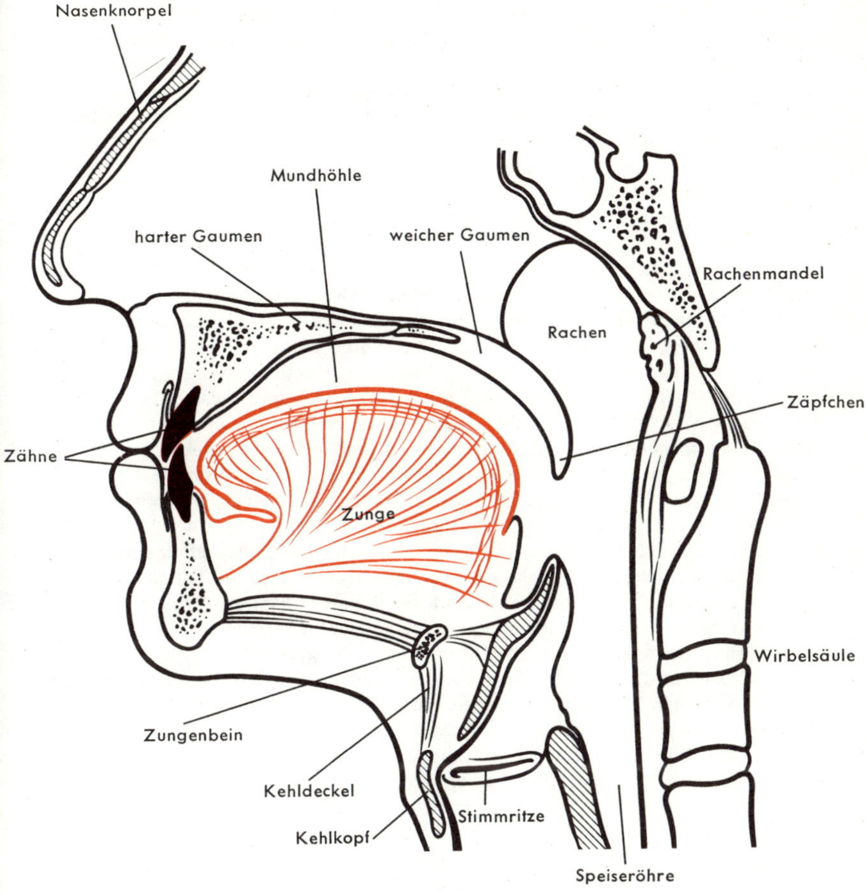

Abb. 1 Die Mundhöhle und ihre Umgebung

SODBRENNEN · AUFSTOSSEN

Unter *Sodbrennen* versteht man brennende Schmerzen, die auftreten, wenn der Magenmund zur Speiseröhre hin nicht dicht verschlossen ist. Meist erzeugt saurer oder übersäuerter Magensaft diese Empfindung. Doch kann Sodbrennen nicht nur durch die mehr oder weniger stark vermehrte natürliche Magensalzsäure erzeugt werden, sondern auch durch andere Säuren, wie sie bei Gärungsvorgängen im Magen entstehen. Dabei handelt es sich meist um Essigsäure, Milchsäure oder Propionsäure, die aus reichlich genossenen Süßigkeiten oder fetten Speisen vor allem im salzsäurearmen Magen gebildet werden; sie sollen als Gärungsprodukte u. a. auch am schlechten Mundgeruch beteiligt sein. Sodbrennen wird meist hinter dem unteren Brustbeinende empfunden, manchmal die Speiseröhre entlang bis hinauf zum Zungengrund. Durch Säure verursacht, kann Sodbrennen meist mit Hilfe säureabstumpfender Mittel zum Verschwinden gebracht werden. Doch soll Sodbrennen auch durch basische Flüssigkeiten (z. B. Galle) ausgelöst werden können.

Sodbrennen durch den Kontakt von saurem Magensaft mit der Speiseröhre kommt besonders häufig bei einer Form des Zwerchfellbruchs, der sogenannten *Hiatushernie*, vor. Dabei dringt ein Teil des Magens durch einen Zwerchfellschlitz in den Brustraum vor. Ursache eines unechten Zwerchfellbruchs kann eine angeborene abnorme Kürze der Speiseröhre sein. Echte Brüche entstehen durch die spätere Ausbildung einer Zwerchfellücke, durch die ein Teil des Magens in den Brustraum tritt oder auch zwischen Brust- und Bauchraum auf und ab gleiten kann. Kleine Brüche dieser Art sollen bei mehr als 20 % aller älteren Menschen vorhanden sein, aber selten Beschwerden machen. Zwerchfellbrüche äußern sich in Oberbauchbeschwerden und Sodbrennen, das sich im Liegen und nach reichlichen Mahlzeiten verstärkt.

Beim *Aufstoßen*, d. h. bei der Entleerung von Gas aus dem Magen, wird die Stimmritze geschlossen und das Gas durch Erhöhung des Bauchinnendrucks über den Magenmund nach oben ausgetrieben. Etwas Gas ist gewöhnlich schon in der Magenblase enthalten, wie man im Röntgenbild am Flüssigkeitsspiegel erkennen kann. Aufstoßen fördert indessen gewöhnlich Luft zutage, die beim Essen und Trinken zusätzlich verschluckt wurde. Dabei verschafft die Entdehnung des geblähten Magens eine gewisse wohltuende Erleichterung. Beim Säugling kann Aufstoßen der „sättigenden" Luft zur Fortsetzung der Mahlzeit erforderlich sein. Dabei wird manchmal etwas Milch mit aufgestoßen. Beim Erwachsenen führt eine bestimmte Kaskadenform des Magens zum Aufstoßen von Speisebrei.

Vermehrtes Aufstoßen kann bei nervösen und hastig essenden Menschen dadurch entstehen, daß bei Mahlzeiten übertrieben viel Luft verschluckt wird. Häufiger kommt es zustande, wenn ein Krampf der Speiseröhren- oder Magenwand wie eine Blähung des Magens empfunden und (nach unbewußtem Luftschlucken) als solche durch Aufstoßen beseitigt wird. Dieser Vorgang ist bei den verschiedensten Funktionsstörungen des Magens anzutreffen, so bei Sodbrennen, Magenschleimhautentzündung und auch beim Magengeschwür (Abb. 1). Manche säureabstumpfende Mittel, z. B. Natriumbicarbonat, setzen im Magen Kohlensäure frei. Längerdauernde, echte Erleichterungen, die dabei empfunden werden, sind nicht auf das Aufstoßen der Kohlensäure, sondern auf die Neutralisation des Magensaftes zurückzuführen. Indessen ist Natriumbicarbonat kein völlig harmloses Mittel, da im Magen auch einmal zu viel Kohlensäure entstehen oder übertrieben hohe Dosierung eine Untersäuerung verursachen könnte. Die Entspannung des Magenkrampfes kann auch durch andere säureabstumpfende Mittel ohne Gasentwicklung erreicht werden.

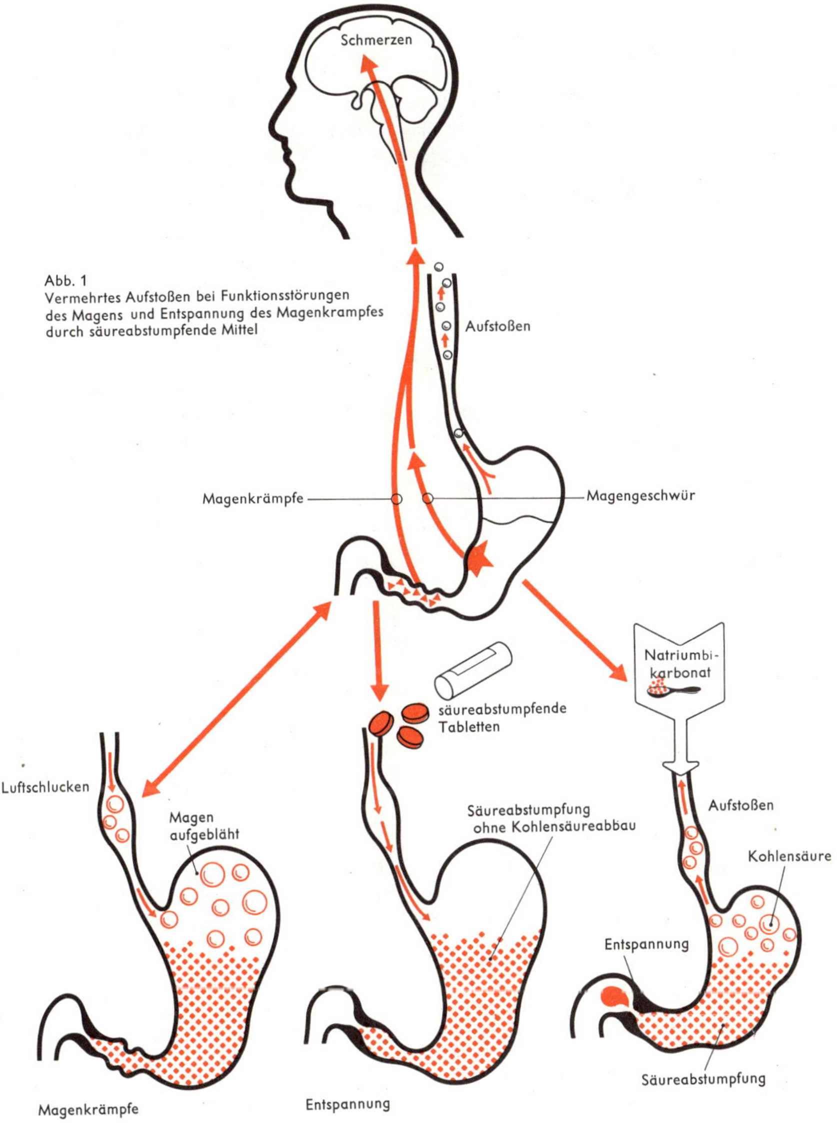

Abb. 1
Vermehrtes Aufstoßen bei Funktionsstörungen des Magens und Entspannung des Magenkrampfes durch säureabstumpfende Mittel

DAS ERBRECHEN

Das Erbrechen ist ein wichtiger Schutzreflex, der unter Mithilfe der Bauchpresse sowie durch Kontraktionen der Speiseröhre und des Schlundes eine Entleerung von Mageninhalt durch den Mund hervorruft (Magenbewegungen sind nur in geringem Maße daran beteiligt).

Der Schutzreflex wird gesteuert durch das im verlängerten Mark am Boden des IV. Ventrikels (Rautenhirn) in der Nähe der Vaguskerne liegende *Brechzentrum.* Neben dem Brechzentrum ist die sogenannte *Triggerzone*, die besonders durch chemische Reize (Bakteriengifte, Brechweinstein, Schwangerschaftstoxine sowie bei Behandlung mit Röntgenstrahlen entstehende Zerfallsprodukte) erregt wird, für das Erbrechen verantwortlich. Von dieser Zone gelangen Erregungen zum Brechzentrum, das dann den Brechakt in Gang setzt (Abb. 1).

Das Brechzentrum selbst steht in naher Beziehung zu anderen vegetativen Zentren, insbesondere zum Atemzentrum. Dies zeigt sich darin, daß in den meisten Fällen dem Erbrechen ein Übelkeitsgefühl mit vermehrter Speichelabsonderung und verlangsamter Atmung sowie ein Würgen unter unkoordinierten Atembewegungen bei erschlafftem Magentonus vorausgeht. Tiefes Atmen kann die Brechneigung u. U. verhindern. Man unterscheidet „zerebrales Erbrechen" bei direkter Einwirkung im Gebiet des Reflexzentrums und „peripheres Erbrechen" bei indirekter Erregung dieses Zentrums.

Ausgelöst wird das Erbrechen durch Vorgänge im Gehirn selbst (z. B. Erhöhung des Hirndrucks bei bestimmten Krankheiten), emotionelle Faktoren sowie vasomotorische Vorgänge (z. B. bei der Migräne). Außerdem können Geruchseindrücke sowie mechanische Reizungen des Rachenraumes zu Erbrechen führen. Vom Magen aus tritt dann Erbrechen auf, wenn der Binnendruck 25 cm Wassersäule übersteigt oder chemische Reize die Magen- oder Darmschleimhaut treffen. Das Erbrechen bei der Seekrankheit wird vom Gleichgewichtsorgan im Innenohr (dem Vestibularapparat) ausgelöst.

Vom Brechzentrum aus laufen (efferente) Impulse über die Hirnnerven zum Rachen und Gaumen, über den Vagusnerv zum Magen sowie über den Nervus phrenicus zum Zwerchfell und über Rückenmarksnerven zu den Atem- und Bauchmuskeln.

Die zuführenden (oder afferenten) Nerven sind sensible Fasern, die von der Pylorus- und Zwölffingerdarmgegend über den Sympathikus, von der Magengegend über den Vagus sowie über die entsprechenden Gehirnnerven das Brechzentrum erreichen. Die Triggerzone empfängt ihre Reize auf dem Blutwege.

Das Erbrechen beginnt mit einer tiefen Einatmungsbewegung bei geschlossener Stimmritze und Abschluß des Nasenrachenraumes (Heben des weichen Gaumens). Dadurch wird die Speiseröhre stark erweitert und nach Erschlaffen des Mageneingangs und des Magens selbst der Mageninhalt mittels kräftiger Kontraktionen des Zwerchfells und der Bauchmuskeln durch Speiseröhre und Mundhöhle herausgeschleudert.

Bei längerem Erbrechen kann es, abgesehen von dem damit verbundenen Salz- und Wasserdefizit, durch den Verlust an Magensäure zu einem Basenüberschuß im Blut und den damit zusammenhängenden Krankheitserscheinungen kommen.

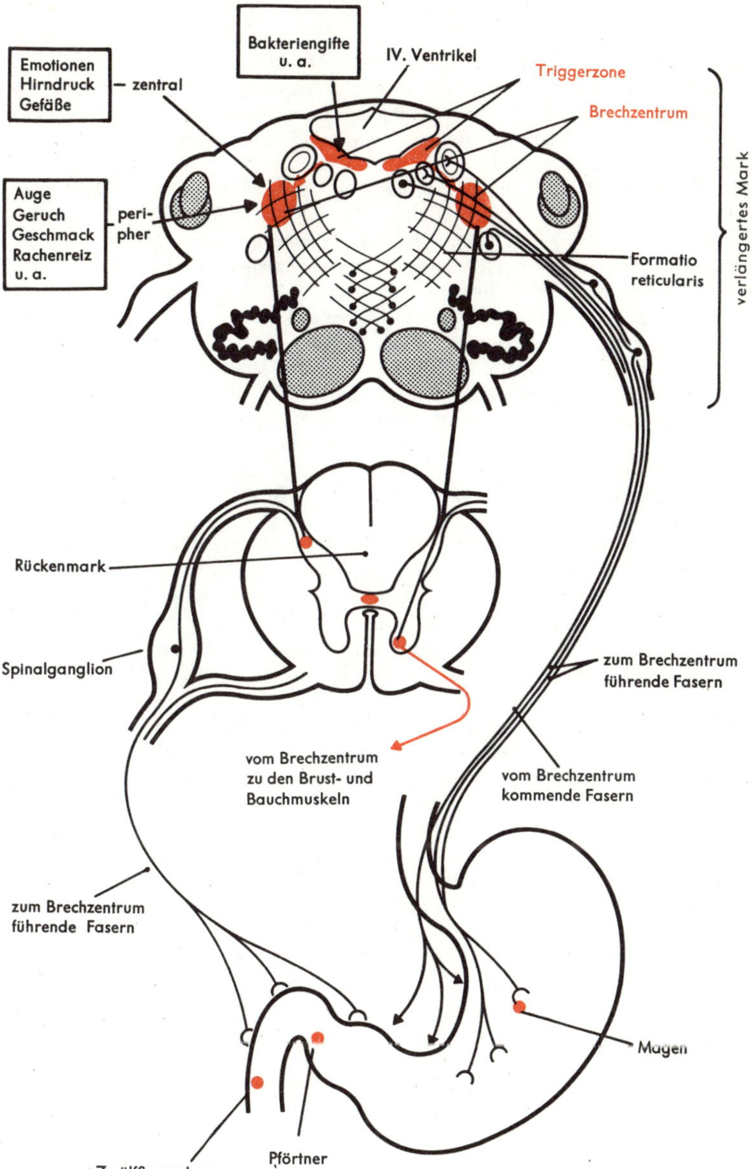
Emotionen
Hirndruck
Gefäße
zentral
Bakteriengifte
u. a.
IV. Ventrikel
Triggerzone
Brechzentrum
Auge
Geruch
Geschmack
Rachenreiz
u. a.
peri-
pher
verlängertes Mark
Formatio
reticularis
Rückenmark
Spinalganglion
zum Brechzentrum
führende Fasern
vom Brechzentrum
zu den Brust- und
Bauchmuskeln
vom Brechzentrum
kommende Fasern
zum Brechzentrum
führende Fasern
Magen
Zwölffingerdarm
Pförtner

Abb. 1

FLATULENZ

Als Flatulenz (Blähungen) bezeichnet man eine übermäßige Gasansammlung im Magen-Darm-Kanal, die der Betroffene entweder durch Aufstoßen oder durch vermehrten Abgang von Winden zu beseitigen sucht. Das angesammelte Gas erzeugt ein Gefühl der Völle oder des Druckes, manchmal verbunden mit schmerzhaften Darmkrämpfen. Drücken Magenblase und geblähte Dickdarmschlingen das Herz vom Zwerchfell her nach oben, können auch die Erscheinungen einer Angina pectoris (s. S. 56) auftreten. Gelegentlich werden eine gewisse Atmungsbehinderung oder auch nächtliches Alpdrücken verspürt.

Meist entsteht Flatulenz durch übermäßiges *Verschlucken von Luft*, das entweder durch schlechte Eß- bzw. Trinkgewohnheiten oder vor allem bei psychisch labilen Personen nervös bedingt sein kann. Hier kann eine gewisse Selbstkontrolle bzw. psychische Entspannung Abhilfe schaffen. Daneben spielt auch die Geschwindigkeit, mit der Darmgase ins Blut aufgenommen werden bzw. als Winde abgehen, eine Rolle. Eine weitere Ursache der Flatulenz ist daher z. B. eine *mangelhafte Darmdurchblutung*, etwa als erstes Anzeichen einer Herzschwäche.

Schließlich wird die Neigung zu Blähungen verstärkt, wenn ungenügend verdaute Speisen in tiefere Darmabschnitte gelangen und dort Fäulnis und Gärung anregen. Dies ist nicht nur bei Überladung des Magen-Darm-Kanals durch übertrieben große Mahlzeiten der Fall, sondern auch dann, wenn die Verdauungskraft des Magen-Darm-Saftes vermindert ist. Im letzteren Fall können Enzympräparate nützlich sein. Zellstoffhaltige Nahrungsmittel, die die Gärung anregen, z. B. Zwiebeln, Kohl und Hülsenfrüchte, begünstigen die Entstehung der Flatulenz, ein Zusammenhang, der bei der Beurteilung der Verträglichkeit von Speisen eine Rolle spielt (s. S. 128 ff.). Auch Unterfunktion der Bauchspeicheldrüse, Erkrankungen von Leber und Galle, chronische Magen-Darm-Krankheiten und Durchfall können eine Rolle spielen. Besonders häufig kommt Blähsucht zusammen mit Verstopfung vor.

Ist die Blähsucht in diesem Sinn nicht durch schlechte Trinkgewohnheiten oder psychische Fehlhaltungen bedingt, sondern durch chronische Magen-Darm-Krankheiten, Leber- oder Pankreasleiden, Durchfall oder Verstopfung verursacht, müssen erst die Grundkrankheiten behandelt werden. Das gleiche gilt für Herz- und Kreislaufkrankheiten, sofern sie durch Minderdurchblutung des Darms zur Blähsucht beitragen. An zweiter Stelle steht die Vermeidung von Speisen, die die Gasbildung besonders begünstigen (Hülsenfrüchte, Kohl, Zwiebeln, Rettich, Gurkensalat). Gründliches Kauen und ausreichende Speicheldurchmischung der Bissen verbessern die Verdauung. Maßvolle körperliche Bewegung jeder Art beschleunigt die Darmtätigkeit und vermindert die krampfartig-schmerzhafte Einklemmung von Winden. Krampflösende Arzneimittel können bei stärkeren Blähungsbeschwerden nützlich sein. Abführmittel sollten ohne ärztlichen Rat nicht über längere Zeit eingenommen werden.

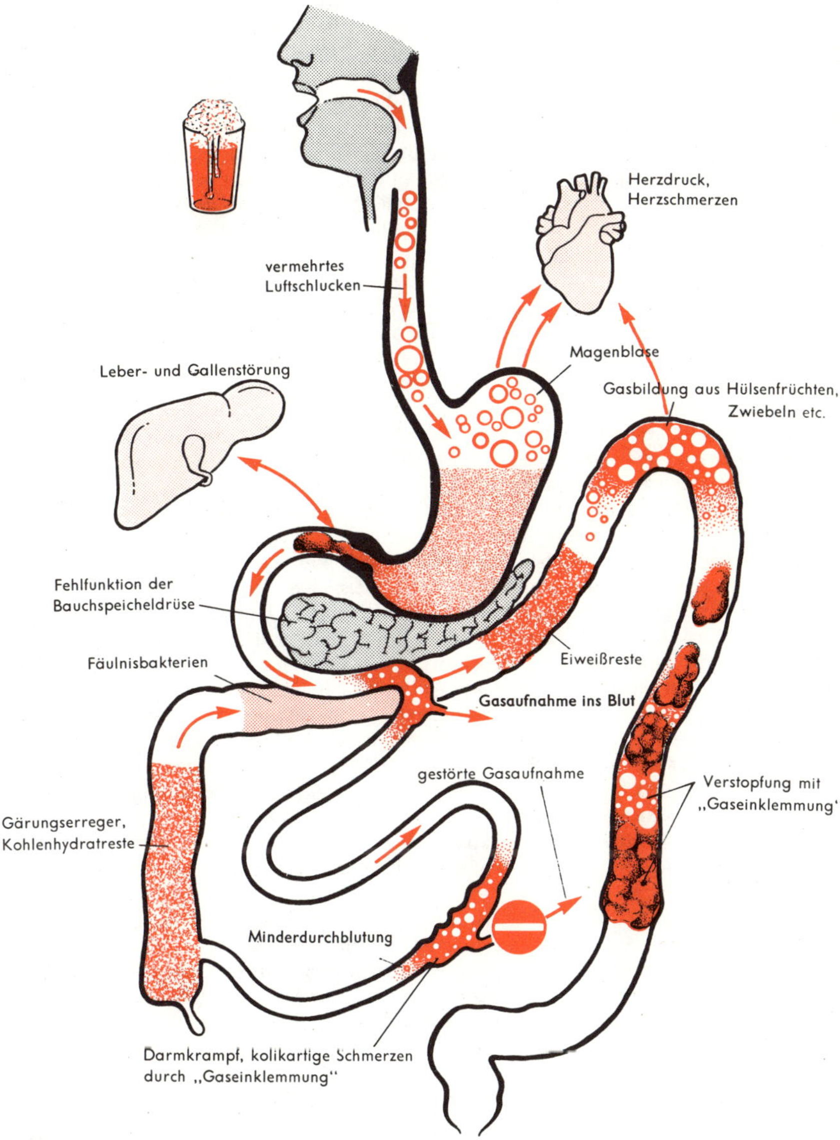

Abb. 1
Die verschiedenen Ursachen und Erscheinungen der Flatulenz

BAUCHSCHMERZEN · EINGEWEIDESCHMERZ

Bei allgemeinen *Bauchschmerzen* (Abb. 1) handelt es sich meist um entsprechend weit ausgedehnte Krankheitsprozesse, so bei der Bauchfellentzündung mit und ohne Durchbruch von Hohlorganen, bei allgemeinen Darmerkrankungen, bei Wurmkrankheiten oder Blähungen. Ausstrahlende Schmerzen können den ganzen Bauchraum von kleinen Erkrankungsherden her erreichen, ja selbst vom Brustraum aus, wie z. B. beim Herzinfarkt. Andere Schmerzen sind enger umschrieben; so bleiben Magenschmerzen z. B. oft auf den mittleren Oberbauch, Dünndarmschmerzen auf den Mittelbauch und Dickdarmschmerzen auf den mittleren Unterbauch beschränkt. Kleineren Krankheitsherden können noch engere Schmerzgebiete zugeordnet sein.

Erkrankungen einzelner Organe lassen sich manchmal nicht nur am Sitz, sondern auch an der Eigenart der Schmerzen erkennen. Die Schmerzen des Magen- und Zwölffingerdarmgeschwürs werden als bohrend beschrieben; oft bestehen schmerzfreie Intervalle und zeitliche Beziehungen zu den Mahlzeiten. Darmschmerzen sind meist kolikartig, sie verlaufen gewöhnlich in Form heftiger Schmerzanfälle. Anfallsartig treten auch die Schmerzen der Gallenkolik auf; sie sitzen im rechten Oberbauch und strahlen entlang dem unteren Rippenrand bis in die rechte Schulter aus. Die Schmerzen einer Nierenkolik ziehen aus der Nierengegend den Harnleiter entlang vorwärts und abwärts. Gallenkolik und Nierenkolik machen die Patienten ruhelos, im Gegensatz zu Schmerzen, die vom Bauchfell ausgehen wie bei Wurmfortsatzentzündung oder Bauchhöhlendurchbruch.

Noch größere Unterschiede bestehen, wenn man die Schmerzempfindungen des Körperinnern, den Tiefenschmerz, mit dem Oberflächenschmerz vergleicht:

Oberflächenschmerzen gehen nur von der Haut und den angrenzenden, oberflächlichen Schleimhautbezirken aus. Bei einem Nadelstich oder einer oberflächlichen Verbrennung z. B. wird ein heller, eng umschriebener Schmerz empfunden, der zu unbewußten und doch oft gezielten Abwehr- und Fluchtbewegungen führt. Derartige Reaktionen sind im Prinzip sinnvoll, weil der Organismus die Ursachen des Oberflächenschmerzes oft tatsächlich entfernen oder ihnen entfliehen kann. Im Gegensatz dazu hat der tiefe Schmerz bei der Erkrankung innerer Organe (ebenso beim Quetschen eines Fingers oder beim Schlag auf eine Knochenkante) keinen hellen, sondern eher dumpfen Charakter; er ist quälend und stärker unlustbetont, läßt sich räumlich schlechter umschreiben und strahlt in die Umgebung aus. *Tiefenschmerz* veranlaßt nicht zu Flucht- und Abwehrbewegungen, sondern eher zur Schonung und Ruhigstellung. Dabei ist die Unruhe der Nierenkolik keine echte Ausnahme, handelt es sich doch hier um eine unbestimmte Unruhe und keinen gezielten Flucht- oder Abwehrreflex. Schnitt, Stich oder Quetschungen lösen an den Eingeweiden wie Herz oder Darm (im Unterschied zu Bindegewebe, Muskeln und Knochenkanten) keine Schmerzempfindungen aus. Der *Eingeweideschmerz* entsteht vielmehr durch Entzündung, Dehnung oder Sauerstoffmangel. Bei vielen Eingeweideschmerzen dürften Krämpfe glatter Muskeln im Vordergrund stehen, die als solche örtlich zur Dehnung, Blutleere und Sauerstoffverarmung führen können. Die Ausstrahlung von Schmerzen kommt zustande, weil verschiedene Körperregionen und Organe ihre Schmerzfasern zu gleichen oder doch miteinander verbundenen Nervenzentren entsenden. Übertragene Schmerzen kommen z. B. von der Gallenblase zur Haut zwischen den Schulterblättern, vom Nierenbecken in die Leistengegend vor; ihr gemeinsames Nervenzentrum liegt jeweils im gleichen Rückenmarksabschnitt.

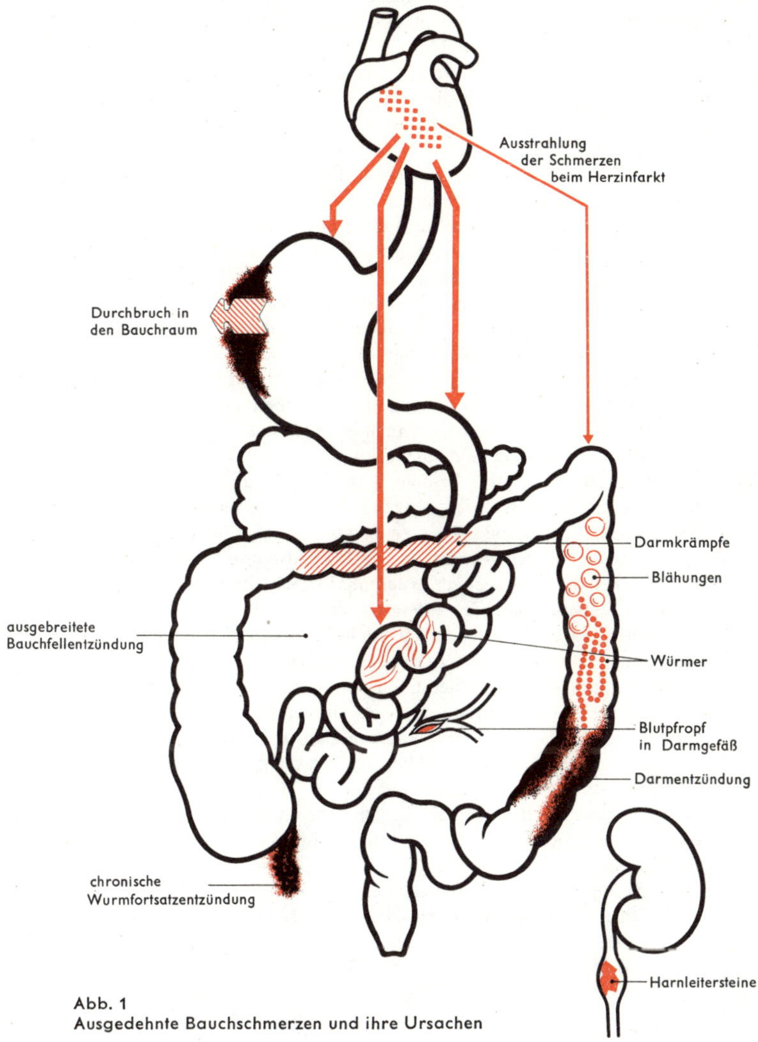

Abb. 1
Ausgedehnte Bauchschmerzen und ihre Ursachen

BRUCHLEIDEN

Die Bauchorgane werden rings von einer muskulären, z.T. auch knöchernen Bauchhöhlenwand gestützt. Die Bauchhöhlenwand ist innen mit Bauchfell ausgekleidet, einer dünnen, durchsichtigen Haut, die in einer zweiten Schicht außerdem auch noch alle Bauchorgane überzieht. Gibt die Bauchhöhlenwand an irgendeiner schwachen Stelle nach, so drängen die Bauchorgane, meist der besonders bewegliche Dünndarm, durch die entstehende Lücke nach außen und schieben das Bauchfell sackartig vor sich her. Es entsteht ein *Bruchsack* (Abb. 1). Solche Eingeweidebrüche entstehen v.a. dort, wo die Bauchwand als Durchtrittspforte *(Bruchpforte)* dient und daher schwächer ist. In diesem Sinne schwach ist vor allem die Leistengegend, auf der im Stehen außerdem die Eingeweidesäule lastet. Beim männlichen Geschlecht kommt bruchbegünstigend hinzu, daß die Hoden auf ihrem Weg in den Hodensack eine Bauchfellverdoppelung als Gleitschiene benutzen, die sich später nicht immer zurückbildet und so den Leistenkanal von vornherein zur Bruchpforte stempelt (Abb. 2a und 2b). Neben dem *Leistenbruch*, der oberhalb des Leistenbandes austritt, gibt es (auch bei der Frau) den unterhalb liegenden *Schenkelbruch.* – *Nabelbrüche* entstehen bei Neugeborenen im Bereich des Nabelrings, der sich nach der Geburt erst allmählich schließt, vor allem dann, wenn das Neugeborene beim Husten (besonders bei Keuchhustenanfällen) Eingeweide nach außen preßt. Seltener sind Brüche oberhalb des Nabels, seitlich im Bereich von Muskellücken oder Narben. Viele schon vorher angelegte Brüche machen sich erst im zweiten oder dritten Lebensjahrzehnt bemerkbar; dabei können ruckartige Druckerhöhungen, etwa durch Heben oder Blasen, eine Rolle spielen. Auch Auftreibungen des Leibes können erweiterte Bruchpforten zurücklassen, ebenso Fettleibigkeit und plötzliche Abmagerung.

Viele Bruchträger sind sich ihres Leidens nicht bewußt und werden erst bei einer ärztlichen Untersuchung auf den Defekt hingewiesen. Oft wird eine örtliche Schwellung bemerkt, die sich beim Husten oder Pressen vergrößert. Der Bruch kann dann auch beim Gehen und Stehen, bei Arbeit oder Freizeitbeschäftigung lästig werden. Anfangs und oft für lange Zeit kann man den Bruchinhalt noch durch die Bruchpforte ins Bauchinnere zurückschieben. Dies ändert sich, wenn Druck und Reibung zu Entzündungen und Verwachsungen führen. Jetzt läßt sich der Bruch nicht mehr ohne weiteres zurückbringen, und es kommt häufiger zu ziehenden Schmerzen, Übelkeit und Stuhlverstopfungen. Bruchkranke sind aber auch noch von anderen Komplikationen bedroht. So kann die vorgelagerte Darmschlinge sich bis zu Verstopfung und Darmverschluß mit Gas oder Kot füllen. Darmverschluß kann rascher und schmerzhafter auch durch die *Einklemmung von Brüchen* entstehen. Dabei ziehen die gedehnten oder entzündlich gereizten Bauchmuskeln sich z.B. rings um die Bruchpforte plötzlich zusammen; nun kann Kot oft zwar noch eintreten, die eingeklemmte Darmschlinge aber nicht mehr verlassen. Manchmal wird auch der Blutdurchfluß im Bruchsack gestaut oder gar völlig unterbrochen, es kommt zu schweren örtlichen Ernährungsstörungen, zu Darmbrand, Darmdurchbruch und Bauchfellentzündung. Die Brucheinklemmung ist meist von plötzlichen, stärksten Schmerzen begleitet, dann kommen Erbrechen, Kot- und Gassperre hinzu, bei Bauchfellentzündung außerdem auch Blässe, Pulsbeschleunigung, Fieber und das bezeichnende eingefallene Gesicht. Zur Vermeidung von Komplikationen sollten Bruchleiden rechtzeitig operiert werden. Ein *Bruchband* zur Zurückhaltung des Bruchs wird nur verwendet, wenn die Operation nicht ratsam oder undurchführbar ist. So wartet man mit der Operation z.B. bei Kindern unter zwei Jahren führbar ist. – Besondere Maßstäbe werden an die (sich u.U. zurückbildenden) Brüche von Säuglingen und Kleinkindern angelegt.

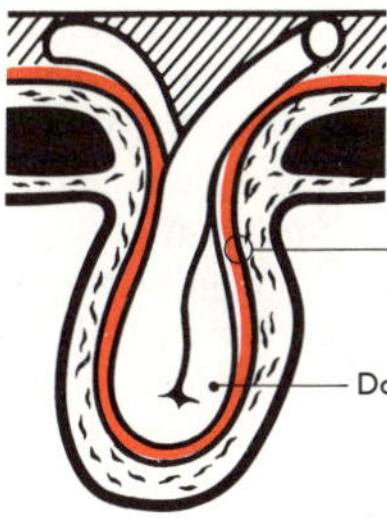

Abb. 1
Bruchsack

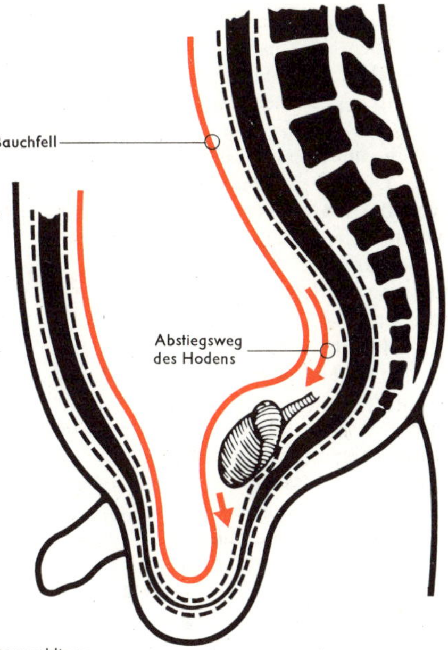

a) Abstieg des Hodens
durch den Leistenkanal

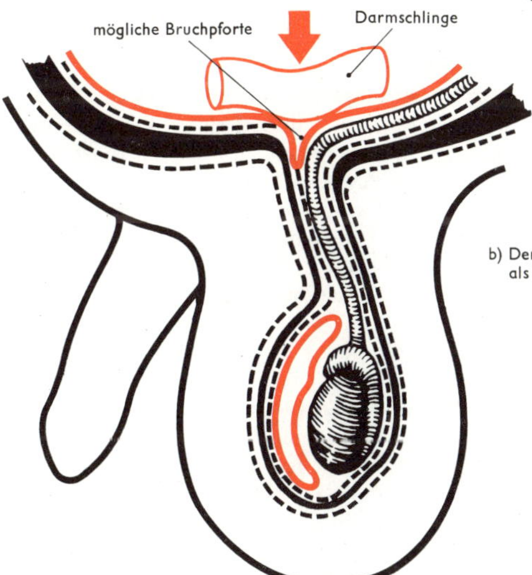

b) Der frühere Weg des Hodens bleibt
als mögliche Bruchpforte zum Teil bestehen

Abb. 2
Die angeborene Anlage zum Leistenbruch

DER MAGEN

Der Magen ist eine sackartige Erweiterung des Verdauungskanals. Er dient als Speicher für die aufgenommene Nahrung, die er mit Hilfe des Magensaftes so weit vorbereitet, daß sie als *Speisebrei (Chymus)* in den Dünndarm weitergeleitet werden kann. Beim Magen unterscheidet man den *Magenmund (Kardia)*, den *Magengrund (Fundus)*, den *Magenkörper (Korpus)*, der in die tiefstliegende Stelle, den *Sinus*, übergeht, schließlich den Vorraum des Magenpförtners *(Antrum)* und den *Magenpförtner (Pylorus)* selbst. Der Magen hat zwei ungleich lange und ungleich stark gekrümmte Ränder, die *Curvatura major* (linker Magenrand), die den Fundus mit einschließt, und die *Curvatura minor* (rechter Magenrand) als Fortsetzung des Speiseröhrenbogens (Abb. 1). Die *Magenwand* ist 2–3 mm stark und besteht aus vier Schichten, und zwar von außen nach innen: Serosa (als Bauchfellüberzug), Muskelschicht, Submukosa und Mukosa (die Schleimhaut); letztere hat drei Arten von Drüsen, nämlich 1. Schleimdrüsen an der Kardia, 2. Fundus- und Korpusdrüsen mit je drei typischen Zellarten (Hauptzellen als Pepsinbildner, Belegzellen als Salzsäurebildner und schleimbildende Nebenzellen) und 3. schleimbildende Pylorusdrüsen, in denen auch das hormonartige Gastrin gebildet wird (s. auch Abb. 6, S. 155).

Der *Magenschleim* hat die Fähigkeit, Salzsäure zu binden, so daß ihm eine wichtige Schutzfunktion gegen die „Selbstverdauung" der Magenschleimhaut zukommt. Er hat ferner die Aufgabe, die Magenschleimhaut vor mechanischer, enzymatischer und thermischer Schädigung zu schützen.

Die wesentliche Bedeutung der *Magensalzsäure* liegt einmal in der Denaturierung von Eiweiß, zum anderen in der Schaffung eines für die Wirkung von Pepsin optimalen Milieus. Außerdem tötet sie mit der Nahrung eindringende Bakterien ab und regt schließlich nach Übertritt in den Darm die Bauchspeicheldrüse zur Sekretion an. Bei Fehlen der Salzsäure *(Anacidität)* kann die Eiweißverdauung erheblich gestört sein. Abnorm hohe Säuremengen verursachen Sodbrennen und spielen besonders bei der Entstehung von Zwölffingerdarmgeschwüren eine Rolle.

Das *Pepsin*, das in den Hauptzellen der Fundus- und Korpusdrüsen als inaktive Vorstufe gebildet wird, geht unter Einwirkung der Salzsäure in seine aktive Form über. Sobald aus dem *Propepsin* etwas Pepsin entstanden ist, wandelt dieses autokatalytisch auch den Rest in die aktive Form um. Pepsin baut Nahrungseiweiß zu Albumosen und Peptonen ab. Wichtig ist auch dabei die Anwesenheit von Salzsäure zur Einstellung des optimalen Säuregrades für die enzymatische Pepsinwirkung.

Für die Kohlenhydratverdauung werden im Magen keine Enzyme gebildet. Die kohlenhydratspaltenden Enzyme des Speichels wirken aber noch so lange weiter, als der Mageninhalt noch nicht mit Salzsäure vermengt ist. – Die fettspaltende *Magenlipase* wird nur in geringen Mengen sezerniert. Fette durchwandern den Magen daher im allgemeinen unverdaut.

In der Magenschleimhaut wird auch der *Intrinsic factor* gebildet, der die Resorption des für die Blutbildung wichtigen Vitamins B_{12} ermöglicht (s. auch S. 132 und S. 92).

Bereits in Ruhe sondert der Magen geringe Mengen von Verdauungssäften ab. Diese Ruhesekretion des Magens (Abb. 3a) von rund 10 cm^3 pro Stunde kann nach einer Nahrungsaufnahme bis auf 1 000 cm^3 ansteigen. Die Magensekretion kann auf nervösem Weg schon durch den Anblick oder den Geruch von Speisen gesteigert werden (Abb. 3c), aber auch psychische Erregung kann zu vermehrter Magensekretion führen (Abb. 3b). Sobald die Speisen in den Mund gelangen und gekaut werden, kommt es zu einer weiteren Steigerung der Magensekretion. Daß die Magensekretion auch ohne Kontakt der Nahrung mit der Magenschleimhaut schon ansteigt, konnte I. P. Pawlow in Tierversuchen nachweisen, indem er die vom Versuchstier aufgenommene Nahrung gar nicht in den Magen gelangen ließ und trotzdem gesteigerte Sekretion feststellte. Daran ist ein Reflex beteiligt, der über die verschiedenen Chemo- und Mechanorezeptoren der Mundschleimhaut die Magensaftsekretion anregt *(Appetit-*

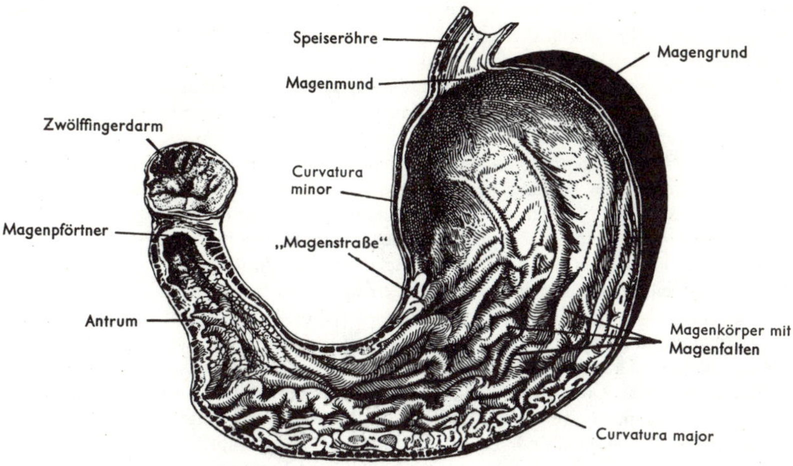

Abb. 1
Form und Aufbau des Magens

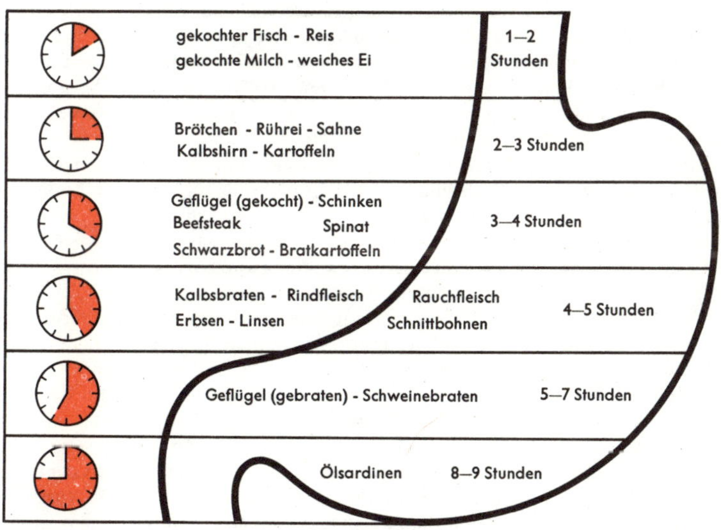

Abb. 2
Verweildauer einzelner Speisen im Magen

saft). Gründliches Kauen der Nahrung, aber auch Wohlgeschmack und Appetitlichkeit der Speisen sind daher ein entscheidender Faktor für die Ankurbelung der Verdauung.

Verfolgt man den Weg der Speise vom Mund aus weiter, so tritt die Nahrung aus der Speiseröhre durch die Kardia in den Magen über. Diese wird reflektorisch geschlossen, so daß der Mageninhalt nicht in die Speiseröhre zurückgelangen kann. Auch die Öffnung erfolgt reflektorisch, und zwar über eine Reizung der Speiseröhrenschleimhaut durch niedergleitende Bissen. Heiße, scharfe oder ätzende Speisen verursachen eine krampfartige Kontraktion *(Kardiospasmus).*

Hinsichtlich der Eigenbewegung unterscheidet man zwei funktionell verschiedene Magenabschnitte: den *Verdauungssack (Canalis digestorius)* und den *Entleerungskanal (Canalis egestorius).* Nur der letztere führt deutliche peristaltische Bewegungen aus. – Die Magenmotorik wird u. a. auch durch die Zusammensetzung der Speise beeinflußt (s. u.). Fette schwächen die Peristaltik ab, Kohlenhydrate fördern sie. Entsprechend ist die Verweildauer der Speisen im Magen sehr unterschiedlich (Abb. 2, S. 153).

Die *gastrische Phase* der Magenverdauung (Abb. 4; vgl. auch Abb. 6) kommt durch chemische Reizung der Magenschleimhaut in Gang, aber auch durch Dehnung der Muskulatur der Pylorusgegend. Besonders wirksam sind bereits angedaute Speisen (z. B. Fleischextrakt), unwirksam dagegen Fette und Kohlenhydrate. Chemische Stoffe und Verdauungsprodukte wirken meist nicht direkt auf die Magendrüsen; sie regen vielmehr die Pylorusschleimhaut zur Bildung des Gewebshormons Gastrin an, das über den Blutweg die Fundusdrüsen zur Säure- und Enzymsekretion veranlaßt. Die Bildung von Pepsin in den Hauptzellen der Fundusdrüsen ist noch einem weiteren „Verdauungshormon", dem Sekretin, zuzuschreiben. Die in den Belegzellen des Fundus gebildete Salzsäure scheint selbst insofern als Regulator zu wirken, als stark saurer Mageninhalt beim Tiefertreten die Salzsäuresekretion und Magen-Darm-Motorik bremst. Da alle diese Reaktionen hauptsächlich von den Pylorusdrüsen gesteuert werden, spricht man auch von der *Pylorusphase* der Verdauung. An ihr nehmen als lokal chemische Vermittler auch Histamin und Acetylcholin (der Überträgerstoff des die Magentätigkeit steigernden Vagus) und neben Gastrin eine Reihe weiterer (meist magenhemmender) Proteohormone teil.

An die gastrische Phase schließt sich die *intestinale Phase* der Magenverdauung an (Abb. 5; vgl. auch Abb. 6). Sie beginnt, sobald die Nahrung verflüssigt ist. Maßgebend für die Entleerung des Speisebreis in den Darm sind vor allem das Volumen des Chymus (d. h. der Druck im Mageninnern) und die Zusammensetzung des Speisebreis. Solange der Druck im Magen infolge geringer Füllung und allzu schwacher peristaltischer Tätigkeit den Druck im Zwölffingerdarm nicht übersteigt, erfolgt keine Entleerung. Der Übertritt von Speisebrei in den Dünndarm wird u. a. auch von Enterogastron, einem Gewebshormon der Zwölffingerdarmschleimhaut, gesteuert. *Enterogastron* hemmt auf dem Blutweg die Motorik und Sekretion des Magens. Es wird im Duodenum unter dem Einfluß bestimmter Nahrungsbestandteile freigesetzt. Während Fette seine Freisetzung begünstigen und damit die Magenentleerung verzögern, sind Kohlenhydrate und Eiweiße weniger wirksam. Daher verbleiben Fette bei weitem am längsten im Magen. Von der Darmschleimhaut aus wird auf humoralem Weg neben der Magentätigkeit (meist hemmend) auch die Funktion der Gallenblase und der Bauchspeicheldrüse beeinflußt (Cholezystokinin-Pankreozymin, Sekretin, VIP, Glukagon, Somatostatin). Man hat den Magen-Darm-Kanal daher auch als das größte hormonproduzierende Organ des Körpers bezeichnet.

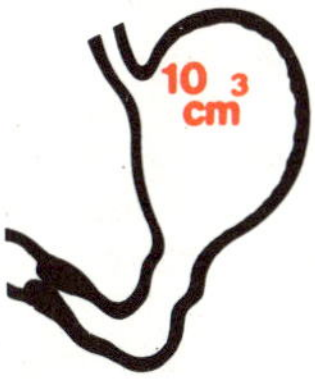

Abb. 3a Ruhesekretion

Abb. 3b Psychische Reizung durch Aufregung

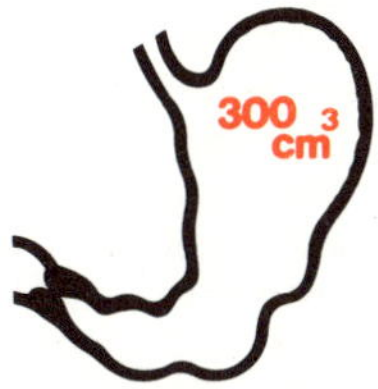

Abb. 3c Psychische Reizung durch Anblick von Speisen

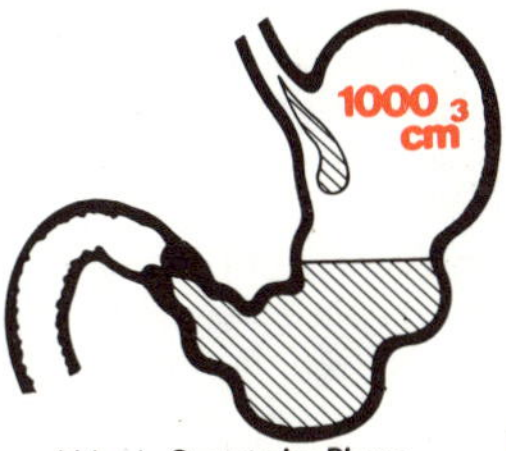

Abb. 4 Gastrische Phase

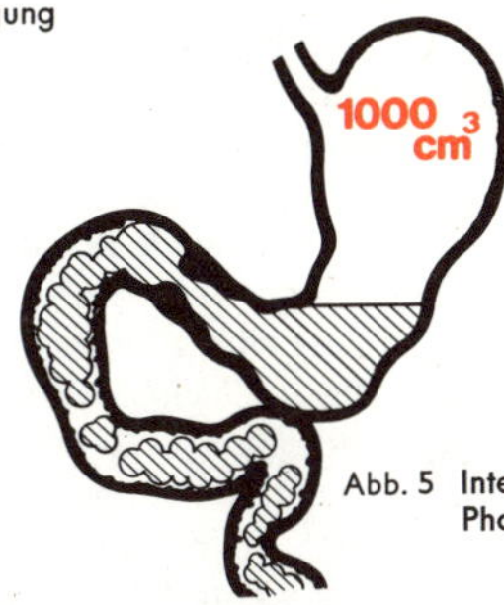

Abb. 5 Intestinale Phase

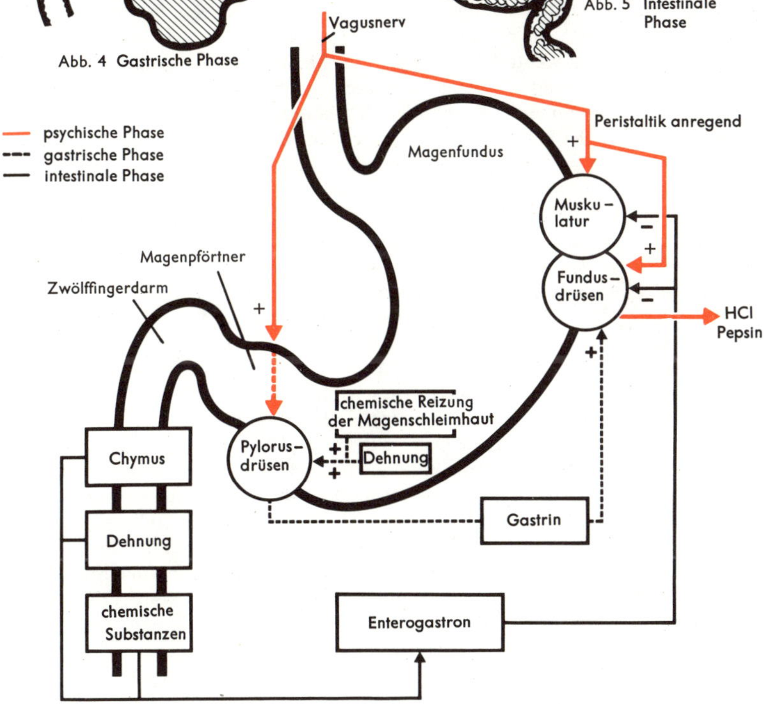

Abb. 6 Magenverdauung

MAGENSCHLEIMHAUTENTZÜNDUNG

Die außerordentlich häufig auftretende *akute Magenschleimhautentzündung (akute Gastritis)* entsteht infolge Reizung der Magenschleimhaut durch Schlemmerei, unzureichendes Kauen, verdorbene Speisen, hochkonzentrierte Alkoholika, unterkühlte oder allzu heiße Speisen oder Getränke, durch Säuren oder Laugen und andere ätzende Flüssigkeiten und manche Medikamente, sie kann aber auch Begleiterscheinung akuter infektiöser Erkrankungen sein, wie z. B. von Grippe, Typhus, Lungenentzündung oder Diphtherie. Die Folge ist eine Störung der Magenbewegungen mit Völlegefühl, Appetitlosigkeit, Übelkeit, Aufstoßen und Erbrechen, anschließend mit trockenem Mund, pappigem Geschmack und fortdauernder Appetitlosigkeit. Selbst kleine Mengen von Speisen und Getränken werden wieder erbrochen, bis der „verdorbene Magen" sich beruhigt hat. Neben Nahrungsenthaltung und/oder einer Aufbaudiät ist eine spezifische Behandlung in harmlosen Fällen mit bekannter Ursache nicht erforderlich. Laugen können mit verdünntem Essig und Zitronensaft, Säuren durch verdünnte Basen abgestumpft werden; in Zweifelsfällen kann man davon ausgehen, daß Milch meist nützlich ist. Schwere Verätzungen erfordern dringend ärztliche Behandlung, da sonst die Magenwand durchbrechen kann. Bei Vergiftungsfällen, auch mit Erbrechen, wird oft eine Magenspülung vorgenommen. Ist die Schleimhautentzündung nur eine Begleitkrankheit, richtet sich alles nach dem Grundleiden.

Die *chronische Magenschleimhautentzündung (chronische Gastritis)* kann sich bei wiederholtem Auftreten aus der akuten Form entwickeln. Nicht selten ist sie auch in Verbindung mit Magengeschwüren anzutreffen. Chronische Reizzustände und Entzündungen der Magenschleimhaut, die keine Beschwerden machen, kommen jedoch recht häufig auch ohne akute Vorläufer und unabhängig von Magengeschwüren vor. Alkohol, falsch temperiertes Essen, schlechtes Kauen der Nahrung, übertriebenes Würzen der Speisen können sich vor allem bei Magenempfindlichen bemerkbar machen. Bei einem Teil der Fälle findet sich eine gewisse Schleimhautwucherung, die man im Röntgenbild und bei Magenspiegelung sehen kann (Abb. 2). Meist besteht dann auch eine Übersäuerung des Mageninhaltes. In zahlreichen anderen Fällen findet sich ein Schleimhautschwund im Bereich des Magenkörpers (Typ A), der bei einem Drittel dieser Patienten mit Pepsin- und Säuremangel verknüpft ist (vgl. Perniziöse Anämie, S. 92). Da man gleichzeitig Antikörper gegen Magendrüsenzellen und Intrinsic factor findet, kommt hier als Ursache auch eine Autoimmunkrankheit in Frage. Bei einem weiteren Teil der Fälle mit Schleimhautschwund im Bereich des Magenausgangs (Typ B) scheint der Rückfluß von Galle eine Rolle zu spielen. Die blutende Schleimhautentzündung mit mehr oder weniger großen Schleimhautdefekten kommt selten vor. Da bei der chronischen Gastritis kein einheitliches Krankheitsbild vorliegt, erlaubt nur die feingewebliche Untersuchung der Magenschleimhaut, die mit der Methode der Saugbiopsie vorgenommen wird, eine sichere Diagnose (Abb. 1). Die Erscheinungen der chronischen Magenschleimhautentzündung sind nicht sehr charakteristisch und von denen bei anderen Erkrankungen des Magen-Darm-Kanals oft nur schwer zu unterscheiden. Die Schleimhaut selbst schmerzt nicht. Bei Säuremangel finden sich Völlegefühl und Blähungen, außerdem kann es zu Sodbrennen, Übelkeit, Brechreiz, Unverträglichkeit schwerer Speisen und schmerzhaften Muskelkrämpfen der Magenwand kommen. Zur Behandlung werden entzündungshemmende, auch krampflösende Mittel verwendet. Wichtig ist die Vermeidung bekannter Schädlichkeiten. Zur Diät bei Magen-Darm-Erkrankungen s. S. 128.

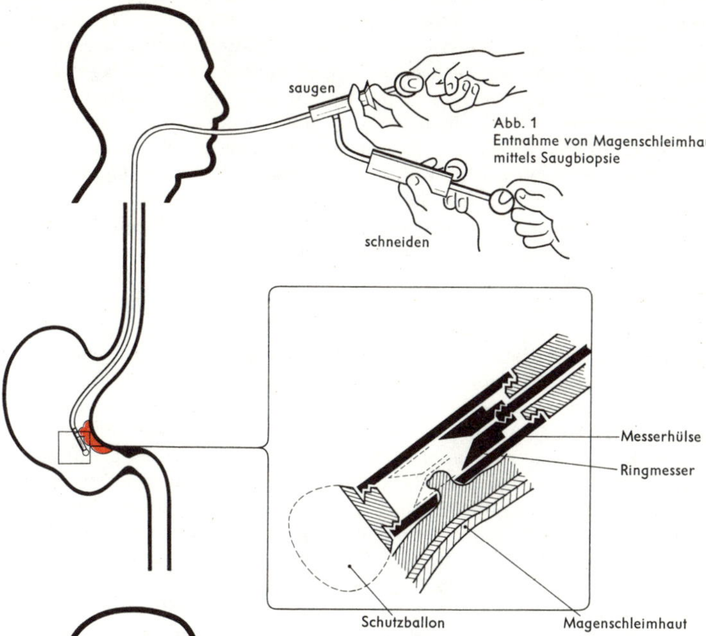

Abb. 1
Entnahme von Magenschleimhaut mittels Saugbiopsie

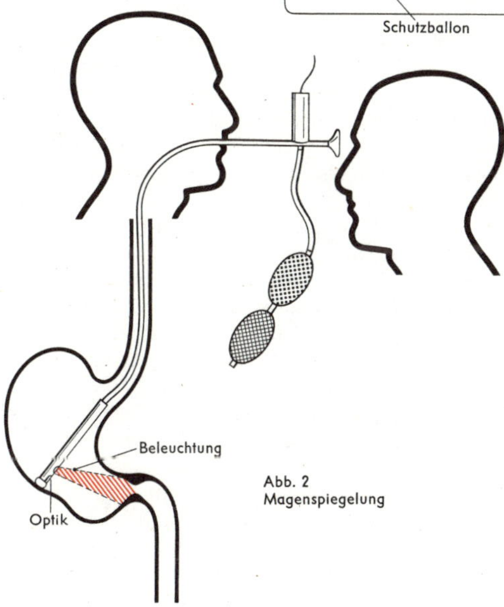

Abb. 2
Magenspiegelung

MAGEN- UND ZWÖLFFINGERDARMGESCHWÜR

Magen- und Zwölffingerdarmgeschwüre entstehen meist im mittleren Lebensalter unter der Einwirkung von Magensalzsäure und Pepsin, einem eiweißspaltenden Verdauungsenzym. Es handelt sich also um eine Art Selbstverdauung der Magen- und Darmwand, die nicht leicht zu verstehen ist, denn Salzsäure und Pepsin sind normale Bestandteile des Magensaftes. Daher wird angenommen, daß die Magengeschwüre durch den Widerstreit schleimhautangreifender und schleimhautschützender Faktoren entstehen. Schleimhautangreifend sind Pepsin und Salzsäure, schleimhautschützend die Schleimproduktion des Magens und eine ausreichende Durchblutung der Magenwand. Das Gleichgewicht zwischen beiden kann durch verschiedene äußere und innere Faktoren gestört werden. Zu den *äußeren Faktoren* ist vor allem die Nahrung zu rechnen. Geschwürbildend wirken im wesentlichen jene Schäden, die auch zur Schleimhautentzündung führen (s. S. 156); tatsächlich kommen Magengeschwüre und Magenschleimhautentzündungen häufig bei der gleichen Person vor. Zu nennen sind hier auch geschwürauslösende oder geschwürbegünstigende Medikamente wie Salicylate, Kortikosteroide, auch Phenylbutazon und manche andere. Zu den *inneren Faktoren*, die das Gleichgewicht zwischen den Schleimhautangreifern und den Schleimhautschützern gelegentlich stören, gehören vor allem die Magennerven, deren Tätigkeit vom Zentralnervensystem aus gesteuert wird, und einzelne Hormondrüsen. Die Magennerven können die Absonderung des aggressiven Magensaftes verstärken und die Magenbewegungen bis zu krampfartigen Zusammenziehungen steigern. Solche örtlichen Muskelkrämpfe der Magenwand sind nicht nur für den empfundenen Magenschmerz verantwortlich; sie führen außerdem an Ort und Stelle zu einer schädlichen Blutleere. Örtlich eng umschriebene Blutleeren können auch durch nervös vermittelte Gefäßkrämpfe entstehen. Sie schädigen die Magenschleimhaut u. führen zu runden, locheisenartig ausgestanzten Geschwüren. Bei 40 % aller Geschwürkrankheiten soll ein Erbfaktor im Spiel sein. Magengeschwüre werden oft bei Menschen mit labilem vegetativem Nervensystem gefunden, die zu Gefäßerkrankungen, Migräne und Bluthochdruck neigen (vegetative Dystonie, S. 358). Geschwürkranke sind oft introvertierte Menschen mit unbefriedigtem Ehrgeiz, bei denen verschiedene psychische Faktoren (Kummer, Sorgen, Hetze) das vegetative Nervensystem und den Hormonhaushalt in Unordnung bringen. Mit *seelischen Faktoren* hängt vielleicht auch zusammen, daß jüngere Menschen häufiger am Magengeschwür erkranken als ältere und Männer $2^1/_2$mal häufiger als Frauen. Auch die saisonmäßige Häufung der Geschwürbeschwerden im Frühjahr und Herbst ist bemerkenswert (Abb. 1). Bei bestimmten Anlässen können Magengeschwüre, anstatt sich langsam zu entwickeln, auch sehr rasch entstehen, etwa bei großflächigen Verbrennungen, bei Schock und großen Temperaturschwankungen. Lebererkrankungen wirken auf ungeklärte Weise geschwürbegünstigend. Daß 80 % aller Geschwürträger starke Raucher sind, kann bedeuten, daß Nikotin an der Geschwürentstehung beteiligt ist. Es kann aber auch bedeuten, daß starkes Rauchen und Geschwürbildung z.T. gemeinsame (seelische) Ursachen haben.

Das Geschwürleiden ist eine relativ häufige Erkrankung und stellt 2–4 % aller internistischen Fälle. Pathologen berichten, daß etwa 7 % aller Menschen irgendwann einmal ein Magen- oder Zwölffingerdarmgeschwür durchmachen.

Sitz des Magengeschwürs ist vor allem das untere Magendrittel im Bereich des Magenknicks. Das Zwölffingerdarmgeschwür entsteht meist im Bereich der ersten 4–5 Zentimeter hinter dem Magenausgang.

Beim Magengeschwür (Ulcus ventriculi) und Zwölffingerdarmgeschwür (Ulcus duodeni) stehen krampfartige Magenschmerzen im Mittelpunkt des Leidens. Sie treten beim *Zwölffingerdarmgeschwür* 1–3 Stunden nach dem Essen auf und vergehen häufig, wenn der Kranke auch nur eine Kleinigkeit ißt (Spätschmerz, Nüchtern- oder *Hungerschmerz*). Gleichzeitig besteht Übersäuerung des Magens und krampfartige Stuhlverstopfung; oft werden die Patienten von Heißhunger befallen. Süßigkeiten und säurelokkende Speisen verstärken die Schmerzen oder rufen sie hervor. – Das *Magengeschwür*

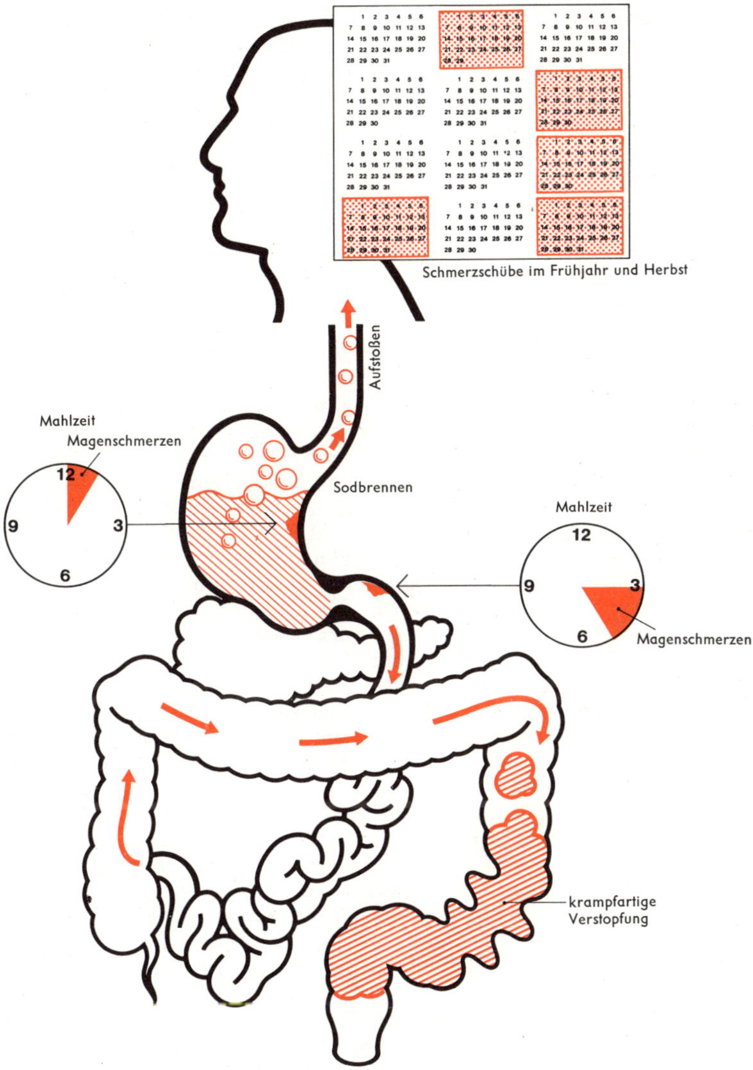

Abb. 1
Krankheitserscheinungen beim Magen- und Zwölffingerdarmgeschwür

kann ähnliche Erscheinungsformen haben, doch treten die Schmerzen hier häufiger beim Essen oder bald nach dem Essen auf. Neben Übersäuerung kommt beim Magengeschwür nicht selten auch eine Untersäuerung des Magens vor. Weitere Beschwerden sind Aufstoßen, Speichelfluß, Schwindel und Erbrechen, bei Übersäuerung auch Sodbrennen. Hier bestehen fließende Übergänge zu den Erscheinungen der Magenschleimhautentzündung, die ja auch häufig zusammen mit einem Magengeschwür angetroffen wird (s. S. 158). Alkohol und Kaffee, starke Gewürze u. ä. verstärken die Beschwerden. Jahreszeitliche Schwankungen mit Beschwerdeschüben in Frühjahr und Herbst sind zu beobachten (Abb. 1). Geschwürkranke sind in der Regel mager und haben oft hagere Gesichtszüge (das sogenannte *Ulkusgesicht* mit starken Nasenwangenfalten und hohlen Wangen). Über 90 % aller Magen- und Zwölffingerdarmgeschwüre kann man im Röntgenbild als kontrastmittelgefüllte „Nische" oder „Restfleck" sehen. Zur sicheren Unterscheidung vom Magenkrebs wird u. a. die Magenspiegelung angewandt.

Eine Komplikation der Magengeschwüre sind Blutungen, die entstehen, wenn kleine Blutadern am Geschwürsgrund angedaut und zernagt werden. Solche Blutungen können zum Bluterbrechen, zum Kollaps, Schock und in schweren Fällen zum Tode führen. Manchmal bemerkt der geschwächte Kranke nur, wie sein Stuhl durch den veränderten Blutfarbstoff dunkel wird *(Teerstuhl)*. Steht die Blutung trotz Bluttransfusion und verschiedener medikamentöser Maßnahmen (neuerdings u. a. auch Somatostatin, das die Sekretion verschiedener Hormone des Magen-Darm-Trakts hemmt) nicht still, kann die endoskopische Verschorfung z. B. mit dem Laserstrahl oder eine operative Blutstillung lebensrettend sein. Ein *Magendurchbruch* in die freie Bauchhöhle kündigt sich durch plötzliche, stärkste Leibschmerzen an. Der Leib ist hart gespannt, die Darmbewegung ruht; der Puls ist klein, der Blutdruck kollapsartig niedrig. Oft wird gleichzeitig erbrochen. Hier wirkt nur die sofortige Operation lebensrettend. – Die Geschwüre heilen meistens unter harmloser Narbenbildung oder manchmal unter einengender Narbenschrumpfung. Je nach dem Narbensitz entsteht ein sog. *Sanduhrmagen* (Abb. 3) oder eine Verengung des Magenausgangs *(Pylorusstenose)*. Die Folge ist dann eine verlangsamte Magenentleerung mit Aufstoßen, Völlegefühl und Appetitlosigkeit.

Die Magenschondiät zur Behandlung des Magengeschwürs soll reizarm sein und Magenbewegungen und Salzsäurebildung dämpfen (s. S. 128 f.). Zur medikamentösen Behandlung gehören säureabstumpfende, sekretionshemmende, krampflösende und beruhigende Mittel. Zur Diskussion stehen neuerdings auch Stoffe, mit denen die Säureproduktion durch Hemmung der Histaminwirkung vermindert werden kann (sog. *H_2-Rezeptoren-Blocker*). Carbenoxolon und die Inhaltsstoffe von Radix liquiritiae (Süßholz) verbessern die Ulkusheilung (wahrscheinlich durch Anhebung der schleimhautschützenden Faktoren). Auch Abwechslung, Entspannung und Änderung der geschwürbegünstigenden Lebensweise sind wichtige Voraussetzungen für die Heilung des Leidens.

Gibt es immer wieder Rückfälle und Komplikationen, so wird das Geschwür operativ beseitigt und zur Einschränkung der selbstverdauenden Magenabsonderung außerdem ein Teil der Magenwand entfernt (z. B. *Zweidrittelresektion;* Abb. 4). Trotz Magenschonung treten bei manchen Patienten später die Erscheinungen des operierten Magens auf, z. B. in Form von Sturzentleerungen aus dem verkleinerten Restmagen. – Neben der Magenresektion kommt, vor allem beim Zwölffingerdarmgeschwür, auch eine operative Durchtrennung der die Säuresekretion stimulierenden Nerven in Betracht *(Vagotomie)*. Dabei kann man so vorgehen, daß nur der säurebildende (obere) Magenanteil denerviert, die Entleerungsfunktion aber nicht beeinflußt wird *(selektive proximale Vagotomie)*.

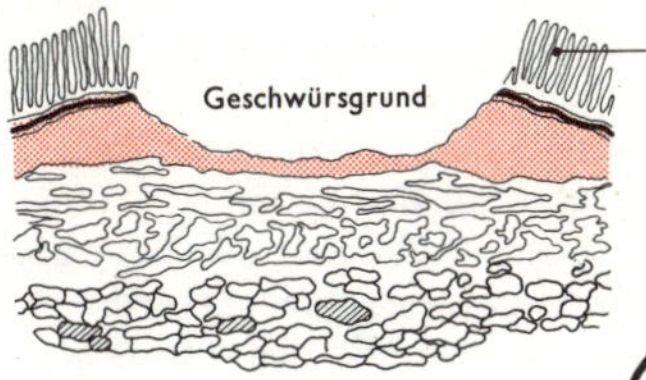

Abb. 2
Feingewebliches Bild des
Magengeschwürs

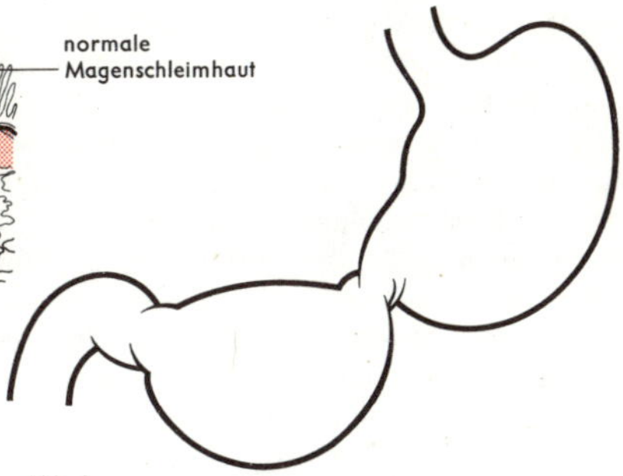

Abb. 3
Sanduhrmagen durch Geschwürsnarben

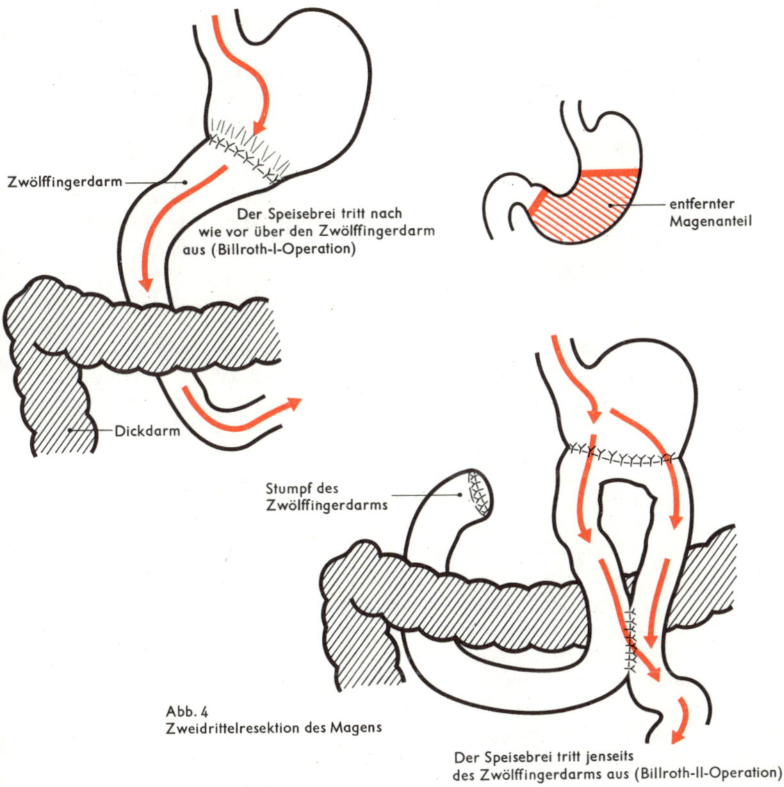

Abb. 4
Zweidrittelresektion des Magens

DARM · DÜNNDARM

Der *Darm (Intestinum)* ist der längste Teil des Verdauungskanals. Er reicht vom Magenpförtner bis zum After und gliedert sich in den Dünndarm, den Dickdarm und den Mastdarm. Mit Hilfe des Sekrets der Darmdrüsen (Darmsaft), der Bauchspeicheldrüse und der Leber (Galle) wird im Darm die Nahrung in resorbierbare (aufsaugbare) Stoffe überführt.

Der Darm führt verschiedene Bewegungen aus: Durch rhythmische Kontraktion und Erschlaffung der Längsmuskulatur des Darms wird der Darminhalt innig mit Verdauungssäften durchmischt und gleichzeitig – zur Förderung der Resorption – mit immer neuen Stellen der Darmschleimhaut in Berührung gebracht. Die Fortbewegung des Darminhalts erfolgt durch peristaltische Wellen, die den Chymus jeweils um etwa 12 cm vorwärtstreiben. Sie werden bei Darmfüllung durch die Erhöhung des Innendrucks ausgelöst. Daneben treten größere Rollbewegungen auf (beim Dickdarm die großen Kolonbewegungen, S. 164). Die *Darmbewegungen* sind autonom, d. h., sie haben ihren Ursprung in der Darmmuskulatur selbst. Der Bewegungsablauf wird durch ein Nervengeflecht zwischen Ring- und Längsmuskulatur, den *Auerbach-Plexus*, koordiniert. Ein weiteres Nervengeflecht, der *Meißner-Plexus*, befindet sich in der Schleimhaut des Dünndarms; es steuert die Bewegungen der Darmzotten.

Der aus dem *Zwölffingerdarm (Duodenum)*, dem *Leerdarm (Jejunum)* und dem *Krummdarm (Ileum)* bestehende *Dünndarm* ist der Hauptort der Nahrungsresorption. Er ist beim Menschen 3–4 m lang und verläuft gewunden in Darmschlingen, Die *Darmwand* besteht (von innen nach außen) aus drei Schichten: der Schleimhaut, die im wesentlichen den chemischen, und der Muskelhaut, die den motorischen Apparat enthält; die dritte, seröse Haut entspricht dem Bauchfellüberzug. Die Dünndarmschleimhaut weist eine große Zahl von Erhebungen auf, die *Darmzotten*, die die Gesamtoberfläche des Darms um ein Vielfaches vergrößern. Die Zotten sind als kleine Resorptionsorgane ausgebildet. Sie kontrahieren sich rhythmisch und pressen dabei ihr Kapillarnetz, das aus der Darmlichtung gelöste Stoffe (wie Salze, Zucker und Aminosäuren) aufnimmt, ins Blut aus (Abb. 1). Als Auslöser wirken dabei chemische (Verdauungsprodukte, auch Gewürze oder Kaffee) und mechanische Reize. Über den Blutweg wird die Zottentätigkeit durch einen unter Einwirkung von Salzsäure und Verdauungsprodukten freigesetzten Stoff, das *Villikinin*, angeregt. Im Innern der Zotte befindet sich ein zentral gelegenes *Chylusgefäß* (Abb. 4), das der Aufnahme von Fettstoffen in die Darmlymphe dient. Die Zotten sind von einer dünnen Epithelschicht überzogen, die aus zwei Zelltypen besteht: den *Saumzellen* (Abb. 3), die an ihrer freien Oberfläche saumartig angeordnet zahlreiche feine Stäbchen aufweisen, und den *Becherzellen*, die ein schleimiges Sekret bilden, das die gesamte Schleimhaut überzieht.

Zwischen den Zotten senken sich Vertiefungen, die *Krypten*, in die Darmoberfläche ein *(Lieberkühn-Krypten*, Abb. 2). Auf ihrem Grund befinden sich spezifisch sezernierende (Drüsenstoffe absondernde) Zellen, die *Paneth-Körnerzellen*. In den oberen zwei Dritteln der Krypten werden fortwährend neue Zellen gebildet; diese wandern allmählich auf die Zottenspitze zu, werden dort abgestoßen und gehen mit dem Kot ab.

Die *Entleerung des Dünndarms in den Dickdarm* erfolgt schubweise. Da der Dünndarm seitlich in den Dickdarm einmündet, ragt dieser mit einem Blindsack über die Dünndarmmündung hinaus. Das Ende des Dünndarms ist so in den Dickdarm eingestülpt, daß zwei Falten, die *Bauhin-Klappen*, entstehen. Durch Kontraktion einer Art von Schließmuskel wird der Rückfluß von Dickdarminhalt in den Dünndarm verhindert. Örtliche peristaltische Wellen und ein Reflex bei Magenfüllung öffnen den Zugang durch Erschlaffung dieses Schließmuskels.

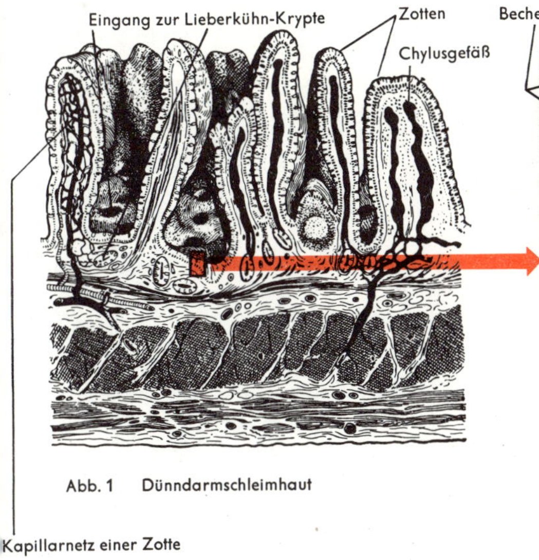

Abb. 1 Dünndarmschleimhaut

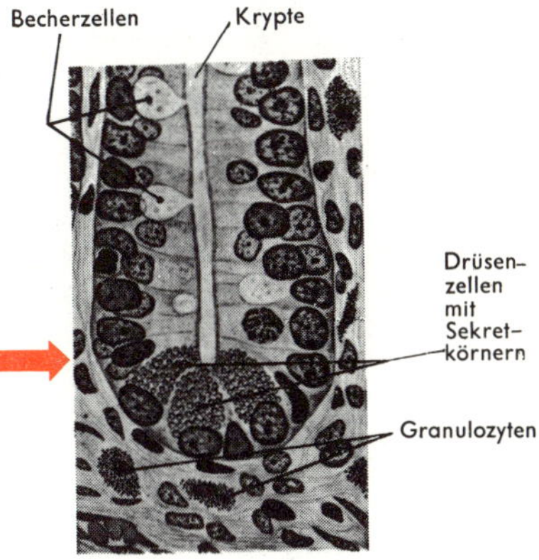

Abb. 2 Lieberkühn-Krypte

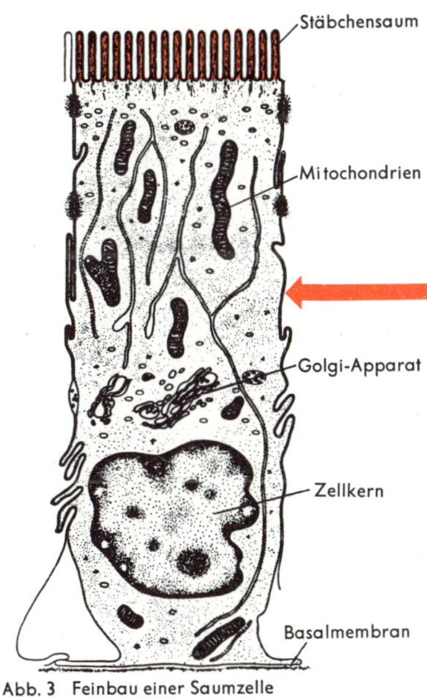

Abb. 3 Feinbau einer Saumzelle

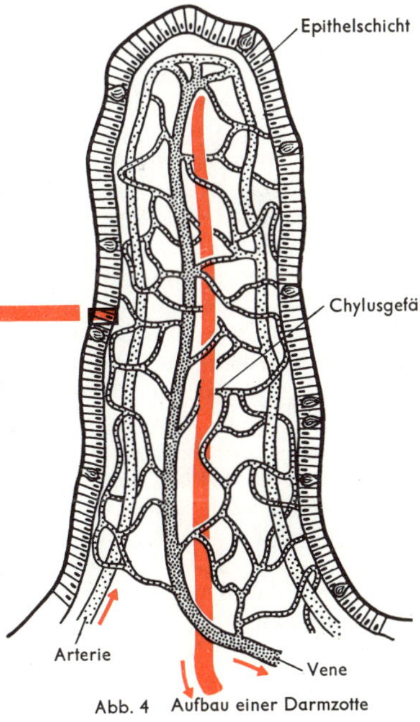

Abb. 4 Aufbau einer Darmzotte

DICKDARM · MASTDARM

Der *Dickdarm* besteht aus Blinddarm (Zäkum) und Grimmdarm (Kolon), an den sich der Mastdarm (Rektum) anschließt. Im Dickdarm wird die Verdauung fortgeführt und vor allem Wasser resorbiert, wobei sich der Chymus allmählich zum Kot eindickt (Abb. 1).

Bemerkenswert ist das Auftreten einer reichen *Bakterienflora*, besonders des Kolibakteriums (Escherichia coli). Normalerweise findet sich nur im Dickdarm eine Darmflora, da u. a. die Magensalzsäure die oberen Darmabschnitte von Bakterien freihält. Bakterien vergären Kohlenhydrate und leiten die Eiweißfäulnis ein; z. T. greifen sie auch die Zellulose der pflanzlichen Nahrung an, was den Verdauungsenzymen nicht möglich ist. Durch Bakterientätigkeit entsteht ferner Vitamin K, das für die Blutgerinnung wichtig ist.

Der *Blinddarm* ist mit 7 cm der kürzeste Abschnitt des Darms. An seinem Anfang befindet sich der *Wurmfortsatz (Appendix vermiformis)*, dessen Entzündung irrtümlich als Blinddarmentzündung bezeichnet wird (s. S. 172).

Das *Kolon* besteht aus einem aufsteigenden und einem absteigenden Schenkel; diese sind durch das Querkolon miteinander verbunden, das girlandenförmig im oberen Bauchraum aufgehängt ist. Die rechte Biegung (Flexur) des Kolons liegt der Leber an, die linke, höher als die rechte, reicht oft in die Gegend des unteren Milzpols. Darmgase, die häufig in der linken Flexur festgehalten werden, sind die Ursache von Flatulenz und „Seitenstechen" (s. S. 146). An seiner Außenseite hat der Dickdarm in Längsrichtung drei Bänder aus glatten Muskelfasern (Tänien), die den Dickdarm ziehharmonikaartig falten. Die Ringmuskelschicht zeigt einen Kontraktionswechsel derart, daß sich einmal die Falten und dann die Ausbuchtungen (Haustren) zusammenziehen. Dadurch wird der Darminhalt durchgeknetet, ein Vorgang, der auch kontinuierlich in einer Richtung ablaufen kann, so daß das Bild einer langsamen peristaltischen Welle entsteht. Auch dieses sog. *Haustrenfließen* dient eher der Durchmischung als dem Transport des Dickdarminhaltes. Erst durch die alle 4–6 Stunden (vor allem bei Nahrungsaufnahme oder bei der Defäkation) erfolgenden *großen Kolonbewegungen*, die den Dickdarm wie ein großes Rohr über seinen Inhalt zurückstreifen, wird der Dickdarminhalt weiterbefördert. Neben den peristaltischen Bewegungen treten auch gegenläufige Bewegungen zur Aufstauung und Eindickung des Kotes auf (sog. Antiperistaltik).

Die *Dickdarmschleimhaut* hat keine Zotten, nur Krypten, die allerdings tiefer sind als beim Dünndarm (s. S. 162). Auch die Zahl der Becherzellen ist größer als beim Dünndarm; daher können große Mengen von Schleim abgeschieden werden, der sich mit dem Kot vermischt und das Darmrohr gleitfähig hält.

Der *Mastdarm* schließt ohne scharfe Grenze an das Kolon an. Er liegt, nur vorn von Bauchfell bedeckt, vor dem Kreuz- und Steißbein, dessen Krümmung er folgt. Wegen dieser Lage kann am Mastdarm operiert werden, ohne daß die Bauchhöhle eröffnet werden muß. Tritt Kot in den Mastdarm ein, so sammelt er sich in dessen oberem, stark erweiterungsfähigem Teil, der *Ampulle* (Abb. 1). Die *Mastdarmwand* unterscheidet sich dadurch von der des übrigen Darms, daß die äußere Schicht aus einer kontinuierlichen Lage von Längsmuskeln besteht. Der Mastdarm mündet in eine mit zwei Schließmuskeln versehene Öffnung, den *After (Anus)*. An ihm schiebt sich die äußere Haut etwa 2 cm weit ins Innere vor und bedeckt die Oberfläche einiger Längsfalten. Die Buchten zwischen den Falten sind mit Dickdarmschleimhaut ausgekleidet. Die Falten besitzen Venenknäuel, die man als „Schwellkissen" auffassen kann. Von den beiden Afterschließmuskeln ist der äußere, quergestreifte Schließmuskel ständig in Funktion; er erschlafft nur bei der Defäkation.

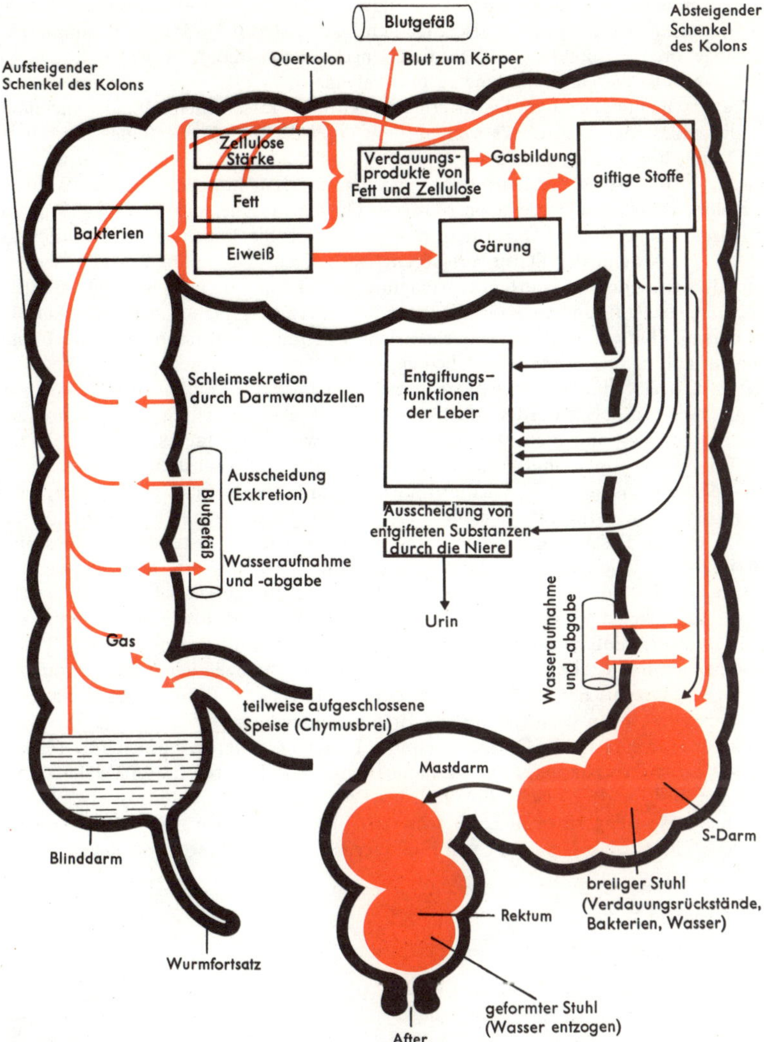

Abb. 1
Aufbau und Funktion des Dickdarms

DARMVERENGUNG · DARMVERSCHLUSS

Das Darmrohr kann auf sehr verschiedene Weise verlegt werden. Häufigste Ursachen des Darmverschlusses sind (Abb. 1): a) entzündliche Verklebungen und Verwachsungen, b) Darmgeschwülste, Fremdkörper, die sich durch Kot vergrößern, und c) Gallensteine, die steckenbleiben, d) zusammengeballte Spulwürmer (s. S. 170), e) Darmverschlingungen, f) Darmeinstülpungen, oft als Folge von Darmpolypen, g) Brucheinklemmungen und angeborene Mißbildungen. Von diesen mechanisch bedingten Formen des Darmverschlusses ist die Darmlähmung zu unterscheiden.

Die Erscheinungen einer Darmverlegung können verschieden sein, je nachdem, wo das Hindernis sitzt, ob es sich nur um eine Verengung oder einen Verschluß des Darmrohres handelt und ob nur der Durchgang von Kot oder auch die Darmdurchblutung gestört ist. Ist der Darm nicht gelähmt, so versucht er, das Hindernis durch vermehrte Tätigkeit zu überwinden. Man hört Darmgeräusche, und die wellenförmigen, kolikartig schmerzhaften Darmsteifungen sind durch die Bauchdecken hindurch zu spüren. Auch wenn der Darm nur verengt, d. h. nicht vollständig verschlossen ist, kommt es trotz der vermehrten Anstrengung zu Verstopfung, manchmal mit plattgedrücktem, bleistiftdünnem Kot; die gestauten Darmgase blähen den Leib auf. Ist der Darm völlig verschlossen, entsteht neben dem Blähbauch naturgemäß auch eine Stuhlverhaltung. Es kommt zu Übelkeit, Aufstoßen und Erbrechen. Bei längerem Verschluß treibt die verstärkte Darmtätigkeit schließlich kotähnliche Massen, die zuletzt auch erbrochen werden, rückläufig in den Magen. Entzündungserscheinungen führen zum Puls- und Fieberanstieg. Schließlich wird der ermüdete Darm gelähmt, die Temperatur sinkt, und zunehmende Schwäche zeigt höchste Lebensgefahr an. Besonders ungünstig wirken sich die großen Salz- und Wasserverluste in das erweiterte Darmrohr sowie Spätinfektionen, die vom Darm auf das Bauchfell übergreifen können, aus. Alle diese Erscheinungen laufen um so rascher ab, je weiter magenwärts, und um so langsamer, je weiter mastdarmwärts ein Darmverschluß liegt. Manchmal dauert es tagelang, bis der ganze Darm sich im Rückstau mit kotähnlichen Massen füllt.

Das Krankheitsbild kann besonders heftig einsetzen und fortschreiten, wenn mit dem Darmverschluß gleichzeitig auch die Darmdurchblutung gedrosselt wird. Bauchdeckenspannung, starke Schmerzen und frühzeitiges Erbrechen leiten die Erkrankung dann mit den typischen Anzeichen des „akuten Bauchs“ ein. Solche Erscheinungen sind vor allem kennzeichnend für die Brucheinklemmung (s. S. 150), die Darmverschlingung, oft auch für die Darmeinstülpung. Da ein Darmverschluß sich (mit Ausnahme der Darmverschlingung) nur ausnahmsweise ohne äußeres Zutun wieder öffnet, muß die auslösende Ursache gewöhnlich operativ beseitigt werden. Bis dahin sind Abführmittel streng zu meiden. In schweren Fällen darf auch nicht mehr gegessen werden; schluckweise Einnahme von Flüssigkeiten ist sinnvoll, wenn sie keinen Brechreiz verursacht.

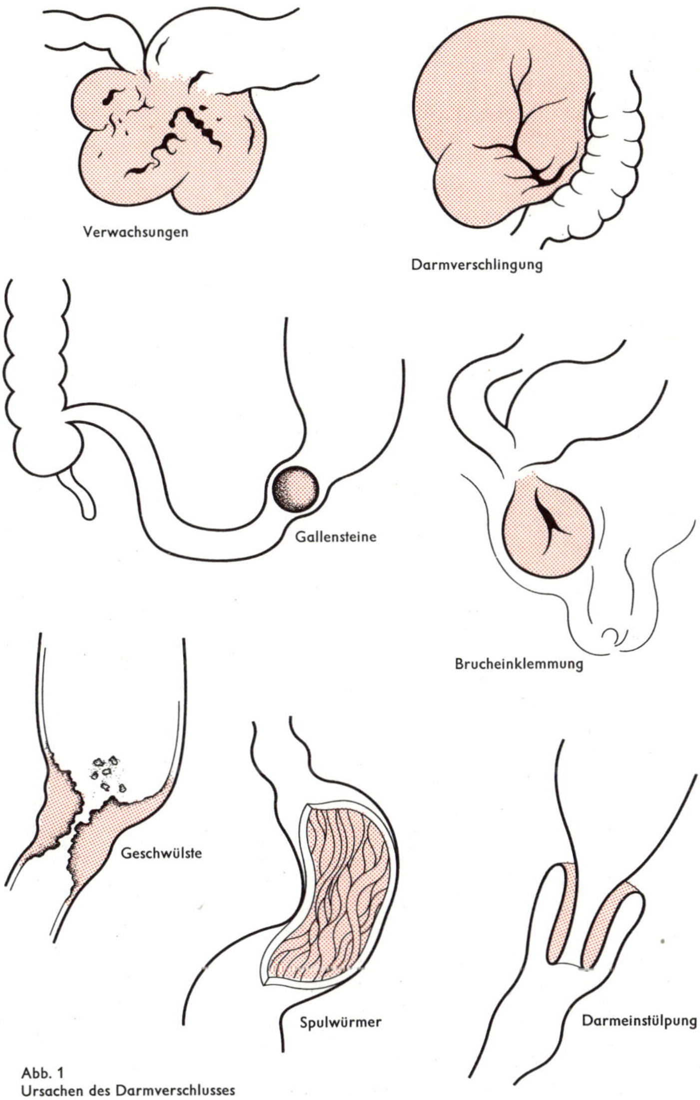

Abb. 1
Ursachen des Darmverschlusses

BANDWÜRMER

Bei uns kommen vor allem Rinderbandwürmer und – seltener – Schweinebandwürmer vor. Zwischenwirt sind Rind und Schwein, Endwirt ist in beiden Fällen der Mensch.

Die Bandwürmer leben im Dünndarm. Dort saugen sie sich mit je vier kopfständigen Saugnäpfen fest. Der *Schweinebandwurm* hat vorn außerdem einen doppelten Hakenkranz. Der *Rinderbandwurm* ist 4–10, der Schweinebandwurm meist nur 2–3 Meter lang. An den 1–2 Millimeter dicken Kopf schließen sich der Bandwurmhals und dann zahlreiche Bandwurmglieder an, die nach hinten zu immer größer werden. Die reifen, etwa 1 cm breiten Glieder sind zwiegeschlechtlich, befruchten sich selbst und gehen dann, vollgepackt mit Eiern, gewöhnlich mit dem Stuhl ab, doch können die eigenbeweglichen Glieder des Rinderbandwurms auch aus dem After kriechen. Außerhalb des Darmkanals, manchmal auch schon im Darmrohr, platzen die Glieder und geben ihre Eier frei. Die Eier enthalten schon eine kleine, mit sechs Häkchen bewehrte Wurmanlage. Sie werden von den Zwischenwirten gefressen und schlüpfen in deren Darm aus. Dort bohren sich die kleinen Wurmfinnen durch die Darmwand bis zu den Gefäßen vor und werden mit dem Kreislauf ausgesät. Die *Finnen* siedeln meist in der Muskulatur, in der Lunge oder im Herzen, gelegentlich aber auch in anderen Organen der Zwischenwirte. Sie entwickeln sich dort zu flüssigkeitshaltigen, 5–10 Millimeter großen Finnenbläschen. Diese bleiben ein Jahr lang infektiös. Schließlich verkalken sie. Ißt man rohes bis halbgares Rind- oder Schweinefleisch von befallenen Tieren, schlüpfen die lebenden Finnen im menschlichen Darmkanal aus, saugen sich an der Darmwand fest und wachsen in einigen Monaten zu reifen Würmern heran.

Die *Bandwurmbeschwerden* des Endwirtes Mensch sind oft nur gering und häufig uncharakteristisch. Allergische Erscheinungen, Verdauungsbeschwerden, Leibschmerzen, Heißhunger oder Appetitlosigkeit, Übelkeit, Durchfall oder Verstopfung, auch Kopfschmerzen, Reizbarkeit und andere nervöse Beschwerden kommen vor, seltener falsche Wurmfortsatzentzündungen und, beim größeren Rinderbandwurm, ausnahmsweise sogar einmal ein Darmverschluß. Die Diagnose ist gesichert, wenn Eier und Bandwurmglieder im Stuhl gefunden werden; die Glieder erlauben auch eine Unterscheidung zwischen Rinder- und Schweinebandwurm. Die Behandlung besteht in ärztlich überwachten Bandwurmkuren. – Für den Schweinebandwurm kommt der Mensch nicht nur als Endwirt, sondern, je nach der Infektionsquelle, auch als Zwischenwirt in Frage. Bei der Zwischenwirtsrolle müssen die Eier des Schweinebandwurms und nicht erst seine Finnen in den menschlichen Darm gelangen. Dies kann durch Eigeninfektion oder Kontakt mit fremden Ausscheidungen zustande kommen. Die Eigeninfektion erfolgt meist wohl vom After aus. Wie sonst beim Schwein gelangen die entstehenden Finnen nun in den Kreislauf des Menschen und entwickeln sich in den verschiedensten Organen zu Finnenbläschen. Sie werden als bohnengroße Knötchen am häufigsten unter der Haut entdeckt und sind am gefährlichsten im Gehirn und im Auge. Die Finnenbläschen werden durch Bindegewebe abgeriegelt und verkalken später. Sie führen im Gehirn zu den Symptomen einer Geschwulst oder Hirnhautentzündung und täuschen verschiedene Nervenleiden vor. – Der *Fischbandwurm* benötigt zwei Zwischenwirte, einen Krebs und bestimmte Süßwasserfische. Die Infektion erfolgt beim Menschen durch den Verzehr von ungekochtem Fisch. Bei hohem Sitz entzieht der Parasit seinem Wirt Vitamin B_{12} aus dem Darminhalt, so daß es zu den Erscheinungen der perniziösen Anämie kommt (s. S. 92). Beim *Hundebandwurm*, dessen Endwirte Hund, Fuchs und Katze sind, ist der Mensch Zwischenwirt. Dabei entstehen im menschlichen Körper Finnenblasen, die u. U. krebsähnlich wuchern.

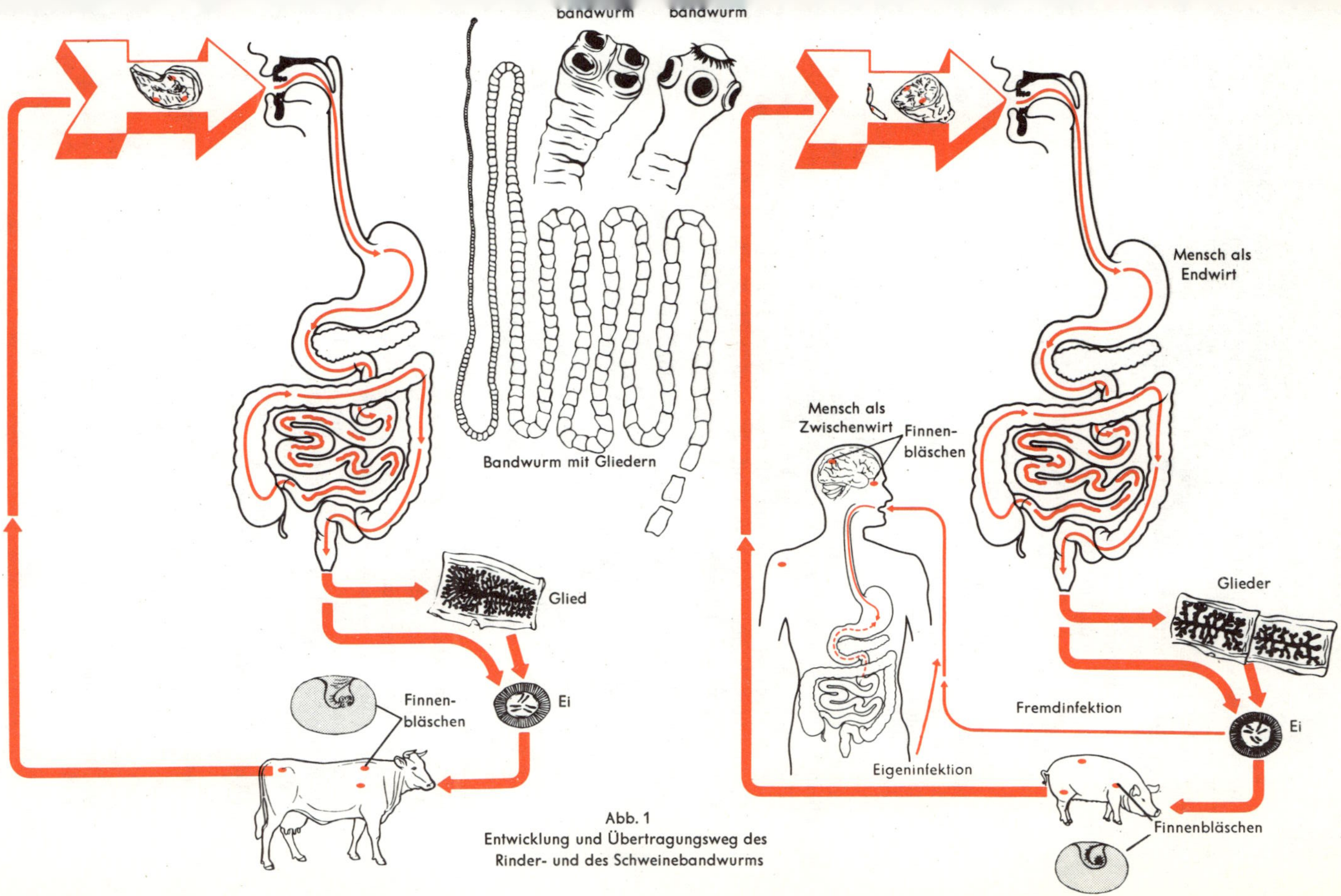

Abb. 1
Entwicklung und Übertragungsweg des
Rinder- und des Schweinebandwurms

MADENWÜRMER · SPULWÜRMER

Die *Madenwürmer* gehören zu den häufigsten menschlichen Parasiten, v. a. bei Kindern im Schulalter. Sie entwickeln sich ohne Zwischenwirt nur im Menschen und können so durch Selbstinfektion den Träger immer wieder aufs neue befallen. Die männlichen Madenwürmer sind 2–5 mm, die weiblichen 9–11 mm lang und spindelförmig. Sie leben, die Köpfe in der Schleimhaut befestigt, im Blinddarm, im Wurmfortsatz und in den angrenzenden Abschnitten des Dick- und Dünndarms. Sind die weiblichen Würmer mit befruchteten Eiern beladen, lösen sie sich aus der Darmwand, wandern dickdarmabwärts und gelangen nachts, wenn der Afterschließmuskel erschlafft, nach außen. Sie legen an die 10000 kleine, larvenhaltige Eier in den Bereich der Afterregion und kehren dann in den Darm zurück. Da hierbei Juckreiz entsteht, kratzen sich die Schlafenden, bringen die Wurmeier unter ihre Fingernägel und infizieren sich so immer wieder aufs neue (Abb. 1). Im Dünndarm schlüpfen die Larven aus den verschluckten Eiern aus und werden im Dickdarm zu geschlechtsreifen Würmern. Madenwurmeier können durch Bettzeug und Unterwäsche, durch direkten Kontakt, z. B. von Mund zu Mund, durch Speisen und Getränke, u. U. sogar durch aufgewirbelte Zimmerluft weitergegeben werden. Ein Teil der Würmer geht durch den Stuhl ab; folglich können Wurmeier, ähnlich wie beim Spulwurm, durch unhygienische Verwertung menschlicher Abgänge (z. B. Düngung) in Speisen und Getränke gelangen.

Die Infektion mit Madenwürmern verläuft oft beschwerdefrei, und schwere Folgen des Wurmbefalls werden kaum beobachtet. Gelegentlich können Stoffwechselprodukte bei Madenwurminfektion allergische Reaktionen auslösen. Quälend kann der starke Juckreiz durch die Eierablage im Afterbereich sein. Kratzen führt nicht nur zur Selbstinfektion, sondern auch zu Hautveränderungen (z. B. Afterekzem). Vor allem Kinder leiden dann unter Schlaflosigkeit, zunehmender Nervosität, Appetitverlust und Abmagerung.

Die Behandlung kann nur erfolgreich sein, wenn der Infektionskreis After-Hand-Mund-Darmkanal-After unterbrochen wird. Dazu können innerlich Wurmmittel, am After auch Salben verwendet werden. Oberstes Gebot ist Sauberkeit und die Verhinderung des unbewußten nächtlichen Kratzens.

Bei den weltweit verbreiteten *Spulwürmern (Askariden)* handelt es sich um gelbliche, entfernt regenwurmähnliche Parasiten, bei denen die Männchen ca. 20 cm, die Weibchen bis zu 40 cm lang werden. Der erwachsene Wurm lebt gewöhnlich im menschlichen Dünndarm, wo er sich auf Kosten des Wirts von halbverdauten Speisen ernährt. Die Weibchen legen täglich über 200 Eier, die mit dem Stuhl abgehen. Auch befruchtete Eier sind nur infektiös, wenn sie außerhalb des Körpers einen Reifungsprozeß durchmachen. Werden solche reifen Eier verschluckt, so kriechen im Dünndarm die Larven aus und machen im menschlichen Körper eine eigenartige Entwicklung durch, in deren Verlauf die Lunge gewissermaßen als Zwischenwirt dient. Die einzelnen Stationen sind: Darmwand, Pfortaderblut, Leber, rechtes Herz, Lunge, Lungenbläschen, Luftröhre bis zum Kehlkopf, Magen und schließlich erneut der Dünndarm.

Spulwürmer verursachen z. T. uncharakteristische Bauchbeschwerden, Leibschmerzen, Appetitlosigkeit oder Heißhunger, Übelkeit, Erbrechen, Gewichtsabnahme, Durchfall und Verstopfung. Die Diagnose kann durch abgegangene Würmer oder Wurmeier sichergestellt werden. Massive Wurminfektionen wirken gelegentlich als mechanisches Darmhindernis. Vereinzelte Würmer können in den Gallen- oder Pankreasdrüsengang, auch in den Wurmfortsatz eindringen. – Die Übertragung der Spulwürmer erfolgt durch reife Wurmeier in Trinkwasser und Speisen, vor allem rohem Gemüse, das mit menschlichen Abgängen gedüngt wurde („kopfgedüngter“ Salat, Rohkraut u. ä. m.). Die Behandlung besteht in ärztlich überwachten Wurmkuren mit spezifischen Spulwurmmitteln.

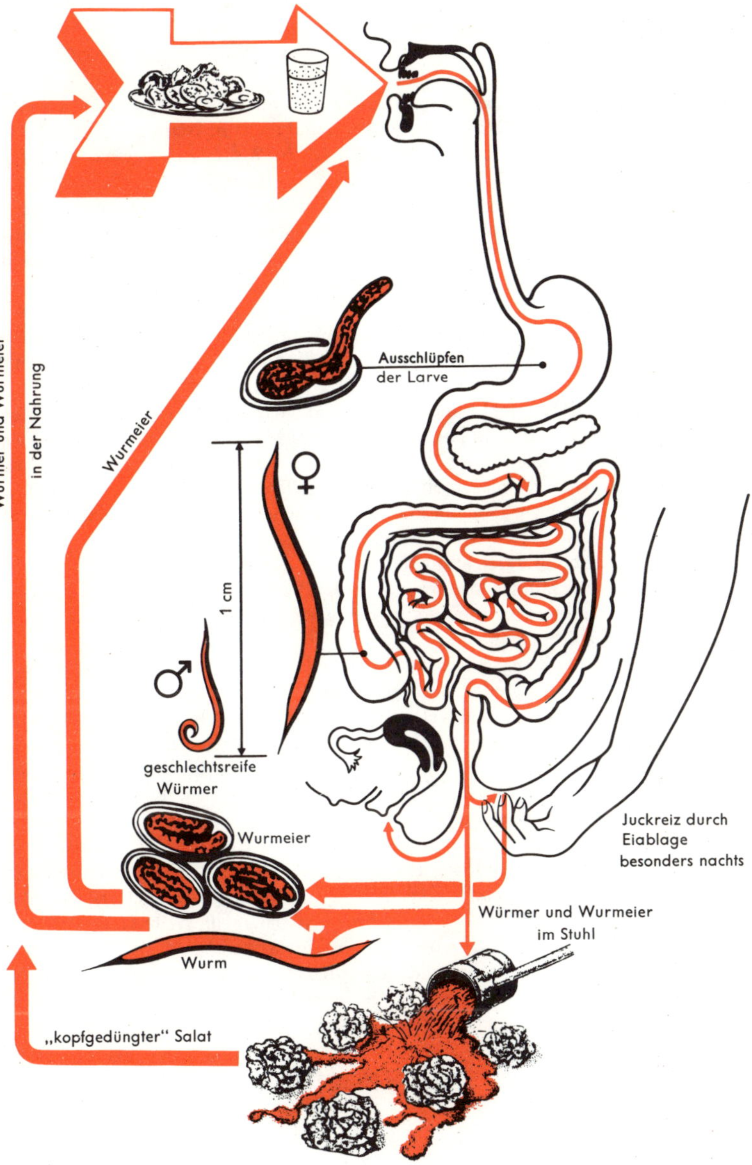

Abb. 1 Infektionsweg der Madenwürmer

BLINDDARMENTZÜNDUNG

Bei der sog. Blinddarmentzündung ist nicht der Blinddarm, sondern der Wurmfortsatz des Blinddarms erkrankt. Der *Wurmfortsatz* ist ein bleistiftdickes, 8 bis 10 cm langes Anhängsel des Blinddarms rechts unten im Bauchraum. Der Wurmfortsatz erfüllt beim Menschen keine unersetzliche Funktion. Er ist vielmehr ein weitgehend rückgebildetes Organ, das ursprünglich wohl der besseren Verdauung von pflanzlichen Zellstoffen gedient hat.

Die *Wurmfortsatzentzündung (Appendizitis)* gibt am häufigsten Anlaß zu einem Bauchschnitt. Sie tritt vor allem zwischen dem 5. und 20. Lebensjahr auf. Ihre Ursachen sind nicht sicher bekannt. Einmal fällt auf, daß ihr Auftreten altersmäßig mit der stärksten Entwicklung und Reaktionsbereitschaft des auch im Wurmfortsatz ähnlich wie in den Gaumenmandeln vorhandenen lymphatischen Gewebes zusammenfällt. Andererseits liegt die Vermutung nahe, daß die dünne Blindsackform des Wurmfortsatzes seine Entzündung begünstigt. So könnten örtliche Kotstauungen zur Bakterienvermehrung, kleine Schleimhautverletzungen zur bakteriellen Infektion führen. Obstkerne und Eingeweidewürmer wurden wohl zu Unrecht als Entzündungsauslöser beschuldigt. Im Anfangsstadium ist die Wurmfortsatzentzündung auf die Schleimhaut beschränkt. Die Entzündung kann von dort aus innerhalb von Stunden auf die tieferen Wandschichten übergreifen und zur prallen Schwellung und Rötung des Wurmfortsatzes führen, sie kann schließlich eitrig oder brandig werden und nach Zerstörung der Wurmfortsatzwand sehr rasch in den Bauchraum durchbrechen. Manchmal geht dem *Durchbruch* die Ausbildung einer kleinen Eiterhöhle voraus. Das Bauchfell reagiert auf den Durchbruch mit einer heftigen, ausgebreiteten Bauchfellentzündung. Vorher versucht es schon, den Entzündungsvorgang durch reaktive Wucherungen abzugrenzen und einzudämmen. Gelingt dies nur teilweise, entsteht um den Blinddarm eine größere Eiterhöhle, die je nach ihrer Ausbreitungsrichtung und der Lage des Wurmfortsatzes an verschiedenen Stellen des Bauchraumes angetroffen werden kann. Klingt die Entzündung ohne Eingriff ab, so kommt es zu mehr oder weniger ausgedehnten Verwachsungen, die Anlaß zu Rückfällen sein können.

Die ersten *Anzeichen der Wurmfortsatzentzündung* sind Schüttelfrost und Fieber, Appetitlosigkeit, Übelkeit und Erbrechen sowie Schmerzen im rechten Unterbauch; später kommen Wind- und Stuhlverhaltung, rascher Puls, belegte Zunge und eine starke Vermehrung der weißen Blutkörperchen hinzu. Der Temperaturunterschied zwischen After und Achselhöhle ist größer als 1 °C. Ist das Bauchfell schon beteiligt, fühlt man eine deutliche Abwehrspannung der Bauchdecken. Der Leib ist rechts unten am sogenannten *McBurney-Punkt* druckempfindlich. Der Schmerz verstärkt sich, wenn man die Hand wieder entfernt. Dieser sogenannte *Loslaßschmerz* kann gewöhnlich auch vom linken Unterleib ausgelöst werden. Bricht der Wurmfortsatz durch, nehmen Schmerzen und Erbrechen zu, der Bauch wird härter, das Fieber höher. Schließlich kann es zu einer ausgebreiteten Bauchfellentzündung (Peritonitis) kommen. Frühzeitige Konsultation des Arztes ist umso dringlicher, als alle angeführten Stadien innerhalb von Stunden durchlaufen werden können. Hinzu kommt, daß manchmal geringfügige Anfangserscheinungen die drohende Weiterentwicklung nur sehr entfernt andeuten. Bis zum Eintreffen des Arztes sind Bettruhe und Nahrungsenthaltung geboten; Einläufe und Abführmittel sind gefährlich, schmerzstillende Arzneimittel können das Krankheitsbild verschleiern. Die Behandlung besteht in der operativen Entfernung des Wurmfortsatzes *(Blinddarmoperation)*.

STUHLVERSTOPFUNG

Als Stuhlverstopfung (Obstipation) bezeichnet man die verzögerte oder erschwerte Darmentleerung. Gemeinhin gilt eine Darmentleerung pro Tag als Regel, doch sind die Stuhlgewohnheiten recht verschieden, und ein Stuhl alle zwei Tage oder zwei Stühle am Tag können durchaus als normal angesehen werden. Umgekehrt kann man u. U. von Stuhlverstopfung sprechen, wenn der Stuhl trotz regelmäßiger Entleerung entweder mengenmäßig zu gering oder von harter, trockener Konsistenz ist. Neben dem subjektiven Gefühl, „verstopft zu sein", das oft übertrieben wird, spielen für die Diagnose Verstopfung außer faßbaren Veränderungen des Magen-Darm-Kanals (s. u.) auch und vor allem die krankhaften Begleit- und Folgeerscheinungen der verzögerten Darmentleerung eine Rolle. Der linke (absteigende) Dickdarm ist bei Verstopfung meist überfüllt und gedehnt, der Bauch ist gespannt und schmerzhaft. Oft bestehen Appetitlosigkeit, Zungenbelag, schlechter Geschmack im Mund und Mundgeruch, Kopfschmerzen, Müdigkeit und Abgeschlagenheit. Diese Erscheinungen verschwinden typischerweise nach einer Darmentleerung sofort. So gering solche Beschwerden im Einzelfall oft auch sein mögen, recht häufig führen sie dennoch zu einer überaufmerksamen, vereinzelt sogar hypochondrisch übertriebenen Beobachtung aller Verdauungsvorgänge. Der gelungene Stuhlgang gewinnt schließlich eine zentrale Bedeutung, das Abführmittel wird zum angeblich unentbehrlichen Helfer.

Der gewohnheitsmäßige, unüberlegte Gebrauch von Abführmitteln ist leider so weit verbreitet, daß die Aufgabe des Arztes häufiger darin besteht, die Beendigung der Einnahme anzuraten als neue Abführmittel zu verschreiben. Die längere, unkontrollierte Anwendung von Abführmitteln kann zu schweren Funktionsstörungen, u. a. auch im Bereich des Darms, führen. Chronische Durchfälle, ob krankheitsbedingt oder medikamentös erzeugt, haben gelegentlich schwere Verluste von Natrium und Kalium und damit eine Schwächung der Darmmuskulatur zur Folge; sie können außerdem zu Eiweißverlusten führen, die sich in einer Abnahme der Bluteiweißwerte zeigen.

Die beschriebene primäre oder eigentliche Stuhlverstopfung beruht meist nicht auf greifbaren Strukturveränderungen des Darmkanals; vielmehr handelt es sich gewöhnlich nur um eine funktionelle Störung. Bei ihrer Entstehung spielt häufig die Ernährungsweise eine Rolle. Ist die Nahrung schlackenarm, wird sie bereits im Dünndarm vollständig verdaut und im Dickdarm dann zu stark eingeengt und eingedickt. Schließlich fehlen die mechanischen Reize für die vorwärtstreibende Muskeltätigkeit und die Mastdarmdehnung als Ursache für Stuhldrang und Darmentleerung. Manche Nahrungsmittel, auch einzelne Medikamente härten den Stuhl und behindern die Stuhlentleerung zusätzlich. Umgekehrt vermehren unverdauliche pflanzliche Nahrungsschlacken aus Gemüse, Obst und grobgemahlenem Getreide den verbleibenden Dickdarminhalt und erhalten ihn verformbar. – Neben unzweckmäßiger Ernährung sind vor allem falsche oder gestörte Entleerungsgewohnheiten (Unterdrückung des Stuhldrangs, Bettruhe, ungewohnte Umgebung) eine häufige Ursache der primären Verstopfung. Die Folge ist eine Abstumpfung und schließlich das Ausbleiben des Magen-Dickdarm-Reflexes.

Neben der primären Verstopfung durch Darmträgheit gibt es auch eine Verstopfung des übererregten Darms, die vor allem bei nervlich labilen, vegetativ dystonen Menschen vorkommt (s. S. 358). Sie tritt u. a. bei Magengeschwüren, vor allem beim Zwölffingerdarmgeschwür, auf. Die sekundäre oder begleitende Stuhlverstopfung ist dagegen auf organisch faßbare Veränderungen des Magen-Darm-Kanals zurückzuführen (z. B. Wurmfortsatzentzündung, Hämorrhoiden, Darmverschlingung; bes. bei alten Menschen u. U. Darmkrebs).

DURCHFALL

Durchfall (Diarrhö) nennt man den Abgang dünner, meist auch vermehrter Stühle. Normalerweise ist die Verdauung und Aufnahme der Nährstoffe bis zum Ende des Dünndarms beendet, der volumenmäßig eingeengte, flüssige Darminhalt tritt in den Dickdarm über. Im Verlauf der Dickdarmpassage entsteht durch Wasserentzug schließlich der geformte Stuhl, der sich aus unverdaulichen Nahrungsresten, wie z. B. Zellulose, aus Bakterien und abgeschilferten Darmschleimhautresten zusammensetzt.

Dieser Prozeß der Stuhleindickung kann auf verschiedene Weise gestört sein (Abb. 1). Da die Darmbewegungen nervös gesteuert werden, kann es z. B. sein, daß Angst, Spannung und Schreck die Dickdarmentleerung auf dem Nervenweg beschleunigen. Dann bleibt keine Zeit zur Koteindickung, es kommt zum *nervösen Durchfall*. Bekannt sind die kurzdauernden Durchfälle in der Examensangst. Nervöser Durchfall kann beim vegetativ Labilen (s. S. 358) und vor allem auch beim Psychopathen gewissermaßen zur Gewohnheit werden und sich aus geringfügigen Anlässen wiederholen. In solchen Fällen kommt auch ein Wechsel von Durchfall und Verstopfung vor, bis der Darm seinen normalen Füllungszustand jeweils wieder erreicht. Durchfall kann auch entstehen, wenn der Darminhalt Magen und Dünndarm zu rasch durchläuft. Dann sind erstens Dehnung und Bewegungsreiz des Dickdarms größer als normal, zweitens zersetzen im Dickdarm Bakterien die Nahrungsreste, wobei Eiweiß fault und Kohlenhydrate gären. Fäulnisvorgänge machen den Stuhl dünnbreiig, dunkelbraun und faulig riechend. Gärung führt zu großen, hellgelben, breiigen Stühlen, die (mit Gasbläschen und stechend-säuerlichem Geruch) unter vielen Winden abgehen. Unzureichend aufgeschlossener Darmbrei erreicht den Dickdarm bei unzulänglicher Kauleistung durch hastiges Essen oder bei schlechten Zähnen, bei Salzsäuremangel des Magens, bei Mangel an Verdauungshilfsstoffen aus Magen, Galle und Bauchspeicheldrüse sowie häufig auch nach operativer Verkleinerung des Magens. Auch allzu große Mahlzeiten können durch verhältnismäßigen Hilfsstoffmangel zum Durchfall führen.

Durchfälle entstehen auch durch entzündliche Reizung der Darmschleimhaut. Dazu gehören Cholera und Ruhr (S. 504), Typhus, Paratyphus (s. S. 502), die Sommerdiarrhö und gewisse Nahrungsmittelvergiftungen. Besonders heftig wirken sich *Dünndarmentzündungen* aus, die schließlich zu gallegrün verfärbten, blutigen Stühlen führen. *Dickdarmentzündungen* sind oft besonders hartnäckig. Sie können durch vermehrten Bewegungsreiz, gesteigerte Absonderung von Darmsaft und verminderte Wasserentnahme ebenfalls zu akuten, noch häufiger allerdings zu chronischen Durchfällen ausarten. Bekannt sind u. a. geschwürige Dickdarmentzündungen, bei denen mit dem Stuhl auch Blut und Eiter abgeht.

Auch kleine Durchfälle können ernste Erkrankungen anzeigen, bei Blut- und Schleimbeimengungen z. B. einen Mastdarmkrebs (s. S. 570). Auch Fremdkörper, die Ansammlung harter Stuhlmassen, Spul- und Bandwürmer führen gelegentlich zum Durchfall, ebenso Störungen der Hormondrüsen, z. B. Schilddrüsenüberfunktion (s. S. 383). Allergische Überempfindlichkeitsreaktionen gegen Zwiebeln, Erdbeeren, Fisch, Hummer, Hühnereiweiß, Milch, Arzneimittel und Chemikalien können manchmal ebenfalls zum Durchfall führen; die Entleerungen sind dabei oft glasig-schleimig.

Bei den Folgen eines Durchfalls steht an erster Stelle der Wasser- und Salzverlust, der durch mangelnde Gefäßfüllung zum Kollaps, Nierenversagen und Schock führen kann (s. S. 212). Die Behandlung schwerer Durchfälle besteht daher nicht nur in einer Beseitigung der Durchfallursachen, sondern vordringlich auch im Flüssigkeits- und Salzersatz.

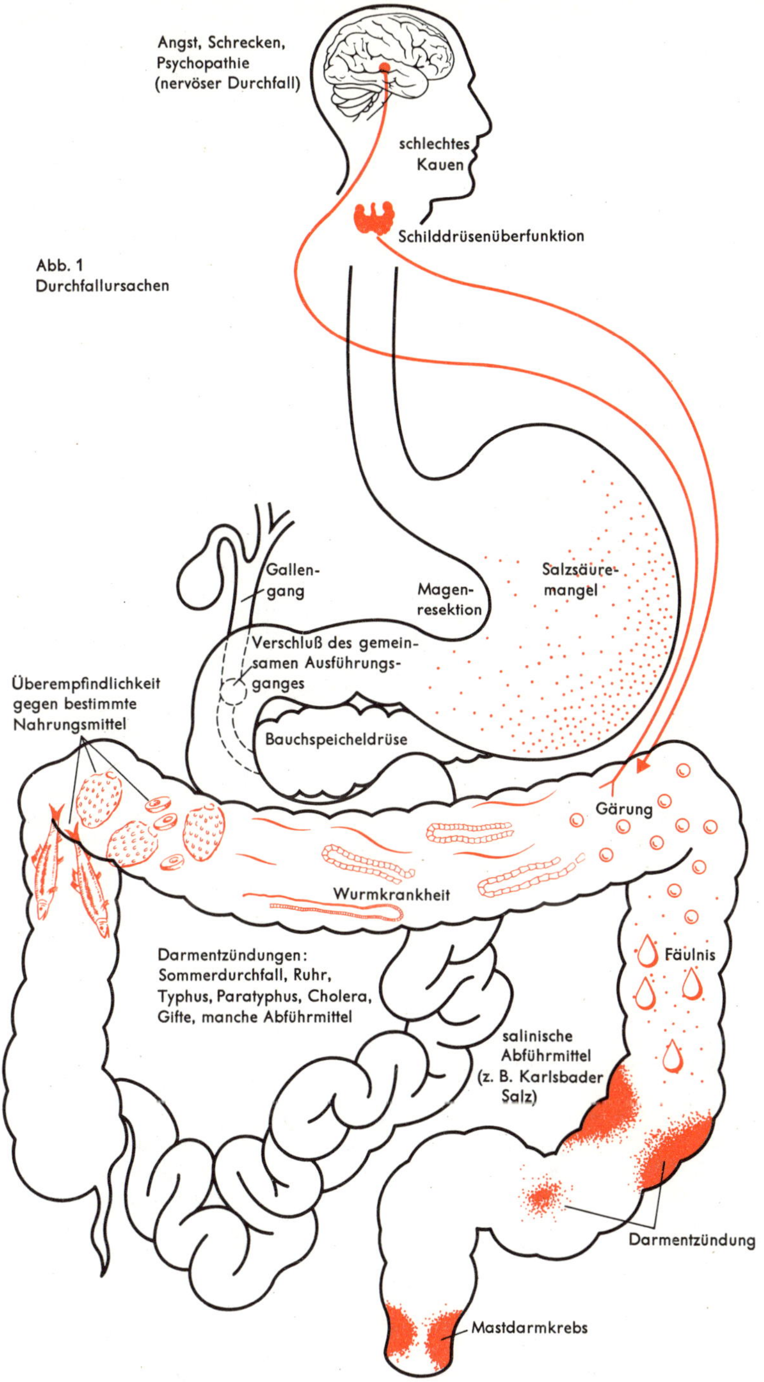

Abb. 1
Durchfallursachen

DIE BAUCHSPEICHELDRÜSE UND IHRE KRANKHEITEN

Die *Bauchspeicheldrüse (Pankreas)* liegt im oberen Bauchraum quer hinter dem Magen und mündet zusammen mit dem Gallengang in den Zwölffingerdarm. Sie hat die Form eines Angelhakens und ist etwa 70 g schwer und 15–22 cm lang (Abb. 1). Sie vereinigt in sich zwei Organe. Das endokrine Inselorgan bildet die Hormone Insulin und Glucagon. In ihrer exokrinen (sekretorischen) Funktion produziert die Bauchspeicheldrüse täglich 1–1$^1/_2$ l Verdauungssaft, den Bauchspeichel. Beide Organe sind innig miteinander verschmolzen, so daß häufig Störungen einer Funktion mit Störungen der anderen einhergehen. Wegen der gemeinsamen Mündung treten auch Erkrankungen des Gallenwegsystems mit solchen der Bauchspeicheldrüse kombiniert auf.

Im mikroskopischen Schnitt können innerhalb des Drüsengewebes hellere, rundliche Zellgruppen unterschieden werden, die *Langerhans-Inseln* (Abb. 2). Ihre Anzahl beträgt rund 1 Million. Die Zellen der Langerhans-Inseln sind unter sich nicht gleichwertig. Man unterscheidet die A-Zellen als Bildner des *Glucagons,* das durch Glykogenolyse den Blutzuckerspiegel erhöht, und die B-Zellen als Bildner des *Insulins,* das u.a. die Glykogenbildung fördert und so den Blutzuckerspiegel senkt. Nachlassen oder Ausfall der Inseltätigkeit führt zur Zuckerkrankheit (s. S. 180 ff.).

Der *Bauchspeichel (Pankreassaft)* wird in (den Speicheldrüsen ähnlichen) beerenförmigen Drüsenendstücken gebildet. Dort werden die Vorstufen der vom Pankreas gelieferten Enzyme in Form von *Zymogenkörnchen* gespeichert und sezerniert. Aus den Drüsenzellen werden die Exkrete in einem Gang, der die ganze Bauchspeicheldrüse durchzieht *(Ductus pancreaticus)*, gesammelt. Dieser Ausführungsgang mündet meist gemeinsam mit dem Gallengang in den Zwölffingerdarm (Abb. 1). Die Sekretion des Pankreassaftes erfolgt rhythmisch und wird einmal vom Tonus des vegetativen Nervensystems, zum anderen durch die im Zwölffingerdarm gebildeten Gewebshormone Cholezystokinin-Pankreozymin und Sekretin gesteuert; beides ist sinnvoll an die einzelnen Phasen der Magentätigkeit bei Nahrungsaufnahme gekoppelt (s. S. 152 ff.).

Das Pankreas liefert Enzyme für die Fett-, Eiweiß- und Kohlenhydratverdauung. Die *eiweißspaltenden Enzyme (Proteasen)* sind in der Hauptsache *Trypsin* und *Chymotrypsin.* Diese werden als inaktive Vorstufen (Trypsinogen und Chymotrypsinogen) in den Darm abgegeben und dort aktiviert. Die Enterokinase des Dünndarms wandelt zunächst kleine Mengen Trypsinogen in Trypsin um, das dann autokatalytisch das restliche Trypsinogen aktiviert. Trypsin aktiviert dann auch Chymotrypsinogen zu Chymotrypsin. – Als *fettspaltendes Enzym* ist vor allem die *Pankreaslipase* wirksam. Sie spaltet, von der Galle unterstützt, Fett in Glycerin und Fettsäuren auf. Gleichzeitig entstehende Monoglycerinsäuren führen zusammen mit Fett- und Gallensäuren zur Emulgierung des noch intakten Fettes und schaffen so eine bessere Angriffsfläche für die Enzyme. *Kohlenhydratspaltende Pankreasenzyme* sind die *Amylase* und *Maltase,* die Stärke in Maltose bzw. Maltose in Glucose zerlegen (Abb. 4, S. 179).

Da schon mit der Nahrungsaufnahme vom Mund her reflektorisch die Absonderung des Bauchspeichels in Gang kommt, wird der nach der Magenverdauung austretende Chymus bereits bei seinem Übertritt in den Darm vom Pankreassaft erwartet. Man kann zwei Typen von Bauchspeichel unterscheiden, den Hydrochylie- und den Proteochylietyp (Abb. 3a und b): Zuerst wird (unter dem Einfluß der Salzsäure und auch von Fetten) Sekretin freigesetzt, das zur reichlichen Bildung eines alkalischen Pankreassekrets führt (Hydrochylietyp, Abb. 3a). Im Anschluß daran wird (vor allem unter dem Einfluß angespaltener Eiweißstoffe) Pankreozymin freigesetzt, das (wie auch eine Reizung des Vagus) die Ausscheidung der Pankreasenzyme aus den Zellen der Pankreasdrüsen veranlaßt (Proteochylietyp, Abb. 3b).

Die Bauchspeicheldrüse kann entzündlich erkranken oder geschwulstig entarten. Die *akute Prankreasentzündung* tritt blitzartig auf, oft nach reichlichen Mahlzeiten und vorwiegend bei Frauen im mittleren Lebensalter. Schwerste Leibschmerzen, Erbre-

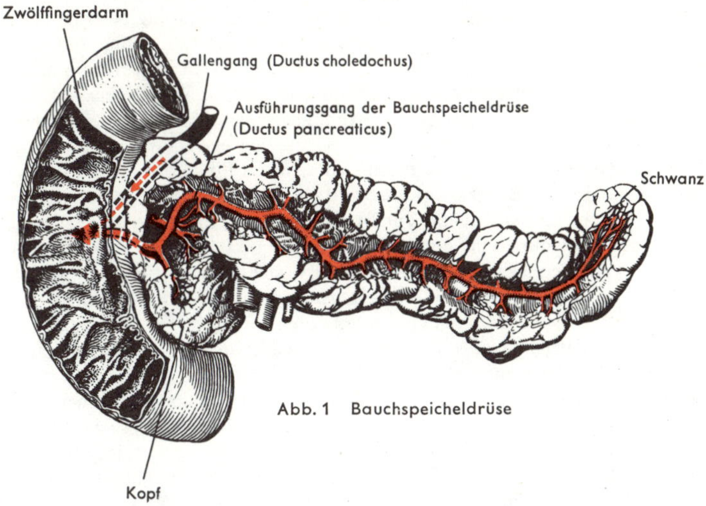

Abb. 1 Bauchspeicheldrüse

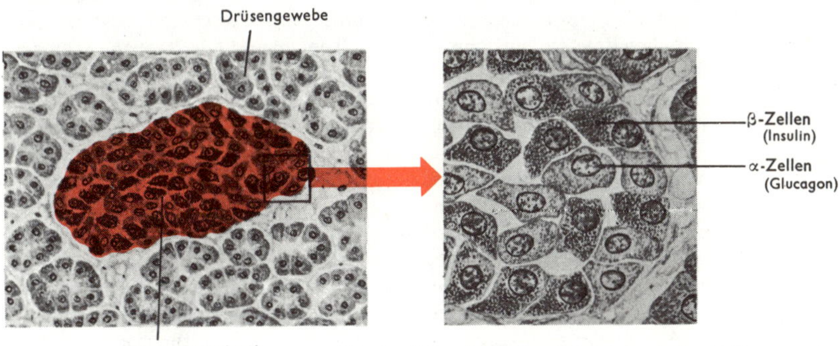

Abb. 2 Mikroskopischer Schnitt durch das Drüsengewebe

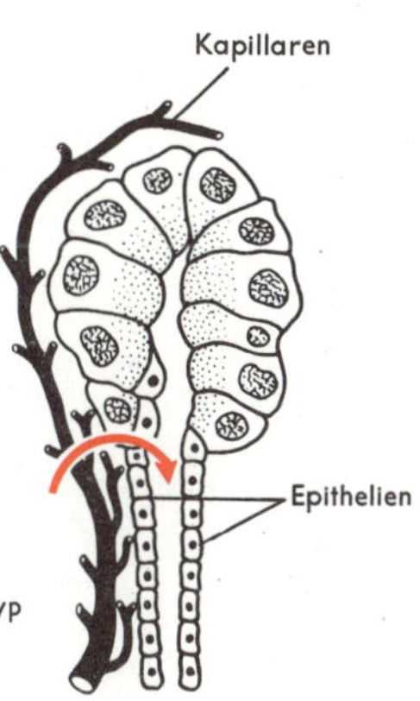

Abb. 3a) Hydrochylietyp

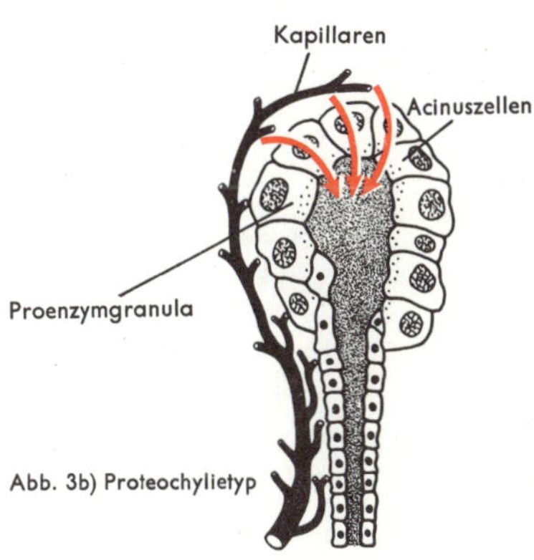

Abb. 3b) Proteochylietyp

chen und Kreislaufzusammenbruch kennzeichnen das Krankheitsbild. Da oft auch die Umgebung der Bauchspeicheldrüse an der heftigen Entzündung beteiligt ist, kann es zu ausstrahlenden Schmerzen und damit auch zur Verwechslung mit anderen akuten Erkrankungen des Bauchraums (sogar mit einem Herzinfarkt) kommen. Der stürmische Ablauf ist Ausdruck einer Selbstandauung der Bauchspeicheldrüse, die dadurch zustande kommt, daß der hochaktive Bauchspeichel, anstatt mit dem Ausführungsgang in den Darm abzufließen, ins eigene Drüsengewebe eindringt. Zelluntergang, schwerste Gewebszerstörungen und Blutungen sind die Folge. Dringt Bauchspeichel schließlich sogar in den Bauchraum ein, wird das Bauchfell schmerzhaft gereizt, es kommt zur Bauchwassersucht und zum Untergang des umliegenden Fettgewebes. Ursache der akuten Pankreasentzündung können Erkrankungen der Gallenwege, Alkoholismus und Verletzungen sein. Die Behandlung besteht zunächst in absoluter Ruhigstellung der Bauchspeicheldrüse (Nulldiät). Infusionen sorgen für den Flüssigkeitsersatz, Antischmerzmittel für die Beruhigung des Patienten.

Die *chronische Entzündung der Bauchspeicheldrüse* kann aus der akuten entstehen, kommt recht häufig aber auch als eigene Erkrankung mit schubweisem Verlauf vor. Bezeichnend sind anfallsweise, nach beiden Seiten ausstrahlende Schmerzattacken im Oberbauch, die die Kranken durch gebeugte Sitzhaltung zu lindern suchen. Fetthaltige Stühle, Gewichtsabnahme, Harnzucker durch Beteiligung des Inselorgans und Kalksteinbildung vervollständigen das Krankheitsbild. Die Behandlung versucht, die Bauchspeicheldrüse ruhigzustellen (kleine, fettarme Mahlzeiten, Vermeidung von Alkohol, Koffein und kalten Getränken). Fallen größere Anteile des Drüsengewebes aus, können die fehlenden Verdauungsenzyme in Form von Tabletten ersetzt werden. Operatives Vorgehen ist vor allem dann angezeigt, wenn häufig unerträgliche Schmerzzustände auftreten. Neuerdings kommt auch der gezielte Verschluß des Ausführungsgangs durch Einbringung eines Verödungsmittels in Betracht.

Tumoren der Bauchspeicheldrüse gehen entweder vom Insel- oder Drüsenzellapparat des Organs aus. Wucherungen der insulären B-Zellen führen zur Überproduktion von Insulin. Wucherungen der eigentlichen Bauchspeicheldrüse wirken durch Verdrängung schädlich oder greifen, falls sie bösartig sind, auf die Nachbarorgane über. Charakteristische Erscheinungen ruft der Krebs des Bauchspeicheldrüsenkopfes durch Verlegung der Gallengänge hervor. Ähnlich wie beim Steinverschluß kommt es dann zur Gelbsucht durch Gallenstau. Wird die Bauchspeicheldrüse mit dem Krebs entfernt, müssen ihre Produkte durch Insulininjektionen und Enzymtabletten ersetzt werden, da sonst durch Ausfall des Inselorgans schwere Störungen im Zuckerhaushalt auftreten würden. Das Fehlen des Bauchspeichels wäre von entsprechenden Verdauungsstörungen begleitet.

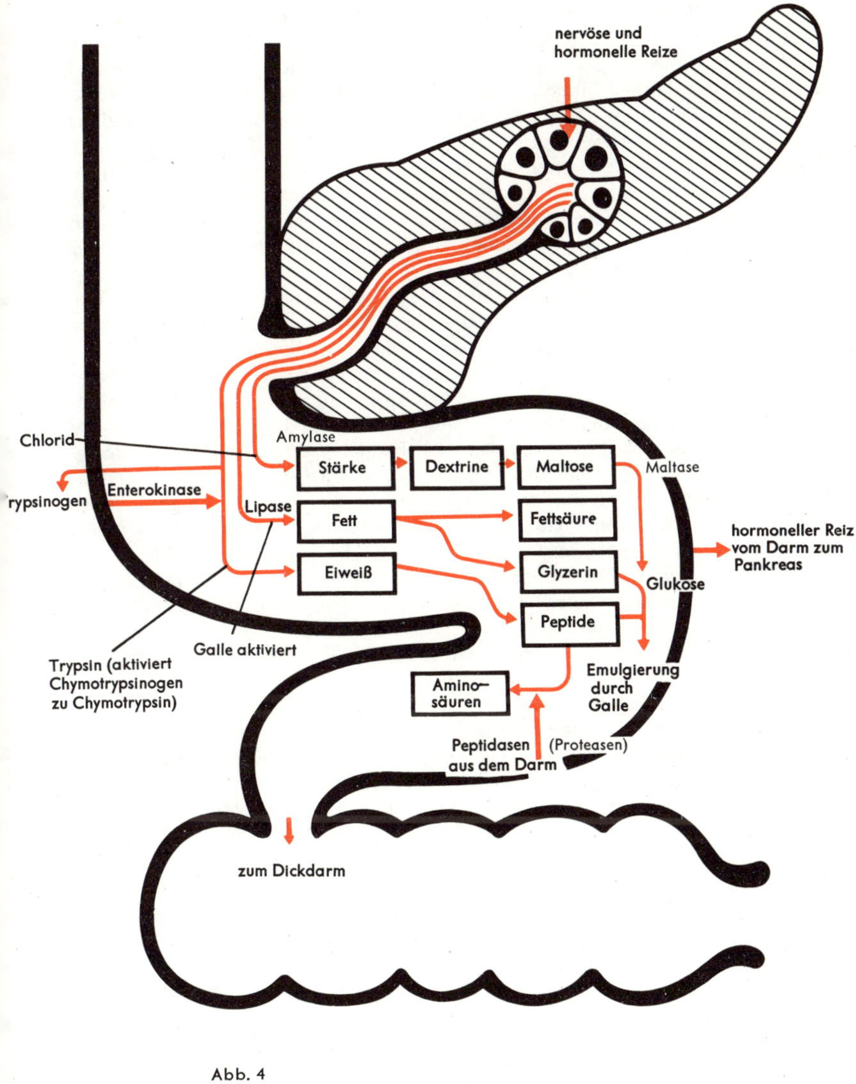

Abb. 4
Die Wirkung der Pankreasenzyme bei der Verdauung

ZUCKERKRANKHEIT

Unter der Bezeichnung *Zuckerkrankheit (Diabetes mellitus)* faßt man chronische, z. T. erbliche Stoffwechselstörungen zusammen, deren gemeinsames Merkmal ein absoluter oder relativer *Mangel an Insulin* (dem wichtigsten Hormon der Bauchspeicheldrüse) darstellt. Das ausgeprägte Leiden äußert sich – als Anzeichen ungenügender Kohlenhydratverwertung – vor allem in einem Anstieg des Blut- und Harnzuckers; doch sind auch der Fett- und der Eiweißstoffwechsel betroffen.

1–5% aller Fälle von Zuckerkrankheit werden durch Tumoren oder Entzündungen der Bauchspeicheldrüse verursacht, ferner auch durch eine Überfunktion jener Hormondrüsen, die Gegenspielerhormone des Insulins produzieren, wie etwa der Hirnanhangsdrüse, der Nebennierenrinde und des Nebennierenmarks *(sekundärer Diabetes)*. Die übrigen, weitaus meisten Fälle von Zuckerkrankheit gehen von der Bauchspeicheldrüse selbst, genauer: von den insulinproduzierenden B-Zellen des Inselorgans aus *(primärer Diabetes)*.

Es gibt zwei auch von der Häufigkeit her recht verschiedene Formen von primärem Diabetes, den *jugendlichen Diabetes (Diabetes vom Typ I)* und den *Erwachsenendiabetes (Altersdiabetes, Diabetes vom Typ II)*. Von diesen ist der jugendliche Diabetes in der Regel wesentlich gravierender, der Erwachsenendiabetes andererseits wesentlich häufiger. Man schätzt, daß etwa 3% der Bevölkerung in der Bundesrepublik (das sind rund 2 Millionen Menschen) an Zuckerkrankheit leiden und rund 10% (das sind rund 6 Millionen Menschen) sich im Vorstadium der Erkrankung befinden. Davon umfaßt der Typ I jedoch nur 1–5%. Daher denkt man, wenn vom Diabetes als einer Volkskrankheit die Rede ist, vor allem an den Erwachsenendiabetes. Er ist auch gemeint, wenn Schlagworte wie Wohlstand, Übergewicht und Bewegungsmangel im Zusammenhang mit der Zuckerkrankheit, ihrer Behandlung und Vorbeugung genannt werden.

Die Charakterisierung des Diabetestyps nach dem Zeitpunkt des Krankheitsbeginns ist allerdings nicht immer zutreffend. Es gibt Erwachsene, bei denen ein Diabetes vom jugendlichen Typ I auftritt und immer häufiger umgekehrt auch Jugendliche mit Erwachsenendiabetes vom Typ II. Zur Abgrenzung dient im Einzelfall dann die sog. Insulinabhängigkeit der Erkrankung.

Beim *jugendlichen Diabetes (Typ I)* ist die Insulinproduktion oft zu mehr als 90%, manchmal sogar vollständig erloschen. Da die Kranken dann auf die Dauer Insulininjektionen benötigen, spricht man auch vom *insulinabhängigen Diabetes*. Die Krankheit tritt vorwiegend im Wachstumsalter auf und schreitet – bei 30–40% der Fälle nach vorübergehender Besserung – meist relativ rasch bis zur erwähnten Insulinabhängigkeit fort. Das Körpergewicht der Diabetiker vom Typ I ist meist normal, ihr Stoffwechsel (vor allem durch Schwierigkeiten in der Abstimmung von Insulinbedarf und -zufuhr) dagegen ist oft instabil und neigt zu Entgleisungen (s. unten).

Über die *Ursachen des jugendlichen Diabetes* gab es bis vor kurzem nur Vermutungen. Jahreszeitliche Häufungen des Erkrankungsbeginns im Herbst und im Winter, nicht selten im Anschluß an Viruserkrankungen wie Mumps, Röteln, Masern und vor allem an Infektionen mit Coxsackieviren der Gruppe B, ferner das Auftreten von Antikörpern gegen die entsprechenden Viren sprechen dafür, daß Virusinfektionen eine auslösende Rolle spielen. Außerdem wurden im Serum jugendlicher Diabetiker Inselzellantikörper und Inselzelloberflächenantikörper gefunden. Daher vermutet man, daß es durch das Zusammentreffen von Virusinfektion und Autoimmunreaktion unter bestimmten erbmäßigen Voraussetzungen zu einer weitgehenden Zerstörung der Inselzellen kommen kann. Versuche, wenn nicht die Entstehung, so doch wenigstens das Fortschreiten des jugendlichen Diabetes von solchen Voraussetzungen aus zu verhindern, sind im Gang.

Im Gegensatz zum jugendlichen Diabetes tritt der *Erwachsenendiabetes (Typ II)* eher schleichend und bevorzugt nach dem 40. Lebensjahr auf. Da die Insulinsekretion bei diesem Typ nur allmählich abnimmt und Diät, körperliche Bewegung und allenfalls Tabletten genügen, um den Stoffwechsel unter Kontrolle zu bringen und zu stabilisieren, spricht man hier auch vom *insulinunabhängigen Diabetes.* Tatsächlich werden bei diesem Diabetestyp Insulininjektionen meist erst längere Zeit nach dem Auftreten der Erkrankung und in manchen Fällen überhaupt nicht erforderlich.

Die Vererbung spielt beim Typ II eine größere Rolle als beim Typ I, doch setzen sich die genetischen Faktoren in der Regel erst durch, wenn ungünstige äußere Bedingungen hinzukommen. Dazu gehören u. a. in erster Linie Überernährung und Übergewicht (70–80% der Zuckerkranken sind übergewichtig) und in zweiter Linie Bewegungsmangel. Bei der Entwicklung des Altersdiabetes ist dann meist folgender Teufelskreis im Spiel: Überernährung, speziell mit Kohlenhydraten, führt zum Anstieg der Insulinsekretion und zur Vermehrung des Fettgewebes. Die Folge ist eine zahlenmäßige Abnahme der Insulinrezeptoren, d.h. jener Bindungsorte, die für die Vermittlung des Hormonsignals an die Zielzellen unentbehrlich sind. Dies aber ist gleichbedeutend mit einer Verminderung der Insulinempfindlichkeit, einem weiteren Anstieg des Zuckerspiegels und einer weiteren Zunahme der Insulinsekretion, bis es schließlich zum Versagen des überforderten Inselorgans kommt. Vor diesem Hintergrund wird das gute Ansprechen des Erwachsenendiabetes auf Gewichtsreduktion (d.h. Fettgewebsschwund) und körperliche Bewegung (d.h. Zuckermehrverbrauch) verständlich: Die Anzahl der Insulinrezeptoren und mit ihnen die Insulinempfindlichkeit nehmen wieder zu, die Bauchspeicheldrüse wird entlastet.

Solche Zusammenhänge sind nicht nur für die *Behandlung,* sondern auch für die *Vorbeugung des Altersdiabetes* von entscheidender Bedeutung: Durch sinnvolle Lebensführung kann verhindert werden, daß aus dem Vorstadium *(latenter Diabetes)* eine offene (manifeste) Zuckerkrankheit wird. Die Betroffenen haben ihr Schicksal insofern in der Tat weitgehend selbst in der Hand – wobei sie sich noch lange nicht derart drastisch einzuschränken brauchen wie unter dem Zwang von Hungerzeiten (Abb. 1). Ein weiteres (allgemeines) Ziel der Vorbeugung ist die *Früherkennung* und *Frühbehandlung* Zuckerkranker, z.B. durch planmäßige Suchaktionen. Sie dienen u.a. der möglichst wirksamen Vermeidung von Spätfolgen des Diabetes.

Ein wichtiges und leicht feststellbares *Krankheitszeichen des Diabetes* ist der *erhöhte Harnzucker,* der gewisse Rückschlüsse auf den Blutzuckerspiegel erlaubt. Traubenzucker (Glucose) ist ein normaler Blutbestandteil. Der Blutzuckerspiegel liegt nüchtern bei 45–95 mg-% (45–95 mg/100 cm^3 Blut, das sind 0,45–0,95 g Zucker pro Liter Blut). Da die Niere normalerweise nur als Überlaufventil fungiert und mehr als 99% des abgefilterten Zuckers wieder zurückgewinnt, erscheinen nüchtern nur Zuckerspuren im Urin. Erst wenn der Blutzuckerspiegel (nach einer kohlenhydratreichen Mahlzeit oder bei Insulinmangel) über 160 mg-% ansteigt, kommt es zum Überschreiten der Nierenschwelle und damit zur Zuckerausscheidung.

Vergleichbar einem komplizierten technischen Regelsystem, setzt der Körper außer dem recht einfachen Überlaufventil Niere noch zahlreiche feinere Funktionen zur Konstanthaltung der wichtigen Regelgröße Blutzucker ein (Abb. 2). Dazu gehören ein

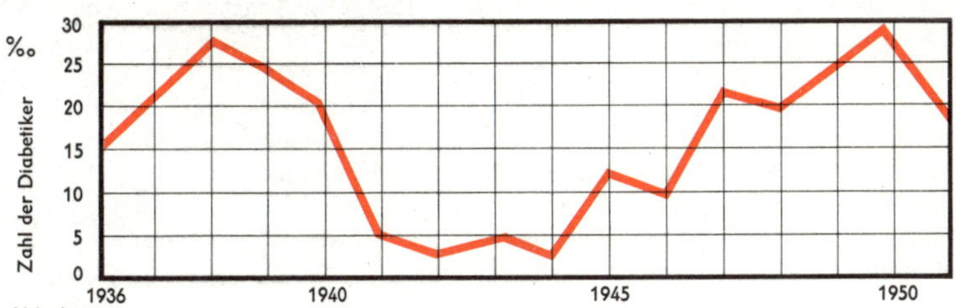

Abb. 1
Abnahme des Diabetes während der Hungerzeit im 2. Weltkrieg

zentralnervöses Regelwerk, verschiedene Hormone, die entlang der Regelstrecke Blut auf die zuckerkonsumierenden Stellglieder Leber und Muskeln einwirken, und schließlich noch sog. *Zuckerfühler*, die vom Meßwerk aus den Zuckerspiegel fortlaufend zur Zentrale melden. Dadurch können Störgrößen, z. B. der Blutzuckeranstieg nach einer Zuckermahlzeit, rasch wieder aufgefangen und ausgeglichen werden.

Für die Erkennung einer Zuckerkrankheit wichtiger als der Harnzucker ist demnach der von der Nierenfunktion unabhängige *Blutzuckerspiegel*. Der Nüchternblutzucker ist beim Zuckerkranken von der Norm (45–95 mg-%) auf 130 mg-% und mehr erhöht *(Hyperglykämie)*. Außerdem steigt der Blutzucker bei ihm nach einer kohlenhydratreichen Mahlzeit oder nach einer Standardglucosebelastung auf wesentlich höhere Werte an als beim Gesunden (*verminderte Glucosetoleranz;* Abb. 3). Besonders deutlich ist dieser Anstieg beim jugendlichen Diabetes (Abb. 3, links), da hier die Insulinsekretion versagt (Abb. 3, rechts). Dagegen kann die Insulinausschüttung beim (insulinresistenten) Erwachsenendiabetes sogar ausnehmend groß sein.

Der hohe Blut- und Harnzucker des Diabetikers ist ein Krankheitszeichen dafür, daß Zucker bei Insulinmangel im peripheren Zellstoffwechsel nicht verwertet werden kann und sich daher im Körper anhäuft. *Insulin* verbessert den Eintritt von Traubenzucker in die Muskel- und Fettzellen, fördert die Entstehung von Handlangerstoffen für die Zuckerspeicherung in Muskeln und Leber, verbessert den Zuckerabbau in der Muskulatur und sorgt dafür, daß Zucker als Depotfett abgelagert werden kann (Abb. 4). Insulin verbessert demnach die Glucoseverwertung bei Mehrbedarf. Es steuert ferner die Vorratshaltung in den Energiespeichern des Körpers und ermöglicht neben der Fettspeicherung eine Anhäufung von Glykogen in Leber und Muskeln. Muskeltätigkeit steigert den Kalorienbedarf und mit ihm auch den Zuckerverbrauch. Bei Zuckerkrankheit kommt als nützlicher Effekt hinzu, daß Muskelarbeit den Zuckereintritt in die Muskelfasern auch unabhängig von Insulin erleichtert.

Die wesentliche Gefahr des *akuten Insulinmangels* liegt nun darin, daß mit der Zuckerverwertung auch der Fettstoffwechsel defekt ist (Abb. 5). Der Fettaufbau ist gestört, anstelle von Zucker werden Fette und Eiweiße abgebaut, bis größere Mengen kurzkettiger organischer Säuren aus dem Fettstoffwechsel ins Blut übertreten, die nicht mehr weiter verbrannt werden können. Solche Säuren (wie die Betaoxybuttersäure und die Acetessigsäure) blockieren die Basenreserven des Körpers und führen zu einer gefährlichen *Übersäuerung des Stoffwechsels*. Große Atmung, fruchtartiger Acetongeruch und schließlich tiefe Bewußtlosigkeit kennzeichnen dieses sog. *diabetische Koma*. Der starke Zuckeranstieg und der Zuckerverlust schwemmen im Harn täglich bis zu 8 Liter Flüssigkeit mit Salzen aus. Dadurch kommt es bei fortdauerndem Insulinmangel zu einer gefährlichen Verstärkung des Komas mit Blutdruckabfall und Kreislaufzusammenbruch. Bei manchen Fällen von diabetischem Koma stehen die Wasser- und Salzverluste sogar im Vordergrund (Abb. 6).

Manche *Früherscheinungen der Zuckerkrankheit* sind unmittelbar auf die Stoffwechselstörung, andere auf den Zucker- und Wasserverlust zurückzuführen (vermehrter Durst, häufigeres Wasserlassen, auch nachts, Müdigkeit, Abgeschlagenheit, Juckreiz und Neigung zu Hautinfektionen). Die Krankheitserscheinungen setzen beim Diabetes vom Typ I vorwiegend rasch und daher auffallend ein, beim Altersdiabetes dagegen werden sie, wenn überhaupt, oft eher beiläufig registriert. Die hohe Zuckerausscheidung wird dann u. U. erst zufällig bei einer Routineuntersuchung entdeckt. Während Harnzucker vom Stoffwechselgesunden nur in Spuren von täglich weniger als 0,15 g ausgeschieden wird, erscheinen beim Diabetiker je nach Schwere der Zuckerkrankheit täglich bis zu 200 g Traubenzucker im Urin. Die Zuckermenge im Harn ist dann so groß, daß der Urin honigsüß schmeckt (Diabetes „mellitus", von lat. mellitus = aus Honig, honigsüß) und die Kranken als erstes Anzeichen gelegentlich bemerken, wie Urinflecken auf Kleidung und Schuhen weiß eintrocknen. Nur selten kommt es vor,

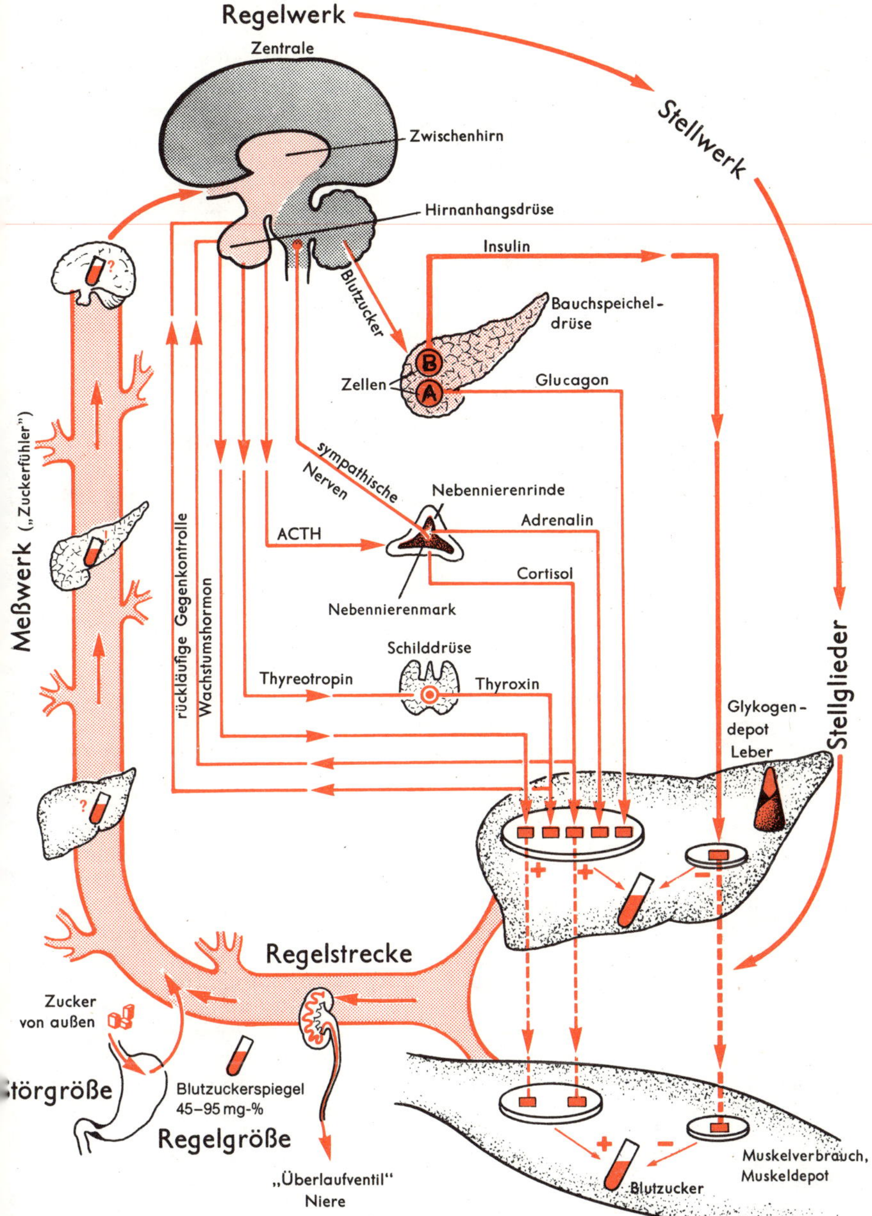
Regelwerk
Zentrale
Zwischenhirn
Hirnanhangsdrüse
Stellwerk
Insulin
Blutzucker
Bauchspeichel-
drüse
Zellen
B
A
Glucagon
sympathische
Nerven
Nebennierenrinde
Adrenalin
ACTH
Cortisol
Nebennierenmark
Schilddrüse
Thyreotropin
Thyroxin
Meßwerk („Zuckerfühler")
rückläufige Gegenkontrolle
Wachstumshormon
Stellglieder
Glykogen-
depot
Leber
Regelstrecke
Zucker
von außen
Störgröße
Blutzuckerspiegel
45–95 mg-%
Regelgröße
„Überlaufventil"
Niere
Muskelverbrauch,
Muskeldepot
Blutzucker

Abb. 2

daß der Harnzucker nicht durch eine Blutzuckererhöhung, sondern durch ein Versagen des Überlaufventils Niere bedingt ist *(renaler Diabetes).*

Das diabetische Koma wird meist durch Infekte oder – bei insulinabhängigen Diabetikern – durch eine unkontrollierte Verminderung der Insulindosis besonders bei gleichzeitig bestehender Appetitlosigkeit oder sonst verminderter Nahrungszufuhr ausgelöst. Es stellt die schwerste Entgleisung des Stoffwechsels dar. Dennoch sterben beim heutigen Stand der Behandlung (Insulininfusion, Flüssigkeits- und Salzzufuhr, u. U. Gabe von Basen gegen die Säureschwemme) am diabetischen Koma kaum 1% der Kranken. Für den langfristigen Krankheitsverlauf entscheidend sind vielmehr chronische Veränderungen an den Blutgefäßen des Zuckerkranken, die man unter der Bezeichnung chronisches oder Spätsyndrom zusammenfaßt:

Das *diabetische Spätsyndrom* äußert sich einmal in bestimmten Veränderungen der kleinsten Blutgefäße, deren Grundhäutchen vor allem im Gefolge des hohen Zuckerspiegels und gestörten Fettstoffwechsels verdickt wird; die Folge sind Kapillaraufweitungen und Gefäßverschlüsse *(Mikroangiopathie).* Zum anderen kommt es beim Diabetiker durch zusätzliche Beeinträchtigungen des Fettstoffwechsels (Fettschwemme) und den häufigen Bluthochdruck schon sehr früh zu einer besonders starken Arteriosklerose *(Makroangiopathie).* Die Mikroangiopathie, nach 10 Jahren bei 50% der Typ-II-Diabetiker vorkommend, betrifft die Netzhaut des Auges (Blutungen, Gefäßwucherungen mit Sehbeeinträchtigung, u. U. bis zur Erblindung), die Niere (häufigste Todesursache bei jugendlichen Diabetikern), das Nervensystem und die Extremitäten (Zehen- und Fersenbrand). Die Arteriosklerose (Makroangiopathie) ist als häufigste Komplikation die Todesursache von rund zwei Dritteln aller Diabetiker, bei der Hälfte der Zuckerkranken allein durch einen Herzinfarkt. *Weitere Komplikationen* des Diabetes sind: Fettleber, Leberschrumpfung und Gallensteinleiden. Schließlich werden bei männlichen Zuckerkranken vermehrt Impotenz, bei weiblichen häufiger Unfruchtbarkeit und erhöhte Kindersterblichkeit beobachtet.

Ziel der *Diabetesbehandlung* ist die Normalisierung des Stoffwechsels zur möglichst weitgehenden Verhinderung der chronischen Gefäßveränderungen. Zur Norm zurückgeführt werden sollen Blutzucker, Körpergewicht, Blutfette und Blutdruck. Die Mittel dazu sind Diät und körperliche Bewegung unter Anleitung des behandelnden Arztes sowie, je nach Lage des Falles, Tabletten bzw. Insulin.

Die *Tablettentherapie* der Zuckerkrankheit bedient sich der *oralen Antidiabetika* (sog. Sulfonylharnstoffe). Sie regen die B-Zellen der Bauchspeicheldrüse zu gesteigerter Insulinabgabe an. Sie können dementsprechend nur wirken, wenn noch funktionsfähige Reste des Inselorgans vorhanden sind. Nach einem B-Zellen-Schwund wie beim Typ-I-Diabetes, nach entzündlicher Zerstörung oder operativer Entfernung der Bauchspeicheldrüse müssen die oralen Antidiabetika versagen. Besonders gut sprechen ältere Zuckerkranke an, deren Stoffwechselstörung noch nicht lange besteht.

Insulin, das Hormon der Bauchspeicheldrüse, dessen absoluter oder relativer Mangel zur Zuckerkrankheit führt, ist ein Eiweißstoff. Seine Zusammensetzung aus zwei Ketten von 30 und 21 Aminosäuren ist auch der Reihenfolge nach bekannt, die Vollsynthese von Insulin ist schon seit längerem gelungen. Dennoch wird *Insulin zu Behandlungszwecken* auch heute noch aus tierischem Material (vor allem aus der Bauchspeicheldrüse von Schweinen und Rindern) gewonnen. Inzwischen ist es allerdings mit Hilfe gentechnischer Verfahren möglich, *Humaninsulin* auch für klinische Zwecke herzustellen. Die Wirkungsstärke von Insulin wird in Internationalen Einheiten (I. E., IE) angegeben, die auf Tierversuche zurückgehen.

Insulin ist als Eiweißstoff in Tablettenform unwirksam; es muß vielmehr subkutan (unter die Haut) injiziert werden. Da Insulin nach seiner Resorption im Körper aber umgehend abgebaut wird, hängt seine Wirkungsdauer in erster Linie von der Resorptionsgeschwindigkeit ab. Neben dem relativ rasch und kurz wirkenden *Altinsulin* wird

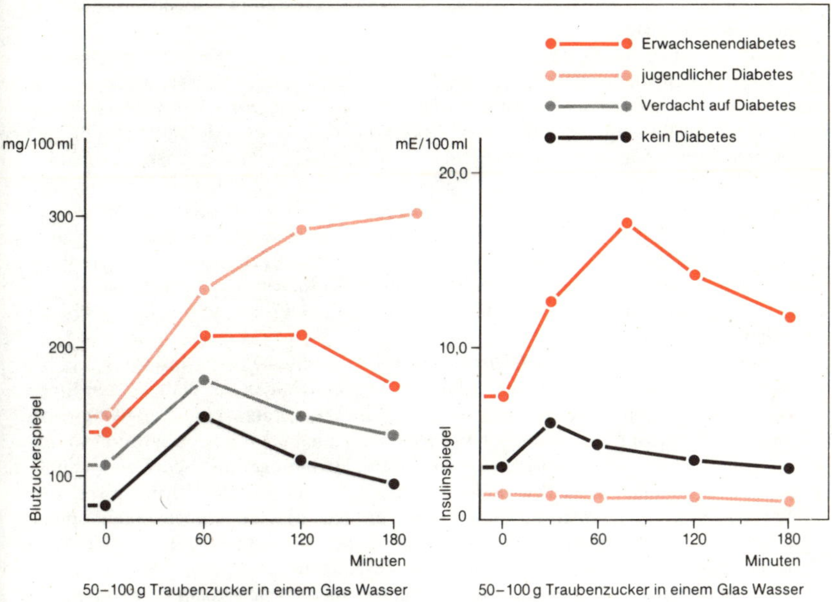

Abb. 3 Blutzuckerspiegel (links) und Insulinspiegel (rechts) beim Glucosetoleranztest; nach Cottier, modifiziert

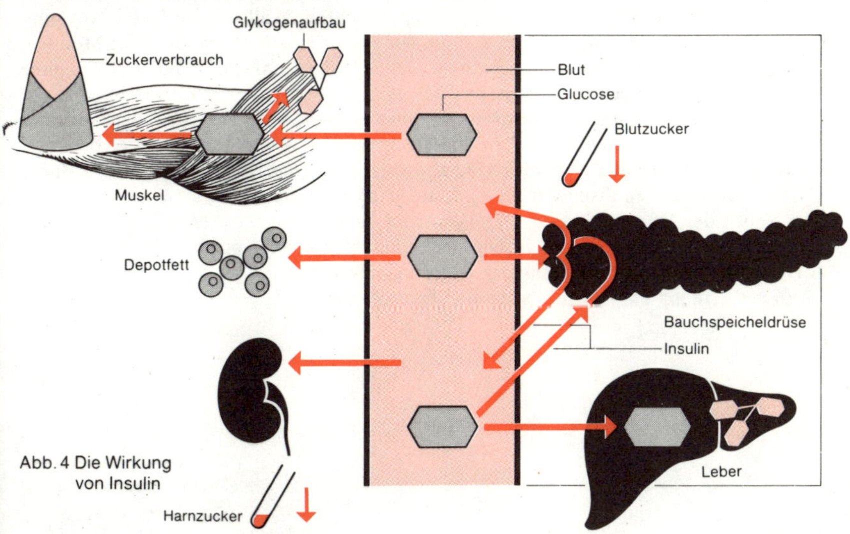

Abb. 4 Die Wirkung von Insulin

daher auch eine Reihe sog. *Depotinsuline* mit unterschiedlich stark verzögerter Resorption und Wirkung angewandt. Sie dürfen nicht Einheit für Einheit untereinander ausgetauscht werden. – Zur kontinuierlichen Zufuhr von Insulin werden heute auch sog. *Insulinpumpen* verwendet.

Insulin kann zu einer gefährlichen Unterzuckerung führen. Daher wird die Insulindosis zusammen mit der Diät vom Arzt eingestellt. Der Insulinbedarf schwankt von Patient zu Patient je nach der Schwere des Diabetes und liegt wegen der obenerwähnten geringeren Insulinempfindlichkeit der Zuckerkranken u. U. über der normalen Bauchspeicheldrüsenproduktion von 50 Einheiten pro Tag. Da jahre- und jahrzehntelange Behandlung erforderlich ist, müssen Nadel und Spritzen für die Insulininjektion sorgfältig gereinigt und sterilisiert und die Injektionsstellen planmäßig gewechselt werden. – In 10–15% der Fälle führte Insulin früher zu allergischen Reaktionen und, durch die Induktion von Antikörpern, zu einer zweiten Art von Insulinunempfindlichkeit. Diese Nebenwirkungen können heute durch die Anwendung hochgereinigter Insuline und wahrscheinlich besonders von Humaninsulin weitgehend ausgeschaltet werden.

Eine *Unterzuckerung (Hypoglykämie)* droht bei irrtümlicher Überdosierung und bei irgendwelchen mehr oder weniger zufälligen Verbesserungen der diabetischen Stoffwechsellage etwa durch körperliche Tätigkeit. Sinkt der Blutzucker unter 40 mg-%, so kommt es nach Kopfschmerzen, Schwächegefühl, Abnahme der Konzentrationsfähigkeit, Schläfrigkeit und Sehstörungen über Zittern, Heißhunger und Schwitzen schließlich sogar zu Krämpfen und zur Bewußtlosigkeit. Da die Unterzuckerung rasch fortschreiten kann, sind ihre Anzeichen vor allem für Diabetiker im Straßenverkehr und an gefährlichen Maschinen von Bedeutung. Abhilfe können Kohlenhydrate schaffen, in schwerwiegenden Fällen die intravenöse Glucoseinjektion.

Manchmal wird die Unterzuckerung mit einem *diabetischen Koma* verwechselt. Im Unterschied zur Hypoglykämie kommt jedoch das Koma durch Insulinmangel und außerdem weit langsamer, innerhalb von Stunden oder Tagen, zustande. Neben dem Insulinmangel spielen dabei Diätfehler, Infekte, Operationen u.ä. eine ursächliche Rolle (s. weiter oben). Erste Anzeichen einer solchen ernsthaften Stoffwechselentgleisung sind Müdigkeit, Kopfschmerzen, Durst, Brechreiz, Wadenkrämpfe und Atemnot. Charakteristisch sind im weiteren Verlauf, wie bereits erwähnt, der obstartige Mundgeruch und die große Atmung der Kranken. Diese sind teilnahmslos und verlieren ohne Anzeichen von Erregung langsam das Bewußtsein (Abb. 6).

Zur Vermeidung irgendwelcher Stoffwechselentgleisungen und besonders zur optimalen Einstellung des diabetischen Stoffwechsels wird neuerdings – ähnlich der Blutdruckmessung bei der Hochdruckbehandlung – die *Blutzuckerselbstkontrolle* durch den Zuckerkranken diskutiert und z. T. auch schon erfolgreich praktiziert.

Neben der Transplantation der gesamten Bauchspeicheldrüse (s. S. 32) wurde auch schon die Verpflanzung von Inselgewebe und Inselzellen versucht. Ein wesentliches Hindernis sind auch dabei bislang allerdings die antigenen (vom Immunapparat als „fremd“ erkannten) Eigenschaften der Transplantate.

Abb. 5
Folgen des Insulinmangels

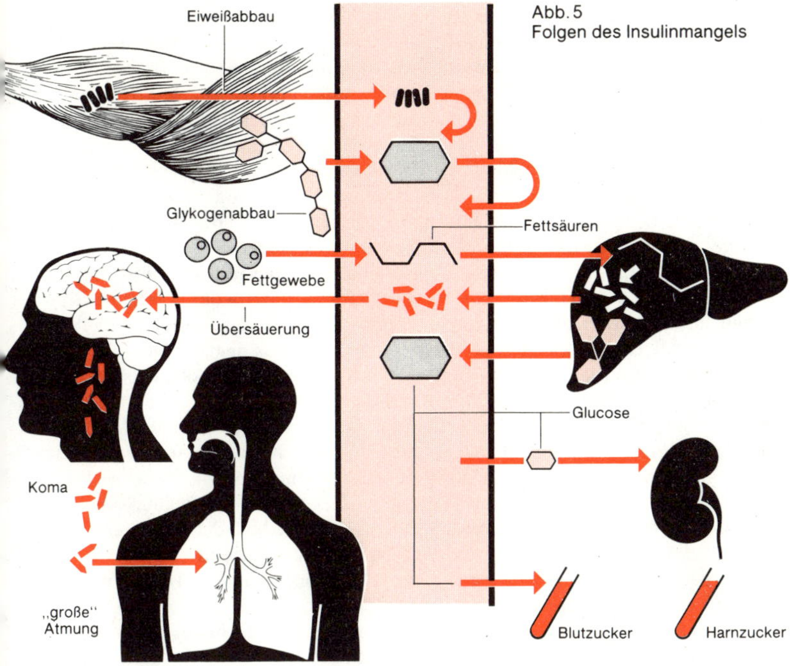

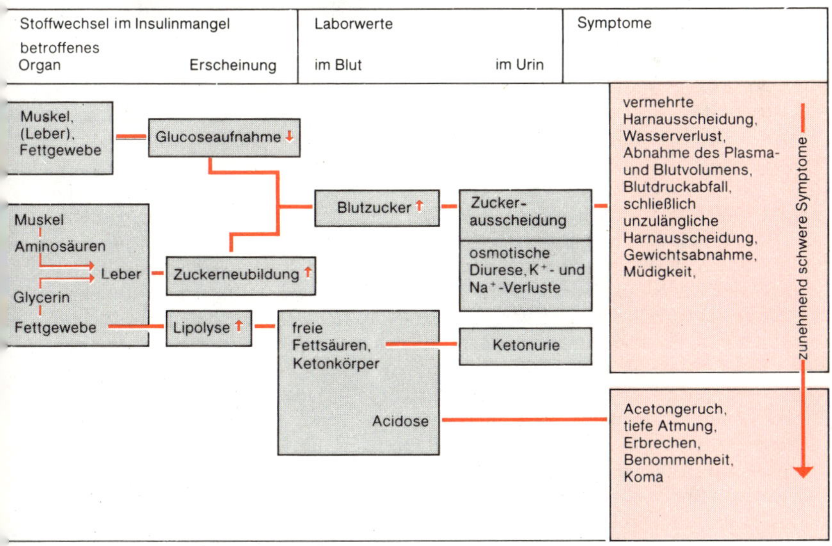

Abb. 6 Zunehmend schwere Symptome bei unbehandeltem Diabetes (nach Steinke und Thorn)

DIE LEBER

Die *Leber* ist die größte Drüse des menschlichen Organismus. Sie nimmt eine zentrale Stelle im Stoffwechsel ein und ist u.a. auch am Blutabbau beteiligt. Ihr obliegt z.B. die Speicherung und Bereitstellung, z.T. auch die Bildung von Kohlenhydraten. Sie hat ferner enge Beziehungen zum Fett- und Eiweißstoffwechsel, so bei der Bildung von Harnstoff als Endprodukt des Aminosäureabbaus. In der Leber wird der Blutfarbstoff in Gallenfarbstoff umgewandelt und als solcher zusammen mit den Gallensäuren in der Lebergalle ausgeschieden (s.u.). Schließlich hat die Leber eine bedeutende Entgiftungsfunktion im Stoffwechsel des Organismus.

Die Leber liegt in der Bauchhöhle unter dem Zwerchfell und füllt die ganze rechte Zwerchfellkuppel aus. Außer der Lunge ist sie das einzige Organ, das sowohl arterielles als auch venöses Blut enthält. Die Sauerstoffversorgung der Leber wird durch die *Leberarterie* (Arteria hepatica) gewährleistet. Durch die *Pfortader* (Vena portae) gelangt das gesamte venöse Blut aus den Verdauungsorganen mit den im Darm resorbierten Nahrungsstoffen, außerdem das mit den Abbaustoffen der zugrundegegangenen Blutkörperchen beladene Blut der Milz in die Leber. Die Pfortader spaltet sich in der Leber in ein weitverzweigtes Haargefäßsystem, in dem das meiste Blut aus dem Bauchraum vor seinem Eintritt in den allgemeinen Körperkreislauf nochmals kontrolliert wird (*funktioneller Leberkreislauf;* Abb. 1). Die feinsten Verzweigungen der Leberarterie und der Pfortader münden gemeinsam in die zwischen den Leberzellen liegenden *Sinuskapillaren (Sinusoide).* Die Wandung dieser Sinusoide besteht u.a. aus einem Netz von Bindegewebsfasern *(Gitterfasern)* und aus den *Kupffer-Sternzellen* (Abb. 3, S. 191). Das Blut der Sinuskapillaren steht mit den Leberzellen in direktem Kontakt, da sich zwischen ihnen keine geschlossene Zellauskleidung befindet. Die Sternzellen können Fremdkörper (wie Zelltrümmer und Bakterien) auffangen (phagozytieren). Nach Exstirpation (operativer Entfernung) der Milz sind sie in der Lage, Teile der Milzfunktion zu übernehmen.

Für die Ausscheidungsfunktion der Leber ist ein weiteres Kanälchennetzwerk verantwortlich, das *Gallengangsystem* (Abb. 2). Es beginnt mit feinen Kanälchen, die anfangs eigentlich nur Einschnitte in benachbarte Leberzellen sind, dann größer werden, zusammenfließen, eine eigene Wandung erhalten und sich zuletzt zum Gallengang sammeln. Die Gallenwege haben ihr eigenes, blindsackartiges Gallendepot, die *Gallenblase.* Ihr gemeinsamer Ausführungsgang mündet schließlich in den Dünndarm (Abb. 1). Die wichtigsten Ausscheidungsprodukte der Lebergalle *(Galle)* sind die Abbaustufen des roten Blutfarbstoffs, die *Gallenfarbstoffe.* Versagt dieser Ausscheidungsmechanismus, kommt es zur Gelbsucht (s. S. 192).

Der *feingewebliche Aufbau der Leber* ist im gesamten Organ recht einheitlich. Die untereinander sehr ähnlichen *Leberzellen* verrichten die eigentliche biochemische Arbeit. Sie müssen daher ausreichend mit Pfortader- und Schlagaderblut versorgt und gallenmäßig abgeleitet werden. Dies geschieht so, daß sie durch lockeres Bindegewebe zu Säulchen *(Leberläppchen)* zusammengefaßt und längsseits mit einer Installation von Blut- und Gallengefäßen versorgt werden (Abb. 5, S. 191). Schneidet man Lebergewebe in dünne Scheiben und betrachtet quer getroffene Leberläppchen, so sieht man, daß die Säulchen oft sechseckig sind. In den Ecken *(Glisson-Dreiecke)* sind mit etwas Bindegewebe die Gallengänge, die Äste der Pfortader und der Leberschlagader untergebracht, in der Mitte der Läppchensäule verlaufen die Sammelkanälchen der Blutadern (Abb. 4, S. 191). Die Hauptleitungen für Blut und Galle bleiben völlig getrennt, was von wesentlicher Bedeutung für die Funktion der Leberzellen und der ganzen Läppchen ist (Abb. 6, S. 191).

Das leitende Prinzip des Leberfeinbaus besteht darin, das Pfortaderblut zur Erleichterung von Austauschvorgängen in möglichst breite Berührung mit den Leberzellen zu bringen. Die Einlagerung von Substanzen in die Leber soll vorwiegend bei enger Strombahn und schnell fließendem Blut, der Abbau und Abtransport von Stoffen bei weiter Strombahn und langsam fließendem Blut erfolgen. Der normale Ort der

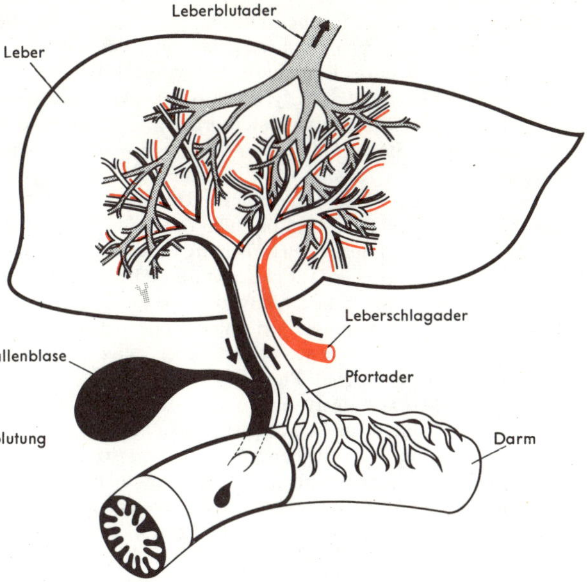

Abb. 1
Leber und
Leberdurchblutung

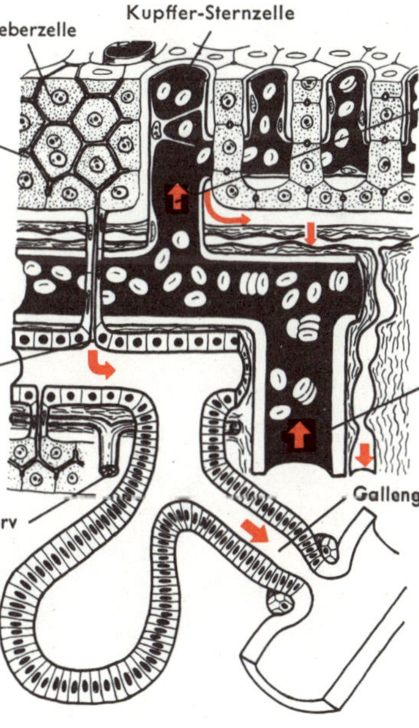

Abb. 2 Gallengangsystem

Glykogenspeicherung ist das Läppchenzentrum, während die Vorstadien der Galle als Sekretgranula in der Läppchenperipherie gebildet werden. Dieser räumlichen Trennung der Bildungsstätten entspricht eine gegenläufige Rhythmik von Assimilation und Dissimilation der Galle und des Glykogens (Glykogen-Galle-Wippe). Die Glykogenstapelung in der Leber beginnt als assimilatorische Phase im Zentrum und schreitet nach der Peripherie fort. Sie ist mit Aufnahme von Eiweiß und Wasser verbunden. Die sekretorische Phase der Abgabe von Gallenstoffen in das Blut verläuft von der Peripherie gegen das Zentrum. Störungen dieses Rhythmus führen zu Schwierigkeiten beim Gallenabfluß. Für den Menschen hat man folgenden Ablauf rekonstruiert:

Nach den Mahlzeiten und deren Aufschließung durch die Verdauung befindet sich die Leber in der assimilatorischen Tätigkeitsphase und entnimmt dem Pfortaderblut die aus dem Darm resorbierten Stoffe. Sie wird größer, das Organ nimmt an Gewicht zu. Die Deponierung beginnt in der zentralen Zone der Läppchen und schreitet peripheriewärts fort, der Glykogengehalt der Leber steigt an. Die Gallensekretion, die zu Beginn der assimilatorischen Phase noch lebhaft war, nimmt ab, die Anzahl der sekrethaltigen Zellen verringert sich. Wenn die Verdauungstätigkeit aufgehört hat, ist sie minimal, während die assimilatorische Phase ihren Höhepunkt erreicht hat und die Leberzelle mit Assimilat angefüllt ist. Jetzt tritt die sekretorische Phase ein. Längs den Gallenkapillaren beginnen sich Sekretgranula anzusammeln, gleichzeitig Wasser, Eiweiß und Stoffwechselprodukte. Das Zellvolumen nimmt ab, und entsprechend dem Fortschreiten der sekretorischen Phase zum Zentrum des Läppchens hin erhöht sich unter Abnahme des Glykogengehalts der Leber die Gallensekretion, bis nur noch Spuren von Glykogen vorhanden sind. Dann beginnt der Vorgang von neuem, die Leber, die früher Produzent war, wird wieder Konsument. Interessante Relationen bestehen zwischen Gallenproduktion und der Blutzirkulation. Wenn der Druck in der Leberarterie ansteigt, nimmt die Gallenproduktion ab; umgekehrt steigt die Gallenausscheidung bei Erhöhung der Pfortaderdurchströmung an.

Erfolgt die Einlagerung von Substanz in die Leber bei enger Strombahn und schnell fließendem Blut, der Abbau und Abtransport der Stoffe bei weiter Strombahn und langsam fließendem Blut, so scheint die Atmung hierbei eine Art Pumpfunktion auszuüben. Bei Einatmung nähert sich ein Teil der Zellplatten unter Verengerung der Kapillaren einander an, während der andere Teil sich unter Erweiterung der Kapillaren voneinander entfernt. Bei Ausatmung liegen die Verhältnisse umgekehrt.

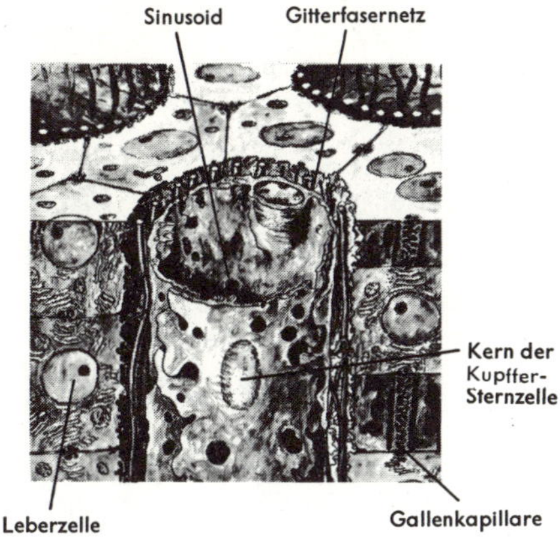

Abb. 3 Feinbau einer Sinuskapillare

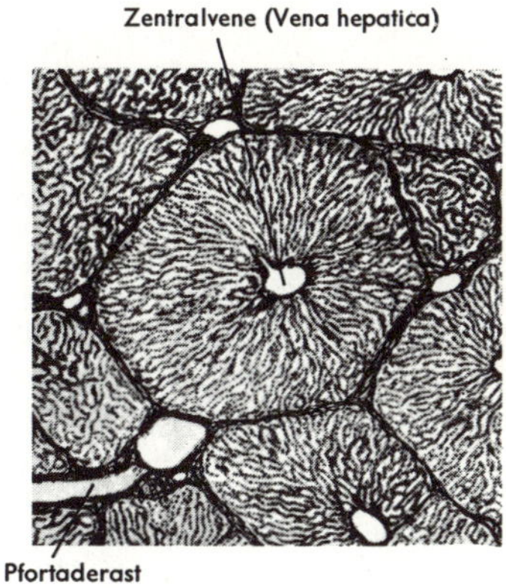

Abb. 4 Schnitt durch ein Leberläppchen

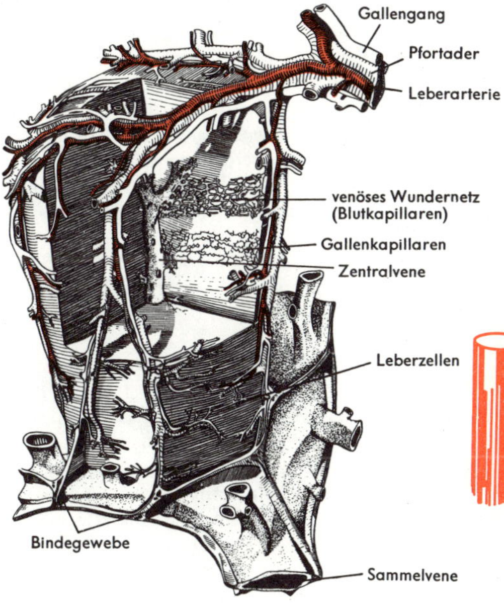

Abb. 5 Leberläppchen (halbschematisch)

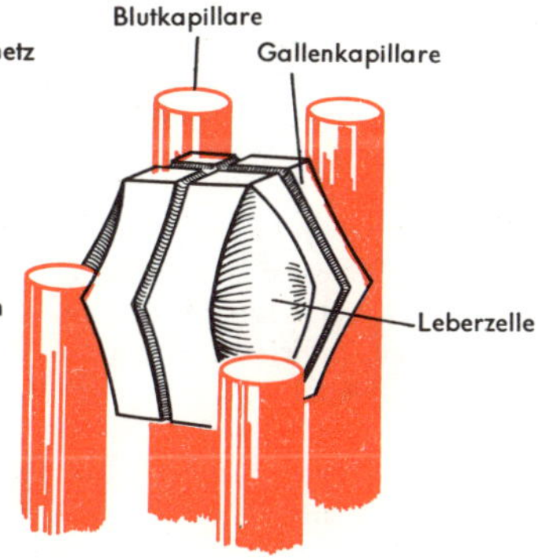

Abb. 6

GELBSUCHT

Gelbsucht (Ikterus) ist keine eigenständige Erkrankung, sondern ein Krankheitszeichen als Folge verschiedener Erkrankungen der Leber und Gallenwege. Sie entsteht durch eine Ansammlung von Gallenfarbstoffen im Blut und in den Geweben und wird sichtbar als Gelbfärbung der Haut und Schleimhäute.

Das große Drüsenlabor Leber (s. S. 188) ist am Umsatz des roten Blutfarbstoffs maßgeblich beteiligt, indem es vor allem die Ausscheidung der Blutfarbstoffabbauprodukte übernimmt. Die roten Blutkörperchen haben eine mittlere Lebensdauer von 120 Tagen. Nach dieser Zeit werden sie, überaltert, vor allem in der Milz abgebaut. Aus dem roten Blutfarbstoff entstehen in verschiedenen Organen, vor allem in Milz und Leber, die sogenannten *Gallenfarbstoffe*, von denen Bilirubin der wichtigste ist. *Bilirubin* wird, in leicht veränderter Form, durch die Leberzellen in die Galle und mit dieser in den Dünndarm ausgeschieden. Im Darm entsteht aus Bilirubin ein brauner Farbstoff, das Urobilinogen. *Urobilinogen* wird zum Teil wieder ins Blut aufgenommen und dann erneut mit der Galle ausgeschieden, zum anderen Teil aber mit dem Kot abgeführt. Da Urobilinogen für die Kotfärbung verantwortlich ist, erscheint der Stuhl bei Störungen der Gallenproduktion oder Gallenausscheidung hell und blaßgrau. Ein kleiner Anteil an Urobilinogen wird normalerweise auch mit dem Harn ausgeschieden (Abb. 1). Versagt die Leberausscheidung, wie z. B. beim Gallengangverschluß, so nehmen die Gallenfarbstoffe im Harn zu, der Urin wird dunkel. Der steigende Bilirubinspiegel im Blut färbt nun die Haut und insbesondere das Augenweiß gelb und, je nach Menge, auch dunkelbraun bis grün (Abb. 2).

Im Prinzip kommen drei Ursachengruppen für Gelbsucht in Betracht: 1. Die Gallenfarbstoffe werden von den kranken Leberzellen nicht verarbeitet, wie z. B. bei Leberentzündung. 2. Die Gallenfarbstoffe werden zusammen mit Gallensaft zwar normal abgeschieden, doch kann die Galle nicht in den Darm abfließen, weil die Gallenwege verschlossen sind (Abb. 2). Man spricht im ersteren Fall von Lebergelbsucht, im zweiten von Gallengangsgelbsucht. 3. Schließlich gibt es noch eine dritte Art von Gelbsucht, die entsteht, wenn zu viele rote Blutkörperchen aufgelöst und abgebaut werden, so daß die Leber den anfallenden Gallenfarbstoff nicht mehr rechtzeitig verarbeiten kann (Gelbsucht durch Überangebot). *Gallengangsgelbsucht* durch Verschluß kommt vor allem bei Gallensteinen vor, bei Narbenverengung und bei Tumoren im Bereich der abführenden Gallenwege. *Lebergelbsucht* entsteht bei Leberentzündung, bei Leberschrumpfung und bei Giftschädigungen der Leber. *Gelbsucht durch Überangebot an Gallenfarbstoffen* infolge vermehrter Auflösung roter Blutkörperchen entsteht bei schweren Infektionen, wie z. B. Malaria (S. 532), durch bestimmte Gifte, durch Transfusion gruppenungleichen Blutes (S. 96), bei Blutgruppenunverträglichkeit zwischen Mutter und Kind (S. 296) sowie bei manchen angeborenen Formen von Blutarmut durch gesteigerten Blutzerfall (s. S. 90).

Im Unterschied zur Gallengangs- und Lebergelbsucht ist der Stuhl bei übersteigertem Blutabbau dunkel gefärbt. Ein Unterschied besteht auch darin, daß sich bei ungestörtem Gallenfluß keine Gallensäuren im Körper anhäufen. Daher tritt bei dieser Form von Gelbsucht kein Juckreiz auf, und die Fettresorption im Darm bleibt ungestört. Bei der Gallengangs- und Lebergelbsucht, d. h. bei gestörtem Gallenfluß, dagegen leidet mit dem Gallensäuremangel auch die Fettresorption im Darm. Eine Folge der gestörten Fettverdauung sind Fettstühle; zweitens leidet auch die Resorption des fettlöslichen Vitamins K und damit auch die Blutgerinnung (s. S. 102).

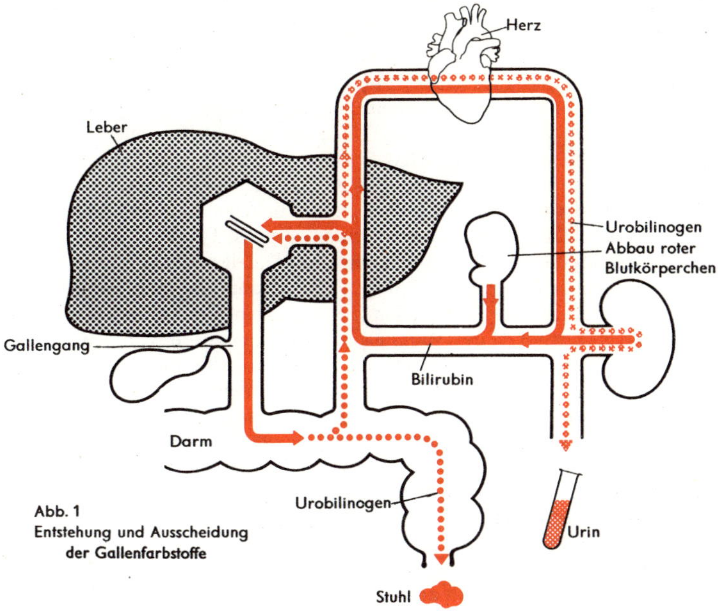

Abb. 1
Entstehung und Ausscheidung der Gallenfarbstoffe

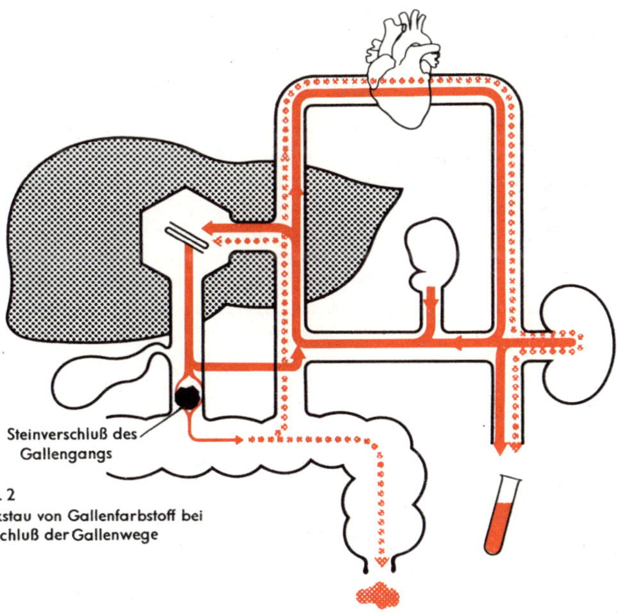

Abb. 2
Rückstau von Gallenfarbstoff bei Verschluß der Gallenwege

LEBERENTZÜNDUNG

Die meisten Leberentzündungen entstehen durch Virusinfektion. Sie sind als solche meldepflichtig. Es gibt ein Virus A, das auf verschiedenen Ansteckungswegen Epidemien von Leberentzündung verursacht (*Hepatitis A,* früher: *epidemische Hepatitis*), ein Virus B, das vorwiegend mit menschlichen Blutbestandteilen übertragen wird (*Hepatitis B,* früher: *Spritzen-* oder *Serumhepatitis*), und wahrscheinlich mindestens ein weiteres Virus, das z. Z. für etwa 80% der Hepatitisfälle nach Bluttransfusionen verantwortlich sein soll *(Nicht-A-nicht-B-Hepatitis).* Alle übrigen Leberentzündungen sind wesentlich seltener und treten praktisch nur als Folgeerscheinung anderer Infektionskrankheiten auf (etwa bei Gelbfieber, Kinderlähmung, Typhus, Tuberkulose, Syphilis).

Die virusbedingte Leberentzündung A wird in normalen Zeiten oft nur vereinzelt angetroffen. In Schulen, Lagern, bei Truppen und vor allem in den Gefangenenlagern des Zweiten Weltkriegs kamen Epidemien vor. Allgemeine Schwäche, Hunger und Infektionskrankheiten erhöhen die Anfälligkeit. Ansteckung droht vor allem bei unhygienischer Lebensweise durch direkten Kontakt mit schon Erkrankten (Schmier- und Tröpfcheninfektion), durch Kloakenverunreinigung von Trinkwasser und Nahrungsmitteln wie Milch oder auch Muscheln. Das Hepatitisvirus A wird mit dem Stuhl und Urin ausgeschieden und soll außer beim Menschen noch bei Affen vorkommen (eventuell wird durch dieses Virus die Tierwärterhepatitis ausgelöst). Die Inkubationszeit beträgt beim Virus A 15–50 Tage, bei Infektion durch Virus B 30–240 Tage. Im letzteren Fall spielen schlecht sterilisierte Instrumente, Nadeln, Spritzen und Tätowiergeräte, auch Rasierklingen und Bürsten eine Rolle. Wenige Millionstel Kubikzentimeter Virus B enthaltenden Serums genügen zur Übertragung. Die Infektion kann durch ausreichende Sterilisation oder durch den Gebrauch von Einweginstrumenten vermieden werden.

Virus B wird zwar überwiegend parenteral, aber auch oral und durch Sexualkontakte übertragen. Bei Nicht-A-nicht-B-Hepatitis gilt der orale Infektionsweg noch nicht als gesichert. Leider beherbergen auch rund 1% der Blutspender das Virus, ohne merkbar krank zu sein. Daher und wegen der z. Z. durch immunserologische Untersuchungen noch nicht sicher nachweisbaren Nicht-A-nicht-B-Hepatitis ist die Vermeidung der Transfusionshepatitis nach wie vor ein Problem. – Eine Leberentzündung ohne Gelbsucht kommt in 50% der Fälle auch bei Epidemien mit Virus A vor. – Nach Ablauf der Erkrankung besteht meist lebenslange Immunität gegen eine Zweitinfektion.

Sitz der Virushepatitis ist anfangs das feine Gefäßsystem der Leber im Bereich der dreieckigen Bindegewebssäulen. Bald sind aber auch die eigentlichen Leberzellen befallen. Als äußeres Anzeichen der Leberentzündung versiegt dann der Gallenfluß, teils durch Versagen der Leberzellen, teils durch Drosselung der Gallengänge im gefäßreichen, geschwollenen Organ, dessen Kapsel prall gespannt ist. Daher empfinden die Kranken einen unangenehmen, dumpfen Druck im rechten Oberbauch. Die nachlassende Galleproduktion führt zum Rückstau von Stoffwechselschlacken, vor allem der Gallenfarbstoffe als Abbauprodukte des roten Blutfarbstoffs; daher kommt es zur charakteristischen, meist am Weiß des Auges zuerst auffallenden Gelbsucht der Leberkranken, die häufig von Juckreiz begleitet (s. S. 192 f). Gallenfarbstoffe erscheinen auch im dunklen Urin, fehlen jedoch im hellen, tonfarbenen Stuhl. Diesen charakteristischen Hepatitiszeichen gehen oft Übelkeit, Appetitlosigkeit, Durchfall oder Verstopfung voraus, ferner zeigt sich Widerwillen gegen bestimmte, vor allem fette Speisen, gegen Alkohol und Nikotin, außerdem klagen die Patienten über Müdigkeit und Abgeschlagenheit sowie Muskel- und Gelenkschmerzen. Fieber bis zu 39 °C kann für kürzere oder längere Zeit bestehen. Bei schwerer Leberentzündung verstärkt sich die Appetitlosigkeit mit Einsetzen der Gelbsucht, die Kranken werden mißmutig und reizbar, schließlich depressiv und teilnahmslos. In schwersten Fällen tritt tiefe Bewußtlosigkeit ein. Dieses sogenannte *Leberkoma* ist ein Zeichen dafür, daß sich nach ausgedehntem Zerfall von Leberzellen schließlich hirnschädigende Stoffe im Körper anhäufen.

In den meisten Fällen heilt eine akute Leberentzündung, wenn sie nicht in eine chronische Leberentzündung übergeht, vollständig aus (Abb. 1). Die ersten Anzeichen einer Besserung treten bei konsequenter Behandlung oft schon 2–3 Wochen nach Beginn der Erkrankung auf, doch dauert die vollständige Heilung mindestens 6–8 Wochen, manchmal 6 Monate und mehr. Laboratoriumsuntersuchungen gestatten, den verzögerten Heilungsprozeß zu überwachen. Dazu gehört die Transaminasebestimmung, die ähnlich wie beim Herzinfarkt darauf beruht, daß bestimmte eiweißartige Biokatalysatoren nur bei schwerer Zellschädigung ins Blut übertreten. Mit Hilfe der Elektrophorese läßt sich feststellen, ob die Eiweißherstellung in der Leber geschädigt ist. Nach Injektion gallengängiger Farbstoffe zeigt der Verlauf ihres Blutspiegels, ob die hepatische Ausscheidungsfunktion wieder intakt ist. Zweifelsfälle können durch Bauchspiegelung, Leberpunktion und Gewebsentnahme geklärt werden.

Die Behandlung besteht vor allem in wochenlanger Bettruhe, die auf keinen Fall ohne ärztliche Erlaubnis unterbrochen werden darf, und in einer geeigneten Diät (s. S. 128 ff.). Wichtig ist die Vermeidung von Alkohol und leberschädigenden Medikamenten. Eine spezifische medikamentöse Bekämpfung der Hepatitisviren gibt es noch nicht. Kommen besonders gefährdete Personen wie Säuglinge, alte Menschen, Kranke, Operierte und Schwangere mit Hepatitiskranken in Berührung oder benötigen derart Gefährdete eine Bluttransfusion, so kann man vorsorglich zur Abschwächung einer eventuellen Leberentzündung Immunglobulin bzw. Hyperimmunglobulin geben. Gegen Hepatitis B ist jetzt schon eine aktive Immunisierung (Schutzimpfung) möglich.

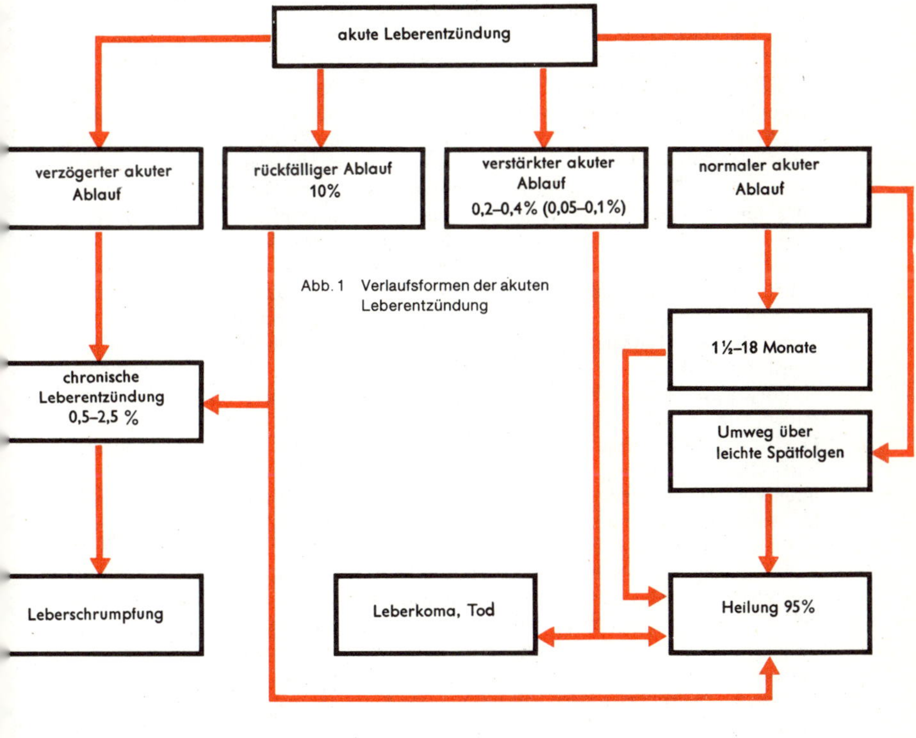

Abb. 1 Verlaufsformen der akuten Leberentzündung

LEBERSCHRUMPFUNG

Unter *Leberschrumpfung (Leberzirrhose)* versteht man eine Vermehrung des Leberstützgewebes auf Kosten der Leberzellen. Die Folge ist eine Einschränkung der Leberfunktion, durch Schrumpfung des Stützgewebes sehr oft auch eine wesentliche Erschwerung der Leberdurchblutung, wodurch es zu Stauungserscheinungen im Bereich der Pfortader kommt. Die Leberschrumpfung kann Folge verschiedener chronischer Lebererkrankungen sein. Eine akute Leberentzündung z. B. geht zwar meist innerhalb von Wochen oder Monaten zurück. Bleibt die Gelbsucht länger bestehen und werden die verschiedenen Leberfunktionsproben nicht wieder normal, so liegt eine chronische Leberentzündung vor (0,5–2,5 % der Fälle, s. S. 197). Ihre Krankheitserscheinungen sind fortdauernde Oberbauchbeschwerden wie Druck und Völlegefühl, Blähungen, Schwäche, Depressionen, Gewichtsabnahme, Übelkeit und Unverträglichkeit fetter Speisen. Die Leber ist derb und vergrößert, das Bindegewebe im Begriff, die Leberzellen zu verdrängen und von der Blutversorgung abzuschneiden. Oft bleibt unklar, weshalb akute Leberentzündungen chronisch werden. Zu frühes Aufstehen nach einer Gelbsucht, unkontrollierte Diät, Alkoholismus, Gallenwegsentzündungen und Zuckerkrankheit spielen eine Rolle. Ein Teil dieser chronischen Leberentzündungen heilt auch jetzt noch aus, ein anderer geht in Leberschrumpfung über.

Am häufigsten ist – durch den fortlaufend ansteigenden Alkoholkonsum – inzwischen die alkoholtoxische Leberzirrhose, die sich oft über die drei Stufen *Fettleber,* Alkoholhepatitis und Leberschrumpfung entwickelt (sog. *Säuferleber*). Unter der Wirkung von Alkohol (seltener auch von anderen Giften) sammeln sich zuerst Fetttröpfchen in den Leberzellen an. Diese sind noch lange Zeit rückbildungsfähig, bis es schließlich, oft erst nach 10–15 Jahren, doch zur Bindegewebsvermehrung und Leberschrumpfung kommt. Besonders hochprozentige Spirituosen (unterstützt durch Unterernährung und Eiweißmangel des chronischen Alkoholikers) scheinen schädlich zu sein. Neben dem Alkohol sollen auch die Zuckerkrankheit und verschiedene Formen der Fehl-, Mangel- und Überernährung die Fettleber begünstigen. Abgesehen von den möglichen Folgen, erzeugt die Fettleber zunächst nur geringe Beschwerden wie Druck- und Völlegefühl im Oberbauch, verminderte Leistungsfähigkeit und gelegentlich eine druckschmerzhafte Leberschwellung. Die einfache Fettleber ist durch Alkoholentzug und eiweißreiche Kost meist noch rückbildungsfähig. Ohne Behandlung mündet sie in 10% der Fälle in eine Leberschrumpfung. Die Toleranzgrenze für die Entwicklung einer Leberzirrhose liegt bei Frauen um 30 g, bei Männern um 80 g reinen Alkohols pro Tag (bei letzteren also bei ca. 2 Liter Bier bzw. 1 Liter Wein).

Leberschrumpfung kann außerdem durch chronische Gallenstauung oder längerdauernde Blutstauung der Leber, z. B. bei Versagen des rechten Herzens, entstehen. Auch chronische Entzündungen der Gallenwege können aufsteigend zur Leberschrumpfung führen. Oft entsteht die Leberschrumpfung, wie eine ihrer Vorstufen, die Fettleber, als Folge ganzer Faktorengruppen (Abb. 1). Die Leberschrumpfung beginnt gewöhnlich mit einer langsam fortschreitenden Neubildung des chronisch gereizten Stützgewebes. Das wuchernde Stützgewebe schrumpft schließlich, und die Leber wird klein und hart. Die Schrumpfung beengt den Raum der Leberzellen und schnürt viele von ihren Vorsorgungskanälen ab, wodurch sie funktionsuntüchtig werden und dann zerfallen. Anschließend kommt es zu mehr oder weniger ausgedehnten Neubildungsvorgängen, bis schließlich der Läppchenaufbau verlorengeht und die Leberoberfläche durch Einschnürung und Wucherung uneben und knotig aussieht. – Die Krankheitszeichen der Leberzirrhose lassen sich als Auswirkung der Bindegewebsschrumpfung auf Blutgefäße, Gallengänge und Leberzellen verstehen. Blutrückstau durch Einengung der Lebergefäße erhöht den Druck im Pfortadersystem. Dadurch kommt es erstens zum Flüssigkeitsaustritt in die Bauchhöhle *(Bauchwassersucht* oder *Aszites).* Zweitens erweitern sich bestimmte, normalerweise unbedeutende Kurzschlüsse zwischen Pfortader- und Hohlvenensystem im Bereich der unteren Speiseröhre und des Mastdarms. Dieser Versuch des Bauchhöhlenblutes, die Pfortader zu umgehen, führt schließlich zu

„Krampfadern" der Speiseröhre und einer bestimmten Art von Hämorrhoiden (s. S. 83); v. a. die Krampfadern der Speiseröhre können schließlich platzen und gefährlich bluten. Die Stauung der Gallenwege behindert den Gallenabfluß. Die Druckschädigung der Leberzellen führt schließlich zum Leberversagen.

Nach schleichendem Beginn mit Magen-Darm-Beschwerden, Schwäche, Depressionen, Appetitlosigkeit und Widerwillen gegen Fett und Fleisch führt Leberschrumpfung später gelegentlich zu Hämorrhoidalblutungen und Bluterbrechen durch Platzen der Speiseröhrenkrampfadern. Lebensfreude und Aktivität schwinden, die Kranken sind oft mutlos und unkonzentriert. An der Haut erscheinen Gefäßreiserchen und Gefäßspinnen, die Nägel verändern sich uhrglasförmig, die Körperbehaarung geht oft zurück, und es besteht Blutungsneigung. Bauchspiegelung und Leberpunktion können die Sachlage in Zweifelsfällen eindeutig klären. Gewichtsabnahme, körperlicher Verfall und psychische Veränderungen können schließlich die kürzere Endphase der Erkrankung bis zum Leberkoma einleiten. Das *Leberkoma* ist auf den Ausfall der wichtigsten Leberfunktionen zurückzuführen und, vor allem bei Kranken mit operativer Umgehung der Leberpfortader, auf eine Ammoniaklähmung des Gehirns. Daher kann eine Abtötung der ammoniakproduzierenden Darmbakterien das Koma manchmal verhindern. Blutende Speiseröhrenkrampfadern erfordern Sofortmaßnahmen (z. B. Ballontamponade) und manchmal eine Verödungsbehandlung. Auf Dauer versucht man in geeigneten Fällen den erhöhten Pfortaderdruck durch operativen Kurzschluß in die untere Hohlvene abzuleiten. Dadurch kann u. a. auch die Bauchwassersucht gebessert werden, die im übrigen durch drastische Kochsalzeinschränkung oder durch Gabe kochsalzaustreibender Nierenmittel behandelt wird. Zur Behandlung der Leberschrumpfung gehören im übrigen: die Ausschaltung aller Schädlichkeiten, vor allem des Alkohols, eine vollkalorische, vitaminreiche Kost unter Vermeidung von schwerverdaulichen Speisen und ein geregeltes Leben bei Vermeidung starker körperlicher Belastung.

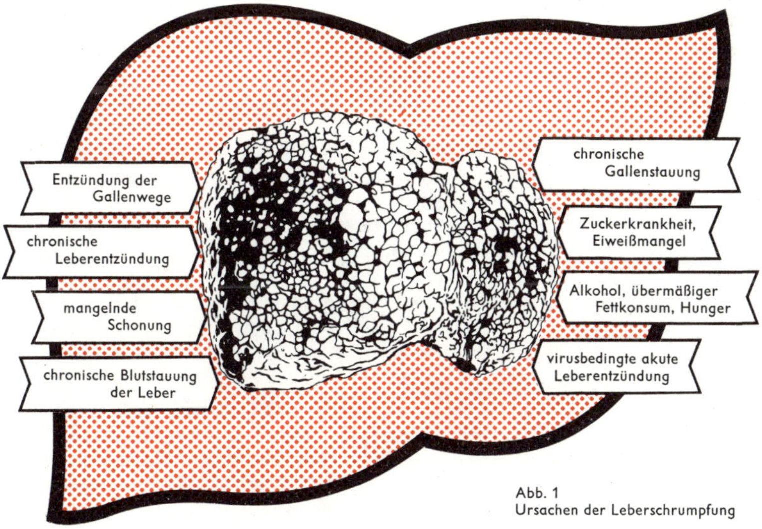

Abb. 1
Ursachen der Leberschrumpfung

DIE GALLE · GALLENLEIDEN

Die *Galle* wird in der Leber gebildet und in der Gallenblase in eingedickter Form gespeichert (s. auch S. 188). Sie dient einerseits der Ausscheidung von Stoffwechselschlacken (z. B. Abbaustufen des roten Blutfarbstoffs; v.a. Bilirubin und Biliverdin), andererseits führt sie dem Darm für die Verdauung notwendige Stoffe zu. Die Galle enthält u.a. *Gallensäuren*, die die Spaltung und Resorption der Fette unterstützen.

Der *Gallenfluß* ist einmal von der Sekretion der Leberzellen abhängig, zum anderen von der Passierbarkeit der Gallenwege und von der Kontraktionskraft der Gallenblase. Um den *Gallenausführungsgang* (Ductus choledochus) verlaufen ringförmige Muskelzüge, die in ihrer Gesamtheit als Schließmuskel wirken. Wenn sich der Schließmuskel zusammenzieht, staut sich die Gallenflüssigkeit im Gallenausführungsgang und füllt die Gallenblase. Bei Drücken über 100 mbar öffnet sich der Schließmuskel und läßt die Galle in den Zwölffingerdarm fließen. Bei Drucksteigerungen über 300 mbar, wie sie bei Abflußbehinderungen entstehen, kommt es zu Gallenkoliken (s.w.u.). Die Gallensekretion wird außerdem durch die Gallensäuren selbst angeregt, die nach ihrer Abgabe in den Darm dort wieder resorbiert werden und in die Leber zurückgelangen, wo sie die Gallenbildung steigern. Während der Verdauungsphase nimmt die Gallensekretion unter dem Einfluß von Sekretin aus dem Zwölffingerdarm bis auf das Doppelte zu. Gleichzeitig führt Cholezystokinin-Pankreozymin zur Entleerung der Gallenblase.

Ein Überfließen von Galle in den (gemeinsam mit dem Gallenausführungsgang in den Zwölffingerdarm mündenden) Ausführungsgang der Bauchspeicheldrüse, was zu einer Aktivierung des Bauchspeichels und damit zur Selbstverdauung von Pankreasgewebe führen würde, wird normalerweise dadurch verhindert, daß der Druck im Ductus pancreaticus höher ist als im Ductus choledochus.

Gallenkoliken nennt man starke, krampfartige Schmerzanfälle, die von den äußeren Gallenwegen ausgehen. Ursache einer Gallenkolik können Entzündungen der Gallenwege sein, selten auch nervöse Fehlsteuerungen, die eine Drucksteigerung in der Gallenblase verursachen (s. o.). Meist sind die Koliken jedoch die Folge einer Steineinklemmung (s.w.u.). Eingeklemmte Steine reizen die Schleimhaut der Gallenwege immer wieder zu dem Versuch, die Konkremente zu „gebären". Dadurch kommt es zu den an- und abebbenden Krämpfen der Gallenwegsmuskulatur. Die Koliken setzen plötzlich, meist nach einer provozierenden schweren, fetten Mahlzeit mit Unruhe, Aufstoßen, manchmal auch Erbrechen ein. Oft nehmen die Beschwerden eine halbe Stunde lang an Stärke zu. Die Schmerzen sind in der Lebergegend, rechts unter dem Rippenbogen, lokalisiert und strahlen in die rechte Schulter aus. Ist die Bauchspeicheldrüse beteiligt, können die Schmerzen von der Mitte her auch mehr nach links ausstrahlen. Ohne Behandlung können Koliken stundenlang andauern. Sie lassen u. U. ein Gefühl des „Wundseins" im rechten Oberbauch und eine Überempfindlichkeit der betreffenden Hautregion zurück.

Bei *Steineinklemmung* können die Begleiterscheinungen und Folgen der Kolik je nach Sitz des Steins verschieden sein. Gallenblasenhalssteine können zurückfallen, worauf die Schmerzen schlagartig verschwinden. Ist der Stein klein genug, um den Blasenhals zu passieren, geht er oft mit dem Stuhl ab. Verklemmt er sich dabei zeitweise im Gallengang, so stockt der Gallenfluß, und es entsteht ein flüchtiger Gelbsuchtanfall. Der Stein kann aber auch für die letzte Schließmuskeleinengung zu groß sein. Außer anhaltenden Schmerzen entsteht dann ein längerer Rückstau der Lebergalle mit starker Gelbsucht, evtl. auch Fieber und Schüttelfrost. Da ein fortdauernder Gallestau zu Leberzellschäden führt, muß u. U. operiert werden (Abb. 1). Zwischen den Anfällen leidet der Gallensteinkranke an Völlegefühl und Blähungen, seltener auch an Durchfall und Erbrechen. Meist verstärken fette Mahlzeiten, Kaffee und kalte Getränke die Beschwerden. Ärger und seelischer Druck wirken sich ebenfalls ungünstig aus, wie überhaupt die leiblich-seelischen Zusammenhänge gerade bei Gallenleiden besonders deutlich werden.

Abb. 1
Ursachen und Folgen von Gallenkoliken

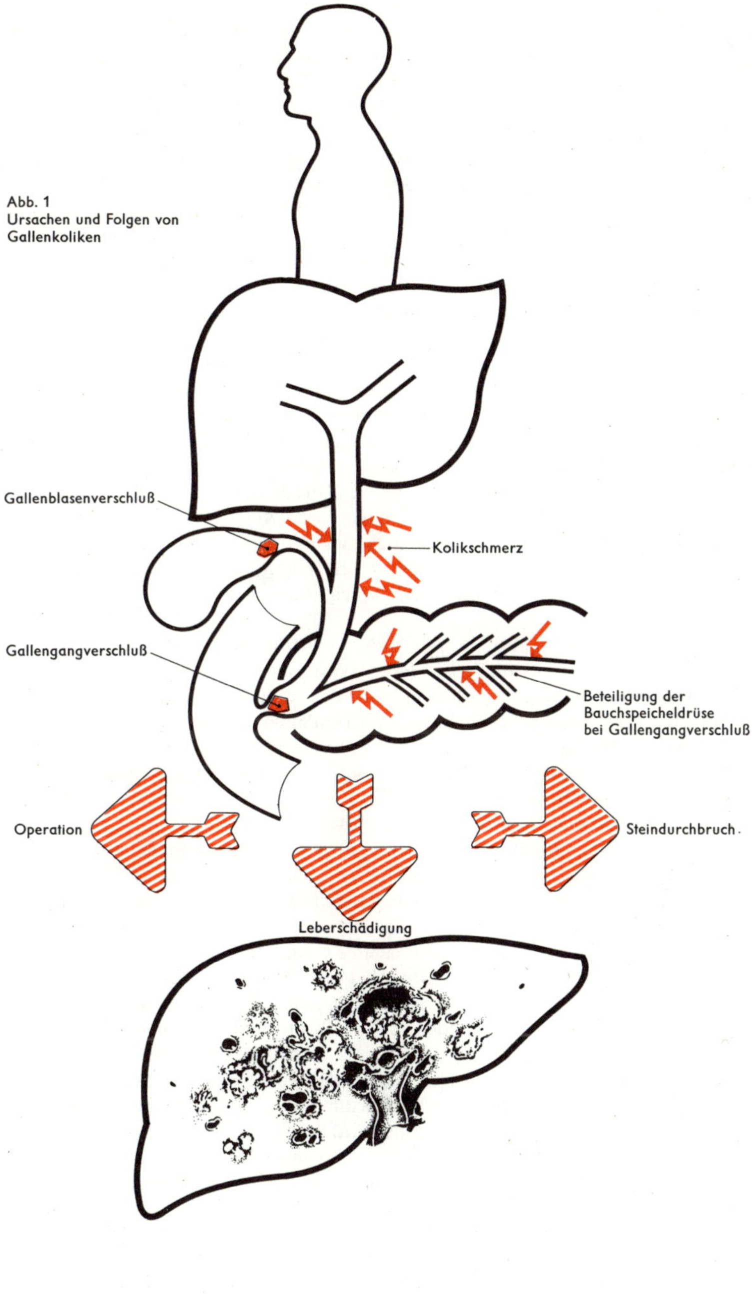

Behandlung und Vorbeugung der Koliken sind nicht nur im Dienste der Schmerzausschaltung wichtig. Vielmehr drohen verschiedene Komplikationen der Gallenkolik wie Entzündungen der Gallenwege, Gallenstau, Leberschädigung und Durchbruch der Steine. Die Vorbeugung der Koliken erfordert zumindest eine Vermeidung der Auslösefaktoren. Die Behandlung der einfachen Gallenkolik zielt auf Schmerzausschaltung durch starke krampflösende und schmerzstillende Mittel. Dazu gehören z. B. Atropin sowie atropin- und morphinähnliche Stoffe, die nicht die Neigung von Morphin haben, Spasmen zu verstärken. Von alters her bewährt sind feuchtheiße Umschläge und salzhaltige Abführmittel. Entschließt man sich zu einer Operation, wird erst ein beschwerdefreies Intervall abgewartet. Bricht die entzündete Gallenblase in den Bauchraum durch oder steht ein Durchbruch aller Voraussicht nach unmittelbar bevor, muß unter dem Schutz von Antibiotika allerdings sofort operiert werden.

Gallensteine kommen bei rund 20% aller Menschen vor, bleiben jedoch bei der Mehrzahl der Steinträger „stumm". Ruhende Steine erzeugen in der Gallenblase meist keine Beschwerden, dagegen können schwere, fetthaltige Mahlzeiten, die die Blasengalle entleeren, auch die Steine zum Wandern bringen. Dann bleiben große Steine u. U. wie Korken in einem Flaschenhals im Hals des Gallenblasenausgangs stecken. Andere, kleinere Steine verklemmen sich weiter stromab, z. B. dicht vor dem Schließmuskel des gemeinsamen Gallengangs. Nur kleine Steine und sogenannter Gallengrieß können in den Dünndarm gelangen und mit dem Kot abgehen. Die Steineinklemmung macht sich mit heftigen Schmerzanfällen (Gallenkolik) bemerkbar (s. o.).

Die Ursachen der Gallensteinbildung sind recht vielfältig und nicht endgültig geklärt. Erbliche und hormonelle Einflüsse, aber auch Lebensweise und psychische Fehlhaltungen spielen eine Rolle. Frauen sind wesentlich häufiger befallen als Männer, eine Schwangerschaft und die Zeit nach den Wechseljahren wirken begünstigend (vgl. Abb. 4).

Die Steinbildung erfolgt ausnahmslos in der Gallenblase (s. S. 201). Die Gallenblase nimmt Lebergalle auf und dickt sie durch Wasserentzug auf das rund Zehnfache ein. Zur Abgabe der Galle zieht sich der Gallenblasenhohlmuskel zusammen, während sich die Mündung des Gallengangs durch Erschlaffung öffnet (Abb. 3). Störungen dieses Zusammenspiels können entstehen, indem z. B. durch seelische Erregungen oder Ärger auf nervösem Weg gleichzeitig Kontraktionen der Gallenblase und der Gallengangsmündung ausgelöst werden. Die Folge ist ein Druckanstieg in den Gallenwegen mit Schmerzen und Gallenstauung (Abb. 4).

Da die Steinbildung durch Auskristallisation von Galleinhaltsstoffen erfolgt, nimmt die Neigung zu Gallensteinen mit dem Grad der Galleeindickung zu. Ferner hängt die Steinbildung von der Art des durch die Leber ausgeschiedenen Materials ab. Ein Teil der Steine besteht aus dem Gallenfarbstoff Bilirubin, einem Abbauprodukt der roten Blutkörperchen *(Gallenpigmentsteine)*. Andere entstehen bei vermehrtem Cholesteringehalt von Blut und Galle, wie er bei Zuckerkranken oder in der Schwangerschaft auftritt *(Cholesterinsteine)*. Das fettartige Cholesterin wieder fällt um so leichter aus, je weniger Gallensäuren vorhanden sind. Im Röntgenbild werfen weder die Gallenfarbstoffsteine noch die Cholesterinsteine einen Schatten, es sei denn, sie enthalten Kalkbeimengungen. Sie können jedoch durch gallengängige oder mit Hilfe einer Feinnadel oder Sonde direkt eingeführte Kontrastmittel als Aussparungen oder Hindernisse sichbar gemacht werden. Neuerdings wird v. a. auch die risikofreie Ultraschalldiagnostik (Sonographie) zum Nachweis von Gallensteinen angewandt.

Gallenblasenentzündungen und Gallenstau begünstigen die Steinbildung und werden andererseits durch Steine ausgelöst.

Gallenblasenentzündungen werden sehr häufig zusammen mit Gallensteinen angetroffen. Dabei ist meist schwer zu entscheiden, ob die Steine oder die Entzündung krankheitsauslösend gewirkt haben. Eine weitere Ursache für Entzündungen der Gallenblase sind nervöse Entleerungsstörungen. Dabei reizen Zersetzungsprodukte der

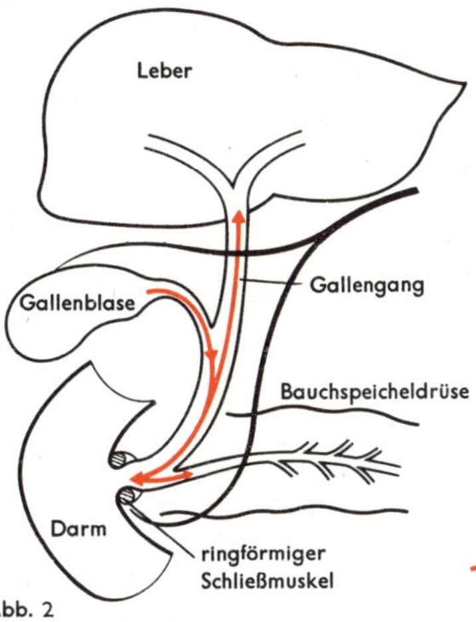

Abb. 2
Die abführenden Gallenwege

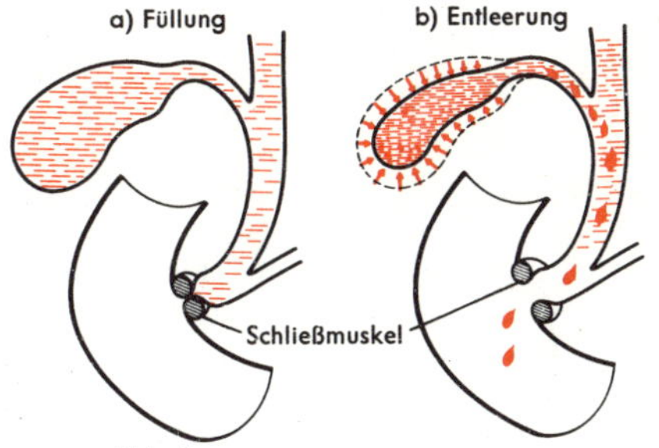

Abb. 3
Füllung und Entleerung der Gallenblase

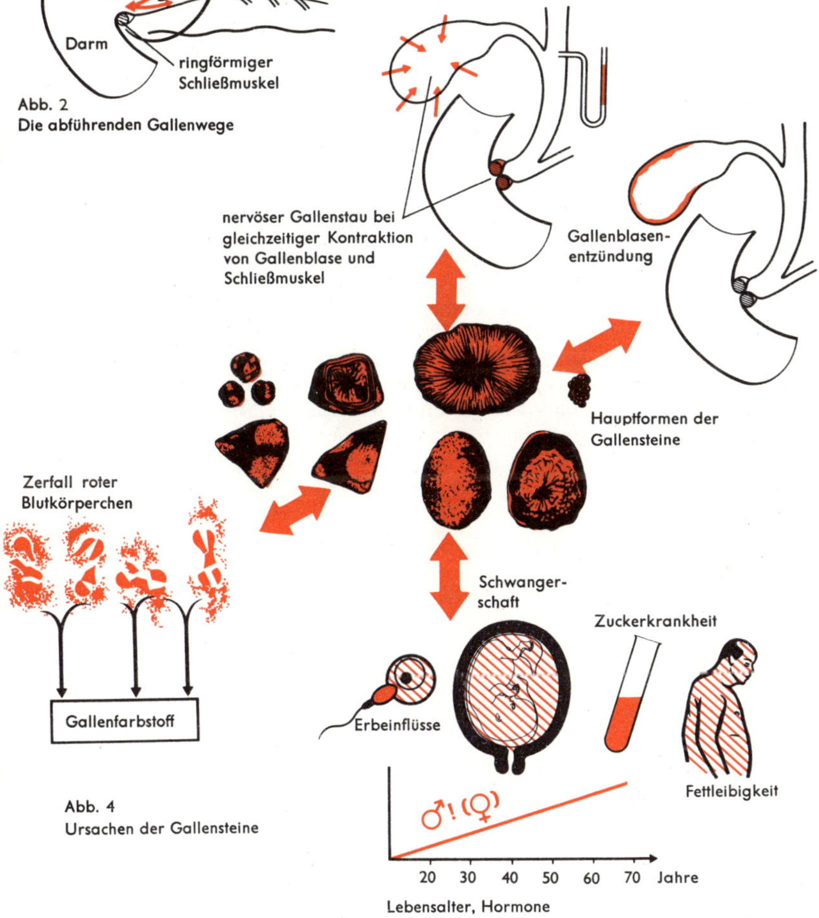

Abb. 4
Ursachen der Gallensteine

stillstehenden Blasengalle die Schleimhautauskleidung. Die Schleimhaut entzündet sich und stellt nun ihrerseits die schmerzbedrohte Gallenblase still. Im Gefolge dieses Kreislaufs können Steine entstehen, die sich verklemmen und zu Gallenkoliken führen (Abb. 6a–d; vgl. auch S. 198 ff.). Abwehrspannung mit Druckschmerzen im Oberbauch und vor allem Fieber und Blutbildveränderungen zeigen an, daß es sich nicht einfach um eine Steinverklemmung, sondern v. a. um eine Entzündung der Gallenblase handelt. Bei der *chronischen Gallenblasenentzündung* wechseln längere, relativ beschwerdefreie Perioden mit entzündlichen Schüben und Schmerzattacken ab, vor allem als Folge von Diätfehlern. Allmählich greift dann die Entzündung um sich, die Wandung der Gallenblase wird dicker, es entsteht ein starrer, manchmal auch verkalkter Beutel, der sich nicht mehr entleeren kann *(Porzellangallenblase)*, schließlich ein harter, geschlossener Strang.

Für die Behandlung der Gallenwegsentzündung kommen in leichteren Fällen Arzneimittel und Diät in Frage, in schweren Fällen wird die *Gallenoperation* erforderlich. Operiert wird auf jeden Fall, wenn die Gallenausführungsgänge bei schwerer Gelbsucht durch Steineinklemmung völlig verschlossen sind und der Patient Fieber und Schüttelfrost bekommt. Auch bei hartnäckigen chronischen Entzündungen mit Gelbsucht und Fieber kann eine Operation notwendig werden, ebenso bei Gallenblasenerweiterungen mit der Gefahr eines Durchbruchs in den Bauchraum. – In allen anderen Fällen und besonders vor Gallenoperationen behandelt man mit Arzneimitteln und einer Diät, die fettarm und kohlenhydratreich sein und außerdem ausreichend Eiweiß enthalten soll (vgl. auch S. 128). Im akuten Stadium sind vor allem solche Nahrungs- und Genußmittel verboten, die erfahrungsgemäß gallengangsreizend wirken, wie z. B. Bohnenkaffee, Alkohol und kalte Getränke.

Seit einiger Zeit ist es möglich, die häufigen Cholesterinsteine durch langfristige Einnahme bestimmter Gallensäuren (Chenodesoxycholsäure oder Ursodesoxycholsäure) ganz oder teilweise aufzulösen. Dies gelang bei rund 30% aller Kranken mit röntgenstrahlendurchlässigen Gallensteinen innerhalb von ein bis zwei Jahren. Die Wirkung dieser Gallensäuren beruht darauf, daß sie die Cholesterinübersättigung der Galle durch verschiedene Einwirkungen herabsetzen. – Erprobt wurden ferner die Spülbehandlung zur Auflösung von Gallensteinen über eine Verweilsonde sowie die instrumentelle Dehnung oder auch Spaltung des Schließmuskels am Gallenausführungsgang zum Zwecke der Steinextraktion. Solche Verfahren bieten sich vor allem bei Steinträgern an, für die eine Gallenoperation (z. B. aus Altersgründen) nicht angezeigt ist.

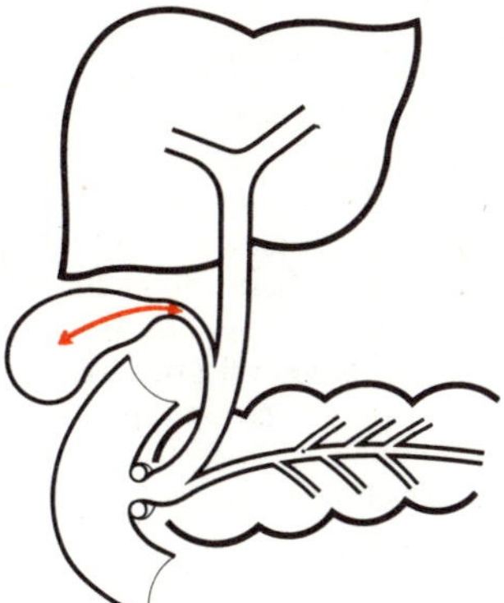

Abb. 5a)
Gallenstau durch Blasenträgheit

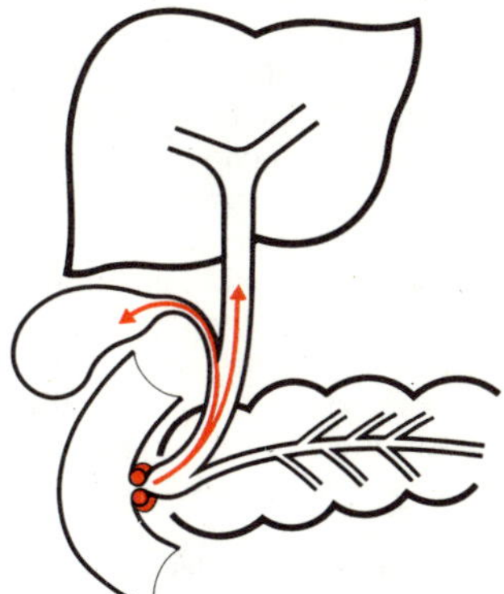

Abb. 5b)
Gallenstau durch Schließmuskelkrampf

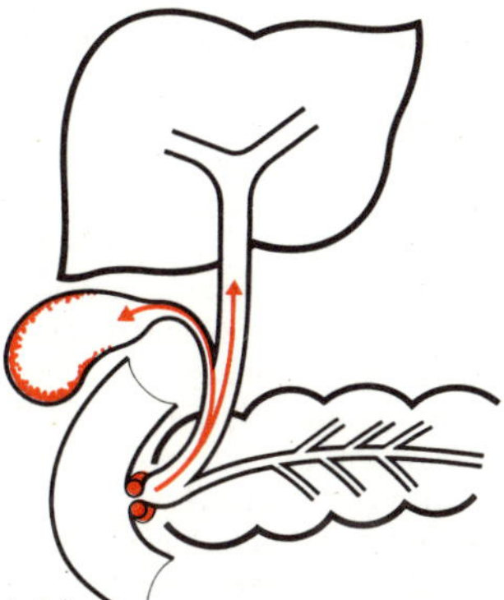

Abb. 6a)
Rückstau durch Krampf, Entzündung

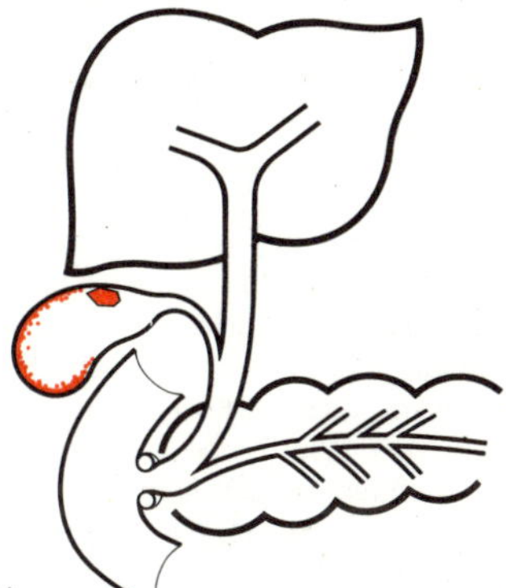

b)
Entzündung, Steinbildung

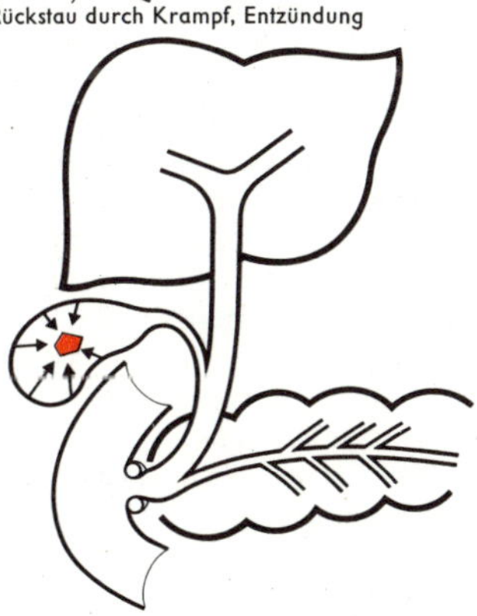

c) Steinbildung

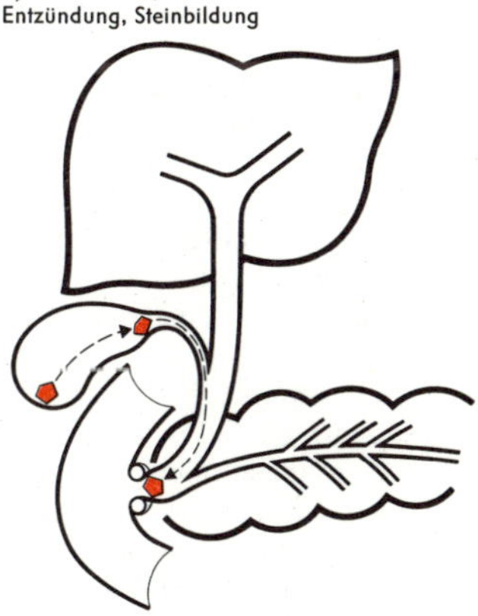

d) Steinwanderung, Steineinklemmung im Blasenhals, Wanderung bis vor den Schließmuskel

DIE NIERE

Die Niere besteht aus zwei bohnenförmigen, je 120–200 g schweren Organen, die hinter dem Bauchfell rechts und links von der Wirbelsäule liegen. Beide Nieren sind von einer derben Nierenkapsel umgeben, auf die sich eine Fettkapsel auflagert.

Die Nieren haben die Aufgabe, Blutplasma abzufiltern und daraus den Harn zu bilden. Sie dienen damit der Ausscheidung von Stoffwechselschlacken und körperfremden Stoffen. Außerdem sind sie maßgeblich an der Aufrechterhaltung des Säure-Basen-Gleichgewichts und an der Regulation des Salz-Wasser-Haushaltes beteiligt.

Die Niere besteht aus Rinden- und Marksubstanz und setzt sich aus rund einer Million funktionellen Einheiten, den *Nephronen*, zusammen. Diese sind in den Nierenläppchen zu größeren Funktionseinheiten zusammengefaßt. Das Nephron besteht aus einem in der Nierenrinde gelegenen arteriellen Kapillarknäuel *(Glomerulus)* und einem Harnkanälchen *(Tubulus)*. Zahlreiche Tubuli vereinigen sich jeweils zu gemeinsamen Sammelrohren. Daher verjüngt sich die Marksubstanz der Nieren bis zur Papille, an deren Spitze größere Sekretröhren in die Nierenkelche münden. Am Nierenhilus, der Eintrittspforte von Nierengefäßen und Nierennerven, tritt der Urin schließlich aus dem Nierenbecken in den Harnleiter über (Abb. 1 und 2).

Die *Harnbereitung* beginnt mit einem Filtrationsprozeß im Glomerulus. Dabei bleiben die Plasmaeiweiße (Globuline und Albumine) im Plasma zurück, nahezu alle anderen Plasmabestandteile hingegen gehen mit dem filtrierten Wasser in den *Primärharn* über. Dieser verläßt die Bowman-Kapsel am Urinpol und gelangt in den in der Nierenrinde liegenden Tubulus contortus I, der aus stoffwechseltüchtigen Epithelzellen besteht. Plasmafortsätze (der „Bürstensaum") auf der einen und tiefe Einbuchtungen auf der anderen Seite dienen der Vergrößerung der Kontaktfläche – innen mit dem Primärharn, außen mit der Zwischenzellflüssigkeit (Abb. 4, S. 207). Nach dem glomerulusnahen Tubulus contortus I durchläuft der Kanälchenurin die Henle-Schleife des Nierenmarks und kehrt mit ihrem aufsteigenden Anteil zur Nierenrinde zurück. Der stromab gelegene Tubulus contortus II leitet zum Sammelrohr über, das nun wieder papillenwärts zieht. Erst während dieser Tubuluspassage laufen für das Wasser und die in ihm gelösten Stoffe individuelle Prozesse ab, die aus dem Primärharn den wesentlich eingeengten und modifizierten *Endharn* entstehen lassen.

Das Blutgefäßsystem der Niere steht in enger räumlicher und funktioneller Beziehung zu den einzelnen Nierenabschnitten: Die Arteriae interlobares, Zweige der Nierenarterie (Arteria renalis), biegen an der Grenze zwischen Rinde und Mark um (Arteriae arcuatae). Von hier ziehen die Arteriae interlobulares radiär durch die Nierenrinde und geben ringsum die kurzen Vasa afferentia der Glomeruli ab. Nach Abpressung des Plasmaultrafiltrats (s. o.) führen die Vasa efferentia zu den peritubulären Kapillaren bzw. zu den Vasa recta. Für die Glomeruli der äußeren Rinde ist typisch, daß die abführenden Arteriolen in die peritubulären Kapillaren übergehen und das Nierengewebe versorgen. Für Glomeruli der Mark-Rinden-Grenze dagegen ist charakteristisch, daß ihre abführenden Arteriolen gerade (daher auch Vasa recta genannt) in Form langer, haarnadelförmiger Kehren durch das Nierenmark ziehen (Abb. 2). Dieser parallele Verlauf von Henle-Schleifen und Blutgefäßen ist von besonderer Bedeutung für die schließlich erreichte Konzentration des Endharns.

Täglich werden rund 180 l, das Dreifache des gesamten Körperwassers, glomerulär filtriert. Davon gelangen über die proximalen Tubuli und die Henle-Schleifen rund 150 l, unter dem Einfluß des Hypophysenhinterlappenhormons Adiuretin über die distalen Tubuli zusätzlich z. B. noch 28,5 l Wasser zur Reabsorption. Mit dem Urin ausgeschieden werden bei geringem Harnfluß (sog. *Antidiurese*) dementsprechend nur 1,5 l (0,83 %) des filtrierten Wassers. Ist kein oder nur wenig Adiuretin im Blut (z. B. beim Diabetes insipidus), so können – durch Abnahme der distalen Reabsorption – bis zu 20 l Wasser täglich ausgeschieden werden *(Wasserdiurese)*.

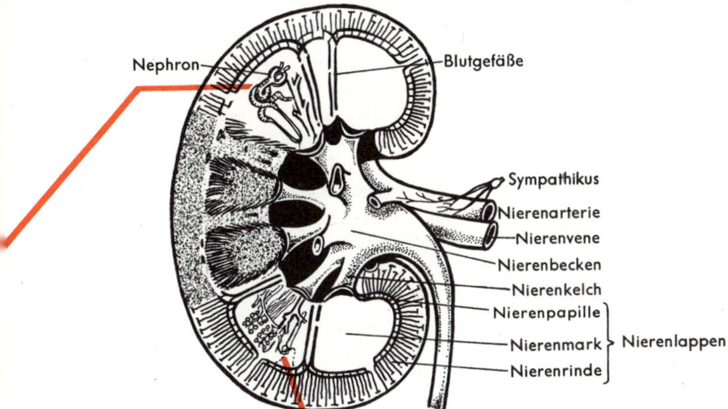

Abb. 1 Längsschnitt durch die Niere

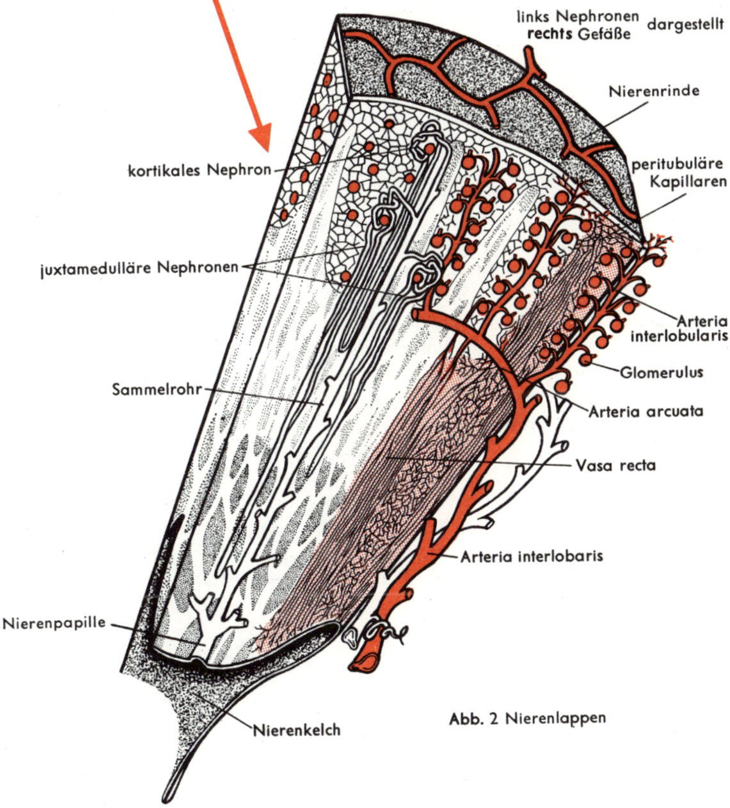

Abb. 2 Nierenlappen

Durch beide Nieren fließen täglich etwa 7,5 kg gelöstes Kochsalz (NaCl). Davon werden 1,5 kg filtriert und, je nach Kochsalzzufuhr, beispielsweise nur 5 g ausgeschieden. Der überwiegende Anteil von Natrium wird proximal zusammen mit Chlorid und Bicarbonat reabsorbiert. Vor allem im distalen Tubulussystem erfolgt unter dem Einfluß des Nebennierenrindenhormons Aldosteron dazu noch eine variable, fakultative Natriumreabsorption, z. T. im Austausch gegen Kalium- oder Wasserstoffionen. *Harnstoff*, das wesentliche Endprodukt des Eiweißstoffwechsels, kann auf Grund seiner guten Wasser- und Fettlöslichkeit durch passive Rückdiffusion wieder ins Blut zurückkehren. Der abfiltrierte Traubenzucker wird normalerweise proximal vollständig reabsorbiert. Erst wenn die Glucosefiltration (durch Erhöhung des Plasmaspiegels, d. h. der normalen Glucosekonzentration im Blutplasma) über die Reabsorptionsfähigkeit der Tubuli ansteigt, kommt es zum Überschreiten der „Glucoseschwelle" und zur Glykosurie (z. B. bei Zuckerkrankheit, s. S. 180 ff.).

Die glomeruläre Filtration preßt demnach wahllos erhebliche Mengen von Wasser und gelösten Stoffen ab. Die scheinbare „Verschwendung" erweist sich bei näherer Betrachtung jedoch als Voraussetzung für die auswählende Reabsorptionsleistung des Tubulussystems, das je nach dem biologischen Wert des filtrierten Materials entscheidet: Nährstoffe wie Glucose und Aminosäuren werden durch Rückführung bewahrt, überschüssige Elektrolyte (wie K^+ oder H^+) werden neben der Filtration auch noch zusätzlich sezerniert, Natriumionen und Wasser schließlich werden durch hormonelle Steuerung der Tubulusleistung je nach Bedarf entweder zurückgewonnen oder ausgeschieden.

Die *Säure-Basen-Regulation* hat zum Ziel, die Wasserstoffionenkonzentration im Blutplasma auf einem pH-Wert von etwa 7,4 konstant zu halten. Da mit der Nahrung Säureüberschüsse aufgenommen werden und im Stoffwechsel CO_2 entsteht, müssen ausreichend H-Ionen ausgeschieden werden – über die Lunge durch Ausatmung der flüchtigen Kohlensäure, über die Nieren durch die Ausscheidung von fixen Säuren.

Die dritte Aufgabe der Niere ist die Aufrechterhaltung des normalen osmotischen Druckes im Blutplasma, der von der Konzentration der im Wasser gelösten Bestandteile abhängig ist. Bei einer Erhöhung des osmotischen Druckes, z. B. im Durstzustand, wird (unter Mitwirkung des Hypophysenhinterlappenhormons Adiuretin) eine kleine Menge konzentrierten Urins gebildet *(Antidiurese)*. Bei einer Verminderung des osmotischen Druckes, etwa durch Wassertrinken, wird (durch verminderte Adiuretinausschüttung) eine große Menge verdünnten Urins ausgeschieden *(Wasserdiurese)*.

Die Wasserzufuhr in den Organismus wird durch das *Durstgefühl* geregelt. Dieses entsteht bei Wasserverlust durch die Reizung von Osmorezeptoren im Hypothalamus. Das Durstgefühl wird subjektiv in den Rachen projiziert, doch löscht Befeuchtung allein den Durst nicht auf die Dauer. Dazu ist vielmehr eine Resorption des getrunkenen Wassers aus dem Dünndarm, d. h. eine Senkung des osmotischen Druckes in den Körperflüssigkeiten, erforderlich. Daß bis zu diesem etwas späten Zeitpunkt nicht weitergetrunken wird, ist auf eine biologische „Wasseruhr", d. h. auf die unbewußte Registrierung des beim Trinken aufgenommenen Wasservolumens, zurückzuführen. Entweder werden die Schluckakte registriert oder das Ausmaß der Magendehnung an das Zentralnervensystem gemeldet.

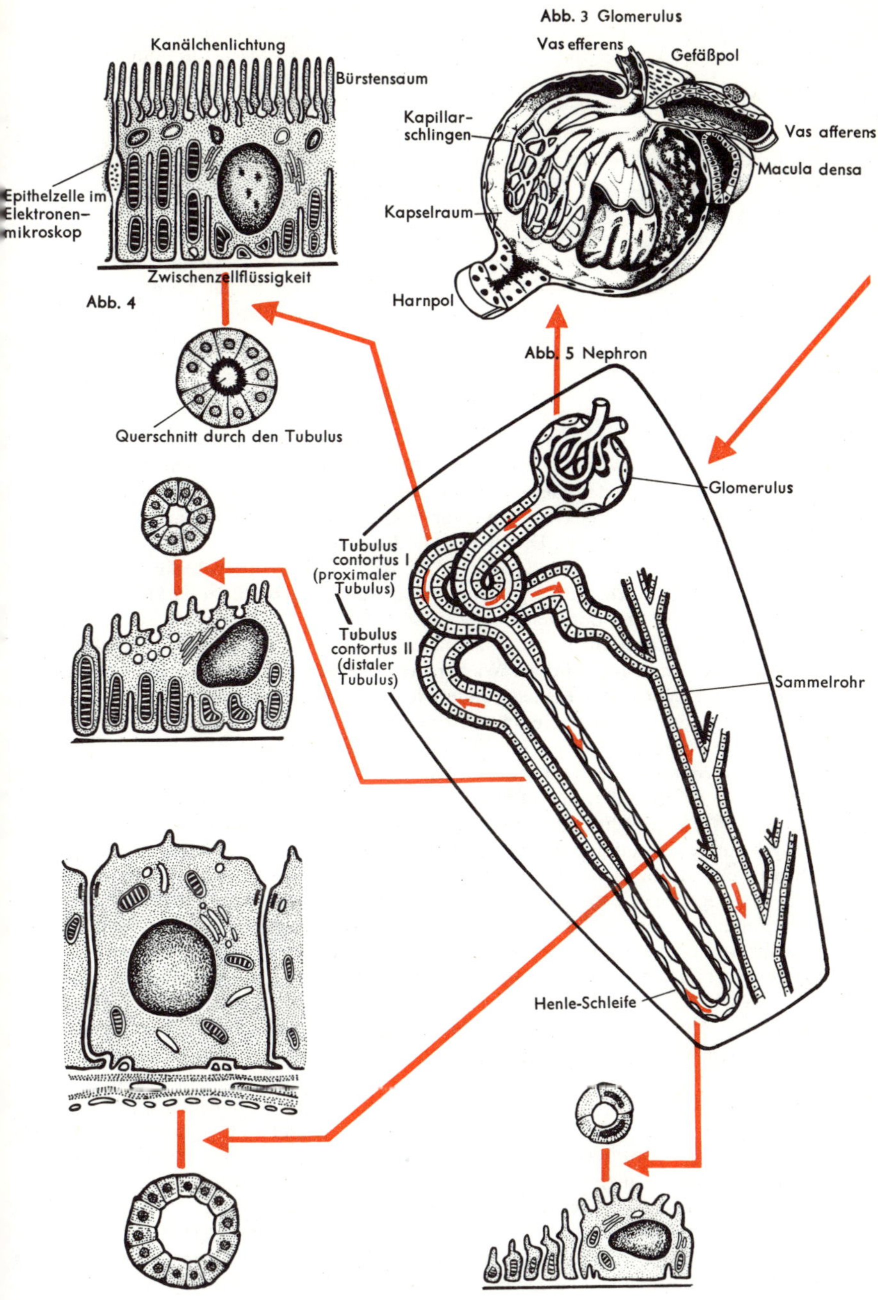
Abb. 3 Glomerulus
Vas efferens
Gefäßpol
Kapillar-
schlingen
Vas afferens
Macula densa
Kapselraum
Harnpol
Kanälchenlichtung
Bürstensaum
Epithelzelle im
Elektronen-
mikroskop
Zwischenzellflüssigkeit
Abb. 4
Querschnitt durch den Tubulus
Abb. 5 Nephron
Glomerulus
Tubulus
contortus I
(proximaler
Tubulus)
Tubulus
contortus II
(distaler
Tubulus)
Sammelrohr
Henle-Schleife

NIERENENTZÜNDUNG

Eine der Aufgaben der Niere ist die Ausscheidung von Schlackenstoffen wie Harnstoff oder Harnsäure. Versagt die Niere, so häufen sich solche Stoffe im Blut an, der sog. Reststickstoff wird erhöht. Außerdem ist die Niere maßgeblich an der Wasser-, Salz- und Säureausscheidung beteiligt. Daher kommt es beim Nierenversagen zur Wassersucht, zur Kalium- und Säurevergiftung. Die richtigen Ausscheidungsgrößen für alle diese Stoffe werden je nach dem Bedarf in „Mininieren", den *Nephronen*, eingestellt, von denen jede Niere Hunderttausende enthält. Die Mininieren haben einen Mikrofilter, in dessen Bereich der Blutdruck eiweißfreies Blutwasser abpreßt, und ein wurmförmiges Röhrchen, in dem die abgepreßte Flüssigkeit eingeengt, d.h. teilweise zurückgewonnen (reabsorbiert) und je nach den Ausscheidungsbedürfnissen sonst noch verändert wird. Die Mikrofilter heißen Glomeruli (daher die Bezeichnung Glomerulonephritis, d.h. Nierenfilterentzündung), die reabsorbierenden Röhrchen sind die Tubuli. Mehrere Tubuli vereinigen sich zu Sammelröhrchen und münden schließlich ins Nierenbecken, von wo der Urin über die Harnleiter in die Harnblase abfließt. Die Niere wird von 25–30 % des am Kreislauf teilnehmenden Blutes durchströmt, das sind in 24 Stunden rund 2000 Liter. Aus dieser Blutmenge gewinnt sie durch die geschilderte „Blutwäsche" täglich etwa 1,5 l Harn (Abb. 2).

Die *akute Nierenentzündung (Glomerulonephritis, Nephritis)* spielt sich an den haargefäßreichen Mikrofiltern der Niere ab. Sie ist meist eine Zweitkrankheit, die im Abstand von 1–3 Wochen einer Erstkrankheit (Mandelentzündung, Scharlach u.a., d.h. einer Streptokokkeninfektion) folgt. Die Erreger der Erstkrankheit lösen – als Antigen – die Bildung von Antikörpern aus. Es kommt zur Antigen-Antikörper-Reaktion und zur Entstehung von Antigen-Antikörper-Komplexen, die sich vor allem im Filterapparat der Niere ablagern und dort schädliche Gefäßreaktionen auslösen (s.S. 30f.). Meist sind Kinder und Jugendliche von 3–16 Jahren betroffen. Die mangelnde Kochsalz- und Wasserausscheidung führt zur Wassersucht, die sich im Gegensatz zur Herzwassersucht zuerst nicht an den Beinen, sondern im Gesicht, vor allem auch an den Augenlidern äußert („gedunsener" Gesichtsausdruck). Der Blutdruck ist meist erhöht. Die geschädigten Nierenfilter lassen Eiweiß und rote Blutkörperchen passieren; die Urinmenge ist vermindert, der Urin dunkel. Die Kranken fühlen sich abgeschlagen und müde, haben Kopfschmerzen und Fieber, gelegentlich auch Schmerzen in der Nierengegend (Abb. 1). Bei sehr hohem Blutdruck kann es zum Erbrechen, zu Sehstörungen oder gar zu Krampfanfällen kommen. Die Behandlung besteht in strenger Bettruhe, hohen Penicillingaben und kochsalz-, manchmal auch eiweißarmer Kost. Wasser wird nur so viel gegeben, wie die Niere ausscheiden kann. Versagt sie längere Zeit, muß die Nierenfunktion künstlich ersetzt werden. Zur Verhinderung einer akuten Glomerulonephritis werden die obengenannten Streptokokkeninfekte – besonders bei familiären und Schulepidemien – mit Penicillin behandelt.

Bei einer Verlaufsform der *chronischen Nierenentzündung* stehen allgemeine Gefäßkrämpfe mit Blutdrucksteigerung und Veränderungen der Netzhautgefäße des Augenhintergrundes im Mittelpunkt. Die Kranken sind blaß und müde, haben Kopfschmerzen und Sehstörungen. Die Nieren neigen zur Verödung und Nierenschrumpfung, der hohe Blutdruck kann zum Herzversagen führen. Die Behandlung besteht in kochsalzarmer Kost und medikamentöser Blutdrucksenkung. Eine andere chronische Verlaufsform führt zum *nephrotischen Syndrom*. Sie zeichnet sich bei geringer Blutdruckveränderung durch maximale Eiweißdurchlässigkeit des Nierenfilters und große Eiweißverluste im Harn aus. Das eiweißverarmte Blutplasma ist nicht mehr imstande, die Blutflüssigkeit ausreichend in der Gefäßbahn festzuhalten; es kommt zum Wasseraustritt ins Gewebe *(nephrotisches Ödem, Eiweißmangelödem)*. Die Behandlung besteht u.a. in eiweißreicher Kost, in der Gabe von kochsalzausschwemmenden Mitteln (sog. Saluretika) und, bei akuten Schüben der Erkrankung, von Antibiotika.

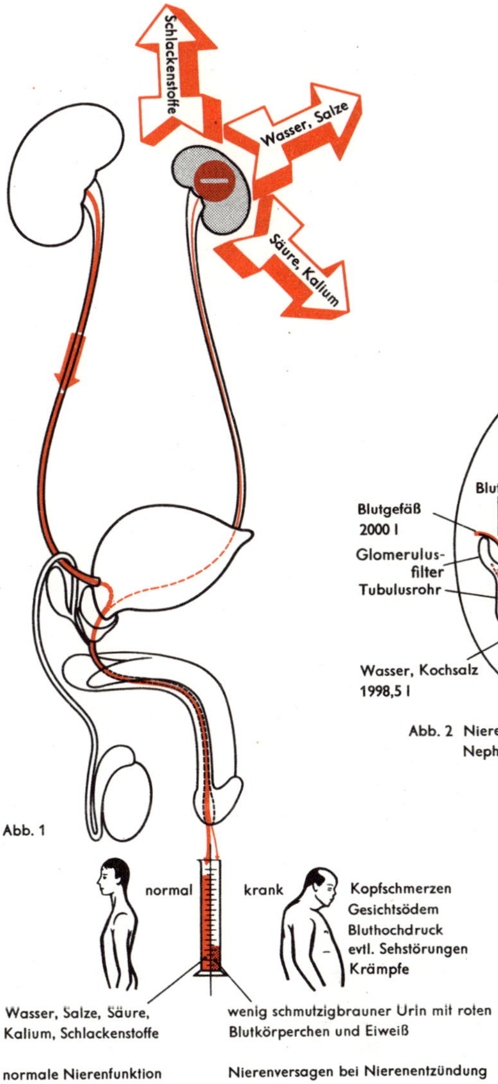

Abb. 1

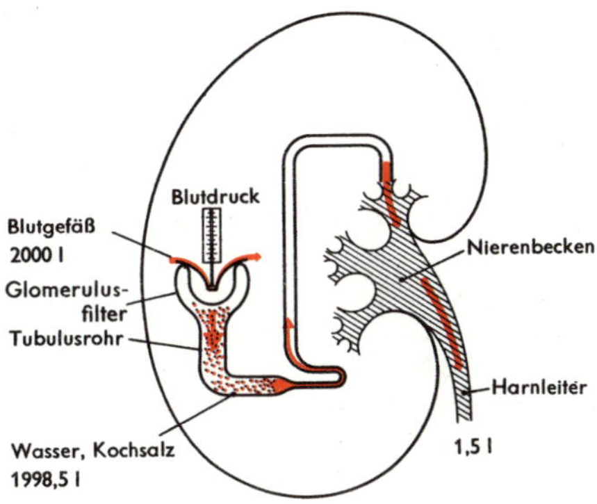

Abb. 2 Niere mit einem stark vergrößert gezeichneten Nephron (Mininiere)

NIERENBECKENENTZÜNDUNG

Die kleinen Harnkanälchen der Niere münden über Sammelrohre in das Nierenbekken, von wo aus der Urin durch den Harnleiter in die Harnblase abfließt. Ist der Urinabfluß behindert, z. B. bei Nierensteinen (s. S. 214), bei Prostatahypertrophie (s. S. 540), bei Harnröhrenverengung, Blasenlähmung oder in der Schwangerschaft, so kann es zum Aufsteigen von Krankheitskeimen ins Nierenbecken und dort schließlich zu einer *Nierenbeckenentzündung (Pyelitis),* ohne oder mit Nierenbeteiligung *(Pyelonephritis),* kommen; gelegentlich wird die Infektion auch durch einen Blasenkatheter eingeschleppt. Dieser Infektionsweg bringt es mit sich, daß die Erkrankung in 60–70% der Fälle durch aufsteigende Kolibakterien verursacht wird, die aus dem Darm stammen (Abb. 1). Recht häufig sind kleine Mädchen bis zu 1½ Jahren betroffen. Seltener wird eine Nierenbeckenentzündung durch Eiterkokken, auch auf dem Blutweg, ausgelöst. Insgesamt finden sich bei 3% aller Erwachsenen Anzeichen einer abgelaufenen Nierenbeckenentzündung. Die Erreger können vom Nierenbecken gelegentlich auch weiter ins eigentliche Nierengewebe aufsteigen; dann ist aus der Nierenbeckenentzündung die ernstere Pyelonephritis (Nierenbecken-Nieren-Entzündung) geworden. Die *akute Nierenbeckenentzündung* beginnt plötzlich mit Unbehagen, Schüttelfrost und hohem Fieber, Fieberbläschen und Kopfschmerzen. In der Nierengegend werden heftige Schmerzen empfunden, die, ähnlich wie bei einer Nierenkolik, nach vorn zur Leistengegend hin ausstrahlen. Meist ist die Nierengegend druck- und schlagempfindlich; das häufige Wasserlassen ist von brennenden Schmerzen begleitet. Der Urin enthält Bakterien, Eiweiß und weiße Blutkörperchen, die ihm eine trübe, eitrige Beschaffenheit verleihen (Abb.2).

Die Behandlung der Nierenbeckenentzündung verlangt Bettruhe und die Beseitigung eventueller Urinabflußhindernisse. Bei fieberhaften Zuständen wird zuerst ein Breitbandantibiotikum gegeben. Nachdem man durch Harnkulturen geprüft hat, auf welche Mittel die Erreger ansprechen, wird die Therapie gegebenenfalls umgestellt. Bei unzureichender Behandlung wird das Leiden chronisch. Die *chronische Pyelonephritis* ist eine sehr häufige Erkrankung, die bei 3–8% aller Leichenöffnungen gefunden wird. Auch die Schrumpfniere nach Nierenbecken-Nieren-Entzündung ist 3mal häufiger als die Schrumpfniere nach Nierenentzündung oder Glomerulonephritis (s. S. 208). Beide Grundkrankheiten unterscheiden sich dadurch, daß die Glomerulonephritis nach einer Antigen-Antikörper-Reaktion als Zweitkrankheit entsteht und vor allem den Filterapparat der Niere befällt, während die Pyelonephritis als bakterielle Erstkrankheit v. a. bei Abflußhindernissen aus dem Nierenbecken aufsteigt und zuerst im Bereich der ableitenden Nierenkanälchen angreift. Die Nierenbecken-Nieren-Entzündung ist manchmal der chronische Ausgang einer akuten Nierenbeckenentzündung, verläuft häufig aber auch von vornherein schleichend.

Die Krankheitserscheinungen der chronischen Pyelonephritis sind vielgestaltig (Abb. 2). Fieberschübe und vermehrte weiße Blutkörperchen weisen gelegentlich auf die Erkrankung hin. Rund 33 % der schleichend fortschreitenden Formen erzeugen allerdings nur uncharakteristische Allgemeinerscheinungen und werden oft erst entdeckt, wenn die weitgehend zerstörte Niere versagt (s. S. 212). So werden bei etwa 20 % der Betroffenen lediglich Müdigkeit, Abgeschlagenheit, Kopfschmerzen und Gewichtsabnahme beobachtet, bei ca. 25 % besteht leichtes Fieber. Weitgehender Nierenausfall führt oft zur Blutarmut, die Einschränkung der Nierenzirkulation in 60 % der Fälle zum Bluthochdruck; dann führen Herz-Kreislauf-Beschwerden die Kranken zum Arzt. Die Behandlung der chronischen Nierenbecken-Nieren-Entzündung erfordert häufig eine langfristige Zufuhr von Antibiotika. Dabei sollte mit Hilfe von Harnkulturen geprüft werden, ob die Erreger immer noch auf das verabreichte Präparat ansprechen.

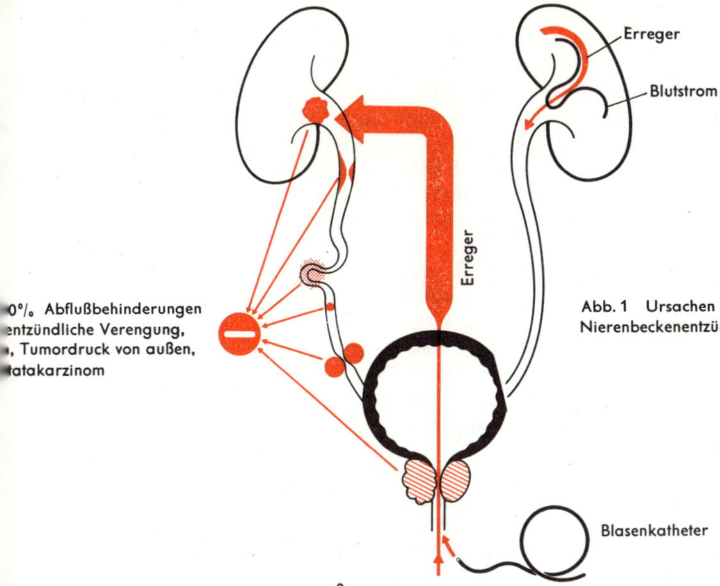

Abb. 1 Ursachen der Nierenbeckenentzündung

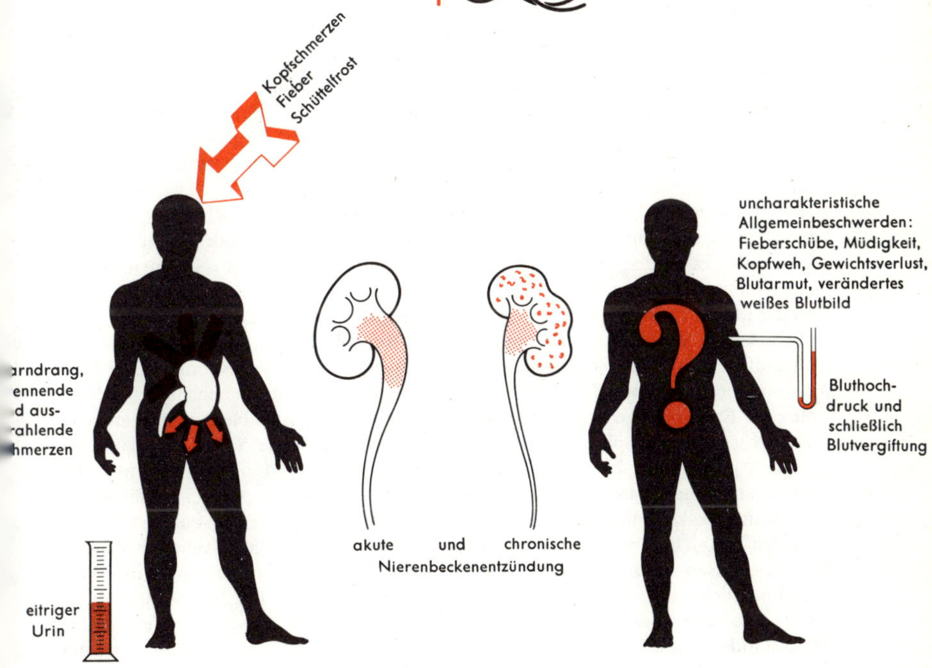

Abb. 2

NIERENVERSAGEN

Die weitaus wichtigste Leistung der Niere ist die Urinbildung. Mit dem Urin werden Wasser, Schlackenstoffe, Salze und Säuren aus dem Körper ausgeschieden. Versagt die Niere, so muß es zum Rückstau ihrer Ausscheidungsprodukte kommen. Zwar kann die Niere durch Hungern und Dursten weitgehend entlastet werden. Der Grundstoffwechsel der Körperzellen indessen ist nicht zu stoppen; er liefert auch unter Schonbedingungen noch ausscheidungsbedürftige Abfallprodukte an. Dazu gehören neben ungiftigen Stoffen auch Kalium- und Säureionen, die letztlich zum Tod durch eine Blutharnvergiftung (Urämie) führen können.

Die Niere versagt je nach den Umständen akut oder chronisch. Das langsame Nierenversagen *(chronische Niereninsuffizienz)* kann die Folge sehr verschiedener Nierenerkrankungen sein, die meist zu einer gewissen Zerstörung von Nierengewebe führen. Häufige *Ursachen* sind die chronische Nierenentzündung, die chronische Nierenbecken-Nieren-Entzündung, der chronische Urinstau bei Prostatawucherung (S. 540) oder Steinverschluß und schließlich die Nierenschädigung bei Bluthochdruck, die sog. Nephrosklerose (Abb. 2, S. 211). Die *Urämie* bei chronischem Nierenversagen ist an 6 % sämtlicher Todesfälle beteiligt. Sie äußert sich zuerst in einer abnormen Ermüdbarkeit, in Gewichtsabnahme und Unruhe, schließlich in zunehmender Benommenheit bis zur tiefen Bewußtlosigkeit des *Nierenkomas.* Weitere Anzeichen sind Blutarmut, Muskelschwäche, Zittern und Muskelkrämpfe, Erbrechen, Durchfall, quälender Schluckauf, tiefe Atmung, Bluthochdruck, Versagen des linken Herzens. Die anfängliche Gewichtsabnahme schlägt bei mangelnder Flüssigkeitsausscheidung in Flüssigkeitsverhaltung mit Nierenwassersucht und Ödemen um. Die Urämie kann mit der chronischen Nierenkrankheit schubweise verlaufen; sie wird lebensgefährlich, wenn nach Wochen oder Monaten schließlich nur noch rund 5 % des Nierengewebes funktionstüchtig sind. Zur Therapie gehören u. a. die Einschränkung der Eiweißzufuhr (z. B. als Kartoffel-Ei-Diät), die Kontrolle der Natrium-, Kalium- und Wasserbilanz sowie des Säure-Basen-Haushaltes und die Hochdruckbehandlung. Im fortgeschrittenen Stadium werden künstliche Entschlackungsmethoden, wie z. B. die künstliche Niere (Hämodialyse), oder eine Nierenverpflanzung notwendig. Bluthochdruck wird frühzeitig behandelt, da er die Niere sonst noch weiter schädigt.

Akutes Nierenversagen nennt man den plötzlichen Ausfall der Ausscheidungsfunktion beider Nieren. Sie geht bezeichnenderweise mit einem Rückgang oder völligen Stopp des Harnflusses einher. Es gibt drei Ursachengruppen des akuten Nierenversagens: Erstens kann die Nierendurchblutung unzureichend sein. Meist handelt es sich dabei um eine nerval bedingte Drosselung der Nierengefäße, die vor allem bei niedrigem Blutdruck zum Versagen der Nierenfilter führt. Ein solcher sog. *Nierenschock* kommt nach großen Flüssigkeitsverlusten, nach Blutungen (s. S. 99), Verletzungen und Blutgruppenunverträglichkeit (s. S. 96 ff.) vor. Zweitens kann die Nierensubstanz durch Gifte oder Entzündungen geschädigt sein. Drittens können die ableitenden Harnwege durch Prostatahypertrophie (s. S. 540), doppelseitige Nierensteine (S. 214) oder Tumoren verlegt werden (Abb. 2). Das akute Nierenversagen erzeugt in den ersten Tagen keine wesentlichen Beschwerden. Danach kommt es allerdings, nach anfänglicher Müdigkeit, Übelkeit und Schläfrigkeit, schon innerhalb von 5–6 Tagen zu den weiteren, schweren Anzeichen von Blutharnvergiftung oder Urämie. Nun müssen der Wasser-, der Säure-Basen- und der Salzhaushalt überwacht und die Harnausscheidung, wenn irgend möglich, in Gang gehalten bzw. wieder erhöht werden. Die Behandlung richtet sich im übrigen gegen das Grundleiden (Schocktherapie, Beseitigung eventueller Abflußhindernisse). Nach 3 Tagen etwa wird die künstliche Entschlackung zur Überbrückung des Nierenausfalls eingesetzt. Dennoch kann das akute Nierenversagen, je nach dem Grundleiden, in 20–70 % der Fälle tödlich verlaufen. In den übrigen Fällen setzt einige Tage nach Wiederbeginn der Harnausscheidung zuerst eine Periode überschießender Wasser- und Salzausscheidung ein. Zurückbleibende Funktionsstörungen sind auch nach Jahresfrist oft noch vorhanden.

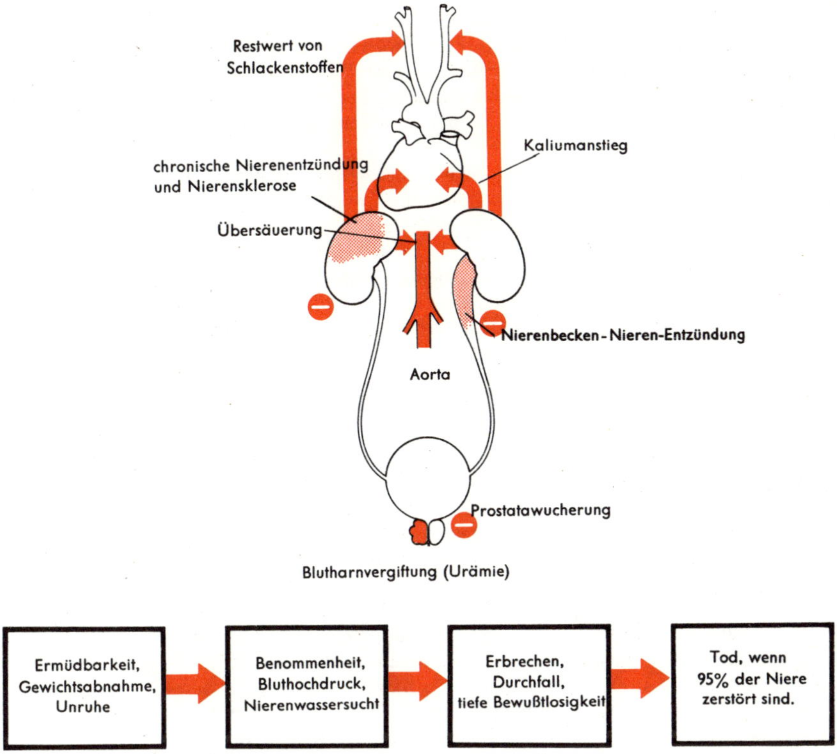

Ab. 1 Das chronische Nierenversagen

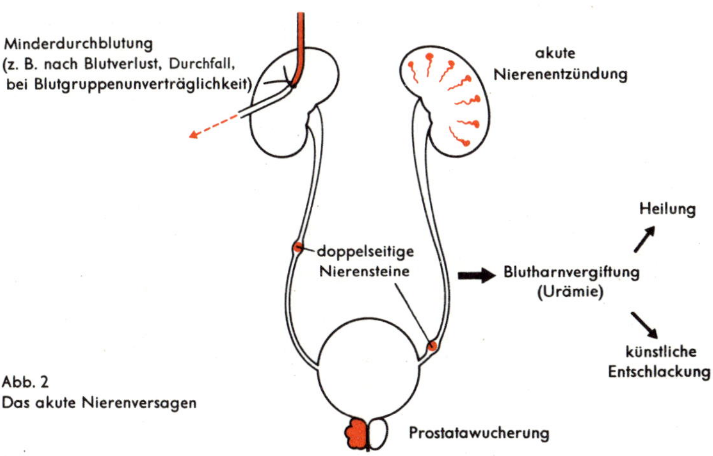

Abb. 2
Das akute Nierenversagen

NIERENSTEINE

Nierensteine entstehen durch die Ausfällung von Mineralsalzen und organischen Stoffen, die sonst im Urin gelöst sind. Die Steinbildung wird durch Harnschleimstoffe, durch den erhöhten Anfall von Kalzium und Oxalsäure, durch den Säuregrad des Urins, durch Abflußhindernisse und Harnwegsinfektionen sowie vor allem durch die Eindickung der Urinbestandteile bei allzu geringer Wasserausscheidung gefördert. In hochzivilisierten Ländern sind 2–3% der Bevölkerung steingefährdet oder von Steinleiden betroffen.

Die Steinbildung beginnt vermutlich in den feinen Nierenkanälchen. Die vorerst mikroskopisch kleinen Steinchen wandern abwärts und bleiben schließlich bei kleiner Harnflut an der Auskleidung des Nierenbeckens hängen. Sie wachsen hier vor allem bei Nierenbeckenentzündung rasch zu unterschiedlich großen Steinen heran. Schließlich können Steinausgüsse das ganze Nierenbecken ausfüllen und verlegen (Abb. 1). Häufig machen selbst recht große Steine außer einem zeitweiligen Druckgefühl in der Lendengegend weiter keine Beschwerden. Erst wenn sich der Stein bewegt und im Ausgang des Nierenbeckens oder weiter unten im Harnleiter verklemmt, entsteht plötzlich, oft bei sonst völliger Gesundheit, die *Nierenkolik*. Sie wird dadurch verursacht, daß der eingeklemmte Stein den Urin aufstaut und die Schleimhaut reizt. Daher versucht der Harnleiter, den störenden Fremdkörper durch heftigste Kontraktionen seiner Wandmuskulatur blasenwärts nach unten auszutreiben. Der kolikartige, wellenförmig an- und abschwellende Schmerz strahlt bei hoher Steineinklemmung am oberen Harnleitereingang von der Lendengegend her nach dem Unterbauch aus. Ein zweiter Engpaß für Steine ist die Kreuzungsstelle zwischen Harnleiter und großen Beckengefäßen, ein dritter Engpaß der untere Harnleiterausgang in die Blase. Kommt der Harnleiter hier zum Krampfen, strahlen die Schmerzen u. U. bis in die Hoden aus (Abb. 2). Die Koliken gehen oft mit Übelkeit und Erbrechen, auch mit reflektorischen Darmlähmungen einher. Im Harn erscheinen durch kleine Schleimhautrisse rote Blutkörperchen. Im Röntgenbild sind die dichteren kalkhaltigen Steine oft ohne weiteres schon bei der sog. Leeraufnahme zu sehen; kalkfreie Steine können durch Aussparungen im dichten Kontrastmittel oder im Ultraschallbild erkannt werden; manchmal stellt sich die Steinverstopfung auch als Abflußbehinderung dar. Bei ergebnislosem Röntgenbild kann u. U. erst durch eine weitere gründliche Untersuchung zwischen einer Nierenkolik und anderen akuten Erkrankungen des Bauchraums wie Blinddarmentzündung oder Gallenkolik unterschieden werden. Der Nierensteinpatient lenkt sich oft durch Bewegung ab, während „akute Bauchpatienten“ sich meist schonen.

Die Unruhe des Nierensteinpatienten ist insofern sinnvoll, als mechanische Erschütterungen wie Gehen oder gar Hüpfen den Stein oft austreiben. Wärme, heiße Bäder, krampflösende Arzneimittel und reichliches Trinken erhöhen die Chance, daß kleine Steine abgehen. Manchmal schlüpft ein eingeklemmter Stein wieder ins Nierenbecken zurück und macht zunächst keine Beschwerden mehr. Bei vergrößerter Vorsteherdrüse bleibt der im Abgehen begriffene Stein u. U. in der Harnblase liegen, wo er als *Blasenstein* weiterwächst. Andere Steine bleiben im Harnleiter stecken und blockieren den Abfluß des Urins. Vom Einklemmungszeitpunkt an kann nun nicht mehr allzu lange abgewartet werden, da sonst eine harngestaute, funktionsunfähige Wasserniere entsteht. Daher versucht man, tiefsitzende *Harnleitersteine* unter Kontrolle eines periskopartigen Blasenspiegels mit einem Schlingenkatheter zu entfernen. Manchmal erleichtert ein kleiner Einschnitt in den Blaseneingang die „Geburt“ des Steines. Führen derartige Maßnahmen nicht zum Ziel, muß vor allem der hochsitzende eingeklemmte Nierenstein operativ entfernt werden. Bes. bei Nierenbecken- oder Kelchsteinen kommt auch die berührungsfreie, externe Steinzertrümmerung mit Stoßwellen in Frage, bei der Bruchstücke entstehen, die ausgeschieden werden können. – Zur Verhütung der Bildung weiterer Nierensteine empfehlen sich unterschiedliche diätetische Maßnahmen (je nach dem Material, aus dem die Steine bestehen); u. U. werden auch Verfahren zur Auflösung von Nierensteinen angewandt.

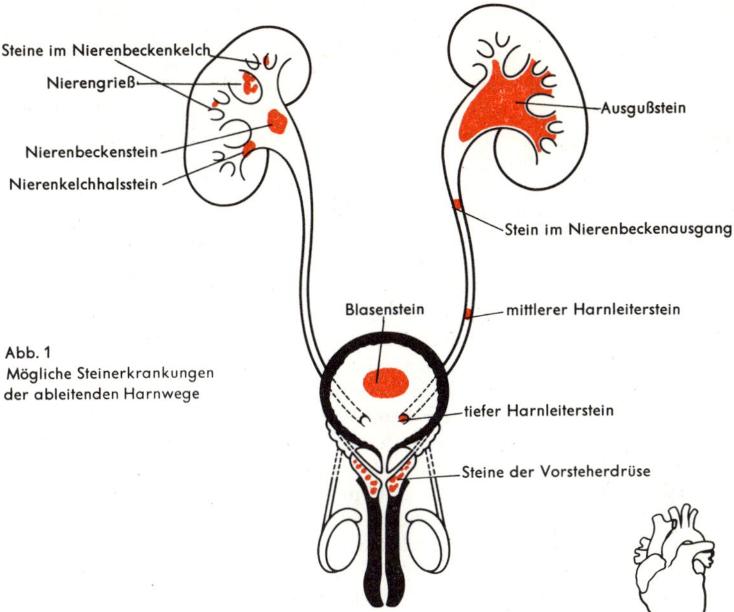

Abb. 1
Mögliche Steinerkrankungen der ableitenden Harnwege

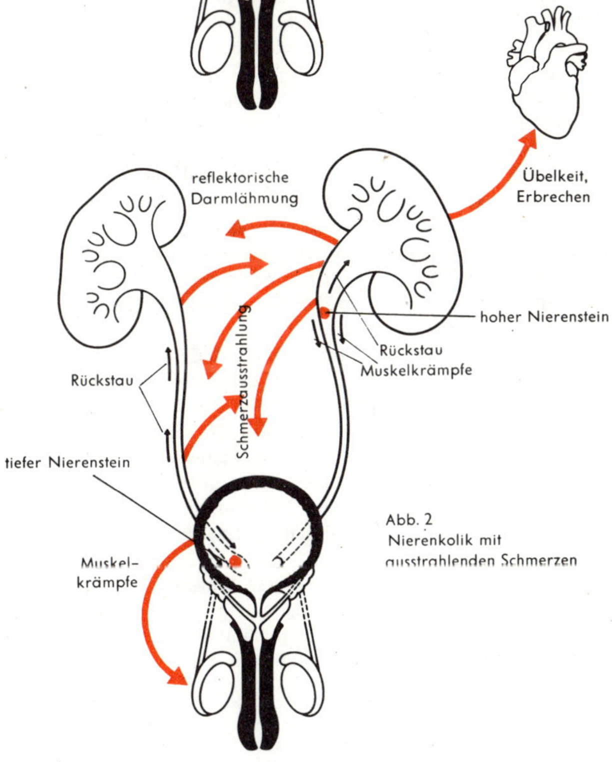

Abb. 2
Nierenkolik mit ausstrahlenden Schmerzen

DIE HARNBLASE · HARNBLASENERKRANKUNGEN

Die *Harnblase* nimmt den in der Niere gebildeten Urin auf, sammelt ihn bis zu einer Menge von etwa ¾ l und stößt ihn von Zeit zu Zeit über die Harnröhre aus. Die *Blasenentleerung* ist an sich ein unwillkürlicher Vorgang, der z. B. beim Säugling und beim Bewußtlosen ohne Gehirnkontrolle abläuft. Die Blasendehnung wird dann nerval ins Rückenmark gemeldet, worauf sich die Blase, ein mit Schleimhaut ausgekleideter Hohlmuskel, zusammenzieht und der innere Schließmuskel am Blasenausgang sich öffnet (Abb. 3).

Bei Füllung der Harnblase tritt durch Drucksteigerung und zunehmende Wandspannung ein immer stärker werdender *Harndrang* auf. Soll ihm nicht stattgegeben werden, wird die Wirkung des inneren Schließmuskels durch Kontraktion des äußeren Schließmuskels verstärkt, der den Urin eine gewisse Zeit durch willkürliche Innervation zurückhalten kann. Wird dem Harndrang stattgegeben, leitet die willkürgesteuerte Entspannung des äußeren Schließmuskels den Entleerungsreflex ein (Abb. 4).

Die erlernte Kontrolle der Blasenentleerung kann unter bestimmten Bedingungen ausfallen (z. B. nächtliches *Bettnässen*, Enuresis nocturna). Ursache des Bettnässens können psychische Fehlhaltungen sein, aber auch organische Erkrankungen oder Mißbildungen. *Überfüllungen der Harnblase* kommen bei Rückenmarksverletzungen vor, u. a. auch bei frischer Querschnittslähmung. Unter solchen Bedingungen ist der willkürliche Schließmuskel zwar erschlafft, der unwillkürliche Entleerungsreflex jedoch ebenfalls außer Funktion. Daher staut der Urin sich hinter dem geschlossenen inneren Schließmuskel an und sickert bei überfüllter Blase tropfenweise nach außen ab. Man nennt diesen Zustand *paradoxe Harnverhaltung*, weil die Blase nicht etwa leer, sondern voll ist (Abb. 1).

Häufiger als Lähmungszustände sind Abflußhindernisse Ursache solcher paradoxen Störungen der Blasenentleerung, z. B. Prostatawucherungen, narbige Verengungen der Harnröhre oder Blasensteine. Der gestaute Urin führt einerseits zur Wasserniere und begünstigt andererseits Keimansiedlung und Blasenentzündung (Abb. 1). Die Erreger gelangen dabei meist durch Keimaufstieg von außen in die Harnblase. Die *Blasenentzündung* kann u. U. plötzlich mit hohem Fieber und Schüttelfrost einsetzen. Charakteristisch sind häufiger starker Harndrang und schmerzhaftes Brennen beim Wasserlassen. Der Urin enthält oft Eiweiß und weiße Blutkörperchen, seltener Blut. Zur Behandlung werden, wie bei der Nierenbeckenentzündung, die sich häufig aus einer Blasenentzündung entwickelt, vor allem Antibiotika und Sulfonamide gegeben. Warmhalten der Blasengegend vermindert die Blasenreizung. – Die *tuberkulöse Blasenentzündung* entsteht meist absteigend von der zuerst erkrankten Niere aus und führt vor allem zu einer starken Narbenschrumpfung; solche *Schrumpfblasen* fassen schließlich nur noch wenige Kubikzentimeter Urin. – Häufiger Harndrang, die sog. *Reizblase*, kann bei vegetativer Labilität auch auf nervösem Wege entstehen.

Harnröhrenverengungen entstehen entweder durch die narbige Ausheilung von Verletzungen oder im Anschluß an akute Entzündungen, z. B. beim Mann nach einem Tripper. Dann verdickt sich die Blasenmuskulatur streifenförmig in dem Bestreben, das Hindernis zu überwinden *(Balkenblase)*; schließlich wird die Blase überdehnt (Abb. 1). Zur Vermeidung von Rückstau und Wasserniere ist die operative Beseitigung der Harnröhrenverengung erforderlich.

Papillome sind gutartige, gestielt-polypenähnliche Blasentumoren. Sie bluten häufig und können meist mit einer Glühschlinge durch die Harnröhre hindurch abgetragen werden.

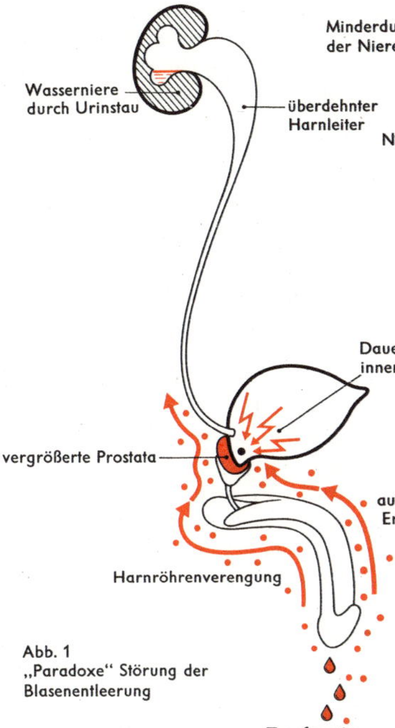

Abb. 1
„Paradoxe" Störung der Blasenentleerung

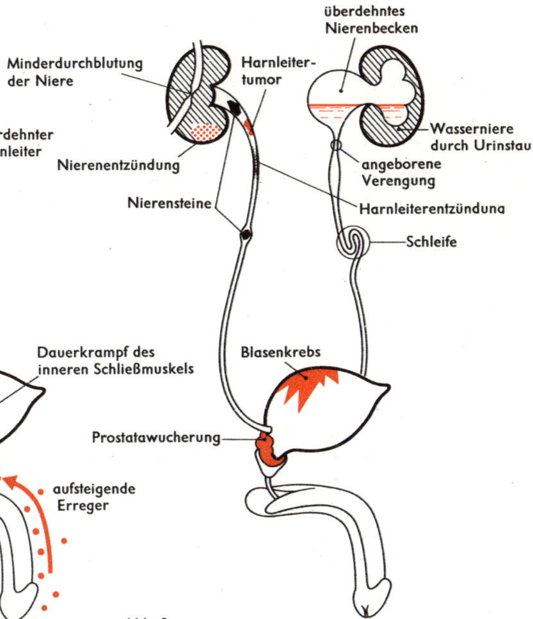

Abb. 2
Ursachen der Harnverhaltung

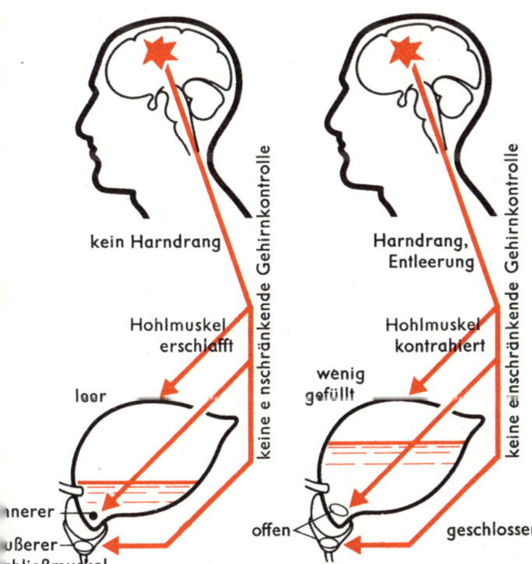

Abb. 3
Blasenentleerung beim Säugling, beim Bettnässer und in tiefer Bewußtlosigkeit

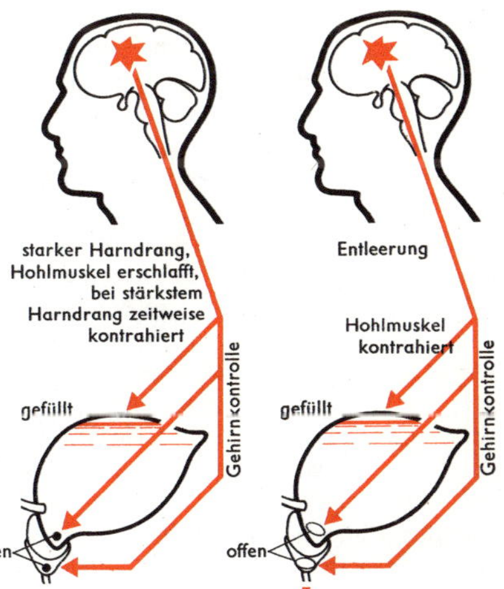

Abb. 4
Normale Blasenentleerung beim Erwachsenen

DIE MÄNNLICHEN GESCHLECHTSORGANE

Die *Samenzelle* (*Spermium;* Abb. 1) hat eine Größe von 0,04 mm (etwa $^2/_3$ des Durchmessers eines Haares). Sie besteht aus Kopf, Hals, Mittelstück und Schwanz und wird von einer Zellmembran umkleidet. Der Kopf einer männlichen Samenzelle besteht in der Hauptsache aus dem Zellkern. An seiner Vorderseite ist er von einem Gebilde, dem *Akrosom*, überzogen, das dem Kopf wie eine Kappe aufsitzt und das besondere Enzyme enthält, die dem Samen beim Auftreffen auf das Ei das Eindringen in das Zytoplasma der Eizelle ermöglichen. Das Halsstück birgt die beiden Zentriolen der Samenzelle. Das Mittelstück enthält zahlreiche Mitochondrien, die wahrscheinlich die Energie bereitstellen, die für die Bewegung des Spermiums erforderlich ist. Die Bewegung selbst wird dem Spermium durch die das Schwanzstück durchziehenden „Fibrillen" erteilt. Die Samenfäden bewegen sich pro Minute 3–3,6 mm weit. Jedoch ist die Beweglichkeit allein kein Zeichen für Befruchtungsfähigkeit, denn sie hängt im wesentlichen nur vom „motorischen Apparat" des Halses ab. Die Befruchtungsfähigkeit der Samenzellen erlischt wahrscheinlich schon Stunden oder wenige Tage nach der Ejakulation. Spermien schwimmen „gegen den Strom" und bewegen sich im weiblichen Eileiter aufwärts gegen den Eierstock zu (s. S. 276). Normalerweise finden sich auch im Ejakulat von gesunden Männern 20–30 % abnorm gestalteter Spermien (mehrköpfige, mehrschwänzige u. a. abnorme Samenzellen). Erreicht diese Zahl 60 %, so ist meist keine Zeugungsfähigkeit mehr vorhanden.

Das *Ejakulat* des geschlechtsreifen Mannes – pro Ejakulation 3–4 cm^3 – enthält außer den rund 300 Millionen Samenzellen das flüssige Sekret der Geschlechtsdrüsen. Erfolgen mehrere Ejakulationen hintereinander, so nimmt die Zahl der ausgestoßenen Spermien sehr schnell ab, da derart große Samenmengen, wie sie sonst in einem Ejakulat enthalten sind, nicht in so kurzer Zeit vom Hoden nachgeliefert werden können. Die während einer Lebensspanne produzierten männlichen Samenzellen gehen in die Billionen; ihnen stehen nur rund 500 weibliche Eizellen gegenüber.

Die *männlichen Keimzellen* entstehen im Epithel der Samenkanälchen aus den diploiden *Ursamenzellen (Spermatogonien;* Abb. 3, S. 221). Diese vermehren sich zunächst durch wiederholte mitotische Teilungen. Mit Beginn der Pubertät, bis zu der die Samenkanälchen ruhen, hört diese Vermehrungsphase auf. Jetzt wachsen die Ursamenzellen zu den Mutterzellen des Samens *(Spermatozyten)* heran. Durch Reduktionsteilung (1. Reifeteilung), durch die der Chromosomensatz der Spermatozyten halbiert (haploid) wird und die (meist dicht darauf folgende) 2. Reifeteilung entstehen aus jedem Spermatozyten vier in diesem Zustand noch nicht befruchtungsfähige Keimzellen *(Spermatiden)*. In einer weiteren Entwicklungsstufe, der *Spermiohistogenese*, die im wesentlichen durch Abstoßung eines Großteils des Zytoplasmas, eine Chromosomenzusammenballung im Spermiumkopf und die Ausbildung des Schwanzfadens charakterisiert ist, werden aus den Spermatiden befruchtungsfähige Spermien (Abb. 5, S. 221). Die Spermiogenese dauert etwa 20 Tage.

Die *Hoden (Testes)* sind mit ihrem oberen Pol im Hodensack schwebend aufgehängt (Abb. 2, S. 221). Sie sind oval abgeflachte Körper, etwa 20–30 Gramm schwer und von der Größe eines Taubeneies. Der etwas größere linke Hoden hängt gewöhnlich etwas tiefer. Das Innere des Hodens (Abb. 6, S. 223) wird durch Scheidewände in einzelne Kammern gegliedert. In diesen befinden sich gewundene Kanälchen, die die *Hodenläppchen* bilden. In ihnen werden die Keimzellen gebildet. Die Kanälchen münden schließlich in das *Hodennetz*. Mit dem Hodennetz beginnen die ableitenden Samenwege.

Das Gewebe zwischen den *Hodenkanälchen* ist ungemein zart. Sein Flüssigkeitsgehalt kann wechseln, zusammen mit dem Druck im Hoden; da der Hoden reich an Nervenzellen ist, kann allzustarke Steigerung des Binnendrucks ebenso schmerzhaft sein wie Druck oder Stoß von außen. Der Hoden ist von einer bindegewebigen Hülle umgeben, die dem relativ hohen Binnendruck der männlichen Keimdrüsen, der für die Samenzellbildung erforderlich scheint, standhält. Innerhalb der zelligen Auskleidung der Ho-

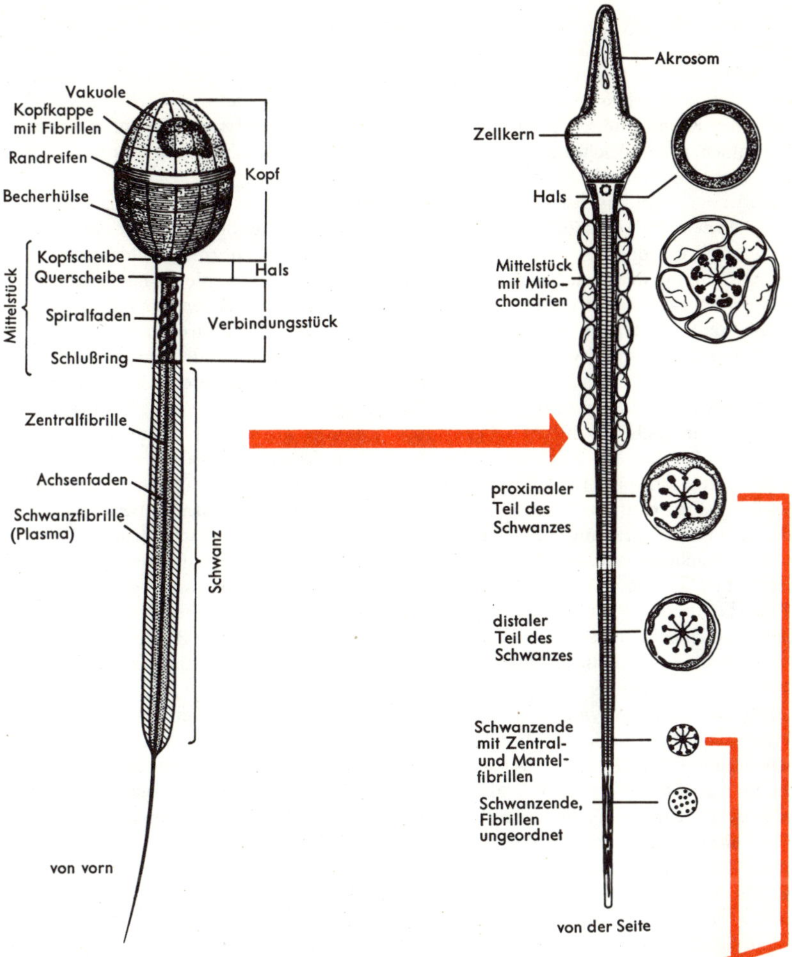

Abb. 1 Aufbau einer männlichen Samenzelle

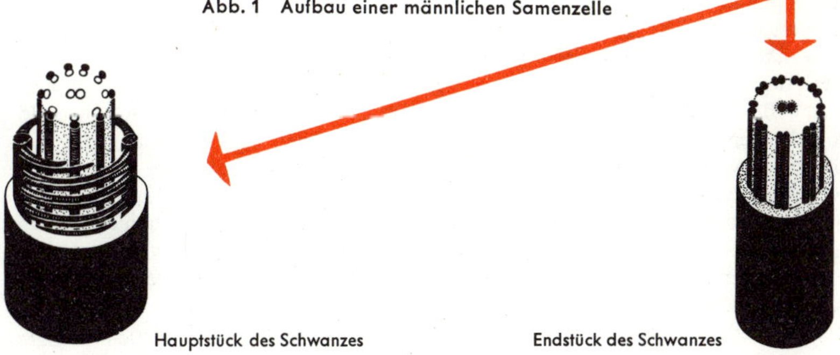

Hauptstück des Schwanzes

Endstück des Schwanzes

denkanälchen (Abb. 3), des *Keimepithels*, unterscheidet man zwei Zellgruppen: die Stütz- oder Fußzellen *(Sertoli-Zellen)*, die wahrscheinlich der Ernährung der Keimzellen dienen, und die *Keimzellen* selbst. Diese liegen in verschiedenen Entwicklungsstadien schichtweise zwischen den Stützzellen. Während ihrer Umwandlung in reife Samenzellen bilden Keim- und Stützzellen einen gemeinsamen Zellverband. Hierdurch werden die Samenzellen gleichsam von den Sertoli-Zellen festgehalten und können nicht unreif mit dem Samen abgehen (Abb. 4).

Außer den Keim- und den Sertoli-Zellen finden sich im Zwischengewebe des Hodens, zwischen den Hodenkanälchen, noch epithelartige Zellen, die sogenannten *Leydig-Zwischenzellen*, die das *Testosteron*, das männliche Geschlechtshormon, bilden, das für die Ausprägung der primären und sekundären männlichen Geschlechtsmerkmale verantwortlich ist. Das Hormon wird direkt in die Blutbahn abgegeben. Als inkretorische Drüse steht der Hoden in Beziehung zu den übrigen Hormondrüsen des Körpers, besonders zur Hypophyse. Die Rolle der Hoden als Hormondrüse wird deutlich beim *Hodenausfall*, zum Beispiel bei der Kastration (beim Menschen „Entmannung"). Im Gegensatz zur *Sterilisation*, bei der lediglich der Samenstrang abgebunden wird, so daß zwar noch Geschlechtsverkehr ausgeübt, aber nicht mehr befruchtet werden kann, werden bei der *Kastration* die eigentlichen Geschlechtsdrüsen ausgeschaltet. Je nach dem Zeitpunkt, zu dem dies geschieht, sind die Auswirkungen verschieden. Erfolgt die Kastration frühzeitig, kommen die primären Geschlechtsmerkmale erst gar nicht zur Ausprägung; bei solchen Frühkastraten können überschießendes Wachstum, schwache Entwicklung der Bart- und Achselhaare, hohe Stimme und Fettansatz beobachtet werden, wobei die Fettverteilung dem weiblichen Typus entspricht *(Eunuchismus)*. Spätere Kastration wirkt sich weniger auf die bereits ausgebildeten männlichen Geschlechtsmerkmale aus, auch der Geschlechtstrieb und die Beiwohnungsfähigkeit können z. T. erhalten bleiben; die Zeugungsfähigkeit ist allerdings in jedem Fall erloschen.

Der *Hodensack (Skrotum)*, in dem Hoden, Nebenhoden und ein Teil des Samenleiters liegen, hat u. a. vermutlich die Funktion eines (in bezug auf den Inhalt) wärmeregulierenden Organs. Die äußere Skrotumhaut ist sehr temperaturempfindlich; sie kann erschlaffen und so die Oberfläche vergrößern (und hierdurch die Wärmeabgabe steigern) oder durch Runzelung ihre Oberfläche (und damit die Wärmeabgabe) verkleinern. Die Temperatur ist im Hodensack etwa 2–4 Grad tiefer als in der Bauchhöhle. Dies scheint für die Samenbildung unerläßlich zu sein. Wenn man nämlich funktionstüchtige Hoden in die wärmere Bauchhöhle zurückverlagert, erlischt die Samenbildung. Die Hoden, die sich beim Säugling noch in der Bauchhöhle befinden, müssen daher, wenn sie nicht von selbst in den Hodensack deszendieren (so beim *Leistenhoden* oder *Kryptorchimus*), durch Hormongaben oder eine Operation in den Hodensack verlagert werden.

Die *ableitenden Samenwege* dienen dem Transport der männlichen Keimzellen, ihrer Ausreifung sowie als Samenbehälter, wobei sie durch Sekretbildung für eine bessere Beförderung sorgen. Sie beginnen mit dem Hodennetz, das sich in 8–15 Ductuli efferentes testis fortsetzt. Stark geknäuelt, bilden diese die Läppchen des *Nebenhodens*. Bereits im Nebenhodenkopf geht aus den Läppchen der gemeinsame Nebenhodengang (Ductus epididymidis) hervor. Dieser Gang durchzieht in vielen Windungen den Nebenhoden und geht an dessen Ende (Schwanz) allmählich in den Samenleiter (Ductus deferens) über (Abb. 2). Der etwa 4 m lange, geknäuelte *Nebenhodengang* ist ein Samenspeicher, der innerhalb von 12 Stunden durch 3–4 Ejakulationen entleert werden kann. Seine Auffüllung erfolgt innerhalb von 2 Tagen. Im Nebenhoden findet die endgültige Reifung der Spermien statt. Hier wird auch die Widerstandsfähigkeit der Samenfäden gegen äußere Einflüsse vorbereitet. Um zu verhindern, daß sich die Samenfäden durch Bewegung vorzeitig erschöpfen, werden sie ruhiggestellt. Das geschieht dadurch, daß das Nebenhodensekret in seiner Wasserstoffionenkonzen-

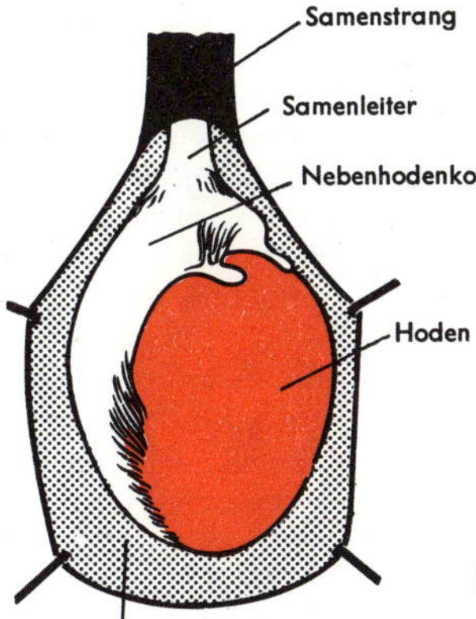

Abb. 2

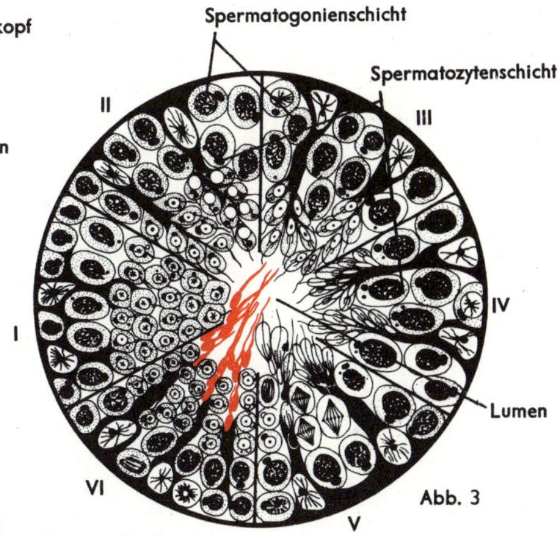

Abb. 3

Schnitt durch ein Hodenkanälchen; Sektoren zeigen verschiedene Entwicklungsstadien

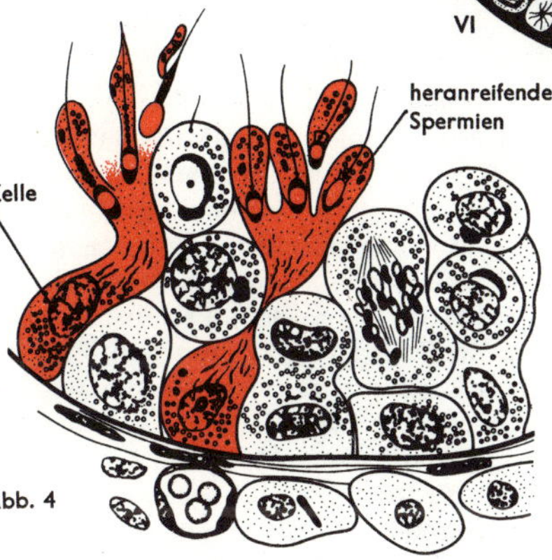

Abb. 4

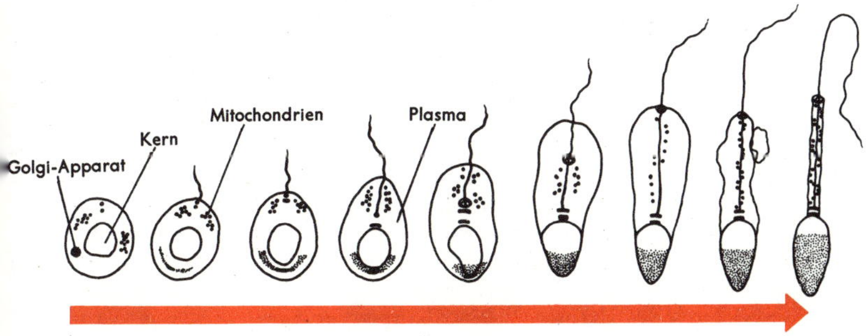

Abb. 5 Spermiohistogenese

tration nach der sauren Seite hin verschoben ist. Ein Teil der Zellen der Ductuli efferentes testis trägt Flimmerbesatz. Dieser verursacht eine Strömung, die wahrscheinlich für die Durchmischung von Spermien und Sekret von Bedeutung ist.
Der Nebenhodengang findet seine Fortsetzung im *Samenleiter (Ductus deferens)*, in den er ohne scharfe Grenze im Nebenhodenschwanz übergeht. Der Samenleiter ist als stricknadeldicker Strang am oberen Rand des Schambeins tastbar. Er ist ein dünnes, aber außerordentlich starkes Muskelrohr (Abb. 7). Die Wirkung der Muskeln besteht in einer Verkürzung mit gleichzeitiger Erweiterung des Samenleiters. Hierdurch wird der Hodeninhalt angesaugt; bei fortschreitender Kontraktion kommt es durch weitere Drucksteigerung zur Ejakulation.

Kurz vor seinem Eintritt in die Vorsteherdrüse ist das Ende des Samenleiters ampullenförmig aufgetrieben (Ampulla ductus deferentis, Abb. 9, S. 225). In die *Ampulle* münden die Ausführungsgänge der *Samenblasen (Vesiculae seminales)*, die der Ampulle unmittelbar anliegen. Die Samenblasen sind keine Samenspeicher; sie bilden vielmehr ein alkalisches Sekret, das sich nach dem Austritt sehr bald verflüssigt. Durch seine alkalische Reaktion regt es die Samenbewegung an, durch die Verflüssigung erleichtert es die räumliche Bewegung der Samenfäden; gleichzeitig verleiht das Sekret dem Samen kolloidalen Schutz gegenüber dem Vaginalsekret. Ihre volle Beweglichkeit erhalten die Spermien allerdings erst durch den Prostatasaft. Die Absonderung der Samendrüsen wird durch die Hormone des Hodens gesteuert. Beim Durchgang durch die Prostata ist der Samenleiter düsenartig verengt und wird *Spritzkanälchen (Ductus ejaculatorius)* genannt (Abb. 8, S. 225).

Die *Vorsteherdrüse* (*Prostata*, Abb. 8 und 9, S. 225) ist teilweise mit dem Grund der Harnblase verwachsen und stellt einen Komplex von in Muskulatur eingebetteten Drüsen dar, die auf dem Samenhügel in die Harnröhre einmünden. Das ebenfalls alkalische Prostatasekret, eine dünnflüssige, milchige Substanz, regt durch seine Reaktion die Bewegung der Samenzellen an. Mit zunehmendem Alter treten in den Drüsenlichtungen sogenannte *Prostatasteine* auf, durch Stauung eingedicktes Sekret, das bei älteren Männern gelegentlich verkalken kann. Die sekretorische Aktivität wie die Entwicklung des Muskelapparates der Prostata werden durch die Geschlechtshormone bestimmt. Im Alter vergrößert sich die Prostata nicht selten (s. S. 540).

Während des Ejakulationsaktes öffnet die Muskelplatte der Prostata das Lumen der Harn-Samen-Röhre in dem Augenblick, in dem sich das Ejakulat in den Spritzkanälchen befindet. Durch den entstehenden Unterdruck wird das Ejakulat von der Harn-Samen-Röhre (wie der Teil der Harnröhre, in dem Harn und Samen gemeinsam geführt werden, genannt wird) angesogen. Gleichzeitig wird es aber auch durch Kontraktion der Prostatamuskulatur in ähnlicher Weise wie im Samenleiter vorwärtsgetrieben. Weitere Drüsen, die sogenannten *Cowper-Drüsen* (Glandulae bulbourethrales), finden sich am verdickten Hinterende des Harnröhrenschwellkörpers und in der Harnröhre selbst *(Paraurethraldrüsen)*. Ihr schwach alkalisches Sekret soll die in der Harnröhre vorhandenen Harnreste neutralisieren und die Harnröhre für die Passage der Samenzellen vorbereiten.

Die Länge des unerigierten *männlichen Gliedes (Penis, Membrum virile)* schwankt normalerweise zwischen 8 und 11 cm. Bei voller Erektion ist der Penis durchschnittlich 14–16 cm lang. Das männliche Glied (Abb. 8 und 10) besteht aus zwei Schwellkörpern, dem paarigen *Rutenschwellkörper* und dem *Harnröhrenschwellkörper*, der die Harnröhre umschließt und in den paarigen Rutenschwellkörper wie in eine Mulde eingebettet ist. Vorn verdickt sich der Harnröhrenschwellkörper zur *Eichel (Glans penis)* und hinten zur *Zwiebel (Bulbus penis)*. Letztere wird von einem paarigen Muskel bedeckt, der zur Ausschleuderung des Samens dient. Jeder Schwellkörper wird für sich von einer Hülle umgeben, die bei maximaler Erektion einreißen kann. Eine besondere Hülle umkleidet die Schwellkörper in ihrer Gesamtheit, in und mit der sie zusammen den *Schaft des Gliedes (Corpus penis)* bilden.

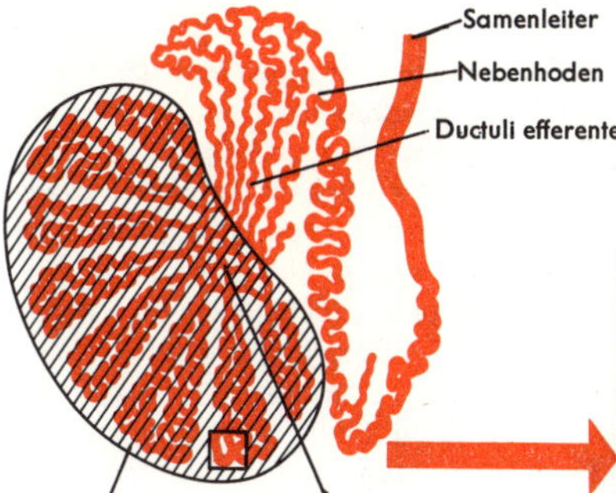

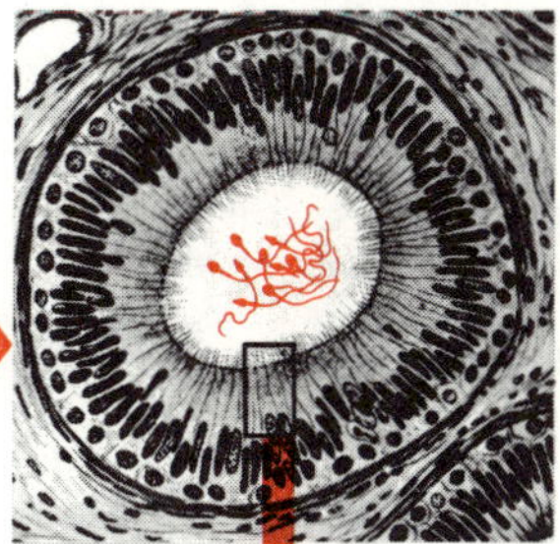

Abb. 6

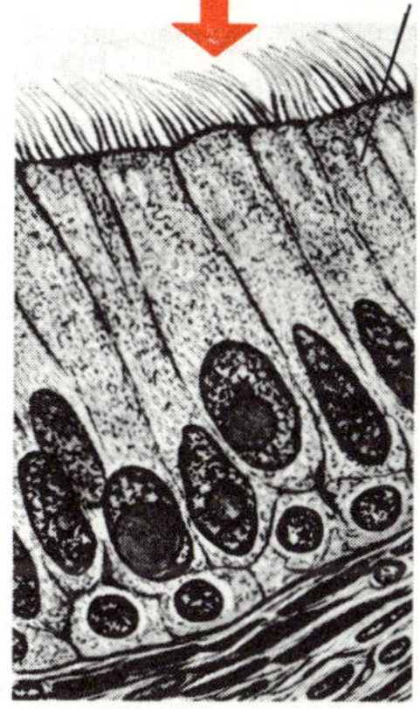

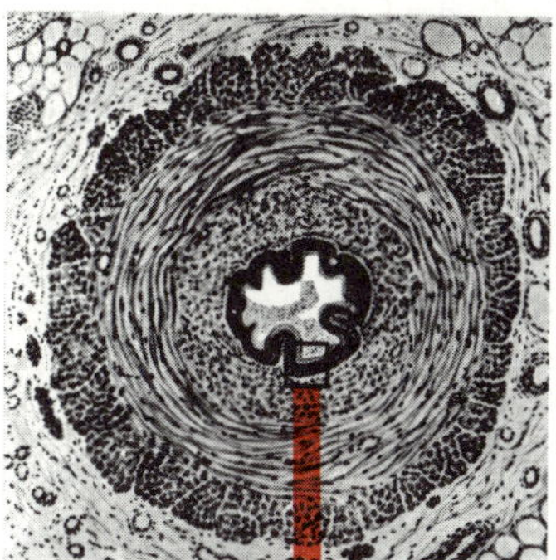

Samenleiter im Querschnitt

Abb. 7

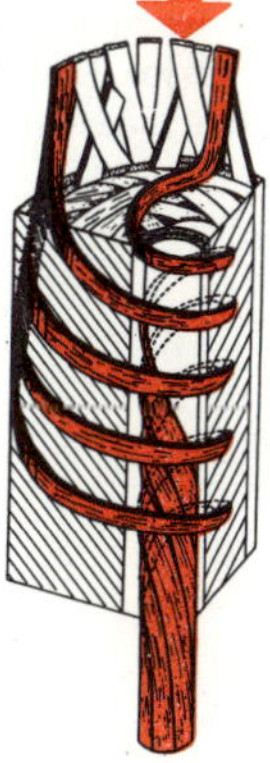

Aufbauschema der Muskelwand eines Samenleiters

Das Corpus penis ist von einer dünnen verschiebbaren Haut, der *Schafthaut*, überzogen, die an der *Ringfurche* der Eichel befestigt ist und letztere in Ruhe als *Vorhaut (Präputium)* teilweise bedeckt. Die Vorhaut bildet eine Reservefalte für die Verlängerung des Gliedes bei der Erektion und stellt eine Verdoppelung der Schafthaut in Form zweier Hautblätter dar. Bei Entzündung kann das zwischen diesen Blättern liegende fettreiche Gewebe anschwellen („spanischer Kragen"). Vom inneren Blatt geht das *Vorhautbändchen* ab, das ein allzu starkes Zurückstreifen der Vorhaut hemmt. Die äußeren Zellagen des inneren Vorhautblattes werden laufend abgestoßen und bilden den *Vorhauttalg (Smegma)*. Bei der *Phimose* ist die Vorhaut zu eng. Da sie sich nicht über die Eichel zurückstreifen läßt und schlecht gereinigt werden kann, treten bei der Phimose oft Entzündungen auf. – Die rituelle *Beschneidung* ist eine radikale hygienische Maßnahme, um Reinlichkeit zu erzwingen, indem mit der Amputation der Vorhaut auch die Quelle des Vorhauttalges zum Versiegen gebracht wird. – Am Ursprung des Penis finden sich die Schamhaare in Form eines dichten buschigen Kranzes.

An der *Erektion* ist im wesentlichen nur der paarige Rutenschwellkörper beteiligt; dieser ist im Ruhezustand gabelförmig aufgebogen; die Schenkel der Gabel sind fest mit der Knochenhaut des Schambeinbogens verbunden. Dadurch, daß die Peniswurzel fest an der Beckenhaut verhaftet ist, sind die dort liegenden Muskeln imstande, den Penisschaft zu heben; sie wirken gleichzeitig bei der Versteifung des Penis mit. Der Harnröhrenschwellkörper und die Eichel bleiben auch auf der Höhe der Erektion zusammendrückbar. Auf diese Weise wird die Harn-Samen-Röhre bei der Erektion offengehalten.

Die *Schwellkörper* bestehen aus einem schwammartigen Maschenwerk von Bindegewebsbälkchen, die glatte Muskelfasern enthalten. Die Bälkchen umschließen Hohlräume (Kavernen), die beim schlaffen Glied fast vollständig leer sind. Arterien, an deren Mündungsstellen sich Muskelzellen befinden, münden in die Kavernen. Die Muskelzellen bilden eine Art Polstereinrichtung (Polsterarterien), durch die die Weite der Gefäße beeinflußt werden kann. Bei der Versteifung des Gliedes erweitern sich die Arterien, und die Muskeln in den Bälkchen zwischen den Kavernen erschlaffen. Da gleichzeitig die aus den Kavernen abführenden Venen gedrosselt werden, füllen sich die Kavernen mit Blut auf, und es kommt zur Erektion des Gliedes. Wenn der Zufluß von den Arterien her gedrosselt wird, fließt das Blut aus den Kavernen ab, so daß das Glied wieder erschlafft.

Die Erektion beim Mann zu Beginn der Erregungsphase ist ein komplizierter Vorgang, der durch körperliche und psychische Reize eingeleitet wird. Meist gehen psychische Reize den körperlichen voraus. Die nervösen Zentren indessen werden durch Geschlechtshormone in Bereitschaft gehalten (s. S. 264 ff.).

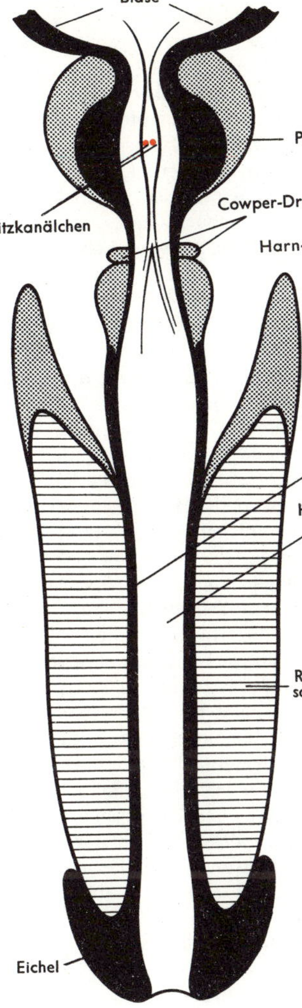

Abb. 8

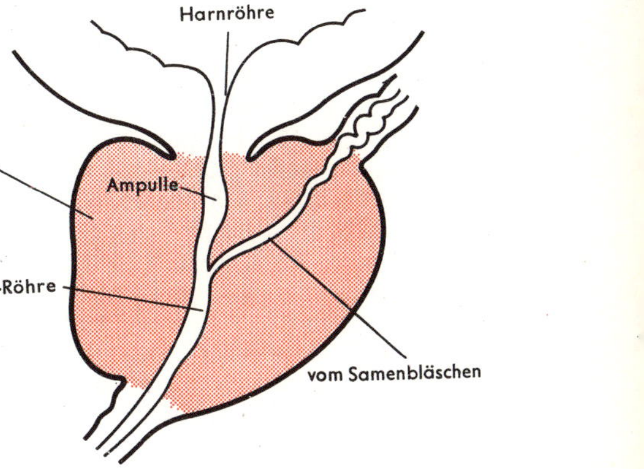

Abb. 9

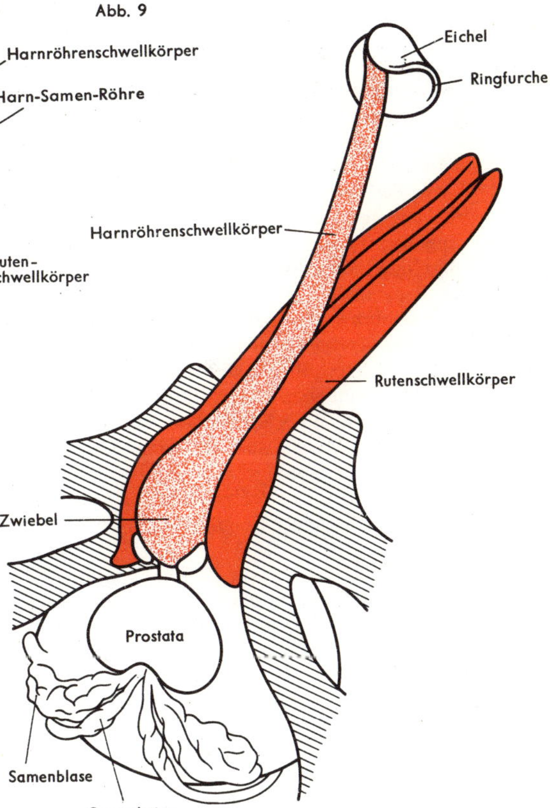

Abb. 10

ZEUGUNGSUNFÄHIGKEIT

Von der Unfähigkeit des Mannes, eine weibliche Eizelle zu befruchten (Impotentia generandi), zu unterscheiden ist das Unvermögen, den Beischlaf auszuführen (*Impotentia coeundi*, gemeinsprachlich auch einfach *Impotenz* genannt). Letztere beruht entweder auf einer mangelnden Versteifung des Gliedes (Erektionsschwäche) oder auf einem allzu frühen Samenerguß. Solche Erscheinungen können körperlich oder seelisch bedingt sein (s. S. 270). Häufiger ist die *Zeugungsunfähigkeit* bei ungestörtem Beischlaf (*Impotentia generandi*), die auf Störungen der Samenbildung, Störungen des Samenergusses oder Störungen im Bereich der ableitenden Samenwege beruht.

An erster Stelle stehen *Störungen der Samenbildung* in den Hoden, die zu 30% faßbare äußere Ursachen haben, wie z. B. unbehandelter Hodenhochstand (s. S. 274), Entzündungen, Vergiftungen oder Verletzungen. Auch Unterernährung und Überanstrengung können eine Rolle spielen. Meist jedoch ist die Ursache der Störung unbekannt und anlagemäßig oder hormonell bedingt. Bei einem Teil der früher unklaren Fälle sollen Antigen-Antikörper-Reaktionen eine Rolle spielen (Autoantikörperbildung gegen die eigenen Samenfäden; Antikörperbildung gegen das Sperma des Partners im Gebärmutterhalssekret). Verlegungen der Samenwege wurden vor Einführung der Sulfonamid- und Penicillinbehandlung der Gonorrhö häufiger beobachtet. Sie entstanden durch verklebende Entzündungen der Samenausführungsgänge. Heute führen neben der Gonorrhö vor allem Tuberkulose, Mumps, Malaria und Typhus, gelegentlich auch Grippe zu einer Samensperre durch Hoden- oder Nebenhodenentzündung. Der Samenerguß kann durch Harnröhrenmißbildungen gestört sein. Für die *Erkennung einer Zeugungsunfähigkeit* ist die Untersuchung des männlichen Samens entscheidend. Sie sollte vorgenommen werden, bevor z. B. bei Kinderlosigkeit in der Ehe die Ehepartnerin sich zu eingreifenderen Untersuchungen entschließen muß (S. 260 ff.): Nach 3–6 Tagen der Enthaltsamkeit wird die Samenflüssigkeit durch Selbstbefriedigung gewonnen und sofort mikroskopisch untersucht. Gummischutzartikel enthalten zur Empfängnisverhütung meist samenfeindliche Zusätze und sind zum Auffangen des Samens ungeeignet. Beim Mikroskopieren achtet man zuerst auf die Anzahl und Beweglichkeit der Samenfäden. Anschließend wird ein Ausstrichpräparat hergestellt, gefärbt und nach abnormen Formen von Samenzellen untersucht. Zeugungsunfähigkeit ist anzunehmen, wenn die nebenstehenden Mindestanforderungen (nach McLeod und Gold, Abb. 1) nicht erfüllt sind. Entscheidend ist die Gesamtzahl beweglicher Samenfäden in der auf einmal abgehenden Samenflüssigkeit. Die untere Grenze der Zeugungsfähigkeit liegt gewöhnlich bei mindestens 50–150 Millionen. Indessen kommt auch völliger Mangel oder Mangel an reifen Samenzellen vor. Zeugungsunfähig sind erfahrungsgemäß auch Männer mit weniger als 70% normal gestalteter Samenfäden (Abb. 2). Letzte Aufschlüsse kann die Untersuchung von Hodengewebe bringen. Die Gewebsentnahme ist ein kleiner Eingriff, der in örtlicher Betäubung durchgeführt werden kann (Abb. 3a–c).

In manchen Fällen von Unterfunktion der Hirnanhangsdrüse kann die Samenproduktion durch Zufuhr des geschlechtsdrüsengerichteten Hormons der vorderen Hirnanhangsdrüse angeregt werden. In anderen Fällen wird ein Rückstoßeffekt der Hirnanhangsdrüse provoziert, indem man sie erst einmal durch das männliche Keimdrüsenhormon Testosteron bremst (Abb. 4a). Hört man mit den hemmenden Testosterongaben auf, ist zu hoffen, daß die Hirnanhangsdrüse ihre Tätigkeit verstärkt wieder aufnimmt (Abb. 4b). Mißbildungen können operativ korrigiert werden.

	Mindestmenge der Samenflüssigkeit: 2,5–3,5 cm^3 untere Grenze der Norm: 2 cm^3
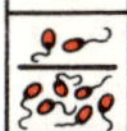	Konzentration der Samenfäden im Durchschnitt: 60–120 Millionen/cm^3 untere Grenze der Norm: 40 Millionen/cm^3
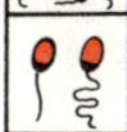	Beweglichkeit der Samenfäden: 2 Stunden nach der Samenentleerung sollen noch 60–70% der Samenfäden beweglich sein
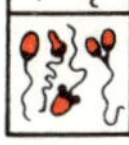	Gestalt der Samenfäden: Es sollen nicht mehr als 20% mißgebildete Samenfäden vorhanden sein

Abb. 1 Mindestforderungen für die männliche Zeugungsfähigkeit

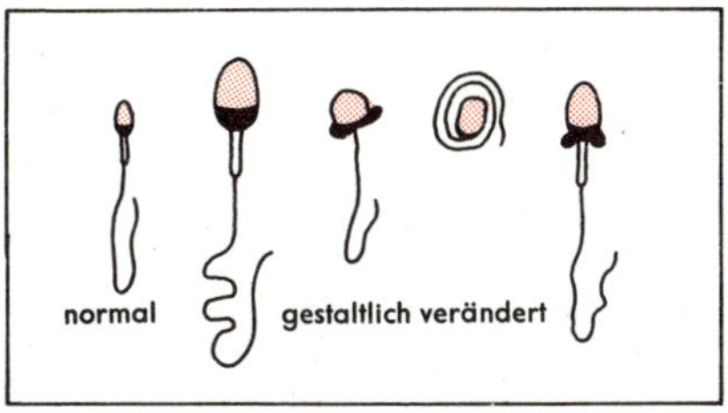

Abb. 2 Normaler Samenfaden im Vergleich zu gestaltlich veränderten Samenfäden

Abb. 3a–c) Entnahme eines kleinen Stückes vom Hodengewebe zur feingeweblichen Untersuchung

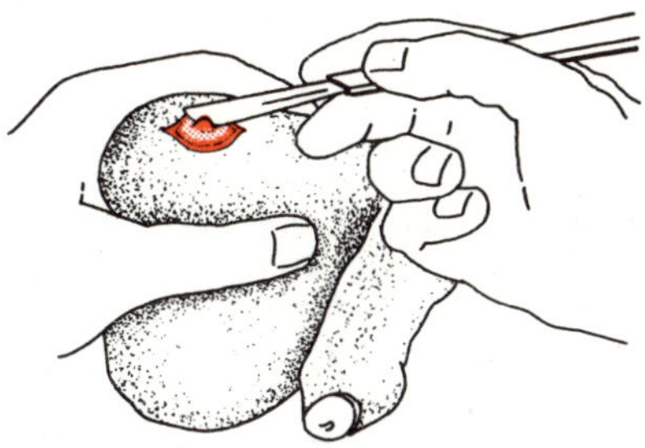

Abb. 3b) Entnahme

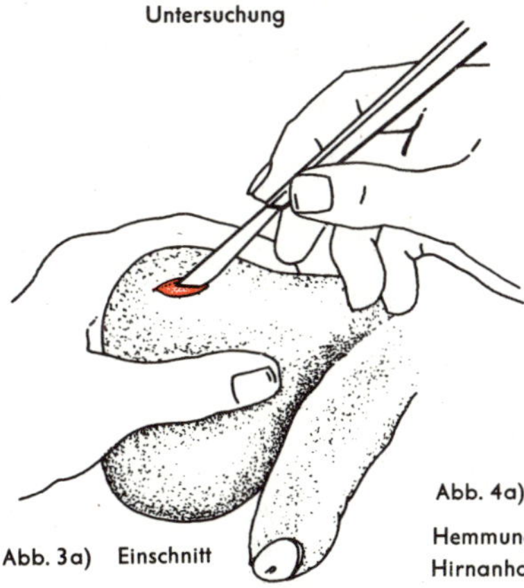

Abb. 3a) Einschnitt

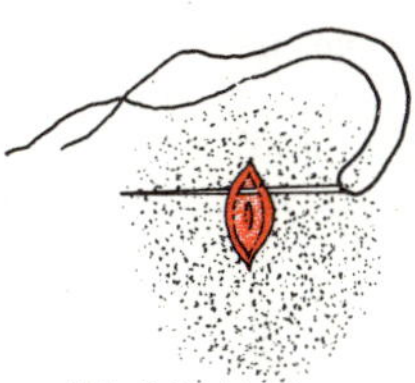

Abb. 3c) Naht

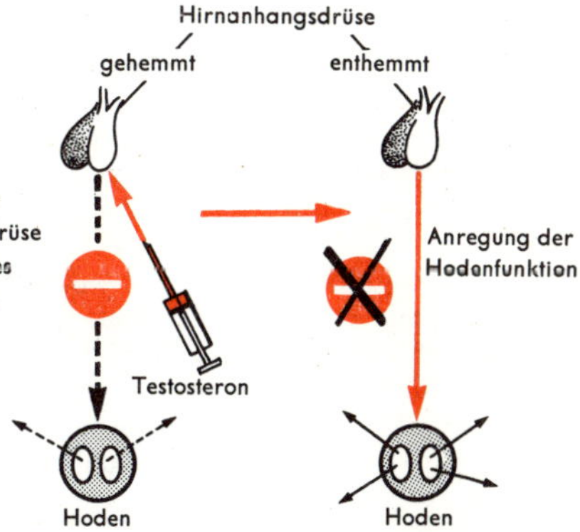

Abb. 4a) Hemmung der Hirnanhangsdrüse durch injiziertes Hodenhormon

Abb. 4b) Die enthemmte Hirnanhangsdrüse regt die Hodenfunktion an

DIE WEIBLICHEN GESCHLECHTSORGANE

Die reife *Eizelle* ist eine der größten Zellen des menschl. Körpers. Sie mißt etwa 0,1 mm und ist mit bloßem Auge eben noch sichtbar. Eine Eizelle besteht aus dem Kern und dem Dotter. Letzterer dient der ersten Ernährung des Keimes nach der Befruchtung. Die Eizelle besitzt außen eine feine Hülle (Zona pellucida), die von den Bläschenzellen umgeben ist. Wahrscheinlich ist die Zone ein Vermittler wichtiger Austauschstoffe in der Eientwicklung und schützt das Ei während der ersten Entwicklungsschritte gegen Milieueinflüsse. Nach Verlassen des Eierstocks werden die Bläschenzellen Kranzzellen genannt. Erst nach ihrer Auflösung, die im Eileiter innerhalb weniger Stunden erfolgt, kann das Ei befruchtet werden und sich in die Gebärmutter einnisten. Bläschenzellen (Follikelepithel) und Eizelle bilden eine Einheit und werden *Follikel* genannt (Abb. 1). Im Keimdrüsenepithel des Eierstocks entstehen aus den Ureizellen insgesamt rund 400000 Eizellen, von denen aber nur etwa 400 bis 500 an der Oberfläche des Eierstocks gelegene Zellen während des fortpflanzungsfähigen Alters, das normalerweise 30–40 Jahre dauert, zur Ausreifung kommen. Die *Ureizellen (Oogonien)* teilen sich im Unterschied zu den Samenmutterzellen weniger häufig, wachsen später allerdings zu wesentlich größeren Gebilden heran. Nach der Wachstumsphase zeigt die *unreife Eizelle (Oozyt)* einen weiteren Unterschied gegenüber den männlichen Keimzellen. Sie teilt sich nochmals in zwei Zellen, von denen allerdings die eine klein ist und bald zugrunde geht. Das Vorei teilt sich abermals, und auch diesmal bleibt die eine Tochterzelle klein. Die andere, große Zelle ist das reife *Ei (Ovum)*. Die beiden Teilungen dienen zur Verringerung des zunächst doppelt vorhandenen Chromosomensatzes auf die Hälfte. Die erste Reifeteilung erfolgt noch im Graaf-Follikel, die zweite nach dem Follikelsprung. Die kleinen Zellen, die zugrunde gehen bzw. bei der Reifung des Eies abgestoßen werden, nennt man *Richtungskörperchen* oder *Polzellen.*

Der *Eierstock* (*Ovarium;* Abb. 2), der die Größe und Form einer kleinen Pflaume hat, liegt der seitlichen Wand des kleinen Beckens an und ist auf der Rückseite des breiten Mutterbandes bindegeweblich befestigt. In das Gewebe des Eierstocks sind die sogenannten *Primärfollikel* eingelagert, die aus der Eizelle mit einer Auflage platter Follikelzellen bestehen. Wenn das Ei heranwächst, bildet sich zwischen den Follikelzellen und dem Ei ein mit Flüssigkeit gefüllter Hohlraum *(Bläschenfollikel).* Schließlich ragt aus der Wand des Follikelepithels der sogenannte eitragende Hügel heraus, der das Ei beinhaltet. Dieser *Graaf-Follikel* ist von einer Kapsel umgeben, die das ganze Gebilde zusammenhält. Er wandert an die Oberfläche des Eierstocks, wobei der *Eihügel* sich nach außen kehrt und die Oberfläche etwas vorwölbt. Durch das weitere Wachstum wird das umgebende Gewebe immer dünner, bis es einreißt *(Follikelsprung, Ovulation).* Das Ei wird ausgeschwemmt und gelangt in die Bauchhöhle, wo es vom Eileiter aufgenommen wird. Der Follikelsprung erfolgt etwa in der Mitte zwischen zwei Regelblutungen. Nach dem Sprung des Follikels wird das Follikelbett durch ein Gerinnsel verschlossen. Die zurückgebliebenen Follikelzellen vergrößern sich und füllen den verbleibenden Hohlraum fast ganz aus. Wegen der Gelbfärbung des Gebildes wird dieses auch *Gelbkörper (Corpus luteum)* genannt. Dieser ist eine Drüse mit innerer Sekretion und bildet das Gelbkörper- oder Corpus-luteum-Hormon. Wenn keine Befruchtung eintritt, wird die Bildung des Hormons nach 14 Tagen eingestellt (Abb. 3; vgl. auch S. 246). Zur Befruchtung s. S. 276 f.

Der *Eileiter (Tuba uterina, Tube;* Abb. 4, S. 231) hat die Aufgabe, das Ei aufzufangen und in die Gebärmutter weiterzuleiten. Er ist daher an seinem Anfangsstück trichterförmig erweitert und wird gegen die Gebärmutter zu immer enger. Die Mündungsstelle ist sehr eng, doch können Flüssigkeiten bereits unter geringem Druck von der Gebärmutterhöhle aus in die Bauchhöhle gelangen. In seinem Innern ist der Eileiter mit einem sekretabscheidenden Flimmerepithel ausgekleidet. Hierdurch wird ein Sekretstrom nach der Gebärmutter hin in Gang gesetzt. Dieser begünstigt einerseits den Transport des Eies, andererseits aber auch das Aufsteigen der Spermien, die gegen

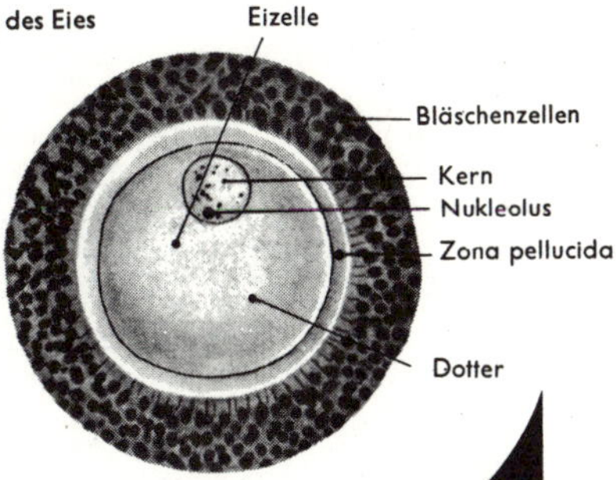

Abb. 1

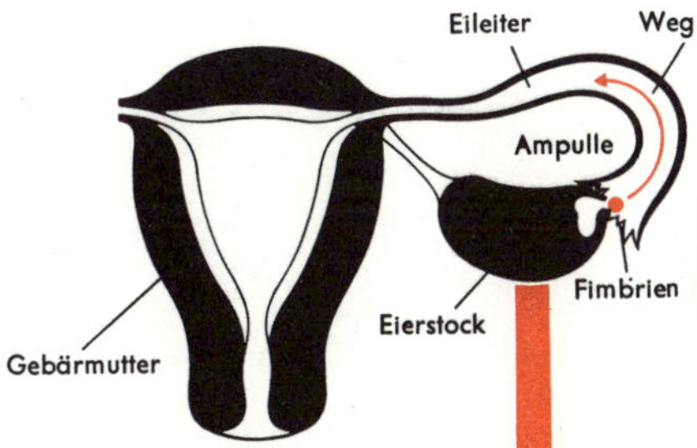

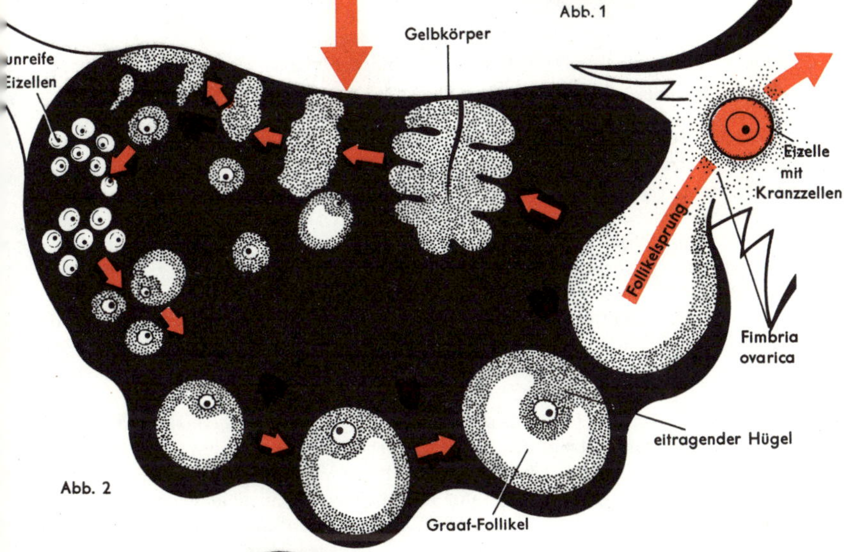

Abb. 2

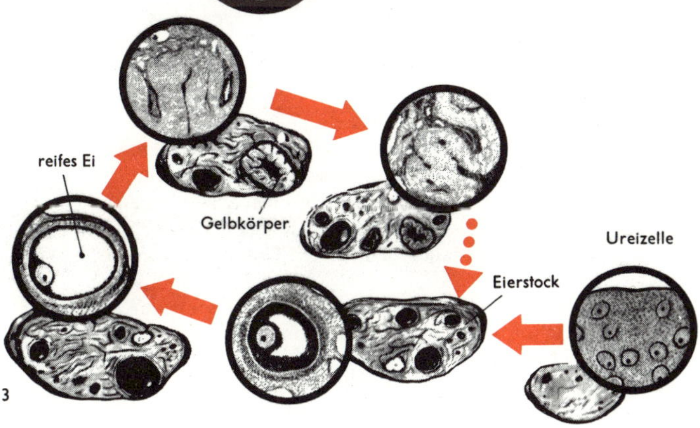

Abb. 3

den Strom schwimmen. Zur Aufnahme des Eies wendet sich eine Fimbrie des Eileiters der Stelle zu, an welcher der Follikelsprung erfolgt. Geht das Ei auf dem Wege zum Eileiter verloren, kann es in der Bauchhöhle befruchtet werden (sog. *Bauchhöhlenschwangerschaft*). Wird die Eizelle andererseits durch entzündliche Verklebungen auf ihrem Weg durch den Eileiter aufgehalten, kann sich eine *Eileiterschwangerschaft (Tubargravidität)* entwickeln.

Die Tube ist reich gefaltet und umgibt das Ei von allen Seiten. In den Tubenfalten, die als Gleitschienen für das Ei dienen, entsteht so ein weiches Kissen, über das die Tubenmuskeln das Ei, ohne es zu pressen, „aktiv" in Richtung Gebärmutter bewegen können. Diese aktive Bewegung ist wichtiger als der „Flimmerstrom".

Hinter den Fimbrien ist der Eileiter ampullenartig erweitert. In dieser Ampulle erwarten gewöhnlich die Samenzellen das Ei, so daß hier im allgemeinen die Befruchtung stattfindet (s. S. 276 f.).

Die *Gebärmutter* (*Uterus;* Abb. 4) ruht geschützt im knöchernen Becken. Ihre Aufgabe besteht in der Aufnahme und Ernährung des Keimes, später in der Ausstoßung der reifen Frucht im Gebärakt. Sie ist ein birnenförmiger Hohlmuskel. Man unterscheidet den *Uteruskörper*, der die oberen $^2/_3$ der Gebärmutter einnimmt, den *Gebärmuttergrund*, der die oberste Kuppe bildet, und den *Gebärmutterhals*, der mit der sogenannten *Portio vaginalis uteri* in die Scheide hineinreicht. Der vom Uteruskörper umschlossene Raum bildet einen dreieckigen Spalt, der mit den Tuben in Verbindung steht; er wird *Gebärmutterhöhle* genannt. Zwischen Hals und Körper der Gebärmutter findet sich ein kleiner, taillenartig eingeschnürter Abschnitt *(Isthmus uteri)*.

Die Hauptmasse der Gebärmutterwand besteht aus einer dicken Schicht glatter Muskulatur, dem *Myometrium*. Dieses ist innen von einer Schleimhaut *(Endometrium)* überzogen. Als *Perimetrium* bezeichnet man den Bauchfellüberzug der Gebärmutter. Während die Gebärmutterschleimhaut der Einbettung und Ernährung des Eies dient, ist die Muskulatur Fruchthalter und aktives Gebärorgan. Der Bauchfellüberzug verbessert durch Glättung der Oberfläche die Verschiebbarkeit des Uterus gegen die Baucheingeweide.

Die *weibliche Scham (Vulva)* besteht aus den großen und kleinen Schamlippen, der Schamspalte, dem Kitzler, dem Scheidenvorhof und der Scheide (Abb. 6).

Die Unterbauchgegend, die beiderseits gegen die Vorderfläche des Oberschenkels durch eine Furche abgegrenzt ist, läuft zwischen den Beinen in einen dreieckigen Vorsprung aus, der als *Schamberg (Mons veneris)* bezeichnet wird. Dieser spitzt sich nach hinten zu und geht in die *großen Schamlippen (Labia majora)* über. Nach der Pubertät ist er mit Schamhaaren besetzt und bei manchen Frauen mit Fett „unterfüttert". Das behaarte Feld ist bei der Frau im Gegensatz zum Manne normalerweise scharfrandig quer abgesetzt.

Die beiden *großen Schamlippen* entsprechen dem Hodensack des Mannes und verschließen die *Schamspalte*. Dieser Verschluß fehlt bei Frauen, die geboren haben. Die großen Schamlippen bestehen aus Fettpolstern, die von Bindegewebe und glatten Muskelfasern durchsetzt sind. Wenn man die großen Schamlippen auseinanderdrängt, kommt der Scheidenvorhof (Vestibulum vaginae) zum Vorschein. Bei sexueller Erregung nehmen die großen Schamlippen an Größe zu und dienen als Verlängerung des Vaginalrohres.

Die *kleinen Schamlippen (Labia minora)* stellen ein schmales Faltenpaar dar, das vorn den Kitzler (Klitoris) umschließt. Der von ihnen umfaßte Teil der Vulva wird als Scheidenvorhof bezeichnet. Die Labia minora besitzen fast die gleiche Berührungsempfindlichkeit wie die Glans clitoridis, die Eichel des Kitzlers; sie sind für die Auslösung der sexuellen Erregung entsprechend wichtig.

Der *Scheidenvorhof (Vestibulum vaginae)* weist in seinem oberen Teil die Mündung der weiblichen Harnröhre auf. In seiner Tiefe findet sich am Eingang der Scheide das Jungfernhäutchen (Hymen).

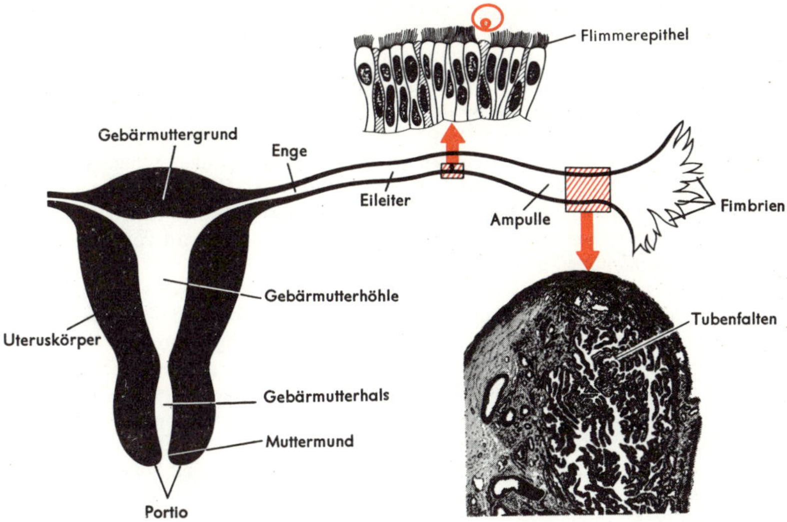

Abb. 4
Gebärmutter und Eileiter

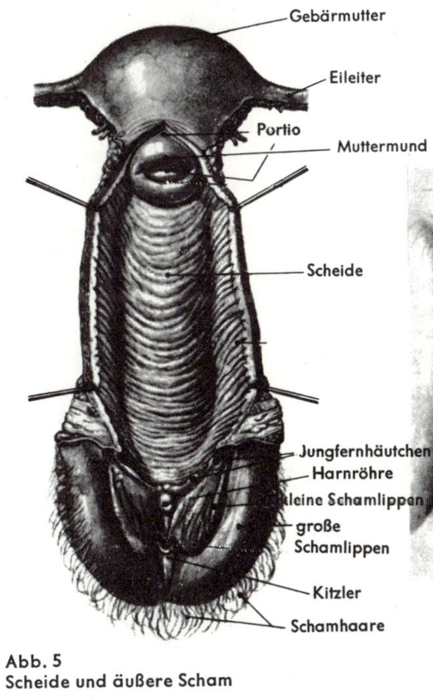

Abb. 5
Scheide und äußere Scham

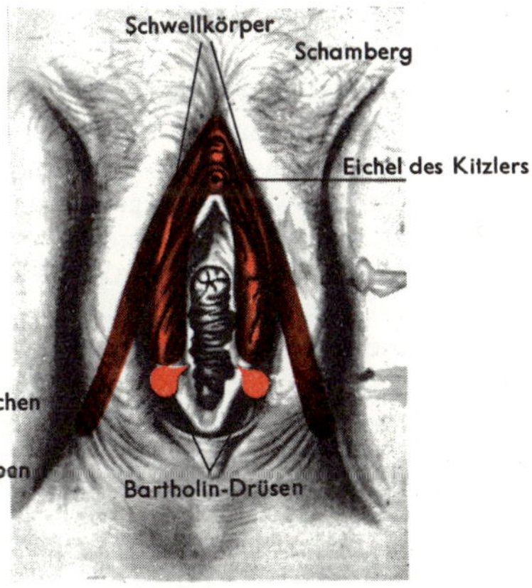

Abb. 6
Die weibliche Scham

Am Grunde des Vorhofs finden sich kleine Schleimhautdrüsen, die *Bartholin-Drüsen*, die mit ihrem Sekret die Vulva befeuchten (Abb. 6, S. 231). Zusammen mit dem Sekret von Talgdrüsen und abgeschilferten Epithelien erzeugen sie eine Schmiere, das Smegma, wie es ähnlich auch in der Vorhauttasche des männlichen Gliedes vorkommt. Bei Stauungen der Bartholin-Drüsen entstehen Zysten, die sich u. U. entzünden (s. S. 234).

Zu beiden Seiten des Vorhofs liegen an der Basis der kleinen Schamlippen die Schwellkörper des Vorhofs. Sie entsprechen dem Harnröhrenschwellkörper des männlichen Gliedes. Die relative Weite des Scheideneingangs erfordert einen Verschlußmechanismus gegen von außen eindringende Fremdkörper; er wird von den großen und kleinen Schamlippen und dem Hymen gebildet.

Der *Kitzler* wird von den kleinen Schamlippen so umschlossen, daß nur die Eichel des Kitzlers hervorschaut. Zusammen mit den beiden Schwellkörpern bildet die Klitoris den erektilen Apparat der Frau, der sich bei sexueller Erregung vergrößert. Im Innern der Klitoris finden sich als Fühlorgane Meißner-Tastkörperchen, Vater-Pacini-Körperchen und Genitalkörperchen. Sie verleihen dem Kitzler seine Empfindlichkeit. Der weibliche Kitzler ist in seiner physiologischen Funktion weitgehend auf die Auslösung oder Erhöhung der sexuellen Reaktion eingestellt. Die Klitorisreaktion erfolgt nach eigenen Gesetzen relativ langsam und insofern typisiert, als der Kitzler zunächst aus der umgebenden Schleimhautfalte hervorragt, um kurz vor dem Orgasmus wieder unter ihr zu verschwinden.

Die *Scheide (Vagina)* ist Kopulationsorgan und Geburtskanal. Als ein plattes Rohr, das am Scheideneingang beginnt und an der Portio endet (Abb. 5, S. 231), zeichnet sie sich durch besondere Dehnbarkeit aus. Der Scheideneingang ist durch die Scheidenklappe, das *Jungfernhäutchen (Hymen)*, markiert. Bei der ersten Kohabitation reißt das Hymen unter geringer Blutung ein *(Defloration)*. Die vollständige Zerreißung erfolgt jedoch erst unter der Geburt. Beim Beischlaf verhält sich die Scheide keinesfalls rein passiv. Die normalerweise beieinanderliegenden Scheidenwände reagieren auf sexuelle Reize u.a. durch Vergrößerung der hinteren, uterusnahen Abschnitte. Diese können bei Rückenlage der Frau als Samenbehälter (Receptaculum seminis) dienen (s. S. 269, Abb. 8).

Die Zellen der Scheide stehen unter Östrogenwirkung und enthalten reichlich gespeichertes Glykogen, das in der Scheide zu Milchsäure umgewandelt wird. Daher reagiert das *Vaginalsekret* sauer, und die säureempfindlichen männlichen Samen werden durch das Scheidensekret weitgehend gelähmt. Allerdings hat das Ejakulat selbst eine gewisse säureabstumpfende Pufferwirkung. Die Scheidenschleimhaut, die querverlaufende Falten bildet, ist drüsenlos, wird aber dennoch von einem weißlichen Scheidenbelag benetzt. Dieser entsteht v.a. durch Zerfall der abgeschilferten Scheidenepithelien. Die gesunde Scheide enthält stets Milchsäurebakterien *(Döderlein-Stäbchen)*. Sinkt der Säuregehalt der Scheide, wird diese Abwehrfunktion der Scheidenflora geschwächt, und es kann zu Reizerscheinungen mit vermehrtem Ausfluß kommen (s. S. 240).

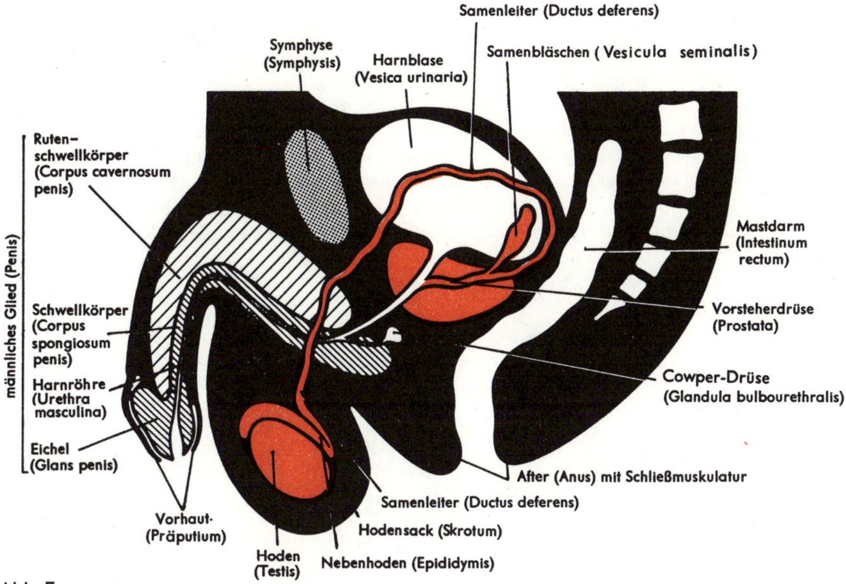

Abb. 7
Die männlichen Geschlechtsorgane

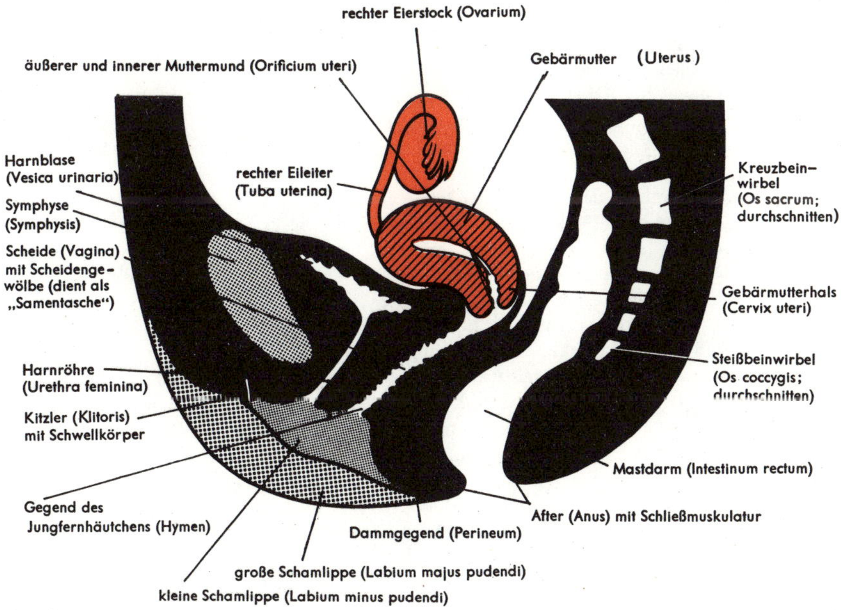

Abb. 8
Die weiblichen Geschlechtsorgane

ENTZÜNDUNGEN DER WEIBLICHEN GESCHLECHTSORGANE

Da der weibliche Geschlechtskanal von der Scheide an aufwärts über Gebärmutter und Eileiter mit dem Bauchraum in offener Verbindung steht, müssen alle Entzündungen der weiblichen Geschlechtsorgane besonders beachtet werden. Aufsteigende Krankheitserreger könnten Entzündungen der Gebärmutter, der Eileiter und des Bauchfells verursachen (Abb. 1). Zum Schutz des Geschlechtskanals gegen Entzündungserreger ist der Scheideneingang durch die kleinen und großen Schamlippen verschlossen, bei Frauen, die noch nicht geboren haben, bietet das Jungfernhäutchen einen gewissen zusätzlichen Schutz. Ferner dienen die saure Scheidenflüssigkeit, die basische Absonderung der Gebärmutterhalsdrüsen, der doppelte (innere und äußere) Muttermundverschluß und schließlich der Eileitersekretstrom, der durch Flimmerbewegung und Muskelkontraktion Bakterienkeime gebärmutterwärts zurückspült, der Abwehr von Krankheitserregern (Abb. 2).

Entzündungen der äußeren Geschlechtsorgane gehen mit den klassischen Anzeichen der Entzündung (Rötung, Schwellung, Schmerzen) einher, quälender Juckreiz und manchmal auch Eiterfluß kommen hinzu. Wasserlassen verursacht schmerzhaftes Brennen, Geschlechtsverkehr verbietet sich wegen der schmerzhaften Gespanntheit des Scheideneingangs von selbst (Abb. 3). Wird die Abwehrbereitschaft des Gewebes durch Allgemeinerkrankungen, hormonelle Störungen, örtliche Verletzungen oder Ausfluß aus den inneren Geschlechtsorganen vermindert, so können die äußeren Geschlechtsorgane durch eitererregende Kokken, Trichomonaden, Soorpilze oder auch Kolibakterien aus dem Darm entzündet werden. Ein weiterer Auslöser solcher Entzündungen kann die Gonorrhö (Tripper) sein. Gegen die Mehrzahl dieser Erreger stehen spezifische Chemotherapeutika zur Verfügung. Auch Herpesviren und besonders allergische Reaktionen können zu akuten Entzündungen der Vulva mit gruppenförmig bzw. diffus angeordneten Bläschen führen.

Eine Folge der Entzündung an den äußeren Geschlechtsorganen ist der *Bartholin-Abszeß*. Anfangs handelt es sich um die entzündliche Mitbeteiligung einer der seitlich am Scheideneingang liegenden schleimabsondernden Bartholin-Drüsen. Entzündliche Verklebungen der Drüsenausführungsgänge können dann zum Rückstau und zur eitrigen Umwandlung der Drüsenabsonderungen führen (Abb. 4). Schließlich entsteht eine bis hühnereigroße, abszeßähnliche Eiter- und Schleimansammlung (Abb. 5). Zur Behandlung wird meist eine Eröffnung mit späterer Ausschälung vorgenommen.

Juckreiz kann in der Scham aus sehr verschiedenen Ursachen entstehen, so z. B. durch Infektionen mit Trichomonaden oder Soorpilzen. Von den Allgemeinerkrankungen löst vor allem die Zuckerkrankheit recht häufig Juckreiz aus. Als selbständiges Krankheitsbild können *Rückbildungsvorgänge* jenseits der Wechseljahre Juckreiz auslösen. Bei den *weißen Flecken* handelt es sich um juckende Hautverdickungen, die u. U. auch krebsig entarten können (Abb. 6). Aus den weißen Flecken kann auf Grund weiterer Rückbildungsvorgänge mit krankhafter Veränderung des Unterhautzellgewebes die *Kraurose* entstehen (Abb. 7). Da bei diesen altersbedingten Veränderungen oft ein Mangel an Follikelhormon besteht, kann eine Hormontherapie, auch in Form von Salben, Linderung bringen; u. U. macht der quälende Juckreiz schließlich eine operative Behandlung erforderlich.

Entzündungen der Scheide entstehen meist durch aufsteigende Infektion von außen, entweder durch die Invasion sehr kräftiger Erreger oder dadurch, daß die natürlichen Abwehrvorgänge der Scheidenauskleidung versagen. Hier kommt vor allem eine Abstumpfung der schützenden Scheidenmilchsäure durch Hormonmangel oder Erkrankungen von Nachbarorganen, z. B. Ausfluß von der Gebärmutter her, in Frage (s. S. 236). Besonders heftig pflegen Entzündungen der Scheide beim Neugeborenen und Kleinkind zu verlaufen, weil die Scheidenwand hier noch sehr zart und der Scheideninhalt noch nicht sauer ist. Scheideninfektionen sind an der Schwellung und

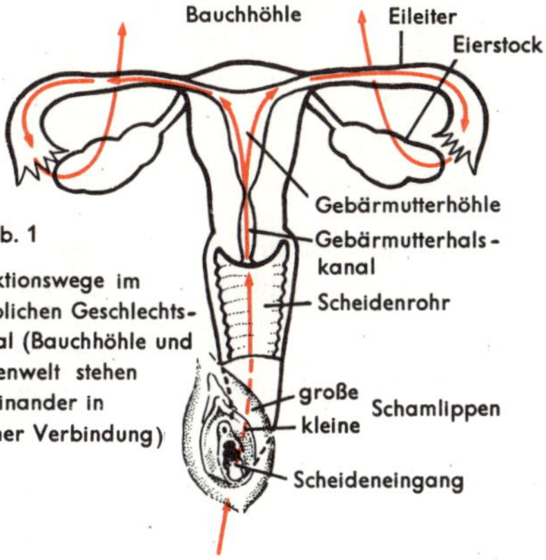

Abb. 1

nfektionswege im veiblichen Geschlechts-kanal (Bauchhöhle und ußenwelt stehen niteinander in ffener Verbindung)

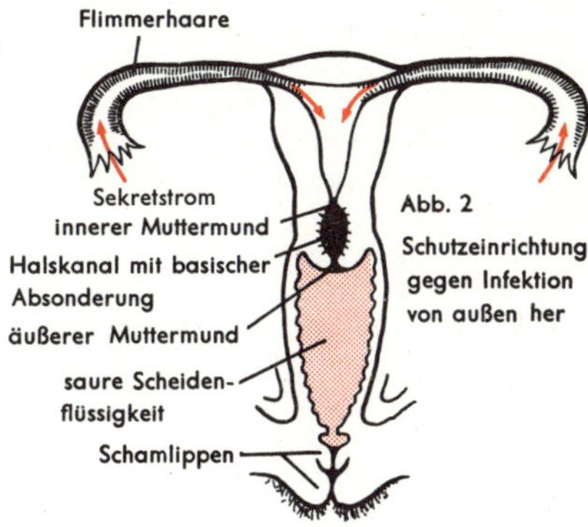

Abb. 2

Schutzeinrichtungen gegen Infektion von außen her

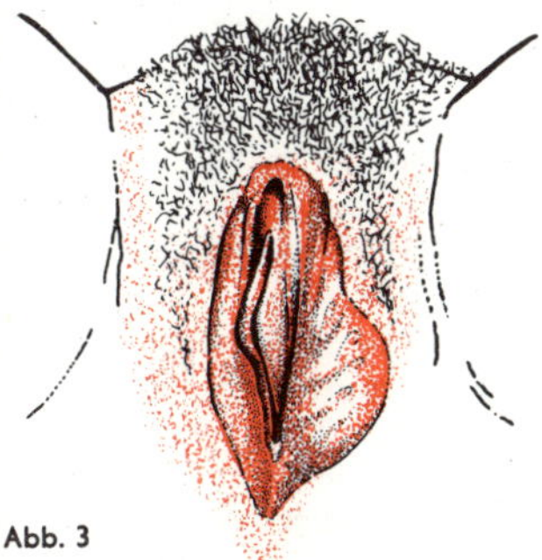

Abb. 3

Entzündung der äußeren Geschlechtsteile mit Schwellung und Rötung vor allem der Schamlippen

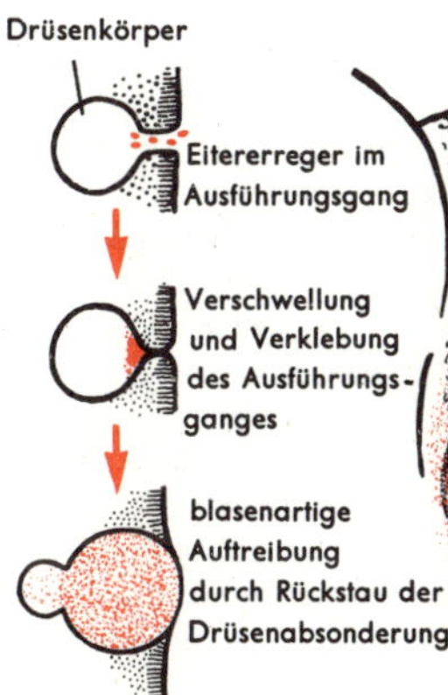

Abb. 4
Entstehung des Bartholin-Abszesses

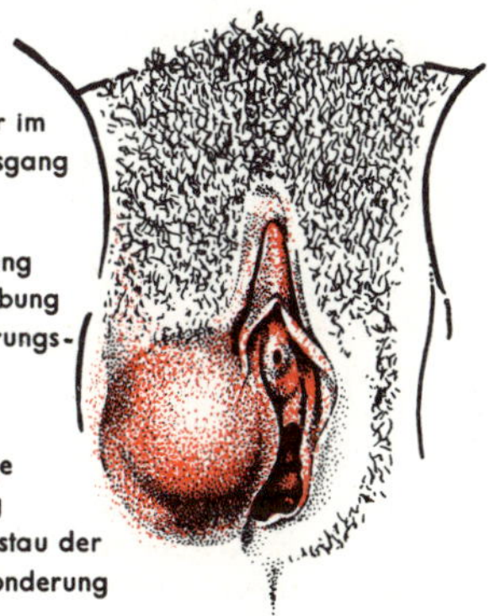

Abb. 5 Bartholin-Abszeß

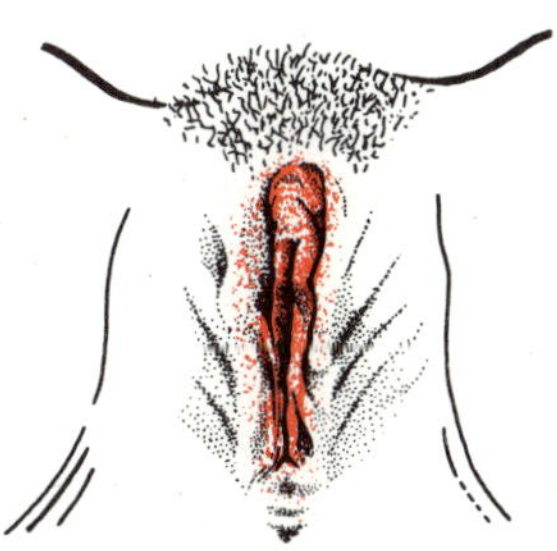

Abb. 6 Juckende „weiße Flecken“

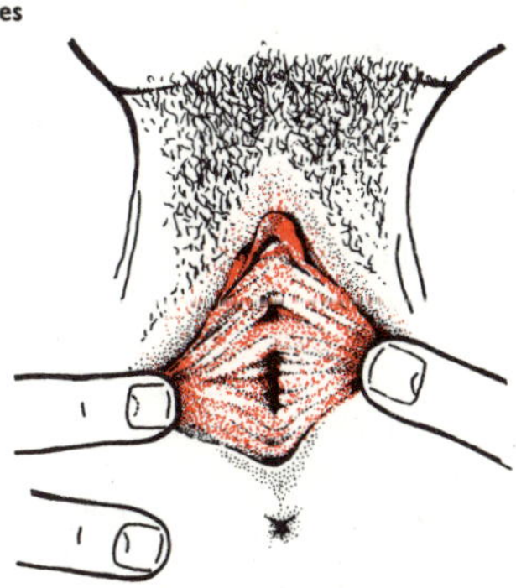

Abb. 7 Juckende Rückbildungsvorgänge (Craurosis vulvae)

Rötung der Schleimhaut zu erkennen sowie an einem eitrigen bis weißlich-salbenartigen Belag, der dann als Ausfluß zutage tritt (Abb. 8a). Knotige Formen der Scheidenentzündung weisen kleine, rote Verwölbungen auf (Abb. 8b). Manchmal ist der Gebärmutterhalskanal, meist die Scham an der Entzündung beteiligt. Die Behandlung richtet sich unter Verwendung von Scheidentabletten und dgl. gegen die auslösenden Erreger, berücksichtigt aber auch eventuelle Erkrankungen höher gelegener Teile des Geschlechtskanals.

Oft sind die Erreger der Scheidenentzündung Eiterkokken, die man dann im Abstrich findet (Abb. 8a). Nicht selten sind die Erreger Trichomonaden, eigenbewegliche, begeißelte Parasiten, die oft als harmlose Keime in der Scheide, seltener auch in der Harnblase leben (Abb. 9). Ihre Übertragung erfolgt mit dem Geschlechtsverkehr. Geht der Säureschutz verloren, so werden die Trichomonaden aktiv und können eine schwere Scheidenentzündung hervorrufen *(Trichomoniasis)*. Die Entzündung geht mit einem mehr dünnflüssigen, schaumig-eitrigen Ausfluß und oft mit Knötchenbildung einher; der Ausfluß riecht unangenehm süßlich. Im Abstrich sind die Erreger zu sehen (Abb. 8b). Die Behandlung kann heute recht spezifisch mit Hilfe von Metronidazol durchgeführt werden.

Bei einer anderen Art von Scheidenentzündung sieht man im Ausstrich Soorpilze, die, ebenso wie die Trichomonaden, durch den Geschlechtsverkehr übertragen und gleichfalls als harmlose Scheidenparasiten gefunden werden (Abb. 8c). Auch hier aktiviert Säureabstumpfung die Erreger, außerdem Schwangerschaft, Zuckerkrankheit und die Abtötung anderer konkurrierender Keime durch Antibiotika. Die Scheidenentzündung durch Soorpilze *(Soor, Soormykose, Kandidamykose)* zeichnet sich u. a. durch starkes Brennen, Juckreiz und weißlichen, geruchlosen, salbenartigen Ausfluß von oft käsiger Beschaffenheit aus. Spezifisch gegen Soor wirkt das Antibiotikum Nystatin.

Der Gebärmutterhalskanal ist gewöhnlich die Grenze zwischen dem unteren Geschlechtskanal, der auch normalerweise schon mit Erregern besiedelt ist, und dem oberen, keimfreien Geschlechtstrakt. Bei Frauen, die noch nicht geboren haben, ist schon der äußere Muttermund die entscheidende Barriere (Abb. 10). Nach Geburten bleibt er häufig etwas geöffnet, so daß die Keimgrenze höherrückt. Dies ist besonders dann der Fall, wenn der Muttermund unter der Geburt einreißt. Die aufsteigenden Erreger können dann die entstehende Auskrempelung der Schleimhaut als Leitschiene benutzen und so besonders leicht zu einer *Entzündung des Gebärmutterhalskanals* führen (Abb. 11). Daher müssen solche Risse u. U. noch lange nach einer Geburt genäht werden. Manche Entzündungen halten sich mehr oder weniger unbemerkt im Gebärmutterhalskanal, so z. B. die chronische Gonorrhö. Unter bestimmten Bedingungen werden sie aktiviert und steigen höher in die Gebärmutterhöhle auf, etwa im Anschluß an eine Geburt oder während der Regelblutung. Umgekehrt führt Ausfluß aus dem Gebärmutterhalskanal zu einer Abstumpfung der Scheidenmilchsäure und folglich oft zur Scheidenentzündung (s. S. 234). Daher werden Entzündungen des Gebärmutterhalskanals, so geringfügig sie als solche auch sein mögen, meist recht aktiv behandelt, bei Gonorrhö mit Penicillin, bei anderen Entzündungen durch Ätzung mit chemischen Mitteln oder durch elektrische Verschorfung (Abb. 12).

Die Anzeichen der *Gebärmutterschleimhautentzündung* sind meist gering. Neben leichtem Fieber kommen vor allem Blutungsanomalien vor, z. B. Zwischenblutungen, gelegentlich auch eine verlängerte und verstärkte Regelblutung, Dauerblutung oder anhaltende kleine Schmierblutungen. Nach einer Regelblutung geht die Entzündung dann oft plötzlich auf die Eileiter über, während sich die Gebärmutter durch Abstoßung ihrer Schleimhaut zunächst selbst von der Infektion befreit hat. Um den Keimaufstieg zu verhindern, wird die akute Entzündung der Gebärmutterschleimhaut bei strengster Bettruhe intensiv mit Antibiotika behandelt. Bei chronischer Entzündung kommt u. U. eine Hormontherapie in Frage.

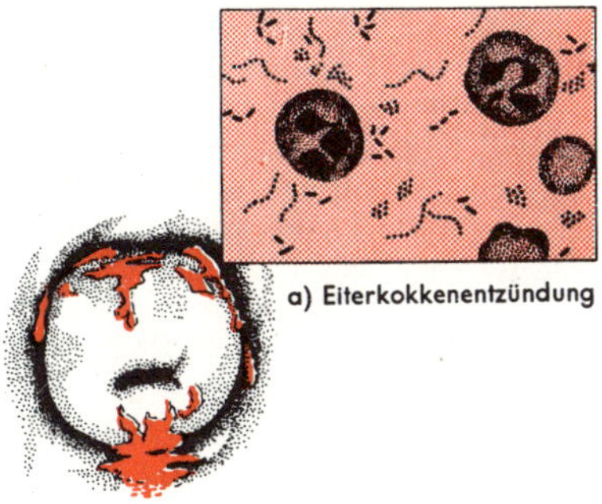

a) Eiterkokkenentzündung

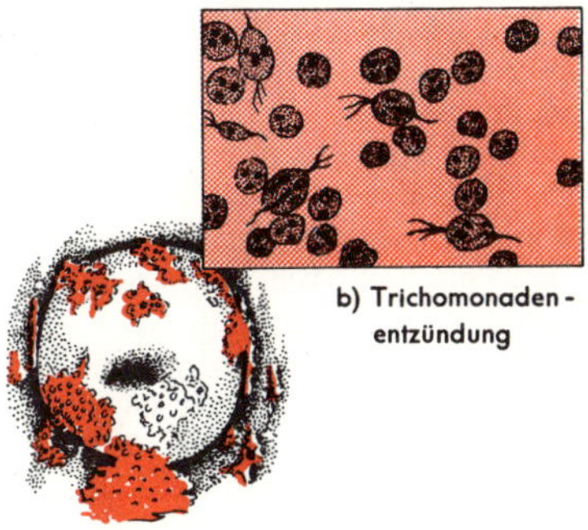

b) Trichomonaden-entzündung

Abb. 8a–c) Der äußere Muttermund bei Scheidenentzündungen (jeweils rechts oben das mikroskopische Bild des Scheidenabstrichs)

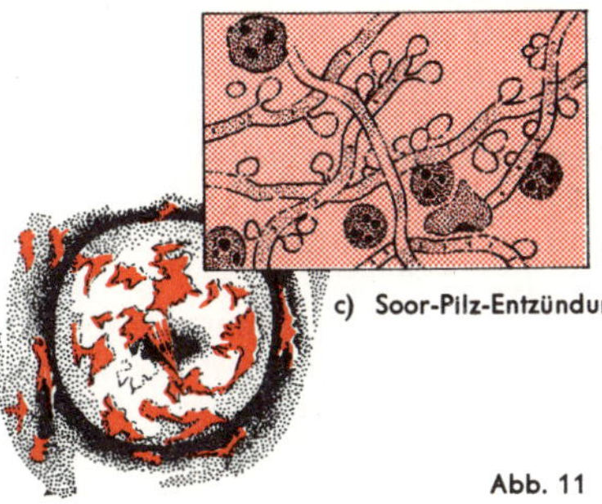

c) Soor-Pilz-Entzündung

Abb. 9 Begeißelte Trichomonade (stark vergrößert)

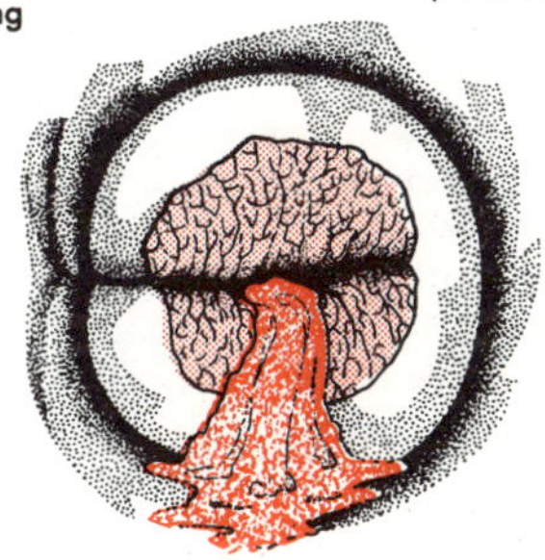

Abb. 11

Eitrige Entzündung des Gebärmutterhalskanals (der Muttermund ist eingerissen, die Schleimhaut zur „Leitschiene“ ausgekrempelt)

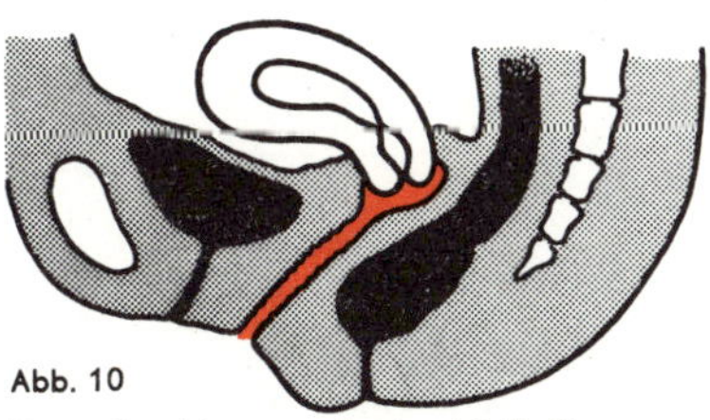

Abb. 10

Der äußere Muttermund ist meist die Grenze zwischen dem unteren (keimbesiedelten) und dem oberen (keimfreien) Geschlechtskanal

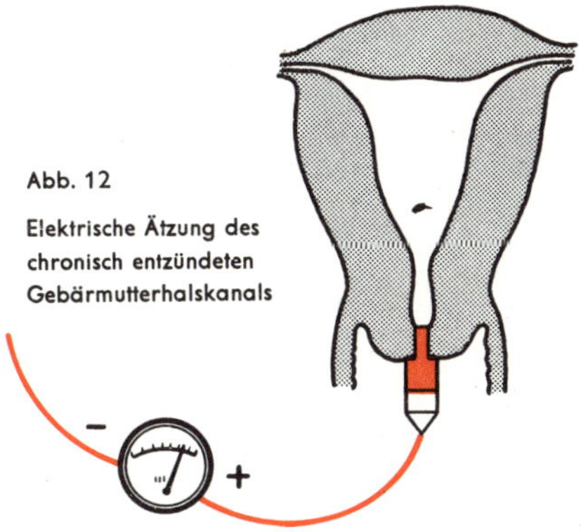

Abb. 12

Elektrische Ätzung des chronisch entzündeten Gebärmutterhalskanals

Entzündungen der Eileiter entstehen meist durch aufsteigende Keime aus der Gebärmutterhöhle, oft auch direkt aus der Scheide. Besonders gefährlich ist in diesem Zusammenhang die Zeit während Menstruation und Wochenbett sowie im Anschluß an eine Fehlgeburt. Auch bei nicht ganz keimfreien Eingriffen in die Gebärmutterhöhle, bei der Eileiterdurchblasung und der Röntgendarstellung der Eileiter (s. S. 262) können Entzündungskeime die Eileiter befallen. Seltener ist ein Übergreifen der Erreger aus der Umgebung, z. B. vom entzündeten Wurmfortsatz her. Meist handelt es sich um Eiterkokken, in rund 10 % der Fälle um die Erreger der Gonorrhö, seltener um Tuberkelbazillen, die auf dem Blutweg angeschwemmt werden.

Die frische Eileiterentzündung setzt oft nach unbemerktem Aufstieg schlagartig mit Fieber und stärksten Schmerzen im gespannten Unterleib ein. Übelkeit, Erbrechen, Durchfall oder Stuhlverstopfung können hinzukommen. Dieses akute Stadium kann allmählich in ein chronisches Stadium übergehen, während dessen die Erkrankung vor allem im Anschluß an die Regelblutung immer wieder aufflackert. Inzwischen hat sich im Eileiter zuerst eine Schleimhautentzündung entwickelt, die oft von empfängnisfeindlichen Verklebungen gefolgt ist (vgl. S. 260). Die Schleimhautentzündung greift dann auf die Muskelwand des Eileiters über, der in der Folge verdickt, fest und starr wird (Abb. 13 u. 14). Nun kann auch das offene Ende des Eileiters verkleben (Abb. 15a), in dem entstandenen Blindsack sammelt sich Eiter an (Abb. 16b). Gleichzeitig bilden sich entzündliche Verwachsungen mit der Umgebung aus, so auch mit den Eierstöcken (Abb. 16a); überstürzt heranreifende Follikel bleiben als Blasen stehen. Manchmal kommt es zu einer großen Eiterhöhle aus Eierstock und Eileiter (Abb. 16b). Zuletzt greift die Entzündung auf das Bauchfell über und hinterläßt, wenn sie chronisch wird, schwerste narbige Verwachsungen (Abb. 17). In rund 80 % der Fälle bleibt dabei Unfruchtbarkeit zurück, häufig bilden sich auch verwachsene Verlagerungen der Gebärmutter aus. Im chronischen Stadium stehen Zerrungs- und Dehnungsschmerzen in Kreuz und Unterleib, Ausfluß und schmerzhafte Regelblutungen im Vordergrund der Beschwerden. Stuhlverstopfung und Störungen der Harnentleerung kommen gelegentlich hinzu und können zusammen mit den anderen Beschwerden lange Zeit bestehen bleiben. Die Behandlung der akuten Eileiterentzündung beginnt mit strenger Bettruhe und sollte bei Bauchfellbeteiligung in der Klinik erfolgen. Um ein Ausbreiten der Entzündung zu verhindern, werden vor allem Antibiotika gegeben. Mit Hilfe von Nebennierenrindenhormonen können übermäßige Entzündungserscheinungen eingedämmt werden. Im chronischen Stadium müssen zur Vermeidung von Rückfällen, zur Lösung von Verwachsungen und zur Entfernung alter, inzwischen mit Flüssigkeit gefüllter Sackgeschwülste rund 10 % der Fälle operiert werden. Eiteransammlungen zwischen Gebärmutter und Mastdarm können punktiert, eröffnet und entleert werden (Abb. 18). Ist es zum Eileiterverschluß gekommen, besteht in 10–15 % der Fälle Aussicht auf Behebung der Unfruchtbarkeit durch eine operative Rekanalisation.

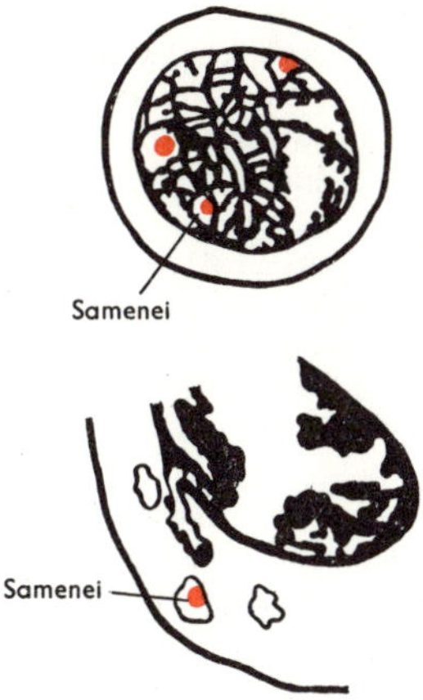

Abb. 13 Verwachsungen und falsche Gänge im entzündeten Eileiter

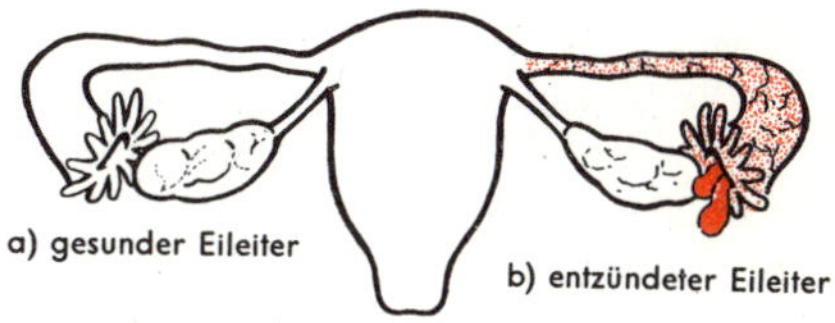

Abb. 14

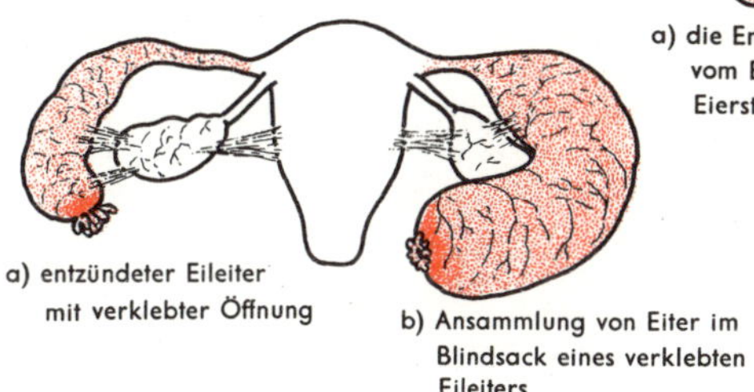

Abb. 15

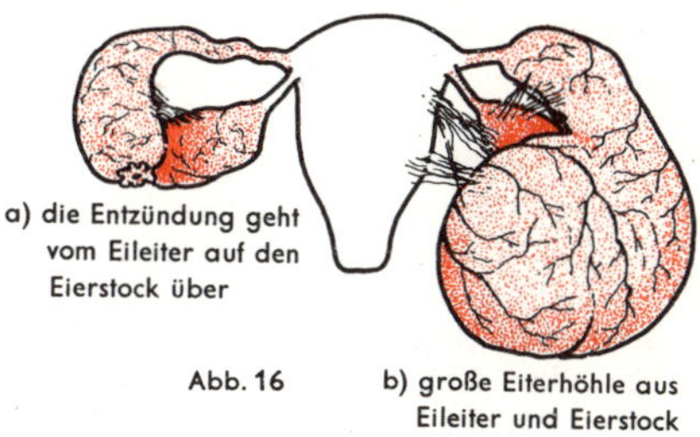

Abb. 16

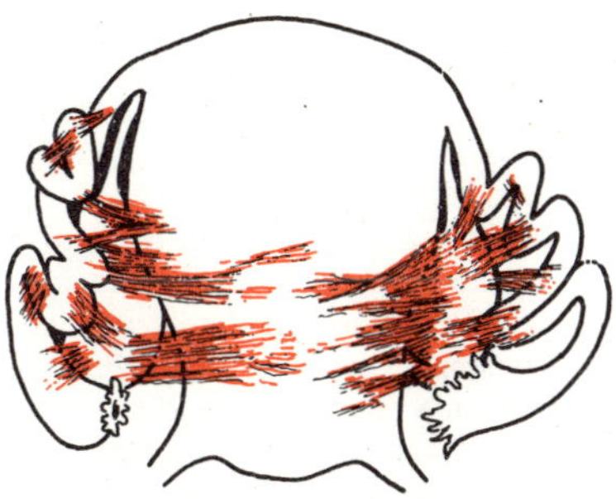

Abb. 17 Bleibende Verwachsungen zwischen Gebärmutter, Eileiter und Eierstock

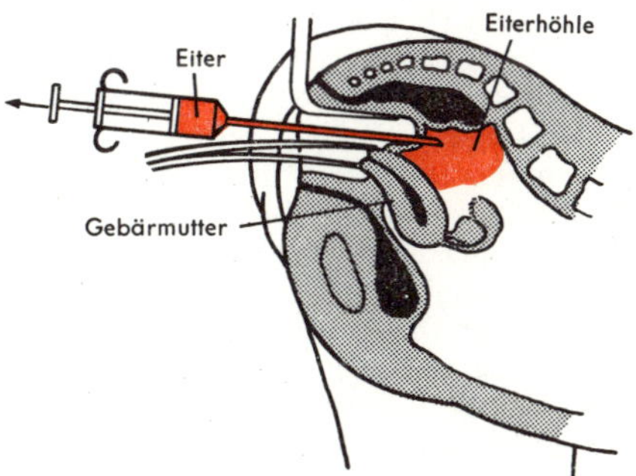

Abb. 18 Punktion und Entleerung einer Eiterhöhle zwischen Gebärmutter und Mastdarm

AUSFLUSS

Der normale Scheideninhalt macht die Scheide innen feucht, schlüpfrig und durch seinen bemerkenswerten Milchsäuregehalt außerdem sauer und dadurch keimabtötend. Die Wichtigkeit dieser sauren Scheidenbarriere liegt darin begründet, daß die Außenwelt über Scheide, Gebärmutter und Eileiter offen mit der Bauchhöhle in Verbindung steht. Die Scheidenmilchsäure wird von normalen Scheidenbewohnern, den Döderlein-Stäbchen, aus Zucker gebildet, der fortlaufend durch die Zellmauserung der Scheide anfällt.

Die Scheidenflüssigkeit kann aus den verschiedensten Gründen verändert oder vermehrt sein. Fließt sie verstärkt in die äußere Scham ab, benetzt die Schamlippen und erzeugt Flecken in der Wäsche, spricht man von *Ausfluß*. Kommt es dabei zu Juckreiz oder Brennen und wird der Ausfluß übelriechend oder so stark, daß immer eine Binde getragen werden muß, wird die Betroffene von selbst den Arzt aufsuchen.

Nicht nur unmittelbare Scheidenerkrankungen, sondern auch Veränderungen höhergelegener Abschnitte des Geschlechtsapparates, in seltenen Fällen sogar Tumoren und Entzündungen der Eileiter, können einen Ausfluß verursachen. Häufig handelt es sich um *Erkrankungen der Gebärmutterhöhle*. Bei der Untersuchung zeigt dann die Spiegeleinstellung, daß die abgesonderte Flüssigkeit aus dem Muttermund abläuft. Manchmal wird ein solcher Ausfluß eitrig oder blutig (z. B. auch beim Krebs des Gebärmutterkörpers, S. 574 ff.). Vor allem bei eitrig-blutigem, rosa- oder fleischfarbenem Ausfluß älterer Frauen sollte daher mit Hilfe eines Probeabstrichs untersucht werden, ob ein Gebärmutterkrebs vorliegt.

Oft stammt der Ausfluß auch aus dem Gebärmutterhals. Ist er rein eitrig, kommt als Ursache eine Gonorrhö in Frage (Abb. 1). Die krankheitserregenden Gonokokken können sich längere Zeit im Gebärmutterhals halten und zu glasigem Ausfluß führen. Von diesem „Parkplatz" aus können sie (etwa nach einer Geburt) weiter ins Innere des Geschlechtsapparates aufsteigen (s. S. 338). In solchen Fällen ist eine energische Penicillinbehandlung erforderlich. Ausfluß aus dem Gebärmutterhals kann außerdem durch Polypen (Abb. 2), durch Geburtsverletzungen mit späterer Ausstülpung des Gebärmutterhalskanals (Abb. 3) und, im schwerwiegendsten Fall, durch einen Gebärmutterhalskrebs verursacht werden (Abb. 4a und b, s. auch S. 574 ff.). Rechtzeitige Krebserkennung durch Lupenbetrachtung, Abstrich oder Gewebsentnahme ist in solchen Fällen von äußerster Wichtigkeit (Abb. 5a und b).

Dünnflüssig-klarer Ausfluß (aus der Gegend des Gebärmutterhalskanals), der weitgehend harmlos ist, entsteht oft durch nervöse oder hormonelle Fehlsteuerung, z. T. über seelische Einflüsse. Hier handelt es sich gewissermaßen um eine Verstärkung der normalen Schleimdrüsentätigkeit, wie sie auch regelmäßig um die Zeit des Eisprungs auftreten kann (s. S. 246). – Bei kleinen Mädchen sind gelegentlich Madenwürmer oder Fremdkörper die Ursache für Ausfluß (Abb. 6), bei Erwachsenen allzulang getragene oder unhygienisch behandelte Pessare (Abb. 7).

Bei allen von Ausfluß begleiteten Erkrankungen ist für den Verlauf von Bedeutung, daß schon geringe Absonderungen aus dem Gebärmutterhals die Säure der Scheidenflüssigkeit u. U. abstumpfen, worauf krankmachende Erreger die ortsständigen Döderlein-Stäbchen überwuchern. Die Milieuänderung hat dann oft eine Scheidenentzündung durch Soorpilze mit starkem, hartnäckigem Ausfluß zur Folge (s. S. 236). Ein solcher durch Soor bedingter Ausfluß wird mit spezifischen Chemotherapeutika behandelt. Falsch wäre es in einem solchen Fall (wie auch sonst bei Ausfluß), ohne ärztliche Überwachung immer wieder Scheidenspülungen vorzunehmen.

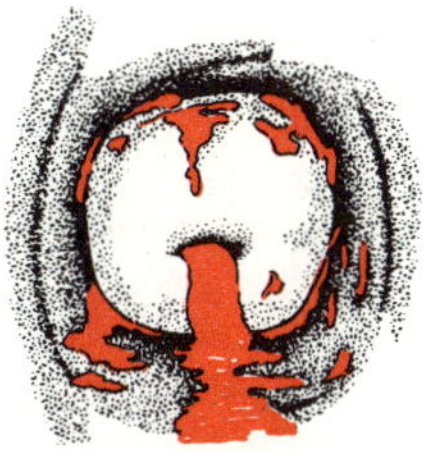

Abb. 1

Eitriger Ausfluß aus dem infizierten Gebärmutterhals

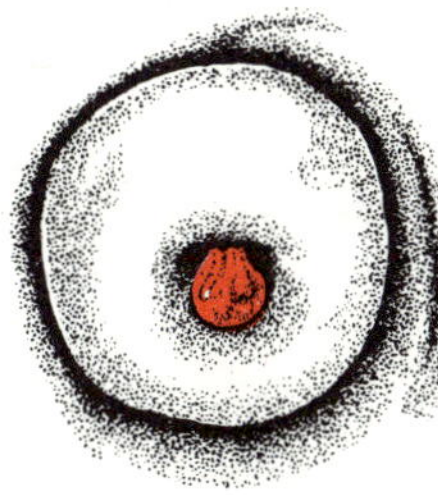

Abb. 2 Polyp im äußeren Muttermund

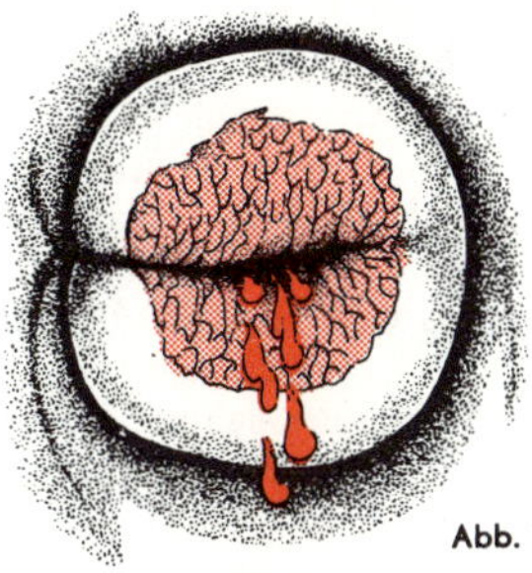

Abb. 3

Ausfluß aus dem verletzten Muttermund mit „ausgestülpter“ Schleimhaut

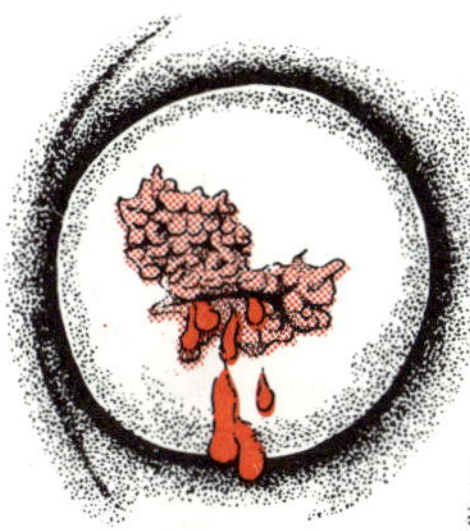

Abb. 4a)

Ausfluß bei frühem Krebs des Gebärmutterhalses

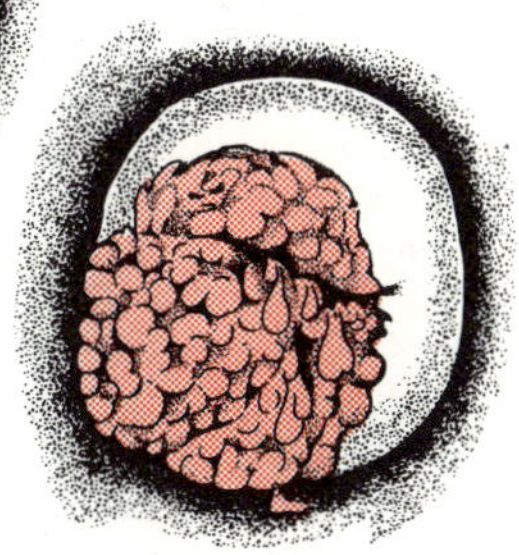

Abb. 4b)

Ausfluß bei blumenkohlartig wucherndem Krebs des Gebärmutterhalses

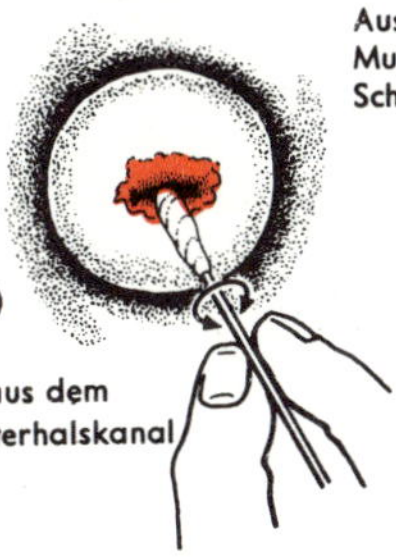

Abb. 5a)

Abstrich aus dem Gebärmutterhalskanal

Abb. 6

Ausfluß durch Scheidenfremdkörper

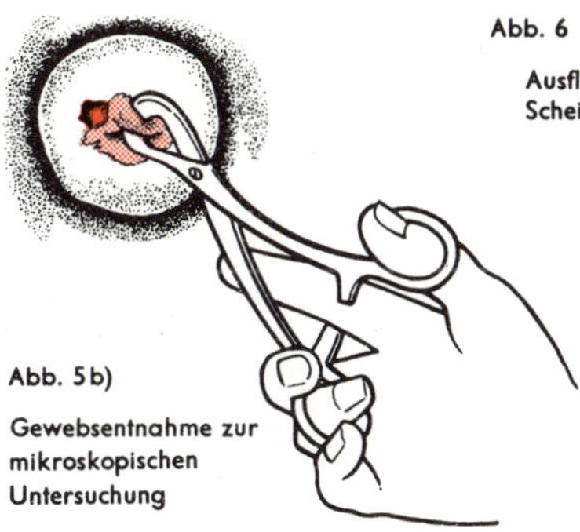

Abb. 5b)

Gewebsentnahme zur mikroskopischen Untersuchung

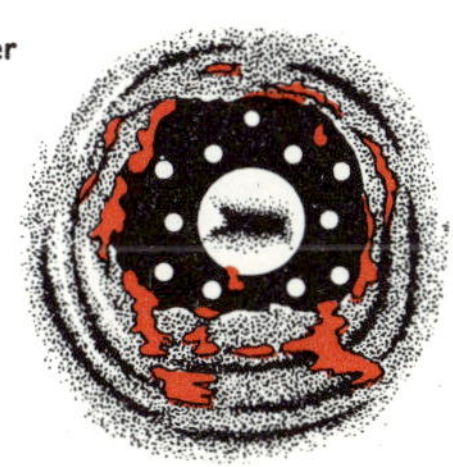

Abb. 7 Ausfluß durch Druck eines Pessars

POLYPEN DER WEIBLICHEN GESCHLECHTSORGANE

Polypen sind meist gutartige Schleimhautwucherungen. Sie entstehen zuerst als kleine, flache Erhebung, wachsen dann in die Länge und hängen schließlich wie ein Glockenklöppel gestielt an ihrer Unterlage. Die durch Polypen erzeugten Beschwerden können je nach dem Sitz verschieden sein. Gemeinsam ist ihre Neigung, geschwürig zu zerfallen, das Wirtsorgan zu reizen und vom Wirtsorgan schließlich als Fremdkörper empfunden und behandelt zu werden. Die Neigung zu geschwürigem Zerfall kommt einmal daher, daß die Wirtsorgane versuchen, einen Polypen durch Zusammenziehung zu „gebären", aber auch daher, daß der Polyp rascher wächst als der ihn ernährende Stiel und dieser Stiel sich schließlich verdrehen und dabei abschnüren kann.

Selten sind Polypen der Harnröhrenmündung. Auch im Eileiter kommen sie so gut wie immer nur zusammen mit versprengter Gebärmutterschleimhaut vor (Abb. 1). Häufiger sind Polypen der Gebärmutterhöhle. Meist handelt es sich um gutartige Schleimhautwucherungen, die nach dem Schema von Abb. 2 wahrscheinlich durch einen Überschuß an Follikelhormon entstehen. Sie treten vom 10. bis 12. Lebensjahr ab in jedem Alter auf, vor allem während der Wechseljahre (Abb. 3). Polypen des Gebärmutterkörpers führen zu unregelmäßigen, oft andauernden Blutungen, manchmal auch zu blutigem Ausfluß. Der Ausfluß kann eitrig werden, wenn der zerfallende Polyp sich infiziert. Je nach Alter kann dabei ein unbegründeter Krebsverdacht entstehen, der durch eine Ausschabung mit folgender feingeweblicher Untersuchung sofort entkräftet werden kann. Gelegentliche Schmerzen beruhen darauf, daß die Gebärmutter versucht, den Fremdkörper Polyp auszustoßen (Abb. 4). Die Behandlung besteht in der zur Erkennung ohnehin erforderlichen Ausschabung. Die Patientinnen werden anschließend noch einige Zeit kontrolliert. Dies scheint erforderlich, weil Polypen u. U. eine allgemeine Neigung des Geschlechtskanals zu Wucherungen anzeigen, die auch einmal bösartig sein können.

Dreimal häufiger als die Polypen des Gebärmutterkörpers sind die Polypen des Gebärmutterhalskanals. Sie sind ebenfalls meist gutartig und auch in Aufbau und Entstehung ersteren recht ähnlich. Bei einiger Länge erscheinen die Polypen des Gebärmutterhalses im Muttermund (Abb. 5) oder hängen am Stiel bis in das Scheidengewölbe hinein (Abb. 6). Auch die Erscheinungen sind ähnlich: Zerfällt der Polyp an seiner Oberfläche geschwürig, so kommt es zu unregelmäßigen Schmierblutungen, auch zu blutigem oder blutig-schleimigem Ausfluß. Gleichzeitig besteht die Gefahr, daß die ohnehin gereizte Schleimhaut des Gebärmutterhalskanals durch das fortdauernde Offenstehen des Muttermundes infiziert wird. Die Behandlung besteht im Entfernen des Polypen mit anschließender Ausschabung. Aus Sicherheitsgründen ist eine feingewebliche Untersuchung von Polyp und ausgeschabtem Material erforderlich.

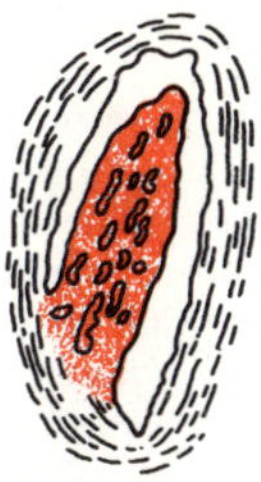

Abb. 1
Polyp des Eileiters aus versprengter Gebärmutterschleimhaut (sog. Tubenendometriose)

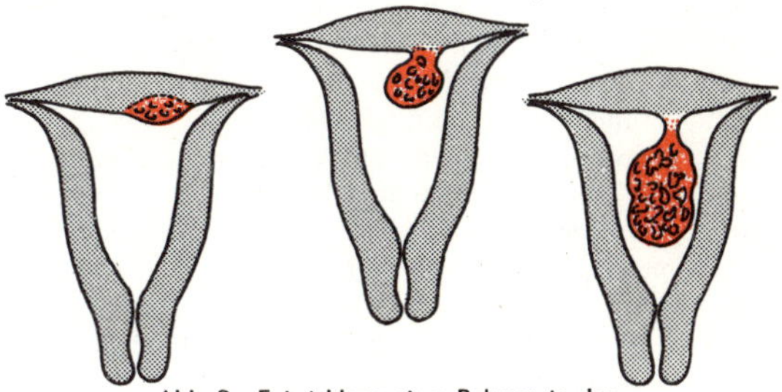

Abb. 2 Entwicklung eines Polypen in der Gebärmutterhöhle

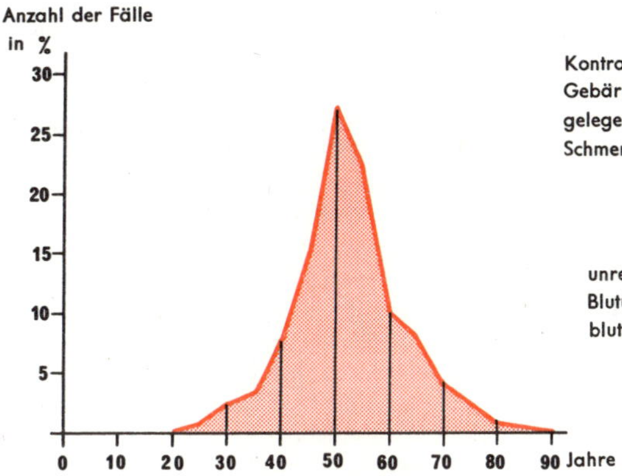

Abb. 3 Altersverteilung des Vorkommens von Polypen in der Gebärmutterhöhle

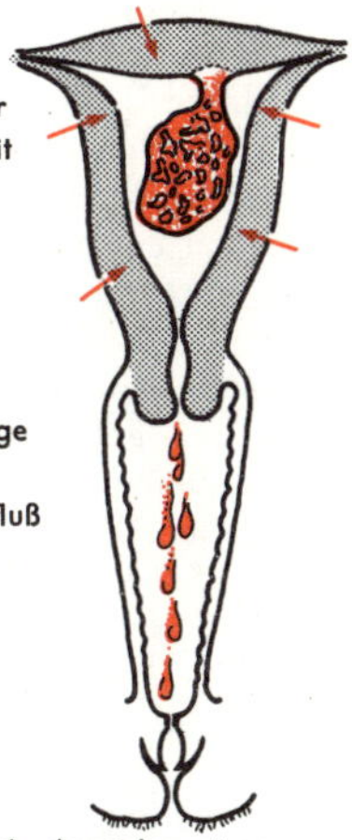

Abb. 4 Anzeichen eines Gebärmutterpolypen

Abb. 5 Polyp des Gebärmutterhalskanals, der im äußeren Muttermund erscheint

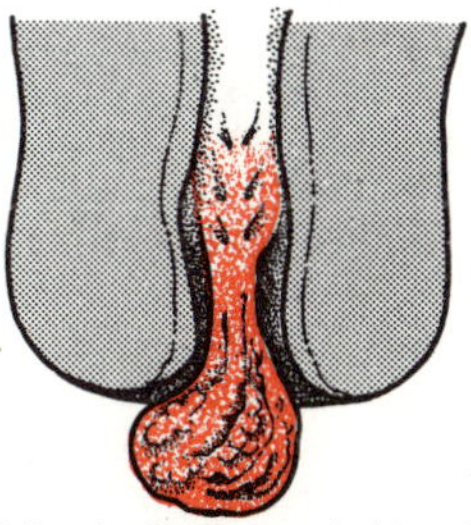

Abb. 6 Polyp des Gebärmutterhalskanals, der in das Scheidengewölbe hängt und zu Blutungen oder blutigem Ausfluß führt

LAGEVERÄNDERUNGEN DER UNTERLEIBSORGANE

Lageveränderungen der weiblichen Unterleibsorgane kommen recht häufig vor und führen nicht selten auch zu Beschwerden, die klinische Behandlung erfordern. Daß rund $^1/_{10}$ aller Frauenleiden durch solche Lageveränderungen bedingt sind, erklärt sich aus der Art und Weise, wie die weiblichen Unterleibsorgane im kleinen Becken untergebracht sind: Sie müssen beweglich befestigt sein, damit die Gebärmutter bei einer Schwangerschaft um ein Vielfaches wachsen und sich vom kleinen Becken bis unter das Zwerchfell ausdehnen kann. Die Unterleibsorgane müssen wegen der aufrechten Haltung des Menschen außerdem vom Beckenboden getragen werden, der zusätzlich aber auch Lücken für den Durchtritt von Harnröhre, Scheide und Mastdarm aufweist und bei der Geburt bis zur Größe des kindlichen Kopfes dehnbar sein muß.

Vor allem die relativ schwere und gut bewegliche Gebärmutter kann verlagert werden, wenn ihre Befestigungsbänder und das seitliche Hüllgewebe anlagemäßig schlaff oder, wie nach einer Geburt, überdehnt sind. Es gibt Veränderungen der Gebärmutterstellung (nach links, rechts, vorn, hinten, oben und unten), ferner die Gebärmutterkippung oder Gebärmutterneigung (nach links, rechts, vorn und hinten) sowie Abknickungen des Gebärmutterkörpers gegen den Gebärmutterhals. In der Praxis sind von all diesen Möglichkeiten im wesentlichen nur die Rückwärtsknickung und die starke Vorwärtsknickung der Gebärmutter sowie Senkung und Vorfall der Genitalorgane von Bedeutung.

Von *Senkung* spricht man, wenn die Genitalorgane tiefertreten, als es ihrer normalen Beweglichkeit entspricht; sie ragen dabei nicht aus der Scham hervor. *Vorfall* nennt man eine stärkere Senkung der Genitalorgane, die dann aus der Scham vorstehen. Abb. 1 stellt z. B. eine Senkung der Gebärmutter mit Vorfall der Scheidenwand dar, Abb. 2 einen Vorfall der Gebärmutter. Die Ursache solcher Veränderungen ist oft eine Schwäche des Beckenbodens, auf dem die Genitalorgane aufliegen. Diese Schwäche entwickelt sich oft im Anschluß an Geburten, wenn es zu einem Muskelriß oder zu einer Überdehnung der Beckenbodenmuskulatur gekommen war. Zweitens ist eine gewisse Schwäche der Aufhängevorrichtung von Bedeutung, die erst eine Verlagerung und dann eine Senkung der Gebärmutter zuläßt. Schließlich kann ein Hängebauch mitwirken, bei dem die Eingeweide nicht mehr, wie gewöhnlich, an der Zwerchfellkuppel haftend schweben, sondern ihren Zusammenhalt verlieren und dann stärker auf den Beckenboden drücken. Die Senkungsbeschwerden der Genitalorgane fangen meist mit einem Gefühl des Drucks „nach unten heraus" an. Schmerzen durch Zug am Aufhängeapparat, Stuhlverstopfung und Ausfluß folgen. Bezeichnend ist vor allem das Auftreten von Blasenbeschwerden mit häufigem Harndrang, unbeabsichtigtem Wasserlassen und schließlich Blasenentzündung. Beim Vorfall treten zuletzt Blutungen und Druckgeschwüre an den vorgefallenen Teilen auf, die nach längerer Zeit auch in Krebs übergehen können.

Die Behandlung kann sich bei einem Teil der Fälle auf Gymnastik und eingelegte Stützpessare beschränken. In anderen Fällen ist eine operative Korrektur angezeigt, es sei denn, daß noch Kinderwunsch besteht oder Operationsrisiken den Eingriff verbieten. Die Operation besteht meist in einer Plastik, die nach Möglichkeit den natürlichen Zustand des Stütz- und Aufhängeapparates der Genitalorgane wiederherstellt.

Die *Rückwärtsknickung der Gebärmutter (Retroflexio uteri)* bereitet im allgemeinen keine oder nur unbedeutende Beschwerden, sofern die Gebärmutter noch beweglich und damit wiederaufrichtbar ist (Abb. 3). Im Bedarfsfall kann sie mit Hilfe eines Pessars normalgestellt werden. – Problematischer ist die *Verwachsung der rückwärtsgeknickten Gebärmutter.* Diese kommt zustande durch Narbenzug, meist im Anschluß an Unterleibsentzündungen (Abb. 4), seltener durch ortsfremde Entstehung von Gebärmutterschleimhaut. Sie führt häufig zu Kreuzschmerzen (s. S. 254), allzu schmerzhaften Regelblutungen (s. S. 252), auch zu Stuhlverstopfung und Schmerzen beim Geschlechtsverkehr. Versucht der Arzt, die verwachsene Gebärmutter aufzurichten, schmerzen die Verwachsungsstellen. Die Verwachsungen können nach dem völligen Abklingen der ursächlichen Entzündung operativ gelöst werden. Eine Schwangerschaft stellt bei der rückwärtsgeknickten Gebärmutter vor besondere Probleme. Das Wachstum der Leibesfrucht führt nämlich dazu, daß die Gebärmutter im Lauf des 4. Schwangerschaftsmonats die Beckenhöhle ausfüllt. Richtet sie sich aus der geknickten Lage nicht von selbst wieder auf (was allerdings meist der Fall ist), so ist u. a. mit Einklemmungserscheinungen, vor allem aber mit Harnverhaltung der Schwangeren zu rechnen. Dieser Zustand ist lebensgefährlich. Die Blase muß künstlich entleert und die Gebärmutter (eventuell auch operativ) aufgerichtet werden.

Die allzu starke *Vorwärtsknickung der Gebärmutter (Anteflexio uteri)* ist im allgemeinen keine eigenständige Erscheinung, sondern meist Teil einer gewissen Unterentwicklung der weiblichen Genitalorgane bei Eierstockschwäche. Auf eine Unterentwicklung weisen auch die geringe Größe und derbe Härte der Gebärmutter ebenso wie die enge Scheide, der muldenförmige Damm und, wie sich aus der Vorgeschichte ergibt, das oft späte Einsetzen der ersten Regelblutung hin. Oft besteht Unfruchtbarkeit, gepaart mit schmerzhaften, auch verstärkten oder fehlenden Regelblutungen. Alle diese Erscheinungen können häufig durch Zufuhr der fehlenden Eierstockshormone gemildert, oft sogar beseitigt werden.

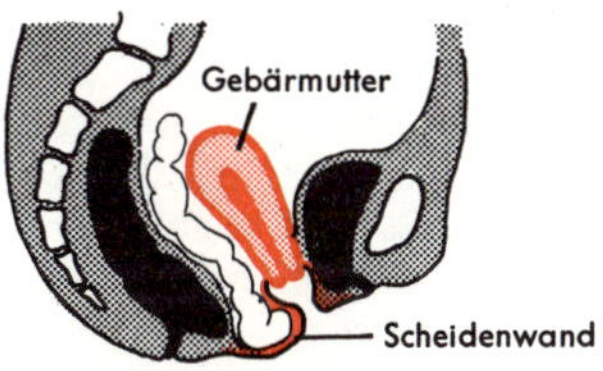

Abb. 1 Senkung der Gebärmutter mit Vorfall der Scheidenwand

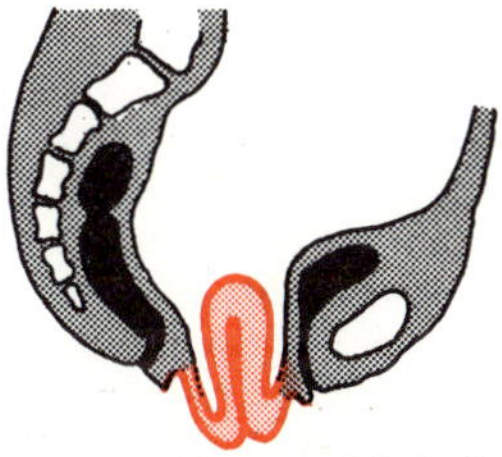

Abb. 2 Teilweiser Vorfall der Gebärmutter

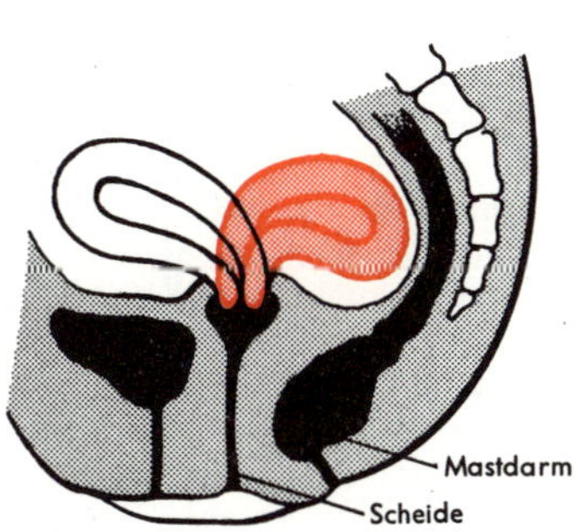

Abb. 3 Rückwärts geknickte Gebärmutter

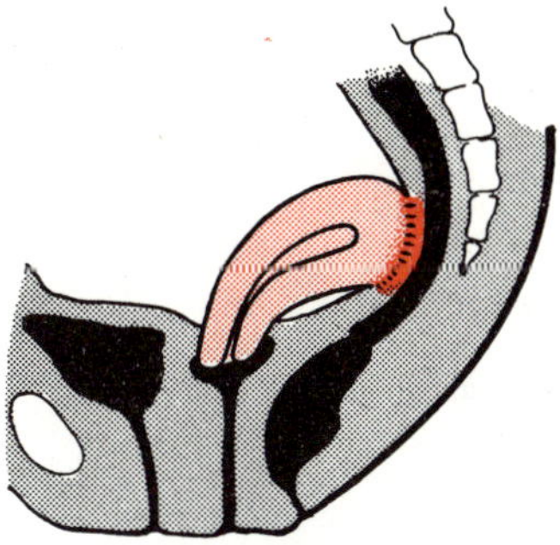

Abb. 4 Verwachsung der rückwärts geknickten Gebärmutter

REGELBLUTUNG (MENSTRUATION)

Im Mittelpunkt der weiblichen Sexualfunktion stehen die Eierstöcke. Sie liefern nicht nur Eizellen, sondern stellen auch *Geschlechtshormone (Östrogene* und *Gestagene)* her. Mit Hilfe dieser Hormone, die außerdem auch für das Wachstum aller weiblichen Geschlechtsorgane und der sekundären Geschlechtsmerkmale (Brustdrüsen, Schamhaare) verantwortlich sind, sorgen die Eierstöcke dafür, daß die Gebärmutter zyklisch aufnahmebereit für eine befruchtete Eizelle ist.

Die gesamten Geschlechtsfunktionen werden von einer übergeordneten Befehlsstelle, dem *Sexualzentrum* im Zwischenhirn, gesteuert. Diesem Zentrum beigeordnet sind bestimmte Zellen der Hirnanhangsdrüse, die vom Sexualzentrum durch sogenannte Freigabefaktoren zu eigener Hormonproduktion angeregt werden. Die *gonadotropen* (d. h. auf die Keimdrüsen gerichteten) *Hormone der Hirnanhangsdrüse* wiederum steuern die Produktion der *Eierstockshormone*, die ihrerseits den Zyklus der Gebärmutterschleimhaut, den *Menstruationszyklus*, lenken. Die *Gebärmutterschleimhaut* ist aus zwei Schichten aufgebaut, der *Wucherungsschicht*, an der sich alle von den Eierstöcken gesteuerten Umbildungsprozesse abspielen, die zur Schaffung des Eibettes führen, und der *Grundzellschicht*, von der die Regeneration der bei der Regelblutung abgestoßenen Schleimhautpartien ihren Ausgang nimmt (Abb. 1). Die Gebärmutterschleimhaut enthält ferner Drüsen, die u. a. ein Sekret *(Zervikalschleim)* bilden, das als Schleimpfropf den Gebärmutterhalskanal ausfüllt und einen Schutzwall gegen Keime darstellt, die von der Scheide aus eindringen könnten. Normalerweise ist dieser Schleim dick und zähflüssig. Zur Zeit des Eisprungs wird er unter dem Einfluß der Östrogene dünnflüssiger und damit durchgängiger für die Samenzellen. – Auch die Deckzellschicht (Epithel) der Scheide verändert sich unter dem Einfluß von Follikelhormon in charakteristischer Weise. Daher ist der Scheidenabstrich eine wichtige Methode zur Bestimmung des Ovulationstermins (Abb. 2).

Der *monatliche Zyklus der Frau*, dessen äußeres Anzeichen die Regelblutung ist, besteht in einer immer wieder ablaufenden Wucherung, Abstoßung und Wundblutung der Gebärmutter (Abb. 2). Er beginnt damit, daß unter dem Einfluß des follikelstimulierenden Hormons (FSH) der Hypophyse die Reifung des Eifollikels und dessen Hormonproduktion im Eierstock angeregt werden. Das Folikelhormon (Östrogen) bewirkt während dieser vom 5. bis zum 15. Tag des 28tätigen Menstruationszyklus andauernden *Proliferationsphase* der Gebärmutter eine Wucherung der Gebärmutterschleimhaut auf die vierfache Dicke (Abb. 1). Nun kommt es durch plötzliche Vermehrung von LH (Luteinisierungshormon) und FSH zum *Eisprung (Ovulation)*, und der gesprungene Follikel wird zum *Gelbkörper*. Die Gelbkörperphase des Eierstocks (15.–28. Tag des Menstruationszyklus) löst über die Produktion von Gelbkörperhormon (Gestagen) die *Absonderungsphase* der Gebärmutterschleimhaut aus. Erfolgt keine Befruchtung der Eizelle, so kommt es zur Rückbildung des Gelbkörpers und zum steilen Abfall der Gestagen- und Östrogenproduktion. Nun wird die Gebärmutterschleimhaut bis auf die Grundzellschicht abgelöst, es kommt zur *Blutung*.

Die erste Menstruationsblutung tritt gewöhnlich im Alter von 12–13 Jahren auf *(Erstblutung* oder *Menarche)*. Die letzte Blutung erfolgt durchschnittlich im Alter von 49 Jahren. Das Aufhören der Regelblutungen in den Wechseljahren nennt man *Menopause*. Die Dauer der einzelnen Blutungen beträgt meist 3–5 Tage. Blutungen, die länger als 1 Woche dauern, gelten nicht mehr als normal. Bei einer Regelblutung gehen gewöhnlich 20–100 cm^3 Blut verloren, am meisten während des 2. und 3. Tages. Der Zyklus wird vom ersten Tag der Blutung an gerechnet. Von diesem 1. Tag bis zum letzten Tag vor der nächsten Blutung vergehen meist 28 Tage. Zyklen von weniger als 24 und mehr als 31 Tagen gelten nicht mehr als normal.

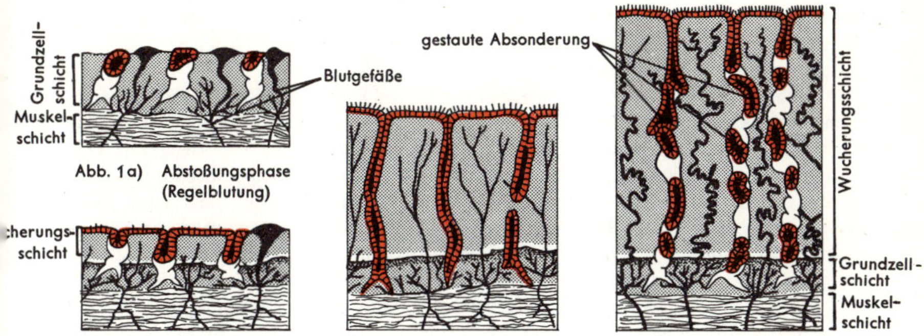

Abb. 1a) Abstoßungsphase (Regelblutung)

Abb. 1b) Heilungsphase

Abb. 1c) Wucherungsphase

Abb. 1d) Absonderungsphase

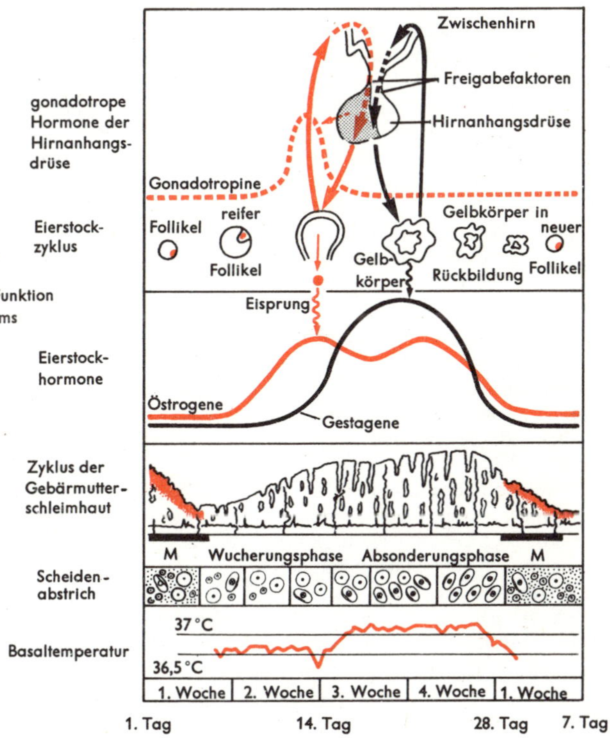

Abb. 2

Der weibliche Zyklus als Funktion des sexuellen Zentralsystems
M = Menstruation

STÖRUNGEN DER REGELBLUTUNG

Störungen des Menstruationszyklus können durch Veränderungen an Scheide, Gebärmutter, Eileiter und Eierstöcken zustande kommen; außerdem sind die Hirnanhangsdrüse und das Sexualzentrum im Zwischenhirn mehr oder weniger aktiv an der zyklischen Regelblutung beteiligt.

Als schwerste Zyklusstörung ist die *Amenorrhö*, das krankhafte Fehlen der Menstruationsblutung, anzusehen – im Gegensatz zur nicht krankhaften Amenorrhö vor der Pubertät, während Schwangerschaft und Stillzeit sowie nach den Wechseljahren. U. a. kann das Jungfernhäutchen ohne Öffnung sein, so daß sich gleich während der ersten Zyklen Menstruationsblut anstaut, manchmal sogar bis hinauf in die Eileiter (Abb. 1a–c). Zur Behandlung wird das verschlossene Häutchen eingeschnitten, worauf mit dem zurückgestauten Blut auch die tumorartige Anschwellung verschwindet. – Äußerst selten ist das anlagemäßige Fehlen einer Scheide. Häufiger sind *Verklebungen der Gebärmutterschleimhaut* als Folge einer Ausschabung mit der scharfen Kürette. Sie können u. U. durch sanfte Dehnung sowie durch Hormonbehandlung oder Schleimhautimplantation der Gebärmutter behandelt werden.

Häufigste Ursache der krankhaften Amenorrhö ist eine unzureichende Eierstockfunktion. Meist sind die Eierstöcke selbst dabei nicht faßbar geschädigt; vielmehr bleibt der normale Eierstockantrieb vom Sexualzentrum her aus (Abb. 2). Dieses *Versagen des Sexualzentrums* wird oft durch seelische Traumen oder schwere körperliche Schäden ausgelöst. Oft sind die Betroffenen stimmungslabil und kontaktarm. Weitere Zeichen besonderer psychischer Belastung können Abmagerung, Stuhlverstopfung oder Kreislaufstörungen sein. Manchmal treten Scheinschwangerschaften auf, meist als Folge eines dringenden Kinderwunsches, seltener aus Angst vor einer Empfängnis. Die Behandlung hat vor allem die Beseitigung des krankmachenden äußeren oder seelischen Notstandes zum Ziel. Das gestörte Zusammenspiel von Sexualzentrum, Hirnanhangsdrüse, Eierstock und Gebärmutter kann u. U. durch eine Hormonbehandlung wiederhergestellt werden. Hierzu wird die Gebärmutterschleimhaut durch Ersatzhormon künstlich aufgebaut, worauf beim Hormonentzug eine menstruationsähnliche Abbruchblutung erfolgt (vgl. Ovulationshemmer, S. 282).

Seltener bleibt die Regelblutung infolge echter (anatomischer) *Schäden an Hirnanhangsdrüse oder Eierstöcken* aus. So kann der Eierstock anlagemäßig oder durch mangelnden Reiz vom sexuellen Zentralsystem her unterentwickelt (hypoplastisch) sein. Die unzureichende Hormonproduktion führt dann nicht nur zur Regelstörung, sondern auch zu anderen Anzeichen einer geschlechtlichen Unterentwicklung: kleine Brüste, zurückgebliebene Achsel- und Schambehaarung, flacher, muldenförmiger Damm, enger Scheideneingang, abgeflachtes Scheidengewölbe und kleine, spitzwinklig nach vorn abgeknickte Gebärmutter (Abb. 3). Die *Hormonbehandlung* einer solchen Amenorrhö ist nur dann aussichtsreich, wenn genügend unterentwickeltes Eierstockgewebe vorhanden ist; dies kann durch eine Probeentnahme festgestellt werden.

Amenorrhö und seltene Regelblutung kommen auch zusammen mit Fettsucht und Vermännlichung vor. Sie sind dann häufig die Folge fehlfunktionierender, sogenannter *polyzystischer Eierstöcke*, die stark vergrößert, grau, von einer festen Bindegewebshaut umgeben und mit blasenartig veränderten Follikeln ausgefüllt sind (Abb. 4). Als Behandlung kommt die operative Verkleinerung der Eierstöcke in Frage.

Stärke, Dauer und Regelmäßigkeit der Menstruationsblutungen werden vom Arzt üblicherweise in das Menstruationsschema eingetragen. Abb. 5a–g (S. 251) gibt die möglichen *Abweichungen von der normalen Regelblutung* wieder. Die *seltene Regelblutung* (a) mit einem Zyklus von mehr als 31 Tagen ist meist durch eine Verlangsamung der natürlichen Follikelreifung bedingt und harmlos. Die *häufige Regelblutung* (b) mit einem Zyklus von weniger als 24 Tagen kann z. B. durch eine Verkürzung der Follikelreifungsphase, d. h. durch zu frühen Eisprung, bedingt sein. In solchen Fällen steigt die Basaltemperatur z. B. schon am 10. Tag an und nicht, wie bei 28tägigen

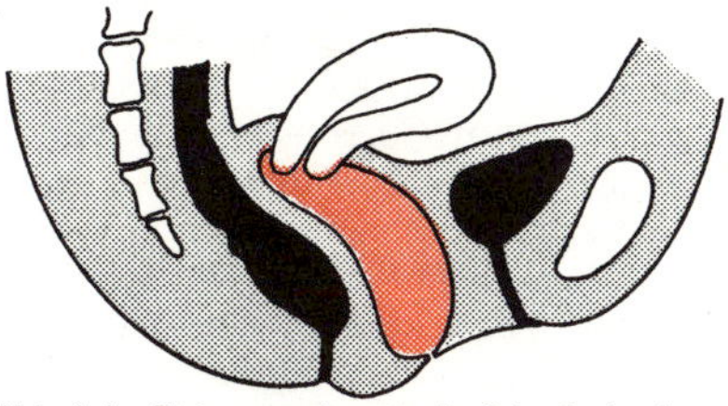

Abb. 1a) Blutansammlung in der Scheide durch Jungfernhäutchen ohne Öffnung

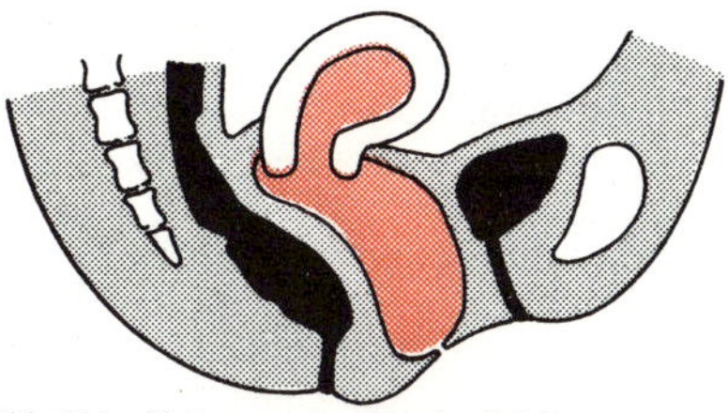

Abb. 1b) Blutansammlung in der Gebärmutter

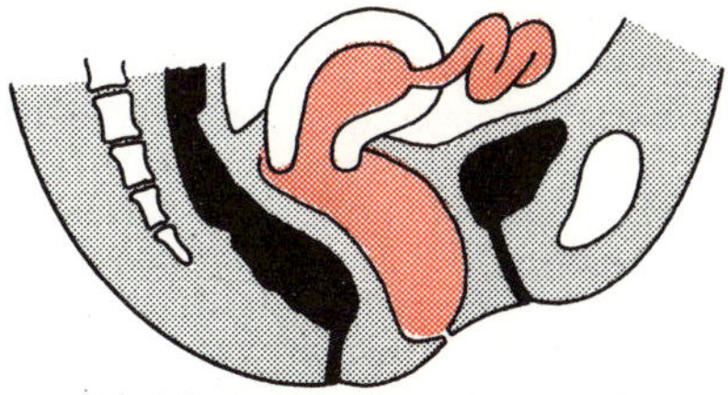

Abb. 1c) Blutansammlung bis in den Eileiter

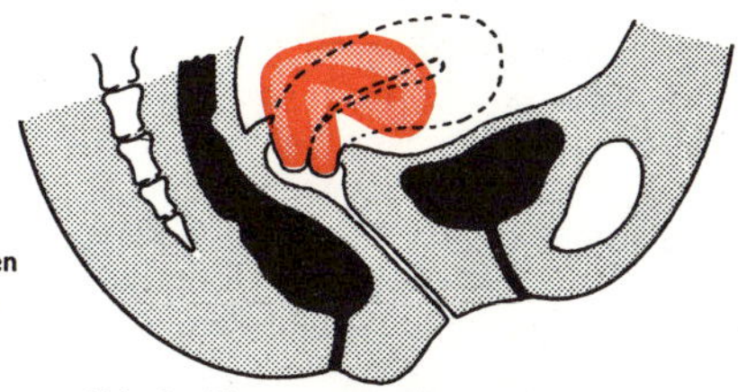

Abb. 3 Kleine, spitzwinklig nach vorn abgeknickte Gebärmutter

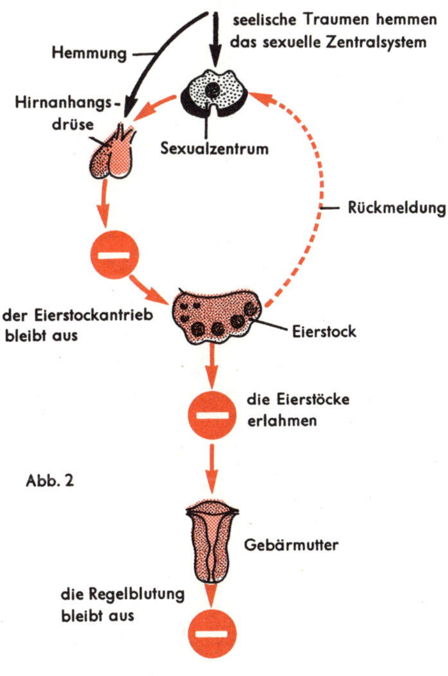

Abb. 2

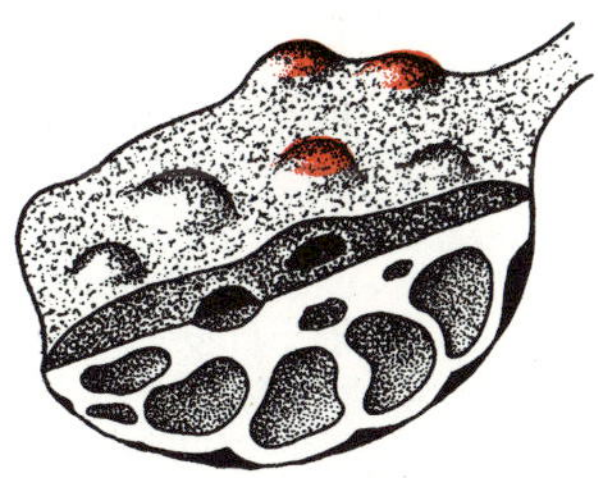

Abb. 4 Blasenartig veränderte Follikel im Eierstock

Zyklen, erst zwischen dem 14. und 16. Tag (Abb. 6). In anderen Fällen ist nicht der Eisprung verfrüht, sondern der zweite Abschnitt des Zyklus, die Gelbkörperphase, verkürzt. Dementsprechend fällt die Basaltemperatur hier rascher ab als normal. Da die Absonderungsphase der Gebärmutterschleimhaut mit der Gelbkörperphase des Eierstocks verknüpft ist, kann die Vorbereitung der Schleimhaut für die Einnistung der befruchteten Eizelle in solchen Fällen ungenügend sein. Eine dritte Form allzu häufiger Blutungen schließlich entsteht dadurch, daß der reife Follikel nicht springt, sondern noch einige Tage bestehenbleibt und sich dann zurückbildet. Diese Rückbildung löst schließlich Blutungen aus, die (verfrüht, aber auch termingerecht) ohne voraufgehenden Eisprung und ohne Gelbkörperphase stattfinden. Man nennt solche einphasischen Zyklen daher auch *anovulatorische Zyklen.* Sie kommen meist zur Zeit der Erstblutung und vor der Letzblutung, außerdem auch bei den ersten Regelblutungen nach einer Geburt vor (Abb. 7). Anovulatorische Zyklen bedeuten naturgemäß Unfruchtbarkeit und werden tatsächlich bei rund $^1/_{10}$ aller sterilen Frauen gefunden.

Eine besondere Regelstörung entsteht, wenn reife Follikel wochenlang nicht platzen. Sie werden dann zu 1–2 cm großen, Follikelhormon produzierenden Blasen, die die Gebärmutterschleimhaut fortlaufend und ohne Regelblutung zu weiterer, stärkster Wucherung antreiben (Abb. 8). Da schließlich kleine Schleimhautsäckchen mit zurückgestauter Gebärmutterabsonderung entstehen, spricht man von einer drüsenständigen, blasigen Wucherung der Gebärmutterschleimhaut *(glandulär-zystische Hyperplasie).* Schließlich reicht das Follikelhormon doch nicht aus, die Schleimhaut zu erhalten, und es kommt zu langdauernden, heftigen „Durchbruchsblutungen", die behandlungsbedürftig sind. Wie anovulatorische Zyklen kommen auch solche langdauernden Blutungen mit Follikelstillstand vor allem zu Beginn und am Ende des fortpflanzungsfähigen Alters als sogenannte juvenile Blutungen bzw. klimakterische Blutungen vor. Sie sind behandlungsbedürftig und manchmal durch Hormonbehandlung, in anderen Fällen nur durch Ausschabung zu stillen.

Schwache Regelblutungen sind harmlos, *allzu starke Blutungen* normaler Dauer dagegen in der überwiegenden Mehrzahl der Fälle Anzeichen einer Entzündung der Gebärmutterschleimhaut, von Myomen oder Polypen. Die Behandlung richtet sich dann nach der Ursache. *Vorblutungen* in Form von längerem „Schmieren" vor der eigentlichen Regelblutung sind oft hormonell durch unzureichende Gelbkörperfunktion bedingt. *Nachblutungen* und *überlange Regelblutungen* sind häufig auf eine verzögerte Abstoßung der Gebärmutterschleimhaut durch Gelbkörperstillstand zurückzuführen, doch kann auch eine Schleimhautentzündung vorliegen.

Manche Frauen empfinden zur Zeit des Eisprungs, mitten in der Periode, einen *Mittelschmerz.* Gleichzeitig kann für Stunden oder 1–2 Tage eine leichte *Mittelblutung* aus der Gebärmutterschleimhaut auftreten. Sie ist gewöhnlich durch einen verstärkten vorübergehenden Abfall des Follikelhormonspiegels bedingt und daher harmlos. Wird die Mittelblutung als störend empfunden, kann sie durch Hormongaben verhindert werden (Abb. 9).

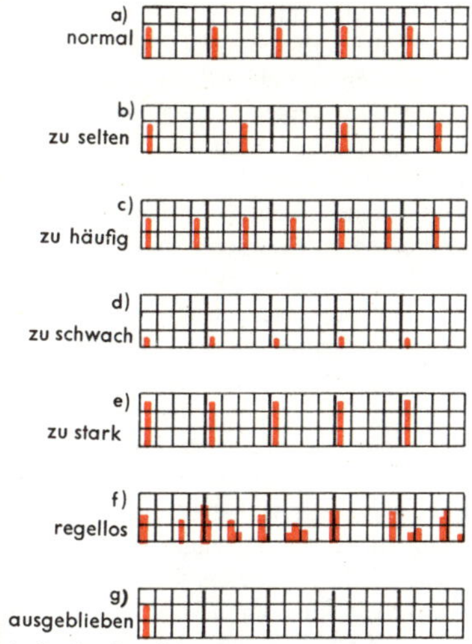

Abb. 5 Die Regelblutung und ihre Abweichungen im Menstruationsschema

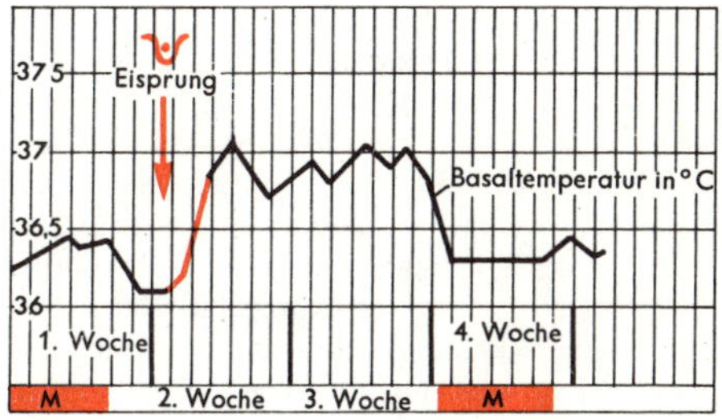

Abb. 6 Zu häufige Regelblutung (M) durch frühzeitigen Eisprung

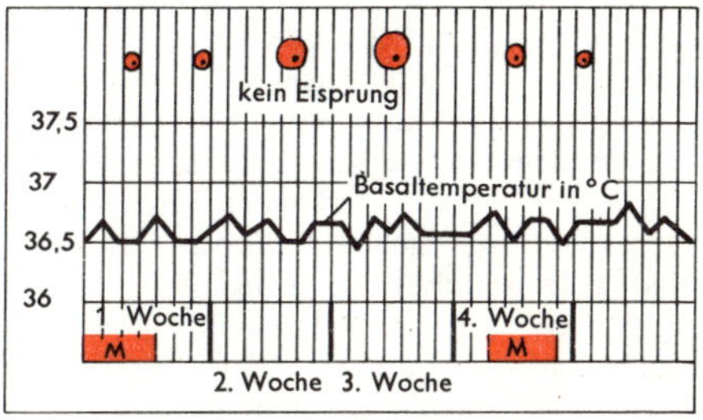

Abb. 7 Sog. anovulatorischer Zyklus ohne Eisprung (hier mit zu häufiger Regelblutung = M)

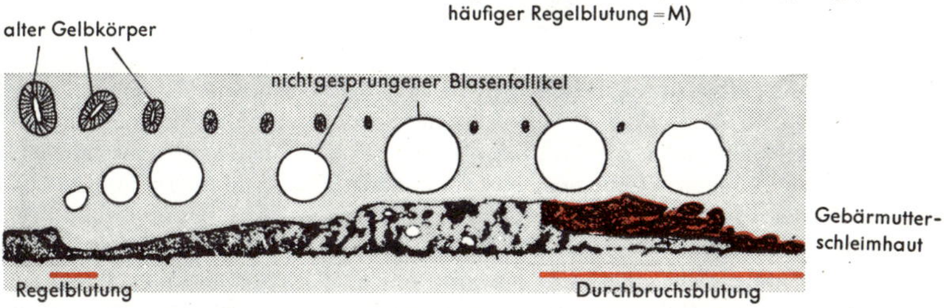

Abb. 8 Bei ausbleibendem Eisprung regt der Blasenfollikel die Gebärmutterschleimhaut zu stärkster Wucherung an, bis schließlich eine Durchbruchsblutung erfolgt

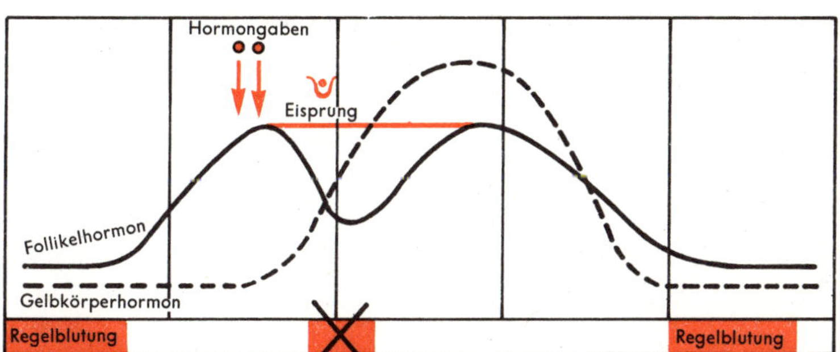

Abb. 9 Übermäßiges Absinken des Follikelhormonspiegels als Ursache der Mittelblutung kann durch Hormonbehandlung ausgeglichen werden

SCHMERZHAFTE REGELBLUTUNG

Die meisten Frauen erleben ihre Regelblutung als Unwohlsein, das mit einer gewissen, meist leichten Beeinträchtigung der körperlichen und geistigen Leistungsfähigkeit einhergeht. Sind die Allgemeinbeschwerden und Unterleibsschmerzen so stark, daß sie eine ernsthafte Störung des Wohlbefindens darstellen, spricht man von einer Dysmenorrhö. *Dysmenorrhö* ist ein Krankheitszeichen, das ganz verschiedene Ursachen haben kann. Auf der einen Seite stehen körperliche (organische) Veränderungen, die mehr oder weniger zwangsläufig zu Regelschmerzen führen müssen. Auf der anderen Seite gibt es Dysmenorrhöen, bei denen körperliche Ursachen nicht zu finden sind; man spricht dann von neurovegetativ oder psychisch bedingten Dysmenorrhöen. Die Allgemeinerscheinungen bestehen etwa in Müdigkeit, Reizbarkeit, schlechter Laune, Kopfschmerzen, Appetitlosigkeit, Herzklopfen und Übelkeit, gelegentlich auch in Durchfällen und Erbrechen. Ferner treten im Unterleib Krämpfe und Druck sowie Kreuzschmerzen auf. Manche Frauen verspüren stärkste krampfartige Schmerzen und fühlen sich zu Beginn der Regelblutung arbeitsunfähig. Die Beschwerden können schon vor der Blutung einsetzen und dauern meist nicht bis zu ihrem Ende an.

Zu den *körperlichen Ursachen der Dysmenorrhö* gehören Geschwülste der Gebärmutter, vor allem Myome (Muskelgeschwülste; Abb. 1). Auch Polypen reizen die Gebärmutter zu schmerzhaften Krämpfen (Abb. 2). Ebenso kann ortsfremdes Wachstum von Gebärmutterschleimhaut zu Regelschmerzen führen, vor allem, wenn diese sogenannte Endometriose ihren Sitz in der Tiefe der Gebärmutterwandung hat (Abb. 3). Für Endometriose sind besonders heftige Regelschmerzen bezeichnend, die nicht von Jugend auf bestehen, sondern um das dreißigste Lebensjahr herum auftreten. Auch Narben am Muttermund (Abb. 4), Entzündungen in der Umgebung der Gebärmutter, Mißbildungen und eine Unterentwicklung der Gebärmutter können körperliche Ursachen dysmenorrhoischer Beschwerden sein (Abb. 5 und 6).

Bei *neurovegetativ bedingter Dysmenorrhö* sind die Beschwerden meist allgemeiner Art und rein nervös durch die Übererregbarkeit des vegetativen Nervensystems bedingt (vgl. vegetative Dystonie, S. 358). Psychischer Schock, unerfüllter Kinderwunsch, Angst vor sexuellem Erleben oder vor Empfängnis, Eheschwierigkeiten, beruflicher Ärger oder Trauer können bei entsprechend veranlagten Frauen Menstruationsbeschwerden auf rein nervösem Weg erzeugen (Abb. 7). Die unbewußte Überbewertung des natürlichen Unwohlseins mag dabei eine Rolle spielen.

Die vorläufige *Behandlung der dysmenorrhoischen Beschwerden* kann einfach schmerzstillend oder krampflösend sein. Endziel bei körperlich bedingter Dysmenorrhö ist die Beseitigung der Ursachen. Bei den übrigen Formen kann eine Hormonbehandlung angezeigt sein. Sie besteht bei voll ausgebildeter Gebärmutter u. U. in einer vorübergehenden Unterdrückung des Eisprungs durch Östrogen-Gestagen-Kombinationen wie bei der hormonellen Empfängnisverhütung. Die erzielte Besserung hält dann nicht selten auch nach Absetzen der verordneten Mittel an. Ist die Gebärmutter unterentwickelt, wirkt sich manchmal eine durch Hormongaben erzeugte Scheinschwangerschaft günstig aus. Diese Behandlung geht von der Erfahrung aus, daß abgelaufene echte Schwangerschaften die Dysmenorrhö der unterentwickelten Gebärmutter häufig für immer zum Verschwinden bringen; daher werden einige Wochen lang Eierstockshormone zur Nachahmung der hormonellen Verhältnisse einer Frühschwangerschaft gegeben. Bei der seelisch verankerten (psychogenen) Dysmenorrhö kommmt eine Entspannungs- oder Psychotherapie in Frage.

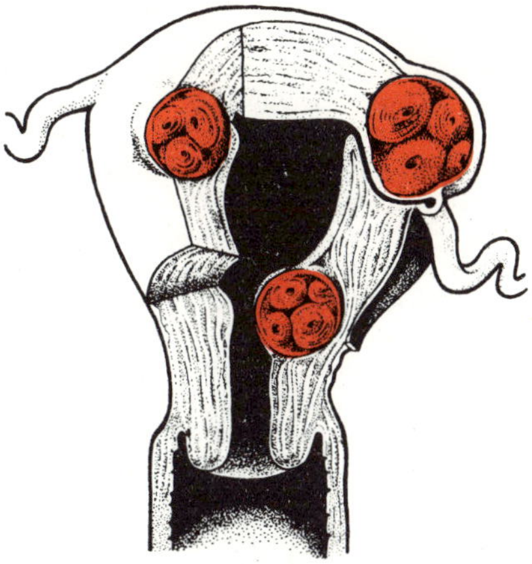

Abb. 1 Muskelgeschwülste der Gebärmutter

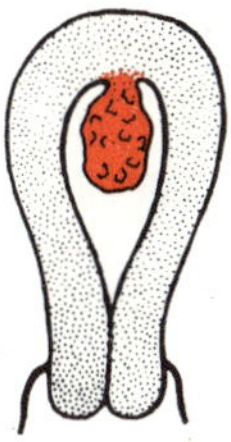

Abb. 2 Gebärmutterpolyp

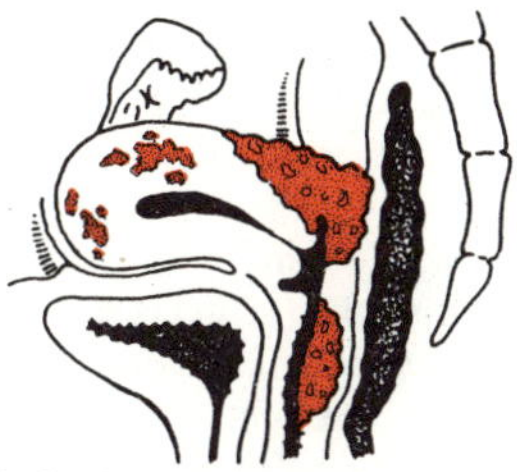

Abb. 3 Ortsfremdes Wachstum von Gebärmutterschleimhaut

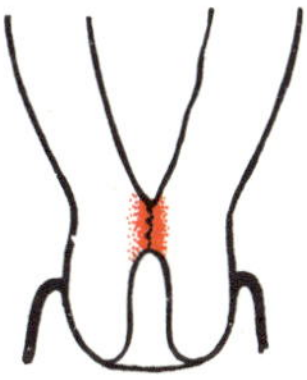

Abb. 4 Narbige Einengung des Gebärmutterhalskanals

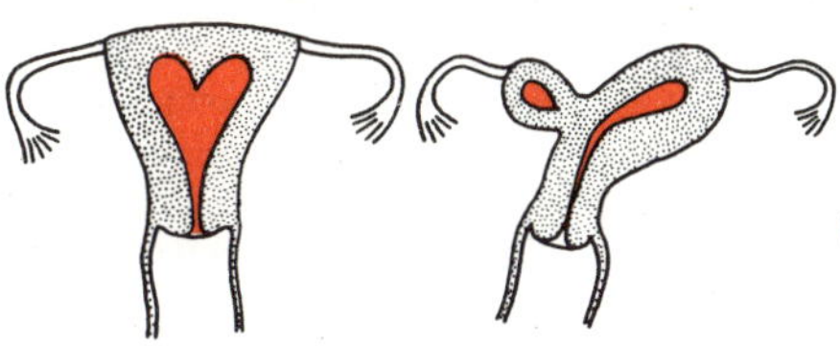

Abb. 5 Mißbildungen der Gebärmutter

Abb. 6 Unterentwickelte Gebärmutter

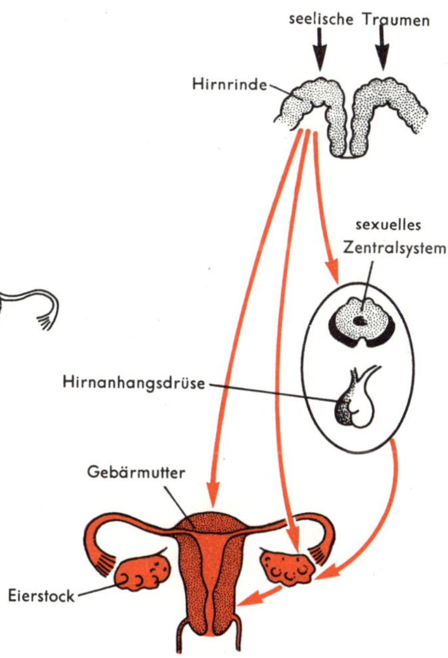

Abb. 7 Schmerzhafte Regelblutung durch seelische Traumen

KREUZSCHMERZEN BEI FRAUEN

Kreuzschmerzen, Ausfluß, Blutungsstörungen und Unterleibsschmerzen sind die häufigsten Frauenbeschwerden. Ein Fünftel aller Unterleibserkrankungen z. B. geht mit Kreuzschmerzen einher, die daher u. a. als wichtiger Hinweis auf ernste Unterleibserkrankungen zu beachten sind. Kreuzschmerzen können manchmal aber auch seelisch bedingt sein; in diesem Fall werden – bei organisch gesundem Unterleib – seelische Spannungen in körperliche Beschwerden umgesetzt. Schließlich sind manche Kreuzschmerzen auf Störungen des weiblichen Stütz- und Halteapparates vor allem im Bereich der unteren Wirbelsäule zurückzuführen. – Kreuzschmerzen können demnach u. a. als Begleiterscheinung von Erkrankungen weiblicher Unterleibsorgane auftreten (Abb. 1a–d), z. B. bei der allzu schmerzhaften Regelblutung (s. S. 252) und anderen Zyklusstörungen (s. S. 248 ff.), bei Myomen der Gebärmutter (s. S. 538), Entzündungen von Eierstock und Eileiter (s. S. 234 ff.), Eierstockgeschwülsten, Verwachsungen der nach hinten abgeknickten Gebärmutter (s. S. 244 f.) und schließlich beim Tiefstand oder Vorfall der Gebärmutter (Abb. 1; vgl. auch S. 244). Insgesamt handelt es sich dabei vorwiegend um Erkrankungen, die durch örtlichen Druck oder Zug zu Schmerzempfindungen führen.

Zyklusstörungen können wegen zeitweiser Blutüberfüllung der Gebärmutter schmerzhaft sein. Auch Darm- und Blasenentzündungen oder Blutpfröpfe können zu einer solchen schmerzhaften Blutfülle führen (Abb. 1e, f und g). Die Kreuzschmerzen werden als dumpf empfunden und irgendwo auf die Kreuzbeingegend, auf das „Kreuz", bezogen. Daß Schmerzen, die irgendwo im kleinen Becken ihren Ursprung nehmen, im Kreuz verspürt werden, soll daran liegen, daß hier die Aufhängebänder des weiblichen Geschlechtsapparates ansetzen; sie sind am Ursprung dicht mit Schmerzempfängern ausgestattet und daher in der Lage, auch schon geringe Veränderungen von Druck und Zug als Schmerz zu registrieren.

Häufig sind Kreuzschmerzen auch bei genauester Untersuchung nicht auf eine greifbare Krankheitsursache zurückzuführen. Sie gehören dann zu der großen Gruppe leiblich-seelisch bedingter, funktioneller Beschwerden, hinter denen sich oft eine Fehlspannung glatter Eingeweidemuskeln verbirgt; daher spricht man auch von neurovegetativen Beschwerden bzw. *neurovegetativ bedingten Kreuzschmerzen*. Sie treten oft im Unterleib der geschlechtsreifen, meist etwa 30jährigen Frau auf, die durch ihre Umgebung (Familie, Beruf u. a.) überfordert ist. Die seelische Verkrampfung führt in solchen Fällen zu schmerzhaften Verspannungen glatter Muskeln im Unterleib, zur Blutüberfüllung, gelegentlich auch zu gesteigerten Absonderungen aus dem Gebärmutterhalskanal (Abb. 2) und zu Stuhlverstopfung oder Harndrang.

Eine dritte Gruppe von Kreuzschmerzen ist auf verschiedene *Störungen im Bereich der Wirbelsäule* zurückzuführen. Zum Teil handelt es sich dabei um spezifisch weibliche Erkrankungen, wie z. B. um Knochenentkalkung nach den Wechseljahren, zum anderen Teil um Wirbelsäulenschäden, die zwar auch beim Manne vorkommen, den empfindlicheren Halte- und Stützapparat der Frau jedoch häufiger befallen (Rundrücken, Hohlkreuz, Hängeleib, Entzündungs- und Entartungsreaktionen der Wirbelsäule einschließlich Bandscheibenvorfall, s. S. 424). Die *Knochenentkalkung* beginnt meist 5–10 Jahre nach Aussetzen der Regelblutung; sie kann aber auch erst mit 65 Jahren auftreten. Die Beschwerden bestehen in heftigen Kreuz- und Rückenschmerzen, die sich anfallsweise verstärken, außerdem kommen belastungsbedingte Verkrümmungen und Stauchungen der Wirbelsäule vor (Abb. 3). Abhilfe bringt u. U. eine Therapie mit eiweißansetzenden Hormonen zusammen mit weiblichen Geschlechtshormonen, die auch mit Kalkpräparaten und Vitamin D kombiniert werden können.

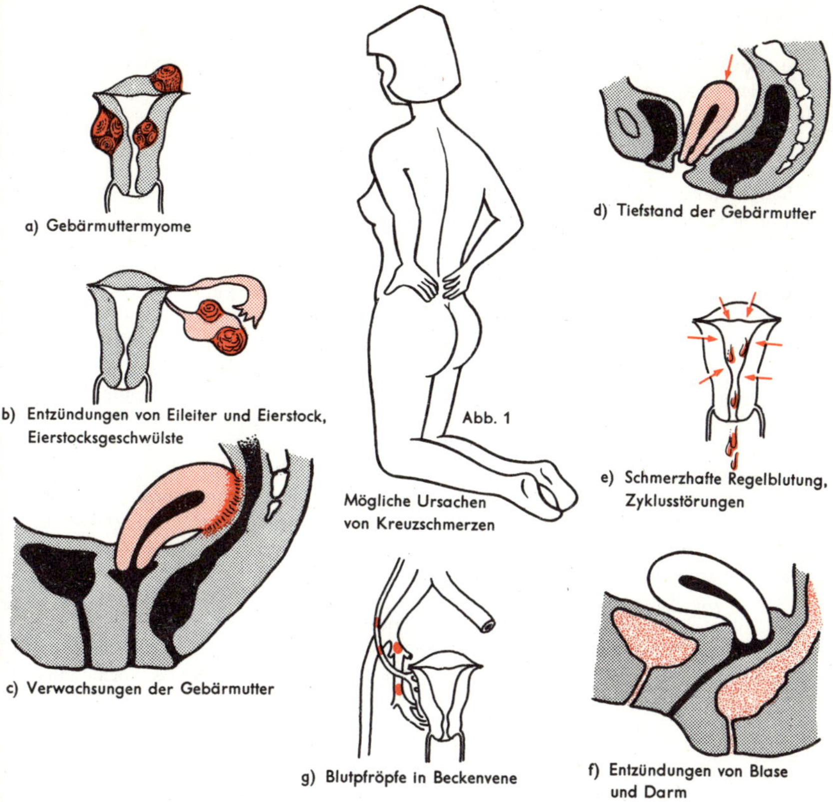

Abb. 1
Mögliche Ursachen von Kreuzschmerzen

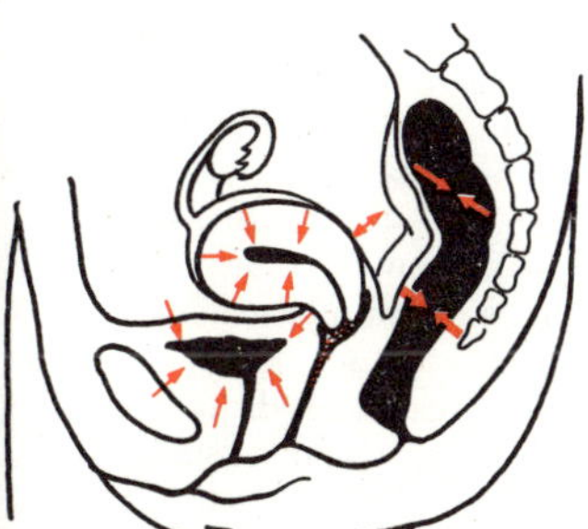

Abb. 2 Kreuzschmerzen durch Muskelspannungen im Unterleib und gesteigerte Absonderung

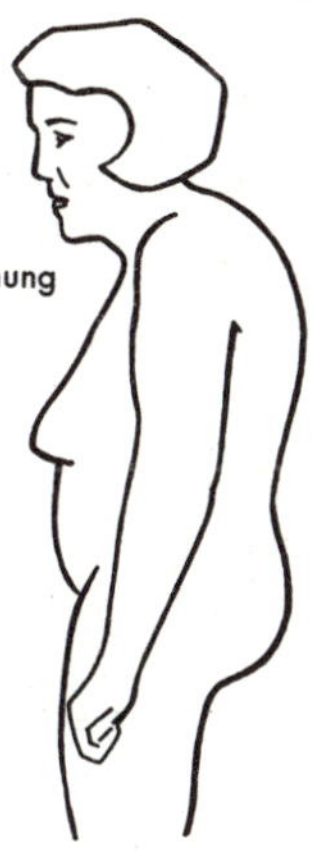

Abb. 3
Wirbelsäulenverkrümmung durch Störung des Knochenstoffwechsels

WECHSELJAHRE

Etwa 35 Jahre lang steht das Leben der geschlechtsreifen Frau unter dem Einfluß der Eierstöcke, die die Gebärmutterschleimhaut zyklisch zu monatlichen Regelblutungen bringen. Gegen das 50. Lebensjahr erlahmen die Eierstöcke und stellen schließlich ihre Tätigkeit ein. Diese Zeit um die letzte Regelblutung herum nennt man die *Wechseljahre* der Frau oder das *Klimakterium.* Die Wechseljahre äußern sich zum einen meist in bestimmten, normalerweise harmlosen Blutungsanomalien, zum andern in vegetativen und psychischen Beschwerden, die man auch klimakterische Ausfallserscheinungen nennt.

Die Tätigkeit der Eierstöcke wird vom sexuellen Zentralsystem überwacht, das aus dem Sexualzentrum des Zwischenhirns und der Hirnanhangsdrüse besteht. Die Eierstöcke sondern unter seinem Einfluß Hormone ab, die einerseits auf die Peripherie, z. B. auf die Gebärmutter und die Brustdrüsen, einwirken. Andererseits geht vom Eierstock eine rückläufige Gegenkontrolle der Hirnanhangsdrüse aus (Abb. 1a). Gegen das 50. Lebensjahr sind von den ursprünglich angelegten 400 000 eitragenden Follikeln der Eierstöcke mehr als 90 % verbraucht. Daher stellen die Eierstöcke zu diesem Zeitpunkt und früher als die übrigen Organe des Körpers ihre Funktion ein. Eine Folge ist, daß nun kein Eisprung mehr erfolgt und Unfruchtbarkeit eintritt. Die zweite Folge ist das Versiegen der Hormonproduktion im Eierstock. Dadurch entfällt die wachstumsfördernde Wirkung des Follikelhormons auf die Geschlechtsorgane. Außerdem unterbleibt die hormonelle Gegenkontrolle und Bremsung der Hirnanhangsdrüse (Abb. 1b). Abb. 1c veranschaulicht, daß ärztlich verordnete Hormontabletten unter bestimmten Voraussetzungen imstande sind, die normale Gegenkontrollbremse der Hirnanhangsdrüse zu ersetzen. Dies ist deshalb wichtig, weil die Enthemmung der Hirnanhangsdrüse sonst u. U. auf andere Hormondrüsen ausstrahlt, wodurch sich z. B. die Tätigkeit der Nebennieren und der Schilddrüse verändern könnte – möglicherweise ein Grund für die weite Streuung der klimakterischen Beschwerden fast über den ganzen weiblichen Körper. Abb. 2a gibt den altersbedingten Gang der Geschlechtshormonproduktion wieder. Man sieht z. B., daß die Follikelhormonausscheidung schon Jahre vor der letzten Regelblutung abfällt. Ihr Tiefstand wird erst 7 Jahre nach der letzten Blutung erreicht. Auch aus der Lebenskurve der weiblichen Geschlechtshormone geht hervor, daß die Wechseljahre von einer 12–13 Jahre dauernden Umstellung des Hormonhaushalts begleitet werden (Abb. 2b).

Zu Beginn des 20. Jahrhunderts erfolgte die letzte Regelblutung durchschnittlich im Alter von 44 Jahren; heute liegt das sogenannte Menopausenalter bei durchschnittlich 49,3 Jahren. Im Einzelfall kommen naturgemäß starke Abweichungen, z. B. bis in die zweite Hälfte des 6. Lebensjahrzehnts, vor. Bei 75 % aller Frauen erlischt die Regelblutung jedoch zwischen dem 45. und 55. Lebensjahr. Da heute im Vergleich zu 1900 nicht nur die letzte Regelblutung später, sondern auch die erste Regelblutung früher eintritt, ergibt sich insgesamt eine Verlängerung der weiblichen Geschlechtsreife von früher 26 auf nunmehr durchschnittlich 38 Jahre (Abb. 3). Im Klimakterium nehmen nicht alle Geschlechtsfunktionen gleichzeitig ab. So bleiben z. B. Libido (Liebesverlangen) und Orgasmusfähigkeit auch nach der Menopause im allgemeinen noch lange Zeit erhalten. Die Empfängnisfähigkeit erlischt spätestens mit dem Aufhören der Regelblutung, meist aber schon einige Zeit vorher. Die Wahrscheinlichkeit einer Empfängnis beträgt bei 30jährigen Frauen 30 %, bei 35jährigen 11 % und bei 40jährigen noch 3 %. Im allgemeinen nimmt man jene Blutung als letzte „Regel" an, auf die mindestens ein Jahr lang keine weitere Blutung mehr gefolgt war. Dies ist deshalb wichtig, weil alle übrigen Blutungen im Klimakterium krebsverdächtig sind.

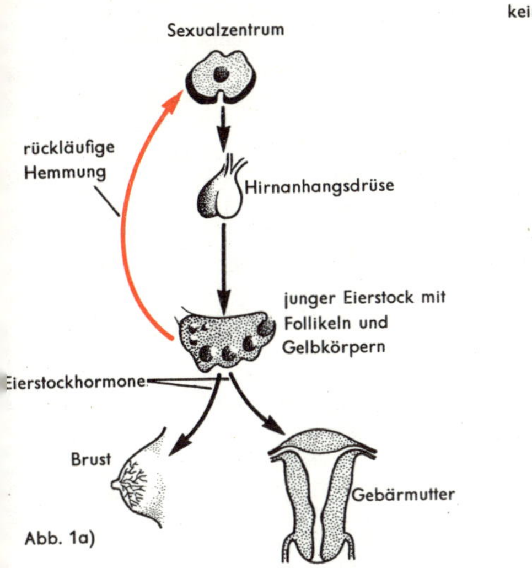

Abb. 1a)

Geschlechtsreifer Funktionskreis der weiblichen Hormondrüsen mit rückläufiger Gegenkontrolle des Sexualzentrums

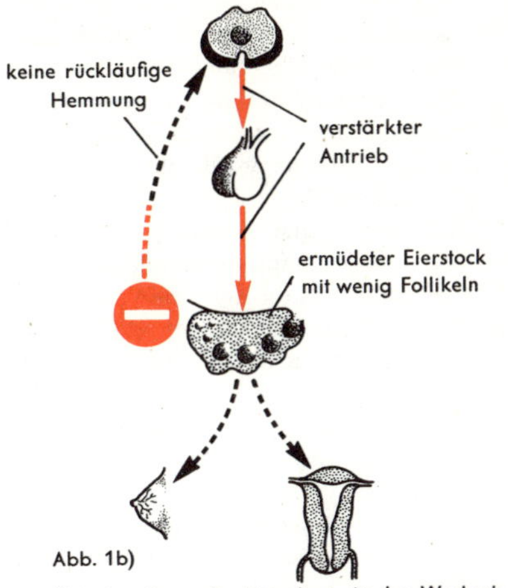

Abb. 1b)

Unterbrochener Funktionskreis in den Wechseljahren; die Eierstöcke vermindern ihre Tätigkeit (und rückläufige Gegenkontrolle), das Sexualzentrum „überdreht".

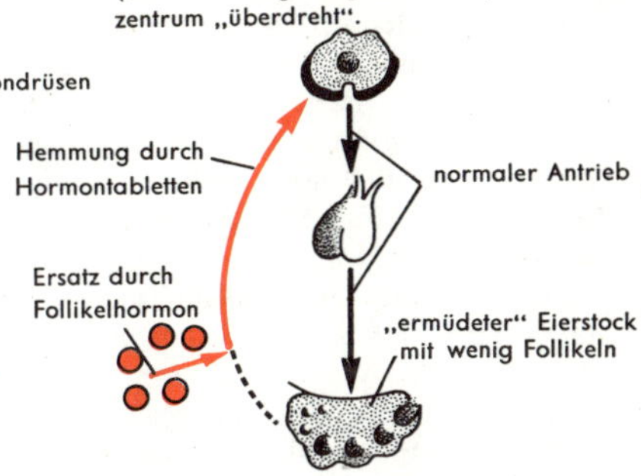

Abb. 1c) Ersatz der rückläufigen Hemmung durch Follikelhormongaben

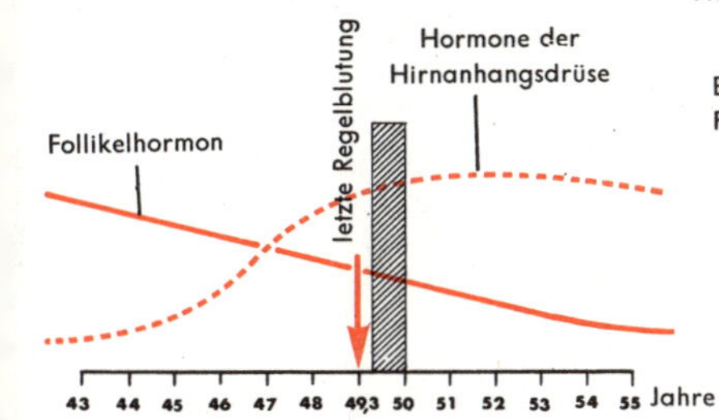

Abb. 2a) Wechseljahre und Hormonspiegel

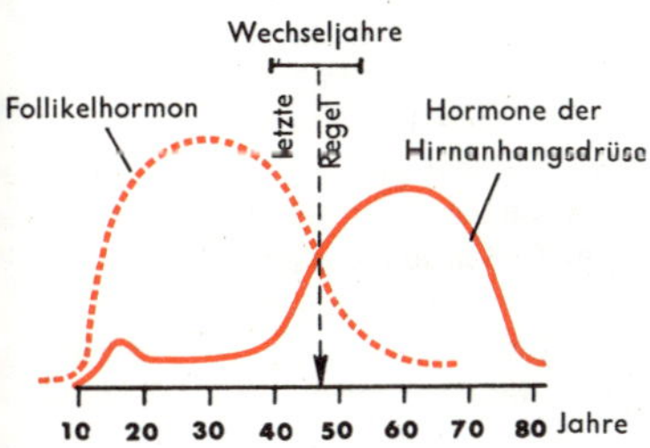

Abb. 2b) Lebenslauf und Hormonspiegel

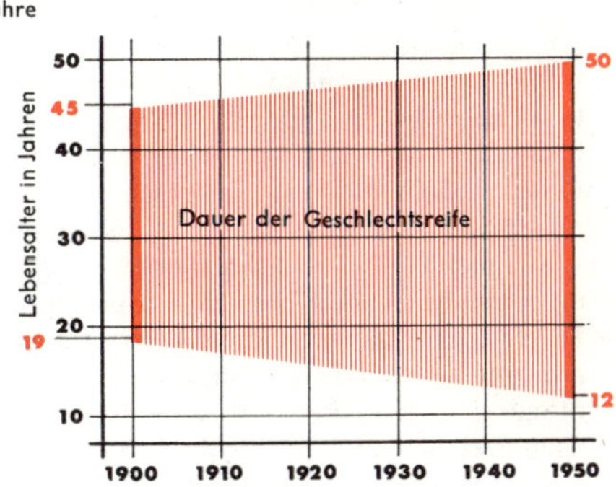

Abb. 3 Von 1900 bis 1950 hat sich die Dauer der Geschlechtsreife von 26 auf 38 Jahre erhöht

STÖRUNGEN DER WECHSELJAHRE

Die *Wechseljahre* kennzeichnen den Übergang zwischen voll funktionierenden und ruhenden Eierstöcken. Sie sind dementsprechend keine Krankheit, sondern eine durchaus normale Übergangsphase, ein Lebensabschnitt, der die Frau gewöhnlich weniger durch objektiv-konkrete Beschwerden, sondern eher subjektiv-psychisch belastet. Das Klimakterium wird erfahrungsgemäß um so beschwerdefreier erlebt, je bewußter und williger die älter werdende Frau sich auf die Wechseljahre einstellt und vorbereitet. Dazu gehört keinesfalls der Verzicht auf alle Freuden des Lebens, doch ist zur Vermeidung von Torschlußpanik und Ängstlichkeit Selbstdisziplin erforderlich, die dann auch die Verständnisbereitschaft des Ehepartners erhöht.

Dennoch ist die Zeit der Wechseljahre – wie jeder Lebensabschnitt – mit besonderen Risiken behaftet. Vor der letzten Regelblutung stehen weniger subjektive Störungen im Vordergrund als Blutungsanomalien, die – zusammen mit der abnehmenden Fruchtbarkeit – erste Anzeichen der nachlassenden Eierstockfunktion sind (s. S. 256). Verlängerte oder verkürzte Zyklen sind meist harmlos, doch ist bei jeder Anomalie fachärztliche Überwachung ratsam. Manchmal reifen Eierstockfollikel infolge Eierstockschwäche nicht voll aus und werden zu großen blasenartigen Gebilden, die weiter hormonaktiv sind und die Gebärmutterschleimhaut zu stärkerer Wucherung und Dauerblutungen veranlassen. Derartige Dauerblutungen sind im letzten Jahr der Regelblutung besonders häufig (Abb. 1). Ist etwa durch Ausschabung ausgeschlossen, daß es sich um Myome, Polypen oder ein Karzinom handelt (Abb. 2), kann u. U. eine Hormonbehandlung helfen.

Auch nach der letzten Regelblutung können noch Blutungen vorkommen. Dabei ist die Festlegung der letzten echten Regelblutung wichtig. Rückschauend pflegt man jene Blutung als letzte zu bezeichnen, auf die innerhalb eines Jahres keine weitere Blutung mehr gefolgt ist. Treten nach mehr als einem Jahr wieder Blutungen auf, so sind diese Blutungen krebsverdächtig und sollten dem Arzt mitgeteilt werden. Tatsächlich sind über 50 % solcher Spätblutungen auf einen Gebärmutterkrebs zurückzuführen (s. S. 574 ff.).

Die Abnahme der Follikelhormonproduktion hat eine allmähliche Rückbildung von Gebärmutter, Scheide, Scham und Brustdrüsen zur Folge. Geht diese Rückbildung und Austrocknung zu weit, kann es, meist bei der Greisin, zur entzündlichen Scheidenschrumpfung, zu quälendem Jucken in der Scham oder gar zum chronischen Schamschwund kommen (Abb. 3 und 4).

Abgesehen von Blutungsanomalien, werden andere klimakterische Ausfallserscheinungen bei 30–60 % aller Frauen gefunden. Sie sind auf Anpassungserscheinungen des Körpers an die nachlassende Hormonproduktion der Eierstöcke zurückzuführen. Ist diese Anpassung auf einem niedrigen Niveau erreicht, hören die Beschwerden wieder auf. Bis dahin können 2, selten 5–10 Jahre vergehen. Die *Ausfallserscheinungen* bestehen in Hitzewallungen, Schweißausbrüchen, Herzjagen, Müdigkeit, auch Schlaflosigkeit; Ameisenlaufen an Händen und Armen, Angstzustände, Reizbarkeit, Arbeitsunlust und Gemütsverstimmungen, vor allem Depressionen, können hinzukommen. Die Ausfallserscheinungen sind wahrscheinlich nicht einfach nur direkt durch die Abnahme der Eierstockshormone bedingt. Es kommt nämlich hinzu, daß nun auch deren retardierende Kontrollfunktion gegenüber dem sexuellen Zentralsystem versagt. Daher könnte die enthemmte Hirnanhangsdrüse auch die Schilddrüse und Nebennierenrinde zu krankhaft vermehrter Tätigkeit anregen (Abb. 5). Die psychischen Symptome sind zum guten Teil Anzeichen einer seelischen Fehlverarbeitung der körperlichen Ereignisse. Hier kann der Arzt beratend und auch sonst in einer Reihe von Fällen mit einer Hormonbehandlung helfen.

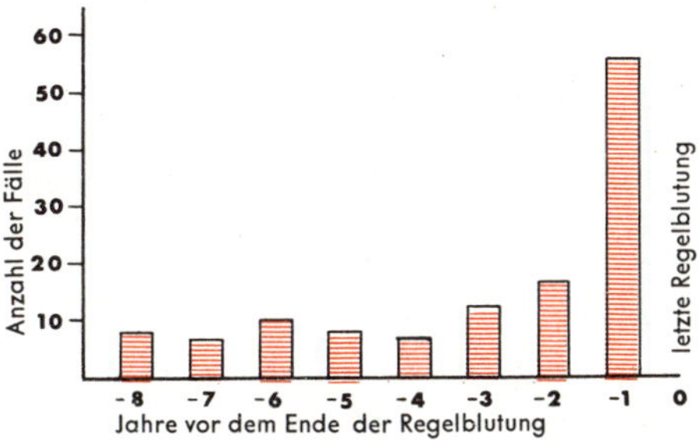

Abb. 1 Zunehmende Häufigkeit von Dauerblutungen durch „Ermüdung" der Eierstöcke

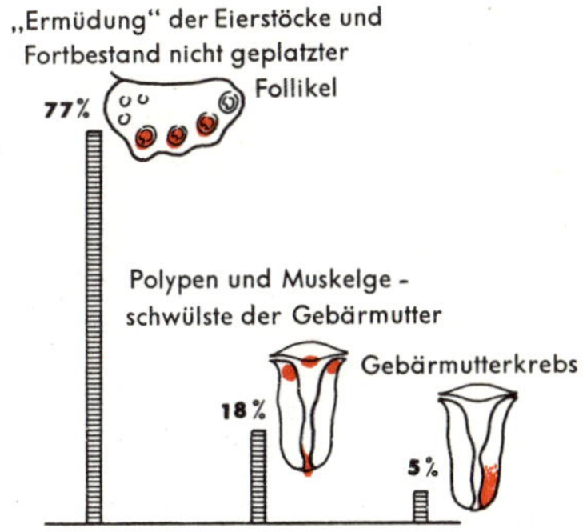

Abb. 2 Die Ursache von Dauerblutungen in der Zeit vor der letzten Regelblutung

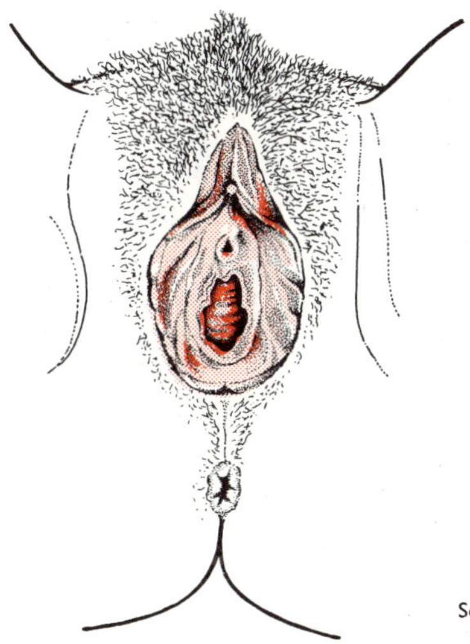

Abb. 3 Normales Genitale der geschlechtsreifen Frau

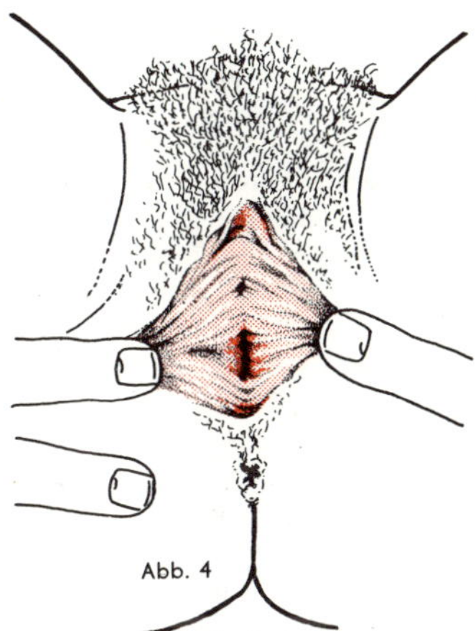

Abb. 4 Altersbedingte Rückbildungen am weiblichen Genitale (Craurosis vulvae)

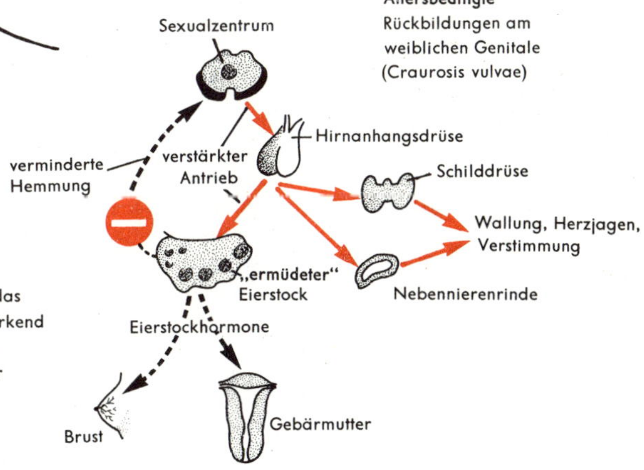

Abb. 5 Der „ermüdete" Eierstock kann das Sexualzentrum nicht mehr rückwirkend bremsen, dadurch kommt es zum vermehrten Antrieb verschiedener Hormondrüsen

UNFRUCHTBARKEIT DER FRAU

Von einer unfruchtbaren Ehe spricht man, wenn trotz Kinderwunsches bei normalem Geschlechtsverkehr innerhalb von 1–2 Jahren keine Schwangerschaft eintritt. In 30 bis 40 % der Fälle liegt die Unfruchtbarkeit beim Mann (s. S. 226), in 40–60 % bei der Frau; einige Fälle bleiben ungeklärt. Bei der Unfruchtbarkeit der Frau spielen drei Ursachengruppen eine Rolle. In erster Linie kommen anatomische oder funktionelle Normabweichungen der Geschlechtsorgane in Frage, aber auch Allgemeinerkrankungen und psychische Faktoren können die Ursache einer Unfruchtbarkeit sein.

Voraussetzung für jede Empfängnis ist naturgemäß der Eisprung aus dem Eierstock. Der Eierstock gibt nicht nur die befruchtungsfähige Eizelle frei, sondern sorgt normalerweise auch dafür, daß in bester zeitlicher Abstimmung mit dem Eisprung zyklische Veränderungen von Halskanal und Gebärmutterschleimhaut ablaufen, die eine Befruchtung und dann die Einnistung der befruchteten Eizelle ermöglichen. Wegen dieser zeitlichen Verknüpfungen ist zunächst und vor allem wichtig, daß die *fruchtbaren Tage* der Frau tatsächlich ausgenutzt werden. Sie lassen sich am einfachsten an Hand der Basaltemperatur feststellen, wie sie auch zur Empfängnisverhütung nach der Temperaturmethode gemessen wird (Abb. 1; s. auch S. 278 ff.). Basaltemperatur, Schleimpfropfuntersuchung und Scheidenabstrich zeigen außerdem, ob überhaupt ein Eisprung erfolgt und ob dieser sich mit den Umwandlungen der Gebärmutterschleimhaut zeitlich sinnvoll ergänzt. Fehlender Eisprung und mangelndes Zusammenspiel kommen vor allem bei hormoneller Fehl- und Unterfunktion der Eierstöcke vor.

Die *gestörte Eierstockfunktion* ist wahrscheinlich die häufigste Ursache weiblicher Unfruchtbarkeit. Sie kann manchmal auf Fehlleistungen des Sexualzentrums im Gehirn zurückgeführt werden, in anderen Fällen auf eine Unterentwicklung oder blasenartige Umwandlung der Eierstöcke (s. S. 248). Bei unterentwickelten Frauen mit enger Scheide, muldenförmigem Damm, kleinen Brüsten sowie spärlicher Scham- und Achselbehaarung wird zu wenig Follikelhormon gebildet; ein weiteres Anzeichen mangelhafter Eierstockfunktion ist auch die kleine, spitzwinkelig geknickte Gebärmutter, die als solche allerdings nur ganz selten als Ursache einer Unfruchtbarkeit in Frage kommt. Ist der Zyklus verkürzt, kann es sich um eine Schwäche des Gelbkörpers handeln, der allzufrüh zugrunde geht und so eine Regelblutung auslöst, bevor das befruchtete Ei sich einnisten kann. Bei kurzem Zyklus ist der verfrühte Eisprung gelegentlich mit einer langen Blutung kombiniert, so daß der Beischlaf hier nur gegen Ende oder gleich im Anschluß an die Regelblutung erfolgreich sein kann. Die Verfolgung der Basaltemperatur ist auch hier imstande, die Verhältnisse zu klären. In den meisten Fällen einer Unter- und Fehlfunktion der nicht anatomisch veränderten Eierstöcke ist eine Hormonbehandlung angezeigt, die in 40–50 % der Fälle zu einer Empfängnis verhelfen kann. Die Aussichten sind bei jungen Frauen besonders gut.

Selten ist die *Gebärmutter* Ursache einer Unfruchtbarkeit, die z. B. nach allzu starker Ausschabung, bei Mißbildungen (Abb. 2) oder Myomen auftreten kann. In den letzteren Fällen kann u. U. eine Operation helfen.

Unter den anatomischen oder auch funktionell bedingten Veränderungen der Geschlechtsorgane als Ursache einer Unfruchtbarkeit stehen die *Veränderungen des Eileiters* mit 20–30 % aller Fälle an der Spitze. Meist handelt es sich um einen Eileiterverschluß. Dieser kann durch eine frühere Fehlgeburt oder abgelaufene Entzündungen bedingt sein, wie z. B. Tuberkulose, Gonorrhö oder unspezifische Vereiterungen. Seltenere Ursachen sind Fehlentwicklungen oder Unterentwicklung der Eileiter sowie verschiedene nichtentzündliche Schleimhautveränderungen. Zur Sicherung der Diagnose kann man, sofern der Unterleib völlig entzündungsfrei ist, die etwas schwierigeren Verfahren der Eileiterdurchblasung und Eileiterdarstellung im Röntgenbild anwenden: Bei der *Eileiterdurchblasung* wird ein Gasstrom vom Gebärmutterhals über Gebärmutterhöhle und Eileiter in den Bauchfellraum getrieben. Am erforderlichen Gasdruck und einem bezeichnenden Bläschengeräusch, das eine Hilfsperson abhört, kann man ablesen, ob die Eileiter offen oder verschlossen sind. Gelegentlich kann eine solche

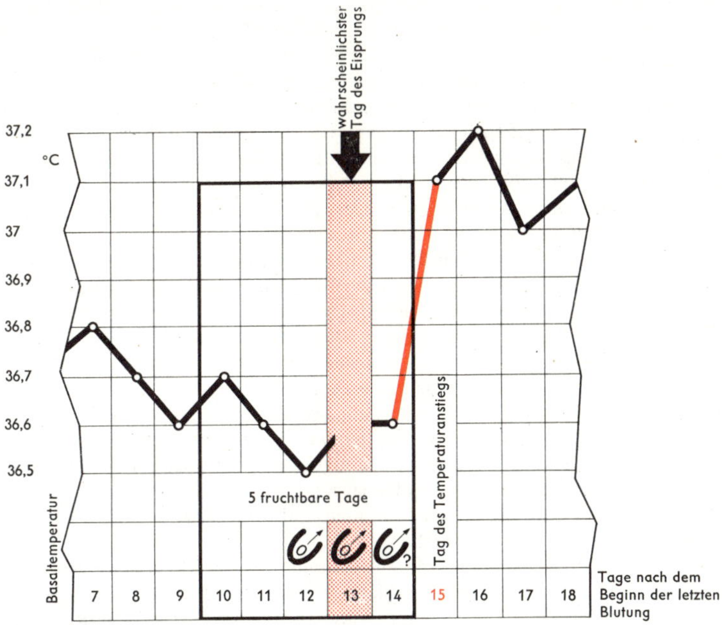

Abb. 1
Die 5 fruchtbaren Tage der Frau

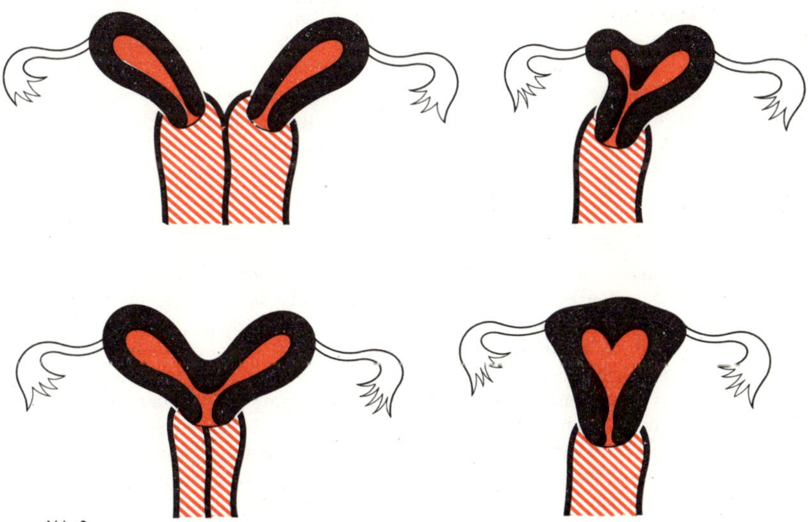

Abb. 2
Mißbildungen der Gebärmutter (meist Doppelbildungen)

Eileiterdurchblasung – wahrscheinlich infolge Sprengung geringer Verwachsungen – selbst schon als Behandlung wirken. Tatsächlich führt Geschlechtsverkehr im Anschluß an eine Eileiterdurchblasung in 25–30 % der Fälle zur Empfängnis. Die *Röntgendarstellung der Eileiter* erfolgt ebenfalls vom Muttermund aus über die Gebärmutterhöhle, doch wird in diesem Falle kein Gas, sondern ein Röntgenkontrastmittel unter Druck eingespritzt, dessen Schatten im Röntgenbild anzeigt, wie weit der Geschlechtskanal von unten her durchgängig ist. Durchgängige Eileiter füllen sich nach der Gebärmutterhöhle von innen her (Abb. 3a). Ist der Eileiter beim Übergang in den Bauchraum verklebt, so bleibt das Kontrastmittel im erweiterten Eileiteranteil liegen (Abb. 3b). Sitzt der Verschluß schon beim Abgang aus der Gebärmutter, so wird der Eileiter erst gar nicht gefüllt, das Röntgenbild gibt allein die dreieckförmige Gebärmutterhöhle wieder (Abb. 3c). – Ein weiteres Verfahren zur Beurteilung der inneren Geschlechtsorgane, vor allem des Eileiters, ist die *Bauchhöhlenspiegelung.* Man führt dabei ein Spezialbesteck in den luftgefüllten Bauchraum ein und betrachtet die Eingeweide bei entsprechender Beleuchtung gewissermaßen von innen her. Der Zugang erfolgt über das hintere Scheidengewölbe oder durch die Bauchdecken. – Eine Behandlung des andauernden narbigen Eileiterverschlusses kann nur auf operativem Wege erfolgen.

Die Untersuchung der Eileiterdurchgängigkeit ist ein relativ eingreifendes Verfahren. Sie wird daher erst nach Prüfung der Zeugungsfähigkeit des Partners durchgeführt (s. S. 226). U. a. untersucht man den Gebärmutterhalsschleim 6 Stunden nach einem Geschlechtsverkehr auf bewegliche Spermien und führt im Reagenzglas den sog. gekreuzten Spermainvasionstest durch.

Unfruchtbarkeit kann nicht nur durch Fehlbildungen und Erkrankungen des Eileiters, sondern auch des übrigen Geschlechtskanals entstehen. So kann die Scheide anlagemäßig fehlen (Abb. 4), verwachsen (Abb. 5) oder verengt sein. Wesentlich häufiger sind Scheidenentzündungen die Ursache einer Unfruchtbarkeit (Verstärkung der lähmenden Wirkung des Scheidensekrets). In Betracht kommt ferner eine Störung der Samenbehälterfunktion des Gebärmutterhalskanals. Ursächlich handelt es sich dabei u. a. um örtliche Entzündungen oder ältere Einrisse des Halskanals. Es kommt aber auch vor, daß die zyklusbedingte Umwandlung des sonst samendurchlässigen Schleimpfropfes nicht stattfindet (s. S. 246). Die Folge wäre dann ein Ausbleiben der endgültigen Befruchtungsfähigkeit, die von den Samenfäden erst im Gebärmutterhalskanal erworben wird *(Kapazitation der Spermien).* Eierstockbedingte Zyklusstörungen lassen sich durch die fortlaufende Untersuchung von Scheidenabstrich, Muttermund, Schleimpfropf und Basaltemperatur erfassen (s. S. 248 ff.). In solchen Fällen kann dann oft die Zufuhr von Follikelhormon helfen.

Allgemeinerkrankungen, die zur Unfruchtbarkeit führen können, sind Erkrankungen der Schilddrüse, Nebennieren und die Zuckerkrankheit.

Psychische Ursachen wie Minderwertigkeitsgefühle der angeblich unfruchtbaren Frau, Eheschwierigkeiten, Scheidungsdrohungen, Not und Angst können eine Neigung zur Unfruchtbarkeit verstärken, u. U. sogar auslösen. Meist ist eine Hemmung der Eierstockfunktion durch zentralnervöse Fehlsteuerung die Ursache; seltener kommen Spasmen z. B. der Eileiter in Frage, wie sie vor allem entstehen sollen, wenn Frauen bei dringendem Kinderwunsch seelisch und sexuell verkrampfen. Ob und wie häufig weibliche Frigidität die unmittelbare Ursache einer Unfruchtbarkeit sein kann, ist nicht ganz sicher. Die fehlende Libido und das Fehlen des Orgasmus können sich zweifellos indirekt auswirken, z. B. durch seltenen ehelichen Verkehr. Auch ein Scheidenkrampf, der ursprünglich meist durch körperliche Schmerzen, etwa bei der Entjungferung, bedingt, später jedoch meist seelisch tiefer verankert ist, kann ein Empfängnishindernis sein. Oft ist die vertrauensvolle Aussprache mit dem behandelnden Arzt sehr nützlich. Gelegentlich kann Frigidität durch Gaben von männlichem Geschlechtshormon beseitigt werden.

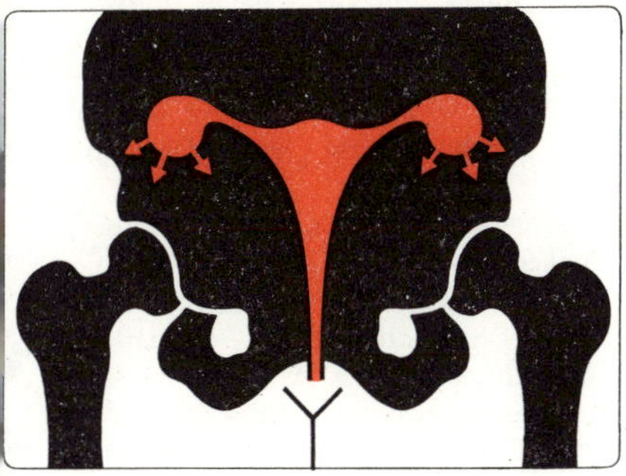

Abb. 3 a)
Die Eileiter sind durchgängig

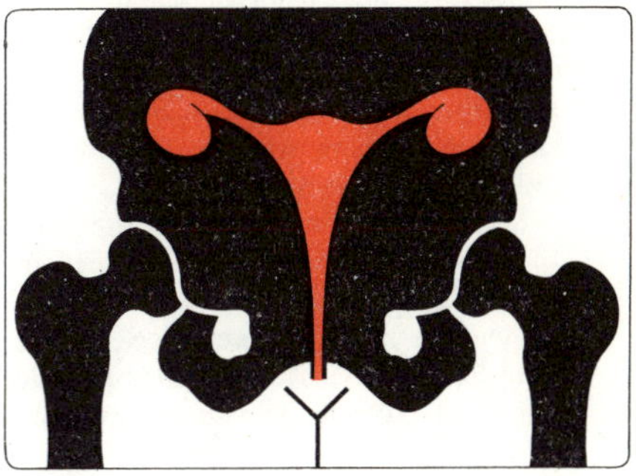

Abb. 3 b)
Die Eileiter sind am entfernten Ende verschlossen

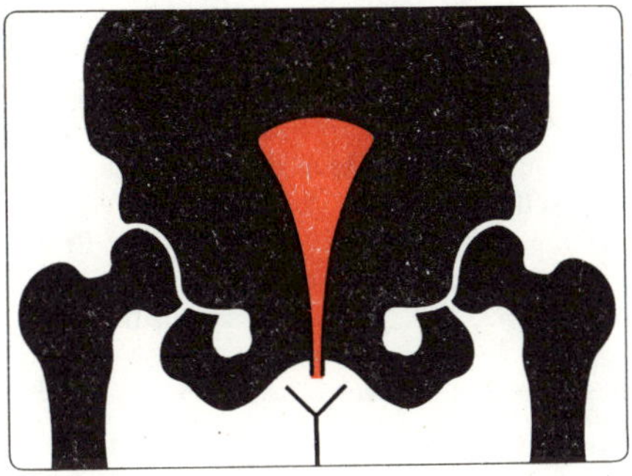

Abb. 3 c)
Die Eileiter sind schon beim Abgang verschlossen

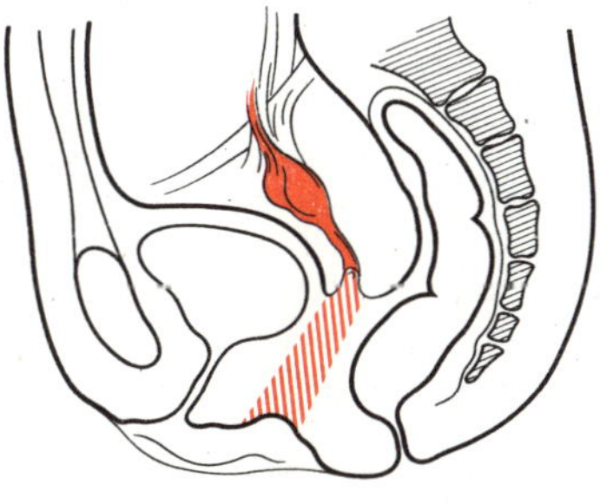

Abb. 4
Anlagemäßiges Fehlen der Scheide

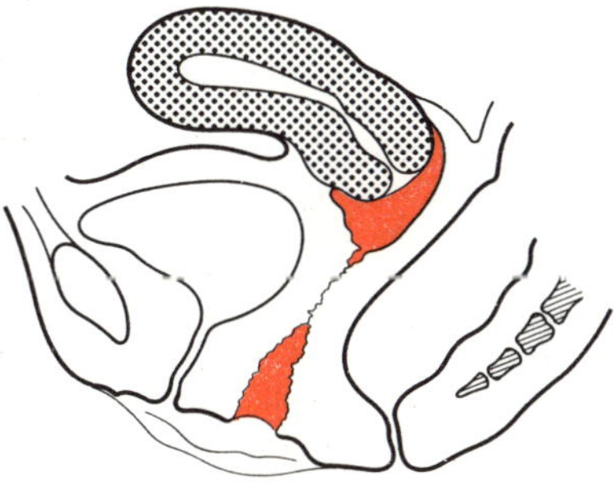

Abb. 5
Verwachsungen der Scheide

DER SEXUELLE REAKTIONSZYKLUS

Die Vorgänge beim Beischlaf lassen sich zwar niemals in ein Schema pressen; dennoch kann die Einteilung in eine Folge von Phasen dem besseren Verständnis dienen. Die erste oder *Erregungsphase* kann durch körperliche oder psychische Reize hervorgerufen werden. Je nachdem, ob der ausgeübte Reiz auf einen empfangs- oder einen nichtempfangsbereiten Partner trifft, kann die Erregungsphase verschiedene Ausprägungen erhalten.

Bei wirksamer sexueller Reizung geht die Erregungsphase in die *Plateauphase* über. In dieser summieren sich die sexuellen Spannungen bis zu jener Höhe, auf der die dritte oder Orgasmusphase ablaufen kann. Die *Orgasmusphase* läuft unwillkürlich ab und ist meist auf wenige Sekunden beschränkt. Subjektiv ist die Empfindung nur beckenwärts gerichtet; dennoch findet eine Miteinbeziehung des gesamten Organismus statt. Von der künstlichen Besamung abgesehen, ist beim Mann der Orgasmus Vorbedingung der Befruchtung, nicht so bei der Frau. In der auf den Orgasmus folgenden *Rückbildungsphase* klingt die sexuelle Erregung ab.

Selbstverständlich sind manche Reaktionen auf sexuelle Reize durch den körperlichen Unterschied der beiden Geschlechter festgelegt, aber neuere Untersuchungen haben gezeigt, daß die sexuelle Reizbeantworung beider Geschlechter in vorher nicht geahntem Maße gleichartig abläuft. Grundsätzliche Unterschiede bestehen allerdings hinsichtlich Intensität und Dauer der Reaktionsabläufe. So ist bekannt, daß die Erregungsphase beim Mann relativ steiler ansteigt als bei der Frau, auch klingt seine Erregung rascher ab. Der Mann neigt, im Gegensatz zur Frau, auch zu standardisierten Abläufen des Reaktionszyklus mit geringen individuellen Variationen.

Nach dem Orgasmus ist der Mann eine gewisse Zeit für erneute Erregungen unempfänglich *(Refraktärzeit)*. Bei der Frau können mehrere Erregungsfolgen ablaufen. Außerdem dauert auch die Rückbildungsphase bei ihr länger als beim Mann (vgl. die Kurven der Abb. 9, S. 269; A, B, C sind unterschiedliche Verlaufstypen).

Der sexuelle Reaktionszyklus des Mannes:

Die körperliche Reaktion des Mannes auf stärkere sexuelle Erregung betrifft den ganzen Körper. Selbst unwillkürliche Krämpfe der Hände und Füße – auch Zittern des ganzen Körpers – sind beobachtet worden.

Erregungsphase: Hierbei kommt es zur Erektion des Penis; die Harnröhre verlängert sich unter gleichzeitiger Vergrößerung ihres Volumens auf das Zwei- bis Dreifache (Wirkung des Harnröhrenschwellkörpers). Gleichzeitig tritt eine Anhebung des Hodens unter Verdickung der Haut des Hodensackes ein (Abb. 2, S. 267).

Die *Erektion* wird vom Zentrum des Erektionsreflexes im Sakralmark aus über unwillkürliche (parasympathische) Nerven ausgelöst (vgl. Abb. 1). Hierbei kommt es zur Volumenzunahme des Gliedes sowie zum Ansteigen des Blutdruckes und der Temperatur. Der Erektionsreflex kann durch Reizung von in der Glans penis liegenden Nervenendigungen ausgelöst werden, den Genitalkörperchen der Eichel, die über den Nervus pudendus auf das Erektionszentrum wirken. Der Nervus pudendus gehört zu den Spinalnerven und vermittelt auch das Wollustgefühl, während parasympathische Nerven vom Zentrum her den Erektionsvorgang steuern. Auch durch Reizung von Nervenendigungen in den *erogenen Zonen* kann eine Erektion ausgelöst werden. Diese Zonen sind beim Manne zwar hauptsächlich auf die Geschlechtsorgane beschränkt; jedoch können auch bei ihm wie bei der Frau Lippen, Hände und Haare sowie Arme und Beine als Reizempfänger wirken. Gehirnzentren, die selbst wieder geweckt oder gehemmt werden, können bahnend oder hemmend auf den Reflexbogen der Erektion einwirken. Die Gehirnzentren können stimuliert werden, z.B. durch den Anblick einer Frau, durch erotische Vorstellungen, oder gehemmt sein, z.B. durch Tabus, Angst vor geschlechtlichem Versagen.

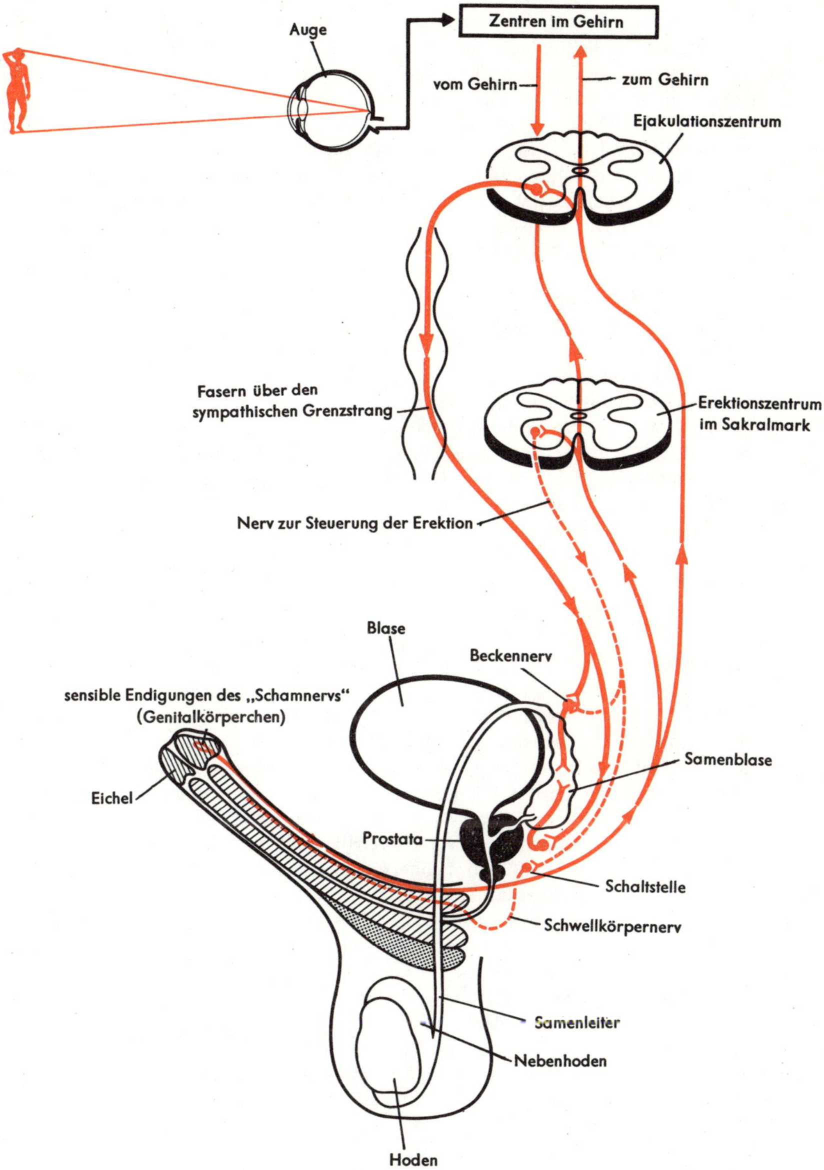

Abb. 1
Nervale Auslösung und Steuerung der Erektion

Plateauphase: In der Plateauphase nimmt die Eichel im Bereich der Kranzfurche an Volumen zu (Abb. 3). Die Hoden schwellen an und werden weiter angehoben; bei Unterbrechung kann es zu Hodenschmerzen kommen. Gleichzeitig sondern die Cowper-Drüsen ihr Sekret ab, machen die Harnröhre für das Ejakulat gleitfähig und neutralisieren etwa noch vorhandene samenschädliche Harnbestandteile. Meist zeigt sich in dieser Phase auch eine Leibrötung („sex flushes").

Orgasmusphase: Diese schließt sich unmittelbar an die Plateauphase an und ist nicht mehr willkürlich zu beeinflussen. Es kommt zur *Ejakulation,* bei der die Samenflüssigkeit durch die muskulären Beschleunigungskräfte, die besonders im Samenleiter auf den Samen wirken, zuerst stoßartig in die Harnröhre geschleudert wird. Durch den mechanischen Dehnungsreiz des Samens wird der Musculus bulbocavernosus, der dem Bulbus des Harnröhrenschwellkörpers aufliegt, zu rhythmischen Kontraktionen angeregt; er schleudert, zusammen mit anderen quergestreiften Muskeln des Gliedes, das Ejakulat durch die bei der Erektion gerade gestreckte und erweiterte Harnröhre bis an den Eingang der Gebärmutter. Gleichzeitig wird der innere Schließmuskel der Blase verschlossen und so ein Rückfluß von Samen in die Blase verhindert.

Bei der Ejakulation werden zunächst das Sekret der Vorsteherdrüse, dann die spermienhaltige Flüssigkeit aus dem Nebenhodenschwanz und zuletzt die Absonderung der Samenblasen entleert (Abb. 4). Unterstützt wird die Ejakulation dadurch, daß der die Hodenhülle umgreifende Muskel (Hodenheber, Musculus cremaster) die unter Druck stehenden Hoden weiterhin nach oben hebt und somit eine günstige Ausgangslage zur Entleerung des Spermas schafft.

Rückbildungsphase: In der Rückbildungsphase erschlafft das männliche Glied, die Hoden senken sich wieder und schwellen zusammen mit dem Hodensack ab. In diese Zeit fällt beim Manne im allgemeinen die *Refraktärphase.*

Der sexuelle Reaktionszyklus der Frau:

Die Reaktionen der Frau auf sexuelle Erregung betreffen in viel höherem Maße den gesamten Körper, als das beim Manne der Fall ist. Auch bei der Frau ist der Orgasmus ein psychophysisches Erlebnis, wobei gerade die psychische Überlagerung und breite körperliche Ausstrahlung von außerordentlicher Bedeutung sind. Entsprechend der weiblichen Reaktionsbreite sind auch die *erogenen Zonen* bei der Frau in größerem Ausmaß, als das beim Mann der Fall ist, über den ganzen Körper verteilt: Die Innenfläche der Hand ist nicht nur eine reizspendende, sondern auch eine reizempfangende Körperpartie. Stärker reizbar sind die Ellenbeuge (Arm in Arm gehen) und die Außenseite der Oberschenkel (eng nebeneinander gehen). Die Innenseite des Oberarmes und vor allem der Haaransatz im Nacken können bereits den ganzen Körper der Frau zum Mitschwingen bringen. Das Ohrläppchen selbst ist oft weniger empfänglich als das kleine Grübchen hinter dem Ohr. Am stärksten erregbar sind die Brüste und selbstverständlich die Geschlechtsorgane selbst. Ihre Berührung wird aber, falls sie zu früh geschieht, als unangenehm empfunden. Taille, Hüfte, Lendenregion und das Gesäß verlangen oft stärkere Reize. Besonders erregungssteigernd bei der bereits erregten Frau ist die Berührung der Innenseite der Oberschenkel.

Erregungsphase: Die erste Reaktion der Frau auf sexuelle Erregung ist die Ausbildung der Gleitfähigkeit der Scheide. Die Gleitfähigkeit ist eine Funktion des deutlich erweiterten Venengeflechts, das die gesamte Scheide umgibt. Die ausgeschiedenen Sekrete dienen u. a. dazu, den Säuregrad der Scheide auf möglichst günstige Werte für die Samenwanderung einzustellen. Gleichzeitig kommt es zu einer Erweiterung des hinteren Scheidenteils und durch Aufwärts- und Nachhintenziehen des Gebärmutterhalses und -körpers zum sogenannten „Zeltphänomen" (Abb. 5 u. 6, S. 269). Bei stärkerer Stimulierung setzt eine Anschwellung der Klitoris und Stauung der Labien ein. Diese Reaktionen entsprechen dem Verlaufe nach im Prinzip denen bei der männlichen Erektion. Das Zentrum für die Erektion der Klitoris und die Sekretionssteigerung der Schleimhautdrü-

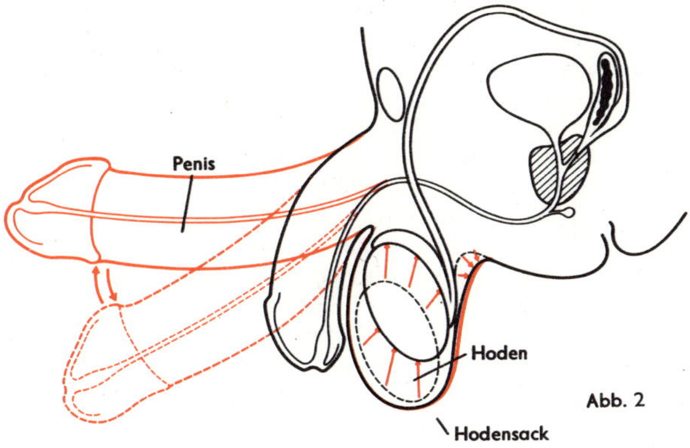

Abb. 2

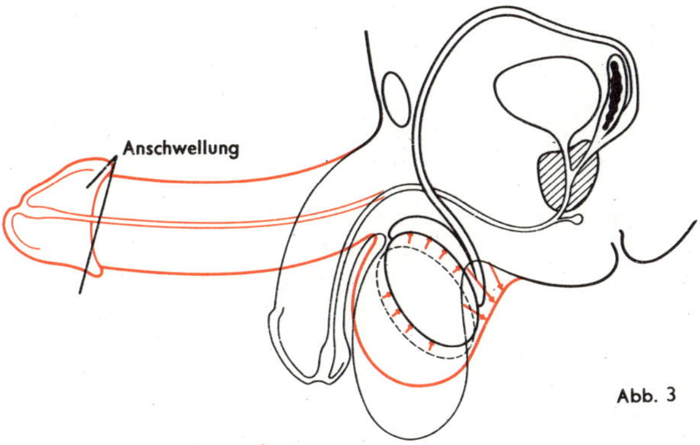

Abb. 3

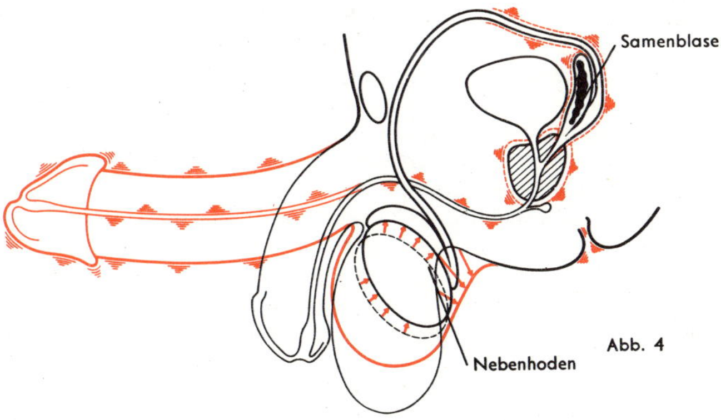

Abb. 4

nach Masters — Johnson

sen befindet sich im Sakralmark. Es wird durch sensible Reize, die von den Nervenendigungen der Klitoris und der Labien über den Nervus pudendus ankommen, in Erregung versetzt und bewirkt über den parasympathischen Nervus erigens die beschriebenen Reaktionen. In stärkerem Maße jedoch als beim Mann wird dieser Reflexbogen durch psychische und ektopische physische Reize beeinflußt.

Plateauphase: In dieser Phase kommt es zur Anhebung des Klitoriskörpers und weiteren Ausprägung des „Zeltphänomens" durch vermehrte Anhebung der Gebärmutter und Ausdehnung der Vagina (vgl. Abb. 6). Die kleinen Schamlippen und das vordere Drittel der Scheide füllen sich stärker mit venösem Blut und schwellen an. Diese Gefäßstauung schafft die anatomische Grundlage für eine Reaktion der Scheide beim Orgasmus („orgastische Manschette", Abb. 6 und 7).

Orgasmusphase: Während dieser Phase ist das „Zeltphänomen" am ausgeprägtesten, und das hintere Scheidengewölbe wird bei Rückenlage der Frau zum Receptaculum seminis, dem Samenbehälter. Bei Frauen, die noch nicht geboren haben (Nullipara), wird die Zurückhaltung des Samens in dieser Tasche durch den normalerweise hohen und festen Damm gefördert (vgl. Abb. 8). Frauen, die bereits geboren haben, zeigen eine Abflachung des Receptaculums, haben aber oft durch das Geburtstrauma eine latente Vorwölbung der untersten Abschnitte der Mastdarmschleimhaut (Rektozele) und gleichen hiermit die Abflachung aus. Für die Empfängnis ist dieser Vorgang von großer Bedeutung; übermäßige Beckenbewegungen, Aufsetzen oder Aufstehen beeinträchtigen daher die Empfängnischancen.

Parallel mit den Vorgängen in der Scheide erfolgen *Uteruskontraktionen.* Der Uterus nimmt hierbei um 50–100 % der Ausgangsgröße vor der Stimulierung zu. Entgegen früherer Meinung üben die Uteruskontraktionen keine Saugwirkung aus. Eher ist das Gegenteil der Fall. So erklärt sich auch die Tatsache, daß ein heftiger Orgasmus kurz nach Beginn der Menstruation die Blutung beschleunigt, gleichzeitig können eventuell vorhandene Krämpfe im Beckenbereich gedämpft werden.

Ebenso wie der Uterus führt auch die orgastische Manschette Kontraktionen aus und trägt dazu bei, das Ejakulat aus dem Penis herauszutreiben. In dieser Zeit erreicht auch die Hautröte, der „sex flush", der Frau ihre größte Intensität; ebenso wie beim Manne kommt es zum Mitschwingen der gesamten vom Sympathikus innervierten Strukturen mit den bereits besprochenen Reaktionen von seiten des Herzens, des Kreislaufs und der Atmung. Die Muskeln des Halses und der Extremitäten reagieren mit einem unwillkürlichen Krampf, so daß die Frau bei Rückenlage sich mit Händen und Füßen an ihren Partner zu klammern sucht.

Ebenso wie der Mann hat auch die Frau vor Eintritt des Orgasmus ein Gefühl der Unaufhaltbarkeit. Überhaupt stellt der weibliche Orgasmus das Gegenstück zur orgastischen Ejakulation des Mannes dar, nur kann die Frau den Höhepunkt der Lustempfindung öfter und in viel kürzeren Zeitabständen erleben als der Mann. Die nervösen Vorgänge beim weiblichen Orgasmus entsprechen denen des Mannes: Durch Summierung von Reizen, die durch den Nervus pudendus fortgeleitet werden, wird ein Zentrum im Lumbalmark erregt, das seinerseits wieder über den Nervus hypogastricus die Kontraktionen der Genitalmuskulatur bewirkt. Auch bei der Frau erfolgt die Steuerung sowohl des lumbalen als auch des sakralen Zentrums unwillkürlich.

Rückbildungsphase: In dieser Phase bilden sich die geschilderten Veränderungen in umgekehrter Reihenfolge ihres Auftretens zurück. Gleichzeitig tritt die Gebärmutter tiefer und taucht in die für den Samen vorgebildete Mulde in der Vagina ein (vgl. Abb. 8).

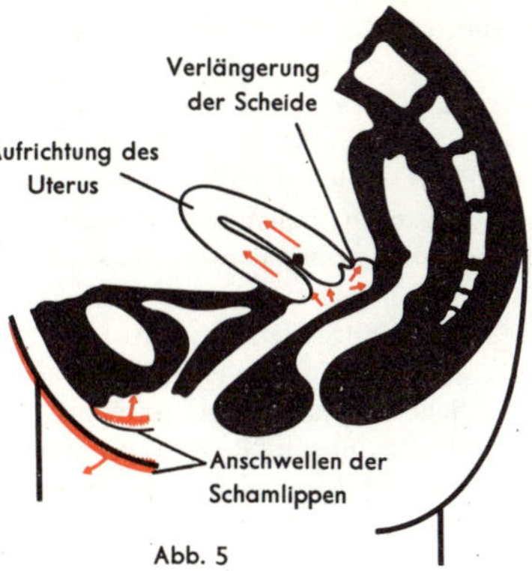

Abb. 5

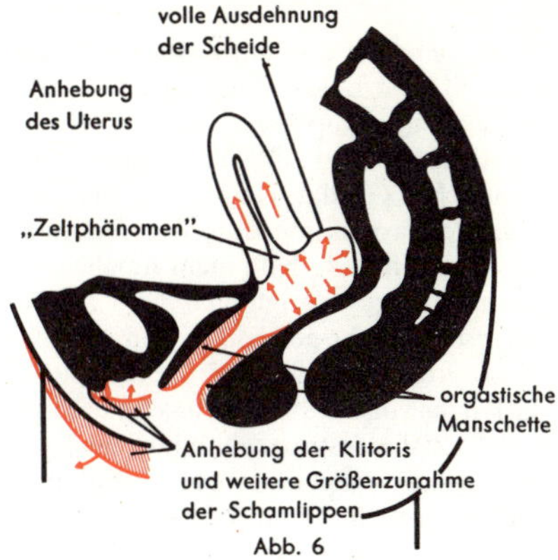

Abb. 6

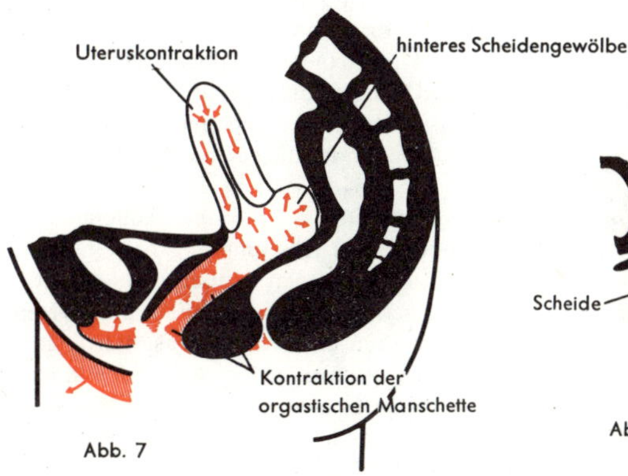

Abb. 7

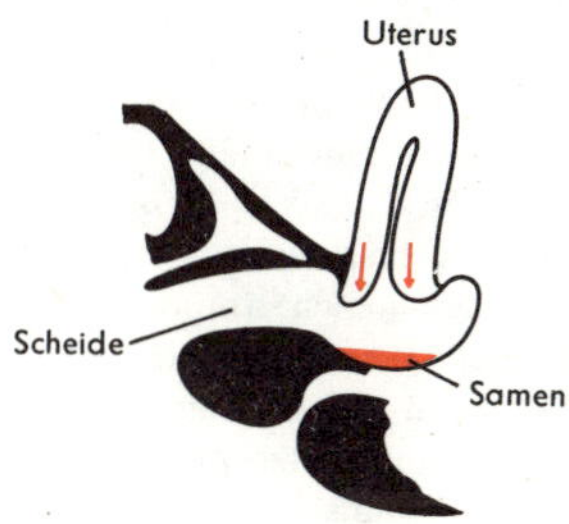

Abb. 8

nach Masters — Johnson

Abb. 9 Sexueller Reaktionszyklus des Mannes und der Frau

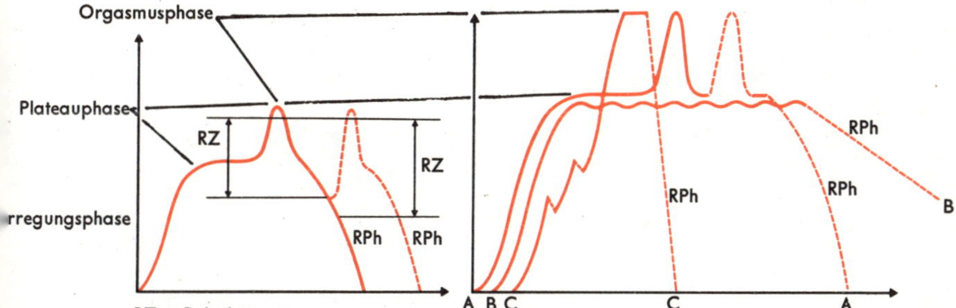

RZ = Refraktärzeit
RPh = Rückbildungsphase

(nach Masters — Johnson)

IMPOTENZ · FRIGIDITÄT

Die *Impotenz* („Mannesschwäche") kann angeboren oder erworben sein und andauernd oder nur vorübergehend bestehen, sie kann körperlich verankert oder nur seelisch aufgepfropft sein. Die *körperliche Verankerung der Impotenz* wird unmittelbar einsichtig bei den seltenen verstümmelnden Verletzungen oder Amputationen des männlichen Gliedes. Häufiger ist die gestörte Hodenfunktion mit ungenügender oder fehlender Produktion des Geschlechtshormons Testosteron. Bei diesem Zustand ist Beischlaf schon deshalb nicht möglich, weil die Versteifung oder Erektion des männlichen Gliedes versagt. Die Hoden können durch Fehlbildung, Entzündung oder Entartung direkt geschädigt sein oder von der – sonst führenden – geschwulstartig veränderten Hirnanhangsdrüse nicht ausreichend stimuliert werden (vgl. S. 274). Fallen die Hoden vor der Pubertät aus, ist das äußere männliche Genitale infantil unterentwikkelt. Hört die Testosteronbildung nach der Pubertät auf, ist nur die Reaktionsfähigkeit des Geschlechtsapparates beeinträchtigt. Solche Fälle von *Hormonmangelimpotenz* können gelegentlich durch Operation und meist durch Hormonersatz behandelt werden. Auch die *Altersimpotenz* des Mannes beruht auf einem (langsamen) Nachlassen der Testosteronproduktion, doch wird die Hormonbehandlung hier nicht einheitlich beurteilt (s. S. 274). Überschneidungen mit psychischen Faktoren kommen in allen diesen Fällen vor, auch bei der Altersimpotenz in Form von Gewöhnung, Abstumpfung u. a. m. Schließlich können auch körperliche Allgemeinerkrankungen den Vollzug des Beischlafs beeinträchtigen, z. B. Schwäche- und Hungerzustände, Stoffwechselkrankheiten, manche chronische Vergiftungen und Alkoholismus. Rückenmarksleiden unterbrechen gelegentlich die nervösen Bahnen, über die der normale geschlechtliche Reaktionszyklus des Mannes abläuft (Abb. 1; vgl. auch S. 264 ff.).

Psychische Ursachen der männlichen Impotenz sind u. a. Haß oder Abneigung gegen den Geschlechtspartner, aber auch Gewöhnung und Abstumpfung bei einfallsarmer Eheführung (eheliche Impotenz); andere Ursachen können Schüchternheit und mangelndes Selbstvertrauen sein, vor allem bei Unerfahrenen; auch unerkannte Homosexualität spielt gelegentlich eine Rolle. Oft wirken sich die Lebenserfahrungen der Betroffenen impotenzbegünstigend aus, so durch enttäuschte Erwartungen und mangelhafte oder gar falsche Aufklärung, Angst vor den Folgen der Onanie oder „sexueller Exzesse", vor Geschlechtskrankheiten und unerwünschtem Kindersegen. Unterbewußte Hemmungszustände und Konflikte können angesichts der konkreten Beischlafsituation aufbrechen und dann auch zu allgemeinen Verhaltensstörungen führen. Dabei kommen Überschneidungen mit anderweitigen Depressionen und geistigen Erschöpfungszuständen, aber auch mit körperlichen Ursachen der Impotenz vor. Manchmal ist die psychotherapeutische Behandlung der seelisch bedingten Impotenz erfolgreich. Sie geht davon aus, daß die psychische Impotenz eigentlich nur Hemmung einer körperlich intakten Potenz ist. Mittel zur Aufputschung des Geschlechtstriebes, die sogenannten Aphrodisiaka, werden weithin als wirkungslos oder gar gefährlich angesehen. Zur Behandlung und Vorbeugung der ehelichen Impotenz gehören vor allem Einfallsreichtum und Einfühlungsvermögen beider Partner. – Eine besondere Art von Impotenz wird durch den *vorzeitigen Samenerguß* hervorgerufen. Dabei ist ein normaler Beischlaf nicht möglich, weil der Samenerguß allzufrüh, gelegentlich schon vor dem Einführen des Gliedes in die Scheide, erfolgt, worauf das Glied naturgemäß erschlafft. Ursache des vorzeitigen Samenergusses ist ein allzu rascher Reflexablauf im sexuellen Reaktionskreis, oft bei nervös-unbeherrschten Männern. Häufig spielen psychoneurotische Angstzustände eine Rolle wie bei der echten Impotenz, manchmal auch meist unbewußte Abwehrhaltungen gegen das andere Geschlecht.

Die weibliche *Frigidität* kann verschiedene Ursachen haben. Männlicherseits steht am Anfang oft mangelnde Kenntnis und Einfühlung in den langsameren sexuellen Reaktionszyklus der Frau. Die Geschlechtslust der Partnerin ist zu Beginn der Beziehung, wie meist bei „unerweckten" Frauen, noch nicht vorhanden; sie stellt sich unter unreflektiert-ungünstigen Umständen auch im Laufe der Ehe nicht ein, Orgasmen sind und bleiben solchen Frauen meist unbekannt. Nach manchen Angaben sollen an die 50 % aller Ehefrauen keine volle Geschlechtsbefriedigung erlangen. Gelingt es dem Partner nicht, die weibliche Erregungskurve nachzuvollziehen, so stellen sich Gleichgültigkeit, Unzufriedenheit und Abwehr ein, aus der unbefriedigten Frau wird die gefühlskalte oder frigide Frau. Im Unterschied zur männlichen Impotenz kann bei der Frigidität der Frau die passive Fähigkeit zum Beischlaf nicht verlorengehen. Fehlende Harmonie, falsche Einstellung des Mannes und mangelhafte Technik des Geschlechtsverkehrs sind indessen nicht die einzigen Ursachen für weibliche Frigidität. Unterentwicklung der Eierstöcke und ihrer Hormonbildung (der sogenannte weibliche Infantilismus), seelische Hemmungen, Angst, Erziehungsfehler und weibliche Homosexualität spielen in Analogie zum Mann auch bei der Frau eine Rolle. Manchmal kommt es durch die Abwehrhaltung der Frau zu Unterleibsverspannungen und daher auch zu Schmerzen während des Beischlafs. Daran können Krämpfe des Beckenbodens, aber auch Scheidenkrämpfe beteiligt sein. Solche *Dyspareunien* führen erst recht zur Fortdauer oder Weiterentwicklung der Frigidität.

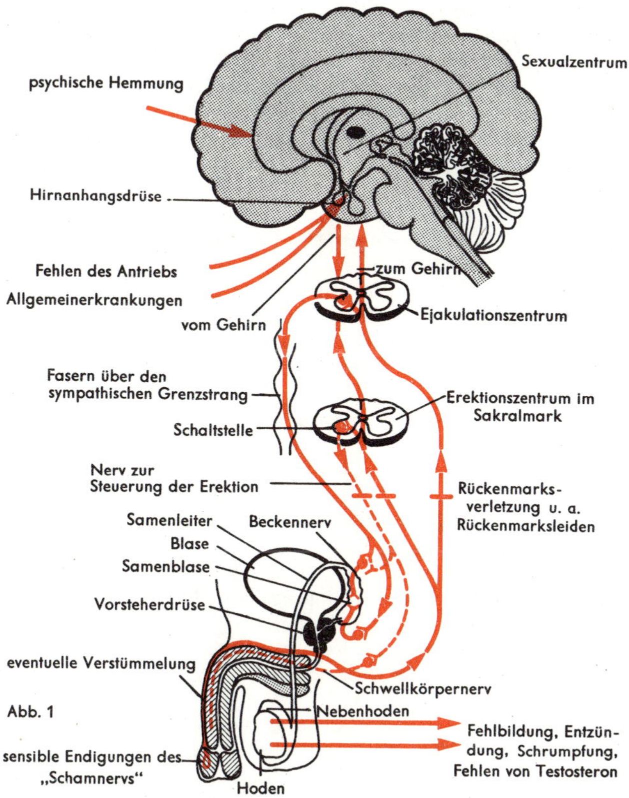

Abb. 1

KEIMDRÜSENHORMONE
KEIMDRÜSENERKRANKUNGEN

Die *Keimdrüsenhormone* (*Geschlechtshormone, Sexualhormone;* Abb. 2) sind spezifische Inkrete der Keimdrüsen, die in erster Linie der Arterhaltung dienen. Sie werden in den Hoden, den Eierstöcken und in der Nebennierenrinde, während der Schwangerschaft auch in der Plazenta gebildet. Ein durchgehender Gegensatz zwischen weiblichen (Östrogenen und Gestagenen) auf der einen und männlichen (Androgenen) Geschlechtshormonen auf der anderen Seite besteht nicht. Beide Geschlechter bilden, wenn auch in unterschiedlicher Menge, sowohl männliche als auch weibliche Keimdrüsenhormone.

Die *Östrogene* oder *Follikelhormone* bewirken im weiblichen Organismus typische Veränderungen des Uterus und der Vaginalschleimhaut (Proliferationsphase; s. S. 246). Sie sind außerdem für die Entwicklung der sekundären weiblichen Geschlechtsmerkmale verantwortlich. Die *Gestagene* oder *Corpus-luteum-Hormone*, vor allem das *Progesteron*, lösen die volle Umwandlung der Gebärmutterschleimhaut für die Einbettung des befruchteten Eies aus. Östrogene und Gestagene stehen in wechselseitiger Beziehung zueinander (Abb. 1).

Die männlichen Sexualhormone oder *Androgene*, deren wichtigstes das *Testosteron* ist, werden bei beiden Geschlechtern in der Nebennierenrinde, beim Manne auch und v.a. von den Leydig-Zwischenzellen des Hodens gebildet. Sie sind verantwortlich sowohl für die primären als auch die sekundären Geschlechtsmerkmale. Am weiblichen Genitale sind es hauptsächlich die Klitoris, die Labien und die Schambehaarung, die von den Androgenen beeinflußt werden.

Die *Geschlechtsreifung* beginnt bei Knaben und Mädchen etwa um die gleiche Zeit, zwischen dem 12. und dem 14. Lebensjahr. Diese Entwicklung wird durch Gehirnzentren gesteuert, die – über Zwischenhirn und Hypophyse – auf den Reifungsprozeß Einfluß nehmen. Die erhöhte Gonadotropinbildung der Hypophyse führt bei Knaben zu vermehrter Testosteronproduktion mit Herausbildung typisch männlicher Geschlechtsmerkmale, bei Mädchen durch Ankurbelung der Östrogenproduktion zur Ausbildung typisch weiblicher Geschlechtsmerkmale (Abb. 3, S. 275).

Die *Hoden* sind für die Entwicklung der männlichen Geschlechtsreife von entscheidender Bedeutung. Zu Beginn der Pubertät sind sie nur 0,5–2 cm^3 groß und praktisch funktionslos, vom 15.–18. Lebensjahr wachsen sie dann zur vollen Größe von 5–25 cm^3 heran. Ein erstes hodengerichtetes Hormon der Hypophyse, das *FSH*, entspricht dem *Follikelanregungsfaktor* der Frau; es regt die Hodenkanälchen zur Bildung von Samenzellen an. Ein zweites Hormon der Hirnanhangsdrüse, das *ICSH* oder interstitialzellenstimulierende Hormon, entspricht dem gelbkörperanregenden oder *Luteinisierungshormon* der Frau und veranlaßt die Hodenzwischenzellen des Mannes, das männliche Geschlechtshormon Testosteron zu produzieren. Im Gegensatz zum Geschlechtszyklus der Frau, der von zwei Geschlechtshormongruppen (Östrogenen und Gestagenen) aus Follikel und Gelbkörper gesteuert wird, untersteht das männliche Geschlecht im wesentlichen nur einem sogenannten androgenen Hormonprinzip. Das androgene Testosteron ist dafür verantwortlich, daß im Verlauf der Pubertät außer den Hoden auch die anderen Geschlechtsorgane, Penis und Prostata, daneben auch die sekundären Geschlechtsmerkmale voll ausreifen (Abb. 3, S. 275). Während der Pubertät ist Testosteron für die endgültige Ausprägung der männlichen Geschlechtsorgane und Geschlechtsmerkmale verantwortlich; nach der Reife unterhält es den ungestörten Ablauf der Geschlechtsfunktionen. Daher wirkt sich ein Ausfall der hormonellen Hodenfunktion verschieden aus, je nachdem, ob der Hormonmangel vor oder nach der Geschlechtsreife einsetzt.

Bei der frühen *Keimdrüsenunterfunktion*, die sich kaum vor dem 13. Lebensjahr bemerkbar macht, bleiben die Geschlechtsorgane kindlich, die sekundären Geschlechtsmerkmale entwickeln sich nicht oder nur andeutungsweise, die Stimme wird nicht tiefer, Muskulatur und Haut bleiben kindlich-zart, und der sonst übliche pubertäre Wachstumsschub wird vermißt. Dennoch werden *Eunuchen* oft etwas größer als keim-

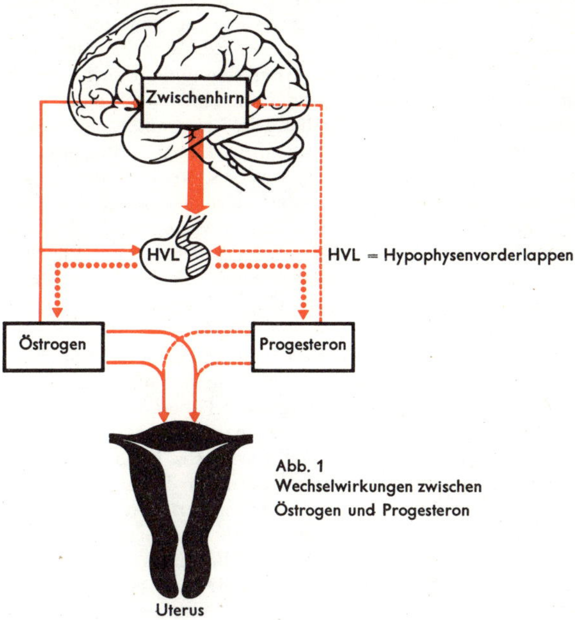

Abb. 1
Wechselwirkungen zwischen
Östrogen und Progesteron

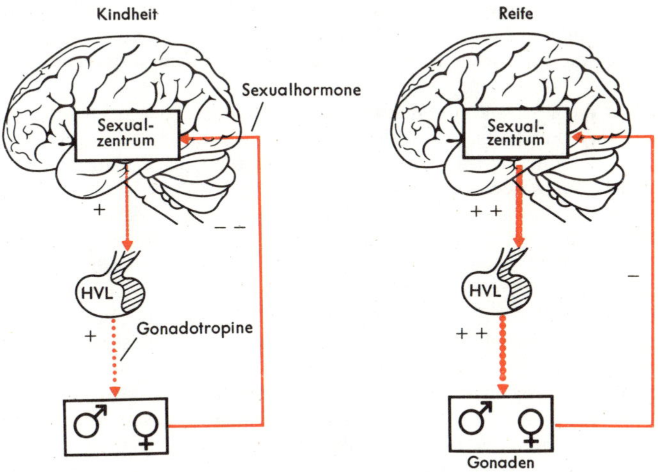

Abb. 2 Steuerung der Gonaden in Kindheit und Geschlechtsreife

drüsennormale Geschlechtsgenossen, weil der Wachstumsabschluß sich verspätet. Die Extremitäten sind im Vergleich zum Rumpf zu lang, an Schultern, Brust, Bauch, Oberschenkeln und Hüften finden sich Fettpolster, der Bartwuchs ist mangelhaft. Ursache der frühen Keimdrüsenunterfunktion und ausbleibenden Pubertät kann eine direkte Störung der Hodenfunktion (z.B. Hodenhochstand) sein oder ein Ausfall der Hirnanhangsdrüse. Zur Behandlung des Eunuchoidismus verwendet man Testosteron. – Beim *Hodenhochstand*, einer Entwicklungsstörung, treten die Hoden nicht kurz vor der Geburt in den Hodensack aus, sondern bleiben auf ihrem Weg vom Bauchraum abwärts stecken. Der Hodenhochstand kommt bei 4 % aller Neugeborenen, bei 0,7 % aller Einjährigen und 0,5 % aller Erwachsenen vor. Zur sicheren Vermeidung bleibender Schäden durch die Wärme des Bauchraums soll noch vor dem 6. Lebensjahr eine Hormonbehandlung versucht werden; bleibt der Erfolg aus, was in 50% der Fälle vorkommt, werden die Hoden gleich anschließend operativ in den Hodensack verlegt.

Die Auswirkungen einer *Keimdrüsenunterfunktion im Erwachsenenalter*, etwa als Folge einer Hodenentfernung oder -zerstörung, sind nicht ganz so tiefgreifend. Manche geschlechtseigentümlichen Erwerbungen der Pubertät bleiben nämlich in diesem Fall auch nach Ausfall der Keimdrüsen erhalten, so der männliche Körperbau, der postpubertäre Penis, die tiefe Stimme und der Bartwuchs. Libido, das geschlechtliche Verlangen, und männliche Potenz dagegen bleiben nur bei andauerndem Testosteronnachschub intakt und sind sonst – trotz bemerkenswerter Ausnahmen – meist sehr deutlich vermindert. Hinzu kommt, daß nach einer Kastration auch Prostata und Samenbläschen sich zurückbilden und die Samenproduktion bis zum völligen Versiegen vermindert wird. Gleich nach einer *Kastration*, wie sie bei bösartigen Hodentumoren erforderlich werden kann, finden sich außerdem Erscheinungen der „männlichen Wechseljahre“ wie Hitzewallungen, Verstimmungen, Angstzustände und seelische Labilität. Oft sind dabei allerdings die seelischen Folgen des Kastrationserlebnisses schwer von den Auswirkungen des Hormonverlustes abzutrennen. – Außer einer direkten Beeinträchtigung der Hodenfunktion können ganz ähnliche Ausfallserscheinungen auch indirekt durch Versagen des übergeordneten Antriebs von der Hirnanhangsdrüse (Hypophyse) her entstehen.

Im Alter läßt die Testosteronproduktion in den Zwischenzellen der Hoden nach; mit ihr gehen Libido und Potenz, Muskelmasse und Muskelstärke zurück. Im Vergleich zur Frau ist der Mann wesentlich länger fortpflanzungsfähig. Auch die Hormonproduktion nimmt bei ihm wesentlich langsamer und nicht in Form wohlabgrenzbarer, krisenhafter Wechseljahre ab. Dennoch kann man (mit größerer zeitlicher Schwankung) zwischen dem 45. und 60. Lebensjahr auch beim Manne von einem Klimakterium sprechen. Typische Erscheinungen sind: Schlafstörungen, Unruhe, Reizbarkeit, Unzufriedenheit, Ameisenlaufen in den Gliedmaßen, Kopfschmerzen, Gedächtnis- und Konzentrationsschwäche, Hitzewallungen, Kreislauflabilität, seelische Verstimmungen, Angstzustände, leichte Ermüdbarkeit und nachlassende Geschlechtskraft. In solchen Fällen kann nach ärztlicher Verschreibung Hormonersatz durch Testosteron auffallend rasch zu einer Besserung führen, ähnlich wie die Zufuhr von Östrogenen bei der klimakterischen Frau. Indessen ist die Testosteronbehandlung des alternden Mannes nicht unumstritten und keinesfalls völlig unbedenklich; u.a. kann das Wachstum des hormonabhängigen Prostatakrebses durch Zufuhr von Testosteron beschleunigt werden.

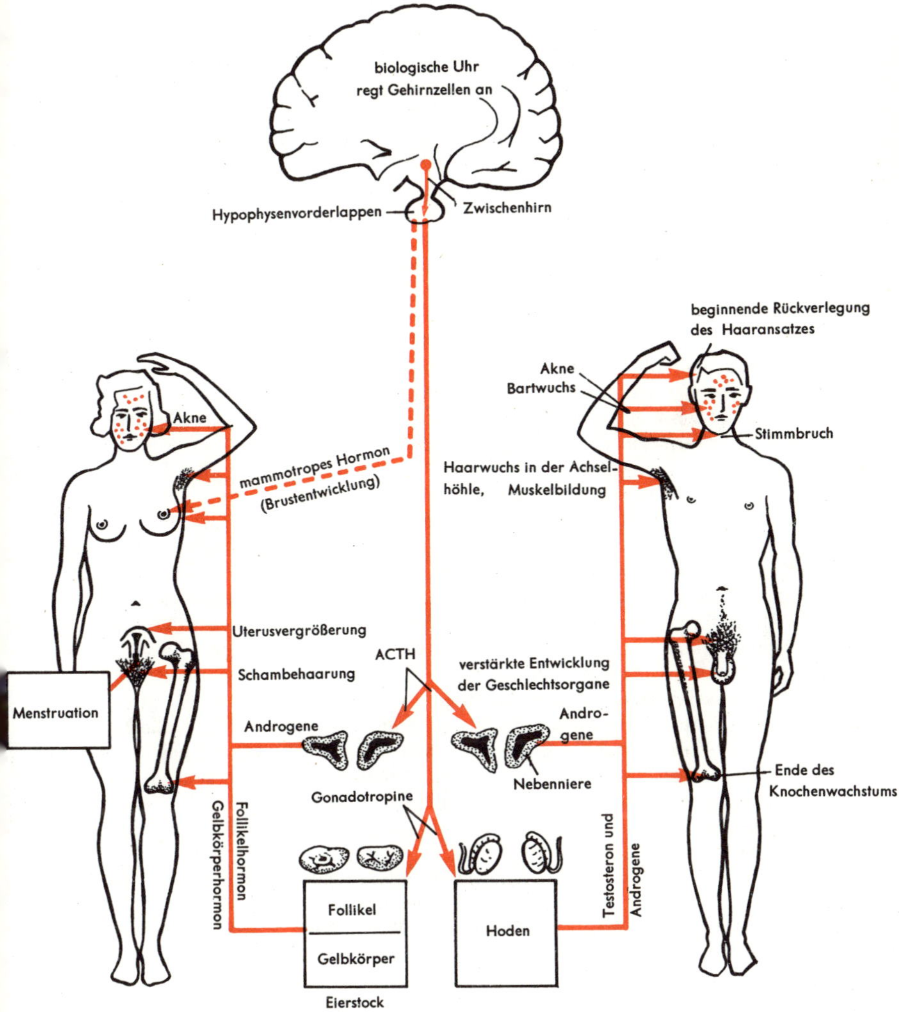

Abb. 3 Die Entwicklung der Geschlechtsmerkmale während der Pubertät

BEFRUCHTUNG

Unter Befruchtung versteht man die Vereinigung der weiblichen Eizelle mit der männlichen Samenzelle. Sie findet nach der geschlechtlichen Vereinigung normalerweise in einer Erweiterung des Eileiters, der Ampulle, statt, wo die vom Eierstock abwärts wandernde Eizelle den aufwärts strebenden männlichen Samenzellen begegnet. Da sowohl die Eizelle als auch die Samenzellen nur befristet befruchtungs- und lebensfähig sind, ist im Dienste des Befruchtungsvorgangs wichtig, daß beide rechtzeitig zusammentreffen.

Die *Eizelle* mißt 0,1 mm und ist mit bloßem Auge eben noch sichtbar. Sie besteht aus Kern und Dotter, führt also einen gewissen Nahrungsvorrat mit sich. Insgesamt bilden die weiblichen Eierstöcke rund 400 000 Eizellen. Davon reift während des fortpflanzungsfähigen Alters der Frau, also ca. 30–40 Jahre lang, mit jeder monatlichen Regel eine Eizelle heran.

Irrt das Ei auf dem Wege zum Eileiter bauchhöhlenwärts ab, so kann es auch dort von einer aufgestiegenen Samenzelle befruchtet werden (sog. *Bauchhöhlenschwangerschaft*). Wird die Eizelle durch entzündliche Verklebungen auf ihrem Weg durch den Eileiter aufgehalten, kommt es gelegentlich zu einer *Eileiterschwangerschaft* mit Durchbruchs- und Blutungsgefahr. Bei solchen *extrauterinen Schwangerschaften* ist eine Weiterentwicklung der befruchteten Eizelle nur ganz ausnahmsweise möglich.

Im Regelfall wird die zu befruchtende Eizelle in der Ampulle des Eileiters von Samenzellen erwartet, die dort 1–2 Tage befruchtungsfähig bleiben. Das Ei geht schneller zugrunde.

Die männlichen *Samenzellen* haben zuerst den Weg vom Hoden bis zur Mündung der männlichen Harnröhre zurückzulegen. Vom Hoden gelangt der Samen zunächst in den Nebenhoden, von dort in den Samenleiter; der Samenleiter führt aus dem Hodensack heraus zur vorderen Bauchwand, durch den Leistenkanal in das Innere der Bauchhöhle, im kleinen Becken schließlich abwärts bis zum Blasengrund; dort tritt er in die Prostata ein und mündet innerhalb dieser in die Harnröhre, die als Harn-Samen-Röhre auch den Samen durch das männliche Glied leitet. Dieser große Umweg, der entwicklungsgeschichtlich bedingt ist, hat u. a. die Bedeutung, daß dem Samen unterwegs weitere Sekrete hinzugefügt werden können. Das Gesamtprodukt aller Bildungsstätten ist dann die *Samenflüssigkeit* (das *Sperma*), die als Ejakulat entleert werden kann. Die Spermien müssen nun aus eigener Kraft vom Scheidengewölbe durch die gesamte Gebärmutter bis in den Eileiter wandern. Tatsächlich sind sie wesentlich kleiner und beweglicher als die Eizelle, außerdem „tüchtige Schwimmer", die den gleichen Sekretstrom, der die Eizelle abwärts trägt, innerhalb von etwa 2 Stunden stromaufwärts überwinden.

Kommen Samenzellen in die Nähe der Eizelle, so locken chemische Stoffe, die von der Eizelle gebildet werden, die Samenzellen an und tragen so wesentlich zur Befruchtung bei. Nun überwindet eine Samenzelle mit Hilfe ihrer Enzyme die Eihüllen, worauf Kopf, Mittelstück und Schwanzteil des Spermiums in das Eiplasma eindringen und der Schwanzfaden verkümmert. Später trennt sich das Zwischenstück vom Kopf, der durch Flüssigkeitsaufnahme anschwillt. Spermien- und Eikern bewegen sich aufeinander zu, legen sich glatt aneinander, die Kernmembran löst sich, und die Erbträger, die Chromosomen, vereinigen sich zum neuen, von Vater und Mutter stammenden Kern mit nun wieder doppeltem Chromosomensatz. Damit ist die Befruchtung vollzogen, aus der Eizelle ist die *befruchtete Eizelle*, die sog. *Zygote*, geworden. Nun teilt sich diese Zygote erstmals – die Individualentwicklung hat begonnen. Diese Entwicklung führt zu immer weiteren Teilungen und schließlich zur Furchung des Keimes. Während diese ersten Teilungs- und Reifungsvorgänge ablaufen, wird das befruchtete Ei durch den Flimmerstrom und die Muskelbewegungen des Eileiters innerhalb von 3–4 Tagen in die oberen Abschnitte der Gebärmutter gebracht, wo es sich am 6. Tag nach der Befruchtung einbettet oder „einnistet" (Abb. 1). Die Schwangerschaft nimmt ihren vorgezeichneten Verlauf (vgl. S. 288 ff.).

Bei einer von 200–400 Geburten erfolgt die Einbettung erst in den tiefen Abschnitten der Gebärmutter. Dies führt zum *tiefen Sitz des Mutterkuchens* vor dem inneren Muttermund, der ein schwerwiegendes Geburtshindernis darstellt (s. S. 322).

Die Entscheidung, ob ein Junge oder ein Mädchen gezeugt wurde, fällt im Augenblick der Befruchtung und wird durch den Chromosomensatz der Samenzelle, also vom Vater, bestimmt. Normalerweise besitzt der Mensch 2 mal 23 = 46 *Chromosomen*, und zwar 44 Körperchromosomen und 2 Geschlechtschromosomen. Diese Geschlechtschromosomen sind bei Mann und Frau unterschiedlich. Die Frau besitzt ein gleiches Geschlechtschromosomenpaar (2 X-Chromosomen), der Mann ein ungleiches Paar (je 1 X- und Y-Chromosom). Bei der *Reduktionsteilung* (Meiose) werden die Chromosomen beider Elternpaare auf die Hälfte reduziert. Bei der Frau verbleibt immer ein X-Chromosom im haploiden Satz der Eizelle, da sie von vornherein kein Y-Chromosom besitzt. Anders ist das beim Mann. Nach der zweiten Reifungsteilung finden wir bei ihm vier befruchtungsfähige Samenzellen, von denen je zwei ein Y- bzw. X-Chromosom besitzen. Je nachdem, welches Chromosom vom Spermium, das die Eizelle befruchtet, mitgeführt wird (X oder Y), induziert dieses einen Jungen (Zygote mit einem X- und einem Y-Chromosom) oder ein Mädchen (Zygote mit zwei X-Chromosomen). Damit ist das Geschlecht festgelegt. „Äußere" Faktoren, z. B. Überschußhormone, können nur die durch die Geschlechtschromosomen determinierte Entwicklung „Junge oder Mädchen" dahingehend variieren, daß sie das eine oder andere geschlechtsgebundene Merkmal abschwächen (bzw. verstärken), wodurch im Extremfall Zwitterbildungen männlicher oder weiblicher Ausprägung entstehen *(Intersexualität)*. Allerdings haben neuere Untersuchungen auch gezeigt, daß es Frauen gibt, die nur Jungen beziehungsweise Mädchen gebären; die Annahme einer bevorzugten Empfängnisfähigkeit – oder Keimsterblichkeit – für ein Geschlecht ist somit nicht auszuschließen.

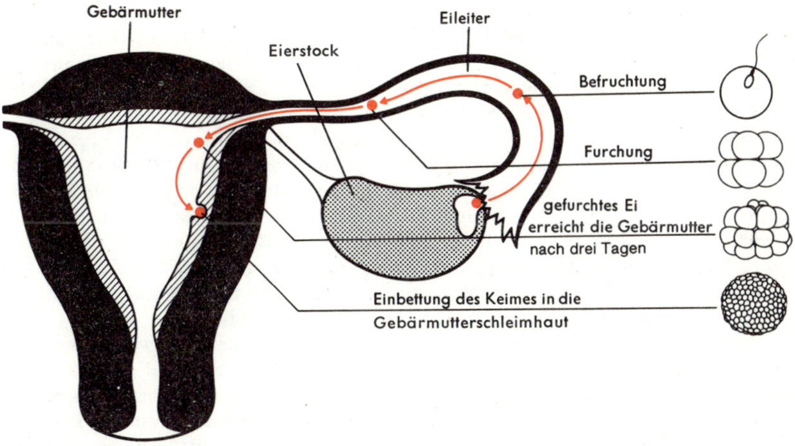

Abb. 1 Ort der Befruchtung und Weg des befruchteten Eies

EMPFÄNGNISVERHÜTUNG

Unter Empfängnisverhütung versteht man Maßnahmen, die die Entstehung einer Schwangerschaft verhindern sollen – im Gegensatz zur Schwangerschaftsunterbrechung, bei der eine bereits eingetretene Schwangerschaft unterbrochen wird. Eine Schwangerschaft liegt nach medizinischem Sprachgebrauch vor, wenn die befruchtete Eizelle, das sogenannte Samenei, sich in der Gebärmutter eingebettet hat. Die Einnistung des Sameneies erfolgt etwa eine Woche nach der Befruchtung (s. S. 276 f.).

Die Zuverlässigkeit der verschiedenen Methoden zur Empfängnisverhütung wird negativ, d. h. durch die Zahl ungewollter Schwangerschaften, ausgedrückt, die während 100 Anwendungsjahren (bzw. 1200 Anwendungsmonaten) eintreten (sog. *Pearl-Index*). Nach einem solchen Maßstab ist z. B. Geschlechtsverkehr ohne Verhütungsmaßnahmen im Durchschnitt mit 80–90 Schwangerschaften in 100 Anwendungsjahren verbunden.

Es gibt Verhütungsmaßnahmen ohne Hilfsmittel sowie mechanische und chemische Methoden der Empfängnisverhütung. Zu den ersteren zählen die Kalendermethode und die Temperaturmethode. Sie raten zur Beschränkung des Geschlechtsverkehrs auf eine bestimmte, wahrscheinlich unfruchtbare Zeit im Verlauf des weiblichen Zyklus (*biologische Methoden* zur Empfängnisverhütung nach Zeitwahl):

Die *Kalendermethode nach Knaus-Ogino* beruht darauf, daß die Empfängnis bei regelmäßigem Zyklus an bestimmten Tagen wahrscheinlich, an anderen Tagen sehr unwahrscheinlich ist. Daher kann eine Empfängnis durch gezielte zeitweise Enthaltsamkeit mit der weiter unten angegebenen Wahrscheinlichkeit vermieden werden. Die günstigsten Voraussetzungen für eine Empfängnis sind gegeben, wenn die Eizelle nach dem Eisprung auf ihrem Weg durch den Eileiter Samenzellen begegnet. Mit Hilfe des sog. *Ehekalenders* kann man diesen Zeitpunkt voraussagen, indem man von der Regelblutung auf den Eisprung und damit auch auf dem Zeitpunkt erhöhter Empfängnisbereitschaft zurückrechnet. Die Regelblutung erfolgt etwa 14 Tage nach dem Eisprung. Geht man von einer Periode mit 26–30 Tagen aus und rechnet diese 14 Tage vom ersten Tag der anstehenden nächsten Regelblutung zurück, so liegt der Eisprungtermin zwischen dem 12. und 16. Zyklustag. Kalkuliert man zur Sicherheit noch eine mögliche Verschiebung ein, so kommt man pauschal auf eine „fruchtbare Spanne“ vom 8. bis 19. Zyklustag. Faustregel zur Berechnung der verhältnismäßig fruchtbaren Tage: kürzeste vorkommende Periode (z. B. 26 Tage) minus 18 = erster fruchtbarer Tag = 8. Tag; längste vorkommende Periode (z. B. 30 Tage) minus 10 = letzter fruchtbarer Tag = 20. Tag.

Die Kalendermethode ist jedoch nicht besonders zuverlässig. Die angeführte Sicherheitsspanne dürfte der Lebensdauer einer „gesprungenen“ Eizelle und der von Samenzellen zwar angemessen sein (einige Stunden bzw. 2–3 Tage), doch können seelische und körperliche Anspannungen, Reisen oder auch intensive Geschlechtserlebnisse den Eisprung verschieben. Vor allem ein vorzeitiger Eisprung kann nicht sicher ausgeschlossen werden. Daher ist die Wahrscheinlichkeit einer Befruchtung während der letzten Woche vor der Regelblutung noch am geringsten, wenn auch nicht absolut gleich null. Bei Frauen mit unregelmäßigem Zyklus wird die Kalendermethode naturgemäß recht häufig versagen. Daher sollte zur besseren Beurteilung des Zyklus erst 6–12 Monate lang ein Menstruationskalender geführt werden. Die Versagerquote der richtig angewandten Methode nach Knaus und Ogino soll bei mindestens 15 (bis 35) ungewollten Schwangerschaften auf 100 Anwendungsjahre liegen.

Die *Temperaturmethode* gilt als die verläßlichste unter den Empfängnisverhütungsmethoden, die eine zeitweilige Enthaltsamkeit empfehlen. Sie beruht auf dem Zusammenhang zwischen Menstruationszyklus und Körpertemperatur. Legt man eine Kurve der Morgentemperaturen (*Basaltemperatur*) an, so sind während der ersten Zyklushälfte Werte um 36,5–36,7 °C zu verzeichnen. Die Temperatur steigt dann zwischen den Monatsblutungen innerhalb von 1–2 Tagen um rund 0,5 °C an („Temperatursprung“) und beträgt nun 37–37,2 °C. Bis zum Beginn der nächsten Regelblutung bleibt sie

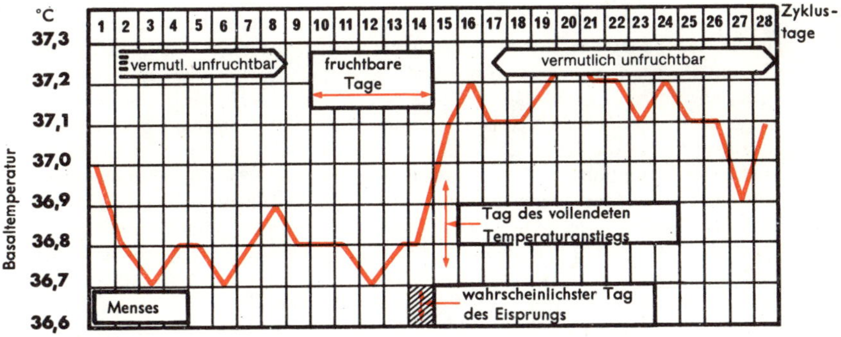

Abb. 1 Schema zur Bestimmung der „fruchtbaren Tage" nach der Temperaturmethode

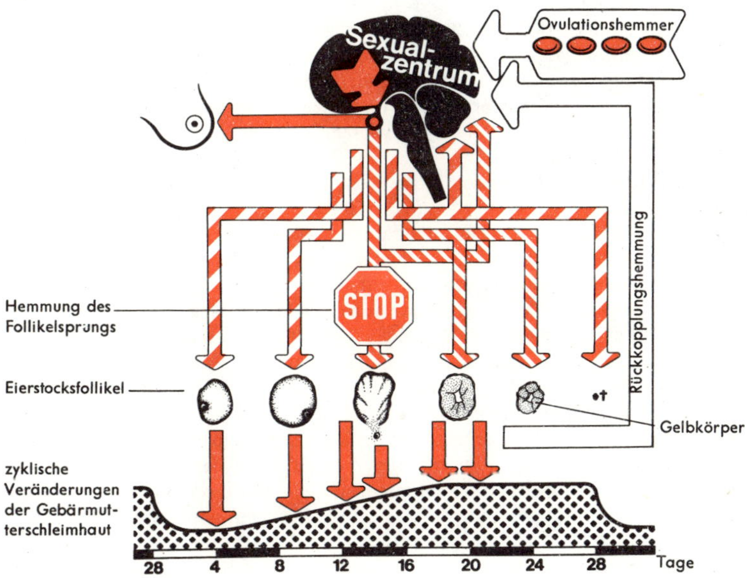

Abb. 2
Wirkung der Ovulationshemmer

auf dieser Höhe. Von entscheidender Bedeutung ist nun die Tatsache, daß der Eisprung im Durchschnitt 1–2 Tage vor dem Temperatursprung erfolgt. Da die gesprungene Eizelle aber nur wenige Stunden befruchtungsfähig bleibt, ist zwischen dem 3. Tag nach dem Temperaturanstieg und der folgenden Regelblutung nicht mehr mit einer Empfängnis zu rechnen (Abb. 1, S. 279). Der Vorteil der Temperaturmethode besteht darin, daß der Zeitpunkt des Eisprungs auch bei verkürztem oder verlängertem Zyklus zu ermitteln ist. Die Temperaturmethode setzt eine regelmäßige, exakte Messung der Basaltemperatur voraus, und zwar morgens vor dem Aufstehen, möglichst immer zur gleichen Zeit und nach einer Nachtruhe von nicht weniger als 6 Stunden. Am zuverlässigsten ist die 5minütige Temperaturmessung im After. Laut Statistik kommt bei strenger Anwendung der Temperaturmethode im Lauf von 100 Anwendungsjahren nur 1 ungewollte Empfängnis zustande. Weniger sicher unfruchtbar ist die Zeit vom Ende einer Regelblutung bis 6 Tage vor dem wieder zu erwartenden Temperaturanstieg (vgl. Abb. 1). Insgesamt liegt daher der Pearl-Index bei weniger strenger Anwendung der Temperaturmethode zwischen 1 und 10.

Als Empfängnisverhütungsmethode ohne Hilfsmittel ist der *Coitus interruptus* weitverbreitet. Dabei wird die Begattung zu Beginn des Orgasmus, d.h. kurz vor dem Samenerguß, unterbrochen und der Samen außerhalb der weiblichen Scheide entleert. Die Zuverlässigkeit der unterbrochenen Begattung ist je nach der Handhabung, die u.a. vom Grad der Selbstkontrolle des männlichen Partners abhängt, verschieden. Vor dem Samenerguß abfließendes Prostatasekret soll zu wenige Samenzellen enthalten, um den Erfolg der Methode zu beeinträchtigen. Auch die Gefahr von seelischen Spannungen und Verhaltensstörungen nach häufigem Coitus interruptus wird heute geringer veranschlagt als früher. Die Versagerquote des Coitus interruptus soll bei 15–38 ungewollten Schwangerschaften in 100 Anwendungsjahren liegen.

Der *Gummischutz (Kondom)* ist ein in der Anwendung einfaches Mittel zur Empfängnisverhütung, das in Verbindung mit einer spermienabtötenden Substanz recht zuverlässig wirksam ist (Versagerquote 6, nach neueren Daten nur 3 auf 100 Anwendungsjahre). Das Kondom schützt in gewissem Umfang auch gegen Ansteckung mit Geschlechtskrankheiten.

Die *Muttermund-* oder *Gebärmutterhalskappe* aus gewebefreundlichem Kunststoff soll das Eindringen der Samenzellen in die Gebärmutter verhindern (Abb. 6). Sie wird entweder vom Arzt aufgesetzt und monatlich vor der Periode entfernt oder von der Frau selbst in Verbindung mit einem chemisch wirksamen Gelee angebracht und etwa acht Stunden nach dem Geschlechtsverkehr wieder abgenommen. Entzündungen der Gebärmutter und ihrer Anhangsgebilde verbieten das Einlegen einer Muttermundkappe, deren Versagerquote im übrigen bei 7 in 100 Anwendungsjahren liegt.

Das *Scheidenpessar (Scheidendiaphragma)* kann sich die Frau vor dem Geschlechtsverkehr selbst einlegen (Abb. 4). Es besteht aus einem elastischen Gummiring, der mit einer weichen Gummimembran überzogen ist. Das Diaphragma soll als mechanische Sperre wirken und so das Eindringen der Samenzellen in die Gebärmutter verhindern. Seine Zuverlässigkeit hängt vom richtigen Sitz zwischen dem hinteren Scheidengewölbe und dem Schambein ab. Kombiniert man ein gutsitzendes Scheidenpessar mit einer samenzellenfeindlichen Creme, so liegt die Versagerquote (anstatt wie sonst um 8) bei nur 4 auf 100 Anwendungsjahre.

Intrauterinpessare bestehen aus gewebefreundlichem Kunststoff; es gibt sie in recht unterschiedlichen Ausfertigungen (Abb. 3a, S. 281). Sie werden vom Arzt mit Hilfe eines dünnen Röhrchens in die Gebärmutterhöhle eingeführt. Mit einem Kunststoffaden zur Kontrolle des Sitzes und eventuellen Entfernung versehen (Abb. 3b, S. 281), können Intrauterinpessare längere Zeit liegenbleiben. Die Wirkung der Intrauterinpessare beruht auf relativ geringen Veränderungen der Gebärmutterschleimhaut, durch die eine Einnistung der befruchteten Eizelle verhindert wird. Manche Pessare sind mit Kupfer beschichtet, das die empfängnisverhütende Wirkung u.a. auch durch Einwirkung auf

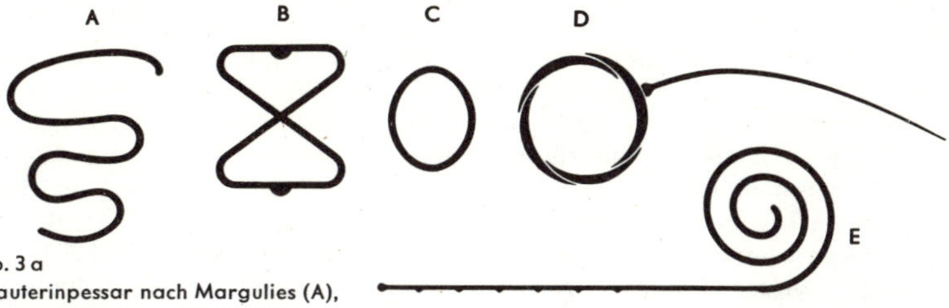

Abb. 3 a
Intrauterinpessar nach Margulies (A), Lippes (B), Birnberg (C), Hall (D) und Zipper (E)

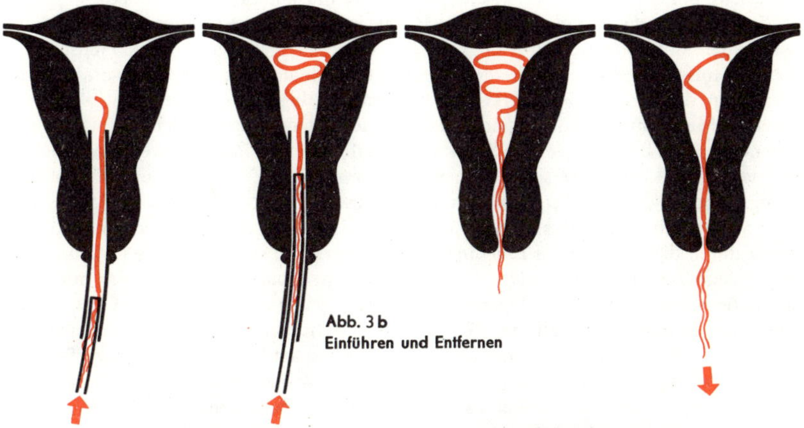

Abb. 3 b
Einführen und Entfernen

Abb. 4 Scheidenpessar

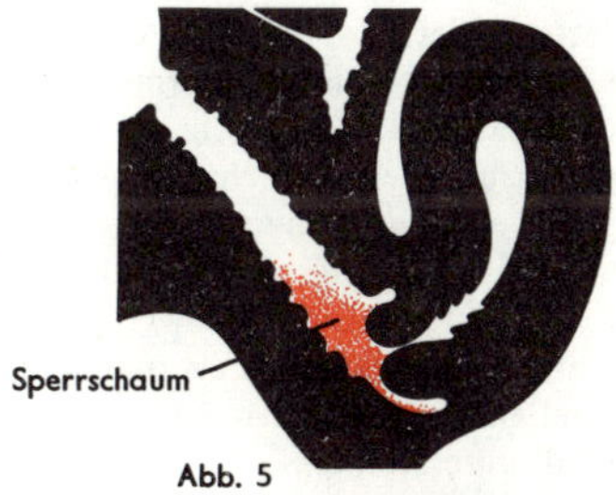

Abb. 5
Chemische Schutztablette

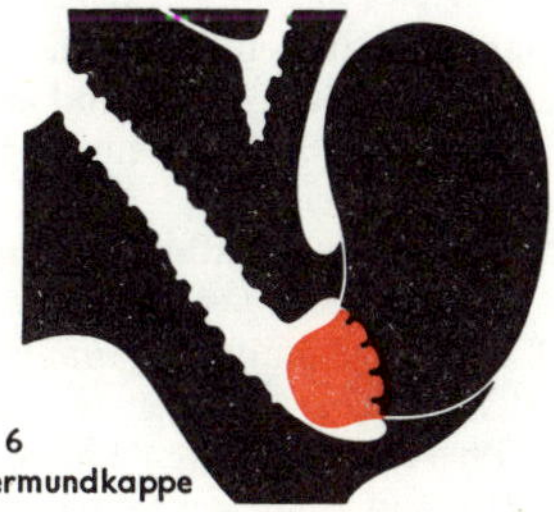

Abb. 6
Muttermundkappe

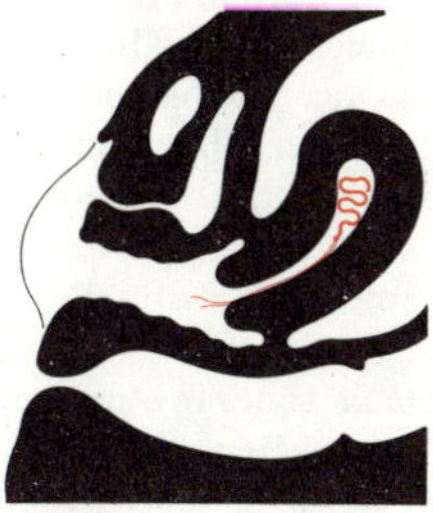

Abb. 7
Gebärmutterspirale

die Spermien unterstützt. Andere Intrauterinpessare geben kleine Mengen von Progesteron ab, das örtlich umschrieben den Effekt der sog. Minipille imitiert.

Die empfängnisverhütende Wirkung der Intrauterinpessare erreicht mit einem Pearl-Index von 0,3–2,5 nicht ganz die der hormonalen Verhütungmittel, ist aber immer noch weit besser als die manch anderer Verfahren. Die Sicherheit der Methode kann jedoch durch eine unbemerkte Ausstoßung des Pessars beeinträchtigt werden; die Ausstoßungsrate liegt je nach Pessarmodell im ersten Jahr zwischen 1 und 10%. Daher soll die Trägerin zumindest nach jeder Regelblutung nach dem in der Scheide liegenden Kunststoffaden tasten. Im ersten Jahr muß das Pessar schließlich bei 2–20% der Trägerinnen auf Grund von Nebenwirkungen (Unterleibsschmerzen, Blutungsanomalien) wieder entfernt werden. Gebärmutterschleimhautentzündungen und aufsteigende Infektionen sind selten, doch wird geraten, die Pessare alle 2–4 Jahre zu wechseln, um ein Einwachsen in die Gebärmuttermuskulatur zu verhindern.

Empfängnisverhütung mit chemischen Mitteln ist mit Hilfe von örtlich oder allgemein wirkenden sog. *Kontrazeptiva* möglich. Lokal (örtlich) wirksam sind samenschädigende Stoffe in Form von Cremes, Gelees, Scheidentabletten, Schaumsprays oder Zäpfchen, die kurz vor dem Verkehr in die Scheide eingeführt werden. Sie sollen den äußeren Muttermund verschließen und die Samenzellen unbeweglich machen oder abtöten. Die Zahl der ungewollten Schwangerschaften bei alleiniger Anwendung solcher Präparate wird sehr unterschiedlich, nämlich zwischen 0,7 und 10 auf 100 Anwendungsjahre, angegeben, bei Verwendung alter chemischer Mittel sogar bis 25.

Eine wesentlich zuverlässigere Empfängnisverhütung wird bei sachgemäßer Anwendung durch die *hormonellen Empfängnisverhütungsmittel* erreicht. Diese ursprünglich unter dem Namen *Antibabypillen (orale Kontrazeptiva)* bekannt gewordenen hormonähnlichen Präparate, die Gestagene oder Gemische von Östrogenen und Gestagenen enthalten, führen eine funktionelle Unfruchtbarkeit herbei, die nach dem Absetzen des Mittels wieder verschwindet. Die beiden ältesten und am besten erprobten Verfahren, die *Kombinationsmethode* und die *Zweiphasenmethode,* bedienen sich des Kunstgriffs, den Eierstock – vergleichbar den natürlichen Vorgängen bei einer Schwangerschaft – hormonell ruhigzustellen *(Ovulationshemmer)*: Der fällige Eisprung, der durch das zyklische Wechselspiel zwischen Eierstock und Hirnanhangsdrüse zustande kommt, wird durch die Zufuhr synthetischer Hormone unterdrückt (Abb. 2, S. 279). Die empfängnisverhütende Wirkung der Östrogene und Gestagene beruht jedoch nicht nur auf solchen Rückkopplungseffekten in Richtung Hirnanhangsdrüse, sondern außerdem auf einer frühzeitigen, wenn auch unvollständigen Veränderung der Gebärmutterschleimhaut im Sinne der Absonderungsphase. Dadurch wird zusätzlich die Einnistung eines eventuell doch befruchteten Eies erschwert (Einnistungshemmung). Schließlich nimmt unter dem Einfluß der Gestagene auch die Durchlässigkeit des Muttermundschleims für die Samenzellen ab, und selbst die für die Befruchtung notwendige Nachreifung der Spermien soll unterbleiben.

Bei der *Kombinationsmethode* wird vom 5. Tag nach Eintritt der Regelblutung an täglich eine Pille eingenommen. Nach Einnahme der letzten Pille am 24. oder 25. Tag des künstlich gesteuerten Zyklus wird der Eintritt einer regelartigen Blutung abgewartet *(Abbruchblutung).* Vom ersten Tag der Blutung an wird erneut gezählt, und am 5. Tag wird wieder mit der Pilleneinnahme begonnen. Wichtig ist dabei vor allem die regelmäßige Einnahme, je nach Schema für 20 oder 21 Tage.

Bei der *Zweiphasenmethode* werden (entsprechend der unbeeinflußten körpereigenen Hormonproduktion) z. B. vom 1. bis 7. Zyklustag reine Östrogenpillen, dann 15 Tage lang kombinierte Östrogen-Gestagen-Pillen eingenommen *(normophasische Sequenzmethode)* oder in einer ersten Phase von 11 Tagen eine Östrogen-Gestagen-Mischung mit geringeren und dann in einer zweiten Phase von 10 Tagen eine Mischung mit höheren Gestagendosen *(Stufenmethode).* Wird die Einnahme des Präparats einmal vergessen, dann wird z. B. bei der Sequenzmethode, falls die Pause mehr als 36 Stunden beträgt, empfohlen, zusätzlich andere, nichthormonelle Verfahren der Empfängnisverhütung (mit Ausnahme der Kalender- und Temperaturmethode) anzuwenden, die Pilleneinnahme aber fortzusetzen; tritt dann während der planmäßigen 7tägigen Einnahmepause keine Blutung ein, ist der Arzt aufzusuchen.

Obwohl die Wirkstoffanteile in den Antibabypillen so niedrig wie möglich gehalten werden, zeigen die zahlreichen auf dem Markt befindlichen Ovulationshemmer doch verschiedene *Nebenwirkungen.* Ein Teil der Nebenwirkungen erinnert an die typischen Anzeichen einer beginnenden Schwangerschaft wie Gewichtszunahme, Übelkeit, Kopfschmerzen und Spannungsgefühl in den Brüsten. Diese Beschwerden nehmen im Laufe der Zeit meist ab. Da die Geschlechtshormone (und auch die hormonellen Verhütungsmittel) in der Leber abgebaut werden, ist bei bestehenden Leberschäden mit der Einnahme oraler Kontrazeptiva Vorsicht geboten. Das gleiche gilt u. a. für drohende Venenverstopfungen und Gefäßverschlüsse (Thrombose und Thromboembolien). Die Gefahr einer Krebserkrankung durch die langdauernde Anwendung der hormonellen Empfängnisverhütung ist nicht gegeben.

Ärztliche Überwachung ist u. a. besonders wichtig bei Frauen, die eine Venenverstopfung oder Venenentzündung hatten oder an stärker ausgeprägten Krampfadern, an Epilepsie, Otosklerose, Bluthochdruck (und anderen Erkrankungen des Herz-Kreislauf-Systems), Diabetes und Tetanie leiden. Neben diesen relativen gibt es eine Reihe absoluter Kontraindikationen, die eine Einnahme der hormonellen Verhütungsmittel verbieten, so u. a. hormonabhängige bösartige Geschwülste und schwere Lebererkrankungen. Mit zunehmendem Alter fallen die erwähnten Risikofaktoren immer mehr ins Gewicht. Vom 30. Lebensjahr an sollten u. U. bereits andere Methoden der Empfängnisverhütung erwogen werden, so das Intrauterinpessar und auch die *Tubensterilisation,* die in den letzten Jahren an Bedeutung zugenommen hat. Nach dem 40. Lebensjahr ist die Anwendung der Pille nur noch aus bestimmten Gründen (z. B. Zyklusstörungen) ratsam. Weniger zurückhaltend wird inzwischen die Anwendung von Ovulationshemmern bei Jugendlichen beurteilt. Auf alle Fälle sollte hier wie auch sonst mit der Einnahme hormoneller Verhütungsmittel nur nach ärztlicher Beratung und Verordnung begonnen und die weitere Einnahme regelmäßig halbjährlich ärztlich überwacht werden.

Unter *Minipille* versteht man Präparate, die nur Gestagene enthalten, und zwar in relativ geringen Dosen, die den Ablauf des weiblichen Zyklus nicht wesentlich beeinflussen, also auch den Eisprung nicht verhindern, aber dennoch empfängnisverhütend wirken (s. weiter oben). Ein Vorteil der Minipille ist der Wegfall der Östrogene und damit eines Teils der Nebenwirkungen. Nachteile sind die Erfordernis, die Minipille immer unbedingt zur gleichen Tageszeit einzunehmen, ferner die geringere Sicherheit (Pearl-Index 0,8–3). – Vor allem zur Vermeidung von Einnahmefehlern wurden *hormonelle Depotpräparate zur Injektion* (Einmonatsspritze, Dreimonatsspritze) entwickelt. Nachteile sind hier u. a. Blutungsanomalien und eventuell das längere Ausbleiben der Monatsblutung nach Absetzen der Behandlung. Der Pearl-Index wird bei der *Dreimonatsspritze* mit 0,5 angegeben. – Im Stadium der Erprobung befinden sich die *Einmonatspille,* deren Östrogenkomponente im Fettgewebe gespeichert und von dort langsam abgegeben wird, und *Implantate,* d. h. Präparate mit Depotwirkung zur Einpflanzung unter die Haut, deren empfängnisverhütende Wirkung über Jahre anhalten würde. – Unter der *Pille danach* versteht man vergleichsweise hohe Östrogendosen, mit deren Einnahme man spätestens 24–48 Stunden nach dem Geschlechtsverkehr beginnt und die dann 5 Tage lang weitergenommen werden. Auf Grund ihrer Nebenwirkungen (u. a. Übelkeit und Erbrechen) gilt diese Methode eher als Notlösung (z. B. im Gefolge einer Vergewaltigung oder nach mißlungener Empfängnisverhütung). – Weniger sicher, aber kaum mit Nebenwirkungen belastet ist die Einnahme eines Gestagens drei Stunden vor bis spätestens drei Stunden nach dem Verkehr *(perikoitale Konzeptionsverhütung).*

SCHWANGERSCHAFTSTESTS

Sichere Schwangerschaftszeichen klassischer Art treten erst in der zweiten Schwangerschaftshälfte auf. Will man nicht so lange warten, so kommen zur Erkennung einer Frühschwangerschaft vor allem die heute außerordentlich zuverlässigen Schwangerschaftstests in Frage.

Tierversuche dienten früher zum Nachweis eines besonderen Schwangerschaftshormons aus dem Mutterkuchen, des sog. *Choriongonadotropins (HCG).* Dieses Hormon wird im Urin der Schwangeren schon sehr früh und dann vermehrt bis zum Ende der Schwangerschaft ausgeschieden (Abb. 1). Anstelle der Aschheim-Zondek-Reaktion an der infantilen weißen Maus wurde später der einfachere Krötentest eingeführt. Die Treffsicherheit dieser Reaktion, die 8–11 Tage nach Ausbleiben der erwarteten Regelblutung positiv wird, lag bei 99%.

Auch mit den modernen *immunologischen Schwangerschaftstests* weist man Choriongonadotropin im Schwangerenharn nach. Diese Tests funktionieren einfacher und rascher als Tierversuche, werden 10–12 Tage nach der ausgebliebenen Regelblutung positiv und haben gleichfalls Trefferwahrscheinlichkeiten von etwa 99%. Die immunologischen Tests beruhen auf einer sogenannten Antigen-Antikörper-Reaktion (s. S. 30).

Im einzelnen geht man so vor, daß man einem Kaninchen Choriongonadotropin einspritzt. Das Choriongonadotropin führt im Körper des Tiers (als Antigen) zur Bildung eines gonadotropinfeindlichen Antiserums, das Antikörper gegen HCG enthält. Bringt man dieses Antiserum mit weiblichem Gonadotropin zusammen, so reagieren beide miteinander (Antigen-Antikörper-Reaktion), und das Antiserum wird unwirksam. Der Test läuft nun darauf hinaus, Kaninchenantiserum mit weiblichem Urin zu mischen. Wird das Antiserum daraufhin unwirksam, enthält der Urin Choriongonadotropin: es besteht also eine Schwangerschaft. Ist das Antiserum dagegen immer noch wirksam, liegt keine Schwangerschaft vor. Die Restwirksamkeit des Kaninchenantiserums kann auf verschiedene Weise geprüft werden. Eine Methode bedient sich durch HCG-Beladung empfindlich gemachter roter Hammelblutkörperchen, die mit wirksamem Antiserum reagieren und dann im Reagenzglas nicht sedimentieren. Ist das Kaninchenserum in Gegenwart von Schwangerenurin dagegen unwirksam, setzen sich die Hammelblutkörperchen in Form eines roten Rings ab (Abb. 2). Eine andere Methode beruht darauf, daß sich HCG-beladene Kunststoffteilchen nur in Gegenwart von wirksamem Antiserum zusammenballen (Abb. 3). Beide Verfahren stehen als Ampullen- und Objektträgertests zur Verfügung. Falschpositive Tests sind selten.

In letzter Zeit wurden die Spezifität und die Genauigkeit der Schwangerschaftstests durch Einführung eines Radioimmunoassays für Choriongonadotropin sowie eines kompetitiven Proteinbindungstests weiter verbessert. Mit ihnen ist die Feststellung einer Gravidität schon 8–12 Tage nach dem Eisprung, also noch vor Ausbleiben der nächsten Regelblutung möglich.

Auch anhand des einfachen *Temperaturtests* ist die frühzeitige Vermutung einer Schwangerschaft möglich. Er geht von der Basaltemperatur, d. h. von der rektalen Morgentemperatur vor dem Aufstehen, aus. Normalerweise steigt die Basaltemperatur bei 28tägigem Zyklus am 15.–16. Tag von rund 36,5 °C auf etwa 37 °C an und fällt mit der Rückbildung des Gelbkörpers kurz vor der Regelblutung wieder ab. Tritt eine Schwangerschaft ein, so bleibt der Gelbkörper bestehen, und die Temperatur bleibt erhöht (Abb. 4; vgl. auch S. 286). Der Temperaturtest erfordert lediglich, daß man nach Ausbleiben der Regelblutung während 3 Tagen morgens 5 Minuten lang die Basaltemperatur mißt und diese Messungen nach Wochenfrist wiederholt. Beträgt die Temperatur bei diesen Messungen mehr als 37 °C, ist nach Ausschluß einer Schilddrüsenüberfunktion und fieberhafter Infektionen eine Schwangerschaft zu vermuten.

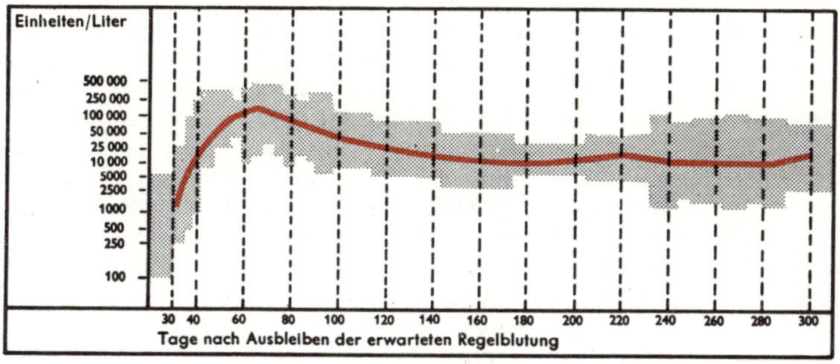

Abb. 1 Choriongonadotropingehalt im Urin der Schwangeren

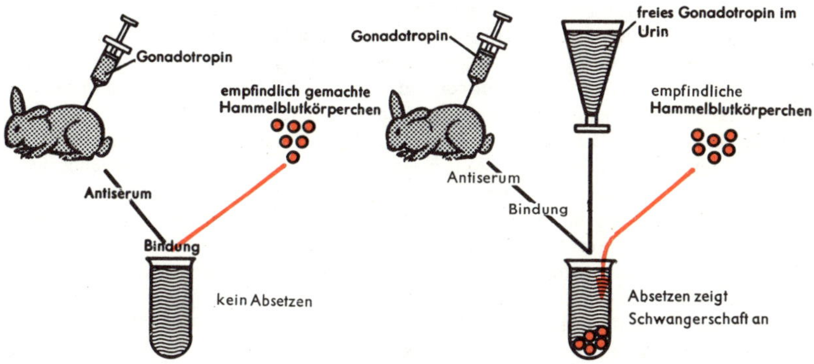

Abb. 2 Immunologischer Schwangerschaftstest mit Hammelblutkörperchen

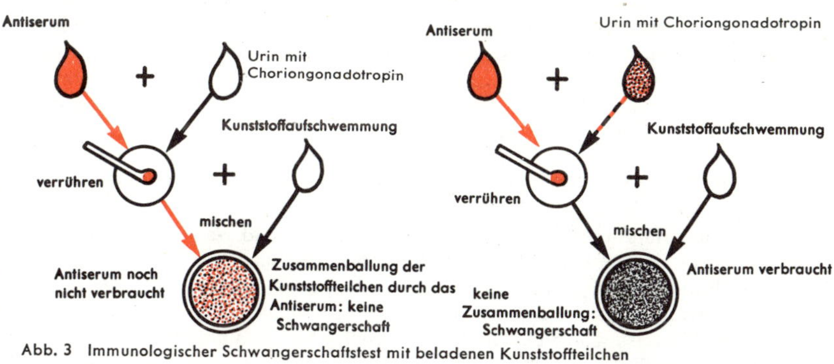

Abb. 3 Immunologischer Schwangerschaftstest mit beladenen Kunststoffteilchen

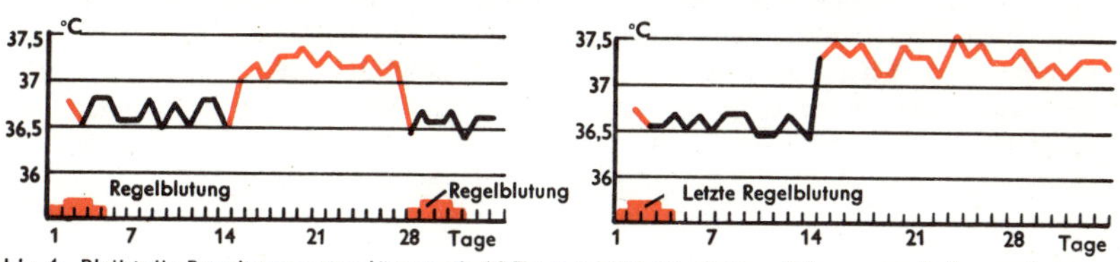

Abb. 4 Bleibt die Basaltemperatur länger als 16 Tage erhöht, ist mit einer Schwangerschaft zu rechnen

SCHWANGERSCHAFTSHORMONE SCHWANGERSCHAFTSERBRECHEN

Rückmeldekreise zwischen der übergeordneten Hirnanhangsdrüse und den ihr untergeordneten Hormondrüsen dienen der hormonellen Produktionskontrolle. Dies gilt auch für die sogenannten gonadotropen Hormone (die auf die Eierstöcke gerichteten Geschlechtshormone der Hirnanhangsdrüse) und ihr Zusammenspiel mit dem Follikel- und Gelbkörperhormon (den Östrogenen und Gestagenen) des Eierstocks. Auf diese Weise wird die Gebärmutterschleimhaut in jedem Zyklus der Frau pünktlich und wohlkontrolliert einmal empfängnisbereit gemacht. Dies geschieht in der Wucherungsphase mit Hilfe von Follikelhormonen, in der folgenden Absonderungsphase mit Hilfe von Gelbkörperhormon (Abb. 1a). Nach einer Befruchtung muß der Zyklus im Dienste der Fruchterhaltung unterbrochen werden. Daher übernimmt die Leibesfrucht mit Hilfe hormonproduzierender Hüllzellen die Kontrollfunktionen in eigene Regie und stellt später sogar selber schwangerschaftserhaltende Hormone her (s. Schwangerschaftstests, S. 284). Sehr frühzeitig werden aus dem Mutterkuchen als „Hormondrüse auf Zeit" Hormone frei, die mit dem gelbkörpergerichteten (luteinisierenden) Hormon LH der Hirnanhangsdrüse eng verwandt sind. Daher kommt es nicht, wie sonst im Zyklus, zu einer Rückbildung des Gelbkörpers im Eierstock. Der Gelbkörper wird vielmehr größer und verstärkt sogar die Produktion der schwangerschaftsvorbereitenden und schwangerschaftserhaltenden Gestagene.

Im 4.–5. Monat der Schwangerschaft nimmt der Gelbkörper im Eierstock zwar schließlich ab und wird inaktiv. Zu diesem Zeitpunkt hat der Mutterkuchen jedoch schon selbst mit der Herstellung großer Gestagen- und Östrogenmengen begonnen (Abb. 1b). Die ersteren sind für die Erhaltung der Schwangerschaft, die letzteren für das Wachstum von Gebärmutter und Brustdrüsen verantwortlich.

Die hormonelle Umstellung während der ersten drei Schwangerschaftsmonate bleibt oft nicht ohne Einfluß auf das Wohlbefinden der werdenden Mutter. Am häufigsten wird über Appetitlosigkeit, Ekel vor bestimmten Speisen, Übelkeit und Brechreiz, vor allem morgendliches Erbrechen, geklagt, das oft mit der 3.–5. Schwangerschaftswoche einsetzt, häufig Erstgebärende befällt und innerhalb von 3 Monaten meist von selbst verschwindet. Psychische Ursachen des Schwangerschaftserbrechens sind vor allem unerwünschte Schwangerschaft oder Angst vor dem zu erwartenden Geburtsschmerz (Ablehnungsneurose). Entsprechend sind Ruhe und Ablenkung in vielen Fällen ausreichend, das morgendliche Erbrechen zu unterdrücken. Manchmal genügt es schon, das Frühstück noch im Bett einzunehmen. Speisen, gegen die Widerwillen besteht, sind selbstverständlich zu meiden.

Das Schwangerschaftserbrechen kann – vermutlich in Verbindung mit einer relativen Unterfunktion der Nebennierenrinde – unstillbar werden *(Hyperemesis gravidarum)*. In solchen Fällen wird 5- bis 10mal täglich, so auch nach jeder Speisen- oder Flüssigkeitsaufnahme, erbrochen. Lebensgefährliche Salz- und Wasserverluste in Verbindung mit rascher Gewichtsabnahme, Benommenheit, schwerste Stoffwechselstörungen, Gelbsucht und sogar der Tod können die Folge sein. Bei der Hyperemesis versagen u. U. Beruhigungsmittel und brechreizstillende Medikamente schon sehr früh. Dann ist die Einweisung in eine Klinik erforderlich. Dort wird u. a. der Flüssigkeits-, Salz- und Säureverlust durch Dauertropfinfusion ausgeglichen. Oft wirkt die Zufuhr von nebennierenrindengerichtetem Hormon günstig. Parallel dazu erfolgt eine psychotherapeutische Betreuung. Insgesamt ist die Notwendigkeit einer Schwangerschaftsunterbrechung bei den heute zur Verfügung stehenden Möglichkeiten des Stoffwechselausgleichs extrem selten geworden.

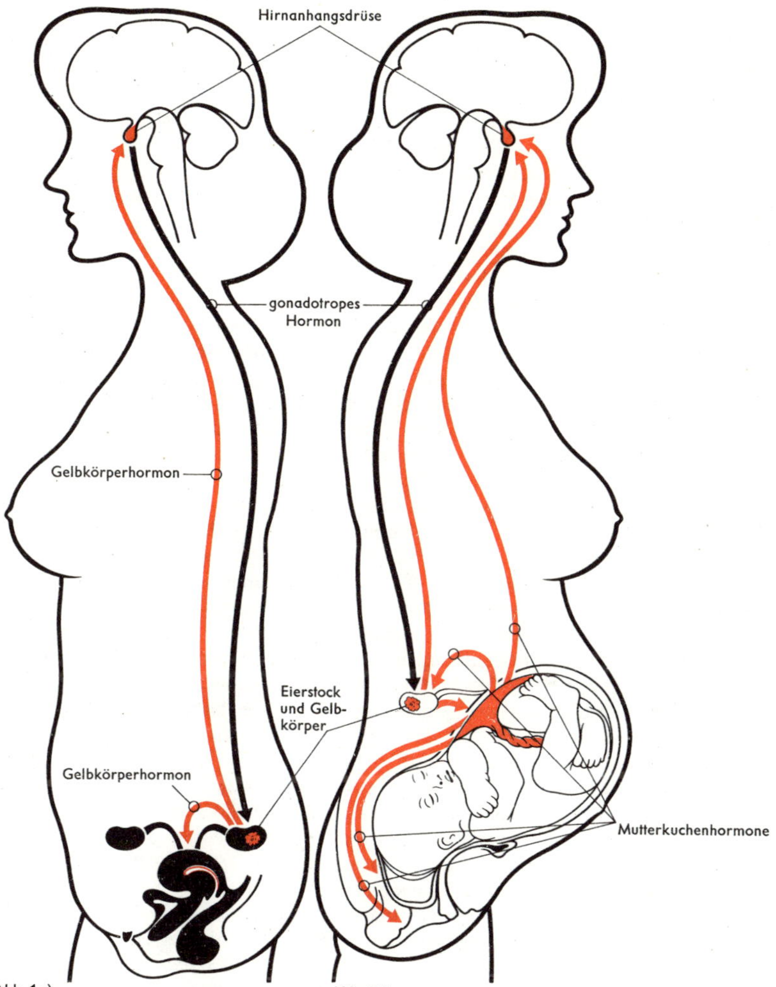

Abb. 1 a)
Empfängnisbereite Gebärmutterschleimhaut
(die Gelbkörper- oder Absonderungsphase steht unter Kontrolle der Hirnanhangsdrüse)

Abb. 1 b)
Schwangere Gebärmutter
(Schwangerschaftsbereitschaft wird anfangs durch den Gelbkörper, später durch den Mutterkuchen selbst gewährleistet)

SCHWANGERSCHAFTSVERLAUF

Die Schwangerschaft beginnt mit der Einnistung des Eies in der Gebärmutterschleimhaut. Von diesem Zeitpunkt bis zur Geburt vergehen durchschnittlich 260 Tage. Da das befruchtete Ei vorher noch rund 6 Tage im Eileiter und in der Uterushöhle verbringt, rechnet man von der Befruchtung der Eizelle bis zur Geburt ca. 265 Tage. Derartige Berechnungen sind für den praktischen Gebrauch, z. B. zur Berechnung des wahrscheinlichen Geburtstermins, jedoch allzu theoretisch. Nun besteht zwischen dem ersten Tag der letzten Regelblutung und der Befruchtung meist ein recht enger zeitlicher Zusammenhang, nämlich ein Zwischenraum von rund 15 Tagen; daher rechnet man den *Geburtstermin* in der Praxis vom ersten Tag der letzten Menstruation als Stichtag her aus, indem man 280 Tage (oder 40 Wochen) zu diesem Termin hinzuzählt.

Einfacher führt die sogenannte *Naegele-Regel*, die den Kalender überflüssig macht, zum gleichen Rechenziel: Man errechnet den voraussichtlichen Geburtstermin, indem man vom 1. Tag der letzten Regelblutung ausgeht, 1 Jahr hinzuzählt, drei Monate abzieht und nochmals sieben Tage hinzuzählt. Beispiel:

10. 6. 1983 (Beginn der letzten Regel) weniger 3 Monate = 10. 3. 1983 + 7 Tage = 17. 3. 1984 (voraussichtlicher Geburtstermin).

Noch einfacher ist die Benutzung eines *Geburtskalenders* (s. Tab.). – Derartige Berechnungen treffen den Geburtstermin allerdings nur in rund 5 % der Fälle auf den Tag genau. Man muß von vornherein damit rechnen, daß die Geburt bis zu 10 Tagen früher oder später eintreten kann. Nach größeren Statistiken kommen sogar nur rund ²/₃ aller Kinder während dieser 3 Wochen um den errechneten Geburtstermin herum zur Welt. Besonders unsicher wird die Berechnung naturgemäß dann, wenn vor der Empfängnis kein Menstruationskalender geführt wurde oder wenn die Empfängnis nach einer längeren Menstruationspause zustande kam, z. B. nach einer Geburt. Ein wichtiger Hinweis können die ersten *Kindsbewegungen* sein. Die Erstgebärende spürt sie etwa am Ende der 20. Schwangerschaftswoche, die Mehrgebärende oft schon am Ende der 18. Woche. Allerdings können hier Irrtümer vorkommen, z. B. durch Verwechslung mit Darmbewegungen.

Zwischen der 7. und 14. Schwangerschaftswoche kann der voraussichtliche Geburtstermin mit Hilfe der Ultraschalldiagnostik (Messung der Scheitel-Steiß-Länge) mit einer Genauigkeit von ± 3 Tagen bestimmt werden. Vom zweiten Drittel der Schwangerschaft an tritt an die Stelle der Scheitel-Steiß-Länge der Durchmesser des kindlichen Kopfes. Ein weiterer Hinweis auf den voraussichtlichen Geburtstermin kann aus dem Stand der Gebärmutter abgeleitet werden (s. u.).

Nach der Befruchtung setzt das Samenei seinen Weg in die Gebärmutterhöhle fort und fängt etwa 30 Stunden nach der Vereinigung des mütterlichen und väterlichen Erbgutes an, sich unter Verwendung des mitgeführten Dottervorrates zu teilen. Es entstehen erst 2, dann 4, 8, 16, 32 und so fort immer mehr Zellen. Über das Maulbeerstadium, während dessen die jungen Zellen noch dicht bei dicht gepackt liegen, entsteht schließlich durch ungleichmäßige Teilung und Flüssigkeitsansammlung die Keimblase; 3–4 Tage nach dem Eisprung wird die Gebärmutterhöhle erreicht. Hier hat sich inzwischen die Schleimhaut, wie bei jedem Zyklus, durch Übergang in die Absonderungsphase für den Empfang des Keimlings vorbereitet. Dieser bringt durch enzymatische Verdauung die obere Zellschicht der Gebärmutterschleimhaut zum Einschmelzen, sinkt in das selbstgemachte Schleimhautbett und nistet sich hier am 6. Tag ein (*Nidation;* Abb. 1 und 2, S. 291). Am Ende der Einnistung ist der Keimling, wohlverankert und durch Säfteströme ernährt, völlig von Schleimhaut umgeben.

Nach kurzer Zeit bilden sich im Keimling die drei Keimblätter aus. Nach 8 Tagen erkennt man außerdem 2 weitere Höhlen, den Dottersack, der später verkümmert, und die Eihaut- oder Amnionhöhle. Diese wird immer größer und füllt sich mit Fruchtwasser; das *Fruchtwasser* nimmt bis zur Geburt auf rund 1 Liter zu und dient – als eine besondere Art von Flüssigkeitsstoßdämpfer – zum Schutze der Leibesfrucht. Nach 2–3 Wochen ist der Keimling so groß geworden, daß die Nährstoffe

GEBURTSKALENDER

Erster Tag der letzten Menstruation: obere Zahl; Datum der Geburt: Zahl darunter (farbig)

Jan.	1	2	3	4	5	6	7	8	9	10	11	12	13	14	15	16	17	18	19	20	21	22	23	24	25	26	27	28	29	30	31	Jan.
Okt.	8	9	10	11	12	13	14	15	16	17	18	19	20	21	22	23	24	25	26	27	28	29	30	31	1	2	3	4	5	6	7	Nov.
Febr.	1	2	3	4	5	6	7	8	9	10	11	12	13	14	15	16	17	18	19	20	21	22	23	24	25	26	27	28				Febr.
Nov.	8	9	10	11	12	13	14	15	16	17	18	19	20	21	22	23	24	25	26	27	28	29	30	1	2	3	4	5				Dez.
März	1	2	3	4	5	6	7	8	9	10	11	12	13	14	15	16	17	18	19	20	21	22	23	24	25	26	27	28	29	30	31	März
Dez.	6	7	8	9	10	11	12	13	14	15	16	17	18	19	20	21	22	23	24	25	26	27	28	29	30	31	1	2	3	4	5	Jan.
April	1	2	3	4	5	6	7	8	9	10	11	12	13	14	15	16	17	18	19	20	21	22	23	24	25	26	27	28	29	30		April
Jan.	6	7	8	9	10	11	12	13	14	15	16	17	18	19	20	21	22	23	24	25	26	27	28	29	30	31	1	2	3	4		Febr.
Mai	1	2	3	4	5	6	7	8	9	10	11	12	13	14	15	16	17	18	19	20	21	22	23	24	25	26	27	28	29	30	31	Mai
Febr.	5	6	7	8	9	10	11	12	13	14	15	16	17	18	19	20	21	22	23	24	25	26	27	28	1	2	3	4	5	6	7	März
Juni	1	2	3	4	5	6	7	8	9	10	11	12	13	14	15	16	17	18	19	20	21	22	23	24	25	26	27	28	29	30		Juni
März	8	9	10	11	12	13	14	15	16	17	18	19	20	21	22	23	24	25	26	27	28	29	30	31	1	2	3	4	5	6		April
Juli	1	2	3	4	5	6	7	8	9	10	11	12	13	14	15	16	17	18	19	20	21	22	23	24	25	26	27	28	29	30	31	Juli
April	7	8	9	10	11	12	13	14	15	16	17	18	19	20	21	22	23	24	25	26	27	28	29	30	1	2	3	4	5	6	7	Mai
Aug.	1	2	3	4	5	6	7	8	9	10	11	12	13	14	15	16	17	18	19	20	21	22	23	24	25	26	27	28	29	30	31	Aug.
Mai	8	9	10	11	12	13	14	15	16	17	18	19	20	21	22	23	24	25	26	27	28	29	30	31	1	2	3	4	5	6	7	Juni
Sept.	1	2	3	4	5	6	7	8	9	10	11	12	13	14	15	16	17	18	19	20	21	22	23	24	25	26	27	28	29	30		Sept.
Juni	8	9	10	11	12	13	14	15	16	17	18	19	20	21	22	23	24	25	26	27	28	29	30	1	2	3	4	5	6	7		Juli
Okt.	1	2	3	4	5	6	7	8	9	10	11	12	13	14	15	16	17	18	19	20	21	22	23	24	25	26	27	28	29	30	31	Okt.
Juli	8	9	10	11	12	13	14	15	16	17	18	19	20	21	22	23	24	25	26	27	28	29	30	31	1	2	3	4	5	6	7	Aug.
Nov.	1	2	3	4	5	6	7	8	9	10	11	12	13	14	15	16	17	18	19	20	21	22	23	24	25	26	27	28	29	30		Nov.
Aug.	8	9	10	11	12	13	14	15	16	17	18	19	20	21	22	23	24	25	26	27	28	29	30	31	1	2	3	4	5	6		Sept.
Dez.	1	2	3	4	5	6	7	8	9	10	11	12	13	14	15	16	17	18	19	20	21	22	23	24	25	26	27	28	29	30	31	Dez.
Sept.	7	8	9	10	11	12	13	14	15	16	17	18	19	20	21	22	23	24	25	26	27	28	29	30	1	2	3	4	5	6	7	Okt.

durch eigene Blutgefäße ins Fruchtinnere transportiert werden müssen. Die äußere Zellschicht bildet Zotten aus, die durch Verdauung des mütterlichen Schleimhautgewebes Kontakt mit sauerstoffreicherem Blut suchen (Abb. 3a und b). Sie verwachsen stellenweise mit der Umgebung und tauchen in kleine Blutseen ein, die von der Mutter bereitgestellt werden. Insgesamt bauen Mutter und Frucht ein gemeinsames Organ, den *Mutterkuchen (Plazenta)*, auf. Neben der Nährfunktion übernimmt die Plazenta bald auch die Produktion von Hormonen, die schwangerschaftserhaltend wirken (s. S. 286). Die Verbindung zwischen Mutterkuchen und Frucht stellt die *Nabelschnur* mit ihren Gefäßen her. Die Schlagader der Nabelschnur führt verbrauchtes (venöses) Blut zum Mutterkuchen. Hier strömt es durch die Haargefäße der Zotten, wird entschlackt und aus den kleinen mütterlichen Blutseen mit Sauerstoff und Nährstoffen beladen. Die Blutader der Nabelschnur führt das frische (arterielle) Blut zur Frucht zurück (Abb. 4). Im Mutterkuchen vermischt sich das kindliche Blut mit dem mütterlichen normalerweise nicht. Vielmehr fließen beide Blutströme in getrennten Betten aneinander vorbei (Abb. 5).

Die Frucht hat ihre eigenen blutbildenden Organe, ihr eigenes Blut und einen eigenen, chemisch vom mütterlichen verschiedenen Blutfarbstoff. Dementsprechend ist die Plazenta glücklicherweise auch für die meisten Infektionskeime (ausgenommen Viren) undurchlässig. Der Mutterkuchen wiegt am Ende der Schwangerschaft etwa 500 g. Er ist diskusförmig mit einem Durchmesser von etwa 15–20 und einer Dicke von $1\frac{1}{2}$–$3\frac{1}{2}$ cm. Auf 1 cm^2 Mutterkuchen befinden sich mehr als 100 Zotten. Alle Zotten haben zusammen eine Oberfläche von 7 m^2, was dem Fünffachen der Hautoberfläche eines Erwachsenen entspricht. Wie so häufig im tierischen und menschlichen Organismus wird auch hier das Prinzip der Oberflächenvergrößerung genutzt, um den Stoffaustausch zwischen zwei getrennten Leibesflüssigkeiten zu verbessern.

Die *Gebärmutter* (der *Uterus*) hat normalerweise eine Länge von 6–8 cm und ein Gewicht von rund 50 Gramm. Dieses Gewicht nimmt während der Schwangerschaft um das 20- bis 30fache zu. Während der jungfräuliche Uterus 2–3 cm^3 fassen würde, beträgt sein Volumen kurz vor der Geburt 5–7 Liter. Diese enorme Vergrößerung kann nicht allein durch Muskelwachstum erfolgen; sie ist auch in der besonderen Anordnung der Gebärmuttermuskulatur begründet (Abb. 6, S. 293): Die Muskelfasern der Gebärmutter sind in Form von Spiralen angeordnet, die von außen nach innen streben. Diese Anordnung gestattet eine Weiterstellung des Innenraums nach Art der Uhrfederspirale, zunächst ohne Verlängerung der einzelnen Muskelfasern. Später erfolgt dann unter Hormoneinfluß sowie durch den Dehnungsreiz der wachsenden Frucht auch ein echtes Wachstum der Gebärmuttermuskulatur, zuerst an der Stelle des eingenisteten Eies. Diesem Wachstum von Kind und Gebärmutter entspricht der verschieden hohe *Stand der Gebärmutter*, an Hand dessen das Alter der Schwangerschaft beurteilt werden kann: Der Uterus steht z. B. in der 24. Woche meist in Nabelhöhe, in der 32. Woche in der Mitte zwischen Nabel und Schwertfortsatz (Abb. 7, S. 293). Der untersuchende Arzt stellt fest, daß der Leib sich ca. 4 Wochen vor der Geburt wieder etwas senkt, weil der Kopf des Kindes nun tiefertritt.

Die Schwangere selbst merkt dies häufig daran, daß sie wieder leichter durchatmen kann. Neben dem Handgriff, der den Stand der Gebärmutter zeigt (Abb. 8a), führt der Arzt bei fortgeschrittener Schwangerschaft noch weitere äußere Untersuchungen durch, um festzustellen, auf welche Seite der Rücken des Kindes liegt (Abb. 8b), welcher Teil des Kindes vorangeht und wie tief er steht (Abb. 8c), und schließlich, wie das Tiefertreten des vorangehenden Teiles fortschreitet (Abb. 8d).

Die Gebärmutter wächst mit der Größenzunahme der Leibesfrucht. Die folgende Tabelle gibt die tatsächliche mittlere Länge der Frucht und ihr Gewicht an. Zusätzlich ist eine Faustregel zur Berechnung der Kindsgröße angeführt. Die Schwangerschaftsdauer ist nach *Lunarmonaten* berechnet (d. h. je 4 Wochen à 28 Tage).

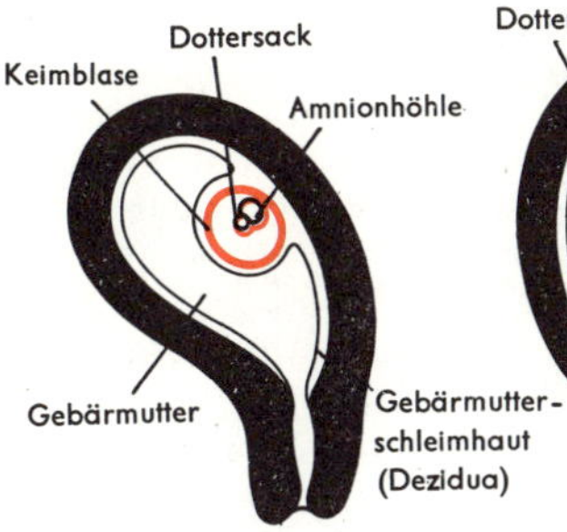

Abb. 1

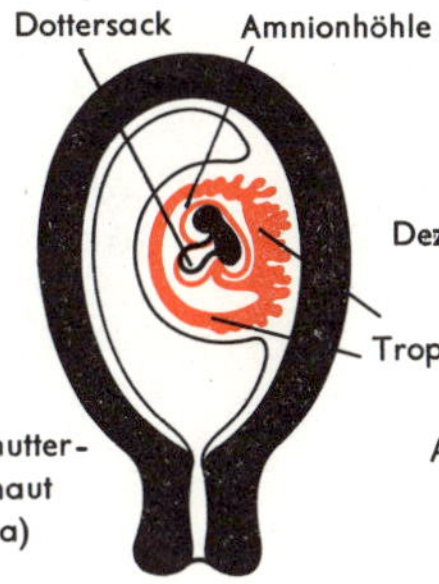

Abb. 2

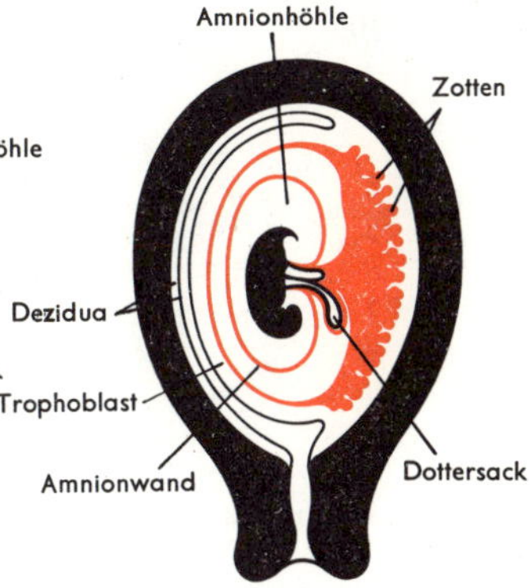

Abb. 3a

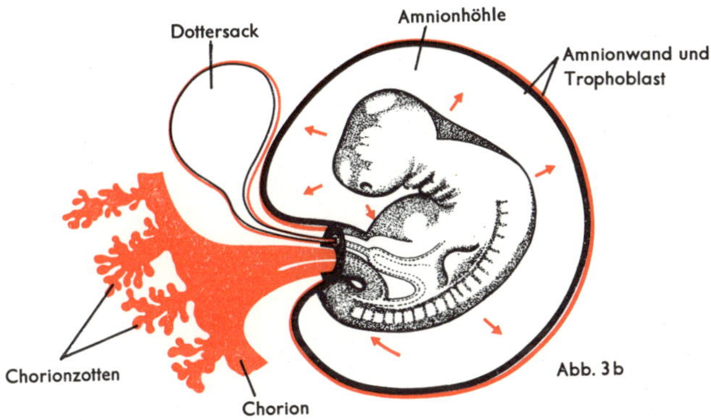

Abb. 3b

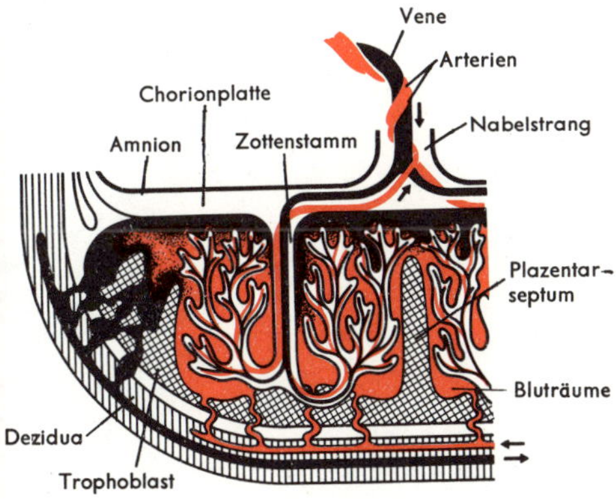

Abb. 4

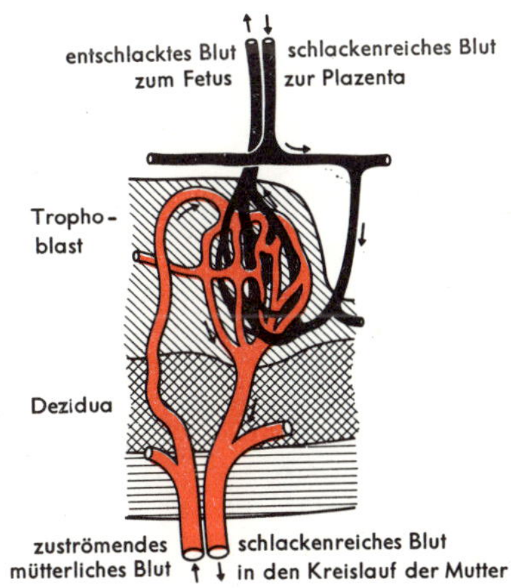

Abb. 5

Lunarmonat (Ende)	Länge der Frucht (cm)	Gewicht in g	Berechnete Länge in cm
2	3,0	1,1	2×2= 4
3	9,8	14,2	3×3= 9
4	18,0	108,0	4×4=16
5	25,0	316,0	5×5=25
6	31,5	630,0	6×5=30
7	37,1	1045,0	7×5=35
8	42,5	1680,0	8×5=40
9	47,0	2375,0	9×5=45
10	50,0	3405,0	10×5=50

Die Gewichtszunahme der Schwangeren während der gesamten Schwangerschaft sollte normalerweise 10–12 kg nicht überschreiten. Die folgende Tabelle zeigt an einem Beispiel, wodurch die Gewichtszunahme im einzelnen bedingt ist:

Ausgetragenes Kind	3,5 kg
Fruchtwasser, Mutterkuchen	2,0 kg
Gebärmuttervergrößerung	1,0 kg
Vergrößerung der Brüste	1,5 kg
Übrige Zunahme, vor allem an Flüssigkeit	4,0 kg
Zusammen	12,0 kg

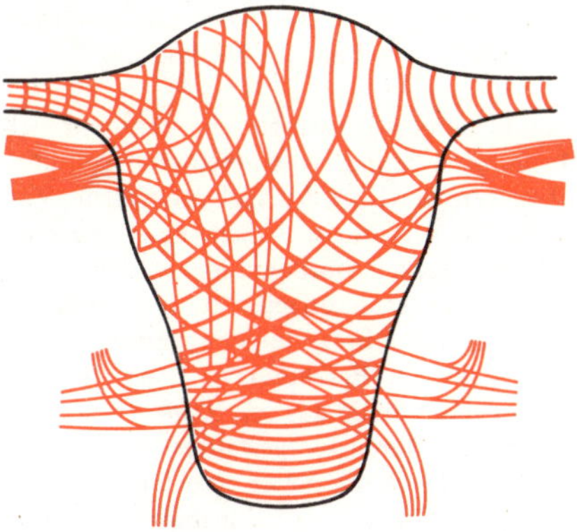

Abb. 6 Anordnung der Gebärmuttermuskulatur

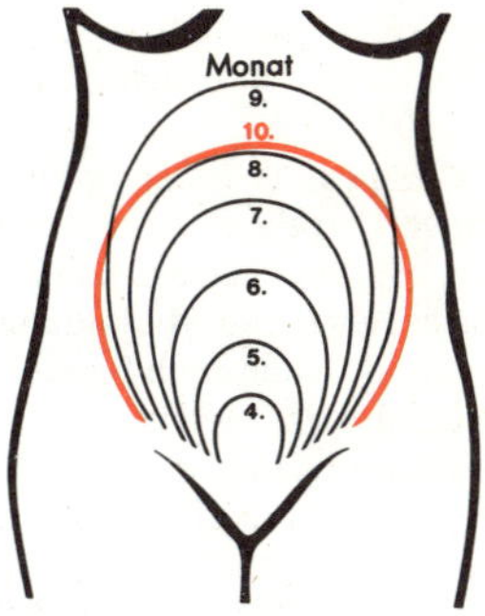

Abb. 7 Höhenstand der schwangeren Gebärmutter

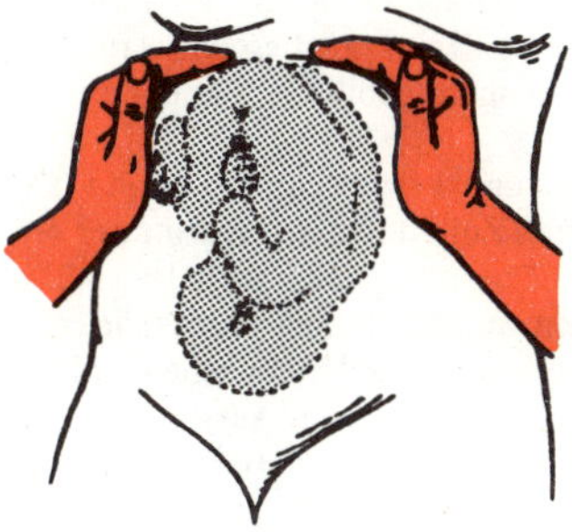

Abb. 8a) Sog. 1. Leopold-Handgriff: Wie hoch steht die Gebärmutter?

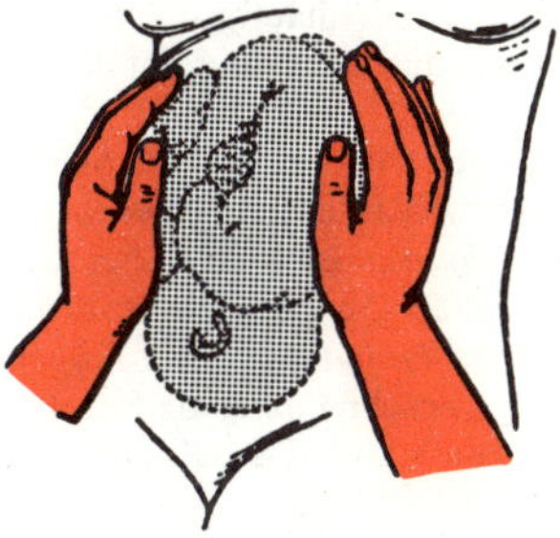

Abb. 8b) Sog. 2. Leopold-Handgriff: Auf welcher Seite liegt der Rücken des Kindes?

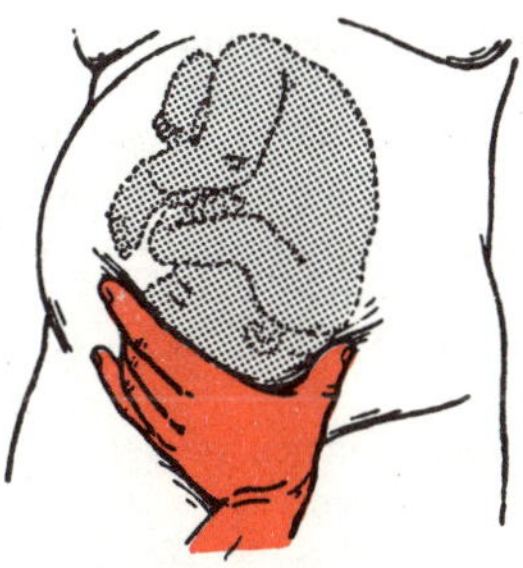

Abb. 8c) Sog. 3. Leopold-Handgriff: Welcher Teil des Kindes steht wie tief?

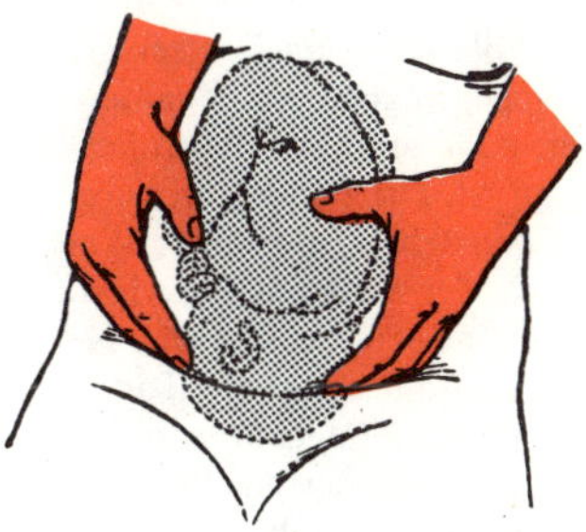

Abb. 8d) Sog. 4. Leopold-Handgriff: Tritt der führende Kindsteil tiefer?

FEHLGEBURT

Wird eine Schwangerschaft innerhalb der ersten 28, nach neueren Empfehlungen der WHO innerhalb der ersten 22 Wochen unterbrochen, spricht man von *Fehlgeburt* oder *Abort* (zur Lebensfähigkeit der Leibesfrucht zwischen der 22. und 28. Woche s. S. 300).

Die *spontane Fehlgeburt* bei unbeabsichtigt beendeter Schwangerschaft hat sehr vielfältige Ursachen, die entweder bei der Mutter oder beim befruchteten Ei liegen können. Mütterlicherseits kommen in Frage: Unterentwicklung, Muskelgeschwülste, Verwachsungen und Mißbildungen der Gebärmutter, Verschlußschwäche des Gebärmutterhalses, selten auch Einklemmungen im kleinen Becken; darüber hinaus extreme Unterernährung, Vitaminmangel, hochfieberhafte Erkrankungen, in den späteren Schwangerschaftsmonaten Syphilis, schließlich auch Blutgruppenunverträglichkeit und psychische Traumen, wie z. B. starke Erregung und Erschrecken. Vom befruchteten Ei her ist als Ursache von Fehlgeburten an erster Stelle das sog. *Fehlei* zu nennen. Mehr als 50% der spontanten Fehlgeburten sollen durch fehlgestaltete, nicht weiter entwicklungsfähige Keimlinge bedingt sein. Etwa die Hälfte dieser defekten Fruchtanlagen weist Chromosomenanomalien auf, vor allem bei Fehlgeburten bis zur 16. Schwangerschaftswoche. Dabei sind Anomalien durch Verteilungsfehler bei der Reifeteilung der Eizelle wesentlich häufiger als erbliche Chromosomenveränderungen eines Elternteils. Sind Chromosomenanomalien (d. h. Anomalien in der Verteilung des Erbmaterials) die häufigste Ursache einer Fehlgeburt, so kann man diesen Zusammenhang als Schutz der Natur vor dem häufigen Vorkommen mißgebildeter Kinder auffassen.

In den ersten zwei bis drei Schwangerschaftsmonaten ist der Keimling noch klein, wenig entwickelt und ringsherum nur locker mit kurzen Zotten in der Gebärmutter verankert *(Puderquastenei)*. Daher wird er zu diesem Zeitpunkt noch verhältnismäßig leicht und als Ganzes ausgestoßen, wobei es aus dem wunden Eibett blutet *(einzeitige Fehlgeburt, Frühabort)*. Beim *Frühestabort* bis zur 7. Schwangerschaftswoche ist dieser einzeitige Fruchtabgang die Regel. Da die Blutung hier bald nach der Ausstoßung zum Stehen kommt, wird der Frühestabort von der Frau oft als verzögerte (und verstärkte) Regelblutung gedeutet.

Nach 4 Schwangerschaftsmonaten sind bereits Mutterkuchen, Eihäute und Fruchtwasser entwickelt. Daher verläuft die Fehlgeburt fortan geburtsähnlich, d. h. mit Wehen, Blasensprung, Eröffnungsperiode, Austreibungsperiode und schließlich Nachgeburt (*Spät-* oder *zweizeitiger Abort*).

Die *drohende Fehlgeburt* zeigt sich durch leichte Blutungen, Kreuz- oder Unterleibsschmerzen, in späteren Monaten auch durch Wehen an. Schwangerschaftserhaltend wirken dann strengste Bettruhe, Beischlafverzicht, auch ärztlich verordnete Beruhigungsmittel. Die Fehlgeburt wird begünstigt durch lokale Wärme, Kälte und Abführmittel. Aufstehen ist erst eine Woche nach Beendigung jeder Blutung erlaubt. Zur Beurteilung der weiteren Entwicklung dienen die Ultraschalldiagnostik und die Erstellung eines Hormonprofils. Negativ ausfallende Schwangerschaftstests, u. U. auch Milchsekretion zeigen den Tod der Leibesfrucht an.

Nach einer Fehlgeburt muß oft eine Ausschabung vorgenommen werden. Sie soll eventuelle Reste der Nachgeburt aus der Gebärmutter entfernen und so zur Vermeidung von Blutungen beitragen. Starke Blutungen können schon vorher Anlaß zu aktivem Vorgehen sein. Fieber zeigt aufsteigende Infektionen an, die manchmal auf das kleine Becken übergreifen *(fieberhafter, komplizierter septischer Abort)*. Solche Komplikationen werden vordringlich, und zwar mit Antibiotika, behandelt. Diese dienen vor allem auch zur Verhütung des sog. Endotoxinschocks, der durch Bestandteile der Zellwand zerfallender gramnegativer Bakterien verursacht wird.

Von einer spontanen Fehlgeburt werden mindestens 10% aller menschlichen Keimlinge betroffen; rechnet man unbemerkte Frühestaborte hinzu, ist dieser Anteil schätzungsweise noch wesentlich größer.

Bei manchen Frauen kommt es immer wieder, meist im zweiten oder dritten Monat einer Schwangerschaft, zur Abstoßung der Leibesfrucht. Tritt dieses Ereignis ohne äußeres Zutun mehr als zweimal ein, spricht man von *gewohnheitsmäßiger Fehlgeburt* oder *habituellem Abort*. Seine Häufigkeit liegt bei 0,4% aller Schwangerschaften. Man kann davon ausgehen, daß bei den wiederholt von einer Fehlgeburt betroffenen Frauen bzw. Ehepaaren jeweils die gleiche Ursache zugrunde liegt. Leider ist es nur in etwa 40% der Fälle möglich, diese Ursachen aufzudecken und zu beseitigen. Daher liegen die Erfolgsaussichten, ein gesundes Kind zur Welt zu bringen, nach zwei Fehlgeburten nur bei 63%, nach drei vorangegangenen Fehlgeburten sogar nur noch bei 14%.

Günstig sind die Voraussetzungen bei der Feststellung einer Verschlußschwäche des Gebärmutterhalses vor einer neuen Schwangerschaft. Die fehlgeburtsverdächtige Störung beruht dabei in einem Versagen des Gebärmutterhalses, der während der Schwangerschaft nicht geschlossen bleiben kann und so den Fruchthalter in der zweiten Schwangerschaftshälfte nach unten hin nicht ausreichend sichert. Der sich sonst immer wieder öffnende Gebärmutterhalskanal kann in solchen Fällen einige Zeit nach dem Abort mit sehr gutem Erfolg durch eine sog. Tabaksbeutelnaht um den Gebärmutterhals gerafft werden. – Bei Myomen und Polypen der Gebärmutter sowie bei der festgewachsenen, rückwärts geknickten Gebärmutter kann operative Behandlung erfolgreich sein. – Die unterentwickelte Gebärmutter kann u. U. hormonell fruchtbar gemacht werden.

Die Behandlung der gewohnheitsmäßigen Fehlgeburt richtet sich außerhalb einer Schwangerschaft auch sonst nach den Ursachen, soweit sie bekannt und behandlungsfähig sind. Verläuft die frauenärztliche Untersuchung negativ, wird die Zeugungsfähigkeit des Partners kontrolliert. Auch fehlerhafte Samenreifung kann (selten) die Ursache von Fehlgeburten sein. Bei 3% der Frauen mit habituellem Abort und 1% ihrer Partner werden bei der Chromosomenanalyse erbliche Chromosomenveränderungen gefunden.

Während der Schwangerschaft sind im übrigen Ablenkung und Entspannung, körperliche Schonung, Unterbrechung der Berufstätigkeit, Verzicht auf Reisen und außerdem Enthaltung vom Geschlechtsverkehr geboten. U. a. soll der Angst vor einem neuen Abort entgegengewirkt werden. Abortgefahr besteht vor allem um den sonst üblichen Zeitpunkt der Regelblutung. Bettruhe ist allerdings nur bei den Anzeichen eines drohenden Aborts (besonders Blutungen) erforderlich (s. weiter oben). U. U. sind leichte Beruhigungsmittel, gelegentlich auch eine Psychotherapie angezeigt.

BLUTGRUPPENUNVERTRÄGLICHKEIT ZWISCHEN MUTTER UND KIND

Gruppenunverträgliches Blut läßt sich bei Transfusionen durch die Blutgruppenbestimmung ausschließen. Verhängnisvoll kann jedoch das gelegentliche Zusammentreffen unverträglicher Blutgruppen von Mutter und Kind im Mutterleib sein. Dabei spielt vor allem der Rhesusfaktor (Rh-Faktor) eine Rolle, der in den roten Blutkörperchen von 85 % „Rh-positiven" Menschen vorkommt und bei den restlichen 15 % „Rh-negativen" fehlt. Empfängt nun eine Rh-negative Mutter von einem Rh-positiven Vater ein Kind, so kann dieses durch Vererbung Rh-positiv sein. Dann fehlt der Rh-Faktor in den roten Blutkörperchen der Mutter, dem Kind ist er vom Vater aber mitgegeben worden. Zwar fließt das Blut von Mutter und Kind im Mutterkuchen in getrennten Bahnen. Dennoch treten gelegentlich rote Blutkörperchen des Kindes in den Kreislauf der Mutter über. Sind diese Blutkörperchen vom Vater her Rh-positiv, so entstehen im Blut der Rh-negativen Mutter Antikörper, die Rh-positive Blutkörperchen auflösen. Dies wäre bei späteren Bluttransfusionen der Mutter zu berücksichtigen (s. S. 98). Wichtig ist vor allem, daß die Abwehrstoffe der Mutter umgekehrt auch in den kindlichen Kreislauf übertreten (Abb. 1 und 2). Sie zerstören dort bei hohem „Antikörpertiter" der Mutter, den man im Labor bestimmen kann, so viele Blutkörperchen, daß es zu einer schweren Blutarmut der Leibesfrucht kommt. Erfahrungsgemäß ist die schützende Filterwirkung des Mutterkuchens bei der ersten Schwangerschaft meist noch ausreichend. Zur Sensibilisierung durch den Übertritt von kindlichem Blut in den mütterlichen Kreislauf kommt es vor allem während der Geburt. Daher nimmt bei wiederholter Schwangerschaft Rh-negativer Mütter die Gefahr für Rh-positive Kinder in der Regel fortlaufend zu.

In der Praxis kommt es vor allem darauf an, wie häufig Rh-negative Frauen mit einer Empfängnis Rh-positiver Kinder zu rechnen haben. Heiratet die Rh-negative Frau einen Rh-negativen Mann, so werden alle Kinder ebenfalls Rh-negativ und ungefährdet sein. Heiratet die Rh-negative Frau einen Rh-positiven Mann, so kommt es darauf an, ob er rein- oder gemischterbig ist (Abb. 3). Ist er reinerbig, werden alle Kinder Rh-positiv sein. Ist der Rh-positive Mann gemischterbig, ist die Hälfte der Kinder Rh-positiv, die Hälfte Rh-negativ. Die Spalterbigkeit des Mannes kann daran erkannt werden, ob ein Elternteil oder ein lebendes Kind aus der gleichen Ehe Rh-negativ sind. Im oben angeführten Fall einer Frau, die schon Rh-geschädigte Kinder geboren hat, sind die weiteren Aussichten auf gesunde Kinder bei Rh-positiver Reinerbigkeit des Mannes ohne Vorsorgemaßnahmen also sehr gering; bei Spalterbigkeit ist die Wahrscheinlichkeit gesunder Kinder mindestens 50:50. Insgesamt ist bei der angegebenen Blutgruppenverteilung mit der Konstellation: Rh-negative Frau + Rh-positiver Mann → Rh-positives Kind in annähernd 15% aller Ehen zu rechnen. Glücklicherweise kamen auch ohne Vorsorge Rh-Abwehrstoffe nur bei rund 5% aller Mütter vor.

Neuerdings ist es möglich, die Antikörperbildung bei der Rh-negativen Mutter durch die sog. *Anti-D-Prophylaxe* zu verhindern. Dabei injiziert man der Mutter ein Antiserum gegen die gruppenfremden kindlichen Blutkörperchen, was dazu führt, daß diese abgebaut und so als Antigene unwirksam werden. Da die Sensibilisierung der Mutter in erster Linie während bzw. kurz nach der Geburt erfolgt, genügt es (im Hinblick auf die nächste Schwangerschaft), innerhalb der ersten 72 Stunden nach der Entbindung Anti-D-Globulin zu injizieren. Die Notwendigkeit dazu besteht, wenn das Neugeborene einer Rh-negativen Mutter sich nach der Untersuchung von Nabelschnurblut als Rh-positiv erweist. Vorsorglich wird unter den obenerwähnten Umständen (Mutter Rh-negativ, Vater Rh-positiv) eine Anti-D-Prophylaxe u.a. auch nach einer Fehlgeburt oder einem Schwangerschaftsabbruch durchgeführt.

Zu den *Schwangerschaftsvorsorgeuntersuchungen* gehört zunächst die Blutgruppenbestimmung der Schwangeren. Ist die Frau Rh-negativ, muß auch die Blutgruppe des Mannes bestimmt werden. Rh-Positivität des Mannes bedeutet, daß mit Unverträglich-

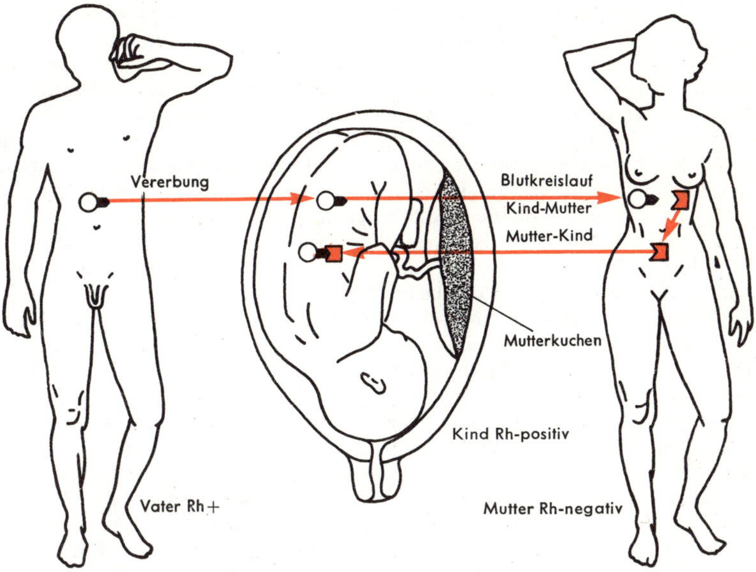

Abb. 1 Antigen-Antikörper-Reaktion bei Blutgruppenunverträglichkeit im Rh-System
= rotes Blutkörperchen mit Rh-Faktor
= von der Mutter gebildeter Rh-Antiköper
= Antigen-Antikörper-Reaktion am kindlichen Blutkörperchen

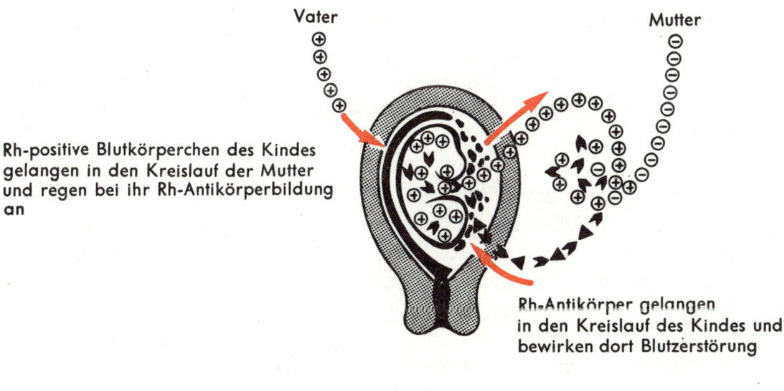

Abb. 2 Überwechseln von roten Blutkörperchen (Rh-Antigen) und Abwehrstoffen (Rh-Antikörper) im Mutterkuchen

keitserscheinungen zu rechnen ist. Nun empfiehlt sich die wiederholte Suche nach Antikörpern. Sind im mütterlichen Blut Rhesusantikörper vorhanden, wird unter Ultraschallkontrolle eine Fruchtwasseruntersuchung durchgeführt, um den Gefährdungsgrad der Leibesfrucht festzustellen und zu überwachen. Für das weitere Vorgehen ist der Bilirubingehalt des Fruchtwassers entscheidend (Bilirubin ist ein Abbauprodukt des beim Zugrundegehen der kindlichen roten Blutkörperchen freiwerdenden Blutfarbstoffs). Ist das Kind (u. a. durch den Mangel an funktionsfähigen Blutkörperchen) gefährdet, kommen noch vor der Geburt eine (intrauterine) Übertragung von Rh-negativem Blut in den Bauchfellraum der Leibesfrucht und vor allem – da weniger risikoreich – eine vorzeitige Entbindung zum Schutz des Kindes in Betracht.

Es gibt drei Schweregrade von Neugeborenenschäden durch Blutgruppenunverträglichkeit: Die Auflösung der roten Blutkörperchen führt zu einer Blutarmut, die sich ausnahmsweise auch einmal erst mehrere Wochen nach der Geburt entwickelt. Das Knochenmark reagiert mit einer vermehrten Neubildung von roten Blutkörperchen, die z. T. unreif im Blut erscheinen; früher nannte man das gesamte Krankheitsbild nach diesen sogenannten Erythroblasten auch Erythroblastose. Heute spricht man von einer hämolytischen (blutkörperchenauflösenden) Erkrankung des Neugeborenen. Der zweite Schweregrad ist dadurch gekennzeichnet, daß sich die Abbauprodukte des freigesetzten roten Blutfarbstoffs im Körper anhäufen und zur Gelbsucht des Neugeborenen führen. Solche Abbauprodukte können in schweren Fällen auch ins Gehirn eindringen und dort bestimmte Nervenzellanhäufungen (Kerne) des Stammhirns schädigen (Kerngelbsucht). Die Nervenzellschädigung kann tödlich enden oder bleibende Gehirnschäden hinterlassen, so z. B. eine bestimmte Form von steifen Lähmungen, das Little-Syndrom. Die schwerste Form der blutkörperchenauflösenden Erkrankung schließlich besteht darin, daß die Antigen-Antikörper-Reaktion zusätzlich auch noch die Haargefäße schädigt, so daß vermehrt Blutwasser ins Gewebe und in die Körperhöhlen austritt, was zur Totgeburt oder zum raschen Ableben des Neugeborenen führt. Nach der Entbindung richtet sich die Behandlung des Neugeborenen nach dem Schweregrad einer eventuellen hämolytischen Erkrankung. Im Vordergrund stehen die Transfusion und, gegebenenfalls, die Austauschtransfusion von Rh-negativem Blut. Rh-positive Blutkörperchen würden, wie die eigenen Blutkörperchen des Kindes, von den übergewechselten Antikörpern der Mutter zerstört werden. Der Bilirubinspiegel kann durch die *Phototherapie,* d. h. die Bestrahlung des Neugeborenen mit elektromagnetischen Wellen des sichtbaren Bereichs (400–500 nm), gesenkt werden.

Im Blut gibt es außer dem Rh-System auch noch das klassische AB0-System der Blutgruppen A, B, AB und 0. Sie sind durch zwei erbliche Blutkörpercheneigenschaften gekennzeichnet, nämlich A und B. Für das AB0-System gilt, daß schon sehr früh (und ohne den Kontakt mit gruppenungleichem Blut) Antikörper gegen gruppenfremde Blutkörpercheneigenschaften auftreten. Darüber hinaus gibt es aber auch hier eine spezifische Sensibilisierung. Gelangen nämlich Blutkörperchen mit einer körperfremden Eigenschaft in die Blutbahn, so kann es, ähnlich wie bei Rh, auch bei AB0 zur vermehrten Bildung von Abwehrstoffen mit Antikörpercharakter kommen. Die Sensibilisierung kann u. a. bei einer Bluttransfusion, aber auch während der Schwangerschaft stattfinden. Die mütterlichen Abwehrstoffe gelangen dann, wie beim Rh-Faktor, ins kindliche Blut und führen dort zu einer Auflösung der roten Blutkörperchen (Abb. 4). Ernste Unverträglichkeitserscheinungen im AB0-System sind allerdings rund 5mal seltener und außerdem leichter als beim Rh-Faktor, da hier die meisten der von der Mutter eindringenden Antikörper außerhalb der roten Blutkörperchen abgefangen werden. Indessen ist bezeichnend, daß auch das erste Kind schon von einer AB0-Unverträglichkeit betroffen sein kann. Gefährdet sind Kinder der Blutgruppe A und B von Müttern der Blutgruppe 0. Häufen sich große Mengen von Abbauprodukten des roten Blutfarbstoffs an, so können auch hier eine Phototherapie und – selten – eine Austauschtransfusion erforderlich werden.

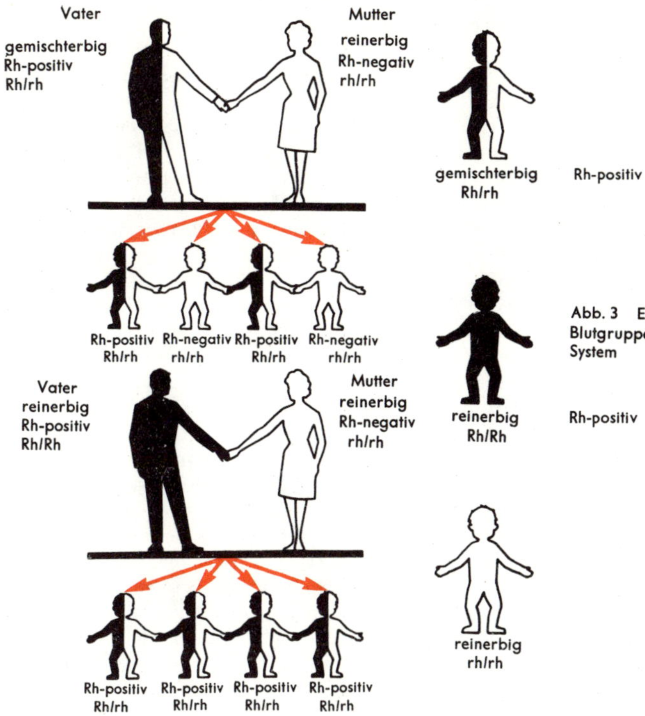

Abb. 3 Erbschema der Blutgruppen im Rh-System

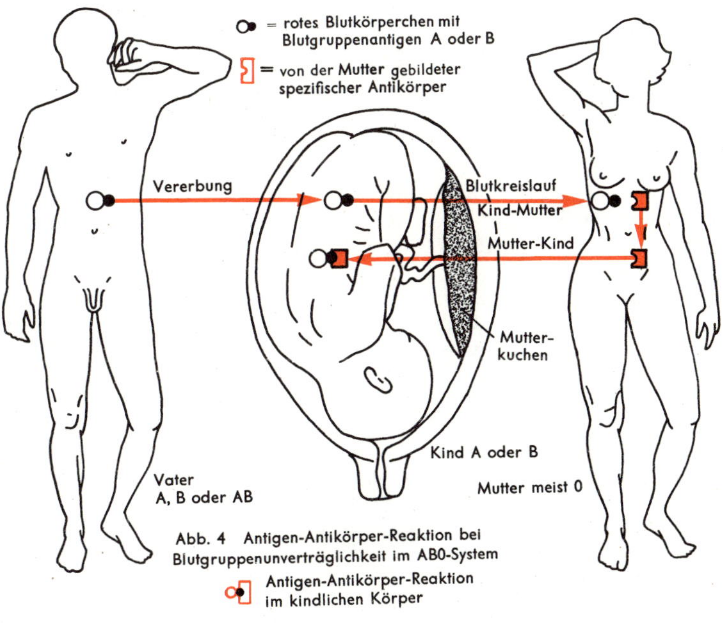

Abb. 4 Antigen-Antikörper-Reaktion bei Blutgruppenunverträglichkeit im AB0-System

FRÜHGEBURT

Die normale Schwangerschaftsdauer beträgt durchschnittlich 40 Wochen. Wird die Schwangerschaft zwischen der 29. und 38. Woche beendet, spricht man von einer Frühgeburt (Abb. 1a). Vor allem aufgrund verbesserter Aufzuchtbedingungen gilt die 29. Woche heute jedoch nicht mehr als verbindliche Grenze zwischen den nicht lebensfähigen Feten einer späten Fehlgeburt und den lebensfähigen einer Frühgeburt. Stattdessen spricht man bei einer Geburt zwischen der 21. und 28. Woche von *bedingt lebensfähigen* oder *unreifen Kindern.* – Da der zeitliche Bezugspunkt für die Dauer einer Schwangerschaft – der erste Tag der letzten Regelblutung – oft unsicher ist, wird vor allem auch das Geburtsgewicht zur Beurteilung der Lebenserwartung Frühgeborener herangezogen (Abb. 1b). Bei einem Geburtsgewicht von weniger als 2500 g spricht man von *untergewichtigen Neugeborenen.* Unter den denkbar besten Geburts- und Aufzuchtbedingungen liegt die Sterblichkeit Frühgeborener mit einem Gewicht von weniger als 1000 g bei 80–90%, solcher mit einem Gewicht von 1000–1500 g noch bei 15–30% und solcher mit einem Gewicht von mehr als 1500 g nur noch bei 5–10%. – Untergewichtige Kinder können auch mangelentwickelt sein. Mangelentwickelte Neugeborene haben bei gleichem Geburtsgewicht bessere Überlebensschancen.

Frühgeborene sind mit 9,3%, bezogen auf alle Geburten, recht häufig. Die Ursache der Frühgeburt bleibt in etwa 50% der Fälle unbekannt. Als körperliche Ursachen kommen eine Verschlußschwäche des Gebärmutterhalses, Uterusmyome, Uterusanomalien und Erkrankungen der Mutter wie schwere Infektionen (einschließlich Syphilis), Zuckerkrankheit und Schilddrüsenüberfunktion in Betracht. Schließlich können auch körperliche und seelische Traumen (Überanstrengung, Unfall und Schreckreaktionen u.a.) eine Frühgeburt auslösen. Von der Frucht her kann die Frühgeburt durch das Vorhandensein von Zwillingen und durch Fehlbildungen verursacht werden. Ursache der kindlichen Mangelentwicklung ist oft eine Minderfunktion des Mutterkuchens; dabei spielt neben Ernährungsschäden und Stoffwechselkrankheiten der Mutter vor allem auch das Rauchen eine Rolle.

Die Frühgeburt verläuft mechanisch im allgemeinen leichter als die termingerechte Geburt, weil das frühgeborene Kind kleiner und sein Schädel weicher ist. Dieser leichtere Geburtsverlauf kommt der geringeren Widerstandskraft des Kindes sehr entgegen. Unter der Geburt muß allerdings u.a. bereits auf den unreifen Wärmehaushalt und die drohende Abkühlung des Frühgeborenen Rücksicht genommen werden.

Unreife Neugeborene sehen hochrot und, da das Fettpolster noch unterentwickelt ist, ausgesprochen mager aus. Ihr Körper ist noch mit Wollhaar (Lanugo) bedeckt, Finger- und Zehennägel sind noch auffallend kurz. Bei Knaben sind die Hoden noch nicht in den Hodensack ausgetreten, bei Mädchen ragen die kleinen Schamlippen zwischen den großen vor. – Innere Anzeichen der Unreife sind anfällige Gehirnzentren für Atmung und Saugen, unreife Wärmeregulierung, eine unreife Leber, die den roten Blutfarbstoff nur mangelhaft abbauen kann, ein Mangel an oberflächenspannungsvermindernden Faktoren in der Lunge sowie unreife Gefäße mit Blutungsneigung.

Wie die meisten Mütter frühgeborener Kinder zu den *Risikoschwangeren* gehören, gehören die Frühgeborenen selbst zu den *Risikokindern.* Sie bedürfen – möglichst schon unter der Geburt – einer Intensivüberwachung und dann umgehend einer Intensivpflege. Um die Umgebungstemperatur möglichst warm und konstant zu halten (34 °C), wird das Neugeborene in einen *Inkubator (Wärmekasten)* gebracht. Zum Schutz gegen übermäßige Wasserverluste wird die Luftfeuchtigkeit im Wärmekasten konstant hoch gehalten. Zur Unterstützung der unregelmäßigen Atemtätigkeit, die gelegentlich sogar anfallsweise aussetzt, kann vorsichtig Sauerstoff zugeführt werden; u. U. wird auch künstliche Beatmung erforderlich. Nahrungsaufnahme und Nahrungsverwertung sind aus verschiedenen Gründen erschwert. So ist der Saugreflex nicht kräftig genug und der Schluckreflex gelegentlich noch unreif, so daß meist per Sonde gefüttert wird. Frühgeborene können noch keine Abwehrstoffe bilden und müssen daher sorgfältig gegen Infektionen aller Art abgeschirmt werden.

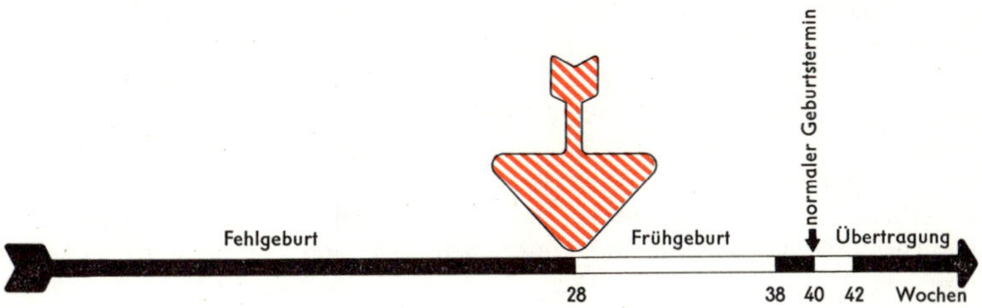

Abb. 1 a)
Geburtstermin

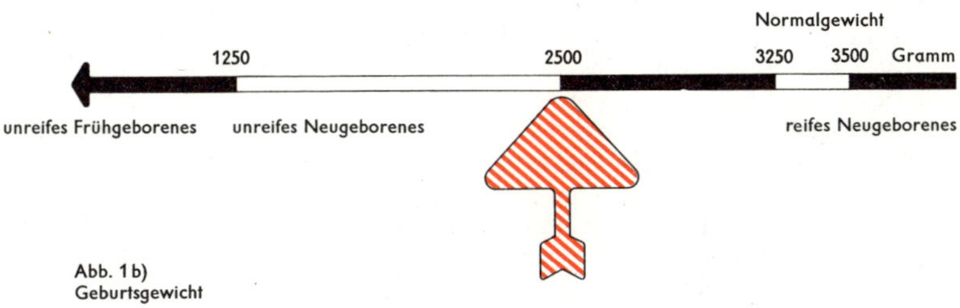

Abb. 1 b)
Geburtsgewicht

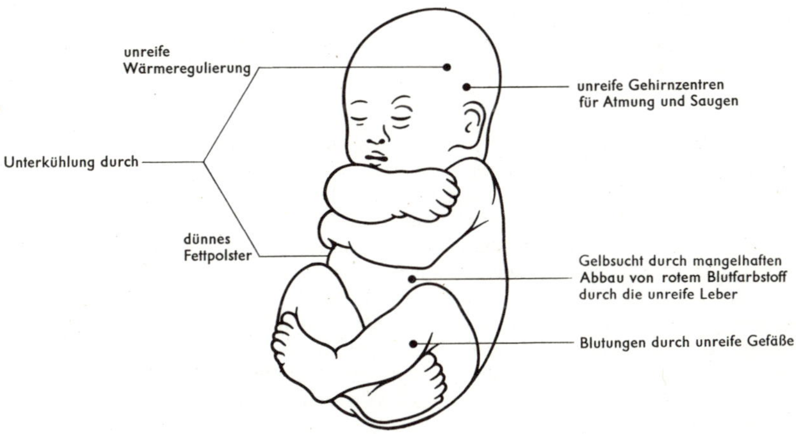

Abb. 2
Gefahrenmomente der Frühgeburt

GEBURT

Der weibliche Geburtskanal besteht aus einem knöchernen Anteil und den ihn auskleidenden Weichteilen. Während der knöcherne Geburtskanal seine Gestalt im wesentlichen beibehält, unterliegen die Weichteile sehr starken Formveränderungen. Der *weiche Geburtskanal*, vor der Geburt Verschlußapparat des Fruchthalters, muß unter der Geburt weit zu einer gebogenen Röhre geöffnet werden (Abb. 3). Der *knöcherne Geburtskanal* entspricht dem kleinen Becken, das sich unten an das geburtsmechanisch bedeutungslose große Becken anschließt (Abb. 4). Es besteht aus dem Kreuzbein, den beiden Hüftbeinen und dem Steißbein. Die beiden Hüftbeine stoßen wie Türflügel in der Schamfuge zusammen. Während der Schwangerschaft findet zwar eine Auflockerung der Beckengelenke statt, sie können sich aber nicht öffnen. Der Beckeneingangsraum, in Abb. 4 von oben gesehen, führt in die Beckenhöhle, die vom Kreuzbein, den Schambeinen sowie von Teilen der Darm- und Sitzbeine gebildet wird; sie öffnet sich nach vorn in den Beckenausgangsraum. Ein System dachziegelartig an- und übereinandergefügter Muskeln und Bänder, in drei Schichten angeordnet, verschließt die Bauchhöhle nach unten zu und bildet den Beckenboden (Abb. 5). Er muß unter der Geburt geöffnet werden. Beim „Durchschneiden" des kindlichen Kopfes werden seine Muskeln und Bänder zu einer röhrenförmigen Verlängerung des Geburtskanals ausgezogen. Der Beckenausgang öffnet sich nicht nach unten, sondern mehr nach vorne; dadurch entsteht eine Abbiegung des Geburtskanals, der das Kind beim Austritt folgen muß (Abb. 3). Wichtig ist ferner, daß der Beckeneingang queroval, der Beckenausgang längsoval geformt ist.

Gegen Ende der Schwangerschaft beginnt der Rhythmus der *Wehen*. Leichte, kaum merkliche Kontraktionen der Gebärmutter haben schon früher stattgefunden. Am Ende der Schwangerschaft treten die Wehen nun in regelmäßigen, wenn auch größeren Abständen auf. Während der folgenden Zeit, der unwillkürlich ablaufenden *Eröffnungsperiode*, wird der Geburtskanal vom inneren Muttermund bis zur Scheide zu einem gleichmäßig weiten Schlauch umgeformt (Abb. 1). Das erste Hindernis, das überwunden werden muß, ist der Gebärmutterhals, der, reichlich mit Blutgefäßen versorgt, die schwangere Gebärmutter nach unten verschließt. Der Gebärmutterhals wird bei der Erstgebärenden nur zögernd und schrittweise gedehnt. Bei Mehrgebärenden ist der Gebärmutterhalskanal von vornherein etwas weiter und daher auch rascher eröffnet (Abb. 2). Schrittmacher der Eröffnung ist in gewissem Sinn die Fruchtblase, die von innen her sanft auf den Muttermund drückt (Abb. 2c und d). Bei allen diesen Vorgängen spielt die Elastizität der Verschlußgewebe, die je nach Alter und Hormonspiegel der Frau verschieden ist, eine wesentliche Rolle. Nach Abschluß der Eröffnungsarbeit ist der durch die Schwangerschaftshormone aufgelockerte Geburtskanal dann für die Austreibungsperiode vorgedehnt.

Was den *Wehenbeginn* auslöst und damit auch den Geburtstermin bestimmt, ist noch nicht sicher bekannt. Die Wehen kommen wahrscheinlich durch das Zusammenspiel verschiedener Faktoren in Gang, wozu vor allem eine gewisse hormonelle Umstellung und die fortschreitende Reifung des Kindes gehören. Lange Zeit wirkt das Gelbkörperhormon schwangerschaftserhaltend und wehenberuhigend. Fällt der Gestagenspiegel ab, so reagiert die Gebärmutter auf das Wehenhormon *Oxytozin* aus der hinteren Hirnanhangsdrüse. Daneben spielen Östrogene, Prostaglandine und die kindliche Nebenniere, wahrscheinlich auch kindliches Oxytozin eine Rolle. Das Wachstum der Leibesfrucht wirkt sich vor allem als Druckreiz über wehenvermittelnde Nervenzellen im unteren Gebärmutterabschnitt aus.

Wenn der Geburtsvorgang weiter fortgeschritten ist, platzt die Fruchtblase, und das Fruchtwasser fließt ab. Diesen Vorgang nennt man den *Blasensprung*. Nun soll der immer stärker werdende Wehenantrieb die Frucht „austreiben"; man nennt diese Phase der Geburt, während der die Kreißende die Wehentätigkeit durch die ihrem Willen unterworfene Bauchpresse mit sog. *Preßwehen* unterstützen kann, die *Austreibungszeit*.

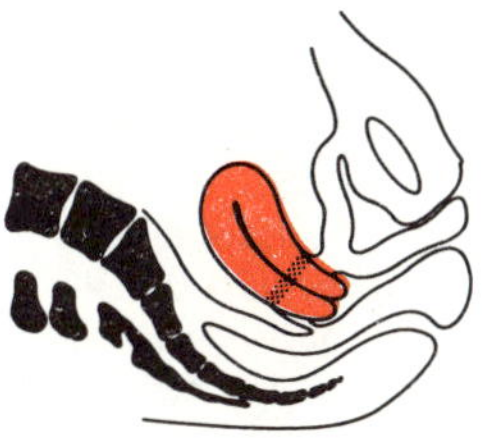

Abb. 1a) Gebärmutter zur Zeit der Befruchtung

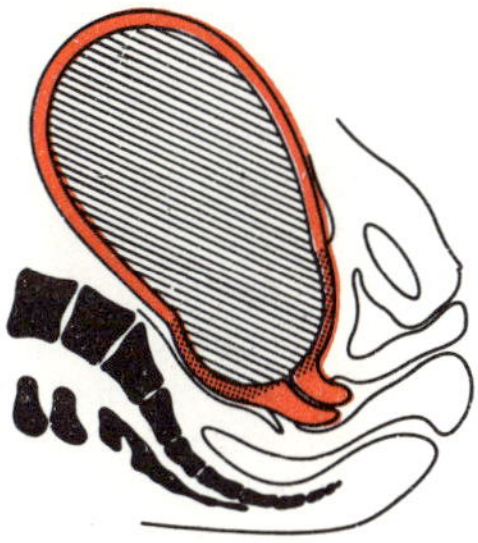

Abb. 1b) Gebärmutter zu Beginn der Eröffnungszeit

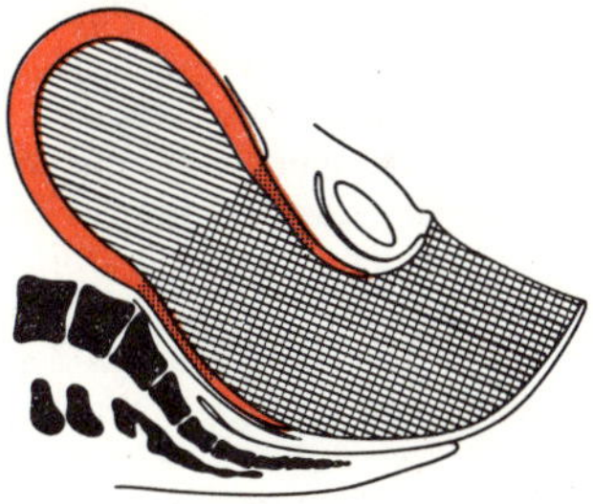

Abb. 1c) Voll erweiterter Geburtskanal

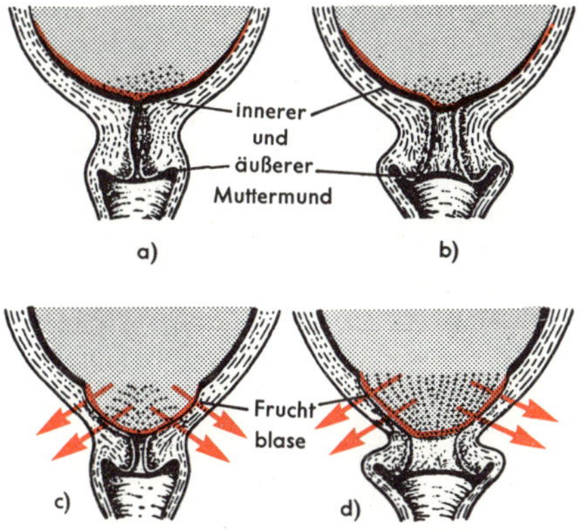

Abb. 2 a–d) Beginn der Eröffnungszeit bei der Erstgebärenden und bei der Mehrgebärenden

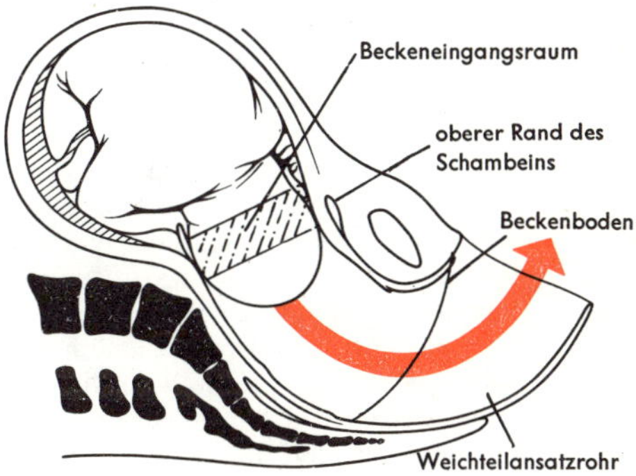

Abb. 3 Erweiterung der Weichteile des Geburtskanals zum „Ansatzrohr"

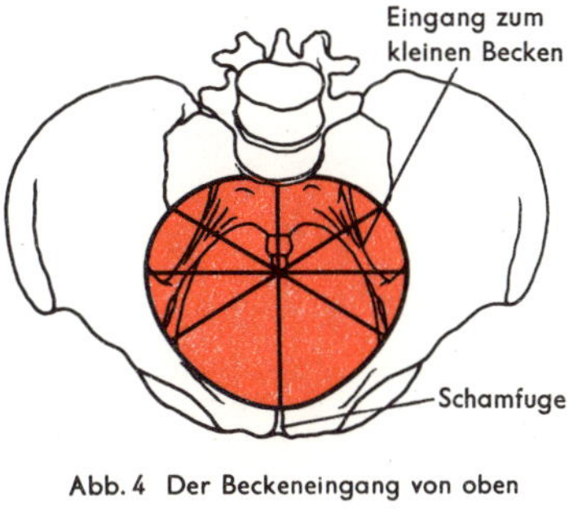

Abb. 4 Der Beckeneingang von oben

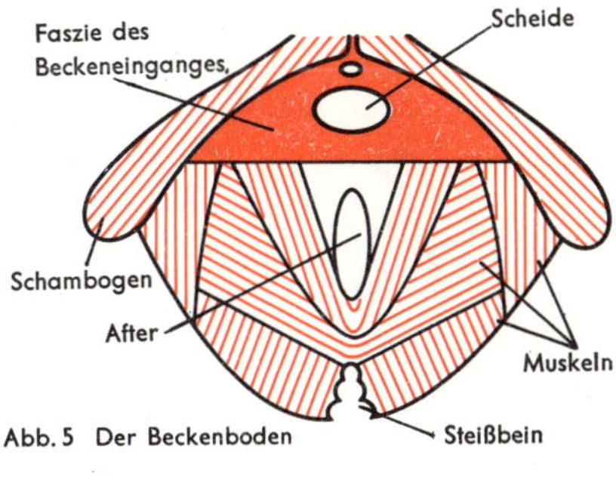

Abb. 5 Der Beckenboden

Während der Schwangerschaft nimmt die Leibesfrucht zur besseren Raumausnutzung eine möglichst runde Form an. Unter der Geburt muß der kindliche Körper dagegen zwecks Anpassung an den Geburtskanal eine Reihe von Haltungsänderungen durchmachen. Im einzelnen wird er nach dem Gesetz des geringsten Zwanges in den verschiedenen Abschnitten des Geburtskanals so ausgerichtet, daß er bei möglichst geringer Belastung hindurchtreten kann.

Bei der *regelrechten Hinterhauptslage* Erstgebärender tritt der kindliche Kopf schon gegen Ende der Schwangerschaft, bei Mehrgebärenden erst zum Wehenbeginn in den Beckeneingang. Da der Kopf längsoval, der Beckeneingang queroval ist, stellt der Kopf sich hier, nach dem Gesetz der Formübereinstimmung, quer (Abb. 6). Anschließend wird der tiefertretende Kopf in der runden Beckenhöhle gebeugt. Da nun das Hinterhaupt vorangeht oder „führt", spricht man von einer Hinterhauptslage. Mit dem weiteren Vorrücken dreht sich der längsovale Kopf zwecks Formübereinstimmung mit dem ebenfalls längsovalen Beckenausgang so, daß der Nacken nach vorne zeigt (Abb. 7). Der Kopf dreht sich insgesamt also in einer Schraubenbewegung durch die Beckenhöhle. Beim abschließenden Austritt des kindlichen Schädels muß die Krümmung, das „Knie", des Geburtskanals überwunden werden. Der Kopf legt sich dazu mit dem Nacken in den Schamfugenausschnitt und geht aus der Beugehaltung in die Streckhaltung über (Abb. 8). Durch den beweglichen Hals vom vorangehenden Kopf mechanisch weitgehend unabhängig, durchläuft anschließend der Schultergürtel dieselben Stadien: Kopf und Schultern winden sich wie zwei verschieden hoch liegende Gewindestücke derselben Schraubenspindel hintereinander durch den Geburtskanal. Zuletzt wird der bereits geborene, d.h. von jedem Zwang befreite Kopf von den Schultern mitgenommen und nochmals gedreht (Abb. 9 und 10).

Die Geburt des Mutterkuchens erfolgt als *Nachgeburt* etwas später als die Geburt des Kindes. Äußeres Zeichen, daß sich die Nachgeburt noch nicht gelöst hat, ist der Gebärmutterstand etwa in Nabelhöhe. Nach ihrer Lösung liegt die Plazenta im unteren Uterinsegement und wird vom Gebärmutterkörper umfaßt. Hieraus resultiert eine Achterform der Gebärmutter, die oft durch die Bauchdecken hindurch zu sehen ist. Ist der Mutterkuchen vollständig gelöst, steigt der kontrahierte und dadurch hart und kantig gewordene Gebärmutterkörper wieder etwas nach oben. Während man auf die spontane Lösung und Ausstoßung der Plazenta wartet, wird eine sterile Vorlage vor die Scham gelegt. Nach Überkreuzen der Beine mit festem Schluß der Oberschenkel kann besser kontrolliert werden, wieviel Blut aus der Scheide verlorengeht. Steht bei normal geringer Blutung fest, daß sich die Plazenta gelöst hat, wird der Gebärmutterkörper vom Geburtshelfer mit der Hand gestützt und der Mutterkuchen – nachdem zuvor bereits ein Uteruskontraktionsmittel verabreicht wurde – durch leichten Zug an der Nabelschnur extrahiert.

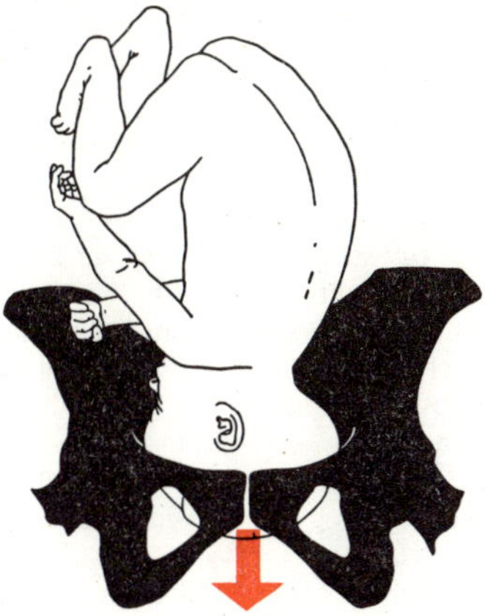

Abb. 6
Erste Phase der regelrechten Geburt: Der Kopf steht im Beckeneingang quer oder schräg

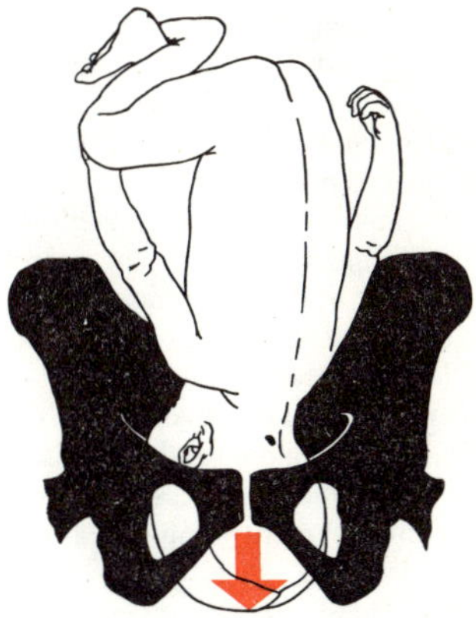

Abb. 7
Zweite Phase der regelrechten Geburt: Der Kopf beugt sich in der Beckenhöhle und dreht sich mit dem Nacken nach vorn

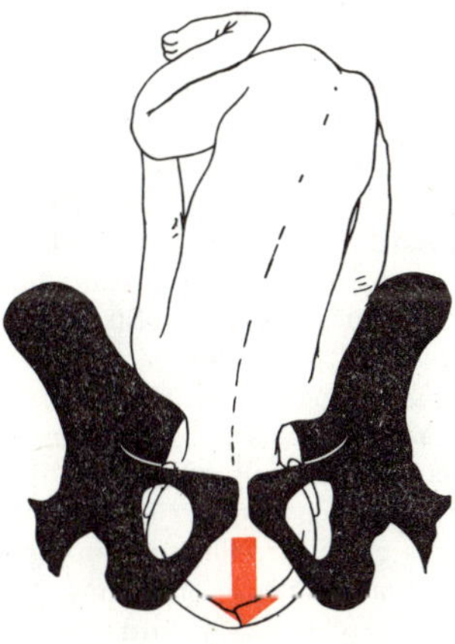

Abb. 8
Zweite Phase der regelrechten Geburt beendet: Kopf stark gebeugt auf dem Beckenboden, Pfeilnaht im geraden Durchmesser des Beckens

Abb. 9
Die Entwicklung der Schultern I: Der Kopf wird zwischen die beiden Hände genommen und gesenkt, bis die vordere Schulter unter der Schamfuge erscheint

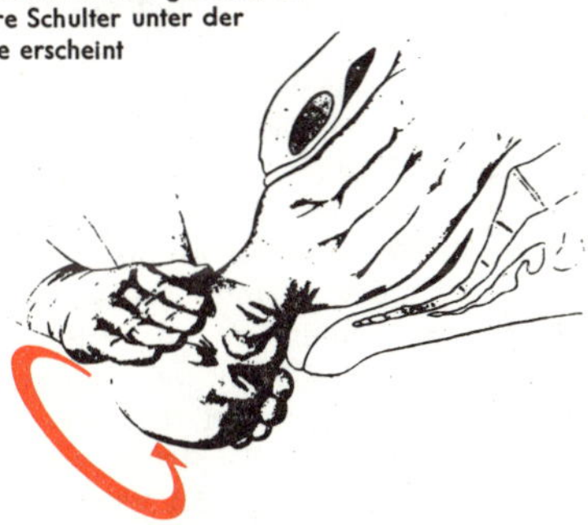

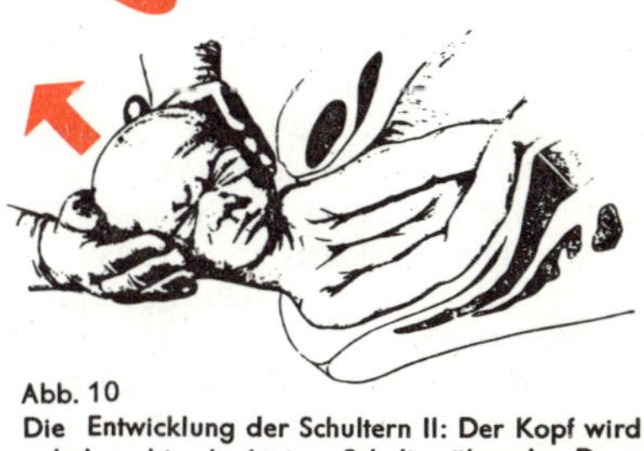

Abb. 10
Die Entwicklung der Schultern II: Der Kopf wird gehoben, bis die hintere Schulter über den Damm tritt

VERSCHIEDENE KINDSLAGEN

3 % aller Geburten sind Beckenendlagen mit dem Becken als führendem und dem Kopf als folgendem Kindsteil. 1 % sind Querlagen, die übrigen 96 % Schädellagen mit dem Kopf als führendem Kindsteil. Die weitaus häufigste Schädellage ist mit 94 % aller Geburten die (regelrechte) vordere Hinterhauptslage, bei der das Kind mit dem Nacken nach vorn geboren wird (s. S. 304). Die restlichen 2 % sind *regelwidrige Schädellagen:*

In rund 1 % der Fälle stellt sich der Kopf nicht quer, sondern gerade in den Beckeneingang. Man spricht dann von einem *hohen Geradstand.* Ursache dieser Regelwidrigkeit, die unkorrigiert eine Geburt unmöglich macht, scheint sehr häufig ein zu enges Becken zu sein. Daher ist hier immer Klinikeinweisung und in den meisten Fällen eine Schnittentbindung erforderlich. In etwa 0,5–2% aller Fälle setzt der normal, d.h. quer eingetretene Kopf beim Beckendurchgang nicht zur gewöhnlichen Drehbewegung an, sondern bleibt geburtsverzögernd am Beckenboden stehen. Dieser sog. *tiefe Querstand* des Kopfes im längsovalen Ausgang des Geburtskanals kann allerdings in nicht wenigen Fällen durch geeignete Lagerung dennoch zur Spontangeburt führen.

Bei einer Reihe von regelwidrigen Schädellagen dreht sich das Kind beim Beckendurchgang nicht mit dem Nacken nach vorn, sondern nach hinten. Je nach dem führenden Teil unterscheidet man dabei Stirnlage, Vorderhauptslage und Gesichtslage (alle drei sind Strecklagen) sowie die hintere Hinterhauptslage, eine regelwidrige Beugelage (Abb. 4). Diese sog. *Rücken-nach-hinten-Lagen* sind dadurch gekennzeichnet, daß der Durchtritt des Kopfes nicht wie bei der regelrechten vorderen Hinterhauptslage, bei der das Haupt gebeugt ist, mit einer abschließenden, den Geburtsvorgang wesentlich erleichternden Streckbewegung erfolgen kann (Abb. 2 und 3).

Bei der regelwidrigen *hinteren Hinterhauptslage* ist zwar das Hinterhaupt wie bei der regelrechten Hinterhauptslage in Führung, doch wird die hintere Knochenlücke bei der Untersuchung durch die Scheide wider Erwarten nicht vorn, sondern hinten getastet. Ursache der regelwidrigen Halbdrehung mit dem Rücken nach hinten können die allzu schlaffen Weichteile einer Mehrgebärenden sein oder zu kleine Kinder, etwa Frühgeborene. In 50 % der Fälle dreht sich das Hinterhaupt am Beckenboden schließlich doch noch nach vorn. Andernfalls ist die Geburtsarbeit an dem gebeugten Kopf, der beim Fortgang der Geburt zusätzlich noch viel stärker gebeugt und dann schließlich gestreckt werden muß, wesentlich erschwert und die Austreibungszeit verlängert. In rund 80 % der Fälle erfolgt dennoch eine Spontangeburt. Bei Gefahr für Mutter und Kind wird unter Nachahmung erst der Beugung, dann der Streckung mit der Saugglocke oder mit einer Zange entbunden (s. S. 322 und 324).

Die *Strecklagen* sind häufig auf ein enges Becken der Schwangeren zurückzuführen. Auch der tiefe Sitz des Mutterkuchens oder ein Myom des Gebärmutterhalskanals können dahingehend als Geburtshindernis wirken. Schließlich spielt gelegentlich die Form des kindlichen Kopfes (Kurzkopf, Spitzkopf, bei der Gesichtslage der Längsschädel) eine Rolle. Bei der *Gesichtslage* muß der Kopf aus einer Streckhaltung in eine Beugehaltung übergehen, um austreten zu können. Dabei könnte die mühsame Geburt zwar nach einiger Zeit meist spontan beendet werden, doch wird oft die Schnittentbindung vorgezogen. Bei der *Vorderhaupts-* und der *Stirnlage* muß zuerst eine Beuge- und anschließend eine Streckbewegung des Kopfes ausgeführt werden. Die Stirnlagengeburt verläuft nur ausnahmsweise spontan. Daher war man früher gezwungen, recht häufig mit der Zange zu entbinden, was bei dieser schwierigen Kindslage eine außerordentlich hohe Kindersterblichkeit zur Folge hatte. Heute wird bei Stirnlage durch Kaiserschnitt entbunden. Auch bei der „leichteren" Vorderhauptslage ist die Austreibungszeit gegenüber der Norm wesentlich verlängert. Die gestreckten Schädellagen erschweren die Geburt auch dadurch, daß der beim Durchtritt wirksame Kopfumfang jeweils größer ist als bei den Hinterhauptslagen, bei der Stirnlage z.B. 35–36 statt 32 cm (vgl. Abb. 4, S. 307). Allerdings sind die

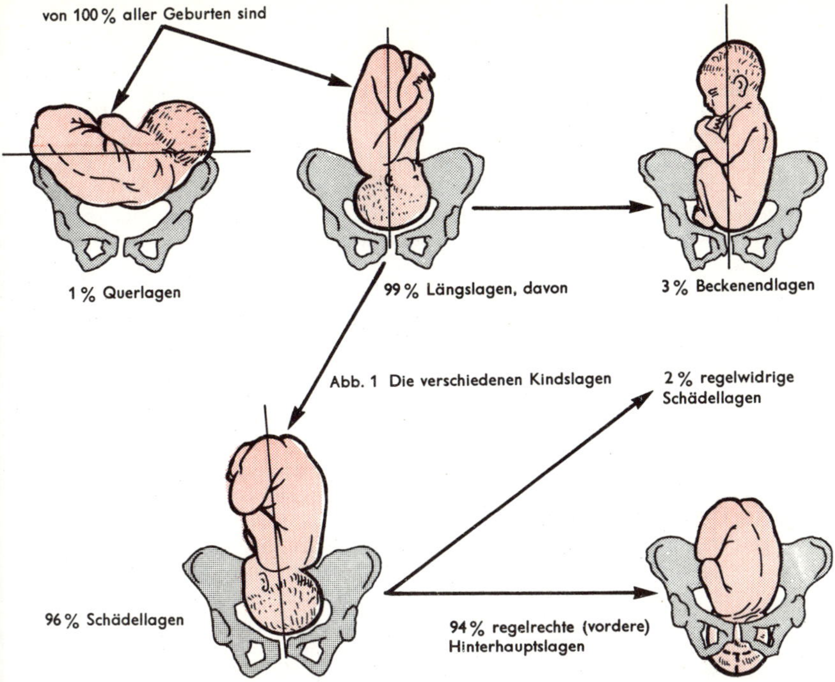

Abb. 1 Die verschiedenen Kindslagen

Abb. 2 Der gebeugte Kopf wird normalerweise durch eine Streckbewegung geboren

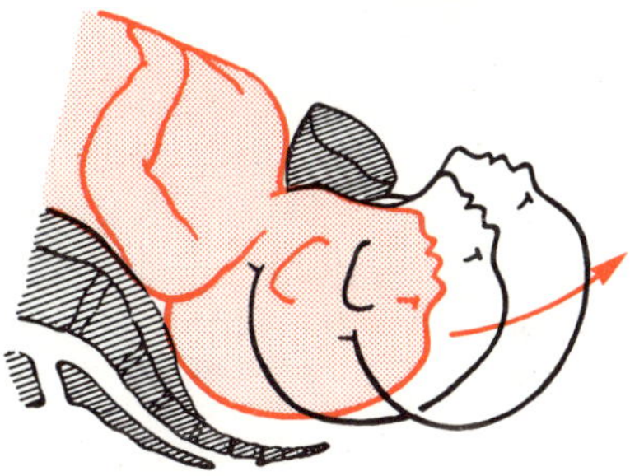

Abb. 3 Bei Gesichtslage muß der gestreckte Kopf beim Austritt gebeugt werden

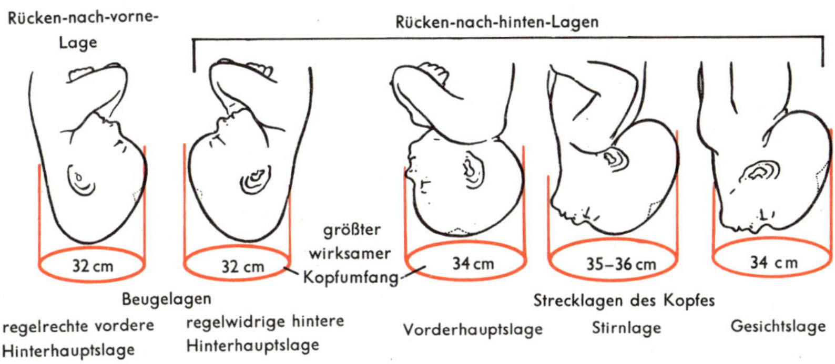

Abb. 4 Verschiedene Schädellagen

geburtsungünstigen Rücken-nach-hinten-Lagen recht selten. Die Gesichtslage kommt bei 0,3–0,5 % aller Geburten vor, die Stirnlage bei 0,1–0,15 % und die hintere Hinterhauptslage bei 0,5–1 % aller Schädellagen.

Die *Beckenendlage*, bei der das Becken führt und der Kopf ein nachfolgender Kindsteil ist, kommt in rund 3 % aller Schwangerschaften vor. Je nach Haltung der kindlichen Beine unterscheidet man die sogenannte reine Steißlage, die Steiß-Fuß-Lage und die Fußlage (Abb. 5a–c). Die Schwangere spürt bei Beckenendlage sehr häufig besonders schmerzhafte, oft auch auffallend tiefsitzende Kindsbewegungen, die vom Strampeln der Beine gegen den unteren Gebärmutteranteil herrühren. Manchmal wird angegeben, daß der Kopf des Kindes beim Bücken hart und groß im Oberbauch zu fühlen ist. Der Arzt kann die Beckenendlage (Abb. 6) meist schon bei der äußeren Untersuchung durch die Bauchdecken hindurch feststellen. Sicherheit bringt die „innere Untersuchung" durch Mastdarm oder Scheide. Abtastung durch die Scheide ist bei allen zweifelhaften Beckenlagen noch vor Beginn der Austreibungszeit üblich, damit die weitere Geburtsführung rechtzeitig geplant werden kann. Tatsächlich weist der Geburtsvorgang bei der Beckenendlage wichtige Besonderheiten auf. Der vorangehende Steiß z. B. ist weicher und kleiner als der Kopf. Er geht daher leichter durch den Geburtskanal, dehnt den Muttermund aber weniger gut (Abb. 7). Nach dem Steiß werden dann Rumpf und Schultern geboren (Abb. 8). Inzwischen tritt auch der Kopf ins kleine Becken und wird, das Hinterhaupt nach vorne, als letzter Kindsteil geboren. Diese abschließende Austreibungsphase ist kritisch, nicht nur, weil der große und harte Kopf ohnehin die meisten Schwierigkeiten macht. Hinzu kommt, daß der Kopf mit seinem Eintritt ins kleine Becken auf die Nabelschnur drückt, die ja vom Mutterkuchen am Kopf vorbei zum Kindsnabel zieht. Daher führt der Druck gemeinsam mit der durchblutungshemmenden Kontraktion einer schon teilweise entleerten Gebärmutter zur Sauerstoffarmut des Kindes. Nun bleiben nur wenige Minuten, um den Kopf zu gebären, bevor das Kind erstickt. Da der normal große Kopf innerhalb einer solchen Zeitspanne nur ausnahmsweise spontan durchtritt, hilft der Geburtsleiter nach einem Dammschnitt zur Erweiterung des Geburtskanals von Hand nach. Beim sog. *Bracht-Handgriff* z. B. wird der Rücken des Kindes nach vorn über die Schambeinfuge geführt und so der Kopf geboren; gleichzeitig drückt eine Hilfsperson von oben durch die Bauchdecken nach (Abb. 9). Wegen der großen Gefahr für das Kind (Sterblichkeit 5–15 %) wird bei einer Reihe von Geburtsrisiken und besonders bei Erstgebärenden eine Schnittentbindung aus der Beckenendlage vorgezogen.

Als Ursache der Beckenendlage kommen Frühgeburt, Mehrlingsschwangerschaft, angeborene Fehlbildungen der Frucht, tiefsitzender Mutterkuchen sowie Myome oder Anomalien der Gebärmutter in Frage.

Bei der *Querlage*, die etwa 1 % aller Schwangerschaften ausmacht, steht die Längsachse des Kindes nicht gleichgerichtet wie bei den Schädel- und Beckenendlagen, sondern schräg oder quer zur Längsachse der Mutter (Abb. 10, S. 311). Die Querlage kommt v. a. bei Mehrgebärenden mit vorgedehnter Gebärmutter und schlaffen Bauchdecken vor, aber auch beim zweiten Zwilling und bei kleinen frühgeborenen Kindern. Sie ist dann auf einen übertrieben großen Spielraum der Frucht zurückzuführen, die nicht mit dem Kopf ins Becken gedrückt und dort festgehalten wird. Die regelrechte Einstellung des Kopfes kann aber auch durch ein enges Becken oder einen tiefsitzenden Mutterkuchen behindert werden.

Die querliegende Frucht ist in den weitaus meisten Fällen geburtsunfähig. Sie wird gegen den Beckenausgang gepreßt, bleibt dort eingekeilt stecken und wird gewissermaßen von der sich immer wieder zusammenziehenden Gebärmutter erstickt. Am Ende bleibt dann nichts anderes übrig, als das tote Kind nach einer Zerstückelungsoperation zu entfernen. In anderen Fällen kommt es zur Zerreißung der überdehnten

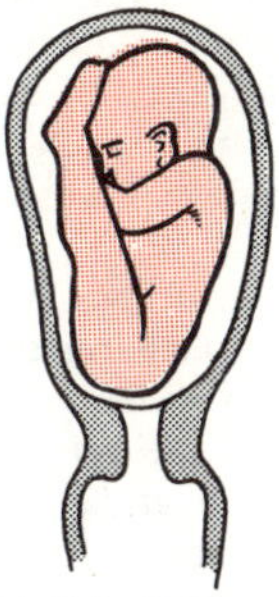

Abb. 5a) Steißlage

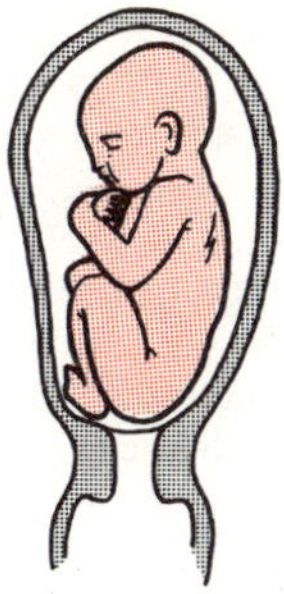

Abb. 5b) Steiß-Fuß-Lage

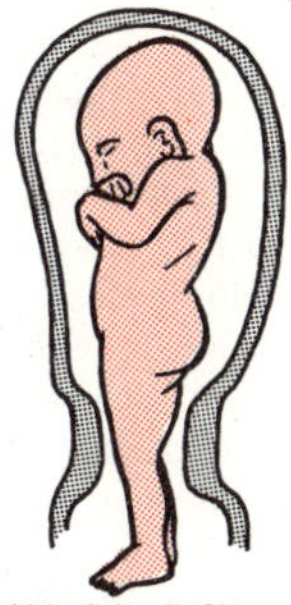

Abb. 5c) Fußlage

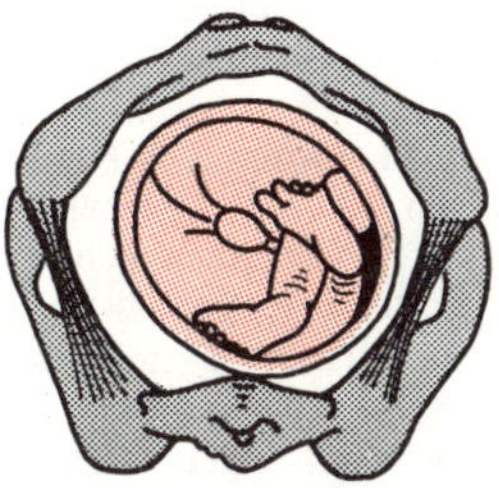

Abb. 6 Beckenendlage von unten

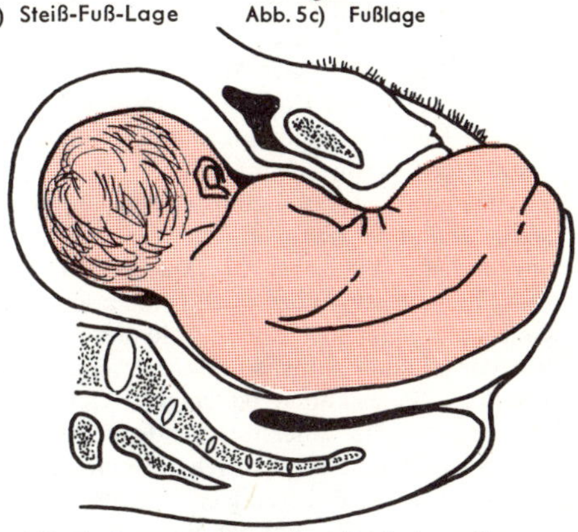

Abb. 7 Beginn der Austreibung bei Beckenendlage

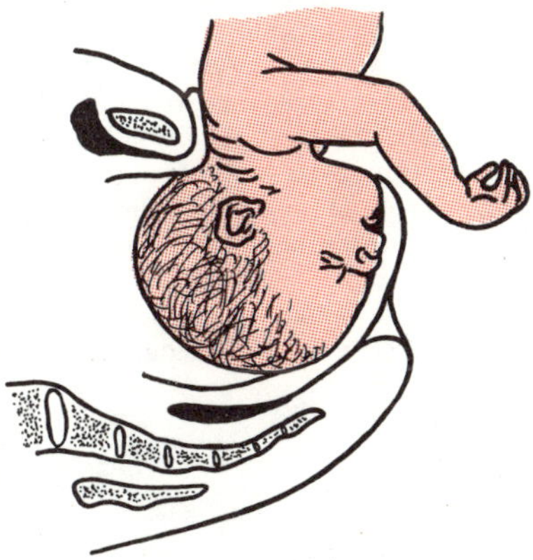

Abb. 8 Geburt des Rumpfes bei Beckenendlage

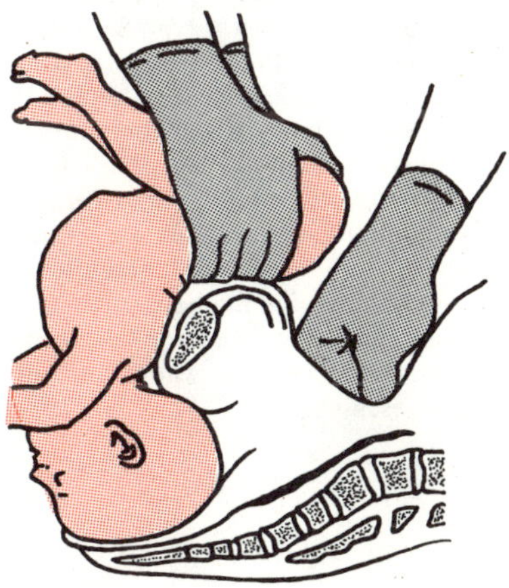

Abb. 9 Geburt des Kopfes bei Beckenendlage

Gebärmutter. Daher muß zur Vermeidung der lebensgefährlichen verschleppten Querlage (Abb. 11) rechtzeitig eingegriffen werden. Anstatt rund 50% (wie bei der früher geübten Wendung und Extraktion) gehen heute dank Anwendung der Schnittentbindung nur noch 2% der Kinder verloren. Auch die mütterliche Sterblichkeit ist dabei von 10–20% auf das allgemeine Operationsrisiko der Schnittentbindung von 0,1–0,2% gesunken. Zur Ausnutzung aller Möglichkeiten sind die rechtzeitige Erkennung der Querlage und Klinikeinweisung erforderlich.

Die Feststellung der Querlage gelingt oft durch äußere Untersuchung. Der Leib der werdenden Mutter erscheint eher quer- als längsoval. Die Gebärmutter steht im Verhältnis zur Schwangerschaftsdauer noch sehr tief und kaum über Nabelhöhe. Regelwidrigerweise sind beiderseits „große Teile" zu tasten, nämlich Kopf und Steiß, auch steht nach dem dritten und vierten Leopold-Handgriff kein großer Kindsteil führend nach unten (Abb. 8c–d, S. 293). Scheiden- und Mastdarmuntersuchungen werden zunächst nach Möglichkeit vermieden, da sonst die Fruchtblase platzen, die Schulter ins kleine Becken treten und dort eingekeilt werden könnten (vgl. Abb. 12, mit dem Endstadium in Abb. 12b). Die Mastdarmuntersuchung würde in Zweifelsfällen ergeben, daß der Kopf, wie vermutet, tatsächlich nicht im Becken steht. Sicherheit über die Kindslage und Informationen über die Größe des Kindes liefert die Ultraschalluntersuchung.

Zeigten Wehen den Geburtsbeginn an, konnte früher versucht werden, das Kind durch „äußere Wendung" in die regelrechte Kopflage zu bringen (Abb. 13). Dies wird unter strenger klinischer Überwachung und Ruhigstellung durch wehenhemmende Mittel in manchen Fällen auch heute noch versucht. Nach dem Blasensprung saß das Kind früher jedoch meist recht bald unbeweglich fest. Nun konnte sich, vor allem nach dem Vorfall eines Arms, eine Schultereinkeilung entwickeln, die Nabelschnur konnte vorfallen, oder es konnte bei längerer Geburtsdauer eine Infektion aufsteigen; vor allem wurde nun der sauerstoffspendende Mutterkuchen abgeknickt. Nach dem Blasensprung wurde daher auch durch die Scheide untersucht, wie weit die Eröffnung fortgeschritten war. Bei erst wenig eröffnetem Muttermund wurde in der Klinik durch Kaiserschnitt entbunden. Die Schnittentbindung kam auch schon vorher zur Anwendung, wenn schlechte kindliche Herztöne oder grünes Fruchtwasser anzeigten, daß die Leibesfrucht gefährdet war (vgl. S. 312). Die Scheidenentbindung auf natürlichem Wege kam vor allem in Frage, wenn das Kind ungefährdet und die Fruchtblase bis zur vollständigen Eröffnung des Muttermundes stehengeblieben war, außerdem bei Zwillingen sowie bei unreifen und abgestorbenen Früchten. Sie bestand in einer Wendung auf den Fuß mit nachfolgender Extraktion des Kindes (Abb. 14 und 15). Die Handgriffe, vor allem die Extraktion, setzten eine vollständige Eröffnung des Muttermundes voraus und mußten in Narkose ausgeführt werden. Da die Wendung für die Mutter und die Extraktion für das Kind besonders gefährlich waren, wurde in allen übrigen Fällen eine Schnittentbindung bevorzugt.

Heute bildet die Querlage von vornherein eine absolute Indikation zur Schnittentbindung, zu der die Schwangere im allgemeinen eine Woche vor dem Geburtstermin eingewiesen wird.

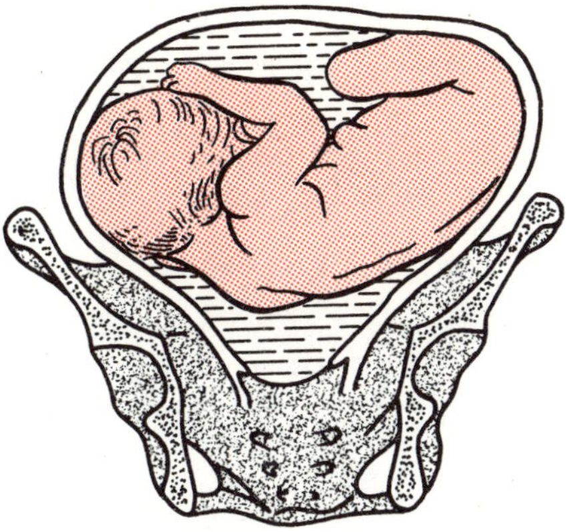

Abb. 10 Querlage

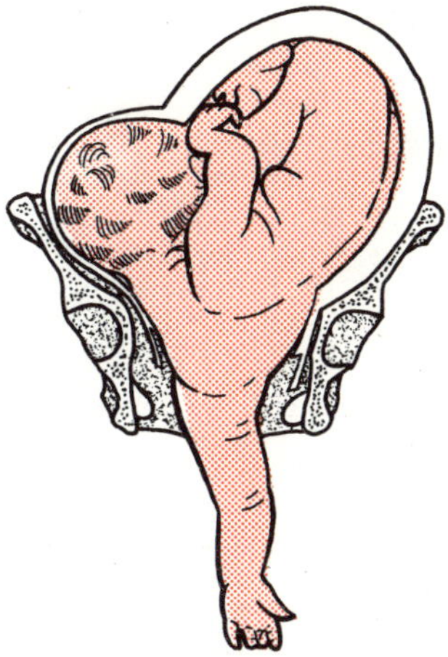

Abb. 11 „Verschleppte“ Querlage mit vorgefallenem Arm

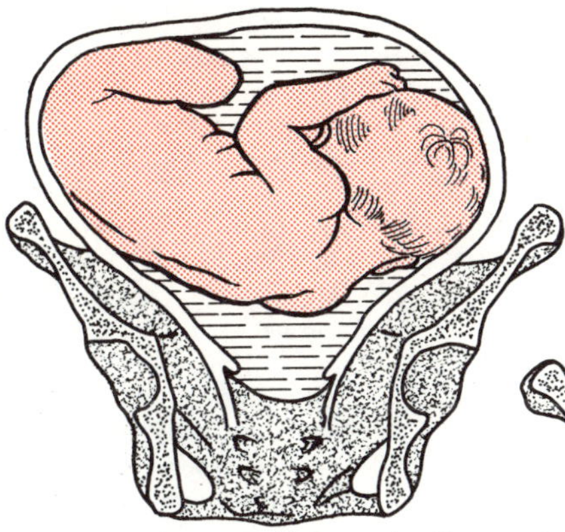

Abb. 12 a) Beginn der Muttermundseröffnung bei Querlage

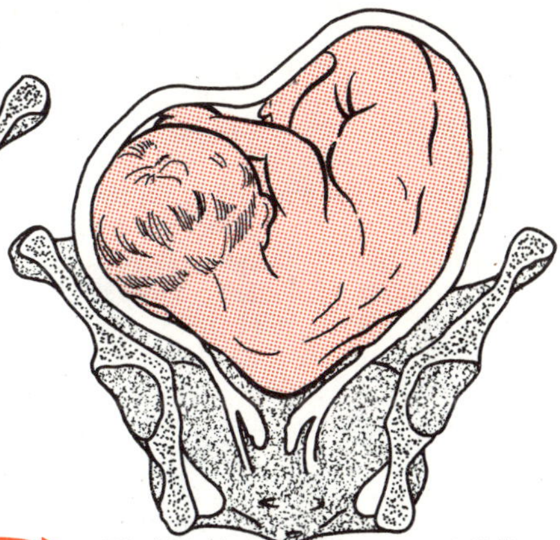

Abb. 12 b) Nach dem Blasensprung tritt die Schulter in das Becken ein

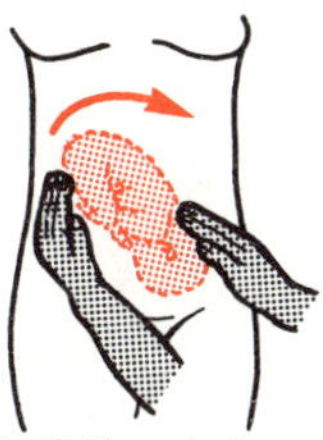

Abb. 13 Versuch einer „äußeren Wendung“ bei Querlage

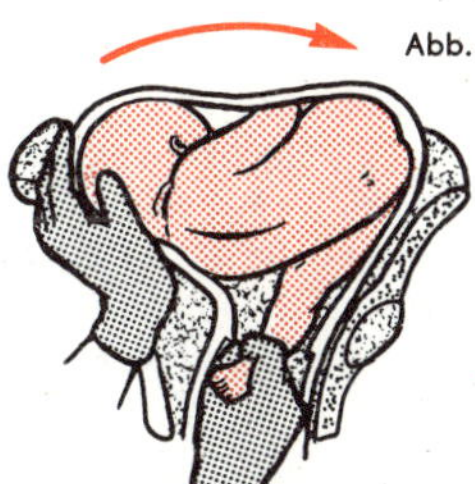

Abb. 14 Kombinierte (innere und äußere) Wendung bei Querlage

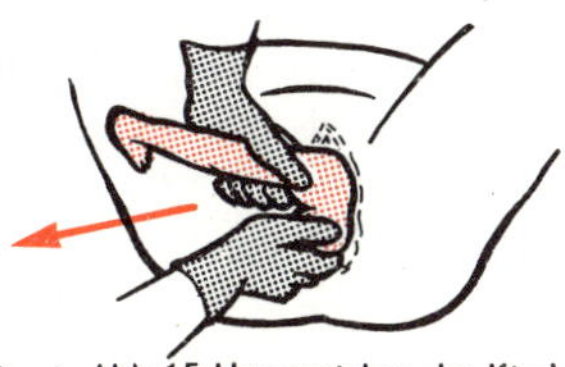

Abb. 15 Herausziehen des Kindes nach der Wendung

BLASENSPRUNG · ANOMALER BLASENSPRUNG

Das heranreifende Kind wird bis zur Geburt von schützenden Eihüllen umgeben. Ein Teil der Hüllen hat frühzeitig schon den ernährenden Mutterkuchen gebildet, der Rest umfaßt als dünne Doppelhaut das Fruchtwasser und die im Fruchtwasser schwebende Leibesfrucht. Während der sogenannten Eröffnungsperiode übernimmt der untere Eihautpol als Fruchtblase eine wichtige Funktion: Er nimmt, vom Wehendruck stoßweise mit Fruchtwasser gefüllt, an der schonenden Eröffnung des Muttermundes teil (Abb. 1). Normalerweise springt die Fruchtblase dann schließlich auf der Höhe einer Wehe und gibt den Weg für das austretende Kind frei. Bei diesem *rechtzeitigen Blasensprung* fließt etwas Fruchtwasser ab, das sich als *Vorwasser* vor dem führenden Kopf befindet (Abb. 2a). Da ein *verspäteter Blasensprung* die Geburt aufhält, wird die Blase, falls sie nach vollständiger Eröffnung des Muttermundes weiterhin stehenbleibt oder sich bis in die Scham vorwölbt, vom Geburtshelfer künstlich und schmerzlos gesprengt. Selten kommt es vor, daß ein Kind völlig von unversehrten Eihäuten umgeben geboren wird; diese sogenannte *Glückshaube* muß rasch zerrissen werden, weil sonst das Kind erstickt.

Falschen Blasensprung nennt man das Abfließen kleiner Flüssigkeitsmengen, die sich in den Eihäuten oder zwischen Eihaut und Gebärmutter angesammelt haben. Unter *hohem Blasensprung* versteht man das Einreißen der Eihäute oberhalb des Muttermundes; springt die Blase dann im Bereich des Muttermundes noch einmal, spricht man vom *doppelten Blasensprung*. Manchmal platzt die Blase zwischen Wehenbeginn und vollständiger Eröffnung des Muttermundes. Man spricht dann von einem *frühzeitigen Blasensprung*. Solche Geburten verlaufen etwas schmerzhafter und auch verzögert, weil jetzt der Kopf des Kindes die weitere Eröffnungsarbeit am Gebärmutterhals selbst übernehmen muß.

Kritischer ist u. U. der *vorzeitige Blasensprung*, noch vor dem Einsatz von Wehen. Ursache eines solchen vorzeitigen Blasensprungs können z. B. wenig reißfeste Eihäute sein. Gehäuft kommt er vor, wenn das mütterliche Becken durch den Kopf des Kindes nach unten zu nur mangelhaft abgedichtet wird, wie bei engem Becken (Abb. 2b). Unmerkliche Kontraktionen der Gebärmutter können den Innendruck der Vorblase in solchen Fällen schon derart steigern, daß die Blase springt. Nun droht durch das Abfließen von Fruchtwasser bei mangelhaftem Kontakt zwischen Kopf und Becken ein Vorfall der Nabelschnur (Abb. 3a und b). Zweitens wird der sauerstoffspendende Mutterkuchen durch die späteren Wehen der fruchtwasserentleerten Gebärmutter allzu stark zusammengepreßt. Nach dem Blasensprung fehlt drittens die keimabhaltende Schutzwirkung der geschlossenen Eihäute, und es besteht entlang der Sickerstraße des Fruchtwassers die Gefahr einer aufsteigenden Infektion. Solche Infektionen kommen um so häufiger vor, je mehr Zeit vom Blasensprung bis zur Geburt verstreicht. Aufstehen und Baden sind nach dem Blasensprung nicht mehr erlaubt. Beim Stuhlgang soll nicht gepreßt, bei eventueller Verstopfung ein Einlauf gemacht werden. Die geburtshilfliche Behandlung besteht in einer künstlichen Geburtseinleitung innerhalb von 24 Stunden, und zwar in jedem Fall von vorzeitigem Blasensprung nach der 38. Schwangerschaftswoche, meist auch zwischen der 36. und 38. und gelegentlich selbst schon zwischen der 27. und 36. Woche. Zwischen der 27. und 31. Woche wird nach Ausschluß einer Infektionsgefahr unter Wehenhemmung nach Möglichkeit noch abgewartet, um die Überlebenschancen des Kindes zu verbessern.

Abb. 1 Die Fruchtblase hilft bei der Muttermundseröffnung mit

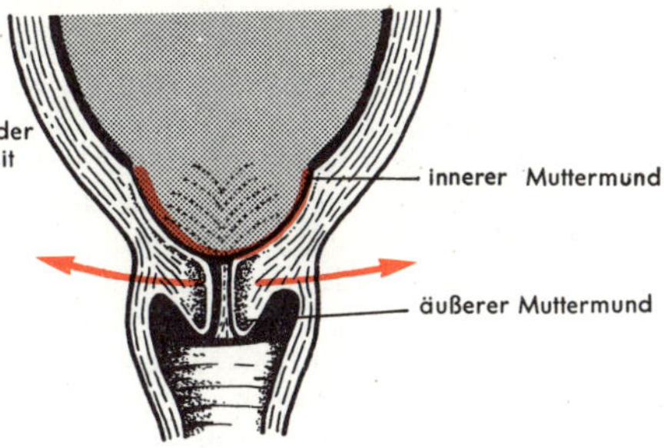

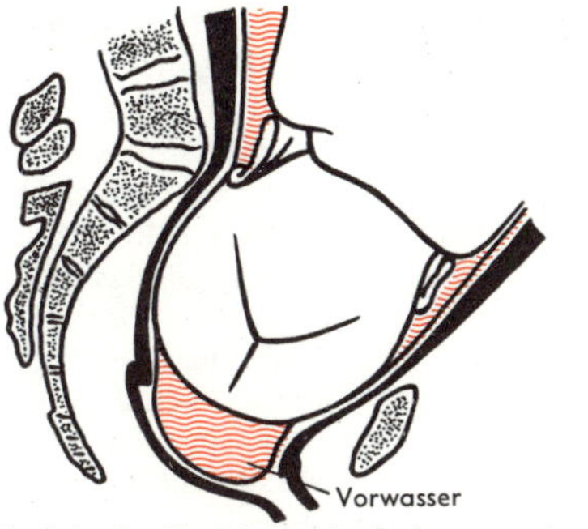

Abb. 2a) Der Kopf dichtet das Becken normalerweise nach unten zu ab; das Vorwasser steht nicht unter dem vollen Druck der Wehen

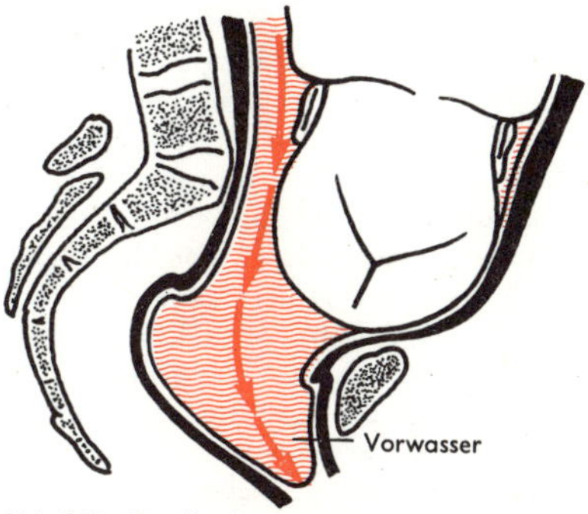

Abb. 2b) Der Kopf weicht bei engem Becken aus; damit steht das Vorwasser unter höherem Druck; die Fruchtblase platzt schon während sehr schwacher Wehen vorzeitig

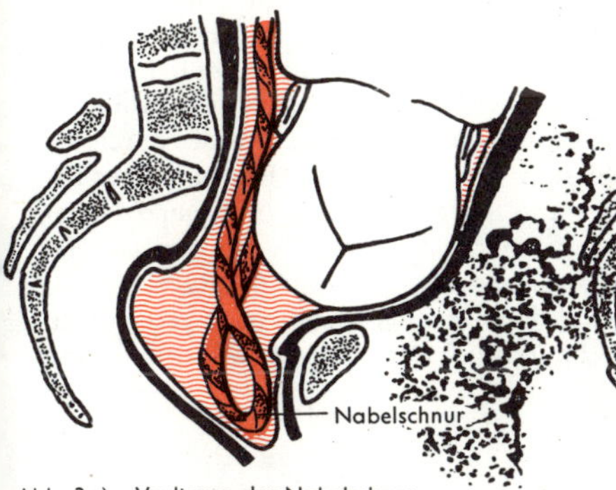

Abb. 3a) Vorliegen der Nabelschnur bei stehender Fruchtblase

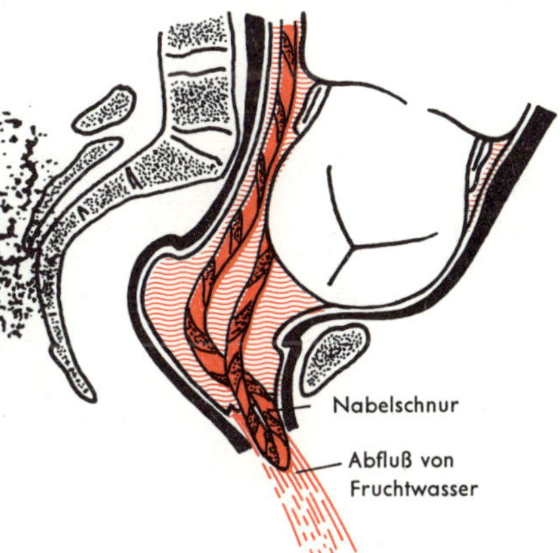

Abb. 3b) Vorfall der Nabelschnur nach dem Blasensprung

NABELSCHNURVERLEGUNG UND -VERLETZUNG

Die Nabelschnurgefäße stellen die ernährende und sauerstoffzuführende Verbindung zwischen Mutter und Leibesfrucht dar. Daher muß jede Verletzung oder längerdauernde Verlegung der Nabelschnurgefäße zur Schädigung des Kindes führen.

Die Nabelschnur kann auf dem Mutterkuchen zentral, seitlich oder am Rande ansetzen (Abb. 1, 2 u. 3). Besonders störanfällig ist der Nabelschnuransatz im Bereich der Eihäute (Abb. 4), weil die Nabelschnurgefäße bei einem solchen sogenannten *häutigen Nabelschnuransatz* während der Geburt zusammengedrückt oder beim Blasensprung im Bereich ihrer Verzweigungen zerrissen werden können. Im letzteren Fall tritt im Moment des Blasensprungs eine starke kindliche Blutung ohne Gefährdung der Mutter auf. Das Kind ist bei diesem seltenen Ereignis nur durch Schnittentbindung oder sonst durch rasche Beendigung der Geburt zu retten.

Die Nabelschnur ist durchschnittlich 50 cm lang. Sie kann ausnahmsweise aber auch weniger als 20–35 cm messen und dann je nach dem Sitz des Mutterkuchens zu kurz sein. Ähnlich liegen die Verhältnisse, wenn eine an sich normale Nabelschnur durch Nabelschnurumschlingung zu kurz wird. In solchen Fällen können die Wehen durch Zug an der Nabelschnur besonders schmerzhaft, das Tiefertreten des Kopfes behindert und die Sauerstoffversorgung des Kindes gefährdet sein (Abb. 5).

Nabelschnurumschlingungen gibt es etwa bei jeder fünften Geburt, am häufigsten die Halsumschlingung. Dabei droht vor allem Sauerstoffmangel des Kindes durch Verkürzung oder Kompression der Nabelschnur zwischen Kopf und Beckenrand (Abb. 5). Echte *Knoten der Nabelschnur* entstehen, wenn der Fetus durch eine Schlinge hindurchschlüpft (Abb. 6). Solche Knoten werden nur ganz selten im Mutterleib schon geschürzt und dadurch gefährlich. *Zerreißungen der Nabelschnur* kommen bei rund 25 % aller Sturzgeburten vor. Ein Gewicht von 1 kg reicht bei einer Fallhöhe von 25 bis 50 cm aus, um die Nabelschnur zu zerreißen; nur umgehende Abklemmung des Schnurrestes kann solche Kinder vor dem Verbluten retten.

Bei stehender Fruchtblase liegt die Nabelschnur gelegentlich neben dem führenden Kindsteil vor (Abb. 7a). Dieses *Vorliegen der Nabelschnur* kann nach dem Blasensprung zum Nabelschnurvorfall führen. Daher wird gegebenenfalls versucht, die Nabelschnur durch besondere Lagerung der Kreißenden zum Zurückziehen zu bringen.

Von einem *Nabelschnurvorfall* spricht man, wenn die Blase gesprungen und die Nabelschnur in Muttermund, Scheide oder Scham zu fühlen oder zu sehen ist (Abb. 7b). Ein Nabelschnurvorfall kommt vor allem dann vor, wenn der führende Kindsteil das Becken nur undicht abschließt (allzu weites oder enges Becken der Mutter, Quer-, Schräg- und Beckenlage des Kindes, Frühgeburt, vorzeitiger Blasensprung, Zwillingsgeburt). Handelt es sich um eine Schädellage, so ist das Leben des Kindes durch die Gefahr einer Einklemmung der Nabelschnur zwischen Kopf und Becken immer bedroht. Wehenhemmung, Beckenhochlagerung, Einleitung einer Narkose und Hochschieben des kindlichen Kopfes überbrücken daher nur die Zeit bis zum Notfall-Kaiserschnitt. Auch bei Beckenendlage mit Nabelschnurvorfall wird in der Regel schnittentbunden, obwohl die Gefahr für das Kind dabei zunächst meist noch geringer ist. Dennoch liegt die Mortalität bei Nabelschnurvorfall immer noch zwischen 10 und 35 %.

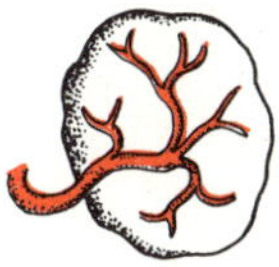

Abb. 1 Normaler Ansatz der Nabelschnur

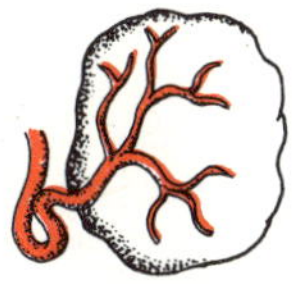

Abb. 2 Seitlicher Ansatz der Nabelschnur

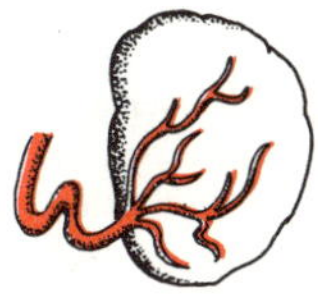

Abb. 3 Randansatz der Nabelschnur

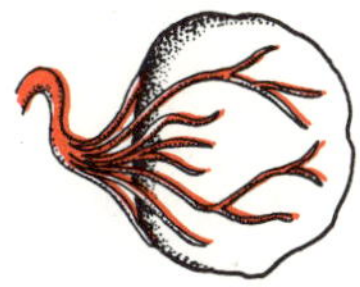

Abb. 4 Eihautansatz der Nabelschnur

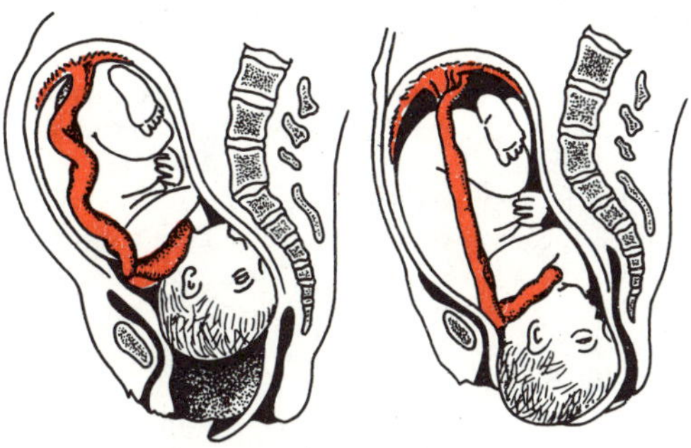

Abb. 5 Halsumschlingung der Nabelschnur
a) in der Wehenpause b) während einer Wehe

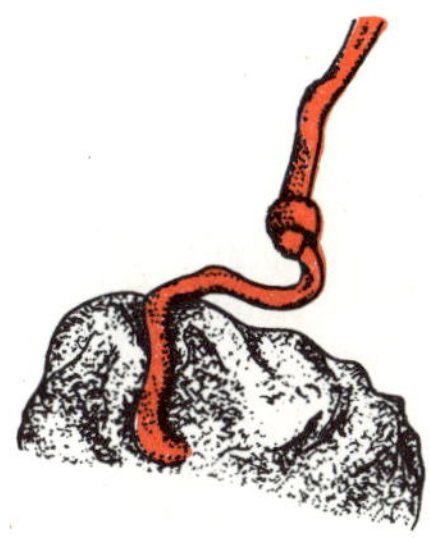

Abb. 6 Nabelschnurknoten

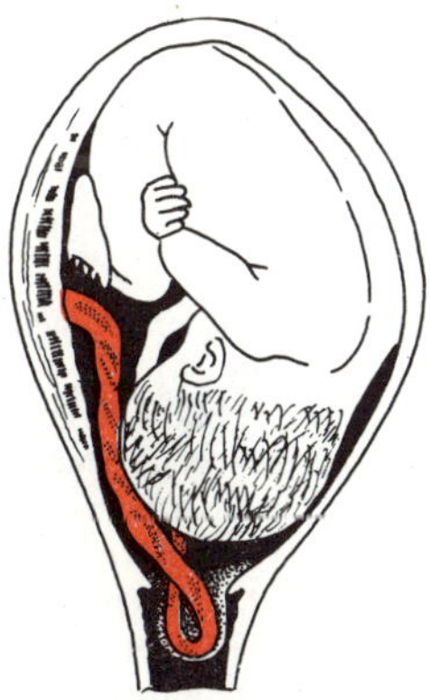

Abb. 7a) Vorliegen der Nabelschnur bei stehender Fruchtblase

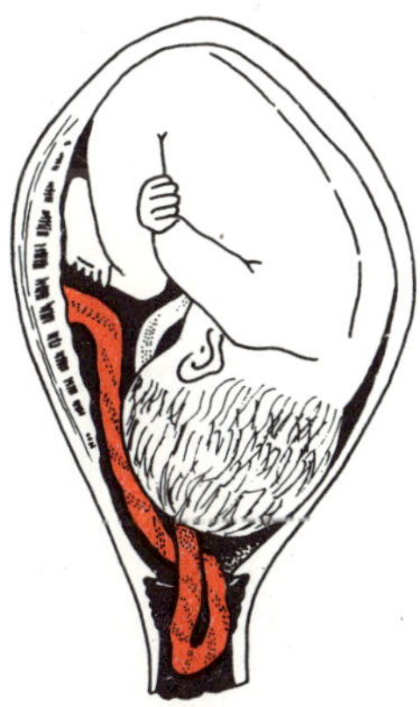

Abb. 7b) Vorfall der Nabelschnur bei gesprungener Fruchtblase

WEHEN · WEHENSCHWÄCHE

Wehen sind Zusammenziehungen des Hohlmuskels Gebärmutter mit dem Endziel, die Frucht auszutreiben. Sie haben ihren Namen vom Wehenschmerz. Indessen laufen, oft unbemerkt, schwache, wehenartige Kontraktionen der „übenden" Gebärmutter auch schon lange vor dem Geburtstermin ab *(Schwangerschaftswehen)*. Sie verstärken sich während der letzten Wochen vor der Geburt zu *Senkwehen* und *Vorwehen*, um schließlich, durch hormonelle Umstellungen begünstigt, zu Beginn der Geburt in die ersten richtigen sog. *Eröffnungswehen* überzugehen. Unter dem Einfluß von Prostaglandinen und Oxytozin aus der Hirnanhangsdrüse streift nun die Muskulatur des oberen Gebärmutterkörpers die sich öffnenden unteren, dehnbaren Anteile der Gebärmutter über das Kind als Widerlager zurück. Anschließend drücken die Austreibungswehen des ringsum verankerten Gebärmutterkörpers die Frucht aus dem völlig eröffneten Geburtskanal hinaus. Die *Austreibungswehen* der Gebärmutter werden von den Bauchdeckenmuskeln, der sogenannten „Bauchpresse", wesentlich unterstützt *(Preßwehen)*. Die Preßwehen können anfangs, solange der führende Kindesteil noch hochsteht, je nach Aufforderung willkürlich in Gang gesetzt werden. Später wird der Drang zum Pressen zwanghaft, die Preßwehen laufen, durch den Kindsdruck auf bestimmte Nervenbahnen ausgelöst, auch ohne Zutun der Kreißenden unwillkürlich-reflektorisch ab. Schließlich bebt die gesamte Körpermuskulatur wie in höchster Anspannung mit *(Schüttelwehen)*. Dennoch kann die Gebärende in Zusammenarbeit mit der Hebamme die Geburt auch jetzt noch unterstützen, wenn sie die Preßwehen richtig ansetzt und ausnutzt. Es kommt darauf an, möglichst dann mitzupressen, wenn die Wehe der Gebärmutter jeweils gerade auf ihrem Höhepunkt angelangt ist. Die Kreißende zieht während der Preßwehen unwillkürlich die Beine an. Die Wirkung dieser Wehen wird noch weiter verstärkt, wenn die Gebärende sich an irgend etwas festhalten kann, z. B. an ihren eigenen Oberschenkeln. Wichtig ist auch die richtige Atemführung: zu Beginn der einzelnen Wehen tief einatmen und dann zur richtigen Zeit mit dem Kinn auf der Brust wie bei schwerem Stuhlgang mitpressen.

Die Stärke der Eröffnungs- und Austreibungswehen läßt sich im Prinzip auch am Fortschreiten der Geburt und (besser) durch „Wehentastung" mit der aufgelegten Hand ablesen. Wesentlich genauer ist die lückenlose Aufzeichnung der Wehentätigkeit, die heute gewöhnlich mit der Aufzeichnung der kindlichen Herzaktion zur Überwachung der Leibesfrucht kombiniert wird *(Kardiotokographie)*. In der Eröffnungszeit folgen die Wehen anfangs im Abstand von etwa 10–15, später im Abstand von 5 Minuten aufeinander (Abb. 2). In der späten Austreibungszeit kommt alle 2 Minuten eine Wehe.

Sind die Wehen wesentlich schwächer, kürzer oder seltener als normal, so daß die Geburt nicht vorankommt, spricht man von *Wehenschwäche*. Diese kann, falls sie längere Zeit bestehenbleibt, für Kind und Mutter gefährlich werden. Wehenschwäche existiert manchmal von vornherein, so daß die Eröffnung des Muttermundes allzu zögernd erfolgt. In solchen Fällen gibt man zur Wehenanregung u. U. das „Wehenhormon" Oxytozin in Form einer Infusion (Abb. 1) bei gleichzeitiger kontinuierlicher Kardiotokographie. Ist die Gebärmutter während der Wehenpausen besonders straff, so ist oft der zur Eröffnung anstehende Gebärmutterhals verkrampft. In solchen Fällen wird kein Wehenhormon, sondern ein krampflösendes Mittel verabreicht.

Wehenschwäche kann auch später, als *Ermüdungswehenschwäche*, auftreten. Handelt es sich dabei um eine erhöhte Ermüdbarkeit der Gebärmutter und Bauchpresse, wird u. U. ebenfalls Wehenhormon gegeben, vor allem wenn es Gründe gibt, die Geburt zügig zu beenden. Häufig ist die Wehenermüdung aber nur die Folge großer, oft unüberwindlicher Geburtshindernisse, so z. B. bei engem knöchernem Geburtskanal. In solchen Fällen könnte die Injektion von Wehenhormon zu einem Gebärmutterriß führen. Krankhaft gesteigerte Wehentätigkeit, die u. a. die Sauerstoffversorgung des Kindes gefährden könnte, wird durch betaadrenergene Substanzen (adrenalinähnliche Stoffe u. a. mit gebärmutterberuhigender Wirkung) zur Norm zurückgeführt.

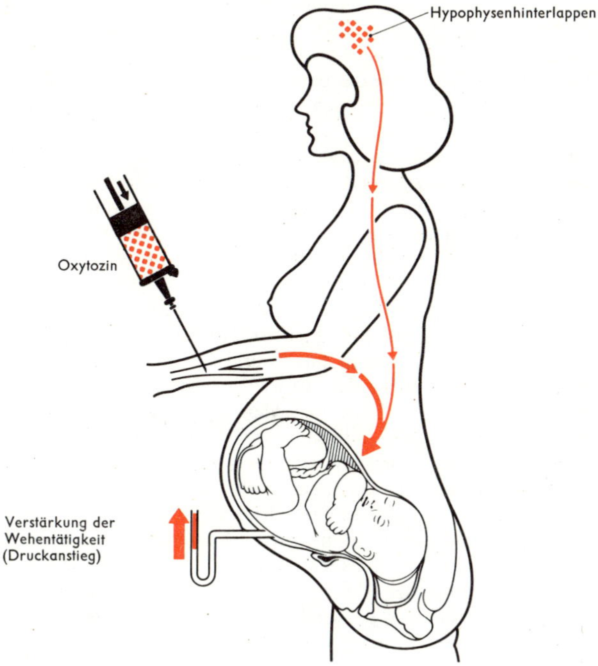

Abb. 1
Wehenanregung durch Oxytozin

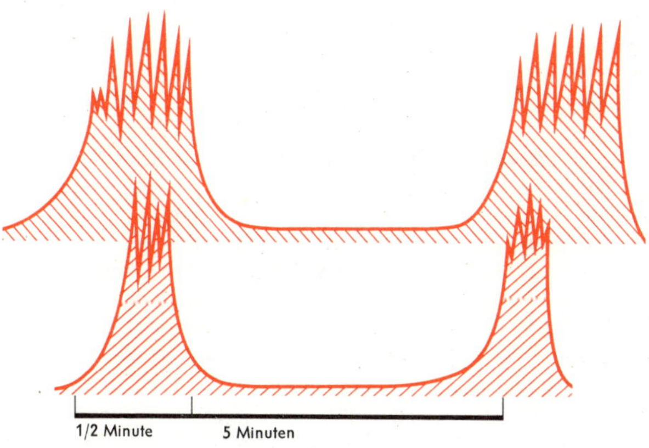

Abb. 2
Normale und zu kurze Wehen

GEBURTSSCHMERZ · SCHMERZLOSE GEBURT

Die Ansichten über einen „schmerzlosen" Geburtsvorgang sind geteilt. Dies kommt daher, daß der *Geburtsschmerz* im Vergleich etwa zu Verletzungsschmerzen von einigen als ein besonderer, „natürlicher" Schmerz aufgefaßt wird und daß sich andererseits schmerzlindernde Eingriffe unter der Geburt nicht nur auf die Mutter, sondern auch auf das Kind auswirken können. Daher gilt Schmerzlinderung zwar als vordringliches Ziel der Geburtshilfe, ebenso wie das Bestreben, der Kreißenden Angst und Verkrampfung zu ersparen. Die eingeschlagenen Wege hierzu können jedoch sehr verschieden sein.

Verfechter der völlig *schmerzfreien Geburt* weisen darauf hin, daß Geburten ohne jeden Geburtsschmerz weitgehend normal, ja besonders glatt und rasch verlaufen können, wie dies z. B. bei querschnittsgelähmten Müttern meist der Fall ist (Abb. 1). An solchen Beispielen mit quer durchtrenntem Rückenmark wird klar, daß im nervlich abgetrennten Unterleib selbststeuernde Geburtsvorgänge ablaufen können. Der Sinn der Geburtsschmerzen sei demnach allenfalls, die Kreißende vor allzu starkem Mitpressen und damit auch vor Weichteilzerreißung zu warnen. Daher werden von Vertretern dieser Richtung alle Mittel zur Bekämpfung der Geburtsschmerzen eingesetzt. Angst und Schmerzen können durch starke schmerzbetäubende Mittel vom Morphintyp zuverlässig bekämpft werden. Sie wirken in großen Dosen jedoch wehendämpfend und hemmen außerdem den ersten Atemzug des Kindes. Daher muß man mit ihrer Anwendung sowohl in der Eröffnungszeit als auch während der Austreibung sehr vorsichtig sein. Eröffnungsschmerzen werden häufig durch einen Krampf des Gebärmutterhalsmuskels verursacht; daher gibt man in solchen Fällen u. U. moderne Beruhigungsmittel mit krampflösender Wirkung, möglichst ohne die Nachteile von Morphin (Abb. 2). Bei Wehenermüdung wird die Kreißende zugleich für eine Erholungszeit ruhiggestellt. Der zweite schmerzhafte Geburtsabschnitt ist die Austreibungsperiode, wenn der Kopf durch den Damm schneidet. Hier kann die „narcose à la reine Victoria" angewandt werden, heute jedoch u. a. mit N_2O oder Methoxyfluran und nicht mehr mit dem leberschädlichen Chloroform. Ziel ist bei normalem Geburtsverlauf keine Vollnarkose, sondern die Einstellung des schmerzfreien 1. Narkosestadiums (Analgesiestadium). Dabei ist das Bewußtsein bei ausgeschalteter Schmerzempfindung nicht erloschen, so daß die Kreißende noch mitpressen kann. Bei geburtshilflichen Operationen wird dagegen immer wesentlich tiefer narkotisiert. Zur Schonung des Kindes, manchmal auch zur Umgehung der mütterlichen Narkose, kann ersatzweise eine örtliche Betäubung vorgenommen werden, und zwar entweder direkt am Muttermund, im Bereich des Rückenmarks oder im Verlauf der Schamnerven (Abb. 4).

Die andere Auffassung von der schmerzlosen Geburtsleitung geht davon aus, daß manche Frauen die voll bewußt erlebte Geburt als beglückende und außerordentlich wichtige Erfahrung bezeichnen. Daher ist man hier vor allem bemüht, die Geburtsangst zu bekämpfen und die Schwangere durch Aufklärung, Unterricht und Übung auf das große Ereignis vorzubereiten. Mit der Angst läßt die Verkrampfung, mit der Verkrampfung auch der Geburtsschmerz nach. Schwangerengymnastik und Einprägung der richtigen Atemtechnik erleichtern die spätere Mitarbeit. In der Eröffnungszeit soll sich die Gebärende während der Wehe mit Konzentration auf die Atmung völlig entspannen, während der Austreibungszeit soll sie dagegen tüchtig mitpressen. Die möglichst beschwerdefreie Bewältigung der Geburtsschmerzen kann durch autogenes Training zusätzlich verbessert werden. Auch Suggestion und Hypnose sind schon zur schmerzfreien Geburt eingesetzt worden (Abb. 3). Insgesamt wird der Kreißenden wohl am besten durch eine sinnvolle Kombination der verschiedenen medikamentösen und seelischen Geburtserleichterungen gedient. Bei letzteren rücken neuerdings Informationsveranstaltungen mit anschließenden Gruppengesprächen – oft unter Einschaltung eines Psychologen – mehr und mehr in den Vordergrund.

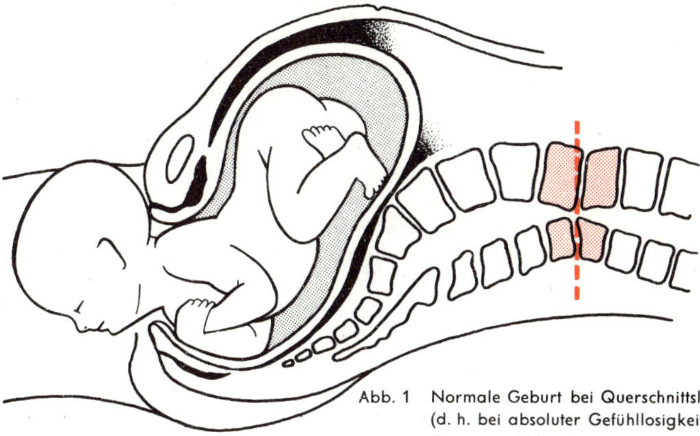

Abb. 1 Normale Geburt bei Querschnittslähmung (d. h. bei absoluter Gefühllosigkeit in Beinen und Unterleib)

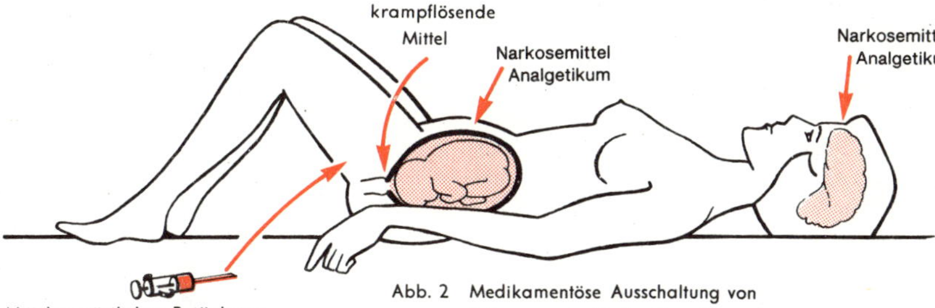

Abb. 2 Medikamentöse Ausschaltung von Schmerzen und/oder Bewußtsein

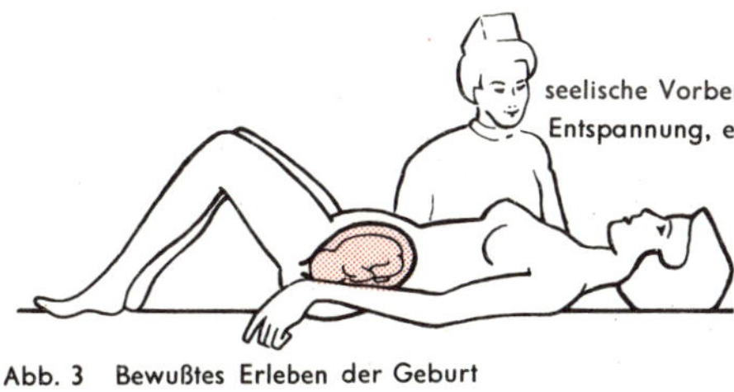

Abb. 3 Bewußtes Erleben der Geburt

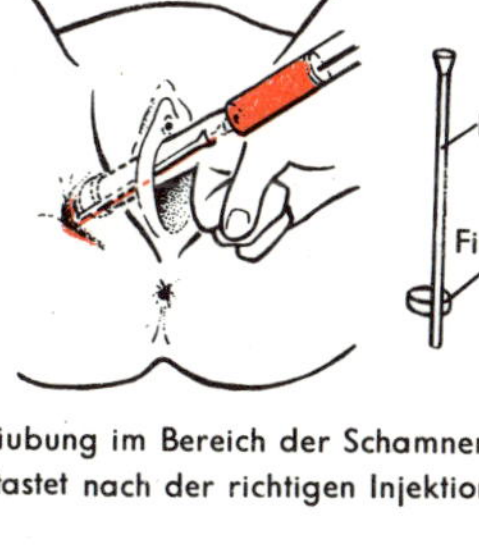

Abb. 4 Örtliche Betäubung im Bereich der Schamnerven (der Finger tastet nach der richtigen Injektionsstelle)

DAMMSCHUTZ · DAMMSCHNITT · DAMMRISS

Wenn bei der Geburt des kindlichen Kopfes unnachgiebige Weichteile im Bereich des Geburtskanals allzu rasch und allzu stark gedehnt werden, kann es zu Rissen in Scheide und Damm oder sogar im Beckenboden kommen. Daher ist der *Dammschutz* ein wesentlicher Bestandteil der geburtshilflichen Maßnahmen. Man versteht darunter Handgriffe, die den Kopfdurchtritt schonend überwachen und außerdem dafür sorgen, daß der Schädel mit seinem kleinsten Umfang geboren wird (Kopfführung), was normalerweise bei der regelrechten Hinterhauptslage der Fall ist (s. S. 304). Um das langsame und regelrechte Durchtreten des Kopfes zu sichern, greift der Geburtshelfer mit einer Hand von oben her auf den durchtretenden Kindsschädel und hält ihn zurück, während die andere Hand von unten her über den mütterlichen Damm faßt (Abb. 1). Beide Hände führen das Hinterhaupt dann behutsam nach vorn, damit der Kopf aus seiner Beugehaltung erst gestreckt wird, wenn der Nacken die Schambeinhöhlung erreicht (Abb. 2).

Sind die Weichteile schlecht dehnbar (wie besonders bei Erstgebärenden von mehr als 30 Jahren), kann es trotz Dammschutz zu einer Überdehnung des Beckenbodens oder zum *Dammriß* kommen. In solchen Fällen sowie bei voraussichtlich schwierigen Geburten und auch bei regelwidrigen Schädellagen wird der Geburtskanal vorbeugend durch den *Scheiden-Damm-Schnitt* künstlich erweitert und entspannt. Als gezielter, glatter Schnitt ist der Scheiden-Damm-Schnitt wesentlich leichter zu versorgen als ein unkontrollierter, ausgefranster Riß; er kann daher eigentlich als Bestandteil des Damm- und Beckenbodenschutzes angesehen werden. Der *gerade Scheiden-Damm-Schnitt* reicht in der Mittellinie bis zu 2 cm vor den After (Abb. 3 u. 4a); er kann beim Durchtritt des Kopfes u. U. weiterreißen. Der *schräge Scheiden-Damm-Schnitt* führt quer durch den Muskel, der um den Scheidenvorhof herumführt (Abb. 4b). Nach der Geburt wird zuerst die Scheidenwunde und dann die Wunde im Bereich des Damms durch Nähte verschlossen (Abb. 5).

Kann in den genannten Fällen der Scheiden-Damm-Schnitt nicht rechtzeitig vorgenommen werden, so kommt es bei zu rascher und zu starker Dehnung der Weichteile meist zum *Scheiden-Damm-Riß*. Je nach Tiefe des Risses unterscheidet man verschiedene Schweregrade, vom kurzen Riß der Haut und Scheidenschleimhaut (Abb. 6) bis hin zum totalen Dammriß, bei dem sogar der ringförmige Afterschließmuskel durchtrennt ist (Abb. 7). Dabei wird der Beckenboden u. U. so weit beschädigt, daß in späteren Jahren ein Gebärmuttervorfall entstehen kann. Scheiden-Damm-Risse werden, ähnlich wie ein Scheiden-Damm-Schnitt, in Narkose genäht.

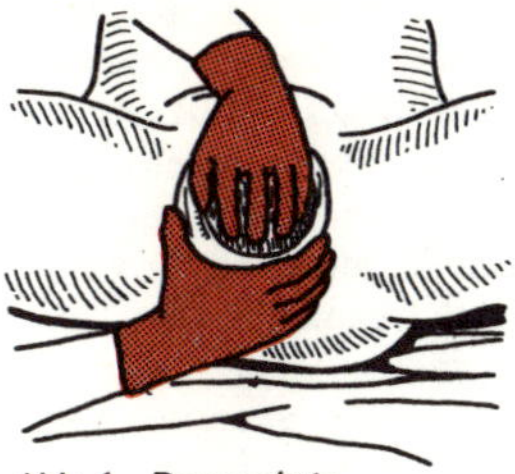

Abb. 1 Dammschutz

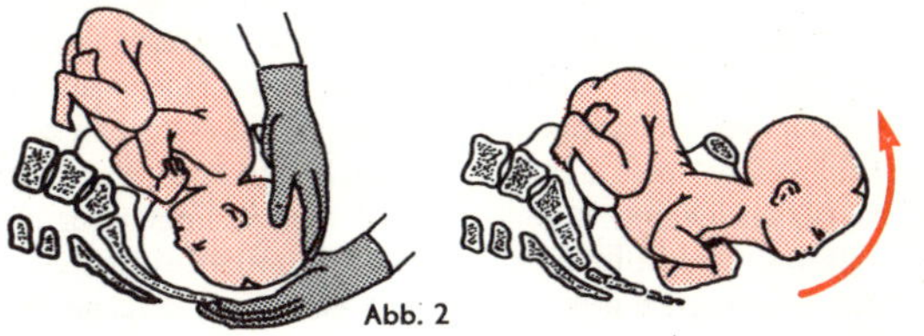

Abb. 2

Der Kopf soll tiefer treten . . . . . . und dann erst gestreckt werden

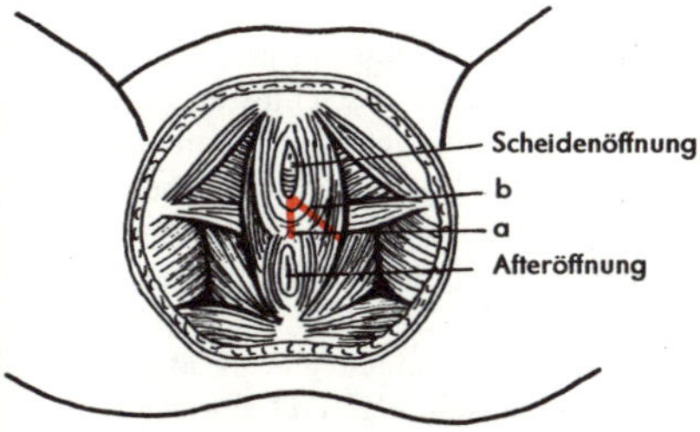

Abb. 4 Schnittführung beim geraden (a) und schrägen (b) Scheiden-Damm-Schnitt

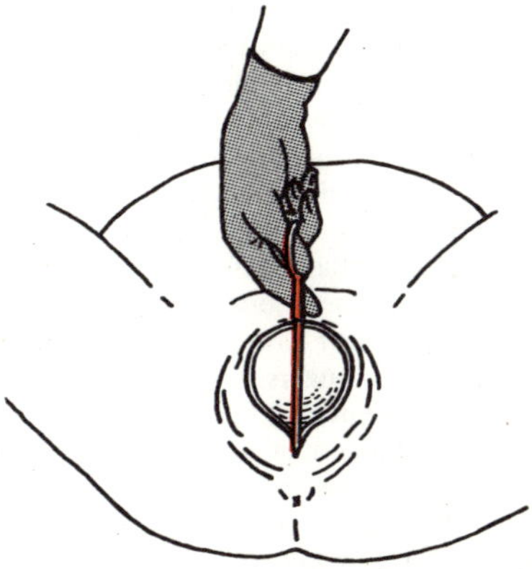

Abb. 3 Gerader Scheiden-Damm-Schnitt

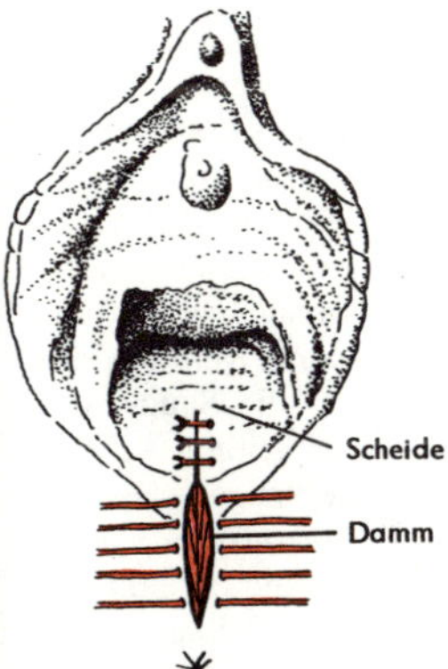

Abb. 5 Naht des Scheiden-Damm-Schnittes

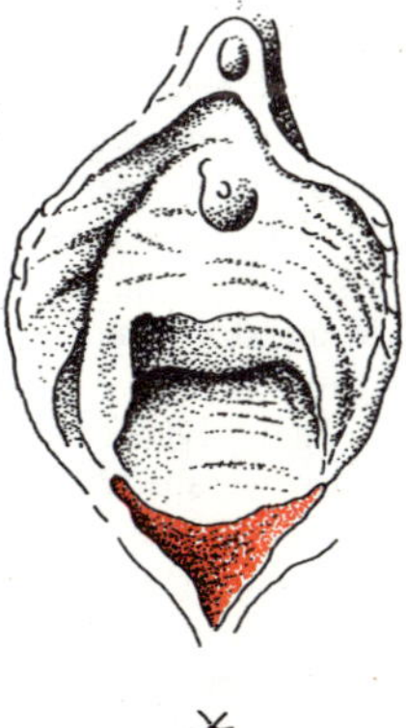

Abb. 6 Kleiner Scheiden-Damm-Riß

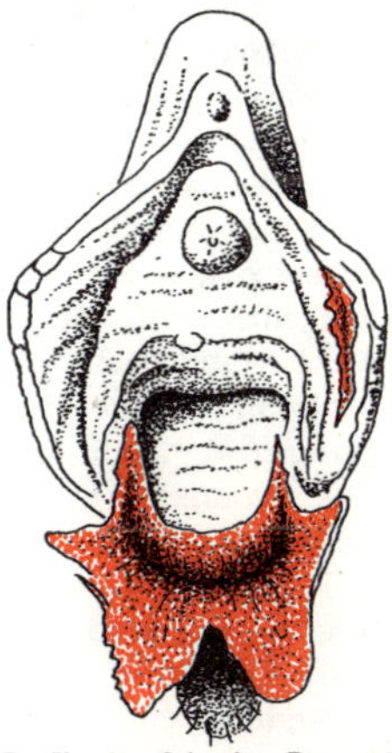

Abb. 7 Totaler Scheiden-Damm-Riß bis über den Afterschließ-muskel hinaus

SCHNITTENTBINDUNG (KAISERSCHNITT) SAUGGLOCKENENTBINDUNG

Die Bezeichnung *Kaiserschnitt* leitet sich von einer falschen Übersetzung aus dem Lateinischen ab. Daher wird heute meist einfach von der *Schnittentbindung* gesprochen. Technisch besteht die Operation im wesentlichen nur darin, Bauchdecken und Gebärmutter der Hochschwangeren oder Kreißenden zu öffnen, Kind, Mutterkuchen und Eihäute aus der Gebärmutter zu holen und den Einschnitt wieder schichtweise zu vernähen. Dennoch mußten erst Verbesserungen der Nahttechnik, moderne Narkoseverfahren, Keimfreiheit, Antibiotika und Antigerinnungsmittel zusammentreffen, um der Schnittentbindung den heutigen hervorragenden Platz in der Geburtshilfe zu sichern. Die Schnittentbindung wird in einer Reihe von bedrohlichen Situationen sowohl im Interesse des Kindes als auch im Interesse der Mutter angewandt, so bei engem Becken, Nabelschnurvorfall, ungünstigen Kindslagen, vorzeitiger Lösung und tiefem Sitz des Mutterkuchens, Blutgruppenunverträglichkeit sowie manchmal auch bei Zuckerkrankheit und Eklampsie der Mutter. Insgesamt werden heute 7–12, ja bis zu 15% aller Kinder durch Schnittentbindung zur Welt gebracht.

Beim sog. *tiefen Kaiserschnitt,* wie er heute ausgeführt wird, wird die Gebärmutter nach Abschieben der Harnblase schonend im unteren Abschnitt eröffnet; dabei richtet man sich nach dem queren Verlauf ihrer Muskelfasern. Dann wird das Kind aus der Gebärmutter entbunden, Mutterkuchen und Eihäute werden entfernt und schließlich Gebärmutter, Bauchfell und Bauchdecke schichtweise wieder verschlossen (Abb. 1a und b). Das Operationsrisiko konnte bei diesem Vorgehen soweit vermindert werden, daß immer mehr Anzeigen für eine Schnittentbindung in Frage kamen (s. oben). Bei späteren Schwangerschaften Schnittentbundener ist allerdings Klinikeinweisung geboten, da es, wenn auch nur in einem von fünfzig Fällen, zu einer Zerreißung der Gebärmutter kommen kann.

Neben der geschilderten Schnittentbindung durch den Bauch gibt es auch eine durch die Scheide. Sie wird nur selten, und zwar bei noch sehr kleinen Leibesfrüchten, ausgeführt. Die *Schnittentbindung durch die Scheide* besteht im wesentlichen in einer Längsspaltung des Gebärmutterhalses.

Die *Saugglocke* soll dazu dienen, die Kraft der von oben auf die Geburtswege drückenden Wehen durch Zug von unter her zu ergänzen, um so den normalen Geburtsvorgang auf recht schonende Weise zu unterstützen. Die Saugglocke oder Saugschale wird auf die kindliche Kopfschwarte aufgesetzt. Im Gegensatz zur Zangenentbindung ist keine Narkose erforderlich. Ferner können die verschieden großen Schalen auch schon bei unvollständig eröffnetem Muttermund angelegt werden. Damit kann der Saugglockenzug als Ausnahme unter den geburtsfördernden Operationen auch schon während der Eröffnungszeit verwendet werden. Nach dem Anlegen der Saugglocke wird mit einer Handpumpe Luft aus der Glocke gepumpt, bis die Schale durch Unterdruck fest am kindlichen Schädel haftet (Abb. 2). Nun kann im Tempo der Wehen und gleichzeitig mit dem Wehendruck gefühlvoll an der Schlauchverbindung gezogen werden, indem man die Krümmung des Geburtskanals durch verschiedene Zugrichtungen berücksichtigt (Abb. 3a–c). Bei Wehenschwäche ist die Saugglocke gelegentlich auch insofern nützlich, als der abwärts gezogene Kopf seitlich auf den Gebärmutterhals drückt und so wehenauslösend wirken kann. Die Saugglocke wird u.a. bei tiefsitzendem Mutterkuchen, beim sogenannten tiefen Querstand des Kopfes und bei regelwidrigen Kopflagen verwendet, so bei Vorderhauptslage und der hinteren Hinterhauptslage. Allzu starker oder schräger Zug führt zum Abreißen der Saugglocke, die dann neu angelegt werden muß. Die Saugglocke ist (bis auf eine durch sie bewirkte, harmlose Kopfgeschwulst, die meist innerhalb eines Tages vergeht) recht ungefährlich, soll aber nicht länger als eine halbe Stunde angelegt werden.

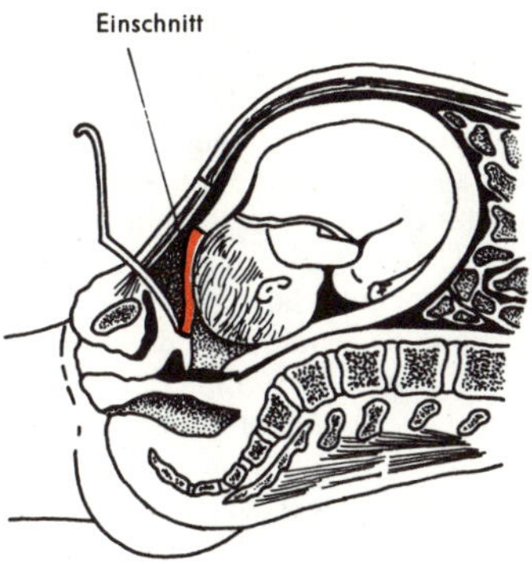

Abb. 1a) Schnitteröffnung des unteren Gebärmutterabschnitts beim tiefen Kaiserschnitt

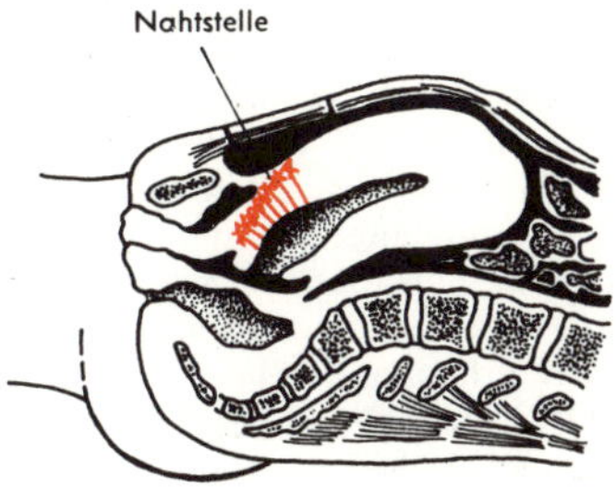

Abb. 1b) Gebärmutternaht

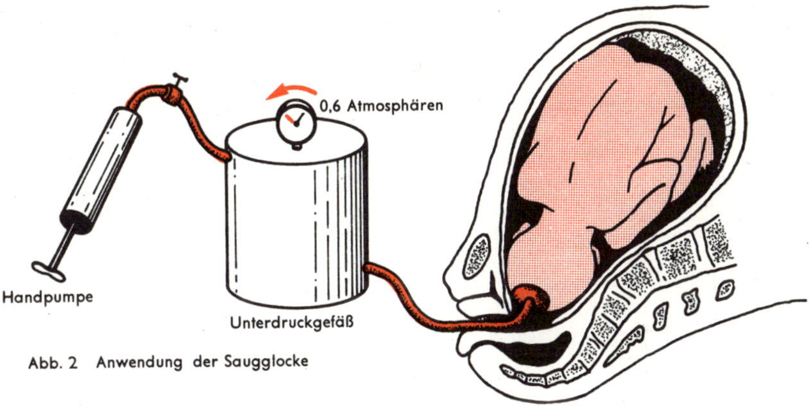

Abb. 2 Anwendung der Saugglocke

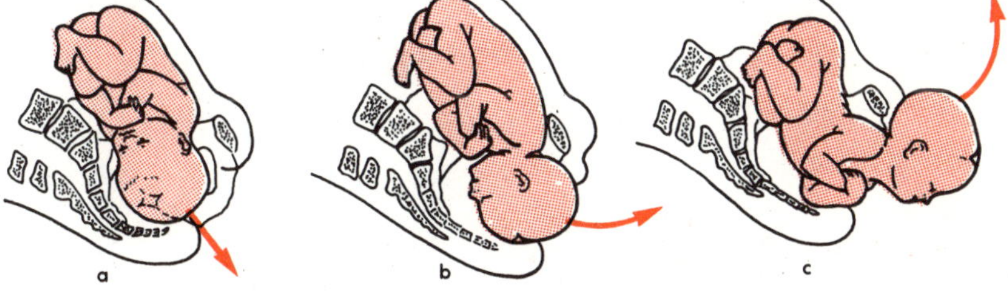

Abb. 3a–c) Zugrichtung unter Berücksichtigung der Krümmung des Geburtskanals

ZANGENENTBINDUNG

Bei allen Maßnahmen und besonders bei den Operationen zur Beendung der Geburt geht es in der Regel um Leben und Gesundheit sowohl der Mutter als auch des Kindes. Daher wird sorgfältig überlegt, ob ein Eingriff erforderlich ist, welcher Eingriff in einer bestimmten Situation am besten geeignet erscheint und ob die Vorbedingungen für diesen Eingriff gegeben sind. Bei Kopflagen, die weitaus am häufigsten sind, stehen, falls Komplikationen von seiten der Mutter oder des Kindes eintreten, die Schnitt-, Saugglocken- und Zangenentbindung zur Auswahl, um die Geburt eventuell zügig zu Ende zu führen. Indikationen für die Saugglocken- oder Zangenentbindung sind von seiten des Kindes u. a. die drohende Sauerstoffminderversorgung, von seiten der Mutter schwere Erkrankungen oder die Erschöpfung unter der Geburt, von seiten der Mutter und des Kindes gleichermaßen u. a. eine Verschleppung der Austreibungsperiode und ein unnachgiebiger Beckenboden.

Die *Geburtshelferzange* ist ein Instrument zur Beendigung der schon sehr weit fortgeschrittenen, in der letzten Phase aber stockenden Geburt. Sie dient in solchen Fällen einer schonenden Umfassung des Kopfes, der dann unter Nachahmung des natürlichen Geburtsverlaufs unter sanftem Zug nach außen geleitet werden soll. Die Zange besteht aus zwei Löffeln, die getrennt in den Geburtskanal eingeführt werden können, zwei halben Griffen zum späteren Ziehen und einem Schloß, um die beiden Zangenhälften nach dem Einführen vereinigen zu können (Abb. 1a–c). Die Zangenlöffel sind der kindlichen Größe und Kopfform angepaßt; sie sollen den Kopf nach Einführen und Zangenschluß, wie es die Abb. 2 zeigt, quer fassen. Zuerst wird der linke Zangenlöffel unter umgekehrter Wiederholung des Geburtsvorgangs, dann der rechte Löffel eingeführt (Abb. 3). Anschließend erfolgt die Entbindung erst durch sanften doppelhändigen Zug nach unten, bis die Leitstelle des kindlichen Kopfes, bei der sogenannten Hinterhauptslage das Hinterhaupt, in der Scheide erscheint (Abb. 4). Dann wird der Kopf aus dem nach unten und vorne gekrümmten Geburtskanal unter Nachahmung des natürlichen Geburtsvorgangs durch eine Drehbewegung um die Schambeinfuge herum nach vorne geboren. Steht der Kopf beim Anlegen der Zange noch nicht im geraden Durchmesser des Beckenausgangs, so gestaltet sich das Einlegen des vorderen Zangenlöffels etwas schwieriger. Außerdem muß der Kopf – in Nachahmung seines natürlichen, schraubenartigen Tiefertretens – in solchen Fällen nach unten gezogen und gleichzeitig auch gedreht werden. Insgesamt wird mit entsprechenden Pausen im Tempo der Preßwehen gezogen.

Für die schonende Ausführung der Zangenentbindung müssen einige Voraussetzungen gegeben sein. Zangenoperationen sind nur in Narkose oder nach Durchführung einer Leitungsanästhesie möglich. Damit die Zange ohne Gefahr für die Mutter am kindlichen Kopf angelegt werden kann, muß der Muttermund vollständig eröffnet und die Fruchtblase gesprungen sein. Damit der Kopf nicht durch Druck und Zug beschädigt wird, muß er die richtige, zum Löffel passende Größe haben und tief genug im Becken stehen *(zangengerechter Stand des Kopfes)*. Eine Zangengeburt ist im übrigen mechanisch überhaupt nur möglich, wenn der Beckeneingang weit genug ist.

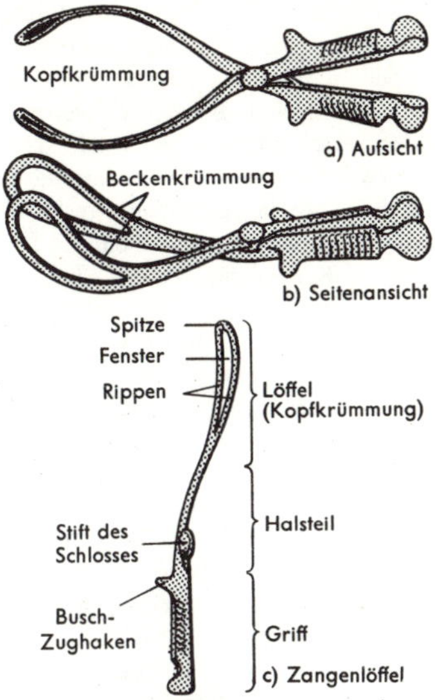

Abb. 1a-c) Geburtshelferzange

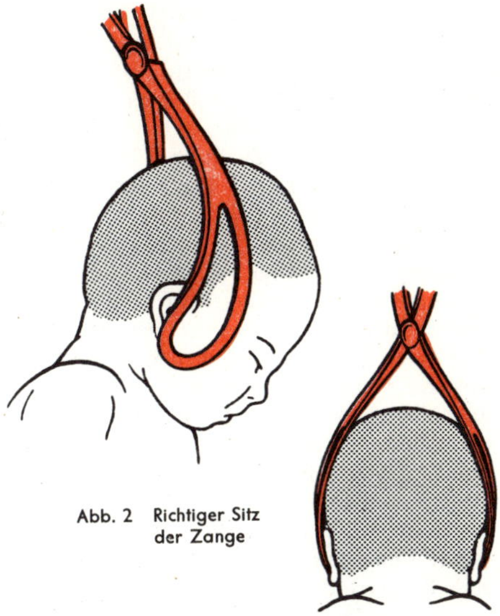

Abb. 2 Richtiger Sitz der Zange

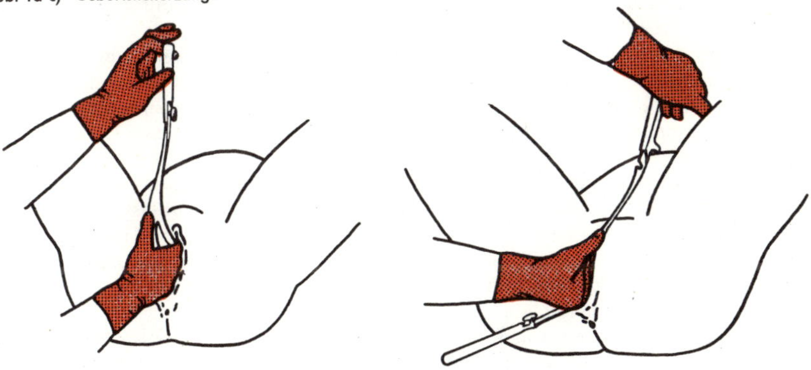

Abb. 3 Einführen der Zangenlöffel

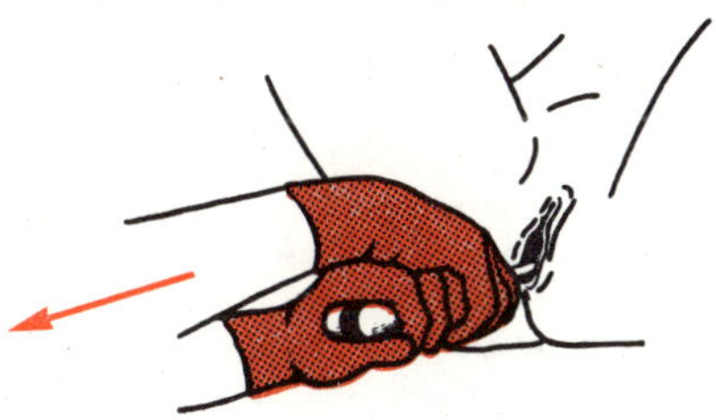

Abb. 4 Zangenzug

ZWILLINGE · ZWILLINGSGEBURT

Zwillinge kommen einmal auf 80–90 Geburten vor. Nach einer älteren Regel kommen Drillinge einmal auf rund 10000, Vierlinge einmal auf rund 1 Million und Fünflinge auf rund 100 Millionen Geburten. *Zweieiige Zwillinge* entstehen aus völlig getrennten Anlagen, wenn zufällig zur gleichen Zeit nach doppeltem Eisprung aus einem oder nach einfachem Eisprung aus beiden Eierstöcken zwei Eizellen befruchtet werden (Abb. 1b). Zweieiige Zwillinge können gleich- oder verschiedengeschlechtlich sein und sehen einander nicht ähnlicher als auch sonst zwei Geschwister. Die familiäre Neigung zu vermehrten Zwillingsgeburten ist hauptsächlich auf die vererbte mütterliche Anlage zu mehrfachem Eisprung zurückzuführen. So brachte im Extremfall eine Frau, die selbst Vierlingskind war, in 11 Schwangerschaften 32 Kinder zur Welt. – *Eineiige Zwillinge* kommen etwa sechsmal seltener vor als zweieiige Zwillinge. Sie entstehen dadurch, daß eine befruchtete Eizelle sich durch Teilung zu zwei getrennten Individuen entwickelt. Übergänge zu den sogenannten siamesischen Zwillingen zeigen, daß es sich im Grunde um eine Doppelbildung handelt (Abb. 1a). Aus diesem Grunde müssen die völlig gleichen Erbanlagen immer zu gleichgeschlechtlichen Kindern führen, die einander zum Verwechseln ähnlich sind. Sind Zwillinge verschiedenen Geschlechts, besteht kein Zweifel, daß es sich um zweieiige Zwillinge handelt. Sind die Zwillinge gleichgeschlechtlich, ist es immer noch dreimal wahrscheinlicher, daß es sich um zweieiige Zwillinge handelt. Werden zwei getrennte Mutterkuchen geboren, handelt es sich immer um zweieiige Zwillinge (Abb. 2a); bei nur einem Mutterkuchen zeigt eine Trennwand aus mehr als zwei Häuten zweieiige Zwillinge an (Abb. 2b und c). Bleiben Zweifel, so kann die Entscheidung (eineiig oder zweieiig) heute durch Blutgruppenuntersuchung oder durch Ähnlichkeitsvergleiche getroffen werden. Hauttransplantate heilen nur bei eineiigen Zwillingen ein (s. auch Organtransplantation, S. 32).

Eineiige Zwillinge entwickeln sich trotz gleichen Erbguts in gewissem Umfang immer auseinander. Da solche Unterschiede umweltbedingt sein müssen, sind eineiige Zwillinge für die humangenetische Forschung zur Klärung der Frage, inwieweit bestimmte Persönlichkeitsmerkmale durch Erbanlagen festgelegt bzw. durch Umweltfaktoren veränderbar sind, von großem Interesse.

Vor der Geburt entsteht Verdacht auf Zwillinge bei auffallend großem Leibesumfang der Schwangeren und besonders hohem Stand der Gebärmutter. Oft tastet man viele kleine und drei große Kindsteile. Sichere Anzeichen sind kindliche Herztöne mit verschiedener Schlagfolge und die Aufzeichnung zwillingstypischer Herzstromkurven. Beweisend ist das Ultraschallbild.

Die häufigsten *Zwillingslagen* sind: kopfaufwärts hintereinander liegende Zwillinge mit schräggestellter Scheidewand (45 % aller Fälle, Abb. 3); durch mittlere Scheidewand getrennte Zwillinge, die, einer kopfaufwärts, einer kopfabwärts, nebeneinander liegen (35 %, Abb. 4), und schließlich kopfaufwärts hintereinander liegende Zwillinge (10 %, Abb. 5). In rund 50 % aller Fälle laufen *Zwillingsgeburten* ohne äußeres Zutun reibungslos ab. Die überdehnte Gebärmutter zeigt oft eine gewisse Wehenschwäche. Nach einer recht langen Eröffnungszeit erfolgt die Austreibung des ersten Zwillings oft rascher als normal. Seine Nabelschnur muß auch mutterwärts gut abgebunden werden, weil der zweite evtl. eineiige Zwilling sonst auf Grund des gemeinsamen Mutterkuchens verbluten könnte. Nach einer kurzen Wehenpause erfolgt ein zweiter Blasensprung, und der zweite Zwilling wird aus dem vorgedehnten Geburtskanal durch wenige Preßwehen geboren. Komplikationen können dadurch entstehen, daß die Zwillinge sich beim Eintritt in den knöchernen Geburtskanal gegenseitig behindern; das kann zum vorzeitigen Blasensprung, zur Frühgeburt oder auch zum Vorfall der Nabelschnur führen. Daher und aus verschiedenen anderen Gründen wird heute die Indikation zur Schnittentbindung bei Zwillings- und Mehrlingsgeburten insgesamt großzügig gestellt.

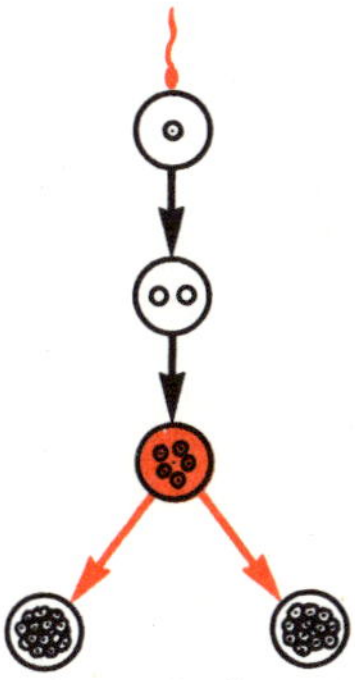

Abb. 1a) Eineiige Zwillinge entstehen aus einem Samenei

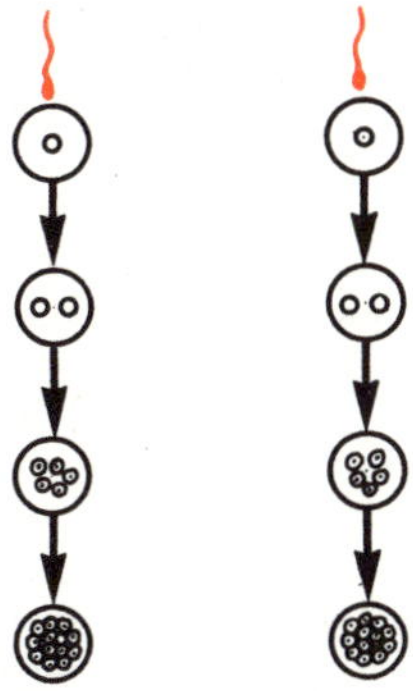

Abb. 1b) Zweieiige Zwillinge entstehen aus zwei völlig getrennten Sameneiern

zweieiige Zwillinge

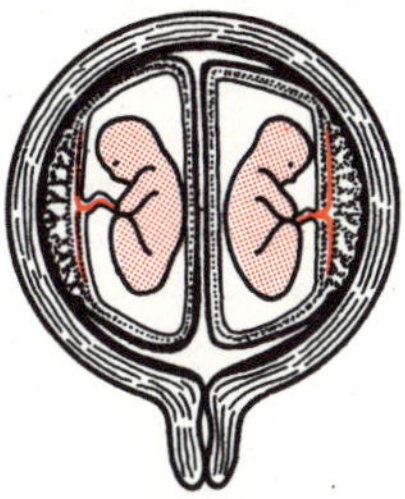

Abb. 2a) Zwei getrennte Mutterkuchen

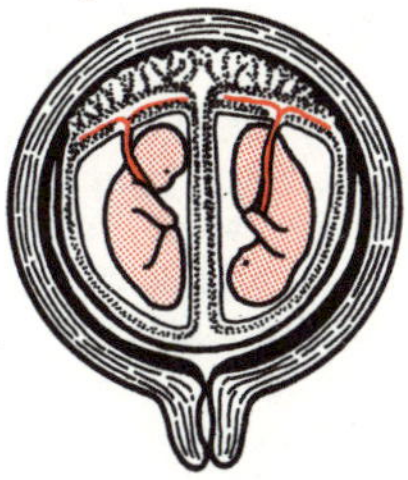

Abb. 2b) Mehr als zweihäutige Trennwand

eineiige Zwillinge

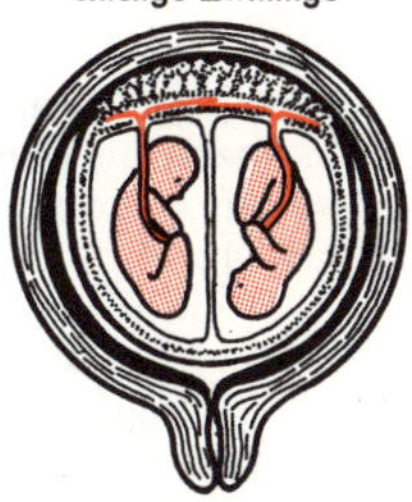

Abb. 2c) Zweihäutige Trennwand

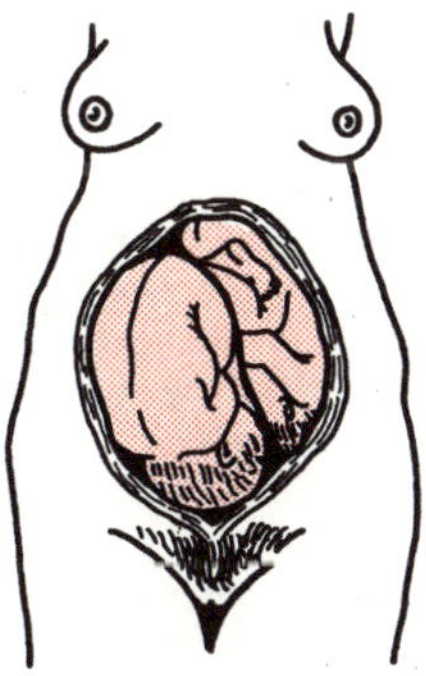

Abb. 3 Lage von 45% aller Zwillinge

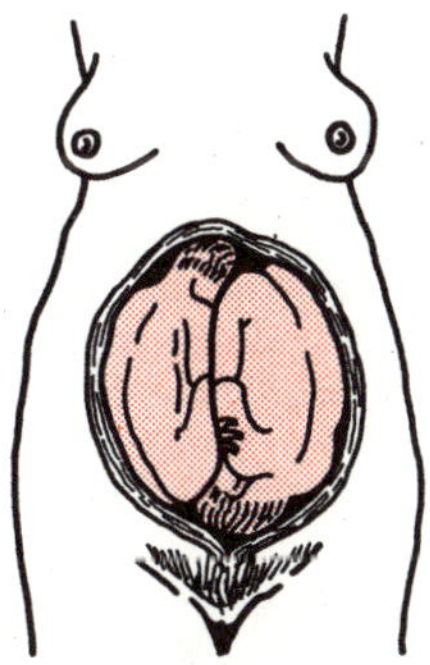

Abb. 4 Lage von 35% aller Zwillinge

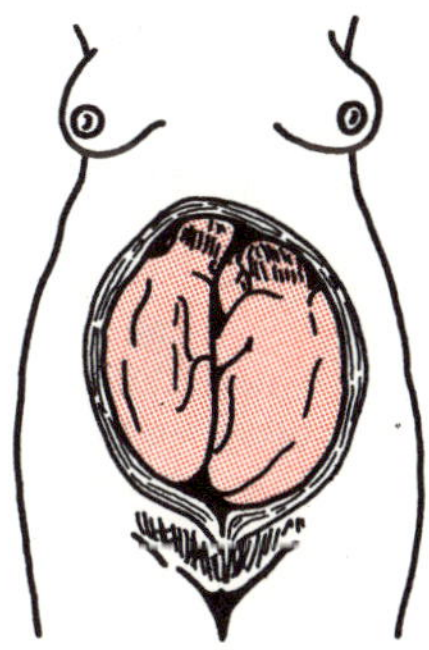

Abb. 5 Lage von 10% aller Zwillinge

WOCHENBETT

Das erste Anlegen des Kindes erfolgt bald nach der Geburt noch im Kreißsaal oder 6–12 Stunden nach der Entbindung. Im übrigen soll sich die Wöchnerin nach der Geburt zuerst einmal ausschlafen und dann mit den normalen Mahlzeiten beginnen. Wichtig ist, daß sie auf eine regelmäßige Entleerung der Harnblase achtet, weil recht bald nach der Geburt eine entwässernde Harnflut einsetzt, die Gebärmutter sich bei leerer Blase aber besser zurückbildet. Die erste Harnentleerung macht erfahrungsgemäß Schwierigkeiten, weil die Harnblase von der Geburt her noch schlaff ist und der austretende Harn oft mit Wunden in Berührung kommt. Daher sind nach 24 Stunden manchmal blasenentleerende Arzneimittel, selten sogar ein keimfreier Blasenkatheter erforderlich. Blasenentleerung und Stuhlgang der Wöchnerin werden durch frühes Aufstehen erleichtert. Zuerst haben fast alle Wöchnerinnen, die zudem oft von Hämorrhoiden geplagt werden, eine Stuhlverstopfung, weil auch ihr Mastdarm noch schlaff und träge ist. Daher wird öfter nach 1–2 oder spätestens nach 3 Tagen ein Einlauf erforderlich. Operationsnähte werden am 5. oder 6. Tag entfernt, worauf nun auch Operierte aufstehen können, um, wie die übrigen Wöchnerinnen schon 2–3 Tage vorher, mit leichter Wochenbettgymnastik zu beginnen. Nach einer Woche sind auch schon etwas kräftigere Übungen zum Training der Beckenboden-, Bauch- und Rückenmuskulatur üblich (Abb. 1–3). Außer zur Muskelstraffung u. Wiedererlangung der Figur dienen diese Übungen u. a. der Kreislaufanregung und Vorbeugung gegen Blutpfropfbildungen. Die Schamgegend kann, ohne daß die Geschlechtsteile berührt werden, schon bald nach jedem Stuhlgang oder Wasserlassen mit abgekochtem Wasser gespült werden. Auch ein Bidet mit Brause ist bald zulässig, und vom 3. Tag an kann die Wöchnerin sich im Stehen duschen. Vollbäder sind dagegen erst nach 10–14 Tagen erlaubt und Scheidenspülungen mit Ausnahme ärztlicher Anweisung streng verboten. Reinlichkeit ist vor allem in der ersten Zeit des Wochenbetts vordringlich. Was mit den Geschlechtsteilen und der Brust in Berührung kommt, soll keimfrei (bzw. ausgekocht) sein. In der ersten Stunde nach der Geburt werden oft noch zwei Vorlagen vollgeblutet. Danach soll eine Vorlage 1–2 Stunden, später immer länger vorhalten. Die Klinikentlassung erfolgt bei unkompliziertem Verlauf von Geburt und Wochenbett nach 5–7 Tagen. Die Regelblutung kommt mit der zyklischen Funktion der Eierstöcke nicht vor der 6. Woche in Gang. Bei Stillenden bleibt sie meist bis gegen Ende der Stillzeit aus. Der Geschlechtsverkehr ist wegen Infektionsgefahr für 4–6 Wochen untersagt. Die Gebärmutter ist anfangs eine einzige Wunde, die erst allmählich heilt. Die Absonderungen dieser Wunde nennt man *Wochenfluß*. Er ist anfangs noch blutig und geht anschließend – mit der Ausheilung und Rückbildung der Gebärmutter – über bräunliche und schmutzig-gelbliche Färbungen ins Grauweiße über. Nach 4–6 Wochen versiegt der Wochenfluß. Er ist ursprünglich keimfrei, wird später aber reichlich mit verschiedenen Keimen besiedelt. Daher muß dieses schließlich infektiöse Wundsekret streng von Brust und Kind ferngehalten werden. Werden die Vorlagen von Hand gewechselt, sind anschließend die Hände sorgfältig zu waschen (Seife, Desinfektionsmittel). Temperaturen von mehr als 38 °C sind auf Kindbettfieber verdächtig. Daher soll die Temperatur auch nach der Klinikentlassung regelmäßig kontrolliert werden. Der Arzt verfolgt die Rückbildung der Gebärmutter an Hand des Gebärmutterstandes (Abb. 4) unter Berücksichtigung der Blasenfüllung, die eine verzögerte Rückbildung vortäuschen kann (Abb. 5). Die Gebärmutter vermindert ihr Schwangerschaftsgewicht bei der Rückbildung innerhalb von 6 Wochen von rund 1 000 auf etwas mehr als 50 g (Abb. 6).

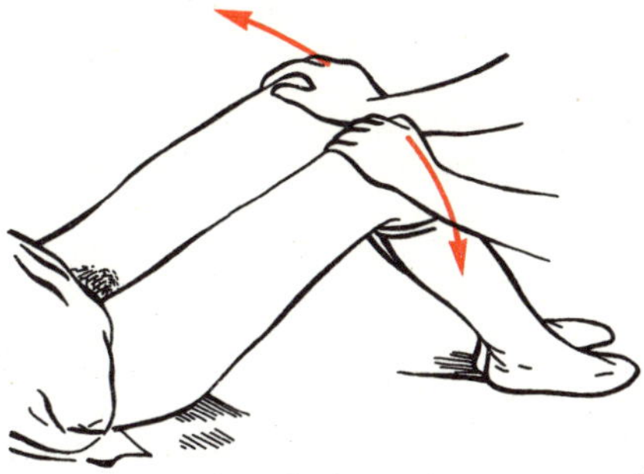

Abb. 1 Knieteilung zur Kräftigung der Beckenbodenmuskulatur

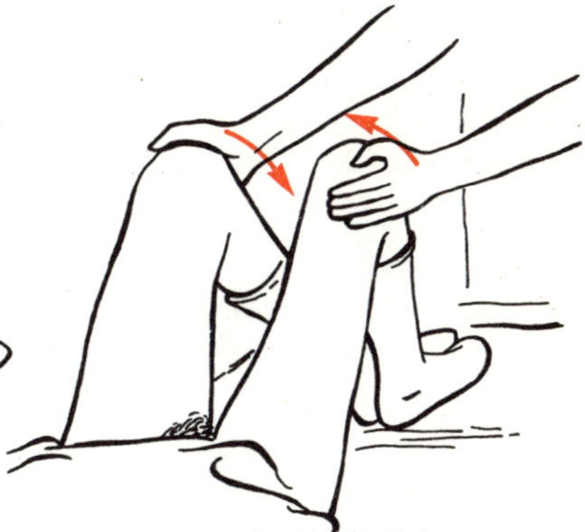

Abb. 2 Zusammendrücken der Knie zur Kräftigung der Beckenbodenmuskulatur

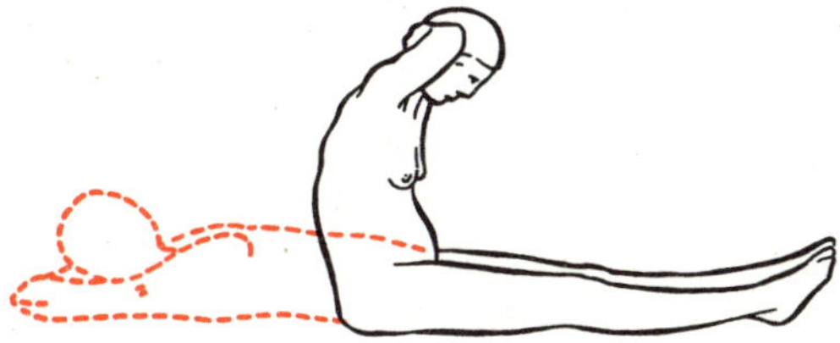

Abb. 3 Übung zur Kräftigung der gedehnten Bauchmuskeln

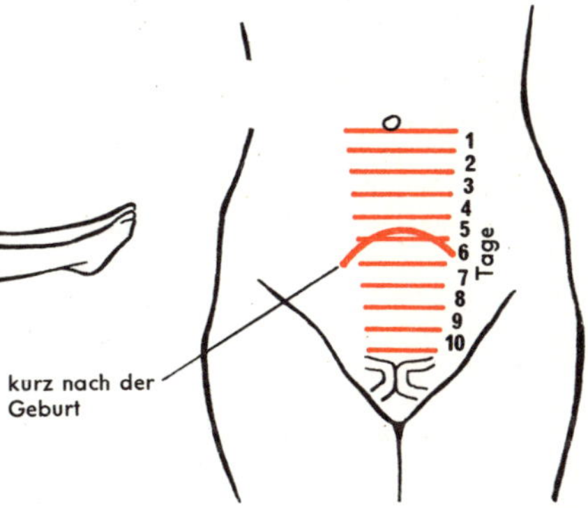

Abb. 4 Gebärmutterstand im Wochenbett

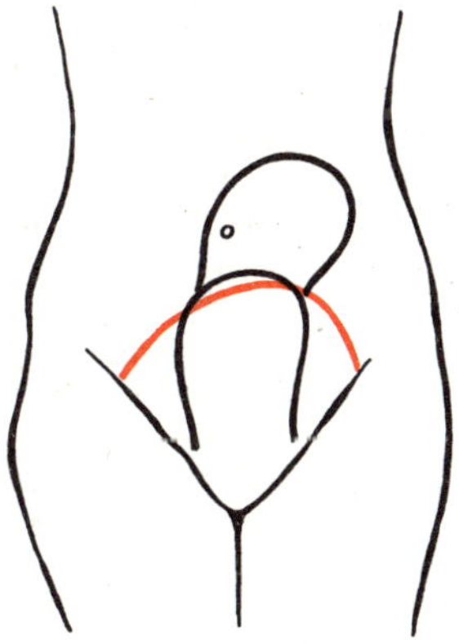

Abb. 5 Verwechslungsmöglichkeit: Gebärmutter – gefüllte Harnblase

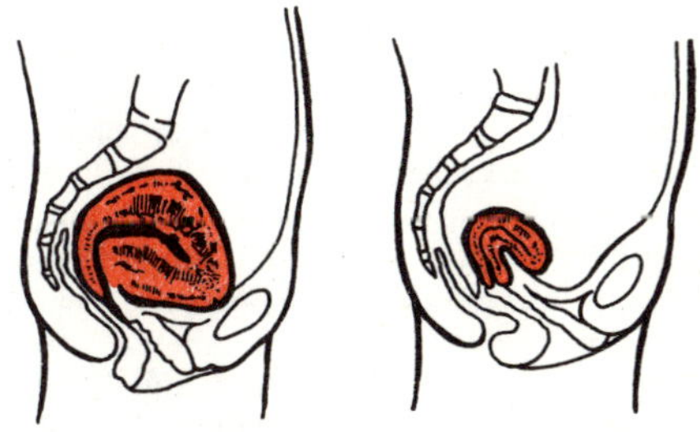

Abb. 6 Rückbildung der Gebärmutter im Wochenbett
a) erste Wochenbettstage b) nach 8 Wochen

VERSTÄRKTE BLUTUNG NACH DER GEBURT

Verstärkte Blutungen gleich nach der Geburt stellen die größte Gefahr für das Leben der Mutter dar. Sie können vom Wundbett der mehr oder weniger vollständig abgelösten Gebärmutter, aber auch von Rißstellen im Geburtskanal ausgehen. Neben Scheiden-Damm-Rissen (s. S. 320) kommen vor allem bei geburtshilflichen Operationen ohne vollständig eröffneten Muttermund Gebärmutterhalsrisse vor, so z. B. bei Zangenentbindungen oder Wendungen der anomal gelagerten Frucht. Rißverletzungen bluten, im Unterschied zum blutenden Gebärmutterbett, stark und anhaltend sofort nach der Geburt. Gebärmutterhalsrisse werden im Anschluß an die Nachgeburt genäht. Bis zur Klinikeinlieferung kann zur Erzeugung einer Blutleere u. U. die große Bauchschlagader zusammengedrückt werden.

Manchmal ist die schlaffe Gebärmutter auch nach vollständiger Lösung des Mutterkuchens nicht imstande, das zurückgebliebene Wundbett durch Zusammenziehung zu verschließen. Dann kommt es einige Minuten nach der Entbindung und später immer wieder zu stoßweisen Blutungen aus der Gebärmutter. Normalerweise gehen aus der früheren Haftstelle des Mutterkuchens 200–300 cm^3, selten bis zu 500 cm^3 Blut verloren. Stärkere Blutungen sind dringend behandlungsbedürftig, bei Blutverlusten über 1 000 cm^3 (= 1 Liter) besteht Lebensgefahr. Daher muß umgehend Blut übertragen und dafür gesorgt werden, daß die Gebärmutterblutung steht. Glücklicherweise kann der Geburtshelfer die Blutung aus der schlaffen Gebärmutter häufig voraussehen. Sie kommt bei Erschöpfung der Gebärmutter, bei Narkoselähmung und primärer Wehenschwäche vor, besonders wenn die Gebärmutter überdehnt war und/oder sehr rasch entbunden wurde (Zwillingsgeburt, Schnittentbindung). Manchmal kann die erwartete Blutung durch vorbeugende Injektion von Wehenmitteln verhindert werden. Handelt es sich sicher nicht um eine Rißblutung und ist der Mutterkuchen vollständig geboren, so werden jetzt umgehend oder erneut Wehenmittel gegeben, und zwar Oxytozin oder ein Sekalepräparat als Infusion bzw. Injektion, und, falls diese Mittel versagen, Prostaglandine. Meist führen diese Maßnahmen zusammen mit dem „Halten" der Gebärmutter zum Ziel. Selten werden bestimmte Blutstillungshandgriffe oder gar das Zusammendrücken der Bauchschlagader zur endgültigen Blutstillung erforderlich.

Parallel zu diesen Maßnahmen wird für Volumen- und Blutersatz Sorge getragen. In einem bestimmten Prozentsatz der Fälle steht die Blutung trotz Straffung der Gebärmutter nicht. Fehlt im Blut der Mutter die Gerinnungssubstanz Profibrin, besteht vor allem bei großen Wunden eine gefährliche Neigung zum Verbluten (s. S. 99). Manchmal blutet es aus einer schlaffen Gebärmutter, weil noch ein Teil des Mutterkuchens in der Gebärmutterhöhle zurückgeblieben ist. Da schon kleinste Reste außerordentlich schädlich, ja gefährlich sein können, wird der Mutterkuchen nach jeder Geburt gründlich auf Vollständigkeit hin überprüft. Zurückgebliebene Reste müssen durch Abtasten der Gebärmutterhöhle aufgespürt und zur Vermeidung von Blutungen und Infektionen behutsam entfernt werden.

Eine letzte Gruppe von Nachgeburtsblutungen kommt dadurch zustande, daß der intakte Mutterkuchen sich nicht vollständig aus seinem Bett löst und die Gebärmutter so an ihren blutungsstillenden Kontraktionen hindert. Dabei ist die schlechte Lösung des Mutterkuchens ohnehin oft schon die Folge einer allzu schlaffen Gebärmutter. Versagen wehenfördernde Maßnahmen, kann der Mutterkuchen durch den sogenannten *Credé-Handgriff* künstlich geboren werden (der Geburtshelfer faßt dabei den Uterus durch die Bauchdecken hindurch mit einer oder beiden Händen und drückt ihn aus). Führt dieser Handgriff nicht zum Ziel, muß der Mutterkuchen manuell abgelöst werden.

KINDBETTFIEBER

Wochenfluß ist das äußere Anzeichen dafür, daß eine zuerst blutende Gebärmutterwunde an der früheren Haftstelle des Mutterkuchens allmählich abheilt. Wird der Muttermund durch Blutklumpen oder Eihautfetzen verlegt, so können die anfangs bräunlichen, später gelblichweißen Absonderungen zwischendurch zurückgestaut werden. Abknickungen des Gebärmutterhalses, eine volle Harnblase oder Krämpfe des Muttermunds können ebenfalls eine solche Wochenflußstauung verursachen. Sie kann durch krampflösende und vor allem wehenanregende Mittel meist beseitigt werden. Manchmal ist die Stauung Folge, gelegentlich aber auch Ursache einer Entzündung der Gebärmutterhöhle, die man Kindbettfieber nennt.

Das Kindbettfieber ist eine fieberhafte Entzündung im Wochenbett, die durch das Eindringen von Erregern in Geburtswunden zustande kommt. Solche Wunden können auch Rißwunden sein, meist ist es allerdings die frühere Haftstelle des Mutterkuchens in der Gebärmutterhöhle, die über die breite „Wochenflußstraße" durch Muttermund und Scheide mit der keimtragenden Außenwelt verbunden ist. Auf ihr können entzündungserregende Bakterien, meist Streptokokken, aber auch Fäulniserreger, aufsteigen und zum Kindbettfieber führen. In die Gebärmutterwunde gelangt, können derartige Erreger auf dem Schleimhautweg über die Eileiter in den Bauchraum vordringen und eine Bauchfellentzündung verursachen, über Lymphgefäße den seitlichen Halteapparat der Gebärmutter entzünden oder schließlich auf dem Blutweg zur Blutpfropfbesiedlung mit Blutvergiftung (Sepsis) und Blutpfropfverschleppung führen. Die fieberhafte Entzündung der Gebärmutterhöhle wird häufig durch Reste des Mutterkuchens untersützt, die nicht nur zu Wochenbettblutungen führen, sondern auch Infektionserreger anlocken und beherbergen können. Daher werden solche Reste nach Möglichkeit vorher schon unter dem vorbeugenden Schutz von Antibiotika entfernt.

Die Entzündung der Gebärmutterhöhle wird manchmal durch Ausbreitung hochfieberhaft. Sie kann unter ziehenden und stechenden Schmerzen in die Eileiter und aus diesen, unter weiterem Fieberanstieg, ins Beckenbauchfell wandern. Die folgende Bauchfellentzündung geht mit starken Schmerzen, Übelkeit, Erbrechen, Auftreibung des Leibes und Stuhlverstopfung einher. Wird der seitliche Halteapparat im kleinen Becken befallen, verspürt die Wöchnerin oft Blasen- und Mastdarmdruck; die Schmerzen können in einen Oberschenkel ausstrahlen.

Eine Blutvergiftung kann durch die Keimbesiedlung von Blutpfröpfen entstehen. Die Keime werden dabei schubweise mit kleinen, infizierten Bröckchen geronnenen Blutes in den Kreislauf verschleppt und siedeln sich unter starkem Fieber- und Pulsanstieg und wiederholtem Schüttelfrost in anderen Organen an. Herzklappenentzündungen kamen früher bei fast einem Viertel der solcherart schwer erkrankten Wöchnerinnen vor (vgl. auch S. 328). Heute gelangt die bakterielle Entzündung der Gebärmutter durch rechtzeitige Behandlung mit Antibiotika kaum jemals weiter als bis in die Schleimhaut und die Muskelschicht des Organs. Für die Wahl des optimalen Mittels sind Empfindlichkeitstests der Erreger wichtig. Unterstützend wirken auch dabei wehenanregende Mittel.

DIE WEIBLICHE BRUST · STILLEN

Die *weibliche Brust* besteht im wesentlichen aus Fettgewebe, Milchdrüsen und Drüsenausführungsgängen (Abb. 2, S. 335). Beim heranreifenden Mädchen wird unter dem Einfluß des Follikelhormons zunächst das Fettpolster gebildet; mit dem regelmäßigen Menstruationszyklus beginnt dann unter dem Einfluß des Gelbkörperhormons das Wachstum des eigentlichen Drüsenkörpers (Abb. 1). Während der Schwangerschaft wird die Brust schließlich durch den Schwangerschaftsgelbkörper und die Mutterkuchenhormone absonderungsbereit. Etwa 2 Tage nach der Geburt kommt dann durch das milchfördernde Hormon der Hirnanhangsdrüse (Prolaktin) die Milchproduktion in Gang, die durch das Saugen des Neugeborenen aufrechterhalten wird (Abb. 1). Über 90% aller Mütter sind stillfähig. Sie können ihrem Kind mit der Muttermilch eine in bezug auf Eiweiß, Fett, Kohlenhydrate, Salze und Abwehrstoffe ideal zusammengesetzte Kost bieten. Tatsächlich sind Brustkinder widerstandsfähiger, und ihre Sterblichkeit ist gegenüber Flaschenkindern geringer. Hinzu kommt, daß *Stillen* auch für die Mutter gesund ist, u.a. weil sich die durch die Schwangerschaft vergrößerte Gebärmutter beim Stillen besonders gut zurückbildet. Nicht zuletzt dürfte Stillen auch für die Entwicklung der Mutter-Kind-Beziehung mit entscheidend sein.

6–12 Stunden nach der Geburt oder noch früher wird der erste Stillversuch unternommen. Anfangs muß man dabei sehr geduldig sein, bis das Kind lernt, den Warzenhof mit seinen Lippen zu umfassen und den Saugakt technisch richtig zu vollziehen (Abb. 3, S. 335). Der Säugling muß beim Trinken durch die Nase atmen können.

Später sollen die Kinder nicht länger als 15, höchstens 20 Minuten angelegt werden, und zwar je nach Leistung der Brust nur auf einer oder auf beiden Seiten. Bei überlangen Stillzeiten könnten Schrunden an der mütterlichen Brust entstehen oder Bequemlichkeiten des Kindes zur Regel werden, das sich daran gewöhnt, mit der Brustwarze im Mund einzuschlafen. Früher wurde geraten, die gleiche Anzahl von Mahlzeiten immer zur selben Stunde anzubieten, z.B. 5 Mahlzeiten um 6, 10, 14, 18 und 22 Uhr. Gedieh das Kind nicht erwartungsgemäß, wurden auch 6 oder 7 Mahlzeiten gegeben. Heute wird eher darauf geachtet, dann zu stillen, wenn die Kinder sich melden, was anfangs meist nach je 2–3, später nach je 4–5 Stunden erfolgt *(Stillen auf Verlangen).* Im weiteren Verlauf soll sich dann oft auch ein Nachtrhythmus mit größeren Abständen einpendeln. Bei diesem dem mütterlichen Zuwendungsverhalten eher entsprechenden Vorgehen soll die Milchsekretion ausgiebiger sein. – Nach dem Trinken hält man die Kinder für kurze Zeit aufrecht, damit sie die verschluckte Luft wieder aufstoßen können. Kommt beim Aufstoßen viel Milch zurück, ist ärztlicher Rat erforderlich. Zur Vorbeugung gegen Milchstauung ist wünschenswert, daß jede Brust in gewissen Abständen vollständig entleert wird; daher eventuell Ausdrücken der Brust von Hand (Abb. 5 und 6, S. 335). Gute Entleerung ist der nachhaltigste Reiz für eine gesteigerte Milchbildung.

Die Tagestrinkmenge des Säuglings steigt nach dem zweiten mit jedem weiteren Tag um 50–70 g an. Dennoch nimmt das Neugeborene während der ersten 3–5 Nachgeburtstage rund 10 % seines Geburtsgewichts ab, weil es Flüssigkeit verliert. Die Gewichtskurve steigt allmählich wieder an, das Geburtsgewicht wird gewöhnlich zwischen dem 10. und 14. Tag wieder erreicht. Anschließend beträgt die Gewichtszunahme des Brustkindes im ersten Vierteljahr wöchentlich rund 170 g, im zweiten Vierteljahr wöchentlich 150 g, im dritten 110 g und im vierten rund 90 g.

Zur Vermeidung von Infektionen ist die Sauberkeit der Brüste von entscheidender Bedeutung. Sie läßt sich zuverlässig nur an der unverletzten Brust erzielen, wozu u.a. eine vorbeugende Behandlung der Brustwarzen und Warzenhöfe erforderlich ist. Vor jedem Stillen sollen die Hände gründlich gewaschen werden. Streng ist die Berührung der eigenen Geschlechtsteile oder von Vorlagen zu meiden, da sonst Infektionen vom Wochenfluß her drohen. Nach dem Stillen wird die Brust mit einem keimfreien Läppchen bedeckt und einmal am Tage auch gewaschen. Sonst ist sie möglichst trocken zu halten.

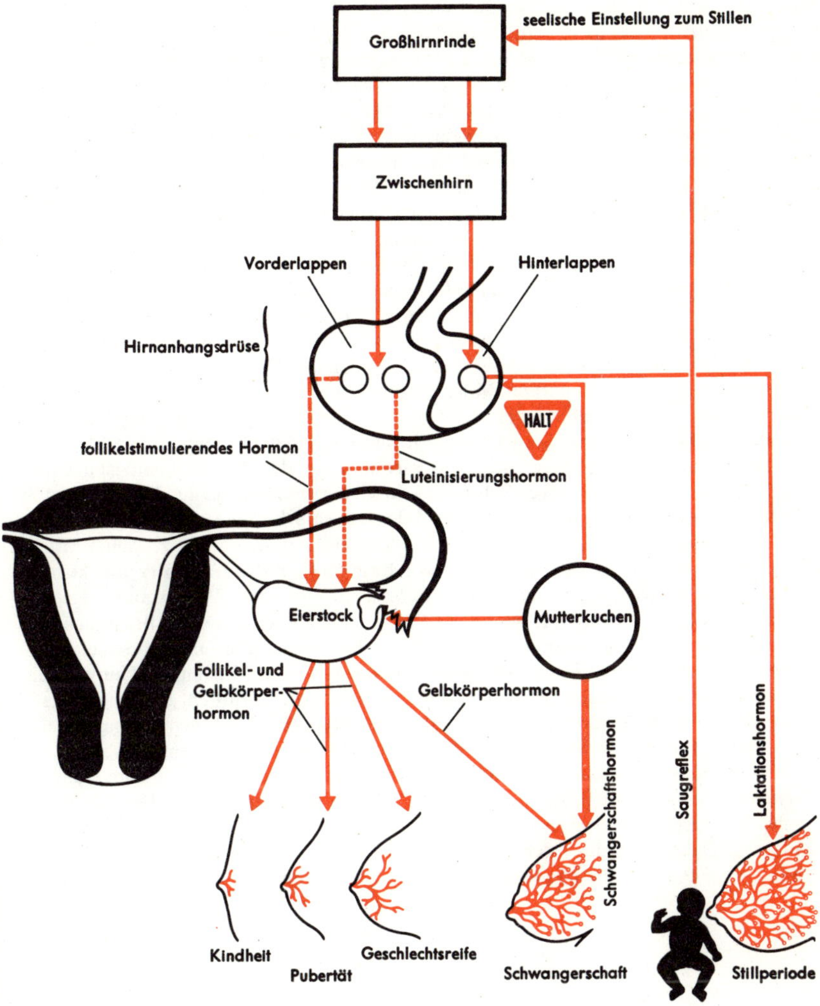
Großhirnrinde
seelische Einstellung zum Stillen
Zwischenhirn
Vorderlappen
Hinterlappen
Hirnanhangsdrüse
HALT
follikelstimulierendes Hormon
Luteinisierungshormon
Eierstock
Mutterkuchen
Follikel- und
Gelbkörper-
hormon
Gelbkörperhormon
Schwangerschaftshormon
Saugreflex
Laktationshormon
Kindheit
Pubertät
Geschlechtsreife
Schwangerschaft
Stillperiode

Abb. 1

Mit dem Abstillen wird gewöhnlich nach 5–6 Monaten begonnen. Länger als 6–8 Monate zu Stillen, bringt gegenüber künstlicher Ernährung keine Vorteile mehr. Muß aus irgendwelchen Gründen einmal früher abgestillt werden, läßt sich die Milchproduktion durch Prolaktinsekretionshemmstoffe künstlich beenden.

Das Stillen kann aus verschiedenen Gründen erschwert sein und muß gelegentlich auch gänzlich unterbleiben. So dürfen Mütter mit Infektionskrankheiten im allgemeinen nicht stillen (mit Ausnahmen, wie oft bei syphiliskranken Müttern). Auch in manchen Fällen von eitriger Brustentzündung muß abgestillt werden. Während die gesunde Mutter beim Stillen weder Kraft noch Gesundheit einbüßt, müssen schwerkranke Mütter abstillen, so z. B. bei Eklampsie und schwersten Erkrankungen von Herz, Leber und Nieren. – Manchmal ist das Stillen durch flache oder hohle Brustwarzen behindert. Bekommt das Kind in solchen Fällen nicht genügend Milch, so kann ein Saughütchen Abhilfe schaffen (Abb. 4). Gelingt dies nicht, muß mit einer Milchpumpe abgepumpt und per Saugflasche gefüttert werden (Abb. 6).

Warzenschrunden sind schmerzhafte Risse in der Brustwarzenhaut, die durch fehlerhafte Behandlung der Brust oder allzulanges Anlegen des Säuglings entstehen. Sie können das Stillen wesentlich erschweren und vor allem infiziert werden. Die Behandlung der Schrunden erfordert gelegentlich, das Stillen ein bis zwei Tage zu unterbrechen und statt dessen die abgepumpte Milch zu geben. Feuchte Umschläge sind problematisch, da sie die Warzenhaut weiter aufweichen und brüchig machen können. Keimfreie Läppchen, nach dem Stillen aufgelegt, sind besonders wichtig; auch Salben und Puder können nach ärztlicher Anweisung verwendet werden. Entscheidend ist u. U. die sachgemäße Vorbeugung gegen Schrunden durch regelmäßiges, kaltes Abwaschen und leichtes Kneten der Brustwarzen während der letzten Schwangerschaftsmonate.

Selten liefert die mütterliche Brust von vornherein und andauernd zu wenig Milch. Manchmal handelt es sich nur um eine schwergängige Brust, bei der die kleinen Muskeln im Warzenbereich der Milchentleerung einen gewissen Widerstand entgegensetzen. Mit diesem Hindernis wird das Kind meist allein fertig. Da die Brust nicht nur aus Drüsengewebe, sondern auch aus Fettgewebe besteht, gibt ihre Größe keinen sicheren Anhalt für ihre Leistungsfähigkeit. Manchmal ist der Milchmangel nur auf fehlende Nachtruhe oder allzu geringe Stillbereitschaft zurückzuführen, gelegentlich auch auf eine unzureichende Stilltechnik. Der beste Reiz für die Milchbildung ist eine gründliche Entleerung der Brust – u. U. auch mit Hilfe einer Milchpumpe (Abb. 6).

Ob ein Kind ausreichend ernährt wird, sieht man an seiner Gewichtskurve und an seinem Verhalten. Im Bedarfsfall wird eine Zwiemilchernährung mit Brust und Flasche durchgeführt. Bei jeder Mahlzeit bekommt das Kind erst die Brust und dann die Flasche. Dabei muß das Loch in der Saugflasche so klein gehalten werden, daß der Säugling nicht etwa die bequemere Flasche vorzieht und die Brust verweigert.

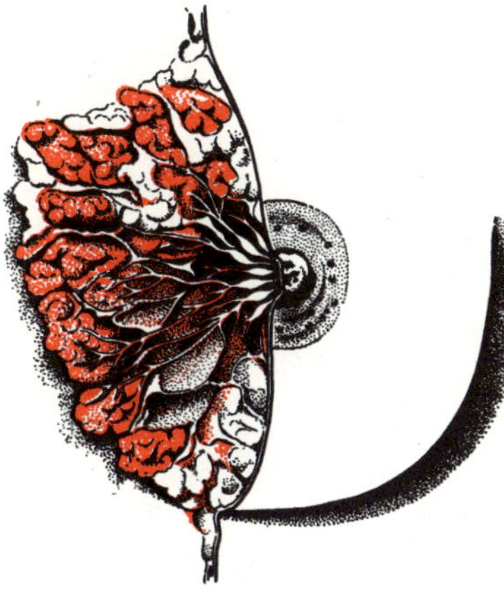

Abb. 2 Aufbau der reifen weiblichen Brust

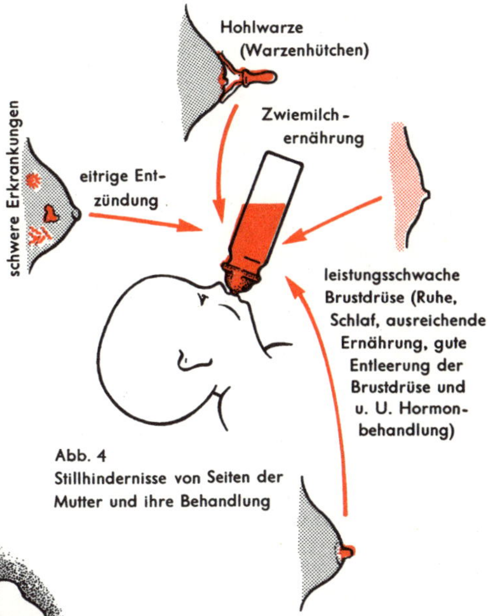

Abb. 4
Stillhindernisse von Seiten der Mutter und ihre Behandlung

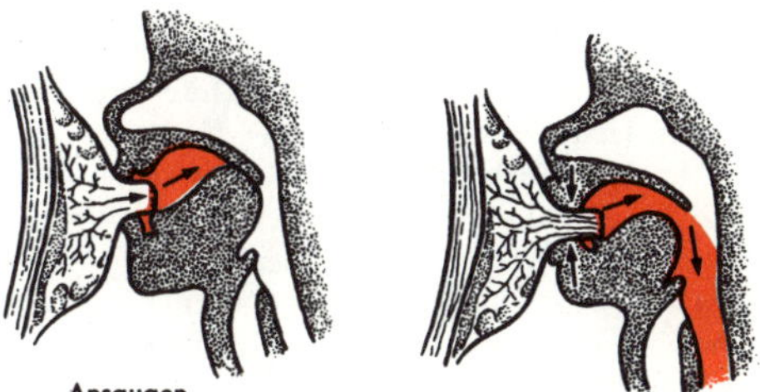

Abb. 3 Saugakt

Abb. 5 Ausdrücken der Milch

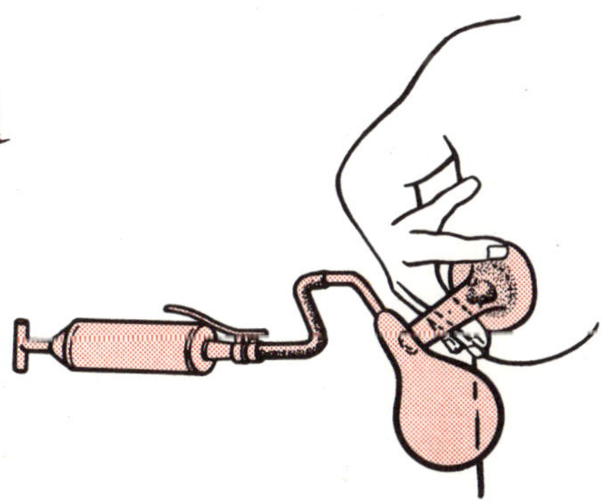

Abb. 6 Abpumpen der Milch

BRUSTDRÜSENENTZÜNDUNG

Die *Brustdrüsenentzündung (Mastitis)* äußert sich vor allem in einer Schwellung und starken Schmerzhaftigkeit der Brust. Sie kann eventuell mit einer Milchstauung verwechselt werden, die ebenfalls recht schmerzhaft ist und der Brustdrüsenentzündung gelegentlich vorausgeht. Eine *Milchstauung* entsteht, wenn die milcherzeugende Brust nicht oder nicht ausreichend entleert wird. Starke, schmerzhafte Schwellungen der Brüste können vor allem am vierten oder fünften Tag nach der Geburt, aber auch später auftreten, wenn das gewohnte Stillen unterbrochen wird. Die Brüste sind dann groß, schwer, wärmer als normal, hart und sehr schmerzhaft (Abb. 1). Unter Umständen kann man „Milchknoten" spüren, und die Fortsetzungen des Drüsengewebes nach den Achselhöhlen zu sind aufgetrieben. Die Anschwellung ist im Gegensatz zur Brustentzündung meist doppelseitig, die Körpertemperatur nicht deutlich erhöht. Der Zustand kann dadurch verschlechtert werden, daß die gespannte Brustwarze „verflacht" und vom Säugling nicht mehr zu fassen ist. Zur dringenden, gründlichen Entleerung ist in diesem Zustand eine Milchpumpe erforderlich. Ist Abstillen erwünscht, kann die Brust fest hochgebunden und durch Prolaktinsekretionshemmstoffe beruhigt werden.

Die Brustdrüsenentzündung kann sich aus einer Milchstauung entwickeln, indem die reichlich stehende Milch durch eindringende Krankheitskeime besiedelt wird. Meist tritt sie jedoch ohne Stauung zwischen der zweiten Nachgeburtswoche und dem fünften Nachgeburtsmonat auf, bei Erstgebärenden etwas häufiger. Besonders gefährdet sind Frauen in der 2. und 3. Nachgeburtswoche. Die Brustdrüsenentzündung ist in über 90 % der Fälle eine Infektion mit blutkörperchenauflösenden Eitererregern, die über Brustwarzenschrunden eindringen. Heute weiß man, daß der Infektionsweg nur ganz selten über den Unterleib (d.h. den Wochenfluß) der Mutter führt. Die Keime stammen vielmehr in der Mehrzahl der Fälle aus dem Nasen-Rachen-Raum des Pflegepersonals oder der Mutter, und zwar werden sie auf dem Umweg über den Nasen-Rachen-Raum des trinkenden Kindes auf die Brustwarze übertragen (Abb. 2). Man hat festgestellt, daß die kindliche Nase eine Woche nach der Geburt praktisch immer mit solchen blutkörperchenauflösenden Eitererregern besiedelt ist. Im Bereich der Brustwarze wandern die Erreger dann meist über Schrunden in die Tiefe. Der Infektionsweg dieser häufigsten Form von Drüsenentzündung im Wochenbett führt dann in das Bindegewebe zwischen den Drüsen. Seltener ist eine örtlich umschriebene Entzündung unter der Haut des Warzenhofes. Schließlich kann die Entzündung sich tief hinter dem Drüsengewebe ausbreiten (Abb. 3).

Ein anderer Infektionsweg führt über die Milchgänge in die Tiefe. Vor allem bei Milchstauung steht der keimfreundliche Nährboden Milch in den ausgeweiteten Drüsenausführungsgängen reichlich zur Verfügung. Es kommt jetzt zu einer Entzündung des Drüsenkörpers (Abb. 4). Schreitet die Erkrankung fort, so können alle diese Formen der Brustdrüsenentzündung ineinander übergehen. Schließlich zerfällt das Gewebe, es entstehen Eiterhöhlen (Abszesse), die nach außen durchbrechen oder eröffnet werden müssen (Abb. 6).

Im Gegensatz zur doppelseitigen Milchstauung ist bei der Mastitis meist nur eine Brust entzündet, und zwar häufig in einem äußeren (oberen oder unteren) Viertel. Diese Stelle wird unter Fieberanstieg rot, hart und schmerzhaft (Abb. 5). Oft merkt die Wöchnerin zuerst nur, daß ihr Büstenhalter drückt. Dann kann sich das Krankheitsbild sehr rasch weiterentwickeln. Die Lymphknoten der nahen Achselhöhle schwellen an, die weißen Blutzellen sind vermehrt. Die Bildung von Eiterhöhlen kann jetzt meist noch verhindert werden. Dazu wird in schweren Fällen mit Hilfe von Prolaktinhemmstoffen abgestillt und die Brust zur Ruhigstellung hochgebunden; Alkoholumschläge und Eisbeutel werden aufgelegt und umgehend Antibiotika gegeben. Sind nach 2–3 Tagen stärkere Verhärtungen und anschließend Eiterhöhlen entstanden, müssen sie durch Einschnitt entleert werden (Abb. 6).

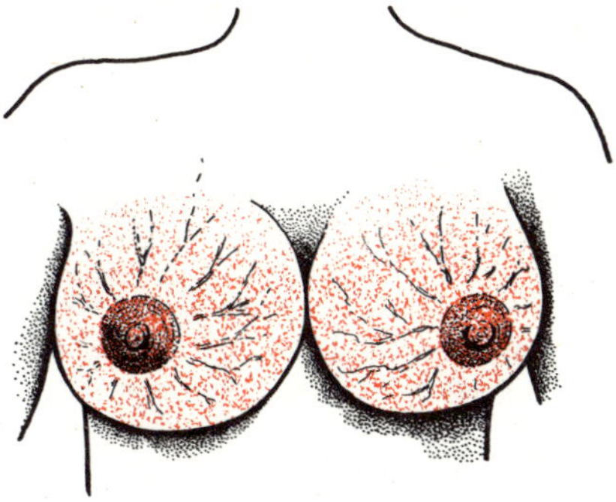

Abb. 1 Milchstauung

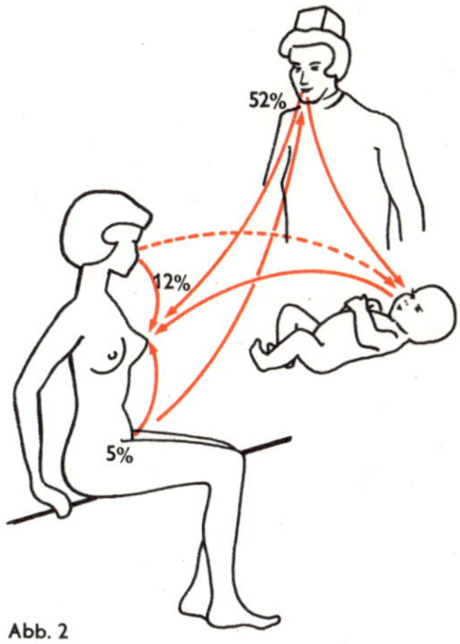

Abb. 2
Infektionswege bei Brustdrüsenentzündung

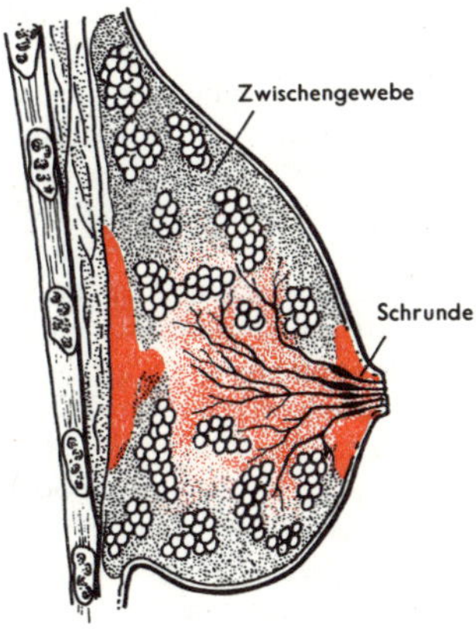

Abb. 3
Eitrige Brustentzündung mit Ausbreitung über das Zwischengewebe

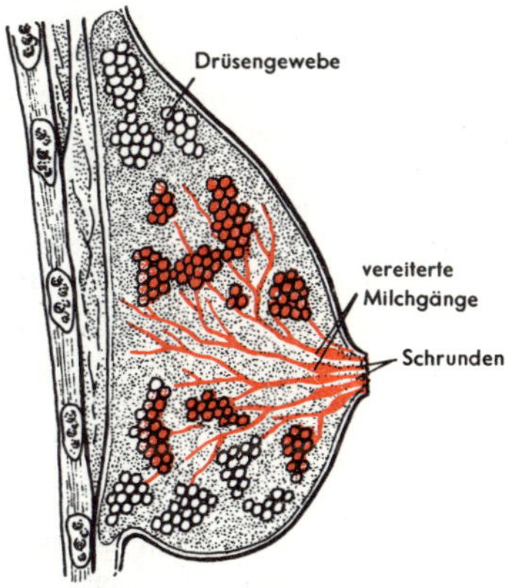

Abb. 4
Eitrige Brustentzündung mit Ausbreitung über Milchgänge und Drüsengewebe

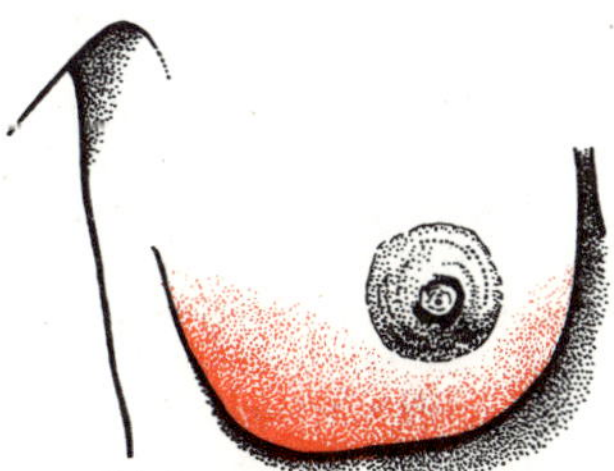

Abb. 5
Entzündete Brust

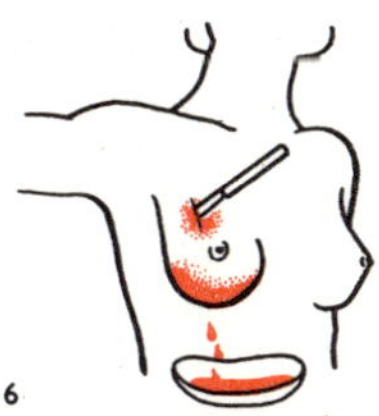

Abb. 6
Eröffnung einer Eiterhöhle bei Brustdrüsenentzündung

GONORRHÖ

Die Gonorrhö (Tripper) ist eine Infektionskrankheit, deren Erreger, in der Schleimhaut parasitierende *Gonokokken*, v. a. das Übergangsepithel der Harnröhre, die Schleimhaut des Gebärmutterhalskanals, der Gebärmutter, der Eileiter und des Mastdarms sowie die Augenbindehäute befallen.

Die Übertragung der Gonorrhö erfolgt fast ausschließlich durch den Geschlechtsverkehr, weshalb vor allem Geschlechtsorgane und Harnwege erkranken. Kinder werden auch ohne Geschlechtsverkehr angesteckt, so z. B. Neugeborene unter der Geburt. Als Schutzmaßnahme wird allen Neugeborenen daher laut gesetzlicher Vorschrift noch vor der Abnabelung eine keimtötende Flüssigkeit in den Bindehautsack geträufelt.

Die *Inkubationszeit* beträgt 2–8 Tage. Die *Krankheitserscheinungen* beginnen beim Mann mit Juckreiz und leichtem Brennen beim Wasserlassen, einige Stunden später macht sich schleimiger Ausfluß, nach 1–2 weiteren Tagen eitriger Ausfluß aus der Harnröhre bemerkbar. Die Beschwerden verstärken sich mit dem Aufsteigen der Infektion von der vorderen Harnröhre aus (Abb. 1). Hat sie den Harnröhrenschließmuskel erreicht, treten auch nach dem Wasserlassen schneidende Schmerzen auf. Wenn die Infektion nach außen dringt, kann die Mitbeteiligung der Vorhaut zur Phimose führen. Schließlich tritt leichtes Fieber auf, und die Entzündung der beteiligten Lymphknoten verursacht schmerzhafte Schwellungen im Bereich der Leistenbeugen. Manchmal besteht durch Infektion der hinteren Harnröhre andauernd quälender Harndrang, wobei auch Blutstropfen entleert werden und das Glied ständig schmerzhaft versteift ist. – Die *chronische Gonorrhö des Mannes* geht mit geringen Entzündungserscheinungen der Harnröhre einher; sie ist durch die Entleerung einiger Eitertropfen morgens beim ersten Wasserlassen gekennzeichnet. In der Regel haben die Erreger sich nun in den Ausführungsgängen der Anhangsdrüsen festgesetzt, während die Harnröhrenschleimhaut ausgespart bleibt. Eine chronische Infektion kann aufgefrischt werden, indem die Erreger beim Geschlechtsverkehr auf den Partner übergehen und dann, erneut virulent (ansteckungsfähig) geworden, die Abwehrkraft der Harnröhrenschleimhaut wieder überwinden. Seltene Komplikationen sind die Erkrankung von Vorsteherdrüse, Nebenhoden, Samenblase, Samenleiter, Harnblase, Harnleiter und Nierenbecken.

Auch bei der infizierten Frau tritt 2–5 Tage nach der Ansteckung zuerst Brennen beim Wasserlassen auf, gefolgt von Hitzegefühl und Ausfluß. Die Symptome der akuten Entzündung können heftig sein, aber auch fehlen; zuweilen ist ein eitriger Ausfluß an der Harnröhrenmündung vorhanden. Die Bartholin-Drüsen sind gewöhnlich geschwollen und druckempfindlich. Bei der Frau können von der Harnröhre und dem Gebärmutterhalskanal aus die Gebärmutterhöhle, die Eileiter, die Eierstöcke und auch der Mastdarm erkranken (Abb. 2). Alle über den Halskanal aufsteigenden Entzündungen verursachen heftige Unterleibsschmerzen als Anzeichen einer Bauchfellreizung. Die Entzündungen der Gebärmutter und der Eileiter hinterlassen Verwachsungen und führen daher oft zur Kinderlosigkeit.

Zur *Behandlung* wird Penicillin, bei bestehender Penicillinallergie und gegen penicillinaseproduzierende Erreger vor allem Spectinomycin verwendet.

Häufiger als der Tripper wird in letzter Zeit die ebenfalls durch den Geschlechtsverkehr übertragene *infektiöse nichtgonorrhoische Harnröhrenentzündung (Urethritis)* des Mannes beobachtet. Die Erscheinungen bestehen oft nur in weißlich-wäßrigem Ausfluß, Brennen und Jucken in der Harnröhre sowie vermehrtem Harndrang. Als häufigste Komplikation gilt aufsteigende Prostataentzündung. Erreger der Erkrankung ist meist Chlamydia trachomatis (identisch mit dem Erreger des Trachoms und der Schwimmbadkonjunktivitis; s. S. 498), etwas seltener Ureaplasma urolyticum (ein Mykoplasma), die beide auf Tetrazykline ansprechen. Der nichtgonorrhoischen Urethritis des Mannes entspricht das *akute Urethralsyndrom* (die *Reizblase*) der Frau. – Über Trichomonaden, Soor und Herpesviren im weiblichen Genitale, die selten auch Erreger der männlichen Harnröhrenentzündung sind, s. S. 234.

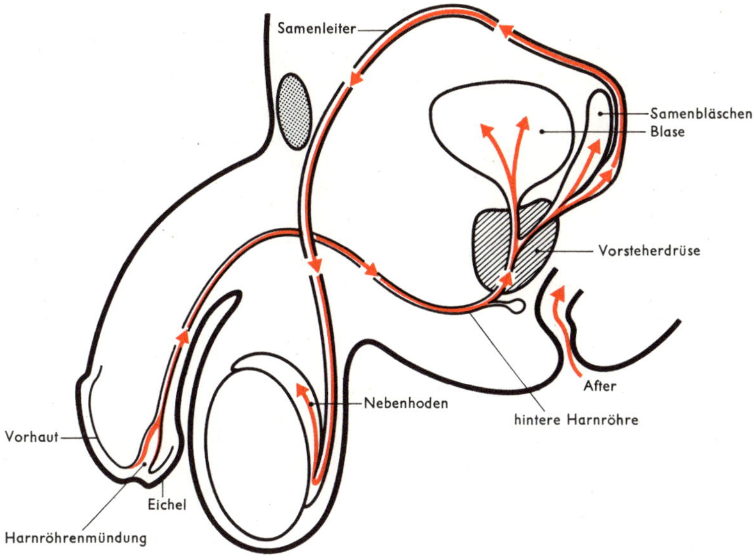

Abb. 1
Infektionsweg der Gonorrhö beim Mann

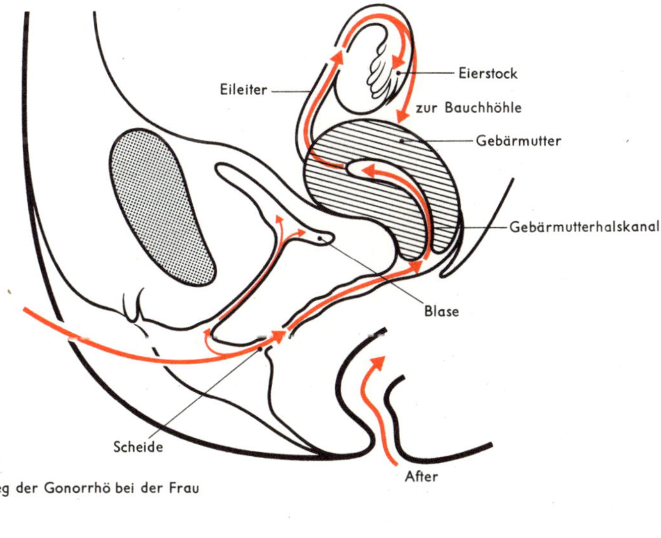

Abb. 2
Infektionsweg der Gonorrhö bei der Frau

SYPHILIS

Der Syphiliserreger, *Spirochaeta pallida* oder *Treponema pallidum*, ist ein spiralig gedrehter Gewebsparasit, der im Bereich geringster Verletzungen sofort in das Gewebe eindringt, wo er lebensfähig bleibt. Zur Fortbewegung dienen ihm Schlängelungen oder schraubenzieherartige Bewegungen. Von anderen Spirochäten unterscheidet sich der Syphiliserreger durch 8–10 gleiche Schraubenzieherwindungen und seine schlechte Färbbarkeit (daher die Bezeichnung „pallida"; Abb. 1). Außerhalb lebenden Gewebes ist der Syphiliserreger nur so lange lebensfähig, als er nicht austrocknet. Daher sind mittelbare Übertragungen ohne direkten Kontakt mit einer ansteckenden Person selten, doch keinesfalls unmöglich. Am häufigsten wird die Syphilis durch Geschlechtsverkehr, Küsse oder familiär-vertraute Berührungen übertragen.

Syphilis ist eine Krankheit mit auffallend regelmäßigem Verlauf, den man in *Stadien* einteilen kann. Sind die Syphiliserreger im Bereich kleinster Haut- oder Schleimhautverletzungen in das Gewebe eingedrungen, so bleiben sie etwa 3 Wochen lang an Ort und Stelle, wobei sie sich stark vermehren. Man nennt diese Zeit *erste Inkubation.* Gegen Ende der dritten Woche erfolgt der erste Einbruch von Erregern in Blut- und Lymphbahnen (Abb. 3). Gleichzeitig entsteht an der Eintrittsstelle ein derber Knoten mit oberflächlich geschwürigem Zerfall. Nach 20–26 Tagen ist dieser sog. *harte Schanker (Primäraffekt)* voll ausgebildet, vom 28. Tag an mit düster- bis braunrotem, derbem, leicht erhabenem Wall. Es besteht nun ein rundlich-ovales, schmerzloses Geschwür von der Größe einer Münze, das sich gut in der Haut abtasten läßt. Der harte Schanker oder Primäraffekt tritt in der Regel einzeln auf. Indessen kommen gleichzeitige Ansteckungen mit Erregern verschiedener Geschlechtskrankheiten recht häufig vor. Wird gleichzeitig eine Gonorrhö übertragen, die wesentlich rascher zu stärkeren Beschwerden führt, so kann die zur Behandlung der Gonorrhö verabfolgte Penicillinmenge das Auftreten eines harten Schankers verhindern; die gleichzeitig erworbene Syphilis wird dadurch jedoch noch nicht ausgeheilt. Daher sind in den folgenden 6–12 Wochen Blutuntersuchungen auf Syphilis unerläßlich. Wird mit der Syphilis gleichzeitig auch ein weicher Schanker übertragen, treten zwei Geschwüre, ein hartes und ein weiches, auf.

Der Sitz des harten Schankers ist von der Eintrittspforte abhängig. Wird die Syphilis durch den Geschlechtsverkehr übertragen, so ist sein Sitz beim Mann die Eichelkranzfurche, die Eichel, das Bändchen, die Vorhaut, die Harnröhrenmündung, der Penisschaft oder die Gliedwurzel, bei der Frau das äußere Genitale (insbesondere die Schamlippen) und am inneren Genitale der Muttermund, selten die Scheide; Schamberg und After können bei beiden Geschlechtern befallen sein.

Außer an den Geschlechtsorganen finden sich Primäraffekte an den Fingern, den Lippen, in den Mundwinkeln, am Zahnfleisch, an den Zungenrändern, Gaumenmandeln, Nasenlöchern und Augenlidern. Syphilisverdächtig ist jedes schmerzlose, auffallend düsterrote, derbrandige Geschwür, das innerhalb von 2–3 Wochen nur geringfügige Veränderungen zeigt. 4–6 Wochen nach der Ansteckung breitet sich die Infektion über den ganzen Körper aus. Als erstes Zeichen treten Lymphknotenschwellungen auf, bei Genitalschanker in der Leistengegend, die als tauben- bis hühnereigroße Knoten unter der Haut sichtbar werden. Nach 7–8 Wochen, im *Ausbreitungs-* oder *Eruptionsstadium*, schwellen dann alle Lymphknoten an; vor allem an Armen und Beinen können bohnen- bis haselnußgroße, derbe, schmerzlose Knoten unter der Haut getastet werden. Zusätzlich treten die ersten Anzeichen einer Allgemeinerkrankung auf mit Kopf- und Gliederschmerzen, Durchfällen, Milzschwellung, leichter Gelbsucht als Zeichen einer Lebererkrankung, Nieren- und Gehirnhautentzündung.

9–10 Wochen nach der Ansteckung oder etwa 45 Tage nach Auftreten des harten Schankers zeigen sich die ersten Hautausschläge, entweder als plötzlich aufschießende rote Flecken, die nach 3–4 Tagen voll entwickelt sind, oder als wochenlang bleibender Ausschlag mit kleinen, roten, auf Druck gelblichen Knötchen, den syphilitischen Papeln. Sie leiten das *Sekundärstadium der Syphilis* ein. In den Papeln finden sich außerordentlich viele Erreger; austretende Papelflüssigkeit ist daher äußerst ansteckungsfähig. Syphilitische Papeln bilden sich besonders dicht auf den Schleimhäuten von Mund, Mandeln, Nase, Genitale und After; sie gehen dort sehr bald in nässende Papeln über. Papeln auf den Rachenmandeln verursachen Halsschmerzen und werden leicht als Angina verkannt, Papeln in den Mundwinkeln leicht als Faulecken gedeutet und Papeln in den Handtellern als Ekzeme angesehen. Für die syphilitischen Papeln kennzeichnend ist das Fehlen des Juckreizes.

Die Haut- und Schleimhauterscheinungen des syphilitischen Sekundärstadiums befallen die äußere und innere Körperoberfläche, bis sie durch die örtlichen und allgemeinen Abwehrreaktionen eingedämmt werden. Nach 10–12 Wochen zerfallen die gewöhnlichen Schleimhautpapeln, doch entstehen nach 12–14 Wochen besonders breite, wuchernde Papeln an After und Genitale, die sog. breiten Kondylome, die von den spitzen Kondylomen zu unterscheiden sind. Nach etwa 20 Wochen klingen die Hautausschläge ab. Nach 28–32 Wochen kommt es zum Haarausfall und zu weißen Flecken durch abgeheilte Papeln (Leukoderm).

Nun kann sich ein monatelanges erstes stummes oder latentes Stadium ohne manifeste Krankheitszeichen einschieben, das beim Nachlassen der Abwehrkräfte u. U. von einem zweiten schwächeren Hautausschlag mit nur wenigen Flecken oder Papeln gefolgt ist. Unabhängig davon können am Genitale oder in der Mundhöhle ununterbrochen spirochätenreiche Herde bestehen.

Nach einer zweiten Latenzzeit von 3–8 Jahren folgt das dritte oder *Tertiärstadium der Syphilis*. In diesem Stadium können große, entzündliche Geschwülste (sog. *Gummen*) auftreten, die schließlich geschwürig zerfallen und das befallene Gewebe zerstören. In der Gefäßwand führt die tertiäre Syphilis zu entzündlichen Veränderungen, die das Bindegewebe zerstören; dadurch kommt es zur sackartigen Ausweitung, zum syphilitischen Aneurysma der Schlagaderwand. Solche Ausweitungen können jahrelang an Umfang zunehmen, bis die geschwächte Wand des Aneurysmas schließlich reißt und es zur inneren Verblutung kommt. Syphilitische Schäden des Nervensystems können durch Gehirngefäß- oder Hirnhautgummen verursacht werden oder als sog. *metasyphilitische Erkrankungen* auftreten, wozu man Tabes und Paralyse zählt. Beide beruhen auf einem Schwund des Nervengewebes; bei der Tabes kommt es zu einem Schwund des Rückenmarks, bei der Paralyse zum Schwund von Gehirnsubstanz. Der *Rückenmarksschwund*, die *Tabes* oder *Rückenmarksschwindsucht*, verursacht anfangs heftige Schmerzen; sie führt u. a. zum Verlust wichtiger Reflexe, zu Lähmungen von Darm und Blase, Sehnervenschwund, Erblindung und schließlich zum allgemeinen körperlichen Verfall; sie führt unbehandelt oft innerhalb von 2 bis 4 Jahren zum Tode. Die *Paralyse* beginnt mit unklaren Ermüdungs- oder Erschöpfungszuständen, Kopfschmerzen, Gedächtnisschwäche, Denkstörungen und beruflichem Versagen. Schließlich treten schwere psychische Veränderungen in den Vordergrund; Zeiten von Größenwahn wechseln mit hypochondrischen Depressionen ab, bis schließlich Demenz oder Verblödung eintritt. Unbehandelt erstreckt sich ihr Verlauf im allgemeinen über 2–5 Jahre; Spontanheilungen sind möglich, wenn auch gewisse Persönlichkeitsveränderungen kaum mehr rückbildungsfähig sein dürften. Tabes und Paralyse sind heute heilbar, erfordern allerdings nervenklinische Behandlung; unsachgemäße Therapie führt u. U. zu akuten Verschlimmerungen des Leidens, manchmal sogar zum Tode.

Syphilis kann nicht im eigentlichen Sinne vererbt werden, aber sehr wohl angeboren sein. Voraussetzung ist eine syphiliskranke Mutter. Frisch angesteckte Schwangere übertragen die Krankheit auf die Leibesfrucht, die dann an einer Spirochätenblutvergiftung stirbt und abgestoßen wird. Für Syphilis typisch sind Fruchtabgänge in der zweiten Schwangerschaftshälfte, nicht vor dem 5. Monat. Je leichter die Krankheit der Mutter (durch Abwehrkörper, alten Infekt oder Behandlung) ist, desto größer sind die Aussichten auf ein ausgetragenes, lebensfähiges Kind. Läßt die Wirkung der mütterlichen

Abwehrkörper im Blut des Neugeborenen nach, tritt die Erkrankung in Erscheinung; dies ist meist in der 2. bis 3. Lebenswoche der Fall.

Die *Syphilis des Neugeborenen* äußert sich in einem ansteckenden syphilitischen Schnupfen, im syphilitischen Schälblasenausschlag, vor allem an Handtellern und Fußsohlen, in Milz- und Leberschwellungen sowie gelegentlich in einer Blutarmut. Anscheinend gesunde, in Wirklichkeit infizierte Kinder weisen später neben Störungen des Knochenwachstums die Erscheinungen der Erwachsenensyphilis auf. Als typisch gelten die Sattelnase, säbelbeinförmige Verkrümmungen der Schienbeine, entzündliche Veränderungen der Hornhaut des Auges, Taubheit durch Erkrankung des Innenohres sowie Tonnenform und halbmondförmige Kontur der oberen Schneidezähne.

Bei der *Syphilisdiagnose* spielen anfangs der Erregernachweis (vgl. Abb. 1), später serologische Untersuchungen eine große Rolle. Diese beruhen auf der Entstehung (und dem Nachweis) von Abwehrstoffen, den sog. Antikörpern, gegen das eingedrungene Erregerantigen. Eine prinzipielle Schwierigkeit in der Syphilisdiagnostik besteht allerdings darin, daß der Erreger in Kultur noch nicht gezüchtet werden konnte. Daher werden vor allem zur Verlaufskontrolle der Erkrankung (Aktivität des Prozesses, Wirksamkeit der Behandlung) auch Tests mit *Nichttreponemenantigenen* durchgeführt. Sie werden etwa 6 Wochen nach der Infektion positiv. Zu diesen Antigenen gehören z. B. Lipide, die man aus Rinderherzen extrahiert und reinigt (Kardiolipin). Beim sog. VDRL führen die gegen Syphilis gerichteten Antikörper von Patientenserum zur Flokkenbildung mit den Lipidantigenpartikeln (daher auch *Kardiolipidmikroflockungstest* genannt). – Klassisch ist die sog. *Komplementbindungs-* oder *Wassermann-Reaktion* (abgekürzt: *KBR* bzw. *WaR*), bei welcher eine Aufschwemmung von roten Hammelblutkörperchen positiv oder negativ reagiert. Tritt ein Zerfall der Hammelblutkörperchen ein, so ist die WaR negativ (keine Syphilis vorhanden); kommt es nicht zum Zerfall der Hammelblutkörperchen, so ist der Wassermann positiv (Syphilis vorhanden). Heute verwendet man dabei als Antigen allerdings nicht mehr Leberextrakte von Syphiliskranken, sondern Kardiolipin (KBR nach Kolmer). – Für die Syphilisdiagnose spezifischer und auch empfindlicher (d. h. früher positiv) sind der *Treponema-pallidum-Hämagglutinationstest (TPHA)* und der *Fluoreszenz-Treponema-Antikörper-Absorptionstest (FTA-ABS)*. In Zweifelsfällen schließlich wird selten auch noch der aufwendige *Treponema-pallidum-Immobilisationstest (TPI)* durchgeführt; dabei wird beobachtet, ob lebende Treponemen aus dem infizierten Kaninchenhoden durch (eventuell antikörperhaltiges) Patientenserum unbeweglich gemacht werden.

Als erstes wirksames Mittel gegen die Syphilis wurde 1910 von P. Ehrlich und S. Hata die Arsenverbindung *Salvarsan* entdeckt. Ein Nachteil der Arsenpräparate (wie übrigens auch der Wismutverbindungen) sind die z. T. recht schweren Nebenwirkungen. 1943 wurde erstmals über die erfolgreiche Syphilisbehandlung mit *Penicillin* berichtet, das innerhalb kurzer Zeit zum nahezu konkurrenzlosen Antisyphilitikum wurde. Neben Penicillin, das bei häufiger Anwendung gelegentlich Allergien hervorruft, werden als weitere Antibiotika Tetrazykline und Erythromyzin gegeben. Allgemein verbindliche Dosierungsrichtlinien für die antisyphilitische Therapie mit Penicillin lassen sich kaum aufstellen. Wichtig ist, daß sicher wirksame Penicillinblutspiegel möglichst gleichmäßig für ausreichend lange Zeit aufrechterhalten werden. Der Erfolg der Behandlung wird anhand regelmäßig durchgeführter serologischer Tests kontrolliert.

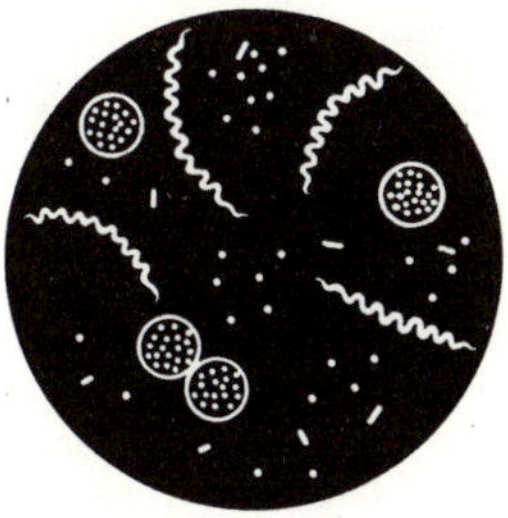

Abb. 1
Syphiliserreger im Dunkelfeld

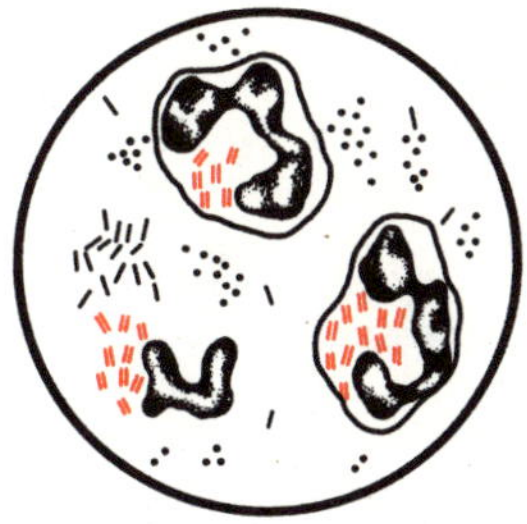

Abb. 2
Gonokokken in weißen Blutkörperchen

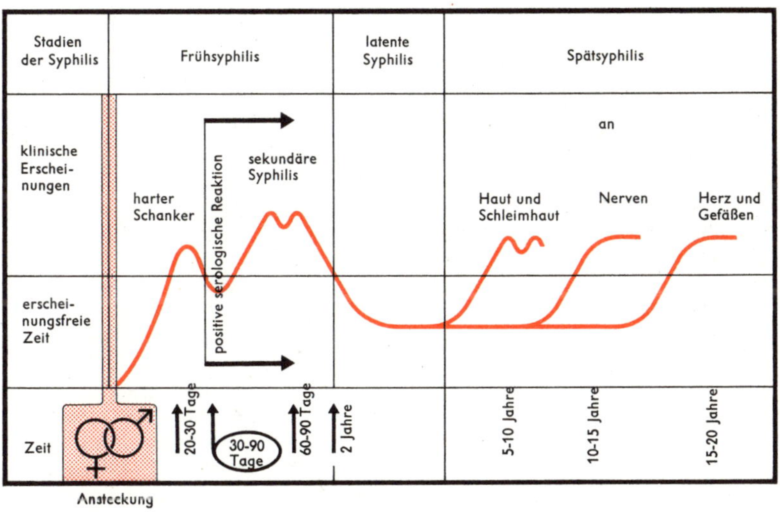

Abb. 3
Verlauf der Syphilis

NERVENSYSTEM

Das Nervensystem hat zusammen mit den Hormonen die Aufgabe, die Funktionen aller Teile des menschlichen Körpers aufeinander abzustimmen. Um dieser Koordinationsaufgabe gerecht zu werden, besitzt es bestimmte spezialisierte Empfangsapparate *(Rezeptoren)*, die der Reizaufnahme sowohl für innere als auch äußere Geschehnisse dienen (für Licht, Schallwellen, Temperatur u. a.). In den Rezeptoren werden die aufgenommenen Signale umgeformt und in die Sprache des Körpers verschlüsselt (kodiert). Besondere zuführende (afferente) Nervenfasern leiten die empfangenen Reize zu den zentralen Sammelstellen Gehirn und Rückenmark. Dort werden sie verarbeitet. Die Befehle dieser Zentren gelangen auf ableitenden (efferenten) Nervenfasern zu den Organen der Körperperipherie, wo sie entsprechende Reaktionen auslösen (vgl. Abb. 1).

Je nach Anordnung und Funktion unterscheidet man das *animale Nervensystem*, das, auf Sinneseindrücke reagierend, im wesentlichen der Willkür unterworfen ist und der Auseinandersetzung mit der Umwelt dient, und das *unwillkürliche (autonome* oder *vegetative) Nervensystem*, das speziell die Funktionen der inneren Organe aufeinander abstimmt. Innerhalb des animalen Nervensystems unterscheidet man weiter das *motorische System*, das die willkürliche Muskeltätigkeit steuert, und das *sensorische System*, dem die Aufgabe zufällt, die Signale der Sinnesorgane aufzunehmen, weiterzuleiten und zu verarbeiten. Im Bereich des vegetativen Nervensystems stimmen zwei funktionell antagonistische Systeme, nämlich *Sympathikus* und *Parasympathikus*, im Gegen- und Wechselspiel die unwillkürlichen Reaktionen des Körpers aufeinander ab.

Wesentliches Bauelement des Nervengewebes sind die *Nervenzellen (Ganglienzellen)*. In den Nervenzellen entstehen die nervösen Erregungen, die dann über unterschiedlich lange Fortsätze, die *Nervenfasern*, weitergeleitet werden. Die Nervenfasern mehrerer Nervenzellen schließen sich im allgemeinen zu einem Faserbündel, dem *Nerv*, zusammen. Außer dem Neuriten besitzt die Nervenzelle noch andere Fortsätze, die *Dendriten*, die als „Empfänger" Reize aus anderen Zellen aufnehmen. Nervenzelle und Fortsätze in ihrer Gesamtheit bilden eine funktionelle, morphologische und genetische Einheit, das *Neuron*. Die Zahl der Neuronen ist bei der Geburt festgelegt. Im Gegensatz zu anderen Zellen teilen sie sich nicht und können sich auch nur in beschränktem Maße regenerieren.

Die Neuronen dienen nicht nur der „Bildung" und Fortleitung von Erregungen, sondern auch deren Verstärkung, Abschwächung und Kombination. Neuronen üben ihre Funktion aus, indem sie auf andere Neuronen und peripheriewärts auf Muskel- oder Drüseneffektoren wirken. Der Kontakt der Neuronen untereinander und mit den Effektoren erfolgt durch die *Synapsen* (s. u.).

Die *Nervenleitung* spielt sich in den Nervenfasern (auch Achsenzylinder oder Axonen genannt) ab. Sie beruht auf einer kurzfristigen elektrischen Spannungsänderung *(Aktionspotential)* der Zellmembran, die eine andauernde elektrische Spannung der Membran *(Membran-* oder *Ruhepotential)* voraussetzt. Das Ruhepotential der Zellmembran kommt dadurch zustande, daß Natrium- und Kaliumionen beiderseits der Membran in verschieden hoher Konzentration vorkommen, und zwar sind die Kaliumionen im Innern der Zelle 40- bis 50mal konzentrierter als im Extrazellulärraum, während die Natriumionen außen 3- bis 10mal konzentrierter sind als im Innern der Zelle. Die Membran weist im Ruhezustand außerdem eine besonders große Durchlässigkeit *(Permeabilität)* für Kaliumionen auf, während sie für Natriumionen nahezu undurchlässig ist. Daher ist die Membran durch die nach außen strebenden Kaliumionen auf ihrer Außenseite positiv, auf ihrer Innenseite negativ geladen. Dieses Membranpotential beträgt bei der intrazellulären Messung mit kleinsten Elektroden 70–90 Millivolt (Abb. 2).

Der *Erregungsvorgang*, der die Nervenleitung ermöglicht, besteht im wesentlichen aus einer vorübergehenden Änderung der an der Zellmembran liegenden Potentialdiffe-

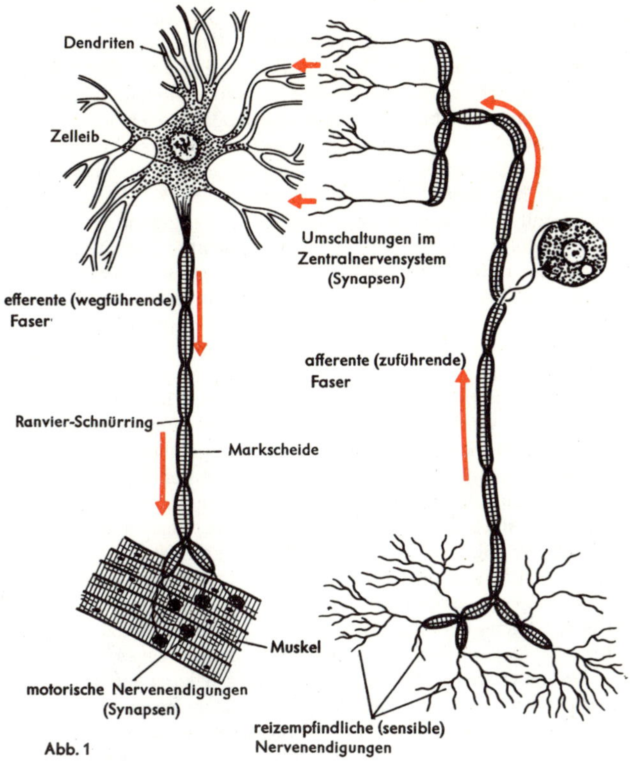

Abb. 1

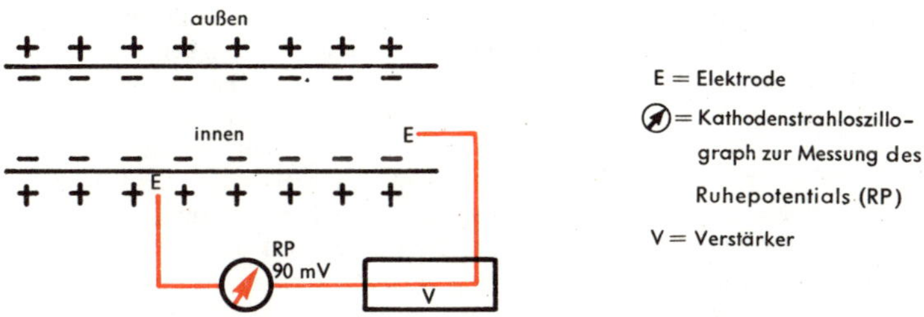

Abb. 2 Messung des Membranpotentials

renz. Dabei erfolgt zuerst eine Spannungsabnahme *(Depolarisation)*, dann eine kurzfristige Umpolung *(Umpolarisation)* der Membran: Die Außenseite wird gegen die Innenseite vorübergehend um 20–50 mV positiv *(Aktionspotential)*. Ursache dieser Umpolung der Membran im Augenblick der Erregung ist eine plötzliche kurzfristige mehrhundertfache Durchlässigkeitssteigerung für Natriumionen, die nun gewissermaßen stärker nach innen streben können als die Kaliumionen nach außen und so der Membraninnenfläche ihre positive Ladung aufzwingen. Das Aktionspotential klingt schließlich ähnlich rasch wieder ab, wie es angestiegen ist, und zwar deshalb, weil die Na^+-Permeabilität wieder absinkt und sekundär die K^+-Permeabilität ansteigt (Abb. 3). Die Fortpflanzung des Aktionspotentials als Bedingung für die *Weiterleitung des Nervenreizes* erfolgt dadurch, daß das Aktionspotential eine Depolarisationswelle vor sich hertreibt und so für die eigene Weiterleitung sorgt. Bei marklosen Nervenfasern wird das Aktionspotential (oder die Erregung) kontinuierlich durch sehr schwache lokale Ströme fortgepflanzt, die über den Innenleiter durch die unmittelbar benachbarten Membranstellen fließen und diese depolarisieren (Abb. 4). Die Leitungsgeschwindigkeiten solcher relativ langsamen Nervenfasern ohne Markscheide liegen zwischen 0,5 und 2 m/s. Bei den markhaltigen Nervenfasern sind nur bestimmte Membranstellen erregbar; die Strecke zwischen zwei solchen erregbaren „Schnürringen", das Internodium, ist durch die Markscheide elektrisch recht gut isoliert (vgl. Abb. 1, S. 345). Daher springt die Erregung durch weites Ausgreifen der depolarisierenden Strömchen hier von Schnürring zu Schnürring (*saltatorische Erregungsleitung*, Abb. 5). Der Zeitgewinn kann dabei, je nach Entfernung der Schnürringe voneinander (meist 1–2 mm), beträchtlich sein. Die sog. Aα-Fasern, die vor allem zu Skelettmuskeln ziehen, leiten mit einer Geschwindigkeit von 60–120 m/s. In gewissen Bahnen des Rückenmarks sind Werte bis zu 135 m/s gemessen worden. Bei derart hohen Leitungsgeschwindigkeiten kommt begünstigend ein relativ großer Faserquerschnitt hinzu.

Das *motorische Funktionssystem des Gehirns und Rückenmarks* ist eng mit dem sensorischen System verknüpft. Die Muskeltätigkeit z. B. kann auf die jeweiligen Anforderungen der Umwelt erst mit Hilfe des Nachrichteneingangs aus der Peripherie neu eingestellt werden. Grundsätzlich sind zwei Arten des Zusammenspiels zwischen Sensorik und Motorik realisiert: Umwelteinflüsse können von seiten des sensorischen Systems bewußt, von seiten des motorischen Systems mit *Willkürbewegungen* beantwortet werden. Auf die Dauer wäre es für Aufmerksamkeit und Bewußtsein allerdings außerordentlich belastend, wenn jeder Muskel einzeln innerviert und jede erlernte Bewegung unter Willensanstrengung neu gewollt werden müßte. Entlastend wirken in diesem Sinn einmal das Erlernen, d. h. das „Abschieben" von Bewegungsfolgen in unbewußt tätige motorische Zentren unterhalb der Hirnrinde *(Bewegungsautomatismen)*, und zum andern sensomotorische Reaktionsfolgen, die von vornherein unbewußt ablaufen, die *Reflexe*. Die Reflexe laufen für Rumpf und Gliedmaßen nur über das Rückenmark ab. Sie sind angeboren, brauchen also (mit Ausnahme der bedingten Reflexe) nicht erlernt zu werden, und sie sind im wesentlichen nicht trainierbar. Wenn z. B. die Hand von einem Schmerzreiz getroffen wird, zieht man sie reflektorisch zurück, bevor der Schmerz bewußt wird. Bei diesem Schutzreflex wird der Schmerzreiz von sensorischen Nervenendigungen der Haut, den sog. Schmerzrezeptoren, aufgenommen und mit einer sensiblen Nervenfaser zum Rückenmark geleitet. Hier gelangt die Erregung durch synaptische Übertragung (s. u.) mit Hilfe kurzer Zwischenneuronen vom Hinterhorn zu den motorischen Nervenzellen *(Motoneuronen)* des Vorderhorns (s. S. 364). Die Motoneuronen leiten die Erregung wieder zur Peripherie und lösen dort eine Muskelkontraktion aus. Der ganze Ablauf dauert nur den Bruchteil einer Sekunde. Inzwischen haben aus dem Rückenmark aufsteigende Nervenfasern den „Schmerz" und auch die Bewegungsempfindung zur sensorischen Hirnrinde emporgeleitet – jetzt erst wird bewußt, was sich vorher ereignet hat. Man nennt Reflexe der beschriebenen Art, bei denen die Erregung im sog. Reflexbogen von der Peripherie

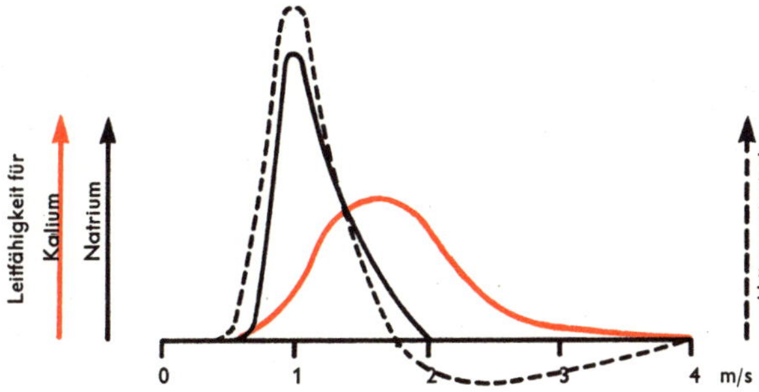

Abb. 3

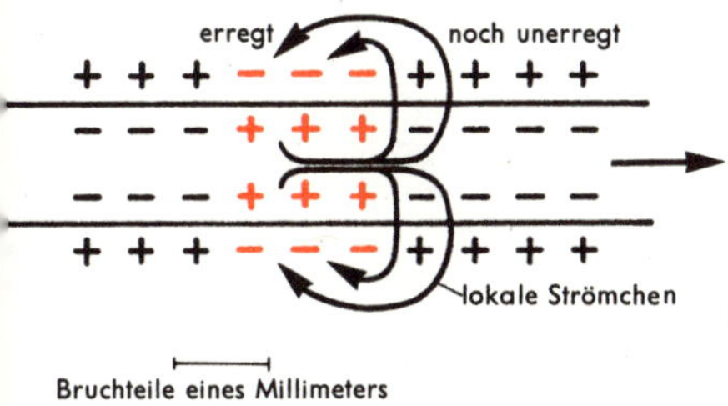

Abb. 4 **Erregungsleitung in einer marklosen Nervenfaser**

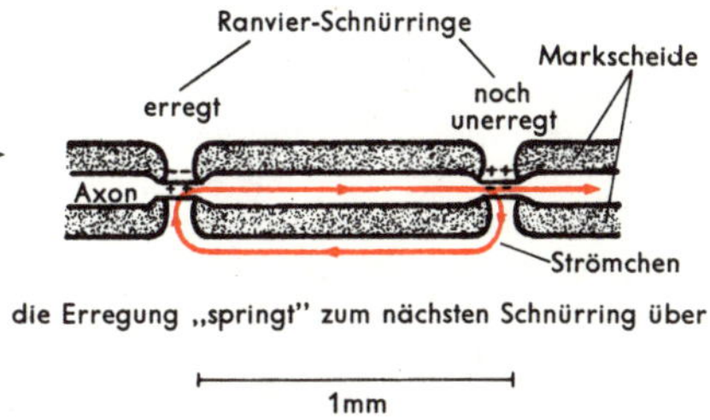

Abb. 5 **Erregungsleitung in einer markhaltigen Nervenfaser**

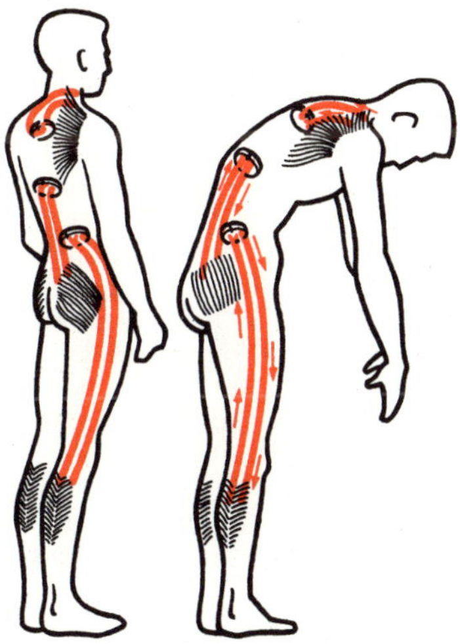

Abb. 6 **Streckreflexe**

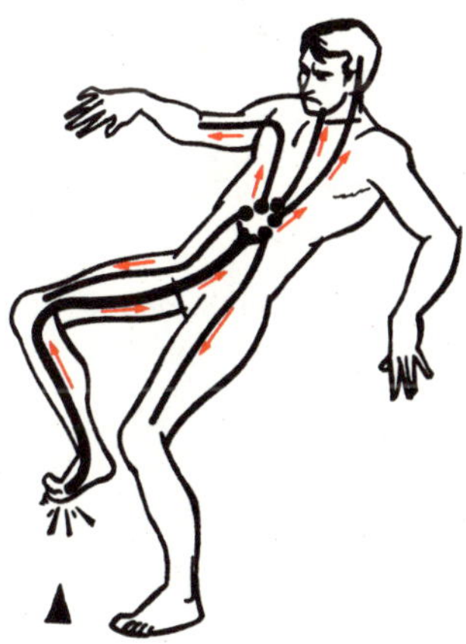

Abb. 7 **Durch Schmerzreiz ausgelöste Bewegungsfolge**

durchs Zentrum über Zwischenneuronen wieder peripheriewärts läuft, *multisynaptische Reflexe.* Ihre oft recht weite Ausbreitung wird augenfällig, wenn starke Schmerzreize ganze Bewegungsfolgen auslösen (Abb. 7, S. 347).

Neben solchen Schutzreflexen, die augenfällig sensomotorisch angelegt sind, meist die Muskelbeuger (oder Flexoren) betreffen und so gut wie immer über Zwischenneuronen laufen, gibt es eine ganze Reihe von weiteren Reflexen, die ausschließlich im Dienste der Motorik stehen – sei es zur Einstellung des Muskeltonus, vor allem in den Streckern (der sog. Anti-Schwerkraft-Muskulatur des Rumpfes und der Gliedmaßen), sei es zur Bahnung und Modulation der Willkürbewegungen. Dabei spielen nun auch *monosynaptische Reflexe* eine Rolle, deren Reflexbogen definitionsgemäß nur aus einem zuführenden und einem abführenden Neuron mit einer Synapse dazwischen besteht; die Synapse befindet sich im Rückenmark und verbindet auf denkbar einfache Weise die „Afferenz“ mit der „Efferenz“. Derartige monosynaptische Reflexe führen vom Muskel als Rezeptororgan zum gleichen Muskel als Effektororgan zurück; man nennt sie daher auch *Eigenreflexe* des Muskels. *Fremdreflexe* dagegen führen von einem Rezeptororgan (z. B. Haut) zu einem zweiten oder Effektororgan (z. B. Muskel). Ein allgemein bekanntes Beispiel für einen monosynaptischen Eigenreflex ist der Kniesehnenreflex: Durch einen Schlag auf die Patellarsehne wird der Kniestrekker gedehnt; die Dehnung wird in den Muskelspindeln „gefühlt“, die entsprechende Meldung zum Rückenmark geleitet und dort – monosynaptisch – auf den motorischen Nerv des Musculus quadriceps femoris umgeschaltet; die Folge ist eine Kontraktion des gedehnten Muskels und daher eine Streckung des Unterschenkels im Kniegelenk. In den Muskelspindeln befinden sich die Sinnesorgane des Muskels. Sie sind spezifische Dehnungsfühler und als solche nicht nur für den monosynaptischen Eigenreflex, sondern auch für die gesamte Motorik von entscheidender Bedeutung. Ein Teil ihrer Funktion läßt sich zwar am besten aus dem Ablauf des Eigenreflexes verstehen – doch darf nicht vergessen werden, daß solche Reflexe nur kleine, experimentell und gedanklich isolierte und hier daher übertrieben eigenständig dargestellte Ausschnitte aus dem komplizierten Gefüge des motorischen Gesamtablaufs darstellen.

Daß Muskeldehnung und monosynaptische Streckreflexe nicht nur ärztlicherseits ausgelöst werden, zeigt Abb. 6, S. 347. In aufrechter Haltung sind die Muskelspindeln von Waden-, Gesäß- und Schultermuskeln in „Ruhe“. Einfaches Vornüberbeugen dehnt die Muskeln und ihre Muskelspindeln, worauf es über die betreffenden Rückenmarkssegmente zu monosynaptischen Eigenreflexen, d. h. zur reflektorischen Kontraktion der gedehnten Anti-Schwerkraft-Muskeln und damit zur automatischen Haltungskorrektur, kommt. Man braucht sich weiter nur vorzustellen, daß auch jede Willkürkontraktion von Agonisten zur Dehnung der Antagonisten und somit reflektorisch zur antagonistischen Muskelkontraktion führt; daß die „reziproke Innervation“ gleichzeitig Synergisten bahnt und Antagonisten hemmt; daß schließlich Gehirnzentren modifizierend – bahnend und hemmend – eingreifen und über diese Zentren die Gleichgewichtsorgane; daß die Muskelkontraktionen schließlich nicht nur durch den („propriozeptiven“) Eigenfühler Muskelspindel, sondern auch mit Hilfe der hemmenden Sehnenspindeln sowie durch Gelenk- und Hautrezeptoren überwacht werden, um zu verstehen, wie kompliziert die Regelungsvorgänge im sensomotorischen System angelegt und wie anfällig sie sein müssen.

Reflexe können von afferenten Erregungen aus der Peripherie oder von höheren Zentren her gebahnt oder gehemmt werden. Die modifizierenden afferenten Erregungen können aus den Sinnesorganen des Muskels, der Sehnen, der Gelenke oder der Haut herkommen.

Die Signalübertragung von Nervenzelle zu Nervenzelle und auch von der Nervenzelle zum Erfolgsorgan erfolgt an besonderen Stellen engen Kontakts zwischen Nervenzellendigung und Erfolgszelle, die man *Synapsen* nennt (Abb. 8, S. 349). Die *synaptische Erregungsübertragung* z. B. von Neuron zu Neuron findet mit Hilfe eines *Überträgerstof-*

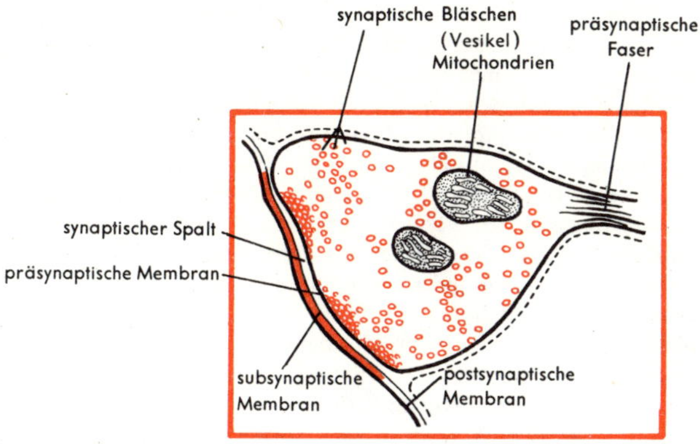

Abb. 8a Endknopf

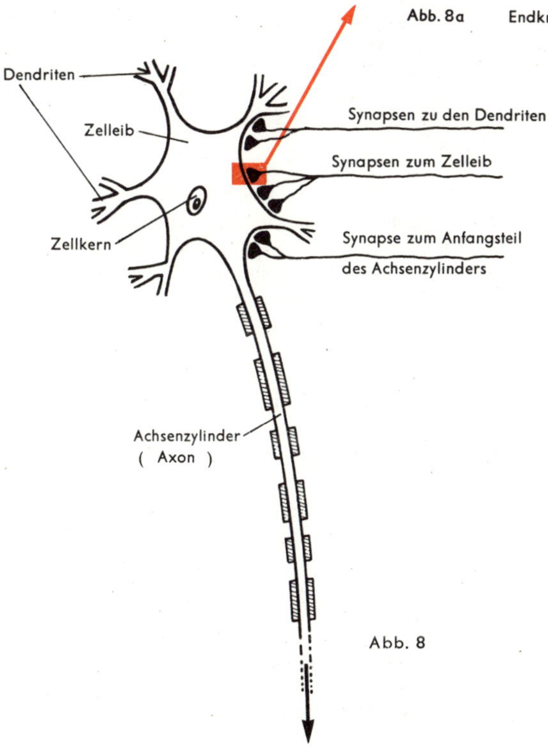

Abb. 8

fes (oder *Transmitters*) statt. Die Zwischenschaltung des Transmitters bringt es mit sich, daß Synapsen nur in einer Richtung durchgängig sind. Diese „Ventilfunktion" der Synapsen bewirkt, daß Erregungen immer nur am Zellkörper ansetzen und über den Achsenzylinder weitergeleitet werden. Die schematische Lokalisation und submikroskopische Feinstruktur einer Synapse im ZNS gibt Abb. 8a, S. 349, wieder. Die Synapse stellt den Kontakt zwischen dem aufgespaltenen, schließlich marklosen Achsenzylinder einer Nervenzelle mit dem Zellkörper einer zweiten Nervenzelle her. Dabei geht die zuführende (präsynaptische) Faser in einen verdickten Endknopf über, in dessen Bereich der Überträgerstoff in kleinen Bläschen gestapelt ist. Kommt ein Aktionspotential von der ersten Nervenzelle an, so setzt dieses die Transmittersubstanz aus den Bläschen frei, der Transmitter diffundiert durch den feinen synaptischen Spalt zur zweiten Zelle hinüber und erzeugt dort eine Depolarisation, die nun ihrerseits zur Entstehung eines Aktionspotentials führt.

Außer solchen erregenden Synapsen (mit depolarisierenden Überträgerstoffen) gibt es im ZNS auch hemmende Synapsen (mit hyperpolarisierenden, d. h. das Ruhepotential noch weiter erhöhenden Überträgerstoffen).

Das *autonome (vegetative) Nervensystem* versorgt die glatte Muskulatur, den Herzmuskel und die Drüsen des Körpers. Anatomisch unterscheidet man ein parasympathisches und ein sympathisches Nervensystem. Dieser morphologischen Unterscheidung entspricht weitgehend – aber nicht völlig – auch eine funktionelle, gegenspielartige Zweiteilung. – Übergeordnete vegetative Zentren, die durch die Formatio reticularis im Hirnstamm (und Rückenmark) koordiniert werden, liegen vor allem im Hypothalamus und im verlängerten Mark.

Die präganglionären Fasern des *Sympathikus* (vgl. Abb. 9) entspringen im Brust- und Lendenmark aus eigenen Ganglienzellen. Der Sympathikus schließt den *Grenzstrang* ein. Dieser wird aus segmental angeordneten Ganglienknoten gebildet und erstreckt sich beiderseits der Wirbelsäule von der Schädelbasis bis zum Steißbein. Der Grenzstrang verbindet die 22 Paare der vertebralen Ganglien durch längslaufende Nervenstränge nach Art einer Strickleiter zu einem einheitlichen Strang. Von den Ganglien des Grenzstrangs ziehen die postganglionären Nervenfasern zu den Erfolgsorganen in der Peripherie.

Der *Parasympathikus* (Abb. 10, S. 353) bildet keine klare morphologische Einheit. Die präganglionären Fasern entstammen drei Bereichen im ZNS, dem Ursprung des III. Hirnnervs, dem verlängerten Mark und dem Sakralmark. Da die terminalen Ganglien dicht bei ihren Erfolgsorganen liegen, sind ihre zuführenden (präganglionären) Fasern lang, die postganglionären kurz.

Funktionell gesehen, ruft der Sympathikus eher energieentladende Abbaufunktionen des Körpers (ergotrope Funktionen), der Parasympathikus die trophotropen Funktionen hervor, die der Energieeinsparung, der Erholung und dem Aufbau des Körpers dienen (vgl. die Übersicht auf S. 352).

Dies hat dazu geführt, daß man vereinfachend auch von einem generellen Antagonismus zwischen Sympathikus und Parasympathikus spricht. Tatsächlich gibt es jedoch verschiedene Ausnahmen von dieser Regel, und die Wirkung des vegetativen Nervensystems besteht, obwohl man mit einigem Recht von einer sympathikotonischen Leistungsphase und einer parasympathikotonischen Erholungsphase sprechen kann, eher in einer sinnvollen Zusammenarbeit im Dienste der Erhaltung aller körperlichen Funktionen. Jede Störung dieser sinnvollen Zusammenarbeit, die *vegetative Dystonie*, kann daher zu den verschiedensten Krankheitserscheinungen Anlaß geben (s. S. 358).

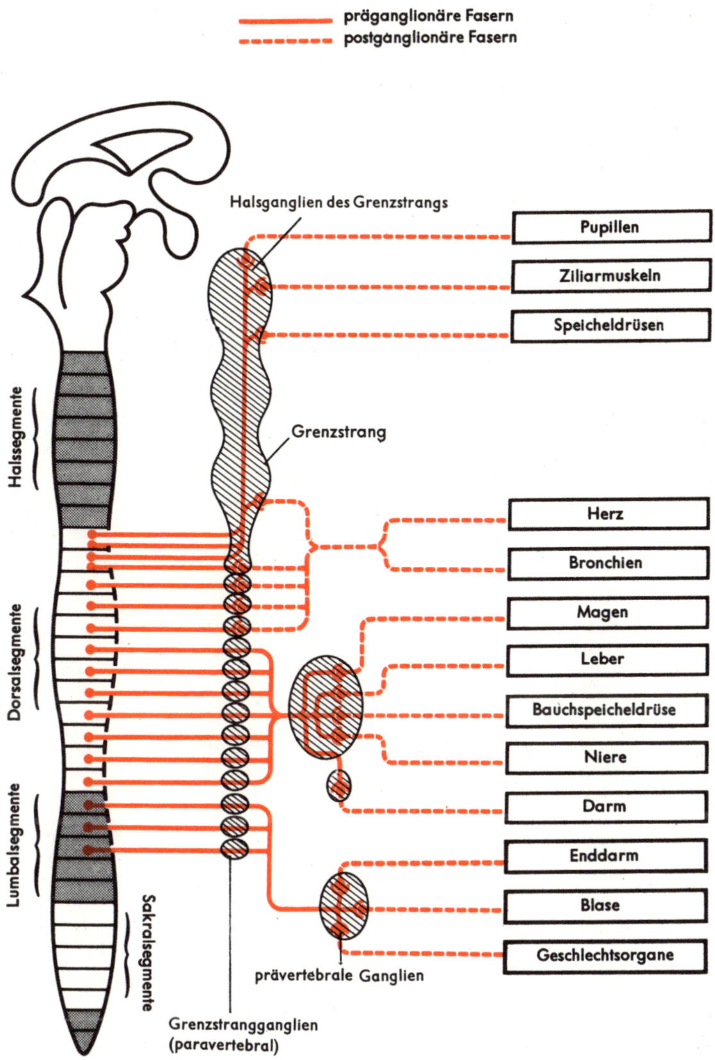

Abb. 9 Sympathikus

	Sympathikus (Energieentladung, Abbau)	**Parasympathikus** (Energieeinsparung, Erholung, Aufbau)
Stoffwechsel	Anstieg des Gesamtstoffwechsels	Abfall des Gesamtstoffwechsels
Gefäßsystem	Durchblutungsdrosselung der Haut und der Verdauungsorgane; u. U. Durchblutungssteigerung der arbeitenden Skelettmuskulatur; Steigerung der Herzdurchblutung; Entspeicherung der Blutdepots	keine oder sehr geringe direkte Gefäßwirkungen
Herz	Anstieg des Herzminutenvolumens; Förderung der Schlagfolge, der Kontraktionskraft, der Erregungsleitung und der Erregbarkeit	Abfall des Herzminutenvolumens; Hemmung der Schlagfolge, der Kontraktionskraft, der Erregungsleitung und der Erregbarkeit
Atmung	Erweiterung der Bronchien	Verengerung der Bronchien
Magen-Darm-Kanal	Tonusminderung u. Hemmung der Peristaltik	Tonussteigerung und Anregung der Peristaltik
Pankreas	Hemmung der äußeren Sekretion	Anregung der äußeren Sekretion
Nebennierenmark	Anregung der Adrenalinsekretion	
Schilddrüse	Anregung der Hormonsekretion	
Schweißdrüsen	„kalter", klebriger Schweiß	„warmer", dünnflüssiger Schweiß
Speicheldrüsen	Herabsetzung des Speichelflusses	Vermehrung des Speichelflusses
Auge	Pupillenerweiterung	Pupillenverengung
Harnblase	Urinverhaltung, Erregung des Schließmuskels	Urinentleerung, Erschlaffung des Schließmuskels

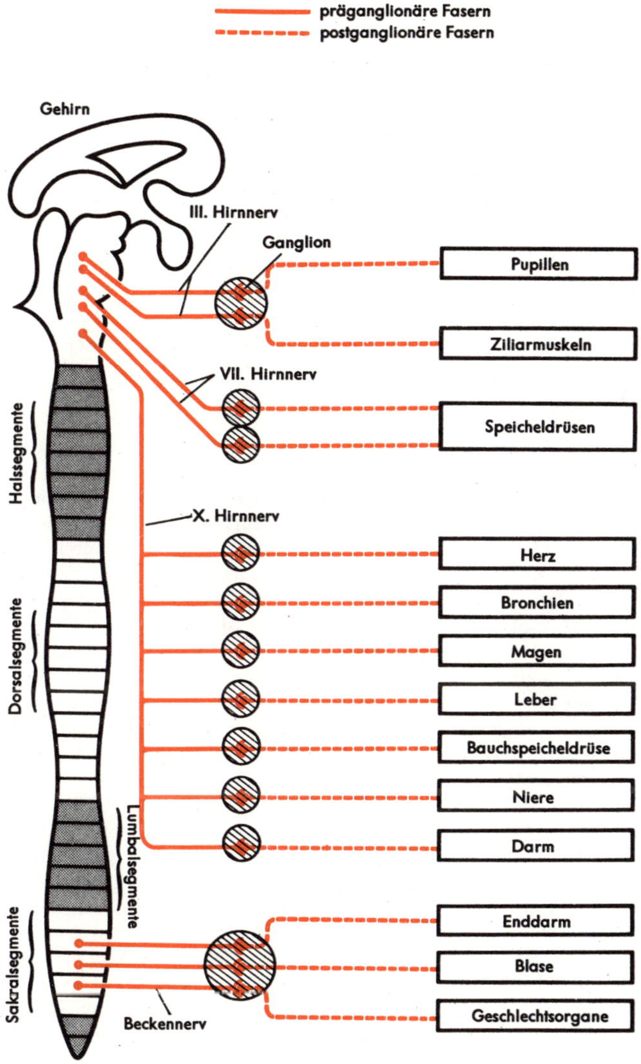

Abb. 10 Parasympathikus

NERVENSCHMERZEN

Unter Nervenschmerzen (Neuralgie) versteht man anfallsweise auftretende Schmerzzustände im Ausbreitungsgebiet eines sensiblen Nervs. Die Schmerzen treten manchmal unvermutet rasch, manchmal auch erst nach unangenehmen Empfindungen wie Hitze- und Spannungsgefühl oder Ameisenlaufen auf. Der Schmerz wird meist als reißend, ziehend, brennend oder bohrend empfunden. Für gewöhnlich tritt er stoßweise in Form von Schmerzanfällen auf. Zwischen den Anfällen besteht völlige Schmerzfreiheit oder ein dumpfer Schmerz von geringer Stärke. Als Ursache kommen örtliche Entzündungen, Stoffwechselstörungen, Vergiftungen, Knochenerkrankungen, Tumoren, Narben, Bandscheibenschäden und Zerrungen in Frage. Typische Beispiele von Neuralgien sind die Trigeminusneuralgie und die Ischias.

Die *Trigeminusneuralgie*, die häufigste Gesichtsneuralgie, geht von den Ästen des dreigeteilten Hirnnervs (Trigeminus) aus. Die Schmerzen treten meist im Ober- und Unterkieferbereich auf (weshalb oft zuerst der Zahnarzt aufgesucht wird), sind zunächst immer einseitig und immer auf das gleiche Ausbreitungsgebiet beschränkt. Sie schießen blitzartig ein, dauern meist nur ein paar Sekunden und sind von kaum zu ertragender Heftigkeit; oft wiederholen sich die Schmerzattacken alle paar Minuten bis zu hundertmal täglich. Zu Beginn sind die Betroffenen zwischen den einzelnen Schmerzanfällen meist beschwerdefrei, nach längerer Krankheit kann auch zwischen den einzelnen Anfällen ein dumpfer Schmerz bestehenbleiben. Oft werden die Anfälle durch das Berühren bestimmter empfindlicher Stellen ausgelöst (Abb. 1–3); dann rufen alltägliche Verrichtungen wie Waschen, Rasieren, Kämmen, Essen oder gar Sprechen unerträgliche Qualen hervor. Perioden gehäufter Anfälle können von beschwerdefreien Monaten und Jahren gefolgt sein. Die Krankheit kommt vor allem im mittleren und höheren Lebensalter vor. Sichere Ursachen der Trigeminusneuralgie sind in den meisten Fällen nicht faßbar (sogenannte idiopathische Form). Dennoch muß auch an Tumoren der Schädelbasis oder an echte entzündliche Erkrankungen gedacht werden. Manche Anfälle von Trigeminusneuralgie können durch Mittel, die man zur Behandlung der Epilepsie verwendet, zum Verschwinden gebracht werden. Oft wird ein chirurgischer Eingriff erforderlich. U. a. kann der Trigeminus durch Alkoholeinspritzung, Durchtrennung oder große Hitze (Elektrokoagulation) an seiner Wurzel zerstört werden. Eine weitere, moderne Behandlung besteht darin, daß man die höheren schmerzempfindlichen Bahnen des Trigeminus operativ durchtrennt.

Die zweite häufige Neuralgie ist die *Ischias*. Der Ischiasschmerz zieht sich mit dem Verlauf des Ischiasnervs von der Gesäßgegend über die Rückseite der Beine bis in die Fußgegend hin (Abb. 4). Über 90 % der Fälle von Ischias sind durch Bandscheibenvorfall bedingt. Dabei handelt es sich um das Zerreißen des Faserrings einer Zwischenwirbelscheibe; dadurch tritt der Gallertkern aus und drückt auf die Nervenwurzeln (Abb. 5). Meist gehen der Ischias mehr oder weniger lange dauernde Rückenschmerzen voraus. In der Regel werden die recht heftigen Schmerzanfälle durch eine ungeschickte Bewegung oder das Heben einer schweren Last ausgelöst *(Hexenschuß)*. Zwischen den Anfällen werden oft nur leichte Rückenschmerzen empfunden. Fast immer fällt auch die nächste Attacke mit irgendeiner körperlichen Tätigkeit, z. B. Turnen oder Heben ungewohnter Lasten, zusammen. Die Schmerzen können dann plötzlich, aber auch erst im Verlauf von Stunden und Tagen einsetzen. Der Ischiasschmerz wird durch Bewegung erheblich gesteigert, so durch Drehen, Bücken und Anheben des gestreckten Beines, wobei der Nerv gedehnt wird. Die Behandlung der Ischiasneuralgie besteht in Bettruhe, flacher Lagerung auf einer brettharten Matratze, Wärme und Rheumamitteln. In schweren Fällen wird die zerstörte Bandscheibe operativ entfernt.

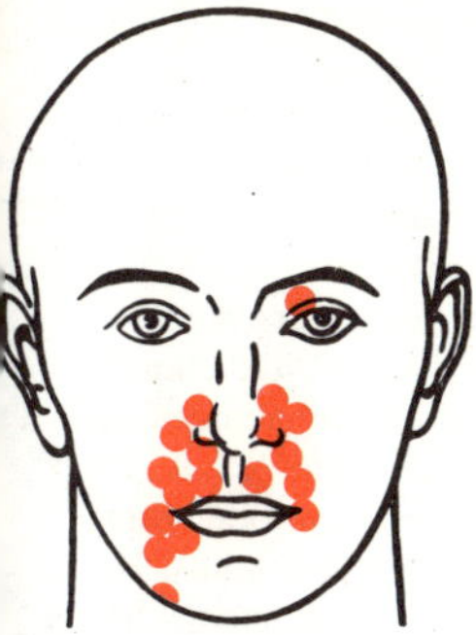

Abb. 1 Auslösepunkte für den Schmerzanfall bei Trigeminusneuralgie

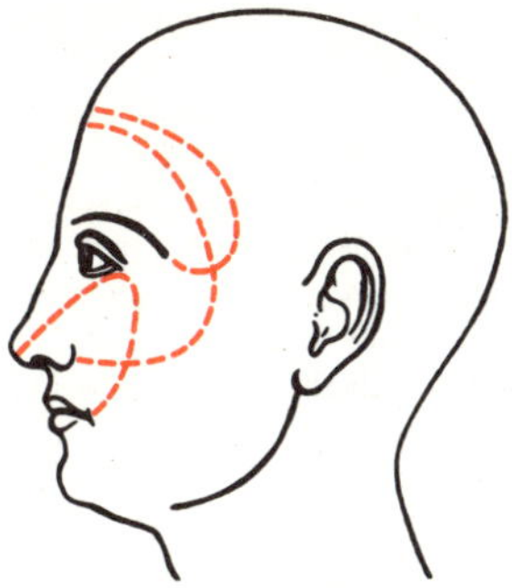

Abb. 2 Zonen, von denen der Anfall ausgelöst werden kann

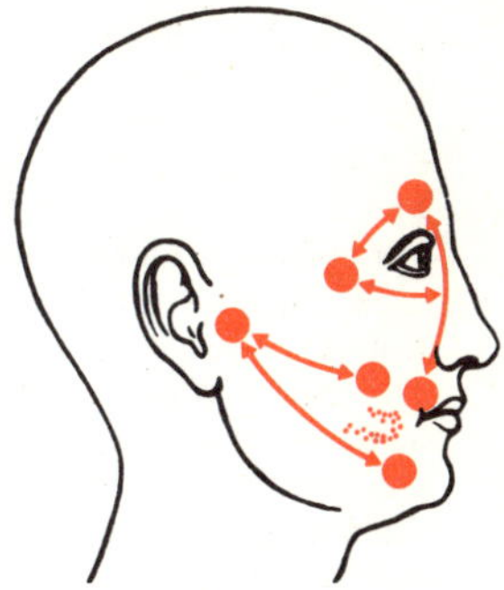

Abb. 3 Lokalisation und Ausbreitung des Schmerzes

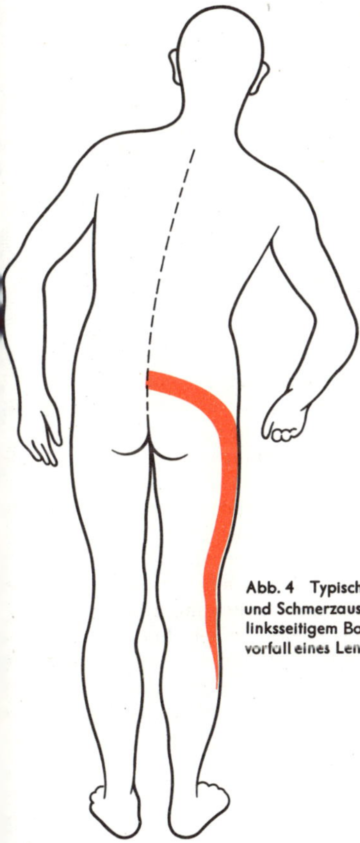

Abb. 4 Typische Haltung und Schmerzausbreitung bei linksseitigem Bandscheibenvorfall eines Lendenwirbels

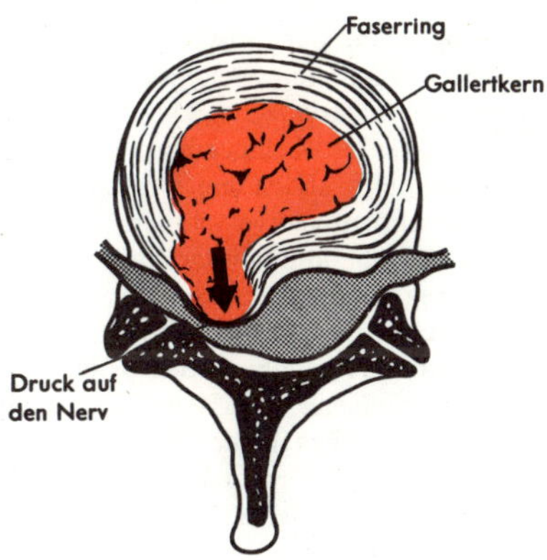

Abb. 5 Bandscheibenvorfall

KOPFSCHMERZEN

Als Kopfschmerz bezeichnet man alle Schmerzempfindungen im Bereich des knöchernen Schädels. Die Schmerzempfindung kann von den Gefäßen und Nerven der äußeren Weichteile, den unteren und seitlichen Anteilen der harten und weichen Hirnhaut sowie von größeren Gefäßen der Hirnbasis ausgehen. Voraussetzung ist in jedem Fall die Reizung der mikroskopisch kleinen Schmerzempfänger durch Druck, Zug, Verschiebung, Entzündung oder mangelnde Versorgung mit Nährstoffen.

Sehr häufig tritt Kopfschmerz als begleitendes Warnzeichen recht verschiedener Erkrankungen auf. Dazu gehören raumbeanspruchende Vorgänge wie schädelinnere Tumoren, Abszesse und Blutungen; Hirnhaut- und Nasennebenhöhlenentzündungen; Sonnenstich und Vergiftungen; schmerzhafte Gefäßdehnungen durch Koffein, Nikotin und Sauerstoffmangel; Blutzuckersenkung, Bluthochdruck, Arteriosklerose oder Blutdrucksenkung; auch Lebererkrankungen, andauernde Verstopfung und Schilddrüsenunterfunktionszustände sind manchmal die Ursachen von Kopfschmerzen; nach Schädelbrüchen und Gehirnerschütterungen kommen noch jahrelang heftige Kopfschmerzen vor. Selbständige Erkrankungen sind der gewöhnliche Kopfschmerz, wie ihn jeder einmal empfindet, und die Migräne (S. 357). Der *gewöhnliche Kopfschmerz* ist örtlich nicht begrenzt, dumpf und pulsierend; oft wird er über Stirn, Schläfe und Scheitel besonders heftig empfunden und nimmt beim Pressen oder Bücken zu. Der gewöhnliche Kopfschmerz ist nicht an bestimmte Tageszeiten gebunden, tritt aber auffallend häufig beim oder bald nach dem Erwachen auf. Er beginnt anders als die Migräne allmählich, steigert sich bis zu einem Höhepunkt und läßt dann im Laufe des Tages oft wieder nach. Im Gegensatz zur Migräne werden Begleiterscheinungen wie Erbrechen und Sehstörungen nicht beobachtet. Kopfschmerzauslösend wirken vor allem Wetterwechsel, Schlafmangel und Alkoholgenuß („Katerkopfschmerz"). Häufiger als alle übrigen Faktoren zusammen sind allerdings seelische Spannungen für den Kopfschmerz verantwortlich; bezeichnend ist dabei manchmal eine gewisse Abhängigkeit von äußeren Ereignissen, wie bei den Montags-, Ferien- oder Examenskopfschmerzen (s. Migräne, S. 357). Der Weg vom Großhirn als Schauplatz der bewußten Erlebnisse zu den Schmerzempfängern läuft dabei über das (unwillkürliche) vegetative Nervensystem; als nähere Ursache werden Störungen im Kontraktionszustand der Gefäßmuskulatur angenommen.

Für die Behandlung ist wichtig, ob es sich um begleitende oder gewöhnliche Kopfschmerzen handelt. Manchmal sagt die örtliche Ausdehung der Schmerzempfindung etwas über den Ort der Schmerzentstehung aus. Besonders heftige Kopfschmerzen sind bei der Trigeminusneuralgie (s. S. 354) und bei der Migräne (s. S. 357) bekannt, fast unerträglicher Kopfschmerz tritt bei schädelinneren Blutungen auf. Besondere Beachtung verdienen die zeitlichen Verhältnisse. Gleichbleibende Beschwerden, die viele Monate oder gar Jahre währen, sprechen eher für anlagebedingte, gewöhnliche Kopfschmerzen. Der Tumorkopfschmerz nimmt mit fortschreitender Krankheit an Heftigkeit zu. Migräne und Trigeminusneuralgie sind durch Schmerzanfälle gekennzeichnet. Plötzlicher Schmerzbeginn wird bei schädelinneren Blutungen beobachtet. Schwindelgefühl begleitet die Kopfschmerzen bei Kleinhirntumoren, Migräne, allzu hohem und zu niedrigem Blutdruck. Kopfschmerzstillende Mittel sollten nicht eingenommen werden, bevor ein Arzt die Entscheidung, ob es sich um gewöhnliche Kopfschmerzen oder Begleitkopfschmerzen handelt, gefällt hat. Im letzteren Fall muß die Grundkrankheit behandelt werden.

MIGRÄNE

Unter Migräne versteht man anfallsweise auftretende einseitige Kopfschmerzen, die stunden- oder tagelang anhalten und häufig mit Erbrechen, Augenflimmern und Sehstörungen einhergehen. Ursache der Kopfschmerzen sind wahrscheinlich Kaliberschwankungen der Kopfschlagadern; zu Beginn des Anfalls soll es zu einer krampfartigen kurzen Verengung, später zu einer Dehnung der Gefäße kommen. Migränekranke sind in mehr als der Hälfte aller Fälle familiär mit Kopfweh belastet. Sie weisen meist eine ganz bestimmte Persönlichkeitsstruktur auf, sind leistungsbezogen, ehrgeizig und streng mit sich selbst. Frauen erkranken häufiger als Männer. Die ersten Krankheitszeichen treten meist zwischen dem 10. und 30. Lebensjahr auf. Die Diagnose „Migräne" stützt sich auf das Vorliegen eines oder mehrerer der für diese Art von Kopfweh charakteristischen Krankheitszeichen: halbseitiger Kopfschmerz, Übelkeit und Erbrechen, Augenflimmern, Augenmuskellähmungen und Gesichtsfeldausfälle. Kopfschmerzen sind etwa bei der Hälfte aller Migränekranken das einzige Krankheitszeichen. Der Kopfschmerz ist jedoch nur in 65 % der Fälle streng halbseitig. Meist beginnt er in der Stirn-Schläfen-Gegend und breitet sich dann auf die ganze Schädelhälfte aus, ist oft pochend, tiefsitzend, bohrend und wird durch äußere Reize wie Licht und Lärm verstärkt. Die Betroffenen sind blaß, und die Schläfengegend ist druckempfindlich. Der Schmerz erreicht innerhalb von Stunden seinen Höhepunkt und geht in den meisten Fällen mit Übelkeit und Erbrechen einher. Die Seite des Anfalls ist bei vielen Migränekranken immer wieder die gleiche. Nicht selten kommen andere Störungen des vegetativen Nervensystems hinzu wie Schwitzen, Bauchkrämpfe, Durchfall, Herzklopfen, Trockenheit im Mund, verminderte Harnausscheidung und nach dem Anfall eine Harnflut. Die Anfallsdauer beträgt manchmal nur eine, manchmal auch viele Stunden. Die Anfallshäufigkeit kann von einigen wenigen im Jahr bis zu fast täglichen Anfällen schwanken.

Bei einem Drittel der Migränekranken gehen dem eigentlichen Kopfwehanfall augenseitige Krankheitszeichen voraus. Dabei sehen die Patienten zunächst farbige, blitzende, innerhalb von 5–15 Minuten von der Mitte zum Rand des Gesichtsfeldes fortschreitende, zackig begrenzte Figuren. Diese breiten sich zum Rande hin aus und hinterlassen in der Mitte einen vorübergehenden Gesichtsfeldausfall. Anschließend erst folgt der weiter oben beschriebene Kopfwehanfall.

Manchmal tritt zu den übrigen Krankheitszeichen ein „taubes Gefühl" im Gesicht und an den Armen hinzu. Auch Lähmungen, Sprachstörungen, Krämpfe an Mund und Händen kommen vor. Die nervlichen Ausfälle bilden sich meist innerhalb von Stunden zurück. Migräneanfälle können durch atmosphärische Einflüsse ausgelöst werden, durch Lichtreize, Monatsblutung, Entspannung und längere Bettruhe (sogenannte Sonntagsmigräne und Ferienmigräne), aber auch durch seelische Belastungen (Verantwortung, Sorgen, Überforderung). Auffallend oft soll die Einnahme von Ovulationshemmern anfallsauslösend wirken. Auslösefaktoren können ferner Nahrungsmittel wie Schokolade, Molkereiprodukte und Zitrusfrüchte, auch der Alkohol sein. – Die Behandlung der Migräne zielt u.a. zuerst auf die Beseitigung möglichst aller anfallsauslösender Faktoren. Medikamentös haben sich u.a. Antiemetika und Analgetika (wie Acetylsalicylsäure und Paracetamol) sowie Ergotamintartrat bewährt.

VEGETATIVE DYSTONIE

Bei der vegetativen Dystonie handelt es sich um eine Störung im Zusammenspiel des vegetativen Nervensystems, das alle unbewußten Lebensvorgänge steuert, wie z. B. auch die Kreislauf- und Verdauungsfunktionen. Es hat ferner Beziehungen zu den Gemütszuständen, zum Trieb- und Willensleben, zur Bewußtseinsklarheit und zum Schlaf-wach-Rhythmus. Man unterscheidet einen sympathischen und einen parasympathischen Anteil des vegetativen Nervensystems. Sympathikus und Parasympathikus (auch Vagus genannt) verhalten sich wie Gegenspieler, die Aufbau und Abbau, Erregung und Hemmung der Lebensvorgänge fortlaufend überwachen. Die Pulsfrequenz z. B. wird durch ein Überwiegen des Sympathikus allzu stark erhöht, durch Überwiegen des Vagus allzu stark vermindert, u. U. bis zum Herzstillstand – und nur die wohlausgewogene Balance ergibt die normale Pulsfrequenz von rund 80 Schlägen pro Minute.

Diese Art von Gleichgewicht zwischen Vagus und Sympathikus kann anlagemäßig gestört sein. Je nachdem, welcher Gegenspieler des vegetativen Nervensystems das Übergewicht hat, spricht man von einer Sympathikotonie und einer Vagotonie. Reine Formen von Vagotonie oder Sympathikotonie sind allerdings so gut wie niemals zu finden. Ordnet man ihnen einen Typus zu, so haben *Sympathikotoniker* meist einen grazilen Körperbau; sie sind geistig lebendig, empfindsam und gegenüber Sinnesreizen überempfindlich; ihr Blutdruck ist meist unbeständig, und sie neigen häufig zu Ohnmachtsanfällen; Sympathikotoniker werden leicht schwindlig und reisekrank; Bestreichen der Haut führt zu heftiger Rötung, manchmal auch zu Schwellungen (Dermographismus); oft besteht Herzklopfen oder Herzstechen; im Gegensatz zu ihrem frischen Aussehen sind Sympathikotoniker häufig leicht ermüdbar; sie schlafen schlecht, sind reizbar, unruhig und schreckhaft.

Bei *Vagotonikern* findet man die gegenteiligen Erscheinungen. Sie neigen zu niedrigem Blutdruck, haben nicht selten Magengeschwüre (s. S. 158 ff.) und migräneartige Kopfschmerzen (s. S. 357); besonders häufig kommt dauernde Verstopfung, oft auch Neigung zu Gallenkoliken vor; der niedrige Blutzucker führt gelegentlich zu Schwächezuständen; auch die Vagotoniker klagen gelegentlich über Herzstolpern und Herzstiche; seelisch sind sie verschlossen, still und zurückhaltend.

Wesentlich häufiger als eine Sympathikotonie oder Vagotonie ist das gemischte Bild der *vegetativen Dystonie*, bei der das ständige Wechselspiel zwischen Sympathikus und Parasympathikus immer wieder nach der einen oder anderen Seite entgleist. Je nach dem Ausschlag des Pendels wechseln auch die Organstörungen. So klagen vegetative Dystoniker über Herzjagen, das rasch zu schleppend langsamen Rhythmen wechseln kann; dabei kommen Ohnmachtsanfälle vor. Verstopfungen wechseln mit plötzlichen Durchfällen ab, Erblassen mit Erröten, Schweißverhaltung mit Schweißausbrüchen, vermehrter mit vermindertem Speichelfluß. Auch verstärkter Dermographismus, bläulich verfärbte Gliedmaßen und die Neigung zu Magenschleimhautentzündung und Magengeschwür sind Anzeichen der vegetativen Regulationsstörung.

Die medikamentöse Behandlung der reinen Sympathikotonie oder Vagotonie mit Lähmungsmitteln des Sympathikus oder Vagus wäre recht aussichtsreich. Die Behandlung der vegetativen Dystonie dagegen ist schwierig, weil meist nur ein Teil der Organe fehlgesteuert wird und die Balance zwischen Vagus und Sympathikus andauernd wechselt. Dadurch kann die (medikamentöse) Vaguslähmung für den geschwürskranken Magen z. B. gerade richtig sein, die gleichzeitige Hemmung der Speichelsekretion als Trockenheit im Mund indessen nur störend empfunden werden. Dennoch überwiegt oft der Nutzen einer solchen medikamentösen Behandlung, die durch Psychotherapie, u. U. auch durch entspannende körperliche Betätigung, unterstützt werden kann.

WUNDSTARRKRAMPF

Wundstarrkrampf (Tetanus) wird durch das Gift der Tetanusbazillen hervorgerufen, stäbchenförmige Erreger von 2 bis 4 Tausendstel Millimeter Länge, die im Darm von Menschen, Pferden, Rindern und Schafen leben. Sie rufen dort keine Krankheit hervor und werden mit dem Kot ausgeschieden. An der austrocknenden Luft gehen sie in Dauerformen oder Sporen über, die jahrelang lebensfähig bleiben. Über 40 % von Bodenproben aus gut gedüngter Kulturerde von Gärten und Feldern enthalten Tetanussporen; auch morsches Holz ist häufig mit Erregersporen besetzt. Gelangen die Sporen auf geeignete Nährböden, z. B. eine Wunde, so verwandeln sie sich wieder in die vermehrungsfähige Form zurück. Wundstarrkrampfbazillen sind jedoch Anaerobier, die nicht nur keinen Sauerstoff benötigen, deren Entwicklung sogar durch Luftsauerstoff gehemmt wird. Da gesundes Körpergewebe gut mit Sauerstoff versorgt ist und Tetanusbazillen die intakte Haut und Schleimhaut nicht durchdringen können, sind sie z. B. im Darm und auf der Haut vollkommen unschädlich. Gelangen Tetanussporen allerdings in geschlossene, schlecht durchblutete und daher auch sauerstoffarme Wunden, so entwickeln und vermehren sich die Erreger schnell; Eiterinfektionen und Verbrennungsschäden begünstigen diese Entwicklung. Eine Wundstarrkrampferkrankung tritt daher v. a. nach Fremdkörperverletzungen (bes. bei Erdverschmutzung mit geringem Sauerstoffzutritt) auf.

Die Tetanusinfektion erzeugt an der Wunde keine besonderen Erscheinungen. Bei einer Inkubationszeit von 4–30 Tagen kann die Wunde sogar schon oberflächlich verheilt sein, wenn es zum Ausbruch der Krankheit kommt. In dieser Zeit vermehren sich die Erreger und scheiden ein Gift aus, das entlang den Nervenbahnen bis zum Rückenmark und in das verlängerte Mark vordringt. Der Wundstarrkrampf beginnt meist uncharakteristisch mit Unruhe, Mattigkeit, Gliederzittern, Schlaflosigkeit und starken Schweißausbrüchen. Anschließend kommt es zum typischen Krampf der Kaumuskulatur. Das Schlucken wird schwierig, die Kiefer sind fest aufeinandergepreßt, der Mund durch den Krampf der Gesichtsmuskulatur wie zum Grinsen verzogen (sog. Teufelsgrinsen oder Risus sardonicus). Schließlich wird bei klarem Bewußtsein auch die Nacken- und Rückenmuskulatur von der äußerst schmerzhaften Muskelstarre ergriffen und der Körper bogenförmig gespannt. Jeder Sinnesreiz wie helles Licht, Luftzug, Berührung oder Ansprechen kann einen lebensgefährlichen Schüttelkrampf auslösen. Die einzelnen Krampfanfälle dauern mehrere Sekunden an und können sich in Abständen von Minuten wiederholen. Da auch die Atemmuskulatur in die Krämpfe mit einbezogen ist, droht der Erstickungstod. Der Lufthunger ist um so größer, als die Körpertemperatur während der Krämpfe bis auf 41 °C ansteigt. Die schlecht belüftete Lunge wird stellenweise luftleer, und Schleim bleibt im Bronchialbaum stecken; daraus entwickelt sich oft eine tödliche Lungenentzündung. Eine weitere Todesursache des Wundstarrkrampfs ist Herzversagen. – Selten verläuft die Erkrankung so leicht, daß es nur zum Krampf der Kaumuskulatur *(Trismus)* kommt.

Der Wundstarrkrampf wird möglichst schnell und je nach Schweregrad sehr intensiv behandelt: Ausschneiden tetanusverdächtiger Wunden zur Unterbrechung des Toxinnachschubs; passive Immunisierung möglichst mit Hyperimmunserum vom Menschen, gleichzeitig Einleitung einer aktiven Immunisierung; Antibiotikagabe; Pflege in einem ruhigen, abgedunkelten Einzelzimmer; Beruhigungsmittel und muskelkrampflösende Medikamente; besonders bei Beteiligung der Atemmuskulatur Luftröhrenschnitt oder Intubation, muskellähmende Mittel (u. a. Kurare) und assistierte oder künstliche Beatmung; bei Temperaturanstieg Unterkühlungsmaßnahmen; kalorienreiche Ernährung; Ersatz von Salz- und Wasserverlusten über Magensonde.

Die Tetanusinfektion hinterläßt keine Immunität. Ein sicherer Schutz gegen den Wundstarrkrampf ist nur durch die heute allgemein empfohlene *Schutzimpfung* (Grundimmunisierung und Auffrischungsimpfungen etwa alle 10 Jahre) möglich. Bei einer Verletzung Ungeimpfter wird neben umgehender chirurgischer Wundversorgung u. U. eine *Simultanimpfung* (aktive und passive Immunisierung) vorgenommen.

TOLLWUT

Tollwut ist eine Viruserkrankung des Gehirns und des Rückenmarks, die mit dem Speichel erkrankter Tiere durch Biß, gelegentlich auch durch Lecken an verletzten Hautstellen übertragen wird. Ohne frühzeitige Behandlung möglichst bald nach dem Biß verläuft die Tollwut regelmäßig tödlich. Häufigste Infektionsquelle sind Hunde und Katzen, die mit erkrankten Wildtieren, vor allem Füchsen, Mardern und Eichhörnchen, in Berührung gekommen sind oder von den Kadavern solcher Tiere gefressen haben. Tollwutkranke Wildtiere fallen vor allem durch den Verlust ihrer natürlichen Scheu gegenüber Menschen auf und neigen zu Bösartigkeit und Beißlust. Haustiere, die Menschen unter verdächtigen Umständen beißen, sollen isoliert und vom Tierarzt beobachtet werden. Bei Tollwutverdacht müssen sie – wie streunende oder wildlebende Tiere, die Menschen gebissen oder gekratzt haben – getötet werden, damit ihr Gehirn untersucht werden kann.

Die Krankheit beginnt, wenn die Erreger bis zu den Nervenzellen von Gehirn und Rückenmark aufgestiegen sind. Daher verstreichen von der Ansteckung bis zum Auftreten der ersten Krankheitszeichen etwa 1–3 Monate. Dann setzt die Tollwut uncharakteristisch mit leichtem Fieber, Kopfschmerzen, Angst, Beklemmungsgefühlen und Niedergeschlagenheit ein. Häufig werden auch Schmerzen an der ehemaligen Bißstelle und sog. Ameisenlaufen im Bereich der betroffenen Nervenstämme empfunden. An dieses erste Stadium der Melancholie schließt sich das Erregungsstadium an: Die Niedergeschlagenheit geht in starke Reizbarkeit über. Schon geringste äußere Anlässe, Geräusche oder Berührung können zu schweren Erregungszuständen führen, die sich gelegentlich zu regelrechten Wutanfällen steigern. Hinzu kommen Atem- und Schluckbeschwerden: Die Atmung wird krampfhaft und schnappend, die Kranken schreien mit heiserer Stimme und sind nicht zu beruhigen. Bald kann keine Flüssigkeit mehr geschluckt werden, Speichel läuft aus dem Mund, und schon der Anblick von Flüssigkeit ruft heftige Schlundmuskelkrämpfe hervor. Wenn nicht frühzeitig der Erstickungstod eintritt, werden die Tollwutkranken unter hohem Fieber zunehmend benommen und schließlich bewußtlos. Die nervösen Reizerscheinungen treten hinter rasch fortschreitende Muskel- und Empfindungslähmungen zurück (Lähmungsstadium). Der Tod erfolgt innerhalb von 1–3 Tagen. Das Lähmungsstadium kann sich auch unmittelbar an das melancholische Stadium anschließen. Für den Ausgang entscheidend ist einzig die frühe Bestätigung des Verdachts auf Tollwutinfektion. Diese Bestätigung kann mit Hilfe sog. fluoreszierender Antikörper am Gehirngewebe tollwutverdächtiger Tiere innerhalb weniger Stunden erbracht werden. Beweisend sind auch der Virusnachweis im Tierversuch und das Auffinden von Einschlußkörperchen in den Gehirnzellen der als Ansteckungsquelle verdächtigen Tiere. Schon bei dringendem Verdacht auf Tollwut muß mit der Therapie (d.h. eigentlich mit Verhütungsmaßnahmen nach vermutlicher Infektion) begonnen werden. Dazu gehören aktive Immunisierung, passive Schutzimpfung mit Hyperimmunserum und die örtliche Wundversorgung. Möglichst frühzeitige Impfung zur Verhütung des Ausbruchs einer tödlichen Tollwuterkrankung ist für alle mit einer gewissen Wahrscheinlichkeit Infizierten lebenswichtig. Von entscheidender Bedeutung kann auch die örtliche Behandlung aller Biß- und Kratzstellen sein (sofortiges mehrfaches Waschen bzw. Abbürsten mit Wasser und Seife, Spülen mit hochprozentigem Alkohol, Wundversorgung durch den Arzt).

Die *aktive Schutzimpfung* mit abgeschwächten oder toten Erregern ist in letzter Zeit mehrfach verbessert worden, so daß – abgesehen von der obenerwähnten Postexpositionsprophylaxe Infizierter – nun auch die *Präexpositionsprophylaxe*, d.h. die vorbeugende Schutzimpfung von Risikopersonen wie Tierärzte, Tierpfleger u.a., empfohlen wird. Für die Schutzimpfung von Haustieren stehen mehrere Impfstoffe zur Verfügung.

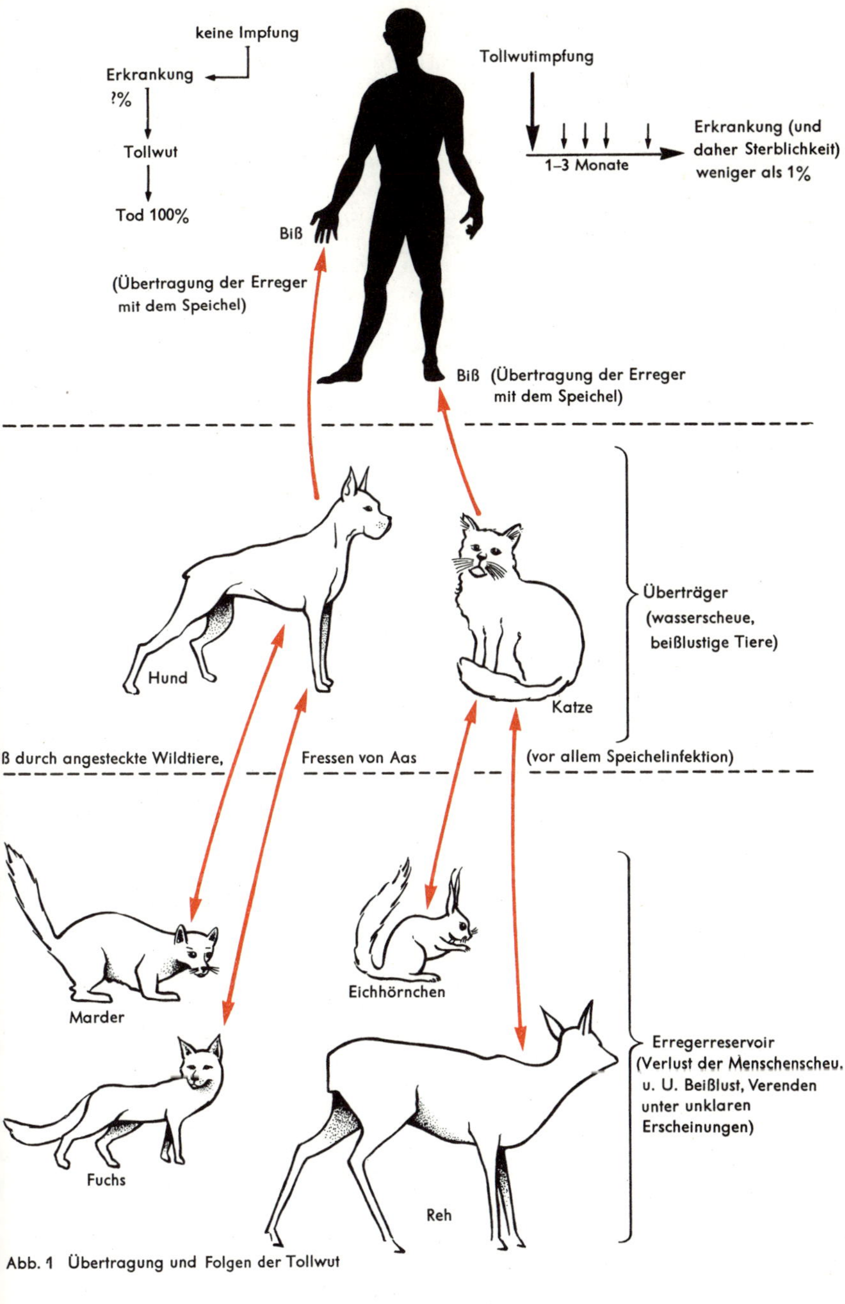

Abb. 1 Übertragung und Folgen der Tollwut

SPINALE KINDERLÄHMUNG

Die spinale Kinderlähmung (oder kurz Polio, von Poliomyelitis, genannt) wird durch Viren verursacht, die vor allem im Rückenmark jene Nervenzellen befallen, die die Bewegungsimpulse des Gehirns auf die Muskelperipherie übertragen (sogenannte motorische Vorderhornzellen des Rückenmarks). Man unterscheidet drei verschiedene Typen von *Polioviren*, die für den Menschen gefährlich sind: Typus I ist der bösartigste und findet sich vor allem bei größeren Epidemien; er kann neben dem Menschen auch Affen befallen. Typus II wird gefunden, wenn die Kinderlähmung in Einzelfällen auftritt. Typus III ruft gewöhnlich kleinere Epidemien hervor. Bei verseuchtem Trink- und Abwasser werden die Kleinkinder schon zu einem Zeitpunkt angesteckt, da sie noch mütterliche Antikörper im Blut haben; die Krankheit bricht dann bei ihnen nicht aus und hinterläßt einen lebenslangen Schutz gegen die Polioerreger. In den hochentwickelten Ländern hat diese frühzeitige Infektionsmöglichkeit mit den verbesserten hygienischen Verhältnissen ständig abgenommen, so daß hier der erste Kontakt mit den Kinderlähmungsviren in immer höherem Alter stattfand. Abb. 1 zeigt die Zunahme der Erkrankung in der Schweiz, wo die Kinderlähmung von 1914 an meldepflichtig war, sowie den Rückgang nach der Durchimpfung der Bevölkerung in den Jahren 1957 und 1960. In den folgenden Jahren war die Polioseuche so gut wie ausgerottet. 1964/65 wurde kein einziger Krankheitsfall mehr registriert. In der Bundesrepublik war die Entwicklung ähnlich, doch sind neuerdings, seit die Impftermine nicht mehr genügend wahrgenommen werden, wieder Poliomyelitisfälle vorgekommen.

Die Kinderlähmungsimpfung ist eine aktive Immunisierung, d. h., die krankheitsverhindernden Antikörper werden vom Geimpften selbst gebildet. Beim *Salk-Impfstoff*, der eingespritzt wird, handelt es sich um Kinderlähmungsviren, die – ähnlich wie bei der Tetanusimpfung – mit Formalin abgetötet wurden. Dieser Impfstoff ruft die Bildung freier Antikörper hervor, die das Nervensystem, an dem sich die Kinderlähmung manifestiert, vor der Erkrankung schützen. Der *Sabin-Impfstoff* enthält abgeschwächte Viren, die zwar keine Krankheit mehr erzeugen, nach der Schluckimpfung im Darm jedoch ortsständige Antikörper entstehen lassen, so daß die übliche Eintrittspforte der Erreger nun blockiert ist.

Die Viren gelangen über die Mund- und Rachenschleimhaut und das lymphatische Gewebe des Darms, wo sich sich zunächst ansiedeln und vermehren, in die Blutbahn. 7–20 Tage nach der Ansteckung beginnt die eigentliche Erkrankung mit Fieber, Abgeschlagenheit, zuweilen auch mit Husten. Häufig haben die Kinder Halsschmerzen, ihr Rachen ist gerötet. In anderen Fällen ähnelt das erste Stadium der Kinderlähmung einer Magen-Darm-Verstimmung mit Erbrechen, Durchfall und Bauchschmerzen. Meist sinkt das Anfangsfieber innerhalb von 3–4 Tagen ab, und die ersten Krankheitszeichen verschwinden wieder (Latenzperiode). 1–3 Tage später steigt das Fieber jedoch erneut an. Jetzt haben die Viren die Blut-Liquor-Schranke zum Gehirn und Rückenmark durchbrochen und beginnen, sich im Zentralnervensystem anzusiedeln. Die Kinder klagen über Kopfschmerzen, schmerzhafte Überempfindlichkeit der Haut und Schmerzen in Armen und Beinen. Bald wird als Zeichen einer Hirnhautentzündung der Nacken steif; die Kranken sind nicht in der Lage, den Kopf nach vorn anzuheben oder zu beugen.

Nach weiteren 2–3 Tagen wird der steife Nacken schlaff, die Kranken haben jetzt Mühe, ihren Oberkörper aufzurichten und ihre Faust zu schließen. Das Fieber ist inzwischen auf 39–40 °C angestiegen; es bestehen starke Gliederschmerzen, und die Kranken vermeiden alle überflüssigen Bewegungen. Wenige Tage bis etwa eine Woche nach dem 2. Fieberanstieg entwickeln sich bei nicht ganz 0,5 % aller Angesteckten Muskellähmungen. Es handelt sich um seitenungleiche Lähmungen vor allem an den Beinen, aber auch am Schultergürtel und an den Armen. Ist auch die Atemmuskulatur, speziell das Zwerchfell, von der Lähmung ergriffen, droht Erstickung, wenn nicht künstlich beatmet wird. In besonderen Fällen kann die Poliomyelitis auch die Nervenzellen bestimmter motorischer Hirngebiete und das verlängerte Mark mit seinen lebenswichtigen Zentren für Atmung und Kreislauf befallen.

Die Kinderlähmung kann in jedem Krankheitsstadium haltmachen. Bei etwa 90 bis 95 % der nicht Geimpften und mit Poliomyelitisviren Angesteckten kommt es ohne merkliche Erkrankung zu einer lebenslänglichen Immunität. Bei etwa 4–8 % der Angesteckten stoppt die Krankheit nach dem grippeartigen Anfangsstadium; etwa 0,5–1 % bekommen eine Hirnhautreizung mit Nackensteifigkeit, und weniger als 0,5 % der Angesteckten werden gelähmt.

Bis heute gibt es kein wirksames Mittel gegen die ausgebrochene Kinderlähmungserkrankung. Erwiesen ist, daß Anstrengung während der Fieberperiode Ausmaß und Stärke der Lähmungen steigert. Daher ist es notwendig, bei fieberhaften Erkrankungen mit Verdacht auf Kinderlähmung strenge Bettruhe einzuhalten. Setzen Lähmungen ein, ist richtige Lagerung auf einem harten Bett wichtig. Feuchtheiße Packungen auf die gelähmten und oft sehr schmerzenden Muskelpartien zusammen mit warmen Bädern und vorsichtigen passiven Bewegungsübungen haben sich als sehr nützlich erwiesen. In der ersten Woche gehen viele Lähmungen rasch wieder zurück, weil sie weniger durch die Zerstörung motorischer Ganglienzellen im Rückenmark als durch entzündliche Schwellungen bedingt sind. Weiter ist ein ganzes Jahr lang mit verbesserter Bewegungsfähigkeit gelähmter Glieder zu rechnen, wenn intakte Muskelgruppen durch ständige Übung für gelähmte einspringen. Sind die Lähmungen stabil geworden, kann man den Zustand durch operative Eingriffe, z. B. durch Muskelverlegungen, und orthopädische Stützapparate noch weiter verbessern.

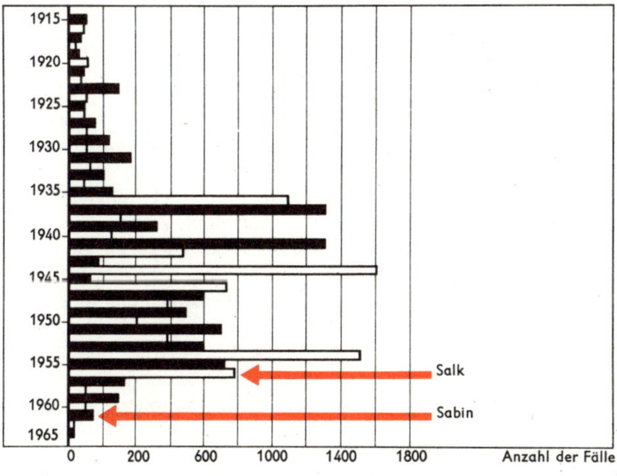

Abb. 1
Zahl der Erkrankungsfälle an Kinderlähmung in der Schweiz von 1915 bis 1964 (nach Einführung der Salk-Impfung ging die Zahl stark zurück; nach Einführung der Sabin-Schluckimpfung wurde 1965 kein Fall mehr gemeldet)

RÜCKENMARK

Das Rückenmark (Medulla spinalis; Abb. 1) befindet sich als nahezu zylindrischer Strang innerhalb des Wirbelkanals. Es ist ähnlich wie die Wirbelsäule segmental gegliedert, und zwar in 8 Halssegmente (Zervikalsegmente), 12 Brustsegmente (Thorakalsegmente), 5 Lendensegmente (Lumbalsegmente), 5 Kreuzbeinsegmente (Sakralsegmente) und 1–2 Steißbeinsegmente (Kokzygealsegmente). Diese Gliederung ist leicht am paarweisen Abgang der Rückenmarksnerven (Spinalnerven) zu erkennen. Da das Rückenmark nur bis zur Höhe des zweiten bis dritten Lendenwirbels reicht, liegen die Rückenmarkssegmente und Nervenabgangsstellen jeweils höher als die entsprechenden Wirbel und Nervenaustrittsstellen.

Am Rückenmarksquerschnitt sieht man rings um den *Zentralkanal* die *graue Substanz* in Form eines H oder eines Schmetterlings angeordnet. Man unterscheidet zwei Vorder- und zwei Hinterhörner, zwischen denen sich kleine Seitenhörner befinden. In der grauen Substanz liegen die Nervenzellen des Rückenmarks. Am größten sind die motorischen Zellen der Vorderhörner, deren Neuriten die vorderen Wurzeln bilden. In den Seitenhörnern liegen die vegetativen (sympathischen) Ganglienzellen, in den Hinterhörnern jene Ganglienzellen, die mit den hinteren Wurzeln sensible Nervenfasern aufnehmen.

Die graue Substanz wird von der *weißen Substanz*, dem Markmantel, umschlossen. Man unterscheidet je nach ihrer Lage zwischen den Hörnern die Vorder-, Hinter- und Seitenstränge. Die weiße Substanz besteht aus Nervenfasern, die zusammen eine Reihe (aus der Peripherie) aufsteigender und (aus dem Gehirn) absteigender Leitungsbahnen bilden.

Jeder *Spinalnerv* tritt mit einer vorderen und einer hinteren Wurzel mit dem entsprechenden Rückenmarkssegment in Verbindung. Die vorderen Wurzeln enthalten nur motorische (austretende), die hinteren Wurzeln nur sensible (eintretende) Fasern. Kurz vor der Vereinigung zweier Wurzeln zum Stamm eines Spinalnervs erscheint die hintere Wurzel durch eine Anhäufung von Nervenzellen eiförmig aufgetrieben *(Ganglion spinale)*. Die Spinalnerven sind paarig angelegt und verlassen den Wirbelkanal durch das Foramen intervertebrale.

Je nach Richtung der Erregungsleitung unterscheidet man in der weißen Substanz des Rückenmarks absteigende, *efferente Leitungsbahnen*, die Signale vom Gehirn nach der Peripherie leiten, und aufsteigende, *afferente Leitungsbahnen*, die dem Gehirn Signale aus der Peripherie zuführen. Die größte efferente Bahn ist die für die Willkürbewegungen zuständige *Pyramidenbahn* (Abb. 2). Sie kommt von der vorderen Zentralwindung der Großhirnrinde und zieht zu den motorischen Vorderhornzellen. Die absteigenden Bahnen des *extrapyramidalen Systems* leiten unwillkürliche Bewegungsimpulse und Impulse für den Muskeltonus aus dem Hirnstamm rückenmarkwärts zu den motorischen Vorderhornzellen.

Bei den afferenten Bahnen unterscheidet man die Hinterstrangbahn und die Vorderseitenstrangbahnen. Die *Hinterstrangbahn* erhält ihren Zustrom an Erregungen über die hinteren Wurzeln, und zwar aus den kleinen „Sinnesorganen“ der Muskeln, Sehnen und Gelenke (sog. Tiefensensibilität). Im Seitenstrang zieht die *Kleinhirnseitenstrangbahn* aufwärts, die dem Kleinhirn Muskel- und Gelenkempfindungen zur Erhaltung des Gleichgewichtes vermittelt. Im *vorderen Seitenstrang* schließlich läuft der Tractus spinothalamicus hirnwärts, der die Schmerz-, Temperatur- und Tastempfindungen zur Schaltstelle Thalamus leitet. Das Rückenmark dient jedoch nicht einfach nur als Leitungs- und Umschaltapparat zwischen Körperperipherie und Gehirn. Vielmehr sind in den sog. Eigenapparat des Rückenmarks eine Reihe unwillkürlicher nervöser Vorgänge eingebaut, die man Reflexe nennt (s. S. 346).

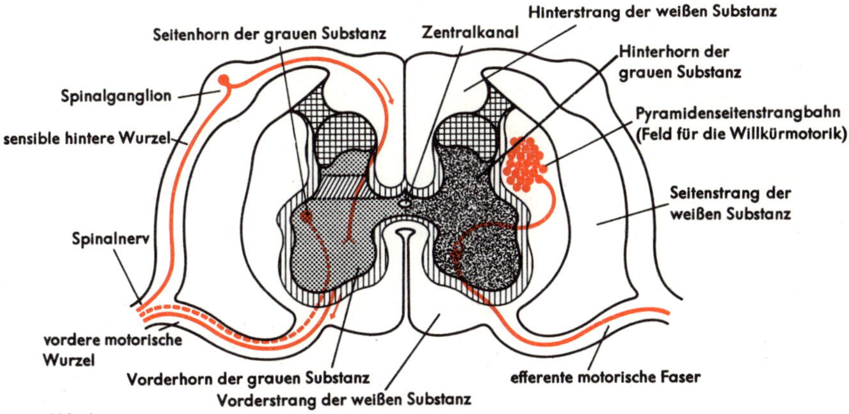

Abb. 1
Querschnitt durch das Rückenmark und seine Wurzeln

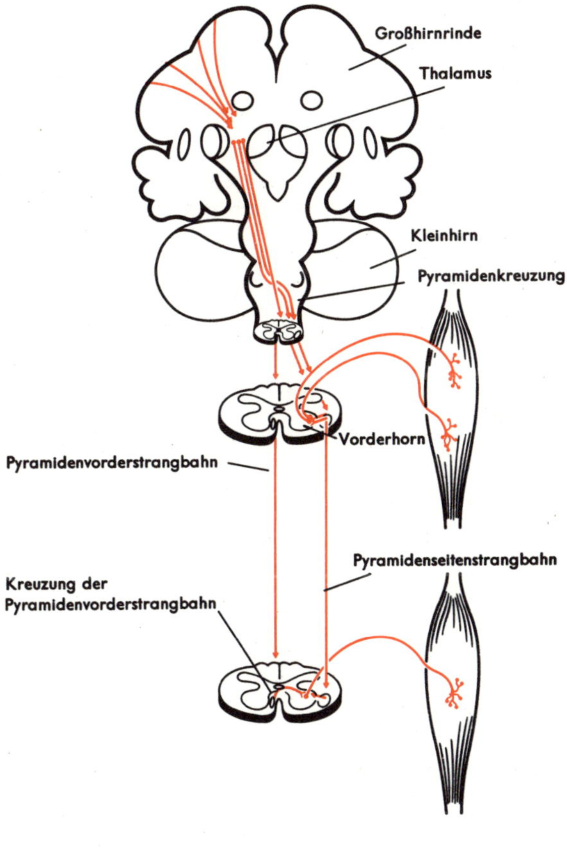

Abb. 2

RÜCKENMARKSVERLETZUNGEN

Das Rückenmark kann durch spitze oder stumpfe Gewalt, direkt oder indirekt, beschädigt werden, wie bei Stich, Sturz und Erschütterungen, Wirbelbruch und Wirbelzusammenbruch infolge Knochentuberkulose und Krebs (Abb. 3). Das Krankheitsbild *(Querschnittslähmung)* ist verschieden je nach Höhenlage und Querausdehnung der Rückenmarksverletzung.

Wird nur eine Hälfte des Rückenmarksquerschnitts erschüttert, gequetscht oder durchtrennt, so findet man auf der verletzten Seite eine Bewegungslähmung und einen Ausfall des Lagesinns. Temperatur- und Schmerzempfindung dagegen sind auf der anderen, „gesunden" Seite aufgehoben. Derart verteilte Ausfallserscheinungen kommen dadurch zustande, daß die Nerven für willkürliche Bewegung, Lageempfindung und Haltung ungekreuzt hirnwärts ziehen, die Nervenbahnen für Temperatur- und Schmerzempfindung dagegen nach ihrem Eintritt ins Rückenmark zur Gegenseite kreuzen und dann erst aufsteigen (Abb. 1 u. 2). Bei der vollständigen Rückenmarksverletzung sind alle Nervenbahnen an der Verletzungsstelle unterbrochen. In den abwärts gelegenen Gebieten kommt es daher zu einer vollständigen Muskellähmung; Lagegefühl, Temperatur- und Schmerzempfindung sind beiderseits aufgehoben. Der Körper wird von den Betroffenen als „abgeschnitten" empfunden. Hinzu kommen Störungen der Blutdruckregelung, der Schweißabsonderung und Blasenentleerung (s. S. 216); sie werden durch die Verletzung der vegetativen Nervenbahnen im Seitenstrang des Rückenmarks verursacht. Anfänglich sind die Muskellähmungen schlaff, weil der „Rückenmarksschock" das gesamte nervöse Bewegungssystem außer Funktion setzt. Später treten schwerste krampfartige Lähmungen mit gesteigerter Reflextätigkeit auf. Diese spastischen Lähmungen kommen daher, daß periphere Nervenimpulse auch normalerweise schon für eine gewisse Ruhespannung der Muskeln sorgen. Wird das Rückenmark verletzt, so fällt die hemmende Hirnkontrolle für diese Ruhespannung fort, so daß nun Spannung und Reflexbereitschaft krankhaft zunehmen. Die Reflexsteigerung kann so stark sein, daß die geringste Berührung der Gliedmaßen, z. B. durch die Bettdecke, ausreicht, um automatisch heftigste Bewegungen auszulösen.

Die Höhe der Verletzung beeinflußt das Krankheitsbild, weil die Nerven der verschiedenen Körperregionen das Rückenmark in verschiedener Höhe verlassen. Besonders gefährlich sind Verletzungen im Bereich des 4. Halswirbels, weil dann der Zwerchfellnerv betroffen wird und fortan nicht nur die Brustkorbatmung, sondern auch die Zwerchfellatmung ausfällt. Bei hohen Rückenmarksverletzungen kommt es häufig auch zum Muskelschwund des Schultergürtels, der Arme und Finger. Blasen- und Darmlähmungen sind anfänglich bei allen Rückenmarksverletzungen vorhanden, sie bleiben aber lediglich bei Verletzungen des Lendenmarks unverändert bestehen. An den gelähmten Gliedmaßen kommt es bald zur Mangeldurchblutung mit nachfolgender Ernährungsstörung: Die Unterschenkel sind kühl, blau verfärbt und teigig geschwollen. Dabei ist die Gefahr des Wundliegens mit Druckgeschwürbildung (Dekubitus) an Kreuzbein, Fersen und Knieinnenseiten besonders groß.

Rückenmarksverletzungen sind immer ernste Erkrankungen. Bei der Ersten Hilfe soll der Verletzte flach auf den Rücken gelagert und möglichst nur unter ärztlicher Aufsicht von mehreren Personen so transportiert werden, daß keine Bewegung oder Abknickung der Wirbelsäule erfolgt. Die schwierige Pflege Rückenmarksverletzter und ihre Rehabilitation erfordern eine Behandlung in Spezialkliniken.

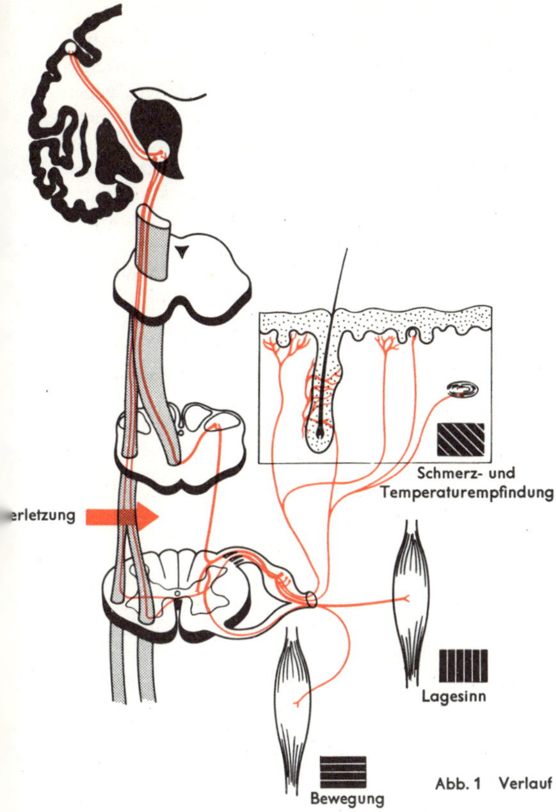

Abb. 1 Verlauf der Nervenbahnen im Rückenmark

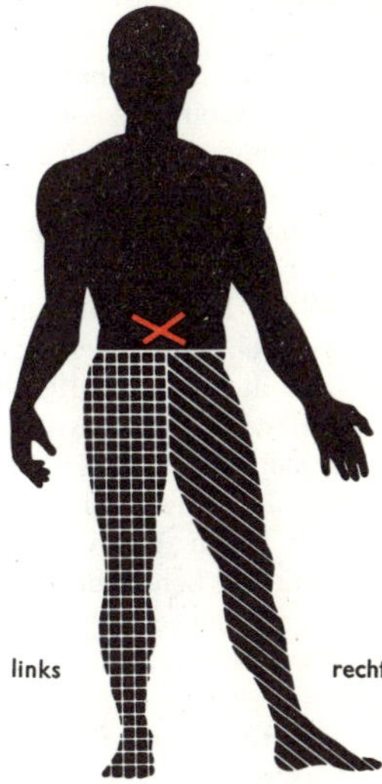

Abb. 2 Ausfälle bei linksseitiger Verletzung des Rückenmarks

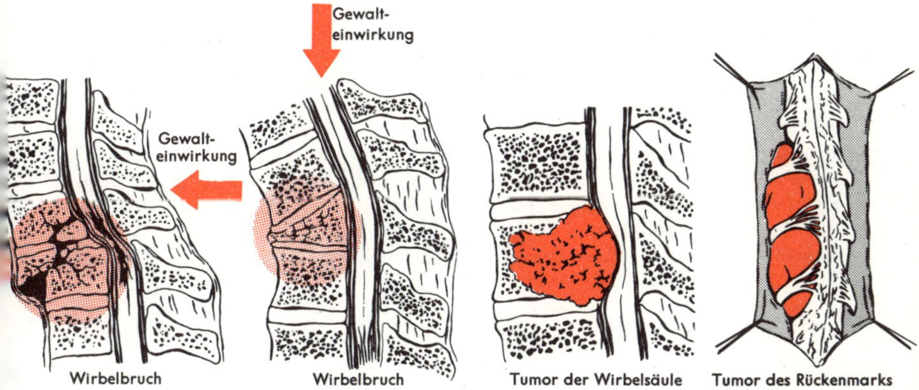

Abb. 3 Ursachen der Querschnittslähmung

MULTIPLE SKLEROSE

Die multiple Sklerose ist durch schubartige Ausfälle unterschiedlicher Nervenleistungen gekennzeichnet. Ursache dieser Ausfälle sind Veränderungen des Nervengewebes, die der Krankheit ihren Namen gaben: Die Markscheiden der Nervenfasern gehen zugrunde, und das Nervenstützgewebe, die Neuroglia, beginnt zu wuchern; schließlich findet man unregelmäßig (multipel) über Gehirn und Rückenmark verteilt scharf begrenzte, graue, harte (sklerotische) Herde. Die Ursache der multiplen Sklerose ist nicht sicher bekannt. Neben Erbeinflüssen kommen vor allem Viruserkrankungen und Autoimmunprozesse in Betracht. Vieles spricht dafür, daß es sich bei der multiplen Sklerose um eine virusinduzierte Autoimmunkrankheit handelt.

Die multiple Sklerose ist in unseren Breiten die häufigste neurologische Erkrankung. Unter 10000 Einwohnern findet man fünf Fälle. Frauen erkranken etwa doppelt so häufig wie Männer. 65 % der Ersterkrankungen treten zwischen dem 20. und 40. Lebensjahr auf. Familiäre Häufung soll bei 3 bis 12 % der Fälle vorkommen; leidet ein naher Verwandter an multipler Sklerose, wird die Erkrankungswahrscheinlichkeit rund 15mal größer.

Erstes *Krankheitszeichen* ist häufig ein einseitiger, innerhalb von Tagen auftretender Abfall der Sehschärfe. Die Betroffenen vermögen dann oft nicht einmal „die Hand vor den Augen zu sehen"; bei der Augenspiegelung erweist der Augenhintergrund sich jedoch als unverändert. Frühe Krankheitszeichen sind ferner Doppelbilder, unbestimmter Schwindel und Gangunsicherheiten. Sehr häufig tritt eine (doppelseitige) Trigeminusneuralgie hinzu (Abb. 3 u. 4). Die Sprache wird langsam und schleppend wie beim buchstabierenden Kind, einzelne Silben werden durch Pausen voneinander getrennt und explosiv ausgestoßen. Bei dem Versuch, mit geschlossenen Augen den Zeigefinger auf die Nasenspitze zu führen, wird die Nase nicht direkt, sondern erst zickzackförmig suchend erreicht (Abb. 1). Im weiteren Verlauf der Krankheit sind die Gliedmaßen oft krampfartig gelähmt, die Reflexantworten gesteigert. Empfindungsstörungen können schon sehr frühzeitig vorhanden sein. Häufig sind Störungen der Blasentätigkeit mit gesteigertem Harndrang oder unfreiwilliger Entleerung (s. S. 216). Die Kranken gehen torkelnd, unsicher, mit ausfahrenden Schritten (Abb. 2). Sie können auch psychisch auffallend verändert sein.

Vereinzelt kommen rasch verlaufende Erkrankungsformen vor, die binnen Wochen zum Tode führen. Zehn Jahre nach dem ersten Schub leben noch 80 % der Patienten, 25 Jahre nach Beginn des Leidens nur noch 6 %. Ein Drittel der Patienten ist zehn Jahre nach dem ersten Schub zwar noch nicht nennenswert behindert; nach 25 Jahren gilt dies aber nur noch für wenige Prozent. Die Überlebenschancen hängen im Einzelfall sehr stark von der Pflege ab.

Zur medikamentösen *Behandlung der multiplen Sklerose* kommen u. a. Steroide und das nebennierenrindengerichtete Hormon der Hirnanhangsdrüse in Frage. Unter dem Aspekt von Autoimmunvorgängen sind auch immunsuppressive Medikamente und Antilymphozytenserum im Gespräch. Vielfach wird eine fettarme Diät verordnet. Daneben spielt die Heilgymnastik eine wichtige Rolle. Die Rückbildung einzelner Krankheitszeichen kann auch und gerade bei multipler Sklerose durch sorgfältige Pflege in gewissem Umfang beeinflußt werden (Verhütung der Blasenentzündung durch regelmäßige Blasenspülungen und des Wundliegens durch häufiges Umbetten). Auch aussichtslos erscheinende Fälle können sich bei intensiver Pflege nach monatelangem Siechtum noch erstaunlich bessern.

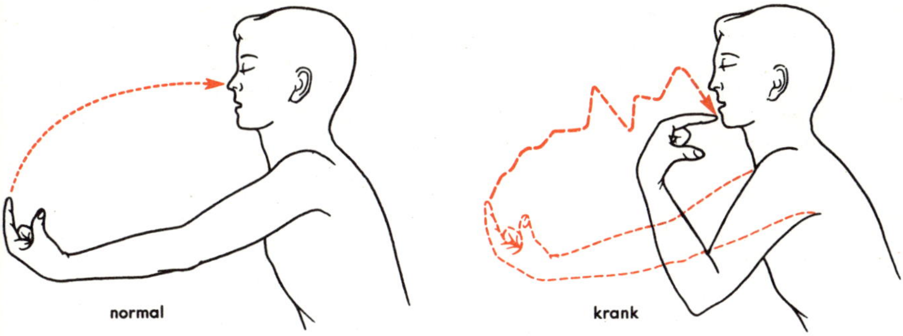

Abb. 1 Intentionstremor beim Finger-Nase-Versuch

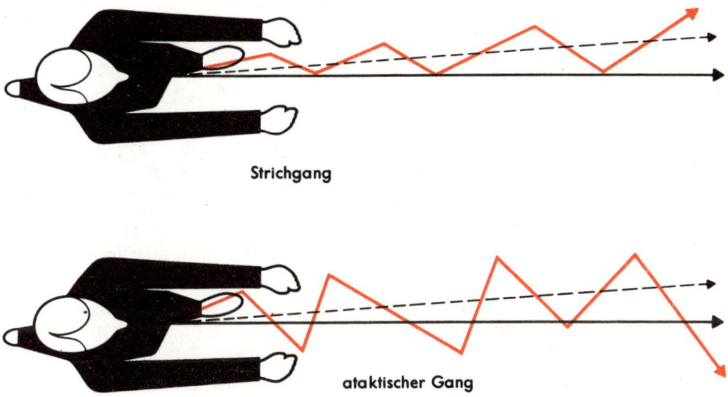

Abb. 2 Gehversuch bei geschlossenen Augen

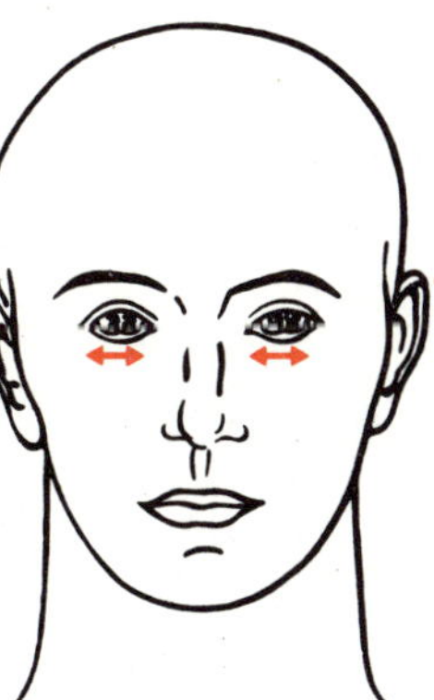

Abb. 3 Augenzittern

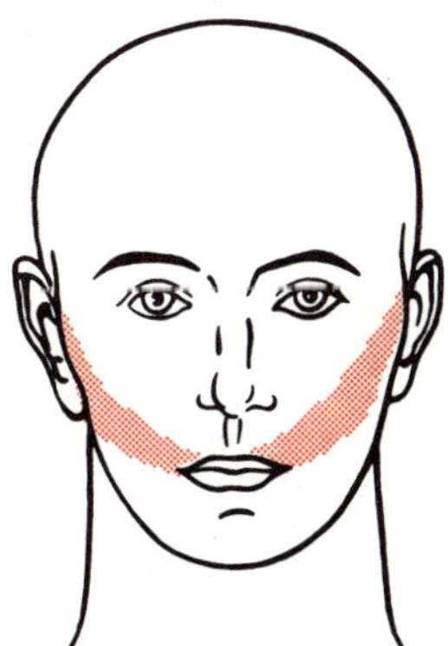

Abb. 4 Doppelseitige Trigeminusneuralgie

GEHIRN

Das Gehirn (Encephalon, Cerebrum; Abb. 1) ist der in der knöchernen Schädelhöhle liegende Teil des Zentralnervensystems (ZNS). Am Gehirn unterscheidet man das *Großhirn (Cerebrum)*, das beim Menschen etwa 80 % des gesamten Hirnvolumens ausmacht, den *Hirnstamm (Truncus cerebri)* und das *Kleinhirn (Cerebellum)*. Die gewölbte Oberseite des Gehirns (Facies convexa) liegt mit der Großhirnrinde dem Dach des Schädels an. An der ihr gegenüberliegenden, der Schädelbasis zugekehrten Unterfläche (Facies basalis, Hirnbasis) liegen die Ein- und Austrittstellen der Hirnnerven. Aus entwicklungsgeschichtlichen Gründen unterscheidet man am Gehirn 5 große Abschnitte: das *Endhirn* (Telencephalon, mit dem Großhirn), das *Zwischenhirn* (Diencephalon), das *Mittelhirn* (Mesencephalon), das *Hinterhirn* (Metencephalon) mit dem Kleinhirn und das *Nachhirn* (Myelencephalon) mit dem verlängerten Mark, der Medulla oblongata. Die letzten beiden Abschnitte werden auch als *Rautenhirn* (Rhombencephalon) zusammengefaßt. – Das Gehirn wird von einem mit Gehirn-Rückenmarks-Flüssigkeit (Liquor) gefüllten Kanal durchzogen, der die Fortsetzung des Rückenmarkskanals darstellt und sich im Rauten-, Zwischen- und Endhirn zu den 4 *Hirnkammern (Hirnventrikeln)* ausweitet. – Das Gehirn ist, wie das Rückenmark, von 3 Häuten umgeben, der *harten Hirnhaut (Dura mater)*, der *Spinnwebhaut (Arachnoidea)* und der *weichen Hirnhaut (Pia mater)*. Das Durchschnittsgewicht des Gehirns beträgt beim Mann 1375, bei der Frau 1245 g.

Das *Großhirn*, Hauptanteil des Endhirns, besteht aus zwei stark gefurchten Halbkugeln (Hemisphären), die durch einen tiefen Einschnitt voneinander getrennt sind. Die Verbindung zwischen den beiden Hemisphären wird durch den *Balken* hergestellt, einen dicken Nervenstrang am Boden des trennenden Grabens (Abb. 1). Das Großhirn besteht von außen nach innen aus einer grauen Rindensubstanz, einer weißen Markschicht und aus einigen grauen Kernen, den sog. Stammganglien.

Die *Hirnrinde* ist durchschnittlich nur etwa 3 mm dick, enthält aber insgesamt rund 10 Milliarden Nervenzellen. Mit ihren Nervenfasern, die sich reichlich verzweigen und zum Teil im Hirnmark verlaufen, stehen die Zellen der Großhirnrinde in vielfältiger Verbindung miteinander: Jede von ihnen kann bis zu 10 000 Kontakte mit anderen Zellen knüpfen. – *Kommissurenbahnen* nennt man Züge von Nervenfasern, die gleichartige Teile der Hemisphären (über den Balken) miteinander verbinden. – *Assoziationsbahnen* dagegen verknüpfen verschiedene Teile der gleichen Großhirnhälften untereinander. – Schließlich steht die Hirnrinde durch ihre langen, auf- und absteigenden Bahnen *(Projektionsbahnen)* direkt oder indirekt mit allen tieferen Abschnitten des ZNS (und dadurch mit der ganzen Körperperipherie) in Verbindung. Beispiel einer solchen Projektionsbahn ist die Pyramidenbahn (von der motorischen Hirnrinde zu den Vorderhörnern des Rückenmarks, s. S. 364), die im Dienste der Willkürmotorik steht. Die Fasern aller erwähnten Nervenbahnen bilden das weiße *Großhirnmark*.

Die Hirnrinde kann, von außen betrachtet, in verschiedene Bereiche aufgeteilt werden, in denen ihre einzelnen Funktionen in mehr oder weniger gut abgegrenzten *Hirnzentren* lokalisiert sind (sog. Hirnrindenkarten). So besitzt die Hirnrinde z. B. Zentren, in denen die sinnlichen Wahrnehmungen bewußt werden *(psychosensorische Rindenzentren)*. Diese gliedern sich in Felder, in denen Wahrnehmungsbilder von Objekten entstehen, ohne als solche erkannt zu werden *(Wahrnehmungsfelder)*, und in Felder, in denen das Wahrgenommene als solches identifiziert, d. h. erkannt wird *(Erinnerungsfelder)*. Jeder Sinneseindruck wird zunächst einem Wahrnehmungsfeld zugeleitet, so etwa dem Sehbereich, dem Hörbereich usw. Die Wahrnehmungsfelder bilden eine Art Nachrichtenzentrale, in der Sinneseindrücke und der Verlauf von „Ereignissen" gewissermaßen zur Schau gestellt werden. Deckt sich das Wahrgenommene mit der früheren Erfahrung, so erfolgt die Identifikation unter Mitwirkung der Erinnerungsfelder gleichsam in einem Akt. Andernfalls müssen besondere Vorgänge (das „Denken") eingeschaltet werden, damit die Sinnesempfindung gedeutet werden kann. Die weitere

Analyse und Verarbeitung der sensorischen Meldungen erfolgt – sofern sie das Bewußtsein erreichen – in besonderen *Assoziationszentren* der Hirnrinde, deren Hauptaufgabe demnach die spezifisch menschlichen Denkvorgänge sind. In den Assoziationszentren werden auch jene Entscheidungen getroffen, die schließlich zu „Befehlen" als höhere Antwort auf die empfangenen Sinneseindrücke führen. Sie gehen von den *motorischen Rindenzentren* aus, die für alle bewußten Verhaltensweisen wie Sprechen, Schreiben, Fortbewegung usw. verantwortlich sind.

Anatomisch gliedert sich die Großhirnrinde in Stirnlappen, Scheitellappen, Schläfenlappen und Hinterhauptslappen, jeder mit mehreren Großhirnwindungen. Vor der Zentralfurche des Scheitelhirns liegt die vordere Zentralwindung mit den motorischen Zentren für die einzelnen Körperabschnitte (Ursprung der Pyramidenbahn), hinter der Zentralfurche die hintere Zentralwindung als primäres Projektionsfeld (erste Empfangsstelle) für Sinneseindrücke aus der Körperfühlsphäre (von den Temperatur-, Tast- und Schmerzrezeptoren der Peripherie). Die höheren Sinnesorgane haben getrennte Projektionsfelder in der Großhirnrinde (für den Gesichtssinn im Hinterhauptslappen, für den Gehörssinn im oberen Schläfenlappen).

Die *Stammganglien* gehören zu den Zentren des extrapyramidal-motorischen Systems und haben im wesentlichen Verknüpfungs- und Vermittlungsfunktionen, u. a. mit dem Stammhirn, dem Kleinhirn und dem Rückenmark.

Zum Zwischenhirn gehören der paarig angelegte Thalamus (Sehhügel) und der Hypothalamus. Der *Thalamus* ist zum Teil einfach nervöse Schaltstation zwischen

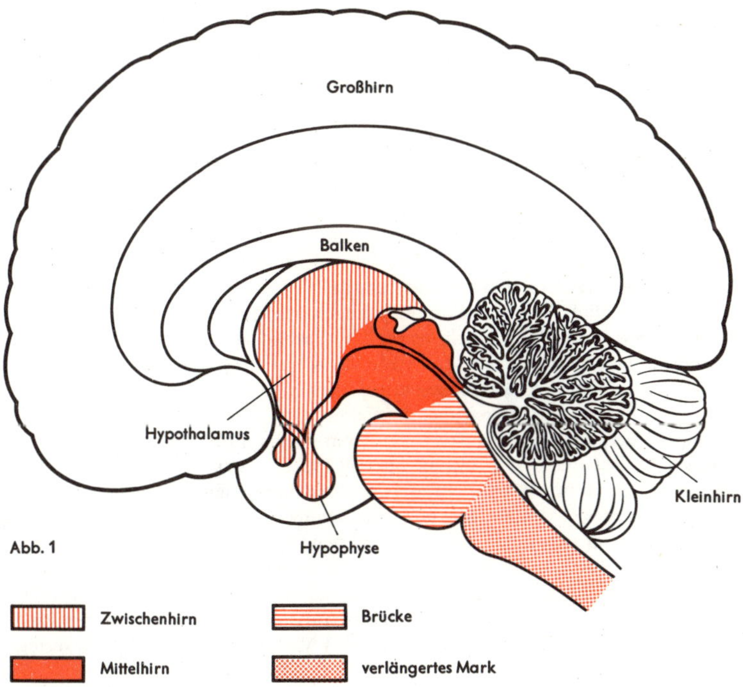

Abb. 1

Peripherie und Großhirn, zum Teil Bestandteil des extrapyramidal-motorischen Systems. Verschiedene Kerngruppen des Thalamus sind darüber hinaus aber auch entscheidend an der Verarbeitung und Interpretation vor allem sensorischer (auch vegetativer) Erregungen beteiligt. Die *Projektionskerne* des Thalamus übertragen sensorische Erregungen auf ihre letzte Wegstrecke zur Großhirnrinde. Die *Assoziationskerne* werden über die Projektionskerne aktiviert. Sie stehen mit den Assoziationsfeldern der Großhirnrinde in doppelläufiger Verbindung und tragen so wesentlich zur Umarbeitung von Sinnesreizen in bewußte Empfindungen und Wahrnehmungen bei. Die *retikulären Thalamuskerne* schließlich spielen (als Fortsetzung der Formatio reticularis) bei der affektiven (gefühlsbetonten) Färbung von Sinnesempfindungen eine Rolle.

Im *Hypothalamus* befinden sich verschiedene übergeordnete Zentren des autonomen Nervensystems, von denen aus lebenswichtige vegetative Funktionen des Organismus gesteuert werden, so z. B. der Wärme-, Wasser-, Salz- und Energiehaushalt des Körpers. Über die Hypophyse steuert der Hypothalamus vor allem auch die Funktionen verschiedener Hormondrüsen, wie umgekehrt manche Hormondrüsen regulierend auf das Zwischenhirn zurückwirken, so daß man von einem übergeordneten *Zwischenhirn-Hypophysen-System* sprechen kann. Dem Hypothalamus direkt übergeordnet ist das *limbische System*, das sich wie ein Saum (lat. limbus) um den Hirnstamm legt und als entwicklungsgeschichtlich ältester Teil eigentlich noch zum Großhirn gehört. Es stellt ein zentrales Regulationsgebiet des vegetativen Gesamtgeschehens dar und spielt, da hier wahrscheinlich die „Gefühle“ und ihre Bezüge zu bestimmten Umweltsituationen anatomisch verankert sind, eine entscheidende Rolle für das gesamte emotionelle Verhalten des Menschen. Von ihm gehen nicht nur alle elementaren Gefühlsreaktionen aus, sondern auch jene Antriebe, die der Erhaltung sowohl des Individuums als auch der Art dienen.

Das *Kleinhirn*, das wie das Großhirn aus zwei Hemisphären besteht, ist vor allem für den richtigen Ablauf aller Körperbewegungen verantwortlich; zudem ist es maßgeblich an der Erhaltung des Gleichgewichtes und der richtigen Verteilung des Muskeltonus beteiligt. Es ist daher aufs engste mit dem Vestibularapparat des Innenohrs (als Gleichgewichtsorgan) sowie mit dem pyramidalen und dem extrapyramidalen motorischen System des Körpers verbunden. Desgleichen muß es über alle Nachrichten informiert werden, die aus den Sinnesorganen des Körpers stammen.

Zum *Hirnstamm (Stammhirn)*, dem entwicklungsgeschichtlich ältesten Teil des menschlichen Gehirns, gehören u. a. das Mittelhirn, die *Brücke*, die Verbindungen zwischen verschiedenen Hirnteilen herstellt, und das verlängerte Mark. Im *Mittelhirn* liegen verschiedene sensible und motorische Zentren für optische und akustische Empfindungen sowie Kerne des extrapyramidal-motorischen Systems. Die Großhirnschenkel, die ebenfalls zum Mittelhirn gerechnet werden, enthalten die Pyramidenbahn.

Das *verlängerte Mark (Medulla oblongata)* enthält lebenswichtige Zentralstellen, unter ihnen das Atemzentrum, die niederen Kreislaufzentren sowie Reflexzentren für das Niesen, Schlucken, Erbrechen u. a.

Als *Formatio reticularis* bezeichnet man ein dichtes Netzwerk von Schaltneuronen mit einigen Kerngebieten, die sich längs über den ganzen Hirnstamm erstrecken. Die Formatio reticularis steht direkt oder indirekt so gut wie mit allen Teilen des ZNS bzw. ihren aufwärts oder abwärts führenden Bahnen in Verbindung und ist daher imstande, den gesamten „Meldeverkehr“ zum Gehirn zu überwachen (Erregungsauswahl). Sie kann u. a. (über die sog. Weckreaktion) die Aufmerksamkeit ein- und ausschalten (die Bewußtseinslage abstufen), die Aufmerksamkeit auf bestimmte Sinneseindrücke hinlenken und (zusammen mit anderen Hirnzentren) den Schlaf-wach-Rhythmus steuern. Die Formatio reticularis ist außerdem Teil des extrapyramidal-motorischen Systems und in dessen Rahmen für den Muskeltonus und die Reflexerregbarkeit mitverantwortlich.

HIRNNERVEN

Die zwölf Paare der Kopf- und Hirnnerven (Nervi craniales) entspringen überwiegend im Mittel- und Rautenhirn und haben ihr peripheres Versorgungsgebiet vor allem im Kopfbereich. Sie werden mit römischen Zahlen bezeichnet:

I = Riechnerv (Nervus olfactorius); er kommt vom Riechepithel der Nasenschleimhaut.

II = Sehnerv (Nervus opticus); er kommt von der Netzhaut des Auges.

III = Augenmuskelnerv (Nervus oculomotorius); rein motorisch versorgt er besonders die äußeren Augenmuskeln.

IV = Rollnerv (Nervus trochlearis); er versorgt als rein motorischer Nerv den oberen schrägen Augenmuskel.

V = Drillingsnerv (Nervus trigeminus); der stärkste aller Hirnnerven, der motorische und sensible Nervenfasern enthält und sich in drei Hauptäste teilt: den Augennerv (Nervus ophthalmicus), der die Stirn, Tränendrüse, Augenbindehaut, Augenwinkel, Siebbein und Teile der Nase sensibel versorgt; den Oberkiefernerv (Nervus maxillaris), der insbesondere die Oberkieferregion, die Oberkieferzähne, den Gaumen und Teile der Gesichtshaut versorgt; den Unterkiefernerv (Nervus mandibularis), der, sensibel und motorisch, Kaumuskulatur, Zunge, den Mundboden sowie die Haut über dem Unterkiefer versorgt.

VI = seitlicher Augenmuskelnerv (Nervus abducens), ein motorischer Nerv, der den seitlichen geraden Augenmuskel versorgt.

VII = Gesichtsnerv (Nervus facialis), der mit zahlreichen Verästelungen die Gesichtsmuskeln, die Haut im Bereich der Ohrmuscheln und verschiedene Drüsen im Bereich des Kopfes versorgt; er hat auch parasympathische Fasern.

VIII = Hör- und Gleichgewichtsnerv (Nervus statoacusticus); er übernimmt die Fortleitung der Gehörempfindung und vermittelt Signale aus dem Gleichgewichtsorgan.

IX = Zungen-Schlund-Nerv (Nervus glossopharyngeus), ein motorischer, sensibler und parasympathischer Nerv, der die Zunge, die Rachenmuskulatur, die Paukenhöhle, die hintere Rachenschleimhaut und die Ohrspeicheldrüse versorgt.

X = Eingeweidenerv oder umherschweifender Nerv (Nervus vagus); er enthält motorische, sensible und parasympathische Fasern, erstreckt sich vom Hals bis zum Magen-Darm-Trakt und innerviert in seinem Verlauf zahlreiche Muskeln (in Rachen, Kehlkopf, Speiseröhre sowie die glatte Muskulatur der Atemwege und des Darmkanals), Drüsen und Drüsenorgane, besonders der Bauchhöhle, und den Gehörgang.

XI = „Beinerv“ (Nervus accessorius); er ist ein rein motorischer Nerv, der den Kopfwender und den Kappenmuskel beiderseits der Wirbelsäule versorgt.

XII = Zungenmuskelnerv (Nervus hypoglossus); er versorgt motorisch die zungeneigene Muskulatur.

SCHLAGANFALL

Als Schlaganfall (Apoplexie) bezeichnet man mehr oder minder plötzliche, oft mit schweren Bewußtseinsstörungen einhergehende Ausfallserscheinungen des Gehirns. Auslösende Ursachen sind oft Durchblutungsstörungen bzw. Gefäßverschlüsse mit nachfolgender Hirnerweichung oder auch Gefäßrisse mit anschließender Hirnblutung (Abb. 2). Wird die Gesamtdurchblutung des Gehirns (Abb. 1) für 8–10 Minuten gedrosselt, kommt es zum Tode. Dagegen führt der Verschluß einzelner Hirngefäße auf Grund der zahlreichen Kreislaufkurzschlüsse nicht immer zu Ausfallserscheinungen. Vor allem an der Hirnbasis gibt es größere Querverbindungen zwischen den inneren Ästen der Halsschlagadern und den Wirbelschlagadern (Abb. 1 und 3).

75 % aller Schlaganfälle sind die Folge von Durchblutungsstörungen mit Hirnerweichung. Meist werden 70- bis 80jährige Männer oder Frauen befallen. Zu der Hauptursache, nämlich einer Arteriosklerose (und Thrombose) der Gehirngefäße, kommen meist noch zusätzliche auslösende Momente hinzu. Im Vordergrund steht dabei ein allgemeiner Blutdruckabfall, wie er im Schlaf auftritt; die Ausfallserscheinungen werden dann meist morgens beim Erwachen festgestellt (Ruheapoplexie). Der Blutdruck kann auch nach schweren Mahlzeiten (Belastungsapoplexie) oder nach intensiver Belastung (Entspannungsapoplexie) abfallen.

Der klassische, voll ausgebildete Hirnschlag ist durch eine plötzliche, halbseitige Lähmung gekennzeichnet, die meist im Schlaf oder aus vollem Wohlbefinden heraus auftritt. Gelegentlich gehen stundenlange Kopfschmerzen und allgemeines Unwohlsein voraus; manchmal treten die Lähmungen auch nicht schlagartig, sondern erst im Verlauf von Stunden auf. Nur bei etwa der Hälfte der Patienten kommt es zu einer mehr oder minder langdauernden Bewußtlosigkeit. Anfangs sind die Lähmungen meist schlaff, die meisten Reflexe normal oder geringgradig vermindert. Das sogenannte *Babinski-Zeichen* ist positiv: Beim Bestreichen des seitlichen Fußsohlenrandes wird die Großzehe fußrückenwärts gestreckt, während die übrigen Zehen unter fächerförmiger Spreizung nach unten gebeugt werden. Anfänglich sehen die Augen der Kranken vom Krankheitsherd weg. Nach einiger Zeit geht die schlaffe in eine krampfartige Lähmung über; am Arm überwiegt die Beugung, am Bein die Streckung. Kopf und Augen sind jetzt dem Herd zugewandt. Ein Fünftel der Betroffenen stirbt am ersten Hirnschlag, zwei weitere Fünftel sterben nach neuerlichen Schlaganfällen. Wird der Anfall überlebt, geht die Beinlähmung in der Regel schneller zurück als die Armlähmung. Später zieht der Kranke das betroffene Bein meist halbkreisförmig nach und schwingt den gelähmten, leicht gebeugten Arm beim Gehen nicht mit (Abb. 4).

Etwa 10 % aller Schlaganfälle, die mit *Hirnerweichung* einhergehen, werden durch verschleppte Blutpfröpfe verursacht (Gehirnembolien; vgl. S. 80). In einem Teil dieser Fälle geht der Embolie ein Herzinfarkt voraus, in einem anderen Teil eine Verengerung der linken Segelklappe (Mitralstenose mit gleichzeitigem Vorhofflimmern).

Mit 10–20 % aller Hirnschläge sind die *Hirnblutungen* weitaus seltener als die Hirnerweichungen. 90 % der davon Betroffenen sind erst 40–50 Jahre alt, 80 % leiden an einem Bluthochdruck; Ursache der Hirnblutung ist dann das Zerreißen der sklerotischen Gefäße mit Einbruch in die Hirnhohlräume (Ventrikeleinbruch). Die Krankheitserscheinungen treten in der Regel plötzlich, meist am Tage während der Arbeit auf. Etwas mehr als die Hälfte der Betroffenen wird bewußtlos. Tiefes Koma, röchelnde Atmung und Streckkrämpfe (Enthirnungsstarre) weisen auf schwere Zustände mit entsprechend geringen Überlebenschancen hin.

Zur *Therapie* von Durchblutungsstörungen ohne Hirnblutung werden niedermolekulare Plasmaeiweißersatzstoffe (Dextrane) verwendet; sie verbessern die Fließeigenschaften des Blutes. Acetylsalicylsäure vermindert die Zusammenballungsneigung der Blutplättchen. Bei arteriosklerotischer Gefäßeinengung der Zubringerarterien kommen (auch zur Vorbeugung) gefäßchirurgische Maßnahmen in Frage (u. a. Ausräumung, Katheterdilatation, künstlicher Umgehungskreislauf z. B. zwischen der Schläfenarterie und einem Ast der inneren Kopfschlagader).

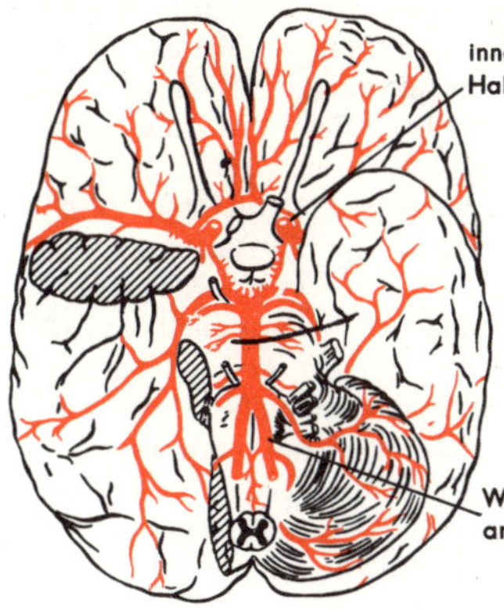

Abb. 1 Blutversorgung des Gehirns

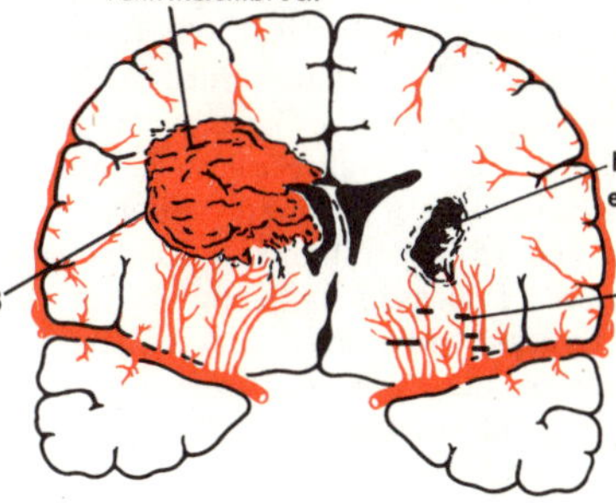

Abb. 2 Arten des Schlaganfalls

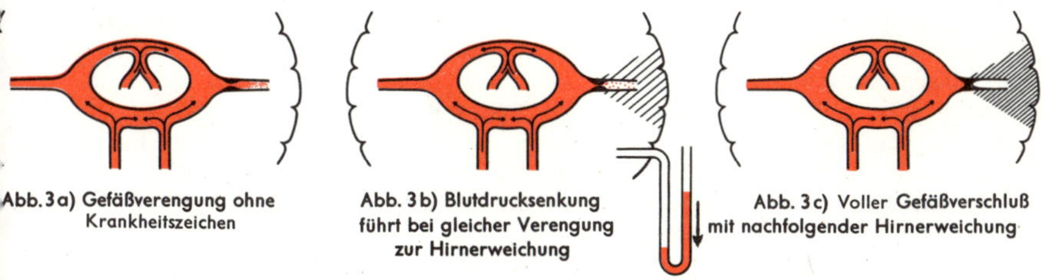

Abb. 3 a) Gefäßverengung ohne Krankheitszeichen

Abb. 3 b) Blutdrucksenkung führt bei gleicher Verengung zur Hirnerweichung

Abb. 3 c) Voller Gefäßverschluß mit nachfolgender Hirnerweichung

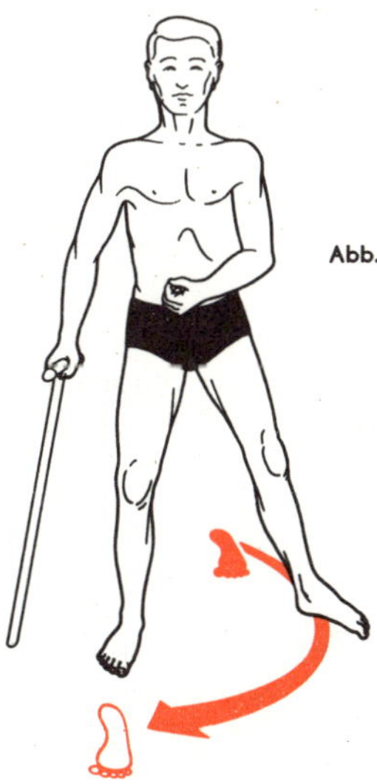

Abb. 4 Haltung und Gang eines Schlaganfallgelähmten

EPILEPSIE

Epilepsie (Fallsucht) ist eine Anfallskrankheit, die meist mit Bewußtseinsstörungen einhergeht und von abnormen Bewegungsabläufen begleitet ist. Die Anfälle entstehen durch Enthemmung der Erregungsübertragung in den Schaltzellen des Gehirns, wodurch sich mehrere Schaltzellgruppen gleichzeitig entladen; dieser Vorgang kann im Hirnstrombild erfaßt werden (Abb. 1 u. 2). Manchmal lassen sich Krankheitsursachen ermitteln, so z. B. Gewebsveränderungen (durch Geschwülste, Narben oder Mißbildungen) oder Stoffwechselstörungen mit Brennstoffmangel wie Blutzuckersenkung oder Sauerstoffverarmung (symptomatische Epilepsie). Bei 75 % der erwachsenen Kranken und 25 % der kranken Kinder sind Krankheitsursachen jedoch nicht faßbar (genuine Epilepsie). Insgesamt leidet etwa ein halbes Prozent der Erdbevölkerung an Epilepsie, Männer (im Verhältnis 5:4) etwas häufiger als Frauen. – Als äußere Ursachen der *symptomatischen Epilepsie* kommen Verletzungen mit nachfolgender Narbenbildung, Entzündungen des Gehirns und der Hirnhäute, Vergiftungen und raumfordernde Erkrankungen (Tumoren) des Schädelinnern in Frage. Es gibt Gelegenheitsanfälle, die nur im Rahmen einer Begleiterkrankung auftreten und mit ihr wieder verschwinden, wie z. B. die Fieberkrämpfe der Kleinkinder, und Anfallsleiden im eigentlichen Sinne, bei denen durch Fortbestehen der Ursachen über größere Zeiträume immer wieder neue Anfälle auftreten. Mehr als die Hälfte aller Epilepsien beginnen bereits im Kindesalter (3–15 Jahre). Häufigste Ursache sind Hirnschäden aus der Vorgeburtsperiode (Sauerstoffmangel, Syphilis, Röteln und Vergiftungen) oder bei der Geburt (Atemstillstand, Zangenverletzungen oder Blutungen im Schädelinnern). Zu den spät wirksam werdenden Epilepsieursachen gehören Entzündungen des Gehirns und der Hirnhäute, Unfallverletzungen (Abb. 3), Gefäßmißbildungen des Gehirns und Hirntumoren. Erstanfälle im mittleren Lebensalter sind häufig durch herdförmige Veränderungen des Gehirns bedingt, etwa durch Geschwülste, Hirnblutungen, Erweichungen oder eine Hirnsyphilis (s. S. 341 und S. 536). Bei Erwachsenen spielen auch akute oder chronische Vergiftungen eine Rolle, z. B. der Alkoholismus.

Bei der familiär gehäuft auftretenden *genuinen Epilepsie* läßt sich keinerlei Grundkrankheit nachweisen. Die ersten Anfälle treten recht häufig schon mit fünf bis acht Jahren auf, manchmal auch zur Zeit der beginnenden Geschlechtsreife oder zwischen dem 20. und 25. Lebensjahr. Nach dem 30. Lebensjahr gehören Erstanfälle meist zu einer symptomatischen Epilepsie. Die eigentliche Ursache der genuinen Epilepsie ist nicht bekannt. Bei der feingeweblichen Untersuchung findet man zwar Veränderungen im Kleinhirn und im Ammonshorn des Großhirns, jedoch ist ungewiß, ob es sich dabei um die Ursache oder um Folgen der Erkrankung handelt. Genuine und symptomatische Epilepsie sind im Anfall meist nicht voneinander zu unterscheiden. Seelische Veränderungen, die man früher als typisches Kennzeichen der genuinen Epilepsie ansah, kommen auch bei schwerer symptomatischer Epilepsie vor. Sie hängen vom zerebralen Anfallsursprung und von der Anfallshäufigkeit ab.

Unter dem epileptischen Anfall stellt man sich gemeinhin den *großen Krampfanfall (Grand mal)* vor. Er setzt meist so plötzlich ein, daß die Kranken keine Zeit haben, sich hinzusetzen oder sonst zu sichern. Wie vom Blitz getroffen, stürzen sie bewußtlos zu Boden und verletzen sich dabei häufig. Nun gerät die gesamte Körpermuskulatur in einen schweren Krampfzustand, bald in Form von Streckkrämpfen, bald unter leichter Beugung des Körpers mit vorgestreckten Armen. Auch die Brustkorbmuskeln nehmen am allgemeinen Muskelkrampf teil, die Luft wird ausgepreßt und durch die gleichfalls krampfenden Stimmbänder getrieben, wodurch es zum „epileptischen Schrei" kommt. Diese Krampfphase, während der der Atem stockt und der Kranke tiefblau anläuft, so daß man glaubt, er könne ersticken, hält eine bis zwei Minuten an. Dann geht ein kurzes Rucken durch den Körper, und es beginnt die zweite Phase des Anfalls. Die Beine beginnen jetzt kurz und ruckartig zu schlagen, der Atem wird stoßweise ausgetrieben, der Kopf oft nach einer Seite gerissen und die Augen – bei weiten Pupillen – verdreht; die Zunge wird ruckweise herausgepreßt,

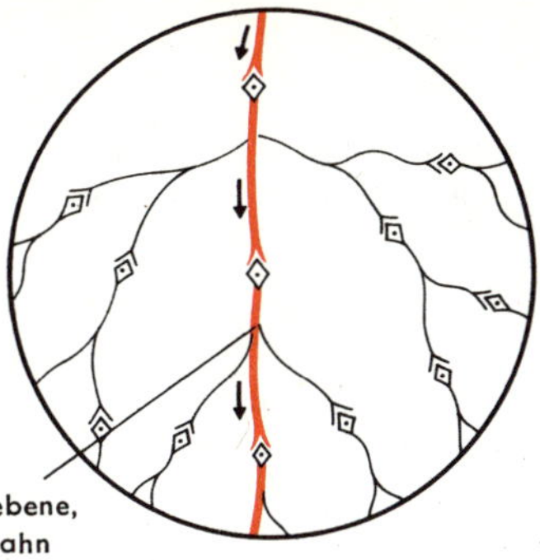

Abb. 1
Normale Ausbreitung der Nervenerregung auf isolierten Bahnen (1 a) mit entsprechendem Hirnstrombild (1 b)

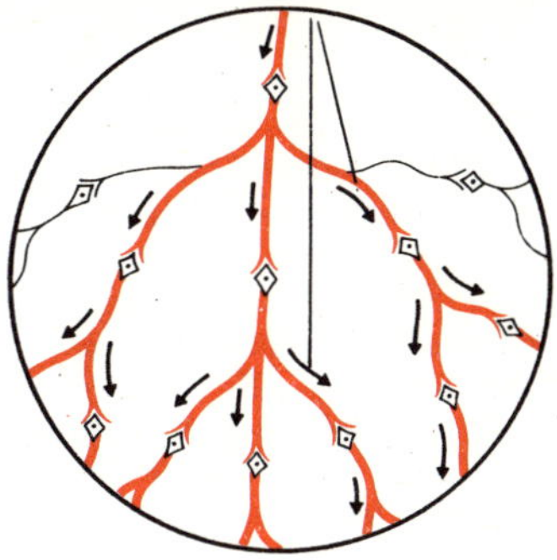

Abb. 2
Diffuse, übermäßige Ausbreitung der Nervenerregung beim epileptischen Anfall (2 a) mit entsprechendem Hirnstrombild (2 b)

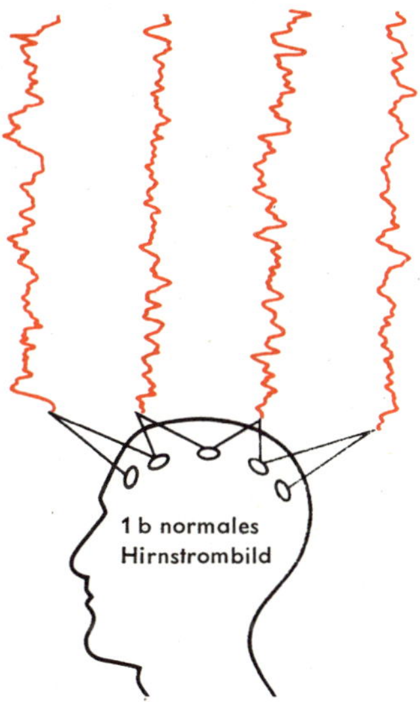

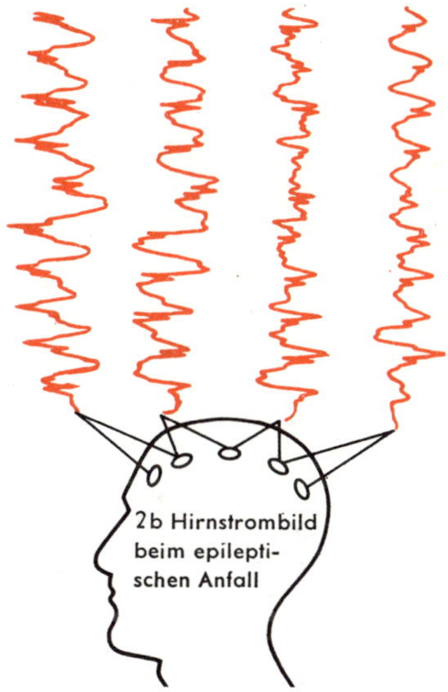

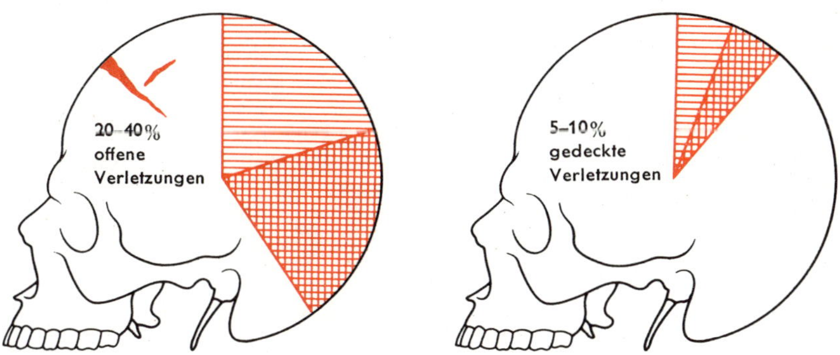

Abb. 3 Häufigkeit epileptischer Erkrankungen nach Kopfverletzungen

und die Kiefer schlagen gegeneinander, so daß es zum Zungenbiß und zu Lippenverletzungen kommen kann. Der zähe Speichel wird durch Atmung und Zungenschlag schaumig, von den Verletzungen u. U. blutig verfärbt. Unfreiwillig geht Urin ab, manchmal auch Stuhl. Nach zwei bis drei Minuten werden die Krampfstöße seltener, die Blaufärbung läßt unter tiefen, schnarchenden Atemzügen nach, und der Kranke fällt in einen kurzen Schlaf mit völliger Entspannung aller Gliedmaßen. Nach einiger Zeit kehrt das Bewußtsein zurück und macht oft einem erschöpften, mehrere Stunden dauernden Schlafzustand Platz. Manchmal erholen sich die Kranken auch schon nach zehn Minuten. Vom abgelaufenden Anfall wissen die Kranken nichts, sie werden erst durch Verletzungen oder eingenäßte Kleider darauf aufmerksam. Dem großen Anfall gehen manchmal Vorzeichen wie Unlust, innere Spannung und Unruhe voraus; nicht selten hat der Kranke vorher das Gefühl, er werde „angeblasen“; manchmal sieht er auch Flimmererscheinungen oder hört Dröhnen und Glockenläuten *(epileptische Aura)*.

Der *kleine Anfall (Petit mal)* ist uneinheitlich. Für das Kleinkind sind die *Blitz-Nick-Salaam-Krämpfe* typisch. Bei den Salaam-Krämpfen kommt es zu einer langsamen Beugung des Oberkörpers und Kopfes, während die Arme gleichzeitig vor- oder seitwärts gehoben werden; bei den Blitzkrämpfen tritt eine ruckartige Bewegung auf, und bei den Nickkrämpfen, die meist zwischen dem 3. und 18. Lebensmonat beginnen, beschränkt sich der Anfall auf ein Vorbeugen des Kopfes. Die *Absencen* treten v.a. im Schulkindalter auf. Es handelt sich um Bewußtseinspausen von 5 bis höchstens 30 Sekunden, bei denen nur die Geistesabwesenheit bei starrem Gesichtsausdruck und verschwommenem Blick auffällt. Die *Herd-* oder *Jackson-Anfälle* nehmen ihren Ursprung von mehr oder weniger begrenzten Veränderungen der zentralen Gehirnwindungen als Sitz der Bewegungsantriebe. Sie beginnen gewöhnlich mit dem Zucken einer Gesichts- und Körperhälfte und entwickeln sich unter Bewußtseinsverlust manchmal zu allgemeinen Anfällen.

Die epileptischen Anfälle sind an keine bestimmte Tageszeit gebunden. Bei Frauen findet man eine Häufung um die Zeit der monatlichen Regelblutung. Die Anfallsfrequenz wechselt auch bei den einzelnen Epileptikern beträchtlich. Anfälle können mehrfach am Tage und dann erst wieder nach wochenlangen Zwischenräumen auftreten. Bei ganz milden Formen der Epilepsie kommt nur alle paar Jahre ein schwerer Anfall vor. Die epileptischen Anfälle werden bedrohlich, wenn sie allzu häufig aufeinanderfolgen. Dabei kann über viele Stunden hin ein Anfall den anderen ablösen *(Status epilepticus)*.

Anfall und Anfallskrankheit sind in der Regel kein Grund zur Klinikeinweisung. Dies ist nur bei jenen Patienten notwendig, die im Ablauf ihres Leidens Verstimmungs- oder Dämmerzustände durchmachen. Bei den symptomatischen Epilepsien läßt sich die Anfallursache manchmal durch Behandlung des Grundleidens beseitigen, so durch Entfernung von Narben oder Tumoren. Meist ist die Behandlung darauf gerichtet, die Anfälle und damit den geistigen Verfall zu verhindern. Die modernen *Antikrampfmittel (Antiepileptika)* sind bei 80–85 % der Epileptiker wirksam, doch wirken nicht alle Präparate auf alle Anfallsformen und alle Kranken gleich gut. Die Behandlung wird in der Regel so lange fortgesetzt, bis mindestens drei Jahre lang keine Anfälle mehr aufgetreten sind. Den Kranken ist zu raten, alle absturzgefährdeten Arbeiten und Arbeiten an ungeschützten Maschinen zu meiden.

HIRNHAUTENTZÜNDUNG

Die *Hirnhäute (Meningen)* stellen zusammen mit den Rückenmarkshäuten die bindegewebige Umhüllung des Zentralnervensystems dar. Sie dienen der elastischen Aufhängung des Gehirns und Rückenmarks innerhalb des Schädels bzw. Wirbelkanals. Weiterhin stellen sie Gefäßleitbahnen dar und verhindern schließlich, zusammen mit anderen Einrichtungen der Blut-Hirn-Schranke, das Eindringen schädlicher Stoffe in das Gehirn.

Die häufigste Erkrankung der Hirnhäute ist die *Hirnhautentzündung (Meningitis)* als Folge einer Infektion mit Bakterien oder Viren. Die Erkrankung ist an kein Lebensalter gebunden, zeigt aber besonders schwere Verläufe bei verminderter Abwehrkraft (z. B. im Säuglingsalter), bei widerstandsmindernden Begleiterkrankungen oder im Greisenalter. Folgende Krankheitszeichen weisen auf eine Hirnhautentzündung hin: Kopfschmerzen, Fieber, Erbrechen, Nackensteifigkeit, Bewußtseinsstörungen bis zur tiefen Bewußtlosigkeit, starke Berührungs-, Geräusch- und Lichtempfindlichkeit.

Die Hirnhautentzündungen kann man in vier große Gruppen einteilen, die sich in ihrer Erscheinungsform und vor allem hinsichtlich der erforderlichen Behandlung unterscheiden. Die *akute eitrige Hirnhautentzündung* ist eine bakterielle Infektion, die am häufigsten durch Meningokokken und Pneumokokken verursacht wird. Sie entsteht durch Infektion *(Meningitis epidemica, übertragbare Genickstarre)*, ferner fortgeleitet aus entzündlichen Prozessen der Nachbarschaft, durch Erregereinbruch bei offenen Schädelverletzungen oder schließlich, auf dem Blutweg übertragen, als Folge der Streuung eines entzündlichen Herdes (z. B. der Herzinnenwand oder der Lunge). Typisch für die Verlaufsform der akuten eitrigen Hirnhautentzündung sind das extrem hohe Fieber und die eitrige Beschaffenheit der Gehirn-Rückenmarks-Flüssigkeit (Liquor cerebrospinalis), die in schweren Fällen nach der Entnahme schon durch einfache Betrachtung zu erkennen ist. In leichteren Fällen ist eine starke Zellvermehrung festzustellen. Der Erreger kann durch Färbung oder durch bakteriologische Verfahren bestimmt werden. – Die Behandlung erfolgt durch spezifische Antibiotika, bei unbekannten Erregern durch Breitbandantibiotika.

Als *seröse Hirnhautentzündung* wird eine Reihe meist leichter verlaufender Erkrankungen der Hirnhäute mit unterschiedlicher Ursache bezeichnet. Bei virusbedingten Formen können neben Reizerscheinungen der Hirnhäute auch Anzeichen einer Gehirnentzündung (z. B. Lähmungen) hinzutreten. Die Untersuchung des Liquors ergibt bei der serösen Meningitis eine starke Eiweißvermehrung bei nur leicht erhöhter Zellzahl. Da bisher noch keine spezifische Behandlung der serösen Hirnhautentzündung möglich ist, beschränkt sich die Therapie auf Bettruhe, gute Pflege und fiebersenkende Maßnahmen.

Die *chronische Hirnhautentzündung* kann sich, vor allem bei ungenügender Behandlung, aus der akuten Verlaufsform entwickeln. Ohne diese Vorerkrankung ist sie meist Ausdruck einer Mitbeteiligung der Hirnhäute an entzündlichen Systemerkrankungen, wie z. B. der Toxoplasmose, der Syphilis, verschiedener Brucellosen oder Leptospirosen. Die chronische Hirnhautentzündung hat im allgemeinen einen leichten Verlauf, sie kann sogar völlig ohne Beschwerden bestehen und längere Zeit unbemerkt bleiben.

Eine besondere Form der Meningitis stellt die *tuberkulöse Hirnhautentzündung* dar, die sich vor allem an der Schädelbasis ausbreitet und deshalb auch sehr häufig die Hirnnerven mit einbezieht. Auf ihre Erkennung wird der Arzt häufig durch den gleichzeitigen Befall anderer Organe (vor allem der Lunge) hingeführt. Die tuberkulöse Hirnhautentzündung geht mit einer sehr starken Verminderung des Zuckergehaltes im Liquor einher. Der Nachweis von säurefesten Stäbchen (= Tuberkelbazillen) im Liquor sichert die Diagnose. Die Behandlung erfolgt mit Tuberkulostatika.

HORMONE · HORMONDRÜSEN HORMONDRÜSENERKRANKUNGEN

Hormone sind körpereigene Wirkstoffe, die zusammen mit dem Nervensystem die Vorgänge des Stoffwechsels, des Wachstums und der Fortpflanzung steuern (neurohumorale Regulation). Sie werden von ihrem Bildungsort in die Blutbahn ausgeschüttet und gelangen durch den Blutkreislauf in bestimmte Erfolgsorgane, wo sie ihre spezifische Wirkung entfalten. Die Hormone besitzen keine einheitliche chemische Struktur, auch ihre Wirkungsmechanismen sind recht unterschiedlich.

Die Hormone werden überwiegend in *Hormondrüsen (innersekretorische Drüsen)* gebildet. Meist kommen nur bestimmte Zellen eines Organs (bei der Bauchspeicheldrüse z. B. die A- und B-Zellen) für die Produktion eines bestimmten Hormons in Betracht. Andererseits können einige Hormone nicht nur im gleichen Organ, sondern auch in der gleichen Zelle gebildet werden (z. B. Schilddrüsenhormone). – Als *Gewebshormone* bezeichnet man Wirkstoffe mit Hormoncharakter, die nicht in einer speziellen Drüse, sondern im Gewebe gebildet werden und oft nur ein umschriebenes Wirkungsfeld haben. – Als *Neurohormone* bezeichnet man Hormone, die in Nervenzellen gebildet und über Nervenerregungen frei werden.

Weite Bereiche des Hormonsystems stehen unter der obersten Kontrolle des Großhirns. Zweithöchste Instanz ist das Zwischenhirn (hauptsächlich der Hypothalamus), das durch Nervenimpulse und/oder eigene Neurosekrete die Ausschüttung der untergeordneten Hormondrüsen freigibt. Eine dritte Stufe in dieser „Hierarchie“ nimmt die Hypophyse mit ihren drüsengerichteten Hormonen ein. An vierter Stelle stehen schließlich die peripheren Hormondrüsen mit ihren Endhormonen. Der Regelkreis wird zuletzt dadurch geschlossen, daß die Endhormone nicht nur auf den peripheren Stoffwechsel einwirken, sondern darüber hinaus eine rückläufige Gegenkontrolle (negative Rückkopplung) über die ihnen selbst übergeordneten Zentren ausüben.

Die wichtigsten *Drüsen mit innerer Sekretion* sind die Hirnanhangsdrüse (Hypophyse; S. 390), die Nebenschilddrüse (Epithelkörperchen, Glandulae parathyreoideae), die Schilddrüse (Glandula thyreoidea; s. S. 382 ff.), die Nebennieren (Glandulae suprarenales; S. 388 f.), die Bauchspeicheldrüse (Pankreas) mit ihrem Inselorgan (S. 176 ff.) und die Keim- oder Geschlechtsdrüsen (Gonaden; S. 272). Die hormongesteuerten Körperfunktionen können nur bei einer bestimmten, wohlabgestuften Hormonausschüttung normal ablaufen. Unterfunktion oder Überfunktion führen zu recht unterschiedlichen, jeweils typischen Krankheitsbildern.

Besonders kompliziert liegen die Verhältnisse bei der Hirnanhangsdrüse (Abb. 1). Eine bestimmte *Unterfunktion des Hypophysenhinterlappens* (bzw. Hypothalamus) wirkt sich hemmend auf die Sekretion von Adiuretin aus. Adiuretin sorgt in der Niere für die Ausscheidung eines konzentrierten Urins (s. S. 204). Adiuretinmangel führt daher zur Ausscheidung hoher Mengen stark verdünnten Harns (oft mehr als 15–20 l pro Tag), der sog. Wasserharnruhr (Diabetes insipidus). Der *Hypophysenvorderlappen* produziert drüsengerichtete Hormone und Endhormone. Die gestörte Ausschüttung der gonadotropen Hormone hat Keimdrüsenerkrankungen zur Folge (s. 272 ff.), Störungen der Thyreotropinausschüttung führen zur Schilddrüsenüber- oder -unterfunktion (S. 382 f.), gestörte ACTH-Ausschüttung hat entsprechende Fehlleistungen der Nebennierenrinde zur Folge (s. S. 383 f).

Direkte Stoffwechselwirkung im Sinne eines Endhormons hat das *Wachstumshormon* der Hypophyse. Fällt das Wachstumshormon während der Entwicklung aus, so kommt es zum Wachstumsstillstand. Die geschlechtliche Entwicklung stockt, die Kranken bleiben hinsichtlich Körpergröße und Gebaren kindhaft (wohlproportionierte „Hirnanhangsdrüsenzwerge“). Überproduktion von Wachstumshormon führt in der Entwicklungszeit zum *Riesenwuchs* („Hirnanhangsdrüsenriesen“). Tritt die gleiche Überproduktion erst nach Abschluß des Wachstums ein, so vergrößern und vergröbern sich die vorstehenden Körperteile (Akren), nämlich Nase, Lippen, Kinn und Extremitäten *(Akromegalie)*.

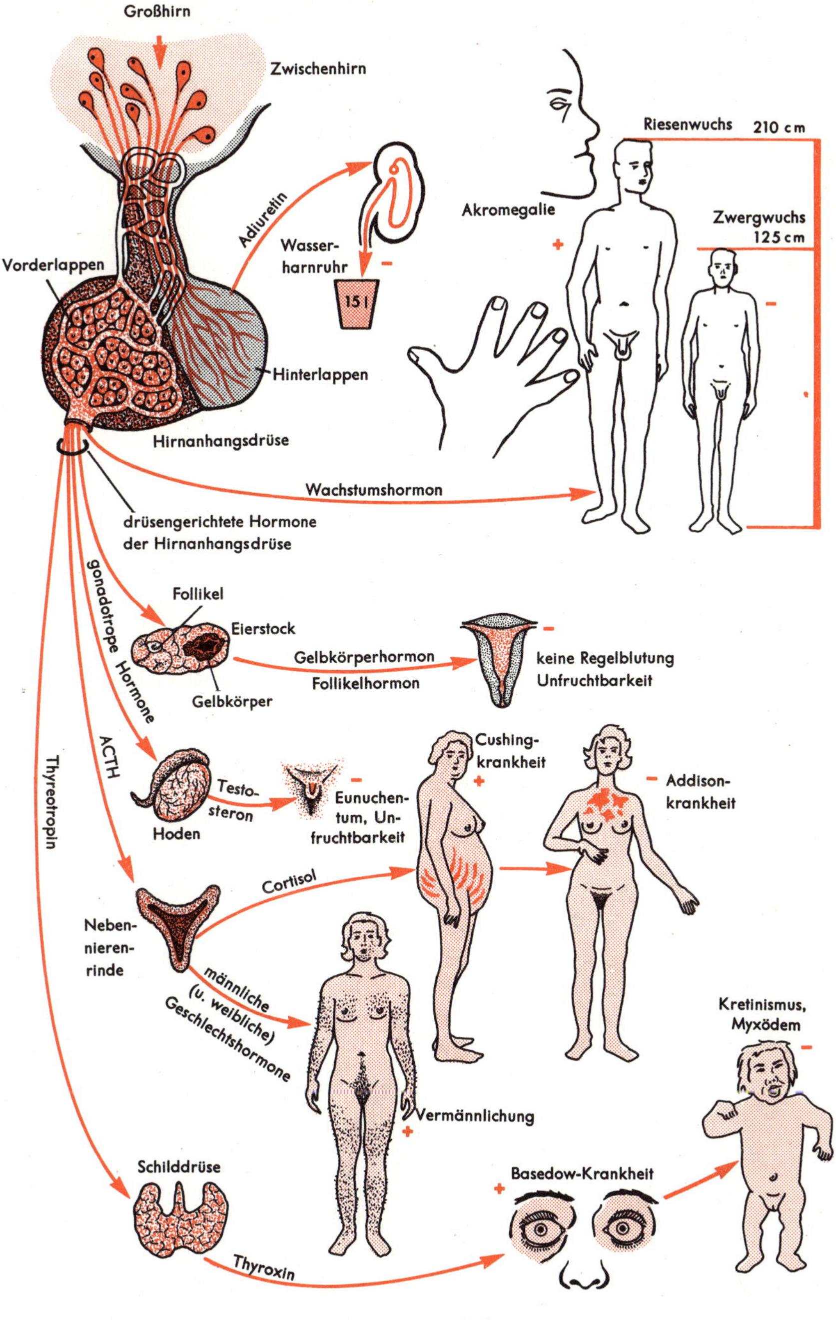

Abb. 1 Hormone der Hirnanhangsdrüse + Überfunktion – Unterfunktion

Erkrankungen der Hirnanhangsdrüse sind meist die Folge von Tumoren oder Gefäßverschlüssen. Dabei entstehen u. U. reine Ausfallserscheinungen, vor allem die sog. Magersucht. Zerstört der Tumor auch Teile des Zwischenhirns, kann es im Gegensatz dazu auch zur Fettsucht kommen (s. S. 133). Da die Hirnanhangsdrüse außerordentlich vielseitig ist, können Störungen des Hypophysen-Zwischenhirn-Systems aber auch mit recht komplizierten Krankheitsbildern einhergehen. Das tumorartige Wachstum einer bestimmten Zellgruppe kann z. B. die entsprechende Überfunktion auslösen (s. o.). Dabei werden auf Grund der Ausbreitung des wuchernden Gewebes oft andere Zelltypen zerstört, so daß im Umfeld gleichzeitig Mangelerscheinungen bzw. Unterfunktionszustände hervorgerufen werden. Wird der benachbarte Sehnerv räumlich eingeengt, entstehen außerdem Sehstörungen, vor allem Gesichtsfeldausfälle. Die Behandlung von Tumoren (und entsprechenden Überfunktionszuständen) der Hirnanhangsdrüse besteht in einer operativen Entfernung oder örtlichen Bestrahlung des Organs. Eventueller Hormonmangel kann durch Hormonpräparate ausgeglichen werden (Substitutionstherapie).

SCHILDDRÜSE · SCHILDDRÜSENÜBERFUNKTION SCHILDDRÜSENUNTERFUNKTION

Die *Schilddrüse* steuert maßgebliche Verbrennungsprozesse im Stoffwechsel des Organismus. Daher spricht sie auf viele allgemeine Stoffwechselreize an, wie z. B. auf Änderungen der Außentemperatur; auch Lebensalter, Geschlecht und die Art der Ernährung beeinflussen die Schilddrüsentätigkeit. Eine *Überfunktion der Schilddrüse (Hyperthyreose)* steigert die Stoffwechselvorgänge (schnelle Verbrennung der Nährstoffe, nervöse Übererregbarkeit). *Unterfunktion (Hypothyreose)* führt dagegen zu einer Verlangsamung der Lebensfunktionen (Drosselung der Verbrennungsvorgänge, Wachstumsverzögerung, Müdigkeit).

Im menschlichen Körper sind 50 mg Jod enthalten, davon befinden sich rund 15 mg in der Schilddrüse, die selbst nur etwa 25 g wiegt. Die Schilddrüse ist demnach offensichtlich eine Art „Jodfalle", die zur Hormonsynthese anorganisches Jod braucht und dieses Jodid aus dem Blutplasma abfängt. Das erforderliche Jod wird im Magen-Darm-Kanal aus der Nahrung aufgenommen, eventuelle Jodüberschüsse werden durch die Nieren ausgeschieden. Die Jodaufnahme der Schilddrüse hängt von ihrem Aktivitätszustand ab. Durch Zufuhr von radioaktivem Jod kann man den Jodeinbau in die Schilddrüse verfolgen und daraus auf ihre Aktivität schließen *(Radiojodtest)*.

Die Schilddrüse stellt zwei Hormone her, *Thyroxin (Tetrajodthyronin)* und das neunmal seltenere, dafür aber fünfmal wirksamere *Trijodthyronin*. Zwei wichtige Schritte im Verlauf dieser Synthese sind die Aktivierung des eingefangenen Jods und der Jodeinbau in organische Verbindungen. Sind durch den Jodeinbau erst Tyrosin und nach einigen weiteren Stoffwechselschritten Thyroxin entstanden, bleibt das Hormon, an Eiweiß gebunden, als Depot in den Schilddrüsenbläschen liegen. Bei der *Steuerung der Hormonsynthese* in der Schilddrüse spielt das Zwischenhirn-Hypophysen-System eine entscheidende Rolle. Jodaufnahme, Bildung und Ausschüttung der Schilddrüsenhormone stehen weitgehend unter dem Einfluß des Hypophysenvorderlappenhormons Thyreotropin. Das von der Schilddrüse gebildete Thyroxin wirkt in Form einer Rückkopplungsmeldung auf die Hirnanhangsdrüse zurück, hemmt dort die Thyreotropinbildung und damit seine eigene Produktion (negative Rückkopplung). Die Ausschüttung von Thyreotropin wird außerdem durch vegetative Zwischenhirnzentren kontrolliert, die ihrerseits wieder unter dem Einfluß der Hirnrinde stehen. So wird verständlich, daß nicht nur körperliche Anforderungen, sondern auch seelische Erregungen zur Entstehung einer Schilddrüsenüberfunktion beitragen können.

Die *Überfunktion der Schilddrüse* geht oft mit einem Kropf einher. Indessen gibt es auch Überfunktion ohne Kropfbildung und Kropfbildung ohne Überfunktion, ja sogar mit einer Unterfunktion der Schilddrüse. Daher teilt man die Schilddrüsenkrankheiten in Überfunktionszustände (mit vermehrter Hormonproduktion), Unterfunktionszustände (mit verminderter Hormonproduktion) und Kropfbildungen bei normaler Schilddrüsenfunktion ein.

Es gibt zwei Gruppen von Überfunktionszuständen der Schilddrüse:

Die allgemeine, symmetrische Vergrößerung der überaktiven Schilddrüse wird *Basedow-Krankheit* genannt. Sie kommt bei Frauen etwa 8mal häufiger vor als bei Männern und tritt bevorzugt im 3.–4. Lebensjahrzehnt auf. In jodreichen Gebieten, etwa in Küstennähe, ist die Krankheit häufiger zu beobachten als im Binnenland. Seelische Belastungen, Infekte, hormonelle Umstellungen (Pubertät, Schwangerschaft, Wechseljahre) können krankheitsauslösend wirken. Für die Basedow-Krankheit charakteristisch ist eine übermäßige Aktivierung der Schilddrüse mit vermehrter Hormonproduktion bei gestörter Rückkopplungshemmung in Richtung Zwischenhirn – Hirnanhangsdrüse. Ursache der Schilddrüsenaktivierung beim Basedow ist ein erblich bedingter Defekt der Immunüberwachung des Organismus. Im Verlauf einer Autoimmunreaktion entstehen Autoimmunglobuline, die sich in der Schilddrüse an die Stelle von Thyreotropin setzen und die Hormonproduktion unkontrolliert stimulieren. Die Basedow-Krankheit äußert sich in feuchtwarmen Händen, Händezittern, innerer Unruhe, Angstgefühlen, Herzklopfen, Hitzeempfindlichkeit, Gewichtsabnahme, Durchfall, Abnahme der Leistungsfähigkeit und Haarausfall. Das Oberlid ist zurückgezogen und kann dem Blick nach unten nicht folgen, der Lidschlag ist verlangsamt. Nicht selten kommt auch die sog. *Merseburger Trias* mit Exophthalmus (Glotzauge), Kropf und Herzjagen vor. Der Exophthalmus ist allerdings kein Anzeichen der Hormonüberproduktion, sondern eine Begleitreaktion der entgleisten Immunvorgänge.

Im Laboratorium findet man bei gesteigertem Grundumsatz mit Hilfe moderner Labormethoden erhöhte Schilddrüsenhormonwerte im Blut. Zur Darstellung der Form und Aktivität der Schilddrüse kann die Methode der Szintigraphie herangezogen werden. Die Behandlung kann sich in leichten Fällen auf allgemeine Beruhigungsmaßnahmen und Beruhigungsmittel beschränken. Vor allem Schilddrüsenüberfunktionszustände, die während der Schwangerschaft oder in den Wechseljahren auftreten, können von selbst wieder abklingen. In schweren Fällen kommen thyreostatische Medikamente in Frage, die den Aufbau von Schilddrüsenhormon vermindern. Als Nebenwirkung kann es hier allerdings zur Kropfbildung kommen, bei manchen Thyreostatika auch zu einer Agranulozytose. Jenseits des geschlechtsreifen Alters kommt außerdem eine Behandlung mit radioaktivem Jod in Frage, das in der Schilddrüse angereichert wird und durch seine Strahlung einen Teil des überaktiven Schilddrüsengewebes zerstört. Schließlich kann eine operative Teilentfernung der Schilddrüse *(Thyreoidektomie)* ausgeführt werden (Abb. 1, S. 385). Die Gefahren dieser Operation liegen in der versehentlichen Mitentfernung der Epithelkörperchen mit folgender Calciummangeltetanie (s. S. 136) sowie in einer möglichen Schädigung des den Kehlkopf versorgenden Nervus recurrens (mit andauernder Heiserkeit). Die Thyreoidektomie empfiehlt sich vor allem bei einer zweiten Form der Schilddrüsenüberfunktion, dem sog. *toxischen Adenom*, das gewöhnlich erst im höheren Lebensalter auftritt. Dabei handelt es sich um die Vergrößerung eines Teils der Schilddrüse, der oft als Knoten getastet werden kann und der im Szintigramm als Ort erhöhter Aktivität deutlich sichtbar wird. Das Adenom ist ohne Einfluß der Hirnanhangsdrüse aus eigenem Antrieb überaktiv. Schwere Herzschäden, die u. U. sogar zum Herzversagen führen, können eine charakteristische Begleiterscheinung dieser Krankheit sein; der Exophthalmus fehlt. Hyperthyreose kann drittens auch durch Aktivierung eines knotigen Kropfes entstehen *(basedowifizierter Kropf)*.

Die *Schilddrüsenunterfunktion* geht mit den Erscheinungen eines verminderten Stoffwechselgrundumsatzes und einer Herabsetzung der körperlichen Funktionen einher. Die Stoffwechselverlangsamung macht sich naturgemäß bei der schnell wachsenden Leibesfrucht besonders stark bemerkbar. Daher unterscheidet man erworbene und angeborene Formen der Schilddrüsenunterfunktion. Die angeborene Schilddrüsenunterfunktion *(Kretinismus)* kommt vor allem in Kropfgegenden vor (s. S. 386). Da der Kretinismus und der Kropf in bestimmten Gegenden seit Einführung des Jodzusatzes zum Kochsalz zurückgingen, nimmt man an, daß bei der Entstehung vor allem der Jodmangel eine Rolle spielt. Daneben gibt es vereinzelte Fälle von Kretinismus auch außerhalb der Kropfgebiete. Als Ursache kommen vor allem das Fehlen oder eine fehlerhafte Anlage der Schilddrüse in Frage; auch die Jodverwertung kann gestört sein. Kretins kommen mit oder ohne Kropf zur Welt. Die Krankheitsanzeichen treten innerhalb der ersten 6–12 Monate auf und bestehen in Wachstumsverzögerung, Schwerhörigkeit und Hemmung der geistigen Entwicklung; Kretins sehen bemitleidenswert häßlich aus, haben eine platte, breite Sattelnase, trockene, derbe Haut und dicke, spatenförmige Hände; das Haar wächst nur spärlich und struppig, die Zunge quillt verdickt und plump aus dem offenen „Karpfenmund" hervor, und der Bauch ist aufgetrieben. Werden die Kinder nicht behandelt, bleiben die Kretins, im Grunde alle einander ähnlich, geistig unterentwickelte Zwerge. Verabreicht man jedoch schon frühzeitig und regelmäßig Schilddrüsenhormone, so können Wachstum und Reifung sehr günstig beeinflußt werden. Dagegen wird die geistige Entwicklung nicht immer und vor allem das Gehör nur sehr geringfügig verbessert.

Die erworbene Schilddrüsenunterfunktion kommt wie die Überfunktion bei Frauen rund 8mal häufiger vor als bei Männern. Sie führt im extremen Fall zum sogenannten *Myxödem.* Der Name bezeichnet das auffallendste Krankheitszeichen der Schilddrüsenunterfunktion, eine schwammige, schleimhaltige Schwellung des Unterhautbindegewebes, die vor allem im Bereich der Extremitäten auftritt. Ursache der Schilddrüsenunterfunktion kann eine Schilddrüsenrückbildung infolge Durchblutungsstörung oder eine Schilddrüsenentzündung sein, zuweilen auch ein mangelhafter Antrieb von der Hirnanhangsdrüse her oder die allzu radikale operative Entfernung bzw. Radiojodbestrahlung einer überaktiven Schilddrüse. Die Erscheinungen der Schilddrüsenunterfunktion sind denen der Schilddrüsenüberfunktion entgegengesetzt. Stoffwechselträgheit und verminderte Organfunktionen stehen im Vordergrund; sie äußern sich in Müdigkeit, Antriebsschwäche, Interesselosigkeit, Konzentrationsschwäche, Gewichtszunahme, Verstopfung, blasser, trockener, kalter, teigig gedunsener Haut, Haarausfall und langsamem Herzschlag. Myxödemkranke sind ausgesprochen kälteempfindlich. Im Labor findet man eine Verminderung des eiweißgebundenen Jods und des Schilddrüsenhormonspiegels sowie eine Erniedrigung des Grundumsatzes. Die Schilddrüse nimmt radioaktives Jod auffallend langsam auf. Zur Behandlung des Myxödems wird Schilddrüsenhormon gegeben. Es ist meist sehr gut und voll wirksam. Ärztliche Kontrollen sorgen dafür, daß keine Überdosierungserscheinungen auftreten. Sie würden als künstlich erzeugte Basedow-Krankheit der Schilddrüsenüberfunktion (mit Schweißausbruch, Gewichtsabnahme, Pulsbeschleunigung und Durchfall) entsprechen.

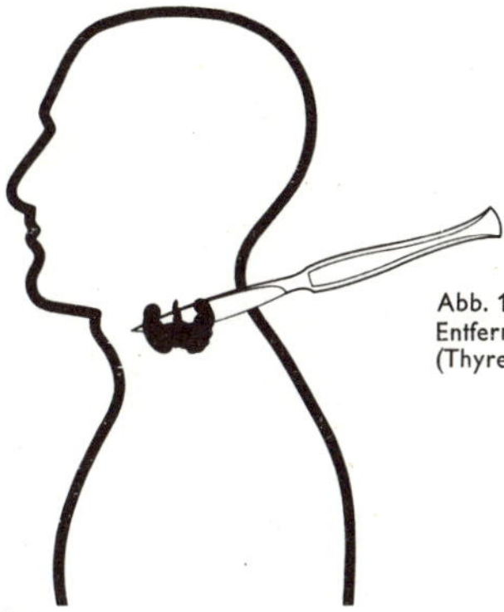

Abb. 1a)
Entfernung der Schilddrüse
(Thyreoidektomie)

Abb. 1
Die Behandlung der Schilddrüsenüberfunktion

Abb. 1b)
Behandlung mit Thyreostatika

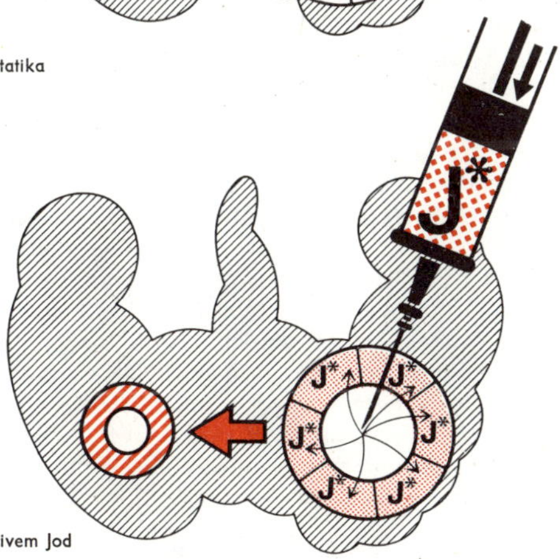

Abb. 1c)
Behandlung mit radioaktivem Jod

KROPF

Kropf nennt man eine abnorme Vergrößerung der Schilddrüse. Die vergrößerte Schilddrüse kann hinsichtlich ihrer Hormonproduktion überaktiv, unteraktiv oder normal sein. Häufiger sind die *blanden Kröpfe*, die weder mit den Anzeichen einer Schilddrüsenüberfunktion (S. 382 f.) noch mit denen einer Schilddrüsenunterfunktion einhergehen (S. 384). Solche normal funktionierenden Kröpfe stellen mit 90 % den weitaus größten Anteil aller Schilddrüsenerkrankungen überhaupt. Es gibt zwei Gruppen von blanden Kröpfen. Eine Form tritt da und dort als *sporadischer Kropf*, vor allem bei Frauen, auf (Abb. 3a); dabei können hormonelle Umstellungen eine Rolle spielen, wie z. B. in der Pubertät, Schwangerschaft oder in den Wechseljahren. Auch Schilddrüsenhemmstoffe, die z. B. in Kohlgemüse enthalten sind, oder angeborene Fehlverwertungen von Jod können sporadische Kröpfe erzeugen. Dem sporadischen Kropf steht der örtlich gehäufte Kropf gegenüber, der auf bestimmte Gegenden beschränkt ist und Frauen wahrscheinlich nicht häufiger befällt als Männer. Man spricht von *endemischem Kropf*, wenn mehr als 10% der Bevölkerung einer begrenzten Landschaft davon betroffen sind. Seit langem ist bekannt, daß die Alpentäler in der Schweiz und in Österreich und Piemont zu den Kropfgegenden gehören, aber auch manche Bezirke in den Rocky Mountains, im Himalaja und in den Anden (vgl. Abb. 1). Eingehende Untersuchungen ergaben, daß in diesen Gegenden Jod im Trinkwasser, aber auch im Boden und daher in vielen Nahrungsmitteln fehlte. In Australien, Finnland und in der Tschechoslowakei dagegen sollen die Hormonsynthese hemmende und daher kropffördernde Stoffe in Nahrung und Trinkwasser eine Rolle spielen.

Jod wird für den Aufbau der Schilddrüsenhormone Thyroxin und Trijodthyronin gebraucht (s. S. 382). Sinkt die tägliche Jodzufuhr unter das kritische Minimum von einem Millionstel Gramm pro Kilogramm Körpergewicht, so kann die an sich hochwirksame Jodfalle der Schilddrüse nicht mehr genügend Jod aus dem Blut auffangen. Daher sinkt nun die Hormonproduktion und mit ihr der Bluthormonspiegel. Gleichzeitig entfällt die normale, rückläufige Gegenkontrolle der Schilddrüse auf ihr übergeordnetes Steuerorgan, die vordere Hirnanhangsdrüse. Die enthemmte Hirnanhangsdrüse bildet größere Mengen von Thyreotropin und regt mit ihm die Schilddrüse zu vermehrter Wucherung und damit zum Versuch an, trotz Jodmangels doch noch ausreichende Mengen Schilddrüsenhormon zu bilden (Abb. 3).

Der endemische Kropf läßt sich durch Jodzusatz entweder zum Salz oder zum Trinkwasser wesentlich einschränken (Abb. 2). Dies ist um so wichtiger, als mit dem Kropf auch die angeborenen Schilddrüsenunterfunktionszustände abnehmen (s. S. 384). Kröpfe, die während Pubertät und Schwangerschaft entstehen, gehen oft spontan zurück. Während manche Kröpfe sich nur im Erscheinungsbild bemerkbar machen, werden andere Kröpfe so groß, daß sie die Atmung, das Schlucken oder den Blutrückfluß zum Herzen behindern. Dies ist vor allem dann der Fall, wenn ein Kropf vom Hals her hinter dem Brustbein in den Brustraum vorwächst. Schließlich kommt es vor, daß sich aus dem blanden Kropf ausnahmsweise doch eine Schilddrüsenüberfunktion entwickelt (s.S. 383). Daher werden blande Kröpfe auf längere Sicht mit kleinen Dosen von Schilddrüsenhormon behandelt. Die Schilddrüsenhormone ersetzen die Schilddrüsenfunktion und wirken vor allem dadurch entlastend, daß sie die enthemmte Hirnanhangsdrüse ersatzweise bremsen. Eine Operation ist angezeigt, wenn der Kropf groß ist, wesentliche Verdrängungs- und Stauungserscheinungen erzeugt und sich nach mindestens einjähriger Hormontherapie nicht verkleinert. Im Frühstadium findet man gleichmäßig weiche Drüsenvergrößerungen vor (Abb. 4a); später weist die Schilddrüse Knoten auf, die aus Drüsenbläschen, aus Bindegewebe oder verkalkten Schilddrüsenanteilen bestehen können (Abb. 4b). Krebsige Entartung ist nicht sehr wahrscheinlich.

Abb. 1 Die Kropfgebiete Mitteleuropas

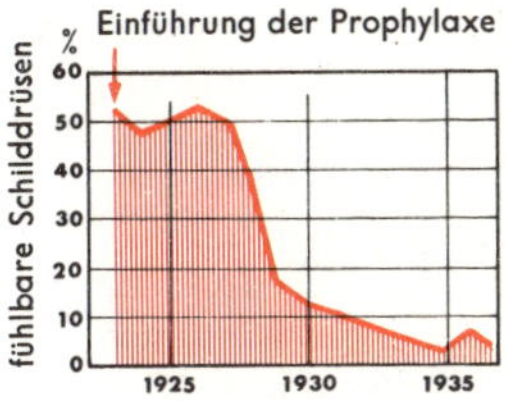

Abb. 2

Abb. 3 Kropfbildung als Ausgleich für unzureichende Hormonproduktion

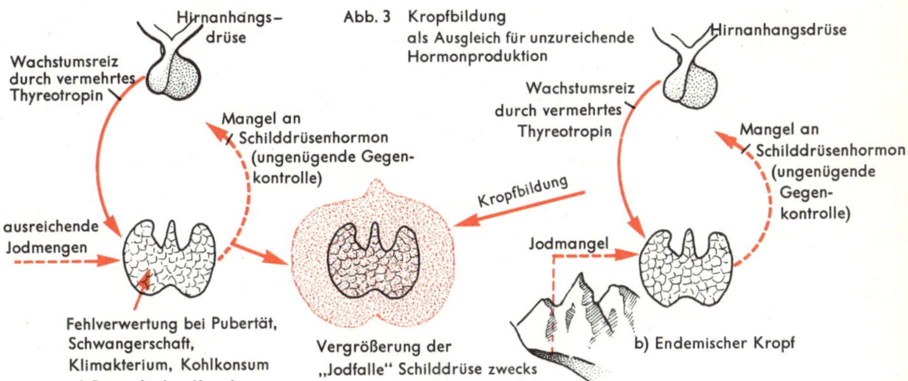

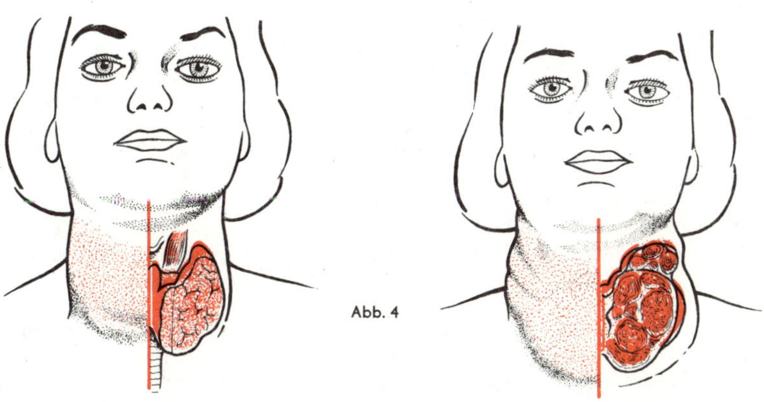

Abb. 4

a) Diffuser Kropf

b) Mit Knoten durchsetzter Kropf

NEBENNIEREN · NEBENNIERENERKRANKUNGEN

Die *Nebennieren (Glandulae suprarenales)* sitzen am oberen Pol der Nieren. Sie bestehen aus zwei verschiedenen Gewebssystemen, die beide Hormone produzieren, dem Mark und der Rinde. Das *Nebennierenmark* ist der Bildungsort des Adrenalins und Noradrenalins, die chemisch miteinander verwandt sind. *Adrenalin* hat erregende Wirkungen auf bestimmte Gebiete des ZNS. Im Bereich des Zellstoffwechsels fördert es die Glykogenolyse (besonders in der Leber) und erhöht damit den Blutzuckerspiegel (Gegenspieler des Insulins). Im übrigen führen beide Nebennierenmarkhormone je nach dem örtlichen Funktionsplan zu einer Erregung oder Hemmung vegetativ innervierter Organe. Charakteristischerweise spielt *Noradrenalin* gleichzeitig auch als Transmitter (Überträgerstoff) im Bereich der Erregungsübertragung von den sympathischen Nerven zu ihren Erfolgsorganen eine entscheidende Rolle. Die Nebennierenmarkhormone greifen u.a. an den Alpha- und/oder Betarezeptoren der glatten Muskulatur an. Der *Alpharezeptor* vermittelt im wesentlichen erregende Funktionen (Gefäßverengerung, Kontraktion der Gebärmuttermuskulatur), der *Betarezeptor* meist hemmende Wirkungen (Gefäßerweiterung und Hemmung der glatten Muskulatur der Gebärmutter und der Bronchien, jedoch erregende Wirkungen am Herzen). Im einzelnen steigert Adrenalin die Pulsfrequenz, erhöht geringfügig den Blutdruck im physiologischen Bereich, vermindert die Darmperistaltik, wirkt pupillenerweiternd und bringt die Bronchialmuskulatur zur Erschlaffung. Noradrenalin steigert den Blutdruck stärker und vermindert – bei geringerer Eigenwirkung auf das Herz – die Pulsfrequenz auf dem Reflexweg.

Die *Nebennierenrinde* ist in drei Zonen eingeteilt, in denen drei chemisch miteinander verwandte Gruppen von Hormonen gebildet werden, die aber recht unterschiedliche Wirkungen haben. Die *Mineralokortikoide* steuern die Verteilung von Natrium und Kalium zwischen den Zellen und der Zwischenzellflüssigkeit und wirken damit regulierend auf den Salz-Wasser-Haushalt ein. Das Haupthormon dieser Gruppe ist *Aldosteron*. Die *Glukokortikoide* wirken vorwiegend auf den Kohlenhydratstoffwechsel. Das wichtigste Glukokortikoid ist *Kortisol (Hydrokortison)*, das u. a. die Glykogenspeicherung in der Leber und den Aufbau von Zucker aus Eiweiß beeinflußt. – Die Glukokortikoide sind außerdem von Bedeutung für die spezifischen (immunologischen) Abwehrreaktionen des Körpers. Daneben wirken sie auch ganz allgemein und unspezifisch entzündungswidrig. So hemmen sie das lymphatische Gewebe, reduzieren die Antikörperbildung und vermindern die Durchlässigkeit der Kapillaren.

Schließlich werden in der Nebennierenrinde auch geschlechtswirksame Hormone gebildet *(Androgene)*, deren Überproduktion zum adrenogenitalen Syndrom führt (s. u.).

Voraussetzung für die Erhaltung der normalen Funktion und Gestalt der Nebennierenrinde ist eine ausreichende Bildung des adrenokortikotropen Hormons (ACTH) in der Hypophyse. Nebennierenrinde und Hypophyse bilden – wie Schilddrüse und Hypophyse – einen Regelkreis. In dieses Regelkreissystem sind auch die Keimdrüsen und der Hypothalamus miteingeschlossen. Die Gonadotropine der Hypophyse bilden mit den Keimdrüsen einen eigenen Regelkreis. Da aber die Nebennierenrinde durch ACTH-Bildung auch zur Bildung von Sexualhormonen angeregt wird, die ihrerseits wieder auf die Hypophyse zurückwirken, entsteht ein größerer vermaschter Regelkreis zwischen Hypophyse, Keimdrüsen und Nebennierenrinde, in den der Hypothalamus als übergeordnetes Organ, das das endokrine System mit dem autonomen Nervensystem und auch mit verschiedenen höheren Zentren verknüpft, miteinbezogen ist.

Die *chronische Nebennierenrindeninsuffizienz (Addison-Krankheit)*, die durch Fehlleistung der Hirnanhangsdrüse oder Tuberkulose der Nebennierenrinde bedingt sein kann, äußert sich in chronischem Versagen der Hormonproduktion. Mangel an Aldosteron führt zu schweren Störungen im Salz-Wasser-Haushalt des Körpers. Vor allem steigt die Ausscheidung der lebenswichtigen Natriumionen durch die Nieren, während die Ausscheidung der Kaliumionen vermindert wird. Folge der vermehrten Natriumausscheidung ist u. a. eine erhöhte Wasserausschwemmung durch die Nieren mit entsprechender Wasserverarmung des Körpers, Bluteindickung, Verminderung der kreisenden Blutmenge und erniedrigtem Blutdruck.

Bei Glukokortikoidmangel ist der Organismus nicht mehr imstande, Zucker aus Aminosäuren herzustellen und so im Hungerzustand den Blut- und Leberzucker – wenn auch auf Kosten des Eiweißbestandes – in normalen Bereichen zu halten. Ferner kann das Körperfett, die eigtl. Energiereserve, nicht mehr mobilisiert werden. So sinkt der für die Aufrechterhaltung normaler Lebensfunktionen wichtige Blutzuckerspiegel ab. Die Folge sind Muskelschwäche und leichte Ermüdbarkeit. Schließlich ist bei Nebennierenrindeninsuffizienz auch die Infektabwehr vermindert, so daß nun alle Infektionskrankheiten einen wesentlich schwereren Verlauf nehmen. Durch die verminderte Ausschüttung der Nebennierenrindenhormone, besonders der Glukokortikoide, wird die Hirnanhangsdrüse enthemmt, d. h. zu gesteigerter Produktion des Nebennierenleithormons ACTH angeregt. Die Folge ist eine vermehrte, unregelmäßige Pigmentierung der Haut, von der sowohl die dem Licht ausgesetzten als auch die bekleideten Körperpartien betroffen sind. Diese Überpigmentierung tritt vor allem über Knochenvorsprüngen, in Hautfalten und auf den Streckseiten der Gelenke auf. U. a. können ungewöhnlich dunkle Sommersprossen auf Stirn, Gesicht, Nacken und Schultern, schwärzliche Verfärbungen der Brustwarzen sowie dunkle Flecken auf der Lippen- und Mundschleimhaut auf das Vorhandensein einer Addison-Krankheit hindeuten. Leichte Ermüdbarkeit und Muskelschwäche, Gewichtsverlust und Appetitlosigkeit, häufige Übelkeit und Durchfälle treten zusammen mit erhöhter Kälteempfindlichkeit auf. Bei starker körperlicher Beanspruchung, Aufregungen, akuten Infektionen oder operativen Eingriffen können sich die Krankheitssymptome lebensbedrohlich verstärken *(Nebennierenkrise)*. Während früher die Addison-Krankheit unweigerlich zum Tode führte (meist als Folge einer allgemeinen Muskellähmung), ist sie heute durch Zufuhr der fehlenden Nebennierenrindenhormone gut zu beherrschen.

Zur *Überfunktion der Nebennierenrinde* kommt es bei Nebennierenrindentumoren oder bei übersteigertem Antrieb durch die Hirnanhangsdrüse. Vermehrte Kortisolproduktion führt zum *Cushing-Syndrom*, das bei Frauen häufiger auftritt als bei Männern. Charakteristische Krankheitssymptome sind auf Gesicht und Rumpf beschränkte Fettleibigkeit, Muskelschwund (vor allem an den Gliedmaßen), Entkalkung der Knochen (v. a. im Bereich der Wirbelsäule) mit Knochenbrüchigkeit und Rundrücken, Zuckerharnruhr, Bluthochdruck, bei Frauen auch Vermännlichung. Therapie: u. a. Bestrahlungen der Hirnanhangsdrüse, bei Nebennierenrindentumor auch operative Entfernung dieses Organs.

Überproduktion von männlichem Geschlechtshormon durch die Nebennierenrinde führt zum *adrenogenitalen Syndrom.* Das angeborene adrenogenitale Syndrom bewirkt Minderwuchs durch Beschleunigung der Knochenreifung bei starker Muskelausbildung, bei Mädchen Scheinzwittertum mit Amenorrhö, bei Knaben die sog. Pseudopubertas praecox, die mit Hodenatrophie und Fehlen von Spermien in der Samenflüssigkeit einhergeht. Bei Frauen führt die Erkrankung zur Vermännlichung (Virilismus) mit Überbehaarung (Hirsutismus) und Rückbildung von Eierstöcken und sekundären Geschlechtsmerkmalen. Dieses erworbene adrenogenitale Syndrom beruht meist auf einem Tumor der Nebennierenrinde. Es wird durch operative Entfernung der Nebenniere behandelt.

HIRNANHANGSDRÜSE

Die Hirnanhangsdrüse *(Hypophyse)*, ein innersekretorisches Organ, ist ein bohnenförmiges Gebilde (vgl. Abb. 1), das an der Basis des Zwischenhirns liegt. Man unterscheidet einen drüsigen *Vorderlappen (Adenohypophyse)* und einen *Hinterlappen*, der eigentlich zum Nervensystem gehört *(Neurohypophyse)*. Der Unterschied zwischen dem Hypophysenvorderlappen und dem Hypothalamus-Hypophysenhinterlappen-System zeigt sich deutlich in der feingeweblichen Anordnung. Die Neurohypophyse steht durch Nervenfasern unmittelbar mit dem Hypothalamus in Verbindung. Die betreffenden Neuronen sind Nervenzellen mit neurokrin-inkretorischer Funktion: Sie schütten ihre Hormone unter Vermittlung der zugehörigen Nervenfasern in die Blutbahn aus (A). Beim Hypophysenvorderlappen hingegen endigen die Neuronen, die ihn beeinflussen, schon an Gefäßschlingen im Hypophysenstiel. Diese Gefäßschlingen sind Teile von Spezialgefäßen, die zum hypophyseneigenen Gefäßapparat gehören. Sie nehmen das Sekret der auf den Hypophysenvorderlappen zielenden Neuronen, die sog. *Releasing-* und *Inhibiting-Faktoren* auf, mit deren Hilfe die Adenohypophyse also nur auf dem Blutweg, d. h. eigentlich mit Hilfe von hypophysengerichteten Hormonen des Zwischenhirns, beeinflußt wird.

Die Hormone des Vorderlappens, das Wachstumshormon und die sog. glandotropen Hormone, wirken auf die verschiedensten Systeme des menschlichen Organismus ein. Das *adrenokortikotrope Hormon (ACTH, Kortikotropin)* wirkt auf die Zellen der Nebennierenrinde, vor allem in der mittleren Zone. Das *thyreotrope Hormon (Thyreotropin)* steuert die Tätigkeit der Schilddrüse, die *gonadotropen Hormone* die der Keimdrüsen. Das *follikelstimulierende Hormon (FSH)* wirkt bei der Frau auf die Graaf-Follikel, beim Mann auf die Samenkanälchen, wo es die Spermienbildung anregt. Das *luteinisierende Hormon (LH)* ist beim Mann für die Bildung des Testosterons in den Zwischenzellen verantwortlich, bei der Frau bewirkt es zusammen mit FSH die Eireifung und die Bildung von Follikel- und Gelbkörperhormon. Das *luteotrope Hormon (LTH, Prolaktin, Laktationshormon)* ist von Bedeutung für die Sekretionsphase der Gebärmutterschleimhaut während des Menstruationszyklus und für die Tätigkeit der Brustdrüsen (Abb. 1).

Außer den glandotropen Hormonen werden im Hypophysenvorderlappen wahrscheinlich auch noch stoffwechselsteuernde Hormone gebildet; gesichert ist diese Funktion bisher allerdings nur für das *Wachstumshormon (Somatotropin, STH)*. Die Rolle dieses Hormons ist im wesentlichen die eines „biologischen Mitarbeiters", der die Aufgabe hat, die Aktivität anderer Hormone zu verstärken. In seiner aufbauenden Funktion für das Wachstum im allgemeinen und für den Fett- und Eiweißstoffwechsel im besonderen wirkt es aber auch einigen durch ACTH hervorgerufenen Effekten entgegen. Beim Fehlen von Wachstumshormon tritt Zwergwuchs auf (s. S. 380 ff.).

Die Hormone des Hypophysenhinterlappens (Adiuretin und Oxytozin) sind neurokrine Hormone. Das *Oxytozin* regt die Wehentätigkeit an (s. S. 316); die Verstärkung der Milchabgabe beruht nicht auf einer Förderung der Brustdrüsensekretion, sondern auf einer Zusammenziehung der Milchdrüsenausführungsgänge. Das *Adiuretin* ist ein wesentlicher Faktor bei der Harnkonzentrierung in der Niere (s. S. 206).

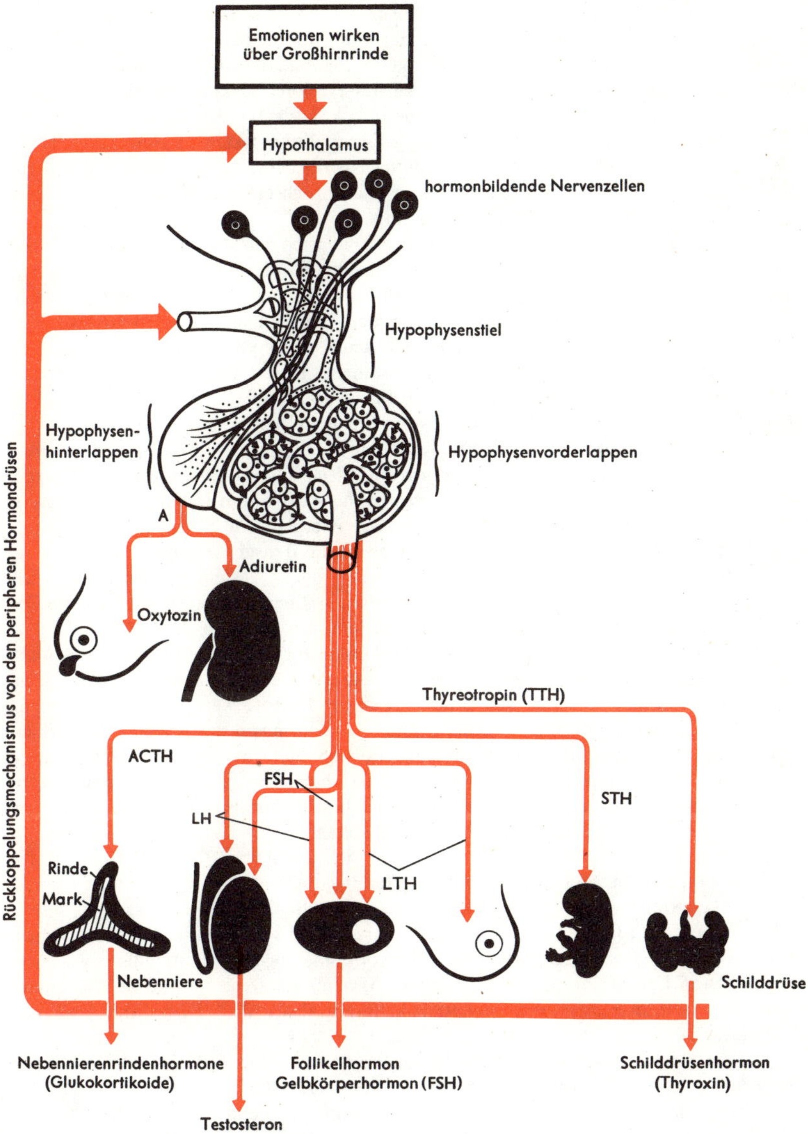

Abb. 1 Die vielfältigen Funktionen der Hypophyse im Hormonhaushalt des Organismus

MUSKELN

Die Muskeln des menschlichen Körpers erfüllen drei Gruppen von Aufgaben. Sie dienen 1. der Fortbewegung und Aufrechterhaltung der Körperlage im Schwerefeld der Erde, 2. der Kontraktion von verhältnismäßig dünnwandigen Hohlorganen (z. B. des Darms, der Harnblase und der Blutgefäße) und 3. dem Bluttransport im Kreislaufsystem. Entsprechend sind die Innervation und der Feinbau der Muskeln unterschiedlich. Die *Fortbewegung* geschieht über die Willkürinnervation (vgl. animales Nervensystem, S. 344 ff.) mit Hilfe der quergestreiften Skelettmuskulatur. Die *Kontraktion der inneren Hohlorgane* erfolgt über das unwillkürl. vegetative Nervensystem (S. 350 ff.) mit Hilfe der glatten Eingeweidemuskulatur. Der *Bluttransport* ist eine Aufgabe des Herzmuskels (s. u., vgl. auch S. 46 f.), der funktionell und anatomisch eine Mittelstellung zwischen Skelett- und Eingeweidemuskulatur einnimmt.

Trotz mancher Verschiedenheit ist allen drei Spielarten der Muskulatur die Kontraktilität gemeinsam. *Kontraktilität* aber heißt im Prinzip die Umwandlung chemischer Energie in die mechanische Arbeit der Muskelverkürzung. Alle Muskeln beziehen ihre Energie aus den Nährstoffen, die mit dem Blut an sie herangeführt werden. Dies geschieht z. T. im Verlauf der sauerstofffreien Kohlenhydratverwertung (anaerobe Glykolyse) oder während der letzten gemeinsamen, sauerstoffverbrauchenden Abbaustufen für Kohlenhydrate und Fette im Zitronensäurezyklus und in der Atmungskette (sog. Endoxydation; für Kohlenhydrate auch aerobe Glykolyse).

Für die Umwandlung in mechanische Arbeit ist entscheidend, daß die chemische Energie schließlich in hochwirksamer Form auf *Adenosintriphosphat (ATP)* übertragen wird, das gewissermaßen ein muskeleigenes, schlagartig mobilisierbares Energiereservoir darstellt. ATP enthält u. a. eine endständige energiereiche Phosphatbindung, aus der durch Spaltung in ADP (Adenosindiphosphat) und P rasch ein hoher Energiebetrag freigesetzt und für die Kontraktionsarbeit zur Verfügung gestellt werden kann. ATP ist damit unmittelbar an der „chemomechanischen Energietransformation" beteiligt und gleichzeitig auch der eigentliche Kontraktionsauslöser (Abb. 3, S. 395).

Der mechanische Grundvorgang der Muskelkontraktion besteht darin, daß ATP seine Energie an bestimmte fadenförmige Eiweißstoffe (die kontraktilen Proteine Aktin und Myosin) abgibt, die sich mit Hilfe kurzlebiger Haftbrücken ineinanderschieben. Dieser elementare Kontraktionsmechanismus ist allerdings nur das letzte Glied einer Kette von Reaktionen, die vorher ablaufen müssen und am Anfang allesamt durch elektrische Signale angestoßen werden. Das Verständnis des gesamten Vorgangs setzt einige Kenntnisse über den Feinbau der Muskulatur voraus, die im folgenden am Beispiel des Skelettmuskels vermittelt werden sollen.

Der innere *Aufbau des Skelettmuskels* ergibt sich aus Abb. 1, bei der je eine Stelle des vorhergehenden Abschnitts weiter vergrößert gezeichnet ist.

Der Skelettmuskel besteht aus *Muskelfasern*, die 0,01–0,1 mm dick und 1–40, selten 120 mm lang sind (Abb. 1a, b und c). Die Fasern sind von einer straffen elastischen Hülle, dem *Sarkolemm*, umgeben und mit Sarkoplasma angefüllt. Durch das *Sarkoplasma* ziehen in Längsrichtung 0,001 mm dicke *Myofibrillen* (Abb. 1c und d). Auf Querschnitten sieht man, daß die Skelettmuskelfasern unter dem Sarkolemm mehrere Zellkerne haben.

Die einzelnen Myofibrillen der Skelettmuskulatur erweisen sich unter dem Mikroskop als quer zur Längsrichtung gestreift; dieser Querstreifung ist so ausgerichtet, daß die gesamte Muskelfaser den Eindruck zusammenhängender Querstreifen erweckt (darauf bezieht sich die Bezeichnung quergestreifte Muskeln). Man nennt die dunklen Streifen A-Abschnitte, die hellen I-Abschnitte. Mitten durch den I-Abschnitt zieht als dunklere Linie die Quermembran Z. Was hinter dieser Querstreifung steckt, zeigen die Abb. 1e und f.

Im Elektronenmikroskop sieht man, daß der Muskel aus zweierlei faserartigen Proteinfilamenten besteht. Die dicken Filamente, die sich nur im A-Abschnitt befinden, bestehen aus Myosin. Die dünnen Filamente bestehen aus Aktin und sind an der

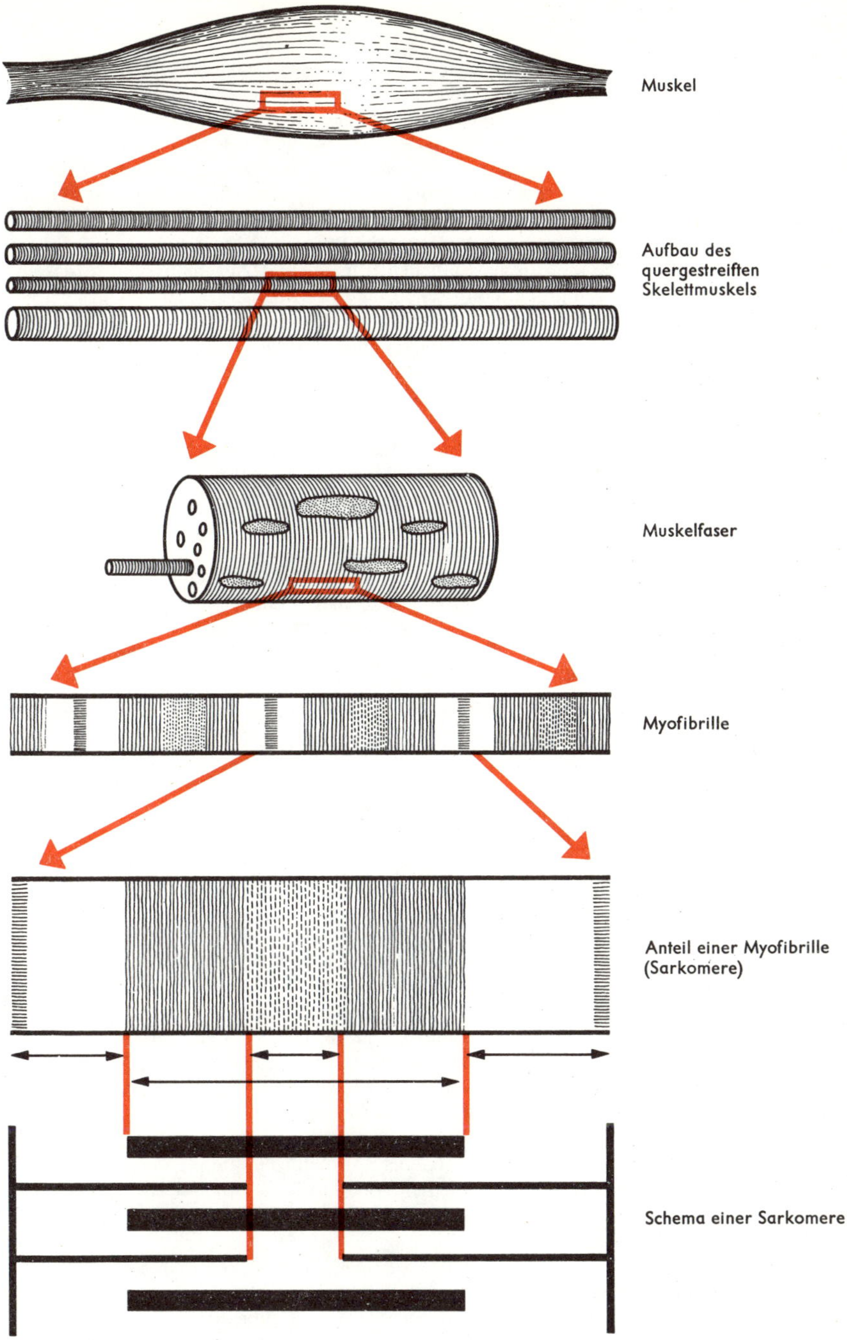

Abb. 1 Aufbau des Skelettmuskels

Z-Membran fixiert; sie reichen – je nach dem Funktionszustand des Muskels – verschieden tief zwischen die dicken Filamente hinein; dementsprechend nehmen die dünnen Filamente den I-Abschnitt und einen variablen Teil des A-Abschnitts ein.

Jede Muskelfaser wird von einer (selten zwei) Verzweigungen der zugehörigen motorischen Nervenfaser erreicht; an der Kontaktstelle ist eine motorische Endplatte ausgebildet. Eine Nervenfaser versorgt mit ihren Ästen 5–200 Muskelfasern; letztere werden daher immer gleichzeitig innerviert und bilden je eine „motorische Einheit". Muskeln, von denen differenzierte und feinstens abgestufte Bewegungen verlangt werden, haben sinnvollerweise kleine motorische Einheiten (Finger- und Augenmuskeln), Muskeln mit groben Bewegungen große motorische Einheiten (Rückenstrecker).

Die *Kontraktion eines Skelettmuskels* wird durch elektrische Erregungen (Aktionspotentiale) ausgelöst, die ihn über die zuführenden motorischen Nervenfasern erreichen. Zwischen Nervenfaser und Muskelfaser ist die motorische Endplatte als spezialisierte Überträgerstelle (Synapse) eingebaut. Die Übertragung der Erregung zwischen Nerven- und Muskelfaser geschieht humoral durch den Überträgerstoff (Transmitter) *Acetylcholin*, der beim Einlaufen einer Erregung aus Speichervesikeln freigesetzt wird. Acetylcholin erzeugt im Bereich der subsynaptischen Membran der Muskelfaser ein stehendes, „lokales" Potential (das sog. Endplattenpotential), das elektrotonisch in die Nachbarschaft ausgreift und dort (auf der Muskelfasermembran) ein neues Aktionspotential entstehen läßt. Das neue (muskeleigene) Aktionspotential läuft als elektrisches Signal die Muskelfaser entlang und klinkt in dieser schließlich auf indirektem Wege den Kontraktionsvorgang aus. Kurare, ein altes Pfeilgift der Indianer, macht die subsynaptische Membran unempfindlich gegen Acetylcholin und verhindert so die Entstehung des Endplattenpotentials: Der Muskel ist dann durch einen „myoneuralen Block" gelähmt (Abb. 2).

Die Tätigkeit der Skelettmuskeln ist auch bei Haltearbeit im Grunde rhythmisch. Daher muß der Überträgerstoff Acetylcholin nach jeder Erregung abgebaut werden. Dies geschieht örtlich mit Hilfe des Enzyms Acetylcholinesterase. Die Wirkung des im Bereich der Endplatten ausgelösten muskeleigenen Aktionspotentials auf das Faserinnere bis zum Ineinandergleiten der kontraktilen Proteine nennt man *elektromechanische Kopplung*. Dieser Vorgang besteht aus mehreren aufeinanderfolgenden Ereignissen, wobei Calciumionen freigesetzt werden, die dann ein ATP-spaltendes Enzym aktivieren. Die durch ATP-Spaltung freigesetzte Energie führt zu aktiven Haftbrücken zwischen Aktin und Myosin, die ruderartige Bewegungen ausführen und so die kontraktilen Proteine teleskopartig ineinanderschieben (Abb. 3).

Einzelreize und Einzelerregungen des Muskels führen zu Einzelzuckungen. Setzt man einen zweiten Reiz so dicht hinter den ersten, daß die erste Kontraktionswelle noch nicht völlig abgelaufen, der Muskel noch nicht völlig erschlafft ist, so summieren sich die Zuckungen: Eine zweite Kontraktion setzt sich auf die erste auf. Kann man die beiden Zuckungen noch unterscheiden, spricht man von „unvollständiger Summation" oder „Superposition". Setzt man eine ganze Serie zeitlich sehr nahe zusammenhängender Reize, so laufen gewissermaßen mehrere Kontraktionswellen über den Muskel hinweg; diese können sich unvollständig, bei noch höherer Reizfrequenz auch „vollständig summieren"; bei der vollständigen Summation entsteht eine starke, völlig „glatte" Kontraktion, die man Tetanus nennt (Abb. 4). Beim Menschen erfolgt diese vollständige Verschmelzung von Einzelzuckungen zum glatten Tetanus bei etwa 50 Reizen pro Sekunde.

Die Zuckungshöhe einer Muskelfaser ist über die Erregungsfrequenz, d.h. über die Anzahl der ablaufenden Kontraktionswellen, abstufbar; beim ganzen Muskel kann außerdem die Anzahl der Muskelfasern, die gleichzeitig innerviert werden, wechseln. Man spricht von der zusätzlichen „Rekrutierung" weiterer Fasern. Normalerweise stehen bei unseren alltäglichen Bewegungen immer noch beträchtliche Muskelfaserreserven bereit.

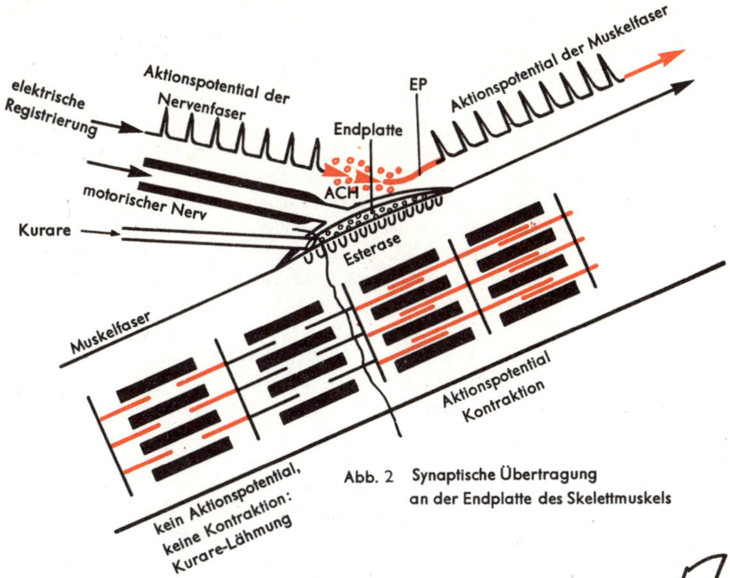

Abb. 2 Synaptische Übertragung an der Endplatte des Skelettmuskels

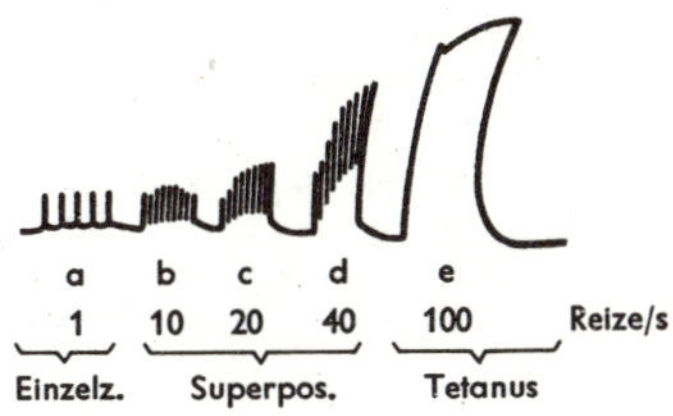

Abb. 4

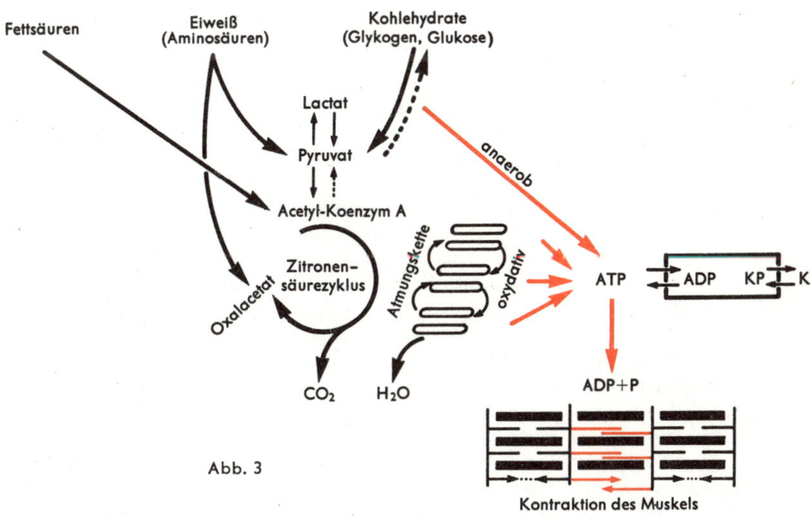

Abb. 3

Schließlich kann die Zuckungshöhe auch noch durch die Anfangsspannung (die „Vordehnung“) und den Trainingszustand des Muskels beeinflußt werden.

Die *Skelettmuskeln* sind so gut wie immer mit Hilfe von Sehnen an Knochen befestigt und zwischen diesen ausgespannt. Zwei *Sehnen* befestigen den Skelettmuskel in der Regel an zwei Knochen. Durch die Kontraktion des Skelettmuskels kommen sich dann die entfernten Sehnenenden näher, so daß ein oder beide Halterungsknochen sich bewegen. Der Bizeps z. B. entspringt am „unbeweglichen“, festgestellten Schulterblatt und zieht zur Elle des Unterarms. Bei der Bizeptskontraktion wird der Unterarm daher durch eine Kreisbewegung um das Ellbogengelenk als Mittelpunkt „gebeugt“. Solche Beugemuskeln nennt man Flexoren. Ihre Antagonisten, die im Beispiel das Ellbogengelenk wieder strecken, heißen Extensoren oder Streckmuskeln (hier der Trizeps, der dem Bizeps hinter dem Oberarmknochen gegenübersteht). Die Muskeln sind meist so an ihren Knochen fixiert, daß Hebel „dritter Ordnung“ entstehen, bei denen die Bewegungsgeschwindigkeit auf Kosten der Kraft relativ groß ist. Außer Flexion und Extension gibt es noch Umführungs- und Rotations-, selten auch Gleitbewegungen.

Der *Herzmuskel* ist quergestreift wie die Skelettmuskeln; seine Fasern enthalten Fibrillen, die ihrerseits wieder aus Aktin- und Myosinfilamenten bestehen. Entsprechend ist auch sein Kontraktionsmechanismus nicht prinzipiell von dem der Skelettmuskeln verschieden. Der Herzmuskel zeigt dennoch einige Besonderheiten:

1. Seine Fasern verzweigen sich und nehmen über besonders durchlässige Querwände untereinander Kontakt auf; daher breiten Aktionspotentiale im Herzmuskel sich über immer weitere Fasern aus, bis die Erregung ganze Abschnitte, von vielen Punkten ausstrahlend, und schließlich das ganze Herz erreicht; daher kann und muß das Herz sich immer als Ganzes kontrahieren.

2. Das Herz hat die Fähigkeit, Aktionspotentiale ohne äußeren Erregungszufluß in sich selber entstehen zu lassen; diese „Autorhythmie“, normalerweise in dem „Schrittmacher“ Sinusknoten lokalisiert, ist der eigentliche Antrieb des Herzens.

3. Die Aktionspotentiale der Herzmsukelfasern dauern nicht 1, sondern an die 100 Millisekunden. Entsprechend länger ist die Refraktärzeit des Herzmuskels; dadurch können Extrareize abgehalten und Extraschläge (oder Extrasystolen) vermieden werden.

Die *glatte Muskulatur* der Eingeweide ist weniger hoch spezialisiert als die Skelettmuskulatur. Dementsprechend finden sich hier nicht die eigentlichen, fortentwickelten, mehrkernigen „Muskelfasern“, sondern ursprünglichere „Muskelzellen“ mit je einem mittelständigen Kern. Die „glatten“ Muskelzellen sind außerdem nur leicht längs-, aber nicht quergestreift. Schließlich sind manche Zellen der glatten Muskulatur untereinander zu einem „Synzytium“ (Maschengewebe) verbunden. Auf Grund dieser Verhältnisse erübrigt sich in der Regel eine detaillierte 1:1-Innervation mit je einer Nervenfaser zu je einer Muskelzelle. Vielmehr ziehen die für Eingeweide typischen vegetativmotorischen Fasern, die willkürlich nicht betätigt werden können, nur zu einzelnen Muskelzellen. Charakteristisch ist ferner, daß glattmuskelige Organe (ähnlich wie das Herz) oft Schrittmacherzellen besitzen, die rhythmische Kontraktionen oder Kontraktionswellen auslösen; das vegetative Nervensystem hat dabei nur übergeordnete, modifizierende Funktionen.

Mechanisch sticht eine besondere Eigenschaft des glatten Muskels hervor: die Plastizität. Plastisch nennt man Material, bei dem Formänderungen mit Umlagerungen der molekularen Feinstruktur verknüpft sind; plastisches Material kann daher Formänderungen nach Aufhören der formändernden Kräfte nicht mehr ohne weiteres rückgängig machen. Funktionell bedeutet Plastizität, daß glattmuskelige Hohlorgane, wie z. B. die Harnblase, ihren Tonus bei wechselnder Füllung so verändern können, daß der Innendruck konstant bleibt. Weiter sind für glatte Muskeln der relativ niedrige Energiebedarf, die entsprechend geringe Ermüdbarkeit und außerdem die lange Kontraktionsdauer bezeichnend.

Eingeweidemuskeln finden sich als Ring- oder Längsmuskeln in der Wand von vier größeren Hohlorgansystemen: im Gefäßapparat und Atemtrakt, im Magen-Darm-Kanal und im Urogenitalsystem. Außerdem kommen glatte Muskeln im Augeninnern, in der Haut und in den Ausführungsgängen von Drüsen vor, wo sie jeweils verschiedene Aufgaben übernehmen.

Typisch sind die durch rhythmische Kontraktionswellen entstehenden peristaltischen Bewegungen des Verdauungs- und Urogenitalkanals; Zweck der Peristaltik ist die Vorwärtsbewegung des Hohlmuskelinhalts – zur weiteren Verdauung oder Ausscheidung. Stärkere Ringmuskeln mit Verschlußfunktion nennt man Sphinktere (Musculus sphincter ani und Musculus sphincter vesicae am Ausgang des Darm- und Harntrakts, der Oddi-Sphinkter beim Eintritt der Gallenwege). Die Gefäßmuskulatur demonstriert eine andere typische Funktion glatter Muskeln: Durch tonische Kontraktion wird die richtige Strömungsverteilung in einem flüssigkeitsgefüllten Kanalsystem, hier in der Blutbahn, gesteuert.

Glatte Muskulatur ist imstande, „tonische" Halteleistungen über zwei grundsätzlich verschiedene Mechanismen zu vollbringen: Auf der einen Seite durch energieverbrauchende Kontraktion (kontraktiler Tonus), auf der anderen gewissermaßen passiv und energiesparend durch ihre Plastizität (plastischer Tonus).

Elektrophysiologisch zeichnet sich die glatte Muskelzelle durch ein besonders niedriges und instabiles Membranpotential aus, das im Gegensatz zum Skelettmuskel nicht bei 70–80, sondern im Mittel nur bei 50 Millivolt liegt. Das niedrigere Potential ist um so bemerkenswerter, als starke spontane, rhythmische Schwankungen der Werte vorkommen. Daher genügt oft eine geringe zusätzliche Depolarisation zur Auslösung einer Erregung und rhythmischen Kontraktion. Die zusätzliche Depolarisation kann durch Überträgerstoffe ausgelöst und durch Hormone erleichtert werden, wie z.B. durch Adrenalin, Noradrenalin, Acetylcholin – und die Sexualhormone. In manchen Fällen genügt eine Dehnung der glatten Muskulatur, um eine Kontraktion auszulösen.

BEWEGUNGSAPPARAT · KNOCHEN

Unter Bewegungsapparat verstehen wir die durch Gelenke verbundenen Knochen des Skeletts einschließlich der sie bewegenden Muskeln und Sehnen. Seine vordringliche Aufgabe besteht in der Fortbewegung sowie dem Schutz und der Stütze der empfindlichen Organe. Ein Teil dient darüber hinaus noch der Kommunikation. Das Gerüst des Bewegungsapparates bildet das Skelett, an dem man den Kopf, den Rumpf mit der Wirbelsäule und die beiden Gliedmaßenpaare unterscheidet.

Der Bewegungsapparat ist sehr anpassungsfähig und zeichnet sich durch besondere Regenerationsfähigkeit aus (Heilung von Knochenbrüchen). In der Jugend überwiegt der Aufbau und damit das Wachstum. Im Erwachsenenalter halten sich Auf- und Abbau die Waage. Diesen stationären Zustand bezeichnet man auch als „Gewebsmauserung". Schließlich überwiegt im Greisenalter wieder zum Teil der Abbau. Diese Umbildung insbesondere des Skelettsystems im Verlaufe eines Lebens muß sich harmonisch in den Gesamtablauf des Körperwachstums einfügen (Abb. 1). Die Steuerung des Knochenwachstums unterliegt daher mannigfaltigen Einflüssen. Ein wesentlicher Faktor ist das Wachstumshormon, das vom Vorderlappen der Hypophyse gebildet wird; die Ausschüttung des Wachstumshormons steht wieder unter dem Einfluß der Geschlechtshormone und der Schilddrüse. Auch die Nebenschilddrüse und das Vitamin D sind an der Steuerung des Knochenwachstums beteiligt.

Die *Knochen* (beim Menschen normalerweise 208–212 Einzelknochen) bestehen in der Hauptsache aus Mineralien (besonders Kalksalze) und organischer Substanz (Eiweißkörper, kollagene Fasern). Beim Glühen des Knochens bleibt die anorganische Kalksubstanz als Knochenasche zurück; durch Lösung in Säuren kann man den Knochen entkalken. In beiden Fällen bleiben Gestalt und Volumen des Knochens unverändert. Seine Festigkeit erhält der Knochen allerdings durch die eingelagerten Mineralien.

Die Knochen haben die gleiche Elastizität wie Eichenholz (130 000 kg/cm^2) und die gleiche Zugfestigkeit (1 700 kg/cm^2) wie Kupfer oder Duraluminium. Die Druckfestigkeit (1 500 kg/cm^2) ist sogar größer als die des als Baumaterial verwendeten Sandsteins oder Muschelkalks (1 000 kg/cm^2), wobei seine statische Biegfestigkeit mit 1 800 kg/cm^2 der des Flußstahles vergleichbar ist.

Entsprechend ihrer äußeren Gestalt unterscheidet man lange, kurze und platte Knochen. Die langen Knochen nennt man auch, da sie einen mit gelbem Knochenmark gefüllten Hohl- oder Markraum besitzen, *Röhrenknochen* (Abb. 2). Die Röhrenknochen bestehen aus dem Schaft (Diaphyse) und den zwei verdickten Endstücken (Epiphysen). Die massiv gebauten Knochenbezirke werden als Kompakta, die gerüstartig gebauten (oder porösen) als Spongiosa (Schwammgewebe) bezeichnet. Die Spongiosa bildet ein Geflecht feinster Knochenbälkchen, die entsprechend den statischen Anforderungen verteilt sind und je nach Druck- und Zugebelastung Spannungslinien (Trajektorien) bilden (Abb. 3a). Die Trajektorien bleiben nicht auf den einzelnen Knochen beschränkt, sondern setzen sich über die gelenkigen Verbindungen in den angrenzenden Knochen fort (Abb. 3c). Bei Knochenbrüchen werden sie entsprechend der Heilung umgebaut (Abb. 3b). Der Knochen ist von der *Knochenhaut* (Periost) überzogen. Diese dient der Ernährung und der nervösen Versorgung des Knochens. Da sie gleichzeitig die Fähigkeit besitzt, Knochen zu bilden, hat sie wesentlichen Anteil an Wachstum und Heilung der Knochen. Die ernährenden Blutgefäße führen in den Volkmann-Kanälen von der Knochenhaut in das Innere des Knochens. Dieser stirbt daher überall dort ab, wo die Knochenhaut zerstört ist. Das Periost ist durch Bindegewebsfasern (Sharpey-Fasern) am Knochen befestigt.

In gleicher Weise wie das Schwammgewebe des Knochens zeigt auch die Kompakta ein besonderes Bauprinzip. Ihre von einem Mantel anorganischer Substanz umgebenen Kollagenfasern ordnen sich in konzentrisch geschichteten Lamellen um feinste Kanäle an (Abb. 4). In den Kanälen (Havers-Kanäle und Volkmann-Kanäle) finden sich die Blutgefäße und Nerven. Die Lamellen besitzen schräg verlaufende Längsfaserungen,

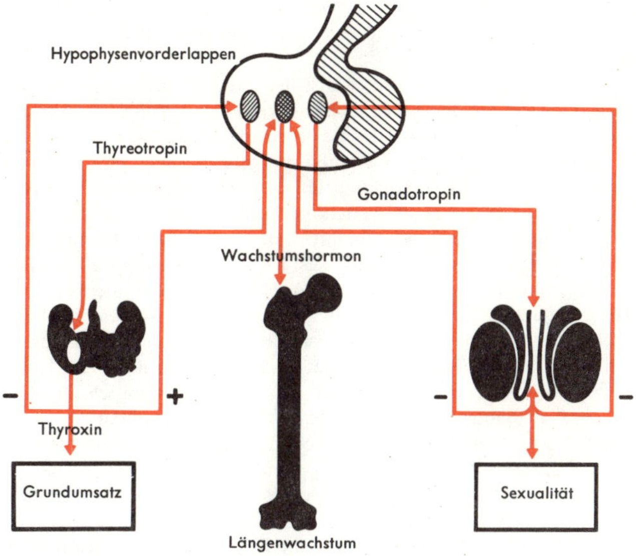

Abb. 1

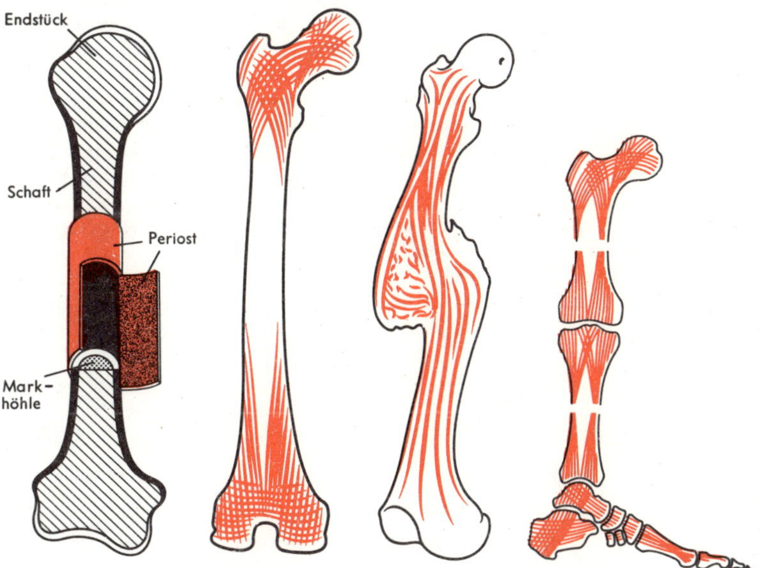

Abb. 2 Abb. 3a Abb. 3b Abb. 3c

die sich in spitzen Winkeln kreuzen. An ihren Berührungsstellen sind diese Lamellensysteme oder „Osteone" in sich und gegeneinander verschiebbar und verleihen der Knochenrinde dadurch, daß sie wie eine Federung wirken, noch eine zusätzliche Elastizität.

Beim Embryo ist das Skelett zunächst zellig angelegt; es verwandelt sich später in knorpeliges Gewebe, aus dem schließlich das verbleibende knöcherne Skelett entsteht.

Die *Verknöcherung (Ossifikation)* des Knorpels erfolgt, abgesehen von den Knochen des Schädeldachs und Teilen des Gesichts, weitgehend gleichzeitig auf zwei Wegen (Abb. 5 und 6): von außen (perichondral), indem von der inneren Schicht einer den Knorpel überziehenden Haut (Perichondrium) aus die Oberfläche des Knorpels mit einem inneren, dickeren Knochenmantel umgeben wird; die Gelenkenden bleiben dabei zunächst frei; zweitens innerhalb des Knorpels (enchondral) im Bereich der Verknöcherungszentren oder Knochenkerne. Hierbei werden die Knorpelzellen in unmittelbarer Nachbarschaft des Ortes der ersten Knochenbildung in der Mitte der Diaphyse blasenartig aufgetrieben; dann verkalkt die Grundsubstanz durch Einlagerung von Mineralsalzen (Verkalkungs- oder Ossifikationspunkte). Die Knorpelzellen werden in den noch wachsenden angrenzenden Teilen des Knorpels zu säulenartigen Reihen angeordnet (Säulenknorpel). Zu den Verkalkungspunkten dringt zusammen mit Blutgefäßen knochenbildendes Gewebe ein, die Knorpelzellen gehen zugrunde, und die Knorpelgrundsubstanz wird weitgehend aufgelöst. Auf verbleibende Reste, die vorher zwischen den Zellsäulen lagen, wird der erste, noch unreife Knochen abgelagert.

Zuerst verknöchern die Diaphysen, dann die Epiphysenknorpel. In der Grenzzone, der Epiphysenfuge, vollzieht sich das postembryonale Längenwachstum der Knochen. Schließlich produziert der Knorpel dieser Zwischenzone kein weiteres Material für das Längenwachstum mehr. Er verknöchert ebenfalls, die Epiphysenfuge verschwindet. Damit ist das Längenwachstum beendet. Es kann durch keinerlei Maßnahmen wieder in Gang gesetzt werden. Das harte Knochengewebe kann nur durch Anlagerung weiterwachsen. Gleichzeitig muß der Knochen entsprechend den statischen Anforderungen umgebildet werden. Deshalb wird nicht nur neue Knochensubstanz gebildet, sondern es muß auch bereits gebildete wieder abgebaut werden. Der Abbau erfolgt durch knochenzerstörende (Osteoklasten), der Anbau durch knochenbildende Zellen (Osteoblasten). Daher findet man an jedem unausgewachsenen Knochenstück gleichzeitig An- und Abbauflächen (Abb. 7 und 8). Das *Knochenmark* füllt die Maschen des Knochenschwammgerüstes aus. Man unterscheidet rotes und gelbes Knochenmark. Letzteres besteht im wesentlichen aus Fettgewebe (Fettmark), das vor allem die Markhöhle der Röhrenknochen ausfüllt, sich aber bei gesteigertem Blutbedarf (chronische Blutverluste, Blutzerstörung) in rotes Knochenmark umbilden kann. Diesem obliegt nach der Geburt die Bildung der Blutkörperchen.

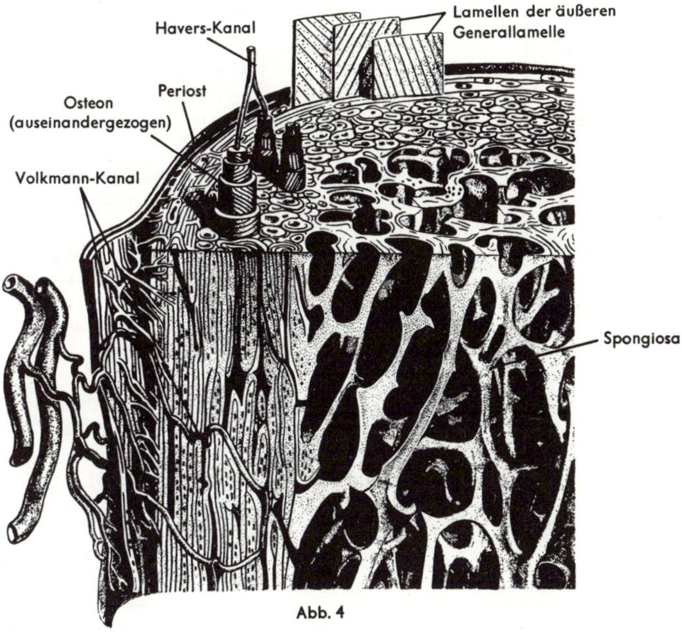

Abb. 4

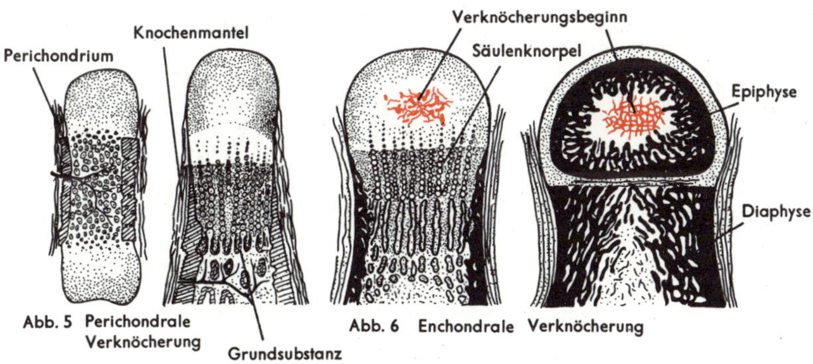

Abb. 5 Perichondrale Verknöcherung

Abb. 6 Enchondrale Verknöcherung

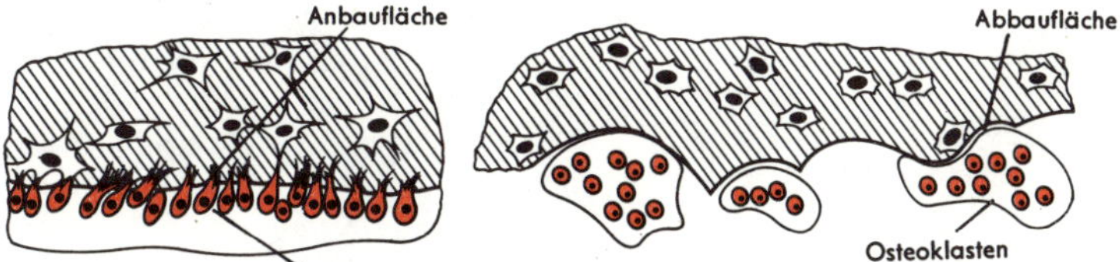

Abb. 7

Abb. 8

KNOCHENBRÜCHE

Knochen, die durch Kalkverarmung oder Geschwülste geschädigt sind, werden morsch und brechen bei geringer Gewalt oder schon bei normaler Belastung (Spontanbruch); sonst ist im allgemeinen eine beträchtliche Gewalteinwirkung erforderlich. Je nach den Bruchmechanismen unterscheidet man Biegungs-, Dreh-, Stauch-, Schub- und Abrißbrüche (Abb. 5). Der erfahrene Unfallarzt kann oft schon aus dem Bruchbefund den Unfallhergang rekonstruieren. Häufig werden die Knochenbruchstücke durch äußere Gewalt oder Muskelzug gegeneinander verschoben, manchmal auch winkelig abgeknickt (Abb. 3, 4a und b). Bei einem Drehbruch kann ein Bruchende um die Längsachse verdreht sein. Ist der Knochen nur eingerissen, aber nicht durchgebrochen, spricht man von einem Rißbruch.

Ist die Haut über dem Knochenbruch unverletzt, spricht man – unabhängig von der Schwere der Knochenverletzung – von einem geschlossenen oder einfachen Bruch. Liegt im Bereich der Bruchstelle eine offene Wunde (z. B. durch Knochenspieße) vor, spricht man von einem offenen oder *komplizierten Bruch.* Durch solche Wunden können Eitererreger eindringen und den Heilverlauf durch Entzündung stören. Daher wird angestrebt, möglichst jeden offenen Bruch in einen geschlossenen Bruch zu verwandeln: Die Wunden werden so früh wie möglich ausgeschnitten und mit Haut gedeckt, Wundflüssigkeit und Eiter eventuell durch Gummilaschen abgeleitet.

Verdacht auf einen Knochenbruch besteht, wenn nach grober Gewalt, nach Fall oder Stoß Blutergüsse und starke Schmerzen vorhanden sind und die betroffenen Glieder nicht mehr bewegt werden können. Als sichere Bruchzeichen gelten: Reiben und Knirschen, widernatürliche Beweglichkeit von Knochenteilen sowie Bruchlinien im Röntgenbild.

Ziel der ärztlichen Behandlung eines Knochenbruchs ist die Wiederherstellung der Gebrauchsfähigkeit und ursprünglichen Form des gebrochenen Gliedes. Dazu ist erforderlich, die Bruchenden einander wieder anzupassen, den Bruch einzurichten. Die *Einrichtung* setzt völlige Schmerzausschaltung und Muskelerschlaffung durch eine Narkose voraus. Dann wird das körperferne Bruchstück nach dem körpernahen ausgerichtet, indem die Knochenenden zunächst auseinandergezogen und in der normalen Lage wieder zusammengefügt werden.

Der *Gipsverband* kommt für alle Brüche in Betracht, die auf diese einfachere Weise genügend ruhiggestellt werden können, so an Oberarm, Unterarm, Hand, Unterschenkel und Fuß. Der *Dauerzug* ist für jene Brüche bestimmt, die ein Gipsverband allein nicht sicher ruhigstellt, wie z. B. die Schaftbrüche am Ober- und Unterschenkel. Zum Ansetzen des Zuges kann man durch das dicke untere Ende des gebrochenen Knochens einen Draht führen, an den dann über Rollen Gewichte gehängt werden. Der Gegenzug erfolgt durch das Gewicht des Patienten bei höhergestelltem Bettende. Mit dieser Behandlung gelingt es so gut wie immer, die Bruchenden passend einzustellen und Gliedmaßenverkürzungen zu vermeiden.

Für die operative Vereinigung der gebrochenen Knochenenden gibt es verschiedene Möglichkeiten. Am längsten bekannt ist die Marknagelung; dabei wird ein Stahlstift in die Markhöhle der beiden Bruchenden getrieben. Eine zweite Möglichkeit ist die Drahtumschlingung der geborstenen Knochenteile, eine dritte die Verschraubung der Knochenenden auf einer Schiene. Solche operativen Methoden haben den Vorteil frühzeitiger Belastbarkeit (Abb. 1).

Die Knochenheilung erfolgt von der äußeren Knochenhaut und vom Markraum aus. Vom Knochenkopf wachsen Bindegewebszellen in den Knochenspalt ein und überbrücken ihn von beiden Seiten. Kalkeinlagerung führt schließlich zur Entstehung der Knochennarbe, des sogenannten Kallus.

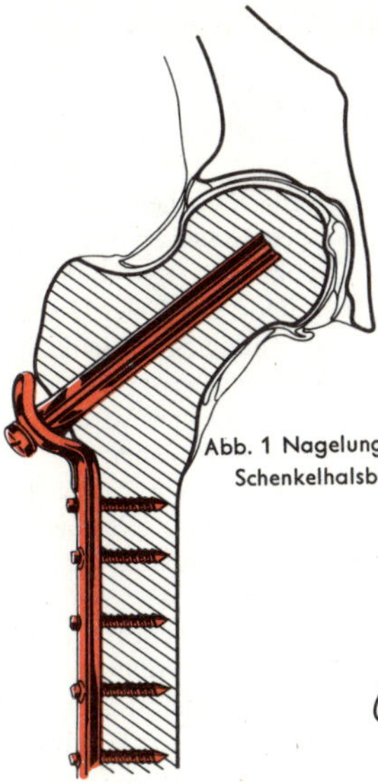

Abb. 1 Nagelung eines Schenkelhalsbruches

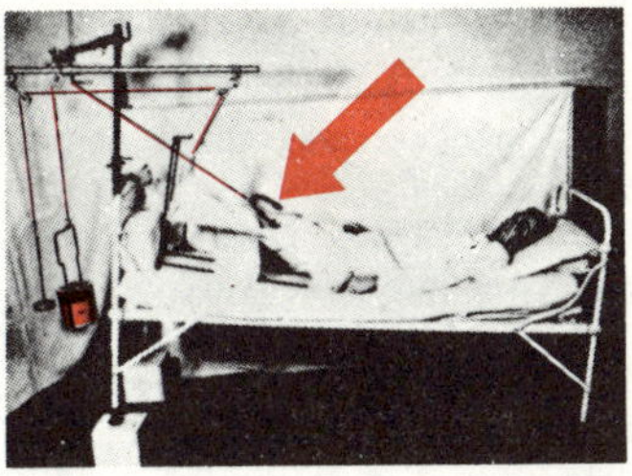

Abb. 2 Dauerzug durch Drahtstreckung

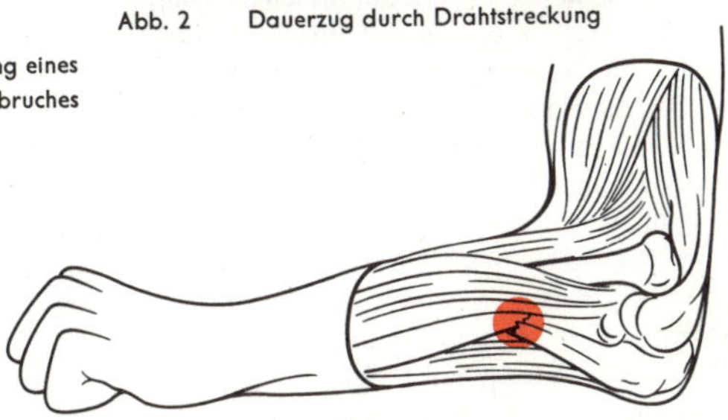

Abb. 3 Oberer Bruch der Elle mit Verrenkung des Speichenköpfchens

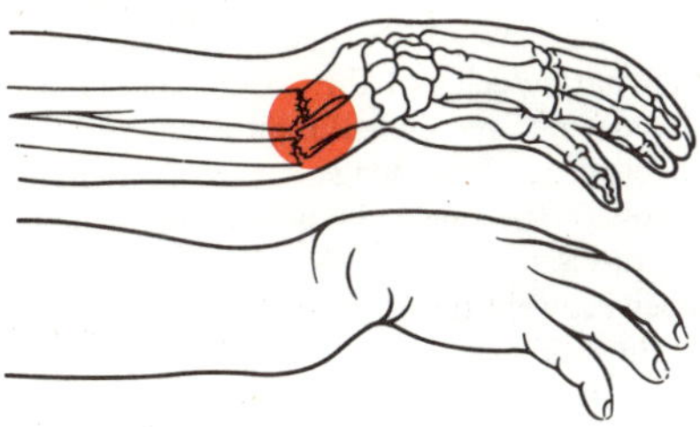

Abb. 4a) Unterer Bruch beider Vorderarmknochen

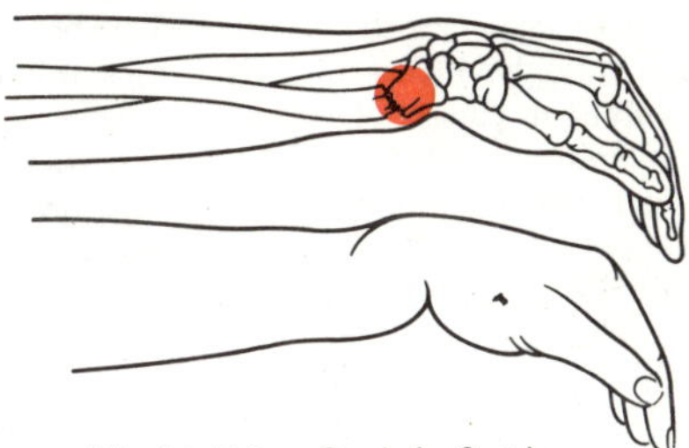

Abb. 4b) Unterer Bruch der Speiche

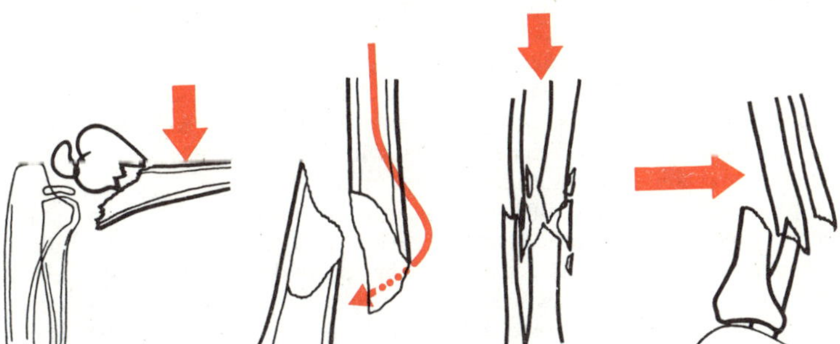

a) Biegungsbruch des Oberarmknochens

b) Drehbruch

c) Stauchbruch

d) Schubbruch

Abb. 5 Verschiedene Bruchmechanismen am Röhrenknochen

GELENKE · GELENKSCHÄDEN

Die Verbindung der Knochen untereinander erfolgt entweder in Form einer Haftung oder Fugung mit wenig oder gar keiner Bewegungsfreiheit (Synarthrosen des Schädels, Schamfuge) oder in Form einer mobilen Verbindung, die geregelte Bewegungen der Skeletteile gegeneinander ermöglicht (Diarthrose oder Gelenk, Articulatio oder gelenkige Verbindung).

Im Bereich eines *Gelenkes* sind zwei von Knorpel überzogene Knochenenden, der konvexe Gelenkkopf und die konkave Gelenkpfanne, durch einen Gelenkspalt voneinander getrennt. Nur die Knochenhaut setzt sich von Knochen zu Knochen fort und bildet die Gelenkkapsel, die das Gelenk nach außen abschließt. Die Gelenkkapsel ist durch Gelenkbänder (Ligamente) verstärkt. Die innere Auskleidung der Gelenkkapsel sondert eine Flüssigkeit ab, die Gelenkschmiere (Synovia), die ein besseres Gleiten der beiden Gelenkflächen gewährleistet (Abb. 1). Das glatte Knorpelgewebe hat die Aufgabe, die Reibung im Gelenk zu vermindern. Gehen die Knorpelüberzüge bei einer Gelenkerkrankung oder durch Abnutzung verloren, bewegt sich Knochen gegen Knochen, was als knarrendes Geräusch wahrgenommen werden kann. Gleichzeitig wird der Knochen druckempfindlicher, und es kommt zum Knochenumbau (Arthrose, s. S. 416). Wird der Bandapparat des Gelenkes überdehnt, spricht man von einer *Verstauchung (Distorsion)*. Hierbei kann es durch das Trauma u. a. zu einem Bluterguß oder zu vermehrter Absonderung von seröser Flüssigkeit mit Gelenkschwellung kommen. Eine *Verrenkung (Luxation)* besteht dann, wenn der Bandapparat zerrissen wird bzw. so weit nachgibt, daß der Gelenkkopf aus der Pfanne heraustritt. Schwillt ein Schleimbeutel durch Ansammlung entzündlicher Flüssigkeit kissenartig auf, spricht man von *Schleimbeutelentzündung* (*Bursitis*, s. S. 410). *Arthritis* ist im Gegensatz zur degenerativen Gelenkveränderung, der *Arthrose*, eine entzündliche Gelenkerkrankung.

Je nach Gelenkform und Freiheitsgraden der Bewegung unterscheidet man verschiedene *Gelenktypen:* das Kugelgelenk (Abb. 2), das freie Bewegungen nach allen Richtungen ermöglicht (Beispiel: Schultergelenk); das Scharniergelenk (Abb. 4), das Bewegungen nur in einer Ebene gestattet, wobei ein walzenartiger Gelenkkopf sich in einer rinnenförmigen Pfanne dreht (Gelenke der Fingerglieder, Ellbogengelenk, Kniegelenk); das Eigelenk (Abb. 3), das eine Rotation ausschließt (Beispiele: Handwurzelknochen, Gelenk zwischen Atlas und Hinterhauptsbein); das Sattelgelenk (Abb. 6) mit sattelförmig gekrümmten Gelenkflächen, das Bewegungen in zwei Ebenen zuläßt (z. B. Daumengelenk); das Drehgelenk (Abb. 7): Hierbei dreht sich ein Zapfen im Ring, wodurch nur Außen- und Innenrotation möglich sind (1. und 2. Halswirbel); das Nußgelenk als Sonderform des Kugelgelenks, bei dem die Gelenkpfanne über den größten Umfang des Gelenkkopfes hinausgreift und eingeschränkte Drehung nach allen Seiten erlaubt (Hüftgelenk); das flache Gelenk (Abb. 5), das nur gegenseitiges Verschieben der beiden Gelenkflächen erlaubt (Teile des Kehlkopfes); schließlich die straffen Gelenke (Abb. 12, S. 407), die nur eine Abfederung gestatten.

Der *Schultergürtel* des Menschen besteht aus Schulterblatt und Schlüsselbein, die gelenkig miteinander verbunden sind (Abb. 8). Da der Schultergürtel gegen das Rumpfskelett nur am inneren Schlüsselbeingelenk abgestützt ist, besitzt das Schultergelenk eine vielseitige Bewegungsfreiheit. Zudem ist der im Schultergürtel aufgehängte Arm vom Rumpf abgerückt, so daß auch er einen großen Bewegungsspielraum erhält. Schließlich verbindet sich die flache Pfanne des Schulterblattes mit dem Oberarmkopf zu einem beweglichen Kugelgelenk, so daß das Schultergelenk das beweglichste Gelenk des Körpers ist. Die Verbindung zwischen Schulterblatt und Schlüsselbein, das äußere Schlüsselbeingelenk, ist eigentlich ebenfalls ein Kugelgelenk, doch ist die Bewegung des Schlüsselbeins gegen das festgestellte Schulterblatt mangels geeigneter Muskelansätze kaum möglich, obwohl sich das freie Schulterblatt gegen das feststehende Schlüsselbein bewegen kann. Auch das entgegengesetzte Ende des Schlüsselbeins besitzt ein Gelenk, und zwar mit dem Brustbein (inneres Schlüsselbeingelenk).

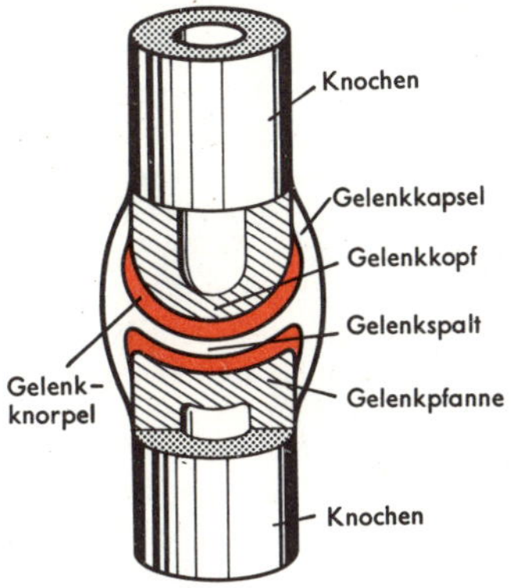

Abb. 1 Gelenkaufbau

Abb. 2 Kugelgelenk

Abb. 3 Eigelenk

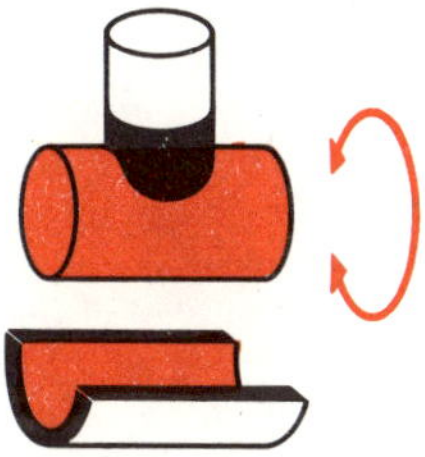
Abb. 4 Scharniergelenk

Abb. 5 Flaches Gelenk

Abb. 6 Sattelgelenk

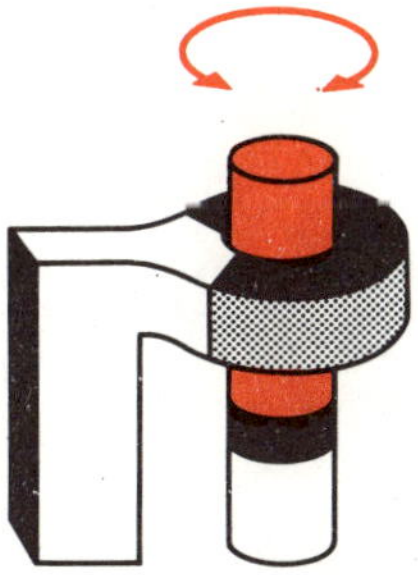
Abb. 7 Drehgelenk

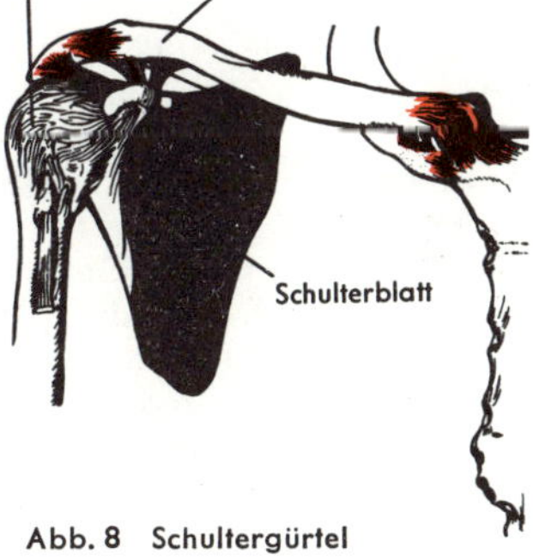

Abb. 8 Schultergürtel

Das *Kniegelenk* ist nicht nur das größte, sondern durch die Mannigfaltigkeit seiner Einrichtungen auch eines der kompliziertesten Gelenke des menschlichen Körpers. Es ist in erster Linie ein Scharniergelenk (Abb. 4, S. 405), das in gestrecktem Zustand vollkommen festgestellt wird und in Beugestellung eine geringe Drehbewegung vor allem nach außen erlaubt. Das Kniegelenk wird von den konvexen Gelenkpartien der beiden Schenkelbeinknorren und den annähernd ebenen Gelenkflächen der Schienbeinknorren gebildet. Das Wadenbein dient nur als Ansatz für das Seitenband und ist an der Gelenkbildung nicht beteiligt. Zum Ausgleich der verschieden geformten Gelenkflächen dienen zwei halbmondförmig gebogene, verdickte Knorpelscheiben *(innerer Meniskus* und *äußerer Meniskus)*, deren Öffnungen einander zugewandt sind. Ihre Hauptaufgabe besteht im federnden Auffangen von Stoß und Druck beim Gehen, Laufen und Springen. Sie passen sich den bei verschiedenen Bewegungen jeweils unterschiedlichen Drehungsradien der Schenkelknochen an und stellen so eine Ergänzung der Gelenkpfanne dar (Abb. 9). Gewaltsame Drehbewegungen des Ober- oder Unterschenkels bei gebeugtem Knie (Skilaufen, Fußball), ferner Verschleißerkrankungen können zu *Meniskusverletzungen* führen. Bei akutem Meniskusriß kann Ruhigstellung zur Heilung führen, bei wiederholten Einklemmungen wird u. U. eine operative Entfernung des verletzten Meniskus erforderlich. Die Menisken hängen mit den Kreuzbändern (als Innenbändern des Kniegelenks) zusammen, die das Gelenk in Beugestellung sichern und Schubladenbewegungen verhindern. Bei einer gewaltsamen Bewegung des Oberschenkels gegen den Schienbeinkopf (oder umgekehrt) kann es zur Überdehnung und Zerreißung der Kreuzbänder kommen, wonach der Unterschenkel sich gegenüber dem Oberschenkel nach vorn und hinten verschieben läßt *(Schubladenphänomen)*. Zur Behandlung ist sofortige Ruhigstellung bzw. eine (plastische) Operation erforderlich. – Die Kniescheibe dient v. a. zur Übertragung des Sehnenzuges des vierköpfigen Oberschenkelmuskels (Musculus quadriceps femoris); er ist der mächtigste aller Muskeln des Menschen und dient u. a. als Strecker des Kniegelenkes.

Das *Ellbogengelenk* ist ein zusammengesetztes Gelenk. In der gleichen Kapsel sind das Oberarm-Ellen-Gelenk, das Oberarm-Speichen-Gelenk und das Speichen-Ellen-Gelenk zusammengefaßt. Das Oberarm-Ellen-Gelenk läßt nur Beugung und Streckung zu und ist ein reines Scharniergelenk (Abb. 4, S. 405). – Das Oberarm-Speichen-Gelenk ist ein Kugelgelenk, vermag aber nur Beugung und Kreisung auszuführen, da die Speiche jeder Bewegung der Elle folgen muß; damit erhält es den Charakter eines Drehwinkelgelenkes. Das obere Speichen-Ellen-Gelenk ist ein Zapfengelenk. Es hat für Beugung und Streckung im Ellbogengelenk keinerlei Bedeutung, führt aber zusammen mit dem unteren Speichen-Ellen-Gelenk die Umwendebewegung der Hand aus (Pronation und Supination; Abb. 10a und b). Hierbei steht die Elle still, während sich das Speichenköpfchen um eine durch die Mitte des Speichentellers ziehende Achse dreht.

Das *Skelett der Hand* (Abb. 11) weist insgesamt 27 Knochen mit 36 gelenkigen Verbindungen auf. Man unterscheidet an der Hand die Handwurzel mit 7 einzelnen Knöchelchen, die Mittelhand, die aus 5 Röhrenknochen besteht, und schließlich die Finger, von denen der Daumen 2, alle übrigen Finger je 3 Glieder aufweisen. Die armwärts gelegenen Handwurzelknochen werden zu einem ellipsoidischen Gelenkkopf zusammengefaßt. Die Pfanne wird von der Speiche und einer Gelenkscheibe zwischen Radius und Dolchfortsatz der Elle gebildet, der Gelenkkopf von den oberen Endflächen des Kahn-, Mond- und Dreiecksbeines. Das dadurch entstehende Eigelenk (Abb. 3, S. 405) erlaubt die Beugung und Streckung der Hand sowie Abspreizungen nach der Daumen- und Kleinfingerseite. Das fingerwärts liegende *Handgelenk* zeigt eine S-förmige Gelenklinie, die zwischen den beiden Reihen der Handwurzelknochen liegt. Seine Beweglichkeit ist gering. Die zweite Reihe von Handwurzelknochen ist gegen die Mittelhand (mit Ausnahme des Daumens) ebenfalls nur wenig beweglich.

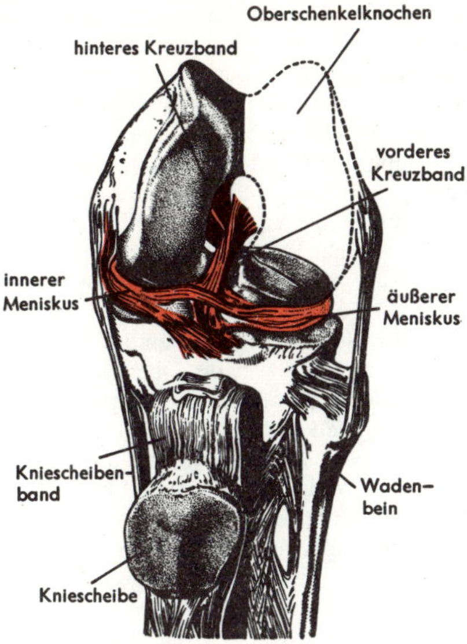

Abb. 9 Kniegelenk

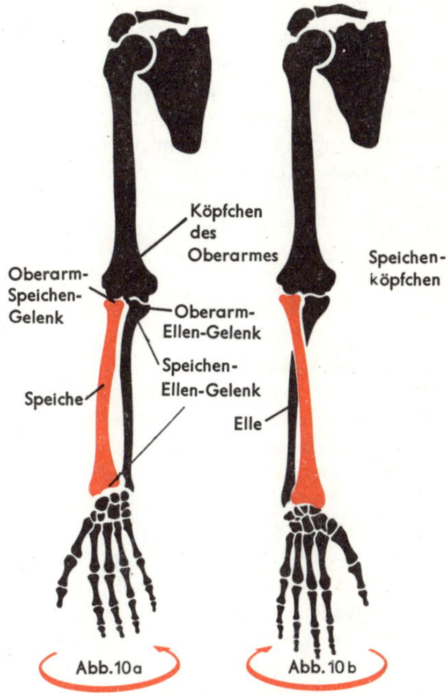

Knochenstellung bei Ein- und Auswärtsdrehung des Unterarms

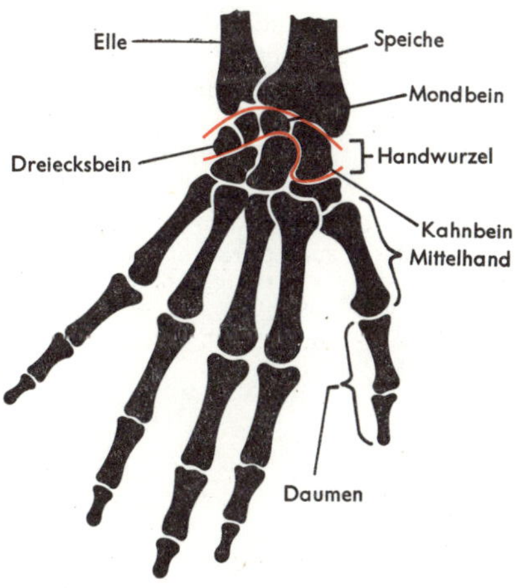

Abb. 11 Skelett der Hand

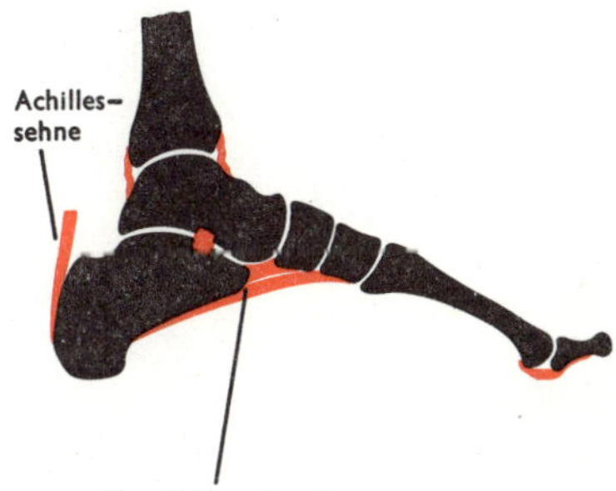

Abb. 12 Fußgelenk (straffes Gelenk)

Da die Hand ausschließlich mit der Speiche, nicht aber mit der Elle in direkter Verbindung steht, wird die Erschütterung beim Fall auf die Hand unmittelbar auf die Speiche übertragen; daher kommt die kräftigere Speiche dabei öfter zu Schaden als die Elle. – Die Beugung und Streckung der Finger (Abb. 13a und b) hängt bei der besonderen Anordnung der hier ansetzenden Sehnen von Mitbewegung und Haltung der Nachbarfinger sowie von der Stellung der Hand im Handgelenk ab.

Der *Beckengürtel* setzt sich aus den beiden dreiteiligen Hüftbeinen zusammen, die das Kreuzbein zwischen sich fassen. Durch ihre innige Verbindung entsteht ein federnder Ring, das Becken (Pelvis), das die Aufgabe hat, die Last der Wirbelsäule auf die Beine zu übertragen. Das weibliche Becken ist breiter gebaut als das des Mannes (Abb. 14).

Alle drei Bestandteile des Hüftbeins (Darmbein, Sitzbein und Schambein) sind an der Hüftgelenkspfanne beteiligt. Diese umgreift den Gelenkkopf des Oberschenkels um mehr als die Hälfte. Das *Hüftgelenk* ist ein Nußgelenk (s. o.). Der Grund der Pfanne wird durch ein Polster aus lockerem Binde- und Fettgewebe gebildet. Die Funktion dieses Gewebes besteht in der Pufferung von Erschütterungen, die vom Schenkelkopf auf die Hüftgelenkspfanne übertragen werden. Die Beweglichkeit des Hüftgelenks ist zugunsten der Solidität und Stabilität reduziert. Der ständige Druck des Körpergewichts wird über die Schenkelhälse auf beide Beine verteilt. Die Schenkelhälse sind bei einem offenen Winkel von 120–130° mit den Schenkelbeinen mechanisch nicht sehr günstig angeordnet und daher schwache Stellen des Skeletts.

Der Schwerpunkt des Körpers liegt senkrecht über der queren Drehachse durch die beiden Hüftgelenke etwa in Höhe des dritten Kreuzbeinwirbels. Um diese Drehachse wird das Becken wie ein Waagebalken gedreht. Fast alle Stellungsänderungen der unteren Gliedmaßen werden durch Mitbewegung des Beckens und der mit ihm verbundenen Wirbelsäule ergänzt. Entweder wird das Bein gegen die Hüfte (Spielbein) oder die Hüfte gegen das festehende Bein bewegt (Standbein). Beim Gehen wechseln Spiel- und Standbein miteinander ab (Abb. 15).

Am *Skelett des Fußes* unterscheidet man Fußwurzel, Mittelfuß und Zehenglieder. Der Fuß besitzt zwei *Sprunggelenke*, das obere zwischen den Klammern der Unterschenkelknochen mit ihren Knöcheln und dem Sprungbein und das untere zwischen dem Sprung- und dem Fersenbein. Im oberen Sprunggelenk werden die Hebung und Senkung des Fußrückens ausgeführt, im unteren die Aus- und Einwärtskantung des Fußes. – Über das Sprungbein wird die Last des Körpers auf das *Fußgewölbe* übertragen. Letzteres ist eine federnde Konstruktion aus Fußwurzel und Mittelfußknochen, die durch starke Bänder in ihrer Form festgehalten wird (straffes Gelenk). Zusätzlich sichern die Muskeln der Fußsohle dieses Gewölbe (Abb. 12, S. 407). Bei Erschlaffung der Muskeln können die Bänder die Dauerbelastung allein nicht tragen, das Gewölbe wird flacher und plattet sich schließlich ab (Plattfuß, s. S. 418). Neben dem Längsgewölbe findet sich noch ein Quergewölbe, dessen Erschlaffung zum Spreizfuß (s. S. 418) führt.

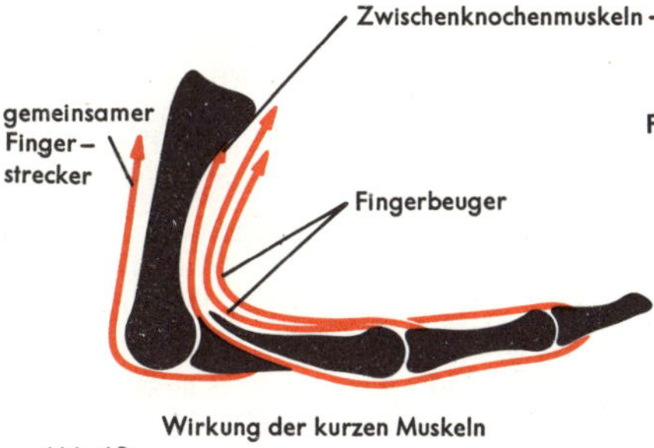

Abb. 13a

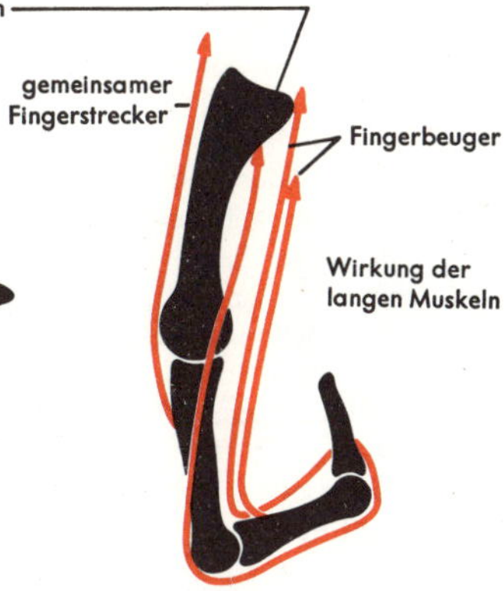

Abb. 13b

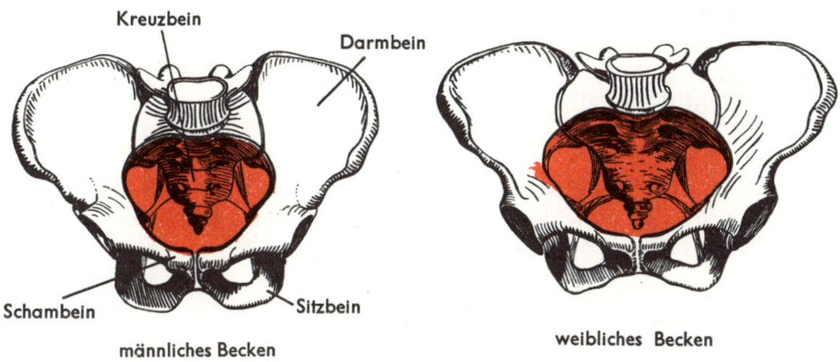

Abb. 14

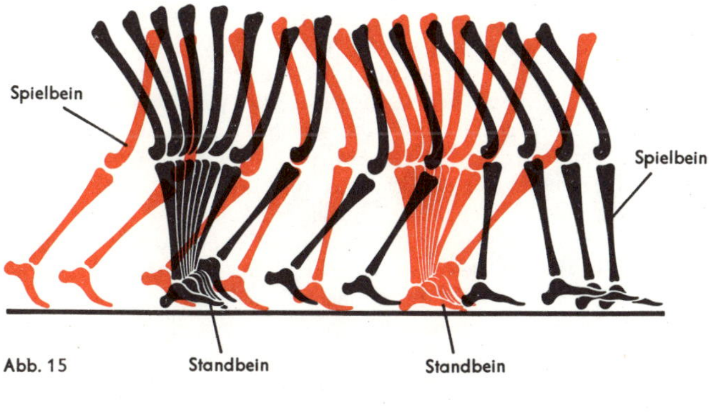

Abb. 15

SEHNENSCHEIDENENTZÜNDUNG SCHLEIMBEUTELENTZÜNDUNG

Die *Sehnenscheiden* dienen den Sehnen streckenweise als Gleitröhren und somit vor allem auch als seitliche Fixierung. So können die Sehnen selbst bei extremen Bewegungsausschlägen nicht von ihrer ursprünglichen Verlaufsrichtung abweichen. Sehnenscheiden finden sich vor allem an der Beugeseite der Gliedmaßen. Sie bestehen aus derbem Bindegewebe und sind an der Innenseite von einer glatten Haut überzogen, die eine schleimige Flüssigkeit absondert und mit dieser die Gleitfähigkeit der Sehnen und Sehnenscheiden unterstützt. Die *akute Sehnenscheidenentzündung (Tendovaginitis)* ist eine sehr schmerzhafte Erkrankung, die häufig gemeinsam mit einer Sehnenentzündung auftritt. Sie kann durch Fortleitung eines entzündlichen Prozesses aus der Umgebung zustande kommen, wobei es sich meist um eine bakterielle Infektion mit folgender Eiterbildung handelt. Sehr häufig tritt sie auch als Folge einer Überanstrengung oder Sehnenzerrung auf; in solchen Fällen kommt es, da keine Infektion vorliegt, auch nicht zur Eiterbildung, sondern nur zur Ausschwitzung von Fibrin. Die Schwellung ist dann nur gering, Druck oder Bewegung lösen ein schmerzhaftes Reibegefühl aus.

Die *chronische Sehnenscheidenentzündung* kann im Rahmen eines Rheumatismus, einer Tuberkulose, einer Syphilis oder auch aus unbekannter Ursache entstehen. Die rheumatische Form zeichnet sich durch geringe Schmerzhaftigkeit und eine weiche Schwellung der Umgebung aus, während die tuberkulöse Form außer mit Rötung und Schwellung in fortgeschrittenen Fällen auch mit Fistelbildungen einhergehen kann. Bei langwierigem Verlauf kommt es nicht selten zu einer schwieligen Verengung der entzündeten Sehnenscheide mit starker Beeinträchtigung der Sehnengleitfähigkeit. Als Folge einer eitrigen oder tuberkulösen Entzündung kann der Gewebsuntergang im Bereich der Sehne und Sehnenscheide so weit gehen, daß die betroffene Gliedmaße auf die Dauer versteift.

Die Behandlung der Sehnenscheidenentzündung ist je nach den Umständen verschieden. Bei der eitrigen Form wird die betroffene Gliedmaße auf einem Schienenverband ruhiggestellt, die erkrankte Sehnenscheide gegebenenfalls durch viele kleine Einschnitte eröffnet und mit mehreren Drains zum Abfluß des Eiters versehen; zusätzlich wird auch noch eine antibakterielle medikamentöse Therapie durchgeführt. Bei der unkomplizierten Form genügt meist Ruhigstellung auf einer Schiene oder in einem speziellen Gipsverband, in besonders hartnäckigen Fällen werden zusätzlich entzündungshemmende Substanzen (z. B. Kortikosteroide) verabreicht. Bei weit fortgeschrittenem Verlauf der Erkrankung mit starker Einengung oder gar Verwachsung der Sehnenscheiden kann die völlige Versteifung der betroffenen Gliedmaßen u. U. nur durch einen chirurgischen Eingriff verhindert werden.

Schleimbeutel sind bindegewebige Kapseln, die an ihrer Innenfläche von einer glatten Haut überzogen sind und eine schleimige Flüssigkeit enthalten. Sie befinden sich bevorzugt an den Körperstellen, wo sich Knochen und Weichteile bei Bewegung gegeneinander verschieben, also vor allem in der Umgebung von Gelenken. Hier ermöglichen sie das reibungslose Übereinandergleiten der Gewebe und dienen somit als Schutz vor allzu starker mechanischer Beanspruchung. – Die häufigste Erkrankung der Schleimbeutel ist ihre Entzündung. Die *Schleimbeutelentzündung (Bursitis)* kann akut auftreten, z. B. bei direkter offener Verletzung, bei Fortleitung eines entzündlichen Prozesses aus der Umgebung oder durch Entzündungskeime, die auf dem Blutweg von entfernt gelegenen Herden herangetragen werden. Typische Krankheitszeichen sind dann: Rötung, Schwellung, Bewegungseinschränkung und starke Schmerzen im befallenen Bereich; in schweren Fällen treten Fieber und allgemeines Krankheitsgefühl hinzu. – Die chronische Schleimbeutelentzündung kann auch als Folge einer akuten Entzündung entstehen, häufiger ist sie Ausdruck einer dauernden mechanischen Beanspruchung des Schleimbeutels. Sie findet sich daher an typischen Körperstellen: Bei Personen, die vorwiegend kniend arbeiten (z. B. Fliesenleger), zeigt sie sich am Kniegelenk, nach dauerndem Aufstützen der Arme (wie z. B. bei Glasschleifern) am Ellbogen.

Die chronische Schleimbeutelentzündung verursacht eine Verdickung der bindegewebigen Kapsel mit Vermehrung der Flüssigkeit, so daß eine prall-elastische Schwellung entsteht.

Bei der Behandlung der Schleimbeutelentzündung steht die Ruhigstellung und Schonung des betroffenen Gelenks im Vordergund. Liegt eine eitrige Entzündung vor, so wird der Schleimbeutel eröffnet und ein Drain zur Ableitung des Eiters eingelegt. Zusätzlich werden Antibiotika verabreicht. Die chronische Entzündung kann u.a. durch Punktion mit Entnahme von Schleimbeutelflüssigkeit und Einspritzen von Kortikoidlösungen geheilt werden. In hartnäckigen Fällen ist es besser, wenn der gesamte Schleimbeutel operativ entfernt wird.

PRELLUNG · VERSTAUCHUNG · VERRENKUNG

Verstauchung und Verrenkung sind durch Gewalteinwirkung bedingte Verletzungen der Gelenke. Die einfachste, wenn auch mitunter sehr schmerzhafte Folge von Gewalteinwirkungen ist die *Prellung* eines Gelenks. Dabei handelt es sich im wesentlichen um einen Bluterguß durch Einreißen der die Gelenkkapsel versorgenden Blutgefäße. Das Gelenk ist geschwollen und schmerzt bei jeder Bewegung. Die gelenknahe Haut zeigt als Blutergußfolge nach einigen Tagen blaue und grüne Verfärbungen. Meist heilt die Prellung durch Ruhigstellung des Gelenkes und aufgelegte Salbenverbände zur Aufsaugung des Blutergusses und Kühlung in ein paar Tagen aus.

Werden Gelenkkapsel und Gelenkbänder gegen die normale Bewegungsrichtung gewaltsam gedehnt, entsteht eine *Zerrung* oder *Verstauchung*. Dabei führen Einrisse der Gelenkkapsel und Gelenkbänder zu starken Blutergüssen, heftigen Schmerzen und zur Bewegungseinschränkung des Gelenkes. Eine Verstauchung kann wochen- und monatelang Beschwerden verursachen. Zur Behandlung wird das betroffene Gelenk durch einen festen, bewegungseinschränkenden Verband (besonders auch Gipsverband) ruhiggestellt. Wird der Bluterguß nicht vollständig aufgesogen, kann es zu langdauernden, schmerzhaften Entzündungen kommen. Daher wird der Bluterguß aus großen Gelenken u. U. mit einer Spritze abgesaugt. Ein Bandriß muß genäht werden.

Tritt beim Einriß der Kapsel ein Gelenkende aus seiner regelrechten Stellung, so spricht man von *Verrenkung*. Meist kommt es dabei zu erheblichen Gelenkverletzungen. Jeder Bewegungsversuch ruft stärkste Schmerzen hervor. Die Stellung des betroffenen Gliedes ist anormal. Häufig kann man den verrenkten Gelenkkopf tasten, z.B. bei Verrenkung des Schultergelenkes in der Achselhöhle. Verrenkungen gehören in ärztliche Behandlung. Je frühzeitiger die Einrenkung vorgenommen wird, um so einfacher läßt sie sich durchführen. Der Arzt leitet eine Narkose ein und dirigiert den Gelenkkopf durch rollende und drehende Bewegungen, durch Zug und Gegendruck über den Kapselschlitz in seine ursprüngliche Stellung. Das Gelenk wird durch einen festen, ruhigstellenden Verband so lange in der richtigen Stellung gehalten, bis die Gelenkkapsel mit Sicherheit wieder verheilt ist. Anschließend sind Bewegungsübungen notwendig, um das Gelenk wieder voll funktionsfähig zu machen. Kommt eine Verrenkung zu spät in ärztliche Behandlung, ist die leere Gelenkkapsel u. U. schon geschrumpft und der Kapselriß um den ausgetretenen Knochen z.T. schon verheilt; ist nun eine „unblutige" Einrenkung nicht mehr möglich, muß das Gelenk u. U. operativ eröffnet und der Knochen nachträglich in seine regelrechte Stellung gebracht werden. Dabei kommt es allerdings nicht selten zur Gelenkversteifung.

AKUTER GELENKRHEUMATISMUS

Unter Rheumatismus wird eine Gruppe von Gelenkerkrankungen zusammengefaßt, die recht verschieden verlaufen können. Gemeinsam ist allen Erscheinungsformen des Rheumatismus wahrscheinlich die sog. Antigen-Antikörper-Reaktion. Antigen ist meist ein körperfremder Eiweißstoff, z. B. ein Bakteriengift. Dringt es in den menschlichen Körper ein, erfolgt eine Gegenwirkung, vor allem durch Bildung eiweißartiger Abwehrstoffe, die man Antikörper nennt. Treffen beide aufeinander, so kommt es zur *Antigen-Antikörper-Reaktion* mit bezeichnenden Entzündungserscheinungen. Normalerweise dienen solche Vorgänge der gesteigerten Infektabwehr oder Immunität. Beim Rheumatismus laufen sie unzweckmäßig überschießend in Form einer Krankheit ab. Der *akute Gelenkrheumatismus (rheumatisches Fieber)* wird durch bestimmte antigene Eiterkeime ausgelöst, nämlich die Erreger von Mandelentzündung, Scharlach und Wundrose, die sog. betahämolysierenden Streptokokken vom Typ A. Der akute Gelenkrheumatismus z. B. ist keine gewöhnliche Infektionskrankheit, sondern Ausdruck einer streptokokkenprovozierten Antigen-Antikörper-Reaktion, die als Zweiterkrankung erst einige Zeit nach der Erregerinvasion auftritt, wenn sich ausreichend viele Antikörper gebildet haben (Abb. 1). Schauplatz der dann ablaufenden Antigen-Antikörper-Reaktion sind meist bestimmte, akut entzündete Gelenke.

Dem akuten Gelenkrheumatismus gehen meist wiederholte Mandelentzündungen (Tonsillitiden), manchmal auch Wundrose oder Scharlach voraus. Rheumabegünstigend wirken: die ererbte Anlage, das Alter von 11–20 Jahren (Abb. 2), ferner Unterernährung, Übermüdung, naßkaltes Wetter, Erkältung und enges Beisammenwohnen in Zeltlagern oder Kasernen. 2–3 Wochen nach der Erstinfektion mit Eitererregern zeigt sich in etwa 3 % der Fälle die allergische Zweiterkrankung. Während das Fieber auf 38–41 °C ansteigt, schwellen die großen Gelenke schmerzhaft an, sind heiß und gerötet. Die Entzündung springt von Gelenk zu Gelenk und befällt gelegentlich auch die kleinen Gelenke bis in die Finger und Zehen. Die Patienten haben Kopfschmerzen, fühlen sich schwerkrank und liegen regungslos, um die äußerst schmerzhaften Gelenkbewegungen zu vermeiden. Neuerdings wird häufig auch ein schleichender Beginn mit geringem Temperaturanstieg, mit Unruhe, Appetitlosigkeit, Kopfschmerzen und Schweißausbrüchen beobachtet. Bei 10–30% der Erwachsenen und 80% der Kinder greift die rheumatische Entzündung auch auf Herzklappen, Herzmuskel und Herzbeutel über. Die rheumatische Klappenerkrankung des linken Herzens ist die weitaus häufigste Ursache erworbener Klappenfehler (s. S. 40). Herzgeräusche, übermäßige Herzbeschleunigung, unregelmäßiger Puls, Herzerweiterung, Atemnot und Blausucht zeigen solche Komplikationen an. Sie sind um so ernster zu nehmen, als die rheumatischen Klappenveränderungen sich wesentlich schlechter zurückbilden als z. B. die entzündliche Gelenkschwellung. Tatsächlich bleiben Herzklappenfehler bei 30–40% der rheumatischen Klappenerkrankungen bestehen; sie können Jahre, selbst Jahrzehnte später noch zum Herzversagen führen.

Die akut-rheumatischen Gelenkerscheinungen klingen unbehandelt meist erst nach 3–6 Monaten, bei vollwertiger Behandlung gewöhnlich innerhalb weniger Wochen ab. 50% der geheilten Kinder erleiden Rückfälle, die wieder vor allem für das Herz gefährlich sind und nur vereinzelt in ein chronisches rheumatisches Fieber übergehen. Seltener als Herz und Gelenke befällt der akute Rheumatismus die Haut, das Brustfell, das Bauchfell und die Nieren. Bei 5–20% der erkrankten Kinder, vor allem bei Mädchen, kommt es nach dem Rückgang der Gelenkerscheinungen zu einer eigentümlichen Erkrankung des Stammhirns, dem sog. Veitstanz (Chorea minor).

Zur Beseitigung des Streptokokkeninfektes gibt man zwei Wochen lang Penicillin, das längere Zeit auch zur Verhütung von Rückfällen verabreicht wird. Gegen die Entzündungsprozesse ist Prednison, gegen die Gelenkerscheinungen Acetylsalicylsäure wirksam.

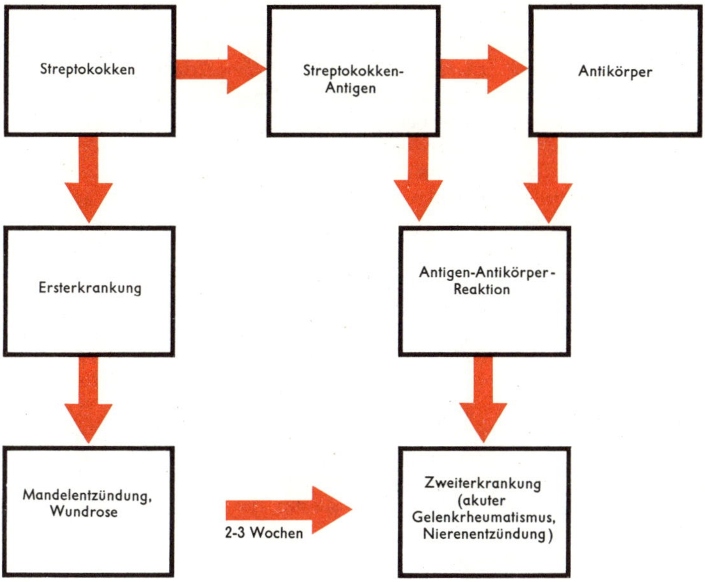

Abb. 1

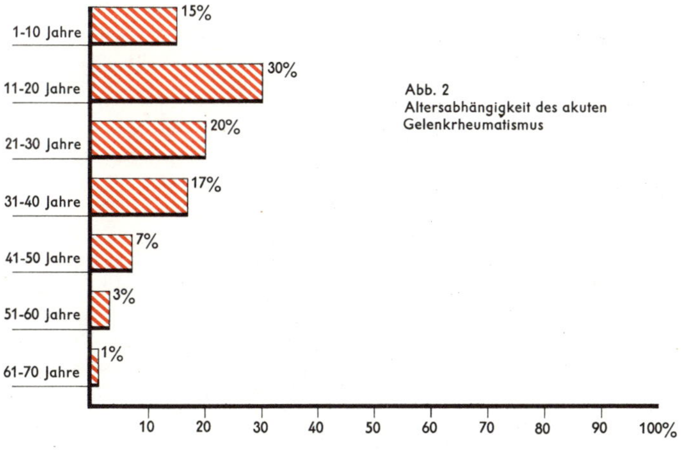

Abb. 2
Altersabhängigkeit des akuten Gelenkrheumatismus

CHRONISCHER GELENKRHEUMATISMUS BECHTEREW-KRANKHEIT

Der akute Gelenkrheumatismus (s. S. 412) ist als Zweitkrankheit nach einer Streptokokkeninfektion Ausdruck einer überschießenden Erregerabwehr durch Antigen-Antikörper-Reaktionen. Auch bei einer Gruppe von gewöhnlich chronisch verlaufenden Gelenkerkrankungen sind Antigen-Antikörper-Reaktionen im Spiel, doch handelt es sich hier um Antikörper gegen körpereigene Antigene (Abb. 1). Erkrankungen dieser Art faßt man unter der Bezeichnung *Autoimmunkrankheiten* zusammen.

Eine besonders häufige Autoimmunkrankheit ist der *chronische Gelenkrheumatismus (chronische Polyarthritis, rheumatoide Arthritis).* Die Krankheit kommt bei 1-3% der Bevölkerung vor und tritt am häufigsten zwischen dem 30. und 40. Lebensjahr auf. Frauen erkranken 3- bis 4mal häufiger als Männer. Familiäre Häufung wurde beobachtet. Der chronische Gelenkrheumatismus entwickelt sich schleichend über Jahre oder Jahrzehnte. Die ersten atypischen Anzeichen sind Abgeschlagenheit, Müdigkeit und Gewichtsabnahme. Später kommen Durchblutungsstörungen (mit Kribbeln, Ameisenlaufen, Blausucht der Finger und Zehen) hinzu, außerdem Überempfindlichkeit gegen kaltes Wasser sowie morgendliche Steifigkeit und Unbeholfenheit der Finger. Schließlich schwellen die kleinen Gelenke der Finger und Zehen teigig an und schmerzen bei Bewegung. Die Gelenkflächen und Knochen werden umgebaut (vor allem die Fingergelenke schwellen spindelförmig an) und dann in einer eigentümlichen Beugehaltung versteift (Abb. 2). Schließlich bilden sich auch Haut und Muskeln zurück, die versteiften Hände sind funktionsunfähig. In 10-20% der Fälle führt die Krankheit zur Invalidität.

Schwere Formen mit Herzbeteiligung kommen - im Gegensatz zum akuten Gelenkrheumatismus - kaum je vor, doch werden gelegentlich aktivere Krankheitsabschnitte mit Fieber beobachtet. Vor allem bei Kindern beginnt der chronische Gelenkrheumatismus häufig auch mit schweren Allgemeinerscheinungen, Fieber und Lymphknotenschwellungen; bei Jugendlichen kann die Krankheit außerdem monoartikulär, und zwar meist im Bereich eines Kniegelenks, einsetzen. In manchen Fällen finden sich im Bindegewebe „Rheumaknötchen"; auch Pleuraergüsse und rheumatisch-entzündliche Erkrankungen der Hornhaut, der Bindehaut und Iris kommen vor. Als typischer Laborbefund ist nach längerer Krankheitsdauer bei 80-90 % der Betroffenen ein sog. *Rheumafaktor* nachzuweisen. Es handelt sich dabei um spezifische Makroglobuline mit Antikörpereigenschaft gegen körpereigenes und fremdes Gammaglobulin.

Die entzündlichen Gelenkerscheinungen werden u. a. mit Salicylaten, Phenylbutazon, Indometazin oder mit Kortikosteroiden behandelt; sog. Basistherapeutika sind Goldpräparate, Chloroquin und neuerdings auch D-Penicillamin. Wärmebehandlung, Massage und Bewegungsübungen sind für die Erhaltung bzw. Wiederherstellung der Gelenkbeweglichkeit von Bedeutung.

Vom chronischen Gelenkrheumatismus nicht nur ihrem Sitz, sondern wahrscheinlich auch der Ursache nach verschieden (Rheumafaktor negativ!) ist die *Bechterew-Krankheit*, die bevorzugt im 3. Lebensjahrzehnt auftritt und Männer 10mal häufiger befällt als Frauen. Hier sind vor allem die Wirbelgelenke und die wirbelsäulennahen Gelenke betroffen. Die Erkrankung führt zu völliger Versteifung der Wirbelsäule („Bambusstabwirbelsäule", Abb. 5). Typisch ist die Haltung der Bechterew-Kranken mit stark nach vorn gekrümmtem Rücken (Abb. 3). Sie können schließlich den Kopf nicht mehr senken, der Finger-Boden-Abstand ist beim Bücken extrem groß (vgl. Abb. 4a und b). Die Knochenwucherungen drücken auf die durchtretenden Rückenmarksnerven und erzeugen Nervenschmerzen, die dem Ischiasschmerz ähnlich sind (vgl. S. 354). - Die medikamentöse Behandlung entspricht der Behandlung des chronischen Gelenkrheumatismus.

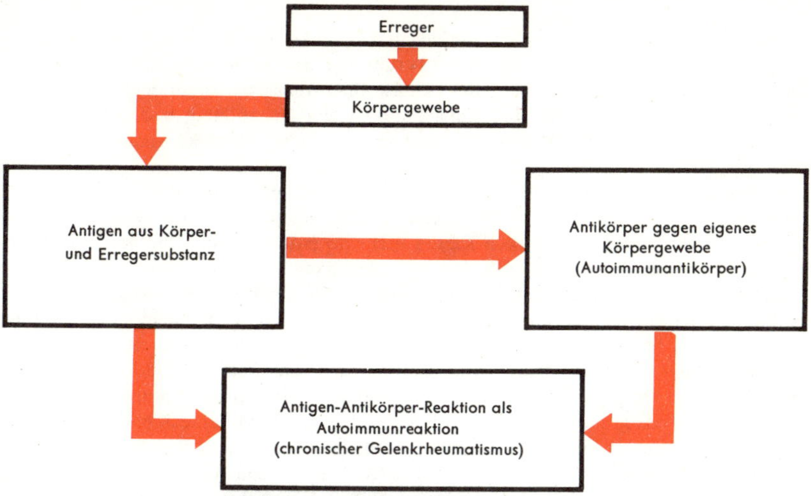

Abb. 1
Autoimmunerkrankung durch Autosensibilisierung

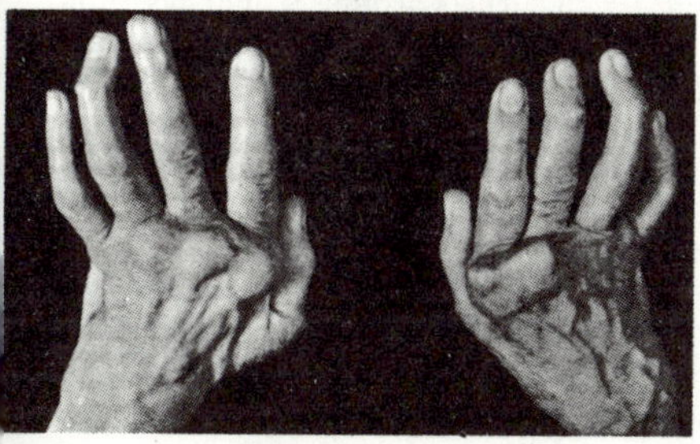

Abb. 2
ortgeschrittener chronischer Gelenkrheumatismus der Hände

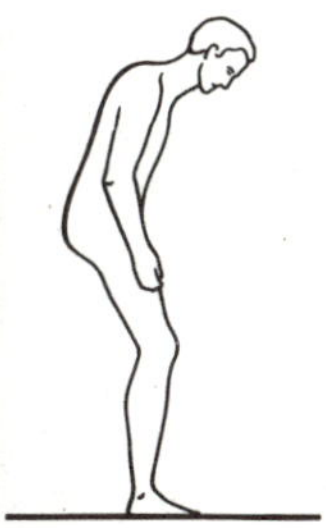

Abb. 3
Haltung eines Bechterew-Kranken

Abb. 4a

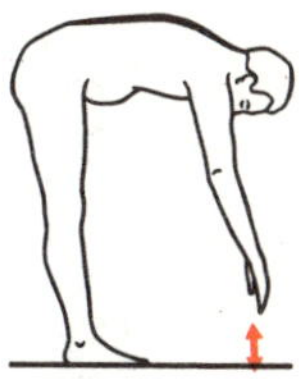

Abb. 4b

5a
nale Wirbelsäule
der Lendengegend)

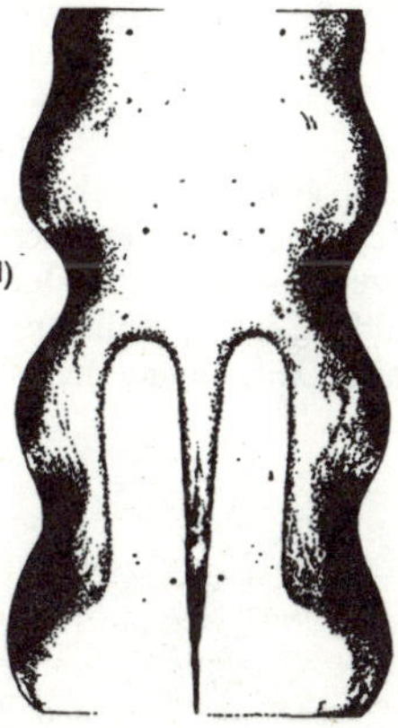

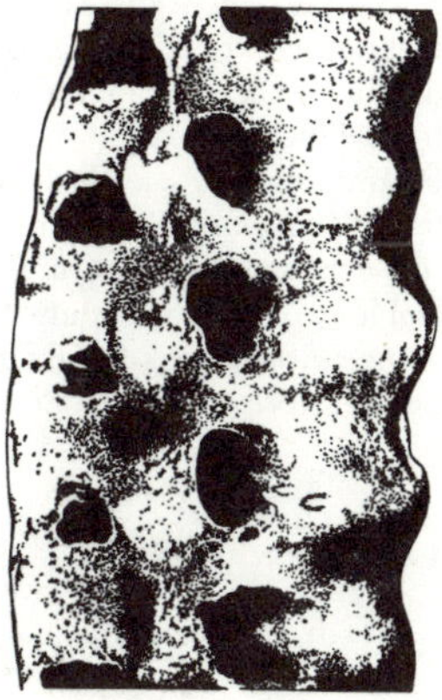

Abb. 5b
Zu einem „Bambusstab“ verknöcherte Wirbelsäule bei einem Bechterew-Kranken

ARTHROSE

Die Arthrose ist eine Abnutzungskrankheit der Gelenke, die auf einem Mißverhältnis zwischen Belastung und Widerstandskraft beruht. Die Erkrankung ist außerordentlich häufig; sie tritt im höheren Lebensalter bei fast allen Menschen zumindest in leichter Form auf. Voraussetzung für ihre Entstehung ist eine Schädigung und Abnutzung des Gelenkknorpels im beweglichen Gelenk; ein versteiftes Gelenk kann nicht arthrotisch werden.

Folgende Ursachen können einer Arthrose zugrunde liegen: angeborene Knorpelminderwertigkeit, Fehlbelastung der Gelenke durch unnatürliche Achsenstellung (z. B. bei X- oder O-Beinen) oder durch schräg verheilte Brüche. Eine sehr große Rolle spielen Überlastungen der Gelenke durch Fettleibigkeit oder auch durch sportliche Überbeanspruchung. Schließlich sind auch hormonelle Einflüsse (insbesondere Fehlfunktionen der Hirnanhangsdrüse oder der Keimdrüsen) an der Entstehung beteiligt. Frauen jenseits der Wechseljahre sind besonders häufig von Arthrosen durch hormonelle Veränderungen betroffen. Die *arthrotischen Veränderungen* beginnen an der Knorpelgrundsubstanz. Der Knorpel verliert seine Elastizität, wird spröde, splittert auf und geht schließlich zugrunde. Sodann wird der Knochen in Mitleidenschaft gezogen: Zunächst tritt eine Verdichtung des Gewebes auf, dann setzt der Abbau der belasteten Knochenanteile ein, während an den unbelasteten Gelenkzonen eine unregelmäßige Knochenwucherung mit Bildung von Randwülsten und Zacken auftritt. Diese Erscheinungen bezeichnet man in der medizinischen Fachspache als *Arthrosis deformans* (Abb. 2). Sie befällt vor allem die großen Gelenke der unteren Gliedmaßen, da diese durch das Körpergewicht den größten mechanischen Belastungen ausgesetzt sind.

Als erste Krankheitszeichen der Arthrose treten Steifigkeit und Spannungsgefühl auf, bald auch dumpfe, bohrende Schmerzen, die nach körperlicher Betätigung am stärksten sind. Gelegentlich ist ein bewegungsabhängiges Knacken oder Knirschen der Gelenke hörbar. Durch die Randwulstbildung kommt es zu einer Verdickung der betroffenen Gelenke, schließlich auch zur Bewegungseinschränkung. Nicht selten splittern Randwülste oder Zacken ab, die als freie Gelenkkörper („Gelenkmäuse“) zu plötzlichen Einklemmungserscheinungen mit Bewegungsbehinderung und starken Schmerzen führen können.

Die Arthrose wird zunächst konservativ behandelt. Wärme in Form von Kurz- oder Mikrowellen und Bäder werden als schmerzlindernd empfunden, ebenso die medikamentöse Therapie mit antirheumatischen und durchblutungsfördernden Mitteln, Hormonen u. v. a. Bei sehr starken Schmerzen helfen nur die absolute Entlastung der Gelenke durch Bettruhe oder Stützapparate und die Einspritzung von örtlich wirksamen Betäubungsmitteln (Lokalanästhetika). In schweren Fällen muß operativ vorgegangen werden. Hierbei besteht entweder die Möglichkeit einer Gelenkversteifung, die Schmerzfreiheit garantiert, oder die „Einpflanzung“ eines künstlichen Gelenks. Diese Operation wird in den letzten Jahren mit sehr gutem Erfolg bei der Arthrose des Hüftgelenks durchgeführt (Abb. 3).

Eine ähnliche Erkrankung wie die Arthrose der großen Gelenke kann an der Wirbelsäule auftreten *(Spondylose, Spondylarthrose)*. Die erste Veränderung besteht in einer Zermürbung der Bandscheiben und der knorpeligen Abschlußplatten der Wirbelkörper. Hierauf folgen seitliche Rundwulstbildungen und schließlich Abbauveränderungen der Zwischenwirbelgelenke. Die Krankheitszeichen und Behandlungsmöglichkeiten entsprechen im übrigen denen der Arthrose.

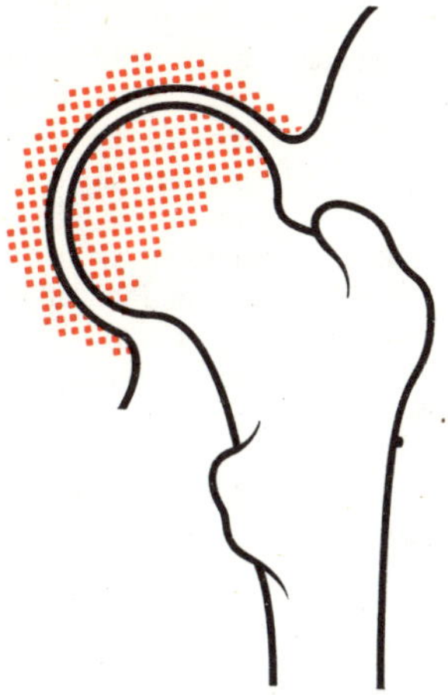

Abb. 1
Normales Hüftgelenk mit intaktem Gelenkspalt

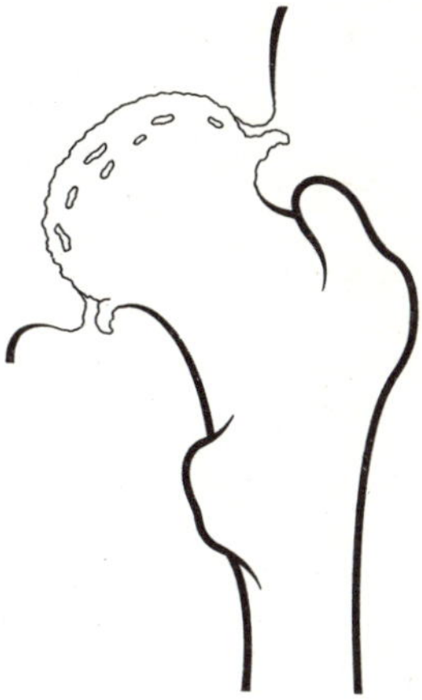

Abb. 2
Fortgeschrittene Arthrose

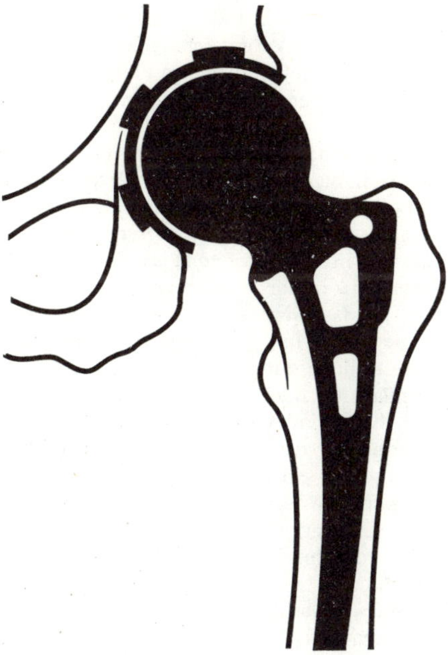

Abb. 3 Beispiel einer Hüftgelenkplastik

FUSS-SCHÄDEN

Unter dem Begriff Fußschäden werden alle angeborenen oder erworbenen Formabweichungen oder Fehlhaltungen der Füße zusammengefaßt. Die häufigste Fehlhaltung des Fußes ist der *Plattfuß* (Abb. 2). Ursache des Plattfußes ist ein Mißverhältnis zwischen der Tragfähigkeit des Fußes und seiner Beanspruchung. Eingeschränkte Tragfähigkeit kann durch Bänder- und Muskelschwäche, knochenerweichende Prozesse (z. B. Rachitis), chronische Entzündungen von Knochen und Gelenken, Lähmungen oder Unfallfolgen bedingt sein. Bei Kindern ist die entstehende Senkung des Fußgewölbes meist mit einer Abknickung des Fußes nach innen kombiniert, so daß man hier von einem *Knick-Platt-Fuß* (Abb. 3) spricht. Beim klassischen Plattfuß findet man eine völlige Abflachung des Fußgewölbes, die anfangs noch durch korrigierende Maßnahmen beseitigt werden kann, bei längerem Bestehen durch Veränderung der Gelenkflächen und durch Bänderschrumpfungen jedoch zu einer völligen Versteifung führt. Neben der Abflachung des Längsgewölbes tritt häufig eine Lockerung der Querverspannungen auf, was eine weitere Abplattung und Verbreiterung des Fußes zur Folge hat *(Spreizfuß)*. Zur Vorbeugung und Behandlung leichterer Gewölbesenkungen dienen individuell geformte Einlagen, die vom Facharzt angepaßt werden müssen. Bei schon völliger Versteifung ist eine Korrektur der Fehlstellung nur noch durch eine Operation zu erzielen.

Der *Klumpfuß* ist meist angeboren (Abb. 7), er tritt bei Knaben 2mal häufiger als bei Mädchen auf. Seltener handelt es sich um eine Anlagestörung, die erst im Laufe der Jahre in Erscheinung tritt. Eine dem Klumpfuß ähnliche Fehlstellung kann auch nach schief verheilten Unterschenkelbrüchen zurückbleiben. Die Klumpfußfehlstellung besteht in einer starken Abknickung der äußeren Fußkante nach unten und einer Einwärtsknickung des Vorderfußes samt den Zehen. Der unbehandelte Klumpfußträger läuft stark hinkend auf der äußeren Fußkante; zusätzlich entwickelt sich eine Verkürzung des betroffenen Beines mit Verminderung der Muskulatur. – Die Behandlung des angeborenen Klumpfußes erfolgt in leichten Fällen durch ein Zurechtformen des Fußes mit der Hand, in schwereren Fällen durch einen gepolsterten Gipsverband oder operativ.

Der *Spitzfuß* (Abb. 4) kann ebenfalls angeboren sein, häufiger handelt es sich um einen erworbenen Fußschaden infolge Lähmung der vorderen Unterschenkelmuskulatur, auch um Weichteilverkürzungen der Wadenmuskeln. Die Fußspitze hängt bei dieser Fehlstellung steil nach unten, beim Auftreten erreicht die Ferse den Boden nicht. Die Behandlung besteht in einer Dehnung der Wadenmuskulatur mit Hilfe besonderer Zugvorrichtungen oder in einer operativen Verlängerung der Achillessehne.

Der *Hackenfuß* (Abb. 6) ist das Gegenstück zum Spitzfuß. Er besteht in einer abnormen Beugehaltung des Fußes mit Fersentiefstand; die Fußspitze kann nicht gesenkt werden. Oft ist eine Heilung durch Eingipsen in Korrekturstellung möglich, seltener ist eine Sehnenverpflanzung oder Gelenkversteifung erforderlich.

Beim *Hacken-Hohl-Fuß* (Abb. 5) sind Vor- und Rückfuß stark gegeneinander abgeknickt. Durch die starke Erhöhung des Längsgewölbes erscheint der Fuß verkürzt. Die Ursache dieser Verformung ist ein Funktionsausfall der Wadenmuskulatur. Bei Kindern ist das unblutige Umformen des Hacken-Hohl-Fußes meist möglich, während bei Erwachsenen ein operativer Eingriff am Fußskelett nötig wird. Der Ausfall der Wadenmuskulatur wird entweder durch eine Sehnenplastik oder einen Stützapparat kompensiert.

Kleinere Fußschäden wie *Verkrümmungen* oder *Verbiegungen der Zehen*, *Schwielenbildung* und *Hühneraugen* können meist durch geeignetes Schuhwerk und sorgfältige Fußpflege verhindert oder gemildert werden.

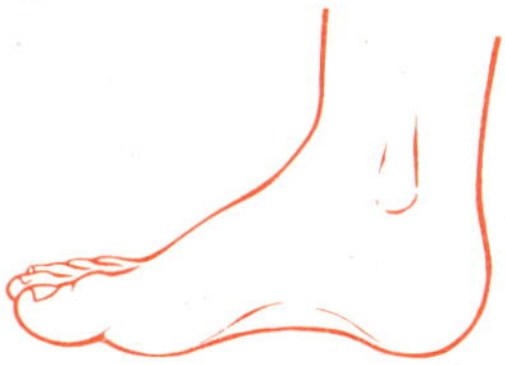

Abb. 1 Normaler Fuß

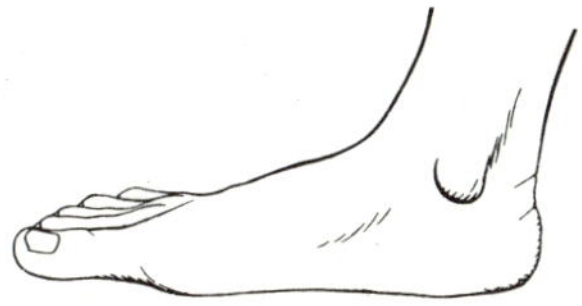

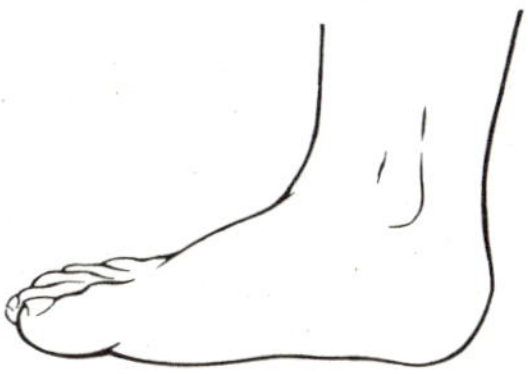

Abb. 2 Plattfuß

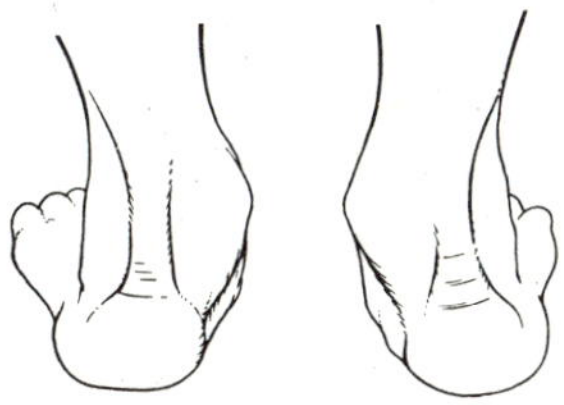

Abb. 3 Knick-Platt-Fuß

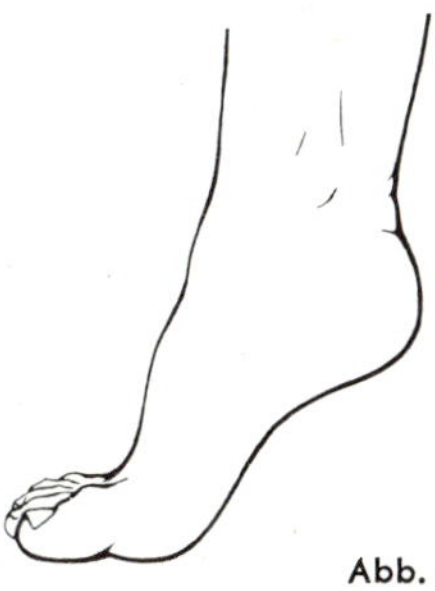

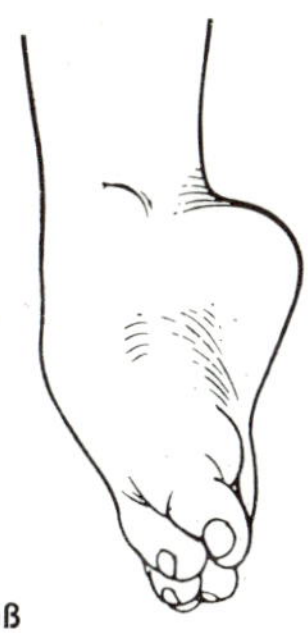

Abb. 4 Spitzfuß

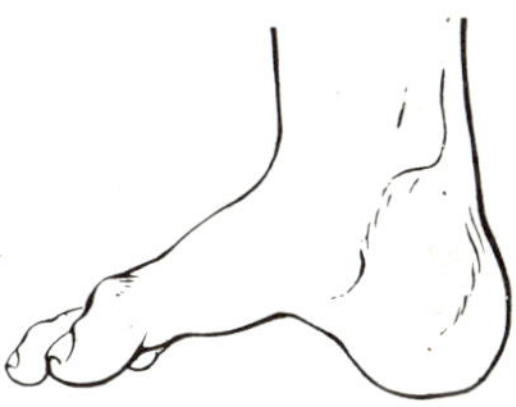

Abb. 5 Hacken-Hohl-Fuß

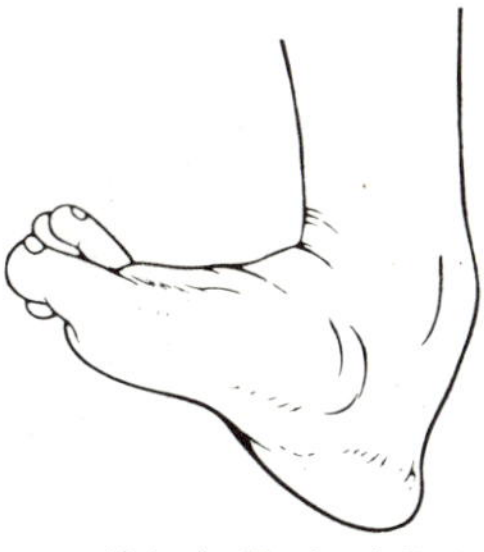

Abb. 6 Hackenfuß

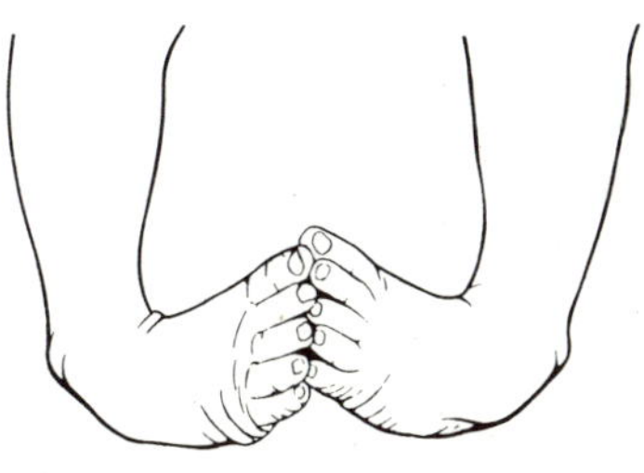

Abb. 7 Angeborener Klumpfuß

(nach Exner und Kaiser)

SCHÄDEL · SCHÄDELTRAUMA

Die *Schädelknochen* bilden mit Ausnahme des Unterkiefers und des am Hals gelegenen kleinen Zungenbeins beim Erwachsenen eine fest zusammenhängende Knochenmasse. Sog. Knochennähte (Suturae) erlauben eine Abgrenzung der durch Synarthrosen miteinander verbundenen einzelnen Skelettstücke (Abb. 1 und 2). Außer der Aufgabe, als Ansatzpunkt für Muskeln (mimische und Kaumuskulatur) zu dienen, hat das Kopfskelett in der Hauptsache die Aufgabe, dem Gehirn und den Sinnesorganen Schutz zu gewähren.

Man unterscheidet am Kopfskelett den Hirnschädel (Neurokranium) und den Gesichts- oder Eingeweideschädel (Splanchnokranium). Der *Hirnschädel* setzt sich zusammen aus: Hinterhauptsbein (Os occipitale), Keilbein (Os sphenoidale), Stirnbein (Os frontale), 2 Schläfenbeinen (Ossa temporalia) und 2 Scheitelbeinen (Ossa parietalia). Der *Gesichtsschädel* besteht aus: Siebbein (Os ethmoidale), Pflugscharbein (Vomer), 2 Nasenbeinen (Ossa nasalia), 2 Tränenbeinen (Ossa lacrimalia), 2 Nasenmuschelknochen (Conchae nasales), 2 Jochbeinen (Ossa zygomatica), 2 Gaumenbeinen (Ossa palatina), 2 Oberkieferbeinen (Maxillae), dem Unterkieferbein (Mandibula), dem Zungenbein (Os hyoideum) sowie den Gehörknöchelchen (Ossicula auditus), bei denen man wiederum je einen Hammer (Malleus), Amboß (Incus) und Steigbügel (Stapes) für das rechte und linke Mittelohr unterscheidet. Am Hirnschädel unterscheidet man das Schädeldach (Kalva) und den Schädelgrund (Basis cranii).

Für die Beurteilung des Schädelraumes ist die Hirnschale (Kalotte) von Wichtigkeit, die im Laufe der Evolution bis zum Menschen eine zunehmende Auswölbung bes. in der Stirngegend erfahren hat. Als Maß für die Beurteilung der Hirngröße hat man die Kapazität der Schädelhöhle gewählt. Diese ist bei den Männern (etwa 1 450 cm^3) größer als bei den Frauen. Wie jeder Knochen besitzt auch das Schädeldach eine äußere Knochenhaut (Periost). Diese ist eine dünne Membran und reich an Nervenfasern. Die innere Knochenhaut stellt gleichzeitig als harte Hirnhaut (Dura mater) eine derbe Hülle des Gehirns dar. Bei Kindern ist die äußere Knochenhaut leicht abhebbar. Durch einen Bluterguß unter der Geburt kann sie geschwulstartig vorspringen (Zephalhämatom). Die harte Hirnhaut hat bei neugeborenen Kindern, bei denen die einzelnen Knochen des Schädeldachs noch gegeneinander verschiebbar sind, die gleichen Funktionen wie der Bandapparat des Skeletts.

Sein charakteristisches Aussehen erhält das *Schädeldach* durch die Nahtverläufe (Abb. 1). Man unterscheidet die Pfeilnaht (Sutura sagittalis) zwischen den Scheitelbeinen. Diese gabelt sich an der Hirnseite des Schädeldaches zur Lambdanaht (Sutura lambdoidea) und stößt vorn senkrecht auf die Kranznaht (Sutura coronalis). Die Knochen sind beim Erwachsenen durch die Nähte zackenartig miteinander verbunden. Die Verbindung entsteht etwa im dritten Lebensjahr. Bis zu diesem Zeitpunkt trifft man dort, wo die knöchernen Schädeldachteile zusammenstoßen, häutige Zwickel, sogenannte Fontanellen (Abb. 1a). Während sich die große Fontanelle im Laufe des zweiten Lebensjahres schließt, erfolgt der Nahtverschluß im allgemeinen im vierten Lebensjahrzehnt.

Die *Schädelbasis* (Basis cranii) wird gebildet vom Hinterhauptsbein, dem Warzenfortsatz des Schläfenbeins, dem Keilbein, Augenhöhlenanteilen des Stirnbeins und dem Siebbein. Man unterscheidet eine innere (Basis cranii interior) und eine äußere Oberfläche der Schädelbasis. Von innen gesehen, bilden vorspringende Knochenteile drei Schädelgruben (Fossa cranii) oder „Etagen" des Schädelgrundes.

Auch der harte, ausgewachsene Knochen weist noch eine gewisse Elastizität auf. Trifft eine Gewalteinwirkung, Schlag oder Stoß, das Schädeldach, biegt sich der Knochen bis zu seiner Elastizitätsgrenze durch und wird erst zertrümmert, wenn diese Grenze überschritten ist. Die Art des entstehenden *Schädelbruchs* hängt dann von der flächenhaften Ausdehnung ab, mit der die Gewalt das Schädeldach trifft. Handelt es sich um eine relativ kleine Fläche, wie z. B. beim Steinwurf, Schuß oder Axthieb, kommt es zum sogenannten *Biegungsbruch*. Dabei wird die äußere Knochenfläche

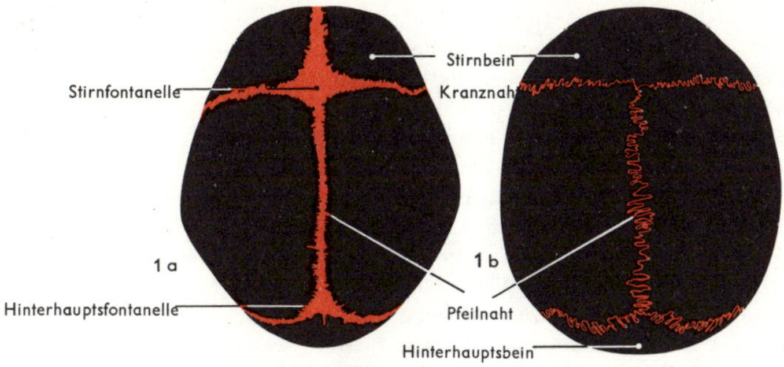

Abb. 1 Schädel eines Kindes (a) und eines Erwachsenen (b) von oben

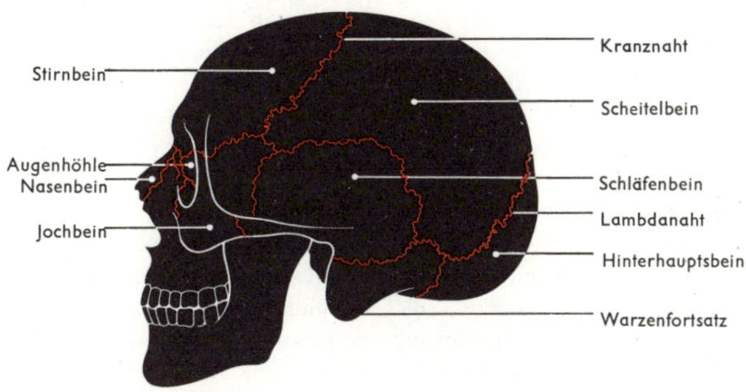

Abb. 2 Schädel von der Seite

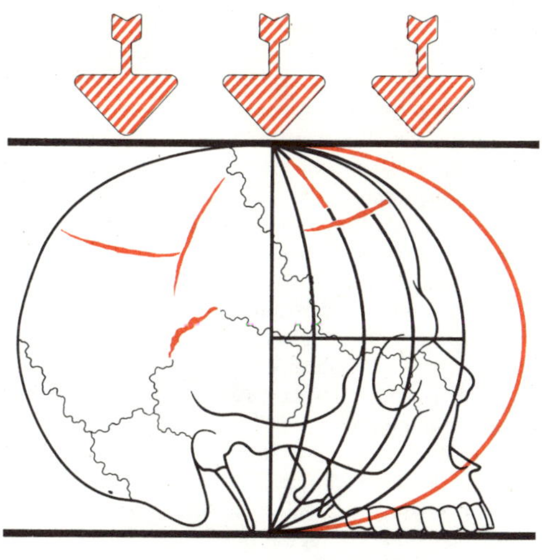

Abb. 3 Berstungsbrüche (rechts schematisiert)

bei der anfänglichen elastischen Verformung des Schädeldaches zusammengepreßt, die innere gedehnt; daher reißt die innere Knochenfläche auseinander. So kommt es, daß bei solchen kleinflächigen Brüchen die innere Tafel des Schädeldaches meist in größerer Ausdehnung einbricht als die äußere und oft mehrfach gesplittert ist, während die äußere manchmal nur eine geringe Delle aufweist. Trifft jedoch eine stumpfe (großflächige) Gewalt den ganzen Schädel, z. B. beim Aufprallunfall im Verkehr oder beim Schlag mit einem breitflächigen Brett, so kommt es zum sog. *Berstungsbruch.* Dabei wird das gewölbte Schädeldach als Ganzes verformt und reißt beim Überschreiten der Elastizitätsgrenze unregelmäßig an verschiedenen Stellen ein (Abb. 3). Das Schicksal eines Schädelbruchverletzten hängt weniger von der Zertrümmerung des Knochens als vielmehr von der Verletzung der darunterliegenden Weichteile ab.

Die leichteste Form der Hirnschädigung durch Gewalteinwirkung ist die *Gehirnerschütterung.* Die Betroffenen sind nach der Gewalteinwirkung sofort bewußtlos und wachen je nach der Schwere des Zustandes nach wenigen Minuten oder erst nach Stunden auf. Meist erbrechen sie, weil das Brechzentrum durch die Erschütterung gereizt wurde. Dabei besteht die Gefahr, daß Erbrochenes über die Luftröhre in die Lunge eingeatmet wird und der Bewußtlose daran erstickt. Daher ist es unbedingt erforderlich, Bewußtlose auf den Bauch oder auf die Seite zu legen, damit das Erbrochene abfließen kann. Meist hat der Verletzte, wenn er aus der Bewußtlosigkeit erwacht, keine Erinnerung mehr an die Ereignisse unmittelbar vor der Gewalteinwirkung.

Ist die Schädeldecke gebrochen, so droht Infektionsgefahr durch Wundverschmutzungen, Haare und Knochensplitter; u. a. kann es zur Entzündung der äußeren harten oder inneren weichen Hirnhaut kommen. Nicht selten reißt die große Schläfenschlagader dicht an der Innenseite des Schläfenbeines ein. Wegen der engen Verbindung mit dem Knochen genügen hierzu schon feine Rißbrüche des Schädels, die äußerlich gar nicht sichtbar zu sein brauchen. Solche Unfallkranke erwachen oft aus der ersten Bewußtlosigkeit der Gehirnerschütterung und können sich zunächst ganz wohl fühlen. Da nicht jede leichte Gehirnerschütterung im Krankenhaus behandelt wird, gehen sie nach dem Unfall gelegentlich sogar nach Hause. Nach einigen Stunden allerdings verschlechtert sich ihr Befinden, sie klagen über zunehmende Kopfschmerzen, erbrechen erneut, reden manchmal irre und fallen schließlich in eine tiefe Ohnmacht; dabei schlägt das Herz nur etwa 40- bis 50mal in der Minute. Solche sog. Hirndruckzeichen kommen nach Verletzungen dadurch zustande, daß es aus der eröffneten Schläfenschlagader unter die harte Hirnhaut blutet. Da das Blut im Schädel nicht, wie sonst bei einem Bluterguß, zwischen Fett und Muskeln oder Bindegewebe ausweichen kann, staut es sich in der allseits geschlossenen Schädelkapsel und preßt schließlich das Gehirn zusammen (Abb. 4). Ist es erst einmal soweit, kann nur die sofortige Eröffnung des Schädelknochens, die Ausräumung des Blutes und Unterbindung der Schläfenarterie Hilfe bringen. Ohne operativen Eingriff würde der Unfallkranke in der Bewußtlosigkeit an den Folgen des Hirndrucks sterben.

Ist die Gewalteinwirkung auf den Schädelknochen schwerer, so kommt es nicht nur zu einer Gehirnerschütterung, sondern auch zu einer *Gehirnprellung.* Dabei handelt es sich um eine Schädigung des Nervengewebes, etwa durch viele kleine Blutaustritte oder durch direkte Quetschung der Gehirnsubstanz. Krankheitszeichen und eventuelle Dauerfolgen solcher Unfallschäden hängen vor allem vom Ort und vom Ausmaß der erlittenen Gehirnschädigung ab.

In einigen Fällen, z. B. nach eng begrenzten Biegungsbrüchen, verheilen die Knochensplitter der inneren Knochentafel narbig mit der Hirnhaut. Dies kann zur Folge haben, daß längere Zeit nach dem Schädelbruch Krampfanfälle auftreten, die epileptischen Anfällen sehr ähnlich sind (s. S. 376 ff.).

Die weitaus meisten *Schädelbasisbrüche* gehen von schweren Berstungsbrüchen des Schädeldaches aus. Sie beginnen am Ort der Gewalteinwirkung auf der Schädelwölbung und ziehen auf dem kürzesten Weg zur Schädelbasis. Daraus erklärt sich der Sitz vieler Schädelbasisbrüche: Gewalteinwirkungen, die auf die Stirn treffen, etwa bei einem Autounfall, zielen auf die vordere Schädelgrube, Brüche der Scheitel- oder Schläfenbeine leiten sich in die mittlere Schädelgrube fort, Brüche des Hinterhauptes verlaufen in die hintere Schädelgrube.

Ein anderer Teil der Schädelbasisbrüche entsteht indirekt dadurch, daß Teile des Gesichtsschädels oder der Wirbelsäule förmlich in die Schädelbasis hineingetrieben werden, z. B. die festgestellte Halswirbelsäule beim Sturz auf Kopf, Beine oder das Gesäß. Bei einem heftigen Schlag auf die Nase können sich die Nasenknochen buchstäblich in die vordere Schädelgrube hineinschieben. Im Bereich der Kiefergelenkpfanne ist der Schädelknochen äußerst dünn, manchmal durchscheinend. Daher kann das Gelenkköpfchen des Unterkiefers bei einem heftigen Schlag gegen das Kinn durch die dünne Pfanne hindurch in die Schädelhöhle hineintreten.

Der Schädelbasisbruch ist immer eine schwere Verletzung, weil er in der Regel mit Gehirn- oder Hirnnervenschäden einhergeht. Die Verletzten sind gleich nach dem Unglück bewußtlos und neigen zu Erbrechen. Trotz der eisernen Regel, Kopfverletzte so wenig wie möglich zu bewegen, müssen die Betroffenen auf den Bauch oder in Seitenlage gedreht werden, weil sie sonst an Erbrochenem ersticken könnten. Sind größere Gefäße zerrissen, breitet sich das Blut auch hier innerhalb der Schädelkapsel aus und drückt das Gehirn zusammen (s. weiter oben). Als sichere Bruchzeichen der Schädelbasis gelten der Austritt von Blut und Gehirnflüssigkeit (Liquor) aus Ohren, Nase und Mund; dabei ist auszuschließen, daß die Blutungen auf Gehörgangs- oder Nasenverletzungen zurückzuführen sind. Werden die Augenhöhlen beim Bruch der vorderen Schädelgrube verletzt, tritt Blut unter die Haut des weichen Bindegewebes rings um die Augen (Brillenhämatom). Längere Bewußtlosigkeit erfordert häufig künstliche Beatmung. Überlebt der Verletzte die akute, bedrohliche Phase, so bleiben nach schweren Schädelbasisbrüchen häufig dauernde Ausfalls- und Lähmungserscheinungen zurück (Ohrensausen oder gar Taubheit, Lähmung des Fazialisnervs mit erschwertem Lidschluß und herabhängendem Mundwinkel u. a. m.). Nach einem überstandenen Schädelbasisbruch wird häufig noch lange über leichte Ermüdbarkeit, Vergeßlichkeit und Konzentrationsschwäche geklagt.

Zur Diagnose eines Schädelbasisbruchs werden neben neurologischen Untersuchungen, Röntgenaufnahmen des Schädels und Enzephalographie heute vor allem die Echoenzephalographie und die Computertomographie herangezogen.

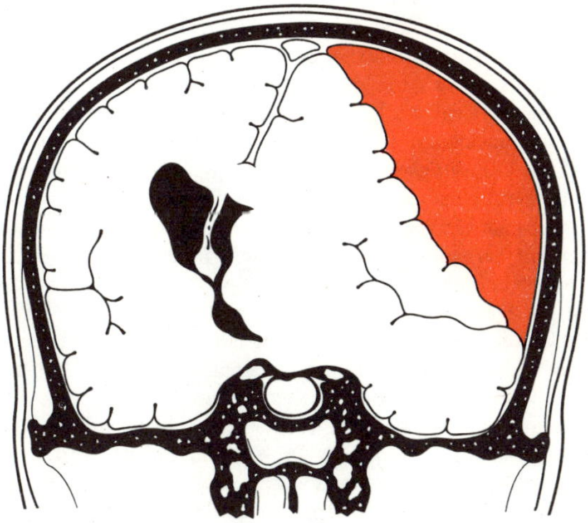

Abb. 4
Hirndruck durch Bluterguß

WIRBELSÄULE · WIRBELSÄULENSCHÄDEN

Die *Wirbelsäule* (Columna vertebralis) ist als „Rückgrat" Stütze und Lastträger des Rumpfes, als Wirbelkanal Schutzhülle für das Rückenmark. Die Last wird durch die Wirbelkörper getragen, das Rückenmark zieht sich durch den langen Kanal aufeinanderliegender Wirbellöcher. Die Wirbelsäule ist in der Seitenansicht doppelt S-förmig gekrümmt und besteht aus 33–34 Einzelwirbeln. Es gibt 7 Hals-, 12 Brust-, 5 Lenden-, 5 Kreuzbein- und 4–5 Steißbeinwirbel. Kreuz- und Steißbeinwirbel verknöchern frühzeitig miteinander und bilden gemeinsam das Kreuz- und Steißbein (Abb. 2). Mit Ausnahme der ersten beiden Halswirbel, Atlas und Axis (Abb. 3), haben alle Wirbel die gleiche Grundform (Abb. 1). Jeder Wirbel besteht aus dem Wirbelkörper, dem Wirbelbogen, einem Dornfortsatz, zwei Querfortsätzen und zwei oberen und unteren Gelenkfortsätzen. Die Gesamtheit der Wirbellöcher bildet den Rückenmarkskanal. Je zwei Wirbelbogen bilden Zwischenwirbellöcher, durch die die Rückenmarksnerven austreten. In den Zwischenwirbellöchern liegen auch die Spinalganglien. Die Körper und die Querfortsätze der Brustwirbel tragen Gelenkflächen für die Rippen; sie sind für die Atembewegungen von Bedeutung. Die nach hinten abwärts gerichteten Dornfortsätze sind als gratförmige Erhebungen zu tasten („Rückgrat"). Die Form der Dornfortsätze, die Stellung der Wirbelgelenke und damit auch deren Beweglichkeit je nach Ausmaß und Richtung sind innerhalb der verschiedenen Abschnitte der Wirbelsäule verschieden.

Die Beweglichkeit der Wirbelkörper wird u.a. auch durch die *Zwischenwirbel-* oder *Bandscheiben* gewährleistet. Sie liegen zwischen den Wirbelkörpern und tragen die volle Last. Die Bandscheiben bestehen aus dem Gallertkern und einem Faserring (Abb. 4). Der Gallertkern ist gut verformbar. Daher kann er bei plötzlichem Staudruck, aber auch bei Streckung und Beugung der Wirbelsäule als Druckverteiler und örtlicher Druckentlaster wirken. Bei einer Beugung gleitet der Gallertkern nach hinten, die Bandscheibe wird hinten höher und flacht sich vorne ab. Umgekehrt wandert der Kern bei einer Streckung der Wirbelsäule nach vorn und weicht bei Seitwärtsbewegung nach der gestreckten Seite aus (Abb. 5). Verliert der Kern seine Elastizität, so muß es zur ungleichmäßigen Druckverteilung im Zwischenwirbelraum und Schädigung der Wirbelkörper kommen, außerdem wird die Wirbelsäulenbeweglichkeit eingeschränkt. Zerreißt der Faserring, so weicht der Gallertkern nicht nur bei Biegungsbewegungen, sondern auch bei jeder senkrechten Druckbelastung der Wirbelsäule mehr oder weniger unkontrolliert nach vorn oder hinten aus. Ein solcher *Bandscheibenvorfall* kommt besonders häufig im Bereich der am stärksten belasteten unteren Lendenwirbelsäule vor (Abb. 10, S. 427).

Beim hinteren Bandscheibenvorfall trifft der austretende Gallertkern in der Mittellinie auf das Rückenmark oder, was häufiger vorkommt, seitlich auf die Nervenwurzeln und führt so zu einer mehr oder weniger starken Druckschädigung. Druck auf das Rückenmark führt u.a. zu Schmerzen, die in jenen unteren Körperregionen empfunden werden, aus denen die gehirnwärts ziehenden Nervenleitungen kommen. Gelegentlich werden Lähmungserscheinungen der Beine, des Mastdarms und der Harnblase festgestellt. Druck auf die Nervenwurzeln führt zu Schmerzempfindungen, die entlang den zuleitenden Nervenfasern in die Körperperipherie ausstrahlen. Durch Querverbindungen mit Organnerven können auch innere Schmerzen entstehen. Sind noch keine Knorpelknötchen entstanden, schlüpft der Gallertkern oft wieder ohne äußeres Zutun zurück. Dann kann in unregelmäßigen Abständen wiederholt ein „Hexenschuß" durch Nervenreizung und Fehlspannung der Rückenmuskulatur entstehen, z. B. beim Heben einer Last oder auch schon beim einfachen Bücken. Länger bestehende Bandscheibenvorfälle können im Bereich der unteren Körperhälfte Kribbeln und Ameisenlaufen erzeugen; bei stärkerem Druck kommt es zu ischiasähnlichen Schmerzen, die sich beim Husten, Niesen oder Pressen verstärken, und schließlich zu Lähmungen. In diesem Stadium ist oft eine operative Entfernung des veränderten Gallertkerns erforderlich. Pendelnde Gallertkerne, die anfallsweise Vorfallbeschwerden auslösen, können

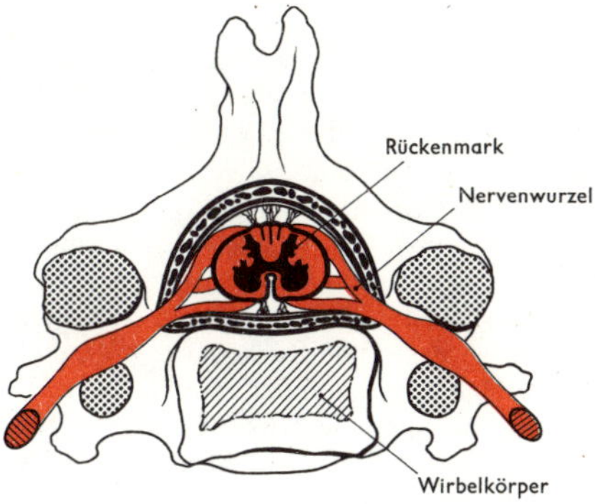

Abb. 1
Wirbelquerchnitt mit Rückenmark

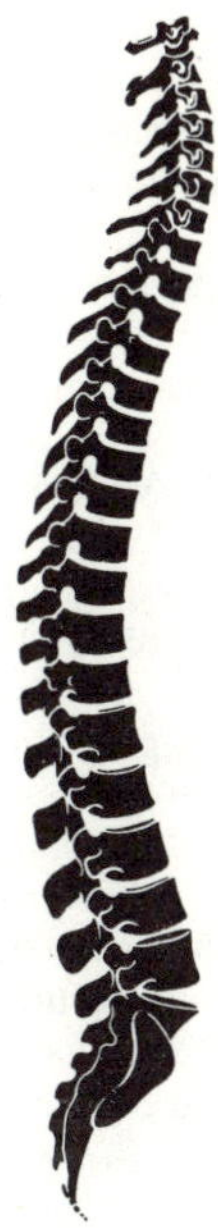

Abb. 2
Seitenansicht der Wirbelsäule von rechts

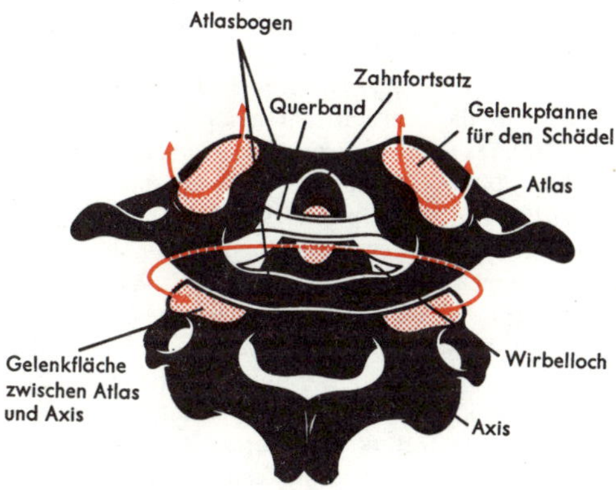

Abb. 3 Erster und zweiter Halswirbel

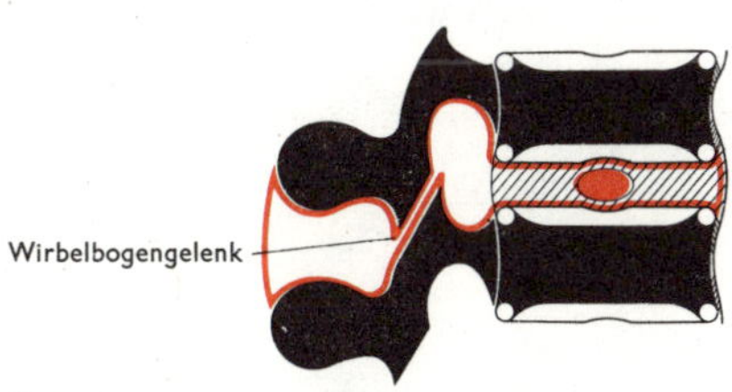

Abb. 4
Gesamtgelenk zwischen zwei Nachbarwirbeln; Bandscheibe von der Seite

Abb. 5
Die Bandscheibe weicht bei Verbiegungen der Wirbelsäule aus

eventuell durch Aushängenlassen, Spezialkorsetts oder chiropraktische Behandlung zurückgebracht werden.

Die Stabilität der Wirbelsäule wird durch eine Reihe von Bändern und Muskeln gewährleistet, die dem starken Innendruck der Gallertkerne die Waage halten. Durch Versagen des Wirbelsäulenstützgewebes, vor allem jedoch durch Versagen dieser an den Wirbeln ansetzenden Bänder und Muskeln, die die Wirbelsäule wie Stage und Wanten den Mast eines Segelschiffes verspannen, kommt es zu *Haltungsschwächen* und damit auf die Dauer zu *Wirbelsäulenverkrümmungen.* Haltungsschwächen können anfangs durch willkürliche Muskelanspannung ausgeglichen werden. Auch Entspannung, Erholung, Heilklima und sachgerechte Gymnastik sind u. U. geeignete Gegenmaßnahmen. Zu den Haltungsschwächen gehören der runde Rücken, der hohlrunde Rücken und der flache Rücken. Als unsichere Haltung bezeichnet man eine seitliche Ausbiegung der Wirbelsäule mit Tiefertreten einer Schulter und Vorstehen des Schulterblattes. Dauernde seitliche Wirbelsäulenverkrümmungen nennt man *Skoliosen*, Verbiegungen nach vorne *Kyphosen.* Starke seitliche Verkrümmungen führen zwangsweise auch zu beträchtlichen Formveränderungen des gesamten Brustkorbes und damit auch zur Verlagerung innerer Organe wie Herz und Lunge. Die Behandlung der Wirbelsäulenverkrümmungen kann sich gelegentlich nach der Ursache richten, wie bei Rachitis, die zur Knochenerweichung der Wirbelkörper (mit seitlicher oder stärkerer Vorwärtskrümmung der Wirbelsäule; Abb. 6) führt. Neben Krankengymnastik, in schweren Fällen Spezialkorsett und Gipsbett, kommt bei früh erkannten Wirbelsäulenfehlbildungen von Kindern neuerdings auch die *oberflächliche Elektrostimulation* in Frage, bei der ausgewählte Muskelgruppen, die dem Fortschreiten der Verkrümmung entgegenwirken, nachts während des Schlafes durch elektrische Reizung zur Kontraktion gebracht werden. – Der *jugendliche Rundrücken* entsteht dadurch, daß Teile der Bandscheiben in die benachbarten Wirbelkörper eindringen (Abb. 8a). Die Folge sind Wachstumsstörungen und keilförmige Veränderungen der Wirbelkörper (Abb. 8b).

Nach den Wechseljahren können hormonelle Umstellungen durch Kalkverarmung zur Verbiegung der Wirbelsäule führen (Abb. 9). – Die *tuberkulöse Wirbelsäulenverkrümmung* entsteht durch Zusammenbruch von Wirbelkörpern; die Wirbelsäule kann dabei je nach Anzahl der befallenen Wirbel spitzwinklig oder stumpfwinklig gekrümmt sein (Abb. 11). – Ähnlich kann sich ein *Stauchungsbruch der Wirbelsäule* auswirken; Stauchungen entstehen entweder durch äußere Gewalt, z. B. durch Sprung oder Fall aus großer Höhe, manchmal auch durch den Zug der krampfenden Rückenstrecker. Derart schwere Zerstörungen der Wirbelsäule können den Wirbelkanal einengen und das Rückenmark quetschen, bis es sogar zur Querschnittslähmung der unteren Extremitäten kommt (Abb. 7). – Zur Vorwärtskrümmung und Versteifung der Wirbelsäule mit Atembehinderung führt die Bechterew-Krankheit (vgl. S. 414).

Die Wirbelsäule und vor allem die Zwischenwirbelscheiben unterliegen einem gewissen normalen Verschleiß. Die Abnutzung der Bandscheiben führt zur Bildung knöcherner Randwülste des Wirbelkörpers, die bis zum Nachbarwirbel fortschreiten und so das Zwischenwirbelgelenk versteifen können. Selten entsteht auch ein Nervendruck im Zwischenwirbelloch. Die Folgen sind dann u. U. langwierige Beschwerden, vor allem Rückenschmerzen und Bewegungseinschränkungen der Wirbelsäule. Bäderbehandlung, Massage, Bestrahlung und schmerzstillende Arzneimittel können zur Behandlung einer solchen *Spondylosis deformans* eingesetzt werden.

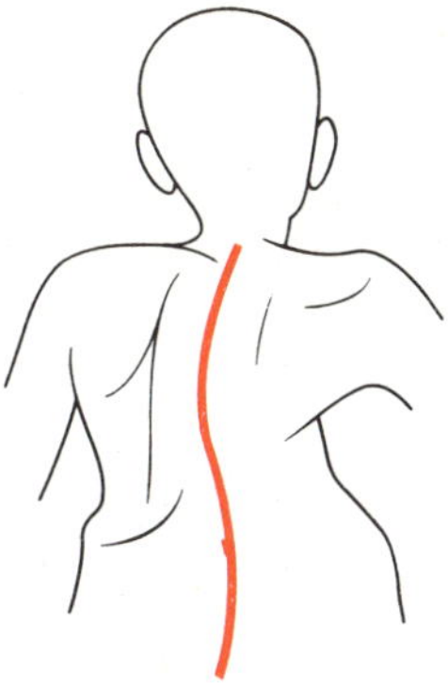

Abb. 6
Schwere Wirbelsäulen-verkrümmung bei Rachitis (Vitamin-D-Mangel)

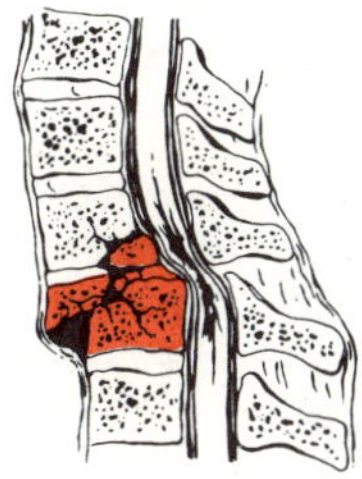

Abb. 7
Verletzung führt zu Querschnittslähmung des Rückenmarks

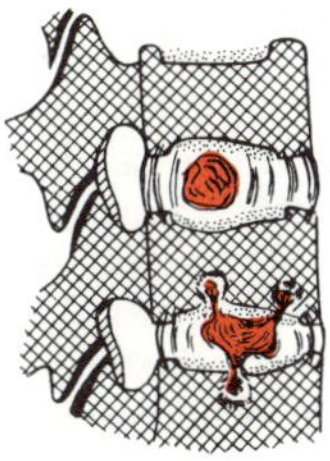

Abb. 8a
Eindringen der Bandscheibe in den benachbarten Wirbelkörper

Abb. 8b
Die Folge ist eine keilförmige Veränderung der Wirbelkörper mit Verkrümmung der Wirbelsäule

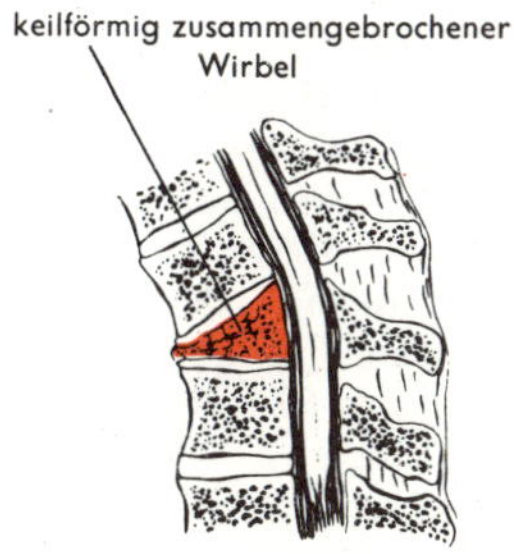

Abb. 9
Wirbelsäulenverkrümmung durch Kalkarmut nach den Wechseljahren

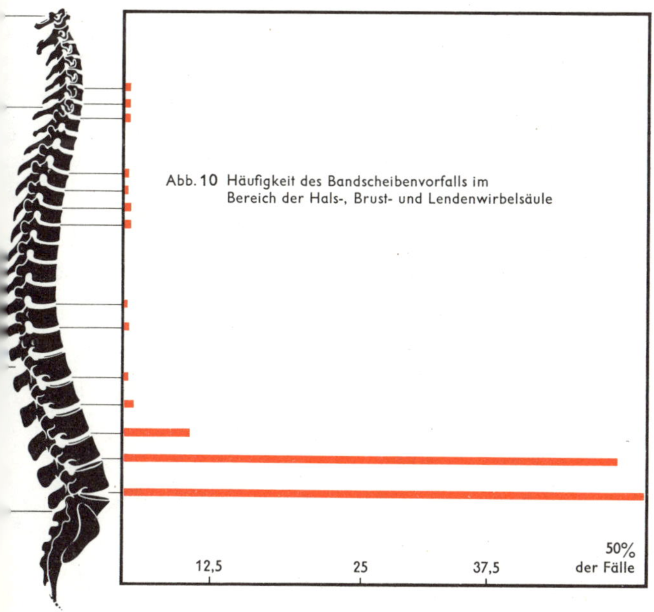

Abb. 10 Häufigkeit des Bandscheibenvorfalls im Bereich der Hals-, Brust- und Lendenwirbelsäule

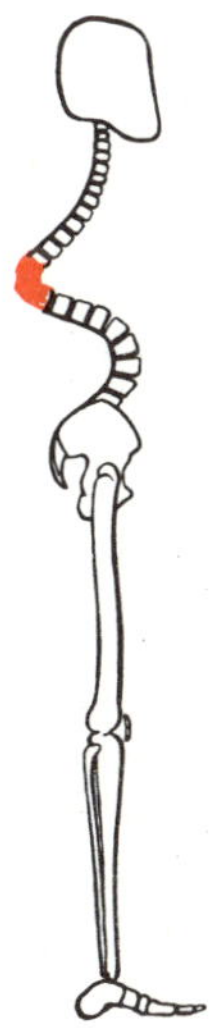

Abb. 11
Wirbelsäulenverkrümmung durch Wirbeltuberkulose

ZÄHNE UND GEBISS

Im Prinzip sind alle Zähne gleichartig aufgebaut (Abb. 1). Man unterscheidet am einzelnen Zahn die Krone, den Hals und die Wurzel. Die Höhle im Innern des Zahns, die sogenannte Pulpahöhle, ist vom gefäßführenden Zahnmark (oder *Pulpa*) und von Nerven ausgefüllt. Die Hauptmasse des Zahns wird vom Zahnbein gebildet; die Krone bekommt während der Zahnentwicklung einen Überzug von Schmelz, die Wurzel einen Überzug von Zement. Das *Zahnbein* oder *Dentin* besteht aus einer sehr dichten, von feinen Kanälchen durchzogenen, knochenähnlichen Masse. Es wird von Zellen hergestellt, die sich in der Pulpa befinden und Zahnbeinfasern aussenden, die sich dann mit einem festen Mantel umgeben. Der Kalkgehalt des Zahnbeins ist beträchtlich höher als der von Knochen. Nach Abschluß des Zahnwachstums kann weiterhin sogenanntes Sekundärdentin gebildet werden, das auch als Schutzdentin bezeichnet wird, da es die Pulpahöhle gegen die Zahnfäule oder Karies schützt. Der *Zahnschmelz*, auch Email genannt, ist die festeste und widerstandsfähigste Substanz des menschlichen Körpers. Er bildet die glasharte äußere Abdeckung des Zahnbeins und wird nicht von der Pulpa, sondern von Hautzellen des Kiefers gebildet. Später enthält der Zahnschmelz weder Zellen noch Blutgefäße. Beim Kauen nutzt sich der Schmelz ab, bei der Zahnfäule wird das Gefüge von Schmelz und Dentin vom Rande her langsam gelockert und aufgelöst. Schmelzverluste können nicht wieder ersetzt werden.

Das *Zement* ist eine echte Knochenhülle, die das Zahnbein im Bereich der Wurzel umhüllt. Es erhält seine Ernährung durch die *Wurzelhaut*. Solange diese Ernährung gewährleistet wird, bleibt auch der Zahn erhalten, selbst dann, wenn die Pulpa zerstört ist. Stirbt das Zement ab, wird der Zahn ausgestoßen. Wird die Pulpahöhle von oben her eröffnet, so können Krankheitserreger eindringen und schließlich bis zur Wurzelspitze gelangen. Dies kann u. a. zu einem Zahngranulom führen (S. 432). Die Wurzelhaut umhüllt nicht nur die Zementsubstanz; sie erfüllt außerdem den Raum zwischen Zahn und Zahnbett im Kieferknochen. Am Eingang dieses Raumes wird der Zahnhals durch ein Ringband des *Zahnfleischs* umschlossen, das Schutz gegen Fremdkörper gewährt. Hier nimmt die Parodontose ihren Ursprung (s. S. 434). Je zwei Zähne bilden mit dem gegenüberliegenden Zahn des anderen Kiefers durch Berührung und Zusammenarbeit eine funktionelle Einheit (Abb. 2). Der Ausfall eines Zahnes stört dieses Gleichgewicht. Daher reagieren die Keimzellen der Wurzelhaut durch Umbau des gesamten Systems, bis das Gleichgewicht wiederhergestellt ist; die Wurzelhaut baut das Zahnfach so lange um, bis der Zahn beim Kieferschluß wieder mit seinem Gegenspieler in Berührung kommt und am Kauakt teilnehmen kann. Entscheidend für die spätere Stellung und Funktion des Zahns ist die Zahnentwicklung mit Wurzelbildung und Zahndurchbruch. Die vorläufigen oder Milchzähne sind u. a. auch Platzhalter für die bleibenden Zähne; fällt z. B. ein Milchzahn allzu früh aus, so rückt der bleibende Zahn vorzeitig nach und verursacht Fehlleistungen in der Zahnentwicklung.

Die Zähne haben verschiedene Aufgaben und entsprechend verschiedene Formen als Schneidezähne, Mahl- oder Backenzähne und Eckzähne.

Das *Milchgebiß* besteht aus $4 \times 5 = 20$ Zähnen und wird im 20. bis 30. Lebensmonat komplett (Abb. 4). Das *Dauergebiß* besteht aus $4 \times 8 = 32$ Zähnen. Es ersetzt das Milchgebiß zwischen dem 6. und 14. Lebensjahr. Der sogenannte Weisheitszahn erscheint zuletzt, manchmal erst um das 40. Lebensjahr (Abb. 3).

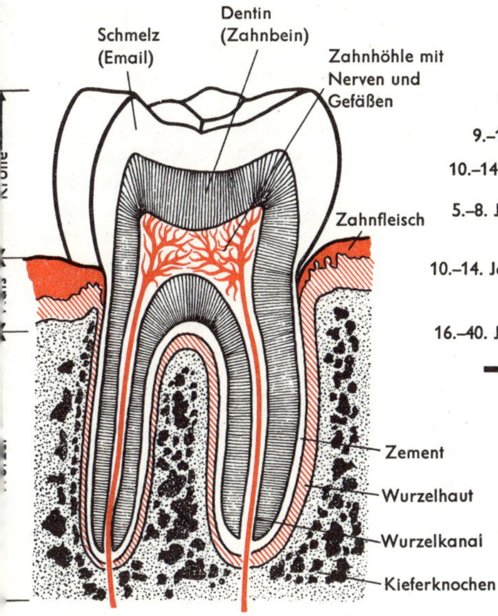

Abb. 1
Aufbau eines gesunden Zahnes

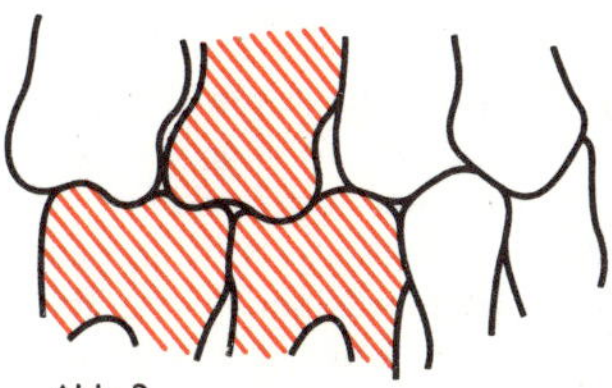

Abb. 2
Je drei Zähne bilden eine funktionelle Einheit

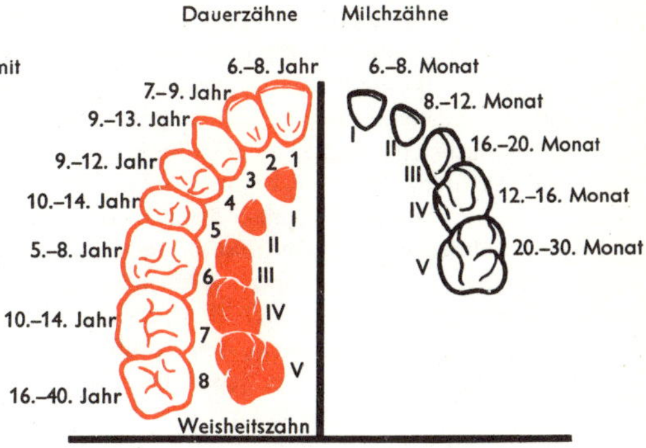

Abb. 3 Das menschliche Gebiß

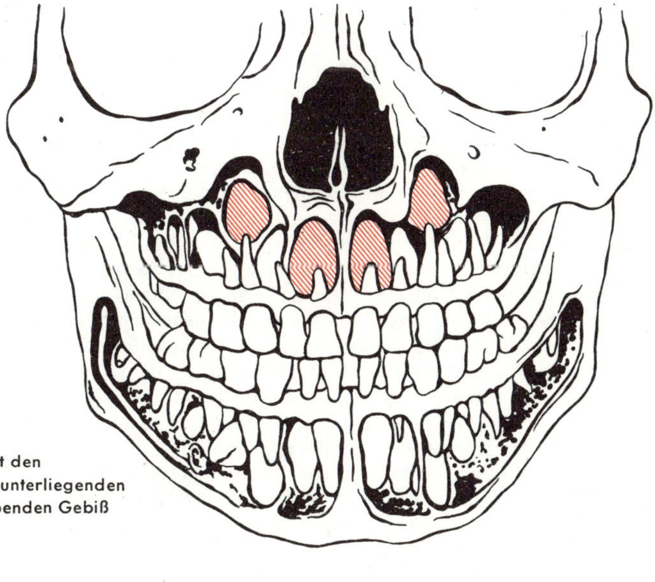

Abb. 4
Das Milchgebiß mit den darüber- bzw. darunterliegenden Anlagen zum bleibenden Gebiß

ZAHNFÄULE

Die *Zahnfäule (Karies)* beginnt mit einer eigentümlichen entkalkenden Zerstörung des Zahnhartgewebes, die unbehandelt als Entzündung auf Zahnhöhle und Zahnhalteapparat übergeht und schließlich sogar zu einer Blutvergiftung führen kann. Die unteren Schneidezähne erkranken am seltensten, die Backenzähne und oberen Schneidezähne dagegen recht häufig (Abb. 1). Es gibt kariesbegünstigende und kariesauslösende Faktoren. Zunächst ist der Aufbau des Zahnschmelzes von Bedeutung; schlecht verkalkter Schmelz durch Störungen des Kalk- und Phosphorstoffwechsels während der Zahnentwicklung erhöht die Kariesanfälligkeit (vgl. Rachitis, S. 136). Zu den örtlichen Kariesursachen zählt vor allem der Zahnbelag. Die häufigsten Kariesstellen sind auch typische Belagstellen. An erster Stelle stehen dabei die schlecht zu reinigenden Grübchen und Spalten an der Kaufläche der Backenzähne, an zweiter Stelle die Nachbarflächen zwischen den Zähnen und an dritter die Zahnhalsflächen. Die *Zahnhalskaries* beginnt meist an der Schmelz-Zement-Grenze und tritt vor allem dann auf, wenn Wurzelabschnitte im Bereich von Zahnfleischrandnischen freiliegen.

Ein wichtiger *Kariesschutzfaktor* ist der *Speichel*. Er enthält Kalzium und Phosphat zur Remineralisierung der aufgelockerten Zahnhartsubstanz, Abwehrstoffe (Immunglobuline) gegen Bakterien und Puffersubstanzen gegen die von den Mikroben gebildeten Säuren. Die gut speichelumspülten unteren Schneidezähne werden daher am seltensten kariös. Umgekehrt tritt bei starker Verminderung des Speichelflusses oft eine schnell verlaufende, ausgebreitete Karies auf.

Bestimmte *Mundbakterien* und deren besondere Form der Kohlenhydratverwertung spielen als Auslösefaktoren der Zahnfäule eine entscheidende Rolle. Die Bakterien (vor allem die Art *Streptococcus mutans)* lagern sich an das Schmelzhäutchen der Zähne an, wandeln dort Zucker zu klebstoffähnlichen Dextranen um und ermöglichen so die Ansiedlung weiterer Mikrobenschichten. Schließlich entsteht durch die Einlagerung von Salzen und Speichelproteinen der *Zahnbelag* (die sog. *Plaques*). Immer dann, wenn den im Zahnbelag verborgenen Bakterien Kohlenhydrate angeboten werden, kommt es nun durch Gärungsvorgänge zur Bildung organischer Säuren, vor allem Milchsäure, und damit zur *Demineralisierung (Entkalkung)* der Zahnsubstanz.

Die Karies beginnt stets an der äußeren Zahnfläche. Zunächst wird der harte Zahnschmelz durch die anfallenden Säuren entkalkt. Später rückt der dentinzerstörende Eiweißabbau durch mikrobielle Enzyme in den Vordergrund. Schließlich dringen Bakterien durch die Zahnkanälchen bis in die Zahnhöhle vor und verursachen dort schmerzhafte Entzündungen.

Die Maßnahmen der *Kariesverhütung* richten sich nach den kariesauslösenden Faktoren. Zahnfäule entsteht nur, wenn die Bestandteile der Plaques (Bakterien, ihre Enzyme und die aus Kohlenhydraten gebildeten Säuren) über längere Zeit ungestört auf das Zahngewebe einwirken können. Daher gilt als wichtigste Verhütungsmaßnahme eine *regelmäßige Mund- und Zahnpflege* mit gründlicher Entfernung der Beläge. Zu den kariesfördernden Nahrungsbestandteilen gehören vor allem einige unter Säurebildung mikrobiell leicht abbaubare Kohlenhydrate, besonders Saccharose und Glucose, weniger dagegen Lactose, Maltose, Fructose und Stärke (die allerdings unter dem Einfluß des Speichels in leichter zugängliche Spaltprodukte zerlegt wird). Je häufiger nun der Kontakt mit Kohlenhydraten, etwa bei Zwischenmahlzeiten, um so größer die Kariesanfälligkeit. Als Zuckeraustauschstoffe sind modifizierte Einfach- und Zweifachzucker sowie einige Zuckeralkohole im Gespräch, die von Streptococcus mutans nur sehr langsam umgesetzt werden können. Erwähnt seien auch die Süßstoffe.

Eine deutliche Senkung der Kariesanfälligkeit kann durch die richtig dosierte Anwendung von *Fluor* (über das Trinkwasser, in Form von Tabletten oder über eine lokale Applikation) erzielt werden. Zur Diskussion steht schließlich die *vorbeugende Immunisierung* gegen kariesauslösende Mundkeime. – Um Schäden schon im Anfangsstadium zu erfassen, sollte das Gebiß bei Kariesanfälligkeit alle sechs Monate von einem Zahnarzt nachgesehen werden.

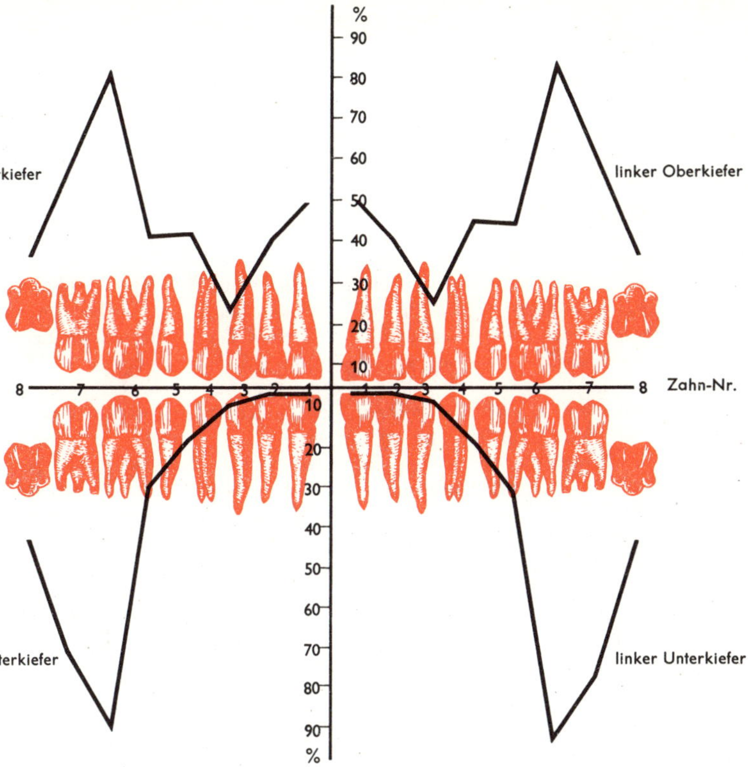

Abb. 1 Häufigkeit des Kariesbefalls einzelner Zähne

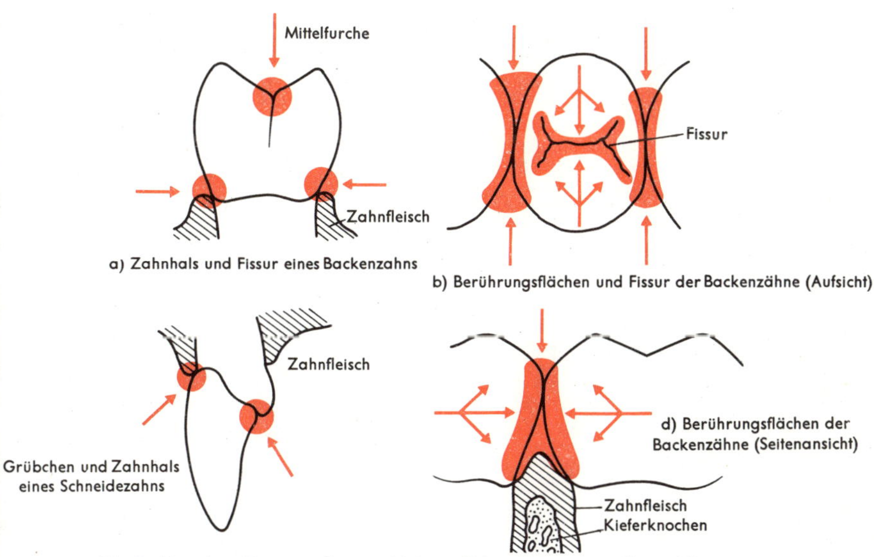

Abb. 2 Unsaubere Zonen an den verschiedenen Zahngebieten, die zu Karies führen

ZAHNGRANULOM

Das Zahngranulom ist eine Entzündung der Wurzelhaut im Bereich der Wurzelspitze. Diese Entzündung geht ursprünglich meist von der Zahnhöhle aus und greift auf die Umgebung über; schließlich wird auch das umliegende Zahnfach samt Knochen befallen. Das Zahngranulom ist also keine Geschwulst und trägt seinen Namen nur insofern zu Recht, als es besonders reichlich junges Granulationsgewebe enthält.

Das *akute Zahngranulom* (Abb. 5) kann sich aus einer Wurzelkanalentzündung entwickeln. Meist schließt es sich an die chronische Verlaufsform an (Abb. 1–4). Solche akuten Granulomschübe werden häufig durch Erkältungskrankheiten verursacht. Zuerst entzündet sich die spitzennahe Wurzelhaut; der Zahn wird klopfempfindlich und als verlängert empfunden. Nach wenigen Stunden ist auch der benachbarte Knochen mit seinen Knochenmarksräumen beteiligt. Die Schmerzen nehmen an Stärke zu, das umgebende Zahnfleisch wird druckempfindlich und gerötet. Die Schmerzen sind teils örtlich begrenzt, teils strahlen sie zum Auge und Ohr der erkrankten Kieferseite aus. Bald kommen klopfende Schmerzen, Fieber und Störungen des Allgemeinbefindens hinzu. Der Höhepunkt der Erkrankung wird erreicht, sobald die Entzündung bis unter die Knochenhaut vordringt. Der Zahn lockert sich, die Schmerzen werden unerträglich. Zahnfleisch, Kiefer und Lymphknoten sind berührungsempfindlich, das Öffnen des Mundes ist vor allem beim Backenzahngranulom erschwert. Es kommt zum Gesichtsödem, beim Schneidezahngranulom z. B. zu geschwollenen Lippen. In schweren Fällen entstehen Schüttelfrost und Fieber von 39 bis 40 °C. Bricht die Eiterung nach außen ins Zahnfleisch durch, ebbt der Schmerz fast augenblicklich ab, die Gesichtsschwellung dagegen kann noch zunehmen. Bis zu diesem Zeitpunkt vergehen im allgemeinen 24–48 Stunden. Die große Gefahr des akuten Granuloms liegt in der Aussaat von Erregern zu einer Blutvergiftung. Granulome des Oberkiefers können in Richtung Nasennebenhöhlen, Augenhöhle oder Schädelbasis durchbrechen (Hirnhautentzündung). Zur Behandlung des akuten Granuloms wird der Eiterherd durch den eröffneten Zahn oder Kieferknochen entleert, andernfalls ist eine Zahnextraktion erforderlich. Um eine Ausstreuung der Entzündung zu vermeiden, gibt man gleichzeitig Antibiotika.

Häufiger als akute Granulome sind die chronisch-entzündlichen Veränderungen der spitzennahen Zahnwurzelhaut. Die *chronischen Granulome* gehen nur mit geringen Zahnbeschwerden einher, und die Patienten sind meist erstaunt, wenn sie erfahren, daß sie ein Granulom haben. Manchmal besteht ein geringer Klopf- oder Druckschmerz in der Wurzelspitzengegend; größere Granulome lockern die Zähne und sind u. U. als harte Auftreibung des Kieferknochens zu tasten. Manchmal kommt es zu Nervenschmerzen, die nach der Augen-, Ohr-, Schläfen- und Hinterkopfgegend ausstrahlen und von den Betroffenen gar nicht mit den Zähnen in Verbindung gebracht werden. Körperliche Anstrengungen oder leichte Erkältungen verstärken die Beschwerden. Im Röntgenbild, das oft bei Verdacht auf Herdinfektion angefertigt wird, sind die chronischen Granulome als kleine Höhlen von halber Linsen- bis Kirschgröße zu sehen.

Da chronische Granulome meist von der Zahnhöhle ausgehen, versucht man gewöhnlich zuerst eine Wurzelkanalbehandlung; dabei sind die Heilungsaussichten jüngerer Granulomträger günstiger als die älterer. Ist die Wurzelkanalbehandlung erfolglos, wird oft die operative Entfernung des Granulomgewebes notwendig (Wurzelspitzenresektion). Widerspenstige, herdverdächtige Granulome müssen u. U. durch Zahnextraktion beseitigt werden.

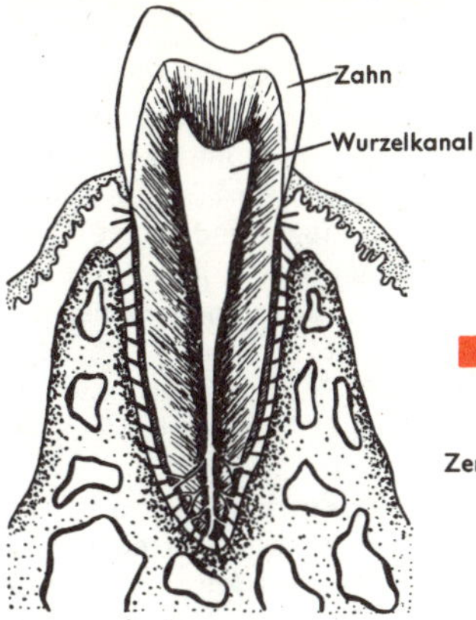

Abb. 1 Normale Wurzelverhältnisse

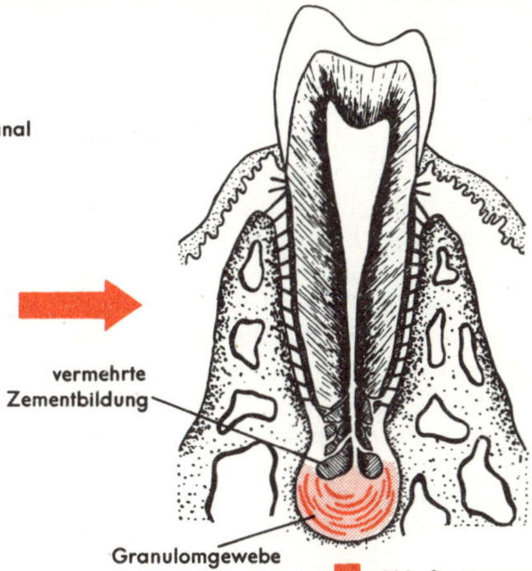

Abb. 2 Chronisches Zahngranulom

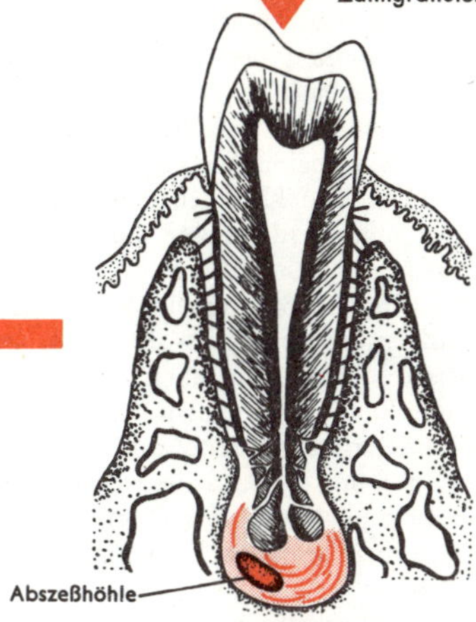

Abb. 3 Chronisches Zahngranulom mit Abszeßbildung

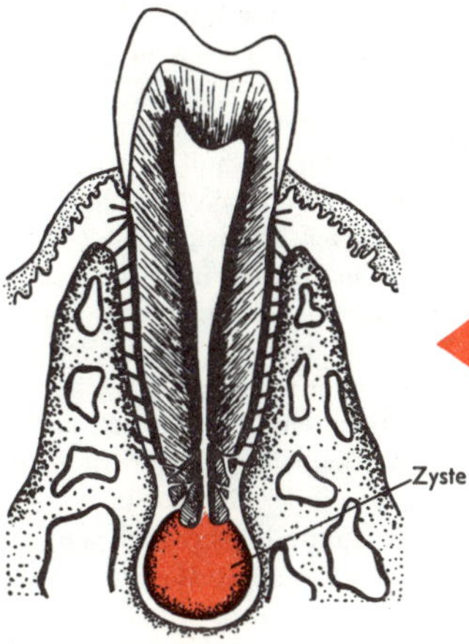

Abb. 4 Chronisches Granulom mit Zystenbildung

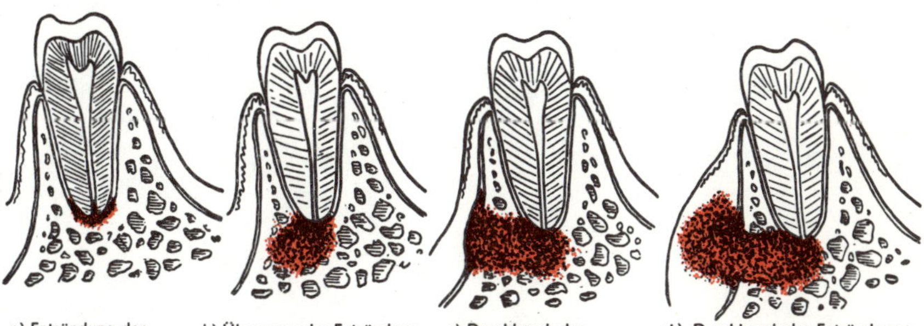

a) Entzündung der Wurzelhaut

b) Übergang der Entzündung auf den Kieferknochen

c) Durchbruch der Entzündung unter die Knochenhaut

d) Durchbruch der Entzündung in das Zahnfleisch

Abb. 5 Ablauf des akuten Zahngranuloms

ERKRANKUNGEN DES ZAHNHALTEAPPARATES

Erkrankungen des Zahnhalteapparates (Abb. 1), die mit einer Entzündung oder mit Schwund des Zahnbetts einhergehen, bezeichnet man als Parodontopathien. Der nichtentzündliche Schwund des Zahnhalteapparates heißt Parodontose, die entzündliche Erkrankungsform Parodontitis. Meist entwickeln sich beide Hand in Hand. Die Erkrankungen des Zahnhalteapparates werden durch äußere und innere Faktoren hervorgerufen oder begünstigt. Als äußere Ursachen kommen Überlastungen einzelner Zähne oder Zahngruppen, etwa im Lückengebiß, Zähneknirschen und Aufeinanderpressen der Zähne oder Zahnstein und Zahnbelag in Betracht. Zu den inneren Faktoren zählen die angeborene Bindegewebsschwäche, Stoffwechselerkrankungen, wie z. B. die Zuckerkrankheit (S. 180 ff.), Durchblutungsstörungen und langdauernder, ernster Vitaminmangel.

Die *Parodontose*, der Zahnbettschwund, tritt in reiner Form nur selten in Erscheinung. Zahnfleisch und Kieferknochen werden dabei langsam fortschreitend oder schubweise abgebaut, so daß der Zahn allmählich aus seinem Zahnfach herauszuwachsen scheint. Entzündungserscheinungen wie Rötung und Schwellung des Zahnfleisches fehlen fast immer, Zahnstein ist kaum vorhanden. Trotz weitreichenden Zahnbettschwundes können die Zähne noch lange fest im Kiefer verankert sein. Bei fortgeschrittener Erkrankung treten schließlich Zahnlockerung, Zahnwanderung und Zahnverlust ein. Die Behandlung der Parodontose besteht vor allem in der Beseitigung faßbarer Krankheitsursachen.

Die Entzündung des Zahnhalteapparats *(Parodontitis)* ist durch die vorherrschenden Entzündungserscheinungen gekennzeichnet, die sich auf das Zahnfleisch beschränken oder auch auf den Knochen des Zahnfachs ausdehnen können. Ursächlich spielen Zahnstein und Konkremente eine besondere Rolle. Der Zahnstein bildet sich am Zahnfleischsaum; Konkremente sind zahnsteinähnliche Formationen, die sich in den *Zahnfleischtaschen* ansammeln. Zahnstein und Konkremente vergrößern die Zahnfleischtaschen und bilden so den Nährboden für zahlreiche Krankheitserreger. Das Zahnfleisch ist dann rotbläulich verfärbt, angeschwollen und locker. Schon bei leichter Berührung kann es bluten. In den vertieften Zahnfleischtaschen sammelt sich Eiter, der sich bei Druck auf den Zahnfleischsaum entleert. Schließlich überzieht Zahnstein den Zahnhals und die benachbarten Kronen- und Wurzeloberflächen. Starker, fauliger Mundgeruch deutet auf den Gewebszerfall hin. Die Zähne lockern sich und werden schließlich nicht mehr im Knochen, sondern nur noch von Bindegewebe festgehalten (Abb. 2–6).

Zur Behandlung der Parodontitis ist zunächst die Beseitigung des Zahnsteins erforderlich. Meist führen gründliche Zahnreinigung, Zahnfleischmassage und medikamentöse Zahnfleischbehandlung zum Abklingen der laufenden Entzündung. Zur Absicherung des Erfolges müssen die krankheitsauslösenden Faktoren ausgeschaltet werden (s. o.).

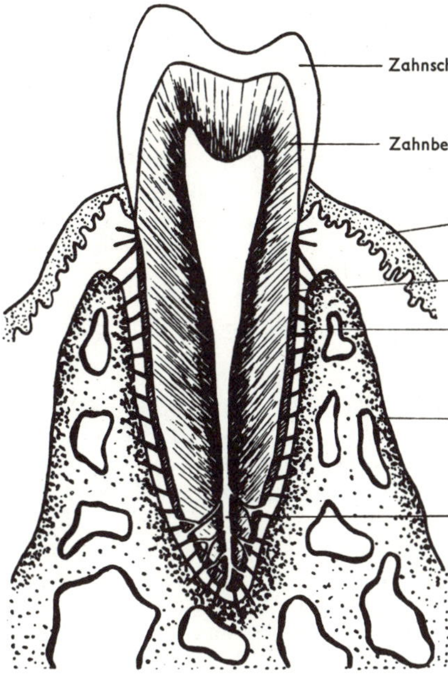

Abb. 1 Der Halteapparat des Zahnes

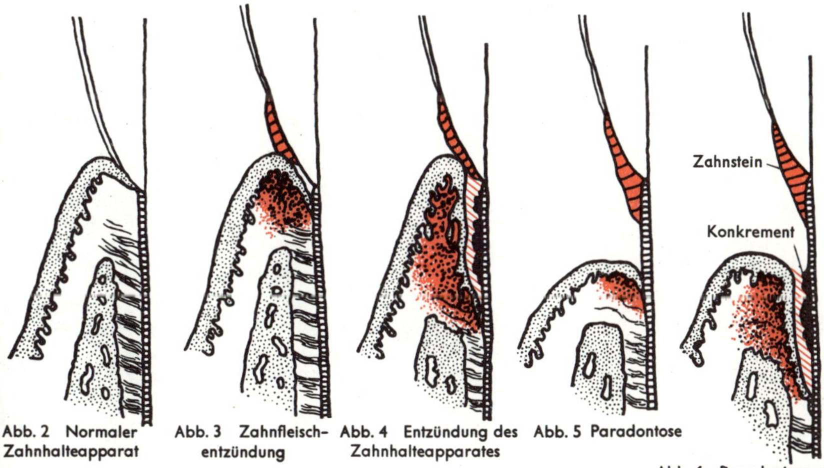

Abb. 2 Normaler Zahnhalteapparat

Abb. 3 Zahnfleischentzündung

Abb. 4 Entzündung des Zahnhalteapparates

Abb. 5 Paradontose

Abb. 6 Paradontose und Entzündung des Zahnhalteapparates

FEHLBISS

Die oberen Schneidezähne ragen normalerweise kontaktnah über die unteren vor. Außerdem schließen die wangenseitigen Kronenhöcker der unteren Seitenzähne mit den Längsrinnen der oberen, so daß je zwei Backenzähne des Oberkiefers mit einem Unterkieferzahn immer eine Funktionseinheit bilden (Abb. 2, S. 429). Jede Abweichung von dieser normalen Bißstellung ist nachteilig und wird als Fehlbiß bezeichnet. Nach der Form des Fehlbisses unterscheidet man den Schmalkiefer, den Kreuzbiß, den unteren Überbiß (Progenie), den Deckbiß und den offenen Biß.

Als Ursache des Fehlbisses spielt die Vererbung eine große Rolle; zu den äußeren Ursachen zählen die Karies (s. S. 430), außerdem Allgemeinerkrankungen, wie z. B. die Rachitis (s. S. 136), und nicht zuletzt Daumenlutschen, Zungenlutschen, Lippenbeißen und Anpressen der Zunge an die Zähne. Viele Gebißunregelmäßigkeiten entstehen schließlich durch vorzeitigen Milchzahnverlust, weil die Nachbarzähne den freigewordenen Raum in Anspruch nehmen.

Unter einem *Schmalkiefer* versteht man die regelwidrige Annäherung der Seitenzahngruppen an die Mittellinie. Diese anlagemäßige Form des Fehlbisses macht den größten Teil aller Bißunregelmäßigkeiten aus.

Als *Kreuzbiß* bezeichnet man einen Fehlbiß, bei dem anstatt der unteren die wangenseitigen Kronenhöcker der oberen Seitenzähne in die Längsrinnen der gegenüberstehenden Zahnreihen greifen. Der Kreuzbiß ist fast immer durch einen (im Verhältnis zum Unterkiefer) allzu engen Oberkiefer bedingt; er kann einseitig oder doppelseitig vorkommen. Beim *unteren Überbiß (Progenie)* ragen die unteren Schneidezähne über die oberen vor anstatt umgekehrt. Die Ursache des unteren Überbisses ist häufig eine falsche Führung der Milchschneidezähne, wodurch sich dann auch die bleibenden Zähne falsch einstellen. Unter *Deckbiß* versteht man eine Gebißunregelmäßigkeit, bei der die oberen Frontzähne nach innen geneigt sind und so die unteren zum großen Teil oder vollständig überdecken. Die unteren Schneidezähne können dabei regelrecht stehen, sind jedoch häufig zungenwärts geneigt.

Beim *offenen Biß* finden vor allem die Schneidezähne beim Versuch, die Kiefer zu schließen, untereinander keinen Kontakt. Bei dieser Bißunregelmäßigkeit spielen Erbeinflüsse eine kleinere Rolle als Lutschgewohnheiten des Säuglings und rachitische Zustände. Der sogenannte lutschoffene Biß ist im allgemeinen zunächst eine Unregelmäßigkeit des Milchgebisses. Wird die Lutschgewohnheit vor dem dritten Lebensjahr abgestellt, bleibt das zweite Gebiß im allgemeinen verschont. Wird das Lutschen aber bis in die frühe Wechselgebißperiode fortgesetzt, so kommt es beim Wechsel der Schneidezähne mit Sicherheit zum Klaffen des Bisses. Wird die Lutschgewohnheit dann schließlich abgelegt, so tritt meist schon deshalb keine Besserung ein, weil die Zunge beim Sprechen und Schlucken auch fortan ihre falsche Stellung beibehält. Besonders schwere Störungen bringt der rachitisch offene Biß mit sich. Beiden gemeinsam ist der funktionelle Ausfall von Schneide- und Eckzähnen, wodurch das Kauen beeinträchtigt und der Träger des offenen Bisses meist zum „Schlinger“ wird. Häufig ist auch die Sprachbildung vor allem der Lippen- und Zischlaute gestört.

Gebißunregelmäßigkeiten werden vor allem kieferorthopädisch, in schweren Fällen aber auch kieferchirurgisch behandelt. Die kieferorthopädische Behandlung wird mit Schienen oder Dehnungsplatten durchgeführt, die manchmal nur nachts getragen werden müssen. Schon im Milchgebißalter können vor allem die durch Angewohnheiten erzeugten Fehlbildungen und der untere Überbiß korrigiert werden. An den bleibenden Zähnen ist allerdings häufig eine Nachbehandlung erforderlich.

HASENSCHARTE · WOLFSRACHEN GAUMENSPALTE

Hasenscharte und Gaumenspalte sind Mißbildungen des Gesichtes. Neben der angeborenen Hüftgelenksverrenkung sind sie die häufigsten Mißbildungen überhaupt: Auf etwa 1 000 Geburten kommt eine Lippen-, Kiefer- oder Gaumenspalte. Zur Hälfte handelt es sich um erblich bedingte Mißbildungen; in anderen Fällen spielen Keimschädigungen eine Rolle. Insgesamt sind Knaben häufiger betroffen als Mädchen.

Die entscheidende Phase in der Entwicklung des Gesichts liegt sehr früh, etwa zwischen der 4. und 6. Schwangerschaftswoche, wenn der Keim erst ungefähr 1 cm lang ist. Reißt der Zellverband aus Wülsten und Furchen in diesem Entwicklungsstadium ein, so entsteht ein bleibender Spalt, der später nur operativ beseitigt werden kann.

Die Spaltenbildung kann Lippen, Oberkiefer und Gaumen betreffen. Mitunter sind verschiedene Mißbildungsformen miteinander kombiniert. Einfachste Mißbildung ist die seitliche Lippenspalte oder *Hasenscharte.* In leichten Fällen ist nur die Oberlippe etwas eingezogen; in schweren Fällen reicht die Spaltbildung bis tief zwischen den seitlichen Oberkiefer und sogenannten Goetheschen Zwischenkieferknochen hinein. Die Folge ist dann eine offene Verbindung zwischen Mund- und Nasenhöhle. Treten solche tiefen Lippen-Kiefer-Spalten beidseitig auf, spricht man vom *Wolfsrachen;* dann ist der Zwischenkiefer vorgeschoben und nach außen gedreht; die Oberlippenmuskulatur fehlt oder ist nur ungenügend ausgebildet.

Die Spaltenbildung kann aber nicht nur Lippe und Oberkiefer, sondern auch den Gaumen betreffen. Solche *Gaumenspalten* liegen in der Mittellinie und teilen den knöchernen und weichen Gaumen in zwei Hälften. Eine solche Gaumenspalte kann allein für sich vorkommen oder, als schwerste Mißbildung, zusammen mit Hasenscharte oder Wolfsrachen. Alle Spaltbildungen beeinträchtigen die Nahrungsaufnahme des Säuglings erheblich. Das Saugen ist erschwert oder unmöglich; daher muß den betroffenen Säuglingen die Nahrung mit dem Löffel eingeflößt werden. Dennoch verschlucken die Kinder sich sehr häufig und können, wenn die Nahrung in die Lunge gerät, an Lungenentzündung erkranken.

Werden die Spaltbildungen im Bereich des Mundes nicht rechtzeitig korrigiert, leiden die Betroffenen zeitlebens unter Entstellung; außerdem ist das Sprechenlernen erschwert. Bei unbehandelter tiefer Hasenscharte oder Gaumenspalte ist die Sprache unverständlich und lallend, weil verschiedene Laute, besonders p, t, k, g, s, v, f, ch, nicht gebildet werden können. Daneben kommt es zu Fehlentwicklungen des Gebisses. Aus all diesen Gründen erfordern Gesichtsspalten ärztliche Behandlung, die sich über Jahre erstreckt und nach frühzeitigem Einlegen einer Gaumenplatte zur Verhinderung von Schluck- und Saugstörungen im wesentlichen drei große Etappen umfaßt: 1. Verschluß der Spalten durch eine *plastische Operation.* Eine solche operative Formung oder „Plastik" der Lippen und des Naseneingangs sollte im 4.–6. Lebensmonat, der Verschluß des weichen Gaumens nach 1½ Jahren und die Gaumenplastik im Alter von 2–4, nach anderer Ansicht von 4–6 Jahren vorgenommen werden. 2. Sachgemäße *Spracherziehung* zur Erlernung einer brauchbaren Umgangssprache. Die Spracherziehung soll schon sehr früh (z. B. nach 2½ Jahren) einsetzen und konsequent durchgeführt werden. Bei Schulbeginn sollen die Kinder möglichst schon in der Lage sein, verständlich zu sprechen; andernfalls wird es notwendig, sie in Spezialschulen zu unterrichten. 3. Zur Vermeidung der Kieferverformung und Fehlstellung von Zähnen muß um die Zeit des Zahnwechsels eine *kieferorthopädische Behandlung* einsetzen, die bis zum 12. oder 14. Lebensjahr durchgeführt wird.

HAUT · HAUTDRÜSEN

Die den ganzen Körper umgebende Haut schützt den Körper gegen die Umwelt und verbindet ihn gleichzeitig mit ihr. Sie dient als Schutzhülle gegen mechanische Beanspruchung und Krankheitserreger. Durch die Absonderung von Schweiß ist die Haut an der Regulation des Wasserhaushaltes und vor allem an der Temperaturregulation beteiligt. Bei der Wärmeabgabe spielt außerdem ihr weitverzweigtes Kapillarnetz eine wichtige Rolle (Abb. 4, S. 441). Schließlich ist die reichlich mit Sinnesrezeptoren ausgestattete Haut ein Sinnesorgan, das dem ZNS eine Vielfalt von Wahrnehmungen vermittelt (Temperaturempfindung, Schmerzempfindung, Berührungs- und Druckempfindung).

An der Haut (Abb. 1) unterscheidet man die eigentliche Haut (Cutis, Kutis) und die Unterhaut (Subcutis, Subkutis). Die Kutis wiederum besteht aus der Oberhaupt (Epidermis) und der bindegewebigen Lederhaut (Corium).

Die *Epidermis* besteht aus mehreren Zellschichten unterschiedlicher Beschaffenheit mit Verhornung der oberen Schichten. Diese oberflächlichen Schichten (auch Stratum corneum genannt) sind je nach Körperstellen verschieden. Sie enthalten Keratin (die Hornsubstanz). Besonders stark ist die Hornschicht (Stratum corneum im engeren Sinne) an den Händen und Füßen, wo sie aus übereinandergelagerten harten, widerstandsfähigen Platten besteht. Die Zellen der Hornschicht entstammen der untersten Schicht der Epidermis, der *Keimschicht* (Stratum germinativum). Diese Schicht hat ihre Bezeichnung deshalb erhalten, weil sie dem Zellnachschub dient. Die von ihr gebildeten Zellen wandern in etwa 30 Tagen zur Oberfläche. Während dieser Zeit machen sie einen Verhornungsprozeß durch; da sie nun nicht mehr teilungsfähig sind, sterben sie ab und werden abgestoßen.

Auch die Keimschicht besteht aus verschiedenen Zellagen. Die Zellen der untersten Zellage (Stratum basale) senden gegen die bindegewebige Unterlage Wurzelfüßchen aus, die der Haftung dienen und die Oberfläche vergrößern. Bei ihrer Teilung wandert jeweils die eine der aus der Mitose hervorgegangenen Zellen in die nächsthöhere Schicht, die wegen der eigentümlichen Form ihrer Zellen auch „Stachelzellschicht" genannt wird.

Die *Lederhaut (Corium)* besteht aus Bindegewebe, enthält Gefäße und Nerven sowie an vielen Stellen auch glatte Muskulatur. Die Lederhaut hat ihren Namen daher, daß man tierische Häute durch Gerbung zu Leder verarbeiten kann. Sie trägt gegen die Epidermis zu Verwölbungen (Papillen), die Kapillarschlingen führen, wodurch die Ernährung der Epidermis erleichtert wird. Diese Papillarschicht (Stratum papillare) bestimmt die Oberflächenform der Lederhaut und teilweise auch die der Epidermis. Die Papillen sind auch die Grundlage der Hautleisten, zum Beispiel an der Fingerbeere (Fingerabdruck). Die Lederhaut enthält ein beachtliches Blutreservoir (Abb. 2). Die Füllung der Kapillargefäße ist u.a. für die Farbtönung der Haut von Bedeutung. Beim Zerreißen von Haargefäßen entstehen Blutergüsse (Hämatome), die als blaue Flecken in Erscheinung treten. Die Lederhaut beherbergt auch Fibroblasten, die eine Rolle bei der Regeneration der Haut spielen, Histiozyten, die als Wanderzellen an biologischen Abwehrprozessen (Phagozytose) teilnehmen, und Mastzellen, denen man eine Funktion bei der Abwehr des Körpers gegen eindringende Fremdkörper zuschreibt. In dem wegen seiner körnigen Form auch retikuläre Schicht (Stratum reticulare) genannten Abschnitt der Lederhaut liegen die Schweißdrüsen sowie die größeren Gefäße und Nerven. Auffallend sind hier arteriovenöse Anastomosen mit besonderem Wandbau, die Organcharakter haben (Hoyer-Grosser-Organe). Sie besitzen eine modifizierte Gefäßwand, die geschlängelt verläuft und von einem mächtigen venösen Gefäßkorb umgeben ist. Man vermutet, daß die Wandzellen acetylcholinähnliche Stoffe zur Gefäßerweiterung abgeben. Die Glomusorgane (Abb. 3, S. 439) sind reich mit Nerven versorgt und dienen der Kontrolle der Blutzirkulation in der Peripherie (Finger und Zehen). Durch den Einfluß, den sie auf die Hautdurchblutung ausüben, sind sie mitbeteiligt an der Regelung des Blutdrucks und der Temperatur. Da sie

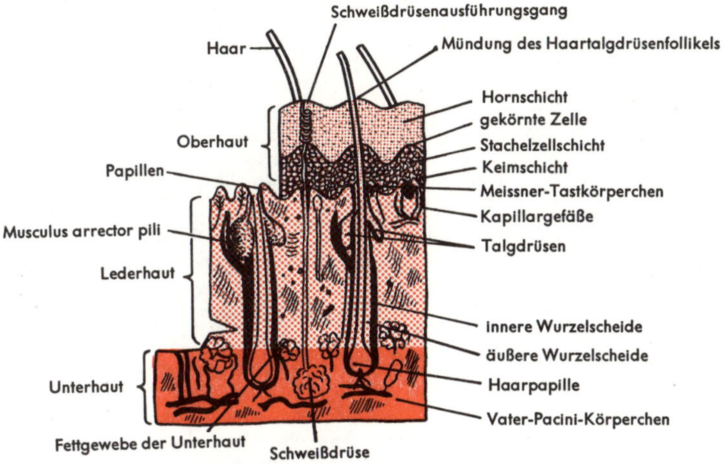

Abb. 1 Aufbau der Haut

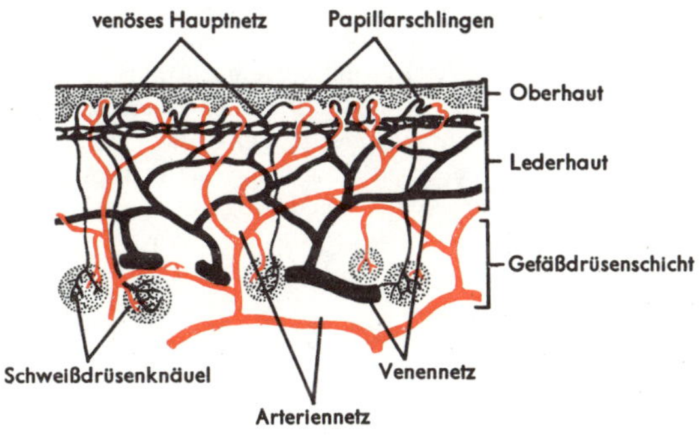

Abb. 2 Hautdurchblutung

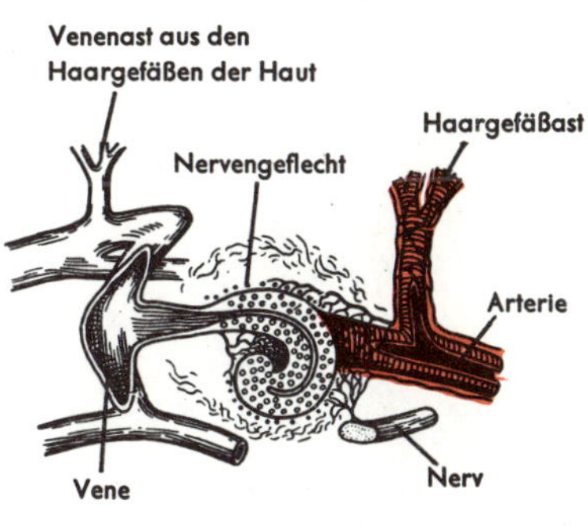

Abb. 3 Glomusorgan

infolge ihrer ausgezeichneten Nervenversorgung sehr rasch reagieren können, sind sie imstande, die Durchblutung in kürzester Zeit zu ändern. Sie spielen auch eine Rolle beim Erröten.

Die *Schweißdrüsen* (Abb. 5) sind in einer Gesamtzahl von etwa 2 Millionen über weite Hautareale verteilt. Besonders reichlich findet man sie an der Stirn, an den Handballen und auf den Fußsohlen („Schweißfüße"). Die Schweißdrüsen sind weniger Ausscheidungsorgane (zum Beispiel für Harnstoff) als v.a. wichtige Stellglieder bei der Wärmeregulation. Ihr wäßrig-saures Sekret hemmt außerdem das Bakterienwachstum (Säureschutzmantel).

Zu den Schweißdrüsen rechnet man auch die *Duftdrüsen.* Es sind apokrine Drüsen, die mit dem Sekret auch kleine Zytoplasmaklumpen abstoßen (Körpergeruch). Sie bestehen aus breiten Drüsenknäueln, die mit engen, kurzen Ausführungsgängen in die Haarkanäle einmünden. Den leicht fettigen Ausscheidungen sind Duftstoffe beigemischt. Duftdrüsen sind beim Menschen nur noch spärlich vorhanden: an Nasenflügeln und Lippen, in der Achselhöhle, in der Leistenbeuge, der Dammgegend und um den After; beim Manne in der Haut des Hodensackes, bei der Frau an den großen Schamlippen, dem Schamberg und in Knötchen der Brustdrüsen. Während der Menstruation sind Sekretion und Duft etwas vermehrt. Das Sekret ist alkalisch, relativ spezifisch und wahrscheinlich auch für den Individual- und auch den Rassengeruch verantwortlich. Überall, wo Duftdrüsen liegen, bilden sich im Säureschutzmantel der Haut Lücken. An diesen Orten treten bevorzugt Bakterien und Pilze sowie durch diese bedingte Hautkrankheiten auf. Bei Kindern sind in der Achselhöhle noch keine Haare und Duftdrüsen vorhanden. Infolgedessen ist dort der Säureschutzmantel der Haut funktionstüchtig (Kinder bekommen z.B. keine Schweißdrüsenabszesse).

Die *Talgdrüsen* (Abb. 6) sind mehrlappige Einzeldrüsen mit kurzem Ausführungsgang, deren äußere Zellschicht teilungsfähig ist. Bedingt durch Fetteinlagerung nehmen die Tochterzellen an Größe zu und wandern zum Ausführungsgang. Beim Zellzerfall wird der Talg bzw. ein öliges Sekret frei, das Haut und Haare fettet (holokrine Sekretion). Bei Verstopfung des Ausführungsganges entstehen die sogenannten Mitesser (Komedonen; s. auch Akne, S. 442).

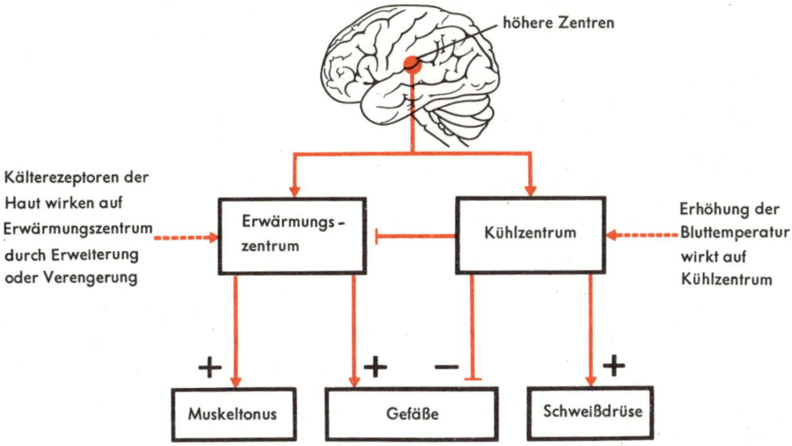

Abb. 4 Die Temperaturregelung

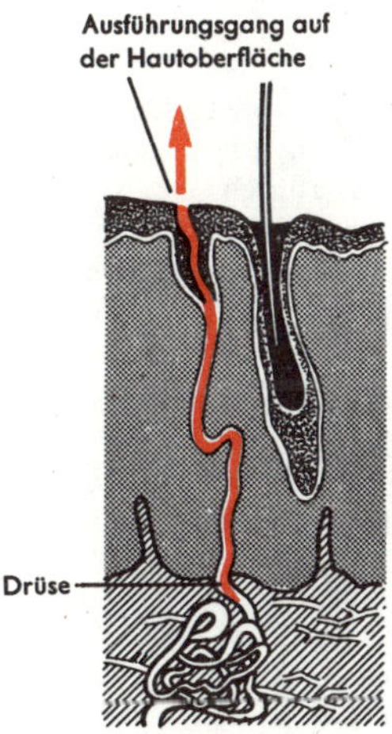

Abb. 5 Schweißdrüse

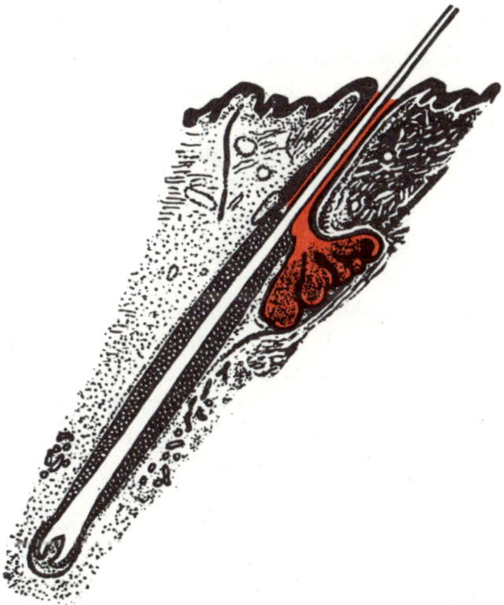

Abb. 6 Talgdrüse

AKNE

Akne ist eine Verstopfung der Talgdrüsen, die oft mit Entzündungserscheinungen einhergeht. Sie ist eine typische Pubertätserscheinung. Die Akne geht immer von einem entzündeten Talgknötchen aus. Der Mittelpunkt des Talgknötchens ist ein schwarzer Punkt, der *Mitesser.* Diese Schwärzung entsteht durch die Oxydation von halbflüssigem Hauttalg, der durch diese chemische Veränderung hart wird und den Ausgang der Talgdrüse verstopft. Mitesserverstopfung und hormonell vermehrte Talgabsonderung führen zu einer Vergrößerung des Talgsackes unmittelbar unterhalb des Talgdrüsenausganges. Preßt man solche Mitesser aus, bevor sich ein Eiterbläschen gebildet hat, entleeren sich, wie aus einer kleinen Salbentube, erstaunliche Mengen von Talg. In diesen Talg können an sich harmlose Hautkeime einwandern und eitrige Entzündungen verursachen. Ein Gemisch von Eiterkeimen und verflüssigten, abgestoßenen Hornzellen der Haut bilden ein Eiterknötchen, den sog. *Pickel* oder *Akneknoten.* Akneknoten kommen demnach nur an Körperstellen mit anlagemäßig reichlichen Talgdrüsen vor: im Gesicht, am behaarten Kopf, im Nacken, auf der Brust und am Rücken. Bilden sich ähnliche Pickel an Armen und Beinen, so handelt es sich nicht mehr um die gewöhnliche Akne, sondern meistens um berufsbedingte Hauterkrankungen wie Ölakne, Teerakne usw.

Die Akne kommt bei beiden Geschlechtern, typischerweise während und nach der Pubertät, zwischen dem 14. und 20. Lebensjahr, vor, wenn der steigende Geschlechtshormonspiegel sich noch nicht eingespielt hat. In erster Linie sind es die männlichen Geschlechtshormone und die vermännlichenden Nebennierenrindenhormone, die die Ausscheidung von Hautfett vermehren und aknebegünstigend wirken. Im Gegensatz dazu verhindern die weiblichen Geschlechtshormone eher das Auftreten der Akne. Daher leiden Mädchen seltener und nur kürzere Zeit an Pickeln. Mit Eintritt der vollen Geschlechtsreife verschwindet die Akne oft wieder von selbst. Bei Frauen kann es um das 40. Lebensjahr herum, wenn die Produktion weiblicher Geschlechtshormone nachläßt, wieder zum Auftreten von Pickeln kommen.

Akneknoten können haselnußgroß werden. In einer entzündlich geröteten Umgebung erkennt man den Mitesser, der häufig von einem Eiterbläschen umgeben ist. Bei stärkerer Entzündung der Umgebung entstehen Erweichungsherde durch Gewebsuntergang. Heilt ein solcher Akneknoten ab, hinterläßt er immer Narben. Besonders unangenehm können Akneknoten im Genick, auf der Brust und am Rücken werden. Sie führen gelegentlich zu großen Eiterherden, die aufgeschnitten werden müssen. Großflächige Unterminierung des Gewebes hinterläßt ausgedehnte Zipfel- oder Brückennarben; je nach Anlage können auch überschießende Wucherungen entstehen, die sog. Keloidnarben. Die Öl- oder Teerakne tritt auch an Oberarmen, Unterarmen und Oberschenkeln auf, meist infolge Verstopfung der Talgdrüsenausführungsgänge durch Straßenteer, Schmieröl oder Paraffin. Eine schwere Gewebsakne ist auch die durch Chlorparaffin ausgelöste Chlorakne. Manche Jod- und Brompräparate werden mit dem Hautfett ausgeschieden, verstopfen die Hautporen und führen u. U. zu einer Akne ohne Mitesser.

Bei der möglichst frühzeitigen *Behandlung* der gewöhnlichen Akne ist die Vermeidung von Infektionen entscheidend: Hautreinigung mit wenig reizenden, gut desinfizierenden Mitteln; keine fettende Hautcreme, kein Sonnenöl; wenn überhaupt, nur nichtentzündete Mitesser nach Aufweichen der Haut durch Vollbad, Gesichtsdampfbad oder heiße Packung ausdrücken; dabei unbedingt Verletzungen vermeiden. Neben den herkömmlichen – austrocknenden – Verfahren wird in letzter Zeit lokal die antikeratinisierend wirkende Vitamin-A-Säure angewandt. Innerlich kommt, besonders bei Frauen mit männlichem Behaarungstyp (Hirsutismus), auch Antiandrogen – als Bestandteil eines Schwangerschaftsverhütungsmittels – in Frage. Vor allem bei starker Pustelbildung werden – je nach ärztlicher bzw. fachärztlicher Verordnung – u. U. auch Tetrazykline eingesetzt.

FURUNKEL · KARBUNKEL

Als *Furunkel* (Schwäre, Eiterbeule) bezeichnet man einen sehr schmerzhaften, umschriebenen Entzündungsherd der Unterhaut im Bereich eines Haarbalgs. Durch das Eindringen von Erregern (meist Staphylokokken) wird der das Haar direkt umgebende Zellbereich zerstört, er zerfällt und verwandelt sich unter der Einwirkung von Bakteriengiften in eine Eiterhöhle. Dieser Prozeß äußert sich zunächst als runde, harte und gerötete Hauterhebung, in deren Mitte ein Haar steht. Anschließend verfärbt sich das Knötchen innerhalb weniger Tage unter zunehmender Schmerzhaftigkeit dunkelrot, an der Spitze entsteht eine hellgelbe Kuppe. Diese stellt das von einer dünnen Haut überzogene obere Ende eines Eiterpfropfs dar, der sich innerhalb des Haarbalgs gebildet hat und zur Hautoberfläche drängt. In den allermeisten Fällen kommt es in diesem Stadium zur Erweichung des Zentrums und zur Entleerung des Eiters. Der zurückbleibende Hohlraum verwächst und heilt unter Zurücklassen einer Narbe allmählich ab. Furunkel können an der gesamten behaarten Körperoberfläche entstehen; sie treten bevorzugt im Nacken, im Rücken oder in der Gesäßgegend auf. Besonders gefährlich sind Gesichtsfurunkel, vor allem Furunkel der Oberlippe und Nase, da von diesen Stellen aus Entzündungskeime leicht in die abführenden Blutgefäße gelangen, die mit den Blutleitern des Gehirns in Verbindung stehen, und dort zu einer eitrigen Hirnhautentzündung führen können. Daher ist bei Gesichtsfurunkeln eine Antibiotikabehandlung angezeigt.

Treten Furunkel in großer Anzahl über einen längeren Zeitraum immer wieder auf, spricht man von *Furunkulose.* Die Furunkulose kann u. a. durch ungenügende Hautpflege bedingt sein, sehr häufig ist sie auch das Zeichen einer beginnenden oder bestehenden und nicht ausreichend behandelten Zuckerkrankheit; deshalb ist es üblich, bei jedem an Furunkulose Erkrankten den Blutzucker zu untersuchen und eventuell ergänzende Zuckerbelastungstests durchzuführen. – Die Behandlung der Furunkulose zielt zunächst auf die Beseitigung der Ursachen: Erhöhte Blutzuckerwerte müssen durch Gabe von oralen Antidiabetika oder Insulininjektionen erst wieder auf die Norm zurückgeführt werden. Außerdem ist besonders auf sorgfältige Körperpflege zu achten. Schließlich können die körpereigenen Abwehrkräfte im Kampf gegen die Infektionserreger durch Antibiotika unterstützt werden. Unter keinen Umständen darf man versuchen, einen Furunkel auszudrücken, da hierbei die Keime in das umgebende Gewebe gepreßt werden könnten und dann zu einer weiteren Ausbreitung des Entzündungsherdes führen. Günstig wirken dagegen Schutzverbände mit Ichthyol- oder Schwefel-Zink-Paste. Die eitrige Einschmelzung und damit der Heilungsprozeß wird außerdem durch Umschläge mit essigsaurer Tonerde oder Alkohol sowie durch örtliche Wärmeanwendung (Heizkissen, Rotlichtbestrahlungen) beschleunigt.

Als *Karbunkel* bezeichnet man eine Gruppe von Furunkeln, die (anders als bei der Furunkulose) untereinander in Verbindung stehen. Die zunächst kleinen einzelnen Eiterherde fließen unter Zerstörung des dazwischenliegenden Gewebes zusammen und bilden ein großes, kraterartiges Geschwür. Ein Karbunkel kann bis zu Apfelgröße erreichen und erscheint auf der Haut zunächst als unregelmäßige, stark gerötete und äußerst schmerzhafte Schwellung. Mit fortschreitendem Zerfall des umgebenden Gewebes bricht die Oberhaut, meist an mehreren Stellen gleichzeitig, unter Eiterentleerung auf. Der Heilungsprozeß ist oft sehr langwierig. Immer bleiben tiefe Narben zurück. – Für die Behandlung des Karbunkels gilt ähnliches wie beim Furunkel. Schmerzen und die Gefahr einer Ausbreitung erfordern hier allerdings besonders häufig die Gabe von Antibiotika und obendrein chirurgische Maßnahmen (breite Eröffnung, Entfernung des abgestoßenen Gewebes).

KRANKHAFTE HAUTVERÄNDERUNGEN

Krankhafte Veränderungen der Gewebszellen verursachen typische Erscheinungen an der Hautoberfläche, die als *Effloreszenzen* („Hautblüten") bezeichnet werden. Man unterscheidet *Primäreffloreszenzen*, die als unmittelbare Folge eines krankhaften Geschehens auftreten, und *Sekundäreffloreszenzen*, die sich aus ersteren entwickeln und entweder ein Fortschreiten oder eine Abheilung der Erkrankung bedeuten. Im engeren Sinne versteht man unter Effloreszenzen diejenigen Hautveränderungen, die man volkstümlich unter dem Begriff *Hautausschläge* zusammenfaßt, also besonders Quaddeln, Bläschen, Blasen, Schuppen und dergleichen. Folgende Hautveränderungen werden zu den Primäreffloreszenzen gerechnet:

Flecken (Maculae) sind Farbänderungen der Haut, die durch die Einlagerung von Farbstoffen oder Schwankungen im Blutgehalt zustandekommen (Abb. 1a). Flecken durch Einlagerung fremden Farbstoffes bezeichnet man als Tätowierung. Körpereigene Farbstoffe können von vereinzelten Zellgruppen gebildet und an umschriebenen Stellen abgelagert werden, so in braunen oder schwarzen Muttermalen.

Petechien nennt man punktförmige Hautblutungen, die als kleine, rote und dann bald bräunliche Fleckchen einige Zeit lang bestehenbleiben. Sind sie über größere Körperstellen ausgebreitet, spricht man von *Purpura*, die z. B. bei Blutplättchenmangel vorkommt. *Blutergüsse* nach ausgedehnten stumpfen Verletzungen verfärben sich durch den örtlichen Abbau des Blutfarbstoffes im Verlauf mehrerer Tage von Rot über Blau oder Blauschwarz in Grün und Gelbgrün. Große Blutergüsse, bei denen die Haut bis in die Tiefe mit Blut durchtränkt ist, nennt man *Blutunterlaufungen.* Solche Blutunterlaufungen breiten sich bei großen Blutungen u. U. oft noch tagelang weiter aus.

Striemen sind strichförmige Blutaustritte.

Knötchen (Papeln) sind tastbare, bis linsengroße Erhebungen über das Hautniveau mit spitzer, runder oder platter Oberfläche. Sie hinterlassen nach der Abheilung keine Spuren (Abb. 1c).

Knoten sind größere, umschriebene Verdickungen, die auch in tiefere Hautschichten reichen, das befallene Gewebe zerstören und Narben hinterlassen (Abb. 1c).

Knollen sind große, durch wucherndes Zellwachstum meist derbe, unregelmäßig geformte Hauterhebungen.

Die *Zyste* ist ein Hohlraum mit fester Hüllmembran und flüssigem oder festem Inhalt (Abb. 1d).

Die *Quaddel (Nessel)* ist eine hellrosafarbene oder weiße, beetartige Erhebung der Hautoberfläche; sie ist rund oder unregelmäßig-landkartenartig begrenzt (Abb. 1b). Quaddeln kommen durch den Austritt von Blutflüssigkeit, meist im Bereich erweiterter Kapillaren, zustande und können daher als umschriebenes Hautödem aufgefaßt werden. Häufig entstehen sie auf allergischer Grundlage wie bei der Nesselsucht; sie jucken und können, ebenso wie sie plötzlich entstehen, auch in kürzester Zeit wieder spurlos verschwinden; andere Quaddeln bleiben sich tagelang völlig gleich. Riesenquaddeln können zusammenfließen und im lockeren Gewebe von Lidern, Gesicht oder Hodensack zu flächenhaften Anschwellungen führen.

Das *Bläschen* ist ein Hohlraum, der sich über die Hautoberfläche verwölbt, von einer dünnen Bläschenhaut bedeckt und mit Gewebswasser gefüllt ist. Bläschen entstehen im Ablauf von Gewebsentzündungen (Abb. 1e).

Eiterbläschen (Pusteln) können bei eitriger Hautentzündung auch als Primäreffloreszenz auftreten. Öfter entstehen sie durch Vereiterung gewöhnlicher Hautbläschen und sind dann Zweiteffloreszenzen (Abb. 1f).

Pocken sind Eiterbläschen, die aus mehreren Kammern bestehen und an ihrer Oberfläche typisch eingedellt sind. Sie hinterlassen nach Abheilung die bekannten Pockennarben (s. S. 522).

Blasen sind einkammerige Hohlräume, die mit Gewebsflüssigkeit, Blut oder Eiter gefüllt sind und eine überstehende Blasendecke aufweisen (Abb. 1g).

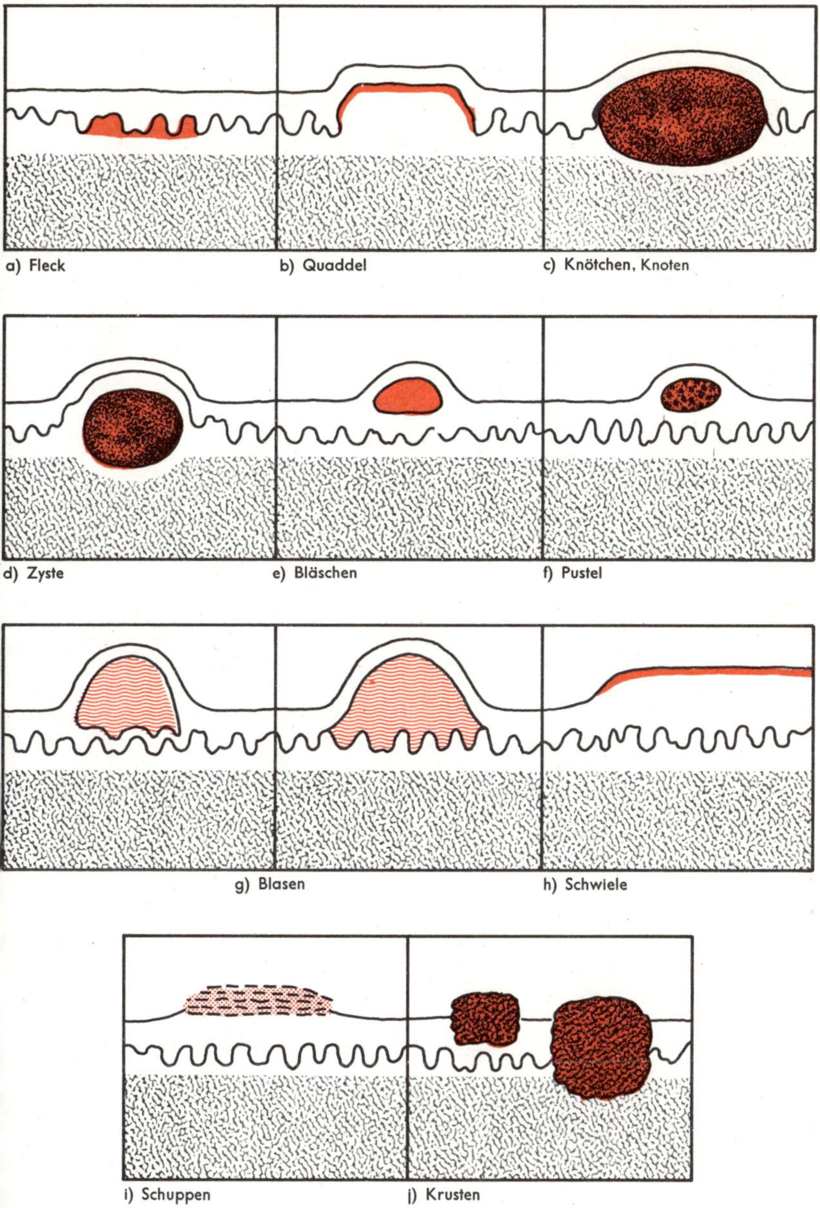

Abb. 1 a–j) Die verschiedenen Hauteffloreszenzen

Die *Schwiele* ist eine umschriebene Verdickung der Haut durch kompakt-festhaftende Hornhautanhäufungen (Abb. 1h).

Zu den Sekundäreffloreszenzen, die sich aus Primäreffloreszenzen entwickeln, werden folgende Hautveränderungen gerechnet:

Schuppen entstehen durch Abschilferung der Hornschicht und sind, je nach deren Dicke, gelblich bis grauschwarz. Die Abschilferung von Schuppen kann kleieförmig, blätterig oder glimmerförmig sein (Abb. 1i, S. 445). Zu den schuppenden Hautkrankheiten gehört u.a. die Schuppenflechte (s. S. 449).

Krusten (Borken) entstehen durch Eintrocknen von Gewebsflüssigkeit, Blut oder Eiter auf der verletzten oder entzündeten Haut (Abb. 1j, S. 445).

Die *Erosion* ist ein abschürfender Gewebsverlust, der nicht über die Oberhaut hinausreicht (Abb. 1k). Aus den aufgerissenen Lymphgefäßen tritt Lymphe aus, wodurch Erosionen nässen. Die Abheilung hinterläßt keine Narben.

Tiefe Abschürfungen oder Schrunden nennt man *Exkoriationen;* sie entstehen manchmal (als Abtrennung der Oberhaut) durch den kratzenden Finger, reichen u.U. aber auch tiefer und hinterlassen dann Narben (Abb. 1l).

Das *Geschwür (Ulkus)* ist ein Substanzdefekt, der bis zur Lederhaut reicht; man spricht von einem Geschwürsgrund und einem Geschwürsrand, der auch wallartig erhaben sein kann. Je nach Gewebszerstörung heilen Geschwüre unter mehr oder weniger ausgedehnter Narbenbildung ab (Abb. 1m).

Die *Nekrose* besteht aus geronnenem, abgestorbenem Gewebe, das von der gesunden Umgebung und Unterlage abgestoßen wird und entsprechende Defekte hinerläßt (Abb. 1n). Nekrosen entstehen u.a. durch Verbrennungen, Erfrierungen und Verätzungen, aber auch als Folge von Minderdurchblutungen der Haut.

Narben bestehen aus faserigem Bindegewebe, das bei der Abheilung von Gewebsverlusten entsteht und offene Wunden verschließt (Abb. 1p). Narbengewebe fehlt die normale Oberflächenfelderung der Haut, es hat weder Haare noch Poren. Überschießend wachsendes Narbengewebe entsteht im Bereich des sogenannten Narbenkeloids. An unregelmäßigen Geschwürsrändern bilden sich Zipfelnarben mit zackigen oder zipfeligen Auswüchsen. Im Bereich von Brückennarben greifen schmale Hautstränge quer über den Narbengrund. Sie kennzeichnen größere Gewebsverluste, in deren Bereich kleine Gewebsstränge ausgespart werden. Brückennarben kommen vor allem auch bei Hauttuberkulose vor.

Die *Atrophie* ist eine gleichmäßige Hautverdünnung durch Schwund aller Gewebsschichten wie bei der Altershaut (Abb. 1o).

Lichenifikation nennt man eine Vergröberung und Verdickung der Haut, die von der Bildung tiefer Hautfurchen und flacher Knötchen begleitet ist.

Sklerose ist eine Verdickung und Verhärtung der Haut mit Verlust ihrer Faltbarkeit; Übergang in einen Hautgewebsschwund ist möglich.

Neben diesen einfachen gibt es auch noch zusammengesetzte Hauteffloreszenzen. Dazu gehört z.B. das Papelbläschen beim Ekzem (Abb. 1q), die Papelpustel bei der Haarbalgentzündung (Abb. 1r) und die schuppende Papel bei der Schuppenflechte (Abb. 1s).

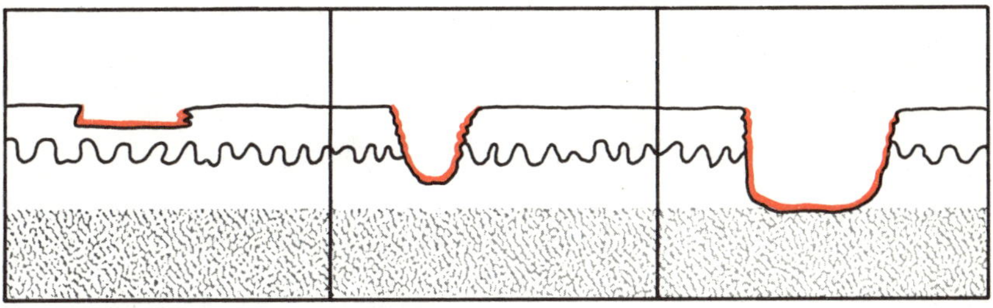

k) oberflächliche Abschürfung l) tiefe Abschürfung m) Geschwür

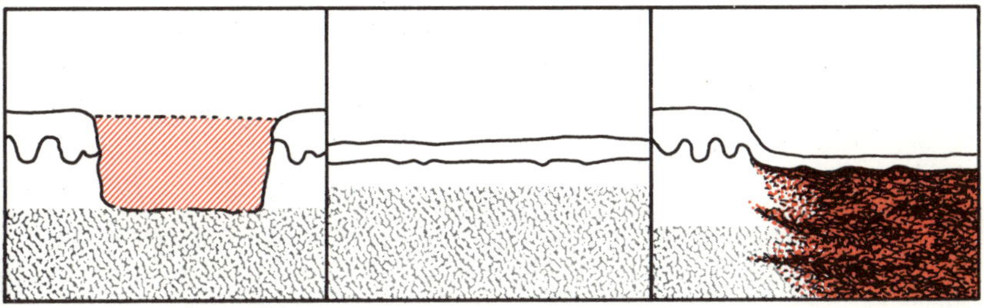

n) Nekrose o) Atrophie p) Narbe

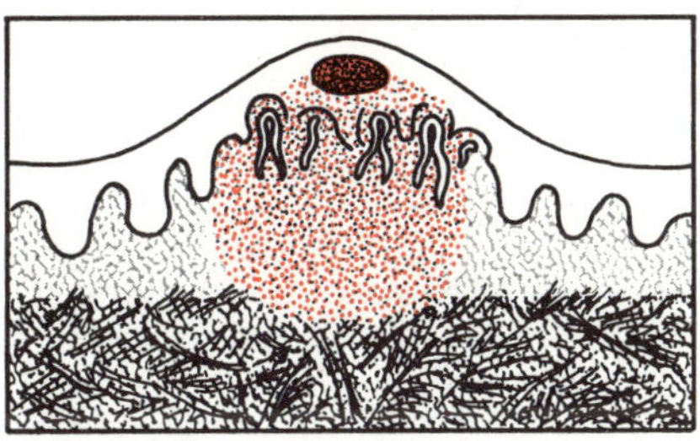

q) Papelbläschen

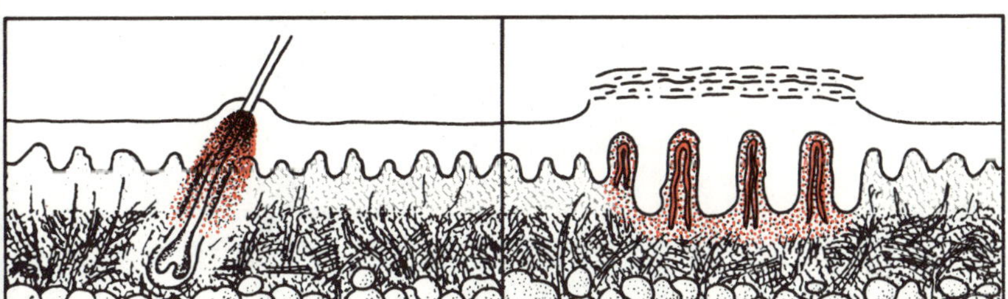

r) Papelpustel s) schuppende Papel

Abb. 1 k–s) Die verschiedenen Hauteffloreszenzen (Forts.)

DAS EKZEM

Das Ekzem ist eine vielgestaltige Erkrankung der Oberhaut mit schubweise auftretenden entzündlichen Rötungen, Papeln und Bläschen, mit Nässen, Krusten- und Schuppenbildung. Die meisten Ekzemformen sind durch bläschentragende Knötchen, die sog. *Papelbläschen*, gekennzeichnet, deren Aufschießen mit heftigem Juckreiz verbunden ist. Alle diese Hautveränderungen können auf jeder Entwicklungsstufe ohne Narben verheilen. Bei längerem Bestehen tritt eine holzartige Verdickung und Vergröberung der Hautfelderung auf, die sog. Lichenifikation.

Je nach dem Verlauf unterscheidet man frische, akute Ekzeme, die plötzlich über Nacht auftreten und innerhalb von einigen Tagen abheilen, und chronische Ekzeme, die sich allmählich entwickeln und wochen- bis monatelang bestehen. Je nach den Erscheinungen unterscheidet man ferner nässende, blasige und Krustenekzeme. Eine Sonderform stellt das dyshidrotische Ekzem der Hände dar, das im Frühjahr und bei schwülem Wetter auftritt und durch sagokornartige Bläschen an den seitlichen Fingerpartien und Handtellern gekennzeichnet ist. Nach dem Sitz unterscheidet man Kopf-, Nacken-, Hals-, Ohr- und Handekzeme. Wichtiger ist die Einteilung der Ekzeme nach ihrer Ursache.

Das *serborrhoische Ekzem* tritt an Körperstellen mit besonders starker Talgsekretion auf, so im Bereich der Nasen-Mund-Falte und der mittleren Brust- und Rückenpartie. Das *mikrobiell-parasitäre Ekzem* wird durch Hautbakterien, vor allem durch Staphylokokken, verursacht.

Eine besondere Rolle spielt das *Kontaktekzem*. Es wird durch den Kontakt der Haut mit Fremdstoffen ausgelöst. Kontaktekzeme sind entweder toxisch, d. h. durch direkte Irritation der Haut bedingt, oder allergischen Ursprungs, d. h. Folge einer Sensibilisierung des Organismus mit nachfolgender Reaktion vom Typ IV (s. S. 30).

Toxische Ekzeme können durch hautreizende Stoffe bei sehr vielen Menschen fast in gleicher Weise ausgelöst werden, z. B. durch nicht allzu stark konzentrierte Säuren und Laugen, Lösungsmitteldämpfe und Kunstharze.

Allergische Kontaktekzeme beruhen auf einer Allergie, wie sie durch wiederholten Umgang mit Stoffen des täglichen Lebens, mit beruflichen Kontaktstoffen, kosmetischen Präparaten oder Arzneimitteln entstehen kann. Zu den Stoffen des täglichen Lebens, die häufig allergische Kontaktekzeme auslösen, gehören Terpentin (in Bohnerwachs, Lacken, Firnissen und Einreibemitteln), Chrom und Nickel (aus Verschlüssen und Schnallen an Kleidungsstücken, auch Strumpfhaltern), Gummibestandteile (aus Wäschegummi, Gummihandschuhen u. a.) und Farbstoffe (z. B. für Strümpfe).

Ekzemauslösende berufliche Kontaktstoffe sind Zement, Leder, technische Öle und Fette, Holzimprägnierungsmittel, exotische Hölzer, Kunstharze, Lösungsmittel, Gummibestandteile u. a.

Zu den kosmetischen Präparaten, die Kontaktekzeme auslösen können, zählen Bleichsalben gegen Sommersprossen, Haarfärbemittel, Gesichtswässer, Rasierwässer, Mundwässer, Lippenpomade und Badeextrakte.

Kontaktekzemauslösende Arzneimittel enthalten oft Perubalsam, Quecksilber, Desinfektionsmittel und örtliche Betäubungsmittel, aber auch Penicillin und andere Antibiotika. Besonders schwer zu erkennen sind medikamentöse Kontaktekzeme, die durch irgendwelche Bestandteile von Heil-, Wund- oder Brandsalben verursacht werden; dazu gehören auch Salbenkonservierungsmittel, die selbst keine Heilwirkung haben, wie Sorbinsäure.

Das *Abnutzungsekzem* entsteht durch zu häufige Entfettung der Haut beim Umgang mit Wasser, Seife, Alkalien, Zement und Kalk, manchmal auch durch regelmäßiges Scheuern der Haut mit Industriehandwaschmitteln gegen starke Verschmutzung mit technischen Ölen, Lacken oder sonst irgend festhaftenden Stoffen. Zur Hautentfettung kommt in solchen Fällen meist ein Verlust des Säureschutzmantels, der sog. Alkalineutralisationsfähigkeit der Haut, hinzu. Basische Stoffe können dann besonders leicht Kontaktekzeme auslösen. Sie sind typisch für Hausfrauen- und Bauarbeiterhände.

SCHUPPENFLECHTE

Die Schuppenflechte (Psoriasis) ist eine gutartige, jedoch hartnäckige Hauterkrankung unbekannter Ursache; zugrunde liegt ein Erbfaktor. Sie tritt häufig familiär auf. Bezeichnend sind gerötete, schuppende Hautstellen, vor allem an Ellenbogen und Knien; die Erkrankung kann sich manchmal aber auch schubweise über den ganzen Körper ausbreiten. Die Schuppenflechte tritt bei beiden Geschlechtern und unabhängig vom Alter auf. Zuerst entstehen kleine, rote Hautflecken, auf denen bald weiße, festhaftende Schuppen erscheinen. Versucht man die Schuppen abzukratzen, so treten punktartige Blutungen auf, der sog. *blutige Tau* (Abb. 1); von älteren Herden kratzen sich die Schuppen wie Wachsflecken von Samt ab. Besonders kennzeichnend ist die scharfe Begrenzung der Schuppenherde zur gesunden Haut. Meist sind die Nägel mitbefallen. Bei einer bestimmten Verlaufsform entwickelt sich von der Seite her eine hornartige, krümelige, gelbgraue Verdickung, die die Nagelplatte abhebt; bei einer zweiten erkennt man eine Tüpfelung der Nagelplatte in Form von kleinen Grübchen.

Je nach Ausbreitung der Herde unterscheidet man verschiedene Formen. Die *gewöhnliche Schuppenflechte* befällt die Streckseiten der Gliedmaßen, vor allem Ellenbogen und Knie, aber auch den Rumpf und den behaarten Kopf. Die sog. *umgekehrte Schuppenflechte* dagegen befällt die Beugeseiten der Gliedmaßen, die Handteller und Fußsohlen, Ellenbeugen und Kniekehlen, aber auch Hautfalten ganz allgemein. Schwerste Verlaufsformen der Schuppenflechte gehen mit Eiterbläschen, Fieber und Allgemeinbeschwerden einher. Weiter kommt es vor, daß die Finger- und Zehengelenke nach der Art eines chronischen Gelenkrheumatismus verändert sind und verkrüppeln (s. S. 414).

Die Schuppenflechte verläuft über Jahre, meist ein ganzes Leben lang in Schüben. Einzelherde an Ellenbogen oder Knien können lange Zeit hindurch ruhen. In anderen Fällen treten je nach der Jahreszeit, meist im Frühjahr oder Herbst, Schübe mit stärkerer oder gar allgemeiner Ausbreitung auf. Die Ursache der Schübe ist im einzelnen ebensowenig bekannt wie die Krankheitsursache selbst. Fieberhafte Erkrankungen, wie z. B. eine Lungen- oder Mandelentzündung, Hautläsionen und jahreszeitliche Faktoren spielen eine Rolle (Besserung während des Sommers). Einflüsse der Ernährung, des Stoffwechsels, der Hormondrüsen und des Nervensystems sind unsicher. Ein Erreger ist nicht bekannt; Ansteckung und Übertragung gibt es nicht.

Bei unbekannter Krankheitsursache muß sich die Behandlung auf eine Linderung der Krankheitserscheinungen beschränken: Einreiben mit Salicyl-, Schwefel- oder Teersalben, in hartnäckigen Fällen mit Cignolin (Schälkuren), UV-Bestrahlung. Unsachgemäße Hautbehandlung wirkt eher schubauslösend. Seit einiger Zeit wird auch die ambulante Bestrahlung mit UV-Licht nach Verabreichung einer lichtsensibilisierenden Substanz angewandt („innerliche Photochemotherapie" oder *PUVA* = Psoralen + UV-A). Zur Diskussion stehen ferner Zytostatika, z. B. Methotrexat und synthetische Retinoide.

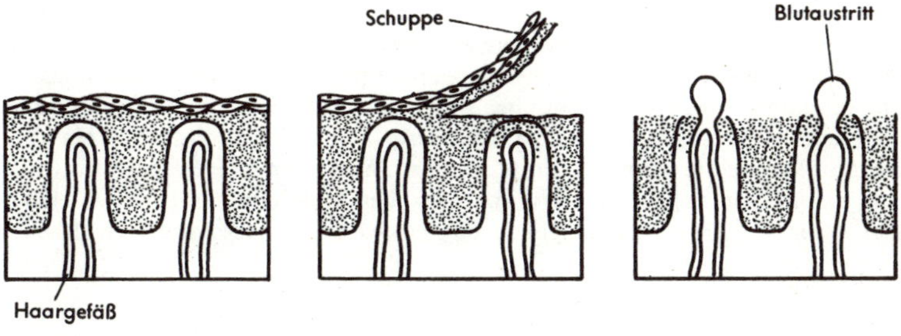

Abb. 1 Punktartige Blutung beim Abkratzen der Schuppenflechte

MUTTERMALE

Unter dem Begriff Muttermale faßt man sehr unterschiedliche, nicht erbliche, zunächst gutartige Wucherungen zusammen, die vor allem von den Pigmentzellen und Blutgefäßen der Haut ausgehen.

Linsenmale gehen von den hautpigmentbildenden Zellen aus. Sie kommen bei allen Menschen in verschiedener Anzahl als runde, braune bis tiefschwarze Flecken oder leicht gewölbte Bildungen vor. Kleinere Linsenmale haben eine glatte Oberfläche, große Male können auch eine höckerige, warzige Oberfläche bekommen. Als *Schönheitsfleck* bezeichnet man ein rundes, dunkelbraunes Linsenmal auf Wange oder Jochbogen.

Mongolenflecke (blaue Male) sind runde Linsenmale von bläulichschwarzer Farbe, die durch tiefer eingelagerte Hautpigmente zustande kommen.

Leberflecke kommen als größere, hellbraune, oft eiförmige oder unregelmäßig gelappte Male vor allem am Rumpf oder an den Oberschenkeln vor. Diese Male werden, ihrer Farbe wegen, auch als Café-au-lait- oder Milchkaffeemale bezeichnet; sie haben nichts mit der Leber zu tun.

Die *Tierfellmale* bestehen aus einer Anhäufung von hautpigmentbildenden Zellen und dichtstehenden Haarfollikeln. Kleine, umschriebene Tierfellmale stören im allgemeinen nicht mehr als Linsenmale. In seltenen Fällen dehnen sie sich über eine ganze Gliedmaße oder über den halben Oberkörper aus. Äußerst selten ist ein Tierfellmal, das den ganzen Körper wie ein dunkler Pelz bedeckt.

Blutgefäßmale bilden je nach ihrem Sitz flache oder kugelige Flecken oder manchmal auch Geschwülste. Ihre hell- bis blaurote Farbe hängt davon ab, ob sie mehr von Schlag- oder von Blutäderchen gebildet werden.

Das *Feuermal* ist ein angeborener, scharf umschriebener, hellroter bis violetter Fleck in der Haut. Man findet derartige Feuermale bei rund einem Drittel aller Neugeborenen vor allem im Nacken; selten kommen sie mitten auf der Stirn, auf beiden Lidern oder über dem Steißbein vor. Häufiger sind unsymmetrische Feuermale an einer Körperseite, einem Arm oder Bein. Fast alle angeborenen Feuermale verschwinden im Laufe der ersten 5–6 Lebensjahre von selbst.

Der *Blutschwamm* besteht aus einem Knäuel prall mit Blut gefüllter, untereinander verbundener Hohlräume, die ein ungeordnetes Gefäßsystem bilden. Bevorzugter Sitz der Blutschwämme sind Augenlider, Lippen und Wangenschleimhaut. In seltenen Fällen wachsen Blutschwämme so rasch an der Stelle eines Feuermals, daß sie benachbarte Organe gefährden oder bei Verletzung gefährlich bluten. Sie müssen dann nach Unterbindung des zuführenden Blutgefäßes chirurgisch entfernt werden. Flache Blutschwämme, die eine ganze Gesichtshälfte, einen Arm oder ein Bein bedecken, sind keiner operativen Behandlung zugänglich, da der entstehende Defekt nicht mehr durch Hautübertragungen gedeckt werden könnte. Durch Abdecken mit Spezialpräparaten können sie ein kosmetisch gutes Aussehen erhalten.

Spinnenmale sind sternförmige oder spinnenbeinartige Erweiterungen einzelner Gefäße, die von einem Zentralgefäß ausgehen, das in der Mitte als roter Punkt zu erkennen ist. Spinnenmale können vereinzelt von der Kindheit an bestehen, treten häufig jedoch erst nach dem 40. Lebensjahr auf.

Muttermale sind keine Krankheit, sondern meist nur kosmetische Defekte. Trotzdem sollte jeder braune Fleck, der nach längerer Zeit plötzlich wieder wächst oder seine Farbe verändert, mit großem Mißtrauen beobachtet werden. Unter einem Muttermal, auch einem harmlos erscheinenden Linsenfleck, kann sich ein bösartiger Hautkrebs verbergen. Verdächtig ist immer ein plötzliches „Ausfließen“ des braunen Farbstoffes in die Umgebung, außerdem Hervorwachsen der Male aus der Haut, so daß auf einem braunen Muttermal schließlich eine schwärzliche Geschwulst zu sehen ist.

PILZERKRANKUNGEN DER HAUT

Unter dem Sammelnamen Pilzerkrankungen der Haut oder *Dermatomykosen* faßt man eine Reihe von Hautkrankheiten zusammen, die durch niedere Pilzarten, also pflanzliche Parasiten, hervorgerufen werden. Die einzige Pilzerkrankung, die einen deutschen Namen führt, ist der heute sehr seltene *Erbgrind (Favus)* von Säuglingen und Kleinkindern. Die Erkrankung beginnt an der Kopfhaut mit einem gelblichen Bläschen, aus dem ein Haar hervorragt. Unter der abgehobenen Hornschicht bildet sich eine große Zahl von Pilzfäden, die um sich greifen, die Umgebung schädigen, Narben hinterlassen und so an den befallenen Stellen zu einer bleibenden Kahlheit führen.

Die *Mikrosporie* ist ebenfalls eine Pilzerkrankung, die bes. die Kopfhaut von Kindern befällt und leicht durch die Kopfbedeckung übertragen wird. Auch heute kommen noch Epidemien in Kindergärten, Schulen und Kinderheimen vor. Der Erreger kann von Mäusen oder von Katzen übertragen werden und führt an umschriebenen Stellen zum Abbrechen der kreidig-staubig aussehenden Haare. Bei ausgedehnten Infektionen sieht der behaarte Kopf wie von Motten zerfressen aus.

Die *Trichophytie* kann verschiedene Formen annehmen. Die oberflächliche Trichophytie befällt mit Vorliebe Gesicht, Hals, Unterarme und Handrücken, bei Kindern auch den behaarten Kopf, wo dann einzelne Haare wegbrechen („scherende Flechte"). Der Erreger kann von Hunden, Katzen oder Rindern übertragen werden. Die Infektion beginnt mit einem kleinen, roten, schuppenden Fleck, der sich ringförmig ausbreitet. Während die Mitte des Flecks wie abgegrast erscheint, ist der immer weiter wachsende Rand wallartig verdickt und mit Bläschen und Schuppen bedeckt. Nach einiger Zeit kann in der Mitte ein neuer Fleck in Iris- oder Kokardenform entstehen. Die tiefe Trichophytie wird am häufigsten beim Melken von der Kuh auf die angelehnte Stirn oder Wange des Melkers übertragen. Selten wächst eine oberflächliche Trichophytie im Bereich der Barthaare in die Tiefe. Bei Kindern wird der behaarte Kopf befallen. Die tiefe Trichophytie führt schließlich zu Wucherungen von der Größe eines halben Tauben- oder Hühnereies, aus denen sich auf Druck wie aus einem Schwamm Eiter entleert. Die oberflächliche und tiefe Trichophytie im Bereich der Haut läßt sich durch Antipilzmittel besser behandeln als die Trichophytie der Nägel. Erste Anzeichen solcher Nagelpilzerkrankungen an Händen und Füßen können kleinste Tüpfelungen sein, die darauf hinweisen, daß am hinteren Randwall des Nagels Wachstumsstörungen vorhanden sind. Später verdickt sich die Hornplatte der Nägel und erscheint bröckelig, unregelmäßig gehöckert, gelbbraun oder weißfleckig. Zur Ausheilung müssen Nagelpilzerkrankungen meist sehr lange (bis gesunde Nagelsubstanz nachgewachsen ist) behandelt werden.

Pilzerkrankungen der Hände und Füße sind meist *Epidermophytien.* Sie werden gewöhnlich vom Menschen auf den Menschen, unter Familienmitgliedern durch Haus- oder Badeschuhe, sonst in öffentlichen Bädern, Turnhallen oder in Duschräumen übertragen. Die Übertragung wird durch ständig feuchte Fußmatten und Holzroste erleichtert, aber auch durch das Gras von Strandbädern, durch Badetücher oder Strandliegen. Man schätzt, daß heute 90 % aller Menschen Träger einer Fußpilzinfektion sind, und führt dies u.a. darauf zurück, daß die Füße in Kunstfaserstrümpfen oder Schuhen mit Gummi- oder Kunstledersohlen mehr schwitzen und daher pilzanfälliger sind. Die Fußpilzerkrankung beginnt am häufigsten in den Zehenzwischenräumen oder im Hohlfuß in Form kleiner Bläschen, die sich vermehren, platzen, jucken, vereitern und so die Pilzinfektion über die seitlichen Fußpartien und alle Zehenzwischenräume hinaus verbreiten. An den Handtellern treten ebenfalls juckende Bläschen auf, die manchmal alle Finger ergreifen. Eiterkeime können in die geplatzten Bläschen eindringen und Infektionen, wie z.B. eine schwere Wundrose, auslösen. Das plötzliche Aufschießen großer Pilzblasen führt gelegentlich zu schmerzhaften Entzündungen der Lymphbahnen und Lymphknoten.

Eine besondere Form der Epidermophytie ist die Pilzerkrankung der Oberschenkel und Leistenbeugen, der Afterfurche und Achselhöhlen. Der Erreger, Epidermophyton inguinale, entwickelt sich bevorzugt an Körperstellen mit vermehrter Schweißbildung, z. B. in der Afterfurche, bei Frauen unterhalb der Brüste oder bei Männern am Hodensack. Die Infektion beginnt mit einem leicht geröteten, kaum juckenden Fleck, der sich allmählich ausbreitet, in der Mitte zur Abheilung neigt, während am Rande Bläschen aufschießen. Durch den geringen Juckreiz werden solche Infektionen mitunter übersehen. Die Übertragung geschieht beim Geschlechtsverkehr, durch gemeinsam benutzte Wäschestücke, Handtücher oder Waschlappen, manchmal auch durch eine gemeinsame Toilette. Die Infektion ist besonders bei Männern sehr hartnäckig und wird durch die kratzenden Finger mit der Zeit von einer Körperstelle auf immer weitere übertragen.

Leichte Hautpilzerkrankungen werden örtlich mit Antimykotika (Antipilzmittel) behandelt. In schweren Fällen werden außerdem Griseofulvin, bei Nagelpilzerkrankungen eventuell auch Ketoconazol zur Einnahme verordnet.

Pilze, die auf Pflanzen vorkommen und durch das Kauen von Gras- oder Getreidehalmen übertragen werden, können örtliche Erkrankungen, in seltenen Fällen aber auch schwere Allgemeininfektionen verursachen. Im allgemeinen dringen solche Pilze durch vorhandene Öffnungen in die Unterhaut und breiten sich von dort über die Nachbarschaft oder in entferntere Organe aus. Die *Strahlenpilzerkrankung* beginnt im Bereich kariöser Zähne. Am Hals bilden sich zuerst flächenhafte derbe Stellen, später erweichende Knoten, die Haut rötet sich, und durch zahlreiche Öffnungen quillt Eiter. In diesem Eiter kann schon mit bloßem Auge eine feine, graue Körnung wahrgenommen werden, die sog. Drusen des Strahlenpilzes, die sehr ansteckungsfähig sind. Die Strahlenpilzerkrankung wird mit Penicillin behandelt.

Die *Sporotrichose* beginnt mit einem kleinen Knötchen meist am Unterkiefer, am Hals oder unterhalb der Ohren. Es entstehen Wucherungen bis zu Hühnereigröße, die allmählich zerfallen und zu großen Gewebsverlusten führen, ähnlich wie bei einer Spätsyphilis (s. S. 340). Diese Pilzinfektion kommt gelegentlich in Frankreich und im mittleren Westen der Vereinigten Staaten vor, ist aber auch in Rumänien heimisch.

Der *Madurafuß* ist eine Pilzinfektion des tropischen Afrikas, Indiens und Madagaskars. Er beginnt mit einem sehr schmerzhaften Knoten an der Fußsohle und führt zu unförmigen Anschwellungen, die mit der Entleerung großer Mengen von schleimigem Eiter einhergehen.

Tokelau ist eine Pilzerkrankung, die sich meist das ganze Leben hindurch weiter entwickelt, indem zuerst gerötete, juckende Kreise entstehen, die sich dann allmählich kokardenähnlich über die gesamte Körperhaut ausbreiten. Die Krankheit kommt in Indochina und auf den Inseln des Stillen Ozeans vor.

Karate (Pingokrankheit) wird von verschiedenen farbstoffbildenden Pilzen verursacht, die rote, gelbe, violette, weiße oder bläuliche Farbstoffe abscheiden. Die Erkrankung kommt vor allem in den Sumpfgegenden Mittelamerikas vor. Bei anderen Pilzerkrankungen, wie Chimberé und Khi-huen, wird der Hautfarbstoff zerstört, so daß ausgedehnte weiße Hautflecken entstehen. Manchmal erwecken solche Infektionen anfangs den Verdacht auf Lepra.

HAUTKRANKHEITEN DURCH TIERISCHE PARASITEN

Die *Kopflaus* ist etwa 1–2 mm lang, grau, mit schwarzen Bauchringen. Sie hält sich bevorzugt im dichten Haar auf und ist meist bei Frauen häufiger anzutreffen als bei Männern, und zwar vor allem im Nackenhaar und hinter den Ohren. Die Kopflaus befestigt ihre Eier mit einer Kittmasse am Haar, wo solche sog. Nissen dann als weißliche Knötchen hängenbleiben und mit dem Kamm nicht abgestreift werden können. Die Kopflaus ernährt sich vom Blut ihres Wirtes. Läusebisse jucken heftig und verleiten zum Kratzen; die Kratzwunden können vereitern, so daß unter bräunlichen Borken schließlich kleinere Eiteransammlungen, manchmal auch tiefere Abszesse entstehen. Nach längerem Kopflausbefall sind die Kopfhaut und der Nacken von vereiterten, eingetrockneten Blutkrusten, größeren und kleineren Eiterabszessen und mikrobiellen Ekzemherden übersät. Nackenekzeme sind immer auf Kopfläuse verdächtig. Bei starker Krusten- und Borkenbildung verfilzen die Haare zum sog. *Weichselzopf*, in dem es von Läusen und Nissen geradezu wimmelt.

Die *Kleiderlaus* wird bis etwa 4 mm lang und findet sich manchmal in außerordentlich großer Zahl in der Leibwäsche, von wo sie nur zur Nahrungsaufnahme auf die Haut geht. Sie parasitiert vor allem bei Erwachsenen. In Wäsche- und Kleiderfalten, am Halsausschnitt, in der Lenden- oder Taillengegend hält sie sich bevorzugt auf. Dort, aber auch an Scham- und Afterhaaren finden sich ihre in rosenkranzartigen Strängen abgelegten Eier. Frische Kleiderlausbisse verursachen Quaddeln, die zu Kratzstrichen aufgerissen werden. Man sieht solche länglichen, parallel-strichförmigen Kratzer vor allem im Nacken, zwischen den Schultern und in der Lendengegend. Aus ihnen entstehen dickere Blutkrusten, nach deren Abheilung kleine, weiße Narben mit einem dunklen Hof zurückbleiben. Bei längerer Verlausung bilden sich Eiterbläschen, mikrobielle Ekzemherde, Eiterabszesse und Lymphknotenschwellungen.

Die *Filzlaus* unterscheidet sich von den oben beschriebenen Läusearten durch ihre platte, fast quadratische Form. Sie sitzt, im Gegensatz zu den lebhaft herumwandernden Kopf- und Kleiderläusen, festgekrallt an einem Haar, flach auf der Haut. Daher ist auch die Übertragung von Filzläusen nur durch direkte Berührung von Mensch zu Mensch möglich. Die Filzlaus bevorzugt behaarte, duftdrüsenreiche Körperstellen wie die Schamhaargegend, die Afterkerbe und die Achselhöhle. Seltener sitzt sie im Bart, in den Augenbrauen oder in den Augenwimpern. Von den Augenwimpern aus verursachen Filzläuse hartnäckige Bindehautentzündungen. Die Filzlausbisse jucken wenig und lösen nur ein gewisses Schaben, jedoch kaum Kratzen, Kratzstriche oder Vereiterungen aus. Manchmal hinterlassen Filzläuse vereinzelte graublaue bis grauröt-liche, linsengroße Flecke.

Flöhe sind nicht so eng an ihren Wirt gebunden wie Läuse; sie wechseln ihn daher recht oft. Der Mensch kann vom Menschenfloh, aber auch vom Hundefloh befallen werden. Rings um die Einstichstelle von Flohbissen sieht man gewöhnlich reiskorn- bis linsengroße, rote Höfe, aus denen heftig juckende Quaddeln entstehen. Es gibt Menschen, die Flohbisse überhaupt nicht wahrnehmen; andere bekommen heftig juckende, große Rötungen und Schwellungen, die mehrere Tage anhalten können.

Die *Bettwanze* ist 5–6 mm lang; sie verursacht sichtbare Stichkanäle und juckende Knötchen, aus denen sich bei empfindlichen Menschen Bläschen oder gar Blasen entwickeln.

Die menschliche Krätze wird durch die *Krätzemilbe* verursacht. Sie ist anfangs durch einen rötlich-bräunlichen Knötchenausschlag gekennzeichnet. Jedes Knötchen ist von einer Kruste bedeckt. Besonders häufig sind die seitlichen Körperpartien befallen, die Beugeseiten der Arme, die Achselhöhlen, die Innenseiten der Handgelenke und manchmal auch die Oberschenkel. Krätzemilben verursachen durch ihr Eindringen in die Oberhaut heftigen Juckreiz; das Kratzen führt dann zur Einwanderung von Eiterkeimen, zu Eiterbläschen und zum chronischen Ekzem. Die Übertragung der Krätzemilbe erfolgt im allgemeinen durch direkte Berührung von Mensch zu Mensch.

HAARE · NÄGEL

Die *Haare* zeigen einen recht komplizierten Aufbau (Abb. 1). Man unterscheidet den Haarschaft, die Haarwurzel, die an ihrem Ende zur Haarzwiebel verdickt ist, und die Haarpapille, die die Haarwurzel ernährt. Letztere ist in eine röhrenförmige „Haartasche" (Follikel) der Haut eingepflanzt. In sie entleert die Haarbalgdrüse (s. S. 440) ihren Talg. Dieser überzieht das Haar mit einer feinen Emulsion (Schutzschicht gegen Haarpilze und Bakterien). Quelle des Wachstums (Matrix) ist die Haarzwiebel. Das Wachstum schreitet pro Tag etwa 0,3 mm fort. Zerstörung der Matrix führt zu dauerndem Haarverlust. Beim Wachstum wird das Haar von der inneren Wurzelscheide begleitet. Sie ist gleichsam die Gleitschiene, die es dem Haar ermöglicht, sich an der äußeren Wurzelscheide vorbeizuschieben. Beim Ausreißen des Haares bleiben die Wurzelscheiden an ihm haften und bilden ein weißes Säckchen.

Das Haarwachstum geschieht zyklisch und ist eng mit der Struktur und Physiologie der Haut verbunden. Das herangewachsene Haar fällt, nachdem es eine Zeitlang stationär war, aus. Hierbei bleibt der leere Haarbalg stehen und bildet die Leitbahn für die später wieder vorwachsende Haarwurzel. Das ausfallende Haar hat an seiner Wurzel einen besenartigen Kolben (Kolbenhaar; Abb. 2). Das Haarwachstum unterliegt vielseitigen Einflüssen. Daher führen viele Krankheiten zur Beeinträchtigung des Haarkleides (s. S. 456 f.).

Die Farbe des Haares hängt von seinem Pigmentgehalt (Melanin), seiner Oberflächenbeschaffenheit, seinem Fettgehalt und den eingelagerten Luftbläschen ab. Alle Faktoren, die für die Melaninbildung von Bedeutung sind, wie Hormone und Vitamine, können auch die Haarfarbe beeinflussen. Das Ergrauen beruht auf einem Versagen der pigmentbildenden Matrixzellen. Treten zwischen den einzelnen Zellen feine Luftbläschen auf, werden die Haare weiß. Je rascher das Haar in der Jugend dunkelt, desto früher scheint es zu ergrauen. Frühzeitiges Ergrauen ist in manchen Familien erblich, aber kein Zeichen für Senilität. Fast allen Haaren ist ein glatter Muskel (Musculus arrector pili) zugeordnet, der am Haarbalg ansetzt. Feinere Haare können durch ihn aufgerichtet werden; sie „sträuben" sich. Die „Gänsehaut" entsteht dadurch, daß dieser Muskel mit seiner elastischen Sehne gleichzeitig auch die Haut einzieht.

Da die Haare an ihren Wurzeln von feinsten Nerven umgeben sind, sind sie auch Sinnesorgane.

Die *Nägel* (Abb. 4 und 5) sind Hornplatten, die die Endglieder der Hände und Füße des Menschen schützen. Gleichzeitig haben sie für den tastenden Finger die Bedeutung eines Widerlagers (Abb. 3); bei Verlust des Nagels ist daher die Tastempfindung herabgesetzt. Eine Eigenfarbe haben die Nägel nicht, vielmehr schimmert ihre Unterlage, das Nagelbett, in dem die Nagelplatte ruht, durch. Die Nägel werden von der Matrix im Nagelfalz aus gebildet. Die vordere Grenze dieser Matrix wird durch ein weißes Feld (Lunula) gebildet, das aus der Nageltasche herausragt. Kreislauferkrankungen, Infektionskrankheiten u. a. führen zu Unregelmäßigkeiten von Nagelbildung und Nageloberfläche. Wird die Matrix beschädigt, stößt sich der Nagel ab, es muß sich erst wieder ein neuer bilden. Nägel wachsen das ganze Leben hindurch ununterbrochen, in der Woche etwa 1 mm. Bei völliger Ruhigstellung der Hand (Gipsverband) kann es zu geringerem Ansatz von Nagelsubstanz kommen. Im Gegensatz zum Haar ist der Nagel, obwohl das Nagelbett reich mit Nervenendigungen versehen ist, kein Sinnesorgan. Weiße Flecken in der Nagelsubstanz sind, wie in den Haaren, durch feinste Luftbläschen bedingt.

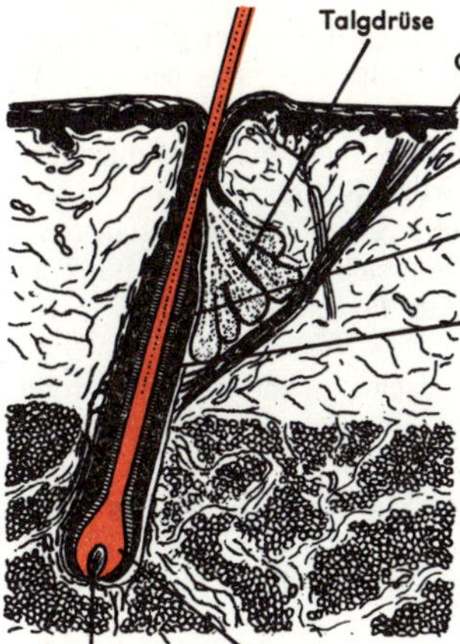

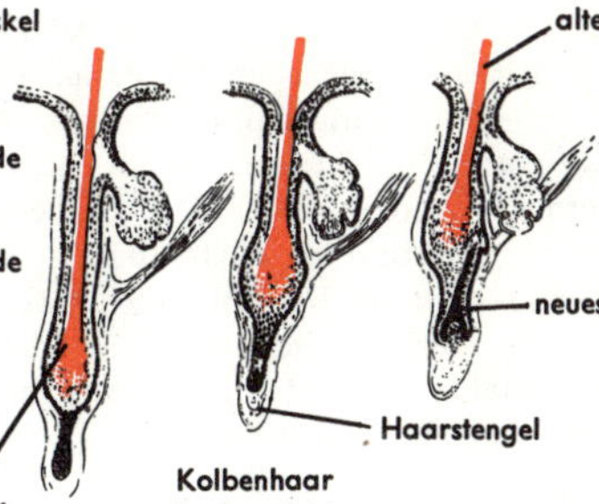

Abb. 2 Haarwachstum

Abb. 1 Aufbau eines Haars

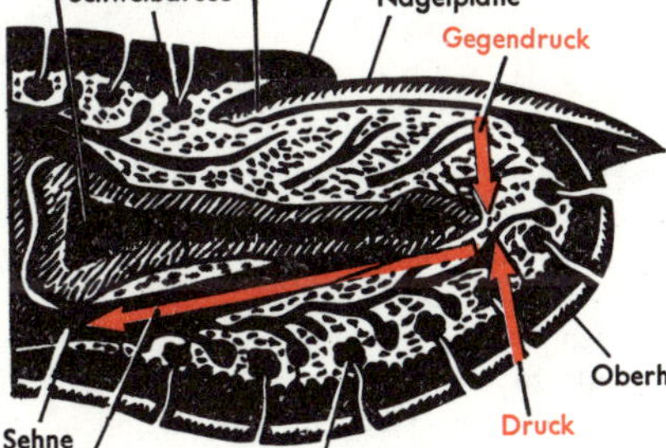

Abb. 3

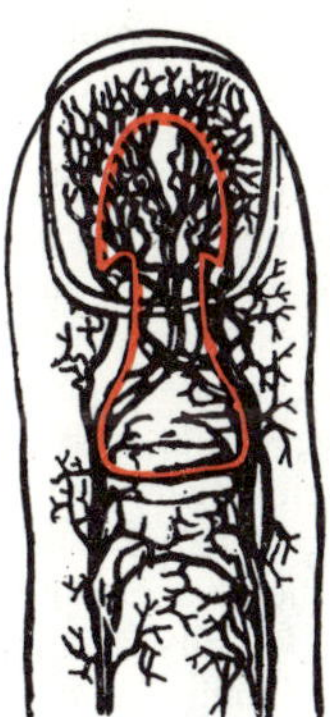

Endglied des Fingers
mit Nagel und Blutgefäßen

Abb. 4

Nagel und Nagelbett
(eine Hälfte des
Nagels entfernt)

Abb. 5

HAARAUSFALL · KAHLHEIT · GLATZE

Durch die tägliche Erneuerung des Haars besteht bei jedem Menschen ein gewisser Haarausfall. Dabei wird das lockere alte Haar durch nachwachsendes neues Haar herausgedrückt. Bei jugendlichen Menschen rechnet man mit einem täglichen Ausfall von etwa 30 Haaren, etwas mehr in der Pubertät, immer weniger mit zunehmendem Alter. Wachsen keine neuen Haare nach, so daß haarlose Stellen sichtbar werden, spricht man von Haarausfall oder Alopezie. Beim vorübergehenden Haarausfall stellt die Haarwurzel ihre Tätigkeit nur für einige Zeit ein, erholt sich wieder und produziert dann erneut normales Haar. Der bleibende Haarausfall dagegen beruht auf einem endgültigen Schwund der Haarwurzel.

Der *vorübergehende Haarausfall* kann verschiedene Ursachen haben. Unter anderem gibt es eine mechanische Schädigung der Haarwurzel durch anhaltende Reibung. Durch den anhaltenden Haarzug bestimmter Frisuren und Frisiergewohnheiten (Zöpfe, Lockenwickel, aufgesteckte Kämme) können bei jungen Mädchen strichförmig-kahle Stellen an der Stirnhaargrenze oder an den Schläfen entstehen. Unsachgemäße Dauerwellen oder die Verwendung von Thallium wirken chemisch schädigend auf die Haarwurzeln ein.

Haarausfall kommt auch nach schweren fieberhaften Erkrankungen wie Typhus und Fleckfieber, manchmal auch nach Entbindungen vor. Hormonelle Einflüsse können bei jungen Mädchen in der Pubertät oder bei Frauen mit unausgeglichenem Hormonhaushalt zum Haarausfall führen; oft sind 30- bis 40jährige oder Frauen in den Wechseljahren betroffen. Die gleichzeitige starke Fettigkeit des Haars verleitet dazu, das Haar immer häufiger zu waschen, wodurch Fettabsonderungen und Schuppenbildung meist nur noch weiter gefördert werden. Abhilfe schafft oft nur die sachgemäße Hormonbehandlung. Schwer zu beeinflussen ist vor allem der Haarausfall in den Wechseljahren, weil dann die Altersschrumpfung der Haut eine völlige Wiederherstellung des normalen Haarwuchses verhindert.

Umschriebene Haarausfälle können auch durch Erkrankungen der Kopfhaut verursacht werden, so durch Pilzinfektionen (S. 451 f.), Syphilis (s. S. 340), Wundrose, Gürtelrose (s. S. 525) und Ekzem (s. S. 448).

Der *kreisrunde Haarausfall (Alopecia areata)* ist durch plötzlich einsetzende Haarverluste an münz- bis handtellergroßen, scharf umschriebenen Stellen gekennzeichnet, die ohne erkennbare Ursache und ohne narbige Veränderung der Kopfhaut auftreten. Schreitet der Haarverlust fort, entsteht u. U. eine völlige bleibende Kahlheit (Alopecia maligna; Abb. 2). Als Ursache kommt eine Autoimmunkrankheit in Betracht.

Wie der vorübergehende hat auch der *bleibende Haarausfall* verschiedene Ursachen. So können u. a. Verbrennungen, Stromverletzungen und wiederholte Röntgenbestrahlungen (durch narbige Zerstörung der Kopfhaut) zu umschriebenen Haarausfällen führen. Auch chemische Ätzmittel können kahle Narben erzeugen. Das männliche Geschlechtshormon beeinflußt den Haarwuchs schon in der Pubertät; es führt zu vermehrter Fettabsonderung und zur Schuppung der Kopfhaut; manchmal entsteht lästiger Juckreiz, Haare fallen aus und werden durch immer dünnere ersetzt *(Alopecia pityroides)*.

In den späteren Lebensjahren des Mannes bilden sich die Haarwurzeln an umschriebenen Partien der Kopfhaut allmählich zurück, es treten typische Alopezieformen auf, die man Glatze nennt. Die *männliche Glatze* (Abb. 1) kann in 3 typischen Formen auftreten; diese sind erblich vorgegeben, so daß die gleiche Glatzenform sich bei mehreren Generationen derselben Familie wiederholt. Da es sich um eine erbliche Anlage handelt, bewirkt auch die beste Behandlung (Massage, Einreibungen mit durchblutungsfördernden Mitteln) nur eine Verzögerung der Glatzenbildung.

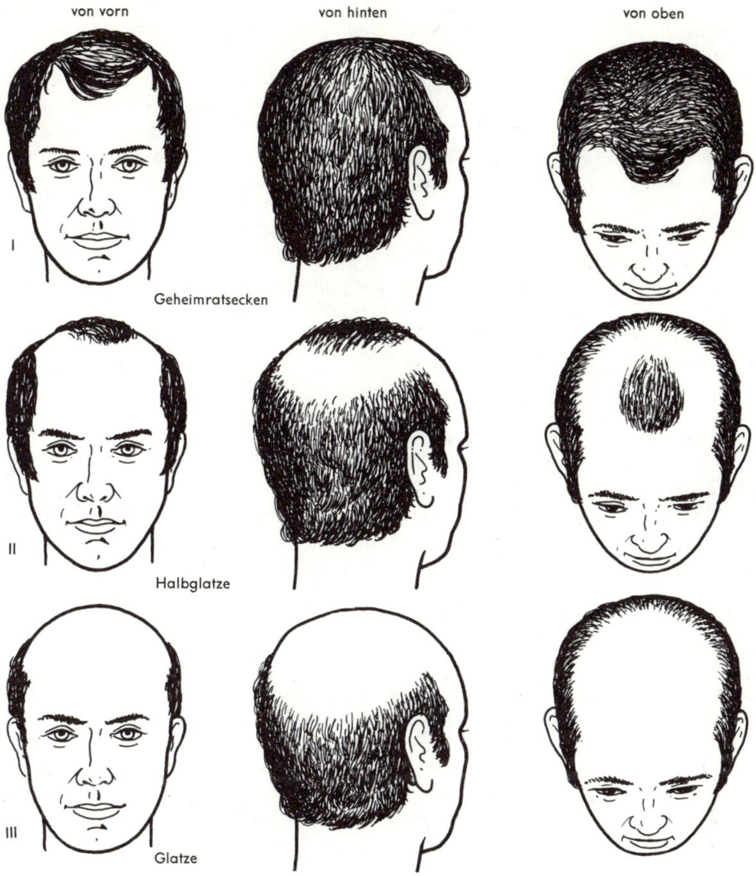

Abb. 1 Drei Typen der männlichen Glatze

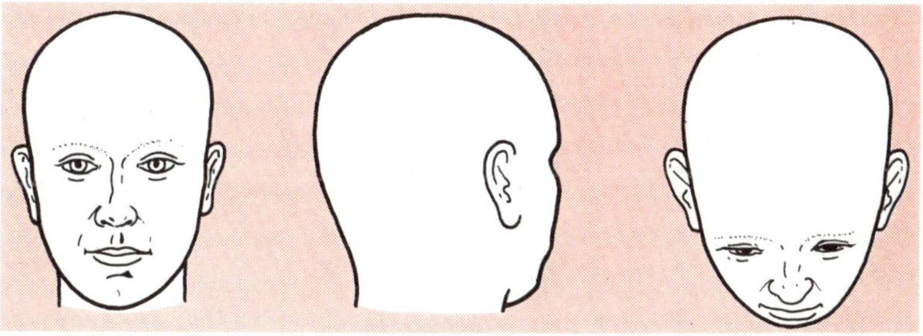

Abb. 2 Kahlheit durch krankhaften Haarausfall

DER GERUCHSSINN

Die mögliche Anzahl „reiner" Geruchsempfindungen ist wesentlich größer als die „reiner" Geschmacksempfindungen. Demnach lösen die meisten Riechstoffe Mischempfindungen aus, an denen auch der Geschmackssinn beteiligt sein kann. Daß umgekehrt der Geruch wesentlich zum „Geschmack" einer Nahrung beiträgt, erkennt man sofort, wenn man sich beim Essen die Nase zuhält. Der Geschmack wird dann nicht mehr differenziert. Diesen Teil des Geruchs bezeichnet man als *gustatorisches Riechen*, dessen Empfindungen zwar vom Riechepithel ausgehen, aber als „Geschmack" gedeutet werden.

Die Empfindlichkeit des Geruchssinns ist bei den einzelnen Lebewesen recht unterschiedlich. Die Menschen gehören zu den sog. Mikrosmaten, d.h. zu den Lebewesen mit kleiner Riechfläche und damit relativ unempfindlichem Geruchssinn. Die Empfindungsschwelle für Essigsäure liegt beim Menschen z.B. bei $1{,}0 \times 10^{-10}$ g pro Liter Luft, die für Mercaptan bei $4{,}5 \times 10^{-14}$. Beim Hund liegen die Riechschwellen um 6–8 Zehnerpotenzen tiefer.

Die Schwellenwerte für die Geruchsempfindung unterliegen allerdings großen Schwankungen. Vor allem bei längerer Darbietung des gleichen Geruchs wird die Empfindung zunehmend schwächer (Gewöhnung oder Adaptation).

Beim Menschen ist lediglich ein kleines Areal in der Gegend des Nasendaches geruchsempfindlich, die sogenannte Regio olfactoria (Abb. 1). Bei normalem Ein- und Ausatmen tritt nur ein Bruchteil der aufgenommenen Duftstoffe mit ihr in Kontakt; stärkere Belüftung findet erst beim „Schnüffeln" statt. Dies hat den Vorteil, daß das Riechepithel vor starken Gerüchen und der erwähnten Adaptation geschützt wird. Der feinere molekulare Mechanismus der Geruchsempfindung ist noch weitgehend unbekannt. Am Anfang steht vermutlich eine Reaktion (vielleicht nur Adsorption) zwischen Geruchsstoff und Sinneszelloberfläche, wobei die Sinneszelle die Aufgabe hat, diese Reaktion in Nervenimpulse umzuwandeln und gehirnwärts weiterzuleiten. Die Riechschleimhaut besteht aus Riechzellen (spezifische Sinneszellen) und Stützzellen. Ein zarter Fortsatz der Riechzellen (Riechkegel) ragt innerhalb der Spalten der Stützzellen bis zur freien Schleimhautoberfläche und bildet dort eine knollige Endigung (Riechkolben), die mit feinen „Riechhärchen" (Zilien) versehen ist. Diese stellen den für die Chemorezeption spezialisierten Teil der Zelle dar (Abb. 2).

Eine Geruchsempfindung wird nur von solchen Substanzen ausgelöst, die flüchtige Partikel an die Luft abgeben, jedoch sind viele flüchtige Stoffe, namentlich eine Reihe von Gasen, geruchlos. Es scheint auch, daß ein gewisser Grad von Wasser- und Lipoidlöslichkeit für die Entstehung einer Geruchsempfindung notwenig ist.

Der Mensch vermag mehrere Tausend Geruchsqualitäten zu unterscheiden, die mehr oder weniger willkürlich einer von sechs (bis zehn) „Klassen" zugeordnet werden können:

1. würzig oder gewürzhaft (Pfeffer, Ingwer),
2. blumig oder duftend (Jasminöl),
3. fruchtig (Apfeläther),
4. harzig oder balsamisch (Räucherharze),
5. faulig (Schwefelwasserstoff),
6. brenzlig (Teer).

Dabei (und bei den zahlreichen Mischempfindungen) erregt nicht jede Substanz eine bestimmte Population von Sinnesrezeptoren. Entscheidend ist vielmehr das im Bereich mehrerer gleichzeitig erregter Rezeptoren entstehende, gehirnwärts geleitete Erregungsmuster.

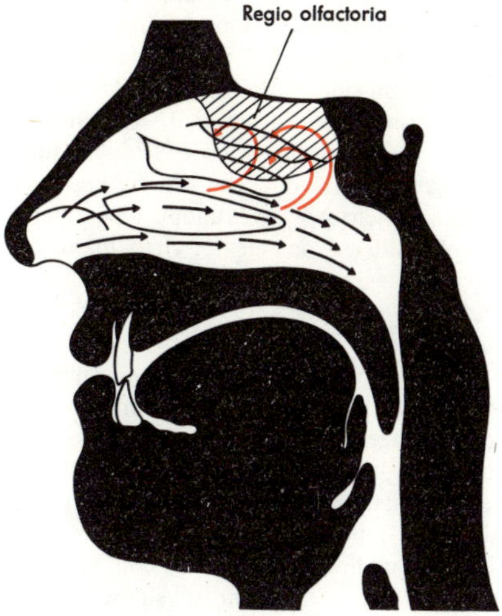

Abb. 1

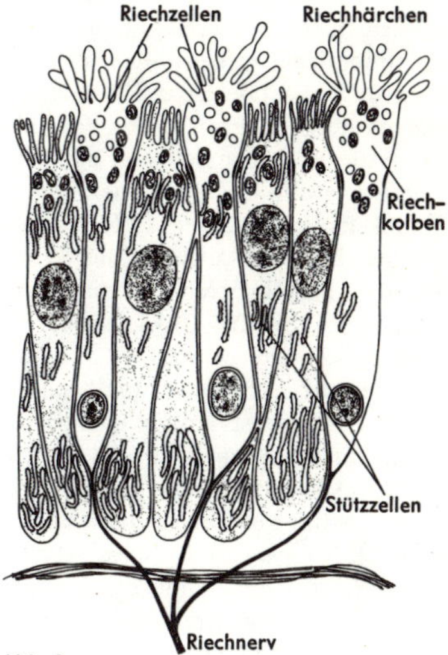

Abb. 2

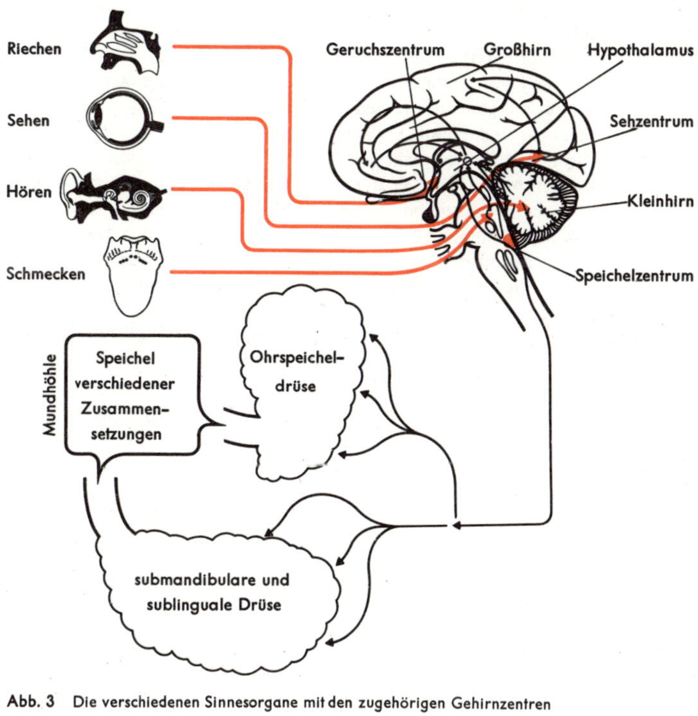

Abb. 3 Die verschiedenen Sinnesorgane mit den zugehörigen Gehirnzentren

DER GESCHMACKSSINN

Das Gesamtphänomen „Geschmack“ wird durch das Zusammenspiel der unterschiedlichsten Sinnesempfindungen bewirkt wie Temperatur-, Schmerz- und Druckempfindungen, insbesondere aber auch den Geruchs- und den Geschmackssinn im engeren Sinne. Die „Schärfe“ einer Speise rührt z. B. von einer Mitreizung der Schmerznerven her. Die Einwirkung von Säuren oder sauren Metallsalzen (z. B. Rhabarber, Gerbsäure) äußert sich u. a. auch in einer gewissen „Stumpfheit“ der Schleimhaut. Diese ist wahrscheinlich die Folge einer geringen oberflächlichen Schädigung der Drucksinnesempfänger (Gefühl des „Sichzusammenziehens“ im Munde). Überlagert werden diese zusätzlichen, „unspezifischen“ Empfindungen von den vier Grundqualitäten des eigentlichen Geschmackssinns: süß, sauer, salzig und bitter. Sie entstehen nach Abb. 2 beim Erwachsenen vorwiegend an verschiedenen Stellen der Zunge und des Zungengrundes. Süß schmeckt man mit der Zungenspitze (wo auch die Temperatur „gemessen“ wird), sauer an den Zungenrändern, salzig an Rändern und Spitze, bitter erst am Zungengrund; dafür hält der „bittere Nachgeschmack“ um so länger an. Beim Kind kann noch die ganze Zunge (und u. a. auch der Gaumen) „schmecken“, mit zunehmendem Alter geht die Fähigkeit zur Geschmacksempfindung in der Mitte der Zunge dann verloren. Die geschmacksempfindlichen Einzelorgane sind die *Geschmacksknospen* (Abb. 3). Es sind dies innerhalb des Epithels gelegene knospenförmige Gebilde, die durch einen feinen Kanal mit der Mundhöhle in Verbindung stehen. An ihrer Basis treten Nervenfasern aus, die „Geschmacksimpulse“ zu den betreffenden Hirnzentren fortleiten. Jede Sinneszelle trägt feine Fortsätze, die in eine kleine, nach der Mundhöhle sich öffnende Grube (Geschmacksporus) hineinragen. Dort kommen die gelösten Schmeckstoffe mit den Sinneszellen in Berührung. Im vorderen Teil der Zunge werden die Geschmacksknospen von den sogenannten pilzförmigen Papillen getragen, die für die rötliche Farbe der Zunge verantwortlich sind. Die umwallten Papillen (Papillae circumvallatae) liegen hauptsächlich am Zungengrund (Abb. 4). Sie sind von einem Wallgraben umgeben, in den seröse Spüldrüsen münden. Seitlich, am Zungenrand, liegen die Blätterpapillen (Papillae foliatae), die außer Geschmacksknospen ebenfalls Spüldrüsen aufweisen. Die besonders zahlreichen Fadenpapillen (Papillae filiformes) dagegen sprechen nur auf thermische und mechanische Reize an. Das unterschiedliche Würzen der Speisen führt zu verschiedenen Arten von Geschmacksmischempfindungen, wobei die einzelnen Geschmackskomponenten zu einer neuen Geschmacksqualität verschmelzen. Neben der Temperatur bestimmen vor allem die Konzentration des geschmeckten Stoffs, die Zeitdauer der Einwirkung und die gereizte Flächengröße die Stärke der Geschmacksempfindung.

Für die physikalischen und chemischen Eigenschaften, die den Geschmack eines Stoffes ausmachen, gibt es zunächst nur grobe Regeln. Unlösliche Stoffe (wie z. B. Edelmetalle) sind ganz ohne Geschmack. Umgekehrt gibt es aber auch lösliche Stoffe (wie z. B. Stickstoff), die trotz ihrer Wasserlöslichkeit nicht schmecken. Der saure Geschmack wird durch die Wasserstoffionen ausgelöst, der salzige Geschmack durch wasserlösliche Salze, in reiner Form nur durch Kochsalz. Die Voraussetzungen für die Empfindungen süß und bitter lassen sich dagegen nicht auf einen derart einfachen Nenner bringen.

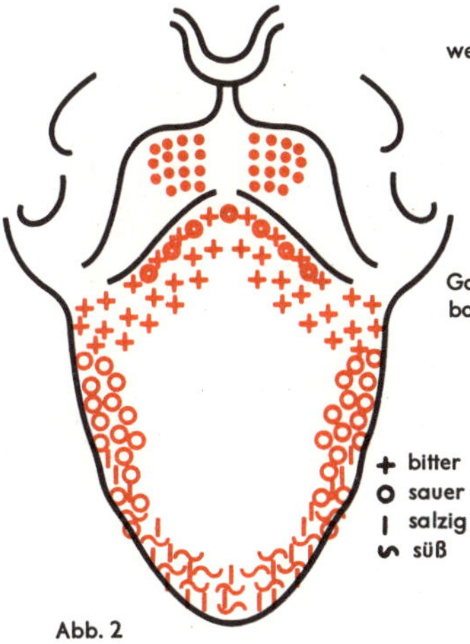

Abb. 2

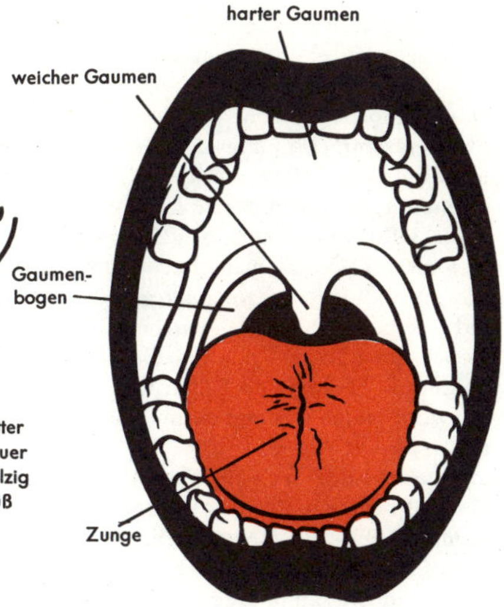

Abb. 1

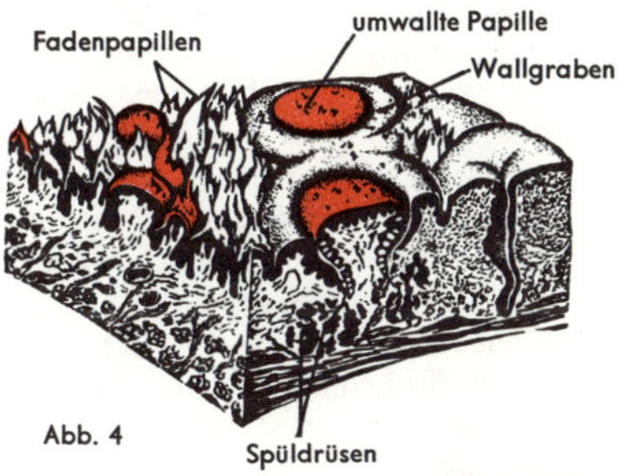

Abb. 4

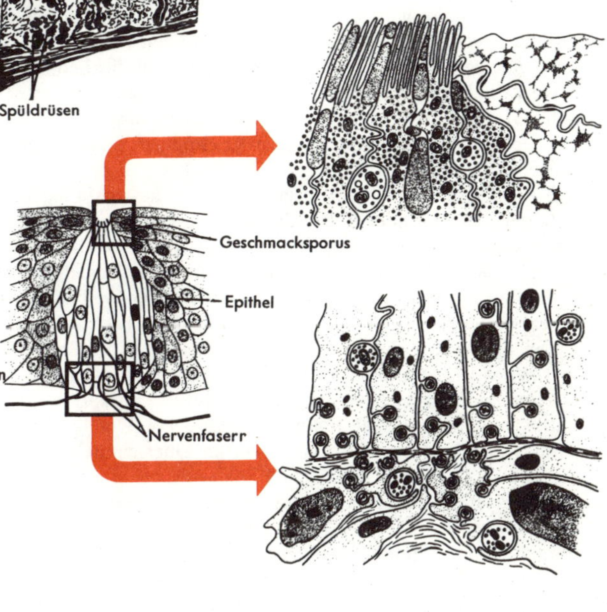

Abb. 3
Geschmacksknospe
mit zwei vergrößerten
Ausschnitten

GEHÖR · GLEICHGEWICHTSORGAN

Am Gehörorgan (Abb. 1) unterscheiden wir das Außenohr (Ohrmuschel und Gehörgang), das Mittelohr (Paukenhöhle mit Gehörknöchelchen) und das Innenohr (Schnecke und Bogengänge des Gleichgewichtsorgans).

Die *Ohrmuschel (Auricula)* besteht mit Ausnahme des Ohrläppchens (Lobulus auriculae) aus Knorpel. Sie hat die Form eines flachen Trichters, der die auftreffenden Schallwellen sammelt und an den Gehörgang weitergibt.

Der *Gehörgang (Meatus acusticus)* ist außen offen und besitzt etwa die Form einer Sanduhr, die innen durch das Trommelfell verschlossen wird. Der Meatus verstärkt die auf das Ohr treffenden Schwingungen am nachhaltigsten im Bereich jener Frequenzen, für die das menschliche Ohr die größte Empfindlichkeit besitzt. Er ist so geformt, daß das Schwingungsmaximum direkt am Trommelfell liegt und der Schalldruck bei Frequenzen zwischen 2 und 6000 Hz hier doppelt so groß ist wie der Druck am offenen Ende des Gehörgangs. Ausgekleidet ist der Gehörgang von einer Haut mit Haaren und Talgdrüsen sowie schweißdrüsenähnlichen Zeruminaldrüsen. Letztere bilden zusammen mit Hautschuppen und dem Sekret der Talgdrüsen das *Ohrenschmalz (Zerumen)*.

Am inneren Ende des Gehörgangs liegt das *Trommelfell (Membrana tympani)*. Es hat die Form eines nach innen gezogenen Trichters, dessen Spitze der untere Ansatz des Hammergriffes bildet (Nabel). Die besondere Art der Faseranordnung des Trommelfells (Abb. 5). ist wichtig für die Übertragung der Schallwellen (unterhalb des Nabels ist die Schwingungsamplitude am größten).

Die Trommelfellmembran wird durch die Schallwellen der Luft in Schwingungen versetzt und überträgt diese auf die drei Gehörknöchelchen (Abb. 2), nämlich Hammer, Amboß und Steigbügel, des *Mittelohrs*. Die Knöchelchen wirken dabei als Hebelsystem und verstärken den Druck der Schallwellen, die das Trommelfell treffen, um das 2- bis 3fache. Sie enden schließlich am ovalen Fenster, das etwa 20- bis 30mal kleiner ist als das Trommelfell. Hierdurch erfolgt nochmals eine Verstärkung des Schalldruckes auf das 15- bis 30fache (Abb. 4). Insgesamt wird also der Druck der Luftschwingung, bevor sie das Innenohr trifft, dreimal verstärkt: Durch die Resonanz des Gehörgangs (Orgelpfeifenresonanz) wird sie verdoppelt, durch das Hebelsystem der Gehörknöchelchen zusätzlich verdreifacht und schließlich durch den Verstärkereffekt zwischen Trommelfell und ovalem Fenster nochmals verdreißigfacht. Schließlich erreicht der Schalldruck vom Eindringen in den Gehörgang an mit rund 180facher Verstärkung das Innenohr. Die Funktion der Gehörknöchelchen wird durch 2 kleine Muskeln gesteuert; diese dienen gleichzeitig als Sicherheitsvorrichtungen gegen schädliche Schalldrücke. Eine weitere Sicherheitsvorrichtung des Mittelohrs ist die *Ohrtrompete (Tuba auditiva, Eustachi-Röhre)*, die dem Druckausgleich dient. Katarrhalische Verschlüsse der Ohrtrompete mit nachfolgender Luftresorption im Mittelohr beeinträchtigen die Schwingungsfähigkeit des schallübertragenden Apparats und damit das Gehör.

Das *Innenohr* besteht aus der Schnecke und den Bogengängen. Letztere haben keinen Einfluß auf den Hörvorgang, sie sind Gleichgewichtsorgane. Das eigentliche Hörorgan, die Schnecke des Innenohrs (Cochlea), besteht aus einem knöchernen und einem häutigen Teil. Die *knöcherne Schnecke* (Abb. 3) besteht aus der Achse (Schneckenspindel, Modiolus) und einer Knochenleiste (Lamina spiralis ossea), die bis etwa zur Hälfte in den Hohlraum der Schnecke vorspringt. Beide sind weitporig und enthalten im Innern die Fasern des Hörnervs. Der häutige Teil der Schnecke (*Schneckengang*, Ductus cochlearis) ist ein im Querschnitt dreieckiger Bindegewebsschlauch, der mit zellinhaltsähnlicher Flüssigkeit, der *Endolymphe*, angefüllt und mit seinem spitzen Ende an der Knochenleiste befestigt ist. Durch diese Anordnung wird der Binnenraum der Schnecke in sogenannte „Treppen" aufgegliedert. Der obere Raum trägt die Bezeichnung *Vorhoftreppe*. Er ist vom Vorhof aus, der sich unmittelbar an das ovale Fenster anschließt, zugänglich. Der untere Raum endet am runden Fenster gegen die *Paukenhöhle* (Cavum tympani) und wird daher *Paukentreppe* genannt.

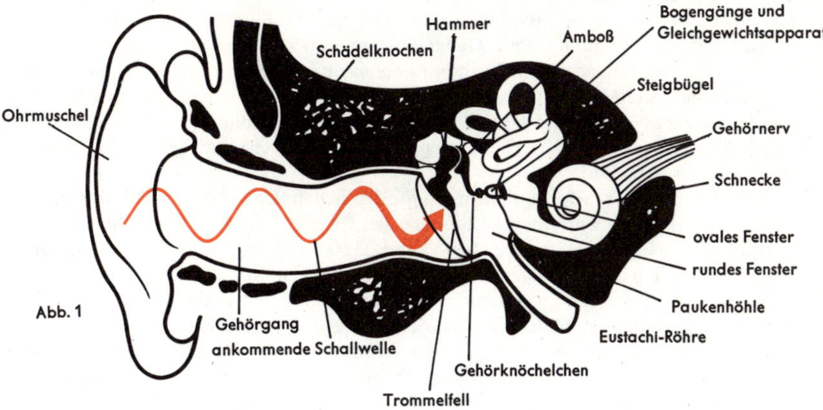

Abb. 1

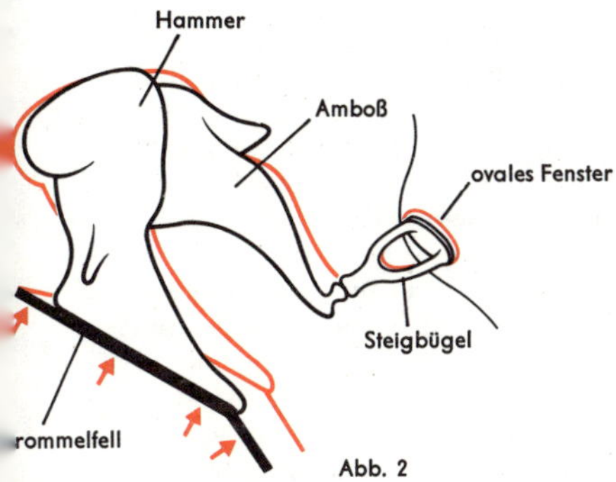

Abb. 2

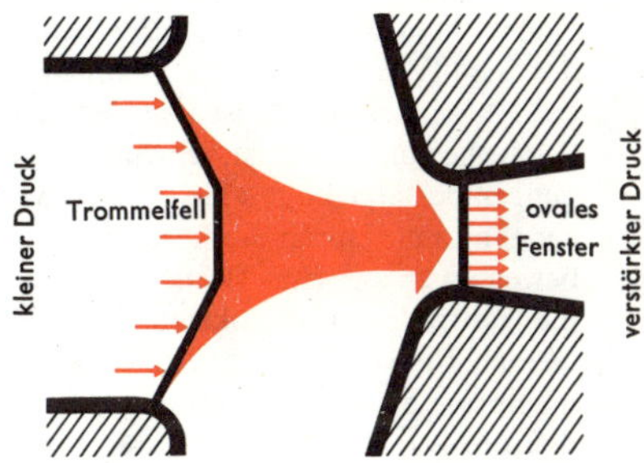

Abb. 4

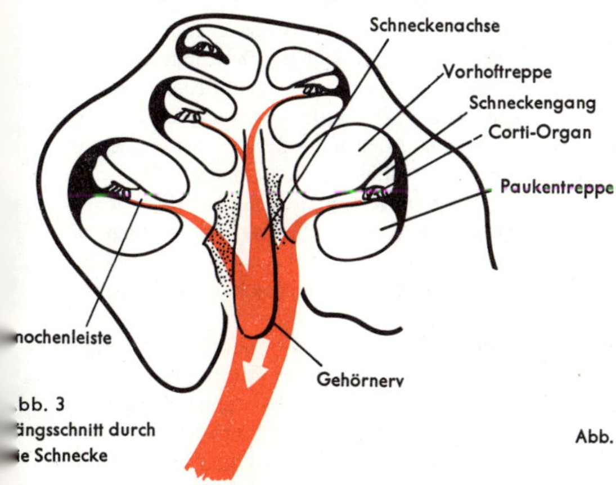

bb. 3
ängsschnitt durch
ie Schnecke

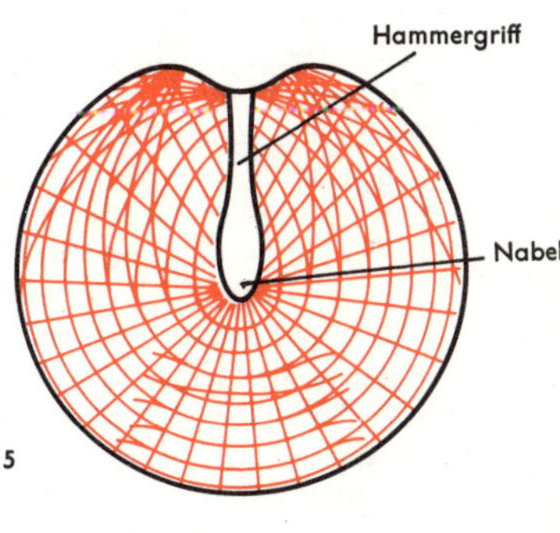

Abb. 5

Beide Räume kommunizieren an der Spitze der Schnecke und sind mit *Perilymphe* angefüllt. Die Perilymphe entspricht weitgehend der Hirnflüssigkeit, mit der sie durch einen Gang in Verbindung steht. Daher können Entzündungen des Innenohrs leicht auf die Hirnhäute übergreifen. In ihrem oberen und unteren Teil grenzt die häutige Schnecke mit zwei Membranen gegen die Treppen. Die Begrenzung gegen die Vorhoftreppe *(Reissner-Membran)* besteht aus einer zarten, gefäßlosen Haut mit dünnen, elastischen Fäden. Gegen die Paukentreppe wird die Begrenzung von der *Basilarmembran* gebildet (Abb. 9b).

Das eigentliche Transformationsorgan für den Schall (*Corti-Organ;* Abb. 7) befindet sich auf der Basilarmembran. Die Sinneszellen (Haarzellen) des Corti-Organs, deren Anzahl beim Menschen zwischen 16000 und 23000 liegt, sind von Stützzellen eingerahmt und tragen an ihrem oberen Ende feinste Härchen. Mit den Sinneszellen stehen afferente Fasern, die den aufgenommenen Reiz ins Gehirn weiterleiten, und efferente Fasern in Verbindung. Man unterscheidet äußere und innere Haarzellen; direkt auf der Basilarmembran sitzen nur die äußeren. Unmittelbar über den Haarzellen befindet sich die Deckmembran, die wahrscheinlich mit den Sinneshärchen verwachsen und so imstande ist, die Sinneszellen durch schwingende Bewegungen zu erregen.

Die Umformung der mechan. Energie der Schallwellen in elektr. Signale erfolgt in der häutigen Schnecke. Hier wird die von den Schallwellen getragene Nachricht verschlüsselt und dem Gehirn zugeleitet. Der verwendete Kode enthält nicht nur Nachrichten über die Hauptfrequenz, sondern auch über Klangfarbe und Intensität des Schalls. Wichtig für die Übertragung ist zunächst, daß die Schnecke luftblasenfrei mit Flüssigkeit gefüllt ist und der Schneckengang, da er elastisch in der knöchernen Schnecke aufgehängt ist, schwingungsfähig bleibt. Wenn die Perilymphe durch Schwingungen des Steigbügels angestoßen wird, schwingt daher der gesamte häutige Schnekkengang mit. Durch die Besonderheit ihrer Aufhängung kommt es dabei zu Relativbewegungen zwischen Basilarmembran und Deckmembran (Abb. 8a und b), wodurch die Haarzellen ausgelenkt und so die Sinneszellen und afferenten Nervenfasern erregt werden. Für die weitergegebene Nachricht ist hierbei das Schwingungsbild der Basilarmembran je nach den eintreffenden Tonhöhen ausschlaggebend. Zunächst ist wichtig, daß die Basilarmembran in der Nähe des Steigbügels dünn und straff gespannt ist, nach der Spitze der Schnecke zu aber an Breite und Dicke zunimmt und schlaffer wird (s. Abb. 6). Bei einer Schwingung des Steigbügels am ovalen Fenster kommt es zur Ausbildung fortlaufender Wanderwellen in der Vorhoftreppe, die sich über die Paukentreppe bis zum ovalen Fenster fortpflanzen. Durch die besondere elastische Eigenart der Basilarmembran wird die Fortpflanzungsgeschwindigkeit der Wanderwellen gegen die Schneckenspitze zu geringer und entsprechend die Wellenlänge kleiner. Bei einer bestimmten Wellenlänge (kritische Frequenz) geht die Schwingungsenergie auf die beiden Membranen des Schneckenganges über. Insgesamt liegen die tiefen Frequenzen (große Wellenlänge) mit ihrem kritischen Punkt am weitesten nach der Schneckenspitze zu, so daß sich dort auch das Maximum der Schwingungen der Basilarmembran für tiefe Töne findet. Entsprechendes gilt für höhere Töne in der Nähe des Steigbügels. Dies führt zur Aufspaltung des Klangbildes je nach den verschiedenen Tonhöhen, d.h. zur räumlichen Trennung der eintreffenden Frequenzen, und entsprechend zu örtlich verschiedener Reizung der Haarzellen des Corti-Organs.

Die sog. *Hörbahn* besteht aus mindestens 5–6 hintereinandergeschalteten Neuronen, die das Innenohr mit der Hörrinde im Großhirn verbinden.

Der *Vestibularapparat* besteht aus dem schlauchartigen Vorhofsäckchen (Utriculus), mit dem die drei häutigen Bogengänge (Ductus semicirculares) mit ihren Ausbuchtungen (Ampullae) in Verbindung stehen, dem rundl. Säckchen (Sacculus) und dem an Utriculus und Sacculus angeschlossenen Gang des häutigen Labyrinths (Ductus endolymphaticus; vgl. Abb. 10). Der Vestibularapparat dient der Orientierung im Raum und der Aufrechterhaltung des Gleichgewichts. Seine Sinneszellen gehören zum Statoli-

Abb. 6 Lage der Basilarmembran und ihre Ausdehnung

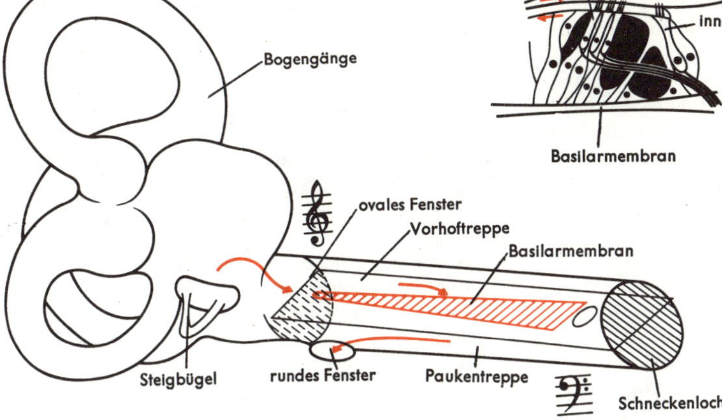

Abb. 7 Corti-Organ

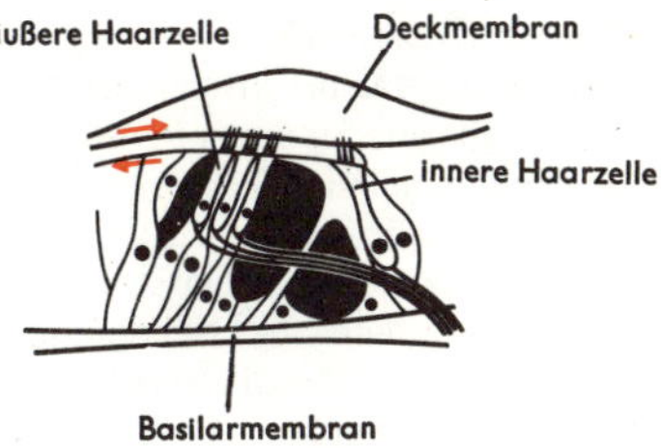

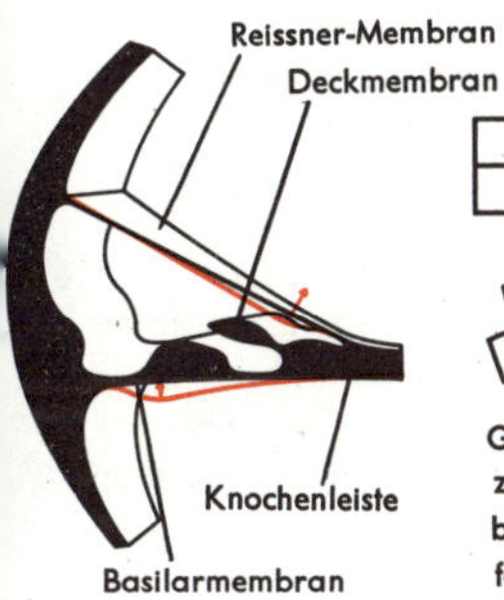

Abb. 8a
Schwingungsform der Trennwandmembranen

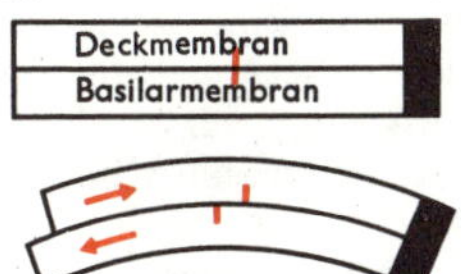

Abb. 8b
Gegenseitige Verschiebung zweier gegeneinander beweglicher, aber am Ende fest verbundener Membranen

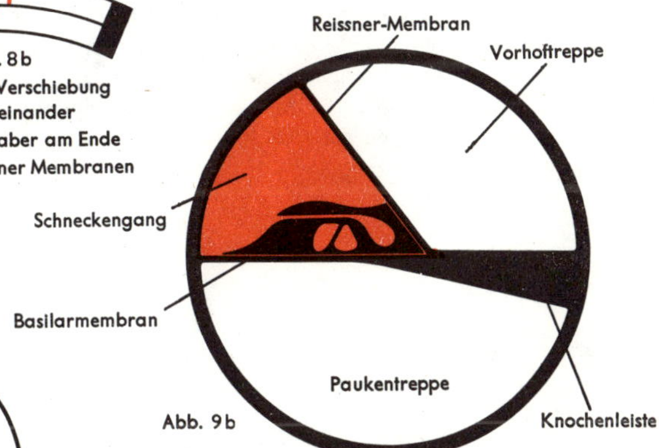

Abb. 9b

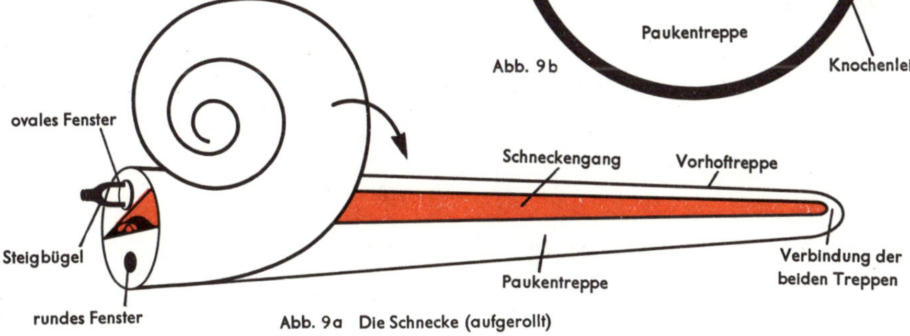

Abb. 9a Die Schnecke (aufgerollt)

thenapparat in Sacculus und Utriculus, der auf Schwerkraftrichtung bzw. Geradeaus- oder Linearbeschleunigung, und den drei Leisten in der Ampulle der Bogengänge, die auf Drehbeschleunigung ansprechen. Der *Statolithenapparat* von Sacculus und Utriculus (Macula utriculi und Macula sacculi) ist im Feinbau gleich (Abb. 11). Er besteht aus Sinnes- und Stützzellen, die sich über eine niedrige Grundzellschicht erheben. Auf ihnen liegt eine gallertige Membran, die Statolithenmembran, in die kleine Kristalle von kohlensaurem Kalk, die *Statolithen*, eingelagert sind. In die Gallertschicht ragen die „Haarschöpfe", rundkernige Haarzellen, hinein, in denen die Empfangsorgane jener Nervenfasern liegen, die den aufgenommenen Reiz gehirnwärts fortleiten. Die Macula utriculi steht waagerecht, die Macula sacculi senkrecht im Raum. Beide werden z. B. durch die Schwerkraft, die immer auf die Statolithen wirkt, sowie durch Steigen und Fallen (Liftgefühl) erregt; sie vermitteln auch die Vorstellung von „oben" und „unten" und signalisieren gleichzeitig die Lageempfindungen des Kopfes.

Die drei Bogengänge sind in den drei Ebenen des Raumes angeordnet. Ihre Sinnesapparate (die Cristae ampullares; Abb. 12a und b) stellen weit in die Bogengangslichtung vorspringende Leisten dar, die senkrecht zur Ebene des Bogengangs orientiert sind. Ihre Oberfläche trägt eine gallertige Masse, die Cupula ampullaris. In diese ragen die Sinneshaare der sogenannten Haarzellen hinein. Die Cupula, die annähernd das spezifische Gewicht der sie umspülenden Endolymphe hat, unterliegt nicht der Einwirkung der Schwerkraft. Der spezifische Reiz für ihre Sinneszellen wird vielmehr durch die Bewegung der Endolymphe bewirkt (Abb. 13). Bei Drehungen des Kopfes, sei es mit oder gegen den Körper, dagegen nicht bei geradliniger Beschleunigung kommt es zu einer Relativbewegung der Bogengänge gegen die Endolymphe. Diese stößt infolge Massenträgheit gegen die Cupula und lenkt sie aus; dadurch werden die Sinneshaare der Cupula auf Biegung beansprucht und die Sinneszellen gereizt; es folgen reflektorische Erregungen von Muskelgruppen, die der Lagekorrektur, sowie Augenbewegungen, die der Festhaltung des sich wegdrehenden Gesichtsfeldes dienen *(Nystagmus)*. Wird die Drehbewegung plötzlich gestoppt, fließt die Endolymphe infolge ihrer Trägheit noch eine Zeitlang weiter und löst hierdurch die Empfindung einer Bewegung in umgekehrter Richtung mit jetzt auch umgekehrt „gepolten" Reflexen aus *(Drehschwindel)*. Ebenso wie Drehschwindel ist auch die *Seekrankheit (Nausea)* auf Empfindungen zurückzuführen, die aus dem Gleichgewichtsapparat kommen.

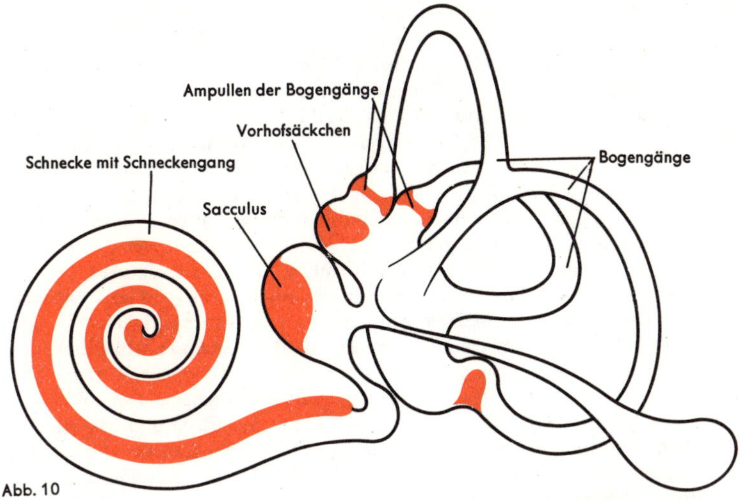

Abb. 10

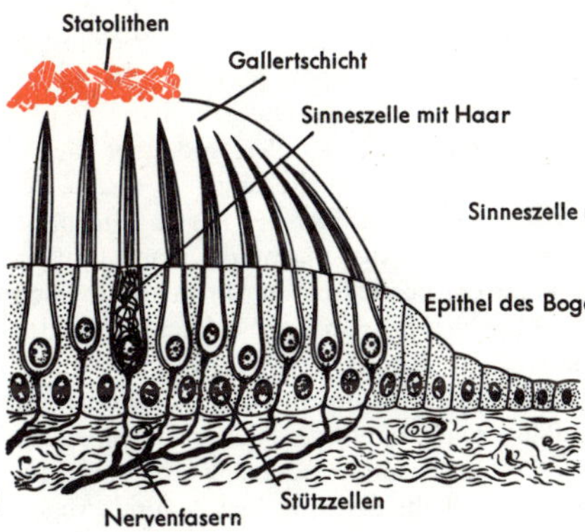

Abb. 11

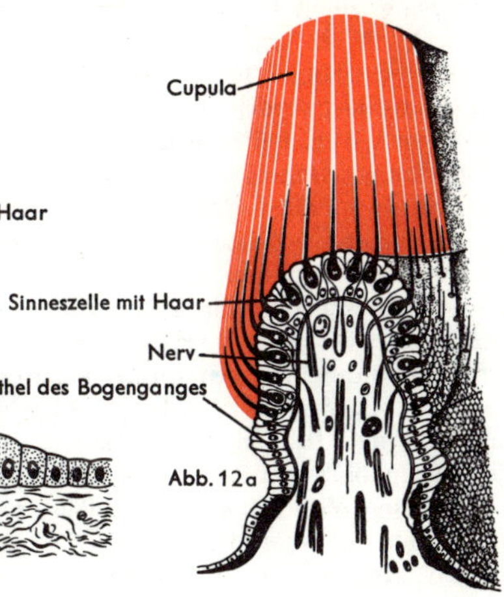

Abb. 12a

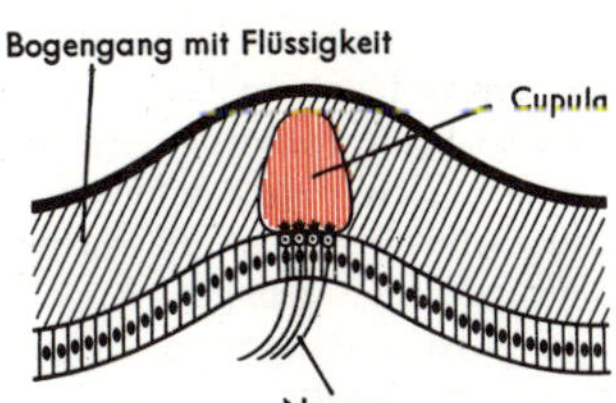

Abb. 12b

Abb. 13

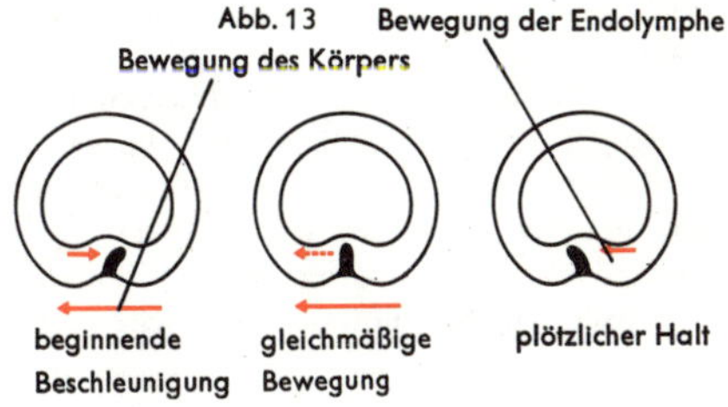

TUBENKATARRH · MITTELOHRENTZÜNDUNG

Der *akute Tubenkatarrh*, der sich meist an einen Schnupfen oder eine Nebenhöhlenentzündung anschließt, beruht vor allem auf einer Schleimhautschwellung in der Ohrtrompete, wodurch ein Unterdruck entsteht. Der Unterdruck reizt die Schleimhaut des Mittelohres, und es bildet sich ohne eingedrungene Krankheitserreger ein Mittelohrkatarrh aus. Dieser Tuben- und Mittelohrkatarrh führt zu Schwerhörigkeit und Ohrensausen mit Stechen, Druck- und Taubheitsgefühl. Klingt die akute Schwellung spontan oder durch schleimhautabschwellende Nasentropfen, Schwitzpackungen und Wärmebehandlung nicht ab, kann die Tube zum Druckausgleich durchgeblasen werden. Schlecht durchgängige Tuben machen sich durch mangelhaften Druckausgleich zwischen Außenwelt und Mittelohr v. a. bei raschem Höhenwechsel schmerzhaft bemerkbar. Bleibt der Tubenkatarrh längere Zeit bestehen, kann u. a. das eingezogene Trommelfell mit der Paukenhöhlenwand verwachsen und die Kette der Gehörknöchelchen versteifen. Die Folgen sind Stechen, Ohrensausen und Schwerhörigkeit.

Mittelohrentzündungen entstehen häufig aufsteigend aus einem Tubenkatarrh, wesentlich seltener auf dem Blutweg oder durch ein Loch im Trommelfell. Dem Aufstieg der Eiterkeime ins Mittelohr gehen oft ein Schnupfen, eine Angina, Nebenhöhlenentzündungen oder auch Infektionskrankheiten wie Grippe, Scharlach und Masern voraus. Schließlich wird die Schleimhaut der Paukenhöhle stark entzündet und sondert Eiter ab. Es kommt zu Sausen und Klopfen in der Gegend des betroffenen Ohres, zu Schwerhörigkeit, meist auch zu starken Ohrenschmerzen. Der Säugling greift im „Ohrzwang" zum Ohr. Meist tritt hohes Fieber ein, bei Säuglingen und Kleinkindern sind Schläfrigkeit, Nackensteifigkeit und Erbrechen häufig. Bei leichten Entzündungen bzw. bei rechtzeitiger Behandlung mit Antibiotika, besonders Penicillin, kann der Eiter wieder aufgelöst werden; andernfalls schafft er sich mit einem Trommelfelldurchbruch selbst einen Weg. Bei hohem, länger als 2–3 Tage dauerndem Fieber mit stärksten Schmerzen wird eine *Trommelfelldurchstechung (Parazentese)* erforderlich.

In manchen Fällen greift die eitrige Mittelohrentzündung von der Paukenhöhle auf das umliegende System von luftgefüllten Knochenzellen und über diese auf die weitere Umgebung über. Äußere Anzeichen solcher Weiterungen können Eiterdurchbrüche hinter das Ohr sein. Dabei können die Blutleiter der harten Hirnhaut, durch entzündliche Blutpfröpfe verstopft, manchmal Ausgangspunkt einer Blutvergiftung werden. Der durchbrechende Eiter kann die benachbarten Hirnhäute infizieren und manchmal sogar in das benachbarte Kleinhirn oder in den Schläfenlappen des Großhirns eindringen (Bildung von Hirnabszessen). Ein weiterer Weg führt die Entzündung aus Paukenhöhle oder Knochenherd in das Innenrohr und die anliegenden Gleichgewichtsorgane. Von den Knochenzellen ist am häufigsten der Warzenfortsatz hinter der Ohrmuschel befallen. Die dabei u. U. auftretende „Knocheneinschmelzung" muß operativ beseitigt werden. Erbrechen, Übelkeit, Schwindelgefühl und Augenzittern, Gleichgewichtsstörungen, Schwerhörigkeit und Taubheit zeigen den Übergang der Eiterung auf Innenohr und Gleichgewichtsorgan an. Auch hier wird u. U. eine Operation erforderlich, ebenso bei der Blutpfropfbildung, die sich durch Fieberanstieg, Schüttelfrost, schlechtes Allgemeinbefinden und Kopfschmerzen ankündigt. Hirnabszesse erzeugen uncharakteristische Allgemeinerscheinungen und allgemeine Hirndrucksymptome (s. S. 536); dazu kommen je nach dem Sitz der Eiterung Herderscheinungen: bei Rechtshändern vom hinteren Schläfenlappen aus Sprachschwierigkeiten mit erschwerter Wortfindung, vom Kleinhirn aus vor allem Gleichgewichtsstörungen. Auch bei Hirnabszeß muß meist operiert werden. Bei rechtzeitiger Behandlung mit ausreichend hohen Dosen von Antibiotika sind solche Komplikationen wesentlich seltener.

SCHWERHÖRIGKEIT · OTOSKLEROSE TAUBSTUMMHEIT

Schwerhörigkeit ist ein Krankheitszeichen, das sehr verschiedene Ursachen haben kann. Vorübergehende Schwerhörigkeit findet sich beim Ohrenschmalzpfropf und bei der Fremdkörpereinklemmung im Gehörgang, die beide durch Ausspülen mit warmem Wasser behandelt werden. Akute Mittelohrentzündung und Tubenkatarrh erzeugen ebenfalls vorübergehende Schwerhörigkeit. Langwieriger ist der Schwerhörigkeitszustand bei chronischer Mittelohreiterung und chronischem Tubenkatarrh. Vom Mittelohr, ebenso wie von den Hirnhäuten, kann die Entzündung auf das Innenohr übergehen. Dabei kommt die Schwerhörigkeit oder Taubheit zusammen mit Gleichgewichtsstörungen vor. Vor dem 7. Lebensjahr ist die Innenohrentzündung von den Hirnhäuten aus eine von mehreren Ursachen für die Taubstummheit. Auch Syphilis kann zur Innenohrschwerhörigkeit führen, ebenso die Vergiftung mit Alkohol, Kohlenmonoxid, Blei und manchen Arzneimitteln, wie z. B. mit bestimmten tuberkulosespezifischen Antibiotika, Chinin u. a.

Besondere Probleme werfen die Schall- und Verletzungsschäden des Innenohrs auf. Das Innenohr kann direkt beschädigt werden, z. B. bei einem Schädelbasisbruch (s. S. 423). Schwerhörigkeit kann außerdem durch indirekte Auswirkungen von Schlag, Stoß oder Fall zustande kommen. Meist besteht gleichzeitig eine Gehirnerschütterung, oft hartnäckiges Ohrensausen. Knall und Explosion lassen nach anfänglicher Besserung häufig Dauerschäden zurück (akuter Lärmschaden). Chronischer Lärm kann im Bereich der Innenohrsinneszellen Entartungs- und Rückbildungsvorgänge auslösen. Neben Ohrensausen und Schwerhörigkeit kommt es dabei auf die Dauer u. U. auch zu psychisch-vegetativen Schäden (Berufskrankheit bei Kesselschmieden und manchen Maschinenarbeitern; auch bei Personen, die auf Motorenprüfständen oder auf Flugplätzen tätig sind).

Die *Mittelohrverhärtung (Otosklerose)* besteht in einer doppelseitigen Neu- und Umbaustörung der knöchernen Innenohrkapsel. Manchmal erstreckt sich der Verhärtungs- und Verknöcherungsvorgang auch auf die Aufhängevorrichtung des Steigbügels am ovalen Fenster. Diese nun knöcherne Befestigung des sonst schwingungsfähigen Steigbügels muß zu einer Schallüberleitungsstörung vom Mittelohr zum Innenohr führen. Später zeigen sich außerdem Rückbildungsvorgänge an den Sinneszellen des Innenohrs und den Nervenfasern der Hörnerven. UnterKlingeln, Ohrensausen, Schwindelgefühl und Benommenheit stellt sich im Laufe der Zeit schubweise eine Schwerhörigkeit ein, die schließlich zur Taubheit werden kann. Häufig erkranken Frauen zwischen 20 und 40 Jahren. Vererbung spielt eine Rolle, seelische Belastung, Krankheit und Schwangerschaft wirken schubauslösend, bei jungen Menschen auch die Pubertät. Hörgeräte sind eine große Hilfe, können das Fortschreiten des Leidens jedoch nicht verhindern. Das Hörvermögen läßt sich in 90% der Fälle durch operative Entfernung des Steigbügels mit nachfolgendem Ersatz durch eine Drahtschlinge oder einen Kunststoffstempel verbessern.

Taubstummheit ist eigentlich eine fehlende Sprachentwicklung infolge früher Taubheit. Die Taubheit kann angeboren oder erworben sein. Kinder, die ihr Gehör vor dem 7. Lebensjahr verlieren, verlernen das Sprechen meist wieder. Die angeborene und vererbte Taubheit beruht auf einem Bildungs- und Entwicklungsfehler des Innenohrs und der Hörnervengebiete. Auch der Kretinismus, eine Folge von Jodmangel, geht u. U. mit Taubheit einher. Andere, erworbene Formen der Taubheit entstehen durch frühe Innenohrvereiterung bei Scharlach, Typhus und Hirnhautentzündung, bei Innenohrblutungen Neugeborener und anderen Verletzungen. Schließlich gibt es auch eine körperlich nicht verankerte, psychogene Taubheit und Stummheit. Taubstumme Kinder müssen früh anfangen, die Sprachstellungen des Mundes abzulesen und ohne Hörkontrolle nachzuahmen (Abschau- und Artikulationsunterricht durch ausgebildete Taubstummenlehrer). Hörgeräte und Hörtraining können sehr hilfreich sein, wenn noch ausreichende Hörreste vorhanden sind.

STIMME UND SPRACHE

Die menschliche Sprache ist das am weitesten entwickelte Verständigungsmittel unter allen Lebewesen. Das Erlernen der Sprache beginnt normalerweise im Alter von etwa 18 Monaten durch Nachsprechen oft gehörter Worte. Im Lauf des Lebens erwirbt dann der Mensch je nach Intelligenz, Umwelteinflüssen und Übung einen verschieden hohen Grad sprachlicher Ausdrucksfähigkeit.

Voraussetzung für das Sprechvermögen ist die *Stimmbildung*, deren wichtigstes Organ der *Kehlkopf* (*Larynx;* Abb. 1) ist. Als Zugang zur Luftröhre liegt er im vorderen Halsbereich und wird in seinem unteren Anteil beiderseits von den Schilddrüsenlappen flankiert. Durch zahlreiche Muskeln und Bänder mit seiner Umgebung elastisch verbunden, zeigt er beim Singen, Sprechen und Schlucken eine große Beweglichkeit. Da der Kehlkopf dicht unter der äußeren Haut gelegen ist, kann man ihn bei allen Menschen als harten, walzenförmigen Körper tasten und beim Mann als sog. *Adamsapfel* auch sehen. Tatsächlich ist die Größe des Kehlkopfes ein sekundäres Geschlechtsmerkmal; der Adamsapfel kommt durch schnelles Wachstum während der Pubertät zustande. Da sich hierbei die Stimmfalten in ihrer Länge verdoppeln, kommt es gleichzeitig zum Übergang von der kindlichen zur Erwachsenenstimmlage *(Stimmbruch).*

Das Kehlkopfskelett besteht aus verschiedenen Knorpeln, die, durch Muskeln und Bänder zusammengehalten, untereinander in gelenkiger Verbindung stehen. Der oberste Knorpel, der *Kehldeckel*, bildet beim Schlucken einen festen Verschluß, so daß die aufgenommene Nahrung an den Atemwegen vorbei in die Speiseröhre gelangt. Im Innern des Kehlkopfes unterscheidet man zwei Abschnitte, die durch die *Stimmritze (Glottis)* voneinander getrennt sind, den oberen und den unteren Kehlkopfbereich. Stimmritze heißt der beiderseits von den *Stimmbändern* (zwei mit Schleimhaut überzogene Gewebsfalten) begrenzte Raum (Abb. 2). Auch die gesamte übrige Kehlkopfinnenfläche ist von Schleimhaut ausgekleidet, die von zahlreichen schleimproduzierenden Drüsen und Becherzellen durchsetzt ist.

Rein funktionell unterscheiden wir am *Stimmapparat* (vgl. Abb. 5, S. 473) den Stellapparat und den Spannapparat. Der *Stellapparat* (Abb. 3) enthält passive (im wesentlichen die Stellknorpel) und aktive Anteile (die an den Stellknorpeln ansetzenden Muskeln). Der *Stellknorpel* bildet einen Muskelhebel, der in den vom Schildknorpel zum Ringknorpel durchlaufenden Bandzug eingeschaltet ist. Da der vordere Abschnitt dieses Bandzuges, das Stimmband, elastisch ist, führt jede Stellungsänderung des Stellknorpels zu einer Formänderung des Bandzuges und damit der von diesem gebildeten Öffnung der Stimmritze. In Ruhestellung sind die Bandzüge gerade gestreckt, die Stimmritze steht ein wenig offen. Werden die Muskelhebel nach rückwärts gezogen, wird die Stimmritze erweitert. Als Erweiterer der Stimmritze wirkt allein der *Postikus.* Ihm stehen alle übrigen am Stellknorpel ansetzenden Muskeln als Verengerer gegenüber (Abb. 3a–c). Der *Spannapparat* des Kehlkopfes (Abb. 4, S. 473) bewirkt Verlängerung oder Verkürzung der Stimmlippen, die dadurch zustande kommt, daß der Stellknorpel in seiner Stellung zum Schildknorpel verändert wird. Spannapparat und Stellapparat sind für die Stärke und die Höhe des Tones verantwortlich. Die Stärke von Luftstrom und Ton wird durch die Weite der Stimmritze bestimmt. Beim Hauchen ist die Stimmritze offen, und die Stimmlippen sind ungespannt.

Die *Stimmlippen* verhalten sich wie die Saiten einer Violine, wobei Dicke, Spannung und Länge die Schwingungszahl bestimmen. Stärkere Spannung oder Verkürzung der Saite entsprechen einem höheren Ton (Fistelstimme). Kontrahiert sich der Stimmbandmuskel als Ganzes bei mäßiger Spannung, dann ist die Stimmlippe gerundet wulstig und gibt einen tiefen Ton. Die Massen, die der schwingenden Saite entsprechen, sind hierbei aber keineswegs nur die freien Ränder der Stimmlippen (Labia vocalia) oder nur die Stimmbänder (Ligamenta vocalia). Es schwingen vielmehr die Stimmlippen in ihrer Gesamtheit. Hierbei schlagen sie rhythmisch gegeneinander und öffnen bzw. schließen die Stimmritze. Das Ansatzrohr verändert in mannigfaltiger Weise die Stimme.

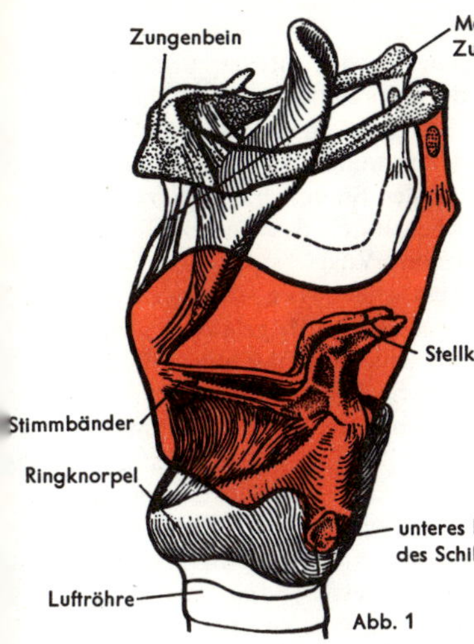

Abb. 1

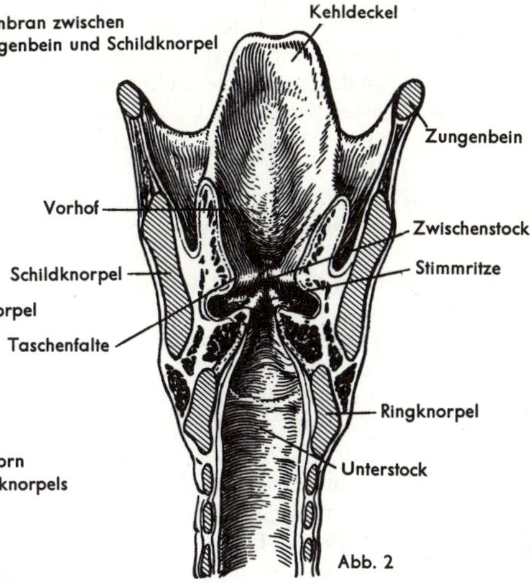

Abb. 2

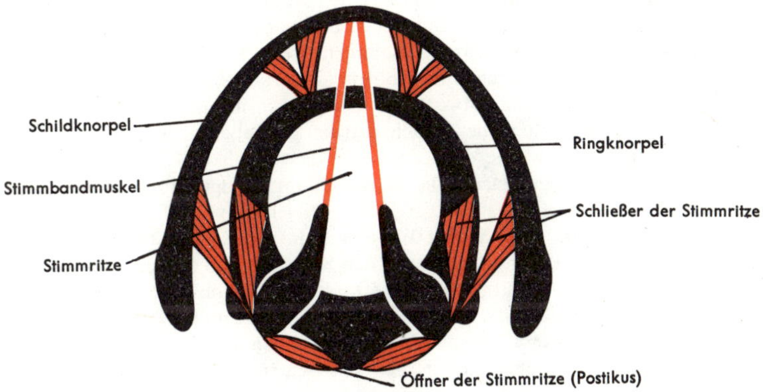

Abb. 3 Der Stellapparat des Kehlkopfs mit den Funktionszuständen a–c

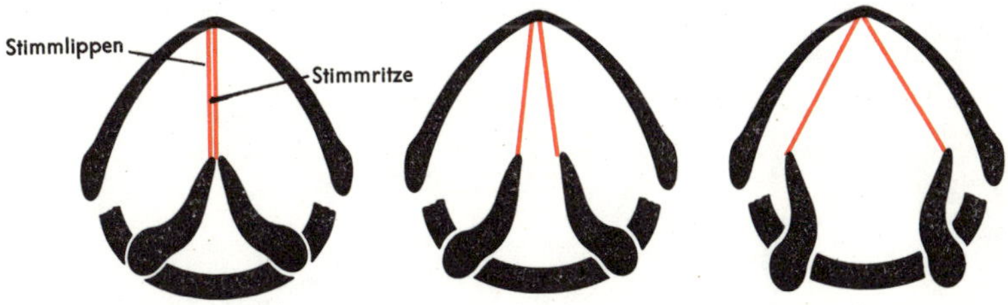

a Stimmritze geschlossen

b hohe Fistelstimme

c weite Einatmungsstellung

Der nasale Klang entsteht dadurch, daß der weiche Gaumen den Weg durch die Nase freigibt. Hauptsächlich beteiligt ist das Ansatzrohr bei der Kopfstimme, bei der Resonanzschwingungen vorwiegend in ihm erzeugt werden. Bei der Bruststimme kommt auch die Brusthöhle (Luftraum) unterhalb des Kehlkopfes zum Mitschwingen. Bei der Flüstersprache werden die Töne nur mit den Lufträumen des Ansatzrohres hervorgebracht. Die Flüstersprache ist also nicht völlig tonlos; sie bringt allerdings nur die Eigentöne der Mundhöhle bei nichtschwingenden Stimmbändern hervor.

Die *Bildung der Sprachlaute* erfolgt im wesentlichen durch das Ansatzrohr. Abb. 6a zeigt die Form des Ansatzrohres für die deutschen Vokale A, U und I. Beim Vokal A hat das „Ansatzrohr" Mundhöhle die Form eines nach vorn sich erweiternden Trichters, beim U die Gestalt einer mit dem Hals nach hinten liegenden bauchigen Flasche, und beim I zeigt es die Form zweier unterschiedlicher Hohlräume, die durch einen engen Kanal verbunden sind. Diese drei Formen des Ansatzrohres sind die „Grundpfeiler" aller anderen Vokalbildungen. Die Konsonanten kommen in ähnlicher Weise durch verschiedenartige Stellungen der Zähne und Zunge gegeneinander zustande (Abb. 6). Beim R kommt noch ein langsames Mitschwingen der Zunge (Zungen-R) oder des Zäpfchens (Zäpfchen-R), manchmal auch der Lippen (Lippen-R) hinzu.

Erst die Koordination der Sprechwerkzeuge durch das motorische *Sprachzentrum* im hinteren Drittel der linken unteren Stirnwindung indessen bringt das Ereignis „Sprechen" zustande. Das Sprachzentrum steht mit vielen anderen „Bewußtseinzentren", insbesondere für die Begriffsbildung, in Verbindung. Das spontane *Sprechen* geschieht, stark vereinfacht dargestellt, auf folgende Weise: In höheren Begriffszentren läuft irgendein Geschehen ab, dem durch einen Abbildungsvorgang eine Nachricht zugeordnet werden soll, die dieses Geschehen mehr oder weniger deutlich beschreibt. Der Abbildungsvorgang erfolgt durch Zusammenwirken der verschiedenen Begriffszentren. Diese wirken auf das sogenannte motorische Sprachzentrum, von dem aus dann die für die Sprechmuskulatur notwendigen Erregungen in Gang gesetzt werden (vgl. Abb. 1, S. 475). Das motorische Sprachzentrum gibt aber nicht nur „Stellbefehle" an die Sprechmuskulatur aus, sondern kontrolliert auch die Lautbildung ständig nach dem Rückkopplungsprinzip. Die Rückmeldung erfolgt hauptsächlich über die Hörsphäre.

Das *Schreiben* erfolgt in ähnlicher Weise wie das Sprechen. Obwohl das Gehirn anatomisch spiegelbildlich angelegt ist, werden Sprechen und Schreiben beim Rechtshänder in der linken Großhirnhemisphäre koordiniert (Abb. 1, S. 475). Sie ist bei ihm „dominant" gegenüber der rechten Hemisphäre. Beim Linkshänder ist in den meisten Fällen die rechte Hemisphäre führend. Diese Hemisphärendominanz, die eingeschränkt auch für Sehen und Hören gilt, scheint ein spezifisch menschliches Merkmal zu sein, das eng mit der Entwicklung der Sprache verbunden ist.

Bemerkenswert ist auch, daß die große Mehrzahl aller Nervenbahnen, die Gehirn und Rückenmark miteinander verbinden, von rechts nach links bzw. von links nach rechts gekreuzt verlaufen (Abb. 2, S. 475). Die linke Gehirnseite steht also mit der rechten Körperseite und umgekehrt die linke Körperseite mit der rechten Hirnhemisphäre in Verbindung.

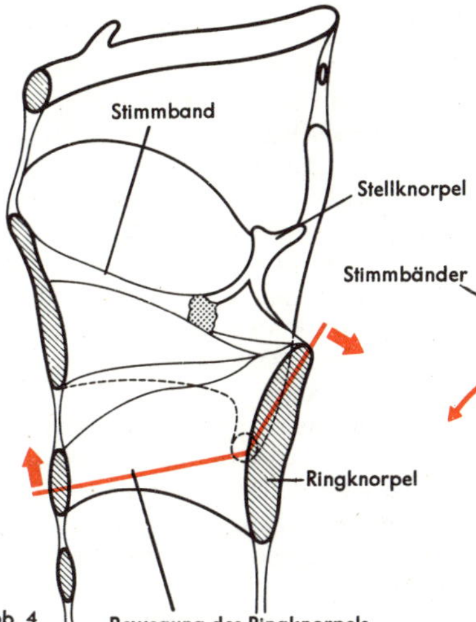

Abb. 4 Bewegung des Ringknorpels gegen den Schildknorpel

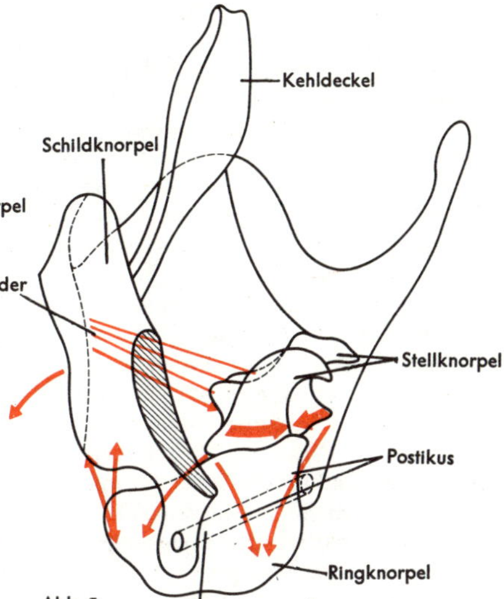

Abb. 5 Achse, um die der Schildknorpel gegen den Ringknorpel gekippt werden kann

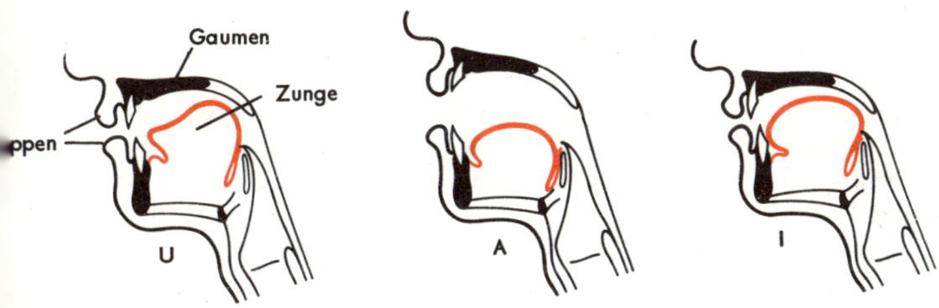

Abb. 6a

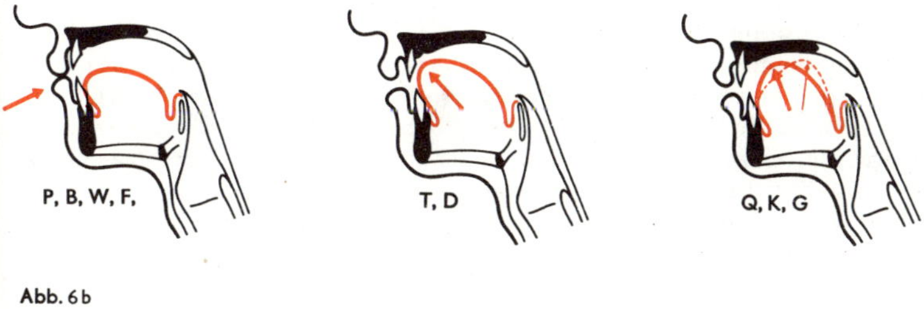

Abb. 6b

SPRACHSTÖRUNGEN

Sprachstörungen können recht unterschiedliche Ursachen haben. Sie können auf Störungen der Sprachentwicklung beruhen, oder die bereits vorhandene Sprachfähigkeit kann verlorengehen. Neben anatomisch-organischen Veränderungen der an der Lautbildung beteiligten Organe (Lippen, Zunge, Kehlkopf und Nasen-Rachen-Raum) kommen auch psychische Störungen in Frage. Schließlich kann die Sprachstörung auch in den übergeordneten Sprachzentren (vgl. Abb. 1) verankert sein.

Mißbildungen oder Erkrankungen der sprachformenden Organe führen bei korrekter Wortwahl zu einer Einschränkung des Sprachklangs und der Deutlichkeit. Zu solchen Mißbildungen gehören in erster Linie die Lippen-, Kiefer- und Gaumenspalten, die auf einer frühembryonalen Entwicklungshemmung des Gesichtsschädels beruhen. Sie äußern sich in einer gestörten Konsonantenbildung und dem sog. *offenen Näseln*, das durch die abnorme Verbindung zwischen Nasenhöhle und Rachenraum bedingt ist. – Häufige Erkrankungen der sprachformenden Strukturen sind Wucherungen der Schleimhäute und des lymphatischen Gewebes (Rachenmandelvergrößerung der Kleinkinder, „Nasenpolypen“). Dabei ist der normale Luftabstrom über den Resonanzraum der Nase behindert, wodurch die Wortklangbildung stark eingeschränkt ist *(geschlossenes Näseln)*. – Weitere organische Störungen der Wortbildung treten bei Lähmungen der Sprachmuskulatur infolge fehlender oder gestörter Nervenversorgung einzelner oder mehrerer Muskeln auf. Ursächlich kommen Abbauveränderungen (Degenerationen) im Verlauf der einzelnen Nerven, an den Nervenursprungsstellen (im verlängerten Rückenmark) oder an den übergeordneten motorischen Zentren des Großhirns in Frage. Die Sprache erscheint hierbei verwaschen, undeutlich artikuliert oder lallend. Eine Lähmung der Kehlkopfmuskulatur äußert sich durch Änderung der Klangfarbe, die bis zur absoluten Heiserkeit gehen kann. – Kleinhirnerkrankungen bedingen neben vielen anderen Störungen eine explosive Sprache: Silben und Wörter werden ungleichmäßig laut und rasch hervorgestoßen. Dagegen gehen Erkrankungen der Stammganglien (z. B. das Parkinson-Syndrom) mit einer monotonen, verlangsamten und kaum artikulierenden Sprechweise einher, die in seltenen Fällen von krampfhaften Wiederholungen der Endsilben oder einzelner Wörter begleitet ist. Die letztgenannten Störungen können auch Anzeichen einer allgemeinen Durchblutungsstörung sein.

Eine Sonderstellung nehmen Erkrankungen der höchsten Sprachzentren in der Großhirnrinde ein. Sie werden im medizinischen Sprachgebrauch unter dem Überbegriff *Aphasien* zusammengefaßt. Bei der *motorischen Aphasie* ist die Planung des Sprechens gestört, während das Sprachverständnis wenig oder gar nicht beeinträchtigt ist. Sie äußert sich in Silben-, Wort- und Satzverstümmelungen, in leichten Fällen auch nur in Wortfindungsstörungen. Bei der *sensorischen Aphasie* dagegen fehlt vor allem das Sprachverständnis. Die Betroffenen verstehen auch ihre eigenen Worte nicht und bringen nur einen durch Wortauslassungen, Wortverwechslungen und Wortverstümmelungen charakterisierten „Wortsalat“ zustande.

Zu den Sprachstörungen auf Grund psychischer Fehlhaltungen gehören vor allem die weitgehend harmlosen *Sprachentwicklungsstörungen* bei Kindern (Stammeln, Lispeln, Poltern und Stottern). Sie treten besonders oft zum Zeitpunkt der Einschulung und zu Beginn der Pubertät (vor allem bei Knaben) auf. Zum Teil verschwinden diese Störungen mit zunehmender Harmonisierung der Persönlichkeitsentwicklung von selbst. In schwierigeren Fällen empfiehlt sich eine psychotherapeutische Behandlung, kombiniert mit einer Sprachschulung an klinischen Abteilungen für Stimm- und Sprachstörungen. – Von diesen vorübergehenden Sprachstörungen zu unterscheiden sind Sprachveränderungen, die für einige Geisteskrankheiten charakteristisch sind.

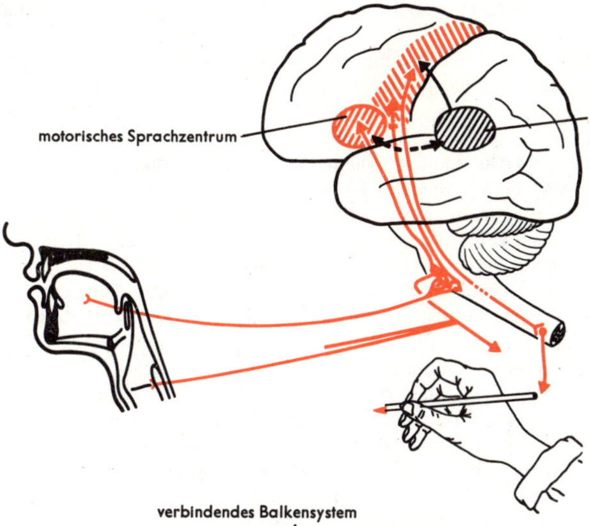
motorisches Sprachzentrum
sensorisches Sprachzentrum

Abb. 1

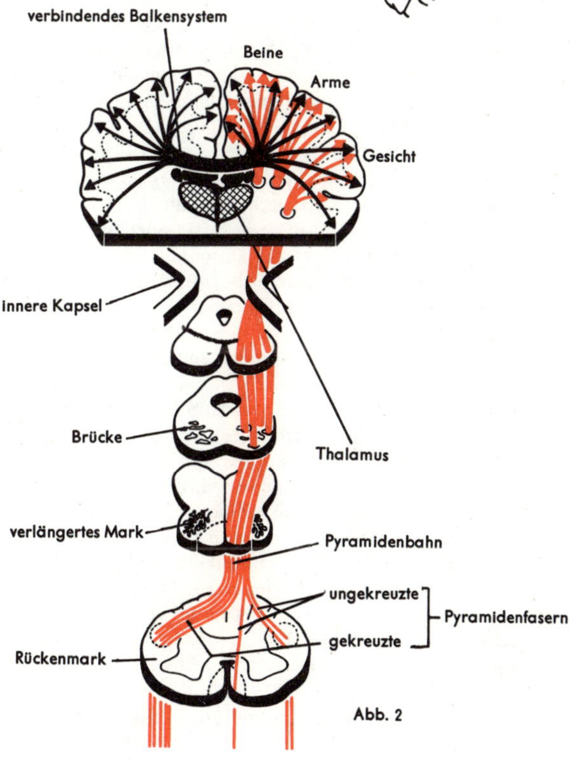
verbindendes Balkensystem
Beine
Arme
Gesicht
innere Kapsel
Brücke
Thalamus
verlängertes Mark
Pyramidenbahn
ungekreuzte
gekreuzte
Pyramidenfasern
Rückenmark

Abb. 2

DAS AUGE

Das menschliche Auge besteht aus dem Augapfel (Bulbus oculi) und den Hilfseinrichtungen, die der Bewegung und dem Schutz des Auges dienen (Augenmuskeln, Augenlider, Tränenapparat).

Der *Augapfel* (Abb. 1) ist in die Augenhöhle (Orbita) eingebettet, die von Stirnbein, Jochbein und Oberkieferknochen gebildet wird. Er ist von radiärsymmetrischer Form und umschließt die mit dem Kammerwasser gefüllte vordere und hintere Augenkammer sowie den Glaskörper (Corpus vitreum). Die Hülle des Augapfels besteht aus drei Schichten: Lederhaut, Aderhaut und Netzhaut. Die aus derbem Bindegewebe bestehende *Lederhaut (Sclera)* bildet die äußerste Schicht. Sie geht im vorderen Teil des Auges in die durchsichtige *Hornhaut (Cornea)* über. Die Cornea richtet die Lichtfülle, die die Augenoberfläche trifft, als Konvexlinse nach innen und hilft sie zu ordnen, so daß auf der Netzhaut ein scharfes Bild entstehen kann. Die Berührung eines Fremdkörpers mit der Hornhaut hat sofortigen Lidschluß beider Augen zur Folge. Obwohl die Hornhaut anatomisch als Fortsetzung der Lederhaut zu betrachten ist, gehört ihre Oberfläche in klinischer Beziehung zur Bindehaut; dementsprechend greifen viele Krankheiten von dieser auf die Hornhaut über und umgekehrt.

Auf die Lederhaut folgt nach innen zu die gut durchblutete *Aderhaut (Chorioidea)*. Pigmente in bzw. vor der Aderhaut absorbieren das Licht, das die Netzhaut durchdringt. An die Aderhaut schließt sich nach innen zu die *Netzhaut (Retina)* an, von der die einfallenden Lichtreize aufgenommen und die entsprechenden Erregungen über den Sehnerv zum Gehirn weitergeleitet werden (s. u.).

Die vordere Augenkammer wird hinten durch die ringförmige *Regenbogenhaut (Iris)* begrenzt, die sowohl aus Teilen der Aderhaut als auch der Netzhaut gebildet wird. Sie verleiht dem Auge durch eingelagerte Pigmente die charakteristische Färbung und absorbiert außerhalb der Sehöffnung einfallendes Licht. Die Iris liegt der Augenlinse auf und umgrenzt die *Pupille*, die die Sehöffnung darstellt (Abb. 2). Der Durchmesser der Pupille kann in Abhängigkeit vom einfallenden Licht vergrößert oder verkleinert werden. Die Pupille unterstützt außerdem den Vorgang der Schärfeneinstellung, indem sie sich bei Naheinstellung der Linse verkleinert und beim Sehen in die Ferne vergrößert. Schließlich können auch gefühlsmäßige Reaktionen die Pupillenweite beeinflussen (z. B. Größerwerden bei einer Schreckreaktion).

Hinter Pupille und Iris, in eine Ausbuchtung des Glaskörpers eingebettet, liegt die *Linse* (Abb. 3, S. 479). Sie ist aus Schichten unterschiedlicher Brechkraft aufgebaut und wird von einer durchsichtigen, elastischen Membran umschlossen. Mit dem Alter nimmt ihr Wassergehalt ab; sie wird spröder, und ihre Fähigkeit, sich bei Naheinstellung spontan abzurunden, vermindert sich (Alterssichtigkeit, Presbyopie). Die häufigste Erkrankung der Linse ist der graue Star (s. S. 484). Die Linse ist eine Sammellinse, d. h., sie konzentriert die ankommenden Lichtstrahlen und entwirft ein umgekehrtes Bild des betrachteten Gegenstandes auf der Netzhaut. Die Aufhängevorrichtung, durch die die Linse in ihrer Lage festgehalten wird, besteht aus den *Zonulafasern*, die vom Ziliarkörper des Auges entspringen. Der *Ziliarkörper* hat als Grundlage einen ringförmigen Muskelstreifen *(Ziliarmuskel)*, bei dessen Kontraktion die Zonulafasern erschlaffen, so daß die Linsenwölbung zunimmt. Erschlafft der Muskel, so wird die Linse durch die Zugwirkung der Zonulafasern flachgezogen. Durch diese Veränderung ihrer Brechkraft gewährleistet die Linse das Nah- und Fernsehen *(Akkommodation)*. Ist die Linse stärker gewölbt, findet eine stärkere Brechung der Lichtstrahlen statt, wodurch eine Scharfeinstellung für das Nahsehen erreicht wird. Der umgekehrte Vorgang findet sich beim Sehen in die Ferne.

Hornhaut, Linse, vordere Augenkammer und Glaskörper bilden den *bildentwerfenden (dioptrischen) Apparat des Auges*. Dabei ist die Flüssigkeit in der Augenkammer, das Kammerwasser, optisch so der Hornhaut angepaßt, daß beide das Licht annähernd gleich stark brechen (über die Produktion und den Abfluß des Kammerwassers vgl. Glaukom, S. 486). An der gesamten Brechkraft des dioptrischen Apparates (beim

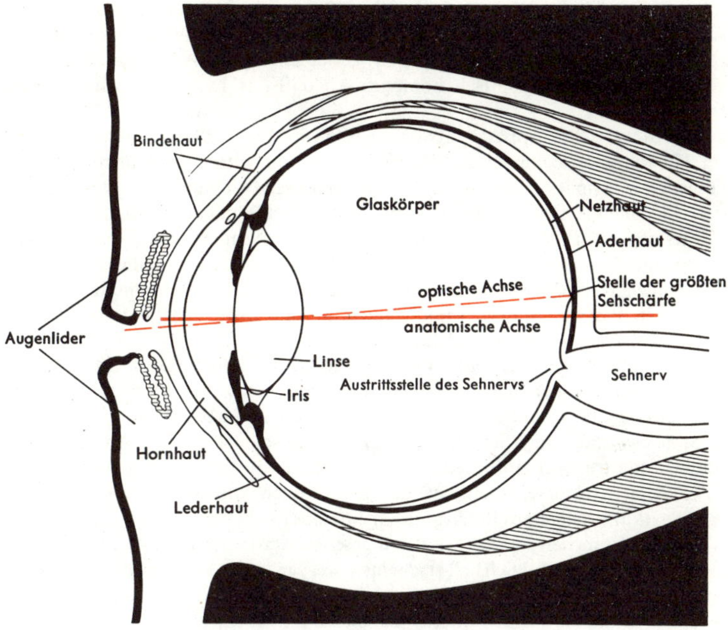

Abb. 1 Querrschnitt durch den Augapfel

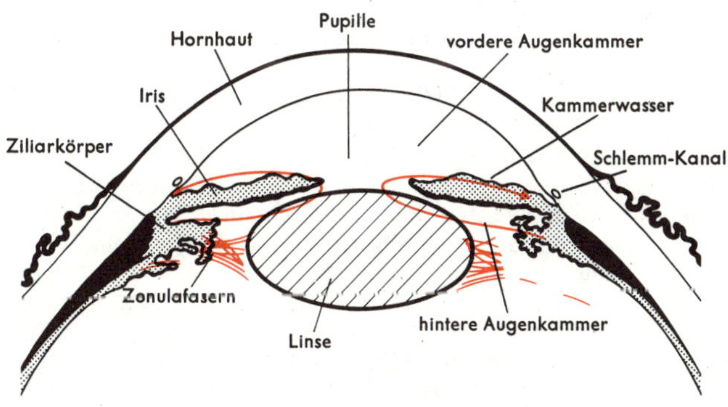

Abb. 2 Querschnitt durch den vorderen Teil des Augapfels

Menschen 58 Dioptrien) ist die Linse mit 13 dpt und die Hornhaut mit 21 dpt beteiligt.

Hinter der Linse füllt der *Glaskörper (Corpus vitreum)* fast den ganzen Innenraum des Auges aus (vgl. Abb. 1, S. 477). Er besteht zu 99 % aus Wasser, das in Form eines Gels gebunden ist. Bei tiefgehenden Verletzungen des Auges „läuft das Auge aus". Der Glaskörper ist optisch homogen, so daß das Licht hier seine Richtung nicht mehr ändert.

Das vom dioptrischen Apparat entworfene Bild wird von der Netzhaut aufgenommen und in Nervenimpulse umgewandelt, die in verschlüsselter Form dem Gehirn die empfangenen Informationen zuleiten. Die *Netzhaut* setzt sich aus mehreren Schichten von verschiedenen Zellen zusammen (Abb. 4). Auf das Pigmentepithel, das zahlreiche feine Fortsätze zwischen die Stäbchen und Zapfen entsendet, folgen nach innen zu die Neuroepithelschicht (Stäbchen und Zapfen mit ihren Kernen) und die Gehirnschicht mit Ganglienzellen und Nervenfasern. Auffallend ist, daß die lichtempfindlichen Rezeptoren der Netzhaut, die Stäbchen und Zapfen, auf der dem Licht abgewandten Seite hinter Nerven, Ganglienzellen und Blutgefäßen liegen.

Die lichtempfindlichen Rezeptoren sind je nach den Bedingungen nicht gleichzeitig tätig. Die *Zapfen*, von denen es vermutlich drei Arten mit unterschiedlicher spektraler Empfindlichkeit gibt, vermitteln das Tagessehen und das Farbensehen. Die spindelförmigen *Stäbchen* sind vor allem für Helligkeitsunterschiede im Schwarzweißbereich empfindlich und treten entsprechend beim Dämmerungs- oder „Dunkelsehen" in Aktion. Die Zapfen reagieren mehr auf den gelb-grünen, die Stäbchen mehr auf den blau-grünen (kurzwelligeren) Bereich des Spektrums (wobei auch diese Teile des Spektrums von den Stäbchen nur schwarzweiß gesehen werden). Eine rote und eine blaue Fläche, die bei Tageslicht gleich hell erscheinen, werden in der Dämmerung unterschiedlich wahrgenommen: Da die Stäbchen auf Rot nur schwach ansprechen, wirkt diese Farbe u. U. schon schwarz, während die blaue Fläche noch silbrig hell erscheint. Stäbchen und Zapfen zeigen auf der Netzhaut verschiedene Verteilungsdichten. Die Zapfen liegen am dichtesten in der *Sehgrube (Fovea centralis)*, die inmitten des sog. *gelben Flecks (Macula lutea)* liegt. Der gelbe Fleck ist daher als Ort der besten Auflösung (und Farbunterscheidung) die Zone der größten Sehschärfe. Außerhalb der Fovea, vor allem nach der Peripherie zu, dominieren die für hell-dunkel empfindlichen Stäbchen. Die Peripherie dient daher hauptsächlich dem Dämmerungssehen und, da sie auf Grund der höheren Empfindlichkeit der Stäbchen u. U. Bewegungen am ehesten registriert, auch als Warninstanz. Der Übergang vom Tag- zum Nachtsehen erfolgt bei Belichtungswechsel allmählich, man nennt diesen Vorgang *Dunkeladaptation*. Während der Übergangszeit (Zwielicht) arbeiten Zapfen und Stäbchen gleichzeitig, so daß – sei es, daß das Abbild mit Hilfe der Zapfen bei geringer Helligkeit nur schlecht aufgelöst werden kann, sei es, daß das Bild auf der stäbchenreicheren Peripherie der Netzhaut nicht kontrastreich genug abgebildet wird – der Sehvorgang ungenau wird. Zur Anpassung von extremer Helligkeit an extreme Dunkelheit benötigen die Zapfen etwa 7 Minuten, die Stäbchen über 1 Stunde.

Die *Sehschärfe* des Auges hängt u. a. von der Dichte der Sehzellen in der Netzhaut ab. Die menschliche Retina enthält etwa 125 Millionen Sehzellen, dabei etwa 20mal mehr Stäbchen als Zapfen. An der Stelle des besten Auflösungsvermögens liegen in der menschlichen Netzhaut 166 000 (beim Bussard sogar über 1 000 000) Sehzellen pro mm^2, so daß der Mensch zwei um 50 Winkelsekunden auseinanderliegende Punkte noch getrennt wahrnehmen kann.

Die Sehzellen sind in ihrem Aufbau in drei Abschnitte gegliedert: Außenglied, Innenglied, Nervenfortsatz (Abb. 4, S. 479). Durch Faltungen der Zellmembran entstehen im Außenglied geldrollenartig übereinanderliegende Strukturen, die die Membranoberfläche stark vergrößern. Den Hauptanteil der Eiweißkomponente dieser Membran bilden die *Sehpigmente*, von denen die Zapfen drei Arten, die Stäbchen

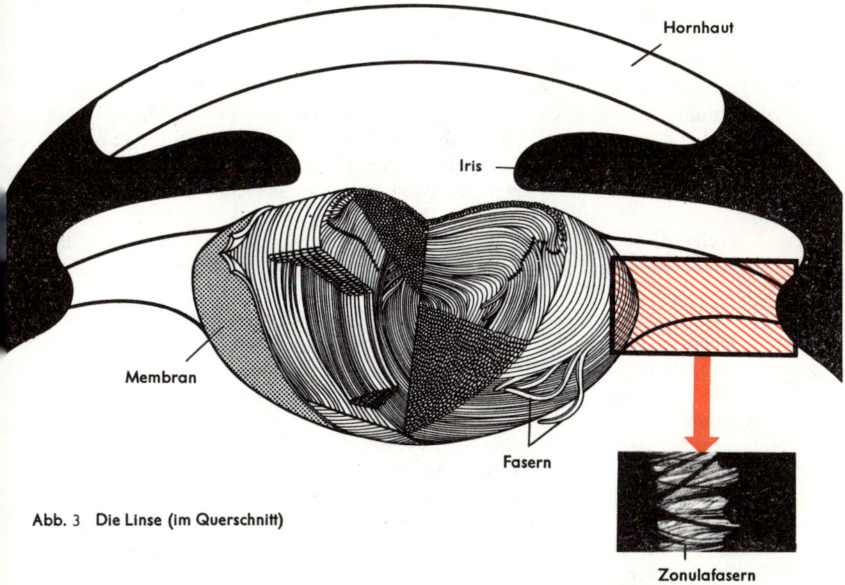

Abb. 3 Die Linse (im Querschnitt)

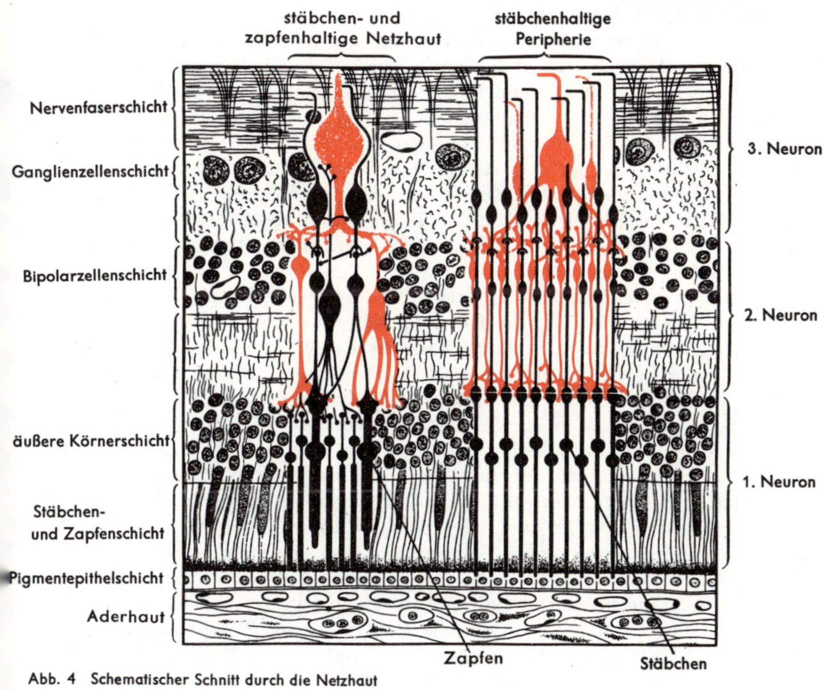

Abb. 4 Schematischer Schnitt durch die Netzhaut

nur eine Art besitzen. Der *Sehpurpur (Rhodopsin)* der Stäbchen besteht aus einem Eiweiß, dem Opsin, und einer chemischen Substanz, die dem Karotin oder Vitamin A verwandt ist (Retinin). Unter der Einwirkung des einfallenden Lichtes wird Rhodopsin in seine Bestandteile zerlegt und regeneriert dann bei Dunkelheit, wobei Vitamin A dem Blut entnommen wird. Vitamin-A-Mangel führt daher zur Beeinträchtigung des Stäbchen- oder Dämmerungssehens *(Nachtblindheit)*. Die Sehpigmente dienen der Transformation (Umwandlung) der Lichtenergie in elektrische Signale, die in den Rezeptoren der Stäbchen und Zapfen zur Weitergabe an das Gehirn gebildet werden können.

Das Vorhandensein dreier verschiedener Zapfenpigmente ist für das Unterscheidungsvermögen für Farben verantwortlich. Das *Farbensehen* ist jedoch noch keineswegs endgültig erforscht.

Die Netzhaut ist eigentlich ein Stück vorgestülpten Zwischenhirns, das – nach außen verlagert – lichtempfindlich ist. Wie das Gehirn besteht sie aus mehreren Schichten von Nervenzellen. Die ersten Neuronen der *Sehbahn* sind die Stäbchen und Zapfen. Diese umgewandelten Nervenzellen nehmen den Lichtreiz auf und geben die aufgenommene Erregung an das zweite Neuronensystem, die bipolaren Zellen der Netzhaut, mit denen sie in synaptische Verbindung treten, weiter. Während ein Zapfen im Durchschnitt nur mit einer bipolaren Nervenzelle in Verbindung tritt, verbinden sich durchschnittlich 130 Stäbchen gemeinsam mit einer solchen. Die Neuriten der Optikuszellen bilden in ihrer Gesamtheit den *Nervus opticus*, den *Sehnerv*, zu dem sie sich in der Papille sammeln. Während die Neuriten vorher marklos sind, sind sie im Nervus opticus markhaltig. Die *Papille* ist diejenige Stelle, an der der Sehnerv durch die Augenhäute hindurchtritt. Bei der Betrachtung mit dem Augenspiegel erscheint sie auf dem Augenhintergrund als helle Scheibe, die von einem inneren weißen (durch die Lederhaut) und einem äußeren dunklen Ring (durch die Aderhaut) umgeben ist. Hier befindet sich der sogenannte *blinde Fleck* des Auges, ein Bereich, in dem die Photorezeptoren fehlen. Um den blinden Fleck zu „sehen", muß man Abb. 5 zunächst aus etwa 30 cm Entfernung betrachten und bei verdecktem linkem Auge das Kreuz mit dem rechten anvisieren. Verändert man den Abstand der Abbildung vom Auge allmählich, so verschwindet bei einer bestimmten Entfernung die große, weiße Scheibe, da sie auf dem „blinden Fleck" abgebildet wird.

Die von den beiden Augen wegführenden Nerven laufen entlang dem Augenstiel zum Gehirn und bilden an der Basis des Zwischenhirns das X-förmige *Chiasma opticum (Sehnervenkreuzung;* Abb. 6), in dem sich die Nervenfasern teilweise überkreuzen. Dadurch können die verschiedenen Bilder, die von den beiden Augen stammen, im Gehirn übereinanderprojiziert werden, so daß es zu einer Vorstellung der räumlichen Tiefe und der dreidimensionalen Gestalt eines Gegenstandes kommt *(stereoskopisches Sehen)*. – Vom Chiasma opticum aus ziehen die Fasern jeweils des linken und rechten Gesichtsfeldes gemeinsam in der *Sehbahn (Tractus opticus)* weiter. Sie enden im lateralen Kniehöcker im Zwischenhirn, einem niederen Sehzentrum, in dem wahrscheinlich die räumlichen Unterschiede empfindlicher, d. h. kontrastreicher als auf der Netzhaut, registriert werden. Im lateralen Kniehöcker liegen die Umschaltstellen der Sehbahn. Sie führt von hier nach zwei verschiedenen Richtungen weiter: als Reflexbahn zur oberen Vierhügelregion und als Sehstrahlung zu den eigentlichen Sehfeldern (vgl. Abb. 6, S. 481).

Die sog. *Gratiolet-Sehstrahlung* endet schließlich im primären Sehfeld der Sehrinde an der Unterseite des Hinterhauptslappens. Hier findet eine Punkt-für-Punkt-Abbildung der von der Netzhaut weitergeleiteten Signale statt. Die Feldzentren der Sehrinde überlagern sich gegenseitig, es finden sich so Hemmungs- und Erregungszonen dicht nebeneinander; aber auch das Farbensehen, die Richtungslokalisation sowie die Feststellung der Konturen und inneren Strukturierung des Wahrgenommenen sind Funktionen dieses primären Sehfeldes – nicht aber die visuelle Wahrnehmung.

Abb. 5 Figur zum Nachweis des blinden Flecks

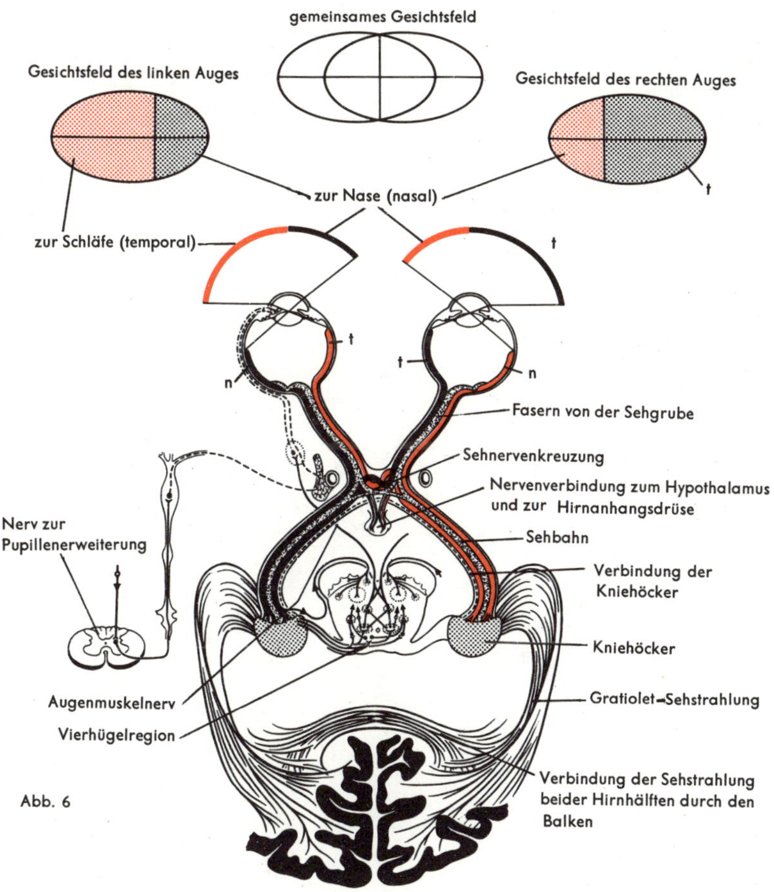

Abb. 6

Die *visuelle Wahrnehmung* erfolgt erst in den sekundären Sehfeldern. In ihnen sind beide Gesichtshälften repräsentiert, sie stehen über Fasern des sogenannten Balkens des Gehirns (s. S. 371) miteinander in Verbindung. Gleichzeitig finden sich dort auch Felder, die für die konjugierten Augenbewegungen verantwortlich sind.

Zu den *Hilfseinrichtungen des Auges* gehören die *Augenlider*. Sie schützen die Hornhaut und das Augeninnere gegen zu starken Lichteinfall. An ihren Rändern tragen sie die nach außen gebogenen *Wimpern (Zilien)*. An der Innenkante liegen die sog. *Meibom-Drüsen*, die die Lider einfetten und damit zum vollkommenen Lidschluß beitragen. Gleichzeitig hindert ihr Sekret die Tränenflüssigkeit, den Lidrand zu überspülen. Entzündliche Anschwellungen der Meibom-Drüsen werden als Gerstenkorn bezeichnet (s. S. 499), Sekretstauungen führen zum Hagelkorn (s. S. 499). Der Lidschluß erfolgt durch einen bogenförmigen Ringmuskel im Unter- und Oberlid. Die Schutzfunktion der Lider zeigt sich u. a. in reflektorischen Lidschlüssen bei Berührung der Hornhaut, bei grellem Lichteinfall und bei schneller Annäherung eines Gegenstandes. Die rhythmische Bewegung der Lider beim unbewußten Blinzeln wird möglicherweise durch den stets wiederkehrenden Vertrocknungsreiz der Hornhaut ausgelöst, der durch den Lidschlag vorübergehend beseitigt wird.

Der *Tränenapparat* (Abb. 8) hält durch Absonderung der Tränenflüssigkeit aus der Tränendrüse Hornhaut und Bindehaut feucht und ermöglicht so das Gleiten der Lider. Die *Tränendrüse (Glandula lacrimalis)* liegt in einer flachen Nische des Augenhöhlendaches; parasympathische Nerven bewirken die Tränensekretion. Die Tränenflüssigkeit breitet sich über den ganzen lidumschlossenen Raum aus und sammelt sich nasenwärts im sog. Tränensee, in den die Tränenpapillen der Lider mit ihren punktförmigen Öffnungen für die ableitenden Tränengänge eintauchen. Die Tränengänge münden im unteren Nasengang. Dort wird auch die Tränenflüssigkeit zur Befeuchtung der Atemluft verwendet. Die Tränensekretion (Abb. 9) wird, z. B. bei Reizung der Bindehaut durch Fremdkörper, von der *Formatio reticularis* gesteuert. Über die Formatio reticularis können Impulse von der Großhirnrinde auch bei psychischer Erregung Tränenfluß bewirken. Die für das Weinen notwendigen zentralnervösen Verbindungen funktionieren erst von der dritten Lebenswoche an – daher ist das Weinen der Neugeborenen noch tränenlos.

Die *Bewegungen des Augapfels* werden dadurch ermöglicht, daß er wie der Kopf eines Kugelgelenks in der Gelenkpfanne des Augenhöhlenfettkörpers gelagert ist. Die Ausführung der Augenbewegungen erfolgt durch sechs quergestreifte Muskeln (Abb. 7a). Die vier geraden, hinten an der Augenhöhle entspringenden Muskeln führen die Aufwärts- und Abwärts- sowie die seitlichen Bewegungen durch. Die beiden schrägen, seitlich ansetzenden Muskeln sind für die Drehbewegungen des Auges verantwortlich (Abb. 7b).

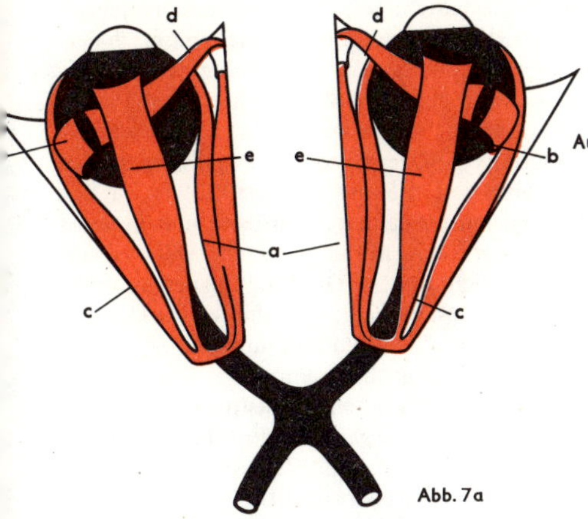

Abb. 7a

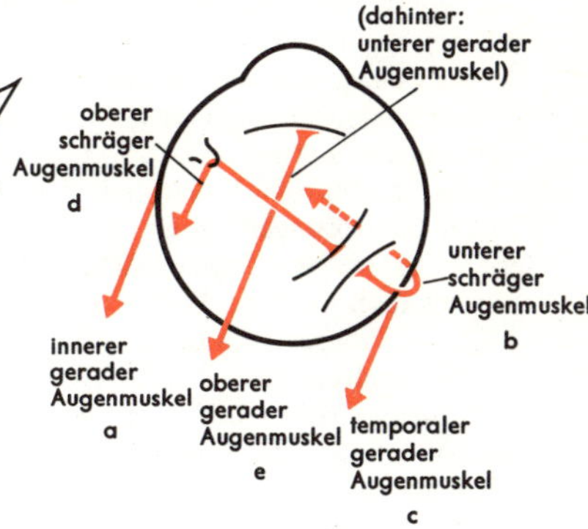

Abb. 7b

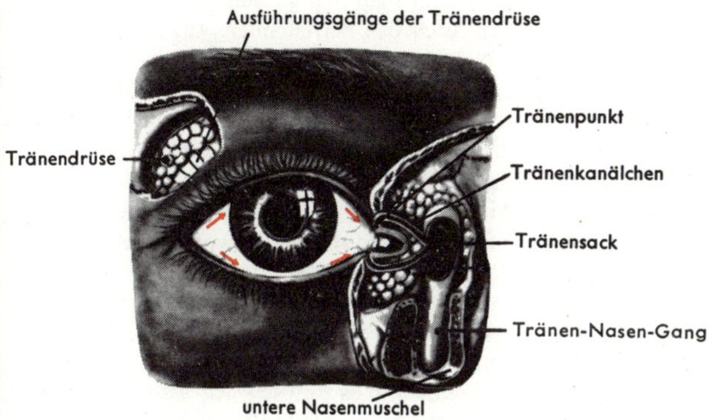

Abb. 8

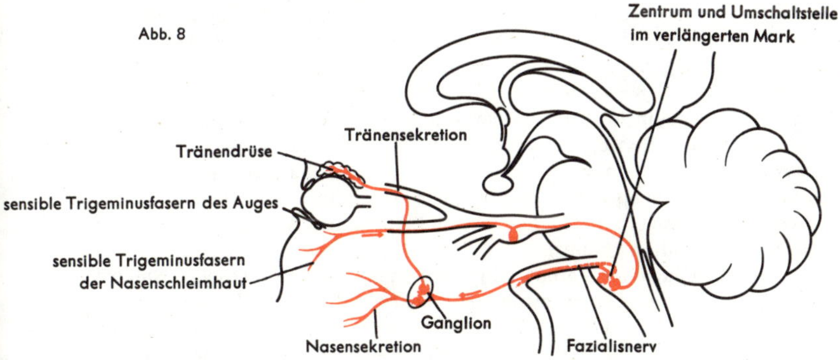

Abb. 9

GRAUER STAR

Die Augenlinse liegt hinter Regenbogenhaut und Pupille, in eine Ausbuchtung des gallertartigen Glaskörpers eingebettet. Sie besteht beim Erwachsenen aus einem festeren Kern und äußeren, entfernt zwiebelblätterartig angeordneten Faserschalen, die von einer dünnen, elastischen Membran umschlossen werden (vgl. Abb. 3, S. 479). Untersucht man die Linse alter Menschen, nachdem man die Pupille medikamentös erweitert hat, so findet man so gut wie immer gegen den Linsenrand zu feine Trübungen. Wenn diese Veränderungen in der normalen Pupille erscheinen und zu Sehstörungen führen, spricht man vom *grauen Star (Katarakt)*. Meist handelt es sich anfangs um speichenartige Trübungsfiguren nahe der vorderen und hinteren Linsenkapsel (Abb. 1). Da der Linsenkern aus totem Material besteht, trübt er sich als „Fremdkörper" ohne eigenen Stoffwechsel nicht mit ein. Die Trübung der Linsenfasern ist Ausdruck einer Art von Gerinnung der Linseneiweiße, die, ähnlich wie Hühnereiklar beim Kochen, in diesem veränderten Zustand weiß und undurchsichtig werden. Die Ausdehnung der Trübung in Richtung der Augenachse kann durch Beobachtung des Schlagschattens der Regenbogenhaut abgeschätzt werden: Linsentrübungen leuchten bei seitlicher Belichtung auf; je weiter vorne sie liegen, um so schmaler ist der Schlagschatten, je weiter hinten, um so breiter (Abb. 2a und 2b). Man kann damit gewöhnlich feststellen, daß nach und nach immer größere Bezirke der Linsenrinde von der Trübung erfaßt werden, bis die Regenbogenhaut überhaupt keinen Schlagschatten mehr wirft (Abb. 2c). In diesem Zustand nennt man den grauen Star reif.

Für die Funktion der Linse und dadurch auch des betreffenden Auges ist dieser Zustand des reifen Altersstars untragbar. Neben Hell und Dunkel kann nur noch die Richtung des einfallenden Lichtes unterschieden werden. Daher wird der Altersstar in örtlicher Betäubung schmerzlos operativ entfernt. Der erste Schnitt einer solchen *Staroperation* besteht darin, die Hornhaut mit einem Schmalmesser etwa $^2/_5$ entlang ihrem Umfang von der Lederhaut abzutrennen (Abb. 3). Nun wird mit einer feinen Pinzette die vordere Linsenkapsel entfernt und die Linse mit Hilfe von Spezialinstrumenten gewissermaßen herausmassiert. Häufig tritt der Kern zuerst aus, worauf die zurückgebliebene Rindenschicht noch eigens herausgedrückt werden muß. Die hintere Linsenkapsel wird bei dieser Operation nicht verletzt; sie dient nun als Scheide zwischen Augenkammer und Glaskörper. Reißt sie während oder kurz nach der Operation ein, so kann der Glaskörper abgehen. Bleiben bei der Staroperation verklebungsfähige Reste von Linsenfasern in den Kapselfalten hängen, kann es zum sog. *Nachstar* kommen, der manchmal in einer *Nachstaroperation* entfernt werden muß (Abb. 4). – Statt mit der geschilderten Staroperation kann man die Linse, ohne die Kapsel zu zerreißen, auch unversehrt samt Kapsel als Ganzes entfernen. Bei manchen Vorzügen hat diese Operation den Nachteil, daß die hintere Linsenkapsel, sonst Halterung für den Glaskörper, mitentfernt wird. – Neuerdings wird vorwiegend *kältechirurgisch* vorgegangen, indem man die Linse an einem dünnen Metallstab, der auf eine Temperatur von $-30\,°C$ gebracht wurde, festfriert und so unversehrt extrahiert. – Die Linse kann auch mit dem *Ultraschallgerät* zerkleinert und abgesaugt werden. – Bei jugendlichem Star braucht man nur die Linsenkapsel mit feinen Nadeln zu zerreißen; dann genügt die Eröffnung der vorderen Kammer mit der „Lanze", um Platz für den Austritt des gut verformbaren Materials zu schaffen (Abb. 5).

1–2 Wochen nach der Staroperation können die nun erforderlichen *Starbrillen* verschrieben werden. Sie sollen sowohl beim Sehen in die Ferne als auch beim Lesen die frühere Brechkraft der Linse ersetzen. Ist nur ein Auge erkrankt, wird das erkrankte Auge operiert und eine Kontaktlinse angepaßt oder während der Operation eine Kunststofflinse eingepflanzt. Intraokulare Linsen, besonders die Hinterkammerlinse, werden immer häufiger auch in beide (operierte) Augen implantiert.

Abb. 1
Anfangsstadium des Altersstars

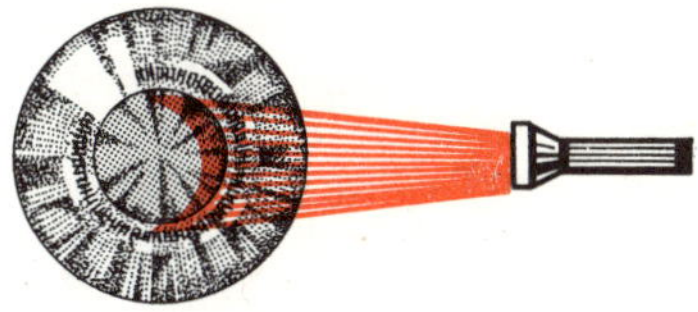

Abb. 2 a) Fortgeschrittener Altersstar

Abb. 2 b) Sehr weit fortgeschrittener Altersstar

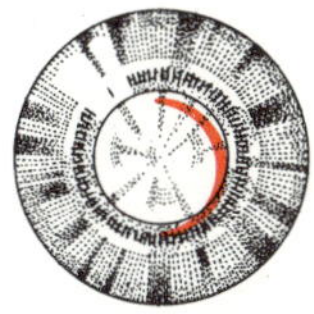

Abb. 2 c) „Reifer" Altersstar

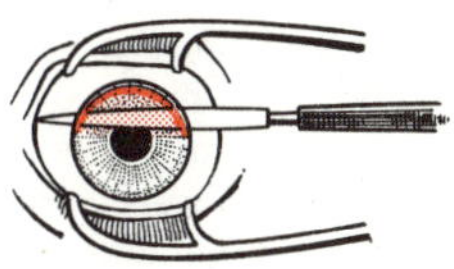

Abb. 3 Beginn der Staroperation (teilweise Abtrennung der Hornhaut)

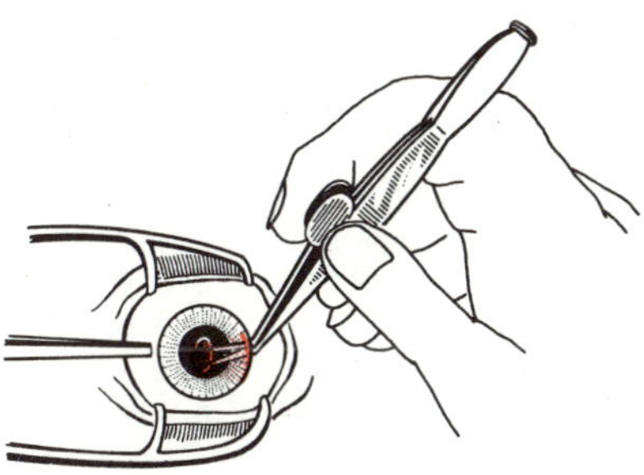

Abb. 4
Durchschneiden eines Nachstars

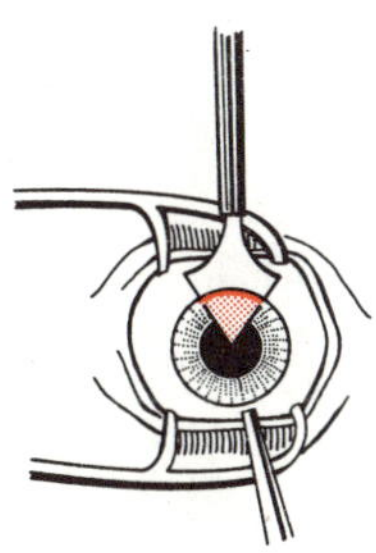

Abb. 5 Operation des jugendlichen Stars mit der „Lanze"

AUGENINNENDRUCK · GRÜNER STAR

Als *Augenkammer* bezeichnet man den Raum, der sich von der Hornhaut nach hinten bis zum Glaskörper erstreckt. Er wird durch die Regenbogenhaut (Iris) in die vordere und die hintere Augenkammer geteilt. Die beiden Augenkammern, die durch die Pupillenöffnung miteinander in Verbindung stehen, sind von einer Flüssigkeit, dem *Kammerwasser*, ausgefüllt. Dieses wird von der Bedeckung des Ziliarmuskels gebildet und fließt in einem ständigen, kaum meßbaren Strom zwischen Linse und Regenbogenhaut durch die Pupillenöffnung in die vordere Augenkammer und verläßt den Augapfel durch den Schlemm-Kanal im Bereich des Kammerwinkels.

Produktion und Abfluß des Kammerwassers müssen sehr fein aufeinander abgestimmt sein. Eine Vermehrung des Kammerwassers (meist infolge einer Abflußbehinderung unterschiedlicher Ursache) führt zum Druckanstieg im Auge, den man als *grünen Star (Glaukom)* bezeichnet. Die Abflußgeschwindigkeit wird wesentlich durch die feingewebliche Beschaffenheit und Weite des vorderen Kammerwinkels bestimmt. Manche Augen haben von vornherein flache Kammerwinkel und sind daher glaukomgefährdet *(Engwinkelglaukom)*. Auch bei einer Pupillenerweiterung, wie sie z. B. im Dunkeln erfolgt, wird der Kammerwinkel enger, da sich die Regenbogenhaut in Falten legt (Abb. 2b). Umgekehrt klafft der Kammerwinkel weiter, wenn sich die Pupille verengt, wie z. B. bei Lichteinfall und Naheinstellung des Auges (Abb. 2a).

Neben dem Kammerwasser ist die Blutfülle des Augapfels für den Augeninnendruck von Bedeutung. Sie kann vor allem beim *akuten Glaukomanfall* eine verhängnisvolle Rolle spielen. Die abführenden Gefäße der Aderhaut, die Vortexvenen, treten schräg durch die Lederhaut (Sclera) des Auges hindurch. Steigt nun der Binnendruck des Auges durch Abflußbehinderung des Kammerwassers fortlaufend an, werden schließlich die Vortexvenen ventilartig verschlossen. Da jedoch das Herz über die Schlagadern immer noch Blut in das Augeninnere pumpt, steigt der Augeninnendruck, der normalerweise nur ca. 16 mm Hg beträgt, u. U. bis in die Nähe des arteriellen Blutdrucks (beim Gesunden annähernd 100 mm Hg) an. Mit einer solchen intraokulären Drucksteigerung treten quälende Schmerzen auf, die über den ganzen Kopf ausstrahlen können. Das Sehvermögen ist erheblich eingeschränkt, da die gestörte Blutversorgung zu Trübungen des Augeninnern und zum Versagen der lichtempfindlichen Netzhaut führt. Die Bindehaut ist entzündlich gerötet, die Hornhaut getrübt. Nun wird in der Pupille auch der graugrüne Trübungsreflex sichtbar, der zur Bezeichnung „grüner Star" geführt hat.

Die am meisten verbreitete Form des Glaukoms ist das chronisch verlaufende *Weitwinkelglaukom (Glaucoma simplex chronicum)*, bei dem der Kammerwinkel zwar weit, der Kammerwasserabfluß durch altersbedingte organische Veränderungen im Bereich des Schlemm-Kanals aber behindert ist. Die Erkrankung macht zunächst kaum Beschwerden. Anfangs legt sich zuweilen ein zarter Schleier vor das Gesicht (Nebelsehen). Die Naheinstellung des Auges leidet, so daß z. B. Bücher beim Lesen weiter abgehalten werden müssen, Lichter sind von Regenbogenfarben umgeben. Schließlich treten Gesichtsfeldausfälle auf, der blinde Fleck (s. S. 480) wird gewissermaßen von außen her vergrößert. Der erhöhte Binnendruck erzeugt anfangs nur ein leichtes Spannungsgefühl; manchmal wird ein dumpfer Druck hinter der Stirn verspürt. Da die ständige Erhöhung des Augeninnendrucks bleibende Schäden, evtl. sogar Blindheit *(absolutes Glaukom)* verursachen kann, ist die frühzeitige Erkennung des grünen Stars von großer Bedeutung. Dabei spielt die Messung des Augeninnendrucks mit dem Tonometer (Abb. 1) eine wichtige Rolle. Erst bei fortgeschrittenem Leiden sind durch Augenspiegelung sichtbare Veränderungen des Augenhintergrundes festzustellen: Da beim Erwachsenen die Lederhaut des Auges nicht elastisch ist, wirkt sich der erhöhte Binnendruck auf die nachgiebigste Stelle aus, die Sehnervenscheibe an der Eintrittsstelle des Sehnervs. Es entsteht eine tiefe Aushöhlung der Papille *(glaukomatöse Exkavation)*, an deren Rand die Netzhautgefäße typische Knickstellen aufweisen. Beim kindlichen Auge ist die Lederhaut noch nachgiebig. Daher kann sich der Augapfel hier bei gesteigertem Innendruck erheblich vergrößern *(angeborenes Glaukom;* wohl eine „Mißbildung").

Neben diesen Formen des primären Glaukoms gibt es das sekundäre Glaukom als Folge einer Ersterkrankung des Auges. Als Ursachen des *sekundären Glaukoms* kommen u.a. Lageveränderungen der Linse (Linsenluxationen) in Frage. Die nach hinten verlagerte Linse z.B. kann die Bildungsstätten des Kammerwassers zu übermäßiger Produktion anregen, die nach vorn verlagerte Linse die Abflußstellen im vorderen Kammerwinkel verlegen. Auch Entzündungen der Regenbogenhaut und – bei ohnehin flacher Vorderkammer – pupillenerweiternde Medikamente (z.B. Atropin) können das Gleichgewicht zwischen Bildung und Abfluß des Kammerwassers stören. Weitere Glaukomursachen können Augenverletzungen oder intraokuläre Tumoren sein.

Zur *Senkung des Augeninnendrucks* gibt es eine Reihe von Medikamenten und druckentlastenden Operationen, die je nach den Umständen in Frage kommen und z.T. auch miteinander kombiniert werden. Bei Weitwinkelglaukom liegt der Schwerpunkt bei der medikamentösen, beim Winkelblockglaukom bei der operativen Therapie. – Durch Erleichterung des Kammerwasserabflusses bei gleichzeitiger Pupillenverengung drucksenkend wirken die den Parasympathikus imitierenden Mittel (Parasympathomimetika), z.B. das viel gebrauchte Pilocarpin (zur Verlängerung der Wirkung auch in öliger Lösung oder in einem Medikamententräger). Adrenalinähnliche Stoffe (wegen Pupillenerweiterung nur bei weitem Kammerwinkel erlaubt) vermindern die Kammerwasserbildung durch Gefäßkontraktion. Neuerdings werden auch die sog. Betablocker und Clonidin angewandt, die im Unterschied zu den anderen erwähnten Stoffen weder die Pupillenweite noch die Akkomodation (Naheinstellung) deutlich verändern. Acetazolamid, das als Diuretikum nicht nur auf das Kammerwasser, sondern auch allgemein entwässernd wirkt, wird für die Behandlung akuter Zustände eingesetzt. Atropin u.a. parasympathikuslähmende und pupillenerweiternde Medikamente sind möglichst zu meiden. – Bei der *Dauerbehandlung* geht es vor allem auch um den Verlauf des Augeninnendrucks im Tagesprofil und um die Auswirkung von Belastungen wie Koffein, Flüssigkeitszufuhr, Dunkelheit (bei Dunkelheit erweitern sich die Pupillen).

Die *druckentlastenden Operationen* schaffen zusätzliche Abflußkanäle für das Kammerwasser. Zu ihnen gehören u.a. die *Iridektomie* (als „Fensterung" der Regenbogenhaut; vgl. Abb. 3), die *Iridenkleisis* (Einklemmung eines Stücks Regenbogenhaut in die eröffnete Lederhaut), die *Trabekulotomie* (*Goniotomie;* operative Einschneidung des Augenkammerwinkels) und die *Zyklodialyse* (operative Strahlenkörperablösung).

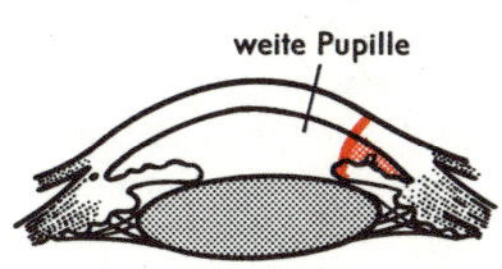

Abb. 2 b) Das Kammerwasser fließt bei flachem Kammerwinkel schlecht ab

Abb. 3

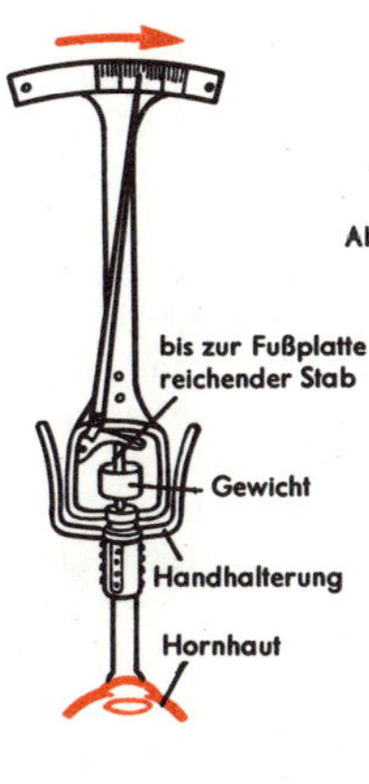

Abb. 1
Tonometer zum Messen des Augeninnendrucks

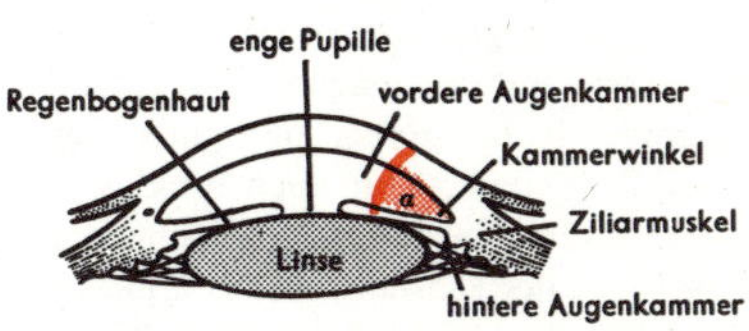

Abb. 2 a) Das Kammerwasser kann bei weitem Kammerwinkel gut abfließen

BRECHUNGSFEHLER · BRILLEN

Voraussetzung für gutes Sehen ist die scharfe Abbildung des betrachteten Gegenstandes auf der Netzhaut des Auges (vgl. Abb. 1). Dies wird durch zuverlässige Abstimmung zwischen der Länge des Augapfels und der Brechkraft des lichtbrechenden (dioptrischen) Apparates des Auges erreicht.

Blickt das normalsichtige Auge auf einen Gegenstand, der mehr als 5 Meter vom Auge entfernt ist (sog. Fernpunkt; a), so entsteht ohne besonderes Zutun ein scharfes Abbild dieses Gegenstandes auf der Netzhaut (b). Gegenstände, die näher liegen als 5 Meter (a'), werden unter solchen Bedingungen unscharf gesehen, weil ihr Abbild hinter der Netzhaut (b') zustande kommt (Abb. 2a). Um auch diese nahen Gegenstände scharf zu sehen, muß das Auge sich anpassen (akkommodieren), die einzige Veränderliche des bildentwerfenden Apparates, die Linsenkrümmung, muß zunehmen (s. S. 476). Dabei ändert sich ihre Brechkraft, und das Bild des nahen Gegenstandes rückt in den Bereich der Netzhaut vor (vgl. Abb. 2b und 3). Man nennt diesen Vorgang *Nahanpassung (Akkommodation*, vgl. Abb. 4). Die Fähigkeit zur Naheinstellung (Akkommodationsbereitschaft) reicht bei einem Zehnjährigen bis zu einem Nahpunkt von 8 cm dicht ans Auge heran. Mit dem Alter wird die Linse durch zunehmenden Verschleiß (eigentlich fortschreitende Entwässerung) immer weniger elastisch und mit 60 Jahren so gut wie völlig starr. Es kommt zur fortschreitenden *Alterssichtigkeit*, bis schließlich nur noch Gegenstände über 1 Meter Entfernung scharf gesehen werden können. Die Naheinstellung auf den Leseabstand von etwa 33 cm muß nun mit Hilfe der zusätzlichen Sammellinse einer Altersbrille erfolgen (Abb. 5). Diese kann durch besonderen Schliff so beschaffen sein, daß sie nur in einem unteren Bereich die Funktion einer Sammellinse hat und daher Fern- und Lesebrille in einem vereinigt (Zweistärkenglas).

Optische Leistungsfähigkeit, z.B. die Brechkraft des Auges, wird gewöhnlich in Dioptrien angegeben. Unter *Dioptrie* (dpt) versteht man den Kehrwert der Brennweite einer Linse, in m angegeben. Linsen mit $^1/_2$, 1, 5 und 10 Dioptrien sind Linsen mit Brennweiten von 2, 1, $^1/_5$ und $^1/_{10}$ Metern. Mit zunehmender Dioptriezahl nimmt also die Brechkraft zu, die Brennweite ab (Abb. 6, S. 491). Das normale jugendliche Auge hat bei Ferneinstellung eine Brechkraft von 58 dpt, dazu kommen bei angestrengtem Nahsehen durch stärkere Linsenkrümmung noch 14 weitere Dioptrien. Ist die Linse altersstarr und nicht mehr zusätzlich wölbungsfähig, wie bei der Alterssichtigkeit der mehr als 60jährigen, so werden zum Lesen in 33 cm Abstand ersatzweise Sammellinsen von rund 3 Dioptrien gebraucht (stärkste Lesebrille). Die Augenlinse hat für sich eine Brechkraft von rund 16 Dioptrien. Daher muß nach ihrer Entfernung bei der Operation des grauen Stars eine *Starbrille* von etwa 13 Dioptrien für die Ferne getragen werden. Zum Lesen braucht der Staroperierte eine Brille mit einer Brechkraft von 15–16 Dioptrien. – Die *Weitsichtigkeit* (besser *Übersichtigkeit* oder *Hyperopie)* sollte nicht mit der Alterssichtigkeit (oder Presbyopie) verwechselt werden. Bei der Übersichtigkeit ist die Längsachse des Augapfels im Verhältnis zur Brechkraft zu kurz; parallele Strahlen von Gegenständen in einer Entfernung von mehr als 5 m vereinigen sich daher erst hinter der Netzhaut (Abb. 7a, S. 491). Das Auge des Übersichtigen ist eigentlich auf Strahlen eingestellt, die zusammenlaufend (oder konvergent) auf die Hornhaut fallen. Daher muß auch schon beim Sehen in die Ferne eine Naheinstellungsbewegung ausgeführt oder zum Ausgleich des kurzen Augapfels eine Sammellinse vor das Auge gesetzt werden (Abb. 7b, S. 491). Der Alterssichtige mit normalem Augapfel bedarf daher nur einer Lesebrille – der Übersichtige im Grunde immer einer Brillenkorrektur auch für das Sehen in die Ferne. In der Jugend schafft zwar die automatische Naheinstellungsschaltung immerfort Abhilfe durch ausgleichende Erhöhung der Linsenbrechkraft. Dies ist jedoch eine aktive Leistung, eine Anstrengung des linsentragenden Ziliarmuskels, die der Übersichtige gewohnheitsmäßig erbringt; sie kann bei stärkerer Übersichtigkeit schädlich sein und zu Veränderungen des Augenhintergrundes führen (Pseudoneuritis hypermetropica). Mit zunehmendem Alter wird

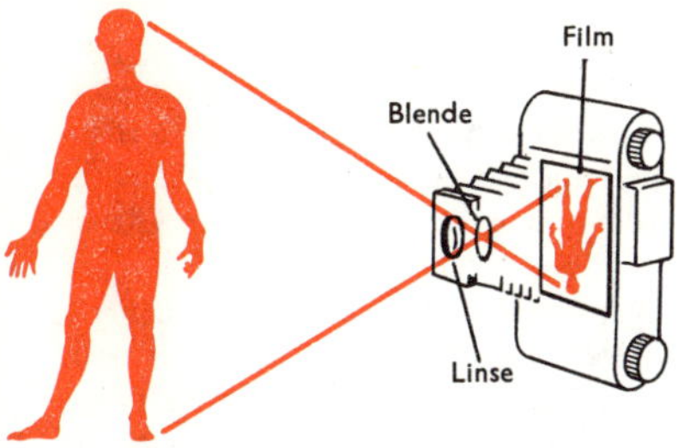

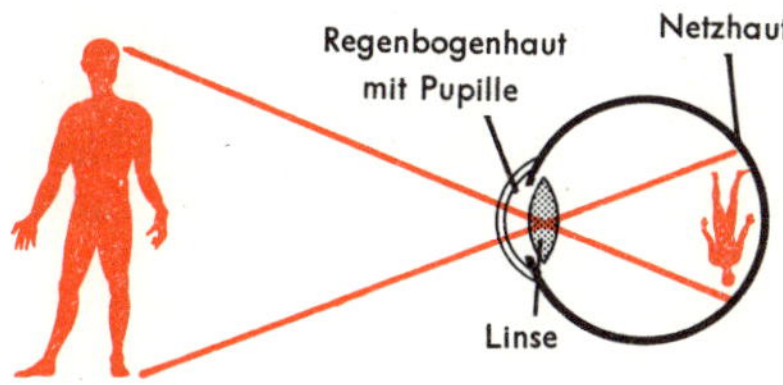

Abb. 1 Bildentstehung in der Kamera

Bildentstehung im Auge

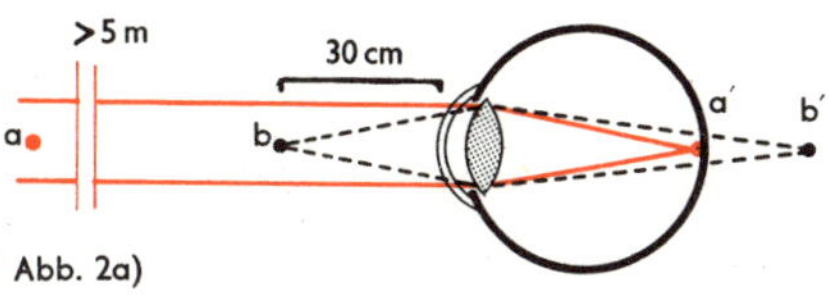

Abb. 2a)

Bei Ferneinstellung des normalsichtigen Auges ist a scharf (a′), b nur unscharf (b′) auf der Netzhaut abgebildet

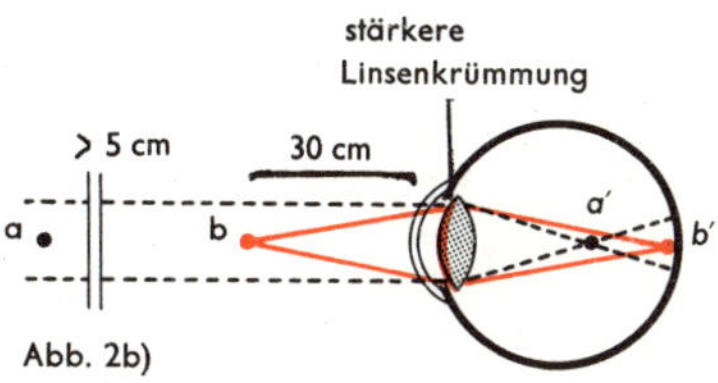

Abb. 2b)

Bei Naheinstellung (Akkommodation) des normalsichtigen Auges ist b scharf (b′) und a nur unscharf (a′) auf der Netzhaut abgebildet

Abb. 3

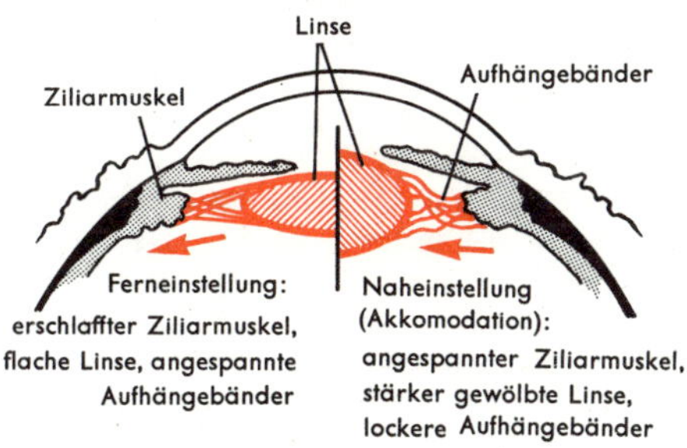

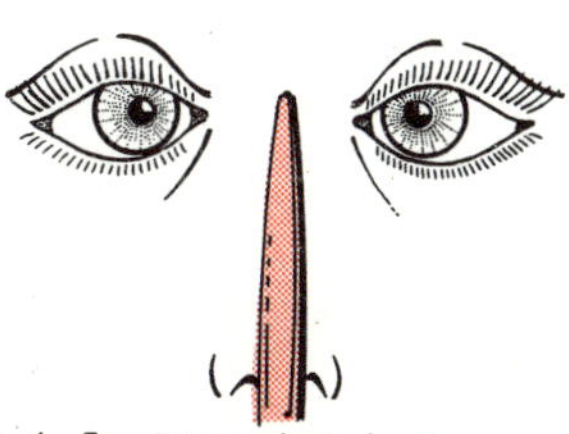

Abb. 4 Einwärtswendung der Augen bei Naheinstellung

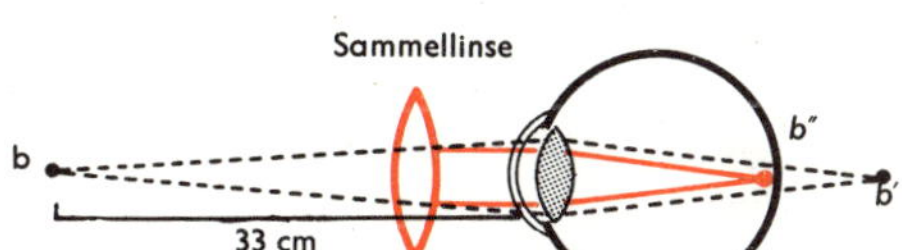

Abb. 5

Der Punkt b wird erst hinter der Netzhaut scharf abgebildet (b); die Sammellinse der Brille ersetzt die fehlende Brechkraft der Augenlinse und rückt das Bild in den Bereich der Netzhaut von b′ nach b″

der Übersichtige, der bis dahin noch gar nichts von seinem Sehfehler zu wissen braucht, beim Lesen eher in Schwierigkeiten kommen als der Normalsichtige; er beansprucht ja seine Naheinstellung, die durch zusätzliche Linsenkrümmung zustande kommt, schon beim Sehen in die Ferne. Um so rascher wird die abnehmende Krümmungsreserve der Linse sich bei der Naheinstellung bemerkbar machen. Wichtig ist, daß man Übersichtigen nicht schaden kann, wenn man ihnen die stärksten Gläser gibt, die sie für die Ferne annehmen.

Bei der *Kurzsichtigkeit (Myopie)* ist der Augapfel im Verhältnis zur Brechkraft des Auges zu lang. Daher vereinigen sich parallele Strahlen, die aus der Ferne kommen, schon vor der Netzhaut. Der Kurzsichtige kann nur solche Strahlen auf der Netzhaut zu einem scharfen Bildpunkt zusammenfassen, die auseinandergehend (oder divergent) ankommen (Abb. 8a). Daher muß er Gegenstände ausreichend nahe vor das Auge bringen oder eine Zerstreuungslinse vorsetzen (Abb. 8b). Im Gegensatz zum Weitsichtigen kann das Auge sich aus eigener Kraft beim Kurzsichtigen nicht helfen, da die Augenlinse sich, wenn überhaupt, so nur zu einer noch stärkeren Sammellinse krümmen kann; der Versuch zur Akkommodation würde beim Sehen in die Ferne die Sehschärfe nur noch weiter verschlechtern. In der Nähe kann der Kurzsichtige allerdings ohne Anstrengung lesen, und er braucht infolge seines langen Augapfels auch bei abnehmender Krümmungsreserve der Linse keine Lesebrille.

Bekommt der Kurzsichtige zum Sehen in die Ferne eine Brille, so ist jene zu wählen, die den Fehler höchstens ausgleicht. Zu starke Zerstreuungslinsen würden ihm jetzt umgekehrt nur die Last zu Naheinstellungsbewegungen aufbürden und ihn so in die Lage eines Übersichtigen versetzen. Man muß das schwächste Glas nehmen, mit dem der Kurzsichtige für die Ferne auskommt.

Übersichtigkeit und Kurzsichtigkeit, kurze und lange Augäpfel, sind bis zu einem gewissen Grad der Ausdruck einer statistischen Streuung um den Durchschnittswert bei Normalsichtigkeit. Dieser Durchschnittswert liegt auffallenderweise bei + 0,5 und nicht bei 0 Dioptrien; „normal" währe daher eigentlich eine leichte Übersichtigkeit. Man sieht, daß sich an die statistisch erklärbare Kurzsichtigkeit noch eine Zone extrem starker Kurzsichtigkeit anschließt. Man spricht hier von bösartiger (oder maligner) Myopie. Während die gewöhnliche sog. Schulmyopie, die sich im Schulalter entwickelt, mit der Schularbeit aber nichts zu tun hat, nach der Teenagerzeit stillsteht, nimmt die bösartige Myopie an Schwere fortlaufend zu. Dies hängt wahrscheinlich mit einer abnormen Dehnbarkeit des Augapfels zusammen, der auch im späteren Alter immer noch weiter nachzugeben pflegt. Der Punkt, bis zu dem ohne Brille noch scharf gesehen werden kann, der sog. Fernpunkt, liegt dann u. U. bei 7 cm und näher. Zur Korrektur, die dabei nicht mehr immer gelingt, sind dann Gläser von 15 und mehr Dioptrien erforderlich. Leider führt die fortlaufende Streckung des Augapfels u. a. auch zur Veränderung und Schädigung der Aderhaut und Netzhaut des Auges, die bei Betrachtung des Augenhintergrundes sehr auffallend sind. Solche Schädigungen beeinträchtigen das Sehen zusätzlich vor allem dann, wenn sie, wie häufig, an der Stelle des deutlichsten Sehens, in der Sehgrube, auftreten. Durch die Verlängerung des Augapfels sind die Betroffenen außerdem von einer Netzhautablösung bedroht.

Hochgradige Kurzsichtigkeit, irregulärer Astigmatismus, stärkere Brechungsunterschiede zwischen beiden Augen (so nach einseitiger Staroperation) und auch berufliche Gründe sind – neben kosmetischen – Indikationen bzw. Anlässe zum Tragen von *Kontaktlinsen*. Es gibt harte (bei irregulärem Astigmatismus unentbehrliche) Kontaktlinsen, die leichter zu pflegen, und weiche Kontaktlinsen, die besser verträglich, aber in der Pflege wesentlich anspruchsvoller sind. Ob und welche Kontaktlinsen (eventuell mit verlängerter Tragdauer) erforderlich oder ratsam sind, ist – auch wegen der erforderlichen Kontrollen – eine Frage an den Augenarzt.

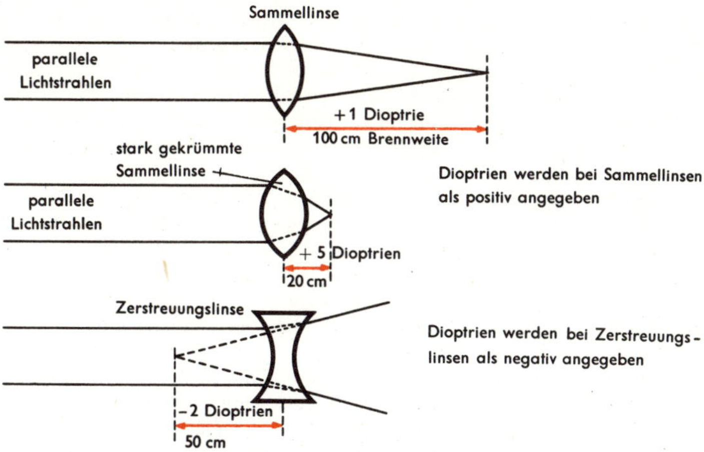

Abb. 6 Angabe der Linsenbrechkraft in Dioptrien

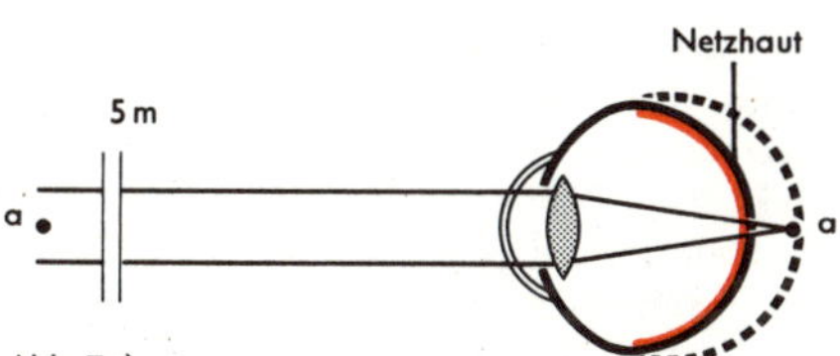

Abb. 7a)

Bei zu kurzem Augapfel und daher hinter der Netzhaut liegendem Brennpunkt (a′) werden fern gelegene Gegenstände auf der Netzhaut nur unscharf abgebildet

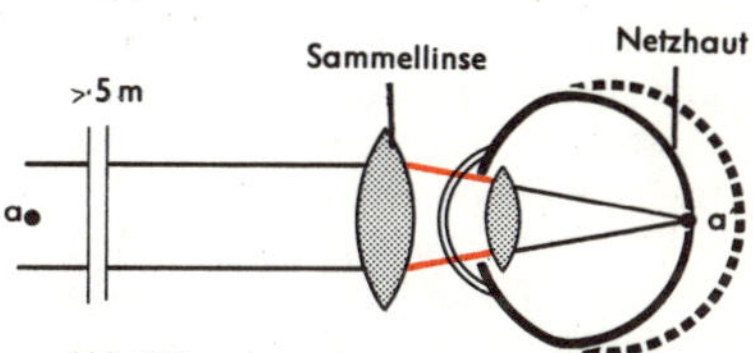

Abb. 7b)

Eine Sammellinse verstärkt die Brechkraft des Auges; mit ihrer Hilfe wird der Brennpunkt in den Bereich der Netzhaut gerückt und das Abbild von a auf der Netzhaut scharf (a′)

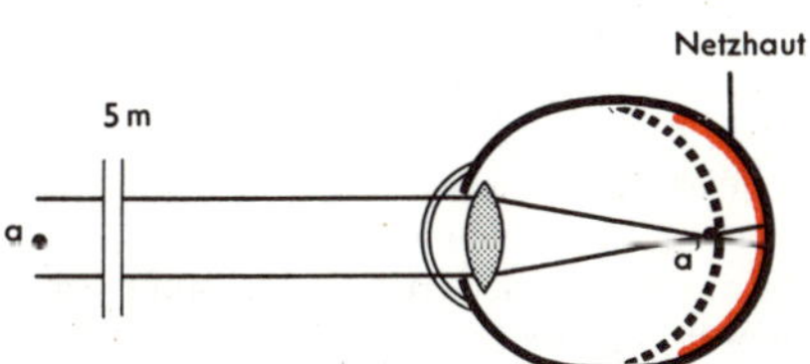

Abb. 8a)

Bei zu langem Augapfel und daher vor der Netzhaut liegendem Brennpunkt (a′) werden ferngelegene Gegenstände auf der Netzhaut nur unscharf abgebildet

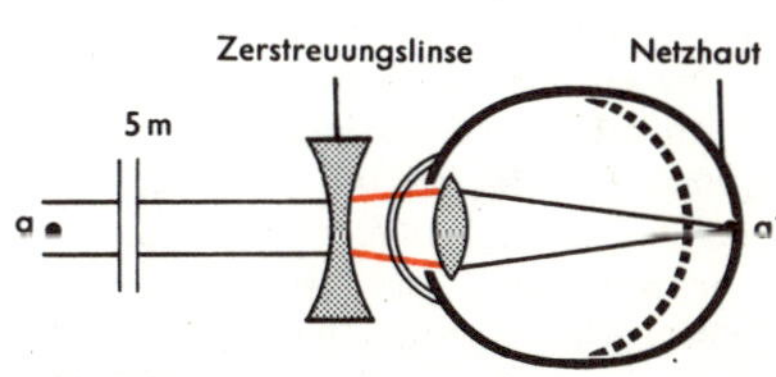

Abb. 8b)

Eine Zerstreuungslinse rückt den Brennpunkt nach hinten in den Bereich der Netzhaut, und so entsteht ein scharfes Abbild von a in a″

FARBENFEHLSICHTIGKEIT

Unter Farbenfehlsichtigkeit versteht man Ausfallserscheinungen des Farbensehens. Die *Farbempfindungen* werden durch chemische und elektrophysiologische Vorgänge in den Sinneszapfen der Netzhaut, die von den Lichtwellen getroffen werden, ausgelöst. Die dort entstehenden Erregungen werden schließlich zentralwärts geleitet und in der Hirnrinde ins Bewußtsein gehoben. Kürzerwellige (ultraviolette) und längerwellige (infrarote) elektromagnetische Schwingungen werden nicht als „Licht" wahrgenommen. Somit stellt das sichtbare Licht nur einen sehr schmalen Ausschnitt aus dem Spektrum aller elektromagnetischen Wellen dar (Abb. 1).

Verschiedene Beobachtungen an farbentüchtigen und farbensinngestörten Augen sprechen dafür, daß die *normale Farbwahrnehmung* sich aus mehreren Bestandteilen zusammensetzt. Seit den Untersuchungen des Physikers und Physiologen H. L. F. v. Helmholtz (1821–1894) werden im Bereich des Farbensinnes drei verschiedene Strukturen angenommen, die man auch Elemente oder Komponenten nennt; jeder dieser Teilapparate scheint auf bestimmte Wellenlängen des sichtbaren Lichts bevorzugt anzusprechen.

Nach neueren Untersuchungen handelt es sich bei diesen drei Komponenten des Farbensehens um drei verschiedene Sehfarbstoffe oder Sehpigmente in den farbempfindlichen Sinneszellen der Netzhaut, den Zapfen. Diese Sehpigmente fangen jeweils Licht verschiedener Wellenlänge ein und benutzen die Energie des absorbierten Lichtes dazu, ihre eigene chemische Struktur zu ändern. Diese Strukturänderung führt dann zu einer (elektrischen) Erregung der Sinneszellen; die Erregung der Sinneszellen schließlich wird gehirnwärts geleitet und dort registriert. Aus der Drei-Komponenten-Struktur des Farbensehens ergibt sich, daß man normalerweise alle noch so verschiedenen Farbempfindungen durch die Mischung dreier Einzelfarben hervorrufen kann. Der Mischungsanteil, der für alle Farbabstufungen des Regenbogens auf die Rot-, Grün- und Blaukomponente entfällt, kann durch drei Kurvenzüge wiedergegeben werden. Er ist auf der Farbenskala dann Punkt für Punkt für das normale dreifarbige (trichromatische) Farbensehen kennzeichnend (Abb. 2).

Eine Reihe von Farbensinnstörungen besteht nun darin, daß eine der drei Komponenten oder Teilapparate, meist die Rot- oder Grünkomponente, fehlt. Man spricht dann von *Rotblindheit (Protanopie)*, von *Grünblindheit (Deuteranopie)* oder von *Blaublindheit (Tritanopie)*. Da dann jeweils nur noch zwei Komponenten sehtüchtig sind, heißen die Träger solcher Farbensinnstörungen auch *Dichromaten*. Rot- und Grünblinde verwechseln Rot, Orange, Gelb und Gelbgrün miteinander; ein bestimmtes Rot und ein bestimmtes Grün erscheinen ihnen grau. Die Bezeichnung Rotgrünblindheit ist insofern falsch, als nur rotes oder nur grünes Licht nicht farbig wahrgenommen wird; sie ist insofern richtig, als Rot und Grün (neben anderen Farben) bei der Rot- und bei der Grünblindheit miteinander verwechselt werden.

Neben der selteneren Rot- oder Grünblindheit gibt es häufiger geringere Farbensinnstörungen ähnlicher Art, nämlich eine *Rotschwäche* bzw. eine *Grünschwäche (Protanomalie* und *Deuteranomalie)*. Ihre Träger werden als *anomale Trichromaten* bezeichnet. Schließlich gibt es noch total Farbenblinde. Bei diesen sog. *Monochromaten* wird nur ein einziger Farbton, dieser allerdings in verschiedenen Helligkeitsabstufungen, gesehen. Ist die totale Farbenblindheit angeboren, so handelt es sich meist um einen Funktionsausfall der farbentüchtigen Zapfen *(Zapfenblindheit)*. Es herrscht dann (auch im Hellen) reines Stäbchen- oder „Dunkel"sehen; man spricht daher auch von Tagblindheit. Mit den Stäbchen ist das Nacht- bzw. Dämmerungssehen noch in Ordnung.

Farbensinnstörungen sind recht häufig und daher von großer Bedeutung im Verkehr, u. U. auch für die Berufswahl der Betroffenen. Männer sind wesentlich häufiger betroffen als Frauen (Abb. 3). Dies ist auf den geschlechtsgebundenen rezessiven Erbgang der Farbensinnstörungen zurückzuführen.

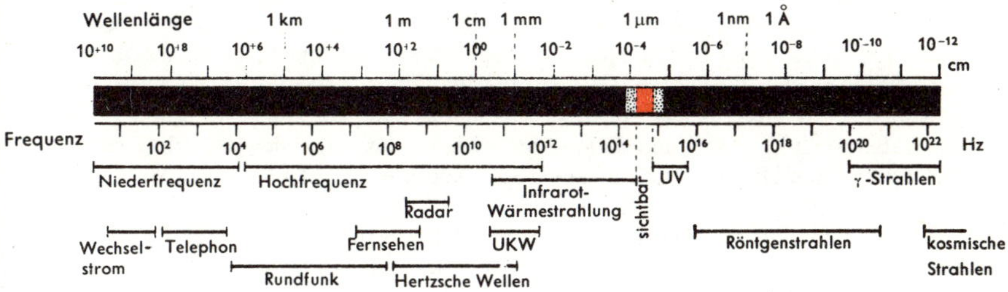

Abb. 1 Elektromagnetisches Spektrum

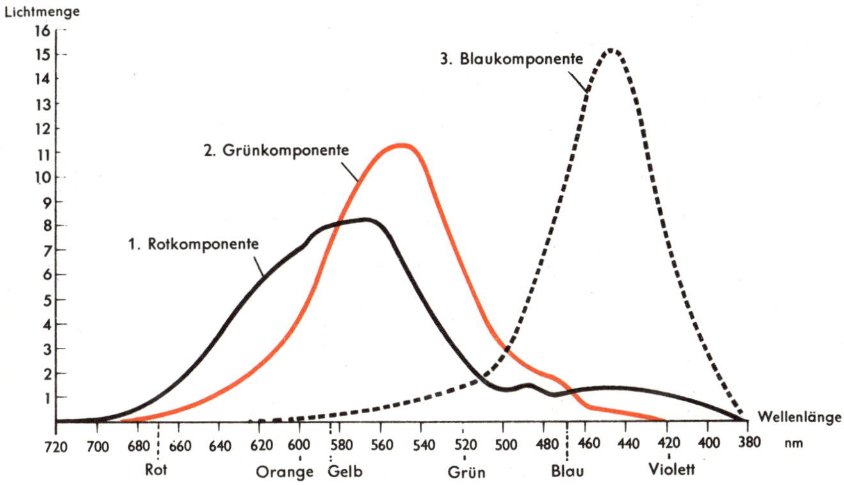

Abb. 2 Mischungen dreier reiner Spektralfarben (Rot, Grün und Blau) ergeben alle Farben und Farbtöne des Regenbogens

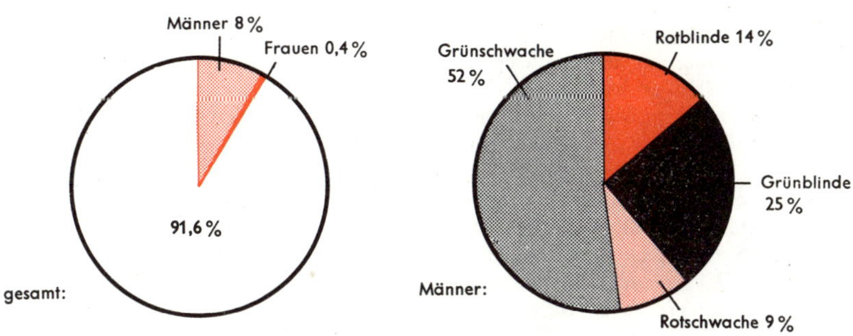

Abb. 3 Häufigkeit von Farbensinnstörungen

SCHIELEN

Betrachtet man einen um mehr als 5–6 Meter entfernten Gegenstand, so stehen beide Augen normalerweise gleichgerichtet, ihre Blicklinien sind parallel (Abb. 1a). Rückt der Gegenstand bis kurz vor die Augen, so folgen ihm beide Augen in einer gegensinnigen Einstellbewegung, so, daß die Blicklinien sich nun überkreuzen; diese geordnete Zuwendung beider Augäpfel zueinander läuft automatisch ab und ist Teil der Naheinstellung (Akkommodation) der Augen (Abb. 1b). Alle Abweichungen von dieser geregelten Stellung und Führung beider Augen nennt man *Schielen (Strabismus)* (Abb. 1c und d).

Zum Verständnis der verschiedenen Formen des Schielens und ihrer Behandlung ist die Einsicht wichtig, daß die regelrechte Stellung und Führung beider Augen für das normale doppeläugige Sehen entscheidend ist; nur so nämlich ist z. B. gewährleistet, daß die in jedem Auge getrennt entstehenden Abbildungen im Gehirn zu einem einzigen Bild übereinanderkopiert werden. Davon kann man sich leicht überzeugen, wenn man ein Auge durch leichten Fingerdruck auf den äußeren Lidrand künstlich zum Schielen bringt. Es entstehen dabei *Doppelbilder* (Abb. 4, S. 497). Solche Doppelbilder werden normalerweise durch die geregelte Stellung und Führung beider Augen vermieden: Gehirnzentren sorgen dafür, daß die beiden Abbildungen (im linken und rechten Auge) auf einander entsprechende (oder „korrespondierende") Stellen der Netzhaut fallen (Abb. 2). Eine anatomische Grundlage dieser Theorie der korrespondierenden Netzhautstellen wurde aus der teilweisen Überkreuzung der von der Netzhaut ins Gehirn führenden Nervenfasern abgeleitet (Abb. 5, S. 497; s. auch S. 480).

Doppelbilder können auch beim normalen Sehen auftreten. Man braucht z. B. beim Lesen nur den Finger vor die Nase zu halten und weiterzulesen: Der Finger erscheint doppelt. Erst, wenn wir den Finger ansehen und die Augen einwärtswendend auf ihn einstellen, sehen wir zwar den Finger einfach, dafür aber die weiter entfernten Buchstaben doppelt. Das bedeutet, daß immer das einfach gesehen wird, worauf die Aufmerksamkeit sich richtet, was man also mit den Augen fixiert oder „was im Fixierpunkt liegt". Die Bilder solcher Gegenstände, auf die wir den Blick richten und in denen sich die Blicklinien kreuzen, fallen auf die Sehgrube der Netzhaut, den Punkt des deutlichsten und differenziertesten Sehens. Auch alle Gegenstände, die auf einem Kreis liegen, den man durch den Fixierpunkt und die Pupillen beider Augen zieht *(Horopterkreis)*, werden einfach gesehen. Das Abbild von Punkten, die auf diesem Kreis liegen, fällt auf die erwähnten korrespondierenden Netzhautstellen und wird einfach gesehen. Gegenstände, die näher oder ferner liegen als der Horopterkreis, fallen auf nicht korrespondierende Netzhautstellen und werden doppelt oder unscharf gesehen (Abb. 3a und b).

Da immer nur sehr wenige Gegenstände auf dem Horopterkreis liegen und daher einfach gesehen werden können, sind in unserem Gesichtsfeld tatsächlich viele Doppelbilder vorhanden. Daß sie normalerweise nicht auffallen und nicht stören, liegt daran, daß in der „Photokammer" Gehirn nur die Abbildungen von Gegenständen auf dem Horopterkreis beachtet und „entwickelt" werden; alle übrigen unterschlägt das Bewußtsein. Diese Fähigkeit, von der Netzhaut Registriertes als verwirrend unterdrücken zu können, ist nicht nur für den normalen doppeläugigen Sehakt von Bedeutung, sie spielt auch beim Schielen eine große Rolle. Bei jedem Schielen fallen sämtliche Bildpunkte auf nicht korrespondierende Netzhautstellen, was bedeutet, daß ausschließlich Doppelbilder empfangen werden können. Man unterscheidet dabei: Schielen mit tatsächlich bewußt gesehenen Doppelbildern und Schielen, bei dem das von der einen Netzhaut gelieferte Bild zentral unterdrückt wird.

Das sog. *Lähmungsschielen* kommt durch direkte Lähmung von Augenmuskeln oder durch entsprechende Nervenschädigung zustande. Es tritt meist plötzlich auf. Daher bleibt dem Gehirn keine Zeit, das Unterdrücken eines Netzhautbildes zu lernen. Es kommt zu außerordentlich lästigen Doppelbildern, die Orientierung im Raum ist gestört, es entsteht Schwindelgefühl, u. U. mit schwerer Übelkeit.

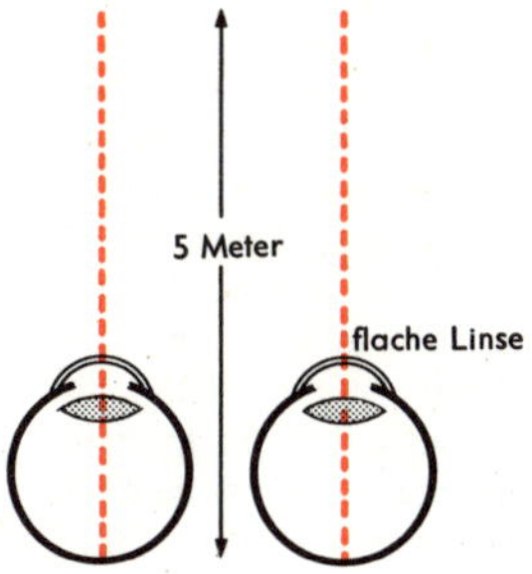

Abb. 1a)
Beim Sehen in die Ferne sind die Blicklinien parallel

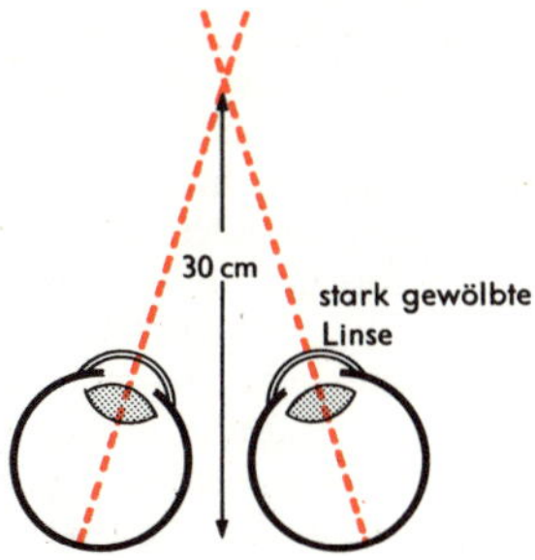

Abb. 1b)
Beim Nahsehen überkreuzen sich die Blicklinien im fixierten Gegenstand

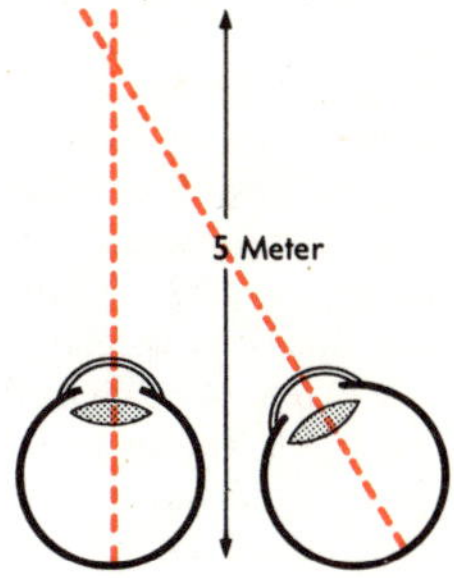

Abb.1 c)
Einwärtsschielen rechts

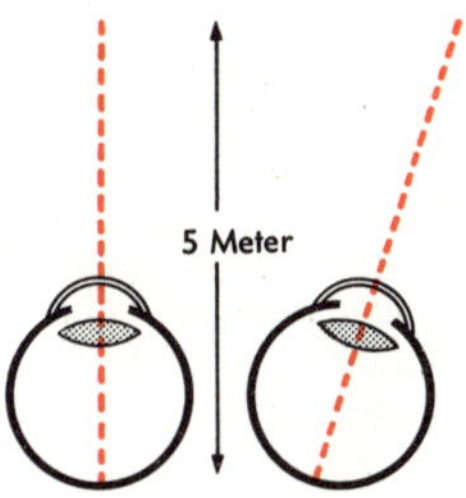

Abb. 1d) Auswärtsschielen rechts

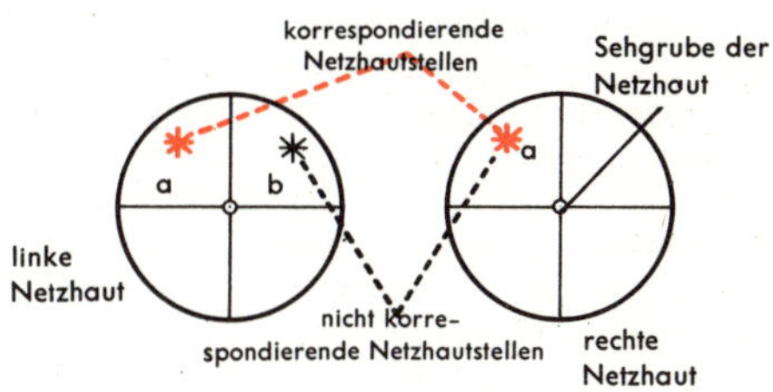

Abb. 2

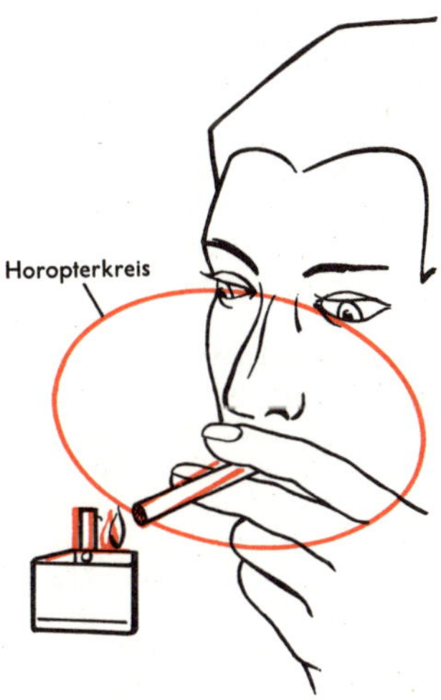

Abb. 3b)

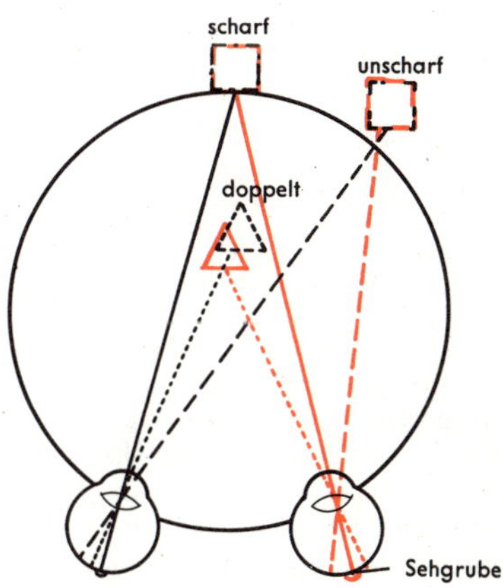

Abb. 3a) Horopterkreis

Das sog. *Begleitschielen* tritt vor allem dann auf, wenn der beidäugige Sehakt gestört ist. Doppelbilder fehlen beim Begleitschielen, weil der Bildentwurf einer Netzhaut im Gehirn unterdrückt werden kann. Begleitschielen entsteht sehr häufig als Folge der gestörten Ruhelage eines Auges. Diese gestörte Ruhelage kommt dadurch zustande, daß ein Augenmuskel die Oberhand über seinen Gegenspieler gewinnt, z. B. der Auswärts- über den Einwärtswender. Ist gleichzeitig der beidäugige Sehakt unterwertig, werden die Augen nicht angetrieben, sich in der gemeinsamen Einstellung auf den Fixierpunkt abzustimmen. Ein Auge fixiert normal, das andere gibt dem stärkeren Muskel nach und weicht seiner veränderten Ruhelage entsprechend ab, es schielt. Ist der beidäugige Sehakt dagegen funktionstüchtig, setzt sich die anomale Ruhelage nicht durch; das zweite Auge wird zur Vermeidung der außerordentlich störenden Doppelbilder trotz ungleichmäßigen Muskelzugs richtig gestellt und geführt, das Schielen bleibt aus.

Neben dem gestörten zweiäugigen Sehakt und der abnormen Ruhelage des Auges kommt als dritte Ursache des Begleitschielens sehr oft ein Sehfehler wie Kurzsichtigkeit oder Weitsichtigkeit hinzu. Dies ist um so wichtiger, als gerade diese wesentlichen und recht häufigen Ursachen des Schielens durch Brillenkorrektur beseitigt und das Schielen so vermieden oder, wenn man rechtzeitig eingreift, ohne Operation geheilt werden kann. Der Kurzsichtige benötigt für die Nähe keine Nahanpassung des Linsenapparates. Da mit der Naheinstellung oder Akkommodation auch die Einwärtswendung der Augäpfel automatisch verknüpft ist, fehlt beim Kurzsichtigen, der nicht zu akkommodieren braucht, auch der Antrieb zur Einwärtswendung oder sog. Konvergenz. Dadurch werden die Einwärtswender des Auges nicht ausreichend beschäftigt und von den Auswärtswendern überspielt. Die Auswärtswender sind aber ohnehin stärker, was man z. B. daran erkennen kann, daß blinde Augen oft nach außen abweichen. Es kommt hinzu, daß bei starker Kurzsichtigkeit u. U. nur bis auf eine Entfernung von 10 cm scharf gesehen werden kann, die bei solch geringem Leseabstand erforderliche stärkste Einwärtswendung der Augäpfel aber kaum mehr aufzubringen ist. Das ermüdete Auge beginnt schließlich nach außen abzuweichen. Ist oder wird nun auch der beidäugige Sehakt minderwertig, so kann Dauerschielen nach außen die Folge sein (*Strabismus divergens*, Abb. 7a).

Der Übersichtige (Weitsichtige) muß seine Linsenkrümmung schon beim Blick auf weit entfernte Gegenstände verstärken, also eine Naheinstellung vornehmen, wie dies beim Normalsichtigen erst diesseits einer Entfernung von 5 Metern der Fall ist. Da mit der Naheinstellung des Auges normalerweise auch eine Einwärtswendung verknüpft ist, kommt der Übersichtige schon beim Blick in die Ferne in Versuchung, seine Augen einwärts zu drehen. Dem steht die Notwendigkeit entgehen, die Augen im Dienste des beidäugigen Sehakts parallel stehen zu lassen; sonst würden Doppelbilder entstehen. Ist der zweiäugige Sehakt aber gestört, so weicht ein Auge tatsächlich nach innen ab (*Strabismus convergens*, Abb. 7b).

Die Behandlung des Begleitschielens muß je nach der maßgeblichen Ursache v. a. in einer möglichst frühen Brillenkorrektur der vorliegenden Kurz- oder Übersichtigkeit bestehen. Ist die Sehkraft einseitig herabgesetzt, was durch gewohnheitsmäßige Unterdrückung eines Netzhautbildes sehr häufig der Fall ist, wird u. U. das bessere, überwiegend aktive Auge eine Zeitlang abgedeckt. Dadurch kann das im Gehirn sonst unterdrückte andere Netzhautbild wieder stärker in den Vordergrund des Bewußtseins gerückt werden. Auch das doppeläugige Sehen läßt sich durch zweckmäßige Sehübungen an Spezialgeräten verbessern. Zur Unterstützung dieser Maßnahmen ist dann u. U. eine operative Korrektur angebracht. Die Operation besteht entweder in einer Verstärkung des geschwächten Muskelzuges durch Vorlagerung des betreffenden Muskelansatzes oder in der Abschwächung eines zu starken Muskelzuges durch Rücklagerung des Ansatzes am Augapfel; u. U. werden beide Operationen am gleichen Auge durchgeführt (vgl. Abb. 6).

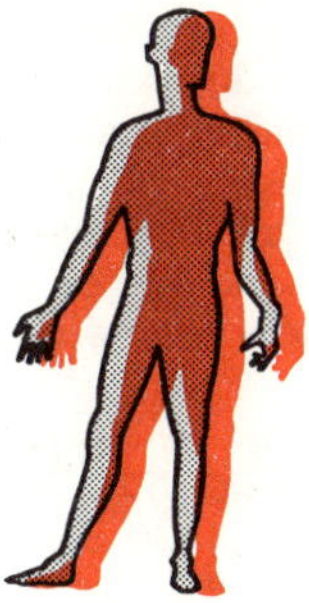

Abb. 4 Doppelbild

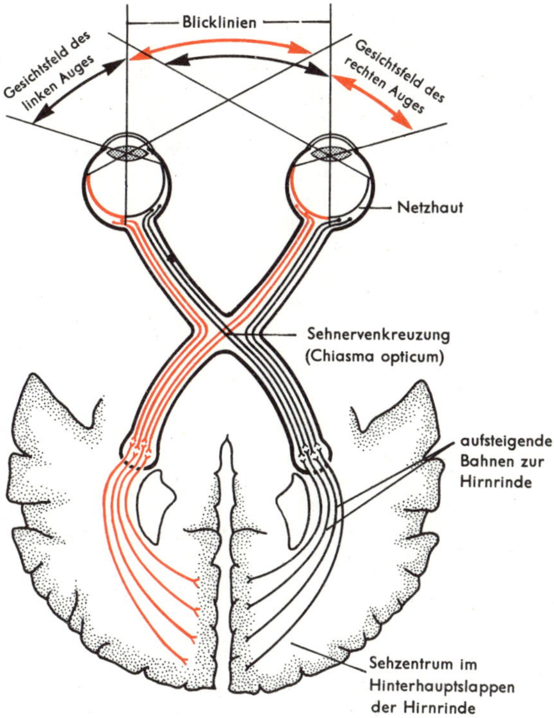

Abb. 5

Die Bilder einander entsprechender Netzhautstellen werden im Sehzentrum aufeinanderkopiert

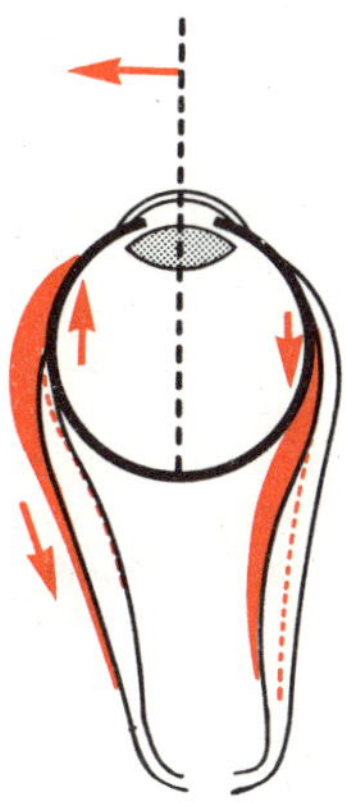

Abb. 6

Operative Beseitigung des Schielens durch Verlagerung von Muskelansätzen am Augapfel

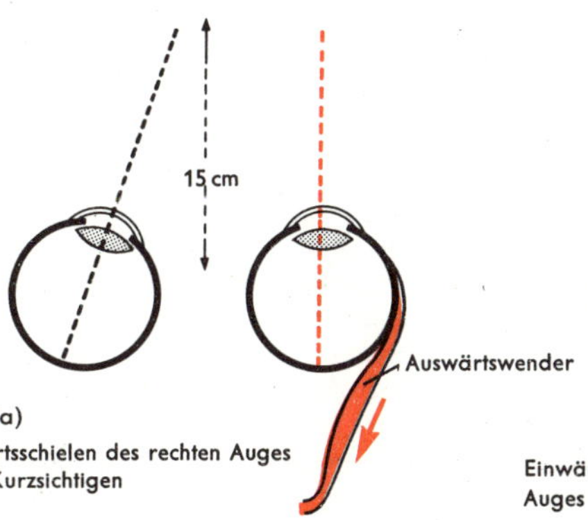

Abb. 7a)

Auswärtsschielen des rechten Auges beim Kurzsichtigen

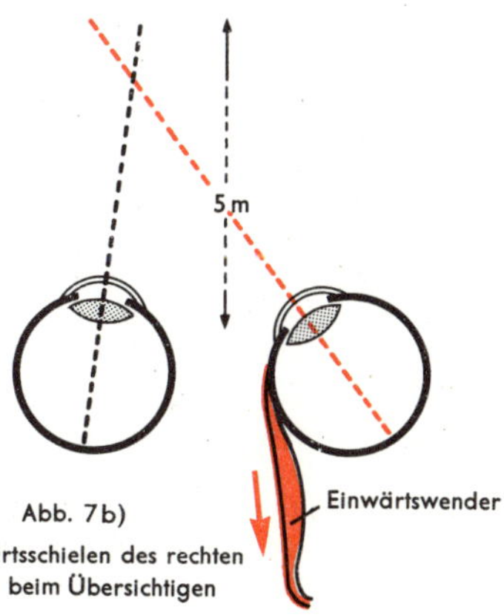

Abb. 7b)

Einwärtsschielen des rechten Auges beim Übersichtigen

BINDEHAUTENTZÜNDUNG

Die *Bindehaut des Auges* (Konjunktiva) ist die Fortsetzung der Gesichts- und Lidhaut. Sie kleidet die Innenseite der Lider aus, schlägt dann taschenförmig um und überzieht den Augapfel bis zur Grenze der Hornhaut. Auch die oberste Hornhautschicht ist umgebildete Bindehaut und nicht selten an einer Bindehautentzündung beteiligt. Normale Bindehaut ist durchsichtig, feucht-glänzend und glatt, ihre kleinen Blutgefäße liegen der Lederhaut oberflächlich und daher gut sichtbar auf. Für alle *Reizzustände der Bindehaut* ist eine vermehrte Füllung der Bindehautgefäße kennzeichnend, die das Auge – etwa wie nach längerem Weinen – geschwollen und mehr oder weniger gerötet erscheinen lassen (sog. *konjunktivale Injektion*).

Entzündungen der Bindehaut (Konjunktivitis) können durch verschiedene Ursachen ausgelöst werden, deren Wirkung durch die sackförmige Beschaffenheit der Bindehaut oft noch zusätzlich verstärkt wird. Nicht selten sind physikalische Reize wie Zugluft, Wind, Kälte, Rauch, Staub oder intensive Sonneneinwirkung Anlaß einer Bindehautentzündung. Auch kleine Fremdkörper wie Gras- oder Getreidegrannen, die mit dem Lidschlag in die tiefen Taschen des Bindehautsacks hineingewischt werden, rufen gelegentlich heftige entzündliche Bindehautreaktionen hervor. Chemische Reize können alle Grade der Bindehautentzündung auslösen, von einer leichten Reizung, wie sie z. B. durch das Baden in stark gechlortem Wasser entsteht, bis zu schwersten Verätzungen durch Säuren oder Laugen.

Bei der durch Bakterien oder Viren verursachten *infektiösen Bindehautentzündung* können die Keime aus der Luft ins Auge gelangen oder mit den Fingern hineingewischt werden. Besonders schwer kann die Gonokokkenbindehautentzündung der Neugeborenen verlaufen, bei der die Erreger aus dem Geburtskanal stammen (vgl. auch S. 338). Da sie unbehandelt durch Mitbeteiligung der Hornhaut oft zur Erblindung führt, wurde die ärztliche Vorsorgebehandlung aller Neugeborenen zur gesetzlichen Pflicht erklärt (sog. *Credé-Prophylaxe*). – Die offene Verbindung zwischen Nasenhöhle und Bindehautsack führt über den Tränenkanal häufig zu einer (harmlosen) Mitbeteiligung der Bindehaut bei starkem Schnupfen. – Wesentlich seltener als von außen oder von der Nase her wird die Bindehaut durch Einschleppung von Bakterien oder Viren über die Blut- oder die Lymphwege infiziert, wie z. B. beim Herpes der Bindehaut. Auch an den allergischen Erkrankungen der oberen Luftwege (vor allem bei Heuschnupfen und Nesselfieber) sind die Bindehäute oft mitbeteiligt.

Erstes Anzeichen einer einfachen Bindehautentzündung ist meist das Gefühl von Trockenheit und Reiben in den Augen, als ob ein Fremdkörper im Auge scheuert. Gleichzeitig kommt es zu Lichtscheu und vermehrtem Tränenfluß. Die Augen erscheinen gerötet und geschwollen. Bei plötzlich einsetzenden, starken Bindehautentzündungen, wie sie bes. durch Bakterien verursacht werden (vor allem Streptokokken, Staphylokokken und Pneumokokken), sind nicht selten auch die Tränensäcke an der Entzündung mitbeteiligt. Die Lider und die Umgebung des Auges sind dann geschwollen, die Lidränder und Wimpern eitrig verklebt, die Augen schmerzen und sind extrem lichtscheu.

Leichte Bindehautreizungen klingen nach 2–3 Tagen meist von selbst wieder ab. Die Augen sollten durch eine Sonnenbrille gegen grelles Licht geschützt werden. Reiben und fortwährendes Auswischen der Augen sind zu vermeiden. Therapeutisch kommen Augentropfen zur Anwendung, die Antibiotika oder entzündungshemmende bzw. antiallergisch wirksame, auch gefäßverengende Stoffe enthalten.

Die gefürchtete *ägyptische Augenkrankheit (Trachom)* wird durch Chlamydien (obligat intrazelluläre Parasiten, die mit gramnegativen Bakterien verwandt sind) verursacht. Sie führt ohne Behandlung in einem sich über Jahre hinziehenden Prozeß durch Narbenbildung fast immer zur Erblindung. – Chlamydien sind auch für die sog. *Einschlußkonjunktivitis* des Neugeborenen und – seltener – Erwachsenen verantwortlich („Schwimmbadkonjunktivitis") sowie für manche Fälle von nichtgonorrhoischer Harnröhrenentzündung (s. S. 338).

ERKRANKUNGEN DER AUGENLIDER
GERSTENKORN · HAGELKORN

Nahezu alle krankhaften Veränderungen der Augenlider sind durch deren oberflächliche Lage frühzeitig zu erkennen. Neben Fehlstellungen mit abnormer Auswärts- oder Einwärtswendung des Lidrandes, Störungen der Beweglichkeit infolge von Muskellähmungen oder (selten) Tumoren spielen die entzündlichen Veränderungen der Lider die größte Rolle.

Das *Gerstenkorn (Hordeolum)* ist eine akute bakterielle Entzündung, die durch Staphylokokken hervorgerufen wird. Man unterscheidet das äußere Gerstenkorn, bei dem die Zeis-Drüsen und die Moll-Drüsen befallen sind, und das innere Gerstenkorn, eine Infektion der Meibom-Drüsen. Die Erkrankung beginnt mit Tränenfluß, Lichtscheu, schmerzhafter Rötung und Schwellung des betroffenen Augenlids. Nach kurzer Zeit kommt es zur eitrigen Einschmelzung des Entzündungsherdes. Der Eiter bricht an der inneren oder äußeren Lidoberfläche durch, gleichzeitig lassen Schmerz und Schwellung nach. In der Regel erfolgt dann eine narbenlose Abheilung. – Die Behandlung des Gerstenkorns beschränkt sich auf die Beschleunigung des Krankheitsverlaufs: Mit Hilfe von Wärmeanwendung (Umschläge, Bestrahlungen) wird der Entzündungsprozeß aktiviert, durch Stichinzision kann außerdem ein frühzeitiger Eiterabfluß ermöglicht werden; antibiotische Salben verhindern die Ausbreitung der Entzündung in die Umgebung.

Das *Hagelkorn (Chalazion)* ist eine chronische Entzündung einer oder mehrerer benachbarter Meibom-Drüsen. Durch Aufstau des Drüsensekrets im Drüsenausführungsgang entsteht ein hartes Knötchen mit einem Durchmesser bis zu 1 cm, über dem sich die Haut leicht verschieben läßt. Im Gegensatz zum Gerstenkorn ist das Hagelkorn nicht schmerzhaft, es äußert sich nur in einer umschriebenen Verdickung des Augenlids, die ein leichtes Spannungsgefühl verursacht. Das Hagelkorn heilt nicht spontan, sondern muß operativ entfernt werden: Nach örtlicher Betäubung wird das Augenlid umgeklappt, das Knötchen durch einen senkrecht zur Lidkrante geführten Schnitt eröffnet und der Inhalt mitsamt der verdickten Wand ausgeschält.

Weitere entzündliche Erkrankungen der Lider können vor allem im Rahmen virusbedingter Hautkrankheiten auftreten. Sie werden jeweils entsprechend ihrer Grundkrankheit behandelt.

BAKTERIEN ALS KRANKHEITSERREGER

Zu den *Bakterien* gehört eine vielgestaltige Gruppe niederer, einzelliger Mikroorganismen mit einer Größe von 0,2–2 Tausendstel Millimeter (Abb. 1). Bakterien weisen eine einfache (sog. prokaryonte) Zellstruktur auf, haben mit wenigen Ausnahmen außer der Zellmembran noch eine relativ feste Zellwand und können sich – nach vorhergehender Verlängerung – durch Querteilung vermehren, wobei das Erbmaterial auf eine ihnen eigentümliche Weise übertragen wird. Zu den Bakterien rechnet man auch die *Chlamydien* und *Rickettsien*, die sich von den anderen Bakterien durch ihre geringere Größe von 0,2–0,5 Tausendstel Millimeter und auch dadurch unterscheiden, daß sie – den Viren ähnlich – nur als Parasiten höherentwickelter Zellen existieren können.

Manche Bakterien bilden *Dauerformen* oder *Sporen* aus, die bei stark reduziertem Stoffwechsel auch unter härtesten Umweltbedingungen lange Zeit lebensfähig bleiben. Bakterien sind in der Natur weit verbreitet und dort die Ursache vieler chemischer Umsetzungen an biologischem Material (Fäulnis, Gärung usw.). Nur wenige Bakterienarten sind Krankheitserreger (pathogen). Unschädlich sind z. B. die dünnwandigen, flexiblen *Myxobakterien.* – *Spirochäten* sind korkenzieherartig gewundene Bakterien, die mit Hilfe des sog. axialen Filaments wellenförmige Bewegungen ausführen. Zu ihnen gehören *Treponemen* (mit dem Syphiliserreger *Treponema pallidum*), *Borrelien* und *Leptospiren.* – Die größte Gruppe sind die *Eubakterien*, zu denen die *Kokken* sowie aerobe und anaerobe *Stäbchen*, d. h. die meisten Krankheitserreger, gehören (Abb. 2). Ein Teil der Stäbchen trägt als Fortbewegungsorgane *Geißeln*. Man unterscheidet einzelne Geißeln, Geißelbüschel und die vollständige Ringsumbegeißelung (Abb. 3).

In der Medizin spielt der *Bakteriennachweis* bei der Krankheitserkennung und Behandlungsplanung eine große Rolle. Dieser Nachweis kann z. B. durch Färbung der Bakterien und mikroskopische Betrachtung geführt werden. In anderen Fällen führt erst die Züchtung auf spezifischem Nährmaterial oder ein Tierversuch zum Nachweis der Erreger. Auch die laboratoriumsmäßige Nachahmung biologischer Abwehrreaktionen kann zur Aufdeckung bakterieller Infektionen eingesetzt werden.

Die rundlichen *Kokken* verhalten sich bei einer bestimmten Färbung, die der Bakteriologe H. C. J. Gram entwickelt hat, unterschiedlich. Man spricht daher von grampositiven und gramnegativen Kokken. Treten Kokken in Haufen auf, spricht man von Staphylokokken; Streptokokken bilden Ketten; Diplokokken treten paarweise auf (Abb. 4a–c). *Staphylokokken* verursachen akute, oft eitrige Entzündungen wie Furunkel, Abszesse und Mittelohrvereiterungen; bei der Blutvergiftung werden Erreger in die Blutbahn ausgeschwemmt. Auch *Streptokokken* sind akute Eitererreger, die zu einer Blutvergiftung führen können; sie kommen z. B. bei der Wundrose und bei Mandelentzündung vor; Scharlach ist u. a. auf die Wirkung bestimmter Streptokokkentoxine zurückzuführen. Gramnegativ sind die *Meningokokken* als Erreger der epidemischen Genickstarre und die *Gonokokken* als Erreger der Gonorrhö.

Gelangen Bakterien in einen Wirtskörper, lösen sie dort die Bildung von Abwehrstoffen, den sog. Antikörpern, aus; deshalb werden Bakterien oder Bakteriengifte auch als Antigene bezeichnet. Die Antikörper sind speziell auf das auslösende Antigen abgestimmt. Die Abwehrreaktion besteht in einer Verklumpung geformter Antigene (Agglutination), in einer Ausfällung gelöster Antigene (Präzipitation) oder einer Auflösung geformter Antigene (Bakteriolyse). Bakteriengifte können durch Bindung an spezifische Antkörper, die man dann *Antitoxine* nennt, unschädlich gemacht werden.

Im menschlichen Körper werden Bakterien auch durch Chemotherapeutika bekämpft. Dazu gehören die Sulfonamide und Antibiotika, wie z. B. das Penicillin. Auf der Körperoberfläche und in der Umgebung von Kranken verwendet man Desinfektionsmittel, z. B. 70%igen Alkohol oder Kaliumpermanganat. Auch Seife wirkt, vor allem durch Entfettung der Haut, in gewissem Umfang desinfizierend. Sterilisation nennt man das Keimfreimachen verschiedenster Materialien. Die meisten Bakterien werden je nach Empfindlichkeit bei 40–80 °C abgetötet. Sporen müssen durch Überdruckerhitzung bei mehr als 100 °C bekämpft werden.

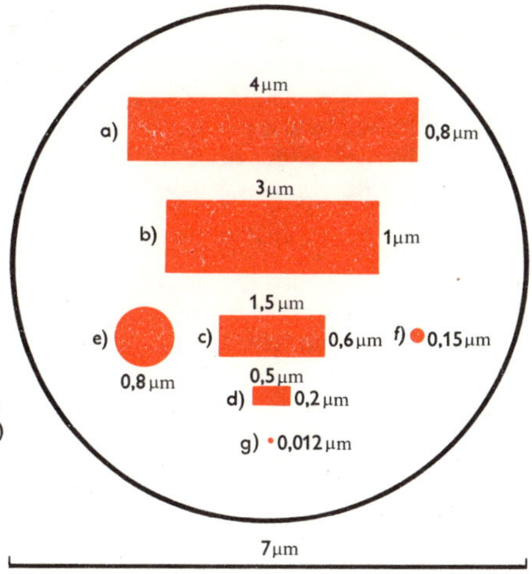

Abb. 1
Größe verschiedener Mikroorganismen im Vergleich zu einem roten Blutkörperchen (rotes Blutkörperchen hat die Größe von $7 \mu m = {}^{7}/_{1000}$ mm)

a) Gasbranderreger
b) Milzbranderreger
c) Typhusbakterien
d) Influenzabakterien
e) Kokken
f) Pockenvirus
g) Maul- und Klauenseuchevirus

Abb. 2
Die Grundformen der Bakterien

Abb. 3
Verschiedene Begeißelung von Bakterien

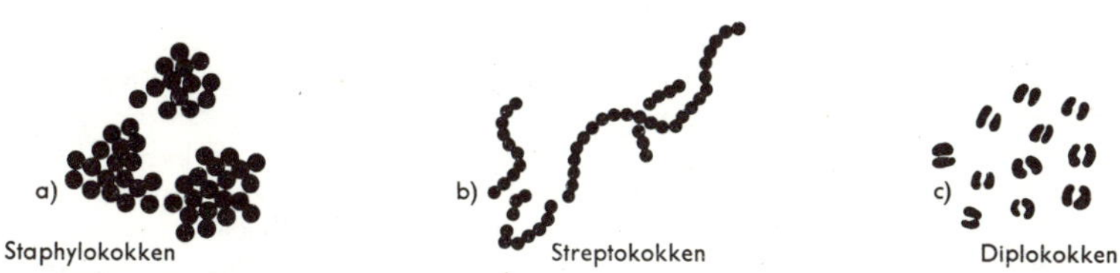

Abb. 4

TYPHUS · PARATYPHUS
INFEKTIÖSE NAHRUNGSMITTELVERGIFTUNG

Die Erreger des Typhus und Paratyphus sind *Salmonellen*, geißeltragende Bakterien, die sehr widerstandsfähig gegen Austrocknung und Abkühlung sind. Beide Krankheiten werden häufig durch infiziertes Wasser und infizierte Nahrungsmittel wie Obst und vor allem Milch und Milchprodukte wie Speiseeis übertragen. Besonders gefährlich als Bakterienträger ist der Mensch selbst, der nach einem Typhus oder Paratyphus, ohne es zu wissen, weiterhin Bakterien ausscheidet. Sitz der Bakterien ist in solchen Fällen meist die Gallenblase.

Typhusbakterien werden durch den Mund aufgenommen und gelangen über den Magen in den Dünndarm, wo sie sich besonders in den örtlichen Lymphgewebsanhäufungen oder Lymphfollikeln ansiedeln und vermehren. Auf dem Lymphwege kommen sie schließlich auch ins Blut und mit dem Blut in Milz, Leber und Knochenmark. 1–2 Wochen nach der Infektion, wenn die Typhuserreger sich ausreichend vermehrt haben, beginnt die eigentliche spürbare Erkrankung (Abb. 1).

An der Oberfläche der Lymphfollikel bildet sich ein Schorf aus, der nach einiger Zeit abgestoßen wird und ein ovales, blutendes Geschwür hinterläßt. Am Übergang vom Dünndarm zum Dickdarm werden diese Geschwüre größer und tiefer als sonst im Dünndarm und drohen etwa von der 3. Krankheitswoche an in die Bauchhöhle durchzubrechen (Abb. 3a–d). Schließlich heilen die Geschwüre unter Narbenbildung ab.

Der *Typhus* beginnt schleichend mit Unwohlsein, Kopfschmerzen, Abgeschlagenheit, Bauchschmerzen und allmählicher Temperatursteigerung. In der ersten Krankheitswoche ist der Bauch meist etwas aufgetrieben, es besteht Stuhlverstopfung; die Zunge ist belegt. Am Ende der ersten Krankheitswoche ist das Fieber auf 40–41 °C angestiegen und bleibt auf diesem Niveau (Abb. 2). Der Puls ist hart und im Verhältnis zur Höhe der Temperatur langsam. Der Kranke ist apathisch und benommen und hat oft Fieberdelirien. Die Zunge ist dick belegt, die Lippen sind trocken und spröde. In diesem Stadium der Erkrankung kommt es häufig zu Durchfällen, die gelb gefärbt sind. Nicht selten besteht anstatt Durchfall Verstopfung. In der 2. Krankheitswoche sieht man, durch die Einschwemmung von Erregern, am Bauch die roten Flecken des Typhusausschlages. Schwer Typhuskranke sind sehr schwach, teilnahmslos und verweigern die Nahrung. In der 3. Krankheitswoche können die Darmgeschwüre bluten oder in die Bauchhöhle durchbrechen. Erste Zeichen der Besserung zeigen sich meist zu Beginn der 4. Krankheitswoche: Das Fieber geht langsam zurück, das Bewußtsein hellt sich auf, und der Appetit kehrt wieder. Früher starben etwa 10–12% der Typhuskranken. Heute kann man Typhus mit dem Antibiotikum Chloramphenikol und auch mit Co-Trimoxazol oder Ampicillin erfolgreich behandeln.

Der *Paratyphus* ist dem Typhus in mancher Beziehung ähnlich. Die Erreger gehören ebenfalls zu den Salmonellen, rufen jedoch andere Antikörper hervor. Das Krankheitsbild des Paratyphus kann sehr stark wechseln. Unbehandelt beginnt er meist stürmischer, verläuft aber harmloser als der Typhus. Paratyphus setzt gewöhnlich 5–8 Tage nach der Ansteckung mit Erbrechen, Durchfall und hohem Fieber, eventuell auch mit Schüttelfrost ein. Die für Typhus charakteristische Bewußtseinstrübung tritt in den Hintergrund, und auch Darmgeschwüre kommen seltener vor. Salz-Wasser-Verlust führt besonders bei Kindern schnell zur Austrocknung und zu schweren Stoffwechselstörungen. Chloramphenikol ist auch bei Parathyphus sehr wirksam.

Im Gegensatz zum klassischen Typhus/Paratyphus haben die mit schweren Brechdurchfällen einhergehenden *Salmonelleninfektionen* unter dem Erscheinungsbild einer Nahrungsmittelvergiftung in letzter Zeit deutlich zugenommen. Die Inkubationszeit beträgt dabei nur 12–48 Stunden. Die z. T. mit schweren Salz-Wasser-Verlusten verbundene, besonders bei Kindern häufig ruhrartig verlaufende Erkrankung erfordert den umgehenden Ersatz der verlorenen Körperflüssigkeit.

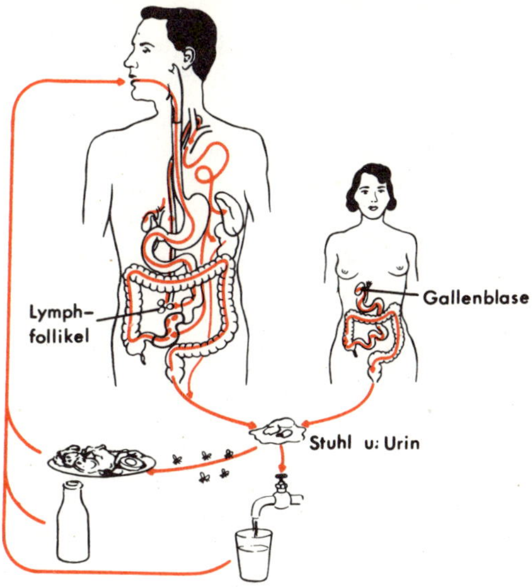

Abb. 1 Infektionsweg und Ausbreitung der Erreger bei Typhus

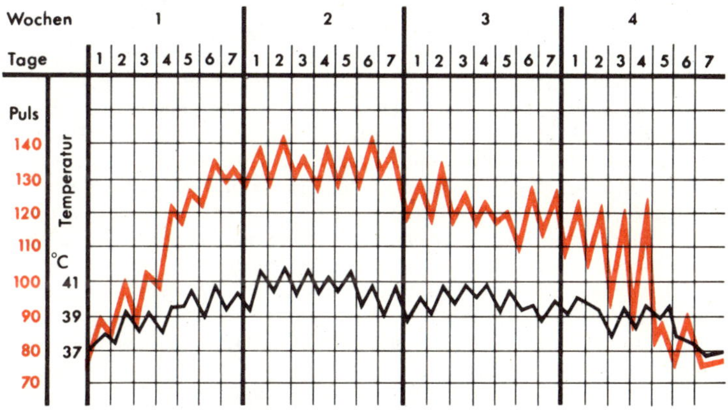

Abb. 2 Puls- und Fieberkurve bei Typhus

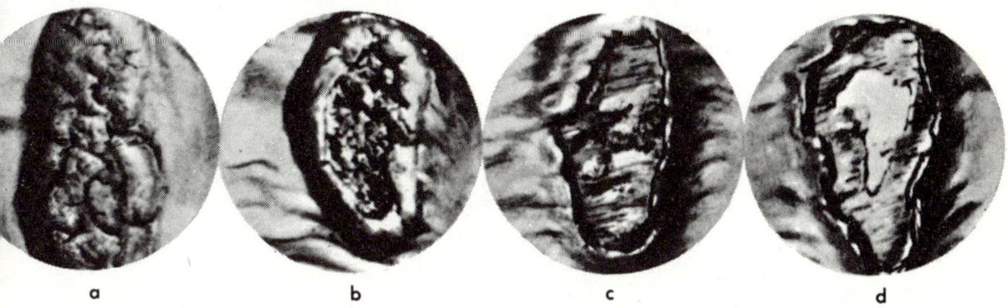

Abb. 3 Darmgeschwüre bei Typhus

RUHR

Die *Ruhr (Dysenterie)* ist eine Infektionskrankheit der Dickdarmschleimhaut. Man unterscheidet die Bakterienruhr und die durch Protozoen (s. S. 530) hervorgerufene Amöbenruhr:

Die *Bakterienruhr* ist eine Saisonerkrankung der warmen Jahreszeit. Weltweit verbreitet, tritt sie bei uns jedoch in mehr als 50% der Fälle als vom Ausland eingeschleppte Infektion auf. Die Übertragung erfolgt durch Wasser, infizierte Nahrungsmittel, schlecht gewaschene Eßbestecke und Eßgeschirre, Schmierinfektion und eventuell auch durch Fliegen. Die aufgenommenen Erreger vermehren sich im Dickdarm und rufen dort zunächst eine Entzündung hervor, die von vermehrter Schleimproduktion und Darmkrämpfen begleitet ist. Binnen kurzem bilden sich auf der Darmschleimhaut eiweißhaltige Beläge, ähnlich denen bei Rachendiphtherie. Unter diesen Belägen zerfällt die bakteriengiftgeschädigte Schleimhaut geschwürig, so daß in schweren Fällen nur noch einzelne Schleimhautinseln intakt bleiben (Abb. 2). Die Bakterienruhr kann unterschiedlich schwer verlaufen, je nach der Widerstandskraft des Betroffenen und der Art und Virulenz der Erreger. Alle Arten von Ruhrbakterien setzen beim Zerfall Giftstoffe (Endotoxine) frei. Die Art Shigella dysenteriae *(Shiga-Ruhr)*, vorwiegend in warmen Ländern vorkommend, gibt zusätzlich ein Exotoxin ab, das schwere Komplikationen verursacht. Das Bakteriengift kann mit dem Blutstrom auch in den Körper gelangen und dort Herzmuskelschäden, Hirnhaut-, Gehirn- und Gelenkentzündungen hervorrufen.

Die Ruhr beginnt – je nach der Menge aufgenommener Keime – meist 1 bis 6 Tage nach der Ansteckung mit kolikartigen Bauchschmerzen, Fieber um 39–40 °C, Übelkeit und heftigen Durchfällen. Die Anzahl der schmerzhaften Stuhlentleerungen wechselt von 4–6 bis zu 30 und mehr am Tag. Bald ist der Darm vollkommen entleert, und der Stuhl besteht auf der Höhe der Erkrankung nur noch aus Wasser und Schleim, abgestorbenen Schleimhautfetzen, Eiter und mehr oder weniger Blut. Jeder Stuhlentleerung gehen starke, kolikartige Bauchschmerzen und Schmerzen im Afterschließmuskel voraus. Dieser kann sich oft nicht mehr zusammenziehen, so daß der Stuhl unwillkürlich entweicht. Vor allem für Kinder und alte Leute können größere Wasser- und Salzverluste gefährlich werden, wenn man sie nicht durch entsprechende Infusionen ausgleicht. Heute kann die Ruhr mit Ampicillin, Tetrazyklinen oder Co-Trimoxazol recht gut beherrscht werden. – Eine chronische Form der Bakterienruhr geht abwechselnd mit Durchfällen und Verstopfung, mit Blähungen und kolikartigen Bauchschmerzen einher. Chronisch Ruhrkranke scheiden fortwährend Bakterien aus und können daher vor allem unter schlechten hygienischen Verhältnissen zur ständigen Infektionsquelle für ihre Umwelt werden (Abb. 1).

Das Krankheitsbild einer chronisch wiederkehrenden Dysentrie kann auch durch Ruhramöben hervorgerufen werden. Obgleich die *Amöbenruhr* häufiger in warmen Klimaten auftritt, ist ihr Vorkommen nicht auf die Tropen beschränkt. Der Amöbenruhrerreger, die Entamoeba histolytica, hat zwei verschiedene Lebensformen: die gegen Abkühlung, Austrocknung und Magensäure sehr resistente, bewegungs- und fortpflanzungsunfähige Zyste und die bewegliche Fortpflanzungsform, die außerhalb des Wirtskörpers schnell abstirbt. Die Infektion erfolgt immer mit Zysten, die sich im Dickdarm in Trophozoiten umwandeln. Diese durchdringen die Darmwand und vermehren sich im Gewebe, vor allem in der Darmschleimhaut, durch Zellteilung. Mit dem Blutstrom können sie in Leber, Lunge und ins Gehirn gelangen und dort Entzündungen und Eiterherde verursachen. Gelangen Trophozoiten aus der Darmschleimhaut ins Darmrohr zurück, wandeln sie sich größtenteils wieder in Zysten um, die als neue Infektionsquelle ständig mit dem Stuhl ausgeschieden werden. Zur Behandlung dient u. a. Metronidazol.

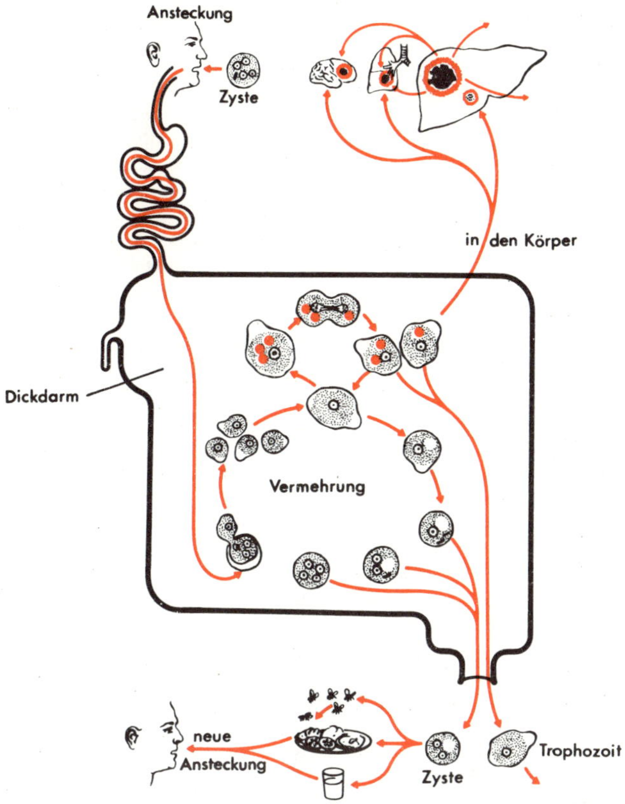

Abb. 1 Infektionsweg und Ausbreitung der Erreger bei Ruhr

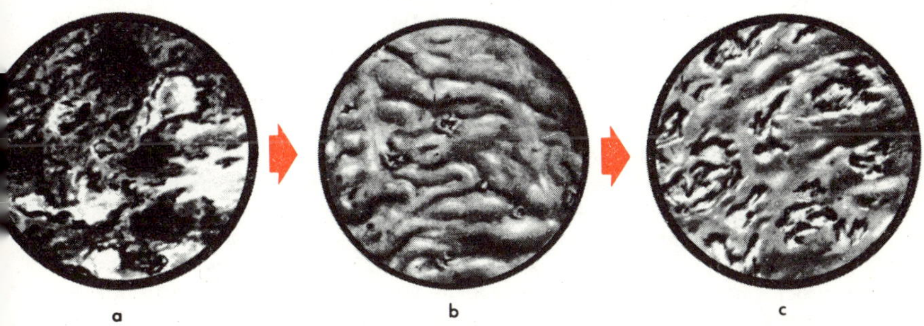

Abb. 2 Veränderungen der Darmschleimhaut bei Ruhr

SCHARLACH

Scharlach ist eine Infektionskrankheit des Kindesalters. Die Krankheitserreger des Scharlachs sind Streptokokken, kugelige Bakterien, die perlenschnurartig beeinander liegen und außer beim Scharlach auch bei Angina und Mittelohrentzündung, bei Wundrose und anderen eitrigen Erkrankungen eine Rolle spielen (s. S. 500). Auf das Scharlach erzeugende Bakteriengift kann der Körper des Betroffenen mit einem spezifischen Gegengift reagieren *(Antigiftimmunität)*. Weitgehend unabhängig von diesem Vorgang kann sich nach dem Kontakt mit Eitererregern auch eine Immunität gegen die Bakterien selbst ausbilden (*antibakterielle Immunität*, Abb. 1). Ob beim Eindringen der Erreger Scharlach oder z.B. nur eine eitrige Angina entsteht, hängt erstens vom Streptokokkentyp und zweitens von der Immunitätslage des Betroffenen ab: Besteht eine antibakterielle Immunität, so können sich die Bakterien nicht ansiedeln, es kommt zu keiner Erkrankung. Besteht nur eine Antigiftimmunität, so kann die Infektion z.B. eine eitrige Mandel- oder Mittelohrentzündung hervorrufen. Fehlt sowohl die antibakterielle als auch die Antigiftimmunität, so kommt es neben der eitrigen Entzündung auch noch zum Scharlach (Abb. 1). Daher kann ein Scharlach nicht nur von Scharlachkranken, sondern z.B. auch durch Kontakt mit einem Anginakranken erworben werden.

Scharlach tritt meist bei Kindern zwischen dem 2. und 10. Lebensjahr auf. Danach nimmt die Häufigkeit der Scharlacherkrankungen mit der zunehmenden Feiung gegen das Streptokokkengift rasch ab. Der Scharlach beginnt in der Regel ganz plötzlich mit schwerem Krankheitsgefühl, hohem Fieber, Kopfschmerzen und Erbrechen (Abb. 2). Dazu kommen Halsschmerzen, nicht selten auch Schüttelfrost. In diesem Stadium sind die Mandeln, der gesamte Rachen und Gaumen flammend „scharlachrot". Husten und Schnupfen bestehen dabei praktisch nie. Die Zunge ist weißlich und pelzig belegt. Nach etwa 3–4 Tagen verschwindet der Belag. Die einzelnen Geschmacksknospen sind entzündlich geschwollen, so daß die Oberfläche der Zunge einer Himbeere ähnelt (sog. *Himbeerzunge*). Auf der Haut erscheint 1–3 Tage nach Beginn der Erkrankung der *Scharlachausschlag* in Form von stecknadelkopfgroßen, dichtstehenden, hochroten Fleckchen, die etwas erhaben sind, wodurch die Haut sich samtartig anfühlt. Am stärksten ist der Ausschlag an Brust und Rücken, Leistenbeuge und Innenseite der Oberschenkel. Das Exanthem blaßt nach 2–4 Tagen ab. Ohne Behandlung kommt es nach etwa 8 Tagen lytisch zur Entfieberung. In der 2.–3. Woche beginnt die Haut sich zu schuppen.

Der frische Scharlach wird isoliert und bei strenger Bettruhe sofort und mindestens für 10 Tage mit hohen Penicillindosen behandelt. Dabei klingen die akuten Erscheinungen innerhalb von 12–36 Stunden ab. Da die Bakterien durch die Penicillinbehandlung rasch vernichtet werden, sind die (früher so gefürchteten) Scharlachnacherkrankungen heute seltener und ungefährlicher. Infizierte Kontaktpersonen, so v.a. die Mitglieder der Hausgemeinschaft, können mit Hilfe von Penicillin vor dem Ausbruch der Erkrankung geschützt werden.

Bei unbehandeltem Scharlach steigt das Fieber nicht selten mehrere Tage bis 2 Wochen nach der Entfieberung erneut an. Die Kieferlymphknoten schwellen schmerzhaft an und können nach einiger Zeit vereitern und durchbrechen. Gefährlich ist die eitrige Mittelohrentzündung, die schnell fortschreitet und schon nach wenigen Tagen die Gehörknöchelchen zerstören und weiter auf Hirnhaut und Blutleiter übergreifen kann. Die Lymphknotenentzündung und auch die Mittelohrvereiterung werden meist durch überlebende Streptokokken verursacht. 3–4 Wochen nach Beginn des Scharlachs können außerdem auch noch allergisch bedingte Nacherkrankungen auftreten, wie z.B. ein akuter Gelenkrheumatismus oder eine Nierenentzündung (s. S. 412 und 208). Das Scharlachrheumatoid dagegen wird früher beobachtet und beruht auf einer leichten, nicht allergischen Gelenkentzündung (Abb. 1). Auch die allergischen Nacherkrankungen des Scharlachs sind durch die Penicillinbehandlung heute selten.

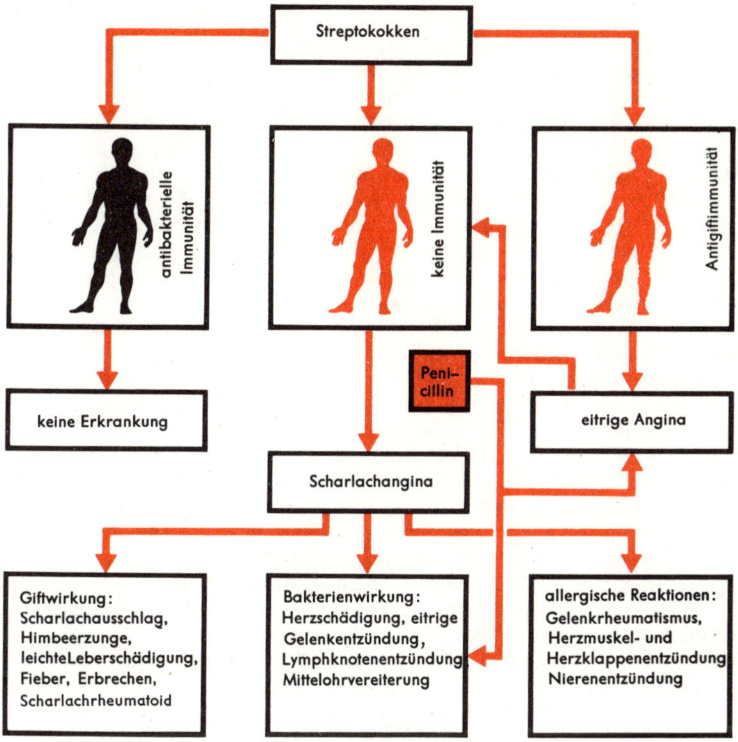

Abb. 1 Entstehung des Scharlachs

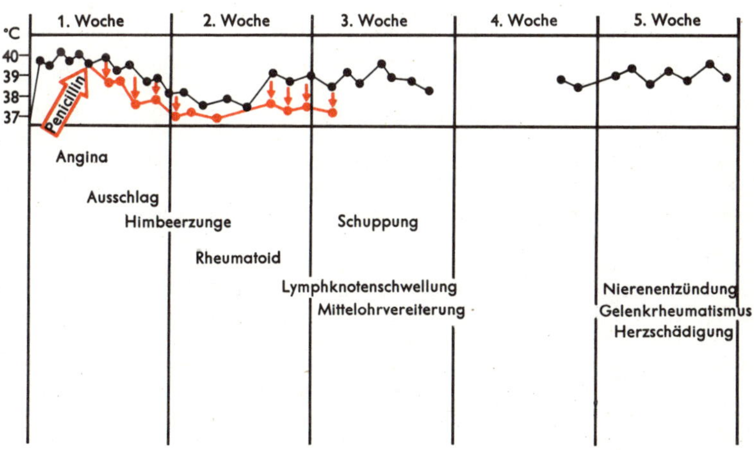

Abb. 2 Krankheitsverlauf des Scharlachs

DIPHTHERIE

Diphtherie entsteht durch die Besiedlung von Schleimhäuten mit *Korynebakterien*, deren Toxine schwere örtliche Reaktionen und allgemeine Erscheinungen auslösen. Je nach dem Ort der *Bakterienansiedlung* unterscheidet man eine Rachen-, Kehlkopf-, Nasen- und Wunddiphtherie. Die häufigste Form ist die *Rachendiphtherie*. Sie beginnt etwa 2–5 Tage nach der Ansteckung mit geröteten und geschwollenen Mandeln. Bald bilden sich auf den Mandeln weiße Flecken, die zu einem porzellanartig-weißlichen Belag verschmelzen. Dieser Belag haftet im Gegensatz zu den eitrigen Belägen bei der gewöhnlichen Mandelentzündung (Angina) fest auf der Unterlage. Beim Versuch, ihn zu entfernen, blutet die Schleimhaut. Bei schwerer Rachendiphtherie breitet sich der verfärbte Belag als „Bräune" rasch über den ganzen Rachen aus und bezieht u. U. auch Kehlkopf und Nase mit ein. Dabei schwellen die Halslymphknoten an, und es besteht mäßiges Fieber bei anfänglich relativ hohem Puls. Diphtheriekranke sind meist auffallend blaß. Die Blässe ist auf eine Kreislaufschädigung durch Bakteriengiftstoffe zurückzuführen, die vor allem den Herzmuskel angreifen. Das Herz verliert an Kontraktionskraft, erschlafft und erweitert sich. Zusätzlich kann es auch noch zu Störungen der Herzschlagfolge kommen. Der Blutdruck sinkt, die Kranken werden unruhig und leiden unter Lufthunger. Erbrechen und Pupillenerweiterung sind Vorboten des Todes, der unter stärkstem Blutdruckabfall eintritt.

In etwa 10–20 % der Fälle von unzureichend behandelter Rachendiphtherie stellen sich in der 2.–5. Krankheitswoche Lähmungserscheinungen ein, die vorzugsweise das Gaumensegel betreffen. Daher fließen Getränke aus der Nase zurück, und die Sprache wird durch mangelhafte Formung der Explosivlaute P, K, G gaumig verwaschen. Lähmung der Augenmuskelnerven führt zum Schielen und zu mangelhaftem Nahsehen. Am gefährlichsten ist die Lähmung der Atemmuskeln, vor allem des Zwerchfells, da nun ohne künstliche Beatmung eine Erstickung droht. Auch die Nieren werden durch die Giftwirkung geschädigt. Nach überstandener Krankheit bilden sich diese Schädigungen meist im Laufe von Wochen und Monaten wieder zurück.

Während die Hauptgefahr der Rachendiphtherie in der Giftwirkung auf Herz, Nerven und Nieren liegt, steht bei der *Kehlkopfdiphtherie* die Erstickungsgefahr im Vordergrund. Die Kehlkopfdiphtherie tritt vornehmlich bei Säuglingen und Kleinkindern auf, ist heute aber wesentlich seltener als noch vor 30 Jahren. Wie die Rachendiphtherie bildet auch die Kehlkopfdiphtherie weißliche Beläge, die hier jedoch nicht den Rachen, sondern den Kehlkopf auskleiden. Anfangs erzeugen sie einen trockenen, bellenden Husten, Heiserkeit und Atembehinderung (den sog. *Krupp* oder *Croup*). Die zunehmend erschwerte Einatmung erfolgt gegen den Widerstand der fetzenförmigen Kehlkopfbeläge mit einem ziehenden Geräusch, dem sog. *Stridor*. Im Verlauf von 24 Stunden werden die Kinder nun bläulich, ringen nach Luft und versuchen unruhig, der Qual zu entgehen, doch wird der Lufthunger durch die Erregung nur noch weiter verstärkt.

Auch die *Nasendiphtherie* kommt vorwiegend bei Säuglingen und Kleinkindern vor. Sie verläuft oft schleichend als wäßrig-blutiger Schnupfen, der schließlich auch die Nasenlöcher entzündet. Bleibt die Nasendiphtherie unerkannt und unbehandelt, kann sie in den Rachen und Kehlkopf absteigen.

Diphtherie ist eine meldepflichtige Infektionskrankheit und soll auf einer Isolierstation behandelt werden. Dringend erforderlich sind strengste Bettruhe und möglichst frühzeitige Gabe von *Diphtherieserum*, das gegen die Toxine gerichtet ist. Die Diphtheriebakterien selbst sind sehr empfindlich gegen hohe Penicillindosen. Die übrige Behandlung richtet sich nach den Symptomen. Am besten kann Diphtherie vorbeugend durch aktive Immunisierung mit unschädlich gemachtem Bakteriengift bekämpft werden. Nach dreimaliger Impfung ist mit einem guten Schutz für etwa 5 Jahre zu rechnen. Zur Verhinderung bzw. Eindämmung von lokalen Epidemien wurde empfohlen, die Schutzimpfung (nach einer Grundimmunisierung im Säuglings- und Kindesalter) alle 10 Jahre lebenslang mit einer für das Erwachsenenalter reduzierten Dosis zu wiederholen.

TUBERKULOSE

Die meist chronisch verlaufende Infektionskrankheit Tuberkulose ist an Hand von Knochenbefunden mit einiger Wahrscheinlichkeit bis in die jüngere Steinzeit zurückzuverfolgen. Vor 100 Jahren starben noch ein Siebtel aller Menschn über 16 Jahre an Tuberkulose. 1876 betrug ihr Anteil an den Todesfällen in Deutschland insgesamt noch 12%, 1980 nur noch 0,27%. An dieser Entwicklung sind verschiedene Faktoren beteiligt: die besseren Lebensbedingungen und verbesserten hygienischen Verhältnisse, die organisierte Tuberkulosebekämpfung und Tuberkulosefürsorge, die Überwachung der Milcherzeugung, die Tuberkuloseschutzimpfung und, seit dem 2. Weltkrieg, die medikamentöse Tuberkulosebehandlung zusammen mit einer weiteren Verbesserung der Tuberkuloseoperationen. Dennoch ist die Tuberkulose noch keinesfalls überwunden. So hat die Häufigkeit der Tuberkuloseerkrankungen in den letzten Jahren weniger abgenommen als die Tuberkulosesterblichkeit. Vor allem die höheren Altersklassen sind heute nicht wesentlich seltener tuberkulosekrank als vor 10–20 Jahren und sterben auch noch relativ häufig an Tuberkulose. 1980 waren rund 54000 Personen (das sind nicht ganz 0,1% aller Einwohner der Bundesrepublik) tuberkulosekrank. Im gleichen Jahr traten rund 17000 Ersterkrankungen an Tuberkulose auf (1970 lauteten diese Zahlen noch rund 190000 bzw. 48000). Den obenerwähnten Schutzmaßnahmen ist es zu verdanken, daß immer mehr Mitteleuropäer einer Tuberkuloseinfektion entgehen.

Während der Tuberkulintest (s. unten) als Zeichen einer erfolgten Infektion um die Jahrhundertwende bei etwa 80–90% der 14jährigen positiv war, gilt dies heute nur noch für etwa 4%; für die Gesamtbevölkerung der Bundesrepublik beträgt der Tuberkulinindex aber immer noch 40%. In verschiedenen Ländern Asiens, Afrikas und Südamerikas haben sich die Verhältnisse wesentlich weniger gebessert. So wird die Anzahl der Tuberkulosekranken in der ganzen Welt immer noch auf rund 15 Millionen geschätzt.

Erreger der Tuberkulose sind die von Robert Koch entdeckten *Tuberkelbakterien* oder Tuberkelbazillen (Mycobacterium tuberculosis), 1–6 Tausendstel Millimeter lange Stäbchen. Sie zeichnen sich durch besondere Beständigkeit gegen Austrocknung, Hitze, Luftleere, Kälte und Fäulnis aus. Man nennt die Tuberkelbakterien säurefeste Stäbchen, weil sie gewisse Farbstoffe trotz Behandlung mit Salzsäurealkohol festhalten. Zur Sicherung der Diagnose werden die Erreger für die mikroskopische Untersuchung gefärbt, in Kulturen gezüchtet oder auf das tuberkuloseempfindliche Meerschweinchen übertragen. Es gibt drei Erregertypen jeweils für die Menschen-, Rinder- und die Geflügeltuberkulose. Letztere ist für den Menschen von geringer Bedeutung, dagegen waren noch vor einiger Zeit 4–10% aller Tuberkuloseerkrankungen auf den Erreger der Rindertuberkulose zurückzuführen. Er wird nach Infektion mit verseuchter Milch häufig in den Lymphknoten der erstinfizierten Körperteile (nämlich Bauch, Hals und Gaumenmandeln) gefunden. Heute ist die Rindertuberkulose bei uns so gut wie ausgerottet. – Der Typus humanus wird überwiegend auf dem Luftweg vom Menschen auf den Menschen übertragen. Neben der Staubinfektion spielen dabei vor allem die längere Zeit im Raum schwebenden Tröpfchen eine Rolle, die besonders gut bis in die tiefen Luftwege eindringen. Entsprechend ist die Erstinfektion meist eine Lungenerkrankung.

Die Tuberkulose ist als Infektionskrankheit nicht erblich. In den allerseltensten Fällen kann sie, durch das Fruchtwasser übertragen, angeboren sein, doch sind vor der Geburt infizierte Kinder meist nicht lebensfähig. Die Widerstandskraft gegen Tuberkulose dagegen hängt auch von vererbten Eigenschaften ab.

Die Tuberkulose ist eine chronische Infektionskrankheit mit außerordentlich kompliziertem und wechselvollem Verlauf. Sie kann in jedem Lebensalter, sehr verschieden schwer und in den verschiedensten Organen vorkommen. Schließlich ist bezeichnend, daß die Tuberkulose, jahrelang „stumm“, plötzlich wieder fortschreitend und „aktiv“ werden kann. Schematisch lassen sich gewisse Gruppen geweblicher Reaktionen und gewisse Stadien des Krankheitsverlaufs abgrenzen, obwohl im Einzelfall nicht nur ein Nacheinander, sondern auch ein Nebeneinander verschiedener Erscheinungsformen der Tuberkulose vorkommt. Die Wechselfälle der Erkrankung erklären sich daraus, daß nicht nur die Menge und Aggressivität der Erreger eine Rolle spielt, sondern vor allem auch die Widerstandskraft des Körpers je nach Alter, Ernährungszustand und Veranlagung. Die Bedeutung der ererbten Veranlagung wird u.a. in der größeren Tuberkuloseanfälligkeit farbiger Völker deutlich. Im Einzelfall vermindern Alkoholmißbrauch, Mangelernährung, psychische Belastung und körperliche Überanstrengung die Widerstandskraft. Keuchhusten, Masern, Grippe und vor allem Zuckerkrankheit und Staublunge begünstigen die Tuberkulose. Die Widerstandskraft erhöht sich im Kontakt mit dem Erreger. Diese Art von Immunität ist zwar nicht absolut, wie bei manchen anderen Infektionskrankheiten, sondern nur relativ, doch immerhin so stark, daß die Erstinfektion meist zu einer Einkesselung der wenigen überlebenden Erreger führt. Solche inaktivierten Erreger können für immer stumm bleiben, bei nachlassender Widerstandskraft jedoch auch sehr spät noch reaktiviert werden. Die erworbene Tuberkuloseimmunität schützt außerdem gegen neue Aufpfropfinfektionen (vgl. weiter unten Tuberkuloseschutzimpfung). Schließlich wird der Verlauf einer Tuberkulose auch noch durch Überempfindlichkeitsreaktionen, durch die Allergie gegen Erregergifte, beeinflußt. Diese Allergie äußert sich z.B. bei der Einspritzung von Erregergiften in einer mehr oder weniger deutlichen Entzündungsreaktion der Haut (sog. *Tuberkulinprobe;* Abb. 1). Allergie und Widerstandskraft gehen keinesfalls immer parallel; daher zeigt eine positive Tuberkulinprobe nur an, daß der erste Kontakt mit dem Erreger bereits stattgefunden hat.

Die *geweblichen Reaktionen* gegen die Tuberkelbakterien hängen u.a. von der örtlichen Widerstandskraft der befallenen Strukturen ab. Bei guter Abwehrlage versucht das Gewebe, die Erreger durch Zellvermehrung abzuwehren und einzukesseln. Es entsteht ein Knötchen aus sog. Epitheloidzellen, Riesenzellen und Lymphozyten, das man *Tuberkel* nennt. Diesem Granulationsgewebe der „produktiven" Tuberkulose verdankt die Erkrankung ihren Namen (Abb. 2a). Ist die Abwehrlage weniger gut, kommt es zu einem kleinen örtlichen Gewebsuntergang mit anschließender Erweichung, zur sog. *tuberkulösen Verkäsung*. In ihrer Nähe ist die zelluläre Abwehr mehr oder weniger groß (Abb. 2b und c). Sind die Verkäsungsherde umfangreich, kommt es in der Lunge zur Höhlenbildung durch Auswurf des eingeschmolzenen Materials (*Kavernenbildung* durch Verkäsung bei exsudativer Tuberkulose, Abb. 3). Die dritte Reaktionsform ist eigentlich nicht bezeichnend für Tuberkulose. Sie besteht in einer bindegewebigen Umwandlung des Gewebes mit Schrumpfungs- und Vernarbungstendenz, wie sie auch sonst bei einer Gewebsheilung vorkommt (sog. zirrhotische Form der Tuberkulose, Abb. 2d). Alte Herde können verkalken (Abb. 2e) oder sogar verknöchern und trotzdem immer noch Tuberkelbakterien enthalten.

Die Ausbreitung der Tuberkulose erfolgt vom Erstherd aus, und zwar je nach Organstruktur entweder durch schrittweises Vordringen innerhalb des gleichen Gewebes, durch Einbruch in organgebundene Kanäle, z.B. in den Bronchialbaum, durch Einbruch in die Lymphbahn oder Verschleppung mit dem Blutgefäßsystem (vgl. Abb. 3a–d). Aus Kavernen kann tuberkulöses Material nicht nur in Bronchien, sondern auch in den Brustfellraum gelangen (3e). Die blutseitige Verschleppung streut meist besonders weit, die lymphseitige Ausbreitung wird unter Lymphknotenbeteiligung in den Lymphknotenfiltern gestoppt *(Lymphknotentuberkulose)*. Der Körper antwortet auf die tuberkulöse Erstinfektion je nach seiner Widerstandskraft verschieden: mit einem käsigen Zerfall des Gewebes, einer Einkesselung der Erreger oder einer Narbenheilung. Je nach dem feingeweblichen Aufbau der zuerst und auch später befallenen Organe kann so ein sehr vielfältiges Bild entstehen.

Die *tuberkulöse Erstinfektion* ist in rund 90 % der Fälle eine Lungeninfektion durch Einatmung von bakterienhaltigem Staub oder bakterienhaltigen Hustentröpfchen;

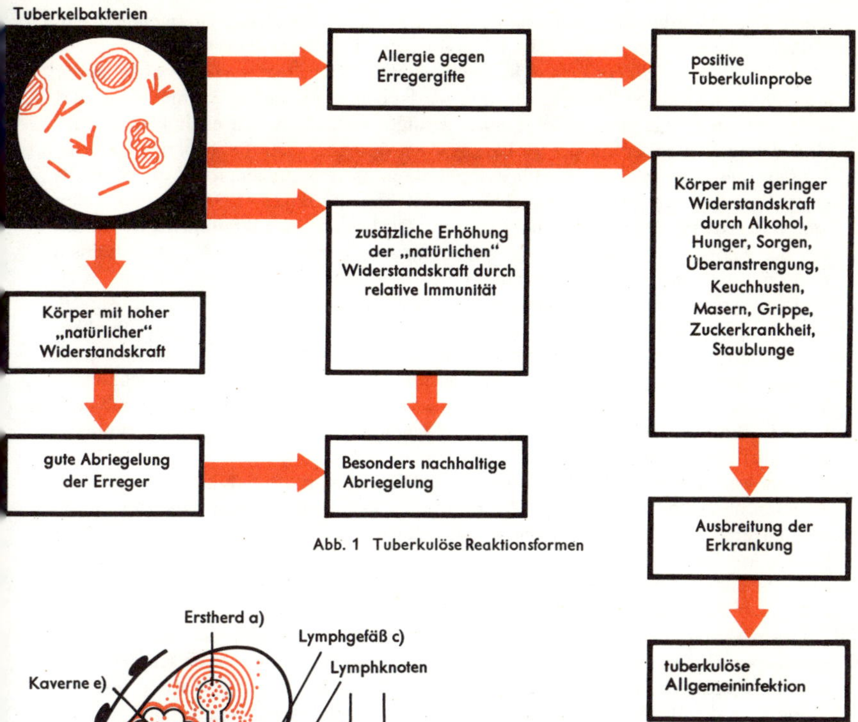

Abb. 1 Tuberkulöse Reaktionsformen

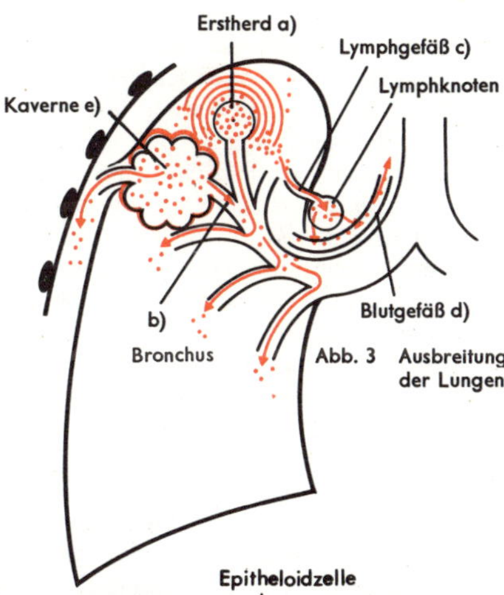

a) Schrittweises Vordringen
b) Einbruch in das Kanälchensystem des Bronchialbaumes
c) Einbruch in Lymphgefäße
d) Einbruch in die Blutbahn
e) Tuberkulöse Kaverne mit Anschluß an Bronchus und an den Brustfellraum

Abb. 3 Ausbreitungswege der Lungentuberkulose

zu Abb. 2a): Tuberkulöses Knötchen bei guter Abwehrlage (Tuberkel)
b) Kleine tuberkulöse Verkäsung mit Abwehrwall
c) Größere tuberkulöse Verkäsung mit geringer zellulärer Abwehr
d) Vollständige narbige Ausheilung von a)
e) Verkalkung von b)

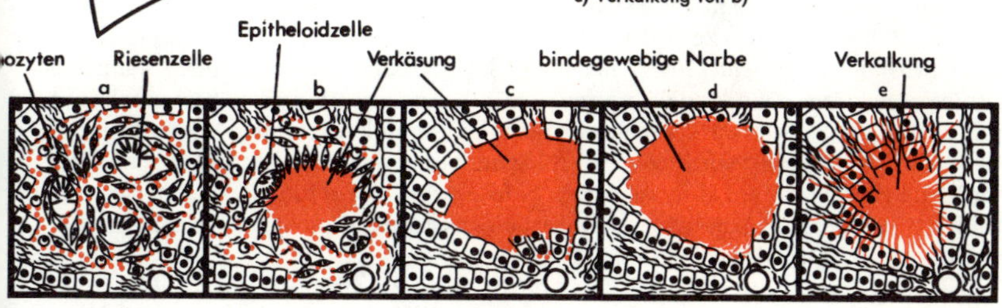

bb.2 Feingewebliche Verlaufsformen der Tuberkulose

selten ist der Verdauungskanal, sind Haut oder Augenbindehaut, Gaumenmandeln, Mund- und Rachenschleimhaut Eintrittspforte der Tuberkelbakterien.

5–6 Wochen nach dem ersten Kontakt entsteht eine Überempfindlichkeit gegen die Bakteriengifte, die Tuberkulinprobe wird positiv. Außerdem kommt es in der erstinfizierten Lunge, bei zunächst noch geringer Gegenwehr, zu einer kleinen Einschmelzung oder tuberkulösen Verkäsung. Von dort gelangen die Tuberkelbakterien mit der Lungenlymphe in die Hiluslymphknoten an der Lungenpforte, die ebenfalls käsig zerfallen. Insgesamt entsteht so ein hantelförmiger Erstherd, den man tuberkulösen Primärkomplex nennt (Abb. 4a). Die begleitenden Krankheitserscheinungen der Erstherdtuberkulosen sind wegen der geringen Ausdehnung des Prozesses so gering, daß sie übersehen oder als Grippe verkannt werden. U. a. kommt es zu uncharakteristischem Unwohlsein mit leichtem Husten, Müdigkeit, Appetitlosigkeit, Kopf- und Brustschmerzen sowie geringem Temperaturanstieg. Treten keine Komplikationen auf, so gehen die Beschwerden bald zurück, und der Primärkomplex ist nach 2 Jahren vernarbt und verkalkt. Oft bleiben eingekesselte Erreger jahrzehntelang lebensfähig, andererseits ist aber auch eine echte biologische Abheilung möglich. Liegt die Eintrittspforte ausnahmsweise im Rachenraum oder im Darmkanal, erkranken auch dort die umliegenden Lymphknoten mit.

Verbessert sich die geringe Widerstandskraft des Körpers nur langsam, so kann es schon im ersten Stadium der Tuberkulose zu ausgedehnten Einschmelzungen mit Frühkavernen oder einer regelrechten sog. käsigen Lungenentzündung kommen. Reizhusten, Atemnot und Fieberanstieg können eine ausgedehnte Lymphknotentuberkulose der Lungenpforte anzeigen, die manchmal doppelseitig ist und im Röntgenbild einen „Schornsteinschatten" wirft (Abb. 4b).

Das *zweite Stadium der Lungentuberkulose* wird im wesentlichen durch die Aussaat von Tuberkelbakterien geprägt. Die Bakterien gelangen bei Gewebseinschmelzungen je nach Gegenwehr in verschiedener Menge direkt oder auf dem Umweg über die Lymphe in die Blutbahn. Sie können wieder in der Lunge abgesiedelt werden, mit dem Blut aber auch sonst in den Körper ausgeschwemmt werden. Dort entstehen durch die Gewebsreaktion hirsekorngroße Knötchen, die später auch im Röntgenbild sichtbar werden und Tuberkel heißen. Die Erscheinungen dieser *Miliar-* oder *Körnchentuberkulose*, die u. U. auch noch längere Zeit nach der Erstherdtuberkulose vorkommt, sind hohes Fieber, Husten, Atemnot, Kopfschmerz, Erbrechen, Blausucht und Atembeschwerden. Manchmal verläuft die Erkrankung typhusähnlich, manchmal bestehen Anzeichen einer Hirnhautentzündung. Auch Milz und Knochenmark sind regelmäßig an der Miliartuberkulose beteiligt. Manche Streuherde bleiben stumm und werden erst später Ausgangspunkt einer Organtuberkulose des 3. Krankheitsstadiums in der Lunge, der Niere, den Nebennieren, den Knochen und Gelenken (Abb. 4c).

Die *tuberkulöse Brustfellentzündung* entsteht vor allem im Anschluß an eine späte Erstinfektion. Sie macht sich im Gegensatz zu vielen anderen frühtuberkulösen Prozessen durch stechende Atemschmerzen, durch Druck- und Klopfempfindlichkeit recht bald bemerkbar. Die trockene Brustfellentzündung geht durch Flüssigkeitsausschwitzung meist in die feuchte Form über, die Schmerzen lassen nach, doch kann die Atmung nun durch den Flüssigkeitserguß wesentlich behindert werden. Kennzeichnend sind fortan die langsame Rückbildung und Eiteransammlungen oder Verwachsungen zwischen den beiden Brustfellblättern. Früher verkannt, weiß man heute, daß zumindest im 2.–4. Lebensjahrzehnt 80 % solcher Brustfellentzündungen tuberkulösen Ursprungs sind. Daher ist die Behandlung antituberkulös, sie besteht in manchen Fällen aber auch in einer Entlastungspunktion.

Die beiden ersten Tuberkulosestadien rechnet man zur Frühtuberkulose. Das dritte Stadium ist das der *Spättuberkulose* (Abb. 5). Dabei kommt es infolge verminderter Gegenwehr zum Wiederaufflammen alter, ruhender Tuberkuloseherde. Diese Reaktivierung der Tuberkulose geht in der Lunge meist von einem walnußgroßen, nach der

Abb. 4a) Tuberkulöse Erstinfektion der Lunge mit „Primärkomplex“ in Lungengewebe (Lungenpol) und Lymphknoten (Lymphknotenpol); grippeähnlichen Beschwerden, Unwohlsein, Müdigkeit, Appetitlosigkeit, leichter Husten, Kopf- und Brustschmerzen, leichter Temperaturanstieg

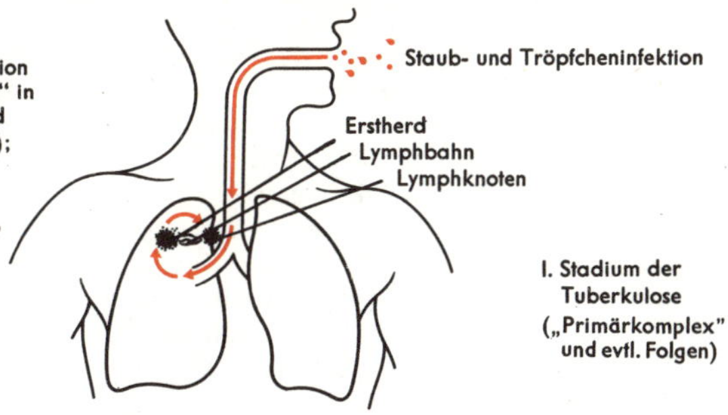

b) Einige Verlaufsmöglichkeiten der tuberkulösen Erstinfektion

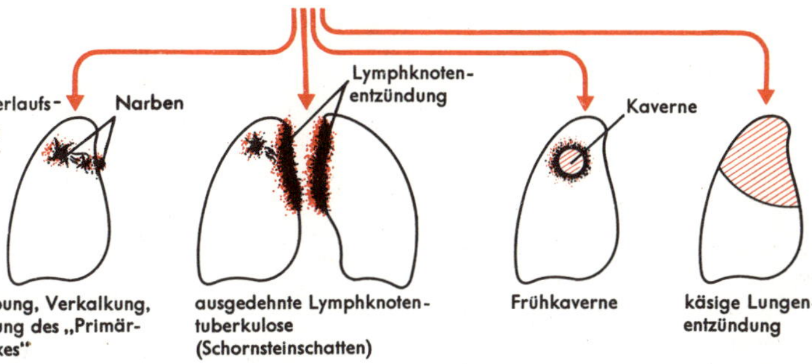

4c) II. Stadium der Tuberkulose (Aussaat von Tuberkelbakterien)

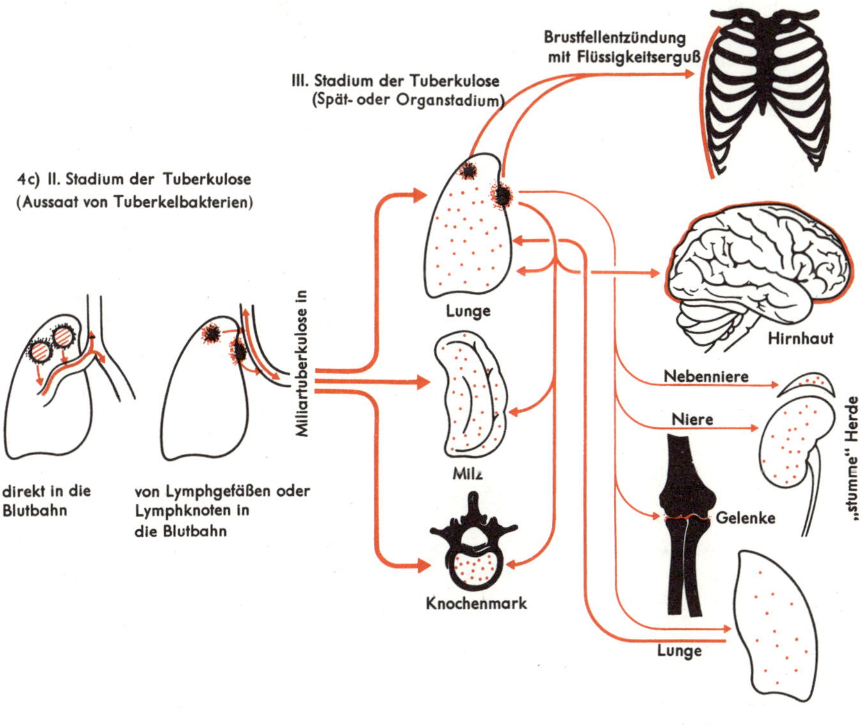

früheren Aussaat zunächst stummen Herd unterhalb des Schlüsselbeins aus, den man *Frühinfiltrat* nennt. Das Frühinfiltrat leitet nach der kindlichen Frühtuberkulose oft die eigentliche Erwachsenentuberkulose ein (Abb. 5). Wie beim Primärkomplex kann die Tuberkulose auch hier unter der Maske einer verschleppten Grippe auftreten, mit leichtem Fieber, Appetitlosigkeit, geringer Gewichtsabnahme, Nachtschweiß, Husten, manchmal auch mit blutigem Auswurf. Die rechtzeitige Erkennung des Frühinfiltrats ist besonders wichtig, weil die Behandlungsaussichten in diesem „frühen Spätstadium" noch besonders gut sind. Schmilzt das Lungengewebe erst ein und entsteht durch Entleerung eine Frühkaverne, so verläuft der Heilungsprozeß wesentlich langwieriger. Unter starkem Husten wird jetzt oft bröckeliger, manchmal auch blutiger Auswurf mit ansteckungsfähigen Erregern entleert *(offene Tuberkulose)*. Die entstandene Kaverne kann unter Wandverdickung in der Folge chronisch werden. Dann breitet sich die Erkrankung oft im Luftröhrensystem über die Lunge aus, gelangt in den Kehlkopf und manchmal auch durch verschluckte Tuberkelbakterien in den Darm (Heiserkeit bzw. Durchfälle; Abb. 5). Die Lungenerkrankung kann auch jetzt noch auf jeder Stufe stehenbleiben. Oft steigt sie aus der Lungenspitze etagenweise tiefer, wobei unter hohem Fieber und Atemnot neue Herde entstehen; die neuen Herde schmelzen jeweils ein und führen zum Bluthusten, bis schließlich ein Lungenflügel völlig unbrauchbar wird. In diesem Stadium kann es auch zu stärkeren Blutungen, zum sog. Blutsturz kommen. Bei geringer körperlicher Gegenwehr entsteht schließlich eine käsige Lungenentzündung, die mit hohem Fieber und schwerer Beeinträchtigung des Allgemeinzustandes einhergeht (Abb. 5). Diese sog. *galoppierende Schwindsucht* war früher meist tödlich; sie kommt heute nur noch selten vor und ist bei rechtzeitiger Chemotherapie weitgehend rückbildungsfähig. Bei besserer Abwehrlage steht weniger die Verkäsung als eine zelluläre Abwehrreaktion zur Abgrenzung und Einkesselung der Erreger im Vordergrund *(produktive Tuberkulose)*. Narbenbildende, bindegewebige Heilungsvorgänge kennzeichnen die *zirrhotische* oder *schrumpfende Tuberkulose.*

Außer der Lunge erkranken u. U. auch andere Organe tuberkulös, sei es als Erstherd oder nach einer Aussaat aus den Lungen (Abb. 6). Der Kehlkopf, früher durch Ausbreitung über die Luftröhre in 15–20 % der Fälle von spätkavernöser Tuberkulose mitbefallen, erkrankt heute nur noch in 2–3 % aller Fälle. Beim Kleinkind ist die Hirnhautentzündung häufig. Die tuberkulöse Darmerkrankung von Säuglingen und Kleinkindern ist mit der Rindertuberkulose zurückgegangen, doch können Leibschmerzen und Durchfälle auch durch Verschlucken von Erregern aus den eigenen Lungen entstehen. Die Knochen-, Gelenk- und Nierentuberkulose kommt durch Aussaat über das Blut zustande. Eine Niere ist bei rund 10 % aller Tuberkulosekranken befallen. Im Mittelpunkt der Beschwerden steht zunächst meist ein Blasenkatarrh durch abgestiegene Erreger. Später können große Anteile der Niere käsig zerfallen und funktionsuntüchtig werden, so daß die Niere entfernt werden muß. Die weitere Streuung von der Harnblase aus bringt es mit sich, daß die Genitaltuberkulose beim Mann rund 3mal so häufig ist wie bei der Frau. – Die *Hauttuberkulose* nennt man Lupus vulgaris. In ihrem Verlauf führt der geschwürige Zerfall gelbbrauner Knoten z. B. an Nase und Ohren zu ausgedehnten Zerstörungen der Haut, zwischen denen sich Anzeichen reaktiver Hautwucherungen finden. Unter den tuberkulösen Erkrankungen von Hormondrüsen ist der Nebennierenausfall am häufigsten (Abb. 6).

Die Tuberkulose führt auch ohne merkliche Beschwerden oft schon zu recht ausgedehnten Zerstörungen. Daher werden nicht wenige Tuberkulosefälle erst durch Routineuntersuchungen entdeckt, wie z. B. durch die *Röntgenreihenuntersuchung*, durch Einstellungs- und Tauglichkeitsuntersuchungen. Vor allem in der Umgebung offen Tuberkulosekranker ist eine vorsorgliche Überprüfung angebracht. Die Tuberkulose wird oft verkannt, weil sie anfangs meist nur recht uncharakteristische Beschwerden erzeugt, die man etwa für die Folgen einer Grippe halten kann. Tuberkulöse Lungenerscheinungen dagegen werden oft auch einer chronischen Bronchitis zugeschrieben, so Husten,

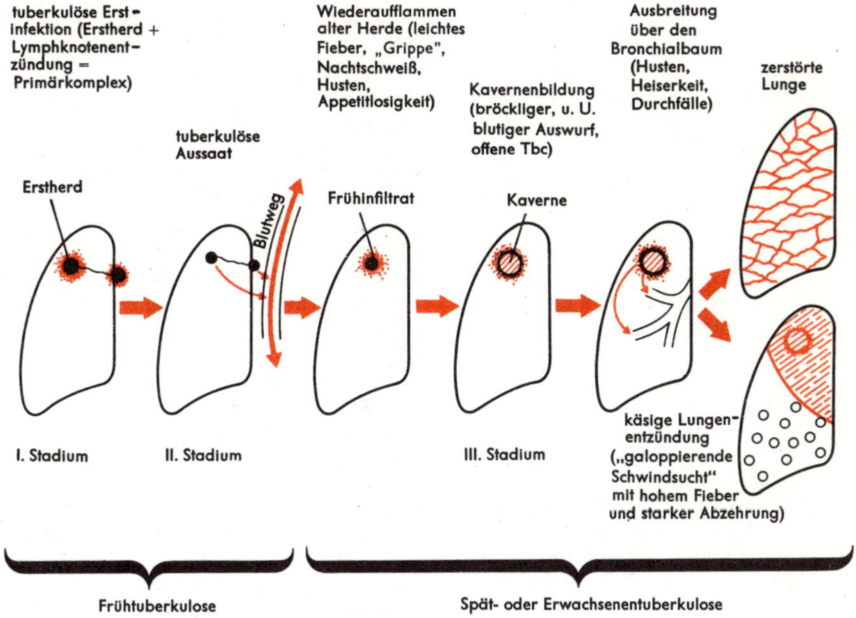

Abb. 5 Die Tuberkulosestadien bei Lungentuberkulose

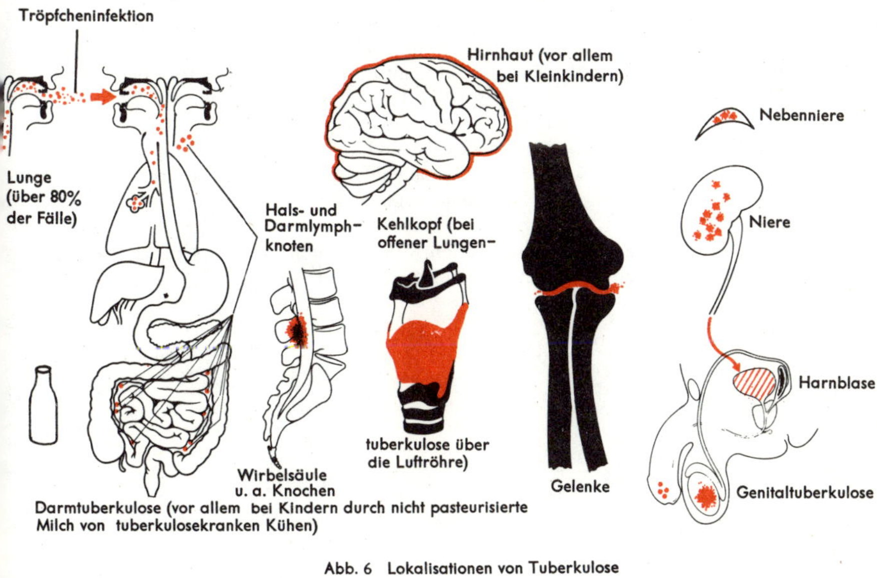

Abb. 6 Lokalisationen von Tuberkulose

Auswurf, Lufthunger und Brustschmerzen. Schlechtes Allgemeinbefinden, leichtes Fieber, länger als 2–3 Wochen anhaltende Bronchialkatarrhe und „grippale Infekte" sollten immer auf Tuberkulose verdächtig sein, vor allem, wenn sie mit Appetitlosigkeit und Abmagerung einhergehen. Die Erkennung tuberkulöser Lungenveränderungen wird durch Schichtaufnahmen erleichtert, bei denen Filmkassette und Röntgenröhre gegenläufig bewegt werden *(Tomographie)*. Diagnostisch wichtig ist auch die bakteriologische Untersuchung von Auswurf, Magennüchternsaft oder Rachenabstrich mit speziellen Färbungen, Züchtung oder Überimpfung der Erreger im Tierversuch. Offene Tuberkulosen, bei denen Erreger nachgewiesen werden, sind gleichzeitig immer auch aktive Tuberkulosen. Die Tuberkulinprobe ist einfacher, sie zeigt jedoch nur an, ob schon eine Erstinfekton (oder eine erfolgreiche Schutzimpfung) stattgefunden hat. Über die Aktivität des Zustandes vermag sie keine Auskunft zu geben.

Die Tuberkulose konnte früher nur unspezifisch allgemein oder, gezielter, chirurgisch behandelt werden. Allgemeinbehandlung mit Bettruhe, hochwertiger Kost und Heilklima erhöht die Widerstandskraft und ist auch heute noch angezeigt.

Wesentliche Fortschritte in der Behandlung brachten die neuen chemotherapeutischen Mittel, die sog. *Tuberkulostatika*. Sie wirken bei frischen Krankheitszuständen am besten. Daher wird heute so gut wie jede aktive (d. h. fortschreitende oder auf möglichen Fortschritt verdächtige) Tuberkulose unverzüglich mit tuberkulostatischen Mitteln behandelt. Dem chronischen Charakter des Leidens entsprechend, ist auch die Behandlung mit einer Dauer von $1\frac{1}{2}$ bis 2 Jahren recht langwierig, bei konsequenter Handhabung aber auch erfolgreich. Meist werden zwei oder drei Mittel, die sich in ihrer Wirkung gegenseitig unterstützen, miteinander kombiniert, z. B. Isonikotinsäurehydrazid (INH), Rifampicin und Ethambutol. Neben diesen erregerspezifischen Mitteln werden u. U. auch Kortikosteroide verwendet, die überschießende und daher schädliche Gewebsreaktionen eindämmen.

Auch die chirurgischen Verfahren haben von den Tuberkulostatika profitiert, da unter dem Schutz der chemotherapeutischen Arzneimittel eingreifender und zielstrebiger operiert werden kann. Nach wie vor ist die Ruhigstellung der Lunge Ziel der chirurgischen Behandlung, doch wird die Lufteinblasung in den Brust- oder Bauchraum kaum mehr angewandt *(Pneumothorax* bzw. *Pneumoperitoneum)*, noch seltener die Zwerchfellähmung durch Nervenausschaltung. Führt die medikamentöse Behandlung nach 6 bis 12 Monaten zu keinem Ergebnis, kommt heute vor allem die Entfernung von Lappenteilen, auch einzelner Lungenlappen oder ganzer Lungenflügel in Frage. Weitere Operationen bei Lungentuberkulose sind die sog. Lungenlösung, die Kunststoffplombe und die *Thorakoplastik*, bei der auch der knöcherne Brustkorb zur Ruhigstellung und Schrumpfung von Kavernen verkleinert wird. Auch örtliche Kavernenbehandlung, z. B. durch Einführen einer Saugdränage, kommt gelegentlich in Frage. Durch gezielten Einsatz aller angeführten Möglichkeiten gelingt es heute, mehr als 90 % aller frischen Tuberkuloseerkrankungen zu heilen.

KEUCHHUSTEN

Keuchhusten ist eine Infektionskrankheit, die durch das Bakterium Bordetella pertussis (Haemophilus pertussis) hervorgerufen wird. Die Übertragung erfolgt meist durch Tröpfchen, nicht selten über mehrere Meter hinweg. Im Gegensatz zu vielen anderen Infektionskrankheiten erkranken an Keuchhusten auch junge Säuglinge von Müttern, die schon einmal einen Keuchhusten durchgemacht haben. Dabei ist Keuchhusten vor allem für Säuglinge stets eine schwere, manchmal lebensbedrohende Erkrankung. Sie müssen daher besonders sorgfältig vor dem Kontakt mit erkrankten Kindern geschützt werden. Die Empfänglichkeit ist sehr hoch; für die Ansteckung genügt meist schon ein kurzer gemeinsamer Aufenthalt im gleichen Raum. Der Keuchhusten hinterläßt eine Immunität, die allerdings nicht das ganze Leben hindurch anhält. So kann z. B. die Mutter sich bei der Pflege ihrer Kinder erneut anstecken.

Der Keuchhusten beginnt etwa 1–2 Wochen nach der Ansteckung mit einem gewöhnlichen Husten; indessen fällt bald auf, daß dieser Husten nachts stärker wird. Bereits in diesem uncharakteristischen Stadium besteht Ansteckungsgefahr. Nach 1–2 weiteren Wochen werden die Hustenattacken schwerer und häufiger, sie entwickeln sich zu den typischen *Keuchhustenanfällen:* Ein kitzelnder, brennender Kehlkopfreiz macht das Kind unruhig, gleich darauf hustet es, meist 6- bis 8mal mit vorgestreckter Zunge. Dabei kommt es zu einem Krampf des Kehldeckels; das Kind ringt nach Atem, bis der Krampf sich löst; die Luft wird heftig und geräuschvoll eingezogen („Keuchhustenziehen"). Solche Attacken wiederholen sich oft mehrmals kurz hintereinander, das Kind läuft blaurot an, schwitzt sehr stark, seine Augen tränen und quellen hervor. Endlich wird, oft unter Erbrechen, ein zäher Schleim hervorgewürgt. Große Hustenanfälle können sich 8- bis 20mal am Tage wiederholen. Die Kinder schlafen während dieser Zeit nachts sehr schlecht, sind mitgenommen, blaß, gedunsen und magern durch das Erbrechen ab. Im Gegensatz zu den meisten anderen Infektionskrankheiten ist die Körpertemperatur beim Keuchhusten normal. Im Blutbild findet sich eine charakteristische Vermehrung weißer Blutkörperchen.

Nach etwa 3–4 Wochen werden die Hustenanfälle seltener und weniger heftig, auch Erbrechen tritt nur noch selten auf. Der Schleim wird flüssiger und läßt sich besser abhusten. Die Kinder können nachts wieder schlafen und erholen sich meist rasch. Die Ansteckungsgefahr erlischt etwa 6 Wochen nach Beginn der Erkrankung. Nach weiteren 3 Wochen ist die Krankheit überstanden.

Zu den Komplikationen der Erkrankung gehören, vor allem bei Säuglingen, die Keuchhustenlungenentzündung und die u. U. mit Krämpfen einhergehende Enzephalopathie. Bei jungen Säuglingen kann es auch – anstelle des Hustens – zu Niesattacken kommen, die sich u. U. bis zu Erstickungsanfällen steigern.

Sind die Kinder von Begleiterkrankungen und Fieber frei, sollen sie nicht im Bett liegen, sondern so viel wie möglich an die frische Luft gehen. Öffentliche Spielplätze sind wegen der hohen Ansteckungsgefahr für die Spielgefährten jedoch zu meiden. Die Kost soll leicht, gut verdaulich und trotzdem reich an Kalorien sein. Werden die Speisen regelmäßig erbrochen, kann man zunächst eine kleinere Portion geben und die nächste Hustenattacke abwarten. Wird nun erbrochen, ist der Rachen für kurze Zeit weniger erregbar. Jetzt kann die zweite, größere Portion gereicht werden, die dann meist behalten wird. In den ersten beiden Lebensjahren oder sonst bei schwerem Verlauf wird die Behandlung durch Antibiotika (Ampicillin, Erythromycin), eventuell auch durch Hyperimmunserum unterstützt. Ähnlich kann man zur Verhütung des Krankheitsausbruchs auch bei Säuglingen verfahren, die Kontakt mit keuchhustenkranken Kindern hatten. Da Keuchhusten für Säuglinge immer eine bedrohliche Erkrankung ist, wurde empfohlen, vor allem bei Kindern in größeren Familien, Hochhäusern und Säuglingsheimen im 3.–5. Monat eine aktive Schutzimpfung vorzunehmen. Neuerdings steht die orale Keuchhusten-Schutzimpfung bald nach der Geburt zur Diskussion.

VIREN ALS KRANKHEITSERREGER

Viren sind außerordentlich kleine, recht einfach gebaute Krankheitserreger an der Grenze zwischen Belebtem und Unbelebtem. Während man Bakterien noch im Mikroskop sehen kann, sind Viren lediglich 20–250 Millionstel Millimeter (20–250 nm) groß und daher nur im Elektronenmikroskop darstellbar. Viren unterscheiden sich von den Bakterien auch dadurch, daß sie sich nur in lebenden Wirtszellen vermehren können *(obligatorischer Zellparasitismus)* und nicht etwa in Blut- oder Gewebsflüssigkeit. Solche Wirtszellen können von Menschen und Tieren, aber auch von Pflanzen und Bakterien stammen (Tabakmosaikvirus, Bakteriophagen, Abb. 1). Die Eigenschaften der Viren erklären sich aus ihrem Aufbau. Sie bestehen aus einem dünnen Eiweißmantel, der als wesentlichen Bestandteil die Virusnukleinsäure (DNS oder RNS) umschließt (Abb. 1). Der Mantel stabilisiert das Virus für die kurze Zeit der Übertragung; er sorgt auch dafür, daß die Viren an der neuen Wirtszelle haften und ihre Nukleinsäure sich in die Wirtszelle ergießt. Dort steuert das Virus den Nukleinsäurestoffwechsel um; es bilden sich Virus-Wirtszell-Komplexe. In diesem Stadium ist das Virus nicht infektionsfähig und innerhalb der Zelle auch nicht mehr nachweisbar.

Die Nukleinsäure der Wirtszelle, die das genetische Material der Zelle darstellt, bewahrt normalerweise deren „Erbschrift" ohne die geringste Abweichung, gibt sie von Zelle zu Zelle weiter und sorgt u. a. dafür, daß nach ihrem Muster alle Enzyme des Zellstoffwechsels hergestellt werden. Das Virus nun schleicht sich in diese Vorgänge ein und veranlaßt Stoffwechselumstellungen, in deren Verlauf schließlich nicht mehr nur Bestandteile der Wirtszelle, sondern auch Virusnukleinsäure, Virusprotein und infektionsfähige Viruspartikel produziert werden. Man hat diesen Vorgang mit dem Entern eines Schiffes verglichen, dessen Mannschaft in den Dienst der Piraten gezwungen wird. Die Viruspartikel häufen sich nach einiger Zeit in kristallartig geordneten Massen innerhalb der Zellen an (Abb. 2). Schließlich erschöpft sich das Baumaterial der befallenen Zelle, die Viruspartikel umgeben sich mit einem Eiweißmantel, bringen die Wirtszelle zum Platzen und wenden sich als plötzlich wieder infektionstüchtige Erreger neuen, gesunden Wirtszellen zu. Manche Viren können auch fortlaufend, ohne Zerstörung der Wirtszellen, nach draußen gelangen (Abb. 3). Die Virusnukleinsäure, obwohl von der Wirtszelle gebildet, wird dabei als hauptsächlicher Virusbestandteil und gleichzeitiger Viruserbträger unverändert über neue Virusgenerationen weitergereicht. Man kann das Virus demnach mit einem Gen höherer Lebewesen vergleichen, das jedoch fremde Zellen dazu zwingt, den Eindringling fortlaufend immer wieder zu kopieren; man sagt dazu auch „vagabundierendes Genom". Tumorerzeugende Viren gehen mit ihrer Nukleinsäure möglicherweise dauernd in den Nukleinsäurebestand der Wirtszelle über und veranlassen dort die Erbänderung „fortschreitende Zellwucherung". Die sog. *Bakteriophagen* benutzen Bakterien als Wirtszellen, die sie durch Vermehrung schließlich ebenfalls vernichten (daher der Name „Bakterienfresser"). Sie kommen in einfachen, aber auch recht komplizierten, geschwänzten Formen vor und sind verhältnismäßig bequeme Forschungsobjekte, da sie ohne lebendes tierisches Gewebe gezüchtet werden können.

Die einfache Struktur der Viren und ihre Verwandtschaft mit dem menschlichen Erbapparat machen verständlich, daß Viren sich einerseits zwar nur in lebenden Wirtszellen vermehren können, andererseits aber gegen Chemotherapeutika außerordentlich widerstandsfähig sind. Typische Viruskrankheiten des Menschen sind Pocken, Windpocken, Masern, Röteln, Kinderlähmung, Tollwut und bestimmte Formen der Lungen- und Leberentzündung. Sie werden meist durch direkten Kontakt von Mensch zu Mensch, z. T. aber auch indirekt oder durch Tiere übertragen. Viele Viruskrankheiten erzeugen lebenslängliche Immunität. Entsprechend kann aktive Immunisierung durch abgeschwächte oder inaktive Erreger erfolgreich sein (z. B. gegen Masern, Pocken, Kinderlähmung, Tollwut und Grippe).

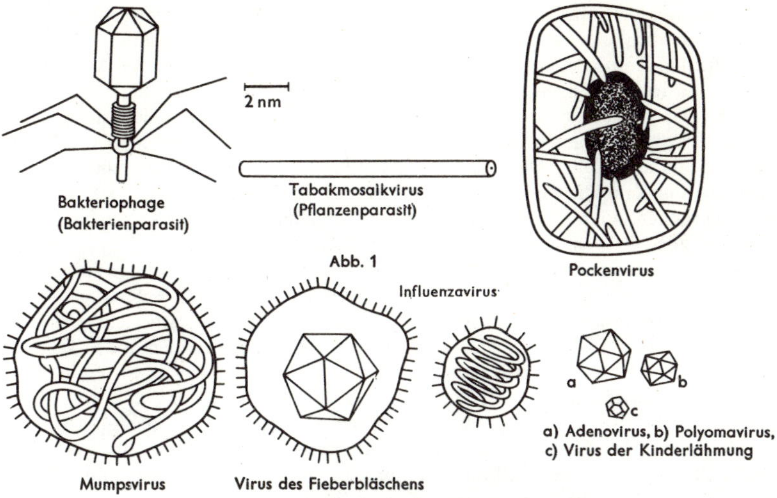

Abb. 1

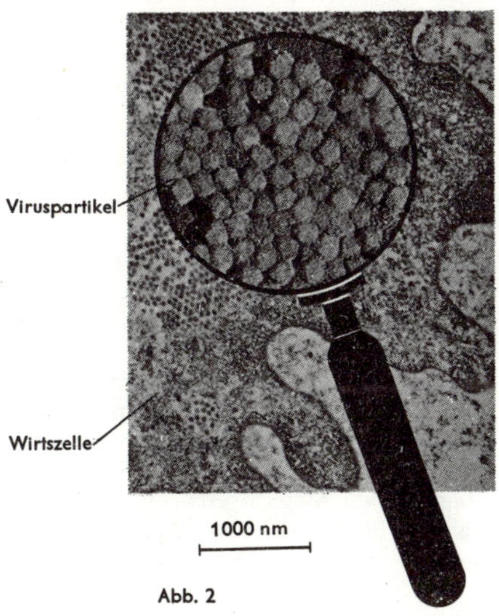

Abb. 2

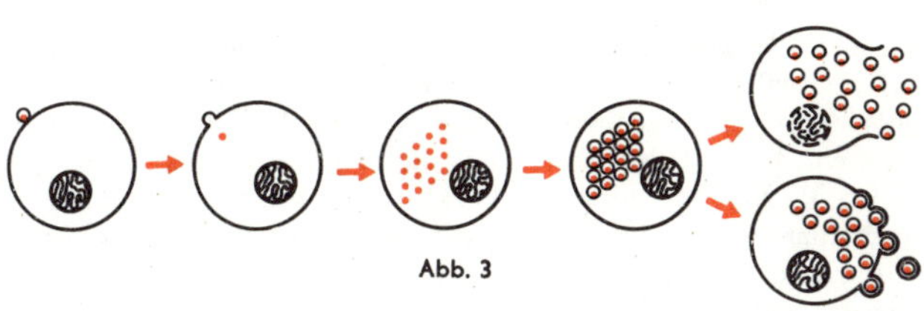

Abb. 3

MASERN · RÖTELN

Die Erreger der Masern und Röteln sind Viren, die außerhalb des Organismus schnell absterben; die Übertragung der Krankheiten erfolgt daher praktisch nur durch Tröpfcheninfektion oder direkte Berührung. Abb. 2 zeigt eine Tabelle der Altersverteilung der beiden Krankheiten. Masern und Röteln sind einander oft zum Verwechseln ähnlich. Daß es sich um zwei verschiedene Krankheiten handelt, geht jedoch schon daraus hervor, daß die Abwehrstoffe nach Überstehen der Masern nicht vor Röteln schützen und umgekehrt. Die Empfänglichkeit für Masern ist praktisch 100%ig, d. h., jeder, der die Krankheit noch nicht durchgemacht hat, erkrankt beim Kontakt mit Masernkranken. Eine Ausnahme bilden nur Säuglinge bis zu etwa einem halben Jahr, die noch Abwehrstoffe der Mutter im Blute haben.

Die *Masern* beginnen 10–12 Tage nach der Ansteckung mit langsam ansteigendem Fieber, Niesen, Schnupfen und trockenem, rauhem Husten. Das Gesicht ist gedunsen, die Augen durch Bindehautentzündung gerötet, die Lider verklebt; es besteht erhebliche Lichtscheu. Auf der Mundschleimhaut gegenüber den Backenzähnen finden sich 1–2 Tage lang kleine, kalkspritzerähnliche, weiße Flecke *(Koplik-Flecke)*, die ein sicheres Zeichen für Masern sind. 2–3 Tage nach Beginn der Erkrankung fällt das Fieber vorübergehend ab und steigt dann rasch wieder über 39 °C an. Gleichzeitig beginnt der *Masernausschlag* im Gesicht und hinter den Ohren. Es sind hellrote, etwas erhabene Flecke, die nach 1–2 Tagen vielfach zusammenfließen und sich nach unten hin ausbreiten. Gleichzeitig klingen die übrigen Krankheitszeichen ab, und nach 3–4 Tagen verschwindet der Ausschlag wieder in der gleichen Reihenfolge, wie er aufgetreten war. Etwa 2–3 Wochen nach Beginn der Erkrankung schuppt sich die Haut kleieförmig ab, wobei – im Gegensatz zum Scharlach – Handteller und Fußsohlen regelmäßig ausgespart bleiben (Abb. 1).

Bei sehr schweren Masern steigt das Fieber über 41 °C an. Die Kinder liegen im Fieberwahn und werden manchmal sogar bewußtlos; ihr Masernausschlag ist durch die Kreislaufschwäche blaß-bläulich gefärbt. Diese „nach innen geschlagenen" Masern werden mit Recht gefürchtet, zumal sie häufig von einer Lungenentzündung begleitet sind.

Masern führen zu einer deutlichen Abwehrschwäche; daher können sich an die Masern eine Reihe von Nachkrankheiten anschließen. Am häufigsten ist die Lungenentzündung, bekannt auch die eitrige Mittelohrentzündung, selten glücklicherweise die Maserngehirnentzündung. Die Masernsterblichkeit ist an sich nicht hoch, doch sind die Nachkrankheiten nicht ungefährlich. Da außerdem praktisch kein Kind von den Masern verschont bleibt, sterben an Masern etwa ebenso viele Kinder wie an Scharlach und Diphtherie zusammen. Bei Kleinkindern von nicht ganz 1 bis zu 3 Jahren ist die Masernsterblichkeit etwa 10mal so groß wie im Schulalter. Solche Kinder sollten daher durch aktive Impfung vor Masern geschützt werden. Bei ungeimpften, jedoch infizierten Kindern kann die Erkrankung durch passive Impfung u. U. noch verhindert oder abgeschwächt werden. Haben die Masern einmal begonnen, läßt sich ihr Ablauf nicht mehr aufhalten. Für die Behandlung ist Bettruhe und der Schutz vor Erkältungskrankheiten und Lungenentzündung wichtig.

Die *Röteln* verlaufen wie schwache Masern (Abb. 3). Das Fieber hält meist nur 2–4 Tage an und übersteigt selten 39 °C. Auch der *Rötelnausschlag* beginnt am Kopf und wandert innerhalb von 24 Stunden abwärts. Das wichtigste Erkennungsmerkmal sind Lymphdrüsenschwellungen im Nacken und hinter den Ohren, die einige Wochen anhalten können. Außer Bettruhe zur Zeit des Fiebers ist bei Röteln gewöhnlich keine besondere Behandlung notwendig. Erkranken Frauen während der ersten drei Schwangerschaftsmonate an Röteln, kann es zur Fehlgeburt oder zu Fruchtschäden am Auge oder Innenohr oder zu angeborenen Herzfehlern kommen. Daher wird geraten, den Antikörperschutztiter so früh wie möglich während oder besser noch vor einer (geplanten) Schwangerschaft bestimmen zu lassen. Die beste Prophylaxe besteht in einer aktiven Impfung noch nicht immuner junger Mädchen im 10.–13. Lebensjahr.

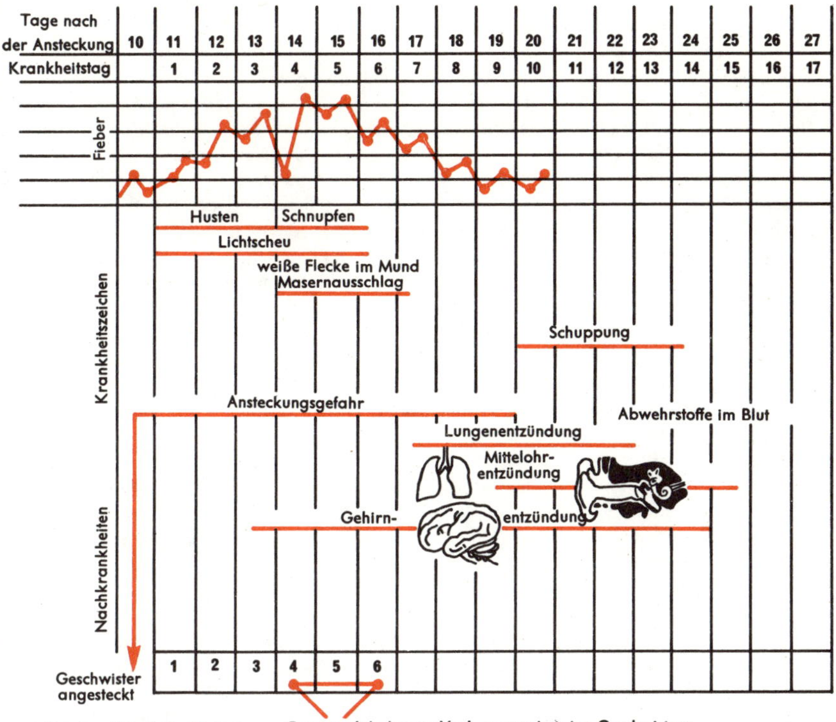

Abb. 1 Ablauf der Masern

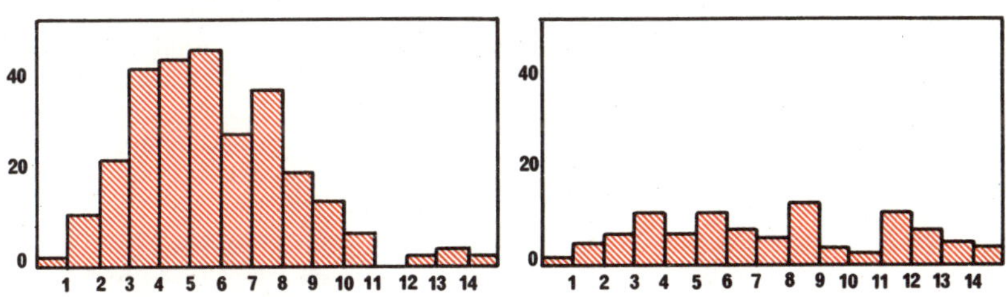

Abb. 2 Altersverteilung der Masern und Röteln

Masern	Röteln
Husten, Schnupfen, Angina, weiße Flecke im Mund, Masernausschlag, 6–8 Tage Fieber, keine Lymphknotenschwellung, Nachkrankheiten	Husten, Schnupfen, Angina, keine weißen Flecke, Rötelnausschlag, 3–4 Tage Fieber, Lymphknotenschwellung an Hals und Nacken, meist keine Nachkrankheiten

Abb. 3 Anzeichen und Verlauf der Masern und Röteln

POCKEN

Die *echten Pocken*, auch *Blattern* oder (fachsprachlich) *Variola* genannt, sind (bzw. waren) eine schwere Infektionskrankheit, deren Erreger ein Virus ist.

Die Pockenerkrankung macht sich 10–14 Tage nach der Ansteckung bemerkbar. Bei Ungeimpften treten dann Fieber, Kreuzschmerzen und Erbrechen auf. In der Haut entwickeln sich aus roten Flecken oder Knötchen eingedellte Bläschen mit dunkelrotem Saum. Die ersten Bläschen treten auf den Rachenmandeln oder im Hals auf. Sie zerfallen sehr schnell, so daß Ansteckungsfähigkeit bereits besteht, bevor noch die Bläschen an der Haut des Erkrankten sichtbar werden. An den sichtbaren Körperstellen treten die Bläschen zuerst im Bereich der Stirn, der Stirnhaargrenze, Ohren und Handrücken auf. Die vor den Bläschen auftretenden juckenden, blaßroten Knötchen werden von Reisenden, die sich angesteckt haben, oft als Moskito- oder Wanzenstiche gedeutet. Später platzen die Pockenbläschen und bedecken sich mit braungelben Krusten. Wenn diese Krusten abfallen, hinterlassen sie die sog. Pockennarben. Für Nichtgeimpfte ist eine Pockeninfektion fast immer eine tödliche Erkrankung. Geimpfte, deren Impfschutz jedoch schon weitgehend erloschen ist, erkranken gleichfalls, doch verläuft die Erkrankung wesentlich leichter. Abgeschlagenheit und Fieber im Krankheitsverlauf entsprechen etwa den auch bei einer Grippe auftretenden Symptomen, der Bläschenausschlag ist gering und die Erkrankung nach 12–14 Tagen wieder abgeklungen. – Für die laufende Infektion gibt es keine spezifischen Gegenmittel. Die Behandlungsmaßnahmen beschränken sich daher auf eine Stützung des Kreislaufs und die Verhinderung zusätzlicher Infektionen beim Platzen der Pockenbläschen. Die Ansteckung mit Pockenviren kann außer durch den direkten Kontakt mit Kranken auch durch die Luft oder über die Kleidung von Erkrankten erfolgen.

Die Pockenerstimpfung wurde früher in der Regel im ersten Lebensjahr durchgeführt; im 12. Lebensjahr erfolgte dann eine Wiederholungsimpfung. Die Pocken hatten seinerzeit auch bei uns zahlreiche Opfer gefordert. Große Pockenepidemien waren jedoch seit Einführung der Pflichtimpfung in Europa nicht mehr aufgetreten. Dagegen hatte es in Ländern, deren Bevölkerung zur allgemeinen Schutzimpfung nur schwer erfaßt werden konnte, auch noch weiterhin Pockenepidemien gegeben, und Pockenerreger konnten durch den Reiseverkehr gelegentlich auch nach Europa eingeschleppt werden. Dank weltweiter Pockenbekämpfungsmaßnahmen, vor allem dank der Schutzimpfung, wurden seit 1977 jedoch nirgends mehr Pockenerkrankungen registriert, so daß die WHO 1980 die weltweite Ausrottung der Seuche feststellen konnte. Da nicht ganz ausgeschlossen werden kann, daß in entlegenen Gebieten Asiens und Afrikas auch beim Menschen noch Pockenerreger existieren, unterhält die WHO, um den erzielten Erfolg abzusichern, z. Z. noch Beobachtungskomitees. Auch sind ausreichende Impfstoffreserven eingelagert worden.

In der Bundesrepublik konnte der Impfzwang wegen der verbesserten Weltseuchenlage schon 1975 aufgehoben werden; auch Wiederimpfungen werden z. Z. nicht mehr durchgeführt. Zur Diskussion steht, welche Maßnahmen für den (wenn auch unwahrscheinlichen) Fall des erneuten Aufflackerns von Pockeninfektionen in Reserve gehalten werden sollten (u. a. Schutzimpfung von Personal mit hoher Infektionsgefährdung, Bereithaltung ausreichender Impfstoffmengen). Die Ausbreitung einer Pockeninfektion könnte durch die sofortige Impfung der Infektionsgefährdeten mit Sicherheit verhindert werden.

WINDPOCKEN

Die Windpocken, Wasserblattern oder Varizellen sind eine Viruserkrankung der Kinder. Erwachsene werden nur selten befallen. Windpocken und echte Pocken werden von Viren verursacht, die miteinander allerdings nur wenig gemeinsam haben. Dagegen weiß man, daß die Viren der Windpocken und der Gürtelrose identisch sind. So können Windpockenerkrankungen bei Kindern durch Ansteckung von Erwachsenen entstehen, die eine Gürtelrose haben. – Die Windpocken sind – im Gegensatz zu den echten Pocken – im allgemeinen eine leichte Erkrankung.

Windpocken brechen 12–17 Tage nach der Ansteckung aus. Bei mäßigen allgemeinen Krankheitserscheinungen mit Gliederschmerzen und Fieber von 38–39 °C treten unter heftigem Juckreiz rote Hautflecken auf. Diese Flecken wandeln sich in Knötchen um, auf denen stecknadelkopf- bis linsengroße, gedellte Bläschen aufschießen. Die ersten Bläschen erscheinen meistens hinter den Ohren, auf dem behaarten Kopf, dann auf der Stirn, auf den Wangen und am Oberkörper. Der weitere Ausbruch von Bläschen erfolgt in gewissen Schüben im Verlauf mehrerer Tage, im allgemeinen vom Kopf zu den Füßen. Die meisten Bläschen treten mit dem ersten oder zweiten Schub auf, dann wird ihre Zahl immer geringer. Zum typischen Bild der Windpocken gehören daher ältere und frischere Bläschen, Bläschenreste mit Krusten und neu aufgeschossene rote Flecken, auf denen sich später Bläschen entwickeln. Auch bei starker Aussaat über den ganzen Körper ist das Allgemeinbefinden wenig gestört. Indessen treten während der ersten Tage gelegentlich unangenehme Schluckbeschwerden auf, die durch zerfallende Bläschen an der Mundschleimhaut oder am harten Gaumen verursacht werden. Die Hautbläschen trocknen schließlich ab und verheilen meist ohne Narben. Auf Grund des starken Juckreizes werden jedoch öfter einzelne Bläschen zerkratzt, die sich dann mit Eiterkeimen infizieren. Solche infizierte Windpokken hinterlassen flache, später kaum erkennbare, kleine Narben.

Zur Vorbeugung gegen Windpocken (etwa bei immunschwachen Kindern unter zytostatischer Behandlung) kommt eventuell Gammaglobulin oder eine Schutzimpfung mit abgeschwächten Erregern in Frage. Von gesunden, wohlgenährten Kindern wird die Erkrankung in der Regel ungefährdet überstanden. Dagegen können schwächliche Kinder durch die Windpocken für andere, schwere Erkrankungen empfänglich werden, so z. B. für eine Erstinfektion mit Tuberkulose. Deshalb ist für windpockenerkrankte Kinder neben der Isolierung auch bei geringer Beeinträchtigung des Allgemeinzustandes Bettruhe ratsam. Die Behandlung umfaßt Maßnahmen, die den Juckreiz lindern und zum Schutz gegen die Narbenbildung einer Bläscheninfektion vorbeugen.

VIRUSGRIPPE (INFLUENZA)

Der *grippale Infekt* („Erkältung") tritt bei uns vor allem im Herbst und Winter als Massenerkrankung auf. Dabei handelt es sich um einen Sammelbegriff, der eine ganze Reihe durch verschiedene Erreger, vorwiegend Viren, verursachte Krankheiten umfaßt. Für die *Virusgrippe* im eigentlichen Sinne sind mindestens drei verschiedene Virusarten verantwortlich: die Grippevirustypen A, B und C. Die echte Virusgrippe tritt häufig in Form einer Seuche auf, die Länder und sogar ganze Erdteile erfaßt. An der „spanischen Grippe" 1918–1920 z. B. erkrankten rund 500 Millionen Menschen, von denen etwa 22 Millionen starben. Die „asiatische Grippe" 1957/58 und die „Hongkong-Grippe" 1968/69 überwanderten, von Osten kommend, die gesamte nördliche Halbkugel.

Das Krankheitsbild der *epidemischen Virusgrippe* kommt indessen meist nicht allein durch die Virusinfektion zustande, sondern außerdem auch durch Superinfektionen mit anderen (bakteriellen) Erregern wie Eiterkokken, Lungenkokken und verschiedenen Stäbchenarten. Das Virus führt zur Schleimhautentzündung, vor allem in den Atemwegen; die zusätzlichen bakteriellen Infektionen rufen verschiedene, oft recht schwere Komplikationen dieser Grundkrankheit hervor.

Die Grippe beginnt plötzlich, wenige Stunden bis höchstens 1–2 Tage nach der Ansteckung. Von einer Stunde auf die andere fühlt sich der Betroffene schwer krank und klagt über Frösteln, Kopf- und Muskelschmerzen, Augenbrennen, Fieber, trockenen Husten und Halsweh. Der gesamte Rachen ist gerötet, doch sind die Mandeln im Gegensatz zur eitrigen Mandelentzündung nur wenig geschwollen. Manchmal bestehen Bindehautentzündung und Lichtscheu. Nach ein paar Tagen können die zusätzlichen Krankheitszeichen der bakteriellen Superinfektion hinzukommen. Vor allem Mittelohr- und Nasennebenhöhleneiterungen können während einer Grippe auftreten (s. S. 468 und 108). Nicht selten kommt es zur Bronchitis und anschließend auch zur herdförmigen Lungenentzündung; blaue Lippen, Atemnot und ein schneller, unregelmäßiger Puls zeigen dann die drohende Überlastung des Herzens an.

Gefürchtet ist vor allem die sog. *Kopfgrippe*, die sich vorwiegend am Gehirn und an den Hirnhäuten abspielt; sie kommt vor allem bei älteren Kindern und jugendlichen Erwachsenen vor. Die Kranken leiden unter starken Kopfschmerzen; Schlaflosigkeit wechselt mit starker Benommenheit, u. U. sogar mit Bewußtlosigkeit ab. – Bei der sog. *Darmgrippe* stehen Übelkeit, Erbrechen, Bauchschmerzen und Durchfälle im Vordergrund; *epidemische Gastroenteritiden* (Brechdurchfallerkrankungen) werden jedoch meist durch andere Viren, z. B. die sog. Norwalk-Viren und (bei Säuglingen und Kleinkindern) durch Rotaviren verursacht.

Bei unkomplizierter Grippe gehen die Krankheitszeichen meist innerhalb einer Woche zurück. Die Erholung kann allerdings mit hochgradiger Kraftlosigkeit und starkem Schlafbedürfnis einhergehen und Wochen andauern. Gegen Virusgrippe A soll Amantadin nicht nur vorbeugend, sondern auch therapeutisch wirken. Mit Antibiotika kann man nur die bakteriellen Begleitinfektionen eindämmen. Die Behandlung der Virusgrippe besteht im übrigen in Bettruhe und allgemein lindernden Maßnahmen.

Die Bedeutung der Virusgrippe sollte nicht unterschätzt werden. Vor allem bei alten Menschen kann die Belastung des Kreislaufsystems bedrohlich werden. Durch *Grippeschutzimpfung* können u. U. 80% der Geimpften vor der Erkrankung bewahrt werden. Zum besonders gefährdeten Personenkreis, der geschützt werden sollte, zählen neben älteren Leuten u. a. Herzkranke, Zuckerkranke und Asthmaleidende. Auch für stoffwechselkranke und abwehrschwache Kinder wurde eine Grippeschutzimpfung zu Beginn der Grippesaison empfohlen. Geimpfte sind zumindest vor einem schweren Krankheitsverlauf geschützt; außerdem wird so die Infektionskette unterbrochen. – Eine Schwierigkeit besteht darin, daß vor allem Grippevirus A häufig seine antigenen Eigenschaften mehr oder weniger deutlich ändert *(Antigendrift, Antigenshift)*, so daß der Impfschutz nur in Jahren mit geringem Antigenwechsel oder bei Verwendung epidemieangepaßter Impfstoffe optimal ist.

GÜRTELROSE · FIEBERBLÄSCHEN

Gürtelrose (Herpes zoster) und *Fieberbläschen (Herpes simplex)* sind durch Hautbläschen gekennzeichnet, die an umschriebenen Körperstellen auftreten. Gürtelrose ist als Zweitmanifestation des Windpockenvirus in einem teilweise noch immunen Organismus gewissermaßen ein umschriebener Rückfall der Windpocken. Fieberbläschen werden durch andere Viren der gleichen Familie hervorgerufen.

Bei der *Gürtelrose* treten (nach anfänglicher Hautrötung und vorübergehendem Hautbrennen) unter allgemeinem Krankheitsgefühl entlang einem Nervenstrang allmählich Hautbläschen auf. Handelt es sich um einen Rückenmarksnerv, so liegen die Bläschen halbseitig um Oberkörper oder Taille. Bis zur vollen Ausprägung des Krankheitsbildes können 4–8 Tage vergehen. Die Abheilung dauert 2–3 Wochen. Die Erkrankung kann u. U. mit wenigen Bläschen ohne Fieber und Schmerzen verlaufen. Bei starker Ausprägung und vielen Bläschen, die bald blutig werden oder vereitern, tritt meistens auch Fieber auf. Die Virusinfektion der Nervenwurzeln kann auch erhebliche Schmerzen verursachen. Sind Kopfnerven befallen, wobei der halbe Kopf, eine Hälfte der Stirn, eine Gesichtshälfte oder eine Nackenseite sich mit Bläschen bedecken, handelt es sich immer um eine schwere Erkrankung. Die Folgen können einseitige Taubheit, einseitige Erblindung oder auch nur eine halbseitige Kahlheit sein. Bei Schwerkranken, etwa Krebspatienten, deren körperliche Abwehrkräfte daniederliegen, kann es zur Aussaat einer schweren Gürtelrose über den ganzen Körper kommen. Unkomplizierte, umschriebene Hauterscheinungen heilen unter der Behandlung mit einfachen, austrocknenden „flüssigen Pudern" innerhalb von 2–3 Wochen ab. Sind Hirnnerven, Auge und Ohr betroffen, wird im allgemeinen Krankenhausbehandlung erforderlich. In etwa 1% der Fälle bleiben nach der Abheilung monate- bis jahrelange Nervenschmerzen (Neuralgien) zurück; sie sind bei den langsameren Verlaufsformen jenseits des 40. Lebensjahres häufiger.

Bei *Fieberbläschen* treten vereinzelt oder in Gruppen kleine, gedellte Bläschen an Oberlippe, Wange oder Geschlechtsteilen auf. Sie kündigen sich durch Kribbeln, Brennen und leichte Hautrötung an. Die folgende Entzündung der Bläschenumgebung kann, vor allem an den Geschlechtsteilen, recht schmerzhaft sein. Bei manchen Menschen treten Fieberbläschen in kurzen Zeitabständen regelmäßig an derselben Stelle auf. Bei Frauen z. B. kann es zum sog. Regelbläschen vor jeder Monatsblutung kommen. Auslösende Ursachen können auch kleine Verletzungen, Zahnoperationen oder ein Sonnenbrand sein; bekannt sind die durch starke ultraviolette Strahlung oder Gletscherbrand hervorgerufenen Fieberbläschen der Skiläufer an Lippen und Nase. „Fieberbläschen" selbst verursachen im allgemeinen kein Fieber, doch treten sie häufig im Zusammenhang mit fieberhaften Erkrankungen wie Grippe, Erkältung oder Lungenentzündung auf. Platzen Fieberbläschen oder werden sie aufgekratzt, bilden sich nässende Flächen, die anschließend verkrusten. Die Krusten fallen nach etwa 8 Tagen von selbst ab und hinterlassen bei ungestörter Wundheilung keine Narben.

Es hat sich gezeigt, daß es zwei *Typen von Herpesviren* gibt. *Typ I* ist für die Erscheinungen im Kopf-Mund-Bereich, *Typ II* für die Erscheinungen im Genitalbereich verantwortlich. Typ I wird meist schon im frühen Kindesalter (vor allem durch Speichel) übertragen, Typ II unter der Geburt oder beim Geschlechtsverkehr. Die Erstinfektion kann unbemerkt oder auch unter dem Bild einer Mundschleimhaut-, Binde-Hornhaut- oder (schweren) Hirnhautentzündung verlaufen. Vor den daraufhin gebildeten Antikörpern weichen die Viren dann gewissermaßen bis in die hirn- und rückenmarksnah gelegenen sensiblen Ganglien zurück, von wo sie unter den obengenannten Bedingungen immer wieder in die Haut einwandern und zu den bezeichnenden „Fieberbläschen" führen.

MUMPS · PFEIFFER-DRÜSENFIEBER

Der Mumps oder „Ziegenpeter“ ist eine ansteckende Viruserkrankung, die sich hauptsächlich in der Ohrspeicheldrüse abspielt (Abb. 1). Schulkinder erkranken häufiger als Säuglinge und Kleinkinder, und zwar vor allem während der kalten Jahreszeit (Abb. 4). Die Ansteckung erfolgt durch virushaltigen Speichel meist als Tröpfcheninfektion beim Niesen oder Husten. Die Inkubationszeit beträgt 14–21 Tage. Während dieser Zeit vermehren sich die Mumpsviren vor allem in der Ohrspeicheldrüse.

Der *Mumps* beginnt meist uncharakteristisch: Die Kinder fühlen sich wie zu Beginn vieler Kinderkrankheiten unwohl und sind je nach Temperament zänkisch, reizbar oder weinerlich. Erst wenn die entzündete Ohrspeicheldrüse vor und unter dem Ohrläppchen anschwillt, wird deutlich, daß es sich um Mumps handelt (Abb. 2). Meist ist bei 39–40 °C Fieber zunächst nur eine Seite schmerzhaft geschwollen. Nicht selten folgt eine Schwellung der anderen Ohrspeicheldrüse innerhalb von 1–3 Tagen nach. Die entzündliche Schwellung nimmt 2–3 Tage lang zu und dann innerhalb von 3–4 Tagen schnell wieder ab. Solange Fieber und Schwellung vorhanden sind, ist Bettruhe angezeigt. Warme Ölumschläge können die Schmerzen lindern. Da auch das Kauen schmerzt, sollte die Kost vorwiegend flüssig oder breiig sein, ferner ist auf intensive Mundpflege zu achten.

Im allgemeinen verläuft der Mumps harmlos. Erkranken die Hirnhäute mit, klagen die Kinder über heftige Kopfschmerzen und Nackensteifigkeit. Meist heilt diese Hirnhautentzündung mit der Speicheldrüsenentzündung folgenlos ab. Bei Knaben jenseits der Pubertät jedoch schwellen die Hoden gelegentlich schmerzhaft mit an. Diese mumpsbedingte Hodenentzündung ist keineswegs harmlos, weil sie in etwa 10 % der Fälle zur Zeugungsunfähigkeit führt. Auch die Bauchspeicheldrüse kann durch das Mumpsvirus befallen werden; dann erbrechen die Kinder mehrmals täglich und klagen über starke Bauchschmerzen. – Mumps hinterläßt eine lebenslange Immunität. Ab dem 14. Lebensmonat wird eine aktive Schutzimpfung empfohlen, die zweckmäßigerweise mit der Masernschutzimpfung kombiniert werden kann.

Das *Pfeiffer-Drüsenfieber* ist auf eine Infektion mit *Epstein-Barr-Virus* zurückzuführen. Die Krankheit tritt vor allem bei Jugendlichen auf und führt zu wochenlangen, meist schmerzlosen Lymphknotenschwellungen, die mit Fieber einhergehen. Das Drüsenfieber beginnt mit Halsschmerzen und Fieber. Die Patienten fühlen sich matt und leistungsunfähig, die Mandeln sind stark geschwollen und gerötet, das Schlucken ist erschwert, die Sprache kloßig. Gleichzeitig schwellen die Lymphknoten im Kieferwinkel (Abb. 3), häufig auch am übrigen Körper, in Nacken, Achselhöhle und Leistenbeuge bis zu Bohnen- oder Walnußgröße an. Übersieht man die Lymphknotenschwellung, kann die Erkrankung für eine Mandelentzündung gehalten werden. Das Fieber geht jedoch trotz Behandlung nicht zurück, und das Blutbild zeigt an, daß es sich um eine Erkrankung des gesamten lymphatischen Systems handelt: Die weißen Blutkörperchen, vor allem die Lymphozyten, sind bis auf das 6- bis 8fache vermehrt. Daher ist auch die Milz als Hauptorgan des lymphatischen Systems geschwollen. Außerdem kommt es oft zu einer leichten Leberentzündung und bei rund 20 % der Erkrankten zu Hautausschlägen, die manchmal an Masern oder Scharlach erinnern. Nach einigen Wochen klingt das Fieber wieder ab, doch können die Blutbildveränderungen noch wesentlich länger andauern. Dennoch ist Drüsenfieber bis auf seltene Ausnahmen weitgehend harmlos. Während des Fieberstadiums ist Bettruhe erforderlich, die von den Erkrankten wegen der ausgesprochenen Mattigkeit auch gern eingehalten wird.

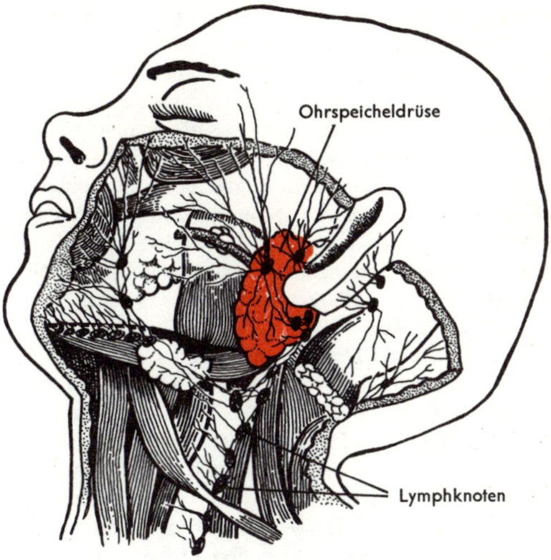

Abb. 1 Anatomie der Halsregion

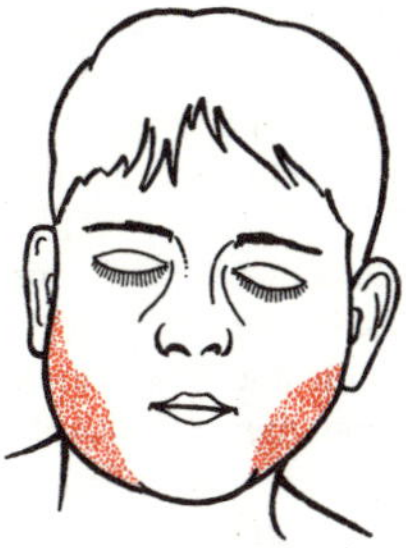

Abb. 2 Schwellung der Ohrspeicheldrüse bei Mumps

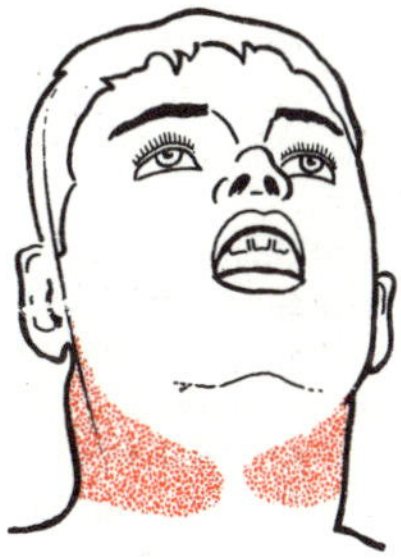

Abb. 3 Lymphdrüsenschwellung beim Pfeiffer-Drüsenfieber

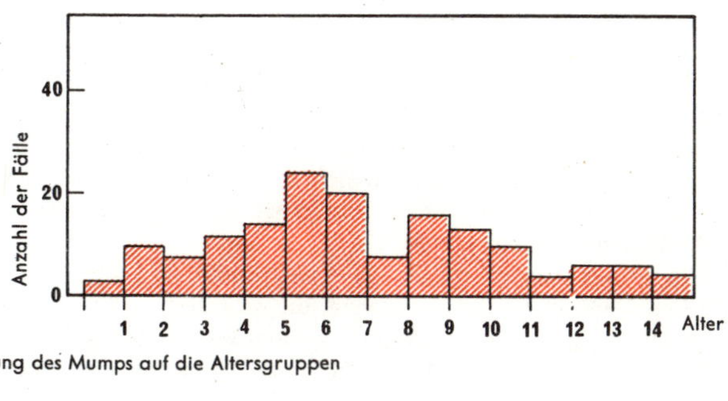

Abb. 4 Häufigkeitsverteilung des Mumps auf die Altersgruppen

WARZEN

Es gibt 4 Arten von Warzen: flache jugendliche Warzen, gewöhnliche Warzen, Alterswarzen und Feigwarzen.

Die *jugendlichen Warzen* entstehen durch Virusinfektion vor allem bei Kindern und jungen Frauen. Es handelt sich dabei um kleinste Hautwucherungen in Form rötlichgelber, runder, flacher Knötchen, deren Oberfläche kaum verhornt ist. Die jugendlichen Warzen können einzeln oder in großer Zahl gleichzeitig auftreten, manchmal auch wochen- und monatelang an immer anderen Stellen. Die Übertragung erfolgt von Mensch zu Mensch, doch werden nur empfängliche Personen befallen. Einmal angesteckt, kann der Erkrankte sich selbst durch Abkratzen und Verschmieren immer wieder an neuen Körperstellen infizieren. Nach einer Rasur z. B. bedecken dann zahlreiche Warzen das ganze Gesicht. Neben dem Gesicht ist sehr häufig auch der Handrücken befallen.

Auch die *gewöhnliche Warze* entsteht durch Virusinfektion. Es handelt sich um stecknadelkopf- bis erbsengroße Wucherungen mit graugelber, stark verhornter, unebener Oberfläche und einem Stiel, der in tiefere Gewebsschichten eindringt. Manchmal finden sich fadenförmige Warzen an Kopf und Gesicht; im allgemeinen entwickeln sich gewöhnliche Warzen jedoch zu blumenkohlartigen Wucherungen. Nach einer Verletzung schießen neben der ersten Mutterwarze manchmal Tochterwarzen auf. Bevorzugter Sitz der gewöhnlichen Warzen sind Hand- und Fingerrücken, wo sie keine Beschwerden verursachen. Entwickeln sie sich an Körperstellen, die einem gewissen Druck ausgesetzt sind, können erhebliche Beschwerden entstehen, da die Warzen sich hier in die Tiefe der Haut einbohren und gelegentlich dünne Nervenfasern abdrükken. Solche Stellen sind der Nagelfalz und die nagelnahe Fingerspitze, die Handfläche und sehr häufig die Fußsohle. Man nennt derartige Warzen dann *Dornwarzen.* In den Zehenzwischenräumen oder an den seitlichen Zehenpartien werden sie meist mit Hühneraugen verwechselt, demzufolge falsch behandelt und so zur Ausbreitung gebracht.

Die *Alterswarze* wird häufig zu den gewöhnlichen Warzen gerechnet, doch ist der Nachweis eines Erregers und einer Übertragung von Mensch zu Mensch bisher nicht gelungen. In jedem Fall gehört sie zu den normalen Anzeichen des Alterns. So wie die Haut um das 40. Lebensjahr an Wassergehalt und Spannung verliert, treten auch vermehrt bräunliche oder graugelbe Altersflecken und umschriebene, meistens ovale, linsen- bis pflaumenkerngroße Alterswarzen auf. Sie sitzen flach auf der Haut, haben eine fettig-graue Oberfläche und lassen sich anfangs leicht abkratzen. Bevorzugt ist der Rücken, auf dem sie sich manchmal von oben nach unten auszubreiten scheinen. Die Alterswarzen verursachen keinerlei Beschwerden und werden meistens überhaupt nicht beachtet, es sei denn, sie treten im Gesicht, auf der Stirn oder an den Schläfen auf und stören in kosmetischer Hinsicht. Alterswarzen werden häufig mit Altersflecken verwechselt.

Altersflecken sind anfangs unscheinbare, gelbliche bis dunkelbraune Verfärbungen der Haut, die bevorzugt an Handrücken und Schläfen, aber auch auf Wangen und Rücken auftreten. Sie bekommen dann allmählich ein mehr warzenartiges Aussehen, sind jedoch rauh und trocken und nicht fettig wie die Alterswarzen. Solche Altersflecken können Vorstadien zu einem Hautkrebs sein und gehören deshalb rechtzeitig in ärztliche Behandlung (s. S. 572).

Die *spitzen Feigwarzen* (spitze Kondylome) sind stecknadelkopfgroße, spitz auf der Unterlage sitzende Erhebungen, die sehr bald in die Länge wachsen und dann zusammenhängende hahnenkamm-, blumenkohl- oder traubenförmige, beetartige Wucherungen von rötlichem Aussehen bilden. Sie werden durch eine Spielart desselben Virus hervorgerufen, das auch die jugendlichen und gewöhnlichen Warzen verursacht. Die Feigwarzen können durch den Geschlechtsverkehr, aber auch von einer gewöhnlichen Warze am Finger übertragen werden. Sie verdienen u. a. auch deshalb besondere

Beachtung, weil sie ähnlich aussehen wie die Papeln der Syphilis, die sog. breiten Kondylome. Spitze Feigwarzen gedeihen vor allem an häufig feuchten Körperstellen, so an den äußeren Geschlechtsteilen und in der Aftergegend, selten auch an den Mundwinkeln und an der Mundschleimhaut. Beim Mann ist die Eichelkranzfurche, bei der Frau sind die Schamlippen bevorzugte Ausbreitungsgebiete. Aufgeriebene und zerfallende Feigwarzen riechen übel und verleiten durch heftigen Juckreiz zum Kratzen, was zur weiteren Ausbreitung oder schmerzhaften Entzündung, manchmal auch zur Wundrose führt. Wuchernde Feigwarzen können von der Eichelkranzfurche her sogar die Vorhaut durchlöchern. In Scheide, Harnröhre und Mastdarm dringen Feigwarzen nur unter besonderen Bedingungen vor, z. B. während der Schwangerschaft, bei Zuckerkrankheit oder beim Mastdarmtripper.

Zur Gruppe der virusbedingten Hautwucherungen gehört auch das *Molluscum contagiosum*. Es bildet stecknadelkopf- bis erbsengroße, halbkugelige, weiße Wucherungen mit gedellter Mitte, die einzeln oder, perlenschnurartig aufgereiht, in größerer Zahl auftreten können. Beim Auspressen entleert sich aus der Mitteldelle eine rahmartige Masse, die sehr ansteckungsfähig ist. Das Molluscum contagiosum befällt meist Kinder, auch ganze Schulklassen und Kindergartengruppen, seltener Jugendliche oder Erwachsene. Häufigster Sitz sind die Augenlider, wobei es zu unangenehmen Bindehautentzündungen kommt, ferner die Jochbeinbögen und der Hals, seltener die Geschlechtsteile. Im letzteren Fall ist eine Übertragung durch den Geschlechtsverkehr möglich. Seiner Gestalt nach gehört der Erreger zur Gruppe der Pockenviren.

Die virusbedingten Hautwucherungen wie jugendliche Warzen, gewöhnliche Warzen, Feigwarzen und das Molluscum können, wenn dies z. B. zur Vermeidung einer weiteren Ausbreitung nötig erscheint, sorgfältig abgetragen werden. Da Blut aus der Gegend solcher virusbedingter Wucherungen die Infektion weiter ausstreuen kann, wird zur gleichzeitigen Verschorfung u. a. die elektrische Schlinge benutzt. Jugendliche Warzen und gewöhnliche Warzen können auch durch Einfrieren mit flüssigem Stickstoff zerstört werden; dabei ist die Gefahr einer Narbenbildung geringer als mit der elektrischen Schlinge. Jugendliche Warzen können bei Kindern oder sonst psychisch leicht ansprechenden, oft ängstlichen Individuen sehr eindrucksvoll auch durch Suggestion, z. B. durch „Besprechen", aber auch durch Einpinseln mit harmlosen, auffallenden Farblösungen zur Abheilung gebracht werden. Man führt solche Behandlungserfolge auf örtliche Blutgefäßverengungen durch Nervenerregung zurück, wodurch das Warzengewebe geschädigt wird. Bei schweren Formen von Feigwarzen kann – lokal – auch das zytostatisch wirksame Podophyllin angewandt werden.

PROTOZOEN ALS KRANKHEITSERREGER

Protozoen sind einzellige tierische Lebewesen, die gewöhnlich aus einem Kern und einem Zytoplasmakörper bestehen. Der Kern ist von einer feinen Membran umhüllt und enthält erbtragendes Chromatin, das in Chromosomen angeordnet ist. Die Protozoen haben ein Stützgerüst und außerdem Organellen für Fortbewegung und Stoffaustausch. Als Einzeller ernähren sie sich durch Aufnahme gelöster oder geformter Stoffe. Ihre Vermehrung kann sowohl durch einfache Teilung als auch durch Befruchtung (Austausch von Erbsubstanz) erfolgen.

Trichomonaden sind birnenförmige Geißeltierchen oder Flagellaten, die etwa 15–25 µm groß werden. Sie haben vier nach vorn gerichtete Geißeln, die sie zur Fortbewegung wellenförmig schlängeln und eine undulierende („wogende") Membran. Insgesamt führen sie charakteristische zuckende und drehende Bewegungen aus. Ein stützender Achsenstab durchzieht den Trichomonadenkörper der Länge nach. In der Nähe des Geißelaustritts liegt eine spaltförmige Mundöffnung. Die Vermehrung erfolgt durch Zweiteilung oder Vielfachteilung; Befruchtungsvorgänge fehlen (Abb. 1a). Trichomonaden kommen im menschlichen Darm und bei 10–20% aller Menschen in der Mundhöhle vor. Dort sind sie harmlose Parasiten. Eine dritte Art wird vor allem durch den Geschlechtsverkehr übertragen und führt gelegentlich zu Entzündungen von Scham und Scheide und, bei Frauen und Männern, zur Harnröhrenentzündung.

Toxoplasmen, von denen es etwa zwanzig Arten gibt, haben eine halbmondförmige bis apfelsinenscheibenähnliche Gestalt (Abb. 1b). Sie sind einige Tausendstel Millimeter groß, haben einen zentralen Kern, sind beweglich und leben meist intrazellulär. Ihre Vermehrung erfolgt durch Zweiteilung, in der Katze, dem spezifischen Wirt, auch über Geschlechtsformen. Die *frühkindliche Toxoplasmose* entsteht meist durch vorgeburtliche Übertragung, und zwar ausschließlich nach Erstinfektion der Mutter. Sie äußert sich, wenn es nicht zur Fehlgeburt kommt, nicht selten in schweren, u. U. tödlichen Schäden des kindlichen Zentralnervensystems, am Auge in Netzhautdefekten. Die *Erwachsenentoxoplasmose* verläuft dagegen meist unterschwellig oder chronisch. Infektionsquelle sind Haustiere, rohes Fleisch und rohe Eier.

Der *Erreger der tropischen Amöbenruhr*, Entamoeba histolytica, findet sich in zweierlei Formen. Im Darminhalt lebt er als zehn bis zwanzig Tausendstel Millimeter große sog. *Minutaform*, die vor allem gelöste Nahrungsstoffe aufnimmt; nur sie kann Zysten bilden (Abb. 1c). In der Darmwand und in den Organen lebt er als zwanzig bis dreißig Tausendstel Millimeter große Gewebsform. Diese verursacht Dickdarmgeschwüre und Leberabszesse. Sie bewegt sich durch Bildung von *Scheinfüßchen* oder *Pseudopodien*, die an beliebiger Stelle der Zelle herausgestreckt werden können, wie ein kriechender Tropfen fort. Amöben vermehren sich durch Zweiteilung.

Das Leben der *Malariaerreger* oder *Plasmodien* besteht aus einem stetigen Wirtswechsel zwischen Mensch und Anophelesmücke (Abb. 2). Wird ein Mensch von infektionstüchtigen Mücken gestochen, gelangen die *Sichelkeime* oder sog. *Sporozoiten* in seinen Körper. Sie nisten sich, je einer, in einem roten Blutkörperchen ein. Hier entsteht aus jedem Keim ein *Urtierchen*, das die Gestalt einer Amöbe annimmt, um dann bald in eine Anzahl von *Sporen* zu zerfallen. Die Sporen wachsen heran und sprengen schließlich ihre Wirtszelle. Dann wandern sie in andere Blutkörperchen ein und vermehren sich hier in der gleichen Weise. Die annähernd gleichzeitige Zerstörung zahlloser Blutkörperchen und die Überschwemmung des Blutes mit giftigen Abfallstoffen der Parasiten rufen dabei jeweils einen schweren Fieberanfall hervor (s. S. 532). Saugt eine Anophelesmücke dann das Blut des Erkrankten, gehen die Schmarotzer in ihren Darm über.

Die *Erreger der Schlafkrankheit* oder Tsetsekrankheit, die *Trypanosomen,* sind in der Blutflüssigkeit lebende Geißeltierchen mit einer charakteristisch länglich-fischartigen Gestalt (Abb. 1d). Die Übertragung der Trypanosomen erfolgt durch eine blutsaugende Fliegenart von Mensch zu Mensch. Die Schlafkrankheit kommt nur in Afrika vor. Sie führt vor allem zu einer schweren Entzündung des Gehirns und der Hirnhäute.

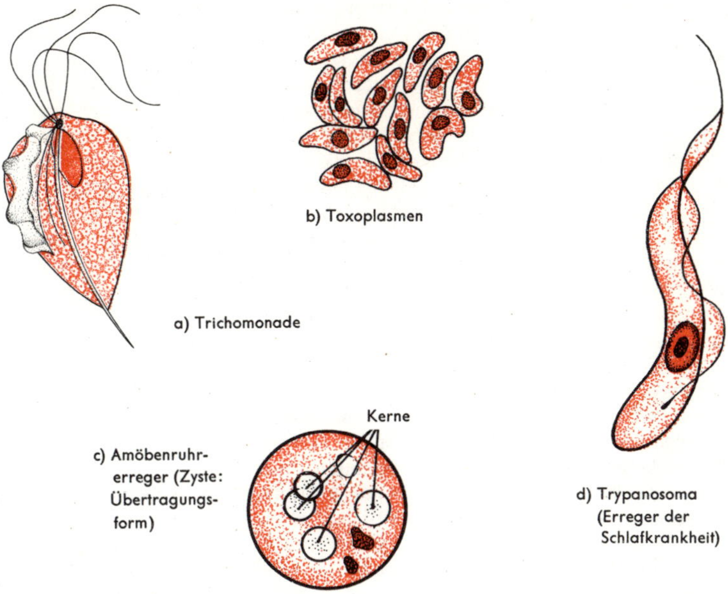

Abb. 1 Krankheitserregende Einzeller

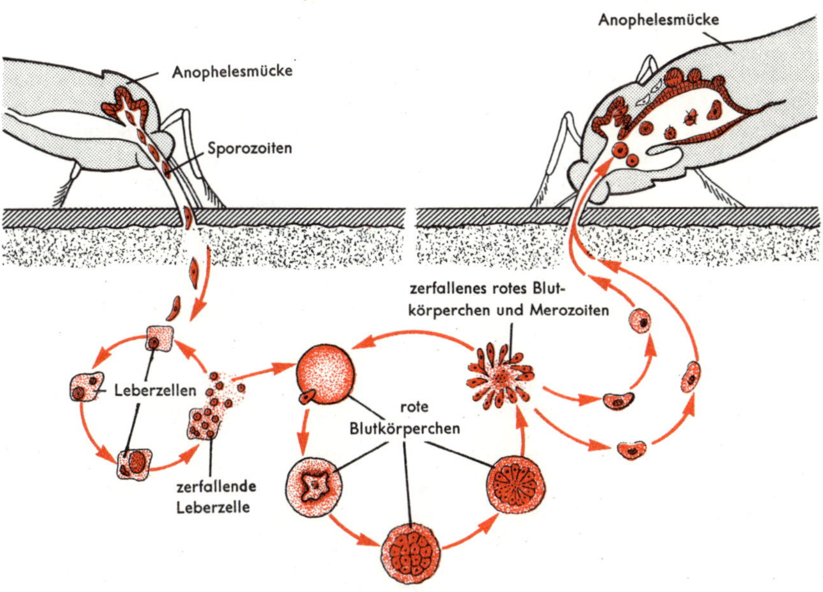

Abb. 2 Wirtswechsel der Malariaerreger

MALARIA

Malaria ist eine der am weitesten verbreiteten Krankheiten der Erde. Nach Schätzungen der Weltgesundheitsorganisation leiden rund 250 Millionen Menschen an dieser Krankheit. Die Erreger der Malaria sind einzellige tierische Parasiten *(Malariaplasmodien)*, die durch den Stich der Anophelesmücke übertragen werden. Mit dem Speichel der Mücke gelangen unreife Sporenformen *(Sporozoiten)* in den menschlichen Organismus und reifen hauptsächlich in der Leber heran (Gewerbsformen der Malariaplasmodien). Während dieser Phase der Malaria, die etwa 1–6 Wochen dauert, treten keine Krankheitserscheinungen auf. Die ausgereiften Malariaerreger teilen sich in *Merozoiten*, werden ins Blut ausgeschwemmt und befallen die roten Blutkörperchen. Aus diesen sog. Siegelringformen entwickeln sich in den Blutkörperchen die *Schizonten*, die sich durch ungeschlechtliche Teilung (in jeweils 8–12 Merozoiten) vermehren. Schließlich kommt es zum Zerfall der Erythrozyten und damit zum Fieberanfall. Die frei gewordenen Merozoiten befallen neue Erythrozyten, in denen sich diese Entwicklung wiederholt. Auf diese Weise entstehen im Rhythmus der Entwicklung der Schizonten die für die verschiedenen Malariaformen charakteristischen Fieberattacken (s. u.). Einige Merozoiten werden in den roten Blutkörperchen zu Geschlechtsformen *(Gameten)* umgebildet, die sich im menschlichen Körper nicht weitervermehren können. Gelangen die Gameten jedoch in den Magen der Anophelesmücke, so vollzieht sich dort ihre geschlechtliche Vermehrung und die Umwandlung in Sporozoiten. Die Entwicklung der Sporozoiten ist von der Temperatur abhängig. Sie kann sich bei niederen Temperaturen erheblich langsamer als normal vollziehen und unterbleibt bei Temperaturen unter 15 °C (Hauptursache für die geographische Beschränkung der Malaria).

Man unterscheidet 3 Malariaformen: Die *Malaria tertiana* (Erreger: Plasmodium vivax), bei der sich die Schizonten innerhalb von 48 Stunden entwickeln, ist die häufigste Malariaerkrankung. Sie kommt auch in gemäßigten Zonen (bis zum 60. Breitengrad) vor. Bei der *Malaria quartana* (Erreger: Plasmodium malariae) wiederholt sich der Fieberanfall alle 72 Stunden. Am gefährlichsten ist die *Malaria tropica* (Erreger: Plasmodium immaculatum), bei der die Fieberattacken in unregelmäßigen Abständen auftreten.

Die Malaria beginnt uncharakteristisch grippeartig mit langsamem Fieberanstieg, Kopf- und Gliederschmerzen, u. U. auch mit Erbrechen und Durchfall. Wenige Tage nach diesem Vorstadium setzt das eigentliche Rhythmusfieber ein mit Schüttelfrost und raschem Fieberanstieg, innerhalb von 1–2 Stunden bis 40 °C und mehr. Nicht selten haben die Kranken Fieberdelirien. Im Verlauf von weiteren 2–3 Stunden fällt das Fieber unter starken Schweißausbrüchen und quälendem Durst wieder ab; gleichzeitig klagen die Kranken über starkes Hitzegefühl. Nach 10–12 Anfällen hört die Krankheit auch ohne spezifische Behandlung auf; doch treten nach 2–10 Monaten meist Rückfälle auf. Kommt keine neue Infektion hinzu, so heilt die Krankheit dann schließlich innerhalb von 2 Jahren meist aus. Als Begleiterscheinungen treten Blutarmut, Gewichtsabnahme, häufig auch Herzmuskelschäden auf. Bei der Malaria tropica kommen u. U. tiefgreifende Organschäden in Leber, Nieren und Gehirn hinzu; unbehandelt führt sie oft in wenigen Tagen zum Tod durch Kreislaufversagen.

Die *Behandlung der Malaria* zielt darauf ab, möglichst sowohl die ungeschlechtlichen Teilungsformen in den Erythrozyten als auch die für die Übertragung maßgeblichen Gameten und die für die Rückfälle verantwortlichen Gewebsformen der Erreger abzutöten. Die Entwicklung der reifen Schizonten (und damit die Fieberanfälle und die Zerstörung der Erythrozyten) kann man mit Chloroquin hemmen, Gewebsformen und Gameten sprechen gut auf Primaquin an. Bei Malaria tropica wird neben Chloroquin auch noch Chinin gegeben.

In der Bundesrepublik ist die Anzahl der „importierten" Malariafälle in letzter Zeit mit dem Reiseverkehr wesentlich angestiegen. Zur Prophylaxe dient neben anderen Mitteln meist Chloroquin, das vor der Einreise in das Malariagebiet bis 6 Wochen nach dessen Verlassen eingenommen wird.

Abb. 1 Die Behandlung der Malaria

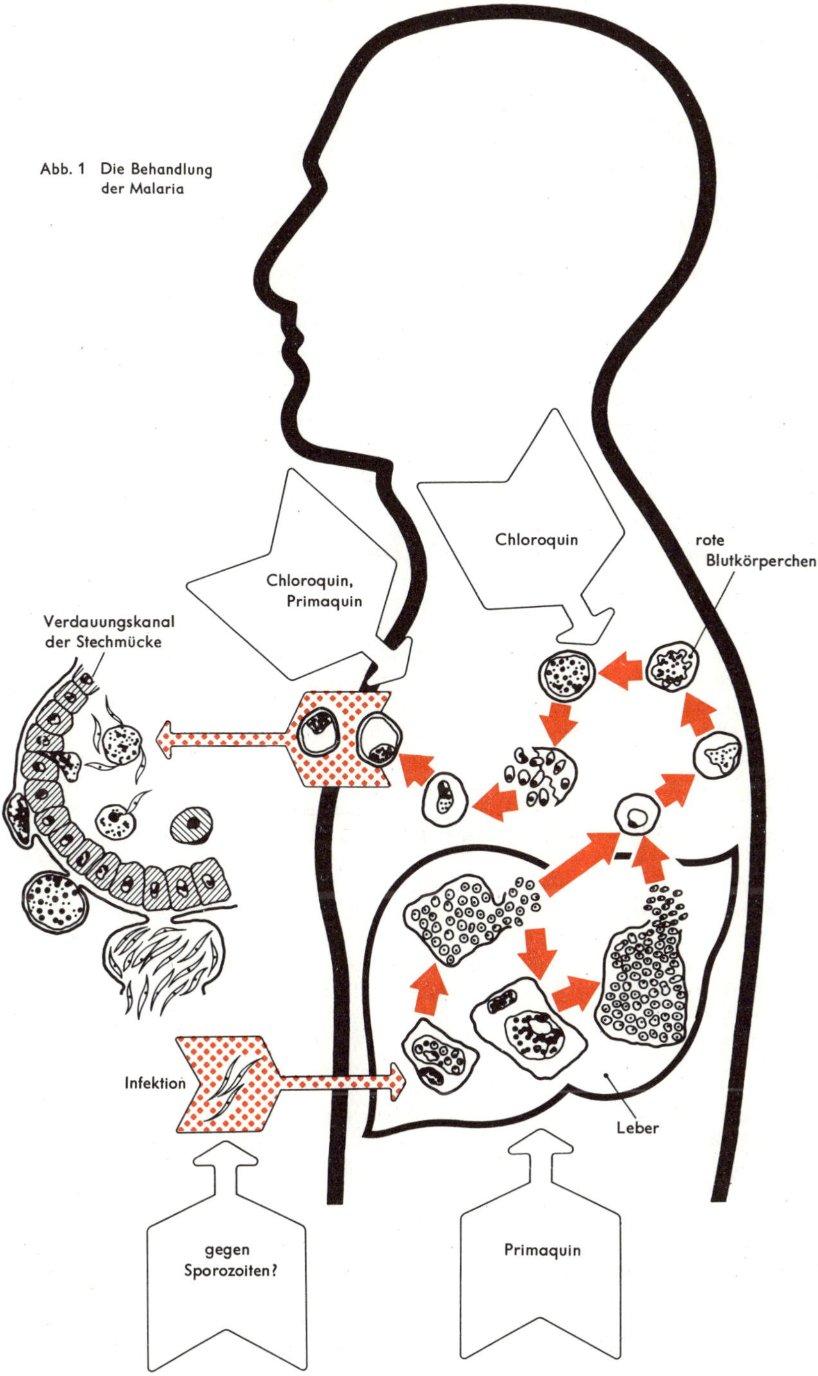

GUTARTIGE TUMOREN

Zellteilung und Zelldifferenzierung sind die Prinzipien, die aus einer einzigen befruchteten Eizelle einen vielzelligen Organismus entstehen lassen. Auf einer bestimmten Entwicklungsstufe des Organismus hört die Fähigkeit zur Zelldifferenzierung auf, während die Fähigkeit zur Zellteilung für das ganze Leben erhalten bleibt. Nach Abschluß des Längenwachstums dient die Zellteilung vor allem dem gleichwertigen Ersatz abgestorbener Zellen. Auch die Wundheilung oder sonst der Ausgleich von Gewebsdefekten erfolgen mit Hilfe von Zellteilungen in der Nachbarschaft. Das Signal, das diesen Prozeß in Gang setzt und nach abgeschlossener Heilung wieder stoppt, ist noch nicht sicher bekannt.

Geschwülste entstehen ebenfalls durch Zellvermehrung aus Zellteilung, die aber im Unterschied zur Wundheilung offenbar durch ein nicht sinnvolles, anomales Signal in Gang gesetzt wird. Neugebildete Tumorzellen haben die Tendenz, sich strukturell weniger differenziert als die ursprünglichen Gewebszellen zu entwickeln, so daß sie auch die spezifischen Funktionen des betreffenden Gewebes nicht oder nur ungenügend erfüllen können *(Anaplasie)*. Geschwulstwachstum kann von jedem Gewebe des Körpers ausgehen. Je nachdem, ob eine Geschwulst auf ihren Ursprungsort lokalisiert bleibt oder aber die Tendenz hat, in das umliegende Gewebe hineinzuwachsen (zu infiltrieren) und im weiteren Verlauf über Lymph- und Blutbahnen in abgelegenen Körperregionen Tochtergeschwülste abzusiedeln, unterscheidet man gutartige (benigne) Tumoren und bösartige (maligne) Tumoren.

Gutartige Tumoren treten vorwiegend im jugendlichen Alter, vor dem 40. Lebensjahr, auf. Sie sind häufig von einer Bindegewebskapsel umgeben und lassen sich daher operativ vollständig entfernen. Krankheitszeichen entstehen bei gutartigen Tumoren hauptsächlich durch deren Raumbedarf, da sie das normale Gewebe vor sich herschieben und allmählich verdrängen. In abgeschlossenen Körperhöhlen, vor allem in der Schädelkapsel, wo das normale Gewebe dem Druck des wachsenden Tumors nicht auszuweichen vermag, kann allerdings auch ein vom Gewebsbild her gutartiger Tumor das Leben des Tumorträgers ernstlich bedrohen.

Je nach der Gewebeart, von der ein Tumor ausgeht, unterscheidet man Bindegewebs- und Deckgewebstumoren. Der häufigste gutartige Bindegewebstumor ist das aus Fettgewebe hervorgehende Lipom. *Lipome* sind ausnahmslos von einer Kapsel umgeben, die sich häufig bis ins Innere der Geschwulst erstreckt und diese in kleinere Läppchen teilt. Sie kommen (gewöhnlich einzeln) vor allem unter der Haut, im Bauchraum (unter dem Bauchfell), gelegentlich auch in Schleimbeuteln vor. Ihre Größe variiert (Walnuß- bis Fußballgröße). Während kleinere Lipome als gut verschiebbare, plattenförmige Gebilde unter der Haut tastbar sind, wölben sich größere Lipome oft halbkugelig unter der Haut vor oder werden „gestielt", indem sie die Haut ausstülpen (Abb. 1). Lipome neigen nicht zur malignen Entartung (operative Entfernung daher bes. aus kosmetischen Gründen).

Die reine Bindegewebsgeschwulst *(Fibrom)* ist relativ selten, ebenso wie das *Myom*, eine Geschwulst, die aus wuchernden glatten Muskelzellen besteht. Dagegen kommt eine weitere gutartige Mischgeschwulst, die sich aus den beiden genannten Gewebsarten zusammensetzt, das *Fibromyom*, ziemlich häufig vor. Fibromyome sind z. B. die häufigsten Geschwulstwucherungen der Gebärmutter (Gebärmuttermyom, s. S. 538). – Gewebsneubildungen, die aus Knorpelgewebe entstehen, nennt man *Chondrome*. Diese gehen gewöhnlich von der hyalinen Knorpelsubstanz aus, die ein embryonaler Vorläufer des Knochengewebes ist. Chondrome sind häufig auf der Oberfläche von Knochen lokalisiert und bilden dort knorpelige Auflagerungen, die *Ekchondrome*. Sie ragen dann in das umliegende weiche Gewebe, vor allem in die angrenzenden Muskeln hinein und können sich dadurch störend auf den Bewegungsablauf auswirken. Eine zweite Form des Chondroms, das *Enchondrom*, geht von der Innenseite kleinerer Röhrenknochen (z. B. der Finger oder Zehen) aus. – Eine weitere Gruppe gutartiger

Bindegewebstumoren, die *Angiome*, besteht aus Blutgefäßen. Man unterscheidet *Hämangiome* (Muttermale, s. S. 450) und *Lymphangiome*. Geschwülste der Nervenscheiden werden als *Neurome* bezeichnet.

Geschwülste, die vom inneren oder äußeren Deckgewebe ausgehen, bezeichnet man als *Papillome*, solche, die ihren Ursprung im Drüsenepithelgewebe haben, als *Adenome*. Im Unterschied zu den gutartigen Bindegewebstumoren sind diese gutartigen Deckgewebstumoren nicht von einer Kapsel umgeben. Einige von ihnen neigen im weiteren Verlauf zu bösartigem (infiltrierendem) Wachstum.

Völlig harmlos sind im allgemeinen die Papillome der äußeren Haut, die *Warzen* (s. S. 528). Gelegentlich gehen auch vom Plattenepithel der Zunge und der Stimmbänder Papillome aus, die chirurgisch oder durch Bestrahlung beseitigt werden können. Übergangsepithel, wie es in der Blase, den Harnleitern und im Nierenbecken vorkommt, kann zu Papillomen entarten, die außerordentlich reich mit Blutgefäßen versorgt sind und daher zu kleineren Blutungen neigen. Papillome des Urogenitaltraktes können im weiteren Verlauf zur Verlegung der Harnwege und damit zum Harnrückstau und zu Infektionen führen. Da die Papillome des Übergangsepithels außerdem recht häufig krebsig entarten, sollten sie so früh wie möglich entfernt werden.

Adenome können von den Speicheldrüsen, den Schleimdrüsen des Magen-Darm-Traktes, der Prostata und von der Brustdrüse ausgehen. Bei den Adenomen der Hormondrüsen (z. B. Schilddrüse, Nebenschilddrüse, Bauchspeicheldrüse, Hypophyse und Nebenniere) geht die Vermehrung des Drüsengewebes oft mit einer Überproduktion der betreffenden Hormone und den Anzeichen der hormonellen Überfunktion einher. Die Behandlung besteht auch hier vor allem in einer operativen Beseitigung des Tumors. – Häufiger als die Geschwülste aus einheitlichem Drüsengewebe sind die Mischgeschwülste aus Drüsenepithel- und Bindegewebe, die *Fibroadenome*, die u. a. in der Prostata und vor allem in der weiblichen Brust lokalisiert sind. Fibroadenome sind gut abgegrenzt und als nicht schmerzende, feste Gebilde tastbar. Als häufigste Geschwulst der Brust muß das Fibroadenom vor allem gegen Brustkrebs abgegrenzt werden. Fibroadenome haben eine gewisse, wenn auch geringe Tendenz, maligne zu entarten.

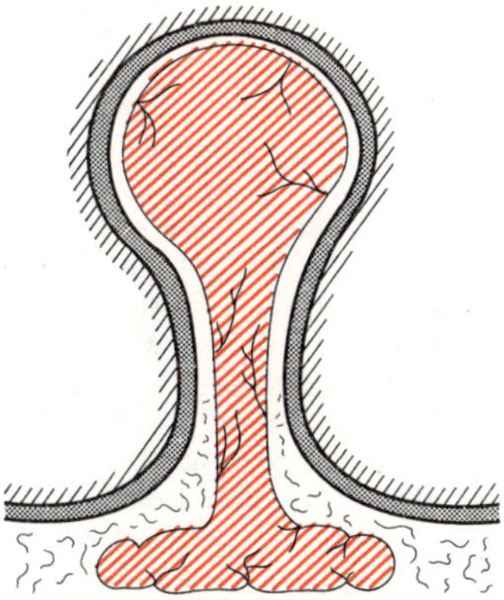

Abb. 1a Gestieltes Lipom

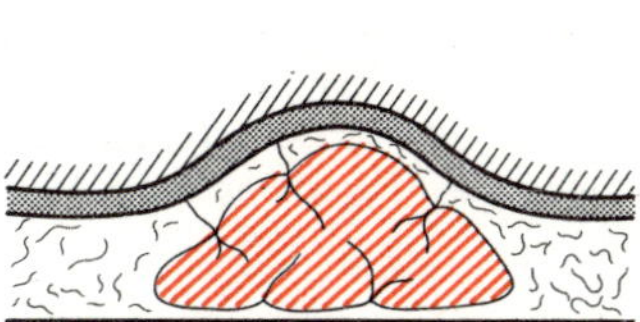

Abb. 1b Einfaches Lipom

HIRNTUMOREN

Hirntumoren sind im Vergleich zu anderen Organtumoren recht selten. Von etwa 20000 Menschen erkrankt nur einer an einem Hirntumor. Die vom Nervengewebe ausgehenden neuroepithelialen Tumoren sind mit 51 % aller Hirntumoren die häufigsten, gefolgt von den Tumoren der Hirnhaut (Abb. 1) und der Gefäße mit 23 % und denen der Hirnanhangsdrüse mit etwa 12 %. Unter den übrigen raumfordernden Prozessen des Schädelinnern spielen insbesondere die Tochtergeschwülste des Lungenkrebses beim Mann und des Brustkrebses bei der Frau eine wichtige Rolle (vgl. Abb. 3).

Krankheitszeichen, die auf einen Hirntumor hinweisen, sind Kopfschmerzen, die im Verlauf der Krankheit an Heftigkeit zunehmen. Vor allem das plötzliche Auftreten ungewohnter Kopfschmerzen gilt als Warnzeichen. Hinzu kommen psychische Symptome wie übermäßige Reizbarkeit, aber auch Schläfrigkeit und Lethargie sowie Gedächtnisschwäche. Nicht selten treten auch Krämpfe auf. Von besonderer Bedeutung für die Diagnose von Hirntumoren sind die klassische Trias (Kopfschmerz, Übelkeit, Erbrechen) und die Stauung der Sehnerveintrittsstelle als Folge des erhöhten Hirndrucks. Das Röntgenbild zeigt eine Vertiefung der Hirnwindungen im Schädelknochen („Wolkenschädel"), bei Jugendlichen eine Sprengung der Knochennähte, manchmal auch den verkalkten Tumor selbst. Der Sitz des Tumors kann durch die Hirnstromkurve, durch Gefäßdarstellung oder Luftfüllung der Hirnbinnenräume im Röntgenbild ermittelt werden. Eine moderne Untersuchungsmethode, die Szintigraphie, arbeitet mit radioaktiven Stoffen, deren räumliche Verteilung Aufschluß über Lage und Form des Tumors gibt.

Der häufigste Hirntumor ist das sehr bösartige, schnell wachsende *Glioblastom*, das vom sog. Hüllgewebe der Nervenzellen, der Glia, ausgeht. Es kann von einer Großhirnhälfte auf die andere übergreifen; dabei kommt es häufig zu Lähmungen und Sprachstörungen. Das Glioblastom tritt vor allem zwischen dem 40. und 60. Lebensjahr auf. – Die *Kleinhirnbrückenwinkeltumoren* (Abb. 2) entstehen zwischen dem 30. und 50. Lebensjahr. Sie gehen von der Nervenscheide der Gehör- und Gleichgewichtsnerven aus und verursachen ein typisches Krankheitsbild: Zu Beginn treten Ohrensausen, zunehmende Taubheit und Gleichgewichtsstörungen auf; später kommen dann Empfindungsstörungen und auch Muskellähmungen im Bereich des Gesichtes hinzu. – Die häufigsten Tumoren Jugendlicher sind die *Astrozytome*. Sie gehen vom Nervenstützgewebe des Kleinhirns aus und verursachen Gleichgewichts- und Bewegungsstörungen. Die Astrozytome sind verhältnismäßig gutartig und wachsen nur langsam. – Die *Tumoren der Hirnhäute* sind in der Regel gutartig und wachsen langsam über Jahre hinweg außerhalb des Gehirns, das sie gleichsam vor sich herschieben. Sie können an sich im Bereich der gesamten Hirnoberfläche vorkommen, bevorzugen aber die Rinne des Riechnervs, die Keilbeinkante und das Gebiet um die Hirnanhangsdrüse. Dabei erzeugen sie Störungen des Geruchssinns, einseitige Sehnervenschädigungen und Augenmuskellähmungen. – *Tumoren der Hirnanhangsdrüse* treten zwischen dem 30. und 50. Lebensjahr auf. Sie verursachen vor allem Störungen des Hormonhaushaltes (s. S. 380 ff.). Der Tumor drückt außerdem auf die Sehnervenkreuzung und führt so zum Ausfall der schläfenseitigen Gesichtsfeldhälften.

Die Behandlung eines Hirntumors besteht in der chirurgischen Entfernung oder einer Strahlentherapie. Je nach der operativen Zugänglichkeit und dem feingeweblichen Aufbau des Tumors sind die Aussichten auf eine Dauerheilung unterschiedlich.

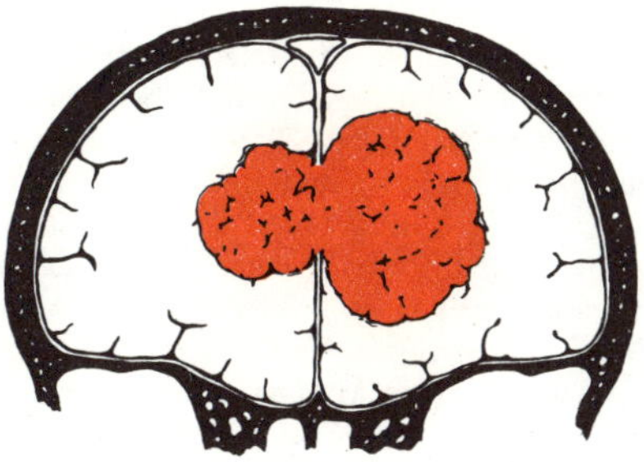

Abb. 1 Tumor der Hirnhaut (Meningiom)

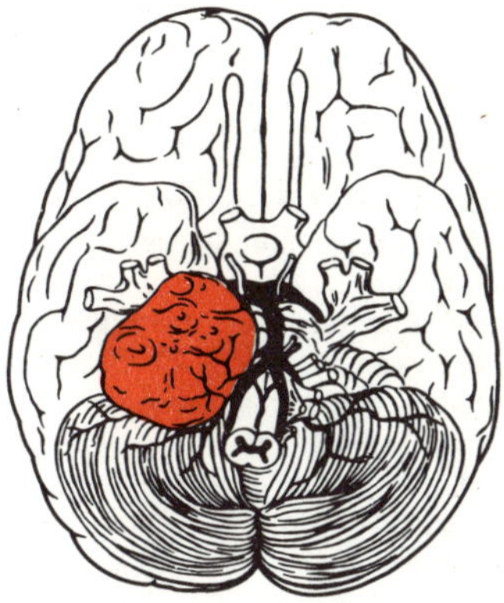

Abb. 2 Kleinhirnbrückenwinkeltumor

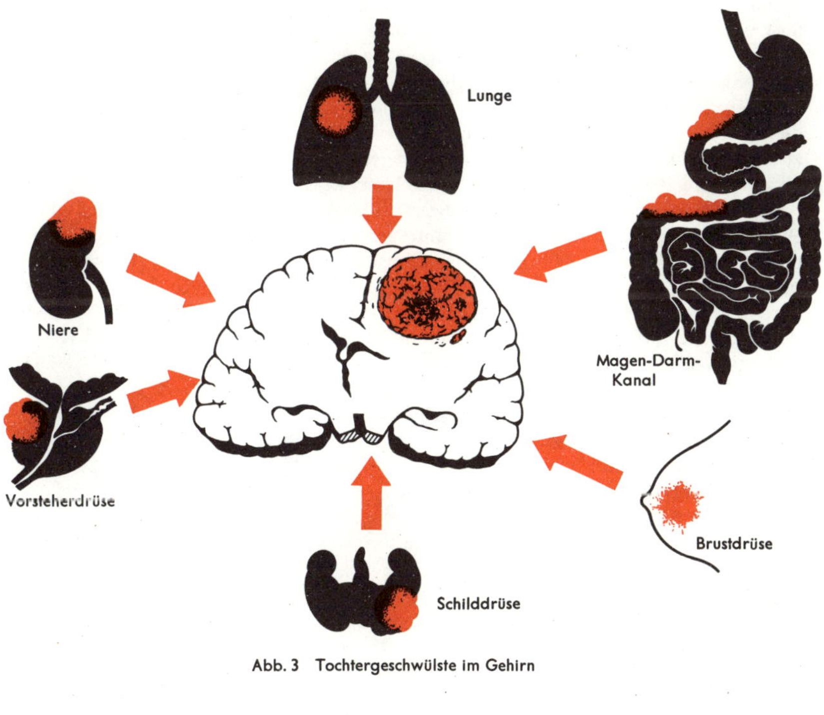

Abb. 3 Tochtergeschwülste im Gehirn

GEBÄRMUTTERMYOM

Die Gebärmutterwand besteht in der Hauptsache aus sogenannter glatter oder Eingeweidemuskulatur. Wie fast jedes Gewebe kann auch die Gebärmuttermuskulatur wuchern. Dabei entstehen weitaus am häufigsten gutartige Muskelgeschwülste, die man Gebärmuttermyome nennt. Sie sind sehr häufig und beispielsweise bei Frauen über 30–35 Jahren in 20–25 % der Fälle vorhanden. 15 bis 20 % dieser Frauen haben keine Beschwerden, die übrigen gehen zum Facharzt und stellen rund 10 % der frauenheilkundlichen Patientinnen.

Charakteristisch ist die Altersabhängigkeit der Gebärmuttermyome. Sie entwickeln sich nur unter dem Einfluß von Follikelhormon, also nur im geschlechtsreifen Alter der Frau. Vor dem 25. Lebensjahr sind Muskelgeschwülste der Gebärmutter recht selten. Nach Ausbleiben der Regelblutung entstehen keine Myome mehr; sie gehen jetzt vielmehr aus Mangel an Follikelhormon zurück und schrumpfen zusammen. Daher gilt die Regel, daß Geschwülste, die nach den Wechseljahren weiterwachsen oder entstehen, keine (gutartigen) Muskelgeschwülste sind. Man hat das hormonabhängige Myomwachstum mit den Veränderungen der schwangeren Gebärmutter verglichen und gesagt, daß die Gebärmutter „ins Kraut schießt, anstatt Früchte zu tragen". Möglicherweise spielen tatsächlich gewisse hormonelle Ungleichgewichte eine Rolle, von denen man zunächst allerdings nicht weiß, weshalb sie sich nur örtlich auf bestimmte Stellen der Gebärmutter auswirken. Ungeklärte Erfahrungstatsache ist, daß die Wechseljahre bei Myomträgerinnen um 5–7 Jahre später eintreten. Muskelgeschwülste können überall in der Gebärmutter entstehen, 5–10 % von ihnen finden sich im Gebärmutterhals. Häufig sind mehrere Myome gleichzeitig vorhanden. Abb. 1 gibt nach Sitz und Entwicklung alle Spielarten von Gebärmuttermyomen wieder. Sie können mitten in der Gebärmutterwand, dicht unter der inneren Schleimhautschicht oder außen unter dem Bauchfellüberzug entstehen. Die randständigen Geschwülste sind manchmal nur noch durch einen dünnen Stiel mit ihrem Ursprungsort verbunden („gestielte" Muskelgeschwülste, Abb. 2). Kommt es zur Stieldrehung oder werden die Myome allzu groß, so kann der Blutzufluß versagen, und die Geschwülste beginnen zu zerfallen. Dabei entstehen mehr oder weniger große Zerfallshöhlen (Abb. 3); selten kommt es auch zur Verhärtung von Muskelgeschwülsten durch Kalkablagerung.

40–50 % aller Frauen mit Muskelgeschwülsten der Gebärmutter klagen über Blutungsstörungen. Seltener fühlen Myomträgerinnen einen Fremdkörper im Unterleib oder sind durch Sitz und Größe der Geschwulst beim Stuhlgang oder Wasserlassen behindert. Schmerzen entstehen, wenn ein gestielter Myomknoten in die Scheide „geboren" wird, wenn Muskelgeschwülste allzu rasch wachsen oder infolge Mangeldurchblutung zerfallen. Andauernde Myomblutungen können Blutarmut und Kreislaufschwäche zur Folge haben.

Ziel der Behandlung ist u. a. die Verhütung späterer Komplikationen. Nicht mehr als 0,2–0,5 % aller gutartigen Muskelgeschwülste werden im weiteren Verlauf bösartig. Doch können Myome den normalen Schwangerschaftsablauf und tiefsitzende Muskelgeschwülste die Geburt behindern (Abb. 4). Gestielte Myome werden durch Drehung gelegentlich blutleer gedrosselt. Je nach Größe, Anzahl und Sitz der Muskelgeschwülste kommt eine Abtrennung oder Ausschälung einzelner Myomknoten bzw. die teilweise oder völlige Entfernung der Gebärmutter in Frage (Abb. 5).

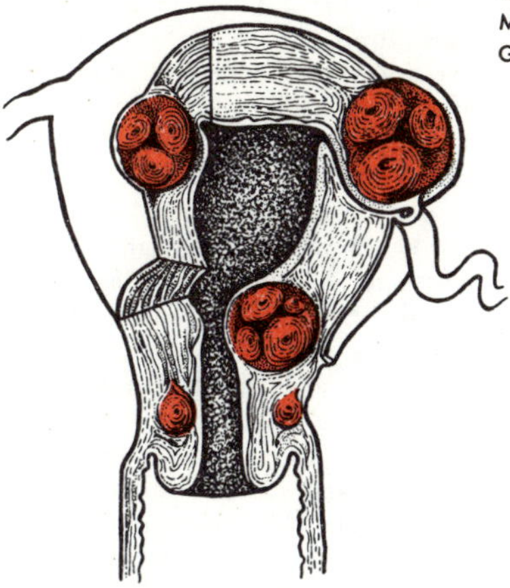

Abb. 1 Muskelgeschwülste der Gebärmutter mit verschiedenem Sitz

Abb. 2
Entwicklung einer gestielten Muskelgeschwulst in Richtung Gebärmutterhöhle

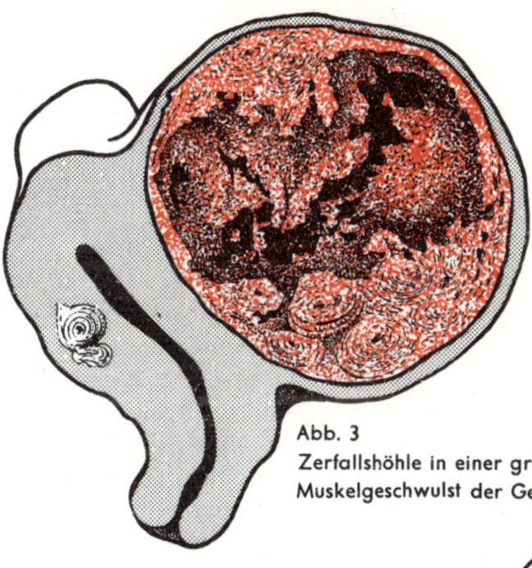

Abb. 3
Zerfallshöhle in einer großen Muskelgeschwulst der Gebärmutter

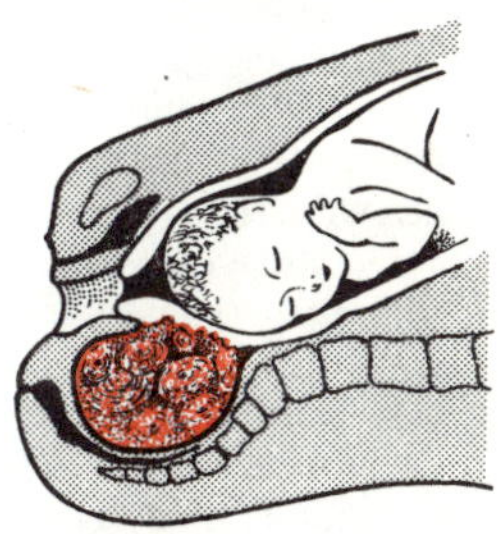

Abb. 4
Geburtshindernis durch eine große, tiefsitzende Muskelgeschwulst der Gebärmutter

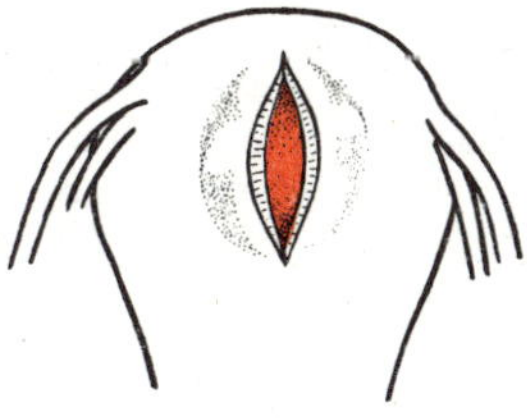

Ausschälung einer Muskelgeschwulst

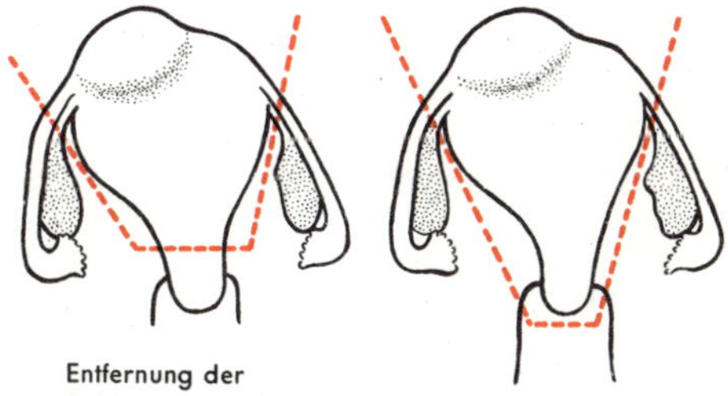

Entfernung der Gebärmutter ohne … … und mit Gebärmutterhals

Abb. 5 Operative Entfernung von Muskelgeschwülsten der Gebärmutter

PROSTATAERKRANKUNGEN

Unter *Prostatahypertrophie* versteht man eine gutartige Wucherung der Vorsteherdrüse, die durch Raumverdrängung zur Harnsperre führt. Die Bezeichnung Prostatahypertrophie ist insofern irreführend, als nicht einfach die gesamte Vorsteherdrüse sich vergrößert. Vielmehr wuchern bestimmte Drüsen im Bereich der hinteren Harnröhre, die sich dadurch auszeichnen, daß sie nicht nur vom männlichen, sondern auch vom weiblichen Geschlechtshormon des Mannes kontrolliert werden *(Prostataadenom)*. Im Alter führen wahrscheinlich Ungleichgewichte im Hormonhaushalt zur Wucherung dieses doppelt hormonabhängigen Vorsteherdrüsenanteils, doch ist die genaue Ursache der Prostatawucherung noch keineswegs bekannt.

Die gutartige Wucherung der Vorsteherdrüse tritt bei 80 % aller 60jährigen Männer auf und bleibt in der Hälfte der Fälle beschwerdefrei. Bei rund 40 % aller 60jährigen entstehen früher oder später und mehr oder weniger deutlich die Anzeichen einer Harnsperre. Dann ist die Drüsenwucherung so stark, daß die Blasenmuskulatur das Hindernis um die Harnröhre trotz Wandverdickung nicht mehr überwinden kann. Es entstehen Entleerungsstörungen der Harnblase, die unbehandelt schließlich zur Harnstauungsniere oder gar zum Tod durch Harnverhaltung führen können. In einem ersten oder Reizstadium besteht nur häufiger Harndrang; der Harnstrahl ist schwach und dünn; oft und auch nachts wird immer wieder eine kleine Harnmenge abgesetzt, doch ist die Blase zu diesem Zeitpunkt noch so gut wie vollständig entleerbar. Im zweiten Stadium erfolgt die Blasenentleerung nicht mehr vollständig, vielmehr bleibt jetzt jeweils eine Restharnmenge von mehr als 100 cm^3 zurück; dadurch erfährt der häufige, quälende Harndrang nun keine volle Erleichterung mehr, und der Rückstau führt häufig zur eitrigen Blasenentzündung. Im dritten Stadium wird die Harnröhre so weit eingeengt, daß die Blasenmuskulatur das Hindernis nicht mehr überwinden kann; daher läuft der Harn bei gesteigertem Blaseninnendruck ständig langsam und tropfenweise über; es kommt zur Harnstauungsniere und schließlich zum Nierenversagen (Abb. 1).

Die Prostatahypertrophie kann durch rektale Abtastung der Vorsteherdrüse recht frühzeitig erkannt werden, vor allem, wenn das Adenom sich unterhalb der Harnblase entwickelt hat (Abb. 2). Wächst die Wucherung in den Blasengrund ein, ist u. U. eine Harnblasenspiegelung erforderlich (Abb. 3). Wenn eine gutartige Wucherung der Vorsteherdrüse sicher diagnostiziert ist, besteht die Wahl zwischen einer Hormonbehandlung und der Entfernung der hypertrophierten Vorsteherdrüse. Die Hormonbehandlung geht von der Annahme gestörter Gleichgewichte aus und besteht in der Zufuhr abgewandelter männlicher, evtl. auch weiblicher Geschlechtshormone. Dauerheilung verspricht indessen nur die Operation; es kommt eine Ausschälung oder Elektroverschorfung der Vorsteherdrüse in Frage. Allzuspäte Operationen sind durch Blaseninfekte oder gar Rückstauerkrankungen der Niere belastet. Ein Operationsweg führt dicht über dem Schambein, ein anderer vom Damm her zur Vorsteherdrüse (Abb. 5). Inoperable Fälle können durch einen Dauerkatheter oder fortlaufende Selbstkatheterisierung behandelt werden.

Der *Vorsteherdrüsenkrebs (Prostatakarzinom)* ist bei Männern der häufigste Organkrebs. Er führt örtlich zu ganz ähnlichen Erscheinungen wie die Prostatahypertrophie, siedelt jedoch frühzeitig Tochtergeschwülste ins Knochensystem ab. Auch hier kann die Frühdiagnose durch rektale Austastung recht zuverlässig gestellt werden. Daher sollte jeder Mann über 45 Jahre einmal jährlich rektal untersucht werden. Der Prostatakrebs ist bei der Austastung als eine höckerige, harte Geschwulst zu fühlen. Zur Abgrenzung gegen die gutartige Prostatahypertrophie ist oft eine feingewebliche Untersuchung durch „Stanzbiopsie“ nötig. Kennzeichnend sind ferner veränderte Blutserumphosphatasewerte. Zur Behandlung des Prostatakarzinoms stehen je nach Krankheitsstadium und Alter die Entfernung der Vorsteherdrüse, die Strahlenbehandlung, die Therapie mit gegengeschlechtlichen Hormonen und die Hodenexstirpation zur Verfügung („hormonelle Kastration“).

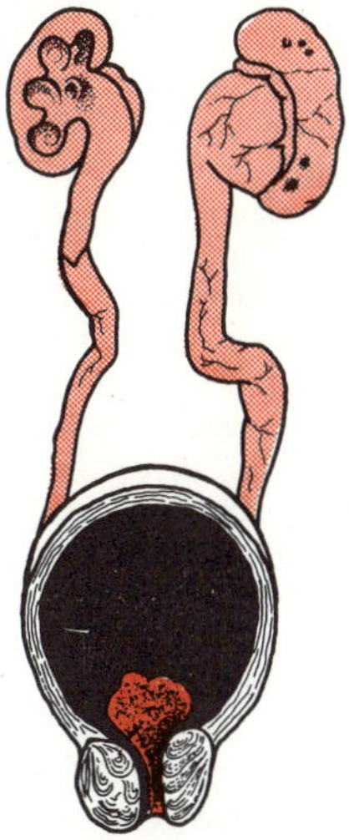

Abb. 1 Harnstauungsniere bei Prostatawucherung

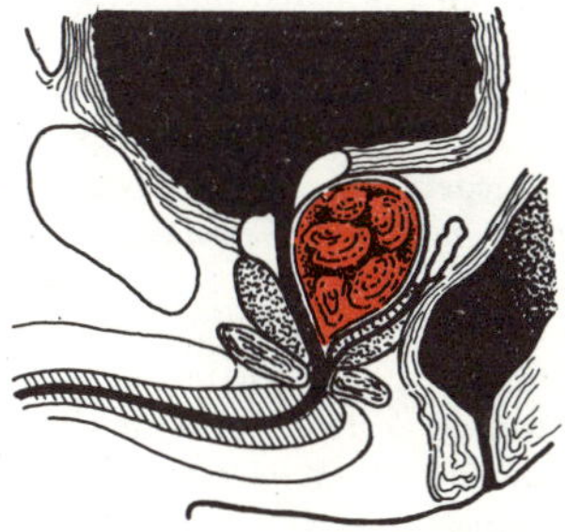

Abb. 2 Prostatawucherung unterhalb der Harnblase

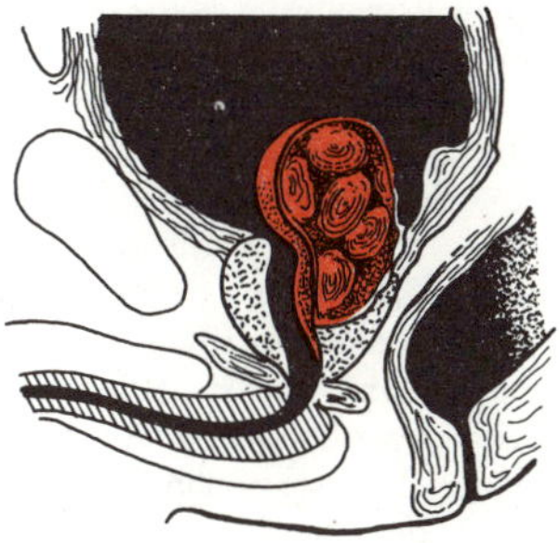

Abb. 3 Prostatawucherung in die Harnblase

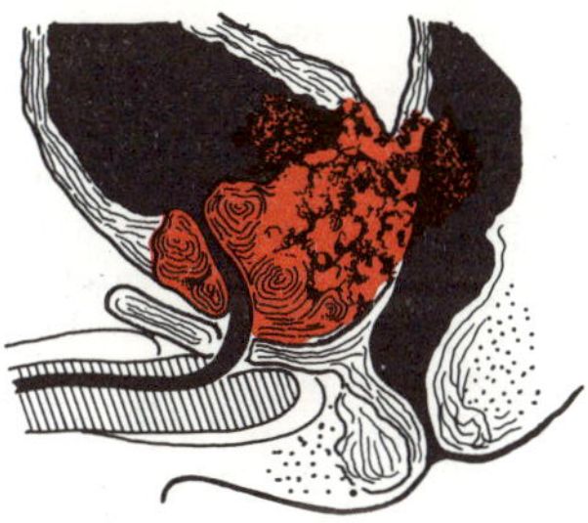

Abb. 4 Prostatakrebs mit Übergang auf Harnblase und Mastdarm

Abb. 5
Operative Entfernung
(Ausschälung)
der gewucherten Prostata

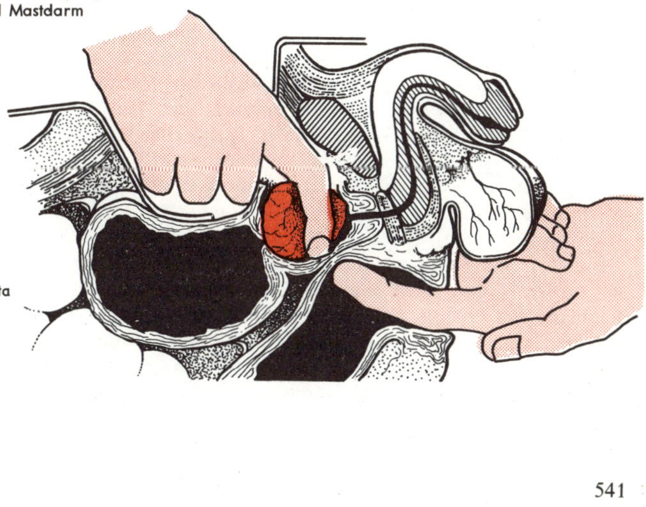

KREBS

So gut wie alle Gewebe des Körpers können in ihrem Wachstum entgleisen und geschwulstartig wuchern. Dabei entstehen je nach der Art des Wachstums gutartige oder bösartige Geschwülste (Tumoren). Im Gegensatz zu den gutartigen Tumoren (S. 534 f.) dringen *bösartige Geschwülste* rasch und schrankenlos in Nachbargewebe ein, zerfressen sie, zerstören deren Gefäße, die dann bluten, wuchern Körperkanäle zu und siedeln über den Blutweg oder die Lymphgefäße Ableger, die sogenannten *Tochtergeschwülste (Metastasen)*, in ferne Organe aus. Der Gebärmutterkrebs z. B. kann nach unten in die Scheide, nach hinten in den Mastdarm und nach vorn in die Harnblase eindringen; gleichzeitig können Tochtergeschwülste in Lunge, Knochen oder Nieren entstehen (Abb. 1). Ausgeschwemmte Krebszellen werden im Blut von annähernd 50 % aller Krebskranken gefunden. Glücklicherweise siedeln sich nur wenige dieser ausgesäten Geschwulstzellen an. Dennoch ist man bemüht, Krebsgeschwülste zur Vermeidung weiterer Ausschwemmung ohne Quetschungen schonend zu entfernen.

Der Sitz von Tochtergeschwülsten hängt vom Blutabflußweg aus dem Ursprungsorgan ab. Lungenkrebse siedeln vor allem in gut durchblutete Organe des großen Kreislaufs irgendwo im Körper aus (Abb. 3a). Auch Krebse aus dem Bauchraum und Geschwülste aus der Nähe der Wirbelsäule zielen nach typischen Ablegerorganen (Abb. 3b und c). Einige bösartige Geschwülste siedeln vor allem in die Knochen aus, so der Lungen-, Nieren-, Brust-, Schilddrüsen- und Magenkrebs (Abb. 2). Alle übrigen bösartigen Geschwülste setzen ihre Metastasen mit dem allgemeinen Blutstrom in der Lunge ab (Abb. 3d). Besonders selten werden Tochtergeschwülste in Milz und Pankreas gefunden, die offenbar imstande sind, eingeschwemmte Krebszellen zu vernichten. Auf dem Lymphweg gelangen ausgeschwemmte Krebszellen vor allem in die nachgeschalteten Filter der Lymphknoten. Daher wird zur Beurteilung eines Krebsleidens immer wieder geprüft, ob schon Tochtergeschwülste in den umliegenden Lymphknoten vorhanden sind.

Tochtergeschwülste und infiltrierendes Wachstum bringen es mit sich, daß bösartige Geschwülste nur sehr schwer auszurotten sind. Wird der ursprüngliche Tumor durch Operation oder Bestrahlung nicht völlig entfernt oder sind schon Krebszellen ausgesiedelt, so kann es zum Rückfall kommen. Daher betrachtet man ein Krebsleiden erst als geheilt, wenn 5 rückfallfreie Jahre vergangen sind. Abb. 4 gibt das rücksichtslos um sich greifende Wachstum einer Krebsinsel wieder, die anfangs nur aus wenigen oder gar einer einzigen Krebszelle bestand. Erfolgt dieses Wachstum so rasch, daß die vom Krebs „versklavten“ und ihn ernährenden Blutgefäße nicht mitkommen, zerfällt die Geschwulst, und es entsteht das Krebsgeschwür. Von diesem Zeitpunkt an machen sich neben der unaufhaltsamen örtlichen Zerstörung auch allgemeine Krankheitserscheinungen wie Blutarmut und hochgradige Abmagerung bemerkbar.

Der Name „Krebs“ leitet sich von der Form mancher Brustkrebse ab, deren Ausläufer wie die Gliedmaßen einer großen Krabbe aussehen. Er bezeichnet im medizinischen Sprachgebrauch das *Karzinom*, also die bösartige Wucherung von Deckzellgewebe; doch werden bösartige Geschwülste oft ganz allgemein einfach „Krebs“ genannt. Bösartige Geschwülste des Stützgewebes nennt man *Sarkome*.

Das Auftreten von Krebserkrankungen ist historisch schon sehr früh nachzuweisen. So sind krebsartige Wucherungen an 500 Jahre alten Inkamumien gefunden worden. Krebs kommt auch bei Naturvölkern vor, er befällt außerdem Tiere und Pflanzen. Dennoch ist der Krebs, wie Statistiken aus verschiedenen Zeiten und Ländern zeigen, in gewissem Sinne auch eine Zivilisationskrankheit. So haben die bösartigen Geschwülste von 1900 bis 1955 nicht nur absolut, sondern auch relativ wesentlich zugenommen, ein Trend, der sich bis in die 70er Jahre fortgesetzt hat (Abb. 5). Während z. B. die Gesamtzahl der Todesfälle in der Bundesrepublik von 1952 bis 1964 nur um rund 20 % anstieg, nahmen gleichzeitig die Krebstodesfälle um 38 % zu.

In diesem Zusammenhang ist jedoch Verschiedenes zu beachten, so vor allem die Tatsache, daß Krebs bis zu einem Alter von 50–60 Jahren zunehmend häufiger auftritt

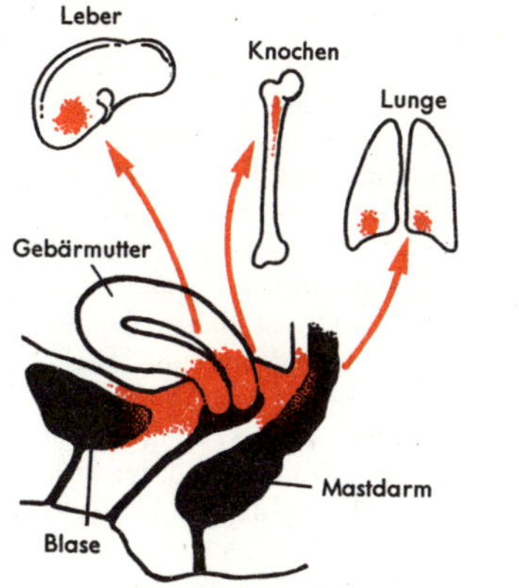

Abb. 1 Der Gebärmutterkrebs wuchert in die Umgebung ein und bildet Tochtergeschwülste

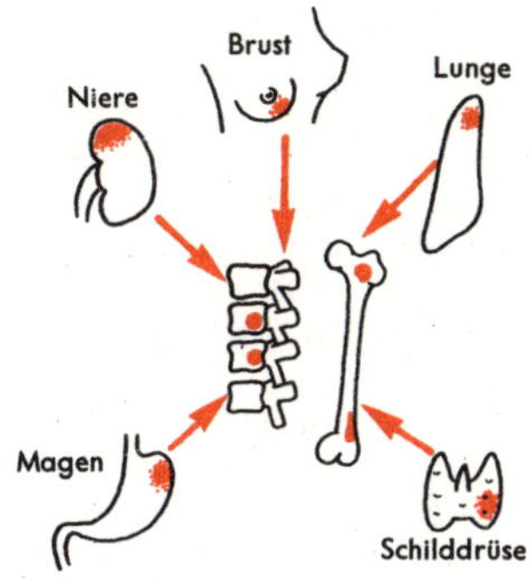

Abb. 2 Bösartige Geschwülste, die häufig in den Knochen aussiedeln

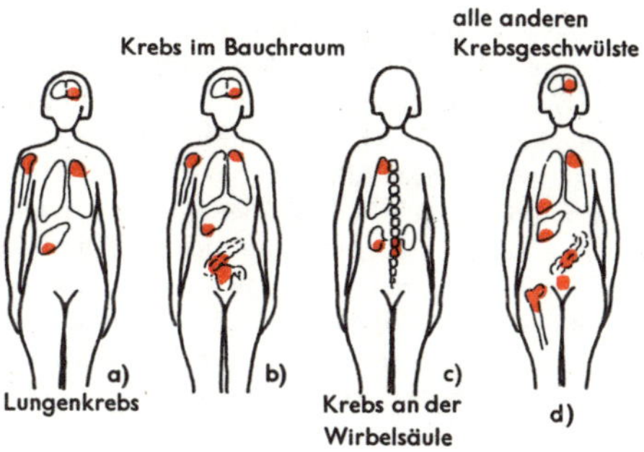

Abb. 3
Ursprungskrebs und Sitz der Metastasen nach Ausschwemmung mit dem Blutstrom

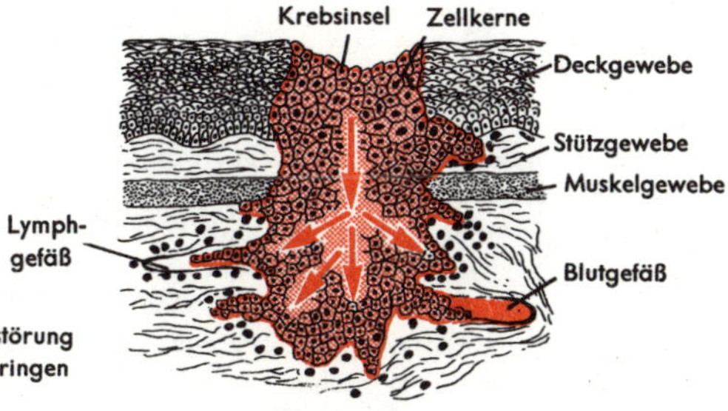

Abb. 4
Wucherung einer Krebsinsel unter Zerstörung von Stütz- und Muskelgewebe und Eindringen in die Gefäße

(Abb. 8) und die Lebenserwartung wesentlich angestiegen ist, seit 1875 fast um das Doppelte. Daher lag es nahe, den Anstieg der Krebstodesfälle auf das höhere Durchschnittsalter der Bevölkerung zurückzuführen. Altersstandardisierte Todesraten wiesen allerdings auch eine Zunahme der Krebstodesfälle innerhalb der einzelnen Altersklassen aus, in erster Linie bei Männern zwischen 45 und 65 Jahren, eine Entwicklung, die vor allem auf den starken Anstieg der Lungenkrebshäufigkeit zurückzuführen war. Aus Abb. 9 geht hervor, daß der Lungenkrebs in der Tat sowohl bei Männern als auch bei Frauen bis in die jüngste Zeit zugenommen hat. Als Ursache dieses Anstiegs gilt die zunehmende Belastung der Atemwege durch krebserzeugende Stoffe.

Insgesamt hat der Krebs als Todesursache in den letzten Jahren allerdings kaum mehr zugenommen: 1977, 1978, 1979 und 1980 wurden in der Bundesrepublik 153 250 bzw. 155 062 bzw. 154 636 bzw. 156 734 Krebstodesfälle registriert. Nach Abb. 9 ist dieses Ergebnis u. a. auf den Rückgang der Magenkrebstodesfälle zurückzuführen, während neben dem Lungenkrebs auch der Darmkrebs, der Prostatakrebs und der Brustdrüsenkrebs zugenommen haben. Abb. 7 gibt im Vergleich die derzeit häufigsten Krebsarten bei Männern und Frauen wieder.

Da neben der Altersumschichtung und der fortlaufenden Verbesserung der Krebserkennung und Krebsbehandlung höchstwahrscheinlich auch die sich ständig ändernden Umweltbedingungen und Lebensgewohnheiten eine Rolle spielen, die eigentlichen Krebsursachen aber nur sehr lückenhaft bekannt sind, ist es z. Z. bis auf Ausnahmen kaum möglich, statistische Daten wie die von Abb. 7 und 9 zuverlässig zu deuten. Ein Beispiel dafür sind die Krebsgeschwülste des Magen-Darm-Kanals. Sie treten überwiegend in Abschnitten des Verdauungskanals mit langer Verweildauer des Speisebreis bzw. Darminhaltes auf, d. h. im Magen, Dickdarm und Mastdarm. Folglich könnte die jeweilige Einwirkungsdauer krebserzeugender Substanzen aus Nahrungs- und Genußmitteln oder aus dem körpereigenen Stoffwechsel für diese Geschwulstlokalisationen von Bedeutung sein. Nun ist aber der (im Abnehmen begriffene) Magenkrebs in den westlichen Industrieländern um ein Mehrfaches seltener als in Japan, der (bei uns im Zunehmen begriffene) Dickdarmkrebs dagegen wesentlich häufiger als dort. Migrationsstudien an den Japanern, die nach Nordamerika auswanderten, weisen darauf hin, daß das Krebsrisiko sich an jenes im Gastland angleicht – beim Dickdarmkrebs schon in der ersten, beim Magenkrebs erst in der zweiten Generation. Dickdarmkrebs scheint bei fettreicher Kost häufiger, bei fettarmer, kohlenhydratreicher Ernährung dagegen – wie in Japan – seltener zu sein. Dabei könnten Einwirkungen der unterschiedlichen Darmflora auf bestimmte Fettbestandteile eine Rolle spielen und – durch ihren Einfluß auf die Darmpassage – der Fasergehalt einer Kost oder die Lebensweise (so neigen z. B. Personen mit Sitzberufen oft zu Stuhlverstopfung).

Auch überkalorische Ernährung soll die Krebsanfälligkeit (und zwar über den Hormonhaushalt) beeinflussen können, besonders beim Brustkrebs der Frau, dessen Häufigkeit weltweit mit der Dickdarmkrebshäufigkeit parallel geht. Aus statistischen Korrelationen dieser und ähnlicher Art lassen sich, wie oben ausgeführt, ursächliche Zusammenhänge jedoch nur mit größter Zurückhaltung ableiten.

Unter den *Krebsursachen* gibt es eine große Anzahl äußerer Faktoren. Bei aller Vielfalt ist ihnen allen gemeinsam, daß sie imstande sind, eine krebsige Entartung von Körperzellen anzustoßen, die dann beim weiteren Wachstum der Geschwulst, auch nach Wegfall der auslösenden Ursache, von Zelle zu Zelle weitergegeben wird. Früher hat man diese vielfältigen äußeren (und auch vermutete innere) Krebsursachen geordnet und zu jeweils typischen Ursachengruppen besondere *Krebstheorien* aufgestellt. Später sind die einzelnen Krebstheorien dann v. a. unter dem übergeordneten Gesichtspunkt des erbwichtigen Zellstoffwechsels zusammengefaßt und vereinheitlicht worden. Vielversprechend schien auch der Ansatz, die tausendfachen tierexperimentellen Erfahrungen zur Erklärung der Krebsentstehung beim Menschen heranzuziehen:

 Zugehörige Bildtafel s. S. 553.

Mensch I

I. Kopf
Mimische Gesichtsmuskulatur
1 Dreiecksmuskel (M[usculus] triangularis)
2 Kinnmuskel (M. mentalis)
3 Senker der Stirnglatze (M. depressor glabellae)
4 Nasenrückenmuskel (M. nasalis)
5 innerer und äußerer Nasenflügel- und Oberlippenheber (M. levator labii superioris)
6 Stirnmuskel (M. frontalis)
7 Augenringmuskel (M. orbicularis oculi)
8 großer und kleiner Jochbeinmuskel (M. zygomaticus major et minor)
9 Lachmuskel (M. risorius)
10 Mundring oder Lippenmuskel (M. orbicularis oris)
Kaumuskeln
11 Schläfenmuskel (M. temporalis)
12 Kaumuskel (M. masseter)

II. Hals
13 Schildzungenbeinmuskel (M. thyreohyoideus)
14 Brustzungenbeinmuskel (M. sternohyoideus)
15 Kopfwender (M. sternocleidomastoideus)

III. Brust und Bauch
16 Kapuzenmuskel (M. trapezius; Rückenmuskel)
17 großer Brustmuskel (M. pectoralis major)
18 seitlicher Sägemuskel (M. serratus lateralis)
19 breiter Rückenmuskel (M. latissimus dorsi)
20 äußerer schräger Bauchmuskel (M. obliquus abdominis externus)
21 gerader Bauchmuskel (M. rectus abdominis)
22 Nabel (Umbilicus)
23 vorderer Darmbeinstachel (Spina ilica ventralis)
24 weiße Linie (Linea alba)
25 Muskelscheide (Vagina musculi recti abdominis)
26 Leistenband (Ligamentum inguinale)
27 Leistenkanal (Canalis inguinalis) mit Samenstrang (Funiculus spermaticus)

IV. Oberarm
28 Deltamuskel (M. deltoides)
29 zweiköpfiger Armmuskel (M. biceps brachii)
30 Armbeuger (M. brachialis)
31 Oberarmspeichenmuskel (M. brachioradialis)

V. Unterarm
32 runder Einwärtsdreher (M. pronator teres)
33 langer Handstrecker der Speichenseite (M. extensor carpi radialis longus)
34 Handbeuger der Speichenseite (M. flexor carpi radialis)
35 langer Hohlhandmuskel (M. palmaris longus)
36 kurzer Handstrecker der Speichenseite (M. extensor carpi radialis brevis)
37 gemeinsamer Fingerstrecker (M. extensor digitorum communis)
38 kurzer Daumenstrecker (M. extensor pollicis brevis)
39 Handbeuger der Ellenseite (M. flexor carpi ulnaris)
40 oberflächlicher Fingerbeuger (M. flexor digitorum superficialis)
41 langer Daumenbeuger (M. flexor pollicis longus)

VI. Hand
42 kurzer Daumenabzieher (M. abductor pollicis brevis)
43 kurzer Daumenbeuger (M. flexor pollicis brevis)
44 kurzer Hohlhandmuskel (M. palmaris brevis)
45 langer Daumenabzieher (M. abductor pollicis longus)
46 kurzer Kleinfingerbeuger (M. flexor digiti quinti brevis manus)

VII. Oberschenkel
47 Kammuskel (M. pectineus)
48 langer Oberschenkelanzieher (M. adductor longus)
49 innerer Schenkelbeuger (M. iliopsoas)
50 Schneidermuskel (M. sartorius)
51 gerader Schenkelmuskel (M. rectus femoris)
52 innerer Schenkelmuskel (M. vastus tibialis)
53 seitlicher Schenkelanzieher (M. vastus fibularis)
54 Kniescheibe (Patella)
55 Kniescheibenband (Ligamentum patellae)

VIII. Unterschenkel und Fuß
56 Zwillingswadenmuskel (M. gastrocnemius)
57 vorderer Schienbeinmuskel (M. tibialis anterior)
58 langer Wadenbeinmuskel (M. fibularis longus)
59 Schollenmuskel (M. soleus)
60 langer Zehenstrecker (M. extensor digitorum longus)
61 kurzer Wadenbeinmuskel (M. fibularis brevis)
62 Schienbein (Tibia)
63 langer Großzehenstrecker (M. extensor hallucis longus)
64 Kreuzband (Ligamentum cruciforme pedis)

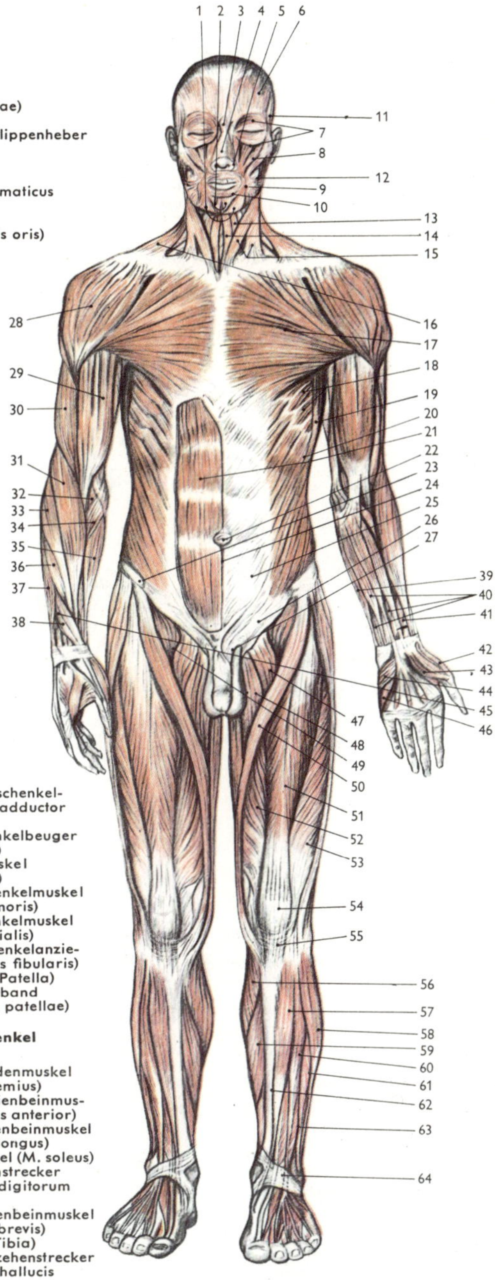

Muskeln der vorderen Körperseite (obere Schicht)

I. Hals und Kopf
1 Hinterhauptmuskel (M[usculus] occipitalis)
2 Hinterhauptband (Septum nuchae)
3 Querfortsatz-Hinterhauptmuskel (M. transversooccipitalis)
4 Riemenmuskel (M. splenius capitis)
5 Kopfwender (M. sternocleidomastoideus)

II. Rumpf und Bauch
6 Kapuzenmuskel (M. trapezius)
7 Schultergräte (Spina scapulae)
8 Untergrätenmuskel (M. infra spinam)
9 großer Rundmuskel (M. teres major)
10 großer Rautenmuskel (M. rhomboides major)
11 breiter Rückenmuskel (M. latissimus dorsi)
12 Rückenfaszie (Fascia thoracolumbalis)
13 äußerer schräger Bauchmuskel (M. obliquus abdominis externus)

III. Oberarm
14 Deltamuskel (M. deltoides)
15 dreiköpfiger Armstrecker (M. triceps brachii)
16 zweiköpfiger Armmuskel (M. biceps brachii)

IV. Unterarm
17 Ellenbogenkopf (Caput ulnare)
18 langer Handstrecker der Speichenseite (M. extensor carpi radialis longus)
19 Knorrenmuskel (M. anconaeus)
20 Handbeuger der Ellenseite (M. flexor carpi radialis)
21 Handstrecker der Ellenseite (M. extensor carpi ulnaris)
22 gemeinsamer Fingerstrecker (M. extensor digitorum communis)
23 kurzer Handstrecker der Speichenseite (M. extensor carpi radialis brevis)
24 langer Daumenabzieher (M. abductor pollicis longus)
25 kurzer Daumenstrecker (M. extensor pollicis brevis)
26 hinteres Handwurzelband (Ligamentum carpi dorsale)
27 Oberarmspeichenmuskel (M. brachioradialis)
28 Handbeuger der Speichenseite (M. flexor carpi radialis)
29 langer Hohlhandmuskel (M. palmaris longus)
30 oberflächlicher Fingerbeuger (M. flexor digitorum superficialis)
31 vorderes Handwurzelband (Ligamentum carpi volare radiatum)

V. Hand
32 kurzer Daumenbeuger (M. flexor pollicis brevis)
33 kurzer Kleinfingerbeuger (M. flexor digiti quinti brevis manus)
34 Kleinfingergegensteller (M. opponens digiti quinti manus)
35 Hohlhandsehnenhaut (Aponeurosis palmaris)
36 Zwischenknochenmuskeln (Mm. interossei dorsales)

VI. Oberschenkel
37 großer Gesäßmuskel (M. glutaeus maximus)
38 Darmbeinkamm (Crista ilica)
39 mittlerer Gesäßmuskel (M. glutaeus medius)
40 großer Oberschenkelanzieher (M. adductor magnus)
41 starke Sehnenplatte der Oberschenkelbinde (Tractus iliotibialis fasciae latae)
42 zweiköpfiger Schenkelmuskel (M. biceps femoris)
43 Schlankmuskel (M. gracilis)
44 Halbsehnenmuskel (M. semitendineus)
45 Plattsehnenmuskel (M. semimembranaceus)

VII. Unterschenkel und Fuß
46 Sohlenspanner (M. plantaris)
47 Zwillingswadenmuskel (M. gastrocnemius)
48 langer Zehenbeuger (M. flexor digitorum longus)
49 Schollenmuskel (M. soleus)
50 Achillessehne (Tendo m. tricipitis surae)
51 innerer Knöchel (Malleolus tibiae)
52 Fersenbein (Calcaneus)

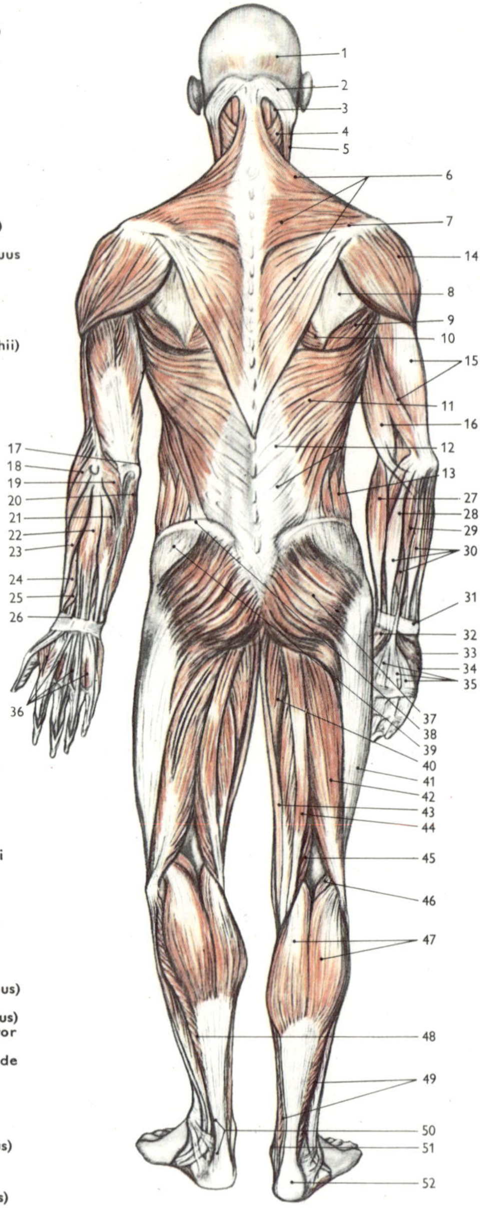

Muskeln der hinteren Körperseite (obere Schicht)

Mittelschnitt durch Schädel mit Gehirn, Gesicht, Rachen und Hals

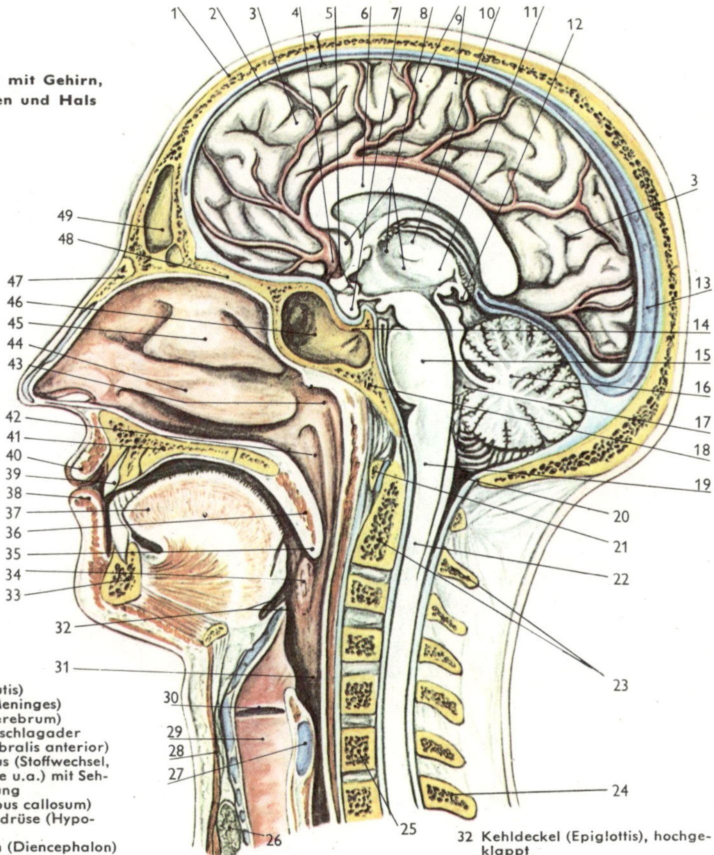

1 Kopfhaut (Cutis)
2 Hirnhäute (Meninges)
3 Großhirn (Cerebrum)
4 vordere Hirnschlagader (Arteria cerebralis anterior)
5 Hypothalamus (Stoffwechsel, Durst, Wärme u.a.) mit Sehnervenkreuzung
6 Balken (Corpus callosum)
7 Hirnanhangsdrüse (Hypophyse)
8 Zwischenhirn (Diencephalon) mit Sehhügel (Thalamus; Lust-, Unlust- und Schmerzregion)
9 vordere (Gyrus praecentralis) Zentralwindung (sensorisch) und hintere (Gyrus postcentralis) Zentralwindung (motorisch)
10 Mittelhirn-(Mesencephalon-) Gegend (Reflexzentrum, Regulation der Motorik, Stellung und Haltung) mit Rautenhirn (Rhombencephalon)
11 dritte Hirnkammer (Ventriculus tertius)
12 Zirbeldrüse (Corpus pineale oder Epiphysis; Gegenspieler der Hypophyse in der Jugend)
13 Blutleiter der Hirnhaut (Sinus durae matris), führen das sauerstoffarme Blut ab
14 Türkensattel (Sella turcica), in den die Hirnanhangsdrüse eingebettet ist
15 Brücke (Pons)
16 Kleinhirn (Cerebellum)
17 vierte Hirnkammer
18 Körper des Hinterhauptsbeines (Os occipitale)
19 verlängertes Mark (Medulla oblongata; Atemzentrum, Kreislaufzentrum)
20 Hinterhauptzisterne (Cisterna cerebellomedullaris)
21 erster Halswirbel (Atlas)
22 Rückenmark (Medulla spinalis)
23 zweiter Halswirbel (Epistropheus)
24 Dornfortsätze (Processus spinales)
25 Wirbelkörper (Corpus vertebrae)
26 Schilddrüse (Glandula thyreoidea)
27 Ringknorpel (Cartilago cricoides)
28 Schildknorpel (Cartilago thyreoides)
29 Luftröhre (Trachea)
30 Stimmritze (Rima glottidis)
31 Speiseröhre (Ösophagus)
32 Kehldeckel (Epiglottis), hochgeklappt
33 Unterkiefer (Mandibula)
34 Gaumenmandel (Tonsilla palatina)
35 Zäpfchen (Uvula)
36 weicher Gaumen (Palatum molle)
37 Zunge (Lingua)
38 Unterlippe (Labium inferius)
39 Zähne (Dentes)
40 Oberlippe (Labium superius)
41 harter Gaumen (Palatum durum)
42 Rachen (Pharynx)
43 Rachenmandel (Tonsilla pharyngea)
44 untere Nasenmuschel (Concha nasalis inferior)
45 mittlere Nasenmuschel (Concha nasalis media)
46 Keilbeinhöhle (Sinus sphenoidalis)
47 Nasenbein (Os nasale)
48 Siebbeinplatte (Lamina cribriformis)
49 Stirnhöhle (Sinus frontalis)

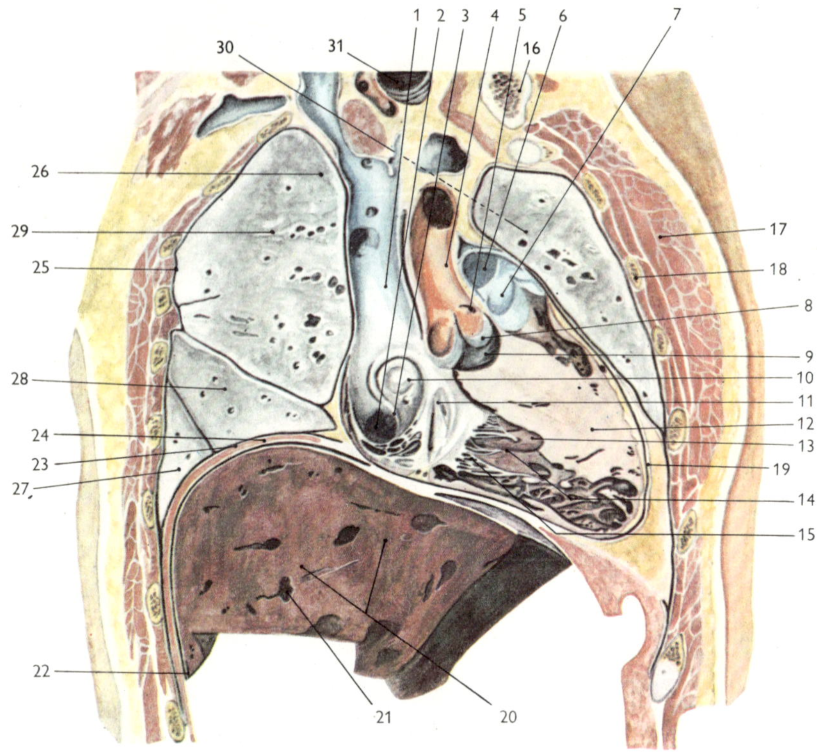

Schräger Frontalschnitt durch den Brustkorb

I. Herz (Cor)
1 ob. Sammelblutader (ob. Hohlvene; Vena cava cranialis) mit Schnitt durch den rechten Vorhof des Herzens
2 rechter Vorhof des Herzens (Atrium cordis dextrum)
3 Einmündungsstelle der unteren Sammelblutader (Vena cava caudalis)
4 Hauptschlagader (Aorta)
5 Abgang des linken Herzkranzgefäßes (Arteria coronaria sinistra)
6 rechte Lungenschlagader (Arteria pulmonalis)
7 Taschenklappen der Lungenschlagader (Valvulae pulmonales)
8 Taschenklappen der Hauptschlagader (auch Aortenklappen; Valvulae aortae)
9 linke Herzkammer (Ventriculus cordis sinister)
10 ovale Grube (Fossa ovalis)
11 dreizipflige Segelklappe der rechten Herzkammer (Valvula tricuspidalis)
12 Herzscheidewand (Septum ventriculorum)
13 Papillarmuskeln (Musculi papillares)
14 rechte Herzkammer (Ventriculus cordis dexter)
15 Sehnenfäden (Chordae tendineae)

II. Anschnitte und seröse Häute
16 Schnitt durch das Schlüsselbein (Clavicula)
17 Muskulatur der Brustwand (Thorax)
18 quer durchschnittene Rippen (Costae)
19 Herzbeutel (Pericardium)
20 Leber (Hepar)
21 angeschnittenes Lebergefäß
22 Bauchfell (Peritonaeum)
23 Zwerchfellanteil des Brustfells (Pleura diaphragmatica)
24 Zwerchfell (Diaphragma)
25 eigentliches Rippenfell (Rippenanteil des Brustfells; Pleura costovertebralis)
26 Lungenfell (Pleura pulmonalis), überzieht die Lungen unmittelbar

III. Lunge (Pulmo)
27 rechter Lungenunterlappen (Lobus pulmonis dextri inferior)
28 rechter Lungenmittellappen (Lobus pulmonis dextri medius)
29 rechter Lungenoberlappen (Lobus pulmonis dextri superior)
30 linker Lungenoberlappen (Lobus pulmonis sinistri superior)
31 Luftröhre (Trachea)

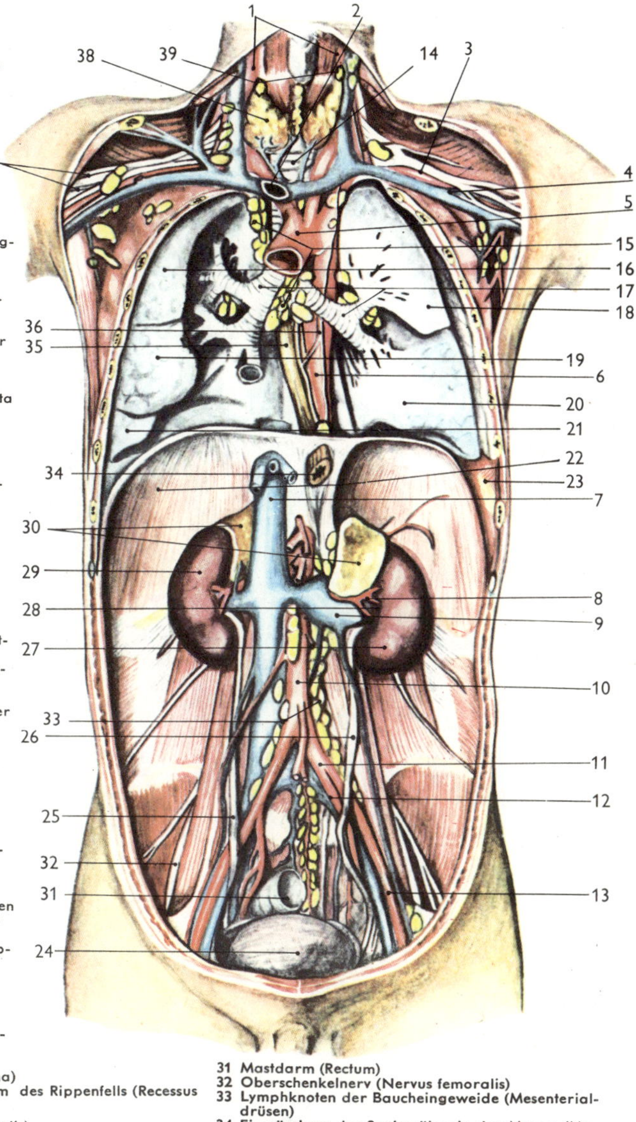

Tiefe Schicht der Brust- und Baucheingeweide

1 gemeinsame Kopfschlagader (Arteria carotis communis)
2 Anschnitt der oberen Sammelblutader (Hohlvene oder Vena cava superior)
3 Schlüsselbeinschlagader (Arteria subclavia)
4 Schlüsselbeinblutader (Vena subclavia)
5 aufsteigender Teil (Aorta ascendens) und Bogen (Arcus aortae) der Hauptschlagader
6 Brustkorbanteil (Aorta thoracica) des absteigenden Teils (Aorta descendens) der Hauptschlagader
7 untere Hohlvene (Vena cava inferior)
8 Nierenschlagader (Arteria renalis)
9 Nierenblutader (Vena renalis)
10 Bauchanteil (Aorta abdominalis) des absteigenden Teils der Hauptschlagader
11 gemeinsame Hüftschlagader (Arteria iliaca communis)
12 innere Beckenschlagader (Arteria iliaca interna)
13 äußere Beckenschlagader (Arteria iliaca externa)

14 Luftröhre (Trachea)
15 Lymphknoten des Lungenhilus, sog. Hilusdrüsen
16 rechter Lungenoberlappen (Lobus pulmonis dextri superior)
17 Hauptbronchien
18 linker Lungenoberlappen (Lobus pulmonis sinistri superior)
19 rechter Lungenmittellappen (Lobus pulmonis dextri medius)
20 linker Lungenunterlappen (Lobus pulmonis sinistri inferior)
21 rechter Lungenunterlappen (Lobus pulmonis dextri inferior)
22 Zwerchfell (Diaphragma)
23 sog. Komplementärraum des Rippenfells (Recessus pleurae)

24 Harnblase (Vesica urinalis)
25 rechter Harnleiter (Ureter dexter)
26 linker Harnleiter (Ureter sinister)
27 linke Niere (Ren sinister)
28 Nierenbecken (Pelvis renalis)
29 rechte Niere (Ren dexter)
30 Nebenniere (Corpus suprarenale)

31 Mastdarm (Rectum)
32 Oberschenkelnerv (Nervus femoralis)
33 Lymphknoten der Baucheingeweide (Mesenterialdrüsen)
34 Einmündung der Speiseröhre in den Magen (Magenmund; Kardia)
35 Speiseröhre (Ösophagus)
36 X. Hirnnerv (Nervus vagus, der „Umherschweifende")
37 Nervengeflecht des Armes (Plexus brachialis)
38 Schilddrüse (Glandula thyreoidea)
39 Nebenschilddrüse (Glandula parathyreoidea)

Obere Schicht der Brust- und Baucheingeweide

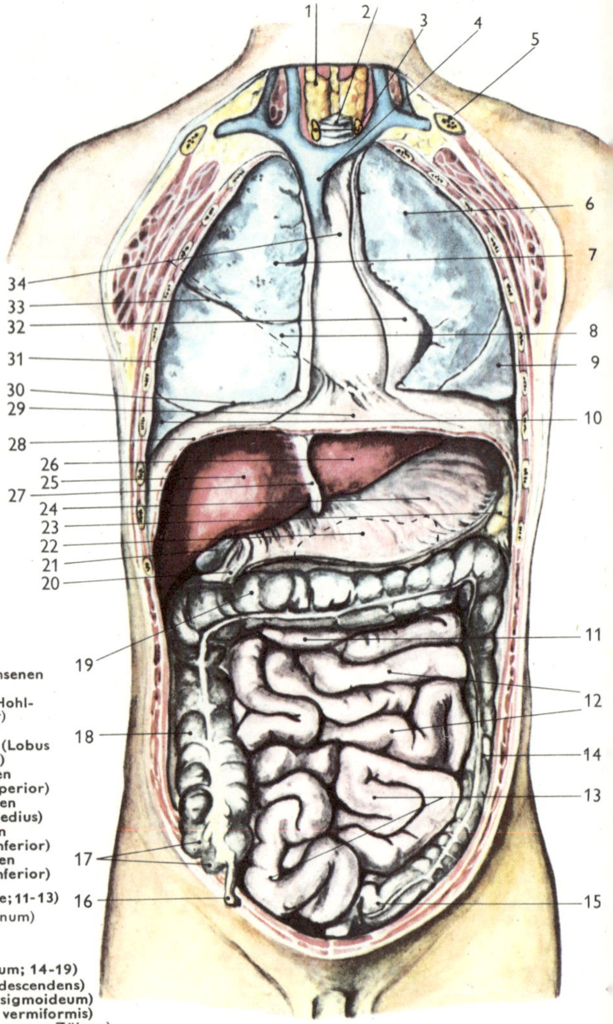

1 Schilddrüse (Glandula thyreoidea)
2 Luftröhre (Trachea)
3 Thymusdrüse (bei Erwachsenen fast verschwunden)
4 obere Sammelblutader (Hohlvene; Vena cava superior)
5 Schlüsselbein (Clavicula)
6 linker Lungenoberlappen (Lobus pulmonis sinistri superior)
7 rechter Lungenoberlappen (Lobus pulmonis dextri superior)
8 rechter Lungenmittellappen (Lobus pulmonis dextri medius)
9 linker Lungenunterlappen (Lobus pulmonis sinistri inferior)
10 rechter Lungenunterlappen (Lobus pulmonis dextri inferior)

Dünndarm (Intestinum tenue; 11-13)
11 Zwölffingerdarm (Duodenum)
12 Leerdarm (Jejunum)
13 Krummdarm (Ileum)

Dickdarm (Intestinum crassum; 14-19)
14 absteigender Ast (Colon descendens)
15 S-förmiger Anteil (Colon sigmoideum)
16 Wurmfortsatz (Appendix vermiformis)
17 Blinddarm (Intestinum caecum, Zäkum)
18 aufsteigender Ast (Colon ascendens)
19 querverlaufender Ast (Colon transversum)

20 Magenausgang oder Pförtner (Pylorus)
21 Gallenblase (Vesica fellea)
22 Projektion der Bauchspeicheldrüse (Pankreas, hinter dem Magen liegend)

23 Milz (Lien)
24 Magen (Ventriculus)
25 rechter Leberlappen (Lobus hepatis dexter)
26 linker Leberlappen (Lobus hepatis sinister)
27 Bauchfellduplikatur der Leber (Mesohepaticum)

28 Bauchfell (Peritonaeum)
29 Zwerchfell (Diaphragma)
30 Zwerchfellanteil des Brustfells (Pleura diaphragmatica)
31 eigentliches Rippenfell (Rippenanteil des Brustfelles; Pleura costovertebralis)
32 Herzbeutel (Pericardium), das Herz einhüllend
33 Lungenfell (Pleura pulmonalis), unmittelbar die Lungen überziehend
34 Raum des Mittelfells (Mediastinum)

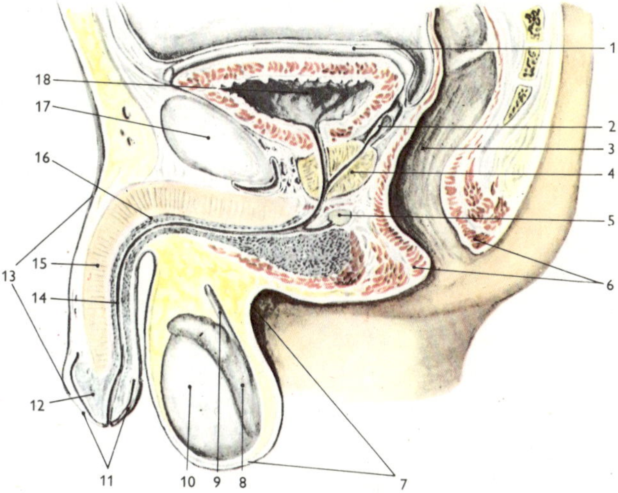

Querschnitt durch das männliche Becken

1 Samenleiter (Ductus deferens)
2 Samenbläschen (Glandula vesiculosa)
3 Mastdarm (Rectum)
4 Vorsteherdrüse (Prostata)
5 Cowper-Drüse (Glandula bulbourethralis)
6 After (Anus) mit Schließmuskulatur
7 Hodensack (Scrotum)
8 Nebenhoden (Epididymis)
9 Samenleiter (Ductus deferens)
10 Hoden (Testes)
11 Vorhaut (Präputium)
12 Eichel (Glans penis)
13 männliches Glied (Penis)
14 Harnröhre (Urethra masculina)
15 Rutenschwellkörper (Corpus cavernosum penis)
16 Schwellkörper (Corpus spongiosum penis)
17 Symphyse (Symphysis)
18 Harnblase (Vesica urinalis)

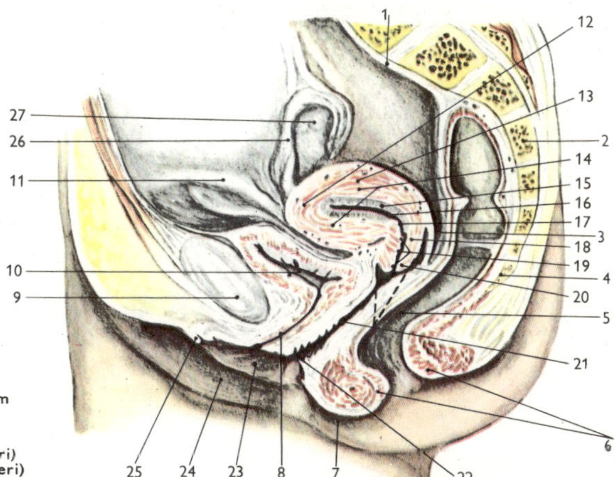

Querschnitt durch das weibliche Becken

1 Vorgebirge (Promunturium)
2 Kreuzbeinwirbel (Os sacrum), durchschnitten
3 Douglas-Raum
4 Steißbeinwirbel (Os coccygis; durchschnitten)
5 Mastdarm (Rectum)
6 After (Anus) mit Schließmuskulatur
7 Dammgegend (Perineum)
8 Harnröhre (Urethra feminina)
9 Symphyse (Symphysis)
10 Harnblase (Vesica urinalis)
11 rundes Mutterband (Ligamentum rotundum)

Gebärmutter (Uterus; 12-20)
12 Gebärmuttergrund (Fundus uteri)
13 Gebärmutterkörper (Corpus uteri)
14 Gebärmuttermuskulatur (Myometrium)
15 Gebärmutterschleimhaut (Endometrium)
16 Gebärmutterlichtung (Cavum corporis uteri)
17 Gebärmutterenge (Isthmus uteri)
18 Gebärmutterhals (Cervix uteri)
19 äußerer und innerer Muttermund (Orificium uteri)
20 Scheidenteil des Gebärmutterhalses (Portio vaginalis)
21 Scheide (Vagina) mit Scheidengewölbe
22 Gegend des Jungfernhäutchens (Hymen)
23 kleine Schamlippe (Labium minus pudendi)
24 große Schamlippe (Labium majus pudendi)
25 Kitzler (Clitoris) mit Schwellkörper
26 rechter Eileiter (Tuba uterina)
27 rechter Eierstock (Ovarium)

Mensch VIII

Schema des Blutkreislaufes

I. Schlagadern oder Arterien (A.) (führen vom Herzen weg)
1 *Lungenschlagader* (A. pulmonalis), kommt von der
2 rechten Herzkammer (Ventriculus cordis dexter)
3 *Große Körper- oder Hauptschlagader* (Aorta), kommt von der
4 linken Herzkammer (Ventriculus cordis sinister). Sie versorgt über die
5 gemeinsame Kopfschlagader (A. carotis communis) den Kopf. Ferner versorgen
6 die Schlüsselbeinschlagader (A. subclavia) die oberen Gliedmaßen, über kleinere Äste (hier nicht gezeichnet) den Brustkorb,
7 die Magenschlagader (A. gastrica) den Magen,
8 die Milzschlagader (A. lienalis) die Milz,
9 die Leberschlagader (A. hepatica communis) die Leber,
10 die Nierenschlagader (A. renalis) die Nieren,
11 die Gekröseschlagader (A. mesenterica) die Därme,
12 die gemeinsame Hüftschlagader (A. ilica communis) die Beckeneingeweide und
13 die Schenkelschlagader (A. femoralis) die unteren Gliedmaßen.

II. Haargefäße oder Kapillaren bilden die Verbindung der Schlagadern mit den Blutadern (14)

III. Blutadern oder Venen (V.) (führen zum Herzen hin)
15 *Untere Sammelblutader* (Hohlvene; V. cava caudalis). Sammelt das Blut der unteren Körperabschnitte und mündet in den
16 rechten Vorhof (Atrium dextrum) des Herzens.
17 *Pfortader* (*V. portae*). Sammelt das Blut der Eingeweide und führt es der Leber zu. Das Blut der Leber wird über die
18 Leberblutader (V. hepatica) in die untere Hohlvene abgeführt.
19 *Lungenblutader* (*V. pulmonalis*): mündet in den
20 linken Vorhof (Artrium sinistrum) des Herzens.
21 *Obere Sammelblutader* (Hohlvene; V. cava cranialis), mündet in den rechten Vorhof des Herzens (16)

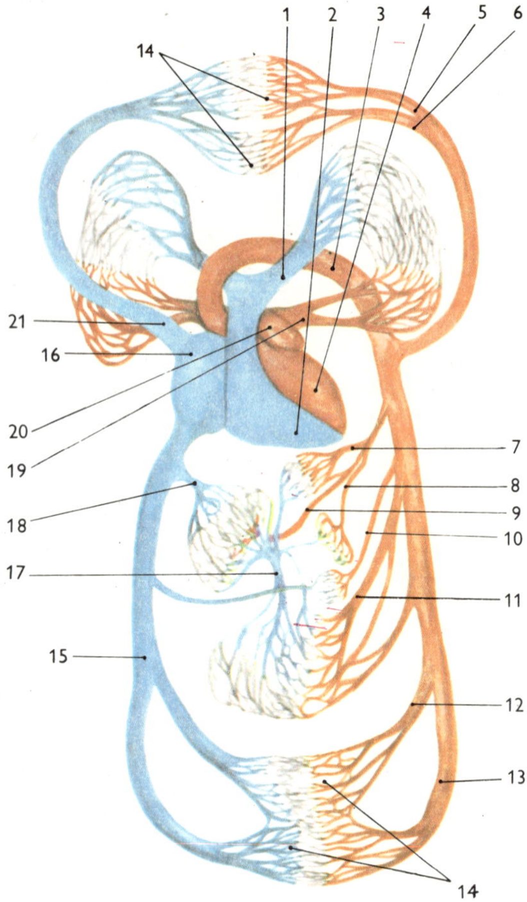

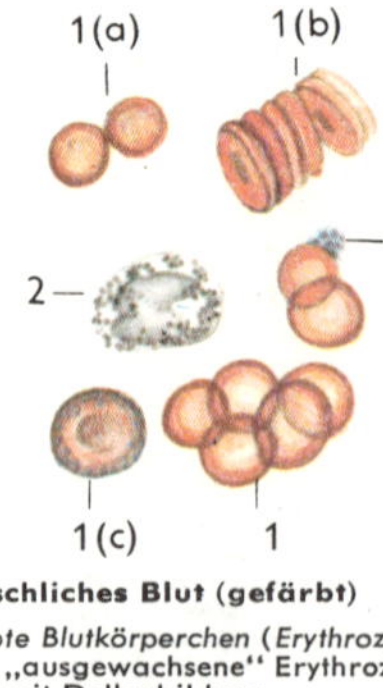

Menschliches Blut (gefärbt)

(1) *rote Blutkörperchen* (*Erythrozyten*)
a „ausgewachsene" Erythrozyten mit Dellenbildung
b „Geldrollenform" der Erythrozyten
c basophile Tüpfelung der Erythrozyten
(2) *weißes Blutkörperchen* (*Leukozyt*)
(3) *Blutplättchen* (*Thrombozyten*)

Verschied. Formen der weißen Blutkörperchen (Leukozyten)

A. *myeloische Reihe:* Granulozyten (so genannt nach den sich bei der Färbung bildenden Granula; 1–4); B. *lymphatisch-monozytäre Reihe* (5–7): 1 stabkerniger neutrophiler Granulozyt; 2 segmentkerniger neutrophiler Granulozyt; 3 eosinophiler Granulozyt; 4 basophiler Granulozyt; 5 kleiner Lymphozyt; 6 großer Lymphozyt; 7 Monozyt

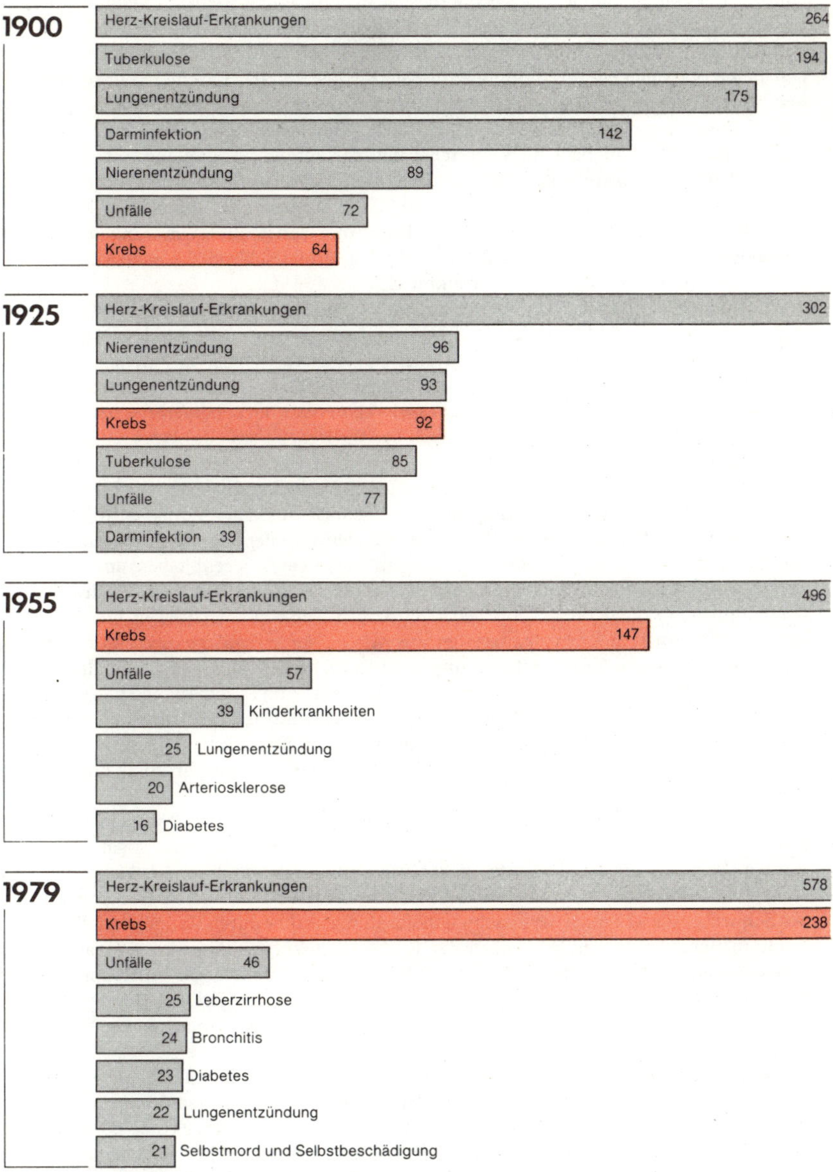

Abb. 5 Die Häufigkeit von Krebserkrankungen im Vergleich mit anderen Erkrankungen zwischen den Jahren 1900 und 1979 (auf je 100 000 Einwohner)

Die *Reiztheorie der Krebsentstehung* ging davon aus, daß an Stellen langjähriger, häufiger Reizung bestimmter Gewebe Krebs entstehen kann. Reize wie Entzündungen, Fisteln, Geschwüre, Chemikalien, Druck und Hitze veranlassen auch bei kurzer Einwirkung oft schon vermehrte Zellteilungen. Sie können bei chronischer Einwirkung schließlich die krebsartige Zellumwandlung anstoßen. Bei der Bilharziose, einer Wurmkrankheit, die in Ägypten vorkommt, führen die Wurmeier in der Harnblase zu einer chronischen Entzündung und in 5 % der Fälle zum Blasenkrebs. Die Absonderung der Vorhautdrüsen soll bei Unbeschnittenen eine chronische Reizung und Entzündung und schließlich Peniskrebs hervorrufen können. Das gleiche gilt anscheinend für den chronischen Entzündungsreiz von Steinkrankheiten: Nieren- und Blasensteine können einen Nieren- und Blasenkrebs auslösen; das Risiko von Gallensteinkranken, einen Gallenblasenkrebs zu bekommen, liegt bei 1:15. Das große, schlecht heilende Magengeschwür ist oft ein Vorläufer des Magenkrebses (s. S. 158 ff.).

Die *Theorie der chronischen Gewebsneubildung* besagt in der Zusammenfassung, daß Krebs dort entsteht, wo Gewebe fortlaufend zerstört oder chronisch gereizt und dadurch gezwungen wird, sich immer wieder zu erneuern. Krebs wäre demnach eine Fehlerneuerung, etwa bei chronischem Magengeschwür, beim Neuaufbau der tuberkulös geschädigten Haut eines Lupuskranken oder von Lebergewebe bei Leberschrumpfung (S. 196 ff.) und schließlich auch beim „Grenzkampf" des Deckzellgewebes am Muttermund (s. Abb. 7, S. 579).

Tatsächlich hat der Krebs viele Eigenschaften jugendlicher Gewebe: Als hätte man die biologische Uhr zurückgestellt, wächst er schnell auf einer wenig entwickelten Zellstufe. Hinzu kommt, daß Krebs oft im Bereich unreifer Gewebsinseln entsteht, die, bei der Frühentwicklung der Leibesfrucht versprengt, liegenbleiben und später krebsgefährlichen Wachstumsreizen ausgesetzt sind. Dazu gehören z. B. Geschwülste der männlichen Samen- oder weiblichen Eizellen in Hoden bzw. Eierstöcken, Geschwülste aus verkümmerten Kiemengangresten, aus zartem Nervenbindegewebe und schließlich Geschwülste, die ihrem entwicklungsgeschichtlichen Bezug gemäß vor allem in Gehirn, Netzhaut, Knochenmark und Lymphknoten von Kindern entstehen (vgl. Abb. 6, S. 555). Nach der Statistik sind bösartige Wachstumsprozesse (die sog. embryonalen Tumoren zusammen mit den Leukämien) die zweithäufigste Todesursache im Kindesalter. Es ist also insgesamt verständlich, daß man Krebs auch als späte bösartige Wucherung embryonalen Gewebes auffassen kann.

Krebs kann durch Bestrahlung nicht nur geheilt, sondern durch Röntgenstrahlen, radioaktive Strahlen, ultraviolette und Lichtstrahlen auch begünstigt oder sogar erzeugt werden. Beispiele für strahlenbedingte Krebserkrankungen sind die Leukämie nach Röntgen- und radioaktiver Bestrahlung, der Röntgenkrebs der ersten Röntgenärzte, der Schneeberger und auch der Joachimsthaler Lungenkrebs durch Radiumzerfallsprodukte in Bergwerken und schließlich der Krebs nach Verwendung des radioaktiven Röntgenkontrastmittels Thorotrast. Sonnenbestrahlung begünstigt die Entstehung von Krebsvorläufern der Haut (s. S. 572). Die krebserzeugende Wirkung der Strahlen beruht wahrscheinlich auf dem vermehrten Auftreten sauerstoffreicher chemischer Gruppen im Gewebe.

Die *Hormontheorie der Krebsentstehung* geht davon aus, daß manche Tumoren hormonabhängig sind. Dies gilt z. B. für den Krebs der männlichen Vorsteherdrüse (s. S. 540) und – weniger eindeutig – auch für den weiblichen Brustkrebs (s. S. 580).

Die Neigung, an Krebs zu erkranken, ist nicht nur je nach Alter verschieden; bestimmte Formen von Krebs können auch innerhalb von Rassen und Familien gehäuft auftreten. Eineiige Zwillinge z. B. erkranken auffallend häufig im gleichen Alter an Krebsen gleichen Typs und gleicher Lokalisation. Solche Beobachtungen sprechen für eine *gewisse Erblichkeit der Krebsneigung*. Indessen wurde nur bei rund 1% aller Krebse ein bestimmter Erbgang festgestellt, etwa beim Netzhautkrebs, so daß kein Anlaß besteht, allgemein von einer erblichen Krebsbedrohung zu sprechen.

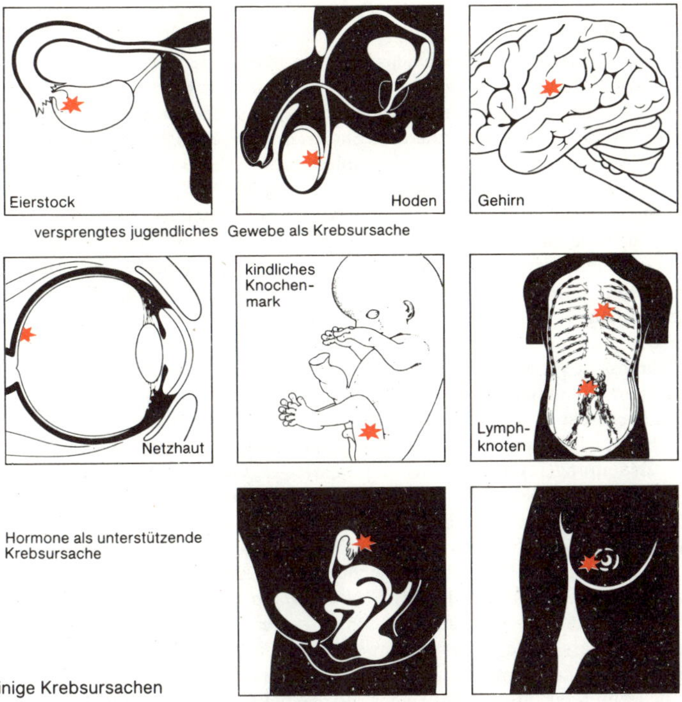

Abb. 6 Einige Krebsursachen

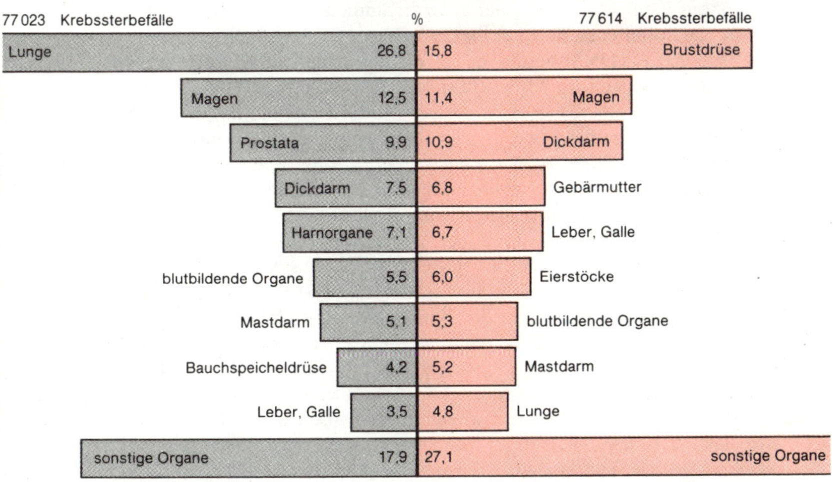

Abb. 7 Krebssterbefälle in der BR Deutschland 1979.
Die häufigsten Krebsarten bei Männern (links) und Frauen (rechts).
Aus „Daten des Gesundheitswesens" (1980)

Die *Infektionstheorie des Krebses* basiert auf der Tatsache, daß virusinfizierte Zellen bei Tieren krebsig entarten können. Beim Menschen ist die virusbedingte Entstehung bösartiger Geschwülste bis vor kurzem als recht fraglich angesehen worden. Sie konnte inzwischen jedoch für einige Tumoren sicher nachgewiesen werden (Nasen-Rachen-Karzinome und das sog. Burkitt-Lymphom durch das Epstein-Barr-Virus aus der Gruppe der Herpesviren); für andere Krebsarten, besonders für bestimmte Leukämien, ist sie sehr wahrscheinlich. Dabei spielen z.T. DNS-Viren eine Rolle, deren Erbmaterial (Genom) in das Genom der Wirtszelle eingebaut wird, z.T. auch RNS-Viren, die ihren Wirt dazu veranlassen, virustypisches Erbmaterial zu bilden.

Die *chemische Theorie der Krebsentstehung* geht davon aus, daß man im Tierversuch mit über 1 000 Chemikalien bösartige Geschwülste erzeugen kann. Für den Menschen ist lange bekannt, daß z.B. der Lippenkrebs durch schlecht gereinigte Tabakspfeifen begünstigt wird und daß Blasenkrebs häufig bei Anilinarbeitern vorkommt. Inzwischen weiß man, daß zwar nicht Anilin selbst, aber β-Naphthylamin, das im Harn ausgeschieden wird, krebserzeugend wirkt. Für die krebserzeugende Wirkung des Teers sind bestimmte aromatische Kohlenwasserstoffe, z.B. 3,4-Benzpyren und 3-Methylcholanthren, verantwortlich. U.a. erzeugen auch einfach gebaute aliphatische n-Nitrosoverbindungen, z.B. die Nitrosamine, im Tierversuch mit hoher Wahrscheinlichkeit Krebs. Über ihre Bedeutung für die Entstehung bösartiger Geschwülste beim Menschen besteht allerdings noch keine Klarheit. Neuerdings sind auch karzinogene Naturprodukte (Pflanzen- und Pilztoxine) gefunden worden.

Wie weiter oben ausgeführt, wurde der Wirkungsmechanismus der verschiedenen Krebsursachen in letzter Zeit zu einer gemeinsamen *Krebstheorie der veränderten Erbinformation* zusammengefaßt, die man auch *Informationstheorie der Krebsentstehung* genannt hat. Tatsächlich muß die Erbinformation der Krebszellen (oder einer ihrer „Kopien") zumindest eine neue Anweisung enthalten, nämlich die zur schrankenlosen Wucherung durch Zellvermehrung. Daher wurde angenommen, daß die Wirkung der verschiedenen Krebsursachen auf einer entsprechenden Verfälschung der Erbinformation (d.h. auf einer Mutation) oder einer irrtümlichen Ablesung der Erbnachricht beruhe. Ein eigentümliches Beispiel hierzu liefern manche Viren, die, selbst vorwiegend aus Erbmaterial (DNS) bestehend, in Zellkerne eindringen und Wirtszellen dadurch zu fortgesetzter Teilung (d.h. schrankenlosem Wachstum) anregen können.

Experimente weisen allerdings darauf hin, daß die Umwandlung normaler Zellen in Krebszellen gewissermaßen in zwei Stufen oder Etappen vor sich geht. Die verschiedenen Krebsursachen wären danach in zwei größere Gruppen einzuteilen: Spezifische Karzinogene (v.a. Stoffe wie die erwähnten krebsauslösenden Chemikalien und die ionisierenden Strahlen) sollen den betroffenen Zellen durch eine Art Initialzündung die verhängnisvolle Fähigkeit zur krebsigen Wucherung verleihen. Kleinste Einzelwirkungen solcher Art, angefangen von der Höhenstrahlung aus dem All bis zur Aufnahme chemischer Karzinogene, würden sich im Verlauf des menschlichen Lebens summieren können, was die erwähnte Zunahme des Krebsrisikos im Alter erklären könnte. Zur sichtbaren Krebsgeschwulst soll es dann erst nach einer Latenzperiode kommen, die durch eine andere Gruppe von Einzelwirkungen mit sog. *Promotoreffekt* abgekürzt werden kann („Realisation" der durch die erste Gruppe von Krebsursachen „initiierten" Geschwulst). Einen solchen mehr oder weniger unspezifischen Promotoreffekt könnten beim Menschen z.B. die chronischen Reize im Bereich langandauernder Geschwüre oder narbiger Veränderungen ausüben. Voraussetzung für die Entstehung einer bösartigen Geschwulst wäre in jedem solchen Fall aber die Tumorinitiierung durch ein spezifisches Karzinogen.

Jeder Krebs beginnt als kleiner, derber Knoten, der langsam wächst und später geschwürig zerfallen kann. Schmerzen sind erst dann vorhanden, wenn der wachsende Krebs auf Nervengewebe drückt. Vom 40. Lebensjahr ab ist vermehrt mit Geschwülsten des Deckzellgewebes, dem eigentlichen Krebs oder Karzinom zu rechnen, im ersten

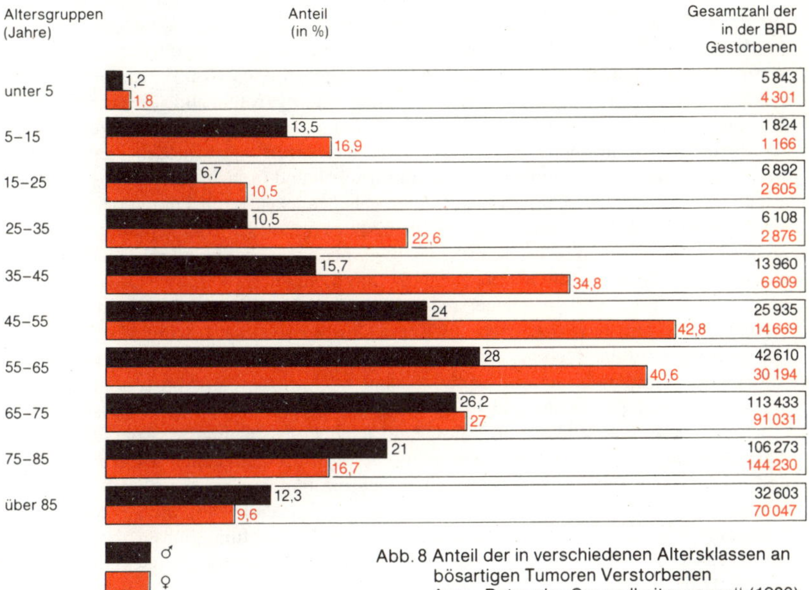

Abb. 8 Anteil der in verschiedenen Altersklassen an bösartigen Tumoren Verstorbenen
Aus: „Daten des Gesundheitswesens" (1980)

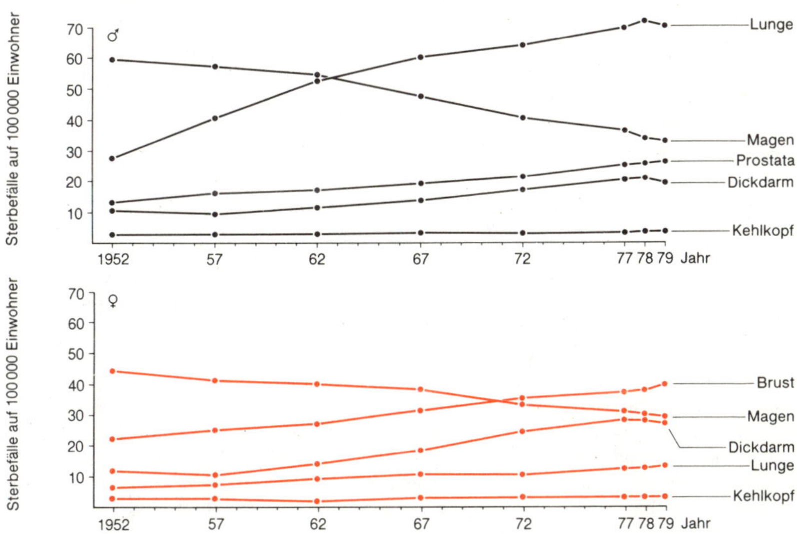

Abb. 9 Die Entwicklung der Sterbefälle für einzelne Krebsarten in der BR Deutschland seit 1952 (Sterbefälle pro 100 000 Einwohner)

Lebensjahrzehnt fast nur mit Geschwülsten des Stützgewebes (Sarkomen). Die *Krebsanzeichen* werden je nach dem Sitz verschieden sein und naturgemäß dort besonders auffallen, wo Krebs sich sichtbar an Haut oder Schleimhäuten abspielt (s. S. 572). Ärztlicher Rat ist unentbehrlich, wenn typische Verdachtszeichen auftreten, v. a. dann, wenn sie wiederkehren und einfachen Behandlungsmethoden trotzen (s. Abb. 10).

An der Haut sind erstens größer werdende oder gar juckende Pigmentflecken, die sogenannten Muttermale, verdächtig; zweitens langsam wachsende, geschwürig zerfallende und schlecht heilende Knoten; letztere sitzen meist an den sonnen- und witterungsausgesetzten Hautstellen von Handrücken und Gesicht (Lichtkrebs der Bauern und Seefahrer, s. S. 572 f.). An den Lippen gehen solchen Krebsknoten oft weißliche Verfärbungen und Verdickungen der Schleimhaut voraus. Schlecht gereinigte Tabakspfeifen und fortwährendes Abschmecken heißer Speisen sollen lippenkrebsbegünstigend wirken. *Zungenkrebs* kündigt sich ebenfalls durch weißliche Verfärbungen an, denen besonders an chronischen Scheuerstellen kleine, schmerzlose und schlecht heilende Geschwüre folgen. Ein Anzeichen des *Speiseröhrenkrebses* sind Schluckbeschwerden vor allem bei festen Speisen, außerdem Fremdkörpergefühl hinter dem Brustbein, später auch Schmerzen; er soll beim Konsum hochprozentiger Spirituosen häufiger auftreten. *Magenkrebs* kann die Folge eines chronischen Magengeschwürs sein. Er führt zu Druck- und Völlegefühl schon bald nach Essensbeginn, zu Appetitlosigkeit, Aufstoßen, Widerwillen gegen Fleisch und Brot sowie schließlich zu Abmagerung und Blutarmut. Rechtzeitige Röntgenuntersuchung und möglichst frühzeitige Erkennung sind beim Magenkrebs besonders wichtig (s. S. 568). – *Darmkrebs* kann zum Schleimabgang und vor allem zu Durchfall und Verstopfung führen, beides auch im Wechsel; Blutabgang ist oft nur durch Laboruntersuchungen nachzuweisen (s. S. 570). *Mastdarmkrebs* wird oft mit blutenden Hämorrhoiden verwechselt. Verdächtig ist der Abgang rötlicher, schleimhaltiger Flüssigkeit mit dem Stuhl oder auch mit den Winden, häufiger Stuhldrang ohne Entleerung und bleistiftdünner Kot (s. S. 570). – *Krebs der Gallenblase und Gallengänge* ist vom einfachen Steinleiden, das dem Krebs oft vorausgeht, anfangs nur schwer zu unterscheiden (s. S. 198 ff.). – *Nierentumoren* führen oft zu blutigem Urin, der in jedem Fall Anlaß zum Aufsuchen des Arztes sein sollte. *Blasenkrebs* kann mit einem sehr hartnäckigen Blasenkatarrh mit häufigem Wasserlassen verwechselt werden (s. S. 582). – Der *Krebs der Vorsteherdrüse* ist ein typisches Altersleiden mit dem Schwerpunkt jenseits des 50. Lebensjahres. Er führt zu gesteigertem Harndrang mit nur kleinen Entleerungen und kann mit der häufigen, gutartigen Prostatahypertrophie des Alternden verwechselt werden (s. S. 540 f.). *Penisgeschwüre* können u. a. auch durch ein Krebsleiden entstehen. – *Unterleibskrebse der Frau* sind meist Gebärmutterkrebse, die zu unregelmäßigen Blutungen, blutigem (fleischwasserfarbenem oder braunem) Ausfluß und Blutungen nach dem Geschlechtsverkehr führen. Besonders beachtet werden sollten Blutungen und Ausfluß jenseits der Wechseljahre (s. S. 258). Der *Brustkrebs* erzeugt eine Verhärtung oder einen Knoten in der Brustdrüse, führt zu Verziehungen der Brustwarze und manchmal auch zu nässenden Geschwüren (s. S. 580). – Verdacht auf *Schilddrüsenkrebs* liegt nahe, wenn sich Teile eines Kropfes verhärten (s. S. 386). – *Kehlkopfkrebs* führt ohne Erkältung zu langdauernder Heiserkeit und Husten, der oft mit Raucherkatarrh oder einer Überanstrengung der Stimme verwechselt wird. Eine einfache Spiegeluntersuchung kann hier schon Klarheit bringen. Später kommen Druckbeschwerden und Druckgefühl hinzu (s. S. 566). Der *Lungenkrebs* (eigentlich *Bronchialkrebs*) führt in rund 80 % der Fälle zu Husten, in rund 60 % zu blutigem oder blutig-bräunlichem Auswurf; seltener sind Atembeschwerden und Schmerzen (s. S. 562 ff.).

Wird ein Krebs im Frühstadium erkannt und sofort behandelt, sind die Heilungsaussichten viel größer als in späteren Stadien. Ein Schwerpunkt der *Krebsvorbeugung* liegt daher bei der regelmäßigen Früherkennungsuntersuchung. Ein zweiter Schwerpunkt wäre idealerweise die echte Krebsverhütung durch Ausschaltung der Krebsursachen

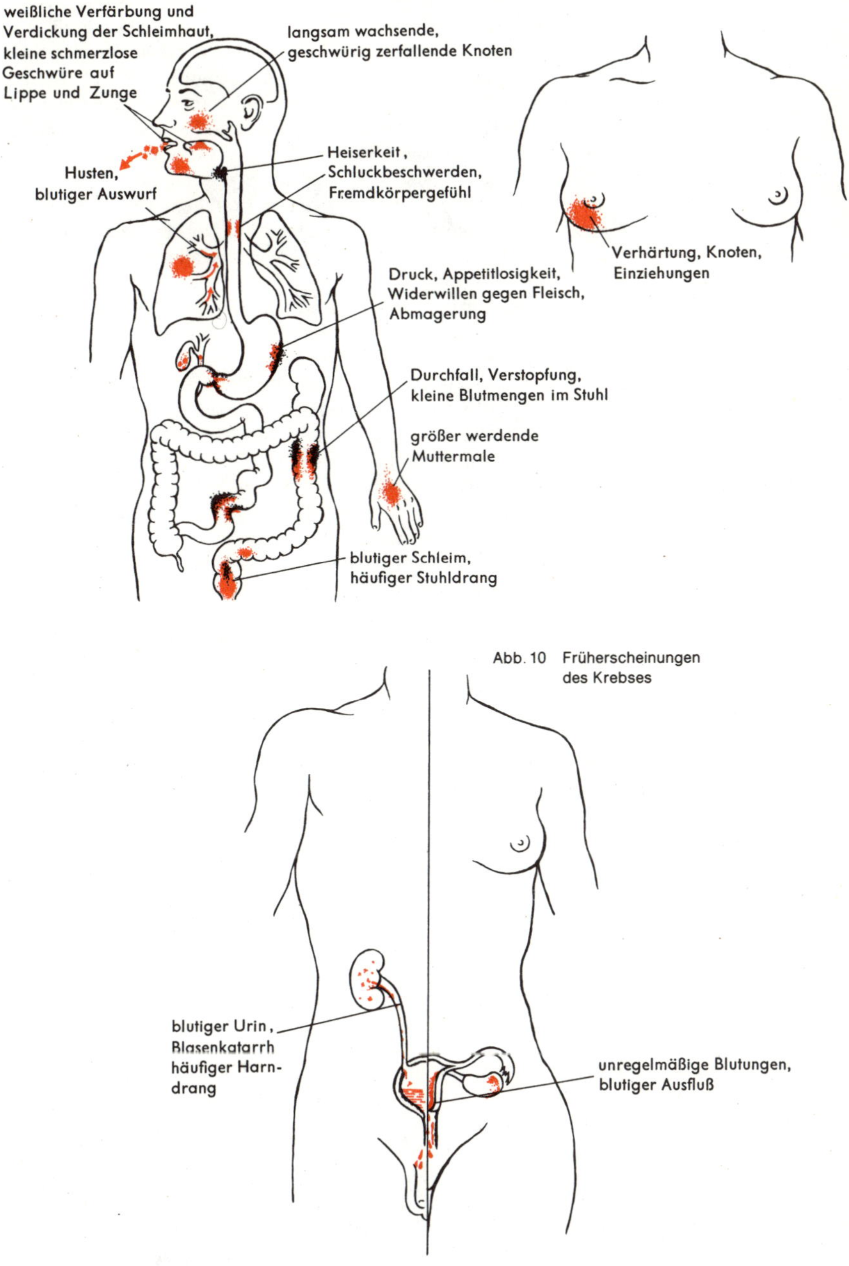

Abb. 10 Früherscheinungen des Krebses

und Verhinderung der krebsigen Entartung. Leider sind weder alle Krebsrisiken bekannt, noch ist die Krebsentstehung bis ins einzelne aufgeklärt. Daher muß sich die Krebsverhütung zunächst auf eine Vermeidung bekannter oder vermuteter Krebsrisiken beschränken. Dazu gehören chronische Gewebsreize, allzu hohe Strahlenbelastungen, manche Chemikalien, übertriebener Tabakkonsum und wahrscheinlich auch die zunehmende Luftverseuchung. Ihnen entgegen stehen die Strahlenschutzverordnung, gewerbehygienische Maßnahmen und die Überwachung der Lebensmittelkonservierung. So soll der beobachtete Rückgang von Magen-, Speiseröhren-, Mund- und Rachenkrebs u.a. auf die Lebensmittelüberwachung zurückzuführen sein. Chronische krebsgefährliche Reizwirkungen können u.U. auch durch die vorbeugende operative Entfernung alter Geschwüre (z.B. des Magens) oder steinbefallener Organe (z.B. der Gallenblase) ausgeschaltet werden.

Früherkennungsuntersuchungen haben sich inzwischen auf den Gebieten bewährt, wo zuverlässige und leicht durchführbare Verfahren zur Krebserkennung für einen umschriebenen Personenkreis in Frage kommen. Dazu gehört vor allem der Gebärmutterkrebs, der bei uns jährlich über 10000 Frauen befällt. Zwar ist auch hier wichtig, daß Früherscheinungen beachtet und dem Arzt gemeldet werden; dazu gehören regellose Blutungen, vermehrter, vor allem blutiger Ausfluß, Blutungen nach dem Verkehr sowie Blutungen, die nach den Wechseljahren auftreten. Diese machen sich jedoch oft erst nach einem krebsigen Vorstadium bemerkbar, aus welchem sich innerhalb von 5, 10 oder gar 15 Jahren der Krebs entwickelt. Um so wichtiger ist die Tatsache, daß man das Vorstadium vor allem bei Gebärmutterhalskrebs mit Hilfe geeigneter Suchmethoden gut erkennen kann. Daher ist dringend zu empfehlen, daß Frauen vom 20. Lebensjahr an die Möglichkeit zur *Früherkennungsuntersuchung* wahrnehmen. Bei dieser Untersuchung werden u.a. auch die meist in späteren Jahren auftretenden Krebsgeschwülste der Scheide und (mit geringerer Treffsicherheit) Geschwülste der Gebärmutterhöhle entdeckt. Ferner kann vorsorglich auch nach Anzeichen von Brustkrebs gefahndet werden. Nach Anleitung sollen Frauen im krebsgefährdeten Alter ihre Brust auch selbst untersuchen (Knotenbildung, Einziehungen der Haut u.a.; s. auch S. 580).

Auf Grund gesetzlicher Regelungen bestehen für Frauen und Männer altersangepaßte Ansprüche auf eine Reihe von Früherkennungsuntersuchungen (bei Frauen auf Genital-, Brust-, Haut- und Dickdarmkrebs, bei Männern auf Krebs des äußeren Genitale sowie auf Prostata-, Haut- und Dickdarmkrebs). Mancher Krebs könnte auch durch vorsorgliche Allgemeinuntersuchungen entdeckt werden, wie z.B. durch Blutkontrollen, durch Röntgenuntersuchungen des Brustkorbs, der Verdauungsorgane und Knochen sowie durch Magensaftuntersuchungen, doch wäre die Treffsicherheit der Krebserkennung und damit das Verhältnis zwischen Aufwand und Ergebnis bei solchen Untersuchungen wesentlich ungünstiger als etwa beim Gebärmutterhalskrebs der Frau. Daher gilt es, Schwerpunkte der Krebsvorsorge zu bilden, so daß gefährdete Altersgruppen erfaßt und mit treffsicheren Methoden auf gut erkennbare Spielarten von Krebs untersucht werden.

Heute können immerhin schon rund 30% aller Krebspatienten geheilt werden. Wichtigste Voraussetzung für eine erfolgreiche *Krebsbehandlung* ist die frühzeitige Krebserkennung, damit der Krebs das befallene Organ möglichst nicht überschreitet. Da Krebs zum Rückfall neigt, muß nach dem Grundsatz „so radikal wie nötig und so schonend wie möglich“ behandelt werden. Die schärfsten Waffen gegen den Krebs waren seit längerem die Krebsoperation und die Krebsbestrahlung, also die „Behandlung mit Stahl und Strahl“. In neuester Zeit ist die Chemotherapie mancher Krebsformen im Begriff, an die Seite von Operation und/oder Bestrahlung zu treten, ja sogar diese zu ersetzen. Oft ist erst die Kombination mehrerer Verfahren optimal.

Die *Operation* hat eine vollständige Ausrottung des Krebses durch Ausschneidung im gesunden Gewebe zum Ziel. So wird u.U. schon im Frühstadium das ganze befallene Organ möglichst zusammen mit den umliegenden Lymphknoten entfernt. Die moderne Chirurgie und Narkosetechnik erlauben große Krebsoperationen auch noch im fortgeschrittenen Lebensalter. Typische Krebsoperationen sind: die Entfernung der Gebärmutter oder die Radikaloperation bei Gebärmutterkrebs; die Magenresektion bei Magenkrebs, im Frühstadium mit Heilungsziffern bis zu 40–50 %, im Durchschnitt aber nur von 5–8 %; die Brustkrebsoperation mit Heilungsziffern von 80 % bei Früherkennung und von 50 % bei Späterkennung; die Entfernung eines Lungenflügels beim sogenannten Lungenkrebs, die anfangs in 60 %, im Durchschnitt aber nur in 5–10 % der Fälle erfolgreich ist; die Entfernung des Mastdarms bei Mastdarmkrebs mit der Anlegung eines neuen Darmausgangs (Heilungsziffer bis zu 70 %). Gelegentlich kommt zur Entfernung von Tochtergeschwülsten oder Rückfallkrebsen auch eine zweite Operation in Frage, doch sind dies vor allem Anwendungsgebiete der Bestrahlung und Chemotherapie.

Die *Strahlenbehandlung* des Krebses macht sich zunutze, daß schnellwachsendes, jugendliches Gewebe strahlenempfindlicher ist als ausgereiftes. Dieser Unterschied ist aber nur graduell. Daher müssen zur Krebsbehandlung oft recht hohe Strahlendosen eingesetzt werden, die in gewissem Ausmaß auch das gesunde Gewebe schädigen. Durch besondere Einrichtungen ist es möglich, die Strahlen mehr oder weniger gezielt auch auf tieferliegende Krebsherde auszurichten. Dies geschieht durch sog. „Kreuzfeuer" aus verschiedenen Einfallsrichtungen *(Mehrfelderbestrahlung)* bzw. durch *Bewegungsbestrahlung* und die Verwendung von hochgespannten Röntgenröhren und Teilchenbeschleunigern, die tief eindringende, harte Strahlen liefern. Ähnlich wirkt die harte Gammastrahlung von Cäsium 137 und Kobalt 60 *(Telegammatherapie)*. – Radioaktive Elemente können aber auch als innere Strahlenquellen eingesetzt werden. Sie werden als kleine Stifte z. B. in Körperhöhlen zur gezielten Nahbestrahlung von Krebsherden gebracht (*Kontakttherapie;* vgl. Gebärmutterkrebs, S. 574). Noch gezielter ist die Wirkung auf den Krebsherd dann, wenn das radioaktive Material sich nach Einspritzung im Geschwulstbereich anreichert. So wird radioaktives Jod z. B. in der Schilddrüse und deren Tochtergeschwülsten angereichert.

Die dritte Art der Krebsbehandlung, die *Chemotherapie*, steht vor einem ähnlichen Problem wie die Krebsbestrahlung. Krebszellen sind keine Bakterien mit arzneimittelempfindlichen Stoffwechselbesonderheiten, sondern entartete Körperzellen, die sich in Zusammensetzung und Biochemismus nur wenig von normalen Körperzellen unterscheiden. Der empfindlichste Angriffspunkt bei Krebszellen scheint ihre Neigung zu rascher Zellteilung zu sein. Hier können nicht nur Strahlen, sondern auch zellteilungshemmende Gifte ansetzen und krebsschädigend wirken. Der Nachteil einer solchen zellteilungshemmenden Krebsbehandlung mit sog. *Zytostatika* besteht allerdings darin, daß durch sie auch gesunde, in rascher Vermehrung begriffene Gewebe, wie das blutbildende Knochenmark, die Darmschleimhaut und die Keimdrüsen, angegriffen werden. Dennoch hofft man mit fortschreitender Aufklärung der krebsigen Entartung von Geweben gezielt Stoffe zu finden, die besser zwischen gutartigem und bösartigem Wachstum „unterscheiden" können. Bei bestimmten Krebsformen werden heute schon beachtliche chemotherapeutische Behandlungserfolge erzielt, so z. B. bei manchen Formen der Leukämie (s. S. 94), bei Lymphogranulomatose (s. S. 583), bei Eierstocks- und Hodenkrebs sowie beim Burkitt-Lymphom. Als wichtig erwies sich dabei die Anwendung von Kombinationen mehrerer Chemotherapeutika, die Krebszellen in jeweils unterschiedlichen Teilungsstadien angreifen. – Hochdosierte Chemo- und Strahlentherapie kann allerdings mit einer tödlichen Schädigung des Knochenmarks einhergehen. Daher ist man bei Leukämie und auch schon bei einigen anderen Tumoren dazu übergegangen, zunächst eine intensive kombinierte Behandlung zur Vernichtung möglichst aller Krebszellen durchzuführen und danach Knochenmark zu verpflanzen, und zwar in geeigneten Fällen das eigene, vor der Behandlung entnommene und durch Einfrieren konservierte blutbildende Gewebe.

LUNGENKREBS

Der Lungenkrebs nimmt in allen Ländern ständig an Häufigkeit zu. Im Vergleich zur Anzahl der Erkrankungen im Jahr 1900 kommt er heute rund 40mal häufiger vor. Vorwiegend sind Männer über 50 Jahre (mit einem Häufigkeitsgipfel um das 60. Lebensjahr) befallen. Während früher die Krebsgeschwülste von Blase, Dickdarm, Leber, Magen und Vorsteherdrüse überwogen, ist der Lungenkrebs heute der häufigste „Männerkrebs". Frauen erkranken 7- bis 10mal seltener an Lungenkrebs als Männer. Bemerkenswert sind recht große geographische Unterschiede in der Krebsanfälligkeit. An der Spitze einer Statistik stand West-Berlin, wo 1965 auf 100000 Einwohner 111 Männer an Lungenkrebs starben. Dies hängt u. a. wahrscheinlich mit der Altersumschichtung der Berliner Bevölkerung zusammen. Es folgten England mit 89, Österreich mit 75 Todesfällen auf 100000 Einwohner, die ČSSR, Belgien und Holland mit 65–61, die Bundesrepublik mit 51 und die USA mit 39 Todesfällen; Portugal, Polen und Spanien meldeten jährlich nur 10 Todesfälle an Lungenkrebs auf 100000 Einwohner (Abb. 1). Solche geographischen Diskrepanzen sind vor allem mit dem unterschiedlichen Zigarettenkonsum, auch mit der verschiedenen Art der Tabakzubereitung in Zusammenhang gebracht worden. Tatsächlich zweifeln die meisten Fachleute kaum mehr am Zusammenhang zwischen Lungenkrebs und Zigarettenkonsum. Auffallend ist z. B. die parallele Zunahme von Lungenkrebs und Zigarettenkonsum im Laufe der Jahre (Abb. 2). Daß Frauen seltener erkranken, soll daran liegen, daß sie vor 15–20 Jahren noch wesentlich weniger rauchten als Männer und der gesetzte Schaden sich noch nicht voll ausgewirkt hat; tatsächlich wird neuerdings aus den USA berichtet, daß in zunehmendem Maße auch Frauen an Lungenkrebs erkranken. Frauen sollen außerdem auch weniger tief inhalieren, pro Tag weniger Zigaretten konsumieren und erst in späteren Jahren mit dem Rauchen beginnen als Männer. Diskutiert wird schließlich eine geringere Krebsbereitschaft der Frau. Daß Inhalieren eine Rolle spielt, wird mit der wesentlich geringeren Gefährdung der Zigarren- und Pfeifenraucher belegt. Krebserzeugende Stoffe wurden aus den Verbrennungsprodukten von Tabak und Zigarettenpapier isoliert. Zigarettenfilter sollen nach neueren statistischen Angaben einen gewissen Schutz ausüben, ebenso der nicht allzu weit abgerauchte Zigarettenstummel. Weniger als 20 Zigaretten täglich erhöhen laut Statistik die Krebsgefahr um das 4fache, über 40 Zigaretten nach Angaben des sogenannten Terry-Berichts im Vergleich zu Nichtrauchern um das 43fache. Pauschal wird für Raucher eine rund 30mal größere Lungenkrebsgefahr angegeben. Manche Autoren sind der Meinung, daß die zunehmende Luftverseuchung nur rund 10 % der Lungenkrebsfälle verursacht. Die geringere Krebshäufigkeit mancher Bevölkerungsgruppen, z. B. von Landbewohnern, wird durch geringeren Tabakkonsum erklärt. Nach anderen Autoren sollen neben dem Rauchen auch noch andere Begleiterscheinungen des modernen Lebens krebsbegünstigend wirken können, z. B. Ruß, Gas (speziell Auspuffgase), Nahrungsbestandteile, ja sogar der hohe Fleischkonsum hochentwickelter Länder. Seit langem ist schließlich bekannt, daß radioaktive Strahlung krebsauslösend wirkt (sogenannter Schneeberger Lungenkrebs durch Arbeit an uranhaltigem Gestein). Außerdem sollen Asbest- und Chromatstaub und schließlich auch der chronische Bronchialkatarrh durch fortlaufende Reizung der Bronchialschleimhaut eine Rolle spielen (Abb. 3).

Während Lungenkrebs früher so gut wie immer eine unheilbare Erkrankung war, können heute immerhin etwa 7–10 % der Betroffenen gerettet werden. Bei frühzeitiger Erkennung, etwa durch zufällige Röntgenuntersuchung, werden sogar Heilungsziffern bis zu 60 % erreicht. Demnach ist die Frühdiagnose bei Lungenkrebs besonders wichtig. Leider wird die Früherkennung durch den Sitz und die eigentümliche Entwicklung dieser bösartigen Geschwulst erschwert. Lungenkrebs ist in 95 % der Fälle ein *Bronchialkrebs*, der häufig im Bereich des Übergangs kleinster Luftröhrchen in die größere Lappenröhre entsteht. Von dort wuchert er bösartig schrankenlos in die Umgebung ein, vernichtet Lungenbläschen, verlegt Luftröhrenäste und dringt in Lymphbahnen und Blutgefäße ein (Abb. 4a und b). Tochtergeschwülste, die dann

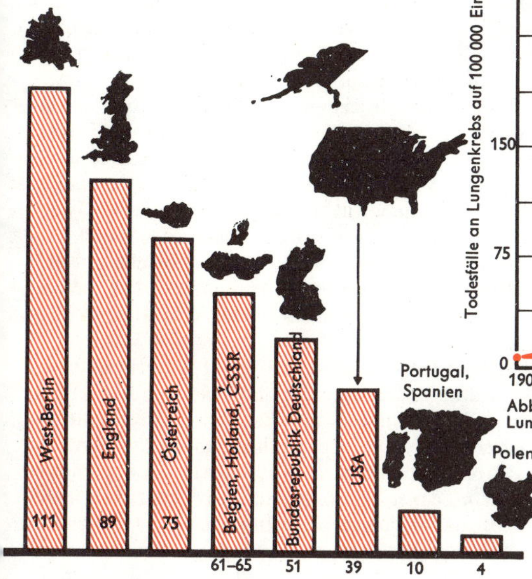

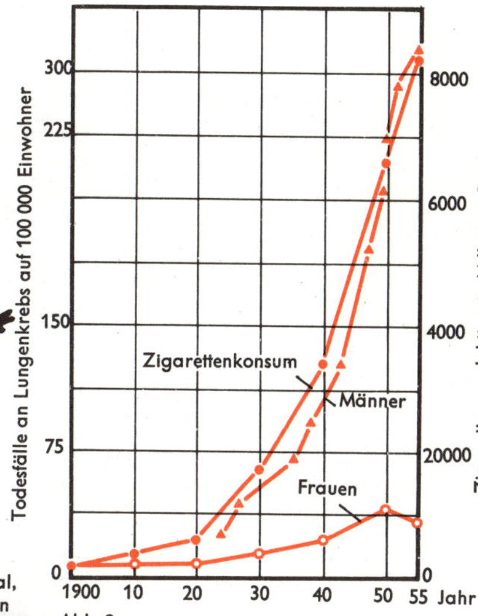

Abb. 2
Lungenkrebs und Zigarettenproduktion (nach Schweizer Angaben)

Abb. 1 Häufigkeit der Todesfälle an Lungenkrebs auf 100000 Einwohner (1965)

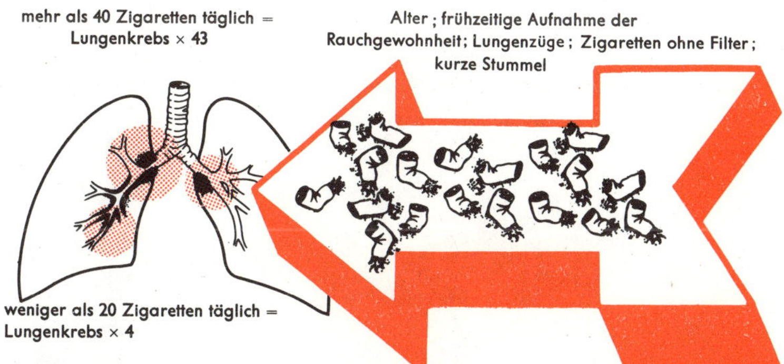

Verstärkung des Risikos durch: Ruß, Auspuffgase, Nahrungsbestandteile?, Fleisch??, Asbest- und Chromatstaub, uranhaltiges Gestein, chronischen Bronchialkatarrh

Abb. 3 Die Risiken des Lungenkrebses

aus eigenem Antrieb weiterwachsen, entstehen in benachbarten Lymphknoten (nahezu 80 % aller Fälle) und, mit dem Blutstrom verschleppt, in Leber, Gehirn, Nieren, Nebennieren, Knochen und vor allem in der Wirbelsäule (insgesamt über 60 % aller Fälle, Abb. 5). Das Lungengewebe hinter verlegten Luftröhren wird von der „Belüftung" abgeschlossen; es kann sich damit chronisch entzünden und vereitern. Schließlich tritt der Tod durch innere Verblutung, Erstickung, allgemeine Auszehrung oder Auswirkungen von Tochtergeschwülsten ein. Dieser Entwicklung des Krankheitsgeschehens entsprechen die Krankheitszeichen. Husten, meist das erste Anzeichen von Lungenkrebs, entsteht durch den Fremdkörperreiz im Bronchialbaum. Verdächtig sollte unmotivierter, trockener Husten sein, nach Erkältung und Grippe fortdauernder sowie verstärkter, quälender Husten bei Raucherkatarrh. Ein weiteres Anzeichen von Lungenkrebs ist schleimiger, eitriger oder blutiger Auswurf, der die Betroffenen dann meist zum Arzt führt. Schmerzen sind erst vorhanden, wenn ein Lungenkrebs das Brustfell erreicht oder auf Nervenbahnen drückt. Verhältnismäßig frühzeitige Erscheinungen sind dagegen Beklemmung, Unbehagen, ein unbestimmtes „Fremdkörpergefühl" oder Druck im Brustraum. Aufgepfropfte Lungeninfekte erzeugen leichtes Fieber und werden, bei gleichzeitigem Husten, oft für Tuberkulose gehalten. Atemnot entsteht erst beim Ausfall größerer Lungenbezirke. Im fortgeschrittenen Stadium der Erkrankung kommen zu Fieber, quälendem Husten und Auswurf schließlich Mattigkeit, Gewichtsabnahme und allgemeiner Verfall hinzu.

Zur Früherkennung können gegebenenfalls verschiedene Kontrolluntersuchungen eingesetzt werden. Vor allem die Röntgenaufnahme deckt oft schon recht kleine, runde Krebsherde auf, die, operativ entfernt, gute Heilungschancen versprechen. Röntgenologische Schichtaufnahmen einzelner Brustkorbebenen liefern noch schärfere Abbildungen. Bei Verdacht kann der Bronchialbaum dann durch Röntgenkontrastmittel dargestellt oder mit dem *Bronchoskop*, einem periskopähnlichen Gerät, betrachtet werden. Das Bronchoskop ermöglicht auch die schmerzfreie Entnahme von Gewebsproben zur feingeweblichen Untersuchung auf krebsartige Wucherungen.

Steht die Diagnose fest, so kommen auch beim Lungenkrebs Operation, Bestrahlung und eventuell Chemotherapie in Betracht. Die Operation, auch heute meist noch die Behandlung der Wahl, besteht in der Entfernung des betroffenen Lungenflügels oder Lungenlappens, seltener eines keilförmigen Lappenanteils. Postoperative Bestrahlung verbessert die erzielten Ergebnisse. Daneben gibt es auch besondere Anzeigen für die Bestrahlungsbehandlung als solche. Die Chemotherapie diente früher vor allem der Bekämpfung von Tochtergeschwülsten. Heute ist die kombinierte zytostatische Chemotherapie durch die beachtlichen damit erzielten Erfolge die Methode der Wahl beim rasch wachsenden kleinzelligen Bronchialkrebs, zu dem rund 25 % aller Fälle zählen.

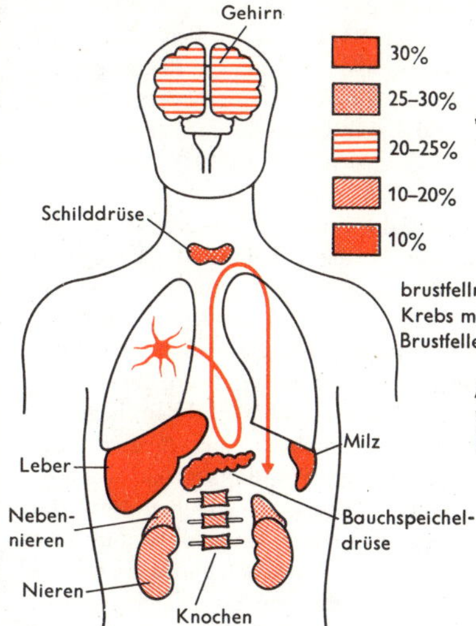

Abb. 5
Tochtergeschwülste bei Lungenkrebs

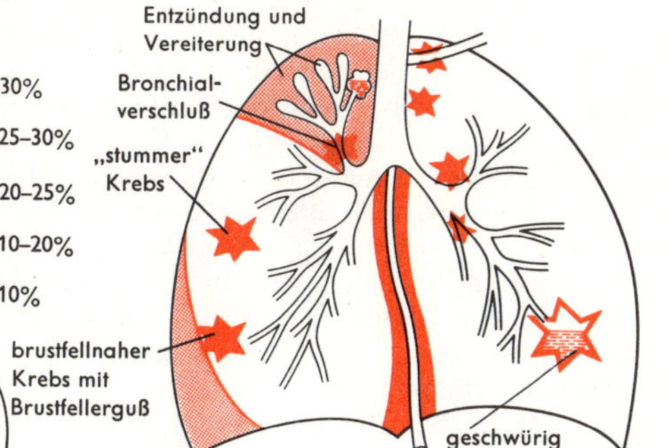

Abb. 4 a)
Verschiedene Formen und
Folgen von Lungenkrebs

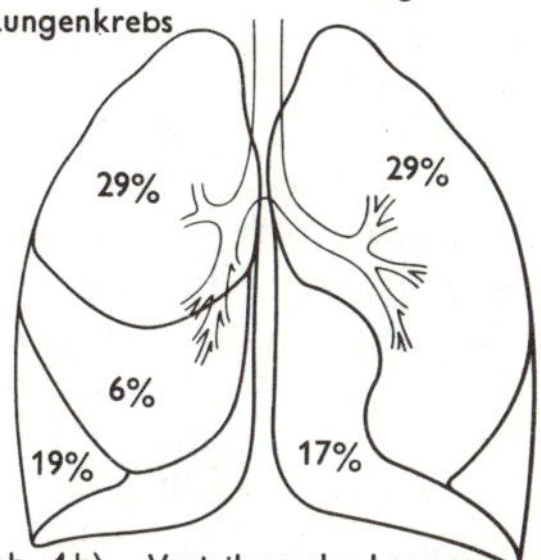

Abb. 4 b) Verteilung des Lungenkrebses auf die einzelnen Lungenlappen

Abb. 6
Erscheinungen des Lungenkrebses
nach Frühzeitigkeit und
Häufigkeit ihres Auftretens

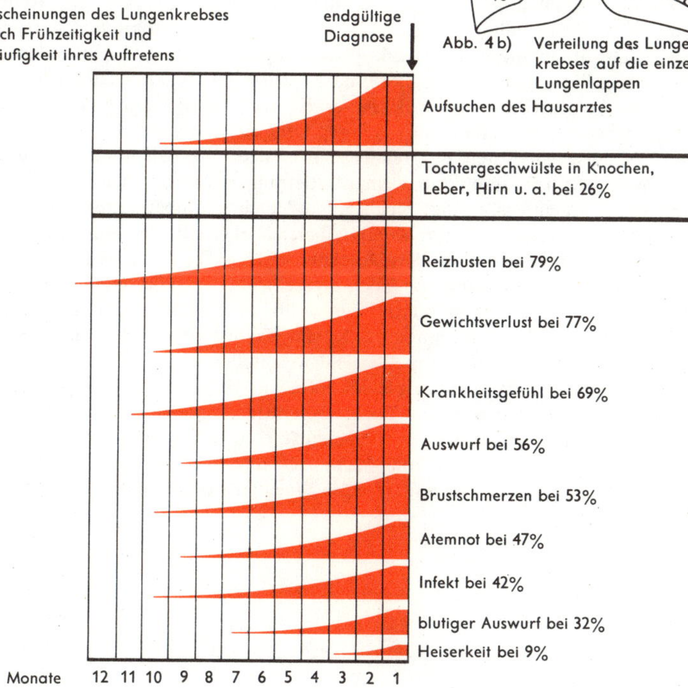

KEHLKOPFKREBS

Neben der akuten und chronischen Entzündung des Kehlkopfs, die meist eine Begleiterscheinung entzündlicher Erkrankungen von Nase, Nasennebenhöhlen oder Rachen darstellt, steht der *Kehlkopfkrebs (Larynxkarzinom)* vor anderen Erkrankungen des Kehlkopfs an Bedeutung weit im Vordergrund (die Hälfte aller bösartigen Geschwülste des Hals-, Nasen- und Ohrenbereichs sind Kehlkopfkarzinome!). Die Erkrankung tritt vorwiegend bei älteren Männern auf; sie wird (etwa seit 1930) zunehmend häufiger, was nicht nur auf die verbesserte Diagnostik und die längere Lebenserwartung zurückzuführen ist, sondern auch und vor allem auf die Zunahme äußerer Gifteinwirkungen, wobei das Zigarettenrauchen an erster Stelle der Risikoskala steht. – Vorerkrankungen des Larynxkarzinoms können gutartige Geschwülste und chronische Entzündungen des Kehlkopfs sein.

Da aus lagemäßigen Gründen eine direkte Betrachtung des Kehlkopfs nicht möglich ist, bedient man sich zu seiner Untersuchung besonderer Spiegelverfahren, der direkten und der indirekten Laryngoskopie. Bei der *direkten Laryngoskopie* wird dem liegenden Patienten unter örtlicher Betäubung ein *Laryngoskop*, ein mit einer Beleuchtungs- und Vergrößerungseinrichtung versehenes Rohr, durch den Mund bis in den Kehlkopf vorgeschoben (Abb. 3). Die *indirekte Laryngoskopie* stellt einen kleinen Eingriff dar: Ein Rundspiegel wird in den Mund des sitzenden Patienten eingeführt und so in eine bestimmte Winkelstellung gebracht, daß ein von außen kommender Lichtstrahl zum Kehlkopfinnern abgelenkt wird, dieses beleuchtet und dem Untersuchenden die Spiegelbetrachtung ermöglicht (sog. *Kehlkopfspiegelung*, Abb. 2). – Die Laryngoskopie erlaubt bei einem Verdacht auf Kehlkopfkrebs eine vorläufige Diagnose, die dann durch eine Gewebsentnahme mit anschließender feingeweblicher Untersuchung endgültig gesichert wird. Hinzu kommen Röntgenschichtaufnahmen und die Laryngographie.

Die Symptome und Behandlungsmöglichkeiten des Larynxkarzinoms sind je nach dem Sitz der Geschwulst innerhalb des Kehlkopfs sehr unterschiedlich: Das *Stimmbandkarzinom* hat eine relativ günstige Prognose, da es schon im frühen Stadium durch anhaltende Heiserkeit auffällt; zudem ist dieser Kehlkopfbereich nur spärlich mit Lymphbahnen ausgestattet, so daß eine Streuung vom Krankheitsherd aus, d.h. die Bildung von Tochtergeschwülsten, erst relativ spät auftritt. Die Behandlung besteht, wenn die Geschwulst früh erkannt wird, in einer Entfernung des betroffenen Stimmbandes, sonst in einer Teilentfernung des Kehlkopfs oder einer Kobaltfernbestrahlung.

Beim *supraglottischen Karzinom* (im Kehlkopfbereich oberhalb der Stimmbänder) treten die Symptome (uncharakteristisches Druckgefühl, Heiserkeit und rauhe Stimme) erst relativ spät auf, die Absiedlung von Tochtergeschwülsten in die seitlichen Halslymphknoten erfolgt jedoch schon relativ früh (Abb. 1). Die Behandlung besteht in einer Halbseiten- oder Totalentfernung des Kehlkopfs, in fortgeschrittenen Stadien mit zusätzlicher halbseitiger Entfernung aller Halsweichteile.

Das *Hypopharynxkarzinom* (im unteren Kehlkopfbereich) hat eine schlechte Prognose. In 70 % der Fälle bestehen schon Tochtergeschwülste, wenn sich der Tumor durch uncharakteristische Erscheinungen wie Schluckbeschwerden und Fremdkörpergefühl bemerkbar macht. Zur Behandlung kommen dann meist nur noch die totale Entfernung des Kehlkopfs samt der umliegenden Weichteile oder eine Kobaltfernbestrahlung in Betracht.

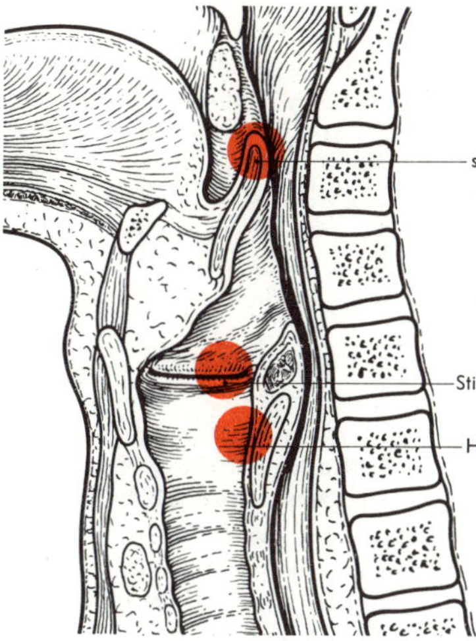

Abb. 1
Sitz der verschiedenen Kehlkopfkarzinome

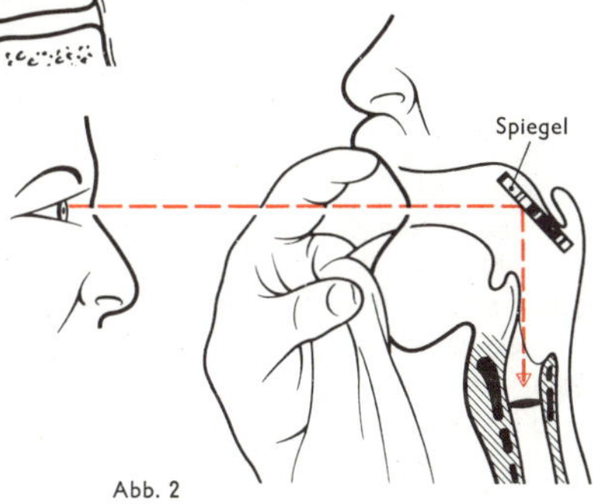

Abb. 2
Indirekte Laryngoskopie

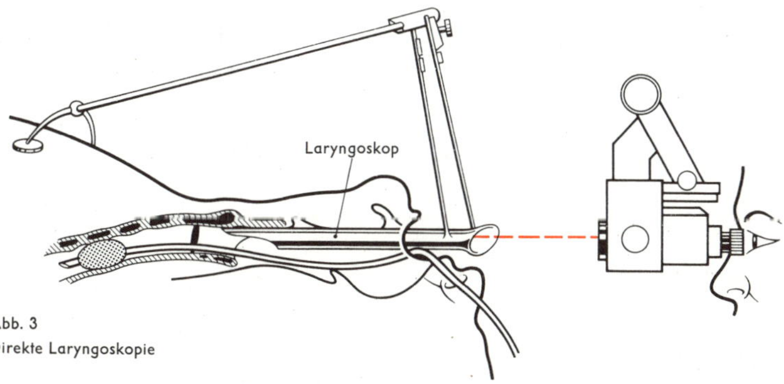

Abb. 3
Direkte Laryngoskopie

MAGENKREBS

Der Magenkrebs kommt vor allem zwischen dem 40. und 60. Lebensjahr vor und ist bei Männern mehr als doppelt so häufig wie bei Frauen. Früher stand der Magenkrebs der Männer als Todesursache unter den verschiedenen Krebserkrankungen an erster Stelle; heute steht er in dieser Hinsicht hinter dem Lungenkrebs zurück. Bei Frauen ist der Unterleibs- und Brustkrebs weitaus häufiger. Wie bei allen bösartigen Geschwülsten ist auch die Ursache des Magenkrebses noch unklar. Indessen sind einige krebsunterstützende Faktoren bekannt. So tritt Magenkrebs bei schrumpfender Schleimhautentzündung des Magens gehäuft auf; besonders und bis zu 15 % gefährdet sind Patienten mit perniziöser Anämie (s. S. 92); ebenso können chronische Magengeschwüre einem Magenkrebs vorausgehen. 10 % der Magengeschwüre sollen später entarten und umgekehrt etwa 17 % aller Magenkrebse auf der Basis chronischer Magengeschwüre entstehen (S. 158 ff.). Eine gewisse erbliche Krebsveranlagung wird diskutiert.

Unglücklicherweise sind die ersten Anzeichen von Magenkrebs derart unauffällig, daß die Erkrankung häufig erst im fortgeschrittenen Stadium erkannt wird, wenn es für eine Operation zu spät ist. Daher sollten auch weniger auffallende Beschwerden im krebsgefährdeten Alter beachtet werden. Tritt nach jahrelangem Geschwürsleiden ein unerklärlicher, starker Gewichtsverlust ein, kommt es häufiger zum Erbrechen, zu Müdigkeit, Appetitlosigkeit und Widerwillen gegen bestimmte Speisen, z. B. Fleisch, so ist ärztlicher Rat dringend geboten. Die Erkrankung kann aber auch ohne Geschwürsvergangenheit auftreten und sich anfangs längere Zeit nur in Appetitlosigkeit, Widerwillen gegen Fleisch sowie Druck- und Völlegefühl äußern. Im fortgeschrittenen Stadium kommen auch hier Gewichtsverlust und Erbrechen hinzu.
Die Diagnose gründet sich auf die Röntgenkontrastuntersuchung und die Magenspiegelung (Gastroskop, Gastrokamera mit Faseroptik). Damit ist z. B. nicht nur die Unterscheidung zwischen einem chronischen Magengeschwür und einem geschwürig zerfallenen Krebs möglich, sondern auch die Aufdeckung kleinster Geschwülste mit einem Durchmesser von wenigen Millimetern (sog. *Early cancer*). In Zweifelsfällen hilft u. U. die Gewebsentnahme weiter, vor allem auch die feingewebliche Untersuchung von Material, das nach Art eines Abstriches durch „Magentupfung" (Abb. 1b) oder Magenspülung (Abb. 1a) gewonnen wird. Bei der Ausheberung stellt der Arzt im Falle eines Magenkrebses gewöhnlich Säuremangel und eine blutige Verfärbung des Magensaftes fest (Abb. 2). Im Stuhl ist die Blutprobe oft positiv.

Der Magenkrebs wird nach Möglichkeit operativ entfernt. In operablen Fällen liegt die Heilungsquote bei über 20%, bei frühzeitiger Erkennung, wenn die umliegenden Lymphknoten noch nicht befallen sind, bei über 45 %, beim Early cancer sogar bei über 90%. Je nach Sitz und Ausdehnung der Krebsgeschwulst werden verschiedene und verschieden große Anteile des Magens entfernt (Abb. 3). Da viele Magenkarzinome gegen den Magenausgang zu gelegen sind, wird oft die Zweidrittelresektion nach Billroth ausgeführt. Bei hohem Sitz ist eine Totalentfernung des Magens erforderlich.

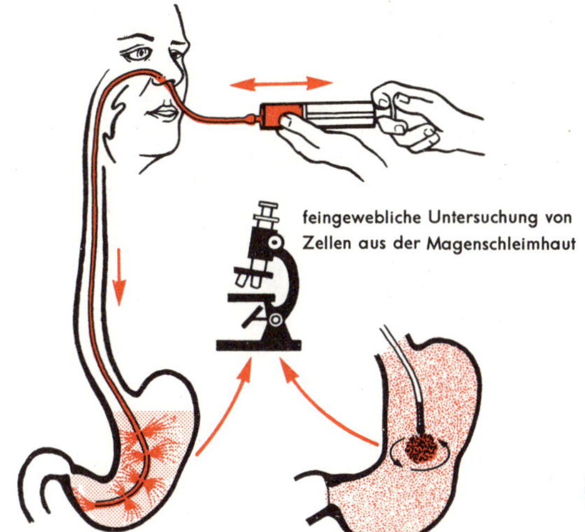

Abb. 1a) Magenspülung

Abb. 1b) Magentupfung mit Schaumgummitupfer

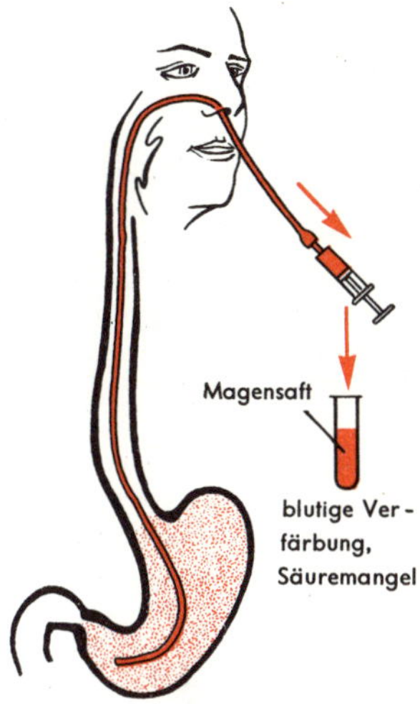

Abb. 2 Magenausheberung bei Magenkrebsverdacht

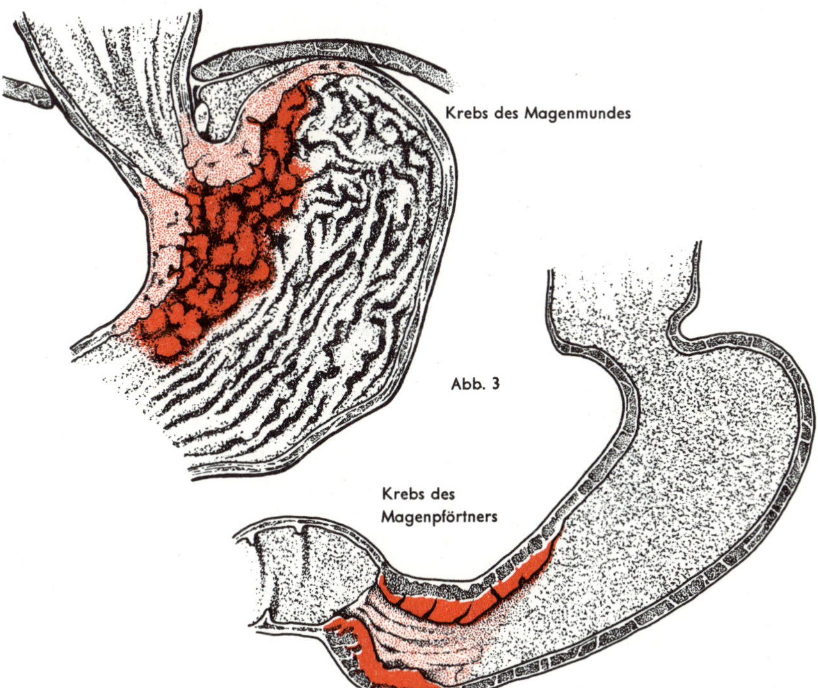

Abb. 3

DICKDARM- UND MASTDARMKREBS

Fast die Hälfte aller bösartigen Geschwülste des Menschen gehen vom Magen-Darm-Kanal aus, und zwar vor allem von der Speiseröhre, vom Magen und vom Dick- und Enddarm. Etwa 13 % aller krebsartigen Wucherungen sind Darmgeschwülste. Der Dünndarm wird außerordentlich selten, der Enddarm dagegen öfter krebskrank (Abb. 1). Männer sind häufiger betroffen als Frauen, und zwar vorwiegend im sechsten Lebensjahrzehnt; doch können auch jüngere Jahrgänge an Darmkrebs erkranken.

Beim *hochsitzenden Darmkrebs* führen oft die Folgen der Darmverengung durch die Geschwulst zu den ersten Beschwerden. Der Stuhl wird unregelmäßig, Verstopfungen wechseln mit Durchfällen ab. Schmerzen sind anfangs nicht vorhanden. Erst beim drohenden Darmverschluß stauen sich gelegentlich Gase und Kotmassen, und es entstehen unabhängig vom Sitz der Geschwulst im Bereich des dehnbaren Blinddarms kolikartig an- und abschwellende Schmerzen. Da auch die gewöhnliche Stuhlverstopfung oft ganz ähnliche Erscheinungen auslöst, läßt sich aus ihnen allerdings nur dann ein dringender Krebsverdacht ableiten, wenn der Stuhlgang bei Menschen der erwähnten Altersgruppen bisher regelmäßig war. Auf jeden Fall ist beim Abgang von Blut, Eiter und von Schleim eine gründliche Untersuchung erforderlich. In späteren Geschwulststadien kommen Appetitlosigkeit, Gewichtsabnahme und allgemeines Krankheitsgefühl hinzu. Manchmal verschließen ringförmig wachsende Karzinome den Darm plötzlich, und es entstehen die Anzeichen des akuten Darmverschlusses (s. S. 166). – Die Behandlung des hochsitzenden Darmkrebses besteht in einer Ausschneidung der Geschwulst mit Wiedervereinigung der beiden Darmenden.

Der häufigste Darmkrebs ist der *Mastdarmkrebs (Rektumkarzinom)*. Zusammen mit dem Krebs des unteren Dickdarms macht er 70 % und damit fast 20 % aller Krebse überhaupt aus (Abb. 1). Meist werden Männer zwischen 50 und 70 Jahren betroffen. Erste Anzeichen sind kleinere Schleimabgänge oder häufiger Stuhldrang, später geht auch blutiger Schleim ab. Der Stuhldrang wird zum Stuhlzwang, Durchfälle wechseln mit Verstopfung ab, die Blutbeimengungen werden größer. Oft ist der Stuhl nur bleistiftdick oder bandförmig. Schmerzen als Warnsymptom fehlen bei der Mehrzahl der Fälle von Mastdarmkrebs, nur bei tiefsitzenden Krebsgeschwülsten treten sie gelegentlich in einem relativ frühen Stadium auf. Erst wenn der Krebs in die Umgebung einwächst, entstehen Sitzbeschwerden und Nervenschmerzen, und schließlich kommt es auch hier zum Darmverschluß. Im Gegensatz zum Hämorrhoidalleiden, mit dem der Mastdarmkrebs verwechselt werden kann, nehmen die Beschwerden im Verlauf von Wochen und Monaten ständig zu. Zeiten völliger Beschwerdefreiheit, wie sie bei Hämorrhoiden vorkommen, sind beim Mastdarmkrebs selten.

Sobald Blutbeimengungen im Kot auftauchen, sollte der Kranke den Arzt aufsuchen. Rund 70 % der Mastdarmkrebse können mit dem Finger getastet und fast alle mit Hilfe der Rektoskopie festgestellt werden (Vorsorgeuntersuchung!). Letzte Zweifel beseitigt schließlich eine Probeentnahme von Gewebe.

Der Mastdarmkrebs wird operativ *behandelt*. Sitzt die Krebsgeschwulst 10 cm vom After entfernt oder höher, braucht der Afterschließmuskel nicht entfernt zu werden (Abb. 2 und 3). Beim tiefsitzenden Mastdarmkrebs wird der Schließmuskel mit der Geschwulst entfernt und ein Bauchafter angelegt (Abb. 4). Die Versorgung der Kotfistel, die mit einer Verschlußkapsel versehen ist, kann vom Patienten erlernt werden, so daß die Bandage weder bei der Arbeit noch im gesellschaftlichen Leben eine Behinderung zu sein braucht. Die Kranken können ihren Darm daran gewöhnen, sich immer regelmäßiger und schließlich nur zu bestimmten Zeiten zu entleeren. Eine wesentliche Erleichterung stellt die operative Anlegung eines Dünndarmreservoirs mit ventilartigem Ausgang dar, das mehrmals täglich mit Hilfe eines Spezialkatheters entleert werden kann.

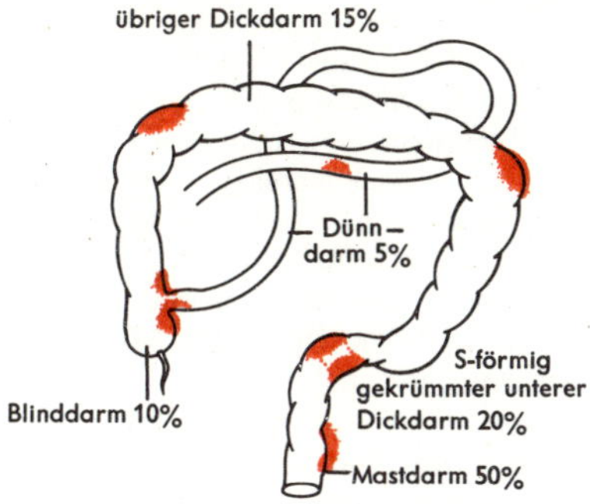

Abb. 1 Krebshäufigkeit der einzelnen Darmabschnitte

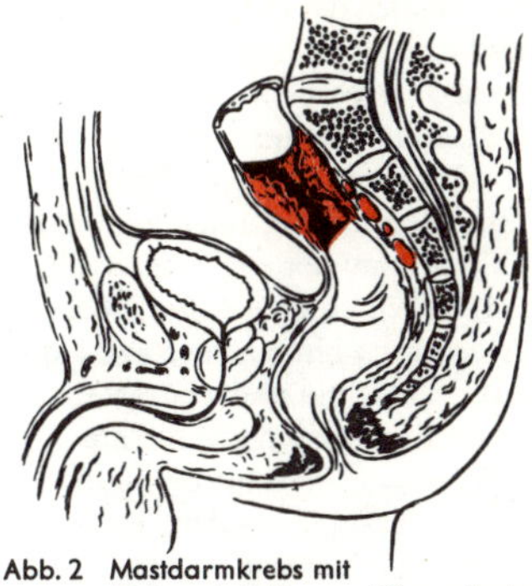

Abb. 2 Mastdarmkrebs mit Drüsenabsiedlungen 20 cm oberhalb des Afters, kurz vor dem Darmverschiuß

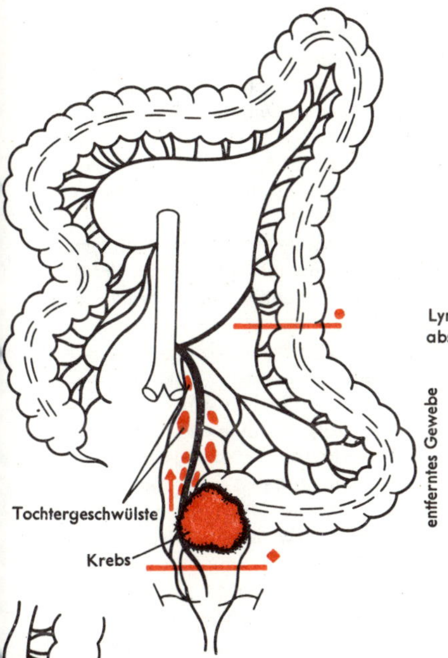

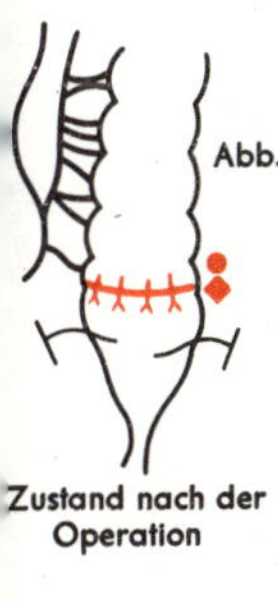

Abb. 3 Operation bei hochsitzendem Mastdarmkrebs

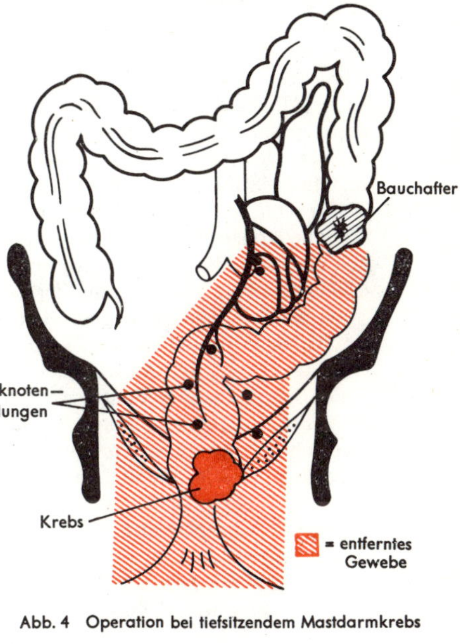

Abb. 4 Operation bei tiefsitzendem Mastdarmkrebs

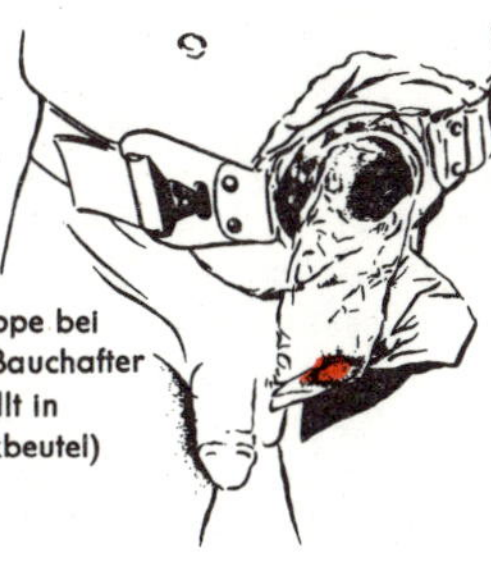

Abb. 5 Verschlußkappe bei künstlichem Bauchafter (der Stuhl fällt in einen Plastikbeutel)

HAUTKREBS

Vorstadien der Hautkrebse nennt man krankhafte Veränderungen, die nach Monaten oder Jahren mit Sicherheit oder großer Wahrscheinlichkeit zu bösartigen Geschwülsten führen. Je nach dem Grad dieser Wahrscheinlichkeit teilt man sie in Krebsvorstadien im engeren und im weitesten Sinn ein. *Hautkrebsvorstadien im weitesten Sinn* sind z. B. Hautveränderungen, die durch Röntgenstrahlen, durch jahrelange übermäßige Sonnenbestrahlung oder als Folge unheilbarer Wunden und Geschwüre entstehen. So können auf der sog. Landmanns- oder Seemannshaut braune, warzige Veränderungen Krebsvorstadien sein. In 8 bis 15 Jahre alten Krampfadergeschwüren mit wucherndem und öfter blutendem Rand kann sich ein Hautkrebs entwickeln. Andere Vorstadien im weitesten Sinn sind weiße, verhornende Flecken vor allem im Bereich der Unterlippe, an der Zungenspitze oder am Zungenrand; sie entstehen z. B. bei Pfeifenrauchern als Folge von Pfeifendruck und „Pfeifenschmauch". Auch Narben, die häufig verletzt oder aufgekratzt werden, ja selbst die gewöhnlichen braunen Muttermale können Krebsvorstadien sein.

Hautkrebsvorstadien im engeren Sinn sind u. a. die Altersflecken, die Bowen- und die Paget-Krankheit:

Altersflecken sind die weitaus häufigsten Krebsvorläufer. Sie treten (selten einzeln) bei allen Menschen auf, bei manchen bereits mit 40, bei anderen erst mit 70–80 Jahren. Bevorzugt sind bei starker Sonneneinstrahlung vor allem die dem Licht ausgesetzten Hautstellen, also Gesicht, Handrücken, Ohrränder, Glatze und Nacken. Gewöhnlich handelt es sich um bräunlichrote Flecken, die später verhornen. Eine besondere Form der Altersflecken ist das manchmal einige Zentimeter lange „Hauthorn" an Ohren, Stirn oder Nase. Altersflecken haben einen entzündlich geröteten Hof, jucken öfter, werden wiederholt aufgekratzt und verkrusten. Unter der festhaftenden Schuppenkruste bildet sich eine stärkere Hautverdickung, in deren Mitte nach einiger Zeit ein kraterförmiges Geschwürchen entsteht. Aus diesem anfangs harmlosen Geschwürchen entwickelt sich mit der Zeit ein Hautkrebs.

Ein weniger häufiger Krebsvorläufer, die *Bowen-Krankheit*, tritt als schuppendes Knötchen, an Schuppenflechte erinnernd, im Gesicht, am Körper oder an den Geschlechtsorganen auf. An der männlichen Eichel, am Innenblatt der Vorhaut oder in der Scheide handelt es sich weniger um schuppende als gerötete Knötchen oder *Erythroplasien*. Diese verdienen besondere Beachtung, weil sie an Vorhaut und Bändchen schon bei Männern von 30 bis 40 Jahren auftreten können, sich nur langsam entwickeln, jenseits des 50. Lebensjahres aber manchmal plötzlich schneller wachsen. Während Krebsvorstadien sonst am Körper oft frühzeitig erkannt und entfernt werden, kommen Erythroplasien häufig erst als Krebsgeschwür mit Tochtergeschwülsten in Leistenlymphknoten zur Behandlung. In solchen Fällen kann nur ein großer chirurgischer Eingriff mit Penisamputation und Entfernung aller Leistenlymphknoten helfen.

An der Brustwarze, insbesondere am Warzenhof der weiblichen Brust, können ekzemartige Rötungen mit leichtem Nässen und Schuppenbildung auftreten. Unter jahrelanger vergeblicher Behandlung mit Ekzemsalben wachsen die Herde langsam weiter und greifen vom Warzenhof auf die umgebende Haut über. Die Brustwarze erscheint als eingezogenes Grübchen und kann allmählich ganz verschwinden, während die befallene Brust sich vergrößert. Nach kürzerer oder längerer Zeit entsteht aus dieser *Paget-Krankheit* schließlich ein Hautkrebs.

Bei histologisch sicher nachgewiesenen Krebsvorstadien ist eine chirurgische Behandlung wünschenswert. Alternativ kommen auch eine Kryotherapie (Vereisung mit flüssigem Stickstoff) oder eine lokale Chemotherapie in Frage.

Der Hautkrebs entsteht durch wucherndes Wachstum typischer Hautzellen, wobei normales Gewebe verdrängt wird. Da schnell wachsendes Krebsgewebe zu raschem Zerfall neigt, entstehen Geschwüre, manchmal auch Infektionen, wie z. B. eine Wundrose, und schließlich chronische Vergiftungserscheinungen durch die Abbauprodukte der zerstörten Zellen.

Es gibt eine Reihe von Hautkrebsen verschiedener Herkunft und Gefährlichkeit. *Basalzellenkrebse* oder *Basaliome* entwickeln sich nach neuerer Ansicht aus stehengebliebenen Haarfollikelkeimen. Sie treten vor allem auf der verwitterten Haut alter Leute auf, kommen gelegentlich aber auch bei jungen Menschen vor. Bevorzugt befallen werden der Augen-Nasen-Winkel, der Nasenrücken, die Stirn, die Schläfen, der Nakken und die Handrücken. Unter der Kruste einer Alterswarze oder auf völlig unveränderter Haut entsteht ein langsam wachsendes, derbes, glasiges Knötchen. Mehrere Knötchen bilden allmählich einen perlschnurartigen Ring, dessen Mitte zu einem öfter blutenden Geschwür zerfällt. In der Folge kommt es entweder zu oberflächlich „fressenden Geschwüren" oder zu warzigen oder knotigen Anhängseln, die schließlich ebenfalls geschwürig zerfallen, oder auch zum Tiefenwachstum mit entsprechenden Zerstörungen z. B. an Nasenflügeln oder Lidern. Basaliome sind relativ gutartige Krebse, die exzidiert oder – falls sicher nur oberflächlich – u. U. auch mit Kryotherapie behandelt werden.

Stachelzellenkrebse, auch *verhornende Plattenepithelkrebse* oder *Spinaliome* genannt, entwickeln sich aus der weiter oberflächlich gelegenen Stachelzellenschicht der Haut. Ihr häufigster Sitz ist im Gesicht, am Hals, an den Handrücken, Lippen oder Geschlechtsteilen, am After und überhaupt an Stellen, wo Haut und Schleimhaut ineinander übergehen, manchmal auch auf röntgenbestrahlter Haut. Häufig entstehen Stachelzellenkrebse aus Altersflecken oder einem Hauthorn. Innerhalb weniger Wochen entwickelt sich ein oberflächliches warziges Gebilde, das gleichzeitig rasch in die Tiefe und Nachbarschaft einwächst und außerdem frühzeitig Lymphknotenableger bildet. Einige Wochen später können schon faustgroße Knoten und zerfallende, blutende oder beetartige Geschwüre vorhanden sein. Die Stachelzellenkrebse gehören demnach zu den bösartigen Hautkrebsen, die auch gegenüber Röntgenstrahlen verhältnismäßig unempfindlich sind. Berufsbedingte Stachelzellenkrebse kommen bei Teerarbeitern und Kaminfegern als sog. *Ruß-* oder *Steinkohlenkrebse* vor. Plattenepithelkrebse werden mit einem Sicherheitsrand exzidiert, eventuell zusätzlich auch noch bestrahlt. Krebsableger können chemotherapeutisch behandelt werden.

Melanome oder *Melanomalignome* sind Hautkrebse, welche sich aus jenen Zellen entwickeln, die den braunen Hautfarbstoff oder das Melanin bilden. Sie entstehen häufig aus einem harmlosen braunen Muttermal, das sich plötzlich stark ausbreitet oder sonst seine Oberfläche oder Farbe auffallend verändert. Wucherndes Wachstum führt zu rauhen, höckerigen Oberflächen, die leicht verletzbar sind und oft hartnäckig bluten. Melanomkrebszellen können sehr schnell in Blutgefäße eindringen und die Barriere der benachbarten Lymphknoten durchbrechen, so daß es oft nach kurzer Zeit schon zu zahlreichen kleinen, schwarzbraunen Ablegerknötchen im Bereich anderer Hautstellen kommt. Häufigste Komplikation ist die Aussaat in lebenswichtige innere Organe. Die Bösartigkeit der Melanome beruht darauf, daß die Krebszellen untereinander keine Bindung mehr haben und sich daher sehr leicht ausbreiten; jede Tochterzelle aber hat die Fähigkeit, einen neuen Tumor zu bilden. Die Behandlung der Melanome besteht in einer radikalen, großflächigen Ausschneidung. Die Annahme, Melanome würden erst durch eine Exzision bösartig, ist falsch. Anzustreben ist vor allem die vorbeugende Entfernung aller verdächtigen Muttermale oder brauner, neu aufschießender Flecken im Frühstadium sowie aller Krebsvorstadien ganz allgemein. Kosmetische Rücksichten müssen dabei u. U. bis zu einer späteren kosmetischen Korrektur vorerst zurücktreten.

GEBÄRMUTTERKREBS

Rund 25 % aller Krebsgeschwülste der Frau nehmen ihren Ursprung von den Geschlechtsorganen. Bei den Genitalkarzinomen steht mit ca. 70 % der Gebärmutterhalskrebs an der Spitze, an zweiter Stelle folgt der Gebärmutterkörperkrebs mit etwa 20 % der Fälle; die restlichen 10 % bösartiger Genitalgeschwülste haben ihren Sitz an Eileiter und Eierstock, Scham oder Scheide (Abb. 1). Der Gebärmutterhalskrebs tritt vor allem zwischen dem 40. und 60. Lebensjahr mit einem Altersgipfel bei etwa 50 Jahren auf. Vom Krebs des Gebärmutterkörpers werden vorwiegend Frauen jenseits der Wechseljahre befallen (Abb. 2).

Die Ursachen der Krebsentstehung sind beim *Krebs des Gebärmutterkörpers (Korpuskarzinom)* noch nicht geklärt. Die zunehmende Häufigkeit soll aber auch hier, wie bei manchen anderen Krebsgeschwülsten, auf die Altersumschichtung der Bevölkerung zurückzuführen sein. Der Krebs des Gebärmutterkörpers beschränkt sich anfangs auf die Gebärmutterschleimhaut und wächst dann allmählich in die Muskulatur der Gebärmutter ein, bis schließlich die aufgetriebene Gebärmutterhöhle ganz von wuchernden Krebsmassen ausgefüllt ist, die dann auch auf weitere Organe des Geschlechtsapparates übergreifen (Abb. 3). Je nach Ausbreitung der Geschwulst werden vier *Stadien des Gebärmutterkörperkrebses* unterschieden: Der Krebs des Gebärmutterkörpers (Stadium I) geht auf den Gebärmutterhals über (Stadium II), dann auf andere Organe im kleinen Becken (Stadium III) und schließlich auf Mastdarm und Harnblase; über Blut und Lymphe werden Tochtergeschwülste zuletzt auch in ferngelegene Organe abgesiedelt (Stadium IV).

Die frühzeitige Erkennung von Krebsgeschwülsten ist für den Behandlungserfolg entscheidend. Erstes, häufigstes und oft auch einziges Anzeichen eines Korpuskarzinoms sind Blutungen. Bei Frauen, die noch menstruieren (etwa 20 % der Betroffenen), treten neben der Regelblutung unregelmäßige Zwischenblutungen auf, die durch den Zerfall der Krebsgeschwulst entstehen. Jenseits der Wechseljahre treten in diesem Stadium der Krebsentwicklung erneute Blutungen auf, denen oft auch starker Ausfluß vorausgeht. Bei Vereiterung der Geschwulst kann die Blutung mit eitrigem Ausfluß vermischt sein. Daher sollten Ausfluß und Blutungen jenseits der Wechseljahre als Alarmzeichen für Krebsverdacht verstanden werden – um so mehr, als Schmerzen, Blutarmut und Abmagerung erst in späteren Stadien hinzukommen. Nach eventueller Vorabklärung durch Aspirationskürettage ist eine sichere Diagnose auch schon im Frühstadium durch Ausschabung und feingewebliche Untersuchung des Materials möglich.

Die *Behandlung* von Krebsgeschwülsten des Gebärmutterkörpers ist heute schon so weit fortgeschritten, daß die „absolute Fünfjahresheilung" rund 60% beträgt. Sie besteht in einer Operation, bei der Gebärmutter, Eileiter, Eierstöcke und ein Teil der Scheide, außerdem eventuell auch die Beckenlymphknoten mit entfernt werden. Wird der Gebärmutterkrebs rechtzeitig erkannt, kann im Stadium I z. B. in 70–80% der Fälle eine Dauerheilung erzielt werden. Manchmal wird zugunsten einer Bestrahlung auf die Operation verzichtet. Die Bestrahlung erfolgt mit Radium oder radioaktivem Kobalt, die, in kleinen Behältern verpackt, in die Gebärmutterhöhle eingelegt werden können. Neben allgemeinen Krebsmitteln (Zytostatika oder Karzinostatika) kommt u. U. auch eine Hormonbehandlung in Frage.

Für die Entstehung des *Gebärmutterhalskrebses (Zervixkarzinom, Kollumkarzinom)* scheinen alle Reize in einem Gebiet von Bedeutung zu sein, wo die Drüsenschleimhaut des Gebärmutterhalskanals an das Plattendeckzellgewebe der Scheidenwandung stößt und teilweise von ihm bedeckt wird (*Deckschicht-Grenzkampf;* vgl. Abb. 7, S. 579). Da nur 5 % aller Betroffenen kinderlos sind, scheinen abgelaufene Geburten eine Rolle zu spielen, ferner Ausfluß aus dem Gebärmutterhalskanal, der durch Abstumpfung der Scheidenmilchsäure in den Grenzkampf zwischen Schleimhaut und Plattenepithelschicht eingreift. Das Alter ist u.a. für den Sitz des Krebses von Bedeutung, da die Deckzellgewebsgrenze mit den Jahren vom Muttermund her nach oben in den

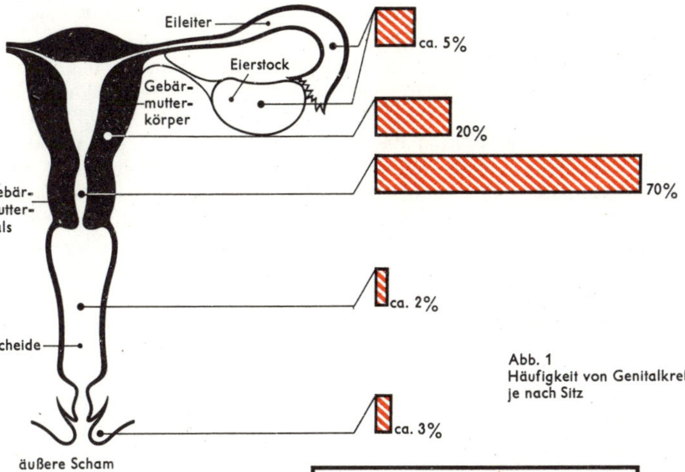

Abb. 1
Häufigkeit von Genitalkrebs
je nach Sitz

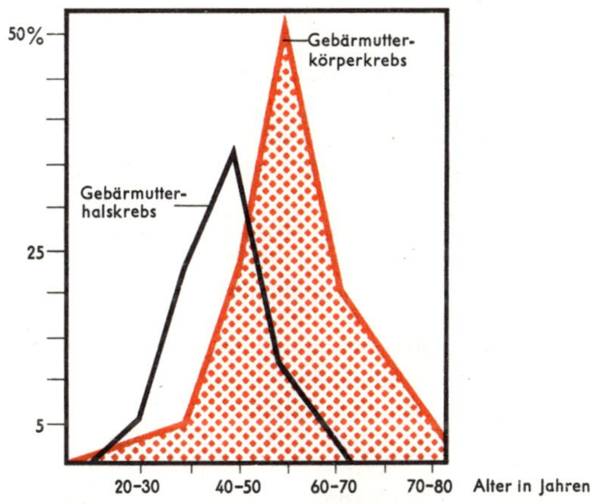

Abb. 2
Häufigkeit von Krebs am
Gebärmutterkörper und
Gebärmutterhals in verschiedenen
Lebensaltern

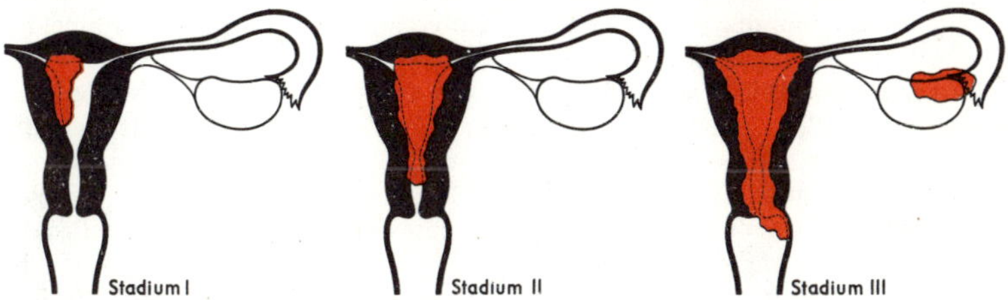

Abb. 3
Stadieneinteilung beim Krebs des Gebärmutterkörpers

Halskanal einrückt (vgl. Abb. 4). Man unterscheidet beim Zervixkarzinom daher das *Portiokarzinom* und das *Zervixhöhlenkarzinom.*

Dem Gebärmutterhalskrebs geht immer ein präkanzeröses Stadium voraus, der sog. *Oberflächenkrebs*, der, für das freie Auge unsichtbar und von der Trägerin nicht zu spüren, im Extremfall bis 15 Jahre ruhen kann. Wenn diese Vorstufe, das Stadium 0, erkannt und der geeigneten Behandlung zugeführt wird, besteht mit einer Wahrscheinlichkeit von nahezu 100 % Aussicht auf Dauerheilung (vgl. Abb. 7, S. 579). Ohne warnende Krankheitsanzeichen kann das Oberflächenkarzinom jedoch nur durch eine *Vorsorgeuntersuchung* entdeckt werden, wie sie jeder Frau jenseits des 20. Lebensjahres mindestens einmal jährlich geraten (und in der Bundesrepublik im Rahmen der gesetzlichen Krankenversicherung auch kostenfrei garantiert) wird. Dabei wird mit einem Spatel etwas Zellmaterial aus der Gegend des äußeren Muttermundes entnommen, darauf mit Öse oder Watteträger Gewebe aus dem Gebärmutterhalskanal (Abb. 5). Das abgestrichene Zellmaterial wird gefärbt und feingeweblich untersucht. Krebsverdacht besteht, wenn die Zellkerne aus der abgeschilferten Deckzellschicht in Größe, Form und Färbbarkeit ungleichmäßig, die Zellen als Ganzes untereinander sehr verschieden und die Kerne überfärbbar sind. Die Wahrscheinlichkeit, einen Gebärmutterhalskrebs auf diese Weise schon in seinem Vorstadium zu erkennen, liegt u. U. bei über 95%. Die „Trefferwahrscheinlichkeit" wird noch erhöht, wenn der Arzt außer dem Zellabstrich eine Lupenbetrachtung des Muttermundes mit dem *Kolposkop* vornimmt. Die Lupenbetrachtung allein hat bereits eine „Trefferwahrscheinlichkeit" von 80%. Zur Unterscheidung zwischen normalen und krebsverdächtigen Bezirken kann die Oberfläche des Gebärmutterhalses rings um den Muttermund noch mit einer Jodlösung betupft werden.

Besteht auf Grund all dieser Untersuchungen Krebsverdacht, wird ein kegelförmiger Teil des Gebärmutterhalskanals rings um den Muttermund mit dem Messer und der Glühschlinge entnommen und der genauesten mikroskopischen Dünnschichtuntersuchung zugeführt (Abb. 4). Handelt es sich um oberflächlich wuchernde Zellen des Krebsvorstadiums ohne wildwachsendes Eindringen in das darunterliegende Stützgewebe, wird diese sog. *Kegelung (Konisation)* bei Frauen unter 40 Jahren und in der Schwangerschaft meist auch schon als ausreichende Behandlung angesehen. Anschließend sind allerdings wiederholte Kontrollen unerläßlich.

Nach dem Frühstadium, das Monate oder Jahre bestehenbleiben kann, wächst der Krebs des Gebärmutterhalses schließlich in das Stützgewebe ein (Abb. 6e). Mit dem Anfang dieses wilden Wachstums beginnt das eigentliche Krebsleiden. Jetzt erst, wenn gleichzeitig auch die Heilungsaussichten schon vermindert sind, treten die ersten deutlichen Krebszeichen und Beschwerden auf. Daher sind Vorsorgeuntersuchung und Früherkennung, durch die der Gebärmutterhalskrebs buchstäblich vermeidbar ist, so wichtig. Das wilde Krebswachstum kann nach verschiedenen Richtungen hin erfolgen. Der Krebs kann gegen das Innere des Gebärmutterhalses vordringen und geschwürig zerfallen. Oft treten jetzt erst warnende Anzeichen, vor allem blutiger Ausfluß, auf. Der Krebs kann blumenkohlartig in die Scheide vorwuchern oder, vom Sitz im Halskanal aus, den Gebärmutterhals tonnenförmig auftreiben. Die weitere Ausbreitung kann nun durch direktes Weiterwachsen über das umgebende Zellgewebe nach vorn zur Blase oder nach hinten zum Mastdarm führen. Der Krebs kann schließlich auf Nervenstränge drücken und Schmerzzustände hervorrufen, die nur noch durch starke Analgetika, wie z. B. Morphin, zu beherrschen sind. Auf dem Weg über die Lymphbahnen erkranken die Lymphknoten, auf dem Blutweg kann es zur Verschleppung und Ausbildung entfernter Tochtergeschwülste kommen (z. B. in Knochen, Leber, Lungen, Nieren und Gehirn).

Ist die Krebsvorstufe, die ja keine faßbaren Erscheinungen zeigt, durch eine Vorsorgeuntersuchung nicht entdeckt worden, kommt es darauf an, bei den ersten greifbaren Anzeichen ärztliche Hilfe in Anspruch zu nehmen. Die *frühesten Symptome des Gebär-*

Abb. 4
Oberflächenkrebs (meist ohne wildes Tiefenwachstum)

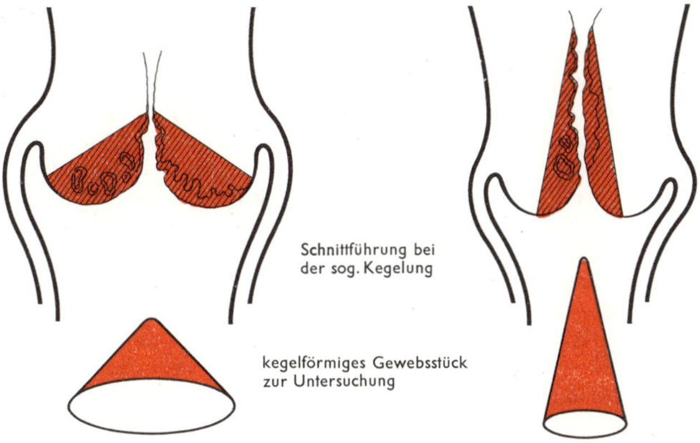

Bei der geschlechtsreifen Frau geht der Krebs meist von der Gegend um den äußeren Muttermund aus

Bei der Frau jenseits der Wechseljahre geht der Krebs meist vom Gebärmutterhalskanal aus

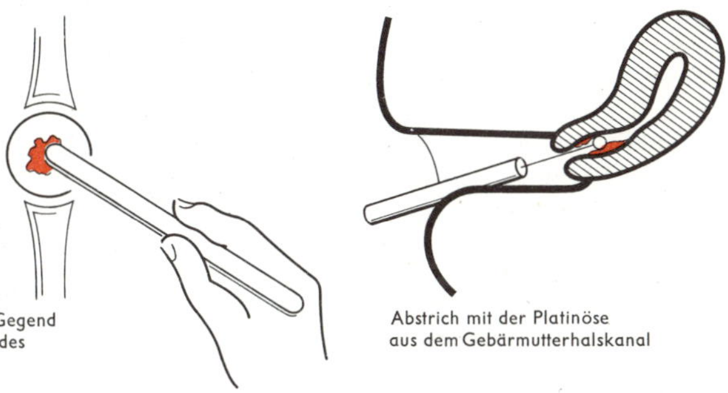

Spatelabstrich von der Gegend des äußeren Muttermundes

Abstrich mit der Platinöse aus dem Gebärmutterhalskanal

Abb. 5
Vorsorgeuntersuchung auf Krebs des Gebärmutterhalses

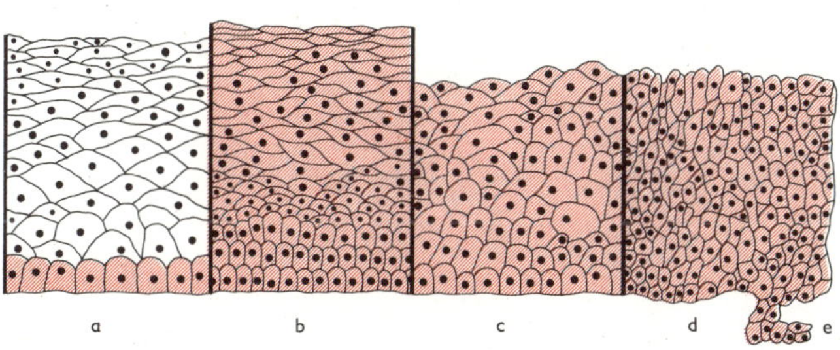

Abb. 6
Veränderungen des Plattendeckgewebes um den äußeren Muttermund: normales (a), rascher wachsendes (b) und „unruhiges" Deckgewebe mit verschieden großen und verschieden gefärbten und geformten Kernen (c), weitgehend verändertes (d) und in das Stützgewebe einwachsendes Deckgewebe (e)

mutterhalskrebses sind Ausfluß und Blutungen. Sie werden, da Schmerzen oft noch lange nicht zu spüren sind, häufig übersehen und nicht als dringende Warnsignale verstanden. Verdächtig ist vor allem ein Ausfluß, der durch Beimengung von Blutspuren bräunlich-schmierig, rötlich oder fleischfarbig-wässerig ist. Hinzu kommen unregelmäßige Zwischenblutungen, die außerhalb der Regel z. T. ohne äußeres Zutun, z. T. nach einer Anstrengung, einem Stuhlgang oder nach dem Geschlechtsverkehr auftreten. Besonders verdächtig sind Blutungen, die während der Wechseljahre einige Zeit nach Aussetzen der Regelblutung auftreten. Schmerzen, Austritt von Gewebsbröckchen, Fieber, Harn- und Stuhlverhaltung sind ausgesprochene Späterscheinungen. Am äußeren Muttermund kann der Arzt jetzt die Krebswucherung sehen und tasten. Sitzt sie im Gebärmutterhalskanal, so bringt erst eine Probeausschabung mit feingeweblicher Untersuchung Klarheit.

Behandlung und Behandlungserfolg hängen von der Ausbreitung des Gebärmutterhalskrebses ab. Zur verbindlichen Beurteilung der Heilungschancen hat man eine internationale Stadieneinteilung geschaffen (Abb. 7). Im Stadium 0 ohne eindringendes Krebswachstum ist die Heilungsziffer praktisch 100 %. Sie nimmt schon nach der geringsten Ausbreitung des Krebses in das Stützgewebe des Gebärmutterhalses ab; in Fällen, bei denen der Krebs erst wenig über die Gebärmutter hinaus vorgedrungen ist, liegt die Heilungsziffer aber immer noch bei 60–75%. Schlechte Heilungsaussichten bestehen dagegen bei den verschleppten, allzu spät erkannten Fällen mit Ausbreitung auf die Nachbarorgane und mit entfernt gelegenen Tochtergeschwülsten.

Zur Behandlung genügt beim Stadium 0 an sich schon die beschriebene Entfernung eines kegelförmigen Gewebsstücks um den äußeren Muttermund herum. Bei eindeutiger Beschränkung auf den Gebärmutterhals kann man sich, je nach dem Alter der Patientin, u. U. auf eine Entfernung der Gebärmutter beschränken. Gegen Rückfälle sicherer und in den meisten Fällen geboten ist die Mitentfernung der Eierstöcke, des oberen Scheidenanteils und des umliegenden Zwischengewebes samt Lymphknoten. Diese *Radikaloperation* kann u. U. durch die Scheide hindurch ausgeführt werden. Auch Blase und Mastdarm sind unter plastisch-chirurgischem Ersatz entfernt worden, doch wird bei weit ausgebreiteter Erkrankung meist die *Strahlenbehandlung* vorgezogen, die auch sonst anstelle einer Operation in Frage kommt. Oft wird nach der Operation vorsichtshalber nachbestrahlt.

Abb. 7 Krebs des Gebärmutterhalses (Übersicht)

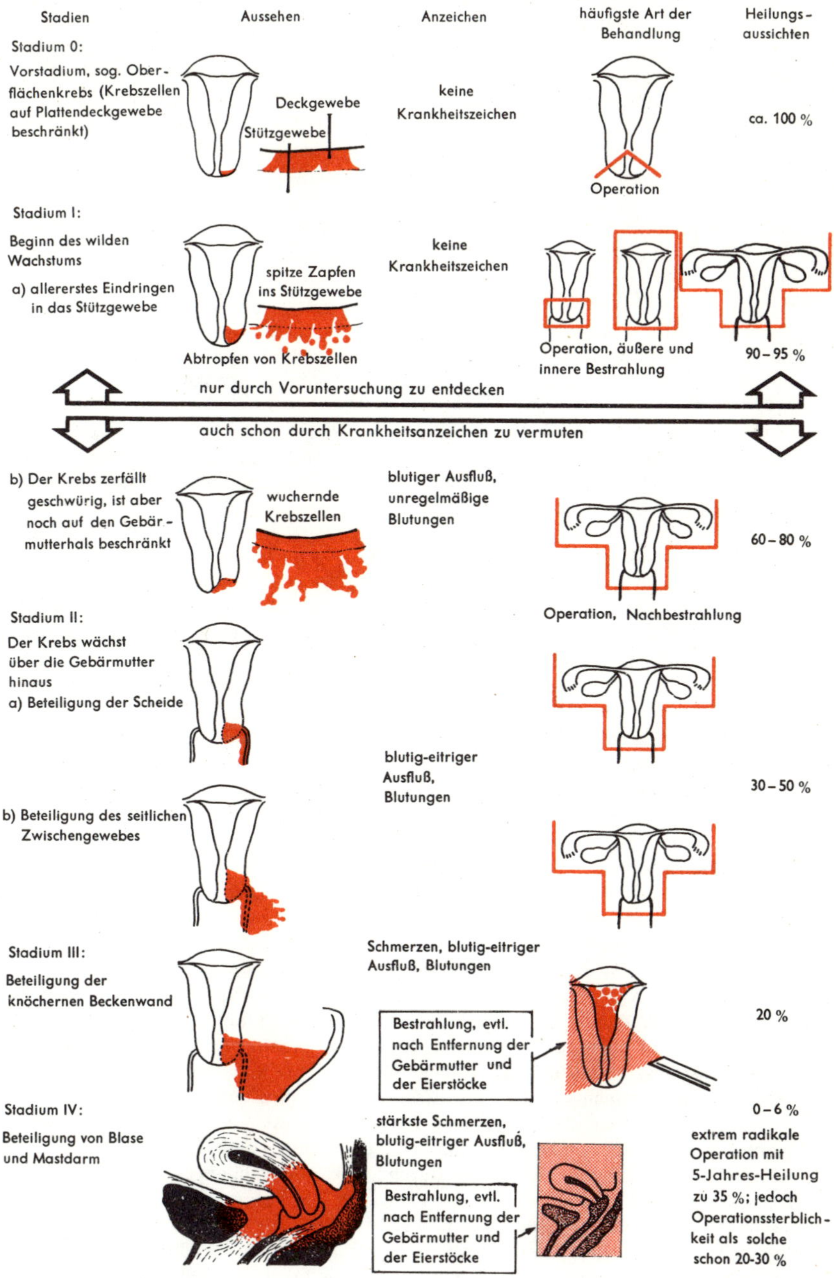

BRUSTKREBS

Der *Brustdrüsenkrebs (Mammakarzinom)* tritt zu 98% bei Frauen auf, und zwar überwiegend zwischen dem 45. und 70. Lebensjahr. Mit 22% ist er der häufigste aller weiblichen Organkrebse. Etwa 6% aller Frauen erkranken an einem Mammakarzinom. Brustkrebs ist bei Frauen, die geboren, und vielleicht auch bei denen, die gestillt haben, seltener als bei kinderlosen Frauen oder bei Frauen, die immer frühzeitig abstillen.

Mit Hilfe regelmäßiger Vorsorgeuntersuchungen und aufmerksamer Kontrollen an der eigenen Brust kann der Brustkrebs schon im Frühstadium entdeckt werden. Verdächtig ist jeder neu auftretende Knoten in der weiblichen Brust. In der Regel beginnt das Leiden unmerklich im Inneren der Brust. Seltener ist ein Krebs der Brustwarzenhaut, der, gerötet und rissig, wie ein Warzenekzem aussieht (Abb. 1a). Selten ist auch ein rasches Krebswachstum in der ganzen, wie entzündlich erkrankten Brust mit verhärterer, orangenschalenähnlich veränderter Haut (Abb. 1b). Der typische einzelne Krebsknoten ist derb, schmerzunempfindlich, meist unregelmäßig und unscharf begrenzt; er läßt sich wegen seiner Verwachsungen gegen das übrige Drüsengewebe nur schlecht verschieben; auch die darüberliegende Haut verwächst später oft mit dem Krebs und sieht dann, wie manchmal auch die Brustwarze, wie eingezogen aus (Abb. 1c). Schließlich wird die Haut durchbrochen, durch Zerfall und Infektion entsteht ein übelriechendes Krebsgeschwür. Manchmal löst der Krebs starke Bindegewebswucherungen mit anschließender Schrumpfung aus; dann erscheint die befallene Brust kleiner, hart, höckerig und hochgezogen. In anderen Fällen breitet sich der Krebs als derbe Platte in der Haut des Brustkorbs über größere Flächen aus. Frühzeitig schon werden die Nachbarlymphknoten am äußeren Rand des großen Brustmuskels und in der Achselhöhle befallen. Anschließend dringen die Krebszellen bis zu entfernteren Lymphknoten in der Schlüsselbeingrube, unter dem Schulterblatt und, selten, sogar im Inneren des Brustkorbs vor. Auf dem Blutweg verschleppte Tochtergeschwülste siedeln sich bevorzugt in Knochen ab, z. B. in den Wirbelkörpern, im kleinen Bekken, in Oberschenkel- und Oberarmknochen.

Alle Verhärtungen und Knotenbildungen in der Brust sowie andere krebsverdächtige Zeichen sollten dem Arzt vorgeführt werden. Bestehen ärztlicherseits Zweifel über den Tastbefund, wird eine *Mammographie* (Röntgenaufnahmen beider Brüste in zwei Ebenen) oder eine *Xeromammographie* durchgeführt. Weitere diagnostische Verfahren sind *Thermographie, Galaktographie* (Milchgangdarstellung) und *Aspirationsbiopsie* (Gewebsentnahme mit einer sehr dünnen Nadel; daher auch *Feinnadelbiopsie* genannt). – Verdächtige Knoten werden vollständig entfernt und feingeweblich auf eventuelle Bösartigkeit untersucht. – Die gutartige „Zystenbrust“ weist im allgemeinen mehrere schmerzhafte Knoten auf, doch schließt dieses Merkmal keineswegs aus, daß sich aus oder zwischen den Zysten ein Brustkrebs entwickelt.

Die *Behandlung* besteht beim rechtzeitig erkannten Brustkrebs in einer Operation. Früher wurden in der Regel mit der Brustdrüse auch der große und kleine Brustmuskel sowie Fett- und Lymphgewebe in der Achselhöhle und Schlüsselbeingrube entfernt (Abb. 2). Anschließend erfolgte noch eine Sicherheitsbestrahlung. Heute werden – je nach dem Krankheitsstadium – neben Brust und Lymphknoten u. U. nur noch der kleine Brustmuskel und/oder die bindegewebige Muskelhülle mitentfernt. Im frühesten Stadium kommen eventuell noch schonendere (brusterhaltende) Verfahren in Frage. Als unterstützende Maßnahmen werden die Strahlenbehandlung, die kombinierte Chemotherapie und die Hormonbehandlung angewandt. Die Hormonbehandlung ist besonder aussichtsreich, wenn durch Spezialuntersuchungen an einer Gewebsprobe sichergestellt werden konnte, daß es sich um eine hormonabhängige Geschwulst handelt. Neben Antiöstrogenen kommt auch die operative Entfernung der Eierstöcke in Frage. Sind die Lymphknoten noch nicht befallen, beträgt die Fünfjahresheilung 75 bis 90%. In späteren Stadien der Krebsentwicklung fallen die Heilungsaussichten allerdings sehr schnell auf 30% und weniger ab.

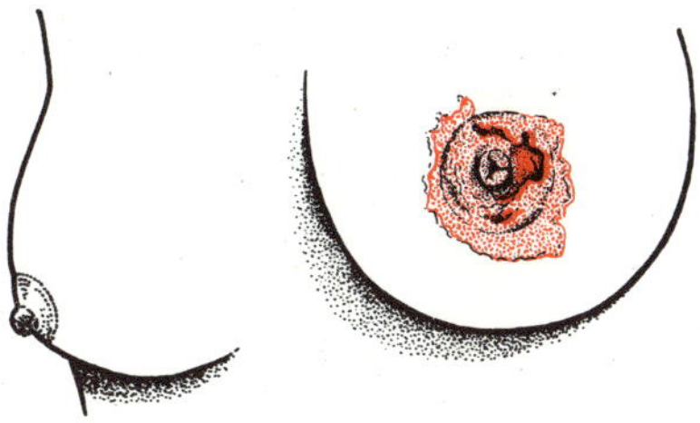

Abb. 1a) Krebs der Brustwarzenhaut

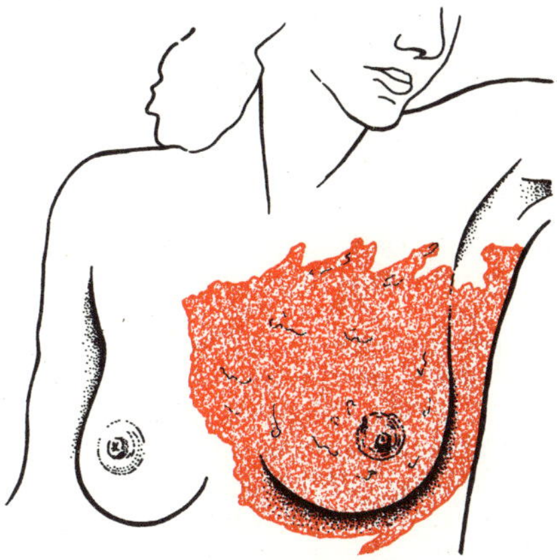

Abb. 1b) Rasch wachsender Brustkrebs mit typischer Hautveränderung

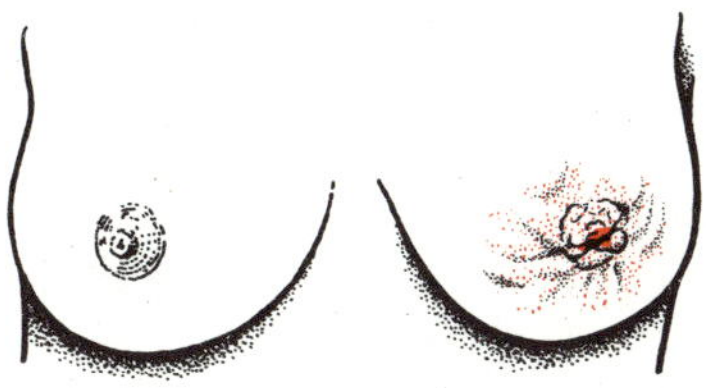

Abb. 1c) Einseitige Einziehung der Brustwarze durch Verwachsung mit einem Krebs

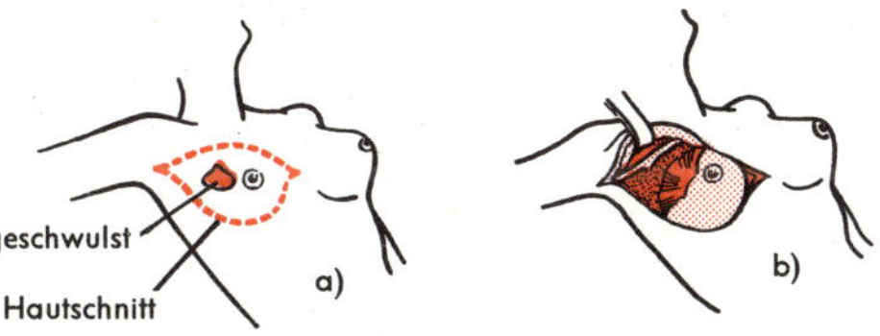

Abb. 2 Operation bei Brustkrebs

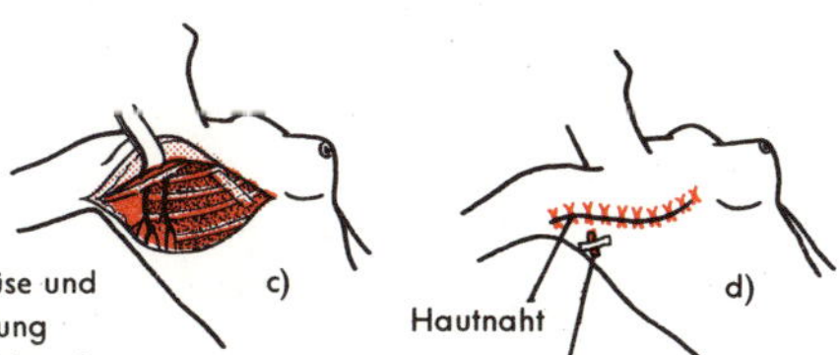

BLASENKREBS

Der Blasenkrebs ist ein bösartige Geschwulst der Harnblase; und zwar handelt es sich im allgemeinen um eine maligne Entartung der Blasenschleimhaut *(Blasenkarzinom)*, während die vom Muskel- oder Bindegewebe der Harnblase ausgehenden *Blasensarkome* sehr selten sind. Im Vergleich zum Krebs anderer Organe, wie z.B. des Magens oder der Lunge, ist der Blasenkrebs relativ selten; er tritt bei Männern dreimal so häufig auf wie bei Frauen, und zwar meist jenseits des 50. Lebensjahres.

Für die Entstehung des Blasenkarzinoms sind äußere Einflüsse von größter Bedeutung. So ist schon lange bekannt, daß nach Infektionen mit Bilharzien (in orientalischen Gewässern lebende Würmer) Blasenkrebse auftreten. Heute weiß man, daß diese Parasiten Giftstoffe produzieren, die zur Reizung und schließlich geschwulstigen Entartung der Blasenschleimhaut führen. In unseren Breiten spielen bei der Entstehung des Blasenkrebses wahrscheinlich kanzerogene Chemikalien, so besonders aromatische Amine, vielleicht auch das Zigarettenrauchen eine Rolle. Die mutmaßlichen Schadstoffe (oder ihre Abbauprodukte) gelangen nach ihrer Aufnahme ins Blut und werden über Niere und Blase ausgeschieden.

Häufig treten vor dem eigentlichen Krebs Vorstadien (Präkanzerosen) auf, und zwar entweder in Form von weißlichen Schleimhautverdickungen (Leukoplakien) oder als Papillome. Leider kommt es schon sehr früh zur Streuung der Krebszellen über die Lymph- und Blutgefäße mit nachfolgender Ausbildung von Tochtergeschwülsten vor allem in den Lymphknoten des Beckens und auch in der Leber.

Ein frühes Anzeichen für Blasenkrebs ist oft ein schmerzloses Blutharnen von wechselnder Stärke. Als nächstes Kennzeichen tritt dann meist häufiger Harndrang auf. Weitere Symptome sind Schmerzen beim Wasserlassen, die auch auf den gesamten Unterleib ausstrahlen können, und schließlich die Harnverhaltung.

Zur Feststellung eines Blasenkrebses wird im allgemeinen zunächst eine Urinuntersuchung durchgeführt, wobei der Nachweis von Blut und vor allem von Geschwulstzellen entscheidend ist. In fortgeschrittenen Fällen kann die Geschwulst durch eine rektale Untersuchung festgestellt werden; dabei wird der Blasenboden mit dem durch den After eingeführten Finger abgetastet. Ein frühzeitiges Erkennen des Blasenkrebses ist mit Hilfe der *Zystoskopie* möglich. Dabei wird das Blaseninnere durch ein Rohr betrachtet, das mit einer Lichtquelle und Vergrößerungsoptik versehen ist und das durch die Harnröhre eingeführt wird. Der endgültige Nachweis wird dann zur Unterscheidung von gutartigen Wucherungen durch die Untersuchung von entnommenen Gewebestückchen unter dem Mikroskop erbracht.

Ergibt die Untersuchung ein *Blasenpapillom*, also eine noch gutartige Geschwulst, so wird (meist mit gutem Erfolg) eine elektrische Abtragung, die sog. *Elektroresektion* der Schleimhautwucherungen, vorgenommen. Wie bei der Zystoskopie wird auch hier das Instrument ohne Eröffnung der Bauchhöhle durch die Harnröhre eingeführt. Handelt es sich um einen *Blasenkrebs*, reicht die Elektroresektion nicht mehr aus. Bei nur wenig fortgeschrittenem Karzinom ist manchmal die Teilentfernung einer Blasenwand ausreichend. Liegt eine ausgedehnte Krebsgeschwulst vor, muß die gesamte Harnblase, oft einschließlich der benachbarten Lymphknoten, entfernt werden. Zur Urinableitung können dann die Harnleiter in den Darm eingepflanzt werden, so daß fortan der Harn auf dem gleichen Weg wie der Kot ausgeschieden wird. Neben der Operation oder zusätzlich kommt bei Blasenkarzinom auch die Hochvoltbestrahlung, u.U. auch eine Chemotherapie in Frage.

LYMPHOGRANULOMATOSE

Bei der Lymphogranulomatose *(Hodgkin-Krankheit)* handelt es sich um eine oft chronisch verlaufende, mehr oder weniger bösartige, tumorähnliche Erkrankung des Retikulumzellsystems, die mit einer zunehmenden Vergrößerung der Lymphknoten, oft auch der Milz und der Leber sowie bestimmten Allgemeinsymptomen (wie Juckreiz und Fieber) einhergeht. Die Lymphogranulomatose ist weitaus die häufigste bösartige Lymphknotenerkrankung. Sie kommt in jedem Lebensalter, häufiger allerdings bei Männern als bei Frauen vor. Feingeweblich bestehen die meist von Lymphknoten ausgehenden Gewebswucherungen aus Retikulumzellen mit eingelagerten Plasmazellen, Lymphozyten und eosinophilen Granulozyten, die zu charakteristischen Zellhaufen (sog. *Granulomen*) angeordnet sind. Im Zentrum der Granulome finden sich oft abgestorbene Zellen, in der Peripherie (vor allem bei chronischem Verlauf) eine bindegewebige Kapsel. Für die letztlich entscheidende feingewebliche Diagnose „Lymphogranulomatose" spricht das Vorhandensein von charakteristisch veränderten Retikulumzellen mit geblähtem, bläschenförmigem Kern und hellem Protoplasma *(Hodgkin-Zellen)* und von „Riesenzellen" mit 3–5 Kernen *(Sternberg-Riesenzellen)*.

Je nach Lokalisation, Ausbreitung und feingeweblichem Bau unterscheidet man histologisch verschiedene Typen und klinisch verschiedene, zunehmend schwerere Stadien der Lymphogranulomatose. Feingeweblich steht das sog. *Paragranulom* (der erste, lymphozytenreiche Typ) an erster Stelle, das stark zu chronischem Verlauf neigt. An letzter Stelle steht das *Hodgkin-Sarkom* (der vierte, lymphozytenarme Typ), bei dem es sich um eine ausgesprochen bösartige (sarkomatöse) Form mit den meisten Retikulum- und Riesenzellen ohne Neigung zur Granulombildung handelt. Beim klinischen Stadium Ia sind nur ein oder zwei benachbarte Lymphknotengruppen entweder oberhalb oder unterhalb des Zwerchfells betroffen; beim Stadium Ib kommen noch Allgemeinsymptome hinzu. Beim Stadium IVa liegt ein allgemeiner Lymphknotenbefall mit der Beteiligung innerer Organe (u. a. Lunge, Leber, Knochenmark) vor. Im Stadium IVb kommen Allgemeinsymptome hinzu. Die Milz ist gewöhnlich schon in früheren Stadien vergrößert und massenhaft von weißen bis grauen Herden befallen (sog. Bauernwurst- oder *Porphyrmilz*).

Erstes Anzeichen der Lymphogranulomatose ist gewöhnlich die Vergrößerung eines Lymphknotens im Halsbereich, gefolgt von Lymphknotenwucherungen im Bereich des Unterkiefers und in der Achselhöhle, in der Leistengegend und später auch im Bauchraum. Die Schwellungen sind anfangs schmerzlos. Später entstehen durch die Verdrängung des Nachbargewebes Schmerzen und andere für diesen Vorgang typische Symptome. Nimmt die Erkrankung ihren Ursprung in tieferliegenden Lymphknotengruppen, können Brustschmerzen als erstes Anzeichen auftreten. Die Lymphknoten sind anfangs noch gut gegeneinander abgrenzbar, später verbacken sie miteinander, und die Geschwulst dringt auch in Nachbargewebe vor. Die Beteiligung des Knochenmarks mit Zerstörung des blutbildenden Gewebes hat u. U. Blutarmut zur Folge. Allgemeinsymptome wie unregelmäßiges Fieber, Abmagerung, Juckreiz und hohe Blutkörperchensenkungsgeschwindigkeit weisen auf ungünstige Verlaufsformen hin.

Für die Wahl der *Therapie* ist vor allem die Ausdehnung der krankhaften Lymphknotenveränderungen von Bedeutung. Je nach Lage des Falles werden heute eine hochintensive Röntgenbestrahlung *(Megavolttherapie)* oder eine kombinierte aggressive zytostatische Chemotherapie (u. U. auch beide Maßnahmen zugleich) durchgeführt. Nach der Statistik lebten früher von den Kranken mit Stadium Ia und IIa nach 5 Jahren noch 60%, von denen mit Stadium IIb und IIIb nur noch 10%. Bei einer Untergruppe des lymphozytenreichen Typs im Stadium I betrug die durchschnittliche Überlebenszeit immerhin rund 15 Jahre. Heute liegt die Fünfjahres-Überlebensrate bei über 80%. Im Stadium I sind oft sogar Heilungen möglich.

SCHLAFMITTEL · SCHLAFMITTELVERGIFTUNG

Mit steigendem Schlafmittelkonsum haben auch die Schlafmittelvergiftungen zugenommen; sie spielen v.a. bei Selbstmordversuchen eine Rolle. 1960 z.B. wurden von annähernd 5 Millionen Einwohnern eines Landes etwa 45 Millionen Schlafmitteltabletten verbraucht. – Vergiftungen entstehen durch Überdosierung bis zur 5- bis 10fachen Dosis der schlafwirksamen Menge, Todesfälle kommen nach Überdosierung bis zur 15- bis 20fachen Dosis der schlafwirksamen Menge vor. Indessen sterben wegen des langsamen Ablaufs der Vergiftung bei sachkundiger Behandlung weniger als 5 % der Betroffenen.

Die meisten *Schlafmittel* gehören zu den *Barbituraten.* Man unterscheidet langsam und lang wirkende Barbiturate (z. B. Barbital und Phenobarbital), mittellang wirkende (z. B. Aprobarbital, Cyclobarbital, Heptabarbital und Butallylonal) und kurz wirkende Barbiturate (z. B. Pentobarbital und Hexobarbital). Entsprechend ist auch mit einem verschieden raschen Eintritt und einer verschieden langen Dauer der jeweiligen Vergiftung zu rechnen. – Carbromal, Bromisoval, Glutethimid, Methyprylon, Pyrithyldion und Methaqualon sind *barbituratfreie Beruhigungs- und Schlafmittel* aus anderen Wirkstoffklassen. Akute Vergiftungen mit solchen Schlafmitteln können trotz z. T. geringerer hypnotischer Wirkung u. U. ungünstiger verlaufen als die häufigere und besser bekannte Barbituratvergiftung.

Die *Giftwirkung der Schlafmittel* beruht im wesentlichen auf einer Vertiefung ihrer beruhigenden, schlaferzeugenden Wirkung bis zu tiefer Bewußtlosigkeit und Narkose, schließlich sogar bis zur völligen Lähmung des Zentralnervensystems. Die Lähmung des Kreislaufzentrums hat eine Blutdrucksenkung, die Lähmung des Atemzentrums eine Verminderung der Atemtätigkeit zur Folge. Zuletzt kommt es durch Ausschaltung des Atemzentrums zur Erstickung. Ist die eingenommene Tablettenmenge für eine vollständige Atemlähmung zu gering, erfolgt der Tod nach tagelanger Bewußtlosigkeit durch die Auswirkungen der entstehenden sog. Schocklunge. In anderen Fällen kommt es sekundär zu einer schweren Gefäßschädigung mit Blutungsneigung. – Die ersten *Vergiftungserscheinungen* treten u. U. schon eine Viertelstunde nach Einnahme des Schlafmittels ein. Müdigkeit, Schläfrigkeit und Bewußtlosigkeit sind Vorboten des narkoseartigen Zustandes. Bei leichteren Vergiftungen kommen auch vorübergehende Erregungszustände vor. Verschlechtert sich der Zustand nicht weiter, spricht man von einer leichten Schlafmittelvergiftung. Bei der mittelschweren bis schweren Vergiftung werden die Pupillen eng und starr, die Atemtätigkeit erlischt, die Reflexe bleiben aus, und die Temperaturregelung ist ausgeschaltet. Als Anzeichen des beginnenden Schockzustandes infolge Blutdrucksenkung und Sauerstoffmangels verfärbt sich die Haut blaßgrau und bläulich.

Ziel der *Behandlung* ist es, dem durch Atemlähmung und Verlegung der Atemwege drohenden Sauerstoffmangel durch künstliche Beatmung, Freihaltung der Atemwege, u. U. auch durch Sauerstoffbeatmung zuvorzukommen. Magenspülung zur Giftentfernung und salinische Abführmittel (besonders Glaubersalz) sind anfangs erforderlich und wirksam, nach mehr als 6 Stunden meist aber nicht mehr sinnvoll. Nun muß durch Steigerung der Nierenausscheidung nach Möglichkeit für eine raschere Giftausschwemmung gesorgt werden. Auch Hämodialyse, Peritonealdialyse und Hämoperfusion kommen in Betracht. Manchmal sind Gegenmittel nützlich, die das Gehirn anregen (sog. Analeptika); dazu gehören z. B. Pentetrazol und Bemegrid. Bei schwerer Schlafmittelvergiftung kann die Schlafdauer bis zu 7 Tage betragen. Daher gehört die recht komplizierte und verantwortungsvolle Intensivbehandlung Schlafmittelvergifteter in die Hand erfahrener Spezialisten. Unter anderem ist eine nachhaltige Schock- und Kreislaufbehandlung mit kontrollierter Flüssigkeitszufuhr, oft auch eine Bekämpfung der entstehenden Acidose (Übersäuerung des Blutes) erforderlich. Die häufig hinzukommende Lungenentzündung wird mit Antibiotika behandelt. Im Anschluß an die Intensivbehandlung ist bei Selbstmordgefährdeten eine psychotherapeutische Beratung bzw. soziale Betreuung angezeigt.

ALKOHOL · ALKOHOLVERGIFTUNG

Die meisten Alkoholvergiftungen entstehen durch den Genuß alkoholischer Getränke, d. h. durch die Resorption von Alkohol aus dem Verdauungskanal. In geringem Umfang kann auch das Einatmen von Alkoholdämpfen (bes. in technischen Betrieben) oder die Resorption von Äthylalkohol durch die Haut (z. B. bei Abreibungen oder aus Verbänden) zu einer Alkoholvergiftung führen. Bei Kleinkindern und Säuglingen, die besonders alkoholempfindlich sind, können alkoholische Brustwickel oder ausgedehnte Alkoholverbände u. U. eine lebensgefährliche Alkoholvergiftung verursachen.

Alkohol gehört zu den relativ seltenen Stoffen, die in beträchtlichem Umfang schon vom Magen aus ins Blut aufgenommen werden können. Dies ist mit ein Grund für den oft raschen Anstieg des Blutalkoholspiegels und die schnelle Alkoholwirkung, wenn man höherprozentige Spirituosen auf nüchternen Magen trinkt. Gelegentlich kann die Reizwirkung scharfer alkoholischer Getränke einen spastischen Krampf des Magenpförtners auslösen, wodurch die Weiterbeförderung des Alkohols in den Dünndarm verzögert wird; in diesem Fall können Stunden bis zur vollständigen Resorption vergehen. Umgekehrt werden unter sonst gleichen Bedingungen niedrigprozentige alkoholische Getränke, v. a. Bier, wesentlich langsamer resorbiert als hochprozentige. Noch stärker verzögernd wirkt sich der Mageninhalt, besonders Milch und fetthaltige Speisen, auf die Alkoholresorption aus. Sie verdünnen den Alkohol und verzögern in erster Linie die Magenentleerung. Kommt der Alkohol in den Dünndarm, tritt er außerordentlich rasch und vollständig ins Blut über.

Die Höhe des Alkoholspiegels hängt außer vom Anfluten auch vom Abfluten des Äthylalkohols ab. Man kann den Alkohol mit einem Narkosemittel (z. B. Äther) vergleichen, allerdings mit einem wesentlichen Unterschied: Beim Alkohol werden – im Gegensatz zum Äther – nur 2–8 % abgeatmet oder mit dem Harn ausgeschieden; der Rest von 92–98 % muß (v. a. in der Leber) über Acetaldehyd zu Kohlendioxid und Wasser verbrannt werden. Eine Besonderheit der Alkoholverbrennung besteht darin, daß pro Zeiteinheit nur eine bestimmte Alkoholmenge umgesetzt wird, bei der Frau ca. 0,085 g, beim Mann ca. 0,1 g pro kg Körpergewicht in der Stunde. Daher kommt es, daß der *Blutalkoholspiegel* nach abgeschlossener Alkoholresorption stündlich um einen relativ konstanten Wert, nämlich rund 15 mg-% (= 0,15‰) abfällt. Man kann daher – unter dem Vorbehalt der für die Resorption beschriebenen Unsicherheitsfaktoren – aus dem abgefallenen auf den ursprünglichen Alkoholspiegel und von diesem unter bestimmten Voraussetzungen über die Alkoholverteilung im Körper auf die Menge des konsumierten Alkohols zurückschließen.

Wie bei den Narkosemitteln handelt es sich bei den rauschartigen Erregungszuständen der Alkoholeinwirkung auf den Organismus um die Folgen einer Lähmung hemmender Zentralstellen, d. h. die Folgen einer neurophysiologischen (sekundär dann u. U. auch verhaltensmäßigen) Enthemmung. In den späteren Vergiftungsstadien kommt es schließlich auch zu einer narkotischen Lähmung erregender Hirnbezirke.

Die *tödliche Dosis von Äthylalkohol* hängt von der Resorptionsgeschwindigkeit, dem Alter (Kinder sind wesentlich empfindlicher), dem Ernährungszustand und von der Gewöhnung ab. Sie liegt zwischen 4 und 13 g reinen Alkohols pro kg Körpergewicht. Eine 0,7-Liter-Flasche mit etwa 40 %igem Schnaps (also rund 250–300 g Äthylalkohol), zügig im Verlauf einer halben Stunde ausgetrunken, dürfte im allgemeinen als tödliche Dosis anzusprechen sein.

Die Wirkung des Alkohols wird durch zahlreiche Arzneimittel verstärkt, was u. a. für den Straßenverkehr von Bedeutung ist. Zu diesen Arzneimitteln gehören u. a.: Morphin und Morphinderivate, Schlafmittel, Phenothiazinderivate, verschiedene Psychopharmaka und Skopolamin. Bewußtlose Alkoholvergiftete werden im wesentlichen wie Schlafmittelvergiftete behandelt (s. S. 584).

PILZVERGIFTUNGEN

Pilzvergiftungen sind meist die Folge einer Verwechslung von giftigen mit ungiftigen Pilzen; seltener spielen die Verwendung verdorbener Pilze, allergische Reaktionen und die fehlerhafte Zubereitung von Pilzgerichten eine Rolle.

Die Angriffspunkte der verschiedenen Pilzgifte im Organismus und daher auch die von ihnen erzeugten Symptome und deren Behandlung sind z. T. grundverschieden. Ähnlich sind dagegen meist die im Anfangsstadium erforderlichen Maßnahmen zur Entfernung noch nicht resorbierter Giftstoffe aus dem Magen-Darm-Kanal: Magenspülung, Gabe von Medizinalkohle und, wenn noch keine Durchfälle bestehen, auch von Natriumsulfat.

Während die *Speisemorcheln* (Morchella esculenta) ungiftig sind, müssen die *Frühjahrs-* oder *Speiselorcheln* (Helvella esculenta, Gyromitra esculenta), die sich durch ihren dunkelbraunen Hut auszeichnen, zunächst zweimal fünf Minuten lang ausgekocht und das Kochwasser jeweils sorgfältig abgegossen werden. Auch von den so ausgekochten Lorcheln soll nicht mehr als ein Pfund pro Mahlzeit gegessen werden. Beim Kochen gehen die Giftstoffe, die flüchtig sind und bei dieser Prozedur nicht eingeatmet werden dürfen, in das Kochwasser über. Es handelt sich v. a. um *Gyromitrin,* dessen Wirkung sich meist erst vier bis acht Stunden nach der Aufnahme bemerkbar macht (Leibschmerzen, Übelkeit, Erbrechen, Durchfälle, später Leber- und Nierenschädigung). Die Frühjahrslorchel ist bei uns nicht mehr als Marktpilz zugelassen.

Der *Knollenblätterpilz* kommt bei uns in verschiedenen Arten vor. Besonders häufig und Ursache der meisten tödlichen Pilzvergiftungen ist der *Grüne Knollenblätterpilz* (Amanita phalloides), der gelegentlich mit dem Grünen Ritterling verwechselt wird. Ebenso giftig, aber weniger häufig sind die Unterarten mit weißer Hutoberfläche (Amanita phalloides var. verna) und der *Weiße Knollenblätterpilz* (Amanita virosa); beide werden u. a. mit dem echten Champignon und dem Feldegerling verwechselt.

Die Giftigkeit der Knollenblätterpilze ist beträchtlich; schon ein kleiner Pilz kann tödlich sein. Die Giftstoffe sind ringförmig gebaute Kleineiweiße (*Phalloidine* und *Amanitine*). Symptome der Vergiftung mit Knollenblätterpilzen: Nach 8–12, eventuell auch erst nach 24 Stunden kommt es zunächst zu Leibschmerzen, Übelkeit und Erbrechen. Die sich anschließenden Durchfälle sind oft äußerst heftig und führen zu schweren Wasser- und Salzverlusten mit quälendem Durstgefühl, Bluteindickung, Blutdrucksenkung, Harnverhaltung und schließlich zum Kreislaufkollaps. Überlebt der Betroffene dieses Stadium mit Hilfe einer Infusionsbehandlung, so treten nach 1–3 Tagen Leberschwellung und Gelbsucht als erste Anzeichen der dann oft tödlichen Leber- und Nierenschädigung auf. In dieser Phase der Vergiftung versucht man, den Leberstoffwechsel zu stützen. Bei aufrechterhaltener Nierenfunktion und wiederholter Darmspülung kann ein Großteil der Pilzgifte auf diesem Weg ausgeschieden werden; sonst sind u. U. Hämodialyse oder Hämoperfusion erforderlich. Seit 1980 werden auch Silibinininfusionen mit ermutigenden Ergebnissen erprobt.

Der *Fliegenpilz* (Amanita muscaria) wird in südlichen Ländern gelegentlich mit dem Kaiserpilz (Amanita caesarea), der auf der Oberfläche braune *Pantherpilz* (Amanita pantherina) mit dem eßbaren Perlpilz (Amanita rubescens) verwechselt. Fliegenpilz und Pantherpilz enthalten mehrere Gifte mit recht unterschiedlicher, z. T. gegenläufiger Wirkung. Das in seiner Auswirkung längere Zeit überschätzte *Muscarin* führt zur Erregung der parasympathischen Nervenendigungen mit starkem Speichelfluß, Schweißausbrüchen, Pupillenverengung, Durchfall und Erbrechen. Entscheidend ist meist der Gehalt des Fliegenpilzes an *Muscimol,* das aus der labilen *Ibotensäure* entsteht und 1–2 Stunden nach der Pilzaufnahme zu Schwindel, Übelkeit, Pupillenerweiterung, Erbrechen, rauschartigen Erregungen, Tobsuchtsanfällen, Muskelkrämpfen und schließlich zum Koma mit tödlichen zentralen Lähmungen führen kann. Bei der Behandlung wird vor Atropingaben gewarnt, da Atropin zwar ein wirksames Gegengift von Muscarin ist, andererseits aber die zentralerregende Wirkung von Muscimol verstärken würde.

ERSTE HILFE BEI VERGIFTUNGEN

Da Vergiftungen häufig akut verlaufen, sind die *ersten Maßnahmen* unverzüglich zu treffen. Zunächst sollte man sich unmittelbar mit einem Arzt oder einer Klinik in Verbindung setzen und sich telefonisch über die richtigen *Sofortmaßnahmen* beraten lassen. In Zweifelsfällen kann man sich an eine Giftinformationszentrale wenden. Damit die richtigen Sofortmaßnahmen angeordnet werden können, sind bei telefonischen Anfragen genaue Angaben über das Alter des Vergifteten, über Giftart, Giftmenge, Form und mutmaßlichen Zeitpunkt der Giftaufnahme sowie über die äußeren Umstände der Vergiftung unbedingt erforderlich. Neben allgemeinen objektiven Anzeichen (wie Gasgeruch, leere Tablettenröhrchen und dgl.) gibt es bestimmte, unvermittelt auftretende körperliche Symptome, die auf eine Vergiftung schließen lassen, z. B. Übelkeit, Erbrechen, Schwindelgefühl, Durchfall, Magenkrämpfe, Blausucht, Atemnot und Bewußtlosigkeit. Sind mehrere Menschen gleichzeitig betroffen, so kann es sich um eine Pilz- oder Lebensmittelvergiftung, auch um eine Gasvergiftung handeln. – Die Bemühungen um den Vergifteten bis zum Eintreffen ärztlicher Hilfe bzw. bis zur Einlieferung ins Krankenhaus konzentrieren sich auf zwei Schwerpunkte: Zunächst müssen die Vitalfunktionen, also Atmung, Herz- und Kreislauftätigkeit, in Gang gehalten werden. Das erfordert neben der richtigen Lagerung des Vergifteten (z. B. stabilisierte Seitenlage bei Bewußtlosen) oft Erstehilfemaßnahmen wie Atemspende durch Mund-zu-Mund-Beatmung oder äußere Herzmassage (s. S. 24 ff.). Ferner muß Vorsorge getroffen werden, daß die weitere Gifteinwirkung unterbrochen wird (Entfernung des Vergifteten aus der Gefahrenzone bei Gasvergiftungen; Entfernung der Kleider des Vergifteten und gründliche Reinigung betroffener Körperstellen, wenn das Gift von der Körperoberfläche aus eingedrungen ist; Augenspülungen bei Verätzung der Augenbindehaut). Bei Bewußtlosen und schwer Benommenen darf der Laie auf keinen Fall versuchen, das Gift durch Spülung der Mundhöhle oder durch Auslösung des Brechaktes aus dem Mund bzw. dem Magen-Darm-Kanal zu entfernen; denn es droht Erstickung durch Aspiration von Flüssigkeit oder Erbrochenem. Lediglich für den Fall, daß es sich mit Sicherheit nicht um eine Verätzung durch Verschlucken von Säure oder Lauge handelt und der Betroffene bei vollem Bewußtsein ist, kann es bei einer oralen Vergiftung (= Aufnahme des Giftes durch den Mund), die nicht länger als 3–4 Stunden zurückliegt, sinnvoll sein, durch mechanische Reizung der hinteren Rachenwand (mit Finger, Löffelstiel oder Feder) oder durch Verabreichung einer warmen Kochsalzlösung (1 Eßlöffel Kochsalz auf 1 Glas warmes Wasser) Erbrechen auszulösen; bei Kindern genügt dazu meist das Trinkenlassen größerer Mengen Himbeerwasser und die Reizung der hinteren Rachenwand. Bei unsachgemäßem Vorgehen (besonders bei kleinen Kindern) besteht dabei jedoch auch ohne narkotische Lähmung Erstickungsgefahr. Die Prozedur ist im übrigen notfalls zu wiederholen, bis die erbrochene Flüssigkeit klar wird. – Ärztlicherseits kann, nach Intubation (= Einführung einer Röhre vom Mund aus in den Kehlkopf) auch beim Bewußtlosen, eine Magenspülung durchgeführt werden. Erbrechen kann auch durch die intramuskuläre Injektion von Apomorphin ausgelöst werden. Zur *Bindung oder Inaktivierung giftiger Chemikalien* im Magen-Darm-Kanal sind nur wenige Mittel geeignet, manche der empfohlenen sind bei routinemäßiger Anwendung sogar schädlich. Die beste adsorptive Wirkung für viele Gifte hat Medizinalkohle (Carbo medicinalis), rund 30 g auf ein Glas Wasser. Zur Beschleunigung der Ausscheidung des an Kohle gebundenen Giftes wird anschließend am besten Glaubersalz (Natriumsulfat), 2 gestrichene Eßlöffel auf $^{1}/_{2}$ l Wasser, gegeben. Milch ist nur in seltenen Fällen angezeigt, etwa bei örtlichen Verätzungen durch Säuren, Laugen oder Kupfervitriol. Sie ist bei fettlöslichen Giften schädlich. Bei Säure- oder Laugenverätzungen ist das Auslösen des Brechaktes wegen der Perforationsgefahr verboten, auch die Gabe von Medizinalkohle ist in diesen Fällen nicht angezeigt. Fette sind nur bei oralen Vergiftungen mit fettlöslichen Stoffen, z. B. Chloroform und Tetrachlorkohlenstoff, von Nutzen, deren Resorption am besten mit flüssigem Paraffin verzögert werden kann.

REGISTER

Kursive Seitenzahlen geben jeweils die Haupttextstelle an

C

D

E

L

M

Q

R

T

Körpergröße und Gewicht

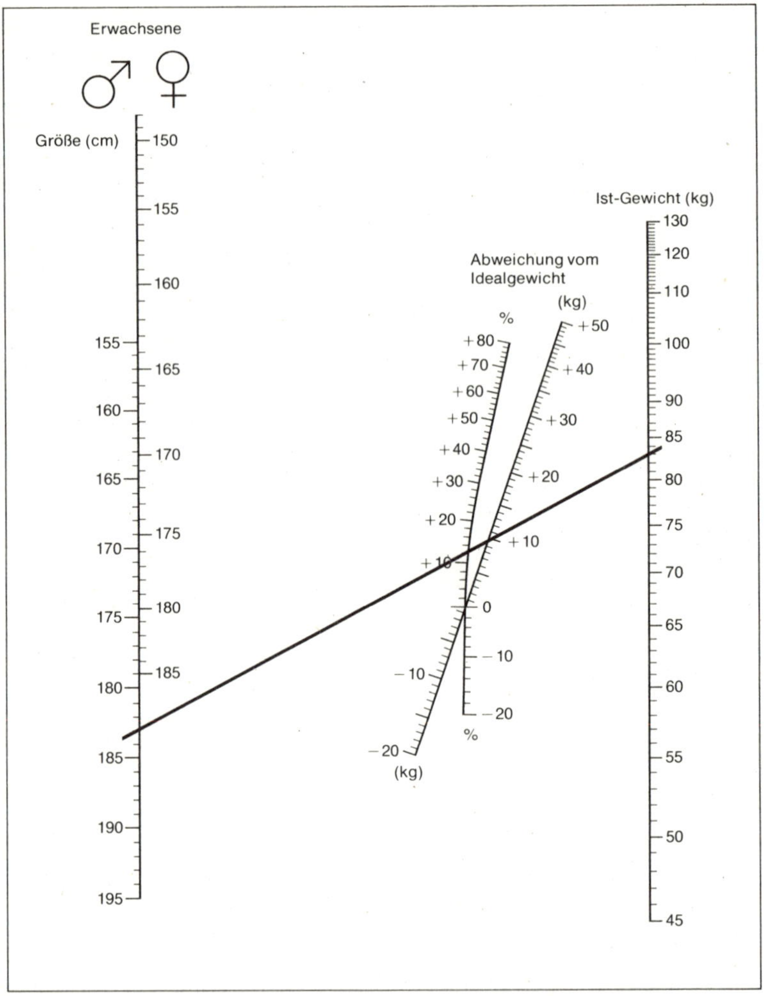

Abb. Nomogramm zur Ablesung von Über- und Untergewicht bei Erwachsenen mit mittelschwerem Knochenbau (nach Thews). Beispiel: 183 cm, männl., Ist-Gewicht 83 kg.